DICTIONNAIRE

CLASSIQUE

D'HISTOIRE NATURELLE.

Liste des lettres initiales adoptées par les auteurs.

MM.

AD. B. Adolphe Brongniart.
A. D. J. Adrien de Jussieu.
A. D..NS. Antoine Desmoulins.
A. F. Apollinaire Fée.
A. R. Achille Richard.
AUD. Audouin.
B. Bory de Saint-Vincent.
C. P. Constant Prévost.
D. Dumas.
D. C..E. De Candolle.
D..H. Deshayes.
DR..Z. Drapiez.
E. Edwards.

MM.

E. D..L. Eudes Deslonchamps.
F. D'Audebard de Férussac.
FL..S. Flourens.
G. Guérin.
G. DEL. Gabriel Delafosse.
GEOF. ST.-H. Geoffroy St.-Hilaire.
G..N. Guillemin.
ISID. B. Isidore Bourdon.
IS. G. ST.-H. Isidore Geoffroy Saint-Hilaire.
K. Kunth.
LAM..X. Lamouroux.
LAT. Latreille.

La grande division à laquelle appartient chaque article, est indiquée par l'une des abréviations suivantes, qu'on trouve immédiatement après son titre.

ACAL. Acalèphes.
ANNEL. Annelides.
ARACHN. Arachnides.
BOT. CRYPT. Botanique. Cryptogamie.
BOT. PHAN. Botanique. Phanérogamie.
CHIM. Chimie.
CONCH. Conchifères.
CRUST. Crustacés.
ECHIN. Echinodermes.
FOSS. Fossiles.
GÉOL. Géologie.
INF. Infusoires.
INS. Insectes.
INT. Intestinaux.
MAM. Mammifères.
MIN. Minéralogie.
MOLL. Mollusques.
OIS. Oiseaux.
POIS. Poissons.
POLYP. Polypes.
REPT. BAT. Reptiles Batraciens.
— CHEL. — Chéloniens.
— OPH. — Ophidiens.
— SAUR. — Sauriens.
ZOOL. Zoologie.

IMPRIMERIE DE J. TASTU, RUE DE VAUGIRARD, N° 36.

DICTIONNAIRE

CLASSIQUE

D'HISTOIRE NATURELLE,

PAR MESSIEURS

AUDOUIN, Isid. BOURDON, Ad. BRONGNIART, DE CANDOLLE, D'AUDEBARD DE FÉRUSSAC, DESHAYES, E. DESLONCHAMPS, A. DESMOULINS, DRAPIEZ, DUMAS, EDWARDS, A. FÉE, FLOURENS, GEOFFROY SAINT-HILAIRE, Isid. GEOFFROY SAINT-HILAIRE, GUÉRIN, GUILLEMIN, A. DE JUSSIEU, KUNTH, G. DELAFOSSE, LAMOUROUX, LATREILLE, C. PRÉVOST, A. RICHARD, et BORY DE SAINT-VINCENT.

Ouvrage dirigé par ce dernier collaborateur, et dans lequel on a ajouté, pour le porter au niveau de la science, un grand nombre de mots qui n'avaient pu faire partie de la plupart des Dictionnaires antérieurs.

TOME HUITIÈME.

H-INV.

PARIS.

REY ET GRAVIER, LIBRAIRES-ÉDITEURS,
Quai des Augustins, n° 55;

BAUDOUIN FRÈRES, LIBRAIRES-ÉDITEURS,
Rue de Vaugirard, n° 36.

SEPTEMBRE 1825.

AVERTISSEMENT.

Après avoir conçu le projet de ce Dictionnaire, nous nous étions appliqué à réunir pour sa rédaction l'élite des jeunes Naturalistes de la France ; nous savions que, pour être entrés récemment dans la carrière, de tels Collaborateurs n'en étaient pas moins capables de la parcourir brillamment, et, tandis que nos espérances se réalisaient, nous éprouvions encore la douce satisfaction de voir une association scientifique, dont la plupart des membres avaient été mis en rapport sans s'être auparavant beaucoup connus, devenir un faisceau d'amis, en quelque sorte une famille. Tel est l'effet du rapprochement des cœurs généreux et des esprits éclairés, que, ne tardant pas à se comprendre, ils s'unissent à jamais dans un sentiment que celui-là seul, qui est capable de l'éprouver, est digne de faire naître.

Mais comme si rien d'humain ne pouvait être sans larmes, quand la discorde ne pouvait trouver accès parmi nous, le trépas vint, au temps où se terminait le premier volume de l'ouvrage, frapper le plus jeune de ses auteurs, et lorsque nous dûmes consacrer une notice à la mémoire de Numa Presle-Duplessis (1), nous étions loin de penser que la mort ne tarderait pas à nous décimer encore.

(1) Voyez l'Avertissement en tête du Tome Ier, p. xiv.

Parvenus à la moitié de notre tâche, deux collaborateurs nous sont ravis et, presqu'ensemble, descendent au tombeau. Ils nous sont ravis brusquement, dans la plénitude de la vie, et lorsque dans leur virilité ils recueillaient en réputation le prix des travaux scientifiques par lesquels se signala leur jeunesse.

J.-H. LUCAS naquit en 1780, dans le temple même de la Nature, c'est-à-dire dans l'enceinte de ce Muséum d'Histoire naturelle auquel rien, dans le reste de l'Europe, ne saurait être comparé, soit par la richesse des collections de tout genre qu'on y réunit à grands frais, soit sous le rapport du profond savoir des professeurs chargés d'en expliquer les merveilles. Un atmosphère de science environnait donc le berceau de notre collaborateur sur lequel semblait veiller l'ombre du grand Buffon, protecteur particulier du père de Lucas, et qui avait confié à celui-ci le poste de conservateur des galeries de l'Établissement royal. Ses premiers regards passèrent en revue la presque totalité des richesses de la création; ses premières paroles furent le nom des êtres qui la composent; ses premières idées celles qui devaient naître de la magnificence du spectacle, et Lucas, dès l'enfance, devint ainsi Naturaliste sans le moindre effort; il sentit de bonne heure que, dans l'état actuel de la science, il est à peu près impossible d'en saisir toutes les branches, et quand il eut acquis, par l'habitude de voir, des connaissances générales, sans lesquelles on ne peut espérer que des succès bornés quelle que soit la partie à laquelle on se restreint, il se détermina pour la Minéralogie. Attaché au Muséum sous son père, dès qu'il fut en état de s'y rendre utile, ses premiers ans s'y écoulèrent doucement, et l'on peut dire que le Jardin des Plantes fut sa véritable patrie. Il contribua surtout à faire disposer avec goût et d'une manière plus avantageuse pour l'étude, qu'elles ne l'avaient encore été, les galeries où sont exposés les Minéraux. Alors florissait l'illustre Haüy qui se plut à rendre sous ce rapport à notre collaborateur le plus éclatant témoignage de justice et de satisfaction.

Mais ce n'était point assez pour Lucas, d'avoir contribué

à placer d'une manière à la fois instructive et élégante, les échantillons dont l'arrangement était confié à ses soins ; il voulut ajouter au plan qu'il avait exécuté avec sagacité une légende qui aidât jusqu'aux moins attentifs à s'y reconnaître en l'étudiant selon la méthode de son vénérable maître. Lucas publia donc en 1806 un Tableau méthodique des espèces minérales dont Haüy disait : « Je l'ai trouvé » exact, il m'a paru réunir dans le moins de volume possible, tous les avantages que l'on peut se promettre d'un » travail qui met le lecteur à portée, soit de parcourir avec » fruit nos collections d'étude, soit de pouvoir ranger facilement sa propre collection, soit enfin de reconnaître » les Minéraux qu'il pourrait rencontrer dans ses voyages » au moyen des caractères cités en tête des espèces.... Ce » travail doit contribuer à l'avancement de la Minéralogie; » il prouve également l'intelligence de l'auteur et les » progrès que lui-même a déjà faits dans cette science. » L'assemblée des professeurs déclara qu'elle recevrait l'hommage de ce livre avec l'intérêt que lui devait inspirer la première production littéraire *d'un enfant du Muséum ;* et engagea l'auteur à lui donner une suite. Lucas ne la fit point attendre, et marchant avec la science, il publia, en 1813, un second volume où l'on trouve l'exposé de toutes les connaissances relatives à l'état de la Minéralogie recueilli dans les cours publics et dans les ouvrages les plus récens. « Dans ce dernier volume, rédigé avec autant » d'exactitude que de soins, dit le rapport des examinateurs, on trouve l'indication des Minéraux qui composent les collections du Jardin des Plantes et les moyens » de suivre avec fruit l'ordre qui s'y trouve définitivement » établi. »

S'étant fait connaître par les deux volumes dont il vient d'être parlé, Lucas ne tarda pas à se voir appelé à la collaboration des grandes entreprises de librairie, dont l'Histoire naturelle était alors la base. Il se décida pour le Dictionnaire de Déterville, ouvrage dont l'utilité avait été si bien sentie et qui méritait les honneurs d'une seconde édition. Chargé d'y remplacer un rédacteur dont l'esprit systématique nuisait au jugement, il corrigea en partie et porta au niveau des connaissances de l'époque ce que Patrin en avait laissé trop en arrière. Ce travail terminé, il voulut se délasser de ses occupations sédentaires en visitant les régions volcaniques de l'Italie, et rapporta de son voyage les trésors minéralogiques du Vésuve et de l'Etna. C'est encore tout chargé de ces richesses, et à mesure qu'il y établissait l'ordre, qu'il désira s'associer à nos travaux, et sans que nulle considération le pût arrêter dans les circonstances délicates où nous préparions ce Dictionnaire, il y vint généreusement contribuer.

Ami constant et sincère, tendre époux, fils soumis, mais trop profondément impressionnable, des chagrins de plus d'un genre avaient dans ces derniers temps légèrement altéré sa santé; des peines de cœur le rendaient moins soigneux dans sa part de collaboration, mais ne produisaient guère d'autre altération dans ses habitudes qui pussent faire présumer que sa fin approchait; cependant il nous fut enlevé presque subitement le 6 février de cette année; et telle est la fatalité de cette perte que, son vénérable père, inconsolable, n'y a pas long-temps survécu; la famille de Lucas est éteinte pour l'Histoire naturelle, son nom n'y subsistera plus que dans les bibliothèques.

J.-V.-F. LAMOUROUX vit le jour le 3 mai 1779, à Agen, où naquirent aussi Scaliger, Lacépède et plusieurs autres personnages justement célèbres. Il ne semblait pas destiné, comme Lucas, à parcourir la carrière des Sciences naturelles. Son père, citoyen respectable par sa probité et ses vertus antiques, avait établi des fabriques de toiles peintes, qui contribuèrent puissamment à développer l'industrie manufacturière dans un pays où l'on ne se doutait guère auparavant qu'il existât d'autre source de prospérité nationale que la culture du sol. Ce tendre père destinait son fils aîné à la direction des vastes ateliers qu'il avait créés comme par enchantement, et Lamouroux dut s'adonner d'abord à la Chimie afin de chercher dans cette science les moyens de perfectionnement qu'elle commençait à prodiguer aux arts. Les progrès qu'il y fit furent rapides, et il demeura depuis fort au courant de cette science dont il parlait cependant très-peu, et sur laquelle nous ne savons pas qu'il ait jamais rien écrit.

L'idée ingénieuse de bannir de sa manufacture les dessins baroques et fantastiques que le mauvais goût des temps de la fin de Louis XV avait introduits partout, et jusque dans nos moindres étoffes, un penchant à chercher dans l'inépuisable et riante nature des modèles plus élégans, jetèrent Lamouroux dans la Botanique; il voulait étudier les fleurs et le feuillage pour les imiter en guirlandes et sur les fonds de ses indiennes, il n'en vit bientôt plus que les caractères, et dès sa première excursion dans l'empire de Flore il s'y trouva sur son terrain. Un professeur distingué, Saint-Amans, auteur d'une flore Agenaise, facilita le développement des plus heureuses dispositions dans son élève, lequel devint bientôt son suppléant dans les cours publics. Une visite qu'il nous fit à Bordeaux peu de temps avant notre départ sur la corvette *le Naturaliste*, et dans laquelle nous lui abandonnâmes la collection des Plantes marines formée sur nos rivages, décida de son goût et le porta vers la Cryptogamie aquatique. Riche alors, il ne pensait point que l'Histoire naturelle à laquelle il s'adonnait comme noble délassement de ses entreprises commerciales, deviendrait pour lui le plus solide comme le plus honorable moyen d'existence. Il se fit d'abord connaître par un ouvrage devenu fort rare, intitulé DISSERTATION SUR PLUSIEURS ESPÈCES DE FUCUS (1807, in-4° avec planches).

Vers cette époque la concurrence des fabriques de toiles peintes des départemens du Nord et de celles des provinces Méridionales, devint favorable aux premières. Le père de Lamouroux, répugnant à laisser sans pain les nombreuses familles qui trouvaient à vivre dans ses ateliers, ne suspendit point ses travaux, et sa brillante fortune fut consommée par ce grand acte d'humanité. Chacun de ses enfans, il en avait cinq, choisit avec courage un parti dans l'adversité; l'aîné vint à Paris où, sur sa réputation naissante, il fut nommé, vers 1808, l'un des professeurs de l'Université de Caen. Lamouroux alors consacra sans partage tous ses instans à sa passion pour l'Histoire naturelle, et le voisinage des côtes lui en procurant la facilité, il conçut, nous a-t-il dit souvent, le vaste projet de faire une Histoire de la Mer. Il y débutait, en 1813, par un excellent ouvrage, modestement intitulé ESSAI SUR LES GENRES DES THALASSIOPHYTES INARTICULÉS, et qu'on trouve dans les Annales du Muséum. C'est un véritable *Genera* enrichi du catalogue des espèces alors connues, méthodiquement distribuées, avec d'excellentes figures. Cet Essai doit être considéré comme le point de départ des progrès en Hydrophytologie, devenue une science par le mouvement qu'imprima Lamouroux à son étude. Il fut la base des travaux qu'on a faits depuis dans ce genre, et quelques soins que certains auteurs aient mis en pays étranger à déguiser les choses qu'ils y puisèrent, de tels emprunts frappent au premier coup-d'œil dans leurs traités (1).

En 1816, parut L'HISTOIRE GÉNÉRALE DES POLYPIERS CORALLIGÈNES FLEXIBLES (in-8° avec planches). C'était le premier pas vers la Zoologie océanique; L'EXPOSITION MÉTHODIQUE DES GENRES DE L'ORDRE DES POLYPIERS (in-4° avec planches), fut le second.

Il est difficile de s'occuper de l'Histoire des êtres qui jouent un si grand rôle dans la composition de la croûte du globe où leurs dépouilles se rencontrent en mille différens lieux, sans entrer dans la Géologie; Lamouroux y fit des progrès, et observa tous les fossiles de la riche contrée où un heureux hasard l'avait placé; il y découvrit des Crocodiles, des Ichthyosaures, et de-là passant à la Géographie physique, il en fit imprimer un excellent traité (in-8°, chez Verdière), qui n'est pas aussi connu qu'il mérite de l'être, parce que peu de feuilles publiques en ont rendu compte, et qu'aujourd'hui la vogue des livres n'est plus guère déterminée par leur mérite intrinsèque, mais par le bien qu'on a l'art d'en dire soi-même, ou d'en faire dire dans les journaux. Lamouroux dédaignait de tels moyens d'arriver à la célébrité.

Lorsque le libraire Verdière forma le projet de publier une édition des œuvres de Buffon, qui l'emportât sur toutes les autres en exactitude, et qui reproduisît le grand

(1) Voyez l'article HYDROPHYTES de ce Dictionnaire.

écrivain lui-même purgé des additions incohérentes dont certains spéculateurs le défiguraient, c'est encore Lamouroux qui fut choisi pour conduire cette belle entreprise, dont il a soigneusement surveillé les douze premiers volumes. Desmarest, l'un de nos plus habiles Zoologistes, s'est, heureusement pour les nombreux souscripteurs de l'excellente édition de Verdière, chargé de remplir les engagemens contractés par l'ami que nous pleurons.

Né dans la même ville, du même âge à bien peu de jours près, nous fûmes dès nos premiers ans uni à Lamouroux par les nœuds de cette tendre enfance que consolide chaque jour écoulé, et souvent associés aux mêmes travaux par le rapport de nos goûts, la continuation de la partie helmentologique de l'Encyclopédie par ordre de matière nous fut confiée, conjointement avec lui; Lamouroux y traitait les Zoophytes avec sa supériorité accoutumée: on lui doit la plus grande partie d'un demi-volume sur cette importante classe, et ses travaux dans ce Dictionnaire classique indiquent les vues dans lesquelles devait être composée l'Histoire générale des animaux rayonnés qu'il méditait, lorsque dans la plénitude de la vie, dans un état de santé qui semblait promettre de longs jours, il fut enlevé à la science, à ses nombreux amis, à la plus intéressante épouse, au jeune fils qu'il destinait à perpétuer son nom dans les Sciences naturelles, comme s'y transmettent dignement ceux des Richard, des Jussieu, des Brongniart, des De Candolle et des Geoffroi Saint-Hilaire. Le docteur Jeannin, beau-frère du collaborateur que nous venons de perdre, botaniste aussi distingué que médecin habile, est heureusement capable de diriger son neveu dans la carrière qui lui fut si glorieusement ouverte. C'est dans la matinée du 26 mars que Lamouroux a cessé d'être. Nous regardons comme un devoir de publier une Monographie des Laminaires dont ce savant nous avait souvent entretenu, et dont il nous communiqua le plan peu de jours avant sa mort; ce sera le monument le plus digne que nous puissions élever à sa mémoire.

G. Delafosse réunira à la part de collaboration, dont il est déjà chargé dans ce Dictionnaire, celle qui appartenait à Lucas; E. Deslongchamps, notre collaborateur dans l'Encyclopédie de la veuve Agasse, partagera désormais avec l'auteur de cette Notice, la tâche qui avait été confiée à Lamouroux; puissent nos lecteurs n'en point éprouver de regrets!

(B.)

DICTIONNAIRE

CLASSIQUE

D'HISTOIRE NATURELLE.

HAA-HIRNINGUR. MAM. (Olafsen.) Syn. de Dauphin Gladiateur. (B.)

* HAAVELLA. OIS. (Fabricius.) Syn. de Canard à longue queue. *V.* ce mot. (DR..Z.)

* HABAN-KUKELLA. OIS. Syn. de Francolin de Ceylan, Lath. *V.* PERDRIX. (DR.Z.)

HABARA ET HABARALA. BOT. PHAN. (Hermann.) Noms de pays donnés à Ceylan à l'*Arum macrorhizum*. Espèce du genre Gouet. *V.* ce mot. (B.)

HABASCON. BOT. PHAN. Ou plutôt *Habascos*, du mot espagnol *Habas*, qui signifie Fèves. On ne sait à quelle Plante appartient la racine mentionnée sous ce nom par d'anciens auteurs qui la comparent à celle d'un petit Panais, et disent que les naturels de l'Amérique s'en nourrissaient. (B.)

HABBURES. BOT. PHAN. (Camerarius.) Syn. de *Plantago cretica*. (B.)

HAB-EL-AZIS OU HALTSIS. BOT. PHAN. (Rauwolf.) Syn. de *Cyperus esculentus* à Tripoli. C'est le Hab-el-Zelim de Sérapion, auteur arabe. *V.* SOUCHET. (B.)

HABÉNAIRE. *Habenaria*. BOT. PHAN. Genre de la famille des Orchidées et de la Gynandrie Diandrie, L., établi aux dépens des *Orchis* de Linné par Willdenow, adopté et réformé par R. Brown (*Prodr. Flor. Nov.-Holl.*, 1, p. 312) qui l'a ainsi caractérisé : périanthe oblique, formé de trois ou cinq segmens réunis en casque, et d'un labelle muni d'un éperon à la base ; anthère terminale possédant deux loges distinctes, accolées longitudinalement, quelquefois séparées à leur base ; masses polliniques pédicellées ; chaque pédicelle (caudicule, Richard) inséré sur la base correspondante de la glande nue. Ce genre se compose de Plantes herbacées et croissant sur la terre. Elles ont des racines tubéreuses et des fleurs en épis. Les espèces sur lesquelles Willdenow a constitué ce genre sont : l'*Orchis Habenaria*, L., Swartz, *Observ.*, p. 319, tab. 9, et l'*Orchis monorhiza*, Swartz ; Plantes indigènes de la Jamaïque. L'*Orchis ciliaris*, L., belle espèce, remarquable par ses fleurs d'un beau jaune d'or et par son labelle divisé en un grand nombre de filets capillaires, a été réunie au genre *Habenaria*, ainsi que plusieurs autres Orchidées de l'Amérique septentrionale. — R. Brown (*loc. cit.*) a proposé de distribuer toutes les Habénaires en deux sections. Dans la première, qui est caractérisée par les loges de l'anthère adnées longitudinalement, il a placé les *Orchis bifolia*, *hyperborea*, *aphylla*, *flava*, *cordata*, *cubitalis*, *albida*, *viridis*, *fimbriata*, *secunda*, *hispidula*, *Burmanniana*, etc. La seconde section, dans laquelle les loges de l'anthère sont séparées à leur base et le plus souvent très-allongées, renferme les *Orchis Suzannœ*, *ciliaris*, *cristata*, Mich., *Habenaria*, *monorhiza*, *lacera*, Mich., *Roxburghii*, Sw., *viridiflora*, *fissa*, Willd., et d'autres qui croissent dans l'Amérique du nord, les Indes-Orientales et la Nouvelle-Hollande. Quoique les espèces du cap de Bonne-Espérance diffèrent des autres par leur port, elles ne peuvent en être éloignées, attendu qu'on ne peut leur trouver aucun caractère particulier dans la fructification. Quelques espèces de la première section sont les types de genres nouveaux établis par Richard père (*De Orchideis Europœis*, p. 35). Ainsi l'*Orchis bifolia* constitue le genre *Platanthera*, les *Orchis albida* et *viridis* font partie du *Gymnadenia*, etc. *V.* ces mots. En excluant ces Plantes des Habénaires, Richard ajoute qu'aucune de celles-ci n'habite l'Europe. (G..N.)

* HABENORCHIS. BOT. PHAN. Du Petit-Thouars (Histoire des Orchidées des îles australes d'Afrique) donne ce nom à un groupe d'Orchidées des îles de Madagascar et de Mascareigne, qui correspond au genre *Habenaria* de Willdenow. *V.* HABÉNAIRE. (G..N.)

HABESCH DE SYRIE. OIS. Espèce du genre Gros-Bec. *V.* ce mot. (B.)

* HABET. BOT. PHAN. Syn. arabe de Curcuma. Quelques-uns écrivent Habban ou Habbal, et rapportent ce synonyme au Cordamome. (B.)

HABHAB. BOT. PHAN. Nom du fruit de l'*Adansonia digitata* au Caire où on l'apporte de l'intérieur de l'Afrique. (B.)

HABIA. *Saltator*. OIS. Nom donné par Azzara à quatre espèces de Tangaras du Paraguay. Vieillot a adopté cette dénomination et l'a étendue à plusieurs autres Oiseaux de l'Amérique méridionale, pour en former un genre dont les caractères ne nous ont point paru suffisamment distincts. *V.* TANGARA. (DR..Z.)

HABILLA. BOT. PHAN. Dans quelques Dictionnaires, ce nom est donné comme celui des graines d'un Arbre du genre *Hippocratea* en Amérique. *Habilla*, diminutif du mot espagnol *Haba*, Fève, signifie simplement petite Fève, d'où *Habichuela*, syn. d'Haricot. (B.)

* HABITAT. ZOOL. et BOT. Ce mot latin est passé dans notre langue pour désigner la patrie d'un Animal ou d'une Plante. (B.)

HABIT-UNI. OIS. (Montbeillard.) Espèce du genre Sylvie. *V.* ce mot. (DR..Z.)

* HABITUS. ZOOL. et BOT. *V.* FACIÈS et PORT.

HABLITZ. ZOOL. Le Hamster est représenté sous ce nom dans les planches de l'Encyclopédie par ordre de matières. On l'applique aussi en Perse à un Oiseau, *Motacilla alpina*, L. (B.)

* HABRANTHE. *Habranthus*. BOT. PHAN. Sous ce nom, a été décrit dans le *Botanical Magazine*, n. 445, un genre nouveau de l'Hexandrie Monogynie, L., qui ne paraît être qu'une subdivision des *Amaryllis*; il diffère du genre *Zephyranthes*, qui a été aussi établi aux dépens de ce dernier, par ses étamines inégales dont deux courtes, deux très-longues et les deux autres inégales et d'une longueur intermédiaire. L'*Habranthus gracilifolius* est une Plante originaire de Maldonado dans l'Amérique méridionale. Elle possède une spathe biflore, entière; chaque fleur est régulière, campanulée, d'un beau rose, à divisions toutes égales et semblables; le style et les filamens sont inclinés latéralement; l'ovaire est infère comme dans les Amaryllidées. Ses feuilles sont lon-

gues, étroites et presque linéaires. (G..N.)

HABZELI. BOT. PHAN. La Plante désignée sous ce nom, par Sérapion, paraît être le Poivre noir. On a appliqué ce nom à d'autres Végétaux, même au Souchet comestible, par contraction de Hab-el-Zélim. (B.)

HACH. OIS. (Flacourt.) Nom donné à Madagascar à une espèce de Canard imparfaitement connue. (DR..Z.)

HACHAL-INDI. BOT. PHAN. (Pison.) Syn. brésilien de Belle-de-Nuit. *V.* NYCTAGE. (B.)

HACHE. BOT. PHAN. Même chose que Hache d'eau ou de mer, qui est la Berle. *V.* ce mot. On donne aussi le nom de HACHE ou BATON ROYAL, à l'*Asphodelus ramosus*, L. (B.)

* HACHETTE. INS. (Engramèle.) Syn. de *Bombix Tau*, l'une des plus jolies espèces européennes de Lépidoptères nocturnes. (B.)

HACHIC. BOT. PHAN. (L'Écluse.) Syn. d'*Acacia Catechu*, Arbre dont on retire le Cachou. (B.)

HACHOAC. OIS. Syn. vulgaire de Corbine. *V.* CORBEAU. (DR..Z.)

* HACOSAN. BOT. PHAN. Syn. de *Zizyphus Jujuba*, Willd., dans les Philippines. *V.* JUJUBIER. (B.)

* HACQUETIA. BOT. PHAN. L'*Astrantia Epipactis* de Scopoli a été séparé sous ce nom générique par Necker (*Element. bot.*, n. 306). (G..N.)

HAC-LON. BOT. PHAN. Nom que porte le *Limodorum Tankervilleæ* chez les Cochinchinois qui cultivent cette belle Plante comme un ornement de leurs jardins. (B.)

HACUB. BOT. PHAN. Ce nom, emprunté de l'Arabe Sérapion, a été conservé par Levaillant, dans les Mémoires de l'Académie, au *Gundelia* de Tournefort. *V.* ce mot. (B.)

HADAGZ OU HEDAH. OIS. Syn. arabe de Milan Parasite. *V.* FAUCON. (DR..Z.)

* HADDA-DAS. OIS. Nom africain d'une espèce du genre Tantale, indiquée par Barrow, mais dont ce voyageur ne donne qu'une description très-imparfaite. (DR..Z.)

* HADDOK. POIS. (Stedman.) Espèce de Gade de Surinam qui paraît fort voisine de l'Æglefin. *V.* ce mot. (B.)

HADELDE. OIS. Syn. d'Hagedash au cap de Bonne-Espérance. *V.* ce mot. (DR..Z.)

HADES. BOT. PHAN. La Lentille chez les Arabes. Delile écrit Hads. (B.)

HADGINN OU ADJIN. MAM. Ces noms désignent chez les Arabes une race de Dromadaires, plus prompte à la course que les autres, et qui, selon Sonnini, franchit très-rapidement les déserts. (B.)

* HADOU. POIS. Même chose que Badoche. *V.* ce mot. (B.)

* HÆBACH OU RIHAN. BOT. PHAN. (Forskahl.) Syn. d'*Ocimum Basilicum*, L. *V.* BASILIC (bot. phan.). (B.)

HÆGNO. MAM. (Azzara.) Nom de pays du Coati. *V.* ce mot. (B.)

* HAEHER. OIS. (Aldrovande.) Syn. ancien de Geai. *V.* CORBEAU. (DR..Z.)

HÆMACATE. REPT. OPH. Espèce du genre Vipère. *V.* ce mot. (B.)

HÆMACHATÉS. MIN. La Pierre ainsi nommée par Pline, était une Agate avec des taches couleur de sang. (B.)

HÆMAGOGUM. BOT. PHAN. Syn. ancien de Pivoine. (B.)

HÆMANTHE. *Hæmanthus*. BOT. PHAN. Genre de la famille des Amaryllidées de Brown et de l'Hexandrie Monogynie, établi par Linné et ainsi caractérisé : périanthe corolloïde, dont le tube est court et le limbe à six divisions profondes, égales et dressées; six étamines libres; ovaire inférieur surmonté d'un style et d'un stigmate simple; baie triloculaire, chaque loge monosperme. Le nom de ce genre, formé de deux mots grecs qui signifient fleurs de sang, indique la belle couleur rouge purpurine des fleurs, dans la plupart des espèces. Ce sont des Plantes à racines bulbeuses, à feuilles radicales le plus souvent au nombre de deux et opposées; leur hampe est multiflore et leur spathe divisée en plusieurs segmens colorés. Elles sont originaires du cap de Bonne-Espérance, et on en cultive plusieurs dans les jardins de botanique. Elles exigent une terre franche, mais légère, une exposition en plein air durant l'été, et l'orangerie ou la serre chaude pendant l'hiver. On doit les arroser fréquemment lorsqu'elles sont en végétation, et très-rarement après la chute de leurs feuilles. On les multiplie au moyen de cayeux qu'on sépare pendant l'automne. Un grand nombre d'*Hæmanthus* sont figurés dans les ouvrages de luxe, tels que les Liliacées de Redouté, l'*Hortus Schœnbrunnensis*, etc. Nous mentionnerons seulement ici quelques-unes des espèces cultivées au Jardin des Plantes de Paris.

L'HÆMANTHE ÉCARLATE, *Hæmanthus coccineus*, L., Redouté, Liliacées, tab. 29. Cette Plante, vulgairement nommée la Tulipe du Cap, est remarquable par le bel involucre d'un rouge écarlate qui offre l'aspect d'une grosse Tulipe, et renferme vingt à trente fleurs d'un rouge vif, disposées en ombelles. Sa racine est un bulbe très-gros, d'où sortent deux feuilles larges, épaisses et en forme de langues. Vers le mois d'août, paraît une hampe haute de deux décimètres et parsemée de taches purpurines. L'*Hæmanthus puniceus*, L., Dillen., *Hort. Elth.*, tab. 140, est une espèce voisine. De son bulbe sortent trois ou quatre feuilles lancéolées, ondulées et canaliculées. Sa hampe est tachetée comme une peau de Serpent, et son involucre est médiocrement coloré, presque herbacé et à folioles inégales.

L'HÆMANTHE A TIGE ROUGE, *Hæmanthus sanguineus*, Jacq., *Hort. Schœbrunn.* T. IV, tab. 407. Son involucre est composé d'environ sept folioles rougeâtres, plus courtes que les fleurs; ses tiges, d'un rouge de sang, sortent d'entre deux feuilles très-glabres, étalées, larges et elliptiques.

L'HÆMANTHE A FEUILLES EN LANCE, *Hæmanthus lanceæfolius*, Jacq., *loc. cit.*, 1, tab. 60. L'involucre est composé de quatre folioles purpurines, lancéolées, aiguës, renfermant des fleurs dont les pédoncules sont plus longs que cet involucre et disposés en ombelles. Ses bulbes ovales, de la grosseur d'une noix, produisent des feuilles lancéolées, rétrécies à leur base, ciliées sur les bords, du milieu desquelles s'élèvent des tiges grêles, comprimées, à deux angles.

Le magnifique ouvrage que Jacquin a publié sous le titre d'*Hortus Schœnbrunnensis*, contient les figures et les descriptions de plusieurs autres espèces de ce beau genre. Tels sont les *Hæmanthus coarctatus, tigrinus, quadrivalvis, albiflos, heliocarpus, crassipes, moschatus, amarylloides, pumilio* et *humilis*.

L'*Hæmanthus dubius* de Kunth (*Nov. Gener. et Spec. Plant. æquin.*, 1, p. 281) n'est rapporté à ce genre qu'avec doute par son auteur, parce que, selon les notes de Bonpland, la capsule de cette Plante est triloculaire et à loges polyspermes. (G..N.)

* HÆMATINE. OIS. Espèce du genre Gros-Bec. *V.* ce mot. (B.)

HÆMATITE ou SANGUINE. MIN. Nom donné par les anciens minéralogistes à une variété de Fer oxidé rouge, en stalactite ou en concrétion mamelonnée à tissu fibreux, que l'on trouve dans un grand nombre d'endroits, et en particulier à l'île d'Elbe, où elle forme des masses considérables. Elle porte, lorsqu'elle est polie, le nom de Pierre à brunir, et on s'en sert pour donner de l'éclat aux métaux dont la surface a été préalablement adoucie. La même dénomination d'Hæmatite a été appliquée à une variété analogue d'Hydroxide de Fer, qui est brune ou noirâtre, et l'on a distingué les deux espèces, en appelant Hæmatite rouge, celle qui provenait du peroxide, et Hæmatite brune, celle qui appartenait au Fer hydrocidé. *V.* FER. (G. DEL.)

HÆMATOPOTE. *Hæmatopota.* INS. Genre de l'ordre des Diptères, famille des Tanystomes, fondé par Fabricius aux dépens des Taons, et adopté par Meigen et par le plus grand nombre des entomologistes. Latreille lui assigne pour caractères : antennes sensiblement plus longues que la tête de trois pièces; la première un peu plus courte seulement que la troisième, renflée, ovale, cylindrique ; la seconde très-courte, en forme de coupe; la dernière en cône allongé ou en alène. Ce petit genre se trouve exactement décrit par Meigen (Descript. syst. des Dipt. d'Europe, T. II), qui en décrit quatre espèces, dont une très-commune sert de type au genre, et porte le nom de :

HÆMATOPOTE PLUVIALE, *H. pluvialis*, Fabr., ou le *Tabanus pluvialis*, L., qui est la même espèce que le Taon à ailes brunes piquées de blanc de Geoffroy (Hist. des Ins. T. II, p. 461), figurée par Réaumur (Mém. sur les Ins. T. IV, pl. 18, fig. 1), et par Meigen (*loc. cit.*, tab. 14, fig. 16). On la trouve en automne dans les prairies. Elle incommode les bestiaux. (AUD.)

HÆMATOPUS. OIS. *V.* HUITRIER.

HÆMATOXYLE. *Hæmatoxylum.* BOT. PHAN. Vulgairement Campêche. Genre de la famille des Légumineuses, et de la Décandrie Monogynie, L., dont les principaux caractères sont : calice turbiné, rougeâtre extérieurement, à cinq divisions profondes et réfléchies ; cinq pétales égaux, rétrécis à leur base, deux fois plus longs que les lobes du calice ; dix étamines dont les filets sont libres à la base, et légèrement velus intérieurement; stigmate échancré; légume capsulaire lancéolé, très-comprimé, uniloculaire, à deux valves naviculaires, relevées d'une crête sur sa suture dorsale, et contenant deux ou trois graines oblongues et comprimées. Ce genre ne renferme qu'une seule espèce, que son emploi dans la teinture rend trop importante pour que nous ne nous arrêtions pas à son histoire.

L'HÆMATOXYLE DE CAMPÊCHE, *Hæmatoxylum Campechianum*, L. et Lamk. (*Illustr.*, tab. 340), est un Arbre qui s'élève à la hauteur de quinze à vingt mètres ; son écorce est rugueuse, son aubier est jaunâtre, tandis que les couches ligneuses sont d'un rouge foncé. On remarque sur ses branches des épines formées par de jeunes rameaux avortés. Ses feuilles sont alternes, pinnées, sans impaire, composées ordinairement de quatre ou cinq paires de folioles opposées, petites, obovales, presque cordiformes, luisantes, coriaces et à nervures parallèles. Les fleurs, de couleur jaune, sont disposées en épis ou en grappes simples à l'aisselle des feuilles ; elles répandent une odeur analogue à celle de la Jonquille. Cet Arbre croît sur les côtes du Mexique, près de Campêche, d'où lui vient son nom de Bois de Campêche sous lequel il est connu dans le commerce. Il est maintenant naturalisé dans les Antilles où on le plante autour des propriétés pour en former des haies. Le bois de Campêche est apporté d'Amérique en grosses bûches dépouillées de leur aubier; il est très-dur et susceptible d'un beau poli. Son principe colorant est très-soluble dans l'Alcohol, l'Éther et l'eau bouillante, et la solution concentrée passe du rouge orangé au rouge vif par les Acides versés en grande quantité. Les Alcalis forment avec lui des combinaisons bleues qui peuvent être conservées pendant très-long-temps sans altération. La découverte de ce principe est due à Chevreul, qui l'a faite en 1810, et lui a donné le nom d'*Hématine.* Lorsque cette substance a cristallisé lentement, elle est d'un blanc rosé, ayant un reflet argentin; vue à la loupe et éclairée par un rayon du soleil, elle paraît formée de petites écailles ou de petits globules d'un gris métallique brillant.

C'est dans la teinture qu'on fait le

plus grand usage du bois de Campêche. On l'a employé en médecine contre la diarrhée chronique, à cause de sa saveur douce et astringente. Cette qualité physique, jointe à une odeur particulière, fait aisément reconnaître les liqueurs colorées par son moyen. Aussi n'est-il pas nécessaire de recourir aux réactifs chimiques pour reconnaître si les vins ont été colorés artificiellement par le bois de Campêche. (G..N.)

HÆMOCARPUS. BOT. PHAN. (Noronha.) Syn. de Harongane. *V.* ce mot. (G..N.)

* HÆMOCHARIS. *Hæmocharis*. ANNEL. Genre de l'ordre des Hirudinées, famille des Sangsues, fondé par Savigny (Syst. des Annel., p. 106 et 111) qui lui donne pour caractères distinctifs : ventouse orale peu concave; mâchoires réduites à trois points saillans; huit yeux réunis par paires disposées en trapèze; ventouse anale obliquement terminale. Ce genre est voisin des Albiones par l'absence des branchies et par la ventouse orale d'une seule pièce; mais il en diffère essentiellement par le peu de concavité de cette ventouse et par le nombre plus grand des yeux.

Les Hæmocharis, regardés par les auteurs comme des espèces de Sangsues, constituent, dans la Méthode de Blainville, le genre *Piscicola* adopté par Lamarck (Hist. Nat. des Anim. sans vert. T. v, p. 294). Savigny les a décrits avec soin. Leur corps est cylindrique, légèrement aminci vers la ventouse antérieure, composé d'anneaux point saillans, peu distincts, qui paraissent assez nombreux; le dix-septième segment? et le vingtième? présentent les orifices des organes générateurs. Les yeux, au nombre de huit, sont réunis par paires, deux antérieurs et deux postérieurs. La bouche est très-petite et située dans le fond de la ventouse orale, plus près du bord inférieur. La ventouse orale est formée par un seul segment et séparée par un fort étranglement; elle est peu concave, en forme de coupe; son ouverture est oblique, elliptique, avec un léger rebord. La ventouse anale est assez concave, sous-elliptique, non bordée, obliquement terminale.

On ne connaît encore qu'une seule espèce qui vit dans les eaux douces de l'Europe, et qui paraît s'attacher de préférence à certains Poissons du genre Cyprin; elles se déplacent assez souvent et marchent à la manière des Chenilles arpenteuses.

L'HÆMOCHARIS DES POISSONS, *Hæmocharis Piscium*, Sav., ou l'*Hirudo geometra*, L.; l'*Hir. Piscium* de Müller et de Roësel; et la *Piscicola Piscium* de Lamarck. Suivant Savigny, son corps est long de dix à douze lignes, grêle, lisse, terminé par des ventouses inégales, la postérieure étant double de l'antérieure et légèrement crénelée. Les yeux sont noirs; ceux de chaque paire sont confondus ensemble par une tache brune, et ces quatre taches représentent en quelque sorte, par leur disposition, les quatre angles tronqués d'un trapèze converti en octaèdre. Sa couleur générale est d'un blanc jaunâtre, finement pointillé de brun, avec trois chaînes dorsales chacune de dix-huit à vingt taches elliptiques plus claires que le fond et non pointillées; la chaîne intermédiaire est mieux marquée que les latérales. On voit deux lignes de gros points bruns sur les côtés du ventre, alternant avec les taches claires du dos. La ventouse anale est rayonnée de brun et marquée entre les rayons de huit mouchetures noirâtres. Cette espèce se trouve figurée dans l'Encyclopédie Méthodique (Vers, pl. 51, fig. 12-19). (AUD.)

* HÆMODORACÉES. *Hæmodoraceæ*. BOT. PHAN. Famille de Plantes Monocotylédones, établie par Rob. Brown (*Prodr. Flor. Nov.-Holl.*, 1, p. 299) qui l'a ainsi caractérisée : périanthe supère, rarement infère, à six divisions; six étamines insérées sur le périanthe, ou trois seulement

opposées aux divisions inférieures de celui-ci; anthères introrses; loges de l'ovaire renfermant une, deux ou plusieurs graines; style simple et stigmate indivis; péricarpe capsulaire, à plusieurs valves, quelquefois sans valves, et d'une consistance de noyau; graines définies et peltées, ou indéfinies. Cette famille se distingue suffisamment des Iridées par le port très-différent des Plantes qu'elle renferme, par le nombre de ses étamines et la structure des anthères. R. Brown l'a partagée en trois sections, et y a fait entrer les genres suivans :

1re section. Graines définies, peltées; trois étamines : *Hæmodorum*, Smith.

2e section. Graines indéfinies; six étamines : *Conostylis*, R. Br.; *Anigozanthos*, Labill.

3e section. Graines définies; six étamines : *Phlebocarya*, R. Br.

Outre ces genres de la Nouvelle-Hollande, les Hæmodoracées comprennent encore les *Dilatris*, Berg.; *Lanaria*, Pers., ou *Argolasia*, Juss.; *Heritiera*, Gmel. et Michx., et le *Wachendorfia*; L. Nées et Martius ont récemment rapporté à cette famille le nouveau genre *Hagenbachia*. Malgré son ovaire infère, le *Xyphidium* fait probablement partie des Hæmodoracées, vu son affinité avec le *Wachendorfia*; mais R. Brown, ne connaissant pas la structure de son fruit, a hésité de l'y rapporter. Le *Phylidrum* que Salisbury a rapproché des Hæmodoracées en est très-éloigné. Les graines en nombre indéfini du *Conostylis* et de l'*Anigozanthos* distinguent ces deux genres. Le *Phlebocarya* est particularisé par son ovaire uniloculaire et son péricarpe osseux. (G..N.)

HÆMODORE. *Hæmodorum*. BOT. PHAN. Ce genre, qui a donné son nom à la famille des Hæmodoracées, et qui appartient à la Triandrie Monogynie, L., a été établi par Smith (*Trans. of the Linn. Societ.*, 4, p. 213). Dans son Prodrome de la Flore de la Nouvelle-Hollande, 1, p. 299, R. Brown en a ainsi exposé les caractères : périanthe supère à six divisions persistantes, glabres; trois étamines insérées à la base des folioles intérieures du périanthe; ovaire triloculaire à loges dispermes; style filiforme, surmonté d'un stigmate; capsule semi-supère, trilobée, triloculaire, à loges dispermes; graines peltées, comprimées et bordées. Ce genre se compose de cinq espèces qui habitent la partie de la Nouvelle-Hollande située entre les Tropiques et aux environs du port Jackson. Ce sont des Plantes herbacées, glabres, à racines tubéreuses, fusiformes et rouges de sang. Leurs tiges sont simples, garnies de feuilles planes ou légèrement cylindriques, engaînantes à la base. Leurs fleurs sont disposées en corymbe, rarement en épi. (G..N.)

Le nom d'Hæmodore a été emprunté de l'Ecluse qui l'avait appliqué à l'Orobanche. (B.)

* HÆMONIE. *Hæmonia*. INS. Petit genre de l'ordre des Coléoptères, section des Tétramères, famille des Eupodes, établi par Megerle aux dépens des Donacies et adopté par Dejean (Catal. des Coléopt., p. 114) qui en possède une espèce, l'*Hæmonia Equiseti* ou la *Donacia Equiseti* de Fabricius. Elle est originaire d'Allemagne. (AUD.)

* HÆMOPIS. *Hæmopis*. ANNEL. Genre de l'ordre des Hirudinées, famille des Sangsues, établi par Savigny (Syst. des Annel., p. 107 et 115) qui lui assigne pour caractères distinctifs : ventouse orale peu concave, à lèvre supérieure très-avancée, presque lancéolée; mâchoires grandes, ovales, non comprimées, à deux rangs peu nombreux de denticules; dix yeux disposés sur une ligne courbe, les quatre postérieurs plus isolés; ventouse anale obliquement terminale. Les Hæmopis offrent plusieurs points de ressemblance avec les Bdelles, les Sangsues proprement dites, les Néphélies et les Clepsines; mais ils en diffèrent par plusieurs caractères

assez tranchés, tirés de la ventouse orale, des mâchoires, des yeux et de la ventouse anale. Ce genre, fondé aux dépens de celui des Sangsues, s'en éloigne essentiellement par les mâchoires non comprimées et munies de denticules peu nombreux. Le corps des Hæmopis est cylindrico-conique, peu déprimé, allongé, composé de segmens nombreux, courts, égaux, très-distincts; le vingt-septième ou vingt-huitième, et trente-deuxième ou trente-troisième portant les orifices des organes générateurs; il n'existe point de branchies; la bouche est grande relativement à la ventouse orale; celle-ci est composée de plusieurs segmens, elle n'est pas séparée du corps; son ouverture est transverse et à deux lèvres; la lèvre supérieure est très-avancée, presque lancéolée et formée par les trois premiers segmens, le terminal plus grand et obtus; la lèvre inférieure est rétuse; la ventouse anale est de moyenne grandeur et simple. Ce petit genre a pour type :

L'HÆMOPIS SANGSUE DE CHEVAL, *Hæmopis Sanguisorba*, Sav., ou l'*Hirudo Sanguisuga* de Linné et de Lamarck, qui est le même que l'*H. Sanguisuga* de quelques auteurs. Cette espèce, plus grande que la Sangsue médicinale, se trouve communément dans les étangs; sa morsure produit des plaies douloureuses et quelquefois de mauvaise nature. Savigny a décrit trois nouvelles espèces plus petites et qu'il a recueillies dans les étangs des environs de Paris.

L'HÆMOPIS NOIRE, *H. nigra*, Sav.; son corps est grêle, presque cylindrique dans son état habituel de dilatation, et composé de quatre-vingt-dix-huit segmens; la ventouse orale a sa lèvre supérieure lisse en dessous, demi-transparente et laissant apercevoir dans l'Animal vivant les yeux qui sont noirs et très-distincts; la ventouse anale a son disque très-lisse; les mâchoires ont, dans quelques individus, outre leurs denticules, un petit crochet mobile; leur couleur est noire en dessus, cendré-noirâtre en dessous et sans taches; elle est d'une taille moyenne.

L'HÆMOPIS EN DEUIL, *H. luctuosa*, Sav.; cette petite espèce a le corps long de douze à quinze lignes, cylindrique, formé de quatre-vingt-dix-huit segmens; la ventouse orale a sa lèvre pellucide; les yeux sont noirs et très-distincts; la ventouse anale est lisse en dedans; la couleur est noire en dessus, avec quatre rangées de points plus obscurs; elle est noirâtre en dessous.

L'HÆMOPIS LACERTINE, *H. lacertina*, Sav.; cette autre petite espèce a le corps long de douze à quinze lignes, un peu déprimé et formé de quatre-vingt-dix-huit segmens; les yeux sont noirs, très-distincts; les mâchoires sont fortes; la ventouse anale est lisse; la couleur est brune sur le dos avec deux rangées flexueuses de points noirs, inégaux; deux plus gros et plus intérieurs alternent régulièrement avec trois petits plus extérieurs; il existe deux autres rangées latérales de points peu visibles; le ventre est d'un brun clair. (AUD.)

HÆNCKEA. BOT. PHAN. Ruiz et Pavon, dans le Prodrome de leur Flore du Pérou et du Chili, p. 65, avaient donné ce nom générique à une Plante qu'ils ont rapportée ensuite (*Flor. Peruv.*, 3, p. 8, t. 230) au genre *Celastrus*; c'est leur *C. macrocarpa*. Ils ont ensuite décrit et figuré, sous le nom de *Hænckea flexuosa* (*loc. cit.*, p. 8, tab. 231), une espèce qui a été rapportée au genre *Schœpfia* de Schreber, ou *Codonium* de Vahl. *V.* SCHÆPFIE. (G..N.)

* HÆNSLERA. BOT. PHAN. Lagasca (*Nov. Gener. et Spec. Diagnos.* p. 13) a décrit, sous le nom de *Hænslera danaeformis*, une Plante que Linné confondait avec les *Ligusticum*, et qui est devenue le type du genre *Danaa* d'Allioni. *V.* ce mot. Sprengel (*Prod. Umbellif.*, p. 19) a rétabli aussi ce genre en lui appliquant la dénomination de *Physospermum*, anciennement proposée par Cusson. (G..N.)

* HÆPFNÉRITE. MIN. Syn. de Grammatite. (B.)

* HÆRATULES. MOLL. (Luid.) Syn. d'Huîtres fossiles. (B.)

* HÆRBA. MAM. Le Hérisson d'Egypte porte ce nom dans le pays. (B.)

* HÆRNIA. BOT. PHAN. (Sérapion.) Syn. de *Vitex trifoliata*, L. (B.)

* HÆRUCULA. INT. Linné a le premier décrit cet Animal sous le nom de *Fasciola barbata*. Pallas, dans son *Elenchus Zoophytorum*, p. 415, en donne une nouvelle description, sous le nom de *Tœnia Hœrnia*; il en avait fait auparavant un genre particulier sous le nom d'*Hœrucula* dans sa Dissertation; Rudolphi l'a réuni aux Echynorhynques sous le nom d'*Echynorhyncus Hœruca*. *V*. ECHYNORHYNQUE. (LAM..X.)

HÆRUQUE. *Hœruca*. INT. Genre établi par Gmelin, adopté par plusieurs auteurs. Goëze l'avait nommé *Pseudo-Echynorhynchus*. Rudolphi considère l'Animal qui a servi de type à ce genre, comme un Echynorhynque mal observé, mal décrit et mal figuré; il l'a relégué parmi les espèces douteuses. *V*. ECHYNORHYNQUE. (LAM..X.)

HAFFARA. POIS. Espèce du sous-genre Sargue dans le genre Spare. *V*. ce mot. (B.)

HAFLE. POIS. L'un des noms vulgaires de l'Hyppure, espèce du genre Coryphœne. *V*. ce mot. (B.)

* HAFSULA. OIS. (Olafsen.) Syn. de Fou de Bassan. *V*. FOU. (DR..Z.)

HAGARD. OIS. Nom donné au Faucon commun, très-vieux, dont certains auteurs firent mal à propos une espèce. *V*. FAUCON. (DR..Z.)

*HAGARRERO. OIS. (Temminck.) Espèce du genre Pigeon. *V*. ce mot. (DR..Z.)

HAGEDASH. OIS. (Sparrmann.) Espèce du genre Tantale. *V*. ce mot. (DR..Z.)

HAGÉE. *Hagea*. BOT. PHAN. Genre de la famille des Paronychiées d'Aug. Saint-Hilaire, et de la Pentandrie Monogynie, L., établi par Lamarck (Journ. d'Hist. nat., vol. 2, p. 3, tab. 25). Cet auteur lui avait donné le nom de *Polycarpea* qui, en raison de sa ressemblance avec celui de *Polycarpon*, imposé par Linné à un genre voisin, a été changé par Ventenat en celui de *Hagea*, adopté par les botanistes. D'un autre côté, Willdenow (*Enumer. Plant. Hort. Berol.*, 1, 269) a décrit une de ses espèces sous le nom générique de *Mollia*. Voici les caractères de ce genre : calice à cinq folioles; cinq pétales échancrés; cinq étamines; style simple; capsule supérieure, trigone, uniloculaire et renfermant un grand nombre de graines.

L'HAGÉE DE TÉNÉRIFFE, *Hagea Teneriffœ*, Venten., peut être considérée comme l'espèce type du genre. C'est une petite Plante dont les tiges ramifiées et articulées sont étalées sur la terre et couvertes de feuilles vertes, opposées, inégales, spathulées et un peu mucronées au sommet. Elles sont accompagnées de petites stipules scarieuses et verticillées. Les fleurs sont petites, panachées de vert et de blanc argenté, disposées en panicules terminales, rameuses et dichotomes. On cultive au Jardin botanique de Paris cette Plante qui a été découverte sur le pic de Ténériffe. Dans cette localité croît une espèce très-voisine de la précédente, et que Willdenow a décrite sous le nom de *Mollia latifolia*. Les autres Plantes rapportées à ce genre sont : 1° l'*Achyranthes corymbosa*, L., ou *Hagea indica*, Vent., indigène de l'île de Ceylan; 2° *Polycarpea microphylla*, Cav., ou *Hagea gnaphalodes*, Pers., découverte dans le royaume de Maroc par Schousboë qui l'avait nommée *Illecebrum gnaphalodes*. (G..N.)

* HAGENIA. BOT. CRYPT. (*Lichens*.) Ce genre, fondé par Eschweiler dans son *Systema Lichenum* (Munich, 1824), est formé aux dépens du genre *Borrera* d'Achar. Les caractères sur lesquels il est établi

sont : thallus foliacé, rameux, lacinié, fibrilleux, cilié au-dessous ou vers la marge, inférieurement tomenteux, blanchâtre; apothécions orbiculaires, réniformes, terminaux, sous-pédicellés, situés obliquement; à lame proligère, marginée par le thallus. Ce genre sépare un groupe fort naturel sur une considération trop légère, puisque la principale est fondée sur la présence des cils qui se trouvent près de la marge du thallus. Partant de-là, Eschweiler range les *Borrera trulla*, *Solenaria*, *tenella*, *furfuracea*, *kamtschadalis*, *villosa*, *Ephebea*, *atlantica*, etc., parmi les *Parmelia*, le *Borrera pubera*, parmi les Usnées, et regarde seulement les *Borrera ciliaris* et *leucomela* comme des Hagenia. L'espèce que nous avons dessinée dans notre méthode, pl. 2, fig. 23, sous le nom de *Borrera Boryi*, serait un Hagenia. Ce nom d'Hagenia n'eût pas pu être conservé, puisque Lamarck a créé depuis long-temps pour les Phanérogames un genre Hagenia adopté par les botanistes. Mœnch avait aussi créé un genre consacré à Hagen, ce qui permet de s'étonner de la phrase où Eschweiler se plaint de l'oubli dans lequel est tombée la mémoire de Hagen. Les naturalistes, prompts à reconnaître le mérite, sont également prompts à l'honorer. Le genre *Borrera* de Meyer, qui est un Spermacoce (*V.* ce mot), est d'une création postérieure à celle du *Borrera* d'Achar qui doit être maintenu. (A. F.)

HAGENIE. *Hagenia*. BOT. PHAN. Sous ce nom Lamarck a établi un genre de l'Octandrie Monogynie, L., et il a en même temps indiqué ses rapports avec les Méliacées. Voici la description abrégée de l'*Hagenia Abyssinica*, unique espèce du genre : ses tiges se divisent en rameaux glabres, couverts supérieurement de feuilles en touffes, ailées avec impaire, composées d'environ treize à quinze folioles ovales, lancéolées, aiguës, dentées à leur contour, échancrées et inégales à leur base; les pétioles dilatés en gaîne à leur partie inférieure laissent, après leur chute, une membrane qui se présente comme une stipule annulaire; les fleurs sont accompagnées de petites bractées lancéolées, entières, et sont disposées en panicules terminales, pendantes, étalées et ramifiées; elles ont un calice partagé en deux folioles concaves; cinq pétales planes, elliptiques, obtus; un très-court appendice, à cinq découpures profondes, ovales, dans lequel sont renfermées dix étamines très-courtes; le fruit est capsulaire. Le voyageur Bruce, qui a découvert cet Arbre dans l'Abyssinie, l'a mentionné sous le nom de *Cusso*. Comme il n'est fait aucune mention de ce genre dans la famille des Méliacées, dont le professeur De Candolle a publié le tableau dans son *Prodromus*, nous pensons que ce genre, pour être adopté, exige des renseignemens ultérieurs. C'est pourquoi il ne nous a pas paru convenable d'en donner à part le caractère générique, qui d'ailleurs pourra être facilement extrait de la description précédente. Mœnch avait aussi constitué un genre *Hagenia* avec le *Saponaria porrigens*, L., mais il n'a pas été adopté. *V.* SAPONAIRE. (G..N.)

* HAGUIMIT. BOT. PHAN. *V.* AIMIRI OU AIMIT.

* HAGUR. OIS. Syn. d'Hirondelle de fenêtre. *V.* ce mot. (DR..Z.)

* HAIALHALEZ. BOT. PHAN. (Daléchamp.) L'un des noms arabes de la Joubarbe des toits. (B.)

* HAIAS OU HAJAS. BOT. PHAN. On trouve mentionnée sous ce nom, dans quelques voyageurs, une racine cultivée en Amérique, qui est l'AIES de Bauhin et de l'Écluse. Cette prétendue racine nous paraît être l'Arachide, et ces mots d'*Haias* ou d'*Hajas* pourraient bien être un double emploi de *Habascos*. *V.* HABASCON. (B.)

* HAINGHA. OIS. Nom que l'on donne, suivant Labillardière, dans

les îles des Amis, à une petite espèce de Perruche. (G.)

HAIRI. BOT. PHAN. (Thevet.) *V.* AIRI.

* HAIRON. BOT. PHAN. (Rauwolf.) Variété du Dattier dont les fruits sont plus allongés que les Dattes ordinaires. (B.)

* HAI-YU. BOT. PHAN. L'un des noms de pays de l'*Arum esculentum*. *V.* GOUET. (B.)

HAJAS. BOT. PHAN. *V.* HAIAS.

HAJE. REPT. OPH. Espèce égyptienne du genre Vipère. *V.* ce mot. (B.)

HAKÉE. *Hakea*. BOT. PHAN. Ce genre de la famille des Protéacées et de la Tétrandrie Monogynie, L., a été établi par Schrader (*Sert. Hanov.*, 27, tab. 7) et adopté par Cavanilles, Labillardière et R. Brown. Ce dernier auteur, dans son Mémoire sur les Protéacées (*Transact. of the Linn. Societ.* T. X, p. 178), en a ainsi exposé les caractères : périanthe à quatre divisions irrégulières, placées du même côté; étamines nichées dans les sommets concaves des divisions du périanthe; glande hypogynique unique, presque partagée en deux (rarement entièrement bilobée); ovaire pédicellé disperme; stigmate presque oblique, dilaté à la base et terminé en pointe; follicule ligneux, à une seule loge excentrique, et ayant l'apparence d'avoir deux valves; graines munies au sommet d'une aile plus longue que le noyau. Plusieurs espèces de *Hakea* ont été décrites sous le nom générique de *Conchium* par Smith (*Transact. Linn.* T. IV, p. 215), Ventenat (*Malmaison*, 110) et Gaertner (*Carpolog.* 3, p. 216); d'autres ont été réunies aux *Banksia* par Salisbury, Smith et Gaertner. Il se compose d'Arbrisseaux roides, ou d'Arbres médiocres, couverts quelquefois de poils en navette; leurs feuilles sont éparses, souvent de formes diverses sur le même individu. Aux aisselles des feuilles, on voit de petites grappes ou fascicules enveloppés par des écailles imbriquées, scarieuses, caduques, renfermant quelquefois les rudimens des rameaux, et pouvant, par cette raison, être regardés comme des bourgeons. Cette circonstance s'observe dans toutes les espèces du genre, excepté une seule, et le distingue beaucoup mieux de ses voisins, que les autres caractères qui sont sujets à varier. Les fleurs sont petites, blanches ou jaunâtres, portées sur des pédicelles colorés, géminés et accompagnés d'une bractée; le pistil est très-glabre, à style caduc; la capsule a ses parois fort épaisses, et les graines sont noires ou cendrées.

Toutes les Hakées sont indigènes de la Nouvelle-Hollande, principalement de la partie australe de la terre de Diémen, et des environs du port Jackson. Une seule espèce (*H. arborescens*) croît entre les Tropiques, et cette espèce est aussi la seule dont les bourgeons floraux soient nus. On en cultive quelques-unes comme Plantes de curiosité, dans les serres tempérées des jardins de l'Europe. Les trente-cinq espèces décrites par R. Brown ont été distribuées en trois sections : dans la première, sont celles à feuilles filiformes; dans la seconde, les unes ont des feuilles filiformes ou disposées sur la même Plante; et dans la troisième, sont placées les espèces à feuilles planes.

Nous nous bornerons à mentionner les suivantes : 1° *Hakea pugioniformis* de Cavanilles (*Icon* 6, p. 24, tab. 533), qui a reçu sept autres dénominations. Schrader l'a figurée sous le nom d'*Hakea glabra*; et c'est une de celles dont il a formé le type du genre. 2° *H. epiglottis*, Labillardière (*Nov.-Holland.* 1, p. 30, tab. 40). 3° *H. gibbosa*, Cav. (*loc. cit.*, tab. 534). C'est l'*Hakea pubescens* de Schrader, le *Banksia pinifolia* de Salisbury, le *Banksia gibbosa* de Willdenow, et le *Conchium gibbosum* de Smith. 4° *H. acicularis* de Knight et Salisbury (*Proteac.* 107), ou *H. sericea* de Schrader, *Conchium aciculare* de Ventenat (Jardin de la Malmaison, tab. 3). 5° *H. saligna*, Kn.

et Salisb.; *Conchium salignum* de Smith, et *Embothrium salignum* d'Andrews (*Reposit.*, tab. 215). 6° *H. ruscifolia*, Labill. (*loc. cit.*, 1, p. 30, tab. 39). 7° *H. dactyloides*, Cavan. (*loc. cit.*, tab. 535), *Banksia dactyloides*, Gaertner (*Carpol.* 1, p. 221, tab. 47, f. 2), et *Conchium dactyloides*, Ventenat (*loc. cit.*, tab. 110). (G..N.)

HAKIK. OIS. Syn. de Pélican. *V.* ce mot. (DR..Z.)

HALACHIA ET HALACHO. POIS. Noms vulgaires de l'Alose. *V.* CLUPE. (B.)

HALADROMA. OIS. (Illiger.) Syn. de Pélécanoïde. *V.* ce mot. (DR..Z.)

HALÆTUS. OIS. Pour Haliætus. *V.* ce mot. (B.)

* HALALAVIE. OIS. (Flacourt.) Nom d'une Perruche indéterminée à Madagascar. (DR..Z.)

HALANDAL, HELANDEL OU HANDEL. BOT. PHAN. Syn. arabes de Coloquinte. (B.)

HALBOPAL. MIN. Syn. de Quartz résinite. (B.)

HALBOURG. POIS. Le Hareng plus gros que les Harengs communs, qu'on pêche solitaire sur nos côtes après le départ des grands bancs, et désigné vulgairement sous ce nom, pourrait bien être une espèce particulière de Clupe. *V.* ce mot. (B.)

* HALBRAN. OIS. *V.* ALBRAND.

HALCEDO. OIS. Pour Alcedo. *V.* ALCYON. (B.)

HALCON. OIS. Syn. de Faucon. *V.* ce mot. (DR..Z.)

HALCYON. OIS. Pour Alcyon. Cette orthographe éminemment vicieuse n'eût pas même été relevée dans ce Dictionnaire si on ne la voyait avec surprise se perpétuer dans tous les autres. Alcyon est un de ces noms mythologiques tellement consacrés, qu'on n'y saurait ajouter ou retrancher une lettre quelconque non plus qu'à ses dérivés. (B.)

HALE. POIS. Espèce égyptienne du sous-genre Hétérobranche. *V.* ce mot. (B.)

HALEBRAND. OIS. Pour Albrand, jeune Canard. *V.* ce mot. (B.)

* HALEC. POIS. Vieux syn. de Hareng. *V.* CLUPE. (B.)

* HALECIUM. POLYP. Ocken a réuni sous ce nom plusieurs Polypiers qui appartiennent à nos genres Thoa, Laomédée et Clytie. Nous ne croyons pas devoir adopter le genre Halecium ainsi que l'a fait A. F. Schweigger dans son Manuel des Animaux invertébrés, à cause des caractères nombreux qui séparent les espèces que l'auteur allemand a rassemblées dans le même groupe. (LAM..X.)

* HALECULA. POIS. (Belon.) Syn. d'Anchois. *V.* CLUPE. (B.)

HALEINE DE JUPITER. BOT. PHAN. Quelques jardiniers ont désigné sous ce nom les espèces odorantes du genre *Diosma*. *V.* ce mot. (B.)

* HALEKY. BOT. PHAN. D'où *Halecus* de Rumph (*Amb.*, tab. 5, pl. 126). Nom de pays du *Croton aromaticum*, Plante d'Amboine. (B.)

* HALÉNIE. *Halenia.* BOT. PHAN. Le *Swertia corniculata*, L., Plante de la famille des Gentianées et de la Pentandrie Digynie, L., a été érigé, sous le nom d'*Halenia*, en un genre distinct par Borckhausen (*in Rœmer Archiv. für die Botanik*, 1, p. 25), à cause des prolongemens cornus qui se trouvent à la base de la corolle, et qui représentent les points glandulaires des vraies Swerties. Les six espèces de *Swertia* rapportées de l'Amérique méridionale et du Mexique par Humboldt et Bonpland, et décrites avec beaucoup de soin par Kunth (*Nov. Genera et Spec. Plant. æquinoct.* T. III, p. 135, édit. in-fol.), devront être rapportées au genre *Halenia*, si son admission paraît nécessaire. Elles ont d'abord toutes leurs corolles munies d'appendices extérieurs plus ou moins prolongés en forme d'éperons ou de tubercules, et Kunth, en proposant avec doute leur

différence générique, exprime ainsi le caractère de ce nouveau genre : calice à quatre divisions profondes ; corolle presque campanulée, quadrifide, munie de quatre éperons et de quatre tubercules ; quatre étamines ; le reste comme dans les Swerties. Si, comme nous le pensons, on doit unir aux Plantes décrites par Kunth, le *Swertia corniculata*, L., il sera convenable d'adopter le nom d'*Halenia*, et de modifier le caractère ci-dessus exposé en ne fixant pas le nombre des parties de la fleur, attendu qu'il est sujet à variations. (G..N.)

HALESIER. *Halesia*. BOT. PHAN. Ce genre, établi par Ellis et Linné, a été dédié au célèbre Hales, auteur de la Statique des Végétaux. Il appartient à la famille des Styracinées de Richard et de Kunth, à la Dodécandrie Monogynie, L., et il est ainsi caractérisé : calice très-petit à quatre dents ; corolle grande, renflée et campanulée, à limbe divisé en quatre lobes peu prononcés ; douze à seize étamines dont les filets sont réunis en tube et adnés à la corolle, et dont les anthères sont oblongues et dressées ; ovaire infère surmonté d'un style et d'un stigmate ; noix recouverte d'une écorce, oblongue, à quatre angles saillans, acuminés par le style persistant, à quatre loges monospermes ; deux des loges souvent avortées. Les Plantes de ce genre sont des Arbrisseaux indigènes de l'Amérique méridionale, à feuilles simples, alternes, imitant celles des Merisiers, et à fleurs blanches, latérales, pendantes et axillaires. On en compte trois espèces dont la culture réussit assez bien dans notre climat. Une d'elles étant un Arbuste d'ornement qui fait un joli effet au milieu des Cytises et des Gaîniers qui décorent les bosquets d'Europe, nous nous bornerons à sa description.

L'HALESIER A QUATRE AILES, *Halesia tetraptera*, L. et Ellis, *Act. Angl.*, vol. 51, p. 331, tab. 22, s'élève à la hauteur de cinq à six mètres, chargé de rameaux étalés et de feuilles alternes, oblongues, aiguës, légèrement dentées sur les bords, vertes en dessus, légèrement cotonneuses en dessous, et dont les pétioles sont pubescens et assez souvent pourvus de quelques glandes tuberculeuses ; les fleurs, d'un blanc de neige, sont latérales, pendantes, réunies trois ou quatre ensemble par petits bouquets sur les vieux bois. Cet Arbrisseau se multiplie par marcottes qui ne sont bien enracinées qu'après deux ou trois mois. Les graines qu'elles donnent en France, ne lèvent souvent que la seconde année.

Un autre genre *Halesia*, établi par P. Browne, dans son Histoire des Plantes de la Jamaïque, est identique avec le *Guettarda* de Linné. Lœfling (*Iter Hispan.*, 188) a employé le même nom comme spécifique, pour le *Trichilia trifoliata*, L. *V.* GUETTARDE et TRICHILIE. (G..N.)

* HALEUR. OIS. Écrit *Haluer* certainement par erreur typographique dans Barrère. Syn. d'Engoulevent à lunettes. *V.* ENGOULEVENT. (DR..Z.)

HALEX. POIS. Dans les manuscrits de Plumier, ce nom désigne le Cailleu-Tassart. Commerson l'a aussi employé pour une espèce de Clupe à laquelle Lacépède donna le nom de Jussieu. Les anciens donnaient ce nom à certaine préparation des Anchois dans de la saumure. (B.)

* HALFE. BOT. PHAN. (Forskahl.) Nom d'une Graminée en Arabie. C'est le *Lagurus cylindricus* de Linné ou le *Saccharum cylindricum* de Lamarck. (G.)

HALHAMAS. BOT. PHAN. L'un des noms arabes de *Cicer Arietinum*. *V.* CHICHE. (B.)

HALI. OIS. Syn. de Poule à la Nouvelle-Calédonie. *V.* COQ. (DR..Z.)

HALIAETOS. OIS. Syn. de Balbuzard. *V.* FAUCON. (DR..Z.)

* HALIÆTUS. OIS. (Savigny.) D'*Haliœtos* des Grecs. *V.* PYGARGUE. (DR..Z.)

HALICACABUM. BOT. PHAN. Ce mot, qui chez d'anciens botanistes était l'un de ceux par lesquels on désignait des Alkékenges, est aujourd'hui le nom spécifique d'un Cardiosperme, et l'on appelle une Bruyère *Erica Halicacaba*. (B.)

HALICORE. MAM. (Illiger.) C'est-à-dire *Fille marine*. Syn. de Dugong. *V*. ce mot. (A. D..NS.)

HALICTE. *Halictus*. INS. Genre de l'ordre des Hyménoptères, section des Porte-Aiguillons, famille des Mellifères, tribu des Andrenètes, établi par Latreille aux dépens du genre Andrène, et ayant pour caractères : division intermédiaire de la lèvre courbée, beaucoup plus longue que les latérales, surpassant, sa gaîne comprise, d'une fois au moins la longueur de la tête, lancéolée, peu soyeuse; pates postérieures différant peu des autres dans les deux sexes; une fente longitudinale à l'anus dans les femelles. Ces Insectes ne formaient d'abord, dans la Méthode de Latreille (division des Abeilles à la suite de son Hist. nat. des Fourmis, et Hist. nat. des Crust. et des Ins. T. III), que la première division des Andrenètes. Plus tard ce célèbre naturaliste convertit cette division en un genre propre (Nouv. Dict. d'hist. nat. T. XXIV). Jurine, d'après sa Méthode, a placé les espèces du genre Halicte dans son genre Andrène; il les a distinguées des autres espèces et les a placées dans la seconde division de ses Andrènes. Kirby (*Monogr. Ap. Angl.* les place dans sa division ** b des Mellites. Enfin, Illiger (*Magas. Insect.*, 1806) les considère comme des Hylées de Fabricius. Les Halictes diffèrent des Collètes et des Prosopes de Fabricius ou des Hylées de Latreille par la forme lancéolée de leur languette; des Andrènes en ce que la même partie ne se replie pas dans le repos sur le dessus de la gaîne ou dans son canal supérieur, mais qu'elle se courbe en dessous et qu'elle est plus allongée, sa longueur, la gaîne comprise, étant au moins le double de celle de la tête. Les femelles des Halictes présentent à l'extrémité dorsale du dernier anneau de l'abdomen un enfoncement longitudinal et linéaire, ressemblant à une fente, mais qui n'est que superficiel. Cette particularité a été observée par Kirby, et elle distingue exclusivement ces Insectes de tous les autres de la même famille. Ils sont, en général, plus allongés et moins velus que les Andrènes; leur languette est trifide, c'est-à-dire qu'on observe de chaque côté de sa base une petite oreillette ou division; le labre est court, entier, transversal, arrondi latéralement, cilié en devant, mais épaissi en dessus à sa base, et comme caréné dans les femelles; les mandibules sont cornées, étroites, terminées en pointe et un peu arquées. Cette pointe est simple dans les mâles et accompagnée d'une dent intérieure dans l'autre sexe; l'aile est formée d'une cellule radiale et de trois cellules cubitales complètes dont la seconde, plus petite, et la suivante reçoivent chacune vers leur extrémité postérieure une nervure récurrente. Les mâles des Halictes ont le corps allongé, étroit, comme linéaire; leurs antennes sont grêles et arquées en dehors; leur longueur égale, dans plusieurs espèces, la moitié de celle du corps. L'abdomen est très-oblong et courbé à son extrémité postérieure. Les pates paraissent courtes relativement au corps. Les femelles ont les antennes très-coudées, l'abdomen ovale, et les pates, les postérieures principalement, garnies de poils courts, nombreux et serrés, avec lesquels elles ramassent le pollen des fleurs; ces poils forment sur le dessus des cuisses postérieures un petit flocon ou une sorte de boucle. Le dernier anneau de l'abdomen présente, comme nous l'avons déjà dit, une apparence de fente. Dans l'un et l'autre sexe, le dessus de l'abdomen présente souvent des taches ou des bandes transverses dont la couleur contraste avec le fond, et qui sont formées par un duvet très-court, placé au bord postérieur des anneaux ou à leur base. Les yeux sont elliptiques et entiers. Les trois yeux lisses sont disposés en un triangle évasé. La manière de vivre des Halictes est à peu près semblable à celle des Andrènes. Les femelles creusent dans la terre des trous obliques qui ont quelquefois plus d'un pied de profondeur; elles y transportent les alimens destinés à la larve qui doit éclore, et qui sont composés du pollen des fleurs mélangé avec un peu de miel, y pondent un œuf et ferment sa retraite avec de la terre. Elles construisent ensuite successivement des nids semblables pour chacun de leurs petits, et ces habitations réunies en une masse et composées de molécules de terre agglutinées forment autant de tuyaux très-lisses en dedans. Les Halictes ont des ennemis qui leur font une guerre cruelle. Les plus redoutables sont l'Araignée agrétique et l'Araignée andrénivore. Ces Insectes fondent sur les Halictes lorsqu'ils sont posés à terre et les emportent avec rapidité pour les dévorer. Les Fourmis ne leur sont pas moins redoutables; elles se saisissent surtout de ceux que le Cercère orné, un des ennemis des Halictes, a blessés et qu'il dépose à terre à côté de son trou, afin de les reprendre et de les introduire plus à loisir. Walkenaer a trouvé dans les nids vides de Cercères et dans ceux des Halictes perceurs de petites Fourmis rouges dont le miel est noir. D'autres ennemis de nos Halictes, qui ne sont pas moins redoutables pour eux, sont: la *Chrysis lucidula*, plusieurs espèces de *Crabrons*, trois espèces des genres Sphécode, Thyphie et Mellites, qui cherchent sans cesse à entrer dans les nids de Halictes pour y déposer leurs œufs; enfin le Cercère orné dont nous avons parlé plus haut. Cet Insecte voltige çà et là au-dessus de la demeure des Halictes, et lorsqu'elles se préparent à entrer dans leur trou et que leur vol est stationnaire, le Cercère fond sur une Abeille, la saisit par le dos et l'enlève; il va se poser à terre, s'accole contre quelque petite pierre ou quelque motte de terre, et lui enfonce son aiguillon immédiatement au-dessous de la tête; il porte ensuite sa victime dans son nid pour servir de nourriture à sa postérité. Walkenaer a décrit les mœurs de deux espèces de ce genre d'une manière très-étendue dans plusieurs mémoires intitulés : Mémoires pour servir à l'histoire naturelle des Abeilles solitaires qui composent le genre Halicte; Paris, 1817. Nous citerons deux espèces dont il a étudié les mœurs et nous rapporterons les observations intéressantes que ce savant a faites sur ces Insectes. La première de ces espèces est :

L'HALICTE MINEUR, *Halictus thecaphorus*, Walk., *H. quadristrigatus*, Latr., *Hyleus grandis*, Illig., figuré par Walkenaer. Cette espèce se livre à ses travaux en plein jour et durant la grande chaleur. Elle mine la terre et la soulève peu à peu à la manière des Taupes, et perce un trou dont l'entrée a environ quatre lignes de diamètre. Le conduit qui aboutit à l'habitation et qui a environ quatre pouces de profondeur, va en pente; à son extrémité se trouve le nid commun de la petite société. « Qu'on se figure, dit Walkenaer, une cavité ronde ou l'intérieur d'un dôme de deux pouces et demi de diamètre et de trois pouces de hauteur; que l'on remplisse ensuite ce dôme d'une masse de terre irrégulièrement pétrie, mais offrant partout des vides qui se détachent des parois du dôme et qui présentent des coques en terre liées ensemble avec les parois du dôme par de petites traverses dont les différentes sinuosités forment un labyrinthe qui semble inextricable, on aura une idée de l'habitation de nos grandes Abeilles. On voit ainsi qu'elles vivent réunies dans un lieu commun ou habitation commune; mais qu'elles ont toutes une cellule particulière qu'elles occupent séparément. » Lorsque Walkenaer examina un de ces nids, il se composait de dix-huit à vingt coques de terre ayant la forme de cornues allongées de huit lignes de long sur quatre de large au gros bout; ces coques sont unies ensemble et ne forment qu'une seule masse. Les larves sont renfermées dans ces coques; elles ont sept à huit lignes de long, sont sans pates et plus grosses vers la tête; leur couleur est jaunâtre; elles sont composées de douze anneaux en n'y comprenant pas la tête et un petit tubercule qui termine le dernier anneau; leur tête présente deux très-petites mandibules cornées, pointues, recouvertes par une lèvre ou chaperon ovale. La nymphe est nue, couchée sur le dos dans sa coque; toutes les parties de l'Insecte parfait s'y distinguent parfaitement, mais elles sont blanches et molles. C'est au commencement d'août que Walkenaer a ouvert ce nid : ainsi l'on voit que les Halictes doivent éclore dans le courant de ce mois.

L'Halicte perceur, *H. terebrator*, Walk., *Mellita fulvocincta*, Kirby, *Hyleus fulvocinctus*, Illig., *Apis* n. 7, Geoff., *Apis bicincta*, Gmel., ne travaille que la nuit; son habitation consiste en un trou d'abord unique et perpendiculaire qui se partage, à partir de cinq pouces de profondeur, en sept ou huit trous différens, peu écartés les uns des autres, à l'extrémité desquels se trouve, à environ huit pouces de distance au-dessous du sol, l'habitation de chacune des Abeilles et l'alvéole en terre où elle dépose et nourrit sa postérité; sous la courbure de ce nid, du côté le moins bombé, se trouve attachée une boule de cire mielleuse de la grosseur d'un pois, mais qui n'est pas parfaitement ronde : c'est cette boule qui doit servir à la nourriture de la larve, quand l'œuf que l'Halicte dépose dessus sera éclos : cette larve ne présente d'abord aucun anneau, c'est un ver blanc, cylindrique, d'une ligne de long; parvenue au terme de son accroissement, elle a quatre ou cinq lignes de long; elle est renflée au milieu et divisée en treize segmens sans compter la tête qui est petite, distincte, munie de deux mandibules pointues par le moyen desquelles elle mord et divise la boule de cire sur laquelle elle est couchée; lorsque cette larve a consommé la boule de cire contenue dans le nid, elle se métamorphose en nymphe sans se filer de coque; cette métamorphose a lieu un mois ou cinq semaines après que les Abeilles ont commencé à percer leurs trous; ces nymphes présentent à nu toutes les parties de l'Insecte parfait, mais ramollies et ramassées; la tête est d'abord entièrement blanche. Les yeux commencent les premiers à se colorer en rouge brun, ensuite les pates; on voit après brunir le dessus du corselet, peu à peu le bord des anneaux, dont la base est encore blanchâtre; enfin l'Insecte se trouve revêtu de toutes ses couleurs et dans son état parfait, mais trop mou pour pouvoir se remuer; ce n'est qu'un jour ou deux après sa métamorphose complète qu'il soulève le petit bouchon de terre qui ferme son alvéole, atteint les parties supérieures de sa demeure et s'envole. Ces Halictes ne se posent que très-rarement avant d'entrer dans leur trou. Walkenaer suppose que c'est pour éviter d'être surprises par des ennemis redoutables qui les guettent continuellement; il a observé que lorsqu'une d'elles se présentait pour entrer, on en voyait une autre s'élever subitement jusqu'à l'entrée du trou dont l'ouverture était bouchée exactement par sa tête; que la première se retirait un instant comme pour attendre la permission d'entrer, et qu'ensuite celle qui avait paru au trou reparaissait de nouveau comme pour venir annoncer l'ordre d'admission; alors elles rentraient l'une et l'autre dans le trou : le même manège avait lieu toutes les fois qu'une Abeille voulait entrer : si cependant aucune sentinelle ne se présentait lorsqu'une Abeille se disposait à entrer, il semblait que celle qui s'était introduite sans permission était bientôt chassée, et on la voyait immédiatement sortir.

Nous regrettons que l'étendue de cet ouvrage ne nous permette pas d'entrer dans de plus grands détails, et nous renvoyons aux Mémoires du savant que nous avons cité plus haut. Le nombre des espèces du genre Halicte, qui se trouvent en Angleterre et qui ont été décrites par Kirby, est de vingt-quatre; la collection de Latreille en renferme plus de quarante, tant exotiques qu'indigènes. (G.)

HALIDRE. *Halidrys.* BOT. CRYPT. (*Hydrophytes.*) Et non *Halidris.* Genre établi par Stackhouse dans la deuxième édition de sa Néréide Britannique, pour les Hydrophytes auxquelles nous avons cru devoir conserver le nom générique de Fucus. Il y réunit à tort des Dictyoptères et d'autres Plantes marines. Le genre Halidrys de Lyngbye ne ressemble en aucune manière à celui de Stackhouse, il se compose des *Fucus nodosus* et *siliquosus* de Linné, que nous distinguons sous les noms génériques de *Nodularia* et de *Siliquaria*; le premier diffère des Fistulaires de Stackhouse qui a placé à tort le *Fucus fibrosus* de Linné après le *Fucus nodosus.* Ainsi le genre Halidrys de Stackhouse, et celui de Lyngbye ne peuvent être adoptés selon nous. (LAM..X.)

HALIEUS. OIS. (Illiger.) Nom donné à un genre où seraient compris des Cormorans et les Frégates. (DR..Z.)

HALILIG. BOT. PHAN. (L'Écluse.) Syn. arabe de Mirobolan, par corruption de Délégi et Delilig, employés par Avicenne et Sérapion. (B.)

*HALIMATIA. BOT. PHAN. Ce nom, qui paraît être formé par corruption d'*Halimos*, espèce du genre Arroche chez les anciens, est employé par Belon, pour désigner un Arbuste dont on forme des haies dans le Levant, et dont les sommités sont mangeables. Ce voyageur entendait peut-être parler de l'*Atriplex Halimus*, L. (B.)

HALIMÈDE. *Halimeda.* POLYP. Genre de l'ordre des Corallinées dans la division des Polypiers flexibles ou non entièrement pierreux, à substance calcaire mêlée avec la substance animale ou la recouvrant, apparente dans tous les états, ayant pour caractères : de présenter un Polypier phytoïde, articulé, avec des articulations planes ou comprimées, très-rarement cylindriques, presque toujours un peu flabelliformes ; l'axe fibreux, recouvert d'une écorce crétacée en général peu épaisse. Linné, Pallas, Ellis et les auteurs modernes ont réuni ce genre aux Corallines, malgré les nombreux caractères qui l'en éloignent; les Halimèdes, presque semblables à quelques Plantes de la famille des Opuntiacées, par leurs articulations planes, larges, éparses ou prolifères, ne peuvent être réunies aux Corallines à divisions trichotomes, et dont les articulations sont tout au plus comprimées. Elles diffèrent par des caractères bien tranchés des Amphiroës à articulations séparées, des Janies filiformes et des Galaxaures fistuleuses; ainsi les Halimèdes forment un genre distinct dans l'ordre des Corallinées, auxquelles elles appartiennent par la nature des deux substances tant internes qu'externes. Un auteur célèbre leur trouve quelque rapport avec les Alcyons; cela peut être entre quelques individus desséchés et décolorés ; mais au sortir de la mer il n'existe aucune analogie entre ces êtres. Lamarck, dans son Mémoire sur les Polypiers empâtés, a fait un genre sous le nom de Flabellaire dans lequel il réunit les Udotées aux Halimèdes; nous n'avons pas cru devoir l'adopter de préférence à la division que nous proposâmes en 1810, longtemps avant que le savant professeur du Jardin des Plantes s'occupât d'un travail spécial sur cette partie intéressante de l'histoire naturelle. La principale différence qui existe entre les Udotées et les Halimèdes consiste dans les articulations qui sont toujours très-apparentes dans les dernières, et qui n'existent jamais dans les premières, car on ne peut regarder, même comme des rudimens d'articulations, les zônes concentriques et transversales que l'on observe sur les

Udotées. Ces lignes zonaires donnent quelquefois à ce Polypier tant de ressemblance avec certaines variétés du *Padina Pavonia* (*Ulva Pavonia*, L.), que l'on ne doit pas s'étonner que plusieurs naturalistes les aient confondus les uns avec les autres. Ellis a figuré d'une manière très-exacte les pores ou cellules polypifères de l'Halimède Raquette, et leur moyen de communication avec l'intérieur du Polypier; ne l'ayant point observé vivant, il n'a pu en découvrir les Animaux. Il paraît que cette figure n'a pas satisfait un zoologiste qui nous écrivit, en 1815, que c'était à tort que l'on regardait l'*Halimeda Tuna* comme un Polypier; que c'était une véritable Plante dont il se proposait de faire un genre nouveau sous le nom d'*Opuntioides*. Nous ignorons les raisons qui ont engagé ce naturaliste à émettre cette opinion; mais, sans parler des deux substances semblables à celles des Corallines, de la couleur verte analogue par sa nuance et sa fugacité à celle des Nésées, des Acétabulaires, etc., l'organisation seule met un grand intervalle entre ces Polypiers et les Végétaux. Dans ces derniers on observe toujours un tissu cellulaire plus ou moins régulier, et il n'existe rien de semblable dans les premiers. Leur croissance n'est pas la même que celle des Hydrophytes qui ne diffère point de celle des Végétaux terrestres, tandis que dans les Halimèdes les articulations se développent les unes à la suite des autres comme les cellules des Flustrées, de sorte que les inférieures semblent privées de la vie, et ont perdu leurs couleurs vertes, tandis que de nouvelles articulations s'élèvent sur les disques des extrémités des rameaux. On pourrait presque compter l'âge de ces Polypiers par le nombre de leurs articulations. En outre, les Halimèdes se lient par tant de caractères aux autres Corallinées, qu'adopter l'opinion du zoologiste italien, ce serait placer tous ces Polypiers parmi les Végétaux et renverser les idées que nous avons sur ces êtres encore peu connus. Les Halimèdes ne se trouvent que dans les mers des latitudes chaudes ou tempérées; rares dans les parties septentrionales de la Méditerranée, elles deviennent plus communes à mesure que l'on s'approche des régions équatoriales. Elles sont abondantes aux Antilles. Nous n'en connaissons qu'une espèce de la mer des Indes; elles paraissent très-rares dans cette partie du monde. Quelques espèces sont communes à la Méditerranée et aux Antilles sans présenter aucune différence bien sensible, soit dans la forme, soit dans la grandeur. Leur couleur n'offre jamais les nuances brillantes des Corallines; verte dans le sein des mers, elle devient blanchâtre par l'action de l'air ou de la lumière. La grandeur dépasse rarement un décimètre, et n'est jamais au-dessous de cinq centimètres. Les Halimèdes, quelquefois parasites sur les Thalassiophytes, adhèrent ordinairement aux rochers ou aux sables solides par des fibres nombreuses plus ou moins longues. On les trouve mêlées dans la Coralline de Corse des pharmaciens, et elles ne paraissent point altérer les propriétés anthelmintiques ou absorbantes de ce Polypier. Les Halimèdes sont peu nombreuses en espèces; nous connaissons les *Halimeda monile*, *incrassata*, *multicaulis*, *irregularis*, *Tridens*, *Opuntia* la plus commune de toutes, *Tuna* et *dioscoidea* les plus grandes, avec des articulations presque orbiculaires.

(LAM..X.)

HALIMOS ET HALIMUS. BOT. PHAN. *V*. HALIMATIA et ARROCHE.

HALINATRON. MIN. Ce mot a été quelquefois employé pour désigner le carbonate de Soude impur que l'on rapporte d'Egypte sous le nom plus connu de Natron, mais non moins impropre. (B.)

HALIOTIDE. *Haliotis*. MOLL. Vulgairement *Oreille de mer*. Genre de la famille des Macrostomes de Lamarck et des Scutibranches non symétriques de Cuvier. Blainville les a placés dans le même ordre des Scutibranches, dans la famille des Otidées qu'il a créée nouvellement. Plusieurs espèces de ce genre, abondamment répandues dans nos mers, ont été connues des anciens, et pour la plupart figurées par eux. Ils les ont presque tous rapprochées des Patelles, et les en ont séparées avec facilité, car il est peu de genres qui soient plus faciles à distinguer au premier abord. Klein (Méth. Ostr., p. 18) paraît être le premier à en avoir fait ce que nous nommons un genre sous le nom d'*Auris*, puisé dans les écrivains antérieurs à son époque, tels que Lister, Rumph, etc. Linné forma ensuite ce genre sous le nom d'*Haliotis*, et il a été adopté depuis sous la même dénomination par Adanson et par tous les conchyliologues modernes. Jamais les auteurs n'ont varié sur la nécessité et sur la valeur de ce genre, mais il en est peu qui aient autant changé de place. Nous voyons, en effet, Linné terminer sa première division des Coquilles régulières et à spire par les Haliotides, et commencer la section des Coquilles sans spire par les Patelles. Ce rapprochement avait été senti et indiqué par les anciens. Adanson lui-même mit ce genre dans un même ordre de rapports. Bruguière sépara beaucoup dans son cadre méthodique les Patelles des Haliotides; il mit les premières dans la première division des Coquilles sans spire régulière, avec les Dentales et les Serpules; les secondes à la fin de la seconde division entre les Nérites et les Argonautes, ce qui est loin, comme il est facile de le sentir, de présenter un ordre naturel. Lamarck, dans les Animaux sans vertèbres, 1801, avait mis ce genre dans la seconde section, celle qui réunit toutes les Coquilles qui n'ont ni canal ni échancrure à la base. Il se trouve évidemment à faux entre la Testacelle et le Vermet. Dans sa Philosophie zoologique, on le trouve faisant partie d'une famille particulière avec les Stomates et les Stomatelles. Cette famille, à laquelle il donna d'abord le nom de Stomatacées, fut conservée plus tard par lui (Extr. du Cours, 1811) sous le nom de Macrostomes, mais il en sépara alors les Haliotides, pour les réunir avec doute aux Patelles, aux Ombrelles et aux Oscabrions, dans la seconde division des Phyllidiens; enfin, dans son dernier ouvrage, le même auteur réunit de nouveau les Haliotides aux Stomates et Stomatelles, comme dans la Philosophie zoologique, en conservant le nom de Macrostome pour la famille à laquelle il a ajouté sans séparation le genre Sigaret. Cuvier, dans ses divers travaux, n'a guère moins varié que Lamarck à l'égard des rapports de ce genre. Dans la première édition du Règne Animal, nous le trouvons, selon le système linnéen, entre les Nérites et les Patelles, et à peu près dans les mêmes rapports dans le Cours d'anatomie comparée; mais, dans la seconde édition du Règne Animal, Cuvier réunit les Haliotides aux Stomates, aux Cabochons et aux Crépidules dans sa famille des Scutibranches, et dans la sous-division des non symétriques. Férussac, dans ses Tableaux systématiques, a conservé à ce genre les mêmes rapports que Cuvier; seulement il a divisé les Scutibranches en trois sous-ordres qui comprennent plusieurs familles; les Haliotides sont dans la première avec les Padolles de Montfort et les Stomates de Lamarck. Blainville, dans son article *Mollusque* du Dictionnaire des Sciences naturelles, a rapproché aussi les Haliotides des Calyptraciens. Il a fait, avec ce genre et les Ancyles, sa famille des Otidées. Quoique Blainville ait parfaitement connu l'Animal de l'Haliotide, il est facile de s'apercevoir, par la séparation qu'il a faite et surtout par l'association avec les Ancyles, qu'il n'a point résolu la question qui est d'autant plus difficile à décider d'une manière satisfaisante sans rompre les rapports des Coquilles et des Animaux, que ces Animaux eux-mêmes présentent un plus grand nombre d'anomalies. Voici, au reste, de quelle manière ce genre a été caractérisé : corps ovalaire, très-déprimé, à peine spiral en arrière, pourvu d'un large pied doublement frangé dans la circonférence; tête déprimée; tentacules un peu aplatis, connés à la base; yeux portés au sommet de pédoncules prismatiques situés au côté externe des tentacules; manteau fort mince, profondément fendu au côté gauche; les deux lobes pointus, formant, par leur réunion, une sorte de canal pour conduire l'eau dans la cavité branchiale située à gauche, et renfermant deux très-longs peignes branchiaux inégaux. Coquille nacrée recouvrante, très-déprimée, plus ou moins ovale, à spire très-petite, fort basse, presque postérieure et latérale; ouverture aussi grande que la coquille, à bords continus; le droit mince, tranchant; le gauche aplati, élargi et tranchant aussi; une série de trous complets ou incomplets, parallèles au bord gauche, servant au passage des deux lobes pointus du manteau; une seule large impression musculaire, médiane et ovale.

Il résulte des observations faites nouvellement sur ce genre qu'il a d'un côté beaucoup de rapports avec les Patelles et surtout avec les Fissurelles, étant cependant moins conique, et avec les Conchifères dont il a à peu près le manteau et surtout l'impression musculaire médiane, ce qui conduit à la disposition des adducteurs des Animaux de cette classe. La tête, large et déprimée, est pourvue de deux tentacules assez longs, triangulaires, un peu déprimés, à côté desquels se voient extérieurement deux appendices gros, courts, qui portent l'œil à leur sommet. La cavité branchiale, située à gauche de l'Animal, est fort grande; elle contient deux branchies pectinées qui en occupent toute la longueur. La droite est un peu plus courte que la gauche. Ces branchies sont formées d'un grand nombre de lames régulières qui portent les artères et les veines branchiales. Il paraîtrait, d'après les observations de Blainville, que l'Haliotide ne serait pourvue que des organes femelles consistant en un très-grand ovaire qui embrasse tout le foie, remplit la spire et se prolonge même en avant du côté droit où il se termine par un oviducte simple, à ce qu'il semble, car il n'a point été bien vu. Les organes de la digestion se composent d'un œsophage long et étroit qui se renfle en un estomac assez grand, membraneux, couvert par le foie, et qui se termine par un intestin très-court qui est le rectum, lequel fait saillie dans la cavité branchiale où il s'ouvre et se termine. Le pied est très-grand, discoïde, ovalaire, très-charnu, débordant de toute part la coquille, comme le dit Adanson, lorsque l'Animal marche, et présentant dans son pourtour deux rangs de franges qu'Adanson nomme fraises. L'inférieure est composée de petits tubercules charnus, placés irrégulièrement sur plusieurs rangs; la supérieure n'en a qu'un seul, il est surmonté d'une rangée d'appendices tentaculaires assez longs placés à des distances égales.—Le genre Haliotide n'est point encore très-nombreux en espèces; quelques-unes, comme celles qui habitent nos côtes, se voient sur tout le littoral depuis le Sénégal jusque dans les mers du Nord, ce qui prouve, dans ces Animaux, une grande aptitude à supporter des températures différentes. Elles vivent, comme les Patelles, fixées en grand nombre sur les rochers, où elles s'attachent d'une manière très-solide au moyen de leur vaste pied. Quelques espèces prennent de fort grandes dimensions; elles sont alors recherchées des amateurs de Coquilles, à cause de la beauté de la nacre intérieure qui est souvent colorée de la manière la plus brillante de toutes les teintes de l'iris. La surface extérieure, couverte d'une croûte non nacrée, est rarement intacte, le plus souvent rongée par différens Vers marins. Elle est aussi chargée de Serpules, de Balanes et de Madrépores.

Il paraît assez constant qu'on n'a point encore trouvé ce genre à l'état fossile, même dans les terrains les plus modernes, comme ceux du Plaisantin, ou dans le Crag d'Angleterre. Parmi les espèces, nous citerons les suivantes comme les plus remarquables :

HALIOTIDE COMMUNE, *Haliotis tuberculata*, Lamk., Ann. du Mus. T. VI, p. 216, n. 6; *ibid.*, Linné, p. 3687, n. 2. L'Ormier, Adanson, Voyag. au Sénég., pl. 2, fig. 1; Martini, Conch. T. 1, pl. 16, fig. 146 à 149. Coquille extrêmement commune en certaines parties de nos côtes, assez grande, striée extérieurement en long; les stries coupées transversalement par des plis qui indiquent ses accroissemens. Ces plis sont souvent tuberculeux; toute la coquille est ovale, assez déprimée, quelquefois d'une couleur verdâtre, le plus souvent d'un rouge ocracé, disposé par taches triangulaires sur un fond moins foncé. Elle n'a jamais moins de cinq trous et jamais plus de huit.

HALIOTIDE MAGNIFIQUE, *Haliotis pulcherrima*, Martini, Conchil., fig. 62, b. b. Nous l'avons fait représenter dans les planches de ce Dictionnaire. Espèce très-jolie, petite, ovale, arrondie, chargée extérieurement de côtes sub-rayonnantes, tuberculeuses, qui aboutissent plus ou moins régulièrement à la côte que forme la série de trous. De chacun de ceux-ci part une côte oblique qui descend jusqu'au bord gauche, en dehors. Elle est d'un jaune-orangé blanchâtre vers le sommet. En dedans, la nacre présente les plus belles nuances. La spire columellaire est grande et bien visible dans toute son étendue. Cette Coquille très-rare vient de la rade Saint-George.

HALIOTIDE GÉANTE. L'espèce la plus grande du genre est aussi celle dont la spire est la plus aplatie. On la recherche dans les collections. Elle est fort commune en certaines parties des côtes de la Nouvelle-Hollande. (D..H.)

HALIOTIDIER. MOLL. On a désigné sous ce nom l'Animal de l'Haliotide. *V.* ce mot. (G.)

HALIOTITES. MOLL. Quelques naturalistes ont nommé ainsi des corps fossiles qu'on a comparés aux Haliotides; mais rien n'est moins certain que cette analogie. (G.)

* HALIOUTS OU HARAFETS. OIS. Flacourt désigne sous ce nom un Oiseau de Madagascar encore indéterminé. (B.)

HALIPHLEOS. BOT. PHAN. (Daléchamp.) Syn. de *Quercus Cerris*, espèce du genre Chêne. *V.* ce mot. (B.)

HALIPLE. *Haliplus.* INS. Genre de l'ordre des Coléoptères, section des Pentamères, famille des Carnassiers, tribu des Hydrocanthares (Règn. Anim. de Cuv.), établi par Latreille, et ayant suivant lui pour caractères : antennes de dix articles distincts; palpes externes terminés en alène ou par un article plus grêle et allant en pointe; corps bombé en dessous et ovoïde; point d'écusson apparent; base des pieds postérieurs recouverte d'une grande lame en forme de bouclier; tarses filiformes à cinq articles distincts, presque cylindriques et à peu près de même forme dans les deux sexes. Ce petit genre, créé aux dépens des Dytiques, correspond à celui de *Cnemidotus* d'Illiger et au genre *Hoplitus* de Clairville (*Entom. Helv.* T. II). Il est voisin des Colymbètes, des Hygrobies, des Hydropores et des Notères. Il se compose de plusieurs espèces de petite taille et dont plusieurs sont propres à nos environs. Elles se trouvent dans les étangs et les eaux stagnantes, et nagent avec agilité; elles volent aussi très-bien et se trouvent fréquemment hors de l'eau. Dejean (Catal. des Coléopt., p. 20) en mentionne sept; parmi elles nous citerons : L'HALIPLE ENFONCÉ, *H. impressus*, ou le Dytique strié à corselet jaune de Geoffroy; le *Dytiscus impressus*, Fabr., figuré par Panzer (*Faun. Ins. Germ.* Fasc. 14, tab. 7 et 10). Il est long d'une ligne environ.

On peut citer encore les Haliples *elevatus*, *obliquus*, *ferruginosus*, *variegatus*, *cæsius*, *bi-striolatus*; plusieurs de ces espèces ont été rapportées par les auteurs au genre Dytique; elles sont toutes propres à la France. (AUD.)

* HALISERIS. BOT. CRYPT. (*Hydrophytes.*) Genre que nous avions établi depuis long-temps sous le nom de Dictyopteris dans la famille des Dictyotées. Agardh, dans son *Species Algarum*, propose celui d'Haliseris comme le plus ancien, parce qu'il est mentionné dans les manuscrits de Targioni Tozetti suivant Bertoloni, et qu'il est plus propre à définir la nature de ces Plantes semblables à des Chicorées de mer. Nous ne croyons pas devoir adopter l'opinion d'Agardh, d'autant que le nom de Dictyoptère est non-seulement en rapport avec l'organisation, mais encore avec le caractère de la famille dans laquelle nous avons placé les Dictyoptères que le botaniste suédois classe parmi les Fucoïdes, dénomination qu'il propose pour remplacer celle des Fucacées que le célèbre Richard avait employée dans son riche herbier, et que nous tenons de lui. *V.* DICTYOPTÈRE. (LAM..X.)

* HALITHÉE. *Halithea.* ANNEL. Genre de l'ordre des Néréidées, famille des Aphrodites, établi par Savigny (Syst. des Annelides, p. 11 et 18) qui lui donne pour caractères distinctifs : trompe pourvue de mâchoires cartilagineuses, couronnée, à son orifice, de tentacules composés et en forme de houppe; branchies cessant d'alterner après la vingt-cinquième paire de pieds; des élytres ou écailles couchées sur le dos. Ce genre prend place entre les Palmyres et les Polynoés, et appartenait originairement à celui des Aphrodites. Les Halithées ont un corps ovale ou elliptique, formé d'anneaux peu nombreux. Leurs pieds ont deux rames séparées : la rame dorsale est pourvue de deux grands faisceaux ou rangs de soies roides, inclinées en arrière; la rame ventrale n'a qu'un faisceau de deux à trois rangs de soies simples ou fourchues. Les cirres, tant supérieurs qu'inférieurs, sont coniques et terminés insensiblement en pointe; les cirres supérieurs sont insérés derrière la base du second faisceau de soies roides des rames dorsales. La première paire de pieds est garnie de quelques soies; la dernière est semblable aux autres. Quant aux branchies, elles sont facilement visibles et dentelées. Les élytres sont au nombre de treize paires, pour le corps proprement dit; la treizième paire, qui correspond nécessairement à la vingt-cinquième paire de pieds, est ordinairement suivie de quelques autres paires d'élytres surnuméraires, maintenues, ainsi que les précédentes, par les soies des rames dorsales. La tête est convexe en dessus, à front comprimé et saillant, sous forme de feuillet entre les antennes; elle supporte les yeux qui sont distincts et au nombre de deux, et des antennes incomplètes; les moyennes sont nulles ou habituellement rentrées et point visibles. L'impaire est petite, subulée. Les extérieures sont grandes. L'anatomie a fait voir que ces Annelides sont pourvus de cœcums divisés profondément ou très-légèrement. Ce genre ne renferme encore que trois espèces qui diffèrent assez entre elles pour former deux tribus. Savigny donne à la première le nom d'*Halitheæ simplices*, et il lui assigne pour caractères : antennes mitoyennes nulles; rames dorsales ayant toutes des rangs de soies roides semblables; la base inférieure de ces mêmes rames portant de plus deux faisceaux, et la supérieure, mais sur les segmens squammifères seulement, un troisième faisceau de soies longues excessivement fines et flexibles; ces soies, celles du faisceau le plus inférieur exceptées, s'unissent en partie aux soies correspondantes du côté opposé, pour former sur le dos une voûte épaisse et feutrée qui recouvre entièrement les élytres. Rames ventrales portant trois rangs de soies simplement pointues. Cette tribu comprend deux espèces :

L'HALITHÉE HÉRISSÉE, *H. aculeata* ou l'*Aphrodita aculeata* de Linné,

Pallas et Cuvier. Elle a été décrite et représentée par Swammerdam (*Bibl. Natur.*, tab. 10, fig. 8) sous le nom de *Physalus*, et par Redi (*Opusc.* III, pag. 276, fig. 25) sous celui d'*Hystrix marina*. Elle est commune dans l'Océan et dans la Méditerranée.

L'HALITHÉE SOYEUSE, *H. sericea*, Sav. Cette espèce nouvelle, qui est conservée dans les galeries du Muséum d'histoire naturelle de Paris, est assez voisine de la précédente, mais plus petite des deux tiers. Son corps est plus ovale et plus brun en dessous. Les pieds sont en même nombre et ont la même disposition; il en est de même des écailles : celles-ci sont blanches et sans taches. Les soies du rang inférieur des rames ventrales sont plus fines et plus nombreuses. Les longues soies des rames dorsales sont d'un vert éclatant au-dessus du dos; mais celles qui forment une frange flottante autour du corps sont de couleur blonde.

La seconde tribu est désignée sous le nom d'*Halitheæ hermionæ*, et a pour caractères, suivant Savigny : antennes mitoyennes habituellement rentrées? rames dorsales n'ayant pas toutes les mêmes rangs de soies roides; celles qui correspondent aux élytres ont des rangs plus étendus et plus éloignés des rames ventrales; aucune de ces rames ne portant de soies fines et flottantes, ni de soies feutrées sur le dos; élytres découvertes; rames ventrales portant deux rangs de soies fourchues. Cette tribu ne renferme qu'une espèce encore inédite et qui est assez commune dans la Méditerranée; c'est l'HALITHÉE HISPIDE, *H. histrix*, Sav. Son corps est long de deux à trois pouces, oblong, déprimé, formé de trente-trois segmens et très-exactement recouvert par quinze paires d'élytres, les vingt-huitième et trente-unième segmens portant les deux paires surnuméraires. Élytres souples, minces, lisses, échancrées obliquement, un peu transverses, croisées dans leur jonction sur le dos; antennes extérieures et cirres, tant les supérieurs que les tentaculaires, très-longs, très-déliés à la pointe, d'un brun foncé; rames dorsales à soies plates, longues, très-aiguës; le faisceau supérieur épanoui en palme voûtée; l'inférieur droit beaucoup plus grand et plus brun. Ces deux faisceaux, très-serrés sur les segmens sans élytres, s'y composent aussi de soies plus minces, d'un jaune plus clair. Rames ventrales à soies un peu courbées vers la pointe, avec une épine en dessous; acicules d'un jaune doré. La couleur du ventre est d'un brun clair avec des reflets; celle des élytres est cendrée, lavée de brun ferrugineux. (AUD.)

HALIVE. OIS. (Flacourt.) Nom d'une petite espèce de Canard de Madagascar, mentionné par Dapper sous le même nom. (DR..Z.)

* HALLA-JIN. REPT. OPH. (Russel.) Nom de pays de l'Ibiboca de Daudin. *V.* COULEUVRE. (B.)

HALLEBARDE. MOLL. L'un des noms vulgaires et marchands du *Strombus Pes-Pelecani*. *V.* STROMBE. (B.)

HALLEBRAN. OIS. *V.* ALBRAND.

HALLERIE. *Halleria*. BOT. PHAN. Ce genre, qui rappelle aux botanistes le nom du grand Haller, appartient à la famille des Scrophularlées et à la Didynamie Angiospermie de Linné. Ce dernier naturaliste lui a donné les caractères suivans : calice très-petit, à trois lobes inégaux persistans; corolle grande, infundibuliforme, dont la gorge est renflée, le limbe dressé, oblique, à quatre lobes inégaux, le supérieur plus grand, échancré; quatre étamines didynames; un seul stigmate; capsule presque bacciforme, arrondie, acuminée par le style, biloculaire et polysperme.

L'HALLÉRIE LUISANTE, *Halleria lucida*, L., est un élégant Arbrisseau qui s'élève à la hauteur de trois à quatre mètres, portant des rameaux grêles, opposés, et des feuilles persistantes, petites, opposées, ovales, d'un vert luisant, et dentées en scie sur les bords; les fleurs, d'un rouge vif, naissent ordinairement deux à deux le long des rameaux dans les aisselles des feuilles. Cette Plante, originaire des forêts du cap de Bonne-Espérance, est cultivée au Jardin du Roi à Paris. On lui donne une terre forte, de l'ombre et des arrosemens fréquens pendant les chaleurs de l'été; en hiver, on la conserve dans la serre tempérée. Thunberg (*Nov. Act. Upsal.*, 6, p. 30) a considéré comme une espèce distincte, sous le nom de *Halleria elliptica*, une Plante qui croît sur la montagne de la Table, près du Cap, et que Linné, ainsi que Burmann (*Afr.*, tab. 89, f. 1), ne regardaient que comme une variété de la précédente. Cette nouvelle espèce a été adoptée par Willdenow et par Persoon. (G..N.)

HALLIE. *Hallia.* BOT. PHAN. Ce genre, de la famille des Légumineuses, et de la Diadelphie Décandrie, L., a été constitué par Thunberg (*Prodr.*, p. 131) qui l'a ainsi caractérisé : calice à cinq divisions régulières, profondes ; corolle papilionacée; dix étamines diadelphes; gousse monosperme, non articulée, à deux valves. Ce genre est en outre caractérisé par ses feuilles simples. Les espèces dont il se compose, au nombre d'une dixaine, habitent toutes le cap de Bonne-Espérance. Quelques-unes ont été décrites par divers auteurs, comme appartenant aux genres *Glycine*, *Hedysarum* et *Crotalaria*. Ainsi, l'*Hallia cordata*, Willd., était le *Glycine monophylla*, L., *Mantiss.* 101, ou *Hedysarum cordatum*, Jacq., *Hort Schœnbr.*, 3, tab. 269; le *H. asarina*, Willd., a été décrit par Bergius (*Plant. Cap.*, 194), sous le nom de *Crotalaria asarina*; et le *Hallia sororia*, Willd., se rapporte à l'*Hedysarum sororium*, L., et au *Glycine monophyllos* de Burmann (*Flor. Indica*, 161, tab. 50).

Le genre qui a été proposé sous le nom de *Hallia*, par Jaume Saint-Hilaire, dans le Journal de botanique (février 1813, p. 60), formé uniquement aux dépens du genre *Hedysarum*, n'est pas le même que le *Hallia* de Thunberg. C'est le genre *Alysicarpus* de Necker et de Desvaux. *V.* ALYSICARPE. (G..N.)

* HALLIRHOÉ. *Hallirhoa.* POLYP. Genre de l'ordre des Alcyonaires dans la division des Polypiers Sarcoïdes plus ou moins irritables et sans axe central, offrant pour caractères, savoir: un polypier fossile simple ou pédicellé en forme de sphéroïde plus ou moins aplati, à surface unie ou garnie de côtes latérales ; un oscule rond et profond au sommet et au centre ; cellules éparses sur toute la surface du polypier. Les zoophytes du genre Hallirhoé n'ont pas encore offert d'analogues dans la nature vivante; ils appartiennent à la division des Polypiers Sarcoïdes par leurs caractères généraux. Leur surface couverte en entier de cellules éparses les rapproche de la section des Alcyonées, mais ils diffèrent de tous les Alcyons et des autres genres de ce groupe par un oscule rond et profond à bords tranchés qui se trouve constamment placé au sommet et au centre organique du polypier, comme dans quelques Eponges, et qui forme le caractère essentiel de ce genre. La plus grande des deux espèces connues a de grands rapports avec les Lobulaires. Dans ces dernières, des lobes polymorphes, en nombre variable, composent la masse du polypier. Les Hallirhoés ont également des lobes, mais toujours latéraux et en forme de côtes verticales et saillantes, dont le nombre varie de trois à dix; nous n'en connaissons point au-delà. Leur grandeur ainsi que leur grosseur diffèrent sur le même individu. La masse entière de ce Zoophyte étant animée, les lobes ont des mouvemens obscurs et lents comme ceux des Lobulaires, ce qui explique les légères irrégularités dans la forme de la partie la plus saillante des lobes. Il ne paraît pas que l'âge influe sur le nombre de ces éminences. Nous possédons des individus très-volumineux ayant quatre lobes et d'autres plus

petits à six et à sept. Le pédicelle qui soutient la masse lobée est en forme de cône renversé et tronqué d'un à trois pouces de longueur sur un pouce environ de diamètre. Le genre Hallirhoé n'est encore composé que de deux espèces. La plus grande, l'*Hallirhoa costata*, se trouve dans le terrain à Oolithes, dans l'Argile qui le recouvre quelquefois et dans la Craie chloritée, presque toujours à l'état siliceux. Guettard l'a figurée sous le nom de Caricoïde. La seconde espèce, nommée *Hallirhoa lycoperdoides* à cause de sa ressemblance avec de petits Champignons globuleux et pédicellés, n'a d'autres rapports avec la première que l'oscule terminal et le faciès des cellules. Elle se trouve dans le terrain à Polypiers des environs de Caen.

(LAM..X.)

HALLITE. MIN. (Delamétherie.) Syn. de l'Alumine native qui fut trouvée pour la première fois à Halle en Saxe. (B.)

HALLOMENE. *Hallomenus*. INS. Genre de l'ordre des Coléoptères, section des Hétéromères, famille des Sténélytres, tribu des Hélopiens (Règn. Anim. de Cuv.), établi par Hellwig, et adopté par Latreille qui lui donne pour caractères : antennes filiformes, courtes, insérées près d'une échancrure des yeux ; insertion nue ; tous les articles des tarses entiers ; mandibules échancrées à leur extrémité ; palpes maxillaires plus grands que les labiaux, un peu plus gros près de leur extrémité, amincis à leur pointe, le dernier article presque cylindrique ; palpes labiaux filiformes. Ce genre, réuni par Illiger à celui des Serropalpes, a été adopté par Paykull, qui cependant paraît avoir changé à dessein son nom en celui d'*Hallominus*. Les Hallomènes faisaient précédemment partie du genre Dircée de Fabricius (*Syst. Eleuth.*) ; on doit considérer comme type du genre :

L'HALLOMÈNE HUMÉRALE, *H. humeralis* de Latreille (*Gener. Crust. et Insect.* T. II, p. 194, et T. I, tab. 10, fig. 11), figurée par Panzer (*Faun. Insect. Germ.* Fasc. 16, tab. 17), et décrite par Paykull sous le nom d'*H. bi-punctatus*. On la trouve en Allemagne et en Suède, sous les écorces des vieux Arbres et dans les Bolets. On peut citer encore les Hallomènes *fuscus* de Gyllenhal ou *axillaris* d'Illiger ; *affinis* de Paykull et *flexuosus* du même, qui paraît être la même espèce que l'*H. undatus* de Panzer (*loc. cit.*, Fasc. 68, tab. 23). L'*Hallomenus micans* d'Hellwig, Paykull et Duftschmid, ou *Megatoma micans* d'Herbst, est devenu le type du genre Orchésie. *V.* ce mot.

(AUD.)

HALLORAGIS. BOT. PHAN. Pour Haloragis. *V.* ce mot et CERCODÉE.

(B.)

HALMATURUS. MAM. (Illiger.) Syn. de Kanguroo. *V.* ce mot. (B.)

* HALOCNEME. *Halocnemum*. BOT. PHAN. Genre de la famille des Atriplicées et de la Monandrie Digynie, L., établi par Marschall-Bieberstein (*Flor. Taurico-Caucas.*, Supplément, vol. 3, p. 3) qui l'a ainsi caractérisé : calice commun du chaton squammiforme ; calice particulier de chaque fleur triphylle et fermé ; corolle nulle ; une graine recouverte par le calice persistant. Ce genre a été formé aux dépens du *Salicornia* de Linné. Le port de ces deux genres est semblable à l'inflorescence près, qui dans l'*Halocnemum* est vraiment amentacée ; ce qui n'existe pas dans le *Salicornia*. En outre, dans ce dernier genre, après la chute des calices fructifères, les branches persistent et sont marquées de fossettes dans lesquelles étaient nichées les petites fleurs ; dans l'*Halocnemum*, au contraire, il ne reste qu'un rachis filiforme, lorsque les écailles du chaton sont tombées. Mais la principale différence consiste dans la structure diverse du périgone. L'auteur de ce genre y place d'abord le *Salicornia strobilacea* de Pallas (Illustr., 1, p. 9, tab. 4) et le *Salicornia Caspica*, Pal-

las (*loc. cit.*, 1, p. 12). Ces deux Plantes sont indigènes des contrées voisines du Caucase et de la mer Caspienne. Marschall indique en outre comme congénère le *Salicornia foliata*, qui a beaucoup d'affinité avec le *S. strobilacea*. (G..N.)

HALODENDRON. *Halodendrum*. BOT. PHAN. Du Petit-Thouars décrit sous ce nom un Arbuste de Madagascar, qui croît sur les bords de la mer. Son port est celui d'un Saule. Ses caractères lui assignent sa place dans la famille des Verbénacées, près de l'*Avicennia*, auquel Jussieu pense devoir le réunir. Il en diffère par son calice composé de quatre folioles, et par son fruit à deux loges, dont chacune renferme deux graines attachées au sommet. (A. D. J.)

HALOPHILA. BOT. PHAN. Du Petit-Thouars décrit, sous ce nom générique, une petite Herbe qui croît à Madagascar sur les rivages de la mer, et qui appartient à la famille des Podostemées, Diœcie Monandrie, L. Ses racines sont rampantes; ses feuilles radicales, pétiolées, transparentes, accompagnées de stipules arrondies et transparentes également. Ses fleurs solitaires et axillaires sont dioïques. Leur calice est une gaîne en forme de spathe conique. Il renferme dans les mâles une étamine unique, dont l'anthère allongée ainsi que le filet, est pleine d'un pollen visqueux à graines agglutinées; dans les femelles, un ovaire simple, libre, surmonté d'un style long et grêle, divisé à son sommet en trois parties qui s'écartent l'une de l'autre. La capsule uniloculaire s'ouvre en trois valves, et contient des graines nombreuses et menues, fixées à ses parois. (A. D. J.)

* HALORAGÉES. BOT. PHAN. R. Brown donne ce nom à la famille de Plantes que Jussieu nomme Cercodianées, et Richard Hygrobiées. *V.* ce mot. (A. D. J.)

HALORAGIS. BOT. PHAN. C'est le nom que Forster, et après lui Labillardière et Brown, ont donné au genre Cercodée. *V.* ce mot. (A. D. J.)

HALOS, HALOS-ANTHOS ET HALOS-ACHNE. MIN. *V.* SALCES et SOUDE MURIATÉE.

HALOTESSERA. MIN. (Lhuyd.) Syn. de Muriacite. *V.* ce mot. (B.)

HALOTRICUM. MIN. Nom donné par Scopoli à une variété de Magnésie sulfatée en fibres capillaires, qui, d'après Klaproth, est un mélange de sulfate pur de Magnésie et d'un peu de sulfate de Fer. *V.* MAGNÉSIE SULFATÉE. (G. DEL.)

HALTER. INS. *V.* BALANCIER.

HALTÉRIPTÈRES. INS. Nom proposé par Clairville pour désigner l'ordre des Diptères. *V.* ce mot. (AUD.)

HALTICHELLE. *Haltichella*. INS. Genre de l'ordre des Hyménoptères, famille des Chalcidites de Latreille (Règn. Anim. de Cuv.), établi par Max. Spinola (Essai sur la classif. des Diplolépaires) aux dépens des Chalcis, et ayant suivant lui pour caractères: antennes de douze articles, insérées au bord inférieur de la tête, près de la bouche; abdomen attaché à l'extrémité postérieure et inférieure du métathorax, de sept anneaux dans les mâles et de six dans les femelles; tarière de ces dernières horizontale; coude des antennes logé dans une fosse frontale; cuisses postérieures renflées. L'écusson de quelques espèces offre des variétés de forme assez remarquables; il est quelquefois renflé outre mesure et dans d'autres cas il est aplati et très-court. Spinola rapporte à ce genre plusieurs espèces et entre autres les *Chalcis pusilla* et *bispinosa* de Fabricius, le *Ch. Dargelasii*, Latr. (AUD.)

HALTICOPTÈRE. *Halticoptera*. INS. Genre de l'ordre des Hyménoptères, famille des Chalcidites de Latreille (Règn. Anim. de Cuv.), établi par Max. Spinola (Essai sur la classif. des Diplolépaires) et assez voisin de celui qu'il nomme Haltichelle; il en diffère essentiellement par les antennes insérées au milieu du front, libres dans toute leur longueur, et dont le coude n'est pas reçu dans une fossette frontale. Du reste le nombre des anneaux de l'abdomen paraît le même, il est déprimé, et suivant les espèces il est plus long que large ou plus large que long; la tarière dépasse rarement l'extrémité du ventre. Spinola décrit plusieurs espèces sous les noms de *varians*, *cupreola*, *bimaculata*, *rotundata*, *flavicornis*, etc. Il rapporte aussi à ce nouveau genre les Cleptes *minuta* et *coccorum*. (AUD.)

HALUER. OIS. *V.* HALEUR.

HALYDE. INS. Pour Halys. *V.* ce mot. (AUD.)

* HALYMENIE. *Halymenia.* BOT. CRYPT. (*Hydrophytes.*) Agardh, dans son *Synopsis Algarum Scandinaviæ*, dans son *Species* et dans son *Systema Algarum*, a proposé sous ce nom un genre d'Hydrophytes, dans lequel il réunit des Delesseries, des Dumonties, des Gigartines et des Conferves, c'est-à-dire des Plantes marines à véritables feuilles planes, avec des espèces à expansions fistuleuses ou pleines, cilyndriques ou anguleuses; les unes ayant des fructifications gigartines et saillantes et les autres des tubercules plongés, innés dans la substance même de la Plante; enfin une espèce d'Halyménie était une Conferve de Linné. D'après ce mélange, on ne doit pas être étonné que ce genre ne peut être adopté ni par Lyngbye, ni par aucun auteur moderne. (LAM..X.)

HALYS. *Halys.* INS. Genre de l'ordre des Hémiptères, établi par Fabricius aux dépens des Pentatomes, et réuni par Latreille à ce dernier genre. (AUD.)

HAMADRYADE. *Hamadryas.* MAM. Espèce de Singe. *V.* CYNOCÉPHALE. (A. D..NS.)

HAMADRYADE. *Hamadryas.* BOT. PHAN. Genre de la famille des Renonculacées et de la Polyandrie Polygynie, L., établi par Commerson dans le *Genera* de Jussieu, et adopté par De Candolle (*Syst. Veget. univ.*, 1, p. 226) avec les caractères suivans: fleurs dioïques par avortement; calice à cinq ou six sépales; corolle à dix, douze pétales linéaires longs; étamines nombreuses et courtes dans les fleurs mâles; ovaires nombreux dans les femelles, réunis en tête, et couronnés d'autant de stigmates sessiles; carpelles monospermes ovés. Les notions imparfaites que l'on possède sur les fruits de ce genre, rendent très-incertaine la place qu'il doit occuper dans la famille. Néanmoins, De Candolle l'a placé à la suite des Anémones, avec lesquelles il a quelque ressemblance. Il en a décrit deux espèces, savoir: *Hamadryas Magellanica*, Lamk. et Commers.; et *H. tomentosa*, D. C. La première est une petite Plante découverte par Commerson sur le sommet des montagnes boisées, au détroit de Magellan. Une très-belle figure de cette espèce a été donnée par B. Delessert (*Icones Selectæ*, 1, tab. 22). L'*Hamadryas tomentosa* est une Herbe entièrement couverte d'un duvet épais. Elle croît dans les gorges des montagnes de l'Amérique du Sud, non loin de la patrie de la première espèce. (G..N.)

* HAMAGOGUM. BOT. PHAN. Pour Hæmagogum. *V.* ce mot. (B.)

* HAMAH. OIS. Syn. arabe d'Effraie. *V.* CHOUETTE.

HAMAM. OIS. (Forskahl.) Syn. arabe de Pigeon. (DR..Z.)

* HAMAMALIGRA. BOT. CRYPT. (Plumier.) Nom caraïbe de l'*Acrostichum aureum*, l'une des espèces du genre qui se trouve répandu dans les deux hémisphères. (B.)

HAMAMELIDE. *Hamamelis.* BOT. PHAN. Ce genre de la Tétrandrie Monogynie, L., sert de type à la famille des Hamamelidées de R. Brown. Il a pour caractères: un calice à quatre divisions plus ou moins profondes, accompagné quelquefois à sa base de plusieurs écailles; quatre pétales alternes avec ces divisions, beaucoup plus longs qu'elles, allongés en forme de rubans et insérés au calice; à ces pétales, sont opposés quatre filets plus ou moins courts, attachés à leur onglet, et quatre autres filets alternes, de longueur à peu près égale, portent des anthères adnées à leur extrémité. Ces anthères ont deux loges, dont chacune s'ouvre sur le côté par une valve presque orbiculaire, qui tombe entièrement ou bien y reste attachée par un de ses bords. L'ovaire, qui fait inférieurement corps avec le calice, est bilobé supérieurement et terminé par deux styles. Il contient deux loges, renfermant chacune un ovule unique, suspendu à son sommet. Les graines, allongées et luisantes, présentent un embryon plane à radicule supérieure, entouré d'un périsperme charnu.

Ce genre comprend des Arbrisseaux à feuilles alternes et stipulées, à fleurs ramassées en petits paquets, soit aux aisselles des feuilles, soit à l'extrémité des rameaux. L'espèce la plus anciennement connue, est originaire de la Virginie, dont elle a tiré son nom spécifique; et on la cultive dans les jardins. Elle a le port et le feuillage du Noisetier. Pursh en a fait connaître une seconde de la Nouvelle-Géorgie, distincte par ses feuilles beaucoup plus petites et en cœur. R. Brown, enfin, en a décrit et figuré une troisième rapportée de Chine (*Three spec. of Plants found in China*, p. 3), qui, suivant lui, pourrait peut-être, sous le nom de *Loropetalum*, former un genre distinct et par son port un peu différent, et par la déhiscence de ses anthères, dont la valve se détache tout-à-fait au lieu de persister, attachée par un de ses bords. (A. D. J.)

* HAMAMELIDÉES. BOT. PHAN. R. Brown, dans la description de plusieurs Plantes nouvelles trouvées en Chine, a proposé l'établissement de cette famille qu'il caractérise ainsi : fleur complète; calice demi-adhérent; quatre pétales; quatre filets alternant avec ces pétales, et portant des anthères à deux loges, dont chacune s'ouvre latéralement par une valvule qui tantôt se détache entièrement, et tantôt reste attachée par l'un de ses bords; un ovaire à deux loges, qui contiennent chacun un ovule suspendu; deux styles; fruit semi-infère, capsulaire; embryon à radicule supérieure, dans un périsperme dont il égale presque la longueur.

A cette famille, l'auteur rapporte avec l'*Hamamelis*, qui lui sert de type, les genres *Dicoryphe* de Du Petit-Thouars et *Dahlia* de Thunberg. Il y ajoute avec doute et comme devant faire partie d'une section distincte, le *Fothergilla*. Il indique l'affinité de cette famille d'une part, avec celle des Bruniacées établie par lui; de l'autre, avec le *Cornus* et les Araliacées. De Jussieu est porté à croire que les Hamamélidées doivent plutôt rentrer dans les Cercodianées ou Hygrobiées. *V.* ce mot. (A. D. J.)

* HAMARGON. BOT. PHAN. L'Arbre des Philippines cité par Cameli, sous ce nom qui est peut-être formé par corruption du mot espagnol *amargo* (amer), ne saurait être déterminé sur ce qu'en dit cet auteur. On emploie pour les tumeurs un suc huileux qu'on en obtient. (B.)

HAMBERGERA. BOT. PHAN. Scopoli a substitué ce nom au *Cacucia* d'Aublet. *V.* CACOUCIER. (G..N.)

HAMBURGE. POIS. *V.* CYPRIN.

HAMEÇON DE MER. POIS. Espèce du genre Leptocéphale. *V.* ce mot. (B.)

* HAMEFITHEOS. BOT. PHAN. Pour Comifitius. *V.* ce mot. (B.)

HAMELIA. BOT. PHAN. Genre de la Pentandrie Monogynie, L., établi par Jacquin (*Stirp. Amer.*, 72) et dont Kunth a fait le type de la septième section qu'il a établie dans la famille des Rubiacées. Voici les caractères qui lui ont été assignés : calice à cinq dents, persistant; corolle tubuleuse, pentagone, dont le limbe est à cinq lobes; cinq étamines incluses; un seul style portant un stigmate linéaire et à cinq angles; baie globuleuse, elliptique, à cinq lobes polyspermes; graines légèrement comprimées. Lamarck et Willdenow avaient réuni à ce genre l'*Amaiova* d'Aublet, qui a été rétabli par Desfontaines et Kunth. Le nom de *Duhamelia* a été par quelques auteurs substitué à celui de *Hamelia*; mais quoiqu'il fût plus conforme au nom du personnage auquel le genre a été dédié, on n'a pas jugé convenable de surcharger la nomenclature en adoptant cette nouvelle dénomination. Les *Hamelia* sont des Arbrisseaux ou Arbustes à feuilles opposées, ternées ou quaternées. Leurs fleurs sont disposées en épis, de couleur rouge, jaune ou orangée. On en compte une dixaine d'espèces qui croissent dans l'Amérique méridionale et les Antilles. Plusieurs sont cultivées en Europe dans les jardins de botanique, où on les tient en serre chaude pendant l'hiver, et on leur donne une terre substantielle et des arrosemens fréquens en été. Parmi celles-ci on distingue surtout la HAMELIA A FEUILLES VELUES, *Hamelia patens*, L. et Smith, *Exot. Bot.*, tab. 24, vulgairement Mort-aux-Rats. C'est un Arbrisseau d'un mètre environ de hauteur, à rameaux anguleux, garnis de feuilles ternées, molles, cotonneuses en dessous, et à fleurs rouges, pédicellées, disposées en panicules terminales et rameuses. Il croît dans les forêts de l'Amérique méridionale, au Mexique et dans l'île de Cuba. On le cultive dans les jardins botaniques de l'Europe. (G..N.)

* HAMELIACÉES. *Hameliaceæ.* BOT. PHAN. Nom de la septième section établie par Kunth (*Nov. Gener. et Spec. æquin.* T. III, p. 412) dans la famille des Rubiacées, et qu'il a ainsi caractérisée : fruit bacciforme ou drupacé, à cinq, quatre ou six loges polyspermes. (G..N.)

* HAMELLUS. MOLL. D'anciens oryctographes, particulièrement le théologien Scheuchzer, ont désigné sous ce nom des Huîtres ou des Peignes fossiles. (B.)

HAMILTONIE. *Hamiltonia.* BOT. PHAN. Ce nom a été donné à deux genres différens, par Roxburgh à une Rubiacée, le *Spermadictyon suaveolens*, et par Mühlenberg à une Plante de la famille des Osyridées, qui est le *Pyrularia* de Michaux. *V.* ces mots. (A. D. J.)

*HAMIOTA. OIS. (Klein.) Dénomination d'un genre qui comprend les Hérons et les Cigognes de la Méthode ornithologique que nous avons adoptée. *V.* ces mots. (DR..Z.)

HAMITE. *Hamites.* MOLL. FOSS. Genre établi par Parkinson pour des Coquilles cloisonnées, voisines des Baculites, et dont quelques-unes furent confondues avec elles. Elles présentent un caractère remarquable qui n'est appréciable dans certaines espèces que lorsqu'on les trouve entières ou presque entières. Ce caractère est pris de la courbure de la sorte de crosse que fait la Coquille lorsqu'elle est arrivée à une certaine période de son accroissement. Quelques autres espèces paraissent uniformément courbées en portion de cercle, et ont en cela de l'analogie avec le corps pétrifié auquel on a donné le nom d'Ichthyosarcolithe. Ce genre a été adopté par Sowerby dans son *Mineral Conchology* qui en a fait connaître un assez grand nombre d'espèces dont plusieurs sont fort curieuses, et jusqu'à présent il n'a été adopté ni par Cuvier ni par Lamarck. Férussac, dans ses Tabeaux systématiques, a placé les Hamites dans la famille des Ammonées, entre les Scaphites et les Baculites, servant ainsi d'un échelon dans la série des rapports qui lient toutes les Ammonées dans leurs diverses formes, depuis celle tout-à-fait droite, sans aucune spire, la Baculite, jusqu'à celle d'une Coquille enroulée, soit dans le plan vertical, la Turrilite, soit dans le plan horizontal, les Ammonites, les Orbulites. Sowerby, dans l'ouvrage que nous venons de citer, a donné les caractères génériques suivans à ces singuliers corps : coquille cloisonnée, fusiforme, recourbée ou pliée sur elle-même, ayant le bord de ses cloisons ondé, le syphon placé près du bord extérieur. A ces caractères on aurait pu ajouter que la forme est plutôt en pyramide très-allongée et courbée vers son milieu, que fusiforme qui indique ordinairement un renflement. On aurait pu dire que les cloisons sont non-seulement ondées, mais le plus souvent articulées par des anfractuosités profondes, semblables à celles des Ammonites. Les Hamites ne se sont trouvées jusqu'aujourd'hui que dans les terrains anciens, au-dessous de la Craie, ou dans la partie inférieure de cette formation. C'est ordinairement le moule plus ou moins complet et dépourvu du test que l'on rencontre; quand le test existe, et cela dépend, à ce qu'il paraît, de circonstances locales, il a une belle couleur nacrée, et on s'aperçoit qu'il devait être extrêmement curieux. On observe aussi le peu d'épaisseur que devaient avoir les cloisons elles-mêmes qui, après avoir disparu, ne semblent avoir laissé aucun espace. Parmi les espèces les plus remarquables, nous citerons de préférence la suivante :

HAMITE ARMÉE, *Hamites armatus*, Sow., *Mineral Conchol.*, pl. 168. Espèce fort grande et fort remarquable par le double rang d'épines qui sont sur un des côtés de la coquille. Elle est ployée en deux par un coude arrondi. Les deux parties droites sont à peu près d'égale longueur. Elles sont sillonnées régulièrement par de grosses et de petites côtes; les grosses sont régulièrement distantes. Il y en a entre elles deux ou trois petites; ces grosses côtes portent sur la double crête, d'un côté de gros tubercules arrondis, et de l'autre le double rang d'épines assez longues que nous venons de mentionner. Ces grosses côtes présentent encore vers la partie interne une série de tubercules arrondis qui se voient également des deux côtés. La Coquille est aplatie, comprimée, subquadrilatère, ce qui la distingue fortement de toutes les autres espèces connues. C'est en Angleterre, au rivage de Boak, près de Benson, en Oxfordshire, que cette rare et très-belle espèce a été trouvée. Pour les autres espèces du genre, nous renvoyons particulièrement au bel ouvrage *Org. Rem.* de Parkinson, ainsi qu'à celui de Sowerby, le *Mineral Conchol.*, et, pour l'espèce de Maëstricht, à l'ouvrage de Faujas et au Mémoire de Desmarest. (D..H.)

*HAMMAR. OIS. (Shaw.) Syn. vulgaire de Bécasse. *V.* ce mot. (DR..Z.)

HAMMITES. GÉOL. Globules de Chaux carbonatée qui ont reçu divers noms particuliers selon leur grosseur et leur ressemblance avec des graines de Pavot, de Millet, d'Orobe, de Pois, et des œufs de Poissons; ainsi on les a nommés : Méconites, Cenchrites, Orobites, Pisolites, Oolites. Ce dernier nom est le plus généralement employé, et celui de Pisolite est maintenant réservé pour désigner ceux de ces globules qui sont visiblement composés de couches concentriques. Les Miliosites, qui paraissent être des corps organisés fossiles, ont été quelquefois confondus avec les Hammites. La Chaux carbonatée globuliforme constitue dans la nature des couches très-puissantes et qui se montrent sur une grande étendue; les grains sont assez généralement de même grosseur dans les mêmes bancs, et ils sont réunis d'une manière très-intime par un ciment plus ou moins apparent. Ce ciment est le plus souvent calcaire, mais quelquefois il est quartzeux ou sablonneux. On écrit presque toujours Ammites ou Amites. *V.* ces mots et OOLITES. (C. P.)

HAMMONIE. INS. Genre de l'ordre des Coléoptères, établi par Latreille, et qui avait pour type un Insecte qu'on a depuis reconnu pour être la femelle du Cébrion. *V.* ce mot. (AUD.)

HAMMONITES. *Hammonita.* MOLL. FOSS. On doit regarder comme des fautes d'orthographe grossières, et cesser de citer dans des dictionnaires français tous synonymes où les Ammonites sont ainsi appelées. L'étymologie de Corne-d'Ammon prouve que ceux qui ont fait précéder de la lettre H les mots qui peuvent y avoir rapport étaient au moins fort inattentifs. (F.)

* HAMONI. OIS. (Aldrovande.) Syn. de l'Aigle Pygargue. *V*. AIGLE. (DR..Z.)

HAMPE. *Scapus*. BOT. PHAN. On donne ce nom au pédoncule floral ou à la tige qui, partant immédiatement du collet de la racine, se termine par les fleurs sans donner naissance aux feuilles. Cette modification de la tige, qui mérite à peine d'en être distinguée, est particulière aux Plantes monocotylédones, comme la Jacinthe, les *Phalangium*, etc. La tige des Bananiers est une véritable Hampe d'une très-grande dimension. Ce sont les gaînes des feuilles qui toutes partent de la racine, qui en s'enroulant autour du pédoncule floral, qui naît également de la racine, constitue cette sorte de tige qui au premier aspect ressemble au stipe d'un Palmier. Il ne faut pas confondre avec la véritable Hampe, qui naît toujours du centre d'un assemblage de feuilles radicales, et qui appartient exclusivement aux Monocotylédones, le pédoncule radical, qui part simplement de l'aisselle d'une feuille radicale et qu'on observe dans les Dicotylédons. Plusieurs espèces de Plantain, le Pissenlit ou Dent-de-Lion, etc., en offrent des exemples. *V*. TIGE et PÉDONCULE. (A. R.)

HAMRUR. POIS. et BOT. Une espèce du genre Lutjan parmi les Poissons et une espèce du genre Phyllante parmi les Plantes portent ce nom. (B.)

HAMSCHED. BOT. PHAN. Syn. de *Forskahlea tenacissima* dans quelques contrées de l'Arabie (B.)

HAMSTER. *Cricetus*. MAM. Genre de la deuxième tribu des Rongeurs à clavicules, tribu dont le caractère général est d'avoir des molaires tuberculeuses (*V*. notre Tableau des Mammifères, Physiologie de Magendie, 2e édition). — Pallas (*Nov. Spec. Quadrup*. in-4°., second. éd. Erlang. 1784.), dans ses Considérations générales *de Genere Murino in universum*, fait de tous les Animaux rapprochés des Hamsters pour la brièveté du corps, des membres et de la queue, pour la forme pointue de la tête, l'existence d'abajoues (*promptuaria*) et pour la susceptibilité de ne tomber en léthargie que par des froids extrêmes, la quatrième section de son genre *Murinum*, sous le nom de *Mures Buccati*; il compose cette section de six espèces encore aujourd'hui mieux connues que toutes celles qui depuis y ont été réunies sous le nom de Hamster. Quoique Pallas ne donne pas le plus important des caractères, savoir le nombre et la forme des dents, néanmoins, comme il a donné du Hamster ordinaire dont il a fait le type de cette section une description excellente, surtout pour l'anatomie des organes génitaux, presque passés sous silence par Daubenton; comme il a surtout reconnu entre toutes les espèces dont il parle, deux caractères anatomiques d'une grande influence, savoir : 1° la division de l'estomac en deux poches tout-à-fait distinctes par un rétrécissement tel que les alimens ne passent dans la droite qu'après avoir achevé d'être élaborés dans la gauche, et 2° l'existence d'abajoues, c'est-à-dire de poches creusées dans l'épaisseur des joues à partir de l'angle des lèvres et prolongées jusqu'au-devant des épaules; et comme ces deux modifications de l'appareil digestif ne se retrouvent point ensemble dans d'autres Rongeurs, il y a toute probabilité, d'après ce que l'on sait de la corrélation des formes organiques, que ces espèces se ressemblent aussi pour les dents. D'ailleurs, ainsi qu'on l'a déjà vu chez les Campagnols parmi les Rongeurs, chez les Bœufs parmi les Ruminans, etc., le nombre des côtes et des vertèbres lombaires varie là où d'autres caractères sont fixes et constans. Et c'est sur ce motif que nous avons fait du nombre des côtes et des vertèbres, des caractères spécifiques. Ainsi dans les espèces de ce genre le nombre des côtes varie de douze à treize, et celui des vertèbres lombaires de six à sept. Le squelette du Hamster ordinaire offre plusieurs particularités qui le distinguent surtout beaucoup du Rat d'eau et d'autres Campagnols auxquels Daubenton l'a comparé sans s'apercevoir de la différence de la forme de leurs dents, et auxquels il ne ressemble guère que pour la grandeur du quatrième segment ou segment ethmoïdal du crâne, lequel forme aux orbites une épaisse cloison et contient une grande cavité pour les lobes olfactifs. D'ailleurs cette large excavation qui dans les Campagnols sépare l'alvéole de la lame osseuse extérieure servant de base à l'apophyse coronoïde et au condyle de la mâchoire inférieure, n'existe pas dans les Hamsters, où cette lame s'élève, au contraire, tout contre l'alvéole, comme dans les Rats, etc. Ensuite, dans les Hamsters, le condyle, au lieu d'être presque vertical, comme chez les Campagnols, est presque horizontal ou plutôt dans le prolongement de la courbure de la mâchoire, ce qui rend plus perpendiculaire à ce levier la puissance des muscles temporaux. Cette disposition existe à un moindre degré dans les Rats. Enfin, dans les Campagnols, la partie du palais correspondante aux palatins est excavée en une voûte à part et plus élevée, où s'ouvrent des trous beaucoup plus nombreux et plus grands que dans les Hamsters, les Rats, etc., où le plafond du palais est d'une courbure uniforme sur toute sa longueur. Une particularité de la construction de l'avant-bras, c'est le large aplatissement du cubitus et du radius dans un même plan oblique d'arrière en avant et de dehors en dedans, aplatissement tel que les bords internes de ces deux os sont contigus sur toute leur longueur, ce qui donne aux insertions des muscles pronateurs et supinateurs une solidité bien supérieure à ce que pourrait offrir un ligament interosseux, comme dans l'Homme, les Singes et les autres Rongeurs à clavicules. Cette particularité de la construction du bras explique les habitudes de fouir plus profondément et plus loin que les Campagnols.—Dans tous ces Animaux l'œsophage s'insère à l'estomac sur le contour de son rétrécissement; mais Pallas s'est assuré chez le Hamster des sables que les alimens se rendent d'abord dans la poche gauche, la droite ou pylorique restant contractée pendant qu'ils y séjournent; et sur des individus qui n'avaient pas mangé depuis la veille, que la gauche était vide et contractée, quand réciproquement la pylorique était distendue par le chyme. En rapprochant la figure de l'estomac du Hamster ordinaire donnée par Daubenton (Buff. T. XIII, pl. 15, fig. 1), de celles du même organe dans le *M. Songatus*, fig. 30, dans le *M. Accedula*, fig. 26 et 27 de la pl. 17 de Pallas, on voit que le mécanisme de la digestion stomacale doit être le même dans toutes ces espèces. Cette séparation de l'estomac en deux poches se retrouve aussi dans les Campagnols et autres Rongeurs, mais les Hamsters en diffèrent par le plissement des parois intérieures des ces poches, et par les franges du bord de ces plis; structure qui porta Pallas (*loc. cit.*) à se demander si ces Animaux ne rumineraient pas. — Les Hamsters anatomisés par Pallas manquent de vésicule biliaire. Comme dans tous les Rongeurs, les hémisphères du cerveau sont lisses et sans le moindre pli. Daubenton observe qu'ils sont dans le Hamster aussi larges que longs. Daubenton (*in Buff.*, *loc. cit.*, pl. 18, fig. 2) a représenté sur place les abajoues du Hamster, dont la coupe montre les plis par lesquels se fronce la membrane musculeuse de cette poche quand elle est vide.

Les Hamsters ont cinq doigts à tous les pieds; mais le pouce de ceux de devant, ordinairement rudimentaire, est même chez la plupart dénué d'ongles ; celui des pieds de derrière serait même aussi sans ongle dans le Hamster de Songarie.

Le plus grand nombre des Hamsters habite le nord de l'ancien continent, où le Rhin paraît former leur limite occidentale ; car le Hamster commun est nombreux depuis la rive orientale du Rhin jusqu'au Jenisei. On ne l'a jamais rencontré à l'ouest du premier de ces fleuves. Nous donnerons la notice de plusieurs Rongeurs américains que leurs descripteurs ont rattachés au genre Hamster; mais l'organisation d'aucun d'eux n'est assez bien connue pour qu'on puisse faire ce rapprochement avec une certitude suffisante. Il nest donc pas démontré encore qu'il existe de vrais Hamsters en Amérique.

† HAMSTERS proprement dits. — Les espèces qui composent cette première division, et qui ont toutes été décrites par Pallas, se trouvent dans la zône de l'ancien continent que nous venons d'indiquer.

1. Le HAMSTER, *Mus Cricetus*, L.; *Skrzeczieck* des Slaves illyriens : *Chomik-Skrzeczk* des Slaves polonais. Schreber, pl. 198. A. et pl. 198. B. La variété noire de l'Ural, F. Cuv., Mam. lith. et Encyc., pl. 70, fig. 3.— Des trois molaires qui garnissent chaque côté des mâchoires, la première supérieure a trois paires de racines et trois paires de tubercules formées par des sillons transverses. Des deux suivantes, l'antérieure a deux paires de racines et deux paires de tubercules ; la postérieure n'a que trois racines et trois tubercules. La première d'en bas n'a que cinq racines et cinq tubercules ; et les deux dernières, tout-à-fait semblables, ont chacune quatre racines et quatre tubercules. Lorsque l'âge, dit F. Cuvier, en efface les sillons et que les tubercules en sont usés, elles sont encore reconnaissables par le feston de leur contour dont les enfoncemens et les saillies correspondent aux sillons et aux rangs de tubercules. Les yeux, assez petits et globuleux, sont saillans, à pupille ronde ; les oreilles sont grandes, arrondies et en partie nues ; les narines ouvertes à côté d'un petit mufle que divise un sillon vertical prolongé sur la lèvre supérieure; la lèvre inférieure, très-petite, couvre à peine les incisives.—Le Hamster, dit Daubenton, est grand comme un Rat, dont il ne semble différer qu'en ce que la tête est plus grande, les yeux plus petits et la queue beaucoup plus courte. Le front, le dessus de la tête, le haut de la croupe et des côtés du corps sont de couleur fauve terne, mêlée de cendré, parce que les poils sont annelés de cendré, de fauve et puis de noirâtre à la pointe. Les côtés de la tête et du cou, le bas des flancs, le dehors de la cuisse et de la jambe, les fesses et le bas de la croupe sont roussâtres; le bout du museau, le bas des joues, le dehors du bras et les pieds sont d'un jaunâtre très-pâle. Cette couleur forme trois grandes taches de chaque côté de l'Animal. Enfin la gorge, l'avant-bras, le dessous de la poitrine, le ventre, la face interne des cuisses, le devant et le dedans de la jambe sont de couleur marron très-foncé, passant au noirâtre. Pallas a décrit et figuré très-exactement les parties génitales mâles du Hamster (*loc. cit.*, pl. 17, f. 1 et 2, et non pl. 25, comme le texte l'indique à tort). C'est celui de tous les Rongeurs dont les moyens de reproduction sont le plus parfaitement développés ; le gland, couvert de petites soies piquantes, visibles seulement dans l'état d'érection, rappelle la forme de celui du Castor. Les épiploons lombaires, si développés dans la Marmotte et autres Rongeurs hybernans, sont tout-à-fait nuls dans le Hamster, mais un large amas de graisse enveloppe les reins qu'il surpasse huit fois en volume, et chaque testicule est recouvert d'une sorte d'épiploon particulier. Chose fort remarquable, cette graisse est, pour ainsi dire, plus abondante au printemps qu'en automne, ce qui contredit encore l'idée de l'engourdissement hivernal du Hamster. Pallas, en Sibérie, dans le mois de mars et

par une température encore très-froide, a trouvé à des Hamsters qu'on venait d'extraire de leurs terriers une chaleur de 103 degrés Farenheit, et à d'autres, en plein hiver et renfermés dans un lieu froid, 91 à 99 degrés Farenheit. Jamais il n'a pu en assoupir par le froid. Tous ces faits rendent plus que douteux l'engourdissement du Hamster.

Le Hamster paraît étranger à l'Europe, à l'ouest du Rhin. On ne l'y a encore trouvé que dans la Basse-Alsace; mais il occupe toute la zône comprise entre ce fleuve et le Danube au sud-ouest et le Jenisei au nord-est. Il vit isolé, mais en très-grand nombre, dans les champs cultivés et même dans les steppes de la Russie méridionale et de la Sibérie. Il aime surtout les terrains où la Réglisse croît en abondance, à cause des approvisionnemens qu'il se fait des graines de cette Plante. Il évite les terrains sablonneux et ceux qui sont trop arrosés. Sa taille varie selon la nature du pâturage, l'âge et le sexe. Les mâles pèsent quelquefois jusqu'à seize onces, et les femelles surpassent rarement de quatre à six onces. Pallas (*loc. cit.*, p. 83) en a vu le long du Volga, surtout dans le gouvernement de Kasan, autour des croupes les plus méridionales de l'Ural, une variété toute noire, abondante surtout autour de Simbirsk et d'Ufa. Cette variété représentée par Schreber (*loc. cit.*) s'accouple avec la variété ordinaire. Mais alors les portées donnent constamment des individus noirs. Elle est remarquable, parce que le tour de la bouche et du nez, le bord des oreilles, les quatre pates et même le bout de la queue sont tout blancs. Dans quelques individus, tout le museau est blanc, le front grisonné, et le blanc de la mâchoire inférieure s'étend le long du cou. Il y en a même dans la chaîne de l'Ural qui sont marqués sur le dos de grandes taches blanches irrégulières. Dans toutes les variétés, même lorsque la fourrure est dans le meilleur état, il y a toujours sur chaque côté des reins une place nue que l'on n'aperçoit qu'en soufflant sur le poil quand il est bien touffu. Il est probable que cette partie nue correspond à quelque sinus graisseux, comme chez les Musaraignes; d'autant mieux que l'aréole de l'ombilic forme également toujours un sinus où s'exhale un fluide sébacé.

2. Le Hagri, *Mus Accedula*, Pall., *Nov. Spec. Glir.*, pl. 18, A; Schreber, pl. 197. — Bien plus petite que le Hamster, cette espèce a le nez arrondi et un peu velu, fendu en deux par un sillon qui divise aussi la lèvre supérieure. La lèvre inférieure et les angles de la bouche sont extrêmement renflés. Les abajoues très-grandes occupent tout le côté du cou jusqu'aux épaules. Les incisives supérieures, plus courtes, sont jaunes; les inférieures sont plus blanches, plus longues et subulées. Les moustaches sont disposées sur cinq rangs, les soies de devant en sont blanches, les plus longues sont noires. Il y a deux longues soies noires au sourcil. Il y a une verrue avec environ six soies blanches à l'avant-bras près du carpe. Le rudiment du pouce antérieur n'est pas onguiculé. Il y a cinq tubercules à la plante des pieds antérieurs, six à celle des pieds de derrière. Le tour de la bouche, du nez et le dessus des abajoues sont blancs. Le reste du corps est d'un gris jaune, mêlé de brun en dessus, et d'un blanc gris en dessous. Les pates sont blanches; la queue brune en dessus est blanche en dessous. Les aréoles du mamelon sont nues; il y a six mamelles: deux pectorales, quatre inguinales. Pallas n'en a pas trouvé à l'ouest du Jaïk, et il pense, malgré les récits des cosaques de cette contrée qui disent qu'il émigre la nuit en troupes escortées de Renards, que cela ne peut s'entendre que du Campagnol social. Et réellement c'est un fait contradictoire avec les habitudes solitaires et féroces des Hamsters. — Cette espèce a trois pouces du nez à la base de la queue qui n'a que huit lignes.

3. Le Phé, *Mus Phæus*, Pall., *loc. cit.*, pl. 15 A; Schreber, pl. 200,

Encycl., pl. 70, fig. 6.—Le nez est nu, et un sillon, dont le bord supérieur est velu, circonscrit les narines. Cinq rangs de moustaches plus longues que la tête, noires sur la plus grande longueur et blanches à la pointe, garnissent la lèvre supérieure. Le rang voisin de la bouche est aussi tout blanc. Les oreilles, ovales et velues à la pointe, sont brunes. La couleur générale est d'un cendré blanchâtre, légèrement brune en dessus et blanchâtre en dessous. Le front et le museau blanchissent aussi. Le tour de la bouche et les quatre pieds sont blancs. Cette espèce a trois pouces cinq lignes de long, sans la queue qui est blanchâtre et longue de neuf lignes. Pallas ne l'a pas rencontrée plus au nord que la steppe d'Astracan, d'où elle s'étend à travers le Karism et le Korasan jusqu'en Perse et en Bucharie. Gmelin dit qu'en Perse, où il est très-nombreux durant l'hiver, il s'établit dans les habitations dont il pille les provisions de Riz. Pallas en ayant pris plusieurs au milieu de décembre près d'Astracan, avec l'estomac plein, en conclut avec raison que cette espèce ne subit pas de léthargie hivernale. Le Phé a treize côtes, six vertèbres lombaires et deux sacrées.

4. Le Hamster des sables, *Mus arenarius*, Pall., *loc. cit.*, pl. 16, A; Schreb., pl. 199.—A tête oblongue, à museau pointu; nez rougeâtre et pubescent; moustaches blanches, très-fournies et plus longues que la tête. Trois longues soies au sourcil; les lèvres sont petites; les oreilles grandes, ovales et jaunâtres; le pouce de devant est onguiculé. Tout le dessus du corps est d'un gris perlé, et le dessous, le bas des flancs, les quatre pates et la queue sont d'un beau blanc ainsi que les ongles. Il a trois pouces huit lignes de longueur et la queue dix lignes. Cet Animal a deux grosses glandes autour du cou, et de petites au-dessous des épaules au fond de l'abajoue. L'intestin a onze pouces de longueur. Il y a treize paires de côtes. Pallas l'a découvert dans les plaines sablonneuses adjacentes à l'Irtisch, et jamais ailleurs. Le mâle habite un terrier de plusieurs aunes de long, au fond duquel est un nid fait avec les racines fibreuses de l'*Elymus arenarius* et des restes de gousses de l'*Astragalus Tragacantha*. Une autre fois, dans le mois de mai, il déterra le nid d'une femelle contenant cinq petits qui s'élevèrent bien, mais ils étaient très-méchans, menaçaient de mordre en se mettant sur le dos, et faisaient entendre un cri assez grave, semblable à celui de l'Hermine. Renfermés dans la même boîte avec de plus jeunes individus du *Mus Songarus*, ils vivaient en assez bonne intelligence, mais faisaient lit à part; et tandis que ces derniers devenaient très-familiers, ils restaient sauvages et menaçans. Ils préféraient à tout les cosses de l'*Astragalus tragacanthoides*. Ils ne se mettaient en mouvement que la nuit, et restaient couchés durant le jour. Ils étaient bien plus agiles que le *Mus Songarus*. Pallas observe que pour la finesse et la couleur de la fourrure, le Hamster des sables ressemble beaucoup au Phé. Lichteinstein, dans la rédaction des observations zoologiques d'Eversman (Voy. de Meyendorf), dit que le *Phæus* a réellement le pouce de devant onguiculé, et que le Hamster des sables de Pallas n'en est qu'un individu plus jeune. Mais comme Pallas a observé dans chaque espèce plusieurs individus de différens âges, tandis que Lichteinstein convient n'avoir vu qu'un seul individu, nous croyons que l'Animal donné par ce dernier naturaliste sous le nom de *Mus Phæus* n'est qu'un individu de l'espèce dont nous parlons. Eversman l'a rencontré dans la Bucharie, près de la rivière Kuwandschur, contrée bien moins isolée du bassin de l'Irtisch que du Karism et de la Perse, dont la séparent les grands monts de Belur.

5. Le Hamster de Songarie, *Mus Songarus*, Pall., *loc. cit.*, pl. 16, B; Schreber, pl. 201 — Un peu plus petit que les deux précédens, ce Hamster a la tête plus ra-

massée, le museau plus obtus que le Hamster des sables et presque semblable au Phé. Les moustaches plus courtes que la tête sont très-fournies; les lèvres épaisses offrent à leur commissure lâche et pendante l'orifice de l'abajoue. Les oreilles sont ovales, susceptibles de se plisser, dépassent le pelage antérieurement et sont plus molles et plus membraneuses que dans le précédent. Le pouce de devant n'a pas d'ongle. La plante des pieds est enveloppée de poils qui en cachent les callosités. La fourrure molle et allongée est de couleur gris-cendré en dessus avec une raie noire de chaque côté de l'échine depuis la nuque jusqu'à la queue. Sur chaque côté, se détachent quatre taches blanchâtres, encadrées de roux dans la moitié supérieure de leur contour; l'une sur le cou, l'autre derrière l'épaule, la troisième triangulaire au-devant de la cuisse, et la quatrième sur le bas de la croupe. Les pieds et tout le dessous du corps et de la queue, ainsi que l'extrémité de celle-ci, sont blancs. Les paupières sont bordées de brun. — Cette espèce, qui a trois pouces de long du museau à la queue, a douze paires de côtes, six vertèbres lombaires, trois sacrées et dix caudales. L'intestin a onze pouces un quart de long. De larges glandes bordent le cou jusqu'aux épaules; il y en a une petite auprès du sinus ombilical. Le Hamster de Songarie, comme le précédent, n'a été trouvé par Pallas que dans la steppe de Barabensk, près de l'Irtisch. Le site qu'il préfère le plus est un terrain aride, sablonneux et salin. Au milieu de juin, Pallas découvrit le terrier d'une femelle avec sept petits encore aveugles. Un boyau oblique, après quelques spithames, conduisait à une chambre ronde, tapissée de filamens de racines et d'Herbes où se tenaient les petits avec un approvisionnement de siliques d'*Alyssum montanum* et de graines d'*Elymus arenarius*. De cette chambre, un autre boyau s'enfonçait profondément, sans doute, vers une chambre plus inférieure où la mère se retira, et que la dureté de l'Argile empêcha de découvrir. Quoiqu'aveugles, les petits étaient déjà grands. Ils ouvrirent les yeux le lendemain. Ils vécurent trois mois de pain et de toutes sortes de graines, surtout de celles d'*Atraphaxis* et d'*Elymus* dont ils remplissaient leurs abajoues jusqu'à un dragme pesant. Ils étaient si familiers qu'ils mangeaient dans la main. Ils s'occupaient le jour à fouir le sable de leur boîte avec une grande agilité qu'ils ne mettaient pas à tout autre exercice. Ils passaient toute la nuit à dormir. Leur voix était rare, et quand on les tourmentait, ils ne faisaient que piper comme une Chauve-Souris. Ils rendaient fréquemment une urine très-fétide. Ils moururent d'embonpoint à la fin d'août.

6. L'OROZO, *Mus furunculus*, Pall., *loc. cit.*, pl. 15, B; Schreb., pl. 202. — Cette espèce dont l'illustre naturaliste, que nous aimons tant à citer, a constaté l'existence depuis les plaines de l'Irtisch et de l'Oby jusqu'à celles de l'Onon et de l'Argun autour du lac Melassatu, paraît aussi exister en Daourie, autour du lac de Dalaï, où Messerchmidt l'avait décrite sous le nom de *Furunculus Myodes*. Semblable, pour la forme, au Hamster des sables, il est plus petit, gris jaunâtre ou cendré en dessus, avec une raie noire dorsale qui ne va pas jusqu'à la queue. La nuance pâlit sur les flancs, et le dessous du corps est blanchâtre et même tout-à-fait blanc, ainsi que le bord des oreilles, les joues et les pieds de devant dans celui de Daourie. Dans celui de l'Oby, la nuance est plus sombre et plus obscure, et le dessus des pieds est gris-brun. C'est la variété de Daourie qu'a représentée Pallas. La queue, plus longue à proportion que dans les autres, est très-menue, blanche en dessous et noirâtre en dessus. Le pouce de devant est onguiculé; les incisives étroites sont brunes en haut, nuancées de brun et de blanchâtre en bas. Les moustaches plus longues

que la tête sont brunes et blanches.

Ici commence une série de Rongeurs sur lesquels on n'a que quelques probabilités de détermination résultant des idées que se sont faites de leurs affinités, d'après la physionomie de chaque Animal, quelques naturalistes accoutumés à ne juger, comme Buffon, des rapports zoologiques des êtres que par quelques traits superficiels. Quoiqu'il paraisse bien constaté que la plupart des Animaux dont nous allons parler aient des abajoues, néanmoins cette particularité de structure pourrait coïncider avec des maxillaires différentes de celles des Hamsters, et avec telle structure des membres ou de la tête, par exemple le défaut de clavicules, etc., qui les rattacheraient à des types de genres particuliers et sans doute nouveaux.

7. Le Hamster a bourse, *Mus Bursarius* de Shaw, Zool., fig. 158. N'aurait pas d'oreilles externes; ses incisives supérieures sont cannelées; il n'a que quatre doigts devant et cinq derrière où les ongles sont petits et courts; ceux de devant étant plus courts, les deux du milieu sortent plus longs et plus recourbés. Sa couleur est d'un brun jaune, plus pâle en dessous ainsi qu'aux extrémités et à la queue. Les abajoues sont pendantes et entourées en dessus d'une sorte de fraise. — Il est du Canada.

8. Le Chinchilla, *Mus laniger*, Molina, *Stor. Nat. del Chil.* — Corps couvert de poils longs et soyeux, dont tout le monde connaît la mollesse et la nuance veloutée de gris, de blanc et de noir. Le ventre et les pates sont blancs. Les oreilles, assez grandes, sont arrondies et membraneuses. Molina lui donne quatre doigts devant et cinq derrière. On ne sait même pas s'il a des abajoues. Il vit sous terre en sociétés; il habite surtout la partie boréale du Chili. La femelle produit deux fois par an cinq ou six petits à chaque portée. — Très-doux et caressant, il s'apprivoise si aisément qu'on le pourrait rendre domestique. Les anciens Péruviens faisaient plusieures étoffes avec sa laine.

9. Le Guanque, *Mus cyanus*, Mol. (*loc. cit.*). La queue courte et demi-velue, à quatre doigts devant et cinq derrière, bleuâtre en dessus, blanchâtre en dessous; ses oreilles sont plus rondes que celles du Mulot dont il a les formes. Très-timide, il se creuse un terrier formant une galerie de dix pieds de longueur, le long de laquelle règnent, de chaque côté, sept chambres où le Guanque approvisionne une sorte de racine bulbeuse grosse comme une noix. Dans la saison des pluies, il ne se nourrit que de ses magasins, en commençant soigneusement par les premiers faits, et ainsi de suite. Chaque terrier contient une famille avec les six petits de la dernière portée nés en automne; ceux de la première, nés au printemps, quittent leurs parens au bout de cinq à six mois.

10. Le Hamster anomal, *Mus anomalus*, Thomson, *Trans. Linn.* Aurait des abajoues, cinq doigts onguiculés à tous les pieds, le pouce très-court; la queue longue, presque nue et écailleuse, et des épines lancéolées, mêlées dans la fourrure comme aux Echymis. Les abajoues seraient intérieurement tapissées de poils rares et blancs. Tout le dessus du corps brun marron; le dessous et le dedans des membres sont blancs, ainsi que le dessous de la queue qui est noirâtre en dessus. Il est de l'île de la Trinité. Desmarest propose de le nommer Hétéromys, au cas où ce Rongeur à queue de Rat, à abajoues de Hamster, à épines d'Echymis, serait le type d'un genre particulier, selon Desmarest. Le port de cet Animal est celui du Rat ordinaire; son museau est plus pointu, ses oreilles nues et arrondies sont médiocres. Sa bouche très-petite contraste avec la grandeur de ses abajoues, dirigées, à partir des incisives supérieures, jusque vers le gosier, d'où elles remontent sur les côtés de la tête à la hauteur des oreilles et des yeux. Sur toute leur pro-

fondeur, des poils rares et blancs les tapissent. Les plantes des pieds ont six callosités, et cinq doigts partout, dont l'intérieur est très-petit. Les ongles des doigts extrêmes sont les plus petits. La queue cylindrique et écailleuse porte quelques poils épars. Les épines sont lancéolées et plus fortes sur le dos qu'ailleurs ; ce ne sont plus que des poils assez gros et roides sous le gosier et sous le ventre : là où règnent les épines des poils fins leur sont mêlés.

11. Le HAMSTER A BANDES, *Cricetus fasciatus*, Rafinesque, *Annals of nature*, 1820. — Roux, avec environ dix bandes transverses noires sur le dos ; les jambes sont aussi marquées de quelques rayures noires. La queue, un peu plus courte que le corps, est mince et annelée de noir. Le corps est trapu, les yeux fort petits, les oreilles courtes, ovales et un peu pointues. Les abajoues sont pendantes. C'est le Hamster des prairies du Kentukey.

Desmarest (Mammalogie de l'Encyclopédie) a décrit en même temps que les Hamsters et d'après Rafinesque plusieurs Rongeurs classés en trois genres par ce dernier naturaliste qui malheureusement ne dit rien ni de leurs dents ni de leurs clavicules. Voici l'extrait de la note de Desmarest.

†† GEOMYS, *Mag. Monthl. Amer.* 1817. A cinq doigts onguiculés à tous les pieds ; ces ongles sont très-longs aux pieds de devant ; les abajoues sont extérieures, c'est-à-dire ouvrant sur la commissure ; la queue est ronde et nue. Ces Animaux souterrains ne différeraient des Hamsters que par leur queue de Rat. Les pieds ressemblent assez à ceux des Taupes. Or, par la seule construction de son pied, et par conséquent par la construction de son bras et de son épaule, la Taupe formerait un genre bien distinct. (*V.* ce mot et CHRYSOCHLORE.) Il est donc probable que les Geomys ne sont pas des Hamsters, si le fait indiqué par Rafinesque est exact.

1. GEOMYS DES PINS, *G. Pinetis.* D'un gris de Souris ; à queue toute nue, plus courte que le corps, et grand comme un Rat. Anderson, Meares, Mitchill le nomment Hamster de Géorgie, où il se trouve dans la région des Pins. Il élève de petits monticules.

2. GEOMYS CENDRÉ, *G. cinereus.* D'une teinte grise comme l'écorce de Fresne ; queue très-courte et presque nue.

††† CYNOMYS, Rafin., *ibid.* Avec des abajoues, des dents ressemblant à celles des Ecureuils ; cinq doigts à tous les pieds où les deux extérieurs sont les plus courts, et la queue couverte de poils divergens. Ils sont très-voisins des Ecureuils de terre que Rafinesque nomme *Tenotus*, *Tamia* d'Illiger ; mais ils vivent en société, instinct qui les sépare à la fois et des Ecureuils et des Hamsters solitaires.

1. CYNOMYS SOCIAL, *Cyn. socialis.* Tête grosse ; jambes courtes, de couleur de brique, rouge en dessus, gris en dessous ; queue du quart de la longueur de l'Animal qui a dix-sept pouces anglais. — Lewis et Clarke le nomment Ecureuil jappant. Dupratz, Dumont, etc., l'avaient seulement indiqué. Il habite les plaines du Missouri où il creuse d'immenses souterrains. Il imite le jappement d'un petit Chien, se nourrit d'herbes et de racines. C'est la Marmotte du Missouri, *Arctomys Missouriensis*, Warden ; *Wistouwisch* des Indiens.

2. CYNOMYS GRIS, *Cynomis griseus.* Tout entier de cette couleur et à pelage très-fin, à ongles allongés. Il a dix pouces quatre lignes de longueur et la queue est trois fois plus courte ; comme Lewis et Clarke ne parlent pas d'abajoues, s'il en manquait réellement, Rafinesque propose de le comprendre dans son genre Anglonix. Il vit en troupes moins nombreuses que le précédent. Son cri est un sifflement. Il habite aussi les bords du Missouri.

†††† DIPLOSTOME, *Diplostoma*, Rafin., *ibid.* De grandes abajoues ouvertes aux commissures près des

dents incisives, qui, aux deux mâchoires, sont sillonnées sur leur longueur. Les abajoues se prolongent jusqu'aux épaules. Les molaires sont au nombre de quatre de chaque côté à chaque mâchoire. Le corps est cylindrique, sans queue ni oreilles extérieures. Les yeux sont cachés par le poil (et sans doute très-petits). Quatre doigts à chaque pied. Ils représentent les Rats-Taupes en Amérique.

Brundbury a découvert dans les plaines du Missouri deux espèces de ce genre vivant sous terre et se nourrissant de racines. Les Français qui les observèrent les premiers les appelèrent Gauffres.

1. DIPLOSTOME BRUN, *Diplostoma fusca*. Long de douze pouces.

2. DIPLOSTOME BLANC, *Diplostoma alba*. Long de six pouces. (A. D..NS.)

* HAMULAIRE. *Hamularia*. INT. Genre de l'ordre des Nématoïdes, établi par Treutler; Schranck l'avait nommé Linguatule, et Zeder Tentaculaire; Rudolphi l'avait d'abord adopté dans son Histoire des Entozoaires; mais, éclairé par de nouvelles observations, il a reconnu que les Hamulaires n'étaient que des individus mâles de Vers, dont deux espèces appartiennent aux Filaires et la troisième aux Trichosomes. *V.* ces mots. (LAM..X.)

HAMULIUM. BOT. PHAN. Genre de la famille des Synanthérées, Corymbifères de Jussieu et de la Syngénésie superflue, L., établi par Cassini (Dict. des Sc. natur. T. XX) aux dépens du genre *Verbesina* de Linné. Voici ses principaux caractères : involucre orbiculaire, dont les folioles sont appliquées, excepté dans leur partie supérieure, et disposées sur un ou plusieurs rangs; calathide dont le disque est composé de fleurons nombreux et hermaphrodites; la circonférence de demi-fleurons nombreux, femelles, à languette un peu bidentée au sommet, et disposés irrégulièrement sur un ou deux rangs; réceptacle conique, couvert de paillettes irrégulières; ovaires légèrement hérissés, très-comprimés des deux côtés, et présentant après la floraison une large bordure sur chacune des deux arêtes; aigrette composée de deux barbes subulées, cornées, parfaitement nues, l'extérieure courte et droite, l'intérieure longue et courbée au sommet, en forme de crochet. Ce dernier caractère distingue surtout le genre *Hamulium*. L'auteur pense que la nature a destiné l'aigrette en crochet à la dissémination des akènes par les Animaux qui passent auprès de la Plante, cause finale dont on retrouve les mêmes moyens dans beaucoup d'autres Plantes. Linné (*Spec. Plant.*, édit. 3, p. 1270) avait autrefois indiqué la différence du port et de la structure du *Verbesina alata*, dont Cassini a formé le type de son genre; mais comme une autre espèce (*V. discoidea*, Michx.), très-voisine de la première, n'offre pas le caractère assigné à l'*Hamulium*, puisque ses deux barbes sont égales et droites, Kunth pense qu'il n'y a pas lieu de distinguer comme genre particulier le *Verbesina alata*. L'*Hamulium alatum*, Cass., est une Plante herbacée, haute de près d'un mètre, dont les feuilles, assez longues, sont décurrentes sur les tiges, et les fleurs de couleur jaune orangée sont solitaires au sommet de longs rameaux nus, dressés et pubescens. Elle croît en Amérique, dans l'île de Cuba, et sur les côtes occidentales et chaudes du continent américain. On la cultive au Jardin des Plantes de Paris. (G..N.)

* HAN ET HANTHI. MAM. (Thevet.) Syn. d'Aï. (B.)

HANCHE. ZOOL. On désigne sous ce nom, dans les Crustacés, les Arachnides et les Insectes, une partie de la pate, celle qui est articulée avec le thorax. *V.* ce mot et PATE. (AUD.)

HANCHOAN. OIS. Syn. de Busard des marais. *V.* FAUCON. (DR..Z.)

* HANGHATSMAH. BOT. PHAN. Encore que la figure faite au hasard et que Flacourt donne de cette Plante

de Madagascar n'offre pas le moindre rapport avec ce qu'en dit ce voyageur, il est certain, comme l'avait fort bien deviné Séb. Vaillant, que Flacourt a entendu désigner par ce nom de pays le *Lycopodium cernuum*, qui passe même aujourd'hui comme de son temps pour une Plante souveraine contre les brûlures, propriété que nous ne garantissons pas. (B.)

HANIPON. OIS. (Salerne.) Syn. vulgaire de Bécassine. *V.* ce mot. (DR..Z.)

* HANNEBANE. BOT. PHAN. Vieux nom français de la Jusquiame noire, encore employé dans quelques cantons. (B.)

*HANNEQUAW. OIS. (Bancrost.) Syn. du Katraka. *V.* PÉNÉLOPE. (DR..Z.)

HANNETON. *Melolontha*. INS. Genre de l'ordre des Coléoptères, famille des Lamellicornes, tribu des Scarabéides, établi par Fabricius aux dépens du grand genre Scarabée de Linné, de Geoffroy et de quelques autres naturalistes. Degéer les avait déjà distingués des Scarabées, en en faisant une division qu'il désigne sous le nom de Scarabées des Arbres. Fabricius et Olivier avaient placé parmi les Hannetons des espèces qui en ont été séparées par Latreille, et dont il a fait plusieurs genres distincts. Le genre Hanneton, tel qu'il est adopté par ce savant naturaliste (Règn. Anim. T. III), est ainsi caractérisé : antennes terminées en massue lamellée; mâchoires cornées, dentées à leur extrémité intérieure; mandibules cornées, renfermées entre le labre et les mâchoires; dernier article des palpes maxillaires ovalaire; base des élytres non dilatée extérieurement; une épine très-apparente près de l'extrémité interne des jambes antérieures; corps généralement épais et convexe avec le corselet court et l'abdomen allongé. — Les Hannetons se distinguent des Géotrupes, des Scarabées proprement dits, des Hexodons et des Rutèles, par la position des mandibules qui, dans tous ces genres, sont plus saillantes et moins recouvertes par les mâchoires et les parties de la tête. Ils s'éloignent des Hoplies par la forme de leur corps. Enfin ils diffèrent des Anoplognathes de Leach, des Glaphires, des Amphicomes et des Anisomyx de Latreille, par plusieurs caractères tirés des parties de la bouche. — L'étymologie du mot Hanneton nous est inconnue; quant au mot *Melolontha*, dont s'est servi Fabricius, il était employé par les anciens; les Grecs nommaient Melonthe, Melolonthe, *Melontha*, *Melolontha*, des Insectes qui se nourrissaient avec les feuilles des Arbres. Le corps des Hannetons est oblong, gibbeux et souvent velu; le chaperon est arrondi ou échancré, plus ou moins rebordé, et quelquefois très-avancé; les yeux sont arrondis, un peu saillans; leurs antennes sont composées de neuf à dix articles, dont le premier est gros et assez long; le second petit, presque conique; le troisième un peu plus allongé, et les suivans un peu comprimés par les bouts; les trois, quatre et même les sept derniers sont en massue ovale, allongée, feuilletée, souvent longue et arquée; le nombre des feuillets varie selon les sexes, et ils sont en général plus développés dans les mâles; le prothorax est un peu convexe et très-peu rebordé; l'écusson est ordinairement en cœur; les élytres sont, dans presque toutes les espèces, un peu plus courtes que l'abdomen; elles ont un léger rebord de chaque côté et recouvrent deux ailes membraneuses, repliées; les pates sont de longueur moyenne; les cuisses sont simples; les jambes antérieures ont deux ou trois dents latérales moins fortes que celles des Scarabées; le dernier article des tarses est terminé par deux ongles dont la forme varie beaucoup suivant les espèces. — Ces Insectes font de grands dégâts dans les campagnes sous leurs deux états de larves et d'Insectes parfaits; dans le premier, ils dévorent les racines des Arbres et des Plantes potagères, et dans le second, ils rongent les feuilles des Arbres et les dépouillent quelquefois entièrement. Les larves des Hannetons vivent deux, trois et même quatre ans dans la terre et au pied des Arbres et des autres Plantes. Devenus Insectes parfaits, les Hannetons abandonnent leurs demeures souterraines et se répandent quelquefois en si grand nombre sur les Arbres d'une forêt, qu'en peu de temps ils sont dépouillés de leur verdure; ils passent presque toute la journée immobiles et cachés sous des feuilles et ne prennent leur essor qu'après le coucher du soleil. Leur vol est lourd et inconsidéré, et ils heurtent tous les objets qui se trouvent sur leur passage; on les surprend souvent dans l'acte de la génération. On voit les mâles poursuivre les femelles avec beaucoup d'activité, mais aussitôt que la jonction a eu lieu, ils tombent dans une sorte d'anéantissement et restent attachés à la femelle; enfin ils s'en détachent et meurent bientôt après. Chaque individu vit à peine une semaine, et l'espèce ne se montre guère que pendant un mois. La femelle vit un peu plus long-temps que le mâle, creuse en terre, à l'aide de ses pates de devant qui sont armées de dents fortes et peu crochues, un trou d'un demi-pied de profondeur, y pond ses œufs qu'elle abandonne et revient sur les Arbres où elle ne tarde pas à périr. — Les œufs des Hannetons éclosent au bout d'environ six semaines; les larves qui en proviennent et qui ont été très-bien observées dans le Hanneton vulgaire, sont connues dans toute la France sous le nom de *Vers blancs* ou *mans;* elles sont molles, allongées, ridées et d'un blanc sale un peu jaunâtre. L'extrémité postérieure de leur corps est courbée en dessous, et les excrémens dont celle-ci est remplie leur donnent une teinte violette ou cendrée. Ces larves ont une tête grosse et écailleuse, deux antennes composées de cinq pièces et neuf stigmates de chaque côté; les yeux qu'elles auront un jour sont cachés sous les enveloppes dont elles doivent se débarrasser. Elles ont six pates écailleuses et leur corps est composé de treize anneaux. Elles muent et changent de peau une fois par année, au commencement du printemps; quand elles ont pris tout leur accroissement, elles s'enfoncent à la profondeur d'un ou deux pieds, cessent de manger, se construisent une loge très-unie qu'elles tapissent de leurs excrémens et de quelques fils de soie, se raccourcissent, se gonflent, et se changent en nymphes, dans lesquelles toutes les parties de l'Insecte parfait se dessinent exactement sous l'enveloppe générale qui les recouvre. C'est en février et mars que les Hannetons quittent leur enveloppe; ils percent alors leur coque et en sortent sous leur dernière forme, mais extrêmement mous et faibles, ils restent encore quelques jours sous terre, s'approchent peu à peu de la surface et finissent par sortir quand ils y sont invités par un beau temps.

L'anatomie du Hanneton peut fournir au zootomiste des faits assez curieux. Leur organisation a été observée dans les moindres détails par Straus qui a présenté à l'Académie des sciences une dissection minutieuse de l'espèce la plus commune. Ce travail, sur le point d'être publié, pourra être comparé à celui du patient Lyonnet sur l'anatomie de la Chenille du Saule. Déjà Léon Dufour, dans ses Recherches anatomiques (*V.* Ann. des Sc. natur., année 1824 et suiv.) offertes aussi à l'Institut, avait décrit avec beaucoup de soin l'organisation du Hanneton. Nous exposerons ici ces faits que nous avons aussi observés et dont nous pouvons garantir l'exactitude. Dans les *Melolontha vulgaris* et *vitis* le tube alimentaire a six à sept fois la longueur du corps. L'œsophage se dilate aussitôt en un jabot conico-cylindrique qui pénètre jusqu'au tiers antérieur du corselet. Le ventricule chylifique, replié en trois ou quatre circonvolutions, est tout-à-fait dépourvu de papilles. Les élégantes franges des vaisseaux hépatiques rampent et adhèrent à sa surface. Il est assez souvent d'une couleur sombre due à la pulpe alimentaire dont il est rempli; il est plus gros, plus dilatable à sa partie antérieure. Lorsque celle-ci n'est pas distendue par des alimens, on y voit des rubans musculeux très-prononcés qui, dans la condition contraire, s'effacent presque entièrement. L'intestin grêle est excessivement court; il est muni d'une portion intestinale très-renflée dont la texture épaisse et charnue annonce par ses anfractuosités l'existence de nombreuses valvules intérieures; c'est une espèce de colon. Ces valvules, soumises à un examen spécial, se présentent sous la forme de petites poches triangulaires imbriquées et disposées sur six séries longitudinales séparées par autant de cordons musculeux. Cette portion celluleuse dégénère en un intestin cylindroïde qui, avant sa terminaison à l'anus, offre une dilatation cœcale. L'appareil biliaire mérite surtout de fixer l'attention des anatomistes; il a une configuration bien singulière, et qui paraît lui être propre; les canaux ont, dans le Hanneton vulgaire, une si grande délicatesse de structure et des replis si multipliés, qu'il est très-difficile de les dérouler dans leur intégrité. On les croirait, au premier coup-d'œil, formés de deux ordres différens de vaisseaux. La portion de ceux-ci qui, de l'insertion ventriculaire, se dirige en avant jusqu'à l'œsophage, est munie à gauche et à droite d'une rangée de barbillons courts, simples et inégaux, qui, vus au microscope, ne sont que des prolongemens latéraux de très-petites bourses qui communiquent par une ouverture béante dans le tronc qui leur sert d'axe. Ces vaisseaux, à cause de cette disposition distique, ressemblent à d'élégantes franges. Celles-ci sont diaphanes, collées sur les parois du ventricule et étalées de manière à simuler de légères rides transversales. Parvenus à l'œsophage, ces canaux biliaires rebroussent chemin, perdent insensiblement leurs rameaux latéraux, deviennent simples et s'enfoncent profondément dans la partie postérieure de l'abdomen où ils s'entortillent de mille manières autour de l'intestin. Ils deviennent, dans cette région, d'une telle fragilité, qu'ils se crèvent au moindre contact et laissent échapper une bile d'un blanc mat analogue à celui de la Chaux ou de l'Amidon. Les canaux biliaires du *Melol. vitis* ont aussi, dans leur portion qui gagne le ventricule, des prolongemens latéraux, mais infiniment plus courts que ceux du *Melol. vulgaris.*

L'appareil générateur mâle est très-développé. Léon Dufour l'a parfaitement décrit; suivant lui, il existe deux testicules, et chacun d'eux consiste en une agglomération de six capsules spermatiques, orbiculaires, comme ombiliquées, plus ou moins grandes, suivant la quantité de sperme qui les remplit. Ces capsules, assez semblables pour leur forme à certaines graines de Plantes malvacées, sont munies chacune d'un conduit propre, tubuleux, assez long, qui s'insère dans leur centre de la même manière que le pétiole des feuilles désignées en botanique sous la dénomination de *peltées* ou *ombiliquées.* Ces pédicelles confluent à l'extrémité du canal déférent; celui-ci est filiforme, flexueux, replié, long de deux pouces environ, et paraît souvent moucheté à cause du sperme floconneux qu'il renferme. Il va s'aboucher dans la vésicule séminale correspondante à l'endroit où celle-ci s'unit à sa voisine pour la formation du conduit éjaculateur. Il n'y a qu'une paire de vésicules séminales; chacune d'elles est formée par les innombrables replis d'un vaisseau fort grêle, aggloméré en un ou deux pelotons qui ressemblent aux testicules des Coléoptères carnassiers. Si l'on parvient à dérouler ce vaisseau, on se convainc que sa longueur surpasse de huit à dix fois celle de tout le corps de l'Insecte. Léon Dufour dit lui avoir trouvé onze pouces de longueur; dans un individu chez lequel nous l'avons déroulé, il en avait près de treize. En s'approchant du conduit éjaculateur, il se renfle d'une manière remarquable, et forme une anse cylindroïde remplie d'une pulpe spermatique blanche et opaque. Le conduit éjaculateur, fort court comparativement aux organes qui viennent d'être décrits, est à peu près droit, et reçoit presqu'au même point, et les vésicules séminales, et les canaux déférens. Ce conduit pénètre dans l'appareil copulateur qui est d'une structure assez simple, et il constitue dans l'intérieur de cette enveloppe consistante un véritable pénis charnu, lequel en sort au moment de l'accouplement et lorsque ces pièces cornées, ayant pris un point d'appui sur les organes de la femelle et ayant distendu l'ouverture du vagin, lui ont frayé un libre passage.

L'appareil générateur femelle consiste en plusieurs gaînes ovigères maintenues en faisceaux par de rares trachées; il n'y en a que six pour chaque ovaire, et elles sont en général quadriloculaires. Leur article terminal est allongé, conoïde, surmonté d'un filet suspenseur. Les œufs sont gros, oblongs, blancs. Le calice des ovaires est petit, arrondi, placé au centre des gaînes ovigères. L'oviducte est allongé; il a les parois assez épaisses, plissées longitudinalement à l'intérieur. Le vaisseau sécréteur de la glande sébacée est semi-diaphane, d'une médiocre longueur, et renflé en massue. Il s'insère à la base d'un petit réservoir ovoïde-oblong. Indépendamment de celui-ci, il y a un autre réservoir bien plus grand et dégénérant en un col ou pédicule qui s'ouvre dans l'oviducte plus en arrière que le précédent. Cette vésicule singulière, qui est un caractère propre aux Insectes femelles, était connue depuis fort long-temps; déjà Jonston en avait donné une figure, et il la désignait par cette phrase: *Sacculus pyriformis qui in vaginam uteri aperitur*; mais il était important d'en déterminer l'usage, et c'est ce que l'observation nous a bientôt appris. Déjà (en 1821 et 1822) nous avions communiqué nos résultats à plusieurs anatomistes distingués de nos amis (Edwards, Dumas, Geoffroy Saint-Hilaire, Béclard, Breschet, Serres), lorsque la masse des faits nous a engagé à les rendre publics en adressant au président de l'Académie des sciences, une lettre qui retraçait succinctement les principales circonstances de notre découverte (Ann. des Sc. natur. T. II, p. 281). Pour ce qui concerne le Hanneton, il est certain que cette vésicule de l'oviducte n'est autre chose qu'une poche destinée à recevoir le pénis charnu du mâle, et par suite, la liqueur fécondante qu'il éjacule; mais il est curieux de noter que cet Insecte perd constamment son pénis dans l'acte de l'accouplement, et qu'il reste engagé dans la vésicule et dans le canal étroit de l'oviducte. C'est ce qu'il est facile d'observer en disséquant avec beaucoup de soin un Hanneton dans l'acte de l'accouplement après avoir eu soin de fixer les organes copulateurs à l'aide d'une épingle qui les traverse de part en part. *V*. GÉNÉRATION.

Tous les moyens qui ont été proposés jusqu'à présent pour détruire ces Insectes, ou au moins pour en diminuer le nombre, ont été infructueux ou impraticables. Nous allons citer les principaux et ceux qui approchent le plus du but qu'on s'est proposé. Pour faire périr beaucoup de Hannetons à l'état d'Insectes parfaits, on fait des mèches bien soufrées, entourées de poix résine et d'une légère couche de cire; on les allume et on les promène sous les Arbres et autour des haies où ces Insectes existent: il faut choisir les heures où ils sont en repos, et c'est ordinairement entre neuf heures du matin et trois heures après midi; la fumée de ces flambeaux les suffoque, et il suffit de quelques légères secousses pour les faire tous tomber; alors il est facile de les rassembler en tas et de les brûler. — Pour se préserver des ravages des larves, on a proposé de faire suivre la charrue par des enfans pour ramasser celles que le soc découvre, mais ce moyen n'est bon que pour les terrains qui ne sont pas plantés en bois. D'ailleurs on ne pourrait mettre en usage ce procédé que vers le printemps, quand les larves ne sont pas enfoncées profondément sous terre, car dans d'autres saisons il serait impossible au soc d'arriver jusqu'à elles.— On a proposé encore plusieurs méthodes plus ou moins praticables pour se défaire de ces Insectes. On peut consulter à ce sujet le Cours d'Agriculture de Rosier, à l'article HANNETON, et les Mémoires de la Société d'agriculture de Paris pour 1787 et 1791, dans lesquels il y a de très-bonnes observations du marquis de Gouffier et de Lefébure. Les Oiseaux de basse-cour, les Oiseaux nocturnes, l'Engoulevent et plusieurs Quadrupèdes, tels que les Rats, les Blaireaux, les Belettes, les Fouines, etc., font périr beaucoup de Hannetons sous leurs deux états. Les Carabes dorés, connus vulgairement sous le nom de Vinaigriers, dévorent aussi une grande quantité de femelles qu'ils surprennent au moment où elles cherchent à s'enfoncer en terre pour y déposer leurs œufs.

Knoch (*Neue Beytrage zur Insectenkunde*, *Leipzig* 1801) décrit plusieurs espèces de Hannetons. Dejean, Megerle et Macleay ont divisé le genre Hanneton en plusieurs sous-genres dont les caractères ne sont pas encore publiés. Nous allons présenter les divisions que Latreille a établies.

I. Labre épaissi et échancré inférieurement à sa partie antérieure; mandibules entièrement cornées; leur extrémité soit fortement tronquée, soit échancrée et à dents obtuses.

A. Antennes de dix articles.

† Massue des antennes de sept feuillets dans les mâles et de six dans les femelles.

Les espèces de cette division ont le corps oblong, convexe; les crochets de leurs tarses sont égaux, unidentés en dessous. Les principales sont :

Le HANNETON FOULON, *M. fullo*, Fabr.; *Scarabœus fullo*, L.; le Foulon, Geoffr.

Cette espèce est la plus grande des indigènes; elle a jusqu'à seize lignes de long. On la trouve en France, en Hollande, en Angleterre, etc., au bord de la mer, sur les dunes; on la rencontre aussi, mais plus rarement, dans l'intérieur des terres.

Le HANNETON VULGAIRE, *M. vulgaris*, Fabr., Rœsel., Ins. T. II, Scar. T. I, tab. I. — Commun dans toute l'Europe.

†† Massue des antennes de cinq feuillets dans les mâles et de quatre dans les femelles.

HANNETON COTONNEUX, *M. villosa*, Oliv., Col. T. I, n. 5, pl. I, fig. 4. — Se trouve aux environs de Paris, au midi de la France et en Italie.

††† Massue des antennes de trois feuillets dans les deux sexes.

HANNETON ESTIVAL, *M. æstiva*, Oliv., *ibid.*, pl. 2, fig. I. — Commun aux environs de Paris.

B. Antennes de neuf articles dont les trois derniers forment la massue dans les deux sexes.

HANNETON SOLSTICIAL, *M. solsticialis*, Fabr., Oliv., *ibid.*, pl. 2, fig. 8. — Commun dans toute l'Europe. Toutes ces espèces appartiennent au genre Hanneton de Dejean (Cat. des Col., p. 57).

II. Labre mince, plat, presque en forme de membrane; antennes de neuf articles, dont les trois derniers forment une massue dans les deux sexes.

A. Mandibules entièrement cornées, sensiblement dentelées à leur extrémité.

Les espèces de cette division ont les crochets des quatre tarses antérieurs très-inégaux, l'un d'eux plus robuste ou bifide; ceux des tarses postérieurs égaux ou presque égaux et entiers; leur corps est plus ou moins ovoïde et peu allongé, et il a souvent des couleurs brillantes.

HANNETON DE LA VIGNE, *M. vitis*, Fabr., Oliv., *ibid.*, pl. 2, fig. 12. Il ronge les feuilles de Vigne; il est assez commun aux environs de Paris. — Cette espèce appartient au genre *Anomala* de Megerle, Dej., *loc. cit.*

B. Mandibules membraneuses ou moins solides le long de leur bord interne, sans dentelures apparentes à leur extrémité.

† Crochets des tarses égaux, bifides; division inférieure plus courte, plus large, obtuse ou tronquée; corps bombé ou convexe.

* Corselet plus large que long, presque en trapèze.

HANNETON VARIABLE, *M. variabilis*, Fabr., Oliv., *ibid.*, pl. 4, f. 37. — Scarabée couleur de suie, Geoffr. *G. Omaloplia* de Megerle, Dej., *loc. cit.* — Se trouve dans toute la France.

†† Crochets des quatre tarses antérieurs très-inégaux, l'un d'eux plus fort et bifide; ceux des tarses postérieurs presque égaux, entiers; corps plan ou peu convexe en dessus.

HANNETON CHAMPÊTRE, *M. campestris*, Latr., Hist. nat. des Crust. et des Ins. T. x, p. 194. Cette espèce a le chaperon en forme de carré transversal. Il est des Alpes. Les autres ont le chaperon avancé, rétréci près de la pointe, dilaté, ensuite relevé et tronqué à son extrémité, en forme de museau. Ce sont les *M. agricola*, *floricola*, *fructicola* de Fabricius. Toutes ces espèces et la précédente appartiennent au genre *Anisoplia* de Megerle, Dej., *loc. cit.* Ils se trouvent à Paris.

** Corselet allongé en ovale tronqué, rétréci postérieurement: tous les crochets des tarses égaux et bifides à leur extrémité.

HANNETON SUB-ÉPINEUX, *M. subspinosa*, Fabr., *M. angustatus*, Palis.-Beauv. — Il se trouve à Saint-Domingue, et appartient au genre *Macrodactylus* de Latr., Dej., *loc. cit.* *V.*, pour les autres espèces, Knoch (*loc. cit.*), Dejean (Catalog. des Coléoptères, p. 57), Schoenheer (*Synop. Insect.*), Kirby (*Linn. Soc. Trans.* T. XII), etc. — Bertrand (Vict. Oryct.) dit avoir vu des Hannetons fossiles dans le Calcaire feuilleté de Glaris, analogue à celui d'OEningen en Franconie. Dans ce dernier Calcaire on rencontre souvent des larves ou des nymphes de Libellules, mais il serait important de vérifier cette détermination.

HANNETON ÉCAILLEUX. *V.* HOPLIE.

HANNETON DU POITOU. *V.* HANNETON FOULON.

HANNETON DU ROSIER ou HANNETON DORÉ. *V.* CÉTOINE. (AUD. et G.)

HANNONS. MOLL. L'un des syn. vulgaires de Pétoncle. (B.)

HANSEL. OIS. Espèce du genre Sterne. *V.* ce mot. (DR..Z.)

* HANTHI. MAM. *V.* HAN.

HANTOL. BOT. PHAN. Nom de pays du *Sandoricum indicum*, que des botanistes ont adopté pour désigner en français le genre Sandoric. *V.* ce mot. (B.)

HAPALANTHUS. BOT. PHAN. Jacquin (*Plant. Amer.* II, p. 12, tab. 12) a décrit et figuré sous ce nouveau nom générique une espèce de *Callisia* de Linné. *V.* CALLISE. (G..N.)

HAPALE. MAM. (Illiger.) *V.* OUISTITI.

HAPAYE. OIS. *V.* HARPAYE.

HAPLAIRE. *Haplaria.* BOT. CRYPT. (*Mucédinées.*) Ce genre, établi par Link, devrait être réuni, à ce que nous pensons, avec les genres *Virgaria* et *Acladium*, dont il diffère à peine par les caractères spécifiques. Link le caractérise ainsi: filamens simples ou peu rameux, droits, épars, cloisonnés, transparens; sporules globuleuses, réunies par groupes çà et là à la surface des filamens. Le genre *Virgaria* n'en diffère que par ses rameaux plus divisés, et le genre

Acladium par les sporules ovales ou oblongues réunies vers les extrémités des filamens. Ce genre, qui appartient à la tribu des véritables Mucédinées et à la section des Botrytidées, croît sur les feuilles mortes et humides. (AD. B.)

HAPLOPHYLLON. BOT. PHAN. (Dioscoride.) Probablement l'*Alyssum calycinum* des modernes qui peut bien n'être pas celui de Pline, de Galien et d'autres botanistes de même force. (B.)

* HAPLOTRICHUM. BOT. CRYPT. (*Mucédinées.*) Ce genre, encore assez imparfaitement connu, a été observé par Eschweiler sur les feuilles du *Casselia brasiliensis*. Il paraît voisin des Byssus et autres genres de Mucédinées à filamens continus. Il est ainsi caractérisé : filamens très-simples, continus, presque opaques, décombans, entrecroisés; sporules globuleuses, éparses. Les sporules paraissent, suivant Eschweiler, sortir de l'intérieur des filamens. Il nous paraîtrait assez probable que ce genre ne serait qu'une autre époque de développement du genre *Gliotrichum* du même auteur, observé également sur les feuilles du *Casselia brasiliensis*. Le genre *Gliotrichum* en diffère seulement par ses filamens mucilagineux, rampans et se réunissant ensuite en faisceaux redressés. (AD. B.)

* HAPPIA. BOT. PHAN. C'est ainsi que Necker (*Elem. Bot.*, n. 807) a changé sans motifs le nom du *Tococa*, genre formé par Aublet dans la famille des Mélastomacées. *V.* ce mot. (G..N.)

* HAPSER. BOT. PHAN. C'est l'un des noms que l'Ecluse rapporte à un Végétal lactescent produisant une ouate et qui paraît être l'*Asclepias syriaca*. (B.)

* HARACHA. BOT. PHAN. Le *Ruellia infundibuliformis* d'Andrews a été décrit sous le nom d'*Haracha speciosa* par Jacquin fils. *V.* RUELLIE. (G..N.)

HARACHE. POIS. La Clupée, à qui l'on donne vulgairement ce nom dans quelques cantons et qui n'a pas été suffisamment observée, pourrait bien être une espèce particulière. (B.)

HARACONEM. BOT. PHAN. *V.* HARCOMAN.

* HARAFETS. OIS. *V.* HALIOUTS.

* HARAFORAS. MAM. Syn. de Papous, espèce du genre Homme. *V.* ce mot. (B.)

* HARAM. BOT. PHAN. L'Arbre de Madagascar mentionné sous ce nom par Flacourt et Rochon, paraît avoir beaucoup d'affinité avec le *Poupartia;* on en tire par incision une résine balsamique, dont les femmes malégaches font un cosmétique avec lequel elles se frottent le visage pour conserver la fraîcheur de la peau. *V.* POUPARTIE. (G..N.)

HARCOMAN. BOT. PHAN. Et non *Haraconem*. Syn. arabe de Sorgo, *Holchus Sorgum*, L. (B.)

HARDEAU. BOT. PHAN. L'un des syn. vulgaires de Viorne. *V.* ce mot. (B.)

* HARDERIE. MIN. L'un des noms vulgaires du Fer oxidé, Hæmatite. *V.* ces mots. (B.)

* HARDES. INS. On donne en plusieurs cantons de la France ce nom vulgaire aux petits Lépidoptères du genre Teigne, dont les larves piquent les draperies et les hardes. (B.)

* HARDOUCKIA. BOT. PHAN. Pour Hardwickie. *V.* ce mot. (B.)

* HARDWICKIE. *Hardwickia.* BOT. PHAN. Sous le nom d'*Hardwickia binata*, Roxburgh (*Plant. Coromand.* T. III, p. 6, tab. 209) a décrit et figuré un Arbre qui appartient à la famille des Légumineuses et à la Décandrie Monogynie, L. Ses branches nombreuses portent des feuilles alternes, sur deux rangs, pétiolées, géminées avec une pointe courte entre les deux, ou plutôt partagées en deux jusqu'aux pétioles, comme dans certaines Bauhinies; chaque foliole est réniforme, entière, marquée de trois ou quatre nervures; les pétioles sont accompagnés de très-petites sti-

pules caduques. Les fleurs sont disposées en panicules terminales et axillaires. Chacune des fleurs n'offre qu'une seule enveloppe florale composée de cinq parties colorées, obovales, concaves et plus longues que les étamines. Celles-ci, au nombre de dix, alternativement plus courtes, sont libres et insérées à la base de l'ovaire qui a un style ascendant et un stigmate pelté. La gousse est lancéolée, à deux valves, striée longitudinalement, contenant une graine solitaire et placée au sommet. Cet Arbre croît dans les contrées montueuses de la côte de Coromandel. Son bois est d'une excellente qualité pour divers usages. Malgré l'absence du calice et l'unité de graine, le genre *Hardwickia* ne semble pas bien distinct du *Bauhinia*. (G..N.)

HAREIS ou HAREIZ. OIS. Syn. d'Ibis noir. *V.* IBIS. (DR..Z.)

HARENG. *Harengus.* POIS. Espèce des plus importantes et des plus connues du genre Clupe dont on a étendu le nom à divers autres Poissons de ce même genre, et même à la Chimère antique qu'on a quelquefois appelée Hareng du Nord. On en a formé le nom d'Harengades, que dans certaines parties du midi de la France, et particulièrement à Marseille, on donne aux plus grosses Sardines. *V.* CLUPE. (B.)

HARETAC. OIS. Flacourt mentionne sous ce nom de pays une petite Sarcelle indéterminée de Madagascar ayant une huppe rouge, le plumage et les pieds noirs. (B.)

HARFANG. OIS. Espèce du genre Chouette. *V.* ce mot. (B.)

HARGHILOIS, HARGILAS. OIS. Syn. de Jabiru Argala. *V.* CIGOGNE. (DR..Z.)

HARICOT. *Phaseolus.* BOT. PHAN. Genre de la famille des Légumineuses et de la Diadelphie Décandrie, L. Tournefort confondait dans son genre *Phaseolus* les espèces dont Linné a formé depuis le *Dolichos* et le *Glycine*. Voici les caractères du genre dont il est ici question : calice campanulé-urcéolé, accompagné à sa base de deux bractées, divisé en deux lèvres dont la supérieure est émarginée ou entière, l'inférieure tridentée ou trifide; corolle papilionacée, ayant l'étendard orbiculaire émarginé, réfléchi, muni vers l'onglet d'un double lobule; les ailes égales à l'étendard ou un peu plus grandes, adhérentes à la carène qui est roulée en spirale avec les organes de la reproduction; dix étamines diadelphes; ovaire presque sessile, surmonté d'un style barbu à l'intérieur et au-dessous du sommet, et d'un stigmate oblique; disque urcéolé, entier; légume allongé, droit ou falciforme, un peu comprimé, renflé dans les parties où sont situées les graines, bivalve, à trois ou un plus grand nombre de graines séparées quelquefois par des cloisons membraneuses, transversales; ces graines sont réniformes, marquées d'un hile petit, oblong ou arrondi. Les Haricots sont des Plantes herbacées, dressées, le plus souvent volubiles, très-rarement munies de vrilles; leurs feuilles sont ternées, à folioles le plus souvent à trois nervures, quelquefois lobées, la terminale éloignée des latérales; chaque pétiole muni de stipules. Les fleurs sont portées sur un pédoncule commun axillaire, disposées en grappes, offrant pour ainsi dire toutes les nuances de couleur depuis le blanc jusqu'au rouge-écarlate. Les pédicelles solitaires sont accompagnés d'une à trois bractées, dont l'extérieure est la plus grande. Dans un Mémoire publié récemment sur les genres *Phaseolus* et *Dolichos*, le professeur Savi (*Nuov. Giorn. de Letterati*, décembre 1822, p. 301) a observé que, dans plusieurs espèces du premier genre, la carène, les étamines et le style ne sont pas contournés en spirale, comme le caractère donné par Linné et Jussieu l'indique, mais que ces organes présentent la forme d'une faux ou d'un hameçon; en sorte que le caractère générique doit être modifié d'après cette observation.

Les espèces de Haricots, au nombre de quarante et plus, sont toutes indigènes des climats chauds de l'Amérique et des Indes-Orientales. Plusieurs sont cultivées dans les jardins de l'Europe comme Plantes potagères et d'ornement. Nous ne pouvons nous dispenser de parler ici des espèces qui sous l'un ou l'autre de ces rapports ont acquis une grande importance.

Parmi les espèces grimpantes et volubiles, on distingue :

Le HARICOT COMMUN, *Phaseolus vulgaris*, L. Sa tige rameuse s'élève à la hauteur d'un mètre, garnie de feuilles alternes, composée de folioles ovales, pubescentes. Les fleurs sont blanches ou un peu jaunâtres, et les gousses qui leur succèdent contiennent des graines dont les diverses formes et les couleurs constituent un grand nombre de variétés qu'il n'est pas de notre devoir d'énumérer ici. Ces graines portent, dans certains départemens de la France, les noms de Phaséoles, Favioles, Féveroles, etc., mots qui dérivent du nom donné par les Latins.

Le HARICOT MULTIFLORE, *Phaseolus multiflorus*, Lamk. Une tige herbacée, rameuse, et qui s'élève à plus de cinq mètres, porte des feuilles composées de trois folioles ovales, à pétiole canaliculé en dessus. Les fleurs sont disposées en grappes, sur des pédoncules fort longs et axillaires. Ces fleurs sont ordinairement d'un rouge écarlate très-vif; elles sont blanches dans une variété. Il leur succède des gousses pendantes, très-grosses, renfermant des graines roses-violettes, marbrées de taches noires lorsque les fleurs sont écarlates. Cette espèce est originaire de l'Amérique méridionale; elle a été introduite en Europe par la voie d'Espagne, d'où le nom de HARICOT D'ESPAGNE, sous lequel elle est le plus connue. Comme cette Plante se cultive avec facilité et qu'elle fleurit pendant tout l'été et même une partie de l'automne, elle est répandue maintenant presque partout; elle est surtout employée pour couvrir les murs et pour en garnir les treillages. Miller et Rosier ont fait remarquer que sa graine était aussi bonne à manger que celle des autres Haricots, et que par conséquent on ne devrait pas se borner, dans nos provinces du Nord, à sa culture comme Plante d'agrément. Cependant, il faut dire aussi que, pour la cultiver en grand, ses tiges seraient difficiles à soutenir, vu leur grande extension; d'ailleurs la plupart de leurs fleurs ne produisent point de gousses sous notre climat.

Les *Phaseolus vexillatus*, L.; *Ph. Caracalla*, L.; *Ph. semierectus*, L.; et *Ph. paniculatus*, Michx., sont les autres espèces principales, à tiges volubiles, originaires de l'Amérique, et qui sont fréquemment cultivées dans les jardins d'Europe.

La seule des espèces à tiges droites non grimpantes qui mérite de fixer l'attention, est la suivante :

Le HARICOT NAIN, *Phaseolus nanus*, L. Les plus grands rapports unissent cette Plante avec le Haricot commun, car elle n'en diffère essentiellement que par ses tiges qui ne s'élèvent presque jamais au-delà de trois à quatre décimètres, et qui ne sont point volubiles. Originaire des Indes-Orientales, on la cultive depuis un temps immémorial en Europe, où elle a produit plusieurs variétés qui, en raison de leurs usages alimentaires, forment une branche de culture et de commerce très-considérable.

Les Haricots ayant pour patrie primitive les contrées chaudes du globe, redoutent les froids assez vifs qui règnent en certains temps dans nos régions tempérées. On ne les sème donc chez nous qu'après l'hiver, et ils prospèrent d'autant plus que le pays est plus méridional et mieux exposé. Il leur faut une terre fraîche, légère, et pourtant substantielle, plutôt sèche qu'humide, car les lieux marécageux ne leur conviennent aucunement.

Les semis des Haricots se font de deux manières : 1° en échiquier; 2° par raies, entre chacune desquelles on laisse un sillon vide pour pouvoir disposer les rames, lorsque c'est l'espèce grimpante qu'on cultive. C'est en échiquier qu'on sème les Haricots dans les champs des environs de Paris. La culture en grand des Haricots est pratiquée dans les départemens de la Côte-d'Or et de Saône-et-Loire, conjointement avec celles du Maïs et des Pommes-de-terre, et l'agriculteur en retire des bénéfices énormes, lorsque la température est favorable.

Il nous semble inutile de nous étendre sur les usages économiques des Haricots. C'est le plus vulgaire des mets chez tous les peuples de l'Europe; non-seulement on mange leurs graines, mais encore leurs gousses vertes, apprêtées de diverses manières. (G..N.)

* HARIOTA. BOT. PHAN. Ce genre fondé par Adanson sur le *Cactus parasiticus*, L., *Opuntia* de Plumier, n'a pas été adopté. (G..N.)

HARISH. MAM. *V*. ARSHAN.

* HARISSONA. BOT. CRYPT. (*Mousses*.) Adanson a désigné sous ce nom un genre qui renfermait des Plantes maintenant réparties parmi les genres *Hedwigia*, *Fissidens* et *Neckera*. *V*. ces mots. (AD. B.)

HARLE. *Mergus*. OIS. Genre de l'ordre des Palmipèdes. Caractères : bec droit, grêle, assez allongé, cylindrico-conique, plus ou moins élargi à sa base; bords des deux mandibules serratiformes; les dents très-aiguës et dirigées en arrière, l'extrémité de la supérieure très-crochue et onguiculée; narines elliptiques, percées de part en part et longitudinalement vers le milieu des deux côtés du bec; pieds courts, retirés dans l'abdomen; quatre doigts, trois devant, entièrement palmés, l'externe plus long que les autres, un derrière, libre, articulé sur le tarse et portant à terre sur l'extrémité; ailes médiocres; la première rémige égale à la deuxième ou seulement un peu plus courte.

Retirés pendant la belle saison vers les régions polaires, les Harles ne les quittent, d'habitude, qu'aux approches des frimats; aussi lorsque, dans les derniers jours de novembre, on les voit arriver et se répandre sur nos étangs, on est assuré qu'un froid rigoureux suivra immédiatement leur apparition. Ils séjournent dans nos climats aussi long-temps qu'ils y trouvent des eaux vives; quand la surface de ces eaux se glace et interdit aux Harles une pêche extrêmement destructive, ils disparaissent jusqu'au printemps, alors que la cessation des gelées les décide à regagner leurs retraites septentrionales, où l'abondance des Poissons leur permet de contenter journellement un appétit vorace. Tous les auteurs attestent, sans doute d'après une observation commune, que les Harles, en nageant, se tiennent le corps entièrement submergé, et la tête seule hors de l'eau. Nous avons été à même, plusieurs fois, d'observer ces Oiseaux, sous différens climats, et dans des circonstances variées; toujours nous les avons vus parcourir, à la manière des autres Palmipèdes, la surface des étangs et des rivières; il est possible que quelquefois, dans l'intention de plonger, et pour se trouver plus à portée du Poisson, par eux constamment poursuivi, ils nagent pendant quelque temps entre deux eaux, mais ce n'est pas une habitude; du reste, cette habitude ne serait point particulière aux Harles, car nous avons souvent remarqué que des Gallinules et des Plongeons parcouraient ainsi des étendues considérables de leurs liquides domaines. Les Harles ne s'occupent des soins de la propagation que dans leurs résidences chéries; aussi les a-t-on peu observés livrés à leurs amours. Le petit nombre de faits qui nous sont parvenus relativement à la durée de l'incubation, sont probablement cause qu'un observateur, d'ailleurs fort instruit, l'a portée à soixante jours, c'est-à-dire à un tiers en sus de celle des plus grands Oiseaux; or, comme il est bien prouvé que chez les Oiseaux, cette durée est toujours en proportion de la taille des espèces, on doit croire que Manduyt a été induit en erreur en rapportant une observation qui, vraisemblablement, n'avait pas été faite. C'est ordinairement dans les broussailles, dans les vieux troncs qui bordent les étangs et les fleuves, ou parmi les cailloux roulés qui forment assez souvent leurs rives, que l'on trouve les nids des Harles; ils contiennent de dix à douze œufs, et quelquefois plus; ils sont pour toutes les espèces, d'un cendré blanchâtre, presque également pointus aux deux bouts. L'époque de la mue, chez ces Oiseaux, varie suivant l'âge et le sexe; elle arrive au printemps pour les mâles adultes, et à l'automne pour les jeunes et les femelles. Les jeunes mâles, avant leur première et même leur seconde mue, ressemblent aux femelles dont le plumage diffère en tout de celui des mâles adultes; elles ont, dans toutes les espèces, la tête et la majeure partie du cou d'un roux plus ou moins intense. La chair des Harles est mauvaise et infecte; on n'en use que par nécessité.

HARLE BLANC. *V.* GRAND HARLE.

HARLE BLANC ET NOIR. *V.* HARLE HUPPÉ.

HARLE BRUN, *Mergus fuscus*, Lath. *V.* HARLE COURONNÉ, femelle.

HARLE CENDRÉ. *V.* GRAND HARLE, femelle.

HARLE A CRÊTE. *V.* HARLE COURONNÉ.

HARLE COURONNÉ, *Mergus cucullatus*, Lath., Buff., pl. enlum. 935 et 936. Parties supérieures, face et cou noirs; tête ornée d'une huppe, composée de plumes relevées en rayons partout d'un cendré peu étendu, blanc; la circonférence du disque est noire; rémiges brunes, les intérieures lisérées de blanc; rectrices d'un brun foncé; parties inférieures blanches avec les flancs bruns rayés de noir; bec et pieds noirs. Taille, seize à dix-sept pouces. La femelle est presque entièrement brune; sa huppe, également brune, est plus petite que celle du mâle. De l'Amérique septentrionale.

HARLE ÉTOILÉ. *V.* HARLE PIETTE, femelle.

GRAND HARLE, *Mergus Merganser*, L., *Mergus Castor*, Gmel., *Mergus rubricapillus*, Gmel., Buff., pl. enlum. 951 et 953. Parties supérieures noires, avec les tectrices alaires blanches, lisérées de noirâtre; tête et parties supérieures du cou d'un noir irisé; huppe grosse, courte et touffue; dos et queue cendrés; miroir blanc; parties inférieures blanches, lavées de jaunâtre-rosé; mandibule supérieure noire, l'inférieure d'un brun rouge ainsi que l'iris; pieds rouges. Taille, vingt-six à vingt-huit pouces. La femelle a les parties supérieures cendrées, la tête et le dessus du cou d'un brun roussâtre; la huppe longue et effilée; la gorge blanche; la poitrine, les flancs et les cuisses d'un cendré blanchâtre; les parties inférieures d'un blanc jaunâtre; le bec et les pieds d'un rouge cendré. Vingt-quatre à vingt-cinq pouces au plus. D'Europe.

HARLE HUPPÉ, *Mergus serrator*, L., Buff., pl. enlum. 207. Parties supérieures noires; tête, huppe et dessus du cou d'un noir irisé; un collier blanc; épaules tachetées de blanc; miroir blanc, coupé par deux bandes transversales noires; poitrine d'un brun roussâtre, tachetée de noir; parties inférieures blanches; croupion et cuisses rayés en zig-zags de cendré; bec et iris rouges; pieds d'un jaune orangé; la huppe assez longue et effilée dans les vieux mâles. Taille, vingt-un à vingt-deux pouces. La femelle est un peu moins grande; elle a la tête, la huppe et le cou bruns; la gorge blanche; les parties supérieures et les flancs d'un cendré noirâtre; le miroir blanc, coupé par une bande cendrée, les parties inférieures blanches; le bec et les pieds d'un rouge jaunâtre; l'iris brun. D'Europe.

HARLE HUPPÉ DE VIRGINIE. *V.* HARLE COURONNÉ.

HARLE A HUIT BRINS, *Mergus octosetaceus*, Vieill. Parties supérieures ardoisées; huppe composée de huit plumes désunies, assez longues, couchées sur la nuque et descendant sur le cou; parties inférieures blanches, tachetées de cendré sur les flancs; bec et pieds noirâtres. Taille, seize à dix-sept pouces. Du Brésil. Espèce douteuse.

HARLE IMPÉRIAL, *Mergus imperialis*, Lath. *V.* HARLE PIETTE, femelle.

HARLE A MANTEAU NOIR. *V.* HARLE HUPPÉ, adulte.

HARLE NOIR, *Mergus niger*, *Mergus serratus*, Gmel. *V.* HARLE HUPPÉ, jeune.

PETIT HARLE HUPPÉ. *V.* HARLE PIETTE.

HARLE PIETTE, *Mergus albellus*, L.; *Mergus minutus*, Gmel.; *Mergus stellatus*, Brun.; *Mergus asiaticus*, Gmel.; *Mergus pannonicus*, Scopoli, Buff., pl. enlum. 449. Parties supérieures blanches, avec le haut du dos; deux portions de cercle qui se dirigent vers la poitrine et le bord des scapulaires d'un noir pur; une grande tache d'un noir verdâtre de chaque côté du bec, et une autre sur l'occiput; huppe blanche; parties inférieures blanches, avec les flancs et les cuisses variés de cendré; bec, pieds et doigts bleuâtres; membrane noire. Taille, quinze à seize pouces. La femelle est un peu plus petite, elle a le sommet de la tête, les joues et l'occiput d'un roux brun; les parties supérieures et la queue d'un cendré foncé; les ailes variées de blanc, de cendré et de noir; les parties inférieures blanches, avec la poitrine, les flancs et le croupion d'un gris cendré. Les jeunes ont le plumage intermédiaire de ceux du mâle et de la femelle. D'Europe.

HARLE A QUEUE FOURCHUE, *Mergus furcifer*, Lath. Parties supérieures noires; point de huppe; front et joues brunâtres; une bandelette noire de chaque côté du cou; parties inférieures blanches, de même que les rectrices latérales; bec noir, avec le milieu rougeâtre. Espèce douteuse. (DR..Z.)

HARLOSSIER. BOT. PHAN. L'un des noms vulgaires du Sorbier sauvage dans certains cantons de la France, et particulièrement de l'ancienne Lorraine. (B.)

HARMALA. BOT. PHAN. Du mot arabe *Harmel*, qui désigne la même chose; nom spécifique de la principale espèce du genre Péganum, *V.* ce mot, et que des botanistes français ont voulu substituer à la désignation scientifiquement adoptée. (B.)

HARMOTOME. MIN. Hyacinthe blanche cruciforme de Romé de l'Isle; Pierre cruciforme; *Kreuzstein*, W.; Substance blanche, cristallisant en prisme droit rectangulaire, et dont la forme primitive est, suivant Haüy, un octaèdre symétrique. Les faces de l'une des pyramides s'inclinent sur celles de l'autre pyramide, en faisant avec elles un angle de 86° 36'. Cet octaèdre se sous-divise par des plans qui passent par le centre et les arêtes obliques. C'est ce que rappelle le mot Harmotome, dont le sens est: *qui se divise sur les jointures*. L'Harmotome est toujours blanchâtre, et ordinairement translucide. Il est assez dur pour rayer le verre; pèse spécifiquement 2,33; fond au chalumeau, sur le charbon, en un verre diaphane et sans bulles. Il est composé de huit atomes de bisilicate d'Alumine, d'un atome de quadrisilicate de Baryte, et de quarante-deux atomes d'Eau; ou, en poids, de Silice 48; Alumine, 17; Baryte, 19; Eau, 16. Cette composition atomistique est parfaitement d'accord avec les résultats de l'analyse que Klaproth a faite de l'Harmotome d'Andreasberg. Les formes cristallines de l'Harmotome sont peu variées: la plus commune est la *dodécaèdre*, provenant d'une modification simple sur les angles latéraux de l'octaèdre primitif. Souvent deux cristaux de cette forme, mais plus larges dans un sens que dans l'autre, se réunissent deux à deux sur leur longueur, et donnent ainsi naissance à la variété nommée *cruciforme*. L'Harmotome se rencontre quelquefois dans les roches amygdalaires, comme dans celles d'Oberstein et du Kaiserstuhl; mais son gissement le plus ordinaire est dans les filons, où elle s'associe souvent à la Stilbite. Tels sont ceux d'Andreasberg au Hartz, de Strontian en Écosse, et de Kongsberg en Norwège. (G. DEL.)

HARMOU. BOT. PHAN. (Garidel.) L'un des noms vulgaires de l'*Atriplex hortensis* dans le midi de la France. (B.)

HAROB. INS. On ne peut point déterminer le genre auquel appartenaient les Insectes qui causèrent la quatrième plaie d'Egypte, et que les Hébreux ont désigné par ce nom. La prodigieuse et subite multiplication de tels Animaux serait un puissant argument en faveur des générations spontanées. Nous n'avons cependant pas cru devoir, par respect pour la verge d'Aaron, l'appeler au secours de nos opinions dans notre travail sur la matière considérée dans ses rapports avec l'histoire naturelle. (B.)

HARONGA. BOT. PHAN. *V.* HARONGANA.

HARONGANA. BOT. PHAN. Genre de la famille des Hypéricinées et de la Polyadelphie Polyandrie, L., établi par Lamarck (Illustr., tab. 645), et ainsi caractérisé : calice à cinq folioles persistantes; corolle à cinq pétales; quinze étamines réunies en cinq faisceaux avec lesquels alternent cinq petites écailles; cinq styles et cinq stigmates; baie drupacée à cinq loges contenant chacune deux ou trois graines. Nous empruntons ces caractères à Du Petit-Thouars (*Gener. Nov. Madagasc.*, n. 49) et à Choisy (*Prodr. Hyperic.*, 33) qui ont décrit ce genre sous le nom de *Haronga*. Persoon a fait un peu varier l'orthographe du nom, en écrivant *Arongana*. Les espèces, au nombre de cinq, sont toutes indigènes de l'île de Madagascar. Elles ont une tige rameuse et des fleurs disposées en panicules tantôt très-denses, tantôt, au contraire, ne portant que peu de fleurs. Dans le *Prodromus* du professeur De Candolle, elles forment deux sections : la première renferme celles qui ont les feuilles entières. C'est ici que se place l'*Harongana Madagascariensis*, qui a été le type du genre. Choisy a décrit deux autres espèces à feuilles entières sous le nom d'*H. lanceolata* et d'*H. revoluta*. La deuxième section se compose des espèces à feuilles crénelées : ce sont les *H. mollusca* et *H. crenata* de Persoon. Quant à l'*Harongana pubescens* de Poiret (Encycl. méthod.), c'est simplement une variété de l'*H. Madagascariensis*. (G..N.)

* HARPACANTHA. BOT. PHAN. (Dioscoride.) Syn. d'Acanthe. *V.* ce mot. (B.)

HARPACTICUM ET HARPACTIUM. BOT. PHAN. On ignore quelle était l'espèce de Gomme ainsi appelée chez les anciens. (B.)

* HARPAGO. POIS. (Ruysch.) Même chose que Bootshaac. *V.* ce mot. (B.)

HARPAGO. MOLL. (Rumph.) Syn. de *Strombus Chiragra*, L. *V.* PTÉROCÈRE. (B.)

HARPALE. *Harpalus*. INS. Genre de l'ordre des Coléoptères, section des Pentamères, famille des Carnassiers, tribu des Carabiques, division des Thoraciques (Latr. et Dej., Col. d'Eur., 1re livr., p. 79), établi par Latreille aux dépens du grand genre Carabe de Fabricius, et adopté par Bonelli, Clairville et tous les auteurs. Ses caractères sont : palpes extérieurs non terminés en manière d'alène, et ayant leur dernier article ovoïde; milieu du bord supérieur du menton à dent simple ou nulle; côté interne des deux jambes antérieures fortement échancré; élytres entières ou légèrement sinuées à leur extrémité postérieure; les premiers articles des quatre tarses antérieurs des mâles sensiblement plus larges, garnis en dessous de brosses ou de poils; palpes maxillaires internes très-pointus; paraglosses proportionnellement plus larges que dans les Féronies de Latr. (Règn. Anim. T. III); mandibules courtes; pieds antérieurs robustes, à jambes très-épineuses; des ailes. Les deux tarses antérieurs seulement, dilatés dans les mâles, éloignent les Féronies de Latreille du geure Harpale qui se distingue des Acinopes, Ophones, Sténolophes et Masorées, *V.* ces mots, par les caractères qui lui sont propres et qui sont présentés à chacun de ces mots. Les Harpales ont le corps ovale; le corselet presque en carré transversal, sa grande largeur égalant celle des étuis réunis. Ils vivent à terre dans les lieux secs ou peu humides, et se tiennent le plus souvent sous les pierres ou dans des trous qu'ils se creusent à l'aide des nombreuses épines dont leurs jambes antérieures sont pourvues. Ils courent assez vite et ne craignent pas la lumière du soleil; leur vol est très-vif. C'est surtout l'Harpale bronzé que l'on rencontre souvent volant à l'ardeur du soleil.

Les larves des Harpales habitent dans la terre; elles ont une forme conico-cylindrique; leur tête est grosse, armée de deux mandibules fortes et presque semblables à celles de l'Insecte parfait; l'extrémité postérieure de leur corps offre un tube membraneux terminé par un prolongement de la région anale, deux appendices charnus, articulés et assez longs; toutes leurs métamorphoses se font dans les mêmes lieux. Dejean (Cat. des Col., p. 14) mentionne quatre-vingt-douze espèces du genre Harpale tel qu'il est adopté par lui et Latreille (*loc. cit.*). Les plus communs à Paris sont:

L'HARPALE RUFICORNE, *H. ruficornis*; *Carabus ruficornis*, Lin., Fabr., Panz., *Faun. Ins. Germ.*, fasc. 30, T. II, fasc. 38, T. I. Cette espèce est très-commune dans toute l'Europe, ainsi que l'HARPALE BRONZÉ, *H. æneus*, Fabr., Latr.; *Carabus azureus*, *C. Proteus*, Payk. Cette espèce varie beaucoup, et Duftsmid a fait les *H. distinguendus* et *smaragdinus*, de deux de ses variétés. (G.)

* HARPALIUM. BOT. PHAN. H. Cassini a proposé (Bullet. de la Soc. Philom., sept. 1818) de désigner sous ce nom un sous-genre des *Helianthus*, caractérisé par l'aigrette composée de plusieurs paillettes disposées sur un seul rang, membraneuses, caduques, dont deux grandes, l'une antérieure, l'autre postérieure, et les autres petites, latérales; par l'involucre formé de folioles régulièrement imbriquées, entièrement appliquée, coriaces et sans appendices; enfin par les paillettes du réceptacle arrondies au sommet. L'*Harpalium rigidum*, H. Cass., est une Plante herbacée, très-élevée, à feuilles opposées, presque sessiles, lancéolées, et dont les calathides de fleurs jaunes sont grandes et solitaires au sommet des rameaux nus et pédonculiformes. On cultive cette espèce au Jardin des Plantes de Paris. Elle est originaire de l'Amérique septentrionale; c'est peut-être l'*Helianthus diffusus*, décrit dans le *Botanical Magazine*. (G..N.)

* HARPALUS. MAM. (Illiger.) Syn. de Sagouin, genre de Singes. (A. D..NS.)

* HARPAX. OIS. (Müller.) Syn. de Pie-Grièche grise. *V.* PIE-GRIÈCHE. (DR..Z.)

* HARPAX. CONCH. FOSS. Genre établi à tort par Parkinson pour une Coquille bivalve fossile que Lamarck a placée parmi les Placunes, sous le nom de *Placuna pectinoides*, dont il n'avait probablement pas vu la charnière, car elle doit indubitablement appartenir aux Plicatules. *V.* ce mot. (D..H.)

HARPAX. MIN. (Pline.) On donne ce mot comme l'un des synonymes de Succin. (B.)

HARPAYE. OIS. Espèce du genre Faucon. Temminck regarde ce Busard comme une variété de celui des marais. *V.* FAUCON. (DR..Z.)

HARPE. OIS. (Gesner.) Nom donné à l'Aigle Pygargue jeune. *V.* AIGLE. (DR..Z.)

HARPE. POIS. L'un des noms vulgaires de la Lyre. Espèce du genre Trigle. *V.* ce mot. (B.)

HARPE. *Harpa.* MOLL. Genre de la famille des Purpurifères à échancrure à la base, de Lamarck, considéré comme sous-genre des Buccins par Cuvier, et comme sous-genre des Pourpres par Férussac. Ce genre, établi par Lamarck aux dépens des Buccins de Linné, a été généralement adopté, soit comme genre, soit comme sous-genre. Il a effectivement un faciès particulier qui le fera conserver, quelqu'artificiel qu'il paraisse, jusqu'à ce que l'on en ait mieux étudié l'Animal pour bien juger de ses véritables rapports. Cependant il est présumable que l'accord qui existe entre les auteurs sur ce genre confirme assez bien l'opinion qu'on en a. Blainville, à l'exemple de Cuvier, en a fait un des nombreux sous-genres des Buccins. Il a compris celui-ci dans la troisième division qui renferme toutes les Coquilles ampullacées, en le plaçant, comme Lamarck, près des Casques, des Tonnes, etc. Voici les caractères qu'il convient de donner à ce genre : coquille ovale, plus ou moins bombée, munie de côtes longitudinales, parallèles, inclinées et tranchantes; spire courte; ouverture échancrée inférieurement et sans canal; columelle lisse, aplatie et pointue à sa base. L'Animal est inconnu; on ne sait même pas s'il est pourvu d'un petit opercule corné. La plupart des Harpes communes dans nos collections viennent des mers chaudes, et notamment des mers des Indes et de l'Amérique; on les trouve aussi dans la mer Rouge. Linné, sous la dénomination de *Buccinum Harpa*, avait réuni comme variété d'une même espèce presque toutes les Harpes connues alors. Il est cependant constant qu'il en existe plusieurs espèces; on ne peut nier, par exemple, qu'il y ait une très-grande différence entre la *Harpa minor*, Lamk., et la *H. ventricosa* ou *nobilis*. Il n'en est sans doute pas de même des différences qui peuvent exister entre les Harpes nobles, ventrues, roses, etc., lesquelles ne sont point aussi faciles à apprécier et que l'on peut considérer comme des variétés d'une même espèce. Cependant Lamarck, dans ses Observations sur les Harpes (Anim. sans vert. T. VII, p. 254), dit qu'elles sont constamment distinctes, et qu'elles offrent autant d'espèces éminemment caractérisées. Elles se réunissent toutes, il est vrai, sous le caractère commun des côtes longitudinales, acuminées au sommet, comprimées, tranchantes, inclinées, ce qui leur donne une grande ressemblance; mais nous croyons, avec le célèbre auteur de l'Histoire des Animaux sans vertèbres, qu'il en existe des espèces bien distinctes, faciles même à apprécier.

HARPE VENTRUE, *Harpa ventricosa*, Lamk., Anim. sans vert. T. VII, p. 255, n. 2; *Buccinum Harpa*, L., p. 3482, n. 47; Brug., Encycl., pl. 404, fig. 1, a, b; Martini, Conch. T. III, t. 119, fig. 1090. Cette belle Coquille ovale, ventrue, assez grande, est certainement une des plus belles du genre. Elle présente de larges côtes comprimées, très-lisses, tranchantes, ornées de belles taches quadrangulaires d'un rose pourpré, séparées par des taches moins foncées. La côte est supérieurement très-aiguë, et au-dessous de cette pointe on en voit une autre moins saillante et quelquefois une troisième qui est indiquée par un angle peu saillant; l'intervalle des côtes est strié longitudinalement; il est d'un blanc violacé, et présente constamment des taches roussâtres en festons bien réguliers. La columelle est teinte de pourpre et de noir brillant.

HARPE ALLONGÉE, *Harpa minor*, Lamk., Anim. sans vert., *loc. cit.*, n. 7; Martini, Conch. T. III, tab. 119, fig. 1097; Lister, Conch., tab. 994, fig. 57. Coquille bien distincte de toutes les autres espèces, constamment beaucoup plus petite, à spire plus allongée, moins ventrue, à côtes plus étroites; elles sont au nombre de treize ou quatorze, lisses, blanches ou grisâtres et marquées régulièrement et à de petites distances; siliques noires, très-fines, deux à deux ; l'intervalle des côtes est gris cendré, lisse, présentant quelquefois des traces d'accroissement ; il est marqué de petites taches arquées qui quelquefois se rejoignent et se dessinent en doubles festons d'un brun foncé. Le sommet de la spire est rosâtre jusque vers le troisième tour ; la base de la coquille présente constamment des stries transverses, légèrement onduleuses. On ne connaît encore que deux espèces de Harpes fossiles ; elles se trouvent aux environs de Paris et à Valogne. La plus remarquable est la HARPE MUTIQUE, *Harpa mutica*, que nous avons fait dessiner dans l'Atlas de ce Dictionnaire ; c'est une espèce bien distincte et qui n'a pas son analogue vivant. Elle est plus petite qu'aucune des espèces vivantes. Elle est très-ventrue, et ses côtes étroites non mucronées près de la spire la distinguent très-bien. Lamarck l'a décrite dans les Annales du Muséum, T. II, p. 167, n. 1, et figurée T. VI, pl. 44, fig. 14. Dans l'intervalle des côtes on voit des stries longitudinales assez fortes, coupées à angle droit dans quelques individus par des stries transverses, à peine apparentes. La seconde espèce fossile, nommée par Defrance *Harpa altavillensis*, n'est probablement, comme le dit Defrance lui-même, qu'une variété de la *Harpa mutica*. Elle n'en diffère, en effet, que par les intervalles des côtes qui, au lieu de présenter des stries croisées, n'en présentent que de longitudinales. Nous avons trouvé cette variété aux environs de Paris, dans les mêmes lieux que la précédente. (D..H.)

HARPÉ. *Harpe*. POIS. Le genre formé sous ce nom pour un Poisson qui n'était connu que par un dessin de Plumier, rentre dans le genre *Dentex* où nous avons cité le Harpé bleu d'or. *V*. DENTÉ. (B.)

HARPIE. OIS. (Qui devrait être écrit Harpye, par allusion aux Harpyes de l'antiquité, animaux célèbres mais fabuleux, moitié femme et moitié lion, ou dragons volans dont les poëtes firent la réputation.) Espèce du genre Faucon, division des Aigles. Vieillot en a fait le type d'un genre nouveau dont les caractères ont paru trop peu marqués pour établir nettement les limites qui séparent les Harpies des autres Aigles. *V*. ce mot. (DR..Z.)

* HARPON. MOLL. Nom vulgaire d'une espèce du genre Calmar. *V*. ce mot. (B.)

HARPONIER. BOT. PHAN. Ce nom significatif donné dans quelques parties de la France aux Rosiers des haies, s'est étendu, dans plusieurs colonies françaises, à d'autres Arbustes accrochans. (B.)

HARPONIERS. OIS. (Klein.) Nom donné à une petite famille de Hérons qui comprend tous les Crabiers. *V*. HÉRON. (DR..Z.)

HARPURUS. POIS. (Forskahl.) Syn. d'Acanthure. *V*. ce mot. (B.)

HARPYA. MAM. (Illiger.) Syn. de Céphalote. *V*. ce mot. (B.)

HARRACHIE. *Harrachia*. BOT. PHAN. Bosc dit dans le Dictionnaire de Déterville que c'est un genre établi aux dépens du *Justicia*. *V*. ce mot. (B.)

HARRISONIA. BOT. PHAN. Necker (*Element. Bot.*, n. 151) a donné ce nom générique à une division du genre *Xeranthemum* de Linné. Cette division a été également séparée de ce dernier par Gaertner, et considérée comme un genre distinct sous l'ancien nom de *Xeranthemum* qui a été adopté par les botanistes modernes. *V*. XÉRANTHÈME. (G..N.)

HARUNGAN. BOT. PHAN. Pour Harongana. *V*. ce mot. (G..N.)

HARTOGIA. BOT. PHAN. Bergius (*Descript. Plant. cap. Bon.-Spei*, p. 73) et Linné (*Mantissa Plant.*, p. 342) avaient constitué sous ce nom un genre de la Pentandrie Monogynie, auquel ils assignaient pour caractère essentiel : un nectaire composé de cinq filets linéaires, pétaliformes, colorés, plus courts que la corolle, insérés sur le réceptacle et dont les sommets sont bossus-concaves. Ce genre était composé de plusieurs espèces primitivement décrites par Linné, sous le nom générique de *Diosma*. Ce genre a été fondu dans l'*Adenandra*, le *Barosma* et l'*Agathosma* de Willdenow, dont le professeur De Candolle (*Prodr. System. univ. Veget.*, I, p. 73) a fait de simples sections du *Diosma*. (G..N.)

* HASE. MAM. Ce nom, venu de l'allemand, désigne en français, et non pas seulement en terme de chasse, la femelle du Lièvre. On le donne aussi quelquefois à celle du Lapin. (B.)

* HASÈLE. POIS. L'un des noms vulgaires du *Leuciscus Dobula*. *V.* ABLE. (B.)

* HASKEL. OIS. Syn. de Labbe. *V.* STERCORAIRE. (DR..Z.)

* HASPET. POIS. *V.* JOEL au mot ATHÉRINE.

HASSELQUISTIA. BOT. PHAN. Genre de la famille des Ombellifères et de la Pentandrie Digynie, L., établi par Linné en l'honneur de son disciple Hasselquist, qui périt de la peste pendant un voyage en Orient. Voici ses caractères essentiels : fleurs de la circonférence hermaphrodites, celles du centre mâles ; calice à cinq dents, cinq pétales bifides ; ceux des fleurs centrales égaux entre eux ; ceux des fleurs marginales inégaux ; les extérieurs plus grands ; akènes des fleurs extérieures ovales, comprimés, avec un rebord épais et crénelé ; akènes du centre avortés, semblables à une membrane vésiculeuse ; chacun d'eux accompagné d'une petite écaille qui semble être la seconde partie du fruit entièrement transformé. Cet avortement des fruits intérieurs de l'ombelle est le seul caractère qui distingue le genre *Hasselquistia* du *Tordylium* ; aussi Lamarck n'a-t-il pas hésité à le réunir à ce dernier. On n'en connaît que deux espèces, savoir : *Hasselquistia ægyptiaca*, L., et *H. cordata*, L. fils, Suppl. La première de ces Plantes croît dans l'Egypte et l'Arabie. Quant à la seconde, sa patrie est ignorée. On cultive l'une et l'autre dans les jardins de botanique de l'Europe. (G..N.)

* HASSING-BE. BOT. PHAN. Même chose qu'Assi. *V.* ce mot. (B.)

HASTINGIA. BOT. PHAN. L'*Hastingia coccinea* décrite et figurée par Smith (*Exotic. Botany*, p. 41, t. 80) est la même Plante que l'*Holmskioldia sanguinea* de Retz ou *Platunium rubrum* de Jussieu (Annales du Muséum, T. VII, p. 76). *V.* HOLMSKIOLDIE. (G..N.)

HATI. OIS. Syn. au Paraguay de Sterne. *V.* ce mot. (DR..Z.)

HATIVEAU. BOT. PHAN. Petite variété de Poire turbinée et brunâtre qui mûrit en été. (B.)

* HATSCHE. OIS. (Schwenckfeld.) L'un des noms de pays du Canard domestique. *V.* ce mot. (DR..Z.)

* HATTAB-ACHMAR. BOT. PHAN. (Forskahl.) Syn. arabe de *Tamarix gallica*. On a aussi écrit *Hatab-Ahmar*, ce qui signifie bois rouge. *V.* TAMARIX. (B.)

* HATTAB-HADADE. BOT. PHAN. L'un des noms arabes de la Salicorne. (B.)

* HATYSIS. INT. Zeder, dans son Histoire des Vers intestinaux, a proposé cette dénomination en remplacement de celle de Tœnia ; elle n'a pas été adoptée. (LAM..X.)

* HAUGE-HILDE. OIS. (Müller.) Syn. de Pipit des buissons. *V.* PIPIT. (DR..Z.)

* HAUHTOTOTL. OIS. Syn. de Tangara écarlate. *V.* TANGARA. (DR..Z.)

* HAUKEB. OIS. Syn. arabe de l'Aigle royal. *V.* AIGLE. (DR..Z.)

HAUME. *Morio*. MOLL. Et non *Heaulme*, comme l'écrit Montfort, par une faute d'orthographe qui s'est répétée dans la plupart des ouvrages où se trouve mentionné ce genre qui, au reste, est le même que le Callidaire de Lamarck plus généralement adopté. *V.* ce mot. (D..H.)

HAUMIER. BOT. PHAN. Pour Heaumier. *V.* ce mot. (G.)

HAUSEN. POIS. Syn. d'Huso, espèce d'Esturgeon. (B.)

HAUSSE-COL. OIS. Ce nom a été donné à une espèce du genre Fourmilier. On a désigné aussi sous les noms de :

HAUSSE-COL DORÉ, une espèce du genre Colibri. *V.* ce mot.

HAUSSE-COL NOIR, une espèce du genre Alouette et un Guêpier du Sénégal, *V.* ALOUETTE et GUÊPIER; une espèce de Merle d'Afrique, *V.* MERLE; enfin une espèce du genre Pie. *V.* ce mot. (DR..Z.)

HAUSSE-QUEUE. OIS. Syn. vulgaire de Bergeronnette. *V.* ce mot. (DR..Z.)

HAUSSE-QUEUE. MOLL. Nom vulgaire donné par les marchands au Casque tuberculé, *Cassida echinophora*. *V.* CASQUE. (G.)

HAUSTATOR. MOLL. (Montfort.) *V.* TIREFONDS.

HAUSTELLÉS OU SCLEROSTOMES. INS. Grande famille de l'ordre des Diptères, établie par Duméril, et comprenant les genres Cousin, Bombyle, Hippobosque, Taon, Asile, etc., dont le suçoir, sortant de la gaîne, est saillant, allongé et souvent coudé dans l'état de repos. (G.)

* HAUSTELLUM. INS. Nom sous lequel Fabricius a désigné la gaîne cornée du suçoir. *V.* ce mot et BOUCHE. (G.)

HAUTE-BONTÉ. BOT. PHAN. Variété de Poire maintenant peu connue. (B.)

HAUTE-BRUYÈRE. BOT. PHAN. L'un des noms vulgaires de l'*Erica scoparia*. *V.* BRUYÈRE. (B.)

HAUTE-GRIVE. OIS. Syn. vulgaire de la Draine. *V.* MERLE. (DR..Z.)

HAUTIN OU HOUTING. POIS. *V.* SAUMON, sous-genre OMBRE, et synonyme de Sphiræne. *V.* ARGENTINE. (B.)

HAUYNE. MIN. Latialite de Gismondi, Saphirine de Nose. Substance vitreuse de couleur bleue, à laquelle Neergaard a donné le nom du savant minéralogiste français, et qui est généralement regardée comme une nouvelle espèce minérale. Elle a pour forme primitive le dodécaèdre rhomboïdal. Quelques fragmens montrent des indices sensibles de clivage parallèlement aux faces de ce solide. Sa cassure est inégale et peu éclatante. Sa pesanteur spécifique est de 3,33. Elle est fragile et raye sensiblement le verre. Elle se dissout en gelée blanche dans les Acides. Exposée sur le charbon au feu du chalumeau, elle perd sa couleur, et fond en un verre bulleux. Traitée avec le Borax, elle se dissout avec effervescence, en donnant lieu à un verre transparent qui jaunit par le refroidissement. Elle est composée de deux atomes de silicate d'Alumine et d'un atome de trisilicate de Potasse. L'analyse directe a donné à Gmelin : Silice, 35,48; Alumine, 18,87; Potasse, 15,45; Oxide de Fer, 1,16; Chaux, 12,00; Acide sulfurique, 12,39; Eau, 1,20.

La Haüyne a été trouvée sous la forme de petits cristaux ou de grains disséminés dans des roches d'origine ignée; aux environs de Nemi, dans les montagnes du Latium; au Vésuve, dans les roches rejetées par ce volcan; dans la lave des volcans éteints d'Andernach et de Closterlach; dans un Phonolite porphyrique du département du Cantal; et dans une roche des bords du lac de Laach, composée principalement de grains et de petits cristaux de Feldspath vitreux. Nose a fait de cette dernière variété une espèce particulière à laquelle il a donné le nom de Saphirine emprunté de sa couleur. (G. DEL.)

* HAVÉTIE. *Havetia.* BOT. PHAN.

Le nom de Havet, jeune naturaliste instruit et zélé, mort dans ces dernières années à Madagascar, a été consacré par Kunth à un nouveau genre de la famille des Guttifères. De ses fleurs dioïques, les mâles seules sont connues. Elles présentent un calice de quatre folioles orbiculaires, concaves, dont deux extérieures plus courtes; quatre pétales égaux, de même forme que les folioles du calice. Le fond de la fleur est épaissi en un disque charnu, arrondi, convexe, dans lequel sont, comme plongées et disposées en carré, quatre anthères mamelonnées, uniloculaires, s'ouvrant par trois valves à leur sommet.

L'*Havetia laurifolia* est un Arbre qui croît dans les Andes. Il est rempli d'un suc glutineux; ses rameaux sont opposés, ainsi que ses feuilles entières et coriaces; ses fleurs en panicules terminales accompagnées de bractées.

Le port de cette Plante la rapproche beaucoup du *Quapoya* d'Aublet. Choisy, dans sa Monographie des Guttifères, les a réunies toutes deux au *Clusia*, pensant que leurs caractères étaient encore trop incomplétement connus pour oser les distinguer. Mais cette considération ne s'oppose-t-elle pas au moins également à leur réunion? (*V.* Kunth, *Nova Gen. et Spec.* T. v, p. 203, tab. 462).

(A. D. J.)

* HAWORTHIE. *Haworthia*. BOT. PHAN. Ce genre de la famille des Asphodélées et de l'Hexandrie Monogynie, L., a été constitué aux dépens des Aloès de Linné par Duval (*Plantæ succul. in Hort. Alençonio*, 1809, p. 7). On l'a ainsi caractérisé : périgone pétaloïde, droit, divisé supérieurement en deux lèvres et portant les étamines à la base; capsule munie de côtes très-proéminentes. Ce genre a été adopté par Haworth, botaniste auquel il a été dédié, et qui a continué à le distinguer de l'*Apicra* de Willdenow, quoiqu'il n'existât entre eux aucune limite bien tranchée; aussi la plupart des auteurs les regardent-ils comme identiques. Cependant comme le genre *Apicra* n'a pas été décrit dans ce Dictionnaire, nous ferons connaître ici la composition de ce groupe de Plantes grasses. Les espèces d'*Haworthia* et d'*Apicra* sont très-nombreuses; ce sont des Plantes à peine caulescentes, le plus souvent très-roides, à feuilles très-dures, aiguës et piquantes. Elles ont toutes pour patrie le cap de Bonne-Espérance, de même que les vrais Aloès dont quelques-uns seulement croissent dans les Indes-Occidentales. Les endroits pierreux, sablonneux et maritimes, sont la station qu'elles préfèrent. Haworth (*Supplem. Plant. succulent.*, p. 50) distribue ainsi les espèces d'*Haworthia* et d'*Apicra*.

1°. HAWORTHIA.

§ I. (*Delicatæ.*) Acaules; feuilles disposées en rosettes sur plusieurs rangs, molles et lisses comparativement aux autres espèces, souvent plus ou moins ciliées ou barbues, translucides et réticulées à leur sommet. Les espèces suivantes ont été comprises dans cette section : *Haworthia mucronata*, *cymbiformis*, *cuspidata*, *limpida*, *aristata*, *setata*, *reticulata*, *translucens* et *arachnoides*.

§ II. (*Retusæ.*) Acaules souvent ciliées; feuilles disposées sur cinq ou un plus grand nombre de rangs très-rapprochés, d'une consistance moins molle que les précédentes, plus ou moins bossues et tronquées au sommet, plus ou moins translucides et réticulées; hampe simple. On y compte les espèces suivantes : *Haworthia turgida*, *lætevirens*, *retusa*, *mirabilis*, ainsi que l'*Aloe atrovirens*, D. C., Plant. grass., et l'*A. pumila* de Miller.

§ III. (*Margaritiferæ.*) Acaules; feuilles disposées sur plusieurs rangées très-rapprochées, roides, couvertes de tubercules blancs en forme de perles, ou ayant seulement leurs bords blancs, cartilagineux; hampes terminées par des panicules très-divisées. Cette section comprend les Plantes suivantes : *Haworthia semi-margaritifera*, dont il existe quatre variétés : *Haw. semi-glabrata*, *margariti-*

fera, Haw., ou *H. major*, Duval; *H. minor*; *H. erecta* ou *Aloe margaritifera*, D. C., Pl. grass.; *H. granata*, *fasciata*, *scabra*, *attenuata*, *radula*, *albicans*, *recurva* et *papillosa*.

§ IV. (*Caulescentes.*) Plus ou moins caulescentes; feuilles roides, à trois ou quatre rangées, rapprochées, souvent tordues en spirale; la plupart d'un vert foncé. Les espèces de cette section sont : *Haworthia pseudotortuosa*, *concinna*, *cordifolia*, *asperiuscula*, *curta*, *tortuosa* et *expansa*.

2°. Apicra, Willd.

Limbe du périgone régulier, étalé, à cinq découpures courtes, uniformes et arrondies. Plantes les plus roides de toutes celles qui composaient le genre Aloès, toujours un peu caulescentes, à feuilles très-dures, aiguës, piquantes et le plus souvent tordues en spirales. Les espèces de ce groupe sont : *A. bullulata*, *spiralis*, *pentagona*, *pseudo-rigida*, *aspera*, *bicarinata*, *spirella*, *imbricata* et *foliosa*.

Il est impossible de considérer les deux genres (*Apicra* et *Haworthia*) autrement que comme de simples sections artificielles du grand genre Aloès, car les espèces dont ils se composent présentent des caractères communs qui ne permettent pas de les distinguer comme groupes indépendans. Ainsi, par exemple, plusieurs espèces rapportées au genre *Apicra* par Haworth avaient été précédemment décrites par ce botaniste sous le nom d'*Haworthia* dans le *Synops. Plant. succulentarum*. Nous ferons également observer que cet auteur a multiplié le nombre des espèces par un effet du même système de division qu'il avait apporté dans la formation de ses genres. (G..N.)

HAY. MAM. Pour Aï. *V.* ce mot. (B.)

* HAYEN. POIS. (Ray.) Syn. de Lamie, espèce du genre Squale. (B.)

HAYNEA. BOT. PHAN. Le genre *Pacourina* d'Aublet a reçu, sans nécessité, ce nouveau nom de Willdenow. *V.* Pacourine. (G..N.)

* HAZOU. BOT. PHAN. Et non *Azou*. Mot qui, dans la langue de Madagascar, signifie bois ou Arbre, et qui paraît dériver du malais Cajou ou Cazou qui a positivement la même signification. Avec quelque épithète, il désigne certains Végétaux dont les noms, transportés dans les îles de France et de Mascareigne, ont été adoptés par les colons qui appellent:

Hazou-Ampe, comme qui dirait Arbre-Ortie, un *Tragia* arborescent:

Hazou-Auzai, c'est-à-dire Arbre de jour, un Elæocarpe, etc., etc.

Hazou-Menti, ce qui veut dire Arbre noir, l'Ebène, etc., etc. (B.)

* HBARA. OIS. (Forskahl.) Syn. du Faisan vulgaire. *V.* ce mot. (DR..Z.)

HEAULME. MOLL. *V.* Haume.

* HEAUMES. ECHIN. Desbory, dans sa Traduction de l'histoire des Oursins de Klein, a donné ce nom, qui signifie la même chose que Casque, aux Echinides que ce dernier avait nommés *Galea*. *V.* ce mot. (LAM..X.)

HEAUMIER. BOT. PHAN. Variété du *Prunus avium*, L., dont les fruits offrent encore trois sous-variétés, l'une blanchâtre, l'autre rougeâtre, la dernière rouge. *V.* Cerisier. (B.)

HÉBÉ. ZOOL. BOT. Ce nom, que donna l'antiquité à la divinité de la Jeunesse, indiquant de la grâce et de l'élégance, fut appliqué par des naturalistes à diverses productions de la nature que rendaient remarquables la distinction des formes et la fraîcheur du coloris. Jussieu appela Hébé un genre qui depuis a été confondu parmi les Véroniques. Un Lépidoptère, du genre Arctie, est encore appelé Hébé, et Daudin donna ce nom jusqu'à des Reptiles. *V.* Couleuvre. (B.)

HEBEANDRA. BOT. PHAN. Ce genre, établi par Bonpland (*Magaz. der Gesellsch. Berl.*, 1808, p. 40), a été réuni par Kunth (*Nov. Gener. Plant. æquin.* T. V, p. 409) au genre *Monnina* de Ruiz et Pavon. De Candolle (*Prodr.* 1, p. 338) s'est servi de ce mot pour désigner la première section de ce genre, caractérisée par ses drupes aptères et ceintes d'aucun rebord. *V.* MONNINE. (G..N.)

* HÉBÉDÉ. POIS. Syn. arabe de Bayad. *V.* ce mot. (B.)

* HÉBEINE. BOT. PHAN. Vieille orthographe d'Ebène, employée par Flacourt dans son Histoire de Madagascar. (B.)

HEBEL. BOT. PHAN. (Avicenne.) Syn. de Sabine. *V.* GENEVRIER. (B.)

HEBELIA. BOT. PHAN. Ce nom générique a été donné par Carol.-Christ. Gmelin (*Flora Badensis Alsatica*) aux Plantes que Hudson et Smith avaient déjà placées dans leur *Tofieldia* adopté par Persoon et De Candolle. *V.* TOFIELDIE. (G..N.)

HEBENSTREITIE. *Hebenstreitia.* BOT. PHAN. Genre de la Didynamie Angiospermie, L., et séparé de la famille des Verbénacées où Jussieu l'avait placé, par Choisy (Mém. de la Soc. d'Hist. nat. de Genève, 1er vol., 2e part.) qui en a fait un genre de sa nouvelle famille des Sélaginées, et qui l'a ainsi caractérisé : calice en forme de spathe, d'une seule pièce, fendu au sommet, et embrassant le côté supérieur de la corolle; celle-ci est en tube allongé à sa base et se prolonge en un limbe presqu'unilabié et divisé en quelques dents obtuses; quatre étamines dont les filets sont un peu plus longs que la corolle; capsule à deux loges ovées-cylindroïdes non renflées et indéhiscentes spontanément. Ces caractères restreignent le genre *Hebenstreitia* à un petit nombre d'espèces. Dans la Monographie citée plus haut, Choisy n'en a décrit que trois, savoir : *H. dentata*, L., *H. scabra*, Thunb., et *H. cordata*, L. : ce sont des sous-Arbrisseaux originaires du cap de Bonne-Espérance, à feuilles alternes ou éparses; à fleurs en épis, accompagnées de bractées entières et glabres. On a confondu dans les herbiers, avec l'*Hebenstreitia dentata*, une Plante dont Choisy a fait le type de son genre *Polycenia*. *V.* ce mot. Les autres espèces de Linné, de Lamarck et de Thunberg, constituent un autre genre nouveau que Choisy a nommé *Dischisma* et qui diffère principalement de l'*Hebenstreitia* par son calice séparé en deux pièces linéaires placées à droite et à gauche de la corolle. *V.* DISCHISMA au Supplément. (G..N.)

HEBERDENIA. BOT. PHAN. (Banks.) Syn. d'Ardisie. *V.* ce mot. (B.)

HEBI OU HEIL. BOT. PHAN. (Avicenne.) Syn. de Cardamome. C. Bauhin écrit Helbane. (B.)

HEBRAIQUE. ZOOL. Ce nom qui signifie que les Animaux à qui des naturalistes l'imposèrent, portent sur leur robe quelques marques dont la figure rappelle celle des lettres de l'alphabet hébreu, est appliqué au *Coluber severus*, L., espèce du genre Vipère; à un Labre, et à l'une des plus belles espèces du genre Cône, remarquable par ses nombreuses variétés. (B.)

HÉCATE. REPT. CHEL. (Dampier.) Syn. de Terrapène, espèce de Tortue. *V.* ce mot. (B.)

HECATEA. BOT. PHAN. Genre de la famille des Euphorbiacées, établi par Du Petit-Thouars. Extrêmement voisin de l'*Omphalea*, dont il présente le pistil et les étamines si remarquables par leur structure, il doit vraisemblablement lui être réuni; il s'en distingue cependant par son calice quinquélobé et non quadriparti, ainsi que par la disposition de ses fleurs. Les pédoncules sont divisés par une ou plusieurs dichotomies; entre chaque division est une fleur femelle unique; à l'extrémité des pédoncules sont plusieurs fleurs mâles. Deux Arbres de l'île de Madagascar se rapportent à ce genre. Leurs feuilles alternes ou opposées sont munies de deux glandes à la base; les bractées qui offrent également une double glande sont opposées deux à deux sous chaque dichotomie. *V.* Du Petit-Thouars, Voy. dans les îles austr.

d'Afr., p. 15 et 30, tab. 3; *V.* aussi le mot OMPHALEA. (A. D. J.)

* HÉCATHOLITHE. MIN. *V.* CHATOYANTE.

HECATONIA. BOT. PHAN. La Plante que Loureiro (*Flor. Cochinch.*, p. 371) a décrite sous ce nouveau nom générique, n'est autre chose que notre *Ranunculus sceleratus*, L., Plante commune en Europe et qui croît jusqu'au fond des Indes. *V.* RENONCULE. (G..N.)

* HECTOCÈRE. *Hectocerus.* BOT. CRYPT. (*Champignons.*) Ce nom avait été donné d'abord par Rafinesque-Schmaltz au genre Cérophore. *V.* ce mot. (A. F.)

* HEDAH. OIS. *V.* HADAGZ.

HEDEMIAS. BOT. PHAN. (Ruell.) Syn. ancien de Conyze. (B.)

* HEDENBERGITE. MIN. Nom donné par Berzelius à une substance d'un vert noirâtre, divisible en prisme rhomboïdal et en prisme rectangulaire à base oblique, et qui a été analysée pour la première fois par Hedenberg. Elle est formée d'un atome de bisilicate de Chaux, combiné avec un atome de bisilicate de Fer; et on la regarde maintenant comme un Pyroxène calcaréo-ferrugineux; elle s'identifie en effet avec les différens corps de la nombreuse famille des Pyroxènes par l'analogie de sa forme cristalline et de sa composition atomistique. On la trouve dans la mine de Mormors à Tunaberg, en Sudermanie, où elle s'associe au Spath calcaire, au Quartz et au Mica. (G. DEL.)

HEDEOME. *Hedeoma.* BOT. PHAN. Genre de la famille des Labiées et de la Didynamie Gymnospermie, L., établi par Persoon (*Synops. Enchirid.*, II, p. 131) aux dépens des *Cunila* de Linné et adopté par Nuttal (*Genera of North Amer. Plants*, I, p. 16) avec les caractères suivans : calice à deux lèvres, ayant une gibbosité à sa base; corolle labiée, la lèvre supérieure droite, plane, un peu échancrée, l'inférieure trilobée; deux des étamines stériles; stigmate bifide. Ce genre ne diffère du Cunila que par la structure de son calice; mais cette légère différence a paru suffisante pour caractériser un genre dans un groupe aussi vaste et aussi naturel que celui des Labiées. Les trois espèces qui lui ont été rapportées par Persoon étaient les *Cunila thymoides*, L., *C. pulegioides*, L., et *C. glabra*, Michx. La première croît dans le midi de la France, et les deux autres dans l'Amérique septentrionale. Nuttall et Pursh ont encore décrit deux autres espèces de cette dernière partie du monde et principalement de la Virginie, sous les noms de *Hedeoma bracteolata*, Nutt., et de *H. hispida*, Pursh. Celle-ci diffère de l'*H. glabra*, Michx., non-seulement par sa pubescence, mais encore par d'autres caractères importans. (G..N.)

HEDEONA. BOT. PHAN. Double emploi du mot *Hedeoma* dans le Dictionnaire des Sciences naturelles. (G.)

HEDERA. BOT. PHAN. *V.* LIERRE. Ce nom fut appliqué par beaucoup d'auteurs et lorsque la nomenclature ne suivait aucune règle, à diverses Plantes qui n'ont de rapports avec le Lierre ou le véritable *Hedera* que l'habitude de ramper. (B.)

HEDERALIS. BOT. PHAN. (Ruell.) L'Asclépiade dompte-venin. Ce nom a été étendu à des Millepertuis. (B.)

HÉDÈRE OU HÉDÉRÉE. BOT. PHAN. On trouvait dans les anciennes pharmacies, sous ces noms et sous celui de GOMME HÉDÈRE, une sorte de résine d'assez agréable odeur qui découle du Lierre. (B.)

HEDERORCHIS. BOT. PHAN. Et non *Hederorkis*. Le genre auquel Du Petit-Thouars (Histoire des Orchidées des îles australes d'Afrique) donne ce nom, paraît correspondre au *Neottia* de Swartz. Il fait partie de la section des Epidendres (parasites), et il se distingue par son labelle replié sur les côtés, plane à l'extrémité et dépourvu d'éperon. La seule espèce citée par l'auteur est une Plante de l'Ile-de-France qu'il a nommée *Scandederis* ou *Neottia scandens* et figurée (*loc. cit.*, tab. 90.) (G..N.)

HEDERULA. BOT. PHAN. Ce diminutif d'*Hedera* appliqué par Le Bouc (Tragus) à la variété de Lierre qui rampe sur terre, par Heister au Glécome qui rampe également, avait été étendu par Lobel, sans nul motif, à la Lentille d'eau. (B.)

HEDIOSMUM. BOT. PHAN. Pour *Hedyosmum*. *V.* ce mot.

HEDIUNDA. BOT. PHAN. Ce mot d'origine espagnole, qui désigne, dans la péninsule ibérique, l'*Anagyris fœtida*, et au Pérou, selon Feuillée, une espèce de Cestreau fort puant, est demeuré scientifiquement appliqué à ce dernier Végétal. (B.)

* HEDOBIE. *Hedobia*. INS. Genre de l'ordre des Coléoptères, section des Pentamères, établi par Ziegler aux dépens du genre Ptine de Fabricius et adopté par Dejean (Catal. des Coléopt., p. 41) qui en mentionne une espèce : l'*Hed. pubescens*, *Ptinus pubescens* de Fabricius ou l'*Hed. vulpes* de Ziegler.

Nous ne connaissons pas les caractères de ce genre placé entre les Anobies et les Ptines. (AUD.)

HEDONA. BOT. PHAN. Loureiro (*Flor. Cochinch.*, p. 351) a établi ce genre sur une Plante que l'on a reconnue pour le *Lychnis grandiflora* de Jacquin (*Collect.*, I, p. 149), belle espèce à fleurs rouges, cultivée maintenant dans les jardins d'Europe. *V.* LYCHNIDE. (G..N.)

HEDWIGIE. *Hedwigia*. BOT. PHAN. Ce genre, fondé par Swartz (*Flor. Ind.-Occident.*, II, p. 672), a été placé dans l'Octandrie Monogynie, L. Il appartient à la nouvelle famille des Burséracées de Kunth (Annales des Sciences nat., juillet 1824) qui l'a ainsi caractérisé : fleurs polygames; calice urcéolé, persistant, à quatre dents; quatre pétales égaux, insérés sous le disque, larges et soudés à la base, et dont la préfloraison est valvaire; huit étamines insérées sous le disque, presque égales, et moitié moins longues que la corolle; leurs filets sont courts, aplatis, et les anthères sont oblongues, non articulées avec les filets, biloculaires, déhiscentes par leur face intérieure; disque cupuliforme, offrant six sillons à leur périphérie, conique dans les fleurs mâles, occupant le centre de la fleur; ovaire sessile, ovoïde, à quatre loges renfermant chacune deux ovules collatéraux et fixés à l'axe central; style très-court; stigmate obtus à quatre sillons; fruit presque globuleux, à trois ou quatre noyaux uniloculaires, monospermes, couvert d'une écorce coriace, et rempli d'un suc gommeux, aromatique; graine arrondie, sans albumen, ayant un test membraneux, un embryon de même forme qu'elle, une radicule supérieure et des cotylédons épais, charnus, légèrement convexes. Ce genre paraît être le même que le *Tetragastris* de Gaertner (*de Fruct.*, II, p. 130, t. 2). Il ne se compose que d'une seule espèce, *Hedwigia balsamifera*, Sw. (*loc. cit.*), Arbre très-élevé, indigène de Saint-Domingue, où les créoles, qui le nomment Bois-Cochon, le confondent avec le Gomart (*Bursera gummifera*) dont il est, selon quelques auteurs, congénère. Cet Arbre a des feuilles alternes, imparipennées, à folioles opposées, très-entières, sans glandes pellucides. Ses fleurs sont petites, blanches, disposées en panicules dans les aisselles des petites branches et accompagnées de bractées. Le suc balsamique qui découle de cet Arbre est appelé Baume à Cochon par les habitans de Saint-Domingue.

Un autre genre a été constitué par Medicus sous le nom d'*Hedwigia* aux dépens des Commelines, mais ce genre n'a pas été adopté. (G..N.)

HEDWIGIE. *Hedwigia*. BOT. CRYPT. (*Mousses*.) Ce genre, fondé par Bridel (*Muscol. recent.*, *pars* I) dans la famille des Mousses, n'a point été conservé par cet auteur dans sa nouvelle Méthode, où il est réuni à divers autres genres du groupe des Gymnostomées. Hedwig avait d'abord adopté ce genre sous cette première dénomination qui fut changée bientôt en celle d'*Anictangium* ou *Anœctangium*. De Candolle, Weber, Schkuhr, etc., n'ont point jugé qu'il fût avantageux de l'adopter. Mais jaloux sans doute de ne pas déposséder le plus grand muscologue de notre époque, du genre qui lui avait été si justement dédié, plusieurs auteurs le rétablirent en proposant diverses modifications, d'où est résultée pour la synonymie une confusion difficile à faire disparaître. Palisot-Beauvois a le premier partagé le genre *Hedwigia* en deux genres, *Hedwigia* et *Anictangium*. Les caractères qu'il donne au premier sont : une coiffe campaniforme, à opercule mamillaire; une urne ovale, à tube très-court, enveloppé, ainsi que l'urne, dans les folioles du périchèse; les caractères du second (*Anictangium*) en diffèrent principalement par l'absence du périchèse. Ainsi établi, l'*Hedwigia* de Palisot-Beauvois est un démembrement de l'ancien *Hedwigia* de Bridel et d'Hedwig, qui renferme quelques *Bryum* de Linné et des contemporains, tandis que l'*Anictangium* renferme des *Hypnum* et des *Sphagnum* des auteurs antérieurs à Hedwig, Plantes dont le port est bien différent. Le genre *Hedwigia* de Hooker (*Musc. Exot. Gen.*, VI, p. 3) est le seul qui paraisse devoir jusqu'à présent être conservé; il renferme la plupart des *Hedwigia* de Palisot-Beauvois, et se caractérise ainsi : soie latérale; capsule à ouverture nue; calyptre dimidiée. Quatre espèces exotiques auxquelles il faut ajouter probablement quelques autres espèces indigènes et notamment l'*Hedwigia aquatica*, constituent ce genre. Walker Arnott pense avec quelques autres auteurs que l'*Hed. Hornschuchiana* est un *Anictangium* et l'*H. canariense* un *Astrodontium* (*Leucodon* de Bridel). L'*Hedwigia* se trouverait donc réduit : 1° à l'HEDWIGIE DE HUMBOLDT, *Hed. Humboldtii*, à tige redressée, rameuse, pinnatifide; à feuilles imbriquées de toutes parts, obovales, concaves, privées de nervures, pilifères, très-entières; à capsule sillonnée, globuleuse; à opercule subulé, courbé (Hook., *Musc. Exot.*, t. 46, *ejusd. in Kunth. Synops.*, 1, 47). Cette Mousse croît sur le mont Quindiu à une élévation de 1580 toises. 2°. A l'HEDWIGIE A FEUILLES DIRIGÉES D'UN SEUL CÔTÉ, *Hedwigia secunda* (Hook., *loc. cit.*); à tige redressée, rameuse; à rameaux sous-pinnés; à feuilles dirigées d'un seul côté, largement ovales, acuminulées, marginées, striées, sans nervures, denticulées en scie au sommet; à capsule ovale, cylindracée; à opercule subulé. Cette Plante croît dans les lieux âpres et montueux du Mexique, près de Tolucca au pied des montagnes couvertes d'une neige éternelle à 1640 toises. 3°. Et enfin à l'HEDWIGIE AQUATIQUE, *Hedwigia aquatica*, Hedw., *Musc. fr.*, 3, p. 29, f. 11; Brid., *Musc.*, 2, p. 34, t. 1, f. 4; *Anictangium falcatum*, Beauv., *Prodr. Ætheog.*, p. 42; *Anictangium aquaticum*, Hedw., *Musc. frond.*, 3, t. 21; Schwæg., *Supp.*, 1, p. 1, p. 38; Wahlenb., *Fl. Carp.*, p. 334; *Hypnum aquaticum*, Jacq., *Austr.* t. 280; *Hyp. nigricans*, Vill., Dauph., 3, p. 904; *Fontinalis subulata*, Lamk., Dict., 2, p. 518; Dill., *Musc.*, t. 43, f. 70; *Gymnostomum aquaticum*, Hoff., *Dec. Fl. Fr.*, 11, p. 444; *Schkuhr.*, *Dec. Moos.*, p. 17, t. 8; Web. et Mohr., Roel.; Funck, *fascic. Crypt.* Cette Mousse, dont nous donnons une synonymie complète, afin de montrer toutes les vicissitudes de sa nomenclature, se trouve à Vaucluse, dans plusieurs rivières du Jura et aux environs de Genève, adhérente aux pierres; elle est facile à reconnaître à sa tige allongée, rameuse vers le sommet de la tige seulement; à ses feuilles linéaires, subulées, un peu dirigées vers le même côté et recourbées vers le sommet des rameaux; à ses capsules oblongues et surmontées d'un opercule conique et oblique. *V*. ANICTANGIE, GYMNOSTOME, HOOKERIE et SCHISTIDIE. (A. F.)

HÉDYCAIRE. *Hedycaria*. BOT. PHAN. Genre de la famille des Urticées et de la Diœcie Polyandrie, L., établi par Forster (*Charact. Gener.*, t. 64) et ainsi caractérisé : Plante dioïque; périanthe à huit et dix découpures peu profondes. Les fleurs mâles renferment environ cinquante étamines sessiles, oblongues, velues à leur sommet et couvrant tout le fond du périanthe. Les fleurs femelles contiennent plusieurs ovaires laineux, placés sur le réceptacle et stipités; styles nuls. Le fruit est multiple, composé seulement par suite de l'avortement de plusieurs ovaires, de six à dix noix presqu'osseuses, stipitées et monospermes. Ce genre n'est pas encore assez parfaitement connu pour que ses affinités soient bien déterminées. Jussieu, en effet, dans son *Genera Plantarum*, indique quelques rapports de l'*Hedycaria* avec les Anonacées ou les Renonculacées. L'*Hedycaria arborea*, Forst. et Lamk., Illustr., tab. 827, est un Arbrisseau de la Nouvelle-Zélande, à feuilles alternes, très-glabres, et à fleurs disposées en grappes axillaires. (G..N.)

HEDYCHIUM. BOT. PHAN. Ce genre, de la famille des Scitaminées et de la Monandrie Monogynie, L., a été fondé par Kœnig (*in Retz Fascic.*, III, p. 73). Il offre les caractères suivans : périanthe extérieur (calice) monophylle, fendu longitudinalement, une fois plus court que le périanthe intérieur (corolle). Celui-ci a un tube long, grêle, un peu courbé, se terminant par un limbe à six divisions dont les trois extérieures plus étroites; une des autres divisions (labelle) plus large, échancrée et colorée en jaune; anthère double, supportée par un filet charnu, géniculé, qui ne se prolonge pas autour de l'anthère; style filiforme, du double plus long que le filet, très-tenace et reçu dans une cavité tubuleuse, formée par les deux lobes de l'anthère. L'auteur de ce genre en a rapproché le *Kæmpferia*. Quelques auteurs ont ensuite réuni les deux genres; mais, selon Roscoë (*Transact. of the Societ. Linn.* T. VIII, p. 342), le *Kæmpferia* est pourtant très-distinct. Indépendamment des longs segmens linéaires du limbe extérieur de la corolle qui particularisent le *Kæmpferia*, dans celui-ci ce filet s'étend au-delà de l'anthère, et diverge en deux lobes foliacés, tandis que dans l'*Hedychium* l'anthère est terminale et comme articulée au sommet du filet. Le genre qui nous occupe a plus de rapports avec l'*Alpinia*, mais il s'en distingue suffisamment par la longueur de son tube et les trois segmens intérieurs de sa corolle.

Pendant long-temps on n'a connu que l'*Hedychium coronarium* de Kœnig, la seule espèce qui va fixer notre attention; mais depuis quelques années, Link (*Hort. Berol.*) en a distingué une nouvelle sous le nom d'*H. coccineum*. Roxburgh (*Plant. Coromand.*, n. 251) a ajouté les *H. angustifolium* et *gracile*, mais cette dernière Plante ne peut être considérée que comme une variété de la précédente; et le docteur Wallich de Calcutta a décrit de son côté (*in Florâ Indicâ D. Carey*, p. 12, Sérampore, 1820) deux nouvelles espèces sous les noms d'*Hedychium villosum* et d'*H. speciosum*. Toutes ces Plantes sont originaires des Indes-Orientales.

L'HEDYCHIUM A BOUQUET, *H. coronarium*, Kœnig, a été figuré par Rumph (*Herb. Amboin.*, V, tab. 69, f. 5) sous le nom de *Gandasuli*, qui a été admis par quelques botanistes. Cette belle Plante est cultivée depuis quelque temps en Europe dans les jardins de botanique. (G..N.)

HEDYCRE. *Hedychrum*. INS. Genre de l'ordre des Hyménoptères, section des Térébrans, famille des Pupivores, tribu des Chrysides (Règn. Anim. de Cuv.), établi par Latreille qui lui assigne pour caractères : abdomen n'ayant que trois segmens extérieurs, demi-circulaire, voûté, uni et sans dentelures au bout; mandibules dentelées au côté interne; languette échancrée; palpes maxillaires beaucoup plus longs que les labiaux; écusson simple ou sans saillie, en forme de pointe. Les Hédycres s'éloignent des Stilbes et des Euchrées par la longueur relative des palpes; ils partagent ce caractère avec les Elampes et les Chrysis; mais ils en diffèrent essentiellement par la languette. Le corselet des Hédycres n'est point rétréci antérieurement, et leur abdomen est voûté et à trois segmens, ce qui les distingue des Cleptes. Fabricius et Jurine n'ont point adopté le genre Hédycre; mais ce dernier auteur en fait une section dans son genre Chrysis. Les Hédycres ont été étudiés avec soin par Lepelletier de Saint-Fargeau, dans un Mémoire sur quelques espèces nouvelles d'Insectes de la section des Hyménoptères Porte-Tuyaux (Mém. du Mus. d'Hist. nat. T. VII, p. 115); il en a décrit treize espèces recueillies pour la plupart aux environs de Paris. Leurs couleurs brillantes et métalliques ne le cèdent en rien à celles des Chrysis. On peut considérer comme type du genre :

L'HÉDYCRE LUCIDULE, *H. lucidulum*, Latr., ou la *Chrysis lucidula* de Fabricius, qui est la même espèce que la Guêpe dorée à corselet mi-parti de rouge et de vert de Geoffroy. Elle est très-commune aux environs de Paris. Les autres espèces décrites par Lepelletier portent les noms de *Spina* (*loc. cit.*, pl. 7, fig. 2 et 3), *auratum*, *bidentulum* (fig. 4), *regium*, *alterum* (fig. 8) *minutum*, (fig. 9), *fervidum*, *maculatum*, *cærulescens* (fig. 10), *lucidum* (fig. 6), *nitidum* (fig. 5) et *roseum* (fig. 7). Le même auteur rapporte avec doute au genre Hédycre les *Chrysis cærulipes*, *parvula* et *Panzeri*, Fabr., qu'il n'a pu voir dans les collections. La dernière a quelque rapport de conformation avec l'*Hedychrum Spina*. (AUD.)

HEDYCREA. BOT. PHAN. Le genre *Licania* d'Aublet a été ainsi nommé par Schreber et Wahl. *V.* LICANIE. (G..N.)

HEDYOSMUM. BOT. PHAN. Genre de la famille des Amentacées, fondé par Swartz (*Flor. Ind.-Occid.*, II, p. 959) qui l'a placé dans la Monœcie Polyandrie, L., et lui a donné les caractères suivans : fleurs monoïques; les mâles, disposées en chatons, sans calice ni corolle, possèdent des anthères sessiles, oblongues, imbriquées, conniventes, placées sur un réceptacle linéaire. Les fleurs femelles ont un calice d'une seule pièce, à trois petites dents; un ovaire trigone, oblong, surmonté d'un style triangulaire, très-court, et d'un stigmate simple et obtus; fruit drupacé, un peu arrondi, monosperme, entouré par le calice qui fait corps avec lui. Les deux espèces décrites par l'auteur de ce genre croissent sur les hautes montagnes de la Jamaïque. L'une d'elles (*Hedyosmum nutans*) est un Arbrisseau qui répand une odeur aromatique très-agréable. L'autre (*H. arborescens*) est un Arbre de quatre ou cinq mètres de hauteur dont les branches sont garnies de feuilles opposées, ovales, lancéolées, luisantes et d'un vert brun. (G..N.)

HÉDYOTIDE. *Hedyotis.* BOT. PHAN. Ce genre, de la famille des Rubiacées et de la Tétrandrie Monogynie, établi par Linné, a été ainsi caractérisé par Kunth (*Nov. Gener. et Spec. Plant. æquinoct.* T. III, p. 389) : calice supère ou semi-supère, rarement presque infère, à quatre divisions profondes; corolle infundibuliforme ou rarement hypocratériforme, dont le limbe est étalé et à quatre divisions profondes; quatre étamines, le plus souvent exsertes; un style et un stigmate bifide; capsule didyme, couronnée par le calice persistant, biloculaire, s'ouvrant par le sommet en deux valves loculicides; graines peu nombreuses, lentiloculaires, comprimées et non bordées. A ce genre ainsi défini et caractérisé, doivent se rapporter, d'après Richard (*in Michx. Flor. Boreal. Am.*), toutes les espèces de *Houstonia* de Linné qui ont un fruit infère et polysperme dans chaque loge. Le *Peplis tetrandra* de Jacquin, qui a les divisions calicinales bifides, et dont les loges contiennent deux graines, doit aussi rentrer dans ce genre. Les Hédyotides sont des Arbrisseaux ou des sous-Arbrisseaux, le plus souvent couchés et rampans, munis de stipules interpétiolaires connées et engaînantes. Leurs fleurs sont terminales, axillaires, quelquefois solitaires ou géminées, ternées ou disposées en corymbes. On en a décrit plus de trente espèces qui se trouvent en grande partie dans les climats chauds de l'Amérique. Quelques-unes habitent les Indes-Orientales; telles sont entre autres les *Hedyotis fruticosa*, L.; *H. nervosa*, Lamk.; et *H. herbacea*, L., ou *Oldenlandia tenuifolia* de Burmann (*Flor. Indica*, tab. 14, f. 1). Ruiz et Pavon, dans leur Flore du Pérou et du Chili, ont fait connaître quelques espèces nouvelles d'Amérique, et Kunth (*loc. cit.*) en a encore ajouté sept des mêmes régions, parmi lesquelles se trouvent quelques espèces qui ont été décrites sous le nom générique de *Houstonia* par Willdenow, et publiées dans le *Systema Vegetabilium* de Rœmer et Schultes. (G..N.)

* HÉDYOTIDÉES. *Hedyotideæ.* BOT. PHAN. Nom donné par Kunth à un petit groupe de la famille des Rubiacées, lequel fait partie de la cinquième section que cet auteur y a établie et qu'il a ainsi caractérisée : capsule biloculaire, à loges polyspermes. Les Hédyotidées ont quatre étamines, en quoi elles diffèrent des Cinchonées, autre groupe de la même section, qui en ont cinq. (G..N.)

HÉDYPNOIDE. *Hedypnois.* BOT. PHAN. Ce genre de la famille des Synanthérées, tribu des Chicoracées et de la Syngénésie égale, L., a été constitué par Tournefort et réuni par Linné, Lamarck et De Candolle avec le genre *Hyoseris*. Jussieu (*Genera Plantarum*) sépara de nouveau le genre *Hedypnois* de ceux avec lesquels on l'avait encadré. Mais Gaertner et Necker paraissent avoir interverti l'emploi des noms génériques créés par leurs prédécesseurs. En effet, leur *Hyoseris* est l'*Hedypnois* de Tournefort, et d'un autre côté, l'*Hedypnois* de Gaertner correspond au genre *Hyoseris* de Jussieu. Hudson et Smith, dans la Flore d'Angleterre, ont augmenté la confusion de cette synonymie, en transportant le nom d'*Hedypnois* au genre *Leontodon*. Au surplus, les genres *Hedypnois* et *Hyoseris* diffèrent peu l'un de l'autre. Voici les caractères du premier : involucre à plusieurs folioles disposées sur un seul rang, ceint d'un calicule très-court dont les écailles sont gibbeuses, tantôt formant une boule par leur réunion, tantôt étalées; calathide composée d'un grand nombre de fleurons hermaphrodites; réceptacle nu; akènes de la circonférence ciliés ou presque nus au sommet, ceux du centre couronnés par une aigrette dont la partie inférieure est paléiforme, laminée, et la partie supérieure filiforme et plumeuse. Jussieu indique comme congénère le *Lampsana Zacintha*, L., dont on a formé depuis un genre particulier sous le nom de *Zacintha*. Les espèces de ce genre, en petit nombre, sont indigènes du bassin de la Méditerranée. Deux d'entre elles croissent dans le midi de la France : ce sont les *Hedypnois monspeliensis*, Willd., et *Hedypnois rhagadioloides* ou *Hyoseris rhagadioloides*, D. C. (G..N.)

HEDYSARUM. BOT. PHAN. *V.* SAINFOIN.

HÉGÈTRE. *Hegeter.* INS. Genre de l'ordre des Coléoptères, section des Hétéromères, famille des Mélasomes (Règn. Anim. de Cuv.), établi par Latreille aux dépens du genre Blaps, et ayant suivant lui pour caractères propres : corps ovale avec le corselet parfaitement carré, plane et sans rebords. Ces Insectes présentent dans leurs divers organes d'autres particularités propres à les faire distinguer; les antennes sont filiformes, courtes, de onze articles, avec les deux premiers presque égaux; le troisième est allongé; les trois derniers sont presque grenus et plus courts que les précédens; les palpes maxillaires sont presque filiformes, ou à peine plus gros vers leur extrémité et terminés par un article dont la forme se rapproche de celle d'un cône renversé; le menton est grand, presque demi-orbiculaire, mais pas assez large cependant pour couvrir la base des mâchoires; les élytres, soudées l'une à l'autre, se prolongent en pointe à la partie postérieure et recouvrent complétement l'abdomen. Il n'existe pas d'ailes membraneuses; les pates sont grêles, assez allongées; leurs tarses sont simples. L'abdomen est de forme ovale et plus large que le corselet.

L'HÉGÈTRE STRIÉ, *Heg. striatus* de Latreille (*Gener. Crust. et Insect.* T. I, pl. 9, fig. 11, et T. II, p. 157), originaire de l'île de Madère, doit être considéré comme le type du genre. Le Blaps allongé d'Olivier (Entomol. T. III, n. 60, pl. I, fig. 7) paraît être la même espèce. Ainsi que le *Blaps buprestoides*, Fabr., Dejean (Catal. des Coléopt., p. 64) mentionne cinq autres espèces originaires de la Grèce, de Cayenne et de la Guinée ou des Indes-Orientales. Ce sont les *Hegeter caraboides*, *pedinoides*, *rugifrons*, Dej., *atratus* et *unicolor* de Megerle. (AUD.)

HEGLIG. BOT. PHAN. On ne connaît point suffisamment l'Arbre auquel est donné ce nom au pays de Dar-Four. Son fruit est agréable à manger; on en fait une sorte de conserve qui passe chez les Arabes pour très-salutaire. (B.)

* HÉGRAT. MAM. L'Animal américain désigné sous ce nom par Ruysch (*Theatr. Anim.*, p. 102) paraît être un Blaireau. (B.)

* HEHOC. OIS. Flacourt dit que c'est une Poule des bois de Madagascar, dont les plumes sont violettes avec les extrémités rouges. (B.)

* HEINZELMANNIA. BOT. PHAN. (Necker.) Syn. de Montira d'Aublet. *V.* ce mot. (B.)

* HEIRAN. MAM. Nom donné par les Turcs à l'Animal que les Persans appellent Ahu. *V.* ce mot. (B.)

HEISTÉRIE. *Heisteria.* BOT. PHAN. Genre de la Diandrie Monogynie, L., établi par Jacquin (*Amer.*, 126, tab. 81), et ainsi caractérisé : calice très-petit dont le limbe à cinq dents acquiert beaucoup d'extension et prend la forme d'une cupule; cinq pétales distincts; dix étamines dont les filets sont planes et les anthères arrondies; ovaire à trois loges charnues renfermant un ovule surmonté d'un style court et d'un stigmate trifide; drupe en forme d'olive, monosperme, à demi-enveloppée par le calice. Ce genre, qui était autrefois rangé parmi les Aurantiacées, a été réuni aux Olacinées de Mirbel par De Candolle (*Prodr. Syst. Regn. Veget.*, I, p. 532). La principale espèce et pendant long-temps la seule connue de ce genre, est l'*Heisteria coccinea*, Jacq., Arbre de moyenne grandeur qui a l'aspect d'un Laurier et qui croît dans les forêts épaisses de la Martinique et de la Guadeloupe. Les créoles le nomment Bois de Perdrix, parce que les Tourterelles (connues aux Antilles sous le nom de Perdrix) recherchent son fruit avec avidité. Le calice qui enveloppe la base de ce fruit, acquiert, par la maturité, une couleur rouge éclatante. Smith (*in Rees Cyclopæd.*) en a décrit deux autres espèces auxquelles il a donné les noms spécifiques de *H. cauliflora* et de *parvifolia*. La première croît dans la Guiane hollandaise, et la seconde dans la Sierra-Leone en Afrique.

Un autre genre *Heisteria* avait été créé par Bergius (*Descript. Plant. Cap.*, 185); mais Linné le réunit au *Polygala*, quoiqu'il présentât des différences suffisantes pour en nécessiter la séparation. Necker (*Elem. Bot.*, n. 1382) le rétablit sous le nouveau nom de *Muraltia* qui a été admis par les botanistes modernes. *V.* MURALTIE. (G..N.)

* HÉLACATÈNE. POIS. Même chose qu'Élactène. *V.* ce mot. (B.)

HELAMYS. MAM. Sous-genre de Gerboise. *V.* ce mot. (AUD.)

HELBANE. BOT. PHAN. (C. Bauhin.) *V.* HEBI.

HELBEH. BOT. PHAN. Syn. de Fenu-grec en Egypte où l'on mange les pousses jeunes de la Plante et ses graines à demi-germées. *V.* TRIGONELLE. (B.)

HELCION. *Helcion.* MOLL. Parmi les Patelles, il en est un certain nombre qui, quoique régulières et symétriques, ont le sommet incliné en arrière comme les Cabochons. C'est avec cette coupe des Patelles que Montfort proposa son genre. Il aurait été admissible comme sous-genre ou mieux comme coupe secondaire, si par un rapprochement très-peu fondé il n'eût mis avec ces Coquilles marines celles dont Geoffroy et Draparnaud avaient fait le genre Ancyle, qui sont fluviatiles et qui doivent appartenir évidemment à une autre famille. *V.* PATELLE et ANCYLE. (D..H.)

HÉLÉE. *Heleus.* INS. Genre de l'ordre des Coléoptères, section des Hétéromères, famille des Taxicornes (Règn. Anim. de Cuv.), établi par Latreille (Nouv. Dict. d'Hist. Nat. T. XXIV, p. 153) qui lui assigne pour caractères : antennes grossissant insensiblement; tête découverte et reçue dans une échancrure de l'extrémité antérieure du prothorax. Ce genre a beaucoup d'analogie avec celui de Cossyphe; la forme du corps est la même, il est ovale, en forme de bouclier et très-aplati. Latreille en connaît six espèces, et celle qu'il décrit sous le nom d'Hélée perforée, *Hel. perforatus*, Latr. (*loc. cit.*, p. 33, 7), peut être considérée comme le type du genre. Elle est originaire, ainsi que les autres espèces, de la Nouvelle-Hollande, et a été recueillie par Péron et Lesueur dans l'île des Kanguroos. (AUD.)

HÉLÈNE. ZOOL. Espèce des genres Murène et Couleuvre. *V.* ces mots. C'est aussi un Papillon de la division des Troyens de Linné. (B.)

HELENIA. BOT. PHAN. (Gaertner.) *V.* HELENIASTRUM.

HELENIASTRUM. BOT. PHAN. Ce nom, donné anciennement par Vaillant, n'a pas prévalu sur celui d'*Helenium* que lui a substitué Linné. Il en est de même de l'*Helenia* de Gaertner, et du *Brasavola* d'Adanson, qui désignent le même genre. *V.* HÉLÉNIE. (G..N.)

HÉLÉNIDE. *Helenis.* MOLL. Genre établi par Montfort dans le tome premier de sa Conchyliologie systématique (p. 194) pour un petit corps crétacé qu'il caractérise de la manière suivante : coquille libre, univalve, cloisonnée et cellulée, contournée en disque aplati; spire apparente, excentrique sur les deux flancs; dos caréné; bouche très-allongée, recouverte par un diaphragme criblé de pores; cloisons criblées et unies. Le type de ce genre, décrit et figuré sous le nom de *Nautilus aduncus* par Von-Fichtel et Moll, p. 115, tab. 23, fig. A, a été nommé par Montfort HÉLÉNIDE ÉPANOUI, *Helenis spatosus*: c'est une petite Coquille blanche, de deux lignes de diamètre, striée dans le sens des cloisons; les stries sont assez nombreuses, fines et croisées par d'autres plus fines dans le sens des pores; le dernier tour est très-grand, enveloppant et cachant tous les autres. Ce que Montfort nomme ouverture de la coquille est une longue fente qui en occupe tout le dos; elle est barrée par une cloison toute criblée de pores qui viennent s'y terminer. Montfort pensait que chacun de ces pores était occupé par autant de

Mollusques distincts vivant en famille, mais cette opinion, qui n'est fondée sur aucun fait ni sur aucune analogie, est sans doute hypothétique, surtout si l'on pense que ce corps devait être intérieur, placé sans doute comme celui des Seiches avec lequel il paraît avoir de l'analogie. (D..H.)

HÉLÉNIE. *Helenium.* BOT. PHAN. Genre de la famille des Synanthérées, Corymbifères de Jussieu, et de la Syngénésie superflue, L., établi par Vaillant sous le nom d'*Heleniastrum*. Linné changea cette dénomination en celle d'*Helenium*, quoiqu'il y eût déjà un genre de ce dernier nom également fondé par Vaillant d'après C. Bauhin et qui est devenu le genre *Inula*. Voici les caractères qui lui ont été assignés : involucre double, l'extérieur orbiculaire, dont les folioles sont disposées sur un seul rang, bractéiformes, soudées à leur base, linéaires et subulées; l'intérieur beaucoup plus court, dont les folioles sont inégales, libres et appliquées; réceptacle nu, globuleux ou cylindracé; calathide radiée, dont le disque est composé de fleurons nombreux et hermaphrodites, et la circonférence de demi-fleurons femelles, ayant la languette large, cunéiforme, tri ou quadridentée au sommet; ovaires cylindriques munis de douze bandes longitudinales, les unes parsemées de globules jaunâtres, les autres alternes avec les précédentes, hérissées de longues soies roides; leur aigrette est composée de six paillettes membraneuses, correspondantes aux six bandes velues. H. Cassini a placé ce genre dans la tribu des Hélianthées, et en a formé le type d'une section. *V.* HÉLÉNIÉES.

Les deux espèces qui constituent ce genre sont originaires de l'Amérique septentrionale, et se cultivent très-facilement dans les jardins botaniques de l'Europe. Ce sont les *Helenium autumnale*, L., et *Hel. quadridentatum*, Labillardière (Act. de l'ancienne Soc. d'Hist. Nat. de Paris, p. 22, tab. 4). Kunth (*Nov. Gener. et Spec. Plant. æquinoct.* T. IV, p. 299) en a décrit une troisième espèce, *Hel. mexicanum*, que l'on cultive dans les jardins du Mexique. Ces Plantes sont herbacées, à feuilles alternes, décurrentes, et à fleurs jaunes terminales, disposées en corymbes.

Le nom d'*Helenium* avait été donné par les anciens à des Plantes très-différentes les unes des autres. Il paraît que l'*Helenium* de Théophraste était une espèce de Thym, et les commentateurs ne peuvent reconnaître les deux *Helenium* de Dioscoride. Le nom de cette Plante se rattache aux souvenirs mythologiques des anciens, puisque, selon Pline, ils croyaient qu'elle était née des pleurs versés par la belle Hélène. (G..N.)

* HÉLÉNIÉES. *Helenieæ.* BOT. PHAN. Section formée par H. Cassini, dans la tribu des Hélianthées, de la famille des Synanthérées. Elle est caractérisée par un ovaire presque cylindracé, souvent velu, muni de plusieurs côtes ou arêtes qui divisent sa surface en autant de bandes longitudinales, et portant une aigrette composée de poils paléiformes, membraneux, quelquefois plumeux. Le groupe proposé par Nuttall sous le nom de *Galardiæ*, fait partie de cette section, dans laquelle H. Cassini fait entrer les vingt-six genres suivans, rangés par ordre alphabétique : *Achyrocarpus*, Kunth; *Actinea*, Jussieu; *Allocarpus*, Kunth; *Bahia*, Lagasc.; *Balbisia*, Willdenow; *Balduina*, Nuttall; *Calea*, Rob. Brown; *Cephalophora*, Cavanilles; *Dimerostemma*, H. Cassini; *Eriophyllum*, Lagasca; *Florestina*, Cassini; *Galardia*, Fouger.; *Galinsoga*, Cavan.; *Helenium*, L.; *Hymenopappus*, l'Hérit.; *Leontophtalmum*, Willd.; *Leptopoda*, Nutt.; *Marshallia*, Schreber; *Mocinna*, Lag.; *Polypteris*, Nutt.; *Ptilostephium*, Kunth; *Schkuria*, Roth.; *Sogalgina*, H. Cass.; *Tithonia*, Desf.; *Trichophyllum*, Nutt. *V.* chacun de ces mots. (G..N.)

HELEOCHLOA. BOT. PHAN. (Host.) Syn. de Crypside. *V.* ce mot. (B.)

* HELEONOSTES. BOT. PHAN. Espèce du genre Laiche. (B.)

* HELEOS. OIS. Syn. d'Effraie. *V.* CHOUETTE. (DR..Z.)

* HELIACA. OIS. (Savigny.) Syn. de l'Aigle impérial. *V.* AIGLE. (DR..Z.)

HÉLIANTHE. *Helianthus.* BOT. PHAN. Genre de la famille des Synanthérées, Corymbifères de Jussieu, et de la Syngénésie frustranée, L., établi sous le nom de *Corona-Solis* par Tournefort qui y confondait le *Coreopsis* et d'autres genres voisins. H. Cassini et Kunth en ont fait le type d'une tribu très-naturelle de la famille des Synanthérées, tribu qu'ils ont nommée Hélianthées. *V.* ce mot. Voici les caractères de ce genre : involucre composé de folioles imbriquées, ordinairement linéaires, aiguës, étalées, celles des rangs intérieurs progressivement plus courtes que celles des rangs extérieurs ; calathide radiée dont le disque est formé de plusieurs fleurons réguliers, hermaphrodites, et la circonférence de demi-fleurons stériles ; réceptacle convexe, garni de paillettes demi-embrassantes, oblongues et aiguës ; ovaires oblongs des deux côtés, couronnés par une aigrette formée de deux paillettes opposées, articulées, caduques, l'une antérieure et l'autre postérieure. De toutes les Synanthérées, les Hélianthées sont, sans contredit, les Plantes les plus remarquables par leur beauté. L'amplitude et les couleurs vives des calathides de la plupart des espèces leur ont mérité de la part des botanistes des comparaisons emphatiques avec l'astre du jour. En effet, le mot Hélianthe est la signification grecque du nom pompeux de fleur du soleil, sous lequel, ainsi que sous celui de couronne du soleil, on a toujours désigné ces Plantes. — Les espèces d'Hélianthes, au nombre de quarante et plus, sont toutes indigènes de l'Amérique, soit méridionale, soit septentrionale. Ce sont des Plantes ordinairement herbacées et très-grandes, rarement ligneuses. Leurs feuilles sont opposées ou alternes, entières, le plus souvent munies de nervures, plus ou moins roides et hérissées. Leurs fleurs sont terminales, et ordinairement disposées en corymbes. Toutes sont d'une culture facile dans les jardins de l'Europe. On doit distinguer, dans ce beau genre, les espèces suivantes :

HÉLIANTHE TOURNESOL, *Helianthus annuus*, L. Vulgairement Grand Soleil. La tige de cette Plante, quoique herbacée et annuelle, acquiert jusqu'à cinq mètres d'élévation ; ses feuilles sont alternes, pétiolées, grandes, presque cordiformes, acuminées, rudes ainsi que la tige. La calathide a quelquefois trois décimètres et plus de diamètre, et probablement par l'effet de son poids le pédoncule qui la soutient, se courbe de manière que la calathide inclinée présente son disque vertical et tourné le plus souvent du côté du soleil. Cette magnifique espèce est originaire du Pérou. On la cultive maintenant presque partout, à cause de sa beauté et de la facilité avec laquelle elle se développe, car n'exigeant qu'une bonne terre et de la chaleur, elle trouve chez nous, dans le cours de l'été, un temps suffisant pour qu'elle puisse entièrement parcourir les phases de sa vie. Mais l'éclat et la beauté ne sont pas les seuls avantages de l'Hélianthe annuel ; ses diverses parties sont employées avec utilité à des usages économiques. Ainsi, les akènes de cette Plante sont mangés avec avidité par la volaille ; ils contiennent une amande blanche et une grande quantité d'huile grasse que l'on extrait par expression. En certaines contrées on les torréfie pour s'en servir en guise de Café, et les habitans de la Virginie en font une sorte de pain et de la bouillie pour les enfans. Enfin l'écorce de cette espèce est formée de fibres ténues qui la rendraient susceptible d'être filée comme du Chanvre, et ses tiges contiennent beaucoup de nitrate de Potasse.

HÉLIANTHE TOPINAMBOUR, *He-*

lianthus tuberosus, L. Vulgairement Poire de terre. Ses racines sont de gros tubercules vivaces, charnus, oblongs, rougeâtres en dehors, blancs intérieurement et assez semblables à ceux de la Pomme-de-terre. Il s'en élève des tiges dressées, simples, herbacées, hautes de près d'un mètre et portant des feuilles tantôt alternes, tantôt opposées et même ternées, pétiolées, très-grandes, ovales, atténuées aux deux extrémités, décurrentes sur le pétiole, marquées sur leurs bords de petites dentelures et un peu rudes au toucher. Les calathides de fleurs sont solitaires, terminales et jaunes, non inclinées et d'une petite dimension relativement à celles de l'Hélianthe annuel. Leur involucre est formé d'écailles foliacées, imbriquées et ciliées sur les bords. Cette Plante, originaire du Brésil, fleurit chez nous dans le mois de septembre. Les tubercules charnus du Topinambour sont un aliment assez agréable lorsqu'on les a fait cuire et apprêter de diverses manières. Ils fournissent une bonne nourriture pendant l'hiver aux Moutons et aux autres bestiaux qui en sont très-friands. L'analyse chimique de cette racine a été faite récemment par Payen qui y a rencontré en grande abondance la Dahline, principe immédiat qui paraît être identique avec l'Inuline. Ce chimiste a également démontré que les tubercules du Topinambour, soumis à la fermentation, donneraient beaucoup de liqueur vineuse analogue à la bière, et que sous ce rapport cette Plante pourrait devenir très-importante. (G..N.)

HÉLIANTHÉES. *Helianthææ.* BOT. PHAN. Tous les auteurs qui se sont occupés de l'étude des Synanthérées ont admis un groupe très-naturel de Plantes qu'ils ont nommé Hélianthées. En effet, Jussieu, De Candolle, Kunth et Cassini ont reconnu cette tribu et lui ont assigné des caractères plus ou moins développés. Le dernier de ces botanistes, considérant que le nombre des genres qui composent les Hélianthées est extrêmement considérable, a proposé de les subdiviser en cinq sections qu'il a désignées par les noms suivans : 1° Hélianthées Héléniées, 2° H. Coréopsidées, 3° H. Prototypes, 4° H. Rudbeckiées, et 5° H. Millériées. Nous n'exposerons ici que les caractères succincts de la troisième section, et nous renverrons aux mots CORÉOPSIDÉES, HÉLÉNIÉES, MILLÉRIÉES et RUDBECKIÉES pour ceux des autres sections. Les Hélianthées Prototypes ont l'ovaire ordinairement tétragone et comprimé des deux côtés, de manière que son plus grand diamètre est de devant en arrière; leur aigrette est composée de paillettes adhérentes ou caduques, filiformes et triquètres. Le genre Hélianthe est le type de cette section, dont les limites ne sont pas tranchées et qui se compose de Plantes presque toutes américaines. Quelques-unes se trouvent en Asie; l'Europe et les terres australes en paraissent dépourvues. (G..N.)

HÉLIANTHÈME. *Helianthemum.* BOT. PHAN. C'est-à-dire *Fleur du Soleil.* Ce genre de la famille des Cistinées, et de la Polyandrie Monogynie, L., avait été constitué par Tournefort; Linné le réunit au *Cistus*, mais il en a été de nouveau séparé par Gaertner et De Candolle. Voici ses caractères principaux : calice à trois sépales égaux, ou à cinq sépales disposés sur deux rangs, les deux sépales extérieurs ordinairement plus petits; cinq pétales extrêmement caducs, quelquefois dentelés irrégulièrement au sommet; stigmate en tête, tantôt presque sessile, tantôt supporté par un style droit ou oblique; capsule à trois valves qui portent sur leur milieu les placentas des graines ou les cloisons séminifères; graines anguleuses glabres, pourvues d'un albumen blanc et charnu, et d'un embryon dont les cotylédons sont tantôt filiformes et courbés, tantôt orbiculaires et appliqués l'un contre l'autre. Les Hélianthèmes sont des Herbes ou des Arbrisseaux à feuilles opposées ou alternes, quelquefois stipulées; leurs fleurs, le plus souvent munies de bractées, sont portées sur des pédicelles opposés aux feuilles; elles offrent des dispositions très-variées, car elles sont tantôt solitaires, tantôt en ombelles, en grappes penchées du même côté, en corymbes ou en panicules. Quand le genre *Helianthemum* fut rétabli, on lui assigna comme caractère différentiel d'avec le *Cistus*, une capsule uniloculaire, à valves portant les placentas sur le milieu de leurs parois internes; mais ce caractère fut infirmé par l'observation de plusieurs espèces où non-seulement la capsule mais encore l'ovaire étaient évidemment triloculaires. Dans un Mémoire lu en juillet 1823, devant la Société Philomatique de Paris, nous avons démontré que les cloisons du fruit de l'*Helianthemum* étaient produites par la saillie interne et plus ou moins grande des placentas qui, dans quelques espèces, ne formaient qu'une simple ligne longitudinale sur les parois, dans d'autres proéminaient de manière à se réunir et à diviser la capsule en trois loges. Le caractère de l'unité ou de la pluralité des loges du fruit, qui est excellent pour distinguer telle espèce d'une autre, ne doit donc pas être génériquement employé, puisqu'on trouve dans le même genre des capsules uniloculaires, et d'autres qui sont divisées plus ou moins complétement par de fausses cloisons. Mais en étudiant l'organisation de plusieurs espèces d'Hélianthèmes, nous vîmes que ces différences dans la structure des capsules correspondaient presque toujours avec d'autres différences dans les autres organes. Ainsi, par exemple, toutes les espèces de la section où les fleurs sont en ombelles (*Hel. umbellatum*, *Libanotis*, etc.) ont des capsules triloculaires, un calice à trois sépales, et les cotylédons linéaires et infléchis; tous les Hélianthèmes à feuilles larges, à fleurs en panicules (*Hel. vulgare*, etc.), ont des capsules uniloculaires, un calice à cinq sépales, et des cotylédons discoïdes, etc. Il faut pourtant convenir que le genre *Helianthemum* étant très-naturel, on ne peut pas le partager en sections dont les caractères soient bien tranchés.

Le *Prodromus Regni Veget. Nat.* du professeur De Candolle contient l'énumération de cent vingt-quatre espèces qui ont été décrites par Dunal de Montpellier et réparties en neuf sections. Ces sections forment trois séries principales caractérisées d'après le style plus ou moins long que les étamines, dressé ou infléchi à la base.

La première section (*Halimium*) est composée d'Arbustes ou d'Arbrisseaux à feuilles opposées, à trois nervures, sans stipules, velus ou cotonneux. Les pédoncules portent d'une à trois fleurs axillaires, solitaires, disposées en ombelles ou en panicule. Elle renferme treize espèces indigènes, pour la plupart, du bassin de la Méditerranée. Nous citerons seulement ici, comme les plus remarquables : l'*H. umbellatum* qui abonde sur les rochers de la forêt de Fontainebleau; l'*H. Libanotis* de la Barbarie et du Portugal; l'*H. alyssoides* qui croît en Espagne et dans la France occidentale; et l'*H. halimifolium* que l'on rencontre abondamment dans les contrées maritimes du midi de l'Europe et du nord de l'Afrique.

La seconde section (*Lecheoides*) est composée de sept espèces qui croissent en Amérique et particulièrement dans le nord. Ce sont des Plantes à tiges vivaces, dressées et souvent dichotomes. Les feuilles inférieures sont opposées, les supérieures alternes, presque sessiles et sans stipules.

Dans la troisième section (*Tuberaria*) sont comprises neuf espèces, presque toutes indigènes de la France méridionale, de l'Espagne et de l'Italie. Quelques-unes de ces Plantes ont des racines ligneuses et vivaces. Leurs tiges sont dressées ou ascendantes; leurs feuilles inférieures à trois nervures opposées, sans stipules, les supérieures quelquefois alternes et munies de stipules longues et linéaires. Les fleurs sont disposées en panicules ou en grappes. L'*Helianthemum Tuberaria*, jolie Plante que l'on trouve sur les côtes de la Méditerranée, peut être considéré comme le type de cette section, à laquelle on a aussi rapporté l'*H. guttatum*, espèce très-abondante dans la forêt de Fontainebleau, le bois de Boulogne et dans quelques autres lieux des environs de Paris.

La quatrième section (*Macularia*) ne renferme que deux espèces, dont l'une (*H. lunulatum*) croît dans les Alpes du Piémont, et l'autre (*H. petiolatum*, Pers.) se trouve en Espagne. Ce sont des Plantes sous-frutescentes, à feuilles pétiolées, étroites, sans stipules, à fleurs terminales, solitaires ou en grappes, les pédicelles tournés d'un même côté et accompagnés à leur base de petites bractées subulées.

Les espèces de la cinquième section (*Brachypetalum*), au nombre de huit, habitent les bords de la Méditerranée, principalement l'Espagne et l'Égypte. Ce sont des Herbes annuelles, à feuilles pétiolées, larges, munies de stipules oblongues, linéaires ; les supérieures longues. Les pédoncules sont uniflores, courts, solitaires, rarement axillaires, le plus souvent opposés aux feuilles ou aux bractées, dressés ou étalés horizontalement. C'est à ce groupe qu'appartiennent les *Helianthemum niloticum*, *ægyptiacum* et *salicifolium* ; dans ces Plantes, la capsule est d'une consistance ligneuse et très-fragile.

La sixième section (*Eriocarpum*) se compose de sous-Arbrisseaux dont les jeunes branches sont pubescentes, cendrées, les feuilles opposées ou alternes, accompagnées de stipules linéaires plus courtes que le pétiole. Les fleurs sont petites, rassemblées et sessiles, ou grandes et portées sur de courts pétioles. Le nom de la section a été tiré de la villosité de l'ovaire et de la capsule. Les sept espèces de cette section habitent l'Égypte, l'Afrique boréale et les Canaries. Les *H. Lippii* et *H. Canariense* en sont les plus remarquables.

La septième section (*Fumana*) est bien caractérisée par ses tiges presque ligneuses, ses feuilles linéaires, très-étroites, sessiles ou presque sessiles, ainsi que par les pédicelles uniflores, penchés avant l'anthèse et réfléchis après la floraison. L'*H. Fumana*, qui croît abondamment en certaines localités de la forêt de Fontainebleau, est l'espèce principale de ce groupe, dans lequel se placent encore les *H. lævipes*, *arabicum*, *thymifolium*, *glutinosum*, et quatre ou cinq autres espèces nouvelles, indigènes comme celles-ci du bassin de la Méditerranée.

Dans la huitième section (*Pseudocistus*) sont groupées des Plantes vivaces ou sous-ligneuses, à feuilles opposées, pétiolées, rarement stipulées au sommet des rameaux. Les fleurs, tournées du même côté, sont en grappes ou en panicules accompagnées de bractées linéaires, lancéolées. Cette section se compose de dix-sept espèces, qui, pour la plupart, croissent dans le bassin de la Méditerranée. Quelques-unes, telles que l'*H. alpestre* et l'*H. marifolium*, croissent sur les montagnes du midi de l'Europe qu'elles ornent de leurs fleurs jaunes et nombreuses.

Enfin, la neuvième section (*Euhelianthemum*) est la plus nombreuse en espèces. Elle renferme plus de trente espèces parmi lesquelles on remarque l'*H. vulgare* et l'*H. apenninum* qui croissent dans les environs de Paris. Les autres espèces sont toutes indigènes du midi de l'Europe, et principalement de l'Espagne. Ce sont des Plantes à tiges couchées, sous-ligneuses, rameuses à la base, à feuilles opposées, les inférieures plus petites, munies de stipules linéaires, lancéolées. Leurs fleurs sont accompagnées de bractées tournées du même côté, et disposées en grappes.

Outre les cent vingt-quatre espèces d'Hélianthèmes bien déterminées, il y en a encore une douzaine décrites par les auteurs, mais dont les caractères sont trop incertains pour qu'on ait pu les classer dans les sections précédentes. Parmi ces sections, il en est deux qui nous semblent très-naturelles : ce sont celles des *Halimium* et des *Fumana*. Dans les *Halimium*, le calice est le plus souvent à trois sépales, les fleurs en ombelles, la capsule triloculaire et les cotylédons linéaires, courbés en hameçon. Dans les *Fumana*, le calice est toujours accompagné de deux petites bractéoles, et les fleurs en grappes comme celles de l'*H. vulgare*. Du reste, la capsule est aussi triloculaire et les cotylédons sont linéaires et courbés. Les *Helianthemum vulgare, apenninum*, etc., ont au contraire les cotylédons orbiculaires, appliqués, et la radicule est couchée sur leur fente. (G..N.)

HÉLIANTHÉMOIDES. BOT. PHAN. (Boerhaave.) Syn. de Turnère cistoïde. *V*. TURNÈRE. (B.)

* HÉLIANTHES. BOT. PHAN. Le professeur de Jussieu a proposé ce nom pour une tribu de la famille des Synanthérées, dont il n'a point exposé les caractères ni indiqué les genres qui doivent la composer. Elle paraît correspondre à la tribu des Hélianthées, admise par tous les auteurs qui se sont occupés récemment de la famille des Synanthérées. *V*. HÉLIANTHÉES. (G..N.)

HELIAS. OIS. *V*. CAURALE.

* HÉLIAS. INS. Genre de l'ordre des Lépidoptères, famille des Diurnes, tribu des Hespérides, établi par Fabricius aux dépens des Papillons plébéiens, Urbicoles de Linné, et que Latreille réunit au genre Hespérie. *V*. ce mot. (G.)

* HELICANTHERA. BOT. PHAN. (Rœmer et Schultes.) Pour Helixanthera. *V*. ce mot. (G..N.)

HÉLICE. *Helix*. MOLL. Les Animaux terrestres, habitant les mêmes régions que l'Homme, ont été les premiers à être soumis à son observation, et parmi eux, ceux dont la marche est la plus lente, et surtout qui se montrent partout en grand nombre, ont dû être les premiers à le frapper. Les Hélices, et en général tous les Mollusques terrestres, sont de ce nombre; il n'est donc point étonnant que les auteurs les plus anciens en aient parlé de manière à reconnaître les espèces qu'ils ont mentionnées, et comme l'observe Férussac, dans le texte de la septième livraison de l'Histoire des Mollusques terrestres et fluviatiles, que les mots employés par la plupart des peuples, soient le résultat de quelques idées simples, qui font voir la haute antiquité de la connaissance, même assez détaillée, de quelques espèces d'Hélices, et que ce petit nombre d'idées ait été rendu dans les différens langages par des mots différens, mais équivalens. Ce n'est pas ici que nous devons examiner ces étymologies; bornés, dans ce Dictionnaire, à ne dire que ce que la science a de plus essentiel, nous ne rapporterons pas et nous ne chercherons pas à discuter ce que les anciens ont écrit des Hélices; il nous suffit de savoir que Pline, Varron, Dioscoride, Aristote, les ont mentionnées d'une manière toute particulière, ce qui tient surtout, pour les auteurs latins, à ce que les anciens en faisaient usage comme nourriture, et cherchaient les espèces les plus délicates et les plus faciles à propager ou à élever près d'eux : aussi nous voyons, par différens passages de ces auteurs, qu'on les rapportait de Lybie, des îles de la Méditerranée surtout, et beaucoup d'Afrique; la Sicile leur en fournissait aussi en grand nombre. La manière dont les anciens ont désigné ces coquillages, a rendu plus facile la détermination des espèces qu'ils ont connues; l'usage qu'ils en faisaient a pu servir aussi à faire présumer celles qu'ils recherchaient, et connaissant aujourd'hui celles des pays où ils allaient les recueillir, on a pu avancer avec quelque certitude que le Limaçon terrestre d'Aristote, et les grands Limaçons d'Illyrie, de Pline, pouvaient convenir à l'*Helix cincta*, et peut-être à l'*Helix lucorum* de Müller, comme le *Pomatia* de Dioscoride et de Pline, et probablement le *Cocalia* d'Aristote, étaient l'*Helix naticoides*, très-commune en Italie, et non notre *Pomatia* que quelques auteurs ont cru avoir été désignée par les anciens. Depuis Aristote jusqu'aux écrivains du renouvellement des sciences, nous ne trouvons presque rien de plus que ce que les anciens avaient écrit. Les premiers travaux anatomiques sur les Limaçons ou Hélices, sont ceux de Harder et de Redi, prédécesseurs de Lister qui ne fit que répéter leurs travaux. Swammerdam et quelques autres auteurs parlèrent aussi de l'anatomie des Hélices; nous ne donnons pas dans ce moment l'analyse de leurs travaux, devant un peu plus tard les mentionner d'une manière particulière. Tournefort, dans sa Méthode conchyliologique, a confondu sous le nom de *Cochlea*, une partie des Hélices avec des Coquilles marines qui leur ressemblent plus ou moins, et a pourtant établi sous la dénomination de *Cochlea terrestris*, un genre qui s'applique aux Hélices, et un autre encore, les *Cératites*, qui peuvent être des Planorbes ou les espèces d'Hélices planorbiques. Nous ne citerons pas l'ouvrage de Dargenville, qui a confondu les Hélices, tantôt avec une famille, tantôt avec une autre, ce que fit aussi Favane dans la troisième édition du livre de Dargenville; cependant ces auteurs eurent le mérite de donner plusieurs espèces nouvelles qui n'ont point été retrouvées depuis eux. Linné qui confondit dans ses Hélices un grand nombre de Coquilles qui sont étrangères à ce genre, y avait placé des espèces terrestres, fluviatiles, et même des marines; on doit donc regretter que l'auteur du *Systema naturæ* n'ait pas profité des genres de Müller et d'Adanson, qui présentaient des coupes bien naturelles, on peut même dire essentielles, d'après la manière dont elles étaient caractérisées. Nous voyons en effet, dans Adanson, le genre Limaçon bien séparé, d'après de bons caractères, ainsi que dans l'ouvrage de Müller, où on trouve en outre les genres *Carichium* et *Vertigo*. Le seul changement que Bruguière ait fait dans les Hélices de Linné, est la création de son genre Bulime, qui est presque aussi défectueux que le genre linnéen, puisqu'il contient aussi, il est vrai un peu mieux séparées, des Coquilles terrestres, fluviatiles et marines. Lamarck commença à réformer ces genres; et créa d'abord à leurs dépens les Cyclostomes, les Maillots, les Agathines, les Lymnées, les Mélanies, les Auricules, les Ampullaires, les Hélicines et les Testacelles. Draparnaud, dans son Histoire des Mollusques terrestres et fluviatiles de France, a encore ajouté plusieurs nouveaux genres, qu'il démembra aussi des Hélices de Linné ou des Bulimes de Bruguière, à ceux que Lamarck avait proposés : ce sont les genres Ambrette, Clausilie, Vitrine et Physe. Montfort, dirigé seulement par les formes extérieures des Coquilles, a poussé, bien plus loin encore que Lamarck et Draparnaud, les divisions génériques, et cela ne doit pas étonner en faisant attention d'une part au système adopté par l'auteur, et de l'autre à l'extrême variabilité des formes des coquilles des Hélices. Outre les genres que nous avons mentionnés dans les deux auteurs précédemment cités, nous trouvons de plus dans celui-ci les suivans : Cyclophore, Vivipare, Radix, Scarabe, Ruban, Polyphême, Ibère, Zonite, Carocolle, Acave, Capraire, Polyodonte, Cépole et Tomogère. Lamarck, dans l'Extrait du Cours, créa encore une nouvelle coupe sous le nom d'Hélicelle, mais il ne l'a point conservée. Cuvier, dans le Règne Animal, a formé de plus son petit genre Grenaille; Léach a proposé, il y a peu de temps, un nouveau genre démembré des Bulimes, sous la dénomination de Bulimule. En résumant tous les genres créés aux dépens des Hélices de Linné, nous en trouvons trente-deux, parmi lesquels se distribuent plus ou moins bien les deux cents espèces d'Hélices de la treizième édition du *Systema naturæ*. Si toutes ces divisions reposaient sur de bons caractères, pris aussi bien des Animaux que des Coquilles, ce nombre de genres, quelqu'exagéré qu'il paraisse, ne serait pourtant point trop considérable pour séparer nettement, et bien grouper tant d'objets différens. Néanmoins un grand service que la plupart de ces coupes ont rendu à la science, a été d'abord de débarrasser les Hélices des genres marins et fluviatiles, avec lesquels il était impossible de les laisser, et de plus, d'avoir indiqué des groupemens d'espèces analogues, qui, sans être conservées comme genres, peuvent l'être au moins comme sections génériques.

Férussac est le premier qui, après une étude soignée des Hélices, ait proposé un système d'ensemble pour ce genre dans son ouvrage général des Mollusques terrestres et fluviatiles. Après avoir éloigné des Hélices de Linné, les genres marins ou terrestres qui ont été formés par les auteurs précédens, à leurs dépens, il réunit tout le reste en une seule famille. Les Limaçons, au lieu d'une vingtaine de genres précédemment établis comme nous l'avons vu, n'en renferment plus que six, qui sont : l'Hélixarion, nouveau genre créé par Férussac; l'Hélicolimace, nouvelle dénomination des Vitrines de Draparnaud; l'Hélice, le Polyphême de Montfort, le Vertigo de Müller, et un nouveau genre qui est vivipare, et auquel Férussac a donné le nom de Partule. De ces genres, le plus nombreux, et conséquemment celui qui présente le plus de difficultés pour reconnaître les espèces, est le genre Hélice, circonscrit comme nous l'avons dit précédemment, c'est-à-dire contenant tous les Animaux de ce groupe, qui ont quatre tentacules, dont les deux supérieurs sont oculés au sommet. Tous les genres des auteurs, qui offrent ce caractère, ont dû rentrer dans le genre Hélice de Férussac. C'est ainsi que les Ambrettes, les Acaves, les Anostomes, les Carocolles, les Rubans, les Agathines, les Polyphêmes, les Maillots, les Clausilies, les Bulimes, les Bulimules, les Grenailles, les Capraires, les Cépoles, les Polyodontes, les Tomogères, les Ibères, les Zonites et les Hélicelles en font maintenant partie. Férussac, en réunissant tous ces genres, et ayant eu connaissance par de grandes relations d'un très-grand nombre d'espèces nouvelles, ce qui les porte à cinq cent soixante-deux, a bien pensé qu'il serait impossible d'arriver sûrement et promptement à la détermination des espèces, sans des coupes reposant sur des caractères plus ou moins bien fondés. Il aurait fallu, avant tout, un principe nouveau qui aurait pu servir de point de départ, et en même temps de base fondamentale à tout le système. Détruisant ceux qui avaient servi à ses devanciers, Férussac se trouvait dans l'alternative de les remplacer par de nouveaux caractères déduits de ses observations, ou de les employer en les modifiant et les couvrant du voile de la nouveauté. Les Coquilles seules qui servirent à Montfort pour établir ses genres sont aussi les moyens employés par Férussac pour créer les sous-genres, avec cette différence, il faut le dire, que ce dernier auteur, ayant à sa disposition un nombre d'espèces bien plus considérable, a pu faire des groupes plus naturels, des rapprochemens heureux dans lesquels plusieurs des anciens genres viennent se confondre insensiblement au moyen de formes ou d'autres caractères intermédiaires que l'on ne connaissait pas avant lui. Pour établir les grandes divisions du genre, un caractère naturel s'est offert à Férussac : certaines Hélices ont une coquille trop petite pour contenir l'Animal entièrement; il en a fait une première section, et lui a appliqué l'épithète de *Redundantes*. D'autres Hélices, et c'est le plus grand nombre, peuvent rentrer entièrement dans leur coquille, et même elle est plus grande qu'il ne le faut pour qu'ils la remplissent; ce sont celles-là qui forment la seconde section intitulée *Inclusæ*. Pour établir dans ces deux sections des coupes d'un ordre inférieur, Férussac a employé le mode d'enroulement de la spire; il a nommé *Volutatæ* les Coquilles dont les tours sont enroulés les uns sur les autres dans un plan horizontal, qui ont une forme planorbique ou subdiscoïde; et il a nommé *Evolutatæ* celles qui sont enroulées dans le plan vertical, et qui sont allongées ou turriculées. Chacune de ces sous-divisions est employée, et dans la section des *Redundantes*, et dans celle des *Inclusæ*. Se servant ensuite des deux mots *Helicos* et *Cochlos*, comme d'une racine, il en forme les mots Hélicoïde et Cochloïde qui lui servent à désigner chacune des sous-sections. Il applique la première aux *Volutatæ*, et la seconde aux *Evolutatæ*. Ces deux racines lui servent encore à former, dans chacune de ces quatre sections, tous les sous-genres qui y sont contenus. Pour les uns, c'est la racine *Cochlos* qui les commence, pour les autres c'est *Helicos* avec une terminaison qui leur sert d'épithète caractéristique. Voici de quelle manière ce système est distribué :

I. REDUNDANTES.

† *Volutatæ*. — HÉLICOÏDES, *Helicoides*.

Semi-nudæ, coquille perforée ou ombiliquée.

HÉLICOPHANTE, *Helicophanta*, divisé en Vitrinoïdes et en Vessies.

†† *Evolutatæ*. — COCHLOÏDES, *Cochloides*.

Subnudæ, columelle en filet solide.

COCHLOHYDRE, *Cochlohydra*, contenant les Ambrettes et les Amphibulines dans une seule section.

II. INCLUSÆ.

† *Volutatæ*. — HÉLICOÏDES, *Helicoides*.

Ombilic masqué ou couvert; quelquefois une columelle solide; coquille globuleuse ou surbaissée; péristome non bordé.

HÉLICOGÈNE, *Helicogena*, divisé en quatre groupes : les Columellées, les Perforées, les Acaves, les Surbaissées.

Bouche dentée, ombilic couvert ou visible.

HÉLICODONTE, *Helicodonta*, contenant cinq groupes : les Grimaces, les Lamellées, les Maxillées, les Anostomes, les Impressionnées.

Coquille carenée, quelquefois conique; ombilic couvert ou visible.

HÉLICIGONE, *Helicigona*, divisé en Carocolles et en Tourbillons.

Ombilic découvert; coquille surbaissée ou aplatie; péristome réfléchi, simple ou bordé; ombilic rarement masqué ou couvert, mais alors le péristome étant simple ou bordé.

HÉLICELLE, *Helicella*, contenant quatre groupes : les Lomastomes, les Aplostomes, les Hygromanes et les Héliomanes.

Une columelle solide; coquille surbaissée ou trochiforme, quelquefois des lames ou des dents.

HÉLICOSTYLE, *Helicostyla*, il renferme également quatre sous-divisions : les Aplostomes, les Lamellées, les Canaliculées et les Marginées.

†† *Evolutatæ*. — COCHLOIDES, *Cochloides*.

* Bouche généralement sans dents.

1. Une columelle solide.

α. Un filet non tronqué.

COCHLOSTYLE, *Cochlostyla*, divisé en Lomastomes et en Aplostomes.

β. Plate, tronquée.

Ouverture élargie; coquille conique ou ventrue.

Cochlitome, *Cochlitoma*, il comprend les Rubans et les Agathines.

Ouverture étroite; coquille ovoïde ou turriculée.

Cochlicope, *Cochlicopa*, divisé en deux groupes : les Polyphèmes et les Styloïdes.

2. Coquille perforée ou ombiliquée.

α. Dernier tour de spire moins long que les autres réunis.

Cochlicelle, *Cochlicella*, contenant une seule sous-division : les Tourelles.

β. Dernier tour généralement renflé et plus long que les autres réunis; rarement des dents.

Cochlogène, *Cochlogena*, divisé en six groupes, savoir : les Ombiliquées, les Perforées, les Bulimes, les Hélictères, les Stomotoïdes et les Dontostomes.

** Bouche généralement garnie de lames.

1. Sans gouttières; péristome généralement non continu.

Cochlodonte, *Cochlodonta*, il renferme les Maillots et les Grenailles.

2. Une ou deux gouttières; péristome généralement continu.

Cochlodine, *Cochlodina*, il est divisé en Pupoïdes, en Trachéloïdes, en Anomales et en Clausilies.

Tel est l'ensemble du système de Férussac pour les Hélices; divisées en quatorze sous-genres, elles sont distribuées en quarante-un groupes. On a dû s'apercevoir que dans l'énonciation des caractères des sous-genres, il y avait quelquefois des choses inutiles ou contradictoires, et c'est surtout dans la sous-division des *Inclusæ Volutatæ Helicoides*, car il faut nécessairement ces trois mots pour la désigner, que nous avons remarqué cela plus particulièrement pour le quatrième sous-genre des Hélicodontes; les caractères sont : bouche dentée; ombilic couvert ou visible; toutes les Coquilles en général et les Hélices conséquemment qui ont le même mode d'accroissement, ne peuvent être que dans ces deux circonstances, d'un ombilic ouvert ou d'un ombilic fermé ou non existant; si c'est une règle générale, elle ne peut s'appliquer particulièrement à une sous-division d'une manière aussi vague. Il reste donc pour véritable caractère à ce sous-genre d'avoir la bouche dentée. Montfort a établi aussi plusieurs genres d'après ce seul caractère essentiel; tels sont les Capraires, les Polyodontes, les Cépoles. Nous avons donc quelque raison de dire que Férussac a employé les mêmes moyens de division que ses prédécesseurs. En voilà déjà un exemple. Dans le sous-genre suivant, nous trouvons pour caractères : coquille carenée, quelquefois conique; ombilic couvert et visible. Ce dernier caractère est aussi peu essentiel pour ce sous-genre que pour le précédent, et d'après les mêmes motifs, la véritable distinction du groupe est donc dans ceci : coquille carenée, quelquefois conique. Ces caractères ont été également employés par Montfort pour son genre Carocolle. Voilà un second exemple de ce que nous avons dit précédemment. Passons au sous-genre suivant qui est le sixième, et pour en examiner la phrase caractéristique, nous la rappellerons dans son entier : ombilic découvert; coquille surbaissée ou aplatie; péristome réfléchi, simple ou bordé; ombilic rarement masqué ou couvert, mais alors le péristome étant simple ou bordé. Nous trouvons en tête de la phrase : ombilic découvert, et dans le milieu, ombilic rarement masqué ou couvert, ce qui fait deux membres de phrases en contradiction, car s'il est essentiel au sous-genre de renfermer des Coquilles ombiliquées, il lui est donc essentiel aussi d'en contenir qui ne le sont pas; il aurait été plus simple de dire, ombilic découvert ou rarement couvert; mais on aurait senti plus facilement le vague et l'insuffisance de ce caractère, qui déjà se trouve aux deux sous-genres précédens; cette même phrase montre encore une partie entièrement inutile. Nous trouvons : péristome réfléchi, simple ou bordé ; et plus bas : le péristome étant simple ou bordé ; il nous semble que la première partie de la phrase contenant la seconde tout entière, celle-ci devenait inutile ; en ôtant tout ce qui n'est pas nécessaire à cette phrase, on réduit les caractères à une plus simple expression que voici : ombilic couvert ou découvert ; coquille surbaissée ou aplatie : péristome réfléchi, simple ou bordé. Nous retrouvons à peu près les mêmes caractères pour le genre Zonite de Montfort, ou Hélicelle de Lamarck. Nous ne voulons pas pousser plus loin l'examen de ce système, ce que nous venons de dire devant suffire, à ce qu'il nous semble, pour le faire apprécier à sa juste valeur, et surtout pour prouver ce que nous avons avancé précédemment, que Férussac avait employé les mêmes moyens que ses prédécesseurs pour arriver à des coupes, si ce n'est entièrement semblables, tout au moins fort analogues. Aussi nous croyons qu'il y aura fort peu de savans, s'occupant de la science pour son avancement, qui adoptent entièrement et de bonne foi cette méthode, après l'avoir soumise à un examen rigoureux et impartial ; il n'en restera pas moins à l'auteur le mérite d'avoir donné, dans son ouvrage, un grand nombre d'espèces nouvelles ; d'avoir montré des rapports jusque-là inconnus, et surtout d'avoir confié à des artistes très-habiles, la confection des planches qui seront toujours citées comme les plus belles qui aient encore été publiées dans ce genre.

Les Hélices, que nous trouvons partout autour de nous, ont été, avec quelques autres Mollusques non moins faciles à observer, les premiers à être soumis aux recherches des anatomistes. Sévérinus, Muralt et Harderus les premiers ont cherché à donner quelques notions sur l'organisation intérieure de ces Animaux, mais leurs travaux se ressentent, et de l'imperfection des moyens qu'ils purent mettre en usage, et du peu de connaissances que l'on avait alors en anatomie comparée.

Rai ajouta quelques notions aux connaissances acquises sur ces Mollusques ; il remarqua surtout le mode de régénération de ces Animaux, leur accouplement réciproque, en un mot, leur hermaphroditisme complet ; ce mode extraordinaire d'accouplement avait été, à ce qu'il paraît, observé depuis long-temps par les Persans, car le mot *Nermadech*, employé pour les Hélices, veut dire Homme et Femme, ou, pour mieux dire, exprime que chaque individu porte les deux sexes (*V.* la 7e livraison des Mollusques terrestres et fluviatiles, par Férussac). Redi mit ce fait hors de doute par les figures qu'il donna des organes de la génération auxquels il en ajouta quelques autres ; mais ces figures incomplètes, et d'ailleurs trop grossières pour donner une idée satisfaisante des parties, ne méritent pas de nous arrêter pour discuter ce qu'elles renferment. Swammerdam, dans son *Biblia naturæ*, publia aussi une anatomie des Hélices ; il y commit quelques erreurs, mais son travail est bien plus complet que ceux qui l'avaient précédé, et même que celui de Lister qui le suivit. On peut dire qu'avant les travaux de Cuvier et des anatomistes modernes, le travail de Swammerdam était le seul que l'on pût étudier avec fruit. Lister donna, dans son *Synopsis conchyliorum*, deux planches avec leur explication sur l'anatomie des Hélices ; on voit, comme l'observe Cuvier, qu'il prit les glandes salivaires pour un épiploon, la vessie pour un testicule, et la langue pour une trachée artère.

Cuvier, auquel presque toutes les parties de la zoologie sont redevables d'excellens travaux, donna aussi sur les Mollusques une suite de précieux Mémoires, parmi lesquels il s'en trouve un consacré à l'anatomie de la Limace et du Limaçon. Des procédés anatomiques plus parfaits que ceux employés par les anciens, de vastes connaissances en anatomie comparée, mettaient Cuvier à même de faire un travail fondamental; on peut dire qu'il est aussi parfait qu'on peut le désirer, puisqu'il a fait connaître l'organisation des Hélices dans les plus petits détails; aussi ce sera d'après lui et d'après les travaux de Blainville que nous décrirons les parties principales de l'organisation de ces Animaux.

Des expériences nombreuses ont été faites sur les Hélices. Les plus curieuses, et qui ont eu les résultats les plus extraordinaires, sont celles des sections totales de plusieurs parties qui se sont reproduites ou régénérées après un certain espace de temps. C'est Spallanzani le premier qui a avancé qu'on pouvait couper la tête aux Hélices et qu'elles en reproduisaient une nouvelle; ce fait annoncé d'une manière positive par un expérimentateur aussi habile, a été contredit par Adanson qui répéta ces expériences sur plus de quinze cents individus; il prétendit que cela ne réussissait qu'autant qu'on n'enlevait que les lèvres ou la partie supérieure de la tête. L'opinion d'Adanson fut confirmée par Cotte, dans un article inséré dans le Journal de Physique, 1774, T. III. Ses expériences eurent pour résultat que les Hélices ne reproduisaient pas leur tête tranchée tout entière, et elles servirent à démontrer que ces Animaux peuvent rester très-long-temps sans manger. Valmont de Bomare, après plus de cinquante expériences infructueuses, prétendit, comme Adanson, que la reproduction de la tête ne se faisait pas. Cependant Bonnet, un peu plus tard, publia aussi le résultat de ses expériences qui furent plus heureuses et qui ne laissèrent plus le moindre doute sur la véracité de celles de Spallanzani. Ce Mémoire de Bonnet fut publié dans le Journal de Physique, T. X; il l'accompagna de figures qui représentent et les parties amputées, et les parties reproduites. On voit par cela seul que, dirigeant son incision d'arrière en avant, il détachait les tentacules, la masse buccale et une petite portion du pied; il est fort curieux de suivre les progrès de cette reproduction qui se fait par une sorte de végétation, laquelle n'arrive à son terme qu'après un temps plus ou moins long, et surtout lorsque l'Animal a été placé dans des circonstances favorables, conditions sur lesquelles Bonnet insiste beaucoup avec raison, car d'elles seules dépend la réussite des expériences.

Un petit traité de Cochliopérie, par George Tarenne, a été publié en 1808. On trouve, dans ce petit ouvrage, des expériences qui confirment complétement celles de Spallanzani et de Bonnet, et qui sont même plus concluantes, en ce que la partie retranchée est plus considérable et mieux connue dans son anatomie. Nous allons les examiner un peu plus en détail. Tarenne, après avoir insisté d'une manière particulière sur l'indication des circonstances favorables où il fallait placer les Hélices mutilées, circonstances qui doivent faciliter la nutrition de l'Animal, ce que Spallanzani et Bonnet ne disent pas quoiqu'ils aient obtenu des résultats analogues, indique de quelle manière il pratiquait l'excision de la tête; armé de ciseaux bien tranchans, il les plaçait perpendiculairement derrière les grands tentacules et sous le pied, et les fermant subitement, il enlevait d'un même coup les quatre tentacules, la masse buccale tout entière, et ce qui est plus étonnant, le ganglion cérébral. Cette opération faite sur deux cents individus, il les plaça dans un lieu ombragé et humide au fond d'un jardin; toutes celles qu'il retrouva à la fin de la saison avaient reproduit une petite tête, assez semblable, dit-il, à un grain de Café; cette tête avait quatre tentacules fort petits, des lèvres et la mâchoire; l'année suivante il les vit avec la tête entièrement reproduite, aussi grosse qu'elle l'était avant l'amputation, revêtu cependant d'une peau lisse, évidemment cicatrisée; dans quelques individus, on pouvait facilement voir le lieu de l'excision qui se trouvait marqué par une ligne enfoncée. Ces expériences, qui confirment celles de Bonnet, et qui sont plus étonnantes encore par la masse considérable de parties enlevées, manquent d'une dernière preuve, l'anatomie des parties reproduites qu'il faudrait faire comparativement avec celle de la tête amputée. On doit néanmoins être convaincu que la tête des Hélices a l'étonnante propriété de se régénérer tout entière et dans toutes ses parties. Cependant Blainville conserve quelques doutes qu'il expose de la manière suivante : « Nous concevons difficilement comment il se peut que les filets nerveux, les muscles, les vaisseaux qui ont été coupés dans le milieu de leur longueur, se raccordent avec les portions qui poussent de la tête, devenue une sorte de bourgeon, ou bien, en admettant que la régénération partirait des filets nerveux et musculaires eux-mêmes, comment les filets nerveux, par exemple, pousseraient et donneraient naissance au cerveau? » Il est bien certain qu'on ne peut répondre à ces questions d'une manière satisfaisante; on ne le fera, comme nous le disions précédemment, qu'en montrant des anatomies bien faites et comparatives des parties.

Nous allons maintenant examiner l'organisation des Hélices et d'abord en décrire les formes extérieures : pour s'en faire une idée juste, dit Cuvier dans le Mémoire que nous avons cité, il faut se figurer une Limace dont le manteau a été fortement distendu et aminci, dont les viscères ont été chassés en partie hors du corps dans cette espèce de sac, et que ce sac est revêtu d'une coquille turbinée : on aura presque changé la Limace en Hélice.

Dans les Hélices, nous avons trois choses à considérer, la tête et le pied ou ce que l'on nomme le corps, le collier et la masse viscérale; le corps est demi-cylindrique en dessus, plus épais dans son milieu et antérieurement, plus large et plus aminci postérieurement, où il se termine par un prolongement charnu en forme de langue; c'est la partie postérieure du pied; en dessous, il est plat partout, essentiellement musculeux, et surtout à sa face inférieure où les fibres confondues avec la peau sont destinées à opérer la progression. Le plan musculeux a reçu le nom de pied; il s'étend depuis l'extrémité postérieure jusque sous la tête, dont il est séparé cependant par un sillon profond; il est lisse en dessous, rugueux en dessus, et surtout à la partie antérieure où on voit un grand nombre de tubercules saillans dont on remarque sur le dos une rangée moyenne; sur les parties latérales du pied, ainsi qu'à sa portion postérieure, ils sont moins saillans; la partie antérieure ou la tête est arrondie, séparée du pied par un sillon, mais confondue avec le col; elle porte quatre tentacules dont les deux supérieurs sont les plus grands; ils ont la propriété d'être complétement rétractiles, en quoi ils diffèrent de ceux de beaucoup de Mollusques; ces tentacules sont terminés par un léger renflement arrondi, lequel offre dans son milieu un point noir qui est l'œil; les tentacules inférieurs plus courts et plus grêles ont la même forme, sans avoir le point oculaire. Quelques personnes pensent qu'ils sont destinés à l'organe de l'olfaction. Entre les deux tentacules inférieurs, on voit un enfoncement un peu froncé, sub-triangulaire; il indique l'orifice de la bouche; en dessous et de chaque côté, il y a un appendice aplati, ce sont les appendices buccaux. Quelquefois, à la partie externe de la base du tentacule droit, on voit, avec assez de facilité, une petite fente indiquée par un léger renflement; c'est là que se terminent les appareils de la génération.

La masse des viscères contenus dans une coquille spirale est spirale elle-meme ; cette coquille la couvre et la protège, car la peau extrêmement mince qui la recouvre aurait été insuffisante pour la garantir des chocs extérieurs; un pédicule plus ou moins long, selon les espèces, mais ordinairement assez court, lui sert de support et de lien avec le corps proprement dit; ce pédicule naît vers la partie moyenne et antérieure du dos. Ce pédicule est de toute part entouré d'un anneau charnu dont une partie est intérieure ; c'est au milieu de cet anneau qui porte, dans les Hélices, le nom de collier et celui de manteau dans tous les autres Mollusques, que passe le corps, lorsque l'Animal veut rentrer dans sa coquille. C'est aussi ce collier qui borde l'ouverture de la coquille et même qui en fait la sécrétion. C'est dans le collier latéralement et à droite que se trouve l'ouverture pulmonaire, et un peu en arrière de celle-ci, l'orifice extérieur de l'anus qui a la forme d'une fente verticale.

Si, comme Férussac le propose, on réunit dans un seul et même genre, toutes les Coquilles terrestres dont les Animaux sont, du moins à ce que l'on pense, absolument semblables ou peu dissemblables, on trouvera dans les coquilles presque toutes les formes des autres Mollusques, depuis la plus surbaissée ou planorbique jusqu'à la plus élancée ou turriculée; mais débarrassées des genres qu'on veut y joindre et telles que nous les considérons, les Hélices présentent des coquilles planorbiques, plus généralement globuleuses et quelquefois trochiformes, ayant l'ombilic ouvert ou fermé, des dents à la columelle ou sans dents; un péristome bordé ou simple, armé de dents ou de lames, ou lisse dans son contour. L'accroissement des coquilles des Hélices se fait de la même manière que dans tous les Mollusques ; c'est au moyen du manteau que les lames s'ajoutent de dedans en dehors, les unes aux autres, jusqu'à ce que la coquille soit arrivée à son état complet; alors l'Animal ne fait plus que l'épaissir. Lorsque l'on a discuté la question du mode d'accroissement des coquilles, il y a eu deux opinions : la plus généralement admise fut celle de Réaumur, qui démontra, par une suite d'expériences faites sur les Hélices, que la coquille se formait par superposition de couches; l'autre, qui était celle de Klein, mais qui avait peu de sectateurs, était fondée sur des hypothèses ou sur des rapports fort éloignés entre la coquille et les os des Vertébrés. Dans cette opinion, on croyait que la coquille prenait ses accroissemens comme un os, par des vaisseaux qui s'y distribuaient; mais cette opinion est évidemment fausse, tandis que la première, celle de Réaumur, est restée la seule conforme aux faits et conséquemment à la vérité. Cette opinion de Réaumur est aujourd'hui hors de discussion, et nous ne l'aurions même pas mentionnée, si les Hélices n'avaient servi dans ce temps à argumenter pour et contre. Nous aurons occasion, à l'article MOLLUSQUES, de revenir sur cette question.

La peau des Hélices est rugueuse ; les tubercules qui la couvrent sont séparés entre eux par des sillons plus ou moins profonds, qui probablement sont destinés à répandre à la surface le mucus qui doit la lubréfier. Cette peau, constamment humide, est molle, extrêmement sensible dans toutes les parties qui peuvent sortir de la coquille, et essentiellement musculeuse comme celle de tous les Mollusques. La peau des tentacules paraît plus sensible encore que celle du reste du corps; elle est plus fine et reçoit des filets nerveux assez considérables. La paire supérieure, comme nous l'avons dit, porte le point oculaire à leur extrémité. Swammerdam, qui a fait l'anatomie de ces yeux, prétend y avoir trouvé toutes les parties nécessaires à la vision; cependant on sait que l'Animal ne se gare des corps environnans, que quand il les a touchés avec ses tentacules. La démarche des Hélices, la manière dont elles portent leurs tentacules en avant pour explorer les corps environnans, fait penser que si elles ne sont point aveugles, elles ne reçoivent que faiblement les impressions de la lumière. Les tentacules inférieurs paraissent plus particulièrement destinés au tact. Blainville pense que ce sont des organes olfactifs; et il s'appuie, pour rendre cette opinion probable, de ce que les Hélices, aussi bien que les Limaces, sont attirées par l'odeur de certaines Plantes qui leur plaisent. On n'a pas la preuve directe que ces parties servent à cette fonction. D'autres personnes ont pensé qu'une peau muqueuse et molle comme celle de ces Mollusques pouvait tout entière servir d'organe de l'odorat, ce qui n'est encore qu'une conjecture. Les Hélices sont insensibles au bruit, ce qui prouve qu'elles n'ont aucun organe destiné à l'audition.

Le système musculaire peut être divisé en général et en spécial; le général est distribué à la peau et est si intimement confondu avec elle qu'on ne le reconnaît guère qu'à la faculté contractive de cette enveloppe; les fibres du plan locomoteur sont plus nombreuses et plus distinctes; aussi cette partie de la peau est-elle plus épaisse. Les fibres sont distribuées en faisceaux courts et longitudinaux. Les autres muscles, destinés à des mouvemens spéciaux, ont pris leur point principal d'attache sur l'endroit le plus solide de la coquille, la columelle. Un muscle principal qui retient fortement l'Animal à la coquille est le muscle columellaire; il suit la columelle pendant plusieurs de ses circonvolutions. Il est composé de plusieurs faisceaux charnus; le plus considérable se dirige vers la partie médiane du pied, où il se confond par son extrémité antérieure avec les fibres du plan locomoteur. Il est destiné, dans sa contraction, à reployer le pied et à le faire rentrer dans la coquille à travers le manteau. Ce muscle n'agit que quand les tentacules et la tête sont déjà reployés en dedans; une paire de muscles qui part du columellaire se dirige le long du col pour s'insérer de chaque côté de la masse buccale; une autre paire de muscles qui ont encore leur origine au columellaire se dirige vers les tentacules qu'ils tapissent à l'intérieur. Quand l'Animal veut rentrer dans sa coquille, ces muscles n'agissent les uns qu'après les autres; ceux des tentacules commencent et font rentrer ces parties en les retournant sur elles-mêmes; ceux de la masse buccale se contractent ensuite et produisent sur la tête le même effet que ceux des tentacules, et c'est lorsque la tête est contractée que le muscle du pied achève d'entraîner toute la masse du corps dans la coquille. Cependant ces mouvemens peuvent être, jusqu'à un certain point, indépendans les uns des autres. Ce sont surtout ceux des tentacules qui le sont davantage, car la masse buccale ne se contracte pas complétement sans que les tentacules ne le soient eux-mêmes entièrement, et ceci suit une règle inverse lorsque ces parties se déploient; elles ne peuvent le faire qu'au moyen des fibres circulaires des tentacules ou des autres parties cutanées. Un dernier muscle distinct est celui qui du collier se dirige vers la verge.

Les organes de la digestion commencent à la bouche; celle-ci, placée comme nous l'avons indiqué précédemment, est ovale et un peu transversale; son bord supérieur est assez régulièrement plissé; il est armé en dedans d'un petit appareil dentaire nommé aussi peigne dentaire, parce qu'il en a assez la forme; il est corné et noirâtre, composé d'un nombre variable de dents, suivant les espèces; dans la cavité buccale et au fond, se trouve un petit bourrelet auquel on a donné le nom de langue, quoiqu'elle ne soit point armée de pièces cornées, comme dans un très-grand nombre de Mollusques. Elle reçoit l'action de la mâchoire qui est entraînée en arrière par un muscle particulier dans l'action de la mastication. L'œsophage est petit, très-mince, commence à la partie supérieure de la bouche, reçoit un peu après sa sortie de cette partie les vaisseaux salivaires qui sont fournis par deux glandes granuleuses qui s'appliquent le long de l'estomac; l'œsophage s'élargit bientôt et insensiblement en une capacité longitudinale assez grande, terminée postérieurement par un cul-de-sac bien prononcé. Cette cavité est considérée comme l'estomac; ce viscère, qui se prolonge jusque vers l'extrémité de la spire, donne naissance latéralement à l'intestin; à l'endroit de la jonction, on voit des fibres circulaires plus abondantes qui pourraient être considérées comme un pylore. Cet intestin revient en avant, après une circonvolution dans laquelle il est embrassé par le foie, gagne le plancher supérieur de la cavité de la respiration, et se termine dans le collier en arrière de l'orifice aérien. Le foie, divisé en trois ou quatre lobes dont un remplit avec l'ovaire l'extrémité de la spire, est un organe brun dont les produits de la sécrétion sont versés directement dans l'estomac par les vaisseaux biliaires qu'il fournit et qui s'y terminent entre le pylore et le cardia par un canal unique. — L'organe de la respiration se compose d'une grande cavité qui à elle seule occupe presqu'entièrement le dernier tour de la coquille; elle est destinée à recevoir l'air directement, d'où la dénomination de cavité pulmonaire qu'on lui a donnée à tort, car elle ne renferme pas de véritables poumons, d'où encore la dénomination de Mollusques pulmonés pour tous ceux qui, comme les Hélices, respirent l'air en nature. Vers cette cavité, se dirigent toutes les veines qui naissent des différentes parties des viscères et du corps. Elles remplissent les fonctions de vaisseaux absorbans, comme cela a lieu dans tous les Mollusques. Ces veines, réunies en quatre troncs principaux, se voient le premier et le plus considérable à côté du rectum dont elle suit la direction; elle reçoit deux autres veines qui viennent des parties latérales du corps, et enfin une troisième qui passe au-dessous du cœur. Toutes ces veines se subdivisent de nouveau sur la paroi de la cavité de la respiration et remplissent conséquemment les fonctions d'artères pulmonaires. De l'extrémité capillaire de ces veines, naissent d'autres vaisseaux qui se réunissent en troncs assez gros et qui forment avec les premiers un réseau vasculaire fort considérable; ce sont les veines pulmonaires qui, réunies en un gros tronc, se dirigent vers l'oreillette qui transmet immédiatement le fluide élaboré au cœur. Le cœur est placé un peu obliquement à gauche de la cavité respiratrice, et contenu dans une enveloppe particulière qui est son péricarde. Il est composé de deux parties : une oreillette et un ventricule, qui sont placés bout à bout séparés par un étranglement qui marque la place de deux petites valvules. L'oreillette est sensiblement moins épaisse que le cœur; celui-ci est épais, charnu, subtriangulaire; de son sommet naît un gros vaisseau aortique qui se renfle un peu et se divise presque aussitôt en deux branches principales : la première, et la supérieure, est destinée à la masse des viscères, au foie, à l'ovaire, aux intestins, etc.; l'autre se dirige en avant; elle est destinée au corps proprement dit et aux parties qu'il renferme. Il est bien facile, d'après ce que nous avons exposé, de concevoir de quelle manière se fait la circulation qui, en général dans les Mollusques, est réduite à une grande simplicité. Les veines servent de vaisseaux absorbans; elles trouvent, dans les produits de l'assimilation, les matériaux nécessaires pour réparer les pertes des sécrétions et des excrétions. Le fluide absorbé n'a probablement d'autre sanguification que celle qui résulte de son passage dans l'organe de la respiration; il y arrive directement, et ce système veineux général se change, sans aucun intermédiaire, en système artériel pulmonaire qui se ramifie beaucoup, et donne origine aux veines pulmonaires qui se rendent à l'oreillette qui fournit au cœur le sang vivifié pour repasser dans le système général.

Le système nerveux, fort développé dans les Hélices, se compose d'un ganglion cérébral ou cerveau, qui donne une assez grande quantité de filets ou de paires nerveuses ; ce cerveau est placé sur l'œsophage un peu en arrière de la masse buccale; il paraît divisé, dans la ligne médiane, par une léger sillon : c'est sans doute cette apparence de division qui a fait considérer ce ganglion comme composé de deux parties réunies. Des parties latérales naissent un grand nombre de filets nerveux, d'abord une fort petite paire est celle qui se rend aux tentacules inférieurs; la seconde se dirige vers la masse buccale, une autre plus grosse va aux muscles propres de la masse buccale; le plus gros filet, parmi ceux qui ont leur origine à ce ganglion, est celui qui est destiné aux tentacules supérieurs; après être entré dans l'étui ou sorte de gaîne, que forme le tentacule, il se tourne en spirale et se termine au point oculaire; après cette paire un nerf unique croît à droite, il est fort gros et destiné à l'appareil de la génération, auquel il donne un ganglion. Au-dessous de ce filet, et de chaque côté, vers l'angle inférieur du ganglion, on remarque trois petits filets : le premier se reploie sous l'œsophage, et forme avec son congénère un petit ganglion dont les filets suivent l'œsophage et l'estomac; les deux autres, extrêmement grêles, se rendent aux parties de la peau qui avoisine la bouche; enfin, l'angle postérieur et inférieur se termine par deux gros cordons, qui se dirigent en demi-cercle, au-dessous de l'œsophage, pour rejoindre un gros ganglion qui complète l'anneau nerveux qui se rencontre dans tous les Mollusques. Ce ganglion inférieur est spécialement destiné à fournir aux muscles, les nerfs nécessaires; c'est ainsi que de sa face inférieure, il donne trois gros filets qui se perdent immédiatement dans le pied; d'autres se rendent aux muscles rétracteurs des tentacules et de la bouche; mais un filet impaire qui gagne l'artère du pied, remonte en la suivant jusque vers le cœur, et de-là les gros vaisseaux avec lesquels il se distribue surtout à l'estomac et au testicule; plusieurs autres nerfs sont destinés au collier et à la cavité de la respiration.

Nous terminerons cet extrait très-abrégé de l'anatomie des Hélices, par un examen des organes de la génération. Ils se composent très-distinctement de deux sortes d'organes, ceux du sexe mâle et ceux du sexe femelle. Le sexe femelle est composé d'un ovaire, d'un premier oviducte, d'une deuxième sorte d'oviducte nommé matrice par les auteurs, et d'une vessie. L'ovaire n'est pas fort grand; composé d'un grand nombre de granulations, il est engagé dans le dernier lobe du foie, et remplit avec lui l'extrémité de la spire; il est pourvu d'un oviducte qui est blanc, mince, replié sur lui-même en zig-zag et en différens sens dans toute sa longueur; il rencontre le testicule, il s'y attache et devient si mince qu'on a peine à le distinguer et à le suivre jusqu'à son entrée dans la matrice : on peut même dire qu'on n'a pas encore bien vu son orifice; la matrice ou la seconde partie de l'oviducte est beaucoup plus dilatée, elle forme des boursouflures assez nombreuses, dépendant, à ce qu'il paraît, de la manière dont la canal déférent y adhère. Cette partie de l'oviducte est destinée à recevoir et à garder les œufs, le temps nécessaire pour les envelopper de la matière gélatineuse, ce qui a fait donner à cette partie le nom de matrice, quoique ce n'en soit véritablement pas une; l'orifice de cette poche se voit dans ce que Blainville nomme le cloaque des organes de la génération; à côté de l'ouverture de l'oviducte, on trouve aussi celle d'une sorte de vessie, que l'on présume être destinée à recevoir la verge dans l'accouplement, mais sur laquelle on n'a pas les données nécessaires pour en connaître les fonctions. Un organe pair, qui s'ouvre également dans le cloaque, est celui que Cuvier a désigné sous le nom de vésicules multifides. Ces vésicules formées d'un grand nombre de canaux courts, cylindriques, fermés à l'extrémité libre, et aboutissant tous à un canal commun, ne sont point encore bien connues dans leurs usages. Cuvier pense, d'après la dénomination qu'il leur a donnée, que ce sont des vésicules séminales; Blainville croit, au contraire, que ce sont des prostates, parce qu'elles contiennent un liquide très-blanc.

Un testicule, un épidydyme, un canal déférent, et une verge ou organe excitateur, sont les organes qui constituent l'appareil générateur mâle. Le testicule est fort grand, plus grand que l'ovaire; il est formé en arrière d'une masse ovale, homogène, blanchâtre et assez molle, que l'on trouve collée à l'oviducte, surtout à commencer dans l'endroit de la jonction des deux parties de l'oviducte. De ce testicule naît un organe variable pour le volume, suivant les époques où on l'examine; il est rugueux ou plissé; Cuvier le considère comme une continuation du testicule; Blainville pense que ce peut être un épidydyme, et ce savant paraît avoir raison, puisque c'est là que nos collaborateurs Dumas et Bory de Saint-Vincent, qui se sont occupés de recherches microscopiques sur les Animaux, ont trouvé ces zoospermes animalcules spermatiques si grands dans les Limaçons, qu'on les pouvait presque distinguer avec une loupe de foyer médiocre. *V.* Génération. Cette partie dans tous les cas se continue et se termine par un canal unique et lisse, sans pli, qui aboutit dans l'endroit où les deux parties de la verge se rejoignent : c'est le canal déférent. La verge est fort grande, elle ressemble, dit Cuvier, à un long fouet; quoique non percée à son extrémité, elle est creuse dans presque toute son étendue; dans l'état de repos elle est flottante dans la cavité viscérale; elle se compose de deux parties, l'une filiforme que nous venons de mentionner et qui se termine par un très-petit gonflement, l'autre plus considérable dans son diamètre et beaucoup plus courte que l'autre. La verge reçoit dans son intérieur et à la jonction de ses deux parties, l'orifice du canal déférent, qui y forme un petit mamelon percé d'un trou. Entre ce mamelon et l'entrée de la verge, dans la bourse commune, on voit, d'après Cuvier, deux sortes de valvules ou prépuces dirigés vers l'entrée du réceptacle commun. Pour que la verge puisse remplir ses fonctions, elle est obligée de se retourner de dedans en dehors comme le font les tentacules; elle est munie d'un muscle rétracteur propre, qui est destiné à la replacer dans la cavité viscérale pendant son état de repos. Un dernier organe dépendant de ceux de la génération, et que les Hélices possèdent seules, c'est le dard et la bourse qui le contient. La bourse est une poche musculeuse, arrondie, placée au-dessus des vésicules multifides; dans son fond, il y a un petit mamelon charnu; sa cavité est fort étroite, partagée en quatre angles; ce mamelon et peut-être toutes les parois de cette cavité sécrètent une matière calcaire qui forme une pointe fort aiguë et quadrangulaire; l'orifice de cette poche est placé au-dessus de celui de l'organe femelle, elle aboutit dans le cloaque. Le dard qu'elle contient peut se remplacer, lorsque celui qui y est vient à tomber ou à être cassé; lorsque l'instant de la copulation approche, ces Animaux s'excitent mutuellement, en se lançant ce dard sur le col où il reste quelquefois enfoncé; cette tige calcaire ne se trouve dans les Hélices, que vers la fin du printemps, lorsque le temps de l'accouplement est arrivé; il disparaît au commencement de la ponte.

Les Hélices se trouvent répandues sur toute la surface de la terre, depuis les zônes glacées des pôles, jusqu'à l'équateur. Le plus grand nombre des espèces recherchent les lieux bas et humides, les autres s'exposent aux plus grandes ardeurs du soleil, sans paraître en souffrir; dans les climats tempérés, les Hélices en automne cherchent à s'abriter pour le temps de l'hiver, elles s'enfoncent en terre; quelques espèces ferment leur coquille, après y être rentrées, avec un opercule caduque, que l'on nomme épiphragme et qui est sécrété par couches par le collier; il est formé de molécules calcaires réunies par une grande quantité de matière muqueuse.

Tel que nous voulons le considérer ici, le genre Hélice restera comme l'a fait Lamarck dans son dernier ouvrage, en y ajoutant son genre Carocolle qui n'est point assez distinct. Il comprendra donc la plupart des genres que Montfort en avait fait sortir à tort, tels que les Lanistes, les Caprinus, les Ibères, les Cépoles, les Polyodontes, les Acaves et les Zonites. A l'exemple de Draparnaud et de Blainville, nous les grouperons d'après les formes, et dabord nous pourrons les diviser en deux coupes faciles à reconnaître: celles qui sont carenées et celles qui ne le sont pas. Ces deux groupes se sous-divisent en plusieurs autres, comme nous allons le voir. Nous donnerons pour chacun d'eux des exemples pris parmi les espèces les plus répandues et notamment celles d'Europe.

§ I. Coquille dont la circonférence est constamment carenée ou subcarenée à tout âge.

† Espèces déprimées; carène dans le milieu des tours; ouverture dentée; un ombilic.

Hélice Labyrinthe, *Helix Labyrinthus*, Chemnitz, Conchil., tab. 208, fig. 1048; Lamk., Journ. d'Hist. nat., pl. 42, fig. 4; *Carocolla Labyrinthus*, Lamk., Anim. sans vert. T. vi, p. 96, n. 4. Coquille discoïde, orbiculaire, largement ombiliquée, lisse, de couleur brunâtre; son ouverture subquadrilatère est fort singulière par les sinus profonds que forme le péristome. Ces sinus, au nombre de trois, bouchent presque entièrement l'ouverture, ou du moins la cachent en grande partie; les bords sont blancs, marginés et réfléchis. Cette Coquille très rare vient des Grandes-Indes. Elle a un pouce et demi de diamètre.

†† Espèces déprimées, carenées dans le milieu; bouche dentée; point d'ombilic.

Hélice aigue, *Helix acutissima*; *Carocolla acutissima*, Lamk., Anim. sans vert. T. vi, p. 95, n. 1; *Helix acuta*, Encycl., pl. 462, fig. 1, a, b; *Helix Lamarckii*, Férussac, Hist des Moll., pl. 57, fig. 5. Coquille non moins rare que la précédente, discoïde, convexe des deux côtés, mais amincie vers le bord qui se termine par une carène extrêmement aiguë; elle est fauve et n'a point d'ombilic; elle est couverte de stries très-fines, obliques, très-finement granuleuses; le péristome est réfléchi et inférieurement armé de deux dents. Cette Coquille habite la Jamaïque; d'après Férussac, elle a plus de deux pouces de diamètre.

††† Espèces à carène médiane, sans dents à l'ouverture; un ombilic.

Hélice Lampe, *Helix lapicida*, L., Gmel., p. 3613, n. 2; Lister, Conch., tab. 69, fig. 68; Draparnaud, Moll. terrestr. de France, pl. 7, fig. 35, 36, 37; *Carocolla lapicida*, Lamk., Anim. sans vert. T. vi, p. 99, n. 16. Petite Coquille assez communément répandue en France; elle est large de sept lignes environ, aussi convexe d'un côté que de l'autre; à ombilic largement ouvert; la carène est assez aiguë; en dessus elle est tachetée de flammules rougeâtres sur un fond corné cendré; en dessous elle n'a qu'une ligne assez étroite de cette couleur sur le même fond; cette ligne est placée près du bord; l'ouverture est blanche, ses bords sont continus; la partie de la lèvre gauche, qui est ordinairement appliquée contre la Coquille, se relevant et se détachant comme dans les Cyclostomes.

†††† Espèces à carène médiane, sans ombilic et sans dents à l'ouverture.

HÉLICE CAROCOLLE, *Helix Carocolla*, L., Gmel., p. 3619, n. 26; Lister, Conch., tab. 64, fig. 61; Chemnitz, Conch. T. IX, tab. 123, fig. 1090, 1091. Coquille fort commune ayant six tours de spire assez écartés, discoïde; la spire est un peu plus convexe en dessus qu'en dessous; elle est d'un brun foncé, légèrement et irrégulièrement striée par des accroissemens; l'ouverture est subtrigone, simple, blanche, à bords réfléchis. Férussac la dit des Antilles.

††††† Espèces à carène supérieure, c'est-à dire plates au-dessus, convexes au-dessous.

HÉLICE SCABRE, *Helix Gualteriana*, Linn., Gualtieri, Test., tab., 68, fig. E. Férussac, Moll., pl. 62. L'Animal et la coquille. *Carocolla Gualteriana*, Lamk., Anim. sans vert. T. VI, pag. 97, n° 7; *Iberus Gualterianus*, Montf. Cette espèce qui se trouve en Espagne, est très-remarquable par les stries transverses et longitudinales qui se croisent sur toute sa surface, et qui la rendent toute raboteuse; sa spire est tout-à-fait aplatie en dessus, en dessous elle est convexe, non ombiliquée; sa carène est supérieure et saillante; la lèvre est mince et renversée; en dedans elle est blanc de lait, en dehors d'un roux cendré; son diamètre est de vingt lignes.

Dans ce groupe doit se ranger l'*Helix albella* de Draparnaud.

†††††† Espèces trochiformes, à carène inférieure, c'est-à-dire plates en dessous, convexes en dessus; ouverture carrée; bords tranchans.

HÉLICE ÉLÉGANTE, *Helix elegans*, Lin., Gmel., pag. 3642, n° 229; Chemnitz, Conch. T. IX, tab. 122, fig. 1045, a, b, c; Draparnaud, Hist. des Mollusques terr. de France, pl. 5, fig. 1, 2. Petite Coquille conique fort semblable à un Trochus ombiliqué; ombilic petit; ouverture quadrangulaire, à bords tranchans; carène aiguë, finement striée; stries obliques et serrées; elle est blanche, avec une large bande brune sur la partie inférieure de chaque tour immédiatement au-dessus de la carène.

§ II. Coquilles dont la circonférence n'est point carenée, si ce n'est quelquefois dans le jeune âge.

† Espèces planorbiques, ombiliquées; péristome simple et sans dents.

HÉLICE PESON, *Helix Algyra*, Lin., Gmel., pag. 3615, n° 11; Lister, Conchyl., tab. 79, fig. 80; Draparnaud, Hist. des Mollusq. terr. de France, pl. 7, fig. 38, 39; Férussac, Hist. des Moll. terr. et fluv., pl. 81, fig. 1; Lamarck, Anim. sans vert. T. VI, pag. 76, n° 45. Coquille discoïde, fort communément répandue dans le midi de la France, convexe, déprimée, largement ombiliquée, chargée de stries fines et rugueuses supérieurement, lisses inférieurement; son épiderme est verdâtre, avec des nuances de jaunâtre; dépouillée de cette enveloppe, elle est toute blanche: diamètre, dix-neuf lignes.

†† Espèces discoïdes à péristome réfléchi ou bordé, avec ou sans dents; un ombilic.

HÉLICE DE QUIMPER, *Helix Quimperiana*, Fér., pl. 76, fig. 2. Coquille nouvellement découverte en France, dans les environs de Quimper en Bretagne; c'est une des espèces qui ressemblent le plus à un Planorbe; elle est discoïde, aplatie et ombiliquée; son péristome est blanc, mince et réfléchi; elle est de couleur brune; son diamètre est d'un pouce environ.

Dans cette section doivent se classer les *Helix pyrenaica*, *zonata*, *obvoluta*, etc.

††† Espèces coniques, les tours de spire arrondis.

HÉLICE TROCHIFORME, *Helix Cookiana*, Lin., Gmel., pag. 3642, n° 250. Des îles de la mer du Sud.

†††† Espèces globuleuses non ombiliquées, le péristome épaissi.

HÉLICE VIGNERONNE, *Helix Pomatia*, L., Gmel., *loc. cit.*, p. 3627. L'une des plus communes de l'Europe tempérée.

††††† Espèces ventrues, le dernier tour beaucoup plus grand que tous les autres réunis.

HÉLICE VÉSICALE, *Helix vesicalis*, Lamk., Anim. sans vert., 6, part. 2, p. 65. De Madagascar.

†††††† Espèces demi-globuleuses, non ombiliquées; une dépression de la columelle dans l'endroit de sa jonction avec le bord.

HÉLICE HÆMASTOME, *Helix hæmastoma*, L., Gmel., *loc. cit.*, 3649. De Ceylan.

On a trouvé des Hélices fossiles; elles indiquent des terrains d'eau douce. Brongniart en a déterminé sept espèces, dont deux se trouvent aux environs de Paris, et seulement dans les formations supérieures; on en voit aussi dans les brèches de Gibraltar et de Cérigo, et l'on y reconnaît particulièrement le Peson. (D..H.)

* HÉLICELLE. *Helicella*. MOLL. Genre de la famille des Colimacées, démembré à tort des Hélices par Lamarck (Extrait du Cours, etc.) sur le simple caractère d'une coquille planorbulaire, à péristome toujours tranchant. Férussac a employé la même dénomination pour un des sous-genres de ses Hélicoïdes auquel il a donné des caractères plus étendus. *V*. HÉLICOÏDES et HÉLICE. (D..H.)

HELICHRYSE. *Helichrysum*. BOT. PHAN. C'est ainsi que Vaillant avait écrit le nom d'un genre placé depuis dans la famille des Synanthérées, Corymbifères de Jussieu, et dans la Syngénésie superflue, L. Cette orthographe a été préférée à celle d'*Elichrysum* employée par Tournefort et par d'autres auteurs. Les caractères de ce genre avaient été si vaguement exprimés par les anciens botanistes, que Linné et Jussieu le réunirent au *Gnaphalium*, d'où il fut séparé de nouveau par Adanson, Gaertner, Willdenow, Persoon, Lamarck, De Candolle, etc.; mais comme ces divers auteurs ne se sont pas accordés sur les caractères essentiels de l'*Helichrysum*, et des autres genres formés aux dépens des *Gnaphalium* de Linné, ce dernier groupe a été examiné avec soin et subdivisé par R. Brown et Cassini, dans leurs Mémoires sur les Synanthérées. Voici les caractères principaux qui ont été assignés au genre qui nous occupe : involucre formé d'écailles imbriquées, les intermédiaires coriaces, membraneuses et surmontées d'un grand appendice étalé, coloré, luisant, ovale et ordinairement concave; les extérieures presque réduites au seul appendice; les intérieures, au contraire, en étant dépourvues; réceptacle fovéolé à réseau denticulé; calathide dont le disque est formé de fleurs nombreuses, régulières et hermaphrodites, la couronne de fleurs sur un seul rang, femelles et à corolle ambiguë, selon Cassini, c'est-à-dire d'une forme intermédiaire entre la corolle régulière et la corolle tubuleuse; anthères pourvues de longs appendices basilaires, membraneux et subulés; ovaires oblongs, munis de papilles, et surmontés d'une aigrette longue composée de poils libres, sur un seul rang, égaux entre eux et légèrement plumeux. De bien faibles différences séparent le genre *Helichrysum* ainsi constitué, des vrais *Gnaphalium* et des *Xeranthemum*; elles consistent principalement dans la grandeur du disque et dans les formes des corolles de la circonférence. Le disque des Hélichryses est large et multiflore, les fleurs marginales ont beaucoup de rapports avec celles du centre, tandis que, dans les *Gnaphalium*, le disque est petit, ne contient que peu de fleurs dont les marginales ont des corolles tubuleuses très-grêles et filiformes. Le genre *Argyrocome* de Gaertner et le *Lepiscline* de Cassini, ne présentent pas non plus des caractères bien tranchés, car la note essentielle et caractéristique du premier consiste dans son aigrette plumeuse, et celle du second dans le réceptacle muni de paillettes, et dans la calathide composée de fleurs uniformes ; mais l'*Helichrysum* a aussi son aigrette plumeuse, et la différence de structure dans les fleurs marginales est très-légère ; aussi Gaertner avait-il attribué des fleurs semblables dans toute la calathide. Cassini a relevé cette erreur de Gaertner, et a également démontré que la radiation des écailles de l'involucre, caractère spécieux au premier coup-d'œil, ne devait pas être considérée comme très-importante, ainsi que l'ont proposé Willdenow et Persoon; cette radiation ne résulte, en effet, que de l'hygroscopicité des écailles, laquelle varie selon l'état de l'atmosphère.

Si l'on adopte la séparation du genre *Argyrocome* de Gaertner et du *Xeranthemum*, qui cependant nous semblent étroitement liés par le port et par les caractères avec l'*Helichrysum*, celui-ci est formé d'un nombre peu considérable d'espèces, dont quelques-unes croissent dans l'Europe méridionale et dans l'Orient. Nous citerons comme type du genre.

L'HÉLICHRYSE ORIENTAL, *Helichrysum orientale*, Gaertn., Plante originaire d'Afrique, dont les tiges ligneuses se divisent en branches simples, tomenteuses, blanchâtres, et portent des feuilles alternes, sessiles et blanchâtres sur les deux faces. Les calathides sont disposées en corymbes terminaux. Les écailles de leur involucre, arrondies, scarieuses, persistantes et d'un beau jaune d'or, ont fait donner à cette Plante le nom d'Immortelle jaune, sous lequel on la cultive dans les jardins d'Europe. Les bouquets que l'on fait avec ses fleurs ont un fort joli aspect et ne sont pas éphémères comme ceux des autres Plantes; souvent on ajoute aux belles couleurs dont la nature les a embellies les teintes artificielles de l'orangé, et d'autres nuances qui charment davantage le coup-d'œil.

L'*Helichrysum Stœchas*, D. C., est un petit Arbuste à branches simples, menues et très-nombreuses; ses calathides sont d'un beau jaune. Il croît dans toute l'Europe méridionale. Parmi les autres Hélichryses, nous nous bornerons à mentionner l'*Helichrysum frigidum*, Labill. (*Icon. Plant. Syriac.*, p. 9, t. 14), petite Plante fort jolie, que l'on trouve dans les montagnes de la Corse et de la Syrie. Elle est herbacée, couchée, et porte des petites feuilles imbriquées, diposées sur quatre rangées, obtuses, cendrées et incanes. Les branches sont uniflores, et chaque fleur sessile est remarquable par la blancheur éclatante des écailles de l'involucre. (G..N.)

HELICHRYSOIDES. BOT. PHAN. Ce nom générique, en raison de sa désinence vicieuse, n'a point été adopté par Linné. Vaillant l'avait imposé à un genre qui appartient à la famille des Synanthérées Corymbifères; ses espèces ont été fondues dans les genres *Stœbe* et *Seriphium*. (G..N.)

HÉLICIE. *Helicia*. BOT. PHAN. Genre de la Tétrandrie Monogynie, L., établi par Loureiro (*Flor. Cochinchin.*, I, p. 105) qui l'a ainsi caractérisé : calice très-petit, à quatre découpures courtes, aiguës et droites; corolle formée de quatre pétales linéaires, roulés en spirale, légèrement soudés en un tube grêle avant la maturité de la fleur; quatre étamines dont les filets sont insérés sur le milieu des pétales, et dont les anthères sont linéaires; ovaire supère, surmonté d'un style filiforme de la longueur des étamines et d'un stigmate oblong; drupe ovée, petite, marquée d'un sillon longitudinal. L'éditeur de la Flore de Cochinchine, Willdenow, a ajouté en note, à la suite de la description de l'espèce, que celle-ci pourrait bien appartenir au genre *Samara*; et comme plusieurs espèces de ce dernier ont été transportées dans le genre *Myrsine* par R.

Brown (*Prodr. Flor. Nov.-Holl.*, p. 533), quelques auteurs ont indiqué la place de l'*Helicia* parmi les Myrsinées ou Ardisiacées. C'était aussi le sentiment de Jussieu (Ann. du Mus. T. XV, p. 351) qui a insisté particulièrement sur le fruit drupacé, monosperme, et sur l'insertion épipétalée des étamines dans l'*Helicia*.

La seule espèce de ce genre incertain a été nommé *H. cochinchinensis*. C'est un Arbre de médiocre grandeur, indigène des forêts de la Cochinchine, dont les branches sont étalées, les feuilles ovales, acuminées, glabres et alternes, les fleurs jaunes, disposées en grappes simples et presque terminales. Persoon, se conformant à l'idée de Willdenow qui ne voyait dans l'*Helicia* qu'une espèce de *Samara*, n'a pas mentionné ce genre, et il a transporté son nom au genre *Helixanthera* de Loureiro. Un semblable échange de mots pour exprimer deux genres que l'on regardait comme très-distincts, loin de simplifier la nomenclature, y introduit, au contraire, une confusion difficile à débrouiller. (G..N.)

HÉLICIER. MOLL. L'Animal des Coquilles du genre Hélice. *V.* ce mot. (B.)

* HÉLICIGONE. *Helicigona.* MOLL. Ce sous-genre, de Férussac, répond au genre Carocolle de Montfort adopté par Lamarck, ainsi qu'au genre Ibère de ce premier auteur; les Coquilles qu'il renferme ont été groupées aussi par Ocken sous le nom de *Vortex*. *V.* CAROCOLLE et HÉLICE. (D..H.)

HÉLICINE. *Helicina.* MOLL. Genre à peine connu des anciens conchyliologues, figuré cependant par Lister qui le confondit avec les Hélices, méconnu par Linné et Bruguière, proposé par Lamarck dès 1801, dans le Système des Animaux sans vertèbres, et adopté depuis par la plupart des auteurs. Lorsque ce genre fut proposé on n'en connaissait point l'Animal, mais on savait qu'il était operculé. C'est sans doute d'après cette considération que Lamarck le rapprocha d'abord des Nérites et des Natices, en faisant aussi attention à sa forme générale et surtout à celle de la columelle. Depuis, dans la Philosophie zoologique, Lamarck, ayant établi la famille des Colimacées, y rangea les Hélicines entre les Hélices, les Bulines, les Agathines, Amphibulines et Maillots, quoique tous ces genres soient dépourvus d'opercules. Il persista dans la même opinion (Extrait du Cours, etc.) où l'on voit ce genre placé dans les mêmes rapports, et c'est encore celle qu'il conserva dans son dernier ouvrage. Montfort ne trouva pas convenable le nom donné par Lamarck; il pensa que ce nom avait trop de rapports avec Hélice, et qu'on pourrait le confondre avec ce dernier; il proposa en conséquence de le nommer *Pitonille*; mais personne que nous sachions n'a admis ce changement. Férussac, qui a possédé le premier en France l'Animal de l'Hélicine, le communiqua à Blainville en lui assurant qu'il est pourvu d'un collier, que l'ouverture de la respiration est à gauche et l'anus à droite, ce qui paraît être le contraire d'après Blainville et d'après Say. Les observations de ces deux zoologistes ont fait connaître suffisamment l'Animal de l'Hélicine; il sera facile désormais de le mettre en rapport avec les genres environnans, et comme le dit Blainville lui-même (article HÉLICINE du Dict. des Scienc. Natur. T. XX, p. 455), ce sera auprès des Cyclostomes qu'il sera rangé; c'est aussi l'opinion de Férussac, mais ayant cru apercevoir un collier, il a fondé sur ce caractère une famille particulière pour les *Hélicines* qu'il a mise à côté des *Turbicines*, autre famille créée pour les Cyclostomes. Comme les deux savans observateurs dont nous avons parlé ne mentionnent aucunement ce collier dont parle Férussac, ce sera dans une même coupe que les deux genres se placeront. Dans ces derniers temps, Gray a publié dans le troisième cahier du *Zoological Journal* une Monographie complète des Hélicines; il y désigne une petite Coquille turriculée fort semblable pour l'aspect extérieur à un Cyclostome, ce qui marque évidemment la liaison des deux genres. Enfin, pour compléter ce que nous avons à dire sur ce genre, nous ferons observer que Blainville, après avoir dit (article HÉLICINE du Dict. des Sc. Natur.) qu'on devra placer ce genre à côté des Cyclostomes, l'en éloigne cependant assez notablement dans son système général développé à l'article MOLLUSQUE du même ouvrage. Nous voyons en effet les Cyclostomes faire partie de la famille des Turbos nommés *Cricostomes*, et les Hélicines être placées dans la famille des Ellipsostomes et séparées par les genres *Mélanie*, *Rissoa*, *Phasianelle*, *Ampullaire* et *Ampulline* de son genre le plus analogue. Nous ajouterons que nous croyons que ce savant zoologiste a réuni à tort les Roulettes aux Hélicines; conduit par une analogie dans les formes, supposant qu'elle soit parfaite et entière, ce qui n'est pas, il y a toujours une considération importante qui doit nous guider, c'est que l'un des genres est marin et l'autre terrestre, ce qui suppose dans l'organisation des Animaux, au moins dans celle de l'appareil respiratoire, des différences assez considérables pour tenir séparés ces deux genres; il en est de ceux-ci comme des Cyclostomes et des Paludines que l'on a été obligé de distinguer malgré une bien grande analogie dans les Coquilles. Caractères génériques : Animal globuleux, subspiral; le pied simple, avec un sillon marginal antérieur; tête proboscidiforme; le muffle bilobé au sommet et plus court que les tentacules qui sont au nombre de deux, filiformes, et portant les yeux à la partie externe de leur base sur un tubercule; les organes de la respiration comme dans les Cyclostomes terrestres; la cavité branchiale communiquant avec l'extérieur par une large fente. Coquille subglobuleuse ou conoïde, à spire basse ou turriculée (d'après Gray); ouverture demi-ovale, modifiée par le dernier tour de spire; le péristome réfléchi en bourrelet, le bord gauche élargi à sa base en une large callosité qui recouvre entièrement l'ombilic et se joignant obliquement avec la columelle qui est tranchante inférieurement, saillante et un peu tordue; un opercule corné, complet, à élémens concentriques. Parmi les espèces actuellement assez nombreuses, nous citerons :

L'HÉLICINE NÉRITELLE, *Helicina Neritella*, Lamk., Anim. sans vert. T. VI, 2ᵉ part., p. 103, n° 1; Lister, Conchyl., tab. 62, fig. 59. (D..H.)

HÉLICITE. MOLL. FOSS. Ce nom a quelquefois été donné aux Camérines. (B.)

HÉLICODONTE. *Helicodonta*. MOLL. Sous-genre proposé par Férussac, dans le genre Hélice, parmi les Hélicoïdes, pour toutes les Coquilles de cette famille qui ont l'ouverture dentée, l'ombilic couvert ou visible. *V.* HÉLICE et ANOSTOME. (D..H.)

*HÉLICOGÈNE. *Helicogena*. MOLL. Sous-genre proposé par Férussac, dans le genre Hélice, pour un de ses plus nombreux groupes. Il le divise en quatre sous-sections; l'une d'elles représente le genre Acave de Montfort. *V.* ce mot et HÉLICE. (D..H.)

*HÉLICOÏDES. *Helicoides*. MOLL. Férussac, dans sa manière de diviser le genre Hélice, a rangé sous la dénomination de *Redundantes* toutes celles dont la coquille est trop petite pour contenir tout l'Animal, et sous le nom d'*Inclusæ*, toutes les espèces d'Hélices dont la coquille peut le contenir en entier. Chacune de ces grandes divisions est ensuite partagée en deux sections, les Hélicoïdes et les Cochloïdes; toutes les Coquilles globuleuses enroulées, et dont les tours sont plus ou moins enveloppans, sont contenues dans la première; toutes celles qui sont turriculées sont comprises dans la seconde. *V*. COCHLOIDES et HÉLICE. (D..H.)

HÉLICOLIMACE. *Helicolimax*. MOLL. Le genre que Draparnaud a créé sous le nom de Vitrine, en ne considérant que la transparence de la coquille, a été nommé Hélicolimace par Férussac. Cette dernière dénomination, quoique donnant une idée plus juste du genre dont elle fait sentir les rapports, ne pouvait être encore adoptée. *V*. VITRINE. (D..H.)

HELICOMYCE. BOT. CRYPT. (*Champignons*.) Les auteurs allemands, excellens observateurs de la nature, mais auxquels on peut reprocher trop de facilité à créer des genres, ne sont pas d'accord sur la place à assigner à cette production; Link l'a d'abord mise dans les Champignons, mais peu de temps après, il a cru devoir la rapporter aux Oscillatoires. Nées cependant persiste à la conserver dans les Fongosités; il la sépare du genre *Hyphasma* de Rebentisch, et la met à côté de l'*Hormiscium*. Quoi qu'il en soit de la validité de ces diverses opinions, l'Hélicomyce est fondé sur une petite Plante assez semblable à une moisissure rose; elle est formée de filamens courts, brillans, articulés, contournés en spirale ou en Hélice, d'où vient son nom; ils sont nus, presque droits et en touffes. A peine ce genre avait-il été fondé (*in Berol. Mag.* 1, 3, p. 21, f. 25), que Link le détruisit pour le réunir au genre *Sporotrichum*, en annonçant que sa Plante pourrait bien être l'*Hyphasma roseum* de Rebentisch, *Fl. Meem.* p. 397, pl. 4, fig. 20, qui se trouve et que nous avons observée dans les environs de Paris, sur les vieilles portes des moulins saupoudrés de farine. (A. F.)

HÉLICONIE. *Heliconia*. INS. Genre de l'ordre des Lépidoptères, famille des Diurnes, tribu des Papillonides, établi par Latreille aux dépens des Papillons, Héliconiens, (*V*. ce mot) de Linné. Les caractères de ce genre, tel qu'il est adopté dans l'Encyclopédie Méthodique au mot PAPILLON, sont: palpes très-éloignés l'un de l'autre, s'élevant manifestement au-delà du chaperon; le second article beaucoup plus long que le premier; antennes une fois plus longues que la tête et le tronc, grossissant insensiblement vers leur extrémité; corps allongé; pates antérieures très-courtes dans les deux sexes; crochets et tarses simples; ailes supérieures allongées. Le genre Héliconie que Latreille avait d'abord nommé Héliconien, et dont il a ensuite changé le nom parce que les espèces portent en général des noms féminins, comprend les genres *Mechanitis* et *Doritis* de Fabricius, *V*. ces mots; il se distingue des genres *Danaïde*, *Idea*, *Acrée* et *Argynne*, *V*. ces mots, par la longueur et par la massue des antennes, par la longueur des palpes et par la forme des ailes. Ces Insectes ont le corps allongé; leurs ailes supérieures forment un triangle allongé dont le bord interne est plus ou moins concave; les inférieures sont presque ovales, elles s'avancent au bord interne sous le ventre, mais ne l'embrassent presque pas en dessous. Leur cellule discoïdale est fermée postérieurement.

Les Chenilles des Héliconies sont tantôt nues avec des appendices assez longs et charnus sur les côtés du corps, tantôt elles ont à la place de ces appendices des tubercules couverts de poils épineux, d'autres sont entièrement épineuses, enfin, plusieurs n'ont que deux longues épines derrière la tête. Leurs Chrysalides se suspendent seulement par leur extrémité postérieure dans une direction perpendiculaire la tête en bas; elles ne sont point retenues dans leur milieu par un fil, et ne sont jamais renfermées dans une coque.

Les espèces de ce genre sont toutes propres à l'Amérique méridionale; quelques-unes ont les ailes presque entièrement nues. Godart (art. PAPILLON de l'Encyclop. Méthodique) décrit soixante-neuf espèces d'Héliconies parmi lesquelles nous citerons:

L'Héliconie du Ricin, *Hel. Ricini*, L., Godart; *Papilio Ricini*, Cram. Cette espèce ne reste que quinze jours en Chrysalide; sa Chenille, suivant Sybile de Mérian, est verdâtre, avec des poils blanchâtres très-longs. Elle vit sur le Ricin, vulgairement *Palma-Christi*. L'Insecte parfait se trouve à Surinam dans le courant de mai. (G.)

HÉLICONIE. *Heliconia*. BOT. PHAN. Ce genre de la famille des Musacées et de la Pentandrie Monogynie, L., avait d'abord été nommé *Bihai* par le père Plumier. Linné n'adopta point ce nom vulgaire, et lui substitua celui d'*Heliconia*, qui a été admis par les botanistes. Voici ses caractères : périanthe divisé en cinq segmens irréguliers, profonds, dont trois extérieurs oblongs, droits, canaliculés et intérieurs, inégaux entre eux (nectaires, L.); les deux segmens supérieurs des rangs externes sont soudés à la moitié du dos du plus grand des segmens intérieurs, lequel est concave, lancéolé, et renferme les organes sexuels, jusqu'au point où les anthères et les stigmates doivent paraître; le second segment intérieur est très-petit, en forme de spatule, un peu concave, attaché par le dos, au bas du segment inférieur du périanthe; cinq étamines fertiles dont les filets, de la longueur des divisions du périanthe, sont insérés à sa base interne; style filiforme, surmonté d'un stigmate crochu et légèrement papillaire; capsule oblongue tronquée, à trois valves, à trois loges monospermes. Jussieu (*Genera Plant.*, p. 61) a considéré le petit segment intérieur comme une étamine avortée, dont le filet est court, en forme de spathe et recourbé; c'était aussi l'opinion de Lamarck (Encycl. Méth.) qui regardait le nombre six comme naturel aux divers genres de la famille des Musacées. Quelques espèces d'Héliconies ont été transportées dans les genres *Musa* et *Strelitzia*, qui les avoisinent de très-près, et réciproquement, on a placé parmi les Héliconies des Plantes du genre *Strelitzia*. Ainsi le *Musa Bihai*, L., est l'*Heliconia Bihai*, Willd.; le *Musa humilis*, Aubl., se rapporte à l'*Heliconia humilis*, Jacq.; l'*H. Bihai*, L., au *Strelitzia augusta*, Thunb.; l'*H. Bihai*, Miller. au *Strelitzia ovata*, Donn.; et l'*H. Strelitzia*, Gmel., au *Strelitzia reginæ*. *V.* Bananier et Strelitzie.

On compte environ une dixaine d'espèces de ce genre, toutes indigènes des contrées chaudes de l'Amérique méridionale, car la Plante des Indes-Orientales, citée et figurée par Rumph (*Amb.* 5, p. 142, tab. 62), sous le nom de *Folium buccinatum asperum*, et dont Lamarck (Encycl. Méth.) a fait son *Heliconia indica*, paraît ne pas appartenir au genre en question. Les plus remarquables de ces espèces sont les deux suivantes :

L'Héliconie des Antilles, *Heliconia caribæa*, Lamk. Cette belle Plante ressemble beaucoup, par son port, aux Bananiers. On doit la considérer comme la principale du genre, car c'est elle que le père Plumier a rencontrée dans les bois humides et les endroits fangeux des Antilles. De sa racine noueuse, épaisse, blanche intérieurement, noirâtre à l'extérieur, s'élève une tige haute de trois à quatre mètres, garnie dans sa partie inférieure de feuilles engaînantes, qui se recouvrent naturellement, et constituent par leur nombre une espèce de tronc lisse et de la grosseur de la cuisse; chacune de ces feuilles est arrondie à la base et au sommet, longue de plus d'un mètre, et marquée de deux nervures transversales, très-fines et parallèles, qui partent en divergeant d'une forte nervure moyenne formée par le prolongement d'un long pétiole canaliculé en dessus et convexe en dessous. Enfin du milieu de cet amas de feuilles, sort la partie supérieure de la tige, qui soutient un bel épi distique droit, coloré et long de près de six décimètres. L'épi est formé de spathes membraneuses, alternes, situées sur deux rangs opposés, et qui contiennent chacune plusieurs fleurs d'une couleur verdâtre, entassées les unes contre les autres, entre des écailles spathacées et pointues. Selon Aublet (*Plant. Guyan.* T. II, p. 931), c'est avec les feuilles de cette Plante que les créoles et les Galibis font des cabanes sur leurs pirogues, pour se garantir de la pluie et de l'ardeur du soleil.

L'HÉLICONIE BIHAI, *Heliconia Bihai*, Willd., *Musa Bihai*, L., *Spec.*, qui se trouve dans les lieux chauds et montueux de toute l'Amérique équinoxiale, est une espèce qui diffère de la précédente, principalement par ses feuilles aiguës aux deux extrémités. Ses fleurs sont d'une couleur safranée à languette interne blanchâtre, d'où le nom d'*Heliconia luteo-fusca*, qui lui a été donné par Jacquin (*Hort. Schœnbr.*, 1, p. 23).

L'HÉLICONIE DES PERROQUETS, *Heliconia Psittacorum*, L., est entièrement glabre; sa tige s'élève dans son pays natal à plus de deux mètres; elle est droite, lisse, simple et garnie de feuilles portées sur un pétiole allongé et engaînant; leur limbe est ovale-lancéolé, arrondi à sa base, pointu au sommet et muni d'une nervure longitudinale. L'épi qui termine la tige est accompagné d'une bractée oblongue, lancéolée, embrassante, et colorée, de même que les fleurs, en orangé avec une tache noire à l'extrémité. Cette Plante est originaire des Antilles, d'où elle a été introduite en Angleterre vers l'année 1797. Maintenant on la cultive dans les serres chaudes de plusieurs jardins de l'Europe continentale, et on la multiplie par les rejets de ses rameaux. Une belle figure de cette Plante a été donnée par Redouté (Liliacées, T. III, tab. 151). (G..N.)

HÉLICONIENS. *Heliconii.* INS. Linné donne ce nom à la seconde division de son genre Papillon. Les caractères qu'il lui assigne sont : ailes étroites, souvent nues ou sans écailles, très-entières, les premières oblongues, les postérieures très-courtes. Cette coupe renferme des genres très-différens dans la méthode de Latreille. *V.* HÉLICONIE, PARNASSIEN, PIÉRIDE et ACRÉE. (G.)

* HELICOPHANTE. *Helicophanta.* MOLL. Nouveau sous-genre proposé par Férussac, parmi les Hélicoïdes enroulées, pour celles des Hélices à forme planorbulaire ou subplanorbulaire, et dont l'Animal est beaucoup trop grand pour être entièrement contenu dans sa coquille; il a donné les caractères suivans à cette coupe : Animal énorme pour sa coquille; en général la partie postérieure seule étant recouverte; volute rapidement développée dans le sens horizontal; spire peu saillante de trois à quatre tours; le dernier très-grand; ouverture très-ample, fort oblique par rapport à l'axe; bord intérieur du cône spiral portant plus ou moins sur la convexité de l'avant-dernier tour, ce qui rend la coquille perforée ou ombiliquée. Les Coquilles de ce sous-genre ont été confondues par les auteurs avec les autres Hélices; cependant en considérant que celles-ci peuvent servir de passage entre les Vitrines et les autres Hélices, il n'y aurait aucun inconvénient d'admettre le sous-genre de Férussac, qui réunit des espèces fort remarquables par la grandeur du dernier tour de spire comparativement aux autres. Dans un premier groupe caractérisé par un péristome simple et qu'il nomme les Vitrinoïdes, il y a deux espèces que Draparnaud avait à tort décrites parmi les Hélices de France; elles ne s'y sont jamais rencontrées; c'est à Férussac père, qui les a trouvées en Souabe, qu'on en doit la première connaissance; ce sont les *Helix brevipes*, Drap., et *Helix rufa.*, Fér. Le second groupe, caractérisé par un péristome épaissi et subréfléchi et nommé les Vessies, comprend des espèces beaucoup plus grandes, et entre autres l'*Helix cornu giganteum* de Chemnitz, qui est la plus grande espèce connue; les autres espèces sont l'*Helix cafra*, Fér., Moll. terrestres et fluv., pl. 9, a, fig. 8, et l'*Helix*

magnifica, Fér., pl. 10, fig. 4, a, b. La première de ces deux espèces a été rapportée par Lalande, de son voyage en Afrique · elle est nouvelle; la seconde vient des Grandes-Indes, elle a été figurée par Buonani dans le *Museum Kircherianum*, pl. 12. (D..H)

*HELICOSPORIUM. BOT. CRYPT. (*Champignons.*) Ce genre a été créé par Nées (Trait., tab. 5, f. 66) qui lui donne les caractères suivans : sétules droites, roides, presque simples; sporules en spirale, éparses et géniculées de distance en distance. Persoon, dans sa Mycologie européenne, a placé ce genre, auquel il a réuni l'*Helicotrichum* (*V.* ce mot.), dans les Trichomycées, ordre premier des Champignons dont les semences sont extérieures (*exosporii*). Cet auteur décrit deux espèces d'*Helicosporium* : l'un, l'*H. vagatum*, à fibres noires, éloignées, à spores d'un vert jaunâtre. Il croît sur le bois de Chêne. L'autre, l'*H. pulvinatum*, irrégulier, olivâtre, à fibres couchées, rameuses, entrelacées, à sporules d'un jaune-vert. On le trouve sur les troncs de Chêne coupés. Cette dernière espèce est l'*Helicotrichum pulvinatum* de Nées, *in Nov. Art. Nat. Cur.*, 9, p. 146, t. 5, f. 15. (A. F.)

*HÉLICOSTYLE. *Helicostyla.* MOLL. Sous-genre établi par Férussac, pour un petit groupe d'Hélices qui ont une columelle solide, une coquille surbaissée ou trochiforme, quelquefois dentée ou lamellée. Comme le dit Férussac lui-même, ce groupe a besoin d'éprouver plusieurs changemens. (D..H.)

*HELICOTRICHUM. BOT. CRYPT. (*Champignons.*) Ce genre, établi par Nées (*in Nov. Act. Nat.*, 9, p. 146, t. 5, f. 5), a été réuni par Persoon, dans sa Mycologie européenne, p. 18, au genre *Helicosporium*, avec lequel il a en effet la plus grande analogie et dont il ne diffère que par la disposition des fibres, caractère qui n'a pas semblé suffisant à Persoon pour motiver la formation d'un genre. Une seule espèce, qui forme de petits coussinets de deux à quatre lignes de diamètre, irréguliers, ayant une demi-ligne de hauteur totale, dont nous avons donné la description en parlant de l'*Helicosporium* (*V.* ce mot.), constitue ce genre. Le *Campsotrichum* se rapproche de cette Byssoïde. Ce dernier genre a été fondé par Ehrenberg (*in Annal. Botan. Berol.*, fasc 2, p. 55). Ses caractères génériques sont d'avoir des fibrilles courtes, libres, entremêlées, rameuses et divariquées, noires, et des sporidies pellucides, opposées, placées à l'extrémité des rameaux. Une seule espèce, observée sur l'*Usnea plicata*, croît en Europe : c'est le *Campsotrichum bicolor*. Une dernière espèce, qui est exotique, se trouve sur les feuilles d'un Arbre inconnu; elle a été communiquée à Ehrenberg (*Horæ. Phys. Berol.*, p. 85, p. 17, fig. 2) par Chamisso : c'est le *Campsotrichum unicolor*. Ce genre est placé par Persoon entre le *Circinnotrichum* et l'*Alternaria* dans le premier ordre des Trichomycées, première classe des Champignons à semences ou sporules extérieures (*exosporii*). (A. F.)

*HELICTE. *Helicta.* BOT. PHAN. Genre de la famille des Synanthérées, Corymbifères de Jussieu, et de la Syngénésie superflue, L., [illegible] par H. Cassini (Bull. de la Soc. Phil., novembre 1818) qui l'a ainsi caractérisé : involucre campanulé, dont les folioles sont sur deux rangs, les extérieures, au nombre de cinq, longues, spatulées, appliquées par leur partie inférieure, étalées supérieurement; les intérieures courtes, appliquées, ovales, oblongues ou lancéolées; calathide radiée, dont le disque est composé de fleurons nombreux, réguliers et hermaphrodites, et la circonférence de demi-fleurons sur un seul rang, en languettes tridentées au sommet et femelles; réceptacle convexe, garni de paillettes embrassantes et membraneuses; ovaires comprimés des deux côtés, rétrécis à leur base, bordés sur leurs deux arêtes d'un bourrelet épais et arrondi; aigrette courte et irrégulière, cartilagineuse et dentée supérieurement. Outre les caractères précédens, ce genre en offre encore d'autres très-remarquables. Ainsi, les corolles de la circonférence ont le tube fendu; il est nul dans celles du disque, et les étamines ont leurs filets libres, circonstance qui dépend de la nullité du tube de la corolle. Au reste, le genre *Helicta* est placé par son auteur dans la tribu des Hélianthées; il est voisin du *Wedelia*, dont il diffère non-seulement par les particularités que nous venons de signaler, mais encore par la forme de l'aigrette. L'espèce sur laquelle le genre est formé, a reçu le nom d'*Helicta sarmentosa*. C'est un Arbuste cultivé au Jardin des Plantes de Paris sous le nom de *Verbesina mutica*. (G..N.)

HÉLICTÈRE. *Helicteres*. BOT. PHAN. Genre placé dans la nouvelle famille des Bombacées de Kunth, et dans la Monadelphie Dodécandrie, établi par Linné et ainsi caractérisé: calice tubuleux, quinquéfide; corolle à cinq pétales onguiculés, en languettes et légèrement dentés à leur partie supérieure; étamines au nombre de cinq, dix ou quinze, monadelphes, formant un long tube urcéolé, multifide au sommet, c'est-à-dire ayant les anthères portées sur des filets très-courts dont plusieurs sont stériles; ovaire supporté par un long pédicelle; cinq styles soudés à leur base; cinq carpelles polyspermes s'ouvrant par leur face inférieure, quelquefois droits, mais le plus souvent tordus en spirale régulière; graines dépourvues d'albumen, à cotylédons roulés en spirale. Les Hélictères sont des Plantes ligneuses et arborescentes, indigènes des climats chauds des deux hémisphères. Treize espèces bien certaines sont décrites dans le *Prodromus Regni Veget.* du professeur De Candolle. Elles y sont distribuées en deux sections:

1. SPIROCARPÆA. Carpelles tordus en spirale et constituant un fruit oblong ou ové, marqué de cinq sillons spiraux. Les neuf espèces de cette section croissent toutes dans l'Amérique, excepté l'*Helicteres Isora*, L. et Rumph (*Amboin.* 7, tab. 17), que Lamarck a confondu avec l'*H. Jamaicensis*, Plante qui croît dans les Antilles. Kunth (*Nov. Gener. et Spec. Plant. æquin.* T. V, p. 304 et suiv.) en a fait connaître deux espèces sous les noms d'*Helict. guazumæfolia* et d'*H. mexicana*. Les autres espèces de cette section sont l'*H. Baruensis*, L.; *H. pentandra*, L.; *H. verbascifolia* et *H. ferruginata*. Ces deux dernières, décrites par Link (*Enum. Hort. Berol.*, 2, p. 199 et 200), sont cultivées dans les serres chaudes des jardins d'Europe.

2. ORTHOCARPÆA. Carpelles rapprochés et droits, c'est-à-dire non roulés en spirale. Cette section renferme quatre espèces, savoir: *Helicteres angustifolia*, L., qui croît en Chine; *H. hirsuta*, des forêts de la Cochinchine; *H. proniflora*, Rich. (*Act. Soc. Hist. nat. Paris.*, p. 111), indigène de Cayenne; et *H. Carthaginensis*, L., des forêts de Carthagène. Outre les espèces précédentes, De Candolle a donné les descriptions abrégées de quatre espèces trop peu connues pour être rapportées aux deux sections établies dans le genre. Ce sont: 1° l'*H. lanceolata*, nouvelle espèce des Indes-Orientales, cultivée dans le jardin botanique de Calcutta et rapportée par Leschenault; 2° *H. semitriloba*, nouvelle espèce de Saint-Domingue recueillie par le docteur Bertero de Turin; 3° *H. undulata*, Loureiro, et 4° *H. paniculata* du même auteur. Ces deux dernières Plantes, qui croissent dans les forêts de la Cochinchine, pourraient bien n'être que des espèces de *Sterculia*. (G..N.)

* HÉLICTÈRES. MOLL. Quatrième groupe du sous-genre Cochlogène de Férussac. *V.* HÉLICE. (D..H.)

HÉLIDE ET HÉLIOPHYTON. BOT. PHAN. Synonymes de *Smilax*

aspera, selon Gesner et Ruellius. *V.* SMILACE. (B.)

* HELIERELLE. *Helierella*. BOT. CRYPT. (*Chaodinées.*) Nous n'avons point eu occasion d'observer d'espèces de ce genre; c'est sur l'une des formes que Lyngbye attribue aux particules organiques de son *Echinella radiosa*, tab. 69, E, fig. 3, que nous l'établissons. Cet auteur décrit fort bien le mucus dans lequel on la trouve, et nous reconnaissons, dans sa description, l'un de ces amas de matière muqueuse amorphe dont se compose la base de toutes les Chaodinées proprement dites. Mais ces corpuscules cunéiformes, radiaires, divergens par le côté aminci, qui nous paraissent assez remarquables pour n'être confondus avec quoique ce soit, peuvent-ils être la même chose que des globules agglomérés, que des corps articulés en forme de navettes, ou munis vers leur milieu d'un point transparent? Nous appellerons, en attendant que ces doutes soient résolus, la Plante de Lyngbye qui rayonne *Helierella Lyngbyi*. On trouve le mucus qui la renferme dans les eaux douces. (B.)

*HELIME. *Helimus*. CRUST. Genre encore inédit, fondé par Latreille, et voisin de l'Hyade de Leach. (AUD.)

* HELIOCALLIS. BOT. PHAN. Ce nom fut, suivant Dodœns, un synonyme d'Hélianthème. *V.* ce mot. (B.)

HELIOCARPE. *Heliocarpus*. BOT. PHAN. Genre de la famille des Tiliacées, et de la Décandrie Digynie, établi par Linné, et dont les caractères ont été exposés par Kunth (*Nova Genera et Species Plant. æquinoct.* T. v, p. 341) de la manière suivante: calice à quatre divisions profondes, colorées, caduques, presque égales, et à préfleuraison valvaire; corolle à quatre pétales insérés entre le calice et le support de l'ovaire, plus courts que le calice; étamines nombreuses, dressées, attachées au-dessus du support; ovaire quadriloculaire; un ovule dans chaque loge, fixé dans l'angle central et pendant du sommet de la loge; quatre glandes opposées aux pétales et adnées au support; un style plus court que les étamines, surmonté d'un stigmate à deux lobes recourbés; capsule stipitée, lenticulaire, comprimée, biloculaire, bivalve, ciliée de poils nombreux et plumeux; chaque loge monosperme; graines ovées dont l'embryon est renfermé dans un albumen charnu; les cotylédons sont foliacés et la radicule est supérieure. Ce genre ne renferme que deux espèces indigènes de l'Amérique méridionale. Ce sont des Arbres ou Arbrisseaux couverts de poils étoilés, à feuilles alternes, trilobées, à stipules pétiolaires, géminées, et à fleurs disposées en cimes ou en panicules terminales. L'espèce décrite par Linné, *Heliocarpus americanus*, croît près de Vera-Cruz. On la cultive au Jardin des Plantes de Paris en la tenant en serre chaude pendant l'hiver. Kunth (*loc. cit.*) a fait connaître l'autre espèce sous le nom d'*H. Popayanensis*. Elle croît dans les montagnes, près de Popayan, et diffère légèrement de la précédente. (G..N.)

HÉLIOLITHE. POLYP. FOSS. C'est-à-dire Pierre du soleil. Quelques oryctographes, selon Patrin, ont donné ce nom à des Madrépores fossiles, principalement à des Astraires. (LAM..X.)

* HÉLIOLITHE. MIN. *V.* CHATOYANTES.

* HÉLIOMANES. MOLL. Quatrième groupe établi dans le sous-genre Hélicelle de Férussac, pour les espèces à spire surbaissée ou globuleuse; tels sont les *Helix conspurcata*, *striata*, *erycetorum*, de Draparnaud. *V.* HÉLICE. (D..H.)

HELIOPHILE. *Heliophilus*. INS. Genre de l'ordre des Coléoptères, section des Hétéromères, fondé par Dejean (Catal. des Coléopt., p. 65) aux dépens des Pédines de Latreille. Nous ignorons les caractères de ce nouveau genre. L'auteur y rapporte le *Pedinus hybridus* de Latreille et l'*Opatrum gibbus* de Fabricius. Il mentionne quatre autres espèces qu'il désigne sous les noms de *punctatus*, Stev.; *Hispanicus*, Dej.; *Lusitanicus*, Herbst; et *agrestis*, Dej.

Klug avait établi sous le même nom un genre d'Insectes de l'ordre des Hyménoptères, qui depuis a été adopté sous celui de Saropode. *V.* ce mot. (AUD.)

HÉLIOPHILE. *Heliophila.* BOT. PHAN. Ce genre, de la famille des Crucifères et de la Tétradynamie siliqueuse, L., a été fondé par Nicolas Burmann (*in Linn. Gen.*, n. 816). Dans sa Monographie des Crucifères (*Syst. Regn. Veg.* T. II, p. 677), le professeur De Candolle l'a ainsi caractérisé : calice un peu dressé, presque égal à sa base; pétales dont l'onglet est cunéiforme, et le limbe étalé, large et obovale; étamines quelquefois munies d'une dent; silique à cloison membraneuse, biloculaire, bivalve, presque toujours déhiscente, sessile, comprimée, rarement indéhiscente, cylindrique et pédicellée, ayant les bords tantôt droits, et alors la silique est linéaire, tantôt sinués régulièrement entre les graines, et dans ce dernier cas la silique est dite moniliforme; graines sur un seul rang, pendantes, comprimées, souvent bordées d'une aile membraneuse; cotylédons très-longs, linéaires, deux fois repliés transversalement par le milieu. Les Héliophiles sont des Plantes herbacées ou sous-frutescentes, à racines grêles, à tiges rameuses, garnies de feuilles très-variées, portant des fleurs jaunes, blanches, roses, souvent d'un beau bleu, et disposées en grappes allongées. Toutes les espèces sont indigènes du cap de Bonne-Espérance, et leur nombre, qui était très-borné au temps de Linné, s'élève aujourd'hui à plus de quarante, pour la plupart récemment découvertes par Burchell. Le professeur De Candolle (*loc. cit.*) distribue ces espèces en en huit sections de la manière suivante :

I. *Carponema.* Herbes annuelles à siliques sessiles, cylindriques, à peine rétrécies entre les graines, acuminées aux deux bouts, indéhiscentes ou à peine déhiscentes. Une seule espèce : *Heliophila filiformis*, L.

II. *Leptormus.* Herbes annuelles, à siliques sessiles, peu comprimées, très-grêles, presque moniliformes, et à peine rétrécies entre les graines. Cinq espèces : *H. dissecta*, Thunb.; *H. tenella*, D. C.; *H. tenuisiliqua*, D. C., Delessert (*Icon. Select.*, II, p. 96), ou *Arabis capensis*, Burm. *Herb.*, *non Prodr.*; *H. longifolia*, D. C.; *H. sonchifolia*, D. C.

III. *Ormiscus.* Herbes annuelles à siliques sessiles, très-comprimées, très-rétrécies entre les graines; chaque entrenœud monosperme, orbiculé; étamines sans dents. Huit espèces : *H. amplexicaulis*, L. fils; *H. rivalis*, Burch. (*Cat. Pl. Afr.*); *H. variabilis*, Burch.; *H. pendula*, Willd.; *H. trifida*, Thunb.; *H. pusilla*, L. fils, ou *Arabis capensis*, Burm. (*Fl. Cap.*); *H. lepidiodes*, Link, espèce dont Roth a formé le type de son genre *Trentepohlia*; et *H. sessilifolia*, Burch.

IV. *Selenocarpæa.* Herbes annuelles, glabres, dont les fruits ont la forme des *Lunaria.* Deux espèces : *H. diffusa*, D. C., ou *Lunaria diffusa*, Thunb.; *H. peltaria*, D. C., ou *Peltaria capensis*, L. fils. Cette espèce forme le type d'un genre nouveau constitué par Desvaux (Journ. de Botanique, III, p. 162) sous le nom d'*Aurinia.*

V. *Orthoselis.* Siliques sessiles, comprimées, linéaires, à bords droits ou à peine sinués, acuminées par le style; étamines latérales, le plus souvent sans dentelure. Quinze espèces partagées en deux groupes. Dans le premier, dont les tiges sont herbacées, annuelles, se placent les Plantes suivantes : *H. pilosa*, Lamk.; *H. digitata*, L. fils, ou *H. coronopifolia*, Thunb.; *H. trifurca*, Burch.; *H. pectinata*, Burch., ou *Lunaria elongata*, Thunb.; *H. fœniculacea*, Brown;

H. chamæmelifolia, Burch.; *H. crithmifolia*, Willd., Deless. (*Icon. Select.*, II, p. 97), ou *Sisymbrium chrithmifolium*, Roth; *H. incisa*, D.C.; *H. divaricata*, D.C., et *H. coronopifolia*, L. Le second groupe, dont les tiges sont frutescentes, se compose des espèces dont voici l'énumération : *H. abrotanifolia*, D. C.; *H. glauca*, Burch.; *H. fascicularis*, D. C.; *H. suavissima*, Bauh.; *H. subulata*, Burch.; *H. platysiliqua*, Brown, ou *Cheiranthus comosus*, Thunb.; *H. lineatifolia*, Burch.; *H. stylosa*, Burch.; *H. virgata*, Burch., et *H. scoparia*, Burch., ou *Cheiranthus strictus*, Poiret. Cette espèce est figurée (Delessert, *Icon. Select.*, II, f. 98).

VI. *Pachystylum*. Une seule espèce (*H. incana*, Ait. *H. Kew.*) constitue cette section. C'est une Plante sous-frutescente, à feuilles entières, à silique sessile, linéaire, velue, surmontée d'un style épais, conique et glabre.

VII. *Lanceolaria*. Silique comprimée, sessile, lancéolée, surmontée par le style court et persistant; graines très-grosses, à cotylédons linéaires, dont une extrémité en spirale enveloppe l'autre. Cette section se compose uniquement de l'*H. macrosperma* qui est une Plante sous-frutescente, glabre.

VIII. *Carpopodium*. Silique comprimée, allongée, linéaire, supportée par un long thécaphore, et acuminée par un style très-court. On ne comppte encore dans cette section qu'une seule espèce, nommée *H. cleomoides*, D. C. et Delessert (*Icon. Select.*, II, tab. 99). Cette Plante avait été placée dans une autre famille par Linné; c'était son *Cleome capensis*. Sept autres espèces très-peu connues sont encore mentionnées dans l'ouvrage du professeur De Candolle. (G..N.)

* HÉLIOPHILÉES. *Heliophileæ*. BOT. PHAN. Tribu de la famille des Crucifères, formée par De Candolle (*Syst. Regn. Veget.* T II, p. 876) qui l'a ainsi caractérisée : silique allongée, le plus souvent oblongue ou ovale, dont la cloison est linéaire, à valves planes ou légèrement convexes dans les siliques allongées. Cette tribu fait partie du cinquième sous-ordre de la famille, c'est-à-dire des Diplécolobées. Elle comprend les genres *Chamira*, Thunb., et *Heliophila* de Burmann. *V.* ces mots. (G..N.)

* HELIOPHTALME. *Heliophtalmum*. BOT. PHAN. Genre de la famille des Synanthérées, Corymbifères de Jussieu, et de la Syngénésie frustranée, L., établi par Rafinesque (*Flor. Ludovic.*, 1817), et dont les caractères ont été exposés de la manière suivante par Cassini qui les a extraits de la description très-négligée de l'auteur : involucre formé de plusieurs séries de folioles inégales, les extérieures longues, étalées; les intérieures scarieuses et colorées; calathide dont le disque est composé de fleurons nombreux, réguliers, hermaphrodites, et la circonférence d'un rang de demi-fleurons, en languettes ovales et neutres; réceptacle plane et garni de paillettes scarieuses, colorées, disposées sur un seul rang circulaire entre les fleurs de la couronne et celles du disque; ovaires surmontés d'une aigrette dentée. Ce genre appartient à la tribu des Hélianthées; il diffère du *Rudbeckia*, par la forme de l'involucre, par celle du réceptacle et par la disposition des paillettes du réceptacle. L'*Heliophtalmum cicutæfolium*, Rafin., est une belle Plante indigène de la Louisiane, remarquable par ses jolies feuilles bipinnées, et ses grandes fleurs jaunes, terminales et solitaires. (G..N.)

* HÉLIOPHYTON. BOT. PHAN. *V.* HÉLIDE.

HELIOPSIDE. *Heliopsis*. BOT. PHAN. Genre de la famille des Synanthérées, Corymbifères de Jussieu, et de la Syngénésie superflue, L., établi dans l'*Enchiridium* de Persoon, vol. II, p. 473, et adopté par H. Cassini qui lui a donné les principaux caractères suivans : involucre dont les folioles sont disposées presque oblongues, appliquées par la partie inférieure, étalées et appendiciformes au sommet; calathide radiée; le disque composé de fleurons réguliers et hermaphrodites; la circonférence d'un rang de demi-fleurons femelles; réceptacle conique-élevé, garni de paillettes demi-embrassantes, membraneuses, linéaires, arrondies et colorées à leur sommet; ovaires oblongs, tétragones, lisses et absolument dépourvus d'aigrettes. Ce genre appartient à la tribu des Hélianthées, section des Hélianthées-Rudbeckiées de Cassini où cet auteur le place près des genres *Diomedea*, *Helicta*, *Wedelia*, desquels il diffère par l'absence totale de l'aigrette.

L'HÉLIOPSIDE LISSE, *Heliopsis lævis*, Persoon, est une Plante herbacée, à feuilles opposées, ovales, dentées en scie et à trois nervures; ses calathides, composées de fleurs jaunes, sont grandes, terminales et solitaires. Elle croît dans l'Amérique septentrionale. Linné avait transporté cette Plante dans quatre genres différens. Elle a, en effet, pour synonymes, l'*Helianthus lævis*, L.; le *Buphtalmum helianthoides*, L. et l'Hérit. (*Stirpes Nov.*, p. 93, tab. 45); le *Rudbeckia oppositifolia*, L.; et le *Sylphium solidaginoides*, L. (G..N.)

* HÉLIORNE. *Heliornis.* OIS. Nom donné par Vieillot à notre genre Grèbe-Foulque. *V.* ce mot. (DR..Z.)

* HELIOSACTE. BOT. PHAN. Syn. ancien d'Hièble. *V.* SUREAU. (B.)

* HELIOSCOPE. REPT. SAUR. Espèce du sous-genre Tapaye, qui, selon Pallas, marche ordinairement la tête redressée, et paraît se plaire à fixer le soleil. *V.* AGAME. (B.)

HELIOSCOPIAS. BOT. PHAN. Nom scientifique de l'espèce d'Euphorbe vulgairement nommée Réveille-matin. Cette Plante est probablement celle que Pline désignait déjà sous le nom d'*Helioscopium* d'après l'*Helioskopios* des Grecs. (B.)

HÉLIOTROPE. *Heliotropium.* BOT. PHAN. Genre de la famille des Borraginées et de la Pentandrie Monogynie, L., ainsi caractérisé: calice à cinq divisions profondes; corolle hypocratériforme dont l'entrée est dépourvue de dents; le limbe à cinq petites découpures séparées par des sinus repliés, simples ou portant une petite dent; étamines non saillantes; stigmate pelté, presque conique; fruit composé de quatre nucules cohérentes et non portées par un réceptacle commun (gynophore). Ces caractères, que nous avons empruntés à R. Brown (*Prodr. Flor. Nov.-Holland.*, p. 492), expriment exactement la véritable structure de la corolle, que Linné décrivait comme ayant un limbe avec des découpures de diverses grandeurs. R. Brown a proposé d'exclure de ce genre l'*Heliotropium indicum*, L., à cause de sa noix mitriforme profondément bilobée, à segmens biloculaires dont les deux loges ventrales sont vides. Lehmann (*Famil. Asperifol. Nucif.*, p. 13) en a fait le type du genre *Tiaridium*. *V.* ce mot. L'*Heliotropium malabaricum* de Retz et l'*H. supinum* de Willdenow ont encore été séparés de ce genre par R. Brown à cause de leur calice tubuleux et à cinq dents; mais cette faible différence ne paraît pas suffisante pour motiver une distinction générique. L'*Heliotropium villosum*, Willd., diffère de ses congénères par la gorge de la corolle qui est resserrée et munie intérieurement de cinq dents subulées. Plusieurs espèces de ce genre avaient été placées dans le genre *Lithospermum* par Forskahl. Delile, dans sa Flore d'Egypte, les a replacées parmi les Héliotropes, soit en les réunissant à des espèces décrites antérieurement par Linné et d'autres auteurs, soit en leur donnant des noms spécifiques nouveaux. Lehmann a formé son *Heliotropium linifolium* avec le *Myosotis fruticosa*, L. Enfin, pour terminer l'énumération des changemens qui ont été opérés dans ce genre ou des additions qui lui ont été faites, nous citerons ici, d'après R. Brown (*loc. cit.*, p. 497), le *Tournefortia humilis*, L., comme appartenant aux Héliotropes. Le *Tournefortia monostachya*, Willd. (*in Rœm. et Schult. Syst.*), est la même Plante, selon Kunth, que l'*Heliotr. strictum* de celui-ci. D'un autre côté, les *Heliotr. lithospermoides* et *H. scorpioides*, Willd., doivent se rapporter, la première à l'*Anchusa tuberosa*, Kunth, et la seconde au *Myosotis grandiflora* de cet auteur. — Les espèces d'Héliotropes sont très-nombreuses. Plus de quatre-vingts ont été décrites par divers botanistes qui ne se sont pas beaucoup accordés sur la nomenclature. Ainsi Lehmann, auquel on doit un travail sur les Borraginées nucifères, a imposé des noms spécifiques aux espèces rapportées de l'Amérique par Humboldt et Bonpland, et qui ont été décrites par Kunth sous d'autres dénominations. Celui-ci a donné la synonymie de ces Plantes dans un *Index* qui termine le troisième volume des *Nova Genera et Species Plantarum æquinoctialium*. Comme nous ne publions pas ici les descriptions de toutes les espèces, à plus forte raison n'entreprendrons-nous pas de faire connaître les double-emplois qui ont été commis par les autres auteurs; la liste seule en serait également longue et fastidieuse. Les Héliotropes sont répandues sur toute la surface du globe, mais elles se trouvent pour la plupart dans les contrées chaudes. L'Europe en nourrit seulement quelques espèces. Dans l'Egypte et surtout dans l'Amérique méridionale, existe le plus grand nombre. Celles de la Nouvelle-Hollande ont été partagées par R. Brown en deux groupes; l'un (*Heliotropia vera*) composé des espèces à épis roulés en crosse dont les fleurs sont tournées du même côté; l'autre (*Orthostachys*) où les épis sont droits, sans inclinaison particulière des fleurs. Les Héliotropes sont des Plantes herbacées ou des Arbustes à feuilles simples et alternes. Les deux espèces suivantes méritent de fixer plus particulièrement l'attention.

L'Héliotrope du Pérou, *Heliotropium Peruvianum*, L., est un petit Arbuste qui, dans sa patrie, atteint jusqu'à deux mètres de hauteur. Ses branches cylindriques et velues sont garnies de feuilles ovales, oblongues, pointues, ridées et portées sur des pétioles courts. Les fleurs, d'un blanc violet ou bleuâtre, répandent une odeur très-suave, analogue à celle de la vanille. On cultive avec facilité cette Plante dans toute l'Europe. Elle se multiplie de boutures, et on peut également faire lever ses graines en les semant par couche, et garantissant du froid les jeunes pieds pendant la saison rigoureuse. Cette Plante, si commune aujourd'hui, a été envoyée pour la première fois, du Pérou en 1740, par Joseph de Jussieu.

L'Héliotrope d'Europe, *Heliotropium Europeum*, L., possède une tige rameuse, plus ou moins étalée, haute seulement de deux à trois décimètres, velue et garnie de feuilles ovales, pétiolées, ridées et d'un vert blanchâtre; ses fleurs sont blanches, petites, inodores, nombreuses et disposées sur des épis géminés, roulés en crosse avant leur développement. Elle croît dans les champs et les vignes de presque toute l'Europe. On a donné à cette Plante le nom d'Herbe aux verrues, peut-être à cause de la forme de ses fruits qui ont quelque ressemblance avec ces excroissances de la peau, car elle ne paraît pas du tout propre à les détruire. Il est hors de doute que l'Héliotrope d'Europe ne soit une Plante tout-à-fait inerte quant à ses propriétés médicales, malgré les merveilleuses vertus que Pline et les anciens lui attribuaient, vertus tellement imaginaires qu'il suffirait de les citer pour en démontrer l'absurdité; mais les limites de cet ouvrage nous prescrivent un emploi de temps et d'espace beaucoup plus utile. (G..N.)

HELIOTROPE. MIN. Jaspe sanguin; Quartz-Agathe, vert obscur ponctué, d'Haüy. Le fond de cette substance est d'un vert plus ou moins obscur, parsemé de petites taches d'un rouge foncé, translucide, au moins dans les fragmens très-minces, et quelquefois dans toute la masse, lorsque le morceau a peu d'épaisseur. *V.* QUARTZ-AGATHE. (G. DEL.)

HELIX. MOLL. *V.* HÉLICE.

HELIX. BOT. PHAN. Nom scientifiquement spécifique d'un Lierre et d'un Saule. *V.* ces mots. (B.)

HELIXANTHÈRE. *Helixanthera.* BOT. PHAN. Genre de la Pentandrie Monogynie, L., établi par Loureiro (*Flor. Cochinch.*, 1, p. 176) qui l'a ainsi caractérisé : calice cylindracé, tronqué, coloré et appuyé sur une écaille ovale, charnue et de même couleur que le calice; corolle monopétale supère, dont le tube est court, le limbe à cinq divisions oblongues, obtuses et réfléchies; nectaire pentagone, quinquéfide au sommet et embrassant étroitement le style; cinq étamines à filets insérés sur la gorge de la corolle, et à anthères linéaires, roulées en spirales; ovaire oblong, caché par le calice, surmonté d'un style de la grandeur des étamines et d'un stigmate épais; baie couverte par le calice, ovale, oblongue et monosperme. Ce genre n'a pas encore été rapporté à l'une des familles naturelles connues. Le professeur de Jussieu (Annales du Muséum d'Hist. nat. T. XII, p. 301) a indiqué ses affinités soit avec les Ericinées ou les Campanulacées dans le cas où le calice ne serait pas adhérent à l'ovaire, soit avec les Loranthées ou les Caprifoliacées, si, au contraire, l'ovaire était adhérent. Cependant le caractère d'avoir la corolle supère, et celui de l'insertion des étamines, demandés par Jussieu, se trouvent exprimés dans la description de Loureiro. Mais l'inspection de la Plante pourra seule décider la question de ses affinités. Cette Plante, *Helixanthera parasitica*, Lour., a une tige ligneuse, longue, rameuse; des feuilles lancéolées, glabres, très-entières et ondulées; les fleurs rouges, petites, portées sur des épis longs et axillaires. Elle s'accroche aux Arbres cultivés dans les jardins de la Cochinchine. (G..N.)

* HELIXARION. *Helixarion.* MOLL. Nouveau genre établi par Férussac pour des Mollusques à quatre tentacules de la famille des Limaçons. Ils forment plus que les Vitrines, selon l'opinion de Férussac, le passage des Hélices aux Parmacelles; ils ont beaucoup d'analogie avec les Vitrines dont ils se distinguent par le corps tronqué en arrière, pourvu en avant d'une cuirasse sous laquelle la partie antérieure peut se contracter et la tête se retirer sous son bord antérieur; une petite coquille mince, transparente, fragile, très-semblable à celle des Vitrines, est située à la partie postérieure de la cuirasse, et contient les principaux viscères; elle est en partie couverte par des appendices mobiles du manteau. Il existe un pore muqueux en forme de boutonnière à à l'extrémité postérieure du pied; les orifices de la génération, celui de la respiration, le nombre et la position des tentacules, sont semblables à ce qu'on observe dans les Vitrines. Férussac n'a signalé que deux espèces connues dans ce genre; ce sont : l'HÉLIXARION DE CUVIER, *Helixarion Cuvieri*, Féruss., Hist. Nat. des Moll. terrest. et fluviat., pl. 9, fig. 8, et pl. 9, A, fig. 1-2; et l'HÉLIXARION DE FREYCINET, *Helixarion Freycineti*, Féruss., Hist. Nat. des Mollusq. terr. et fluv., pl. 9, A, fig. 3-4. La première de ces espèces est présumée des terres australes; la seconde vient du port Jackson de la Nouvelle-Hollande. Elle a été rapportée par l'expédition du capitaine Freycinet. (D..H.)

*HELL-BENDER. REPT. BATR. Nom de pays sur les bords de l'Ohio d'une espèce nouvelle du genre Sirène. *V.* ce mot. (B.)

HELLEBORASTER ET HELLEBORASTRUM. BOT. PHAN. Noms formés d'*Helleborus* par lequel d'anciens botanistes désignèrent des espèces de ce genre, particulièrement l'*Helleborus fœtidus* et le *viridis*. On l'a même appliqué à l'*Adonis vernalis*, L. (B.)

HELLÉBORE. *Helleborus*. BOT. PHAN. Genre de la famille des Renonculacées, et de la Polyandrie Polygynie, L. Dès la plus haute antiquité, ce genre, ou du moins quelques-unes de ses espèces, étaient connues. A l'époque de la réformation de la botanique, Tournefort et Linné composèrent le genre *Helleborus* de Plantes très-voisines à la vérité, mais qui pouvaient constituer plusieurs petits groupes distincts. Déjà le genre *Helleboroides* (*Eranthis*, Salisb.) en avait été détaché par Adanson; le *Coptis* fut ensuite formé par Salisbury avec l'*Helleborus trifolius*, L., et l'*Isopyrum* de Linné que Lamarck avait réuni aux Hellébores, en a été de nouveau séparé par De Candolle. Voici les caractères assignés au genre *Helleborus* par ce dernier auteur (*Syst. Regn. Veget. natur.*, 1, p. 315): calice persistant à cinq sépales arrondis, obtus, grands, souvent verdâtres; huit ou dix pétales très-courts, tubuleux, inférieurement plus étroits et nectarifères; trente à soixante étamines; trois à dix ovaires; stigmates sessiles, orbiculés; capsules coriaces; graines elliptiques, ombiliquées, disposées sur deux rangs. Les espèces de ce genre sont des Plantes herbacées, vivaces, dures, coriaces, glabres ou à peine pubescentes. Leurs feuilles radicales sont pétiolées, découpées en segmens palmés ou pétalés; celles de la tige ont des formes variées, et elles manquent souvent. Les tiges sont tantôt rameuses et multiflores, tantôt divisées seulement en un petit nombre de ramifications qui ne portent que peu de fleurs. Tous les Hellébores fleurissent en hiver ou au printemps; ils croissent dans les buissons et les endroits montueux de l'Europe et de l'Orient. On connaît neuf espèces d'Hellébores, parmi lesquelles nous nous bornerons à décrire les suivantes:

L'HELLÉBORE NOIR, *Helleborus niger*, L. Cette Plante est cultivée dans les jardins, sous le nom de Rose de Noël, à cause de la beauté de ses fleurs qui s'épanouissent dans la plus rigoureuse saison et lorsque la terre n'offre partout que l'aspect de la stérilité. Ses feuilles radicales sont coriaces, très-glabres, découpées en segmens pédalés. Les tiges, dépourvues de feuilles, ne portent qu'une ou deux fleurs très-grandes, de couleur blanche légèrement rosée, et accompagnées de bractées. On rencontre cette espèce dans les contrées montueuses et boisées de l'Europe méridionale. La racine de cette Plante est un purgatif violent, autrefois très-usité dans les hydropisies et les affections vermineuses, maintenant rejeté par les médecins à cause de l'excessive irritation qu'il produit dans le tube intestinal.

L'HELLÉBORE ORIENTAL, *Helleborus orientalis*, L. Sa tige, haute de quatre à cinq décimètres, est simple à la base, rameuse dans la partie supérieure, garnie de feuilles presque sessiles, à plusieurs segmens palmés; les feuilles radicales sont pubescentes en dessous et divisées en lobes pédalés. Les fleurs, d'un diamètre considérable, ont les sépales de leur calice ovales et colorés. Cette espèce, intermédiaire entre l'*Helleborus niger* et l'*H. viridis*, L., croît dans les contrées montueuses de l'Orient, principalement sur les bords de la mer Noire, sur le mont Olympe, et à Anticyre d'où Tournefort l'a rapportée. C'est de cette Plante et non de la précédente que les anciens ont tellement préconisé les vertus, qu'aucun autre médicament n'a joui d'une plus grande célébrité. De l'Hellébore, de l'Hellébore, telle était la prescription accoûtumée des Purgons de l'antiquité, lorsqu'ils avaient à traiter quelque maladie mentale que ce fût; et le préjugé en faveur de ce remède avait acquis une telle force, que les plus célèbres philosophes en prenaient souvent avant de travailler pour s'exciter et se rendre l'esprit plus inventif. Il est pourtant douteux que cette racine ait jamais produit des effets semblables à ceux que produit sur nos beaux esprits la liqueur de Moka. Toutefois, les anciens médecins avaient reconnu la violence de cette racine, et pour en adoucir l'action, ils lui faisaient subir, avant de l'employer, diverses préparations qui nous sont inconnues. Ils ne la donnaient point aux vieillards, aux femmes délicates et aux enfans.

L'*Helleborus viridis* et l'*Hell. fœtidus*, L., sont aussi deux espèces très-remarquables. La première croît dans les bois montueux du midi de la France, de l'Italie, etc. ; la seconde est très-commune dans les endroits rocailleux de la France, de l'Allemagne et de l'Angleterre. On la nomme vulgairement Pied de Griffon. Dans la médecine vétérinaire, on emploie sa racine pour entretenir des sétons, et la décoction de ses feuilles est utile contre le farcin des Chevaux.

On a quelquefois étendu le nom d'Hellébore à quelques Vératres, et notamment au *Veratrum album*, L. *V.* VÉRATRE. (G..N.)

* HELLÉBORÉES. *Helleboreæ.* BOT. PHAN. Le professeur De Candolle (*Syst. Regn. Veget. natur.*, 1, p. 306) a donné ce nom à la quatrième tribu de la famille des Renonculacées, et il l'a ainsi caractérisée : estivation du calice et de la corolle imbriquée ; corolle tantôt nulle, tantôt composée de cinq à dix pétales (nectaires, L.) irréguliers, le plus souvent bilabiés, nectarifères ; calice ordinairement coloré, pétaloïde ; carpelles polyspermes, le plus souvent libres, s'ouvrant du côté intérieur par une fente longitudinale, quelquefois soudés et formant un péricarpe multiloculaire ; graines horizontales fixées à des placentas suturaux. Les Plantes de cette tribu ont des tiges herbacées, des feuilles alternes ; des fleurs colorées de toutes les manières, dont les filets des étamines se convertissent, par la culture, en pétales aplatis, tandis que les anthères sont transformées en pétales bilabiés. L'auteur de cette tribu y a placé les genres suivans : *Caltha*, Pers. ; *Trollius*, L. ; *Eranthis*, Salisb. ; *Helleborus*, Adans. ; *Coptis*, Salisb. ; *Isopyrum*, L. ; *Enemion?* Rafin. ; *Garidella*, Tournef. ; *Nigella*, Tourn. ; *Aquilegia*, Tourn. ; *Delphinium*, Tourn. ; et *Aconitum*, Tournef. *V.* tous ces mots. (G..N.)

HELLEBORINE. BOT. PHAN. Les anciens botanistes, jusqu'à Tournefort inclusivement, donnaient ce nom au genre d'Orchidées que Linné nomma ensuite *Serapias*. Cette dernière dénomination a été adoptée par Swartz, qui a exclu des *Serapias* de Linné, plusieurs espèces dont il a fait le genre *Epipactis*. Persoon, tout en conservant le genre *Serapias*, a néanmoins rétabli l'ancien mot d'*Helleborine*, pour désigner un genre composé des espèces auxquelles Swartz donnait le nom de *Serapias* ; mais il ne paraît pas que ce mot puisse être adopté, ayant été proscrit par Linné, à cause de son trop de ressemblance avec celui d'Hellébore qui désigne des Plantes extrêmement éloignées des Orchidées. Dans son travail sur les Orchidées d'Europe, Richard père a seulement admis les dénominations imposées par Swartz. *V.* EPIPACTIDE et SERAPIAS.

Le mot d'HELLÉBORINES a été employé par Du Petit-Thouars, pour désigner une des trois divisions des Orchidées des îles australes d'Afrique. *V.* ORCHIDÉES. (G..N.)

HELLÉBORITES. BOT. PHAN. Et non *Helleborides*. Syn. ancien de *Gentiana Centaurium*, L. *V.* ERYTHRÉE. (B.)

* HELLEBOROIDES. BOT. PHAN. Adanson (Fam. des Plantes, 2, p. 458) avait déjà séparé sous ce nom générique l'*Helleborus hyemalis*, L., dont Salisbury (*Trans. Lin.*, 8, p. 303) a formé son genre *Eranthis*. Ce dernier nom a été adopté. *V.* ERANTHIS. (G..N.)

HELLEBORUS. BOT. PHAN. *V.* HELLÉBORE.

HELLEBUT. POIS. L'un des noms vulgaires et de pays du Flet. *V*. PLEURONECTE. (B.)

HELLÉNIE. *Hellenia*. BOT. PHAN. Ce genre, de la famille des Scitaminées de Brown et de la Monandrie Monogynie, L., a été primitivement établi par Kœnig (*in Retz Observ.*, fasc. 3, p. 48 et 64) sous le nom de *Languas*. Retz (*loc. cit.*, fasc. 6, p. 17) changea ce nom trivial en celui d'*Heritiera*, qui n'a pas été adopté, parce qu'il existe plusieurs autres genres de ce nom. Enfin le nom d'*Hellenia*, qui avait été inutilement employé par Retz lui-même pour distinguer génériquement le *Costus speciosus*, a été de nouveau proposé par Willdenow (*Spec. Plant.*, I, p. 4) et généralement admis pour désigner le genre en question. Brown (*Prodr. Flor. Nov.-Holland.*, p. 307) a tracé de la manière suivante les caractères de ce genre : périanthe dont le limbe intérieur est à une seule lèvre munie de chaque côté à la base d'une petite dent; filet linéaire, développé au-delà des bords de l'anthère, et ayant un lobule très-court, arrondi, entier ou bilobé; capsule crustacée; semences pourvues d'un arille. Le genre *Hellenia* est, en outre, caractérisé par une inflorescence en panicules ou en grappes lâches à l'extrémité de la tige. Dans son travail sur les Scitaminées (*Trans. of Linn. Societ.* T. VIII, p. 344), Roscoë n'a pas hésité à réunir ce genre à l'*Alpinia*, dont cependant il diffère, selon Brown, par son filet développé au-delà de l'anthère et par la texture de la capsule. — On ne connaît que cinq espèces de Scitaminées décrites sous le nom générique d'*Hellenia*, savoir : 1° *H. cœrulea*, R. Br., Plante du bord littoral de la Nouvelle-Hollande, entre les tropiques et près du port Jackson; 2° *H. Allughas*, W., décrit et figuré par Retz (*loc. cit.* T. I) sous le nom d'*Heritiera Allughas*; elle croît dans l'île de Ceylan; 3° *H. alba*, dont Kœnig (*loc. cit.*) a donné une longue description sous le nom de *Languas vulgaris*; 4° *H. Chinensis* ou *Languas Chinensis*, Kœnig; 5° et *H. aquatica* ou *Languas aquatica* de Kœnig. Ces trois dernières espèces croissent dans les Indes-Orientales, et sont cultivées dans les jardins de la Chine. (G..N.)

*HELLIGOG. OIS. (Montagu.) Syn. de Pingouin macroptère. *V*. PINGOUIN. (DR..Z.)

*HELLUO. ANNEL. Syn. d'Erpobdelle dans le système général d'Histoire naturelle d'Ocken. C'est le genre Néphélis de Savigny. Il contient, dans l'auteur allemand, les *Hirudo vulgaris*, *stagnalis*, *complanata*, *heteroclita*, *marginata* et *lineata* des auteurs antérieurs. (B.)

HELLUO. *Helluo*. INS. Genre de l'ordre des Coléoptères, famille des Carnassiers, tribu des Carabiques, établi par Bonelli (Observ. Entomol., 2e partie) et adopté par Latreille qui l'avait réuni (Règn. Anim. de Cuv. T. III) à ses Lébies, et qui l'a ensuite placé (Coléopt. d'Eur., par Latr. et Dej., 2e livrais., p. 94) dans sa première section des Carabiques, celle des Étuis-Tronqués ou Troncatipennes, à la suite du genre Anthie; les caractères de ce genre sont : milieu de l'échancrure du menton unidenté; languette peu avancée au-delà de l'origine des palpes labiaux, presque carrée, arrondie à son extrémité; élytres tronquées transversalement; palpes extérieurs terminés par un article un peu plus gros, obconique.

Ce genre se distingue des Anthies par la forme des élytres et de quelques parties de la bouche qui les rapprochent des Cymindes. Latreille (*loc. cit.*) cite deux espèces de ce genre, celle qui a servi à l'établir et :

L'HELLUO A CÔTES, *Helluo costatus*, Bon., que Latreille avait placé dans la collection du Muséum d'Histoire Naturelle, sous le nom d'*Anthia truncata*; il est d'un brun couleur de poix; la tête est ridée sur les côtés et près des yeux, et le corselet, qui est en forme de cœur, est à peine plus large que long et marqué de points enfoncés et de petites rides transversales. Les élytres sont pointillées, striées, et portent trois côtes élevées; tout le corps est semé de poils, et sa longueur est de vingt-quatre millimètres. Il habite au port Jackson, dans la Nouvelle-Hollande, et a été rapporté par Péron et Lesueur. Latreille rapporte à ce genre la *Galerita hirta* de Fabricius qui a été rapportée de la côte de Coromandel par Leschenault, et qu'il a reçue de Mack-Lay et de Westermann comme venant aussi des Indes-Orientales. Ces deux espèces sont figurées dans l'ouvrage des Coléoptères d'Europe que nous avons cité. (G.)

HELLUS. INS. Le genre de l'ordre des Hyménoptères, ainsi nommé par Fabricius, correspond au genre Sapyge. *V.* ce mot. (AUD.)

* HELMICTIS. POIS. Genre formé par Rafinesque dans son Ichthyologie Sicilienne, et qui mérite un nouvel examen pour être adopté. (B.)

HELMINS OU HELMINTHES. INT. Ce nom a été donné à la classe d'Animaux qui vivent dans le corps d'autres Animaux, en remplacement de celui de Vers intestinaux, par Duméril dans sa Zoologie analytique; Rudolphi a nommé ces Animaux Entozoaires, et Cuvier Intestinaux. Nous croyons devoir préférer cette dernière dénomination, comme plus généralement adoptée. *V.* ce mot. (LAM..X.)

HELMINTHIDES. MOLL. Ordre proposé par Virey pour désigner un ordre de Vers aquatiques pourvus de branchies et par conséquent d'une circulation, ce qui les rapproche des Mollusques. Cet ordre est divisé en deux familles principales; dans la première, se trouvent les Vers à tuyaux ou Pinceaux de mer ou les Tubicoles de Cuvier et Lamarck; la seconde renferme les Dorsibranches. *V.* ces mots. Les naturalistes n'adoptent pas ces divisions. (G.)

HELMINTHIE. *Helminthia*. BOT. PHAN. Genre de la famille des Synanthérées, Chicoracées de Jussieu, et de la Syngénésie égale, L., établi autrefois par Vaillant sous le nom d'*Helminthotheca*, décrit par Linné sous celui de *Picris*, mais rétabli par Jussieu (*Gener. Plant.*, p. 170) qui, en abrégeant la dénomination de Vaillant, l'a distingué du *Picris* de Linné. Il offre les caractères suivans: involucre composé de folioles sur un seul rang, égales, appliquées, obtuses, munies sur le dos d'un appendice hérissé de poils rudes presque épineux; à sa base, sont d'autres petites folioles surnuméraires, irrégulièrement disposées, inégales, subulées, et enfin cinq grandes bractées sur un seul rang, cordiformes et foliacées, environnent le tout; calathide formée de demi-fleurons nombreux et hermaphrodites; réceptacle plane, garni de paillettes courtes; akènes oblongs, comprimés des deux côtés, ondulés transversalement par des rides parallèles, prolongés supérieurement en un long col cylindrique; aigrette blanche, longue et plumeuse.

L'HELMINTHIE FAUSSE VIPÉRINE, *Helminthia Echioides*, Juss. et D.C, Flor. Franç., est une Plante herbacée, hérissée de poils divergens à leur sommet en deux pointes crochues; la tige est dressée, rameuse et cylindrique; elle porte des feuilles vertes luisantes; les inférieures obovales, sinuées; les supérieures amplexicaules échancrées en cœur; les calathides formées de fleurs jaunes sont disposées en une sorte de panicule. Cette Plante croît en Europe, sur les bords des champs et des chemins. Quoiqu'elle se rencontre en plusieurs endroits, et notamment aux environs de Paris, à Montmorency, Bondy, etc., elle n'est pas aussi répandue que les autres Chicoracées; on la trouve en abondance seulement dans quelques localités spéciales. Une seconde espèce qui croît dans les Pyrénées, a été décrite par De Candolle, et nommée *Helminthia spinosa*. (G..N.)

* HELMINTHOCHORTON OU

HELMINTHOCORTOS. BOT. CRYPT. (*Hydrophytes.*) Ces noms ont été donnés à une Hydrophyte très-commune dans la Méditerranée, beaucoup plus rare sur les côtes occidentales de la France, connue vulgairement sous les noms de Mousse de Corse et de Mousse de mer, que les botanistes ont appelée *Fucus Helminthochorton*, et que nous avons placée dans notre genre *Gigartina;* on ne doit pas confondre la Mousse de Corse avec la Coralline de Corse. Beaucoup de botanistes se sont occupés de ce Fucus, d'une manière plus ou moins spéciale; Latourette en a donné une bonne description dans le Journal de Physique. Stéphanopoli, dans son Voyage en Grèce, a publié un long Mémoire sur cette Plante; il dit qu'il y en a deux espèces, une grande et l'autre petite, et Jaume Saint-Hilaire, dans ses Plantes de France, l'a figurée de la manière la plus exacte; enfin De Candolle s'en est occupé, et a reconnu plus de trente productions marines, réunies sous le nom de Mousse de Corse. Nous avons examiné cette prétendue Mousse dans un grand nombre de pharmacies, et souvent nous avons trouvé que celle dont on vantait le plus la qualité ne contenait pas un atome de *Fucus Helminthochorton*. Il nous est démontré également que l'action de ce mélange est la même sur l'économie animale, qu'il y ait ou non de *Fucus Helminthochorton;* enfin, nous avons reconnu plus de cent espèces de productions marines, telles qu'Hydrophytes, Polypiers, débris de Mollusques et d'Annelides, dans la substance pharmaceutique qui porte le nom de Mousse de Corse. (LAM..X.)

HELMINTHOLITHES. ZOOL. Des Vermicules et des Hippurites fossiles sont quelquefois désignées sous ce nom par les naturalistes. (LAM..X.)

HELMINTHOLOGIE. ZOOL. L'on a pendant long-temps donné ce nom à la partie de l'histoire naturelle qui se composait de l'étude des Vers; mais alors l'on réunissait sous la dénomination de Vers, des Animaux très-différens les uns des autres, et dont on a même composé plusieurs classes. Quelques auteurs ont par la suite appliqué le nom d'Helminthologie à la seule partie de la science qui traite spécialement des Intestinaux; mais il n'a pas été adopté, et c'est ce qui nous engage à renvoyer au mot INTESTINAUX, l'histoire des êtres singuliers dont la manière de vivre et de se multiplier est encore si peu connue. (LAM..X.)

* HELMINTHOSTACHYS. BOT. CRYPT. (*Fougères.*) Ce genre a été établi par Kaulfuss dans le Journal de Botanique de Ratisbonne et décrit avec plus de détail dans son ouvrage sur les Fougères du voyage de Kotzebue. Il est fondé sur le *Botrychium Zeylanicum* de Swartz ou *Ophioglossum Zeylanicum*, L.—R. Brown avait déjà indiqué dans son *Prodromus* que cette Plante devait former un genre particulier. Elle diffère cependant peu des vrais *Botrychium;* seulement la fructification, au lieu de former une panicule dont la disposition représente une feuille modifiée comme on l'observe dans les *Bothrychium*, forme un épi cylindrique, composé d'épis partiels sur lesquels les capsules sont disposées par verticilles. On ne connaît encore qu'une seule espèce de ce genre; elle croît dans les lieux humides de Ceylan, de Java, des Moluques, etc. (AD. B.)

HELMINTHOTHECA. BOT. PHAN. Vaillant avait ainsi nommé un genre que Linné confondait avec son *Picris;* mais il a été de nouveau distingué de celui-ci par Jussieu, sous le nom d'*Helminthia*. *V.* HELMINTHIE. (G..N.)

HELMINTIE. *Helmintia.* BOT. PHAN. Pour Helminthie, *Helminthia.* *V.* ce mot. (B.)

HELMINTOCORTON. BOT. CRYPT. Pour Helminthochorton. *V.* ce mot. (LAM..X.)

HELMISPORIUM. BOT. CRYPT. Link est le créateur de ce genre admis par Nées, et non adopté par

Persoon dans sa Mycologie Européenne, qui l'a réuni aux *Dematium*, genre placé dans les Trichomycées, premier ordre de ses Champignons Exosporiens, c'est-à-dire Champignons dont les semences sont extérieures, ce qui répond à la série des Byssoïdes, ordre des Mucédinées, de la Méthode de Link. Les caractères génériques du genre *Helmisporium* sont les suivans : fibres droites, peu rameuses, épaisses, roides, opaques, assez souvent cloisonnées à leur extrémité qui porte des sporidies caduques, oblongues, assez ordinairement annelées. On trouve les Helmispories sur les herbes sèches où ils forment de très-petites touffes. L'*H. velutinum*, Link (*Berol. Magaz.*, 3, T. v, fig. 9), Nées (Trait. des Champ., T. v, fig. 65), paraît être quelque variété du *Dematium ciliare*, Persoon. L'*H. casispermum*, Link (*loc. cit.*), est le *Dematium articulatum*, Pers. (*Syn. Fung.*, p. 694, Mycol. Europ.). Les autres espèces d'*Helmisporium* sont : l'*H. minus*, Link (*loc. cit.*), à fibres étalées, noires, simples, un peu rameuses, à sporidies globuleuses, point annelées, éparses; l'*H. nanum*, Nées (Trait. des Champ., pl. 5, fig. 65, A), qui en diffère par ses fibres fourchues, un peu noueuses, et par ses sporidies presque cylindriques, un peu plus courtes que les fibres; enfin, l'*H. ramosissimum*, Link (*loc. cit.*), à fibres très-rameuses, fasciculées, noires, à sporidies globuleuses, adhérentes vers la base. Toutes ces espèces se trouvent en Europe et dans nos environs, sur les bois et les herbes sèches. (A. F.)

* HELMONTITES. MIN. Nom donné par les anciens naturalistes à des masses argileuses, ovoïdes ou sphéroïdales, dont l'intérieur s'était divisé par compartimens et par petits prismes, et dont les intervalles avaient été remplis par des incrustations calcaires. Ces pierres, qui étaient aussi désignées sous les noms de *Ludus Helmontii*, de Jeux de Vanhelmont, etc., reçoivent un assez beau poli, et ont un aspect singulier qui les fait rechercher par les amateurs de pierres figurées. (G.)

HELMYTON. POLYP. Genre de production marine établi par Rafinesque dans la famille des Hydrophytes Ulvacées; il lui donne pour caractères : corps allongé, vermiforme ou cylindrique, gélatineux, élastique, assez transparent pour laisser voir les granules situés dans l'intérieur. Deux espèces composent ce genre, l'Helmyton aggloméré, vulgairement Vermicelle de mer en Sicile, et l'Helmyton spiral. La première a des filamens cylindriques, filiformes, très-longs, fixés par une de leurs extrémités, avec des séminules ou gongyles arrondis, disposés en grappes. Dans la seconde, les filamens sont roulés en spirale et fixés par un côté sur des Plantes ou des Polypiers; les séminules sont épars dans la substance de la Plante. Tels sont les caractères que Rafinesque donne à ce genre et aux deux espèces dont il le compose. Nous avons examiné des productions marines analogues, trouvées en France et en Angleterre; nous les avons observées sur les côtes du Calvados; nous en avons reçu de Marseille, conservées dans l'Alcohol et envoyées par Roux; après les avoir étudiées avec soin, nous nous sommes convaincus que ces productions ne pouvaient se séparer des Alcyonidies, du moins lorsqu'on les considère sans les Polypes. Leur organisation est la même; les uns et les autres ont une transparence obscure, une translucidité qui permet de voir dans leur substance une foule de grains épars plus ou moins opaques; les Helmytons sont fort peu gluans ou gélatineux dans l'état frais; enfin leur forme varie beaucoup; mais l'existence des Polypes est prouvée dans les Alcyonidies, et nous ne faisons que le soupçonner dans les Helmytons de Rafinesque. Néanmoins nous pensons qu'on doit les réunir et n'en faire qu'un seul groupe de l'ordre des Alcyonées dans la division des Polypiers sarcoïdes, à substance plus ou moins irritable et sans axe central. Si les Polypes des Helmytons diffèrent de ceux des Alcyonidies, ce genre méritera d'être conservé. En attendant qu'ils soient observés, nous ne ferons qu'un seul groupe de ces Polypiers, à cause des caractères communs qu'ils présentent; ils ne diffèrent que par la forme et l'habitus ou le faciès. *V.* ALCYONIDIE. (LAM..X.)

HÉLOCÈRES. INS. La famille de Coléoptères formée sous ce nom par Duméril, répond à celle dont il a déjà été question sous le nom de Clavicornes. *V.* ce mot. (AUD.)

HELODE. *Helodes.* INS. Genre de l'ordre des Coléoptères, section des Tétramères, famille des Cycliques (Règn. Anim. de Cuv.), établi par Paykull, admis par Fabricius et Olivier, adopté aussi par Latreille, mais sous le nom de Prasocure, *Prasocuris*, à cause de la confusion qui aurait existé, au moins pour la prononciation, entre le genre Hélode et celui d'Élode. *V.* PRASOCURE. (AUD.)

HELONIAS. BOT. PHAN. Genre de la famille des Colchicacées de De Candolle, et de l'Hexandrie Trigynie, établi par Linné qui l'a ainsi caractérisé : périanthe à six divisions profondes, colorées, égales et étalées; six étamines plus longues que le périanthe, insérées à la base du périanthe, et à filets subulés; ovaire trigone, surmonté d'un style court ou plutôt de trois styles soudés, et de trois stigmates qui sont également réunis; capsule triloculaire, polysperme. Les espèces de ce genre sont originaires des États-Unis de l'Amérique septentrionale, excepté l'*Helonias minuta*, L., *Mantiss.*, Plante indigène du cap de Bonne-Espérance, et l'*H. virescens* de Kunth (*Nov. Gener. et Spec. Plant. æquin.* T. I, p. 267) qui croît dans les endroits pierreux de la Nouvelle-Espagne près de Santa-Rosa de la Sierra. Ces deux dernières espèces ne sont placées qu'avec doute parmi les *Helonias*. On cultive au Jardin des Plantes de Paris l'*Helonias bullata*, L. et Lamk., *Illustr. Gener.*, tab. 268, qui peut être considérée comme le type du genre. C'était l'*Abalon* d'Adanson. Cette Plante, dont les fleurs sont roses, pourpres, disposées en une grappe courte, ovale et transversale, croît dans les lieux sablonneux et marécageux de la Pensylvanie. Dans sa culture, cette espèce exige une bonne terre de bruyère, l'exposition au nord, et des arrosemens fréquens en été. L'*Helonias asphodeloides*, L., qui a le port des Asphodèles, a été érigé en un genre particulier sous le nom de *Xerophyllum*, par Richard père (*in Michaux Flor. Boreali-Amer.*). *V.* XÉROPHYLLE.

Adanson a formé un genre *Helonias* avec le *Scilla Lilio-Hyacinthus*, L. *V.* SCILLE. (G..N.)

HELONOMES. *Helonomi.* OIS. Nom que Vieillot a donné à une famille d'Echassiers, qui comprend les genres Courlis, Vanneau, Tournepierre, Bécasseau, Chevalier, Barge, Bécasse, Rhynchée et Caurale, faisant partie de notre seconde famille de l'ordre des Gralles. *V.* ce mot. (DR..Z.)

* HELOPHILUS. INS. *V.* ELOPHILE.

HÉLOPIENS. *Helopii.* INS. Tribu d'Insectes de l'ordre des Coléoptères, section des Hétéromères, que Latreille avait établie dans plusieurs de ses ouvrages et qui forme maintenant (Règn. Anim. de Cuv. T. III) la première division de la famille des Sténélytres. *V.* ce mot. Les Insectes de cette division ont tous les articles des tarses, ou du moins ceux des postérieurs entiers, ce qui les distingue des Sténélytres de la seconde division, celle des Œdémérites, qui ont le pénultième article de tous les tarses bilobé ou profondément échancré. Cette tribu comprend les genres Serropalpe, Hollomène, Pythe, Hélops, Nilion et Cistèle. *V.* ces mots. (G.)

HÉLOPITHÈQUES. MAM. (Geoffroy Saint-Hilaire.) *V.* GÉOPITHÈQUE. (B.)

HELOPODIE. *Helopodium.* BOT. CRYPT. (*Lichens.*) Achar a créé ce genre dans le Prodrome de la Lichénographie suédoise ; il lui avait donné pour caractères : des feuilles cartilagineuses, roides, petites, sous-imbriquées, droites, sinueuses, crénelées, verdâtres, un peu pâles en dessous ; une tige (*bacilla*) sous-solide, simple, supérieurement dilatée, à peine subdivisée, tuberculifère, à tubercules terminaux fongiformes, gros, simples, agglomérés et agrégés, à marge sous-réfléchie. Ce genre, placé entre les *Scyphophorus* et les *Cladonia*, a été adopté par De Candolle et par Michaux ; mais Achar, ayant reconnu que ce genre n'était pas basé sur des caractères solides, le réunit aux Bœomyces dans sa Méthode, et plus tard l'ôta des Bœomyces pour en faire un sous-genre du Cénomyce. Nous avons fait de l'Hélopodie une section de notre genre Scyphophore. *V.* ce mot. Neuf espèces, qui toutes croissent sur la terre ou sur les bois à moitié décomposés, constituent la section des Hélopodies. Une seule espèce est décrite dans la Flore Française, quoique la France en possède plusieurs autres ; c'est l'*Helopodium delicatum*, Ach., *Prodr. Lich.*, D. C., Fl. Franç., II, p. 341 ; *Lichen delicatus*, Ach., *Lich.* 199 ; *Lichen parasiticus*, Hoffm., *Enum.* T. VIII, f. 5 ; *Bœomyces delicatus*, Ach., Méth. lich., 327 ; *Cenomyce delicata*, Ach., Lich. univ., p. 569 ; ses feuilles sont petites, imbriquées, crénelées ; elles portent des pédicelles creux dans toute leur longueur, ouverts au sommet, un peu comprimés, blanchâtres, divisés au sommet en deux ou trois lanières, très-courtes, qui portent des tubercules globuleux, charnus, d'abord bai-bruns, enfin noirs. On trouve ce Lichen sur le bois mort. (A. F.)

HELOPS. POIS. Pour Elops. *V.* ce mot. (B.)

HÉLOPS. *Helops.* INS. Genre de l'ordre des Coléoptères, section des Hétéromères, famille des Sténélytres, établi par Fabricius, et dont les caractères sont : mandibules terminées par deux dents ; dernier article des palpes maxillaires grand, en forme de hache ou de triangle renversé ; corps épais, convexe ou arqué et oblong. Les Hélops, que Pallas nomme Mylaris, forment un genre nombreux, mais dont le port diffère beaucoup. Ces différences ont donné lieu à l'établissement de plusieurs genres que Latreille avait déjà indiqués par les coupes qu'il a faites dans le genre Hélops de son *Gen. Crust. et Ins.* Cet illustre auteur ne distingue pas des Hélops, les Cnodalons de Fabricius qu'il ne faut pas confondre avec ses Cnodalons, *V.* ce mot, qui diffèrent des Hélops par des caractères d'une valeur suffisante pour en faire raisonnablement un autre genre. Il range aussi parmi les Hélops le *Dryops æneus* de Paykull. Les Coléoptères que Fabricius désigne génériquement de la même manière, et très-différens de ceux qu'Olivier a aussi nommés Dryops, appartiennent aux genres Nothus et Ædémère. *V.* ces mots. Les Hélops ont beaucoup de rapports avec les Ténébrions ; mais ils en diffèrent par les mâchoires, les antennes et par la présence des ailes que les Ténébrions n'ont jamais. Ils se distinguent aussi des Serropalpes, des Hellomènes, des Pythes, des Nilions et des Cistèles, *V.* ces mots, par des caractères tirés des parties de la bouche, des antennes et de la forme du corps. La tête des Hélops est ordinairement plus étroite que la partie antérieure du corselet ; elle porte deux antennes filiformes, un peu plus longues que le corselet, composées de onze articles dont les derniers sont plus courts et plus arrondis que les autres ; ceux-ci sont cylindrico-coniques, le second est le plus court et le troisième plus allongé que les suivans. Les mandibules ont leur extrémité bifide ou terminée par deux dents : les palpes sont au nombre de quatre ; le dernier article des maxillaires est sécuriforme ; la languette est peu échancrée et le menton presque carré; le corselet est trapézoïdal, aussi large que l'abdomen; les pates sont médiocrement longues avec les cuisses comprimées.

Les Hélops vivent sous les écorces des Arbres morts ou dans les fissures des Arbres vivans. Nous avons eu occasion d'observer leur manière de vivre sur une espèce très-rare aux environs de Paris, *Helops ater*, et nous avons reconnu que ces Insectes ne se mettent en mouvement et ne sortent qu'à l'entrée de la nuit de l'espèce de léthargie et d'engourdissement dans lequel ils sont plongés quand on les prend le jour. Nous avons pris en été beaucoup d'individus de l'espèce que nous venons de citer sur un pont de bois de l'île Louviers, et ce n'est jamais qu'à neuf heures du soir qu'ils commencent à sortir et à marcher avec assez de vivacité. On voyait alors les mâles chercher les femelles et se livrer à l'acte de la génération avec beaucoup d'ardeur. A dix heures à peu près, on n'en voyait presque plus, et ils étaient tous rentrés dans les nombreuses fentes que présentaient les piliers et les garde-fous de ce pont. Les larves des Hélops se trouvent dans le tan formé par les Insectes au pied des Arbres; le corps de celles d'une espèce de notre pays est fort allongé, lisse, cylindrique, composé de douze anneaux dont le dernier est terminé en deux petites pointes relevées entre lesquelles est placé l'anus. Les trois premières articulations portent chacune une paire de pates très-courtes, formées de plusieurs pièces, et terminées par un crochet fort aigu; la tête est aussi large que le corps, munie en dessus d'une pièce clypéacée qui recouvre la bouche; on voit de chaque côté une petite antenne dirigée en avant; la bouche est pourvue de fortes mâchoires; les yeux ne sont point apparens; elles servent de nourriture aux Rossignols et aux Fauvettes. Dejean (Catal. de Col., p. 70) mentionne cinquante-trois espèces d'Hélops; la plus commune à Paris est:

L'HÉLOPS LANIPÈDE, *H. lanipes*, Fabr., Oliv., Entom. T. III, n. 58, pl. 1, fig. 1 à 6; Latr. (*Gener. Crust. et Ins.* T. II, p. 188); *Tenebrio lanipes*, L.; le Ténébrion bronzé, Geoffroy, Histoire des Insectes, T. I, p. 349. Il est commun à Paris. Un entomologiste de nos amis, Percheron, a rapporté de Saint-Tropez en Provence une espèce nouvelle de ce genre, que Dejean a nommée *Helops rotundicollis*. Cet Insecte est long d'environ deux lignes et demie; son corselet est globuleux, rétréci en avant et en arrière et arrondi sur les côtés de manière à paraître rond quand on le regarde en dessus; ses antennes sont deux fois plus longues que la tête et le corselet pris ensemble; ses élytres sont striées. Le dessus du corps de cet Insecte est d'un bronzé moins brillant que celui de l'*Helops lanipes*; le dessous et les pates sont d'un fauve brun assez foncé. Il a été trouvé rarement sous l'écorce d'un Arbre. (G.)

* HELOPUS. BOT. PHAN. Genre de la famille des Graminées, voisin des *Milium* et du *Piptatherum*, placé dans les Uniflores par Trinius (*Agrost. Fundam.*, tab. 4) qui l'a ainsi caractérisé : deux glumes mutiques concaves plus grandes que la fleur; paillette inférieure concave, coriace, surmontée d'une arête caduque; paillette supérieure ovale, obtuse, coriace; deux stigmates; deux écailles tronquées. (G..N.)

HÉLORAGÉES. BOT. PHAN. (Dictionnaire de Déterville.) Pour Haloragées. *V.* ce mot. (B.)

HELORE. *Helorus*. INS. Genre de l'ordre des Hyménoptères, section des Térébrans, famille des Pupivores, tribu des Oxyures (Règn. Anim. de Cuv.), établi par Latreille qui lui assigne pour caractères : lèvre inférieure évasée, arrondie, et presque entière au bord supérieur; palpes maxillaires filiformes, longs de cinq articles; les labiaux de trois, dont le dernier plus gros, ovale; antennes filiformes, droites, de quinze articles, dont le troisième presque conique, les autres cylindriques; mandibules allongées, pointues, avec un avancement interne, bidenté. Ce genre, voisin des Proctotrupes, des Cinètes, etc., a été adopté par Jurine qui a spécifié autrement ses caractères génériques; suivant lui, les antennes sont composées de quinze articles, dont le premier est ovale; la dent inférieure des mandibules est plus longue; les ailes offrent quelque chose de remarquable dans la disposition des nervures qui sont liées les unes aux autres, dans le milieu du disque de l'aile, par une nervure contournée en forme de fer à cheval. Jurine exprime cette particularité de la manière suivante : une cellule radiale, presque triangulaire; deux cellules cubitales, la première grande, la deuxième très-grande, atteignant le bout de l'aile. Latreille observe que les Hélores ont la tête comprimée, de la largeur du corselet, avec les yeux ovales et entiers, et que le corselet lui-même est globuleux; l'abdomen est rétréci brusquement à sa base en un pédicule assez gros et cylindrique, formé par le premier anneau; le suivant a la forme d'une cloche et surpasse les autres en profondeur. On ne connaît encore qu'une espèce.

L'HÉLORE TRÈS-NOIRE, *Helorus ater*, Latr. Très-bien figuré par Jurine (Class. des Hym., pl. 14) et par Panzer (*Faun. Ins. Germ.* fasc. 52, tab. 23, et fasc. 100, tab. 18) sous le nom de *Sphex anomalipes*. Cet Insecte a été trouvé rarement aux environs de Paris. (AUD.)

* HELOSIS. BOT. PHAN. Genre de la nouvelle famille des Balanophorées de Richard père, établi par ce célèbre botaniste qui, dans la Monographie publiée après sa mort par son fils (Mém. du Mus. d'Hist. nat. T. VIII, p. 416), en a ainsi tracé les caractères : fleurs monoïques, rassemblées en un même capitule; phorante ovoïde garni de soies très-nombreuses, épaissies au sommet, comme articulées et surmontées de deux glandes. Les fleurs mâles sont pédicellées; leur calice offre trois divisions étalées, obovales et acuminées brusquement; trois étamines soudées par leurs filets en un corps cylindrique (*Synema*) plus long que les segmens du calice; à anthères dressées, cohérentes et introrses. Les fleurs femelles ont un court pédicelle; leur ovaire est infère, ovoïde-oblong, un peu comprimé sur les côtés, couronné au sommet par le limbe du calice très-court et marginal; deux styles cylindriques, du double plus longs que l'ovaire, terminés chacun par un stigmate globuleux. Le fruit est une caryopse ovoïde lisse, portée sur un court pédicelle et cachée entre les petites soies du phorante. La Plante sur laquelle ce genre a été fondé, avait été confondue avec les *Cynomorium* par Swartz; mais Richard en avait lu la description, dès 1790, à l'Académie des Sciences de Paris, sous le nouveau nom d'*Helosis Guyanensis*, qui doit lui être conservé. Mutis de Santa-Fé de Bogota (*Semenario del Nuovo R. de Granada*) paraît avoir constitué le même genre sous le nom de *Caldasia*, qui n'a pas été adopté parce qu'il servait déjà à désigner un genre d'une autre famille et constitué par Willdenow. Les quatre espèces indiquées par Mutis, comme appartenant à ce genre, n'ayant pas été décrites, on ne connaît exactement que la Plante décrite et figurée avec le plus grand soin par Richard. Elle a un pédoncule nu, le capitule sphéroïde, et les écailles arrondies et peltées. Une autre Plante a été rapportée à ce genre; elle possède un pédoncule couvert d'écailles imbriquées rhomboïdales, et un capitule allongé. C'est l'*Helosis Jamaicensis* de Richard (*loc. cit.*, p. 29), ou le *Cynomorium Jamaicense* de Swartz (*Flor. Ind. Occid.*, 1, p. 11). (G..N.)

HELOTIUM. BOT. CRYPT. (*Champignons.*) Genre intermédiaire entre les Pezizes et les Helvelles, et cependant placé après ces deux genres, entre le *Triblidium* et le *Stilbum*, par Persoon, dans sa Mycologie européenne, 2e section des Sarcomycées, classe première des Champignons exosporiens, c'est-à-dire dont les semences sont situées à l'extérieur. Les Hélotiums sont stipités; leur chapeau est membraneux, charnu, bombé ou hémisphérique, plane, à bords quelquefois repliés en dedans; les surfaces sont lisses, la surface supérieure est séminifère. Ces fongosités sont assez semblables à de petites épingles blanches, roses ou jaunes; elles vivent en groupe sur les vieux troncs, les branches mortes, les bois à moitié décomposés et les fumiers. Ce genre, avant Persoon, avait éprouvé beaucoup de changemens; il n'est pas encore bien fixé, et chaque jour y amène de nouvelles modifications, ce qui semble annoncer qu'il a besoin d'être encore étudié. Il a été mis tantôt à côté des Pezizes, entre le Xylostrome et la Clavaire; tantôt entre le *Typhula* et le *Geoglossum*; tantôt enfin entre le Léotie et l'Helvelle. Trois espèces seulement sont décrites dans la Flore Française, quoiqu'un bien plus grand nombre croisse en France; ce sont: 1. l'Hélotium Agaric, *Helotium agariciformis*, D.C. Flor. Fr. n. 189, *H. aciculare*, Pers. *Syn. Fungor.* p. 677, *sub. Leotia*, *Helvella acicularis*, Bull. Champ. 1, p. 296, t. 473, f. 1, qui croît par groupes sur le bois pourri; il est petit, très-blanc; son stipe est plein, son chapeau mince, convexe, orbiculaire. 2. L'H. des fumiers, Pers. *Syn. Fung. loc. cit.*; *Leotia fimetaria Obs. ejusd. mycol.* 2, t. 5, fig. 4 et 3, qui est d'un rouge agréable; son stipe est très-grêle, son chapeau un peu plane et sous-anguleux. 3. Enfin l'H. doré, *Helotium aureum*, Pers. *Syn. Fung.* p. 678, D. C. Flor. Fr. supp. 190. Celui-ci croît en groupes sur les écorces des vieux Sapins; il est d'un jaune doré très-vif; son stipe est mince, à base tomenteuse; son chapeau est hémisphérique, convexe. Les autres Hélotiums sont l'*H. elongatum*, Schum. *Saell.* p. 412.—L'*H. subsessile*, Schum. *Saell. loc. cit.*—*H. fibuliforme*, Pers. *Mycol. europ.* 345, l'*H. album*, Pers. *Mycol. europ.* p. 347, *Fungoidaster*, Micheli, *Nov. Gen. Plant.* p. 201, t. 82, fig. 3.—L'*H. incarnatum*, Pers. *loc. cit.* Ces deux espèces ont servi de type à Tode, pour la formation du genre dont il est question, et dont ce botaniste est le créateur. (A. F.)

* HELUNDO. OIS. Syn. d'Hirondelle. *V.* ce mot. (DR..Z.)

HELVELLE. *Helvella.* BOT. CRYPT. (*Champignons.*) Les Helvelles sont charnues, translucides comme de la cire, de couleur grise, orangée, noire, etc. Leur consistance est ordinairement fragile; elles sont stipitées, munies d'un chapeau irrégulier, bombé, lobé et plissé. Elles diffèrent des Mérules en ce que leurs surfaces sont unies et dépourvues de veines, des Théléphores en ce que le chapeau ne se retourne pas pendant la végétation, des Pezizes en ce que leurs séminules sont situées à la surface inférieure seulement, et que leur chapeau, au lieu d'imiter des cupules, est bombé. Les Helvelles sont peu nombreuses; elles vivent à terre parmi le gazon, sur les Arbres morts, la terre humide, etc. On les trouve au printemps et en automne, croissant en touffes, quelquefois aussi elles sont isolées; l'Helvelle mitre est dans ce cas; cependant il est ordinaire de trouver à côté d'un individu et très-près, un autre individu qui forme, avec le premier, la totalité des Helvelles du canton, à une assez grande distance. Ce fait consacré par un proverbe populaire, dont le sens est que qui trouve une Helvelle peut chercher sa pareille, tient peut-être à des considérations physiologiques très-importantes.

Le genre Helvelle a été fondé par Linné; les auteurs qui l'ont suivi, Gleditsch, Batsch, Sowerby, etc., ont adopté et porté ce genre à près de cinquante espèces. Persoon l'a modifié, et a placé plus de trente espèces dans ses genres *Merulius*,

Thelephora, *Helotium*, *Peziza*, *Morchella*, *Spathularia* et *Leotia*. Plusieurs botanistes ont adopté ces modifications; Fries et Nées ont renchéri sur elles en divisant le genre *Merulius* de Persoon en deux genres, *Rhizina* et *Helvella*, et le genre *Leotia* en *Wersera*, *Leotia* et *Mitrula*. Nous examinerons la validité de ces nouveaux genres à leurs articles respectifs, et ne parlerons que de l'Helvelle de Persoon, qui figure parmi les Champignons Sarcomyces (charnus), deuxième ordre de la première classe, les Champignons à semences extérieures. Dans la Mycologie européenne on trouverait le nombre des Helvelles porté à quinze, si l'auteur n'avait rejeté cinq espèces dans les espèces encore incertaines; ce genre y est placé entre le *Morchella* (Morille) et le *Rhizina*, qui lui-même est à côté des Pezizes; il est subdivisé en espèces à stipe sillonné en long, et en espèces à stipe lisse, très-rarement lacuneux. Parmi celles de la première division, on trouve: 1° l'Helvelle mitre, *Helvella mitra*, Lin., Bull., De Cand., Nées, Pers. C'est l'Helvelle lacuneuse, Holmsk. II, t. 24, et de Fries. Persoon réunit à l'Helvelle en mitre l'*Helv. sulcata*, Willd., et *Monacella*, Schœff.; il distingue trois variétés tirées de la couleur; toutes se trouvent dans les mêmes localités, les prairies ombragées, au pied des Arbres dont la végétation est languissante; ce Champignon est d'un goût très-agréable, sa chair est saine et de très-bonne qualité. 2°. L'Helvelle dorée, *Helvella chrysophæa*, Pers. *Myc. europ.* 1, p. 211; *H. reflexa*, Cumino, *Fung. vallis Pisii in Act. Acad. Reg. Taur.* 1805, p. 250, t. 2, à chapeau étalé, irrégulièrement ondulé, lobé, d'un fauve brun, à stipe blanc, sillonné jusque vers le milieu; on trouve cette belle Helvelle sur les montagnes, sous les Hêtres. — Parmi les Helvelles à stipe lisse, on remarque l'*Helvella grandis*, Cumino, *loc. cit.*, et Pers., à chapeau ample, à trois à quatre lobes, d'un brun pustuleux, à stipe blanc lisse ou très-rarement lacuneux; il croît, après les pluies du printemps, dans les forêts des montagnes; ce Champignon est comestible ainsi que l'*Helvella esculenta*, Pers., *Syn. Fung*, etc., Schœff., D. C. Flor. Fr., qui croît en groupes au printemps; son chapeau est presque difforme, de couleur châtain clair, plissé en cercles; son stipe est court, d'un blanc roux. — La plupart des Helvelles lancent leurs séminules par jets instantanés. (A. F.)

* HELVIN. MIN. (Werner.) Substance minérale en petits cristaux d'un jaune clair ou safrané, dont la forme est celle d'un tétraèdre régulier, simple ou modifié sur ses angles solides; elle est assez dure pour rayer le verre; sa pesanteur spécifique est de 3,5; elle fond au chalumau, avec addition de Borax, en verre transparent; elle renferme de l'oxide de Manganèse, et sa composition paraît se rapprocher de celle des Grenats. On l'a trouvée dans une mine de Plomb, à Schwarzenberg en Saxe; elle a pour gangue immédiate un Talc chlorite, qui renferme aussi de petites masses lamelleuses de Zinc sulfuré brun, et des lames de Chaux fluatée blanche ou violette. (G. DEL.)

HELWINGIE. *Helwingia*. BOT. PHAN. En décrivant les fleurs mâles de l'*Osyris Japonica*, Thunberg (*Plant. Japon.*, p. 31 et tab 21) avait indiqué la séparation de cette Plante en un genre distinct, quoique ses fleurs fussent absolument les mêmes que dans l'Osyris, et que les fleurs femelles fussent inconnues. Néanmoins Willdenow (*Spec. Plant.* 4, p. 716) a profité de cette indication de Thunberg, pour en former un genre sous le nom d'*Helwingia* qu'il a placé dans la Diœcie Triandrie, L., et qu'il a caractérisé ainsi: Plante dioïque; fleurs mâles, disposées en petites ombelles à la surface supérieure des feuilles; chaque fleur munie d'un seul périanthe, à trois divisions très-profondes; trois étamines insérées sur ce périanthe; fleurs femelles inconnues. La disposition singulière de ces fleurs fait présumer, avec assez de vraisemblance, que la formation du genre *Helwingia* sera confirmée quand on en connaîtra mieux la structure. L'*Helwingia ruscifolia*, Willd., est un Arbrisseau qui croît dans les montagnes du Japon.

Adanson avait donné le nom d'*Helwingia* au *Thamnia* de P. Browne, qui a été réuni par Linné au genre *Lætia*. *V*. ce mot. (G..N.)

HELXINE. BOT. PHAN. La Pariétaire est désignée, dans Dioscoride, sous ce nom qui signifie Herbe de muraille. Une Plante résinifère a été aussi nommée Helxine par Pline, mais on ne sait à quelle espèce elle doit être rapportée. Selon Jussieu, il y aurait quelques raisons pour croire que cette Plante est l'*Atractylis gummifera*. A la renaissance des sciences, les vieux botanistes, Thalius, Cordus, Guilandinus, Dodœns, ont encore appliqué cette dénomination à d'autres Plantes, telles que la Circée, le Liseron des haies, le Liseron cantabrique et la Renouée grimpante. Enfin, dans l'*Hortus Cliffortianus*, Linné avait constitué un genre *Helxine* qu'il a depuis réuni au *Polygonum*. (G..N.)

HÉMACHATE. REPT. OPH. Pour Hæmachate. *V*. ce mot. (B.)

* HEMAGRA. BOT. PHAN. (Seb. Vaillant.) Syn. de *Scleria* selon Jussieu. (B.)

HÉMANTHE. BOT. PHAN. Pour Hæmanthe. *V*. ce mot. (B.)

HÉMARTHRIE. *Hemarthria*. BOT. PHAN. Genre de la famille des Graminées et de la Triandrie Digynie, L., établi par R. Brown (*Prodr. Flor. Nov.-Holl.*, p. 207) aux dépens des *Rottboellia* de Linné, et ainsi caractérisé : épi comprimé, demi-articulé; chaque article biflore; glume (lépicène, Rich.) biflore, bivalve; la valve intérieure de la fleur inférieure collée au rachis, celle de la supérieure libre; périanthes renfermés, hyalins, mutiques, l'extérieur univalve, renfermant une fleur neutre, l'intérieur bivalve et contenant une fleur hermaphrodite; deux petites écailles hypogynes; trois étamines; deux styles surmontés de stigmates plumeux. Dans ce genre, les épis sont subulés et leurs articulations incomplètes ne leur permettent pas de se séparer par portions. Le *Rottboellia compressa*, L., Suppl. 114, est le type de ce genre. Cette Plante croît au port Jackson, dans la Nouvelle-Hollande. R. Brown lui a associé une seconde espèce qu'il a trouvée à la terre de Diémen et à laquelle il a donné le nom de *Hemarthria uncinata*, à cause du crochet qui termine la glume libre intérieure. (G..N.)

HÉMATINE ou mieux HÆMATINE. BOT. Principe immédiat qui paraît être contenu dans toutes les substances végétales ou végéto-animales qui fournissent aux arts une teinture rouge. L'Hématine obtenue par la macération du bois de Campêche et suffisamment évaporée, donne un dépôt cristallin d'un blanc rose irisé, peu sapide et peu soluble dans l'eau froide, dissoluble dans l'eau chaude qui lui procure une belle couleur pourpre qu'elle perd quelque temps après pour en prendre une orangée qui passe encore au pourpré par une nouvelle élévation de température. Cette substance est colorée en rouge par quelques Acides, et en jaune par d'autres; les dissolutions alkalines qui ne contiennent pas d'Oxigène, prennent, avec l'Hématine, une teinte bleue, assez intense, qui se produit également avec divers Hydrates et Oxides métalliques. L'Hématine est composée d'Oxigène, de Carbone et d'Hydrogène, dans des proportions qui n'ont pas encore été déterminées. (DR..Z.)

HÉMATITES. MIN. Pour Hæmatites. *V*. ce mot. (B.)

HÉMATOPOTE. INS. Pour Hæmatopote. *V*. ce mot. (B.)

HÉMATOXILE. BOT. PHAN. Pour Hæmatoxile. *V*. ce mot. (B.)

HÉMÉLYTRES. INS. Ce nom, qui signifie demi-élytre, a été appliqué aux ailes supérieures des Hémiptères et par suite à tout l'ordre de ce nom. *V.* HÉMIPTÈRES. (AUD.)

HEMERIS. BOT. PHAN. Syn. ancien de Chêne rouge ou de Chêne pédonculé. (B.)

HÉMÉROBE. *Hemerobius.* INS. Genre de l'ordre des Névroptères, famille des Planipennes, tribu des Hémérobins, établi par Linné, et duquel Latreille a retiré une grande partie des espèces pour établir les genres *Osmyle*, *Corydale*, *Chauliode* et *Sialis*. *V.* ces mots. Le genre Hémérobe, tel qu'il est restreint par Latreille (Règn. Anim. de Cuvier, T. III, p. 437), a pour caractères : antennes sétacées ; quatre palpes ; point de petits yeux lisses ; premier segment du corselet fort court ; tarses de cinq articles ; ailes égales, en toit. Ce genre se distingue de celui des Osmyles par l'absence des petits yeux lisses dont celui-ci est pourvu ; il s'éloigne des Corydales, des Chauliodes et des Sialis, par la petitesse de son corselet. Les Hémérobes, qu'on a aussi nommés Demoiselles terrestres, ont le corps mou ; leurs yeux sont globuleux et ornés souvent des couleurs métalliques les plus brillantes. Leurs ailes sont grandes, élargies, elles ont la transparence de la gaze, et l'on aperçoit leur corps à travers ; celui-ci est, en général, d'un vert tendre, et semble quelquefois coloré d'une teinte d'or. Ils volent lourdement et vivent dans les jardins ; plusieurs espèces répandent une forte odeur d'excrémens, dont les doigts demeurent long-temps imprégnés lorsqu'on les touche. Réaumur, dans son onzième Mémoire qui traite des Vers mangeurs, des Pucerons, donne de grands détails sur les mœurs et les métamorphoses des larves d'Hémérobes. Ces Mouches, dit cet illustre auteur, font des œufs qu'on trouve même sans les chercher, et qui ne sauraient manquer de faire naître l'envie de connaître l'Insecte à qui ils sont dus. Il les a observés pendant plusieurs années avant que de savoir qu'ils fussent des œufs. Ces œufs, que quelques botanistes ont pris pour des espèces de Champignons, sont posés les uns auprès des autres sur de petites tiges blanches et transparentes, de la longueur d'à peu près un pouce et à peine de la grosseur d'un cheveu. C'est sur les feuilles des Arbres et des Plantes, où il y a des Pucerons, qu'ils se trouvent. Les tiges qui supportent ces œufs sont rarement droites ; elles ont quelque courbure et sont dirigées en divers sens sur la feuille. Ces œufs sont enduits, à un de leurs bouts, d'une matière visqueuse propre à être filée : c'est ce bout que la femelle applique contre le plan où elle veut les attacher ; ensuite elle éloigne son derrière, et la matière s'allonge et forme un fil qui se dessèche et durcit à l'air ; quand il est sec, ce qui a lieu bientôt, la femelle n'a qu'à tirer légèrement pour faire sortir l'œuf qui reste attaché à son pédicule. Les larves qui éclosent de ces œufs, et que Réaumur a observées, appartiennent à trois espèces différentes de ce genre ; il les appelle *Lions des Pucerons* ou *Petits Lions*, à cause du grand carnage qu'elles font des Pucerons : le corps de ces larves est aplati, allongé, et l'endroit où il a le plus de largeur, est auprès du corselet. De-là jusqu'au dernier anneau, il se rétrécit insensiblement de manière que l'extrémité postérieure est pointue. Le corselet a peu d'étendue et ne supporte que la première paire de pates ; les deux autres paires sont insérées sur les deux anneaux suivans qui, avec celui que Réaumur appelle le corselet, forment le thorax de l'Insecte. Ces larves se servent de l'extrémité de leur corps pour s'aider dans leur marche ; elles le recourbent, et se poussent en avant par son moyen. Le dessus de leur corps paraît ridé, parce que chaque anneau est sillonné et paraît composé de plusieurs autres anneaux. La bouche de ces larves est composée de deux crochets recourbés et percés d'un canal; c'est avec ces crochets qu'elles saisissent les Pucerons et qu'elles les sucent : quand celui qu'elles ont saisi est petit, dit Réaumur, le sucer est pour elles l'affaire d'un instant, les plus gros Pucerons ne les arrêtent pas plus d'une demi-minute; aussi ces Vers croissent-ils promptement; quand ils naissent, ils sont extrêmement petits, cependant en moins de quinze jours ils acquièrent à peu près toute la grandeur à laquelle ils peuvent parvenir. Ils ne s'épargnent nullement les uns les autres; lorsqu'un de ces Vers peut attraper entre ses cornes un autre Ver de son espèce, il le suce aussi impitoyablement qu'il suce un Puceron. Réaumur a renfermé une vingtaine de larves dans une bouteille, où il ne les laissait pas manquer de proie. En peu de jours ils ont été réduits à trois où quatre qui avaient mangé les autres.

Au bout de quinze jours, les larves se retirent de dessus les feuilles peuplées de Pucerons, et se mettent dans les plis de quelque autre feuille; là, elles filent des coques rondes, d'une soie très-blanche, dans laquelle elles se renferment; les tours du fil qui composent ces coques, sont très-serrés les uns contre les autres, et ces fils étant très-forts par eux-mêmes, le tissu se trouve solide. Les coques des plus grands de ces Insectes, ont à peine la grosseur d'un gros pois. Ces larves ont leur filière placée auprès du derrière et à l'extrémité de leur partie postérieure. Peu de temps après que la coque est finie, le petit Lion se transforme en nymphe. Réaumur n'a rien trouvé de particulier aux nymphes qu'il a tirées de leur coque. Il n'a pas observé exactement combien l'Insecte reste de temps dans sa coque; mais il lui a paru que dans les saisons favorables, c'est-à-dire dans les mois chauds, il y demeure environ trois semaines, mais ceux qui n'ont filé qu'en septembre ne sortent de leur coque qu'au printemps. Réaumur distingue, comme nous l'avons dit, trois espèces de Lions de Pucerons : les premiers ont le corps oblong et aplati; les uns ont des tubercules à aigrettes de poils sur les côtés, les autres en sont dépourvus; enfin les troisièmes sont moins déprimés et dépourvus des aigrettes et des tubercules des premiers. Ces derniers sont les plus petits que Réaumur ait vus. Comme les Teignes, ils aiment à être vêtus; leur habillement qui couvre la partie supérieure de leur corps, depuis le col jusqu'au derrière, est composé des dépouilles des Pucerons qu'ils mangent : ainsi ils portent sur leur dos un trophée qui atteste leur voracité. Réaumur voulant voir s'ils employaient quelque art pour faire cette enveloppe, et si d'autres matières leur seraient également propres, en dépouilla un et le mit à nu dans un poudrier où il y avait une coque de soie blanche; en moins d'une heure le petit Lion fut couvert de la soie de cette coque, qu'il avait été obligé de briser pour l'employer; il lui ôta encore cette couverture et le mit dans un autre poudrier où il y avait des parcelles de papier, qu'il avait ratissées avec un canif. Jamais petit Lion de cette espèce, dit-il, n'avait eu une matière si commode, et n'en avait jamais eu à la fois une si grande quantité à sa disposition : aussi se fit-il la couverture la plus complète, la plus épaisse, la plus élevée qu'ait peut-être portée petit Lion. Il se fait une coque semblable à celle des Lions des deux autres genres, et il en sort une Mouche qui ne diffère des autres que parce qu'elle est plus petite.

Degéer décrit plusieurs espèces de ce genre, parmi lesquelles nous citerons l'HÉMÉROBE CHRYSOPS, *Hemerobius Chrysops*, L., Hémérobe n° 2, Geoff. C'est la larve de cette espèce qui couvre son corps de dépouilles de Pucerons. Elle est commune dans les bois. *V.* pour les autres espèces, Dég. (Mém. p. l'Hist. des Ins. T. II, 2e part.) Geoff., Oliv., Encycl. Méth., Latr., Fabr., etc. (G.)

HÉMÉROBINS. *Hemerobii.* INS.

Tribu de l'ordre des Névroptères, famille des Planipennes, établie par Latreille avec ces caractères : quatre ailes égales, très-inclinées, en forme de toit; premier segment du tronc fort court; tarses à cinq articles; quatre palpes; antennes filiformes ou sétacées. Cette tribu renferme les genres Hémérobe et Osmyle. *V.* ces mots. (G.)

HEMEROBIUS. INS. *V.* HÉMÉROBE.

HÉMÉROCALLE. *Hemerocallis*. BOT. PHAN. Ce genre, de l'Hexandrie Monogynie, L., avait été décrit par Tournefort sous le nom de *Lilio-Asphodelus*; mais ce mot composé a été remplacé par celui d'*Hemerocallis* que lui a imposé Linné et qui est tiré de deux mots grecs dont la signification (beauté d'un jour) exprime la durée éphémère des belles fleurs de ce genre. Jussieu le plaça parmi les genres à ovaire supère de la famille des Narcissées, et ensuite on le réunit aux Asphodélées, famille qu'il n'est guère possible de séparer complétement du grand groupe des Liliacées. Les Hémérocalles, en effet, ont le port des Lis et n'en diffèrent que par la marcescence de leur corolle. Voici au surplus les caractères qu'on leur a assignés : périanthe infundibuliforme dont les divisions réfléchies au sommet sont soudées par leurs onglets et forment un tube étroit qui porte les étamines; ovaire supère, arrondi, terminé par un stigmate trilobé; capsule triloculaire, contenant plusieurs graines arrondies. Les Hémérocalles, au nombre de six espèces, sont indigènes des contrées montueuses et tempérées de l'hémisphère boréal; quelques-unes croissent en Suisse, en Hongrie, d'autres dans la Chine et le Japon. On en cultive quatre dans les jardins d'Europe; leur beauté et la facilité de leur culture méritent de fixer notre attention.

L'HÉMÉROCALLE DU JAPON, *Hemerocallis Japonica*, a une racine fasciculée de laquelle naissent plusieurs feuilles ovales, cordiformes, pétiolées et marquées de plusieurs nervures très-fortes. Sa hampe cylindrique, haute de trois à quatre décimètres, porte une vingtaine de fleurs pédonculées, d'un blanc pur, agréablement odorantes, disposées en grappes et accompagnées chacune d'une bractée à la base.

L'HÉMÉROCALLE BLEUE, *Hemerocallis cærulea*, Venten., Malm., tab. 18, diffère de la précédente par ses fleurs bleues et ses feuilles dont les nervures sont moins nombreuses. On la cultive de même en pleine terre.

Les *Hemerocallis flava*, L., et *Hemerocallis fulva*, sont originaires des montagnes du midi de l'Europe. Leurs couleurs jaune clair ou rouge fauve ainsi que l'amplitude de leurs fleurs donnent à ces Plantes un aspect très-gracieux. On cultive la première dans les jardins, en lui donnant un terrain frais et abrité du soleil, et on la connaît sous les noms de Lis-Asphodèle, Lis-Jonquille et Belle-de-jour. La seconde espèce est aussi cultivée pour l'ornement des parterres; ses fleurs sont inodores. On rencontre sur les hautes sommités du Jura et des Alpes, une fort jolie Plante à fleurs blanches, considérée comme un *Anthericum* par Linné, mais que le professeur De Candolle, dans sa Flore Française, a placée parmi les Hémérocalles; c'est l'*Hemerocallis Liliastrum*. (G..N.)

HEMEROS. BOT. PHAN. Syn. de Sureau. L'Hemeros-Sicys de Dioscoride passe pour avoir été notre Concombre cultivé. (B.)

* HEMEROTES. BOT. PHAN. (Apulée.) Le *Centaurium majus*. *V.* CENTAURÉE. (B.)

HÉMIANDRE. *Hemiandra*. BOT. PHAN. Genre de la famille des Labiées et de la Didynamie Gymnospermie, L., établi par R. Brown (*Prodr. Flor. Nov.-Holl.*, p. 502) qui l'a ainsi caractérisé : calice comprimé à deux lèvres, dont la supérieure est indivise et l'inférieure à moitié bifide; corolle bilabiée, la lèvre supérieure plane, bifide, l'inférieure à trois divisions profondes dont la médiane est bifide; quatre étamines ascendantes, ayant un de leurs lobes pollinifère, tandis que l'autre est constamment dégénéré. L'*Hemiandra pungens*, R. Br., unique espèce du genre, croît sur les côtes méridionales de la Nouvelle-Hollande. C'est un sous-Arbrisseau couché, à feuilles très-entières, munies de nervures et mucronées. Les fleurs sont axillaires et solitaires au sommet d'un pédoncule accompagné de deux bractées. Les découpures de leur calice sont aiguës, et la corolle est blanche, tiquetée de pourpre. (G..N.)

* HÉMIANTHE. *Hemianthus*. BOT. PHAN. Nuttall (*Gener. of North Amer. Plants*, vol. 2, p. 41) a décrit sous ce nom un genre de la famille des Utriculariées et de la Diandrie Monogynie, L., auquel il a donné les caractères suivans: calice tubuleux, fendu latéralement et à quatre dents; corolle labiée; la lèvre supérieure peu prononcée, l'inférieure à trois segmens, dont celui du milieu est le plus long et en languette un peu recourbée; deux étamines; les filets à deux divisions subulées, dont l'une seulement porte une anthère bilobée; style bifide; capsule uniloculaire, bivalve, renfermant plusieurs graines ovales et luisantes. L'*Hemianthus micranthemoides*, Nuttall (*loc. cit.* et *Journ. Acad. of Nat. sciences of Philadelph.* I, p. 119, tab. 6), est une fort petite Plante rampante, munie de feuilles entières ou verticillées, et de fleurs très-petites et pédonculées. Elle se trouve dans les marais du nord de l'Amérique. (G..N.)

*HÉMICARDE. *Hemicardia*. MOLL. Cuvier (Règn. Anim. T. II, pag. 479) propose de séparer des Bucardes toutes les Coquilles de ce genre qui sont fortement comprimées d'avant en arrière et toujours carenées dans leur milieu, comme le *Cardium Cardissa*, par exemple, ainsi que le *Cardium aviculare*, Lamk., espèce fossile de nos environs, que Sowerby, dans son *Genera*, place à tort dans le même genre que les Hypopes. *V.* BUCARDE. (D..H.)

* HEMICELIA. BOT. CRYPT. Pour Hemitelia. *V.* ce mot. (A. F.)

HÉMICHROA. BOT. PHAN. Genre de la famille des Chénopodées et de la Pentandrie Monogynie, L., établi par R. Brown (*Prodrom. Flor. Nov.-Holl.*, p. 409) qui l'a ainsi caractérisé: périanthe à cinq divisions profondes, coloré intérieurement et persistant après la fructification sans changer de forme; cinq étamines ou un plus petit nombre, réunies par leur base, hypogynes?; style biparti-te; utricule ovale; graine comprimée verticalement, munie d'un double tégument, pourvue d'albumen, d'un embryon hémicyclique et d'une radicule infère, ascendante. Le caractère donné à ce genre le rapproche beaucoup des vrais *Polycnemum*; mais il s'en éloigne par son port semblable à celui des *Polycnemum* qui croissent dans les localités salines et qui constituent un genre distinct. Les espèces, au nombre de deux, savoir: *Hemichroa pentandra* et *H. diandra*, R. Br., croissent sur les côtes méridionales de la Nouvelle-Hollande. Ce sont des Plantes sous-frutescentes, à feuilles alternes, presque cylindriques; à fleurs axillaires solitaires, sessiles et accompagnées de deux bractées. (G..N.)

*HÉMICYCLOSTOMES. *Hemicyclostoma*. MOLL. Blainville, dans son Système conchyliologique, a donné ce nom à une famille qui répond parfaitement à celle que Lamarck avait faite précédemment sous le nom de Néritacées. Elle comprend toutes les Coquilles dont l'ouverture forme un demi-cercle et qui sont pourvues d'un opercule complet, soit corné, soit calcaire. (D..H.)

HÉMIDACTYLES. REPT. SAUR. Sous-genre de Geckos. *V.* ce mot. (B.)

HÉMIDESME. *Hemidesmus*. BOT. PHAN. Genre de la famille des Asclépiadées, et de la Pentandrie Digynie, L., établi par R. Brown (*Mem.*

Wern. Societ. 1, p. 56) qui l'a ainsi caractérisé : corolle rotacée, dont les sinus sont munis en dessous de cinq écailles obtuses ; filets des étamines réunis à la base, mais séparés dans leur partie supérieure ; anthères cohérentes, imberbes ; masses polliniques au nombre de quatre, fixées à chaque corpuscule du stigmate, mais sans y être appliquées immédiatement ; stigmate mutique ; follicules cylindracés, très-divariqués et lisses ; graines aigrettées. Ce genre est un démembrement du *Periploca* de Linné dont il est extrêmement voisin. Les anthères barbues de ce dernier genre, ainsi que ses masses polliniques appliquées contre le sommet dilaté du corpuscule stigmatique, sont les seules différences qu'il présente d'avec le *Periploca*. R. Brown a donné pour type de ce genre le *Periploca indica*, L. et Willd., espèce de Ceylan décrite et figurée par Burmann (*Thesaur. Zeyl.* 187, tab. 83, fig. 1) ; Schultes a encore rapporté avec doute au genre *Hemidesmus* le *Periploca cordata* de l'Encyclopédie Méthodique, qui a été rapporté des Indes-Orientales par Sonnerat. (G..N.)

* HÉMIENCÉPHALE. MAM. *V.* ACÉPHALE.

HÉMIGÉNIE. *Hemigenia*. BOT. PHAN. Genre de la famille des Labiées et de la Didynamie Gymnospermie, L., établi par R. Brown (*Prodr. Flor. Nov.-Holland.* 1, p. 502) qui l'a ainsi caractérisé : calice pentagone et quinquéfide ; corolle dont la lèvre supérieure est courte et en forme de casque, la lèvre inférieure ayant la découpure médiane semi-bifide ; quatre étamines ascendantes placées dans la concavité de la lèvre supérieure ; leurs anthères ayant toutes un lobe pollinifère, et l'autre dégénéré, barbu supérieurement. Ce genre ne se compose que d'une seule espèce, *Hemigenia purpurea*, qui croît près du port Jackson, à la Nouvelle-Hollande. C'est un petit Arbrisseau glabre, à feuilles ternées et très-étroites. Les fleurs, d'une couleur bleue purpurine, sont axillaires, solitaires et accompagnées de deux bractées. (G..N.)

* HÉMIGONIAIRES. BOT. PHAN. Le prof. De Candolle (Théor. élém., deux. édit., p. 505) donne ce nom aux fleurs dans lesquelles une portion des organes des deux sexes est changée en pétales. (G..N.)

HÉMIGYRE. *Hemigyrus*. BOT. PHAN. C'est, selon Desvaux, une espèce particulière de fruit propre à la famille des Protéacées, qui est souvent ligneux, déhiscent d'un seul côté, à une ou deux loges, contenant chacune une ou deux graines. *V.* FRUIT. (A. R.)

HÉMIMÉRIDE. *Hemimeris*. BOT. PHAN. Genre de la famille des Scrophularinées et de la Didynamie Angiospermie, L., ainsi caractérisé : calice à cinq divisions profondes, presque égales ; corolle concave, rotacée, à deux lèvres renversées, la supérieure fendue jusqu'à la base, l'inférieure à trois divisions dont l'intermédiaire est la plus grande ; quatre étamines didynames, à anthères ayant leurs loges écartées ; stigmate obtus ; capsule biloculaire, à deux valves qui se replient et forment une cloison à laquelle est attaché un placenta central. L'Héritier a décrit, sous le nom d'*Hemitomus fruticosus*, une Plante qui a été rapportée au genre *Hemimeris* par Willdenow et Jacquin. Les espèces du genre *Alonsoa* de Ruiz et Pavon ont été aussi placées parmi les *Hemimeris* par Persoon.

En admettant cette réunion, on compte maintenant dans ce dernier genre une douzaine d'espèces, la plupart indigènes du Pérou et de l'Amérique méridionale. Cependant, celles qui ont été décrites en premier lieu dans le Supplément de Linné, sont originaires du cap de Bonne-Espérance. Ce sont des Plantes herbacées ou frutescentes, à feuilles opposées ou ternées, et à fleurs axillaires, disposées en grappes et de couleur rouge. Dans le *Botanical Magazine* de Curtis, tab. 417, l'*Hemime-*

ris urticifolia est figurée sous le nom générique de *Celsia*.

Une Plante très-voisine de celle-ci a été décrite par Kunth (*Nov. Gener. et Species Plant. æquinoct.* T. II, p. 376) qui l'a nommée *Hem. parviflora*. Cet auteur a fait connaître deux autres nouvelles espèces sous les noms d'*Hem. Mutisii* et d'*Hem. linariæfolia*. (G..N.)

HÉMIMÉROPTÈRES. *Hemimeroptera.* INS. Clairville a établi sous ce nom une classe d'Insectes qui correspond à celle des Hémiptères. *V.* ce mot. (AUD.)

HÉMIONITE. *Hemionitis.* BOT. CRYPT. (*Fougères.*) Le nom d'*Hemionitis* se trouve dans Théophraste et dans Dioscoride, et l'on est disposé à croire, contre l'opinion de plusieurs commentateurs qui veulent voir dans cette Plante le *Scolopendrium officinarum*, que c'est l'*Asplenium Ceterach* de Linné, *Ceterach officinarum* de Willdenow, que les Grecs désignaient ainsi.

Le genre *Hemionitis* des botanistes a pour caractères : capsules à veines réticulées, insérées dans la fronde; induse nul; il diffère du genre *Vittaria* par la présence d'un double induse, et des *Acrostichum* auxquels plusieurs espèces ont été justement réunies, par les capsules qui envahissent toute la surface inférieure de la fronde sans être enfermées dans le parenchyme comme cela a lieu dans l'*Hemionitis*. Quelques auteurs ont jugé convenable d'extraire du genre Hémionite de Willdenow les espèces qui n'ont pas leur fronde simple; elles sont au nombre de neuf auxquelles ces mêmes botanistes ont ajouté quatre à cinq espèces qui se trouvent en Amérique, parmi lesquelles rentre l'*Acrostichum trifoliatum* de Linné et de Willdenow, selon Kunth, *Syn. Pl. Orb.-Nov.* T. I, p. 69. Le genre, tel qu'il a été établi par Willdenow, nous semble devoir être maintenu. Ces Fougères sont très-élégantes, elles se trouvent dans les Indes-Orientales, au Japon, au Pérou et à Mascareigne. Lagasca a placé parmi les *Hemionitis*, le *Grammitis leptophylla* qui a figuré successivement dans la presque totalité des genres, et une espèce nouvelle qui a été découverte en Biscaye par don Juan del Pozo, et qui a été nommée par cette raison Hémionite de del Pozo, *Hemionitis Pozoi*, Lagasc., *Gener.*, p. 33. Ses frondes sont composées. Les autres espèces les plus remarquables sont : l'Hémionite de Bory, *Hemionitis Boryana*, Willd., *Sp.*, IX, p. 128. — L'*Hemionitis reticulata*, L. — L'Hémionite à frondes sessiles, *Hemionitis sessilifolia*, Swartz, *Syn. Filic.*, 20, trouvée à l'Ile-Mauban; l'Hém. à fructification immergée, *Hemionitis immerga*, Bory et Willd., *Spec.*, pl. 5, p. 127, que notre collaborateur a récoltée à Mascareigne, ainsi que l'Hémion. à frondes obtuses, *Hem. obtusa*, Bory et Willd. (*loc. cit.*), et les deux belles espèces *aurea* et *argentea* dont les frondes sont décomposées et qui, décrites dans le même ouvrage, ont été récoltées par le même savant aux mêmes lieux, dans les forêts des hautes montagnes. Pour ces deux dernières, *V.* GYMNOGRAME. (A. F.)

HEMIONUS. MAM. *V.* CZIGITHAI au mot CHEVAL.

HEMIPODIUS. OIS. Syn. de Turnix. *V.* ce mot. (DR..Z.)

HÉMIPTÈRES. *Hemiptera.* INS. C'est, dans la Méthode de Latreille (Règn. Anim. de Cuv. T. III), le septième ordre de sa classe des Insectes. Cet ordre répond exactement à celui des Rhyngotes de Fabricius. Linné qui, le premier, l'a fondé, ne s'était servi que des caractères pris de la forme et de la direction des organes de la manducation; plus tard, il prit pour base de sa Méthode, relativement aux Insectes pourvus d'ailes, le nombre et la consistance de ces parties, et associa mal à propos aux Hémiptères, les Blattes, les Sauterelles, les Mantes et d'autres Insectes qui composent aujourd'hui l'ordre des

Orthoptères, et qu'il avait d'abord placés à la fin des Coléoptères. Geoffroy a suivi l'ancien plan de Linné; mais Degéer, quoiqu'en l'adoptant, l'a perfectionné et a établi deux ordres nouveaux : le premier, celui des Dermaptères (Orthoptères d'Olivier), renferme ces mêmes Insectes que Linné avait déplacés; le second fut exclusivement formé du genre Coccus, faisant partie des Hémiptères. Tous les naturalistes ont approuvé ce changement, sans admettre le dernier ordre, et les caractères qui sont propres aux Hémiptères, tels que Latreille les adopte (*loc. cit.*), sont : deux ailes recouvertes par deux élytres; bouche propre à la succion, n'ayant ni mandibules, ni mâchoires proprement dites, composée d'une pièce tubulaire, articulée, cylindrique ou conique, courbée inférieurement ou se dirigeant le long de la poitrine, ayant l'apparence d'une sorte de bec, présentant tout le long de la face supérieure, lorsque cette pièce est relevée, une gouttière ou un canal, d'où l'on peut faire sortir trois soies écailleuses, roides, très-fines et pointues, recouvertes à leur base par une languette. Les trois soies forment, par leur réunion, un suçoir semblable à un aiguillon, ayant pour gaîne la pièce tubulaire dont nous avons parlé plus haut et dans laquelle il est maintenu au moyen de la languette supérieure située à son origine. La soie inférieure est composée de deux filets qui se réunissent en un seul, un peu au-delà de leur point de départ, ce qui fait que le nombre des pièces du suçoir est réellement de quatre. Savigny (Mém. sur les Anim. sans vert., I, part. 1) a conclu que les deux soies supérieures sont les analogues des mandibules, les inférieures qui sont réunies représentent les mâchoires; ainsi on voit que la bouche des Hémiptères est composée de six pièces, comme celle des Insectes broyeurs; leur languette représente le labre de ceux-ci; les mandibules et les mâchoires sont représentées, comme nous venons de le dire, par les filets du suçoir, et sa gaîne articulée répond à leur lèvre inférieure. Les palpes sont les seules parties qui aient entièrement disparu; on en aperçoit cependant des vestiges dans les Thrips. Latreille (Hist. nat des Crust. et des Ins. T. II, p. 140-143) avait déjà soupçonné ces rapports avant que Savigny les eût démontrés comme il l'a fait dans l'ouvrage que nous avons cité.

Les ailes supérieures d'un grand nombre d'Hémiptères, tels que ceux connus vulgairement sous le nom de Punaises des jardins, Punaises des bois, sont crustacées et terminées brusquement par une partie membraneuse : elles participent donc à la fois des élytres des Coléoptères et des ailes. C'est cette différence de consistance dans les ailes qui a fait donner le nom d'Hémiptères à cet ordre : il est composé de deux mots grecs dont l'un signifie *moitié* et l'autre *aile*. — Dans les Cigales et les Pucerons, les quatre ailes sont membraneuses, souvent très-claires et transparentes; elles ont plus de consistance dans les Tettigones, les Membraces, les Flattes, etc. Enfin, dans les Aleyrodes, elles sont farineuses et de transparence laiteuse, ce qui a fait placer ces Insectes par Geoffroy dans ses Tétraptères à ailes farineuses, sous le nom de Phalène de l'Eclaire. Plusieurs Hémiptères, comme la Punaise de lit, quelques Lygées, des Pucerons et les Cochenilles femelles, n'ont point d'ailes; mais ces anomalies n'éloignent pas ces Insectes des Hémiptères auxquels ils se rapportent entièrement par la conformation de leur bouche. — La composition du tronc commence à éprouver des modifications qui le rapprochent de celui des Insectes des ordres suivans. Son premier segment, désigné jusqu'ici sous le nom de corselet, ressemble quelquefois, par son étendue, à celui des Coléoptères; d'autres fois il est beaucoup plus petit et s'incorpore avec le second, qui est alors à découvert; l'écusson est quelquefois très-petit et quelquefois même n'existe pas. Mais, dans certains genres, tels que ceux des Scutellaires et des Membraces, *V.* ces mots, il est extrêmement dilaté, couvre tout le corps et cache les élytres et les ailes. Le corps des Insectes de cet ordre est plus ou moins renflé et divisé, comme dans le plus grand nombre de Insectes, en tête, en tronc ou thorax composé d'un corselet ou prothorax et d'une poitrine ou mésothorax et métathorax, et d'un abdomen; la tête supporte le bec dont nous avons parlé, et qui était nommé aiguillon par les anciens naturalistes; ce bec n'est propre qu'à extraire des matières fluides. C'est avec les styles déliés dont est formé le suçoir que ces Insectes percent les vaisseaux des Plantes et des Animaux; la liqueur nutritive est forcée de suivre le canal intérieur par la compression successive qu'elle éprouve, et elle arrive ainsi à l'œsophage. Dans plusieurs Géocorises, le fourreau du suçoir est fort allongé et souvent replié en genou ou faisant un angle avec lui. Les Hémiptères ont deux antennes souvent très-petites et souvent très-difficiles à apercevoir; dans les Psyles, les Punaises, les Strips et quelques autres, elles sont assez grandes et très-visibles; dans les Cigales, elles sont sétacées et ne présentent que de simples filets très-courts; dans les Fulgores, elles sont subulées et plus courtes; elles sont encore moins aisées à trouver dans les Naucores, les Corises, les Nèpes, les Ranatres, et se trouvent placées au-dessous des yeux, en sorte qu'on ne peut les bien voir qu'en renversant l'Insecte. Les antennes des Pentatomes, Scutellaires et Pucerons, sont filiformes; dans quelques Hydrocorises, elles sont composées de trois articles; elles en ont quatre dans quelques autres de cette division et dans la plupart des Géocorises, cinq dans les Scutellaires et les Pentatomes, et de six à douze dans quelques autres genres. Les yeux des Hémiptères sont au nombre de deux; ils sont grands et à réseaux; et on trouve entre eux et sur la partie supérieure de la tête, et dans quelques genres seulement, trois petits yeux lisses. — L'abdomen des Hémiptères porte, dans les Cigales femelles, une espèce de tarière cachée entre des écailles et qui leur sert à déposer leurs œufs. Il porte à son extrémité tantôt deux pointes ou cornes, tantôt deux tubercules dans les Pucerons. Enfin, il est muni, dans les Cochenilles, de filets plus ou moins longs. Leurs pates sont les mêmes que dans les autres Insectes Hexapodes; leurs tarses antérieurs ne sont composés que d'une seule pièce et se replient sur la jambe en formant avec elle une espèce de pince à genoux dans quelques genres; dans les Naucores, les Notonectes et les Corises, les pates postérieures sont en forme de rames et leurs tarses sont composés de deux articles. Les Punaises et le plus grand nombre des Hémiptères ont trois articles aux tarses.

Les Hémiptères passent par les trois états de larve, nymphe et d'Insecte parfait; ils offrent, dans ces trois états, les mêmes formes et les mêmes habitudes. Le seul changement qu'ils subissent consiste dans le développement des ailes et l'accroissement du volume du corps. Ils ont un estomac à parois assez solides et musculeuses, un intestin grêle de longueur médiocre, suivi d'un gros intestin divisé en divers renflemens, et des vaisseaux biliaires peu nombreux insérés assez loin du pylore. — Quelques Hémiptères se trouvent dans les eaux, d'autres vivent seulement à la surface de l'eau et la parcourent rapidement à l'aide de leurs longs pieds. D'autres vivent de substances végétales, se tiennent continuellement sur les Plantes et les Arbres, et en sucent la sève; enfin d'autres attaquent les Animaux. Dans les descriptions particulières de chaque genre de cet ordre, on donnera tous les détails relatifs à leurs habitudes. — Duméril (Dict. des Sc. natur., 1821) place les Hémiptères dans son cinquième ordre des Insectes. Il forme six divisions dans cet ordre. Ces Insectes forment, dans la Méthode de Lamarck, le troisième ordre de la classe des Insectes et de la division des Suceurs. Latreille divise cet ordre ainsi qu'il suit :

A. Bec naissant du front; étuis membraneux à leur extrémité; premier segment du tronc beaucoup plus grand que les autres, formant à lui seul le corselet; élytres et ailes toujours horizontales ou légèrement inclinées.

Ire section. — HÉTÉROPTÈRES, *Heteroptera.*

Cette section est ainsi nommée parce que les Insectes qui la composent ont les étuis divisés en deux parties de consistance différente : l'une crustacée, l'autre membraneuse. Beaucoup d'espèces sucent le sang de divers Insectes ou de leurs larves; quelques-unes même se nourrissent du sang de l'Homme et de quelques Oiseaux. (*V.* ACANTHIA, Fabr., ou PUNAISES.) Les autres vivent du suc des Végétaux. Cette section est divisée en deux familles : ce sont les Géocorises et les Hydrocorises. *V.* ces mots.

B. Bec naissant de la partie la plus inférieure de la tête, près de la poitrine, et même à l'entre-deux des deux pieds antérieurs; étuis presque toujours en toit, de la même consistance partout et demi-membraneux, quelquefois même presque semblables aux ailes. Premier segment du tronc tout au plus aussi grand que le second, et ordinairement plus court, s'unissant avec lui pour former le corselet.

IIe section. — HOMOPTÈRES, *Homoptera.*

Les Insectes de cette section vivent du suc des Végétaux. La plupart des femelles ont une tarière, souvent composée de trois lames dentelées et logées dans une coulisse à deux valves. Elles s'en servent comme d'une scie pour faire des entailles dans les Végétaux et y placer leurs œufs. Cette section est divisée en trois familles : les Cicadaires, les Aphidiens ou Pucerons et les Gallinsectes. *V.* ces mots. (G.)

HÉMIPTÉRONOTE. *Hemipteronotus.* POIS. Genre formé par Lacépède aux dépens des Coryphœnes, auquel ce savant attribue pour caractères : sommet de la tête tranchant par le haut, très-comprimé et finissant sur le devant par un plan vertical; une seule dorsale qui n'occupe que la moitié de la longueur du Poisson, au lieu que dans les Coryphœnes cette nageoire règne de la tête à la queue; ici les dents du palais et des mâchoires sont d'ailleurs en carde ou en velours. Cuvier, qui n'a pas mentionné même comme synonyme ce genre, remarque que le *Coryphœna pentadactyla*, qu'y avait renfermé son auteur, n'en a pas les caractères, et doit entrer parmi les Rasons. Le *Coryphœna Hemiptera* de Gmelin, *Hemipteronotus Gmelini* de Lacépède, demeurerait donc la seule espèce du genre s'il était adopté. Ce Poisson n'est guère connu que par cette phrase de Gmelin (*Syst. nat.* XIII, T. I, *pars* 3, p. 1194) : *Maxillis subæqualibus, pinnâ dorsali brevi*, et par le nombre des rayons de ses nageoires. D. 14, P. 15, V. 8, A. 10, C. 18. Il habite l'Océan asiatique. (B.)

HÉMIRAMPHE. *Hemiramphus.* POIS. Sous-genre d'Esoce. *V.* ce mot. Lesueur vient récemment d'y ajouter plusieurs espèces nouvelles des mers de l'Amérique septentrionale. (B.)

HÉMISIE. *Hemisia.* INS. Genre de l'ordre des Hyménoptères fondé par Klug et réuni par Latreille aux Centris. *V.* ce mot. (AUD.)

HÉMISTEMME. *Hemistemma.* BOT. PHAN. Genre de la famille des Dilléniacées et de la Polyandrie Digynie, L., établi par Jussieu et publié par Du Petit-Thouars (*Nova Genera Madagasc.*, p. 18). Voici les caractères qui lui ont été assignés par De Candolle (*Syst. Regn. Veget. nat.* 1, p. 412) : calice à cinq sépales ovales, presque concaves, velus extérieurement; cinq pétales obtus au sommet ou échancrés, dont deux sont un peu éloignés l'un de l'autre; étamines nombreuses insérées d'un seul côté de l'ovaire, dont les filets sont courts et les anthères oblongues; les plus extérieures stériles et squammiformes; deux ovaires velus, libres, ou unis à la base, surmontés chacun d'un style; deux capsules ne renfermant qu'un petit nombre de graines ceintes d'un arille membraneux, et pourvues d'un albumen charnu. Les caractères que nous venons de tracer distinguent très-bien ce genre qui n'a d'affinité qu'avec le *Pleurandra* de R. Brown, mais il se lie assez étroitement avec celui-ci. Persoon (*Enchir.* 2, p. 76) en décrivit deux espèces qu'il ne considéra que comme des variétés d'une même Plante à laquelle il donna le nom d'*Helianthemum coriaceum*. En effet, le port de ces Plantes est celui des grandes espèces d'Hélianthêmes et de Cistes. Leurs feuilles sont oblongues, ovales ou linéaires, opposées ou alternes, très-entières, coriaces, supérieurement glabres, luisantes, blanchâtres en dessous et couvertes d'un duvet très-dense et très-court. Les fleurs sont nombreuses, unilatérales, sessiles, accompagnées de petites bractées, et portées sur des pédoncules axillaires ou qui naissent entre deux jeunes branches. Le nombre des espèces, qui n'était primitivement que de deux, s'est augmenté de quatre autres, découvertes par Brown et Leschenault dans la Nouvelle-Hollande. De Candolle en a formé deux sections ainsi caractérisées :

1. Espèces à feuilles opposées, à étamines stériles, spathulées, à pétales échancrés. Elles croissent à Madagascar, d'où l'une d'elles, *Hemistemma Commersonii*, De Cand. et Deless. (*Icon. Select.* 1, tab. 74) a été rapportée par Commerson; et l'autre, *Hem. Aubertii*, De Cand. et Deless. (*loc. cit.*, tab. 75), par Aubert Du Petit-Thouars. Dans la première, les feuilles sont ovales, oblongues, mucronées, à pédoncules cotonneux; dans la seconde, les feuilles sont oblongues, lancéolées, atténuées à la base, aiguës au sommet, et les pédoncules sont légèrement glabres.

2. Espèces à feuilles alternes, à étamines stériles, linéaires, à pétales obtus. Elles croissent toutes dans la Nouvelle-Hollande. L'*Hemistemma dealbatum* et l'*Hem. angustifolium* de R. Brown, ont été figurées dans les *Icones Select.* de B. Delessert (tab. 76 et 77). (G..N.)

* HEMITELIA. BOT. CRYPT. (*Fougères.*) Ce genre, proposé par R. Brown qui y rapporte les *Cyathea multiflora* (Smith), *horrida* (Swartz), *capensis* (Smith) et plusieurs autres espèces des Indes-Occidentales, est caractérisé par un tégument persistant, voûté, demi-circulaire à la base, inséré à la partie inférieure du réceptacle et à bords libres. *V.* CYATHÉE. (A. F.)

* HÉMITHRÈNE. MIN. Nom d'une roche de Schmalzgrube et Manesberg en Saxe; elle est composée d'Amphibole et de Calcaire. Le Marbre bleu turquin serait un Hémithrène, si, comme quelques minéralogistes le pensent, il devait sa couleur bleue à de l'Amphibole très-atténuée. (G.)

HEMITOMUS. BOT. PHAN. Le genre constitué sous ce nom par l'Héritier, est le même que l'*Hemimeris* de Linné. *V.* HÉMIMÉRIDE. (G..N.)

HÉMITROPIES. MIN. Haüy a donné ce nom à une sorte de Macle formée par deux Cristaux semblables, qui se réunissent en sens inverses, en sorte que l'un est censé avoir fait une demi-révolution pour se placer sur l'autre. Dans cette espèce de groupement, les Cristaux conservent rarement leurs proportions et leur symétrie; ils semblent s'être comprimés mutuellement en s'étendant dans le sens des plans de jonction, ce qui donne à leur assemblage l'apparence de deux moitiés d'un même Cristal, appliquées l'une contre l'autre en sens contraires. Ces sortes de groupes ont souvent, dans quelques-unes de leurs parties, tous les caractères de Cristaux réguliers, et dans d'autres ils présentent des angles rentrans, ce qui aide à les reconnaître au premier abord. Mais il peut arriver qu'il n'y ait aucun angle de cette espèce, et alors il n'y a plus d'autre indice de groupement que la disposition différente des facettes modifiantes sur les parties opposées, et l'interruption des clivages à l'intérieur. On ne connaît pas d'Hémitropies dans les Cristaux qui dérivent du système cristallin régulier; mais il en existe de fort remarquables dans le système rhomboédrique; telle est, entre autres, celle que les anciens minéralogistes désignaient par le nom de Spath en cœur, et qui résulte de la réunion de deux variétés analogiques (*V.* Chaux carbonatée), ou, si l'on veut, de deux moitiés d'une même variété, coupée par un plan parallèle à une face primordiale, dont l'une aurait été appliquée en sens contraire de l'autre. Les systèmes cristallins du prisme à bases carrées, et du prisme rhomboïdal à base oblique, offrent aussi fréquemment de véritables Hémitropies; ces sortes de groupemens sont très-communs dans l'Etain oxidé, le Titane oxidé, le Feldspath, le Pyroxène et l'Amphibole. En général, les Hémitropies ont toujours lieu parallèlement à l'une des faces de la forme primitive, ou à l'un des plans diagonaux de cette même forme, ou enfin à un plan perpendiculaire à l'axe des cristaux. *V.* pour plus de détails le mot Macle, où nous réunirons sous un même point de vue tout ce qui concerne les groupemens en général.

(G. DEL.)

HÉMODORE. BOT. PHAN. Pour Hæmodore. *V.* ce mot.

* HEMORRHOIS. REPT. OPH. Le petit Serpent fort venimeux, et qui causait une mort prompte par de terribles hémorragies au rapport de quelques anciens auteurs, n'est pas suffisamment connu. Ceux qui l'ont mentionné ne sont même pas d'accord sur sa patrie. (B.)

* HEMUL. MAM. Même chose que Guemul. *V.* ce mot. (B.)

* HENDEB ET HENDEBEH. BOT. PHAN. Syn. arabes de Chicorée et probablement racine du mot Endive. (B.)

HENIOCHUS. POIS. (Cuvier.) Sous-genre de Chœtodons. *V.* ce mot. (B.)

HENNÉ OU ALHENNA. *Lawsonia.* BOT. PHAN. Ce genre, de la famille des Salicariées et de l'Octandrie Monogynie, L., offre les caractères suivans : calice quadrifide; corolle à quatre pétales; huit étamines disposées par paires entre les pétales; ovaire supère, surmonté d'un style et d'un stigmate simple; capsule placée dans le calice persistant, à quatre loges polyspermes; graines anguleuses, attachées à la columelle centrale. A l'espèce remarquable de ce genre et dont nous allons donner une courte description, Linné fils a réuni l'*Acronichia lævis* de Forster (*Gener.*, 54, tab. 17) sous le nom de *Lawsonia Acronichia*; mais Jussieu a fait observer que cette Plante pourrait bien n'être pas congénère du *Lawsonia*, puisqu'elle a un calice très-petit, à quatre divisions profondes, des pétales infléchis au sommet (peut-être hypogynes?), le disque de l'ovaire renflé et à huit sillons, enfin un stigmate presque bilobé et des loges monospermes? Il faut encore, selon Jussieu, éliminer des *Lawsonia* le *Poutaletsje* de Rhéede (*Hort. Malab.*, 4, tab. 57) qui est monopétale, tétrandre, à ovaire infère, et qui paraît se rapprocher des *Petesia.* Néanmoins Lamarck en a fait dans l'Encyclopédie méthodique son *Lawsonia purpurea.*

Le Henné oriental, *Lawsonia inermis*, L.; *Elhanne* ou plutôt *Alhenna* des Arabes, cité par la plupart des voyageurs, est un Arbrisseau de deux à trois mètres de hauteur, ressemblant au Troëne, dont les branches sont opposées et très-étalées. Les feuilles sont opposées, pétiolées, elliptiques, aiguës à leurs deux extrémités, glabres et très-entières; les fleurs, petites, blanches, nombreuses, forment une ample panicule terminale, à ramifications grêles, opposées, quadrangulaires. Le bois en est dur, recouvert d'une écorce ridée et grisâtre. Le Henné croît dans toute l'Afrique septentrionale, dans l'Arabie, la Perse et les Indes-Orientales. On le cultive dans les jardins botaniques de l'Europe où il exige la serre tempérée; mais il est probable qu'on pourrait le conserver facilement en pleine terre dans les contrées littorales de la Méditerranée. D'après les observations du professeur Desfontaines (*Flor. Atlant.* I, p. 125), le *Lawsonia spinosa* de Linné n'est qu'une variété ou plutôt un état différent de la Plante précédente qui, dans sa jeunesse, est inerme, et dont les branches s'endurcissent par l'âge et deviennent épineuses. Le Henné est un Arbrisseau dont l'importance était appréciée dès la plus haute antiquité. Les Grecs lui donnaient le nom de *Cypros* et les Hébreux celui de *Hacopher*. Ils s'en servaient pour teindre en jaune-brun, comme les Maures et les Arabes le font encore aujourd'hui. Chez ces peuples, les femmes font une grande consommation des feuilles de Henné séchées, pulvérisées et réduites en pâte, pour colorer leurs cheveux, ainsi que les ongles des pieds et des mains; c'est un ornement dont elles ne se privent qu'à la mort de leurs maris ou de leurs proches parens. Les Arabes, si célèbres par les soins qu'ils prodiguent à leurs Chevaux, teignent avec le Henné le dos, la crinière, le sabot et même une partie des jambes de leurs bêtes chéries. Desfontaines assure qu'il suffit d'écraser les feuilles du Henné et de les appliquer en forme de cataplasme sur les parties qu'on veut peindre en jaune. Il résulte des expériences chimiques faites en Egypte sur les feuilles de Henné par Berthollet et Descotils, qu'elles contiennent une grande quantité de matière colorante, susceptible d'être appliquée avantageusement à la teinture des étoffes de laine, et dont on pourrait diversement nuancer les teintes par l'Alun et le sulfate de Fer. L'odeur des fleurs de Henné a quelque analogie avec celle des fleurs de Châtaignier. On sait que les goûts des Orientaux diffèrent, en général, beaucoup des nôtres; ainsi ces peuples trouvent cette odeur fort agréable, leurs femmes en conservent toujours dans les appartemens, en répandent dans les habits des nouveaux mariés, et se parfument dans les cérémonies religieuses avec l'eau qu'on obtient de ces fleurs par la distillation. (G..N.)

HENNISSEMENT. MAM. La voix du Cheval. (B.)

HENOPHYLLUM. BOT. PHAN. Syn. de *Maianthemum bifolium*. *V.* MAIANTHÈME. (B.)

HÉNOPS. *Henops.* INS. Genre de l'ordre des Diptères, famille des Tanystomes, tribu des Vésiculeux, ainsi nommé par Illiger, et adopté par Walckenaer, par Meigen et par Fabricius; mais qui avait été établi antérieurement par Latreille sous le nom d'Ogcode. *V.* ce mot. (AUD.)

HENOTHRIX. INS. Nom donné par Mouffet (*Theatr. Ins.*) à un Hyménoptère du grand genre Ichneumon. *V.* ce mot. (G.)

HENRICIE. *Henricia.* BOT. PHAN. Genre de la famille des Synanthérées, Corymbifères de Jussieu, et de la Syngénésie superflue, L., établi par Henri Cassini (Bulletin de la Société Philom., janvier 1817 et déc. 1818) qui lui a donné les caractères principaux suivans: involucre presque hémisphérique, composé de folioles sur deux rangs, égales en longueur, appliquées, les extérieures ovales-aiguës, les intérieures membraneuses, scarieuses, obtuses et arrondies au sommet; réceptacle nu et convexe; calathide presque globuleuse, dont le disque est formé de fleurons nombreux, réguliers et hermaphrodites, et la circonférence de demi-fleurons en languette, sur un seul rang et femelles; ovaires cylindracés, hérissés et surmontés d'une aigrette dont les poils sont légèrement plumeux. Ce genre a été placé par son auteur dans la tribu des Astérées, tout auprès de l'*Agathæa* et du *Felicia*, autres genres nouveaux constitués par Cassini. Ses calathides ont aussi des ressemblances extérieures avec celles des Bellis. L'unique espèce dont elle se compose, *Henricia agathæoides*, H. Cass., est une Plante recueillie à Madagascar par Commerson et que ce botaniste avait placée parmi les *Baccharis*. (G..N.)

HÉOROTAIRE. *Drepanis*. OIS. Genre de l'ordre des Anisodactyles. Caractères : bec long et fortement courbé, dépassant de beaucoup la longueur de la tête, assez gros et triangulaire à sa base, subulé et très-effilé à la pointe; mandibules également arquées, la supérieure entière, plus longue que l'inférieure; narines placées de chaque côté du bec et à sa base, en partie recouvertes par une membrane; quatre doigts, deux devant, les latéraux égaux en longueur, l'externe soudé à sa base avec l'intermédiaire qui est de moitié moins grand que le tarse; la première rémige nulle, les deuxième, troisième, quatrième et cinquième presqu'égales et les plus longues. Les Héorotaires, dont plusieurs auteurs ont considérablement multiplié les espèces aux dépens de différens genres voisins, appartiennent presque tous aux points les plus chauds et les plus reculés de l'archipel encore peu connu que les géographes modernes considèrent comme une cinquième partie du monde. Les mœurs et les habitudes de ces Oiseaux n'ont presque point encore été observées, et ce qu'en ont rapporté quelques voyageurs paraît trop hasardé pour qu'on puisse l'établir comme faits propres à l'histoire des Héorotaires. Revêtues d'un plumage tout à la fois riche et élégant, la plupart des espèces de ce genre peu nombreux fournissent aux insulaires de l'Océanique, les élémens de ces manteaux de plumes dont nous admirons, dans quelques cabinets de curieux, l'éclat et le travail.

HÉOROTAIRE AKAIÉAROA, *Certhia obscura*, Gmel.; *Melithreptus obscurus*, Vieill., Ois. dorés, pl. 53. Parties supérieures d'un vert olive, les inférieures jaunâtres; une tache brune de chaque côté de la base du bec; rémiges et rectrices noirâtres, bordées de vert olive; bec et pieds bruns. Taille, cinq pieds et demi. Des îles Sandwich.

HÉOROTAIRE A BEC EN FAUCILLE, *Certhia falcata*, Lath. Parties supérieures d'un beau vert, irisé de violet; gorge, poitrine et rectrices violettes; parties inférieures, rémiges et tectrices alaires brunâtres; bec et pieds noirâtres. Taille, cinq pouces et demi. De l'archipel Indien.

HÉOROTAIRE HOHO, *Certhia pacifica*, Lath.; *Melithreptus pacificus*, Vieill., Ois. dorés, pl. 93. Parties supérieures noires, les inférieures d'un brun noirâtre; croupion, tectrices caudales et abdomen d'un beau jaune; base de la mandibule inférieure entourée de plumes effilées et recourbées en avant; bec et pieds noirs; doigts gros, recouverts d'écailles raboteuses et larges; ongles forts et crochus. Taille, huit pouces. Des îles Sandwich.

HÉOROTAIRE ROUGE, *Certhia coccinea*, L.; *Certhia vestitaria*, Lath.; *Melithreptus vestitarius*, Vieill., Ois. dorés, pl. 52. Parties supérieures d'un beau rouge de carmin; rémiges et rectrices noires; une tache blanche sur les parties tectrices alaires; bec et pieds blanchâtres. Taille, cinq pouces et demi. Les jeunes ont le plumage plus ou moins tacheté de jaune chamois. Des îles des Amis. (DR..Z.)

HEO-TAU. BOT. PHAN. C'est le nom de pays qu'on donne aux espèces de Bambous et aux espèces de Rotangs d'où proviennent ces cannes élégantes, agréablement noueuses et flexibles, dont on faisait naguère un si grand usage en Europe. (B.)

*HEPATARIA. BOT. CRYPT. (*Champignons*.) Ce genre, encore mal connu, a été établi par Rafinesque qui n'a point donné de caractères génériques. Il annonce que ces Plantes ont du rapport avec les Tremelles, et cite deux espèces qu'il désigne sous les noms de *cuneata* et d'*erecta*. (A. F.)

HÉPATE. POIS. Cette espèce de Labre de Gmelin paraît être, ainsi que son *Labrus adriaticus*, l'Holocentre Siagonothe de Delaroche (An. du Mus. t. 53), espèce du genre Serran. *V.* ce mot. (B.)

HÉPATE. *Hepatus*. CRUST. Genre de l'ordre des Décapodes, famille des Brachyures, section des Arqués, établi par Latreille aux dépens du genre Crabe de Linné et des Calappes de Fabricius, et ayant pour caractères : toutes les pates ambulatoires, crochues et étendues horizontalement; test en segment de cercle, rétréci postérieurement et ayant les bords finement dentelés; serres comprimées en crête; second article des premiers pieds-mâchoires terminé en pointe. Ces Crustacés sont intermédiaires entre les Crabes et les Calappes, dans lesquels Fabricius avait placé la seule espèce qui soit bien connue; leur forme est la même que celle des Crabes, mais ils en diffèrent par les pates, les serres et la forme du test; ils s'éloignent des Migranes (*Calappa* de Fabricius) par des caractères tirés du test et des pates. Les yeux des Hépates sont petits et logés chacun dans une cavité presque orbiculaire. Leurs pates diminuent progressivement en longueur, et les antérieures, qui sont les plus grandes, ont la tranche supérieure de leurs pinces comprimée et dentée en forme de crête; les bords latéraux du test ont un grand nombre de dentelures; la queue est en forme de triangle étroit et allongé, terminée en pointe et composée de sept tablettes. Les antennes latérales sont insérées à la base inférieure des pédicules oculaires, excessivement petites et coniques; les intermédiaires sont logées obliquement dans deux fossettes au-dessous du front qui est droit et comme tronqué. Les pieds-mâchoires extérieurs des Hépates diffèrent de ceux des Crabes et des Calappes, et ressemblent beaucoup à ceux des Leucosies (*V.* ce mot); ils s'appliquent exactement l'un contre l'autre par une suture droite à leur partie inférieure; le premier article est allongé, le second a une forme triangulaire et se termine en pointe : la largeur de la cavité buccale diminue vers son sommet où elle se termine en s'arrondissant. Les autres articles de ces pieds-mâchoires sont cachés; mais la tige ou le manche des palpes flagelliformes annexés à ces parties forme de chaque côté une pièce allongée, presque lancéolée, adossée contre la face extérieure du second article. Les mœurs des Hépates nous sont absolument inconnues. La seule espèce bien connue de ce genre est :

L'HÉPATE FASCIÉ, *H. fasciatus*, Latr.; *Cancer annularis*, Oliv.; *Cancer princeps*, Bosc; *Calappa angustata*, Fabr.; *C. pudibundus?* Gronov., *Cancer*, t. 38, f. 2, Herbst. Il est de la taille du Crabe Tourteau d'un âge moyen; son test est lisse, traversé de petites lignes rouges, avec les bords des côtés dentelés; les pates sont fasciées de violet. Il se trouve dans l'océan Américain. (G.)

* HEPATICA PAVONICA. BOT. CRYPT. (*Hydrophytes.*) Quelques auteurs du moyen âge ont donné ce nom à l'*Ulva pavonia*, L., *Padina pavonia* de Lamx. *V.* PADINE. (A. F.)

HEPATICELLA. BOT. CRYPT. (*Hépatiques.*) Leman, dans le Diction. des Sciences Naturelles, a traduit ainsi le mot italien *Fegatella*, nom donné par Raddi à un nouveau genre qui n'a point été adopté et auquel il rapporte le *Marchantia conica* de Linné, espèce commune dans les environs de Florence où elle porte le nom de *Fegatella*, diminutif du mot italien *fegato*, foie. *V.* MARCHANTE. (A. F.)

HÉPATICOIDES. BOT. CRYPT. (*Hépatiques.*) Vaillant donnait ce nom à diverses espèces de Jongermannes dont la fronde est simple et étalée comme celle des Marchantes : ce sont les *Jungermannia epiphylla*,

L.; *J. pinguis*, L.; *J. multifida*, L.; *J. furcata*, etc. (A. F.)

HÉPATIQUE. *Hepatica*. BOT. PHAN. Genre de la famille des Renonculacées et de la Polyandrie Polygynie, L., réuni par Linné aux Anémones et caractérisé de la manière suivante par le professeur De Candolle (*Syst. Veget. natur.*, 1, p. 215): involucre caliciforme à trois folioles entières ne renfermant qu'une seule fleur; six à neuf sépales pétaloïdes, disposés sur deux ou trois rangs; étamines et ovaires très-nombreux; carpelles non prolongés en queues, monospermes, indéhiscens. Ce genre qui, par ses caractères, ne diffère que légèrement des Anémones, renferme cinq espèces dont une seule croît en Europe. Les autres habitent l'Amérique, surtout les contrées boréales. L'*Hepatica integrifolia*, D. C., ou *Anemone integrifolia*, Kunth (*Nov. Genera et Spec. Plant. æquinoct.*, V, p. 40), possède des caractères qui unissent les deux genres *Hepatica* et *Anemone*.

L'HÉPATIQUE TRILOBÉE, *Hepatica trilobata*, D. C., a des feuilles un peu coriaces, échancrées en cœur à la base et partagées en trois lobes entiers et ovales; ce qui a valu à cette Plante les noms vulgaires de Trinitaire et d'Herbe de la Trinité. Plusieurs hampes velues partent de la racine et portent chacune une fleur de couleur bleu-cendré dans l'état sauvage. Cette espèce fleurit, dès le mois de février, dans les contrées montueuses et boisées de l'Europe méridionale. Elle est cultivée dans presque tous les jardins, en raison de la précocité et de la beauté de ses fleurs qui doublent le plus souvent et présentent toutes les nuances de couleur depuis le blanc jusqu'au pourpre et au bleu foncé. Dans la culture de cette jolie Plante, il faut avoir soin de la placer dans un terrain frais et à l'ombre; et lorsqu'on la multiplie en divisant ses racines au mois d'octobre, on a conseillé de ne pas employer la serpette, parce que le fer passe pour être très-nuisible à ses racines. Les anciens botanistes lui ont conféré le nom d'Hépatique, peut-être à cause de quelques vertus imaginaires qu'ils lui attribuaient contre les maladies du foie. (G..N.)

Le nom d'Hépatique a été étendu à diverses Plantes phanérogames qui n'appartiennent point aux Renonculacées dont il vient d'être question; ainsi l'on a appelé :

HÉPATIQUE BLANCHE OU NOBLE, le *Parnassia palustris*.

HÉPATIQUE DES MARAIS OU DORÉE, le *Chrysosplenium oppositifolium*.

HÉPATIQUE DES BOIS OU ÉTOILÉE, l'*Asperula odorata*.

HÉPATIQUE POUR LA RAGE, le *Peltidea canina*, L. (B.)

HEPATIQUES. *Hepaticæ*. BOT. CRYPT. Famille de Cryptogames instituée par Jussieu, lesquelles se présentent à l'œil sous la forme d'expansions foliacées, ou sous celle de tiges assez semblables à celle de plusieurs grandes Mousses. Les Hépatiques aiment les lieux sombres et humides, et se fixent même quelquefois sur les pierres qui se trouvent dans un état continuel d'irrigation. Elles sont intermédiaires entre les Lichens et les Mousses; se lient aux premières par le genre Riccie et Endocarpe, et aux secondes par les Andrées et certaines Jongermannes; diffèrent des Lichens en ce qu'elles sont plus vertes et plus foliacées, et que leur fructification est plus parfaite; s'éloignent des Mousses par l'absence totale de coiffe (*calyptra*), et par la contexture du tissu qui paraît cellulaire dans les Hépatiques, et utriculaire dans les Mousses. Ces Plantes sont terrestres ou parasites, rampantes, appliquées sans adhérence intime, ou garnies en dessous de fibrilles radicales très-menues. La fronde est quelquefois aphylle, indivise ou lobée; plus rarement elle est polyphylle, à feuilles distantes ou imbriquées. Les organes considérés comme la fleur des Hépatiques, sont ordinairement terminaux ou axillaires dans les espèces polyphylles, épars ou sous-marginaux dans les espèces membraneuses. De Candolle veut qu'on considère la nervure qui traverse la fronde des Hépatiques membraneuses, comme une véritable tige; elle ne diffère, suivant cet auteur, de la tige qu'on observe dans certaines Jongermannes, que parce qu'elle est bordée de parenchyme dans toute sa longueur, tandis que dans les Hépatiques caulescentes, ce parenchyme est interrompu, c'est-à-dire divisé en lobes foliacés. Cette nervure sert à établir un très-bon caractère distinctif entre les Hépatiques et certains Lichens membraneux qui leur ressemblent. Les fleurs des Hépatiques sont monoïques ou dioïques. Les organes mâles se présentent sous la forme de globules, gonflés par un liquide fécondant visqueux, nus ou réunis dans un périanthe (*périchèze propre*, Mirb.) sessile et plus rarement porté sur un pédoncule. Les organes femelles sont nus ou réunis dans un périchèze ou calice monophylle, sessile; ils sont surmontés d'une coiffe membraneuse qui paraît jouer le rôle de style; les capsules, toujours dépourvues d'opercule, sont uniloculaires, monospermes ou polyspermes, sessiles, rarement stipitées, nues, entourées dans leur jeunesse d'une membrane en forme de calyptre qui se rompt pour laisser passer la capsule, et qui persiste à la base du pédicelle qu'elle entoure alors. Les graines sont pour la plupart fixées par des filamens, roulées en spirale; dans leur germination, elles poussent en dessus une radicule, et s'étendent en dessous en tout sens. Plusieurs Hépatiques offrent des espèces de gemmules (*Orygomes*, Mirbel). Ces gemmules ne doivent pas être confondues avec les véritables fleurs; elles paraissent néanmoins concourir à la propagation de l'espèce; elles remplissent les fonctions de bourgeons ou de gongyles reproducteurs: ce sont des corpuscules oblongs, renfermés dans de petits godets crénelés (*V.* ORYGOME, PÉRICHÈZE, PANNEXTERNE et PÉRISPORANGE.)

Les anciens auteurs n'ont parlé que de la Marchante polymorphe sous le nom de Lichen des Pierres (*Lichen petreus*, Pline). Les botanistes du moyen âge ont décrit plusieurs Jongermannes parmi ce qu'ils appelaient *Muscus*, sous la dénomination de *Muscus squamosus*. Micheli, qu'il faut toujours citer quand on écrit sur la cryptogamie, a réuni dans son excellent ouvrage toutes les Hépatiques connues de son temps, et les a le premier partagées en genres. Cet auteur les plaça parmi les Plantes à fleur campaniforme: on ignorait encore comment s'opérait la fécondation des Phanérogames, et tout ce qui présentait l'apparence d'une corolle, s'appelait fleur, qu'elle fût pourvue ou non de pistils ou d'étamines, qu'elle eût ou non un ovaire. Quoi qu'il en soit, Micheli définit très-bien les Hépatiques; il en décrivit quarante-sept espèces qu'il partagea en dix genres: *Marchantia*, *Hepatica*, *Targionia*, *Sphærocarpos*, *Blasia*, *Lunularia*, *Marsilea*, *Jungermannia*, *Muscoides* et *Anthoceros*. Les genres *Marchantia*, *Hepatica* et *Lunularia*, répondent au *Marchantia* de Linné; les genres *Marsilea*, *Jungermannia* et *Muscoides*, constituent le genre *Jungermannia*. Le genre *Blasia* est rentré dans les Jongermannes; les genres *Targionia*, *Sphærocarpos* et *Anthoceros* ont été conservés. *V.* tous ces mots. — Dillen, qui écrivit après Micheli, ajouta une centaine d'espèces à celles qu'avait décrites son illustre prédécesseur, mais ne suivit pas l'ordre méthodique établi par Micheli. Il établit trois genres principaux: *Anthoceros*, *Lichenastrum* (*Jungermannia*, *Marsilea* et *Muscoides*, Micheli), *Lichen* (*Marchantia*, *Hepatica*, *Lunularia* de Micheli); outre ces noms, on remarque que l'espèce 48 du genre *Lichenastrum* porte le nom d'*Ulva palustris*, et que les espèces 49 et 50 ont reçu le nom de *Jungermannia*; on remarque encore que les n. 13, 14, 15 et 16 de son genre Lichen, sont qualifiés de *Riccia*; le n. 17 a le nom de *Sphærocarpos*, et le n. 20, celui d'*Ichcacalotic*. Linné n'a décrit que quarante-sept espèces d'Hépatiques, qui sont groupées en six genres : *Jungermannia*, *Targionia*, *Marchantia*, *Blasia*, *Riccia* et *Anthoceros*. De Candolle a adopté tous ces genres dans la Flore Française, en plaçant toutefois, dans son Supplément, le genre *Blasia* parmi les *Jungermannia*. Adanson et Jussieu n'ont donné que des *genera*. Le premier a suivi Micheli, en ajoutant à sa famille des Hépatiques, le genre *Salvinia* qui fait maintenant partie des Rhizospermes; le second a suivi Linné sans aucune modification.

La déhiscence des capsules a fourni à Sprengel deux grandes divisions pour cette famille : 1° capsules fermées ou simplement percées, ne s'ouvrant point en valves (Homalophylles); 2° capsules s'ouvrant à plusieurs valves (Hépatiques). Cette deuxième section est subdivisée en capsules bivalves et capsules à quatre ou cinq valves, et celles-ci en capsules agrégées et en capsules solitaires. Cet auteur a créé, ainsi que Palisot-Beauvois et surtout Raddi, un très-grand nombre de genres. Weber qui a donné en 1815 une histoire très-détaillée des Hépatiques, et le célèbre Hooker, dans son histoire des Jongermannes, ont rejeté, non sans raison, la plupart de ces innovations qui surchargent sans fruit la synonymie. (A. F.)

HÉPATITE. MIN. Suivant Boëce de Boot, ce nom avait été donné par les anciens à une Pierre ollaire de couleur de foie; Lucas pense que c'est plutôt une Serpentine, car il est bien rare que les Pierres ollaires aient cette couleur. (G.)

HEPATITIS. BOT. PHAN. Vieux syn. d'Eupatoire. *V.* ce mot. (B.)

HEPATOXYLON. INT. Genre de l'ordre des Cestoïdes, proposé par Bosc pour une espèce de Vers trouvée dans le foie d'un Squale, et qu'il avait déjà décrite sous le nom générique de Tentaculaire. Rudolphi n'adopte aucun de ces genres, et classe l'Animal décrit par Bosc, sous le nom d'Hépatoxylon, parmi les Tétrarhynques douteux. (LAM..X.)

* HEPATUS. POIS. (Gronou.) *V.* THEUTIS.

HEPETIS. BOT. PHAN. Le genre *Pitcairnia* de l'Héritier avait déjà été nommé *Hepetis* par Swartz et Solander. Malgré l'antériorité de ce nom, celui de *Pitcairnia* a tellement prévalu qu'il a été adopté par Swartz lui-même. (G..N.)

* HÉPHESTITE. MIN. On ne peut guère comprendre quelle Pierre Valmon de Bomare entend désigner sous ce nom exhumé de Pline, et qu'applique ce dernier compilateur à un Minéral qui, quoique roussâtre, renvoie les images comme un miroir, refroidit l'eau chaude, et qui, exposé au soleil, allume les matières sèches? (B.)

HÉPIALE. *Hepialus*. INS. Genre de l'ordre des Lépidoptères, famille des Nocturnes, tribu des Bombycites, établi par Fabricius aux dépens du genre Phalène de Linné, et dont les caractères sont : antennes moniliformes ou grenues, beaucoup plus courtes que le corselet; palpes inférieurs très-petits et fort poilus; trompe nulle ou imperceptible; ailes longues, étroites, lancéolées ou elliptiques, toujours en toit dans le repos; cellule discoïdale des inférieures fermée transversalement en arrière par une nervure flexueuse et divisée longitudinalement par un rameau fourchu qui descend de la base au bord postérieur.

Les Hépiales sont des Lépidoptères qui n'ont rien de remarquable sous leur forme de Papillon; ils voltigent le soir et quelquefois en plein midi, et nous en avons rencontré souvent à cette heure dans les chemins secs et couverts de poussière. Il est difficile d'observer leurs chenilles qui vivent sous terre et se nourrissent des racines de différentes Plantes : en général elles ont le corps glabre, muni de seize pates; leur bouche est armée de deux fortes mâchoires avec lesquelles elles coupent les racines. Leurs métamorphoses ont lieu dans des coques qu'elles se construisent avec des molécules de terre, et qu'elles tapissent intérieurement d'un réseau de soie très-serré et peu épais. Leurs chrysalides sont cylindriques, un peu convexes du côté du dos, avec l'enveloppe des ailes courte; les anneaux de l'abdomen sont garnis d'une double rangée de dents aiguës et inclinées vers l'anus. Ce genre renferme à peu près une douzaine d'espèces que l'on trouve presque toutes en Europe. Godard (Lépidopt. de France, T. IV, p. 32 et suiv.) en décrit trois espèces; la principale et celle qui mérite le plus d'être signalée à cause des dégâts que sa chenille fait dans les lieux où on cultive le Houblon, est:

L'Hépiale du Houblon, *Hepialus Humuli*, Fabr., God; *Phalæna Humuli*, Linn., Degéer, Engram.; *Noctua Humuli*, Esp.; *Bombyx Humuli*, Hubr. Elle a de vingt-deux à vingt-quatre lignes d'envergure; dans les deux sexes le corps est d'un jaune d'ocre. Les ailes des mâles sont d'un blanc argenté avec les bords d'un rouge fauve; celles des femelles sont d'un jaune d'ocre, avec les bords rougeâtres, et deux bandes obliques de la même couleur dans les supérieures. Les mœurs de cette espèce ont été le mieux observées; sa chenille est d'un blanc jaunâtre, avec la tête, le dessus du premier anneau, une petite plaque sur le second, et les pates écailleuses d'un brun luisant; ses mâchoires et ses stigmates sont noirs, et on voit sur les dix anneaux postérieurs de son corps, quelques éminences fauves de chacune desquelles s'élève un petit poil noirâtre; elle habite sous la terre, dans les racines du Houblon qu'elle endommage beaucoup dans les pays où on le cultive. Godard a rencontré l'Insecte parfait au pied de la Bryone ou Couleuvrée, et il soupçonne que la chenille se nourrit aussi des racines de cette Plante. La chrysalide est d'un brun noirâtre, avec les stigmates noirs. Elle est renfermée dans une coque cylindrique, du double plus longue que la nymphe. Lorsque celle-ci est sur le point de se métamorphoser, elle perce le bout antérieur de la coque, et, à l'aide des petites dents dont les anneaux de l'abdomen sont pourvus, elle chemine jusqu'à la surface de la terre où elle quitte son enveloppe pour devenir Insecte parfait. C'est au printemps que cette métamorphose a lieu. On trouve cette espèce dans toute l'Europe. Elle est rare à Paris. (G.)

HÉPIALITES. *Hepialites*. INS. Division de l'ordre des Lépidoptères, famille des Nocturnes, tribu des Bombycites, comprenant les genres Hépiale, Zeuzère et Cossus. *V.* ces mots. (G.)

HEPSET. *Hepsetus*. POIS. Syn. de Joel, espèce du genre Athérine. *V.* ce mot. (B.)

HEPTACA. BOT. PHAN. Loureiro (*Flor. Cochinch.*, édit. Willd., p. 807) a ainsi nommé un genre de la Polygamie Diœcie, L., et qu'il a décrit de la manière suivante: les fleurs hermaphrodites ont un calice à trois folioles ovales, concaves et étalées; une corolle presque en roue, formée de dix pétales ovales-oblongs, plus longs que le calice; environ une centaine d'étamines, dont les filets, plus courts que la corolle, portent des anthères linéaires; un ovaire presque arrondi, surmonté d'un style épais et d'un stigmate à sept rayons divergens, canaliculés; une baie presque arrondie, à sept loges, et polysperme. Les fleurs mâles, situées sur des individus différens que les fleurs hermaphrodites, ne diffèrent de celui-ci que par l'absence de l'ovaire. L'avortement constant de cet organe dans plusieurs pieds de la Plante qui a servi de type, a donc nécessité sa place dans la Polygamie, ordre de Linné, qui renferme les Végétaux les plus hétérogènes. Les affinités de l'*Heptaca* n'ont pas encore été étudiées ; elles devront plutôt être cherchées parmi les genres de la Polyandrie, si toutefois le seul caractère des étamines peut être un guide assuré dans une pareille recherche.

L'*Heptaca africana*, Lour., est un petit Arbre à rameaux étalés, couvert de feuilles ovales, très-entières, veinées, alternes et glabres. Les fleurs sont blanches, nombreuses, et portées sur des pédoncules latéraux. Cette Plante croît dans les forêts de la côte orientale d'Afrique. (G..N.)

* HEPTACANTHE. POIS. Espèce du genre Sciène de Lacépède. (B.)

* HEPTADACTYLE. POIS. Espèce du genre Holocentre de Lacépède. (B.)

* HEPTAGYNIE. *Heptagynia*. BOT. PHAN. C'est-à-dire qui offrent sept organes femelles. Linné, dans son système fondé sur le sexe des Plantes, a formé sous ce nom un ordre dans lequel il a réuni tous les Végétaux qui offrent ce nombre de pistils dans l'Heptandrie ; il renfermait le genre *Septas*. *V*. SYSTÈME SEXUEL. (A. R.)

* HEPTAMÈNE. ACAL. Espèce du genre Cyanée. *V*. ce mot. (B.)

HEPTANDRIE. *Heptandria*. BOT. PHAN. Septième classe du système sexuel de Linné, contenant les Végétaux dont les fleurs sont pourvues de sept étamines. Cette classe ne renferme que quatre ordres, savoir : Heptandrie Monogynie ; H. Digynie ; H. Tétragynie, et H. Heptagynie. *V*. SYSTÈME SEXUEL. (A. R.)

HEPTAPHYLLON. BOT. PHAN. Vieux noms de l'Alchemille des Alpes, étendu aux Tormentilles, au *Comarum palustre*, ainsi qu'à des Potentilles. (B.)

HEPTAPLEUVRUM. BOT. PHAN. Sous ce nom, Gaertner (*de Fruct*. T. II, p. 472, tab. 178) a constitué un nouveau genre dont les fleurs sont inconnues, et qui, dans la structure de son fruit, offre les caractères suivans : capsule petite, coriace, ovée, pyramidale, à plusieurs angles marqués près de son sommet d'un étranglement annulaire provenant de la chute de la fleur, sans valves, portée sur un pédoncule grêle, comme dans les Ombellifères ; le plus souvent à sept loges qui chacune renferment une graine solitaire, ovée, comprimée, pourvue d'un albumen charnu à la partie supérieure duquel est situé un très-petit embryon. Gaertner, dans sa Description, donne le nom d'*Hept. stellatum* à l'unique espèce de ce genre, tandis que la figure porte le nom spécifique d'*acutangulum*. Ce fruit provient de l'île de Ceylan où il porte le nom vulgaire de *Bukera*. (G..N.)

HEPTAQUE. BOT. PHAN. Pour Heptaca. *V*. ce mot. (B.)

HEPTATOME. *Heptatoma*. INS. Genre de l'ordre des Diptères, famille des Tanystomes, tribu des Taoniens, établi par Meigen (*Classif. und Besch*. T. 1, p. 156, tab. 9, fig. 7. fem.) et dont les caractères sont : antennes notablement plus longues que la tête, à articles cylindriques, allongés ; le second plus court ; le troisième le plus long. Latreille (Règn. Anim. de Cuv. T. III, p. 614) a réuni ce genre à celui des Chrysops. *V*. ce mot. La seule espèce qu'il renferme est :

L'HEPTATOME BIMACULÉ, *Hept. bimaculata*, Meig., Fabr. — Schæff. (*Icon. Ins. Ratisb*., tab. 72, fig. 6 et 8 ; *Schell. Lipt*., tab. 28, fig. 3) le regarde comme le *Tabanus italicus* de Fabricius. Cet Insecte a le corps noir, avec une tache de chaque côté de la base de l'abdomen et les jambes blanches. Il est assez commun dans le département du Calvados d'où Latreille l'a reçu. On le trouve plus rarement à Paris. (G.)

HEPTRANCHIAS. POIS. (Rafinesque.) *V*. SQUALE.

HER. OIS. Syn. vulgaire de grand Harle. *V*. ce mot. (DR..Z.)

HERACANTHA. BOT. PHAN. (Tabernœmontanus.) Syn. de Carline vulgaire. (B.)

HERACLEOS. BOT. PHAN. Nom grec dérivé de celui d'Hercule et appliqué par les anciens avec quelques variations à divers Végétaux, tels qu'un *Sideritis*, un *Stachys*, un *Polygonum*, etc.; il est devenu la racine de celui que Linné assigna depuis scientifiquement à la Berce. *V.* ce mot. L'*Heracleos* de Pline était notre Grémil, dont ce crédule compilateur rapporte les plus étranges merveilles et donne la plus pompeuse description. Selon lui, cette Plante admirable produit de petites Pierres semblables à des Perles, au lieu de graines, et ces Perles, mêlées dans du vin blanc, à la dose d'un drachme, ont la propriété de dissoudre les Pierres de la vessie. (B.)

* HÉRACLION. BOT. PHAN. Nom antique du Nénuphar selon Daléchamp qui en rapporte l'origine à la fable d'une nymphe qui, morte d'amour pour Hercule, fut métamorphosée en *Nymphœa*. Le même nom a été appliqué à l'*Abrotanum* et au *Cneorum tricoccum*. (B.)

* HÉRATULA. MOLL. FOSS. Luid donne ce nom à une Huître fossile. (B.)

HERBACÉ, HERBACÉE. BOT. *V.* HERBE.

HERBACÉE. *Herbacea*. BOT. CRYPT. (*Hydrophytes.*) Genre de Plantes marines établi par Stackhouse dans la deuxième édition de sa Néréide Britannique; il le compose du *Fucus ligulatus* de Linné, et de sa variété à fronde étroite. Cette Plante appartient au genre *Desmarestia*, que nous avons proposé depuis longtemps et que l'on a dénaturé, en changeant ce nom et en lui ôtant des espèces qu'on ne connaissait pas, pour les réunir à d'autres genres avec qui elles n'avaient aucun rapport. Un tel nom ne pouvait d'ailleurs être adopté en aucun cas. *V.* DESMARESTIE. (LAM..X.)

HERBE. *Herba*. BOT. On appelle ainsi les Plantes annuelles qui, perdant leur tige ou leur feuillage en hiver, n'acquièrent jamais une certaine consistance ligneuse. Ce sont communément les Graminées et les Végétaux de peu d'apparence, que le vulgaire appelle Herbes; le botaniste n'admet cette désignation que relativement à l'organisation des Plantes, qu'il dit être herbacées par opposition à ligneuses: aussi ne s'enquiert-il pas avec l'abbé Rozier si on doit classer les Herbes par la distinction de leurs racines, ou d'après leurs usages et leurs qualités sensibles. Laissant aux jardiniers sans instruction le soin d'établir une ligne de démarcation entre ce qu'ils nomment Herbes potagères, Herbes sauvages et mauvaises Herbes, il suffira de rapporter ici que le mot Herbe est devenu spécifique en une infinité de cas dont nous ne citerons que les plus saillans, pour éviter de consacrer une nomenclature arbitraire et souvent barbare qu'on voudrait voir disparaître des livres scientifiques. L'on a appelé :

HERBE AMÈRE, la Tanaisie.

HERBE AUX ANES, d'ou Onagre, l'*Ænothera biennis*, et quelquefois les grands Chardons.

* HERBE A L'ARAIGNÉE (Bosc), le *Phalangium ramosum*.

* HERBE A L'ARCHAMBOUCHER (Valmon de Bomare), le *Chrysosplenium oppositifolium*.

HERBE AUX AULX OU AU CHANTRE, le Vélar officinal.

* HERBE D'ANTAL (Gouan), la Cynoglosse officinale.

* HERBE A BALAI, le *Scoparia dulcis* aux Antilles.

* HERBE BLANCHE, divers Gnaphales et le Diotis.

* HERBE A BLÉ, à Cayenne, le *Saccharum impabulum* de Poiteau.

* HERBE AU BON DIEU, à Cayenne, selon Aublet, le *Jatropha herbacea*.

HERBE AU BONHOMME. *V.* BONHOMME.

* HERBE BRITANNIQUE, le *Rumex aquaticus*.

* HERBE AUX BRULURES, à Cayenne, selon Aublet, le *Bacopa aquatica*.

HERBE A CAILLER, le *Galium verum*.

* HERBE AU CANCER, le *Plumbago europæa*.

* Herbe du cardinal (Valmon de Bomare), le *Delphinium Consolida*.

* Herbe carrée, à Saint-Domingue, l'*Hyptis pectinata*.

* Herbe aux Caïmans. On ne peut trop reconnaître quelle est la Cypéracée de Saint-Domingue désignée ainsi par Nicolson.

Herbe au Cerf, l'*Athamantha Cervicaria*.

Herbe aux Chancres, l'*Heliotropium europœum*.

* Herbe au chantre, le Vélar officinal.

Herbe au Charpentier, l'*Achillea Millefolium*, en Europe, et selon les pays, divers autres Végétaux réputés vulnéraires ou propres à guérir les blessures faites par des instrumens tranchans.

Herbe au Chat, la *Nepeta Cataria* et le *Teucrium Marum*.

Herbe aux Chèvres, le *Galega officinalis*.

* Herbe a chique, le *Tournefortia nitida* à Saint-Domingue.

* Herbe a cinq côtes, le *Plantago lanceolata*.

Herbe a cinq feuilles, la plupart des Potentilles.

Herbe a cloque, les Coquerets ou Alkekenges.

Herbe du Coq, le *Tanacetum Balsamita* et les Cocristes.

Herbe aux Corneilles, le *Ruscus hypoglossum*.

* Herbe aux cors, le *Sempervivum tectorum*.

Herbe a Coton, les Filages et des Gnaphales.

Herbe au Coucou, une Lychnide.

* Herbe aux coupures, l'Achillée Millefeuille.

Herbe aux Cousins, des Conizes et un *Triumfetta*.

Herbe a couteau, des Laiches et des Graminées dont les feuilles dures sont quelquefois coupantes par leur bord.

* Herbe du Cramantin, un *Justicia*.

Herbe au Crapaud, un Jonc fort commun et la Buffonne.

Herbe aux Cuillers, les Cochléarias.

Herbe aux cure-dents, le *Daucus Visnaga*, L.

Herbe aux Dartres, diverses Casses dans les Colonies.

* Herbe a Daucune, l'*Ophioglossum vulgatum*.

Herbe aux deniers ou aux liards, le *Lysimachia nummularia*.

* Herbe dorée, divers Seneçons, particulièrement le *Senecio Doria*.

* Herbe douce, le *Pharnaceum spatulatum* aux Antilles.

Herbe aux Dragons, l'*Arum Dracunculus*.

* Herbe a l'échauffure, les diverses espèces du genre *Begonia* à Cayenne, selon Barrère.

Herbe aux écrouelles, le *Scrophularia nodosa*.

Herbe a écurer, les Prêles et des Charagnes.

* Herbe aux écus, le *Lysimachia nummularia*.

Herbe a l'Épervier, d'où le mot français Épervière, proposé pour désigner le genre *Hieracium*.

Herbe de toute Epice, le *Nigella Damascena*.

Herbe a l'esquinancie, l'*Asperula Cynanchica* et le *Geranium Robertianum*.

Herbe a éternuer, diverses espèces du genre *Achillea*, particulièrement le *Ptarmica*.

* Herbe étoilée, l'*Asperula odorata*.

Herbe au Faucon, l'*Hypochœris radicata*.

* Herbe du feu, le *Ranunculus Lingua*.

Herbe a la fièvre, la petite Centaurée, un Millepertuis, la Gratiole et divers autres Végétaux.

Herbe foireuse, le Seneçon commun.

Herbe aux gencives, la Visnague.

Herbe a Gérard, l'*Ægopodium podagraria*.

* Herbe a gland, l'*Hedysarum incanum* de Richard aux Antilles.

Herbe a la glace, le *Mesembryanthemum cristallinum.*

Herbe de grace, la Rue des jardins.

Herbe du grand Prieur ou de l'Ambassadeur, le Tabac lors de son introduction en Europe.

* Herbe aux Grenouilles, le *Riccia natans.*

Herbe aux Gueux, la Clématite des haies.

Herbe de Guinée; diverses Graminées sont confondues sous ce nom plus particulièrement appliqué au *Panicum altissimum.*

* Herbe de Hallot, le *Marchantia polymorpha.*

Herbe aux Hémorrhoides, le *Ranunculus Ficaria.*

Herbe a l'Hirondelle, le *Stellera Passerina.*

Herbe a la houette, l'*Asclepias Syriaca.*

* Herbe impie. *V.* Impie.

* Herbe inguinale, l'*Aster Amellus*, L.

* Herbe d'ivroone, l'Ivraie annuelle.

Herbe a jaunir, le *Reseda tinctoria.*

Herbe aux jointures, l'*Ephedra disticha.*

Herbe judaïque, le *Scutellaria galericulata* et une Pariétaire.

Herbe de Judée, la Douce-Amère.

Herbe Julienne, une Sariette et l'*Achillea Ageratum.*

Herbe a Jean Renaud. *V.* Caa-Cica.

Herbe aux Ladres, la Véronique officinale.

* Herbe du Lagui (Gouan), le Myrte commun en Languedoc.

Herbe au lait, la plupart des Euphorbes, et la Glauce maritime dont on prétend que l'usage donne du lait aux nourrices.

Herbe aux Loups, l'*Aconitum lycoctonum.*

Herbe aux Lunettes, la Lunaire et les Biscutelles.

Herbe a Madame, l'*Ageratum Conyzoides.*

Herbe aux Magiciens et aux Magiciennes, la Stramoine ordinaire et le *Circæa lutetiana.*

Herbe aux Malingres, le Bident aquatique.

* Herbe aux mamelles, la Lampsane commune.

Herbe a la Manne, le *Festuca fluitans.*

Herbe des trois mariés, un Buplèvre.

Herbe Masclou, les Herniaires.

Herbe au Mastic, une Sariette et un Clinopode.

Herbe aux Mèches, le *Phlomys Lychnitis.*

* Herbe de merveille, l'Amaranthe tricolore.

Herbe aux Mittes, diverses espèces vulgaires du genre *Verbascum.*

Herbe more, le *Solanum nigrum*, le *Reseda lutea* et le *Bosea Yervamora.*

Herbe aux Mouches, la Conyze vulgaire.

* Herbe au Mouton ou à Samson, le *Parthenium Hysterophorus* à la Guiane.

* Herbe des murailles, la Pariétaire commune.

* Herbe musquée ou du musc, l'*Hibiscus Abelmoschus*, l'*Adoxa Moschatellina* et l'*Erodium moschatum.*

Herbe de None, la Pariétaire officinale.

* Herbe de Notre-Dame, la Pariétaire, la Campanule gantelée et la Cynoglosse.

Herbe aux Oies, le *Potentilla anserina.*

Herbe aux panaris, les espèces du genre *Paronychia.*

Herbe a panier, aux Colonies les diverses espèces du genre Uréna.

Herbe ou Thé du Paraguay. Aug. Saint-Hilaire, dans ses Plantes usuelles des Brasiliens, a démontré que cette Plante était une espèce d'*Ilex*. *V.* Houx.

* Herbe de pardon (Garidel), le *Medicago maritima* en Provence.

Herbe a Paris, le *Paris quadrifolia.*

Herbe au pauvre Homme, la Gratiole officinale.

Herbe aux Perles, le Grémil officinal.

Herbe au Perroquet, l'*Amaranthus tricolor*.

Herbe aux piqures, l'*Hypericum perforatum*.

Herbe a pisser, le *Pyrola umbellata*.

Herbe a la pituite ou aux Poux, la Staphisaigre.

* Herbe a Plomb, à Saint-Domingue, le *Lantana aculeata*.

Herbe aux Poules, le Grémil officinal.

Herbe aux poumons, l'Epervière commune, et jusqu'au *Sticta pulmonaria*, et au *Marchantia polymorpha*.

Herbe a la Puce ou aux Puces, le *Rhus Toxicodendrum* et le *Plantago Psyllium*.

Herbe aux Punaises, l'*Erigeron graveolens* et la Bardane.

Herbe a Robert, le *Geranium Robertianum*.

* Herbe de Réglisse (Surian), le *Scoparia dulcis* et l'*Abrus precatorius* aux Antilles.

* Herbe de la reine, la Nicotiane lors de son introduction en Europe, parce que Catherine de Médicis, reine alors, prenait beaucoup de tabac.

* Herbe a la rose, la Scolopendre officinale et le *Lamium maculatum*.

* Herbe a la rosée, les espèces du genre *Drosera*.

Herbe rouge, le *Melampyrum arvense*.

Herbe royale, l'Aurone.

Herbe sainte, le *Melitis Melissophyllum*.

Herbe de Saint-Antoine, l'*Epilobium angustifolium*, et, selon quelques-uns, le *Plumbago europœa*.

Herbe Saint-Benoist, le *Betonica officinale*.

Herbe Saint-Christophe, l'*Actæa spicata*.

Herbe Saint-Fiacre, l'*Heliotropium europœum*.

Herbe Saint-Jean, l'Armoise, le *Sedum Thelephium*, le Millepertuis perforé et autres Plantes qui, fleurissant principalement vers le solstice d'été, forment les bouquets que les villageois attachent à la perche du feu de la Saint-Jean.

Herbe de Saint-Paul et de Saint-Pierre, la Primevère.

Herbe de Saint-Philippe, le Pastel, *Isatis tinctoria*.

Herbe de Saint-Roch, l'*Inula pulicaris*.

Herbe de Sainte-Barbe, l'*Erysimum Barbarea*.

Herbe de Sainte-Catherine, l'*Impatiens Noli-tangere*.

Herbe de Sainte-Cunégonde, l'*Eupatorium cannabinum*.

Herbe Sainte-Rose, la Pivoine officinale.

Il est, au reste, peu de Saints ou de Saintes du paradis qui n'aient eu leur Herbe, comme les anciens en avaient dédié à Circé, à Hercule et à leurs Saints ou Divinités d'ordre inférieur; nous ne reproduirons pas cette espèce de litanie.

* Herbe a Samson. *V.* Herbe au Mouton.

Herbe sans couture, l'*Ophioglossum vulgatum*.

Herbe sardonique, le *Ranunculus sceleratus*.

* Herbe sarrazine (Daléchamp), l'*Achillea Ptarmica* dans les Pyrénées.

Herbe au scorbut, le Cochléaria.

Herbe aux sept têtes ou a sept tiges, le *Statice Armeria*.

* Herbe a Serpent (Surian), aux Antilles le *Cynanchum parviflorum*. On donne aussi ce nom au *Botrychium cicutarium* et au *Dorstenia brasiliensis*.

Herbe du Siége, le *Scrophularia aquatica*.

* Herbe a sornet, les *Bidens* dans les colonies françaises.

Herbe aux Tanneurs, le *Coriaria myrthifolia*.

Herbe a la Taupe, le *Datura Stramonium*.

Herbe au Taureau, l'Orobanche.

Herbe aux Teignes, le *Rumex acutus* et l'*Euphorbia Chamœsyce*.

Herbe aux Teigneux, le *Tussilago Petasites*.

HERBE AUX TEINTURIERS, le *Genista tinctoria*.

HERBE A TORTUE et A MANATI, les Ulves et les Varecs aux Antilles.

* HERBE AUX TRACHÉES, diverses Campanules, entre autres le *Campanula Trachelium*.

* HERBE DE LA TRINITÉ, l'Anémone Hépatique, parce qu'elle a ses feuilles trilobées et qu'elle produit des variétés de trois couleurs, savoir : à fleurs blanches, à fleurs bleues et à fleurs rouges.

* HERBE TRISTE, la Belle-de-Nuit ou Nyctage.

HERBE A VACHE, le Trèfle cultivé.

HERBE AUX VARICES, le *Serratula arvensis*, L.

HERBE AU VENT, l'Anémone Pulsatille.

HERBE AUX VERRUES, l'Héliotrope d'Europe.

HERBE AUX VERS, la Tanaisie.

HERBE-VIERGE, la Persicaire commune et le Marrube vulgaire.

HERBE VINEUSE, l'Ambroisie maritime.

HERBE AU VIOLET, la Bryone et la Douce-Amère.

HERBE AUX VIPÈRES, l'*Echium vulgare*.

HERBE AUX VOITURIERS, l'*Achillea Millefolium* et le Mélilot.

HERBES VULNÉRAIRES. *V.* FALLTRANCK, etc. (B.)

* HERBEY. OIS. (Gesner.) Syn. de Lagopède. *V.* TÉTRAS. (DR..Z.)

HERBICOLES. *Herbicolæ*. INS. Division des Coléoptères Hétéromères, établie par Latreille, et qui renfermait les familles des Taxicornes et des Sténélytres, et la tribu des Pyrochroïdes. *V.* ces mots. (G.)

HERBIER. *Herbarium*, *Hortus siccus*. BOT. On donne ce nom à une collection de Plantes desséchées et placées dans des feuilles de papier, et qu'on conserve ainsi pour l'étude de la botanique. Quelques auteurs ont également nommé ainsi des ouvrages contenant la description et les figures de Plantes d'un pays; tel est, par exemple, l'*Herbarium Amboinense* de Rumph, etc. La nécessité des Herbiers naturels est aujourd'hui sentie par tous ceux qui cultivent la botanique. Quelque parfaites que soient des descriptions, quelqu'exactes que puissent être des figures, elles ne peuvent jamais donner une idée aussi complète des objets qu'elles représentent que la vue même de ces objets. Or, comme le nombre de Végétaux connus et décrits aujourd'hui est immense, que ces Végétaux croissent dans des régions très-éloignées les unes des autres et qu'il est impossible de les réunir tous vivans dans le même lieu, il est indispensable de les conserver d'une manière quelconque, afin de pouvoir les soumettre à l'analyse, dans tous les temps et en tous lieux. On peut conserver les Plantes de deux manières : 1° dans une liqueur, telle que l'eau-de-vie, le rhum ou tout autre liquide alcoholique, et même dans l'eau salée; dans les feuilles de papier, après les avoir comprimées et desséchées convenablement. Le premier de ces procédés est trop dispendieux, et les objets ainsi conservés occupent trop de place. Cependant on doit le mettre en usage pour la conservation des fruits charnus trop gros et trop succulens pour pouvoir se dessécher sans altération, et pour certaines fleurs dont les parties sont charnues et trop faciles à écraser par la compression. De ce nombre sont surtout les fleurs des Orchidées, des Musacées, des Amomées et de plusieurs autres familles de Plantes monocotylédonées. Mais nous ne devons, dans cet article, parler que des Herbiers, c'est-à-dire des collections de Plantes desséchées et conservées dans des feuilles de papier.

Il y a plusieurs précautions à prendre lorsque l'on dessèche des Plantes pour les faire entrer dans un Herbier. 1°. Il faut, autant que possible, choisir des échantillons complets, c'est-à-dire munis de feuilles, de fleurs et de fruits. Pour cela, il sera quelquefois nécessaire de dessécher plusieurs échantillons différens de la même

Plante; savoir, quand elle est en fleurs et quand ses fruits sont parvenus à leur maturité. 2°. Quand la Plante est une Herbe annuelle ou vivace, il faut, autant que cela est possible, la dessécher tout entière, afin d'avoir ainsi l'idée de sa grandeur et de son port. Il est nécessaire aussi, surtout dans les espèces vivaces, de ne pas négliger de prendre les feuilles radicales, qui offrent fréquemment des caractères propres à distinguer l'espèce. 3°. Lorsqu'on veut conserver des échantillons d'une Plante ligneuse, d'un Arbre ou d'un Arbrisseau, il faut choisir des rameaux de la grandeur et du format de son Herbier, et surtout avec les fleurs et les fruits, quand ces derniers sont de nature à pouvoir être conservés de cette manière. 4°. Chaque échantillon doit être accompagné d'une étiquette en papier blanc, sur laquelle on inscrit le nom de l'espèce, l'auteur qui l'a nommée et l'ouvrage où elle est décrite et figurée; la patrie de la Plante, la localité où elle a été récoltée; l'époque de l'année où elle fleurit et où elle fructifie; si c'est une Plante cultivée, il faut noter soigneusement cette circonstance et indiquer le jardin où elle a été recueillie. Il sera bon également d'inscrire sur l'étiquette la couleur des fleurs et des diverses parties qui les composent, en un mot, tous les caractères que la compression et la dessiccation peuvent altérer. Nous ne croyons pas nécessaire d'indiquer ici la manière de dessécher les Plantes; c'est une opération si simple, que les préceptes en sont inutiles. Cependant nous ne saurions trop recommander aux botanistes et particulièrement à ceux qui parcourent des pays étrangers, de ne pas comprimer trop fortement leurs échantillons. En effet, une compression trop forte écrase, désorganise les parties, et il devient plus tard impossible d'en pouvoir faire l'analyse; tandis que quand la compression n'a point été poussée trop loin, en plaçant les fleurs dans de l'eau tiède ou au-dessus de la vapeur bouillante, on les voit bientôt reprendre leur forme et leur position premières, et il devient alors, avec un peu d'habitude, aussi facile d'en étudier l'organisation que si elles étaient fraîches. Lorsque l'on reçoit des Plantes toutes desséchées, il faut noter soigneusement sur l'étiquette le nom de la personne dont on les a reçues. Cette précaution devient tout-à-fait indispensable, quand on reçoit des Plantes d'un auteur qui en a donné la description. Ces échantillons deviennent alors authentiques et peuvent être, en quelque sorte, considérés comme les véritables types de l'espèce. Lorsqu'on en a fait connaître une ou plusieurs espèces nouvelles, il faut avoir soin d'indiquer dans son Herbier quels sont les échantillons d'après lesquels les descriptions ou les phrases ont été faites. De même, celui qui publie la Flore d'un pays quelconque doit conserver à part un Herbier composé seulement des échantillons originaux, afin que, dans tous les temps, on puisse recourir facilement aux types d'après lesquels les diverses espèces ont été établies. C'est ainsi que certains Herbiers acquièrent une grande valeur aux yeux des botanistes: tels sont l'Herbier de Gaspard Bauhin, conservé à Bâle; celui de Tournefort, qui fait partie des magnifiques collections du Muséum d'histoire naturelle de Paris; celui de Linné, que possède Smith en Angleterre, etc.—L'ordre à suivre dans la classification d'un Herbier est une chose assez indifférente en elle-même. Ainsi l'on peut choisir tel ou tel système. Quand on n'a de Plantes que celles d'un pays, il faut, en général, préférer la classification adoptée dans la meilleure Flore de ce pays. Ainsi, celui qui ne forme qu'un Herbier des Plantes françaises devra adopter l'ordre des familles naturelles d'après lequel sont décrites les espèces dans la Flore de Lamarck et de De Candolle, etc. — Lorsque l'on a plusieurs échantillons d'une même espèce provenant de localités différentes, il faut les séparer les uns des autres et leur mettre à chacun une étiquette particulière; car fréquemment une même espèce présente des différences notables, suivant les localités où elle a été recueillie, et qui quelquefois ont engagé certains botanistes à en faire des espèces distinctes. On ne doit pas non plus négliger les diverses variétés, et surtout les monstruosités dont l'étude réfléchie et comparative peut jeter un si grand jour sur quelques points encore obscurs de l'organisation végétale.— On a proposé divers moyens pour préserver les Herbiers des dégâts qu'y exercent trop souvent les Insectes. 1°. Il faut que l'Herbier soit placé dans des boîtes de bois bien hermétiquement fermées, ou que chaque paquet soit étroitement pressé entre deux feuilles de carton réunies avec des courroies ou des cordons. 2°. Eviter, autant que possible, de faire du feu dans la pièce où sont déposées les Plantes. Cette pièce doit néanmoins être bien sèche et à l'abri de toute humidité. 3°. Ne jamais placer dans l'Herbier des Plantes trop récemment desséchées, parce qu'elles renferment souvent des larves qui se développent plus tard et qui attaquent impitoyablement toutes les Plantes d'un même paquet. Malgré ces précautions, il est certaines familles dont les espèces sont presque constamment attaquées par les Insectes, telles sont les Ombellifères, les Composées, les Crucifères, les Euphorbes, etc. Le seul moyen de garantir efficacement et sûrement ces Plantes de toute attaque, c'est de les tremper dans une dissolution alcoholique de sublimé corrosif, qui, sans en altérer aucunement les couleurs, les préserve à jamais des dégâts des ennemis de la botanique. C'est par ce procédé que Smith a conservé parfaitement intact l'inappréciable Herbier de Linné. — Quelques botanistes sont dans l'habitude de coller chaque échantillon sur un carré de papier blanc. Ce procédé était surtout mis en usage par les botanistes anciens. Mais aujourd'hui on l'a généralement abandonné. En effet, outre que la colle attire les Insectes, un échantillon ainsi fixé ne peut plus être analysé et perd ainsi une grande partie de son utilité. Il vaut beaucoup mieux fixer chaque échantillon avec de petites bandes de papier et des camions. Par-là on évite que les échantillons se déplacent ou se confondent, et l'on conserve la facilité de pouvoir les étudier et les analyser en les dégageant des petites épingles qui les retiennent en place. Cependant, pour les très-petites Plantes, telles que les Mousses, les Algues, etc., il est presque toujours nécessaire de les coller, afin d'éviter la confusion des échantillons. On devra pour cela employer de préférence la gomme arabique à laquelle on peut mélanger une petite quantité de sublimé corrosif. (A. R.)

L'usage du sublimé corrosif ayant de très-grands inconvéniens, et la gomme, par sa nature, n'attirant pas les Insectes, lorsqu'on se décide à coller les échantillons de l'Herbier, un quart de sucre dissout dans trois quarts de gomme est préférable, et empêchant celle-ci de se briser et de laisser détacher la Plante tout-à-coup, peut cependant aider à la détacher en un cas de nécessité absolue. Nous avons remarqué même que des Plantes sèches fixées dans l'Herbier avec la gomme se conservent mieux que celles qui sont libres et vagantes dans des feuilles où rien ne les retient. Les collections, ainsi collées, ont ce grand avantage que les paquets en sont plus égaux, qu'on peut les confier aux naturalistes qui se livrent au travail des monographies. La superbe collection cryptogamique des Vosges qui prouve tant d'activité, de goût et de science chez Mongeot, naturaliste des Vosges, est le meilleur argument qu'on puisse donner en faveur des collections où les objets sont définitivement fixés. Quoi qu'il en soit, il est quelques procédés nécessaires à connaître pour les botanistes qui, ne se bornant pas à dessécher des Plantes à fleurs apparentes, veulent s'occuper de Cryptogames et d'Hydrophytes. Outre que ces collections sont les plus élégantes et les véritables ornemens de l'Herbier, quand les échantillons en sont bien préparés, on peut les observer en tout temps, parce que, dans l'état de dessiccation, ils offrent encore des caractères microscopiques excellens. Pour certains Champignons, il suffit de les laisser premièrement se flétrir, soit au soleil, soit dans un appartement chauffé; on les pressera d'abord légèrement et de plus en plus, ayant soin de n'en pas laisser coller les parties au moyen de morceaux de papier passés entre elles. Avant la dessiccation complète, on peut les laisser tremper quelques heures dans une infusion alcoholique de *Quassia amara* et achever ensuite leur préparation entre du papier gris qu'on change souvent. De cette façon, nous sommes parvenus à réunir la plus élégante suite d'échantillons reconnaissables de Clavaires, d'Hydnes, de Pezizes, de Mérules, de Phallus, de Téléphores, de Bolets, etc., même d'Agarics. Pour les Fucacées, il suffit en voyage de les recueillir en masses, de les laver dans de l'eau douce à plusieurs eaux et de les laisser ensuite sécher à l'ombre. On en formera ainsi des caisses bien fermées qui, mises à l'abri de l'humidité, préserveront les objets de toute altération. Plusieurs années après, on pourra, en remouillant les Fucacées, leur rendre leur flexibilité et les préparer chez soi par les procédés ordinaires. Les Confervées, les Céramiaires, plusieurs Floridées brillantes qui adhèrent aux corps entre lesquels ces Plantes se dessèchent, doivent être préparées sur-le-champ. On en choisit les plus beaux échantillons qu'on place dans une cuvette remplie d'eau; au fond de laquelle on a mis un carré de papier collé, un peu fort, le plus beau possible, tel que du vélin ou du papier de Hollande; à l'aide d'un corps pointu quelconque, on débrouille les filamens ou les ramules de la Plante qui prennent dans le liquide leur port élégant; on retire le liquide à l'aide d'une petite seringue, en évitant de déterminer des courans qui altéreraient le port qu'on tient à conserver. La Plante s'applique ainsi naturellement sur le papier qu'on a soin de ne pas laisser racornir, dont on absorbe l'humidité avec d'autre papier non collé et buvant; mettant ensuite les échantillons légèrement à la presse, on obtient en peu d'heures les matériaux d'un Herbier charmant. Il sera bon de préparer aussi quelques échantillons sur du talc, ou sur de petites lames de verre, afin qu'on puisse les examiner en tout temps au microscope. Avec des précautions, il n'est pas de Végétal qu'on ne puisse préparer de manière à ce qu'il demeure reconnaissable dans une collection. Autant qu'il est possible, les échantillons de chaque Plante doivent être accompagnés d'une note qui établisse le plus minutieusement possible quelle fut sa patrie. Depuis qu'on s'occupe de géographie botanique sous un point de vue philosophique, il est des naturalistes, et nous avouons être de ce nombre, qui font peu de cas d'une Plante dont ils ignorent l'*habitat*. On doit aussi avoir grand soin de conserver en Herbier les étiquettes autographes des auteurs, quand c'est d'eux qu'on tient un échantillon. C'est ainsi que plusieurs parties de nos collections ont acquis la plus grande valeur.

Comme rien de ce qui peut économiser l'emploi du temps ne doit être dédaigné par les savans qui en connaissent bien le prix, et comme la préparation des échantillons de Plantes dont se compose un Herbier entre dans les travaux les plus essentiels des botanistes, nous avons cru rendre à ceux-ci un service important en leur faisant connaître un nouvel appareil propre à faciliter considérablement la dessiccation des Végétaux. Cet appareil, appelé Coquette, et dont nous avons lu la description à l'Académie des Sciences, dans la séance du 9 août 1824, a été représenté dans l'excellent recueil de nos collaborateurs Audouin, Brongniart et Dumas, intitulé : Annales des Sciences naturelles (N° de décembre 1824, pl. 32). Nous engageons les lecteurs à y recourir pour s'en former une idée, et nous pouvons leur promettre que son emploi leur sera d'un grand secours pour former promptement des Herbiers dont tous les objets seront conservés le mieux possible. (B.)

HERBIVORES. ZOOL. Ce nom désigne collectivement les Animaux qui, ne se nourrissant point de chair ou de la substance d'autres Animaux, ne vivent que de Plantes. Virey les appelle PAISIBLES ET ANTIQUES PYTHAGORICIENS DE LA NATURE. Les naturalistes n'ont ni adopté cette nomenclature, ni fait des Herbivores une division particulière et systématique, comme ils l'ont fait pour les Carnassiers, si ce n'est dans les Insectes. *V.* PHYTOPHAGES. (B.)

* HERBORISATIONS. *Excursiones botanicæ.* BOT. La contemplation de l'immense tableau de la nature a toujours inspiré aux botanistes cette passion pour l'étude, sans laquelle la science des Végétaux n'aurait fait que des progrès lents et très-bornés. Ils pouvaient, à la vérité, trouver sans peine les richesses végétales de plusieurs pays accumulées dans les jardins où leur disposition méthodique en fait saisir facilement les différences, mais ils n'y rencontraient presque jamais l'état vrai et naturel des Plantes que la campagne seule leur offrait avec prodigalité. Après avoir éprouvé en premier lieu le besoin de connaître ce qui nous environne, on veut en avoir la propriété, et ce n'est pas un seul individu cultivé avec précaution dans un jardin public qui pourrait satisfaire l'ambition de tous ceux dont le but est non-seulement d'observer les Plantes vivantes, mais encore de les conserver mortes pour les observer de nouveau. Cette ardeur de voir la nature vivante et d'en posséder les trésors a donné lieu aux Herborisations ou à ces assemblées de botanistes qui, à certaines époques de l'année, parcourent les campagnes pour trouver, étudier et recueillir les Plantes sauvages. Nous ne parlerons ici que des Herborisations publiques et de celles entreprises à la fois par plusieurs personnes zélées; car les Herborisations solitaires sont des promenades peut-être fort agréables au philosophe qui veut donner un libre cours à ses rêveries; mais elles n'offrent point de résultats avantageux pour le perfectionnement et la propagation de la science. Dans les réunions, au contraire, les observations particulières se communiquent rapidement, les applications des principes expliqués dans les leçons des professeurs viennent à chaque instant s'offrir aux élèves et les rendent alors capables de porter un jugement, sans adopter de confiance tout ce qui leur a été développé. Les Herborisations, en un mot, sont à la botanique ce que les dissections sont à l'anatomie comparée, ce que les expériences sont à la physique et à la chimie.

Le célèbre Linné, toujours exact, toujours classique, a voulu, dans sa Philosophie botanique, soumettre à des lois fixes les Herborisations. Il a prescrit, en quelque sorte, aux botanistes (car c'était leur prescrire que de faire connaître quel était son usage habituel), il leur a prescrit de s'affubler d'une certaine manière, de se pourvoir d'instrumens et de livres, d'herboriser régulièrement en des saisons et à des heures déterminées, d'établir des lois contre les paresseux, les déserteurs et les absens, de régler les heures des repas, de ne point dépasser les limites assignées, de collecter tous les objets d'histoire naturelle, enfin de joindre à chaque Herborisation une démonstration faite par le professeur. La plupart de ces préceptes, n'ayant aucune importance, ont été généralement négligés; chacun a pris, pour herboriser, le vêtement qui lui convenait le mieux, et jamais l'on ne s'est astreint rigoureusement à d'autres réglemens que ceux qui ont été sanctionnés par un long usage et auxquels on s'est soumis très-volontairement. Mais il nous semble qu'on a eu grand tort de supprimer, dans les Herborisations publiques, la démonstration ordonnée par Linné. Une leçon semblable offrirait cet avantage remarquable que les objets de la nature se fixeraient mieux dans l'esprit, et qu'une foule d'exemples viendraient éclaircir les définitions. La démonstration des Plantes recueillies par la société des personnes qui herborisent est donc une chose extrêmement utile, beaucoup plus que la récolte en elle-même qui le plus souvent ressemble à un pillage effréné. La manière, en effet, dont les professeurs conduisent ordinairement les Herborisations tend à l'entière destruction des espèces rares. Si l'une de celles-ci se rencontre par hasard sous les pas d'une nuée d'herborisateurs, tout le cortége se jette sur le peu d'individus qui se présentent, et quelquefois s'en arrache les débris avec une brutalité et une avidité que l'on ne s'attendrait pas à rencontrer chez les personnes qui s'adonnent aux paisibles sciences d'observations.

Dans l'espoir de profiter le plus qu'il est possible de leurs excursions botaniques, les novices se chargent d'un fatigant attirail; mais bientôt ils sont forcés de déranger le beau plan qu'ils avaient formé; bientôt ils ne peuvent plus continuer leurs observations microscopiques, barométriques, hygrométriques, thermométriques, etc.; heureux, si leurs boîtes et leurs cartons peuvent suffire à la collection des Plantes qui devraient être les seuls objets de leurs courses. Instruit par notre propre expérience de l'inutilité de tous ces préparatifs, nous avons cherché les moyens de ne rien négliger qui fût important, et en même temps nous avons tâché de nous procurer, dans les Herborisations, autant de plaisirs que d'avantages pour notre instruction. Ce double but a été atteint par un bon choix de nos compagnons de voyage, par la variété des sites que nous avons parcourus, et en nous munissant seulement des objets et des instrumens indispensables. Une conformité de goûts et un zèle à toute épreuve, voilà ce qu'il faut rechercher avant tout dans la société qui se forme pour faire une excursion botanique. La science et les talens ne sont pas départis uniformément à tous les naturalistes, mais chacun est doué d'un mérite particulier qu'il apporte à la masse commune et qu'il fait concourir au plaisir et à l'avantage des autres. Aussi, c'est dans ces circonstances intéressantes que la plus sincère amitié lie entre eux les botanistes; c'est là qu'ils se communiquent, sans défiance et sans réserve, tout ce qui contribue à étendre leurs connaissances. Mais ce n'est pas ici le lieu de faire ressortir les nombreux agrémens des Herborisations, ni de les considérer, avec quelques personnes, comme d'excellens moyens hygiéniques. Ces considérations sortent du domaine de l'histoire naturelle; d'ailleurs notre prose serait bien froide après celle de Jean-Jacques, qui s'évertua toute sa vie à chercher le bonheur et n'en surprit des lueurs que dans les excursions botaniques; après la peinture que l'auteur des Géorgiques françaises et de l'Homme des champs a si élégamment tracée d'une journée d'Herborisation sous la direction de notre célèbre professeur de Jussieu.

Lorsqu'on habite une contrée où plusieurs stations sont bien caractérisées, si, par exemple, il y a des forêts, des marais et surtout de hautes montagnes, il faut disposer son plan d'après la nature du terrain que l'on doit parcourir. Ne vous amusez donc pas aux espèces de la plaine, si vous avez à gravir des rochers escarpés; munissez-vous des provisions nécessaires pour n'avoir à vous occuper que des Plantes, objets de vos recherches, et avant de vous engager dans des localités dangereuses, connaissez bien la topographie du pays. Ces conseils ne sauraient être trop répétés, puisque nous avons tant d'exemples où l'ardeur de la botanique a été aussi fatale que celle de la chasse et des autres violens exercices. Nous dirons donc aux botanistes : quoique les précipices soient souvent bordés des fleurs les plus brillantes et les plus rares, gardez-vous de risquer votre vie ou tout au moins votre santé pour les recueillir; les résultats doivent avoir une importance proportionnée aux risques que vous courez, et ce serait une folie de prétendre qu'une espèce, si rare qu'elle soit, vaille la peine de s'estropier. Cependant Desvaux a publié (Journal de Botanique, T. III, p. 112) une instruction adressée aux botanistes qui parcourent les montagnes, où il leur a conseillé le plus sérieusement du monde des moyens pour se tirer d'affaire dans des circonstances tellement dangereuses que l'idée seule de leur possibilité serait capable d'effrayer tout homme sensé et de le détourner d'Herborisations aussi hasardeuses. Quand un botaniste se trouvera dans l'horrible nécessité de passer sur une corniche adossée à un précipice affreux ou d'enjamber celui ci, quand il faudra qu'il se laisse glisser le long de rochers presque verticaux, il saura ce qu'il lui conviendra de faire beaucoup mieux que vous qui, assis bien à votre aise dans un cabinet, lui conseillez bonnement de se suspendre par les mains à un fort bâton de *Cratægus Oxyacantha* placé en travers du précipice, ou bien de se scarifier la paume des mains et la plante des pieds, pour que le sang qui en jaillit détermine une adhérence aux rochers et empêche de glisser trop vite. Mais en voilà peut-être trop sur un sujet qui s'éloigne de l'histoire naturelle, puisqu'il n'intéresse que la conservation des personnes qui se vouent à son étude. Terminons cet essai sur les Herborisations par l'énumération des objets qui doivent composer l'équipage du botaniste. Les excursions, dont la durée se prolonge pendant plusieurs jours, sont des petits voyages où il est nécessaire de se munir de beaucoup plus d'objets que pour les courses qui peuvent s'accomplir entre le lever et le coucher du soleil. Si l'on se propose de parcourir des montagnes, on doit emporter avec soi : 1° une boîte ordinairement de fer-blanc (*Vasculum Dillenianum*, L.) de la grandeur la plus considérable; 2° de plusieurs Coquettes remplies de papier gris, instrumens pour la dessiccation des Plantes dont notre collaborateur Bory de Saint-Vincent a donné la description (Annal. des Scienc. nat. T. III, p. 15, pl. 32); 3° d'un petit cahier de papier gris relié pour y mettre à l'instant même les Plantes délicates; 4° d'un couteau très-fort ou d'un sécateur propre à amputer facilement les branches d'Arbres, et d'une sorte de bêche pour arracher les racines; 5° d'une loupe à plusieurs lentilles et d'un canif pour disséquer les organes floraux; 6° de papier et crayons à dessiner; 7° d'un baromètre pour mesurer les hauteurs des localités. Ces effets sont suffisans lorsqu'on entreprend un voyage de quelques jours dans les contrées comme la Suisse, les Pyrénées, où les sites varient à tout instant. Quelques-uns deviennent superflus lorsqu'on parcourt des régions topographiquement différentes de ces dernières; tel est le baromètre pour les pays qui ne sont pas montueux; mais il serait convenable alors de le remplacer par d'autres instrumens destinés à des observations qui puissent intéresser la physique végétale, comme le thermomètre ou l'hygromètre.

Les Herborisations publiques n'ont ordinairement lieu que dans la belle saison, et l'on choisit toujours le temps le plus serein et le plus sec; ce sommeil des botanistes pendant la saison rigoureuse explique pourquoi la cryptogamie est généralement très-ignorée. Les Plantes cryptogames des familles inférieures ne se développent et ne fructifient, en général, que pendant l'hiver. Les Lichens sont seulement susceptibles de se détacher des rochers lorsqu'une atmosphère humide a ramolli leur tissu coriace;

de sorte que ces Végétaux deviennent le partage exclusif de ceux qui ont le courage de faire des Herborisations hibernales. Dans les Herborisations estivales, le choix des momens de la saison pour visiter certaines localités n'est pas indifférent. Les endroits arénacés se couvrent dès le printemps de fleurs que la chaleur des sables fait éclore; quelquefois ces localités offrent en même temps des marais ou des forêts dont les productions sont plus tardives. Il convient donc de visiter ces lieux à plusieurs reprises, en évitant les intervalles pendant lesquels ils sont frappés de stérilité. Ainsi, la forêt de Fontainebleau, si chérie des naturalistes parisiens, doit recevoir leurs visites aux mois de mai, de juillet et de septembre ou d'octobre. Il n'est pas aussi nécessaire de saisir les instans propices lorsqu'il s'agit de parcourir les hautes chaînes de montagnes. La belle saison y est resserrée dans les limites d'un court espace de temps; mais pendant toute cette saison, les mêmes Plantes naissent en abondance à mesure que la neige disparaît des déclivités. Le printemps se montre avec sa fraîcheur près des sommités, l'été couvre de fleurs les flancs de la même montagne, qui, à sa base, offre souvent, dans ses productions végétales, la vieillesse de l'automne. Si donc on veut herboriser sur des montagnes peu élevées, il est nécessaire de le faire de très-bonne heure avant que la grande chaleur n'ait gagné les points culminans; les montagnes du second ordre seront parcourues jusque vers la fin d'août; enfin, dans les chaînes couvertes de neiges perpétuelles, le temps de les visiter peut être prolongé jusqu'au moment où la nature est partout ailleurs expirante ou épuisée. (G..N.)

* HERBSTIUM. CRUST. Léach a désigné sous ce nom un genre de Crustacés qui correspond à celui de Gébie. *V.* ce mot. (AUD.)

HERBUE. MIN. *V.* ERBUE.

HERBULA ET HERBULUM. BOT. Ces noms, qui sont des diminutifs d'*Herba*, désignaient chez quelques auteurs, avant la régularisation de la nomenclature scientifique, diverses Plantes, telles que des Bysses, des Mousses, et jusqu'au Seneçon. Ils doivent aujourd'hui être bannis de l'histoire naturelle. (B.)

HERCLAN. OIS. Syn. vulgaire de Tadorne. *V.* CANARD. (DR..Z.)

HERCOLE. *Hercoles.* MOLL. Montfort, dans sa Conchyliologie systématique, a proposé ce genre pour une petite Coquille figurée, mais non décrite par Soldani, Test. microscop., tab. 18, a. Cette Coquille blanche et irisée est placée par Montfort près des Planorbes; ce pourrait être un petit Trochus, mais on est dans l'indécision à son égard, car on ignore si elle est cloisonnée; elle est mince, discoïde, à spire non saillante à la circonférence, et à carène armée de pointes; l'ouverture est triangulaire et non modifiée par le dernier tour. Cette Coquille que Denis Montfort nomme *Hercoles radicans*, est grande d'une ligne environ. On la trouve sur les côtes de Toscane et dans l'Adriatique. (D..H.)

HERCULE. INS. Nom spécifique d'un très-grand Coléoptère du genre Scarabée. *V.* ce mot. (AUD.)

HERECHERCHE. INS. Le petit Coléoptère lumineux de Madagascar, mentionné sous ce nom par divers voyageurs, paraît être un Taupin que nous recommandons à la recherche des naturalistes qui visiteraient le pays. (B.)

HEREIS. OIS. *V.* HAREIS.

HERIADE. *Heriades.* INS. Genre de l'ordre des Hyménoptères, section des Porte-Aiguillons, famille des Mellifères, tribu des Apiaires, établi par Max. Spinola, aux dépens du genre Mégachile de Latreille, et ayant pour caractères essentiels: troisième article des palpes labiaux inséré obliquement sur le côté extérieur du second et près de son sommet, celui-ci beaucoup plus long que le premier; palpes maxillaires très-petits, de deux articles dont le dernier presque conique.

Les Hériades se distinguent des Mégachiles par la forme cylindrique de leur corps, et quelques-unes même, d'après le port extérieur, ont été mises avec les Hylées; elles ont un labre en forme de parallélogramme, des mandibules fortes, présentant peu de différence dans les deux sexes, ce qui les distingue des Chélostomes (*V.* ce mot) qui en diffèrent encore par d'autres caractères tirés des palpes. Les Chélostomes et les Hériades forment, dans la Monographie des Abeilles d'Angleterre de Kirby, la division ** C. 2. γ, de son genre *Apis* proprement dit : ces Insectes font leurs nids dans le tronc des vieux Arbres. La principale espèce et celle qui sert de type à ce genre est :

L'HÉRIADE DES TRONCS, *H. truncorum*, Spin., *Ins. Ligust.* Fasc. 2, pag. 9, Latr., *Gen. Crust. et Ins.* T. IV, p. 160; *Anthophora truncorum*, Fabr.; *Megachile campanularum*, *Megachile truncorum*, Latr.; *Apis campanularum*, *Apis truncorum*, Kirby, etc. Son corps est long d'environ trois lignes et demie, cylindrique, noir luisant, très-ponctué, avec un duvet blanchâtre sur quelques parties, et formant aux bords postérieur et supérieur des cinq premiers anneaux de l'abdomen, une raie transverse de cette couleur; le premier de ces anneaux offre une excavation dont le bord supérieur est aigu en manière de carène transverse; le dessous de l'abdomen est couvert d'une brosse soyeuse d'un cendré un peu roussâtre; le dessous des mandibules présente une petite ligne élevée; elles sont terminées par deux dents aiguës; les ailes sont obscures; l'extrémité de l'abdomen du mâle est courbée en dessous, comme dans tous les individus de même sexe et du genre des Chélostomes; le dernier anneau a, de chaque côté, en dessus, une impression transverse. Cette espèce se trouve en France; l'Hériade sinuée de Spinola n'en est peut-être qu'une variété. (G.)

HERICIUM. BOT. CRYPT. (*Champignons.*) Persoon avait formé d'abord sous ce nom un genre qui n'est plus pour lui-même qu'une section de son *Hydnum*. Nées d'Esenbeck continue à l'admettre pour les espèces en massue ou qui sont rameuses. (B.)

HERINACEUS OU ERINACEUS. *V.* HÉRISSON.

HÉRIONE. *Herion.* MOLL. Genre de Polythalames, établi par Montfort (Conchyl. Syst. T. 1, pag. 230) pour une petite Coquille carenée et armée de sept épines plus ou moins longues dans son pourtour; elle a l'aspect d'une Sidérolite, quoiqu'elle s'en distingue facilement. Lamarck n'a point adopté ce genre que Cuvier ne mentionne pas. Férussac, dans ses Tableaux systématiques, l'a rangé dans le troisième groupe du genre Lenticuline, qu'il désigne sous le nom de Cristillées (*V.* LENTICULINE). Ce genre est caractérisé par une coquille libre polythalame et spirale, subdiscoïde, mamelonnée sur les deux centres, le dernier tour de spire renfermant tous les autres; dos carené et armé; bouche triangulaire, recouverte par un diaphragme percé à l'angle extérieur, par une fissure ou rimule étroite et recevant dans son milieu le retour de la spire; cloisons unies. La Coquille qui sert de type au genre est l'HÉRIONE ROSTRÉ, *Herion rostratus*, figuré sous le nom de *Nautilus Calcar*, par Von-Fichtel et Moll dans les Test. microscop., p. 74, tab. 12, fig. a, b, c. Les deux mamelons sont roses et le reste du test est transparent comme le verre le plus pur; elle a six lignes de diamètre y compris les épines, elle est fort rare dans l'Adriatique. On la trouve fossile à la Coroncine, près de Sienne en Toscane. (D..H.)

*HÉRISSEAUX. ZOOL. *V.* CRANE.

HÉRISSON. *Erinaceus.* MAM. Genre de Carnassiers insectivores, tribu caractérisée par l'excès de la proportion des deux incisives mitoyennes sur les quatre latérales, et par la réduction des canines à la proportion des fausses molaires. Les Hérissons, plantigrades comme les autres genres d'Insectivores, ont à tous les pieds cinq doigts armés d'ongles fouisseurs; la paume et la plante sont nues et garnies de tubercules saillans à peau douce; l'œil petit et saillant a la pupille circulaire, et se recouvre d'une troisième paupière comme dans les Chats; sur les côtés d'un muffle dépassant la mâchoire inférieure d'environ la longueur du cinquième de la tête, et dont le contour antérieur est frangé, s'ouvrent des narines très-mobiles; les lèvres sont entières, sans sillon ni découpure; toute la partie supérieure du corps jusqu'à la courbe qui unit les flancs au ventre, au milieu des cuisses, des bras, et à l'anus, est couverte d'épines différemment groupées et figurées suivant les espèces.

L'extrémité du gland de la verge qui se dirige en avant, est découpée en trois lobes en forme de feuille de Trèfle; le lobe supérieur, recourbé en bas, forme une sorte de crochet déjà de deux à trois lignes dans un jeune mâle de six à sept mois. Derrière les deux incisives mitoyennes qui ont, par rapport aux autres dents, la même proportion qu'ont les canines dans les Chats, les Tanrecs, etc., sont de chaque côté deux autres très-petites incisives sur l'os intermaxillaire, après lesquelles viennent deux fausses molaires presqu'aussi petites et dont la première, qui tient la place d'une canine, est séparée de la dernière incisive par une petite barre. La troisième dent, implantée sur le maxillaire supérieur, moitié plus petite que la première molaire, lui est semblable. Cette première molaire porte un tranchant oblique à trois pointes, dont l'intermédiaire est la plus grande, et une quatrième pointe en forme de talon en arrière de la première des trois autres. La seconde molaire a deux paires de pointes avec un talon extérieur à la dernière paire. La pénultième n'a que deux paires de pointes, et la quatrième ou dernière est tranchante transversalement comme dans les Chats : en tout dix dents de chaque côté à la mâchoire supérieure. A l'inférieure, des quatre dents mâchelières, la dernière a trois pointes disposées en triangle; la pénultième a deux paires de pointes et un talon en avant; la deuxième est presque semblable, et la première n'a que deux pointes l'une derrière l'autre; entre cette première molaire et la grande incisive, sont trois petites dents à tranchant comprimé, dont la postérieure droite représente une fausse molaire et les deux autres proclives des incisives : en tout huit dents à la mâchoire inférieure. Toutes ces dents, hérissées de pointes, sont opposées couronne à couronne, de manière que les pointes, les dentelures d'une rangée, s'enclavent exactement dans les vides et les crans de l'autre. Ces dents diffèrent bien plus d'une espèce à l'autre de Hérisson, que dans la plupart des autres genres de Mammifères. Les incisives inférieures du Hérisson à grandes oreilles sont presque cylindriques; celles de l'autre espèce sont prismatiques, ou plutôt planes en arrière et demi-cylindriques en avant; les incisives d'en haut sont semblables à celles d'en bas chez le premier, où la deuxième incisive supérieure, à proportion de la suivante, est aussi moitié plus petite que dans le Hérisson d'Europe. Ces différences entre deux Animaux qu'on n'avait cru différer jusqu'ici que par des caractères superficiels, tels que la proportion des oreilles et la nature des poils, différences que certains systèmes expliquent ordinairement par l'influence des climats, de la nourriture, etc., deviennent bien plus prononcées encore dans les profondeurs de l'organisation, et sont par conséquent hors du pouvoir des influences en question, différences d'autant plus importantes, qu'elles se trouvent dans des Animaux dont les patries se touchent, et où la largeur d'un fleuve sépare deux créations différentes sur le même modèle. Voici en quoi elles consistent : Le Hérisson d'Europe a vingt-une vertèbres depuis la dernière cervicale jusqu'au sacrum, quatorze côtes avec un rudiment de quinzième ; le Hérisson à grandes oreilles n'a que dix-neuf vertèbres dorsales et lombaires, treize côtes avec un rudiment de quatorzième, par conséquent six vertèbres lombaires, et l'autre sept. La saillie de l'angle du maxillaire inférieur est plus longue et plus droite dans celui à grandes oreilles : les os du nez y sont d'une largeur uniforme sur les trois quarts antérieurs de leur longueur, tandis que leur bord extérieur est échancré profondément sur les deux cinquièmes moyens de cette longueur dans celui d'Europe, dont la tête est aussi à proportion plus étroite, parce que les arcades zygomatiques y sont moins convexes. Les trous ovales, dont est percée longitudinalement la voûte des os palatins, y sont aussi à proportion bien plus petits que dans celui d'Europe. Dans tous les deux le péroné se soude au tibia un peu au-dessus de la moitié de la jambe. Enfin, la clavicule est plus courbée dans le Hérisson d'Europe. Dans les Tanrecs ou Hérissons de Madagascar, il suffit de dire qu'il n'y a pas d'arcade zygomatique, que toutes les incisives sont aussi petites et les canines aussi grandes, à proportion, que dans aucun carnassier ordinaire. Pour exclure toute idée que ces Hérissons de Madagascar seraient des ancêtres ou des descendans de celui d'Europe, en attachant à l'un de ces Animaux quelqu'une de ces émigrations qui ont servi à expliquer le peuplement de la terre, nous avons fait sur le Hérisson d'Europe d'autres observations anatomiques, dont le résultat n'est pas moins nouveau et moins important pour la physiologie, que le résultat précédent ne l'est pour la zoologie. La petitesse de l'axe des treize vertèbres de la queue de ces Animaux, la rend assez courte pour qu'elle ne dépasse guère les paquets de la croupe ; l'abdomen n'a aucun prolongement coccygien, et la moelle épinière se termine à la deuxième vertèbre lombaire ; or, d'après une prétendue loi établie par Serres sur le rapport direct de longueur de la moelle avec la queue, la moelle épinière du Hérisson devrait au moins arriver au sacrum. Elle se termine au contraire à la septième vertèbre dorsale ; le canal vertébral ne s'en prolonge pas moins ; quatorze vertèbres dorsales et lombaires et trois sacrées, pour loger un faisceau de racines nerveuses, semblable à celui que nous avons découvert dans la Baudroie et le Tétrodon chez les Poissons, dans le Crapaud ordinaire chez les Batraciens, etc. ; les neuf qui se rendent à l'énorme disque musculaire, à fibres concentriques, qui donne à l'Animal la faculté de se rouler en boule et de dresser ses piquans, ont une proportion de volume bien supérieure à celle des nerfs musculaires ordinaires : aussi, les fibres de ce disque sont-elles encore contractées une heure après que celles de tous les autres muscles ont cessé de l'être. Au mois de septembre, la parotide, les glandes maxillaires, sous-maxillaires et cervicales forment un seul et même appareil avec le thymus. Pallas a fait la même observation sur le Hérisson à grandes oreilles, où la seule graisse du dos (il ne dit pas la saison) faisait le cinquième du poids du corps ; les capsules surrénales sont aussi très-développées ; en septembre, sur le Hérisson d'Europe, les épiploons sont déjà énormément chargés de graisse, surtout autour du foie et de la rate. Les reins, moitié plus gros seulement que les testicules, sont aussi logés dans d'énormes masses de graisse ; conditions organiques qui perpétuent dans ces Animaux, et selon l'observation de Pallas, dans les Marmottes, les Chauve-Souris, les Loirs, etc., la constitution dominante du fœtus de l'Homme et des autres Mammifères voisins. Aussi, tous ces Animaux ont-ils des périodes d'engourdissement plus ou moins profond et prolongé, et leur activité n'est-elle jamais bien grande. Cette constitution exerce-t-elle quelque influence sur la longue survivance de la moelle épinière et du lobe du quatrième ventricule? Au retranchement de tout encéphale, y compris le cervelet et les lobes optiques, constamment dans les expériences de Magendie, l'Animal réduit à cette partie postérieure de son système cérébro-spinal, a continué de sentir les odeurs, les saveurs, les piqûres et même les tiraillemens légers faits à la face, ou à un point quelconque du corps, d'essayer de s'en défendre avec ses pates, et de crier même quand la douleur l'y forçait. Nous renvoyons à notre Anatomie des systèmes nerveux, pour l'exposition de tous ces faits et pour la liaison de leurs conséquences avec celles de toutes nos observations et de toutes nos expériences sur ce sujet.

On ne connaît réellement que deux espèces de Hérissons; ce que Séba appelle, d'après les grossières figures 4 et 5 de la planche 49 du tom. 1er de son *Thesaurus*, Hérisson de Sibérie, n'est sans doute que le Hérisson à longues oreilles. Son Hérisson d'Amérique n'est probablement qu'un Rongeur épineux; il en est de même de son Hérisson de Malacca.

1. Hérisson commun, *Erinaceus europæus*, L., Schreb., pl. 162. *Echinos* des Grecs; *Riccio Aizzo* des Italiens; *Erizo* des Espagnols; *Hedge-Hog* des Anglais; *Pindsoün* des Danois; *Bustivil* des Norwégiens; *Igelkoot* des Suédois; *Jesch* des Russes; *Toris Diszuo* des Hongrois; *Draenog*, *Draen y Coëd* des Celtes. Cet Animal a le sommet de la tête, les épaules, le dos, la croupe et les côtés du corps garnis de piquans régulièrement coniques et un peu rétrécis vers leur base où ils tiennent à la peau par une sorte de collet; la poitrine, les aisselles, le bas des côtés du corps, le ventre, les fesses et les quatre jambes, le front, les côtés de la tête, la gorge et le dessous du cou sont couverts de deux sortes de poils dont les soyeux sont assez roides; les autres forment une bourre grossière constamment peuplée, dans le grand nombre d'individus que nous avons examinés, d'une Tique aussi grosse que celle du Chien. Le museau, le tour des lèvres, des yeux, les oreilles et le dessus des doigts sont presque nus. Il n'y a point de poils à la peau sur toute l'étendue qui occupe le bouclier de piquans; dans tout cet espace, elle est noire et d'un luisant dartreux. La peau, où elle est velue, est d'un blond roux; il y a cinq paires de mamelles, et la queue est nue. Nous avons déjà indiqué l'existence d'une troisième paupière assez enveloppée pour couvrir tout l'œil comme chez les Chats. Cet organe a trois fois moins de volume que la glande lacrymale. Le nerf optique, presque rudimentaire, n'a pas un quart de ligne de diamètre, et sa longueur n'est pas moindre de quatre ou cinq fois le diamètre de l'œil. Toutes ces circonstances annoncent une faible vue (*V.* notre Anatomie des Syst. nerveux, in-8°, 1825, avec atlas). Nous avons, en effet, vérifié sur des Hérissons libres dans un parc, que leur vue est très-peu étendue durant le jour, mais ils prennent le vent avec une délicatesse extrême; aussi leurs narines sont-elles toujours en mouvement, et promènent-ils sans cesse leurs grouins autour d'eux comme des Cochons. Il se met volontairement à la nage pour fuir le danger, et il le fait plus vite à proportion qu'il ne marche. Pendant le jour, il reste blotti en boule sous des tas de feuilles, de pierres, de mousse, ou dans des trous d'Arbres, à leurs pieds; car ses ongles ne sont pas assez aigus pour qu'il puisse y grimper. Nous avons été frappés de l'appétit de ces Animaux pour la chair. Chez Magendie, ceux qu'il destinait à ses expériences tuaient les Lapins pour les manger: on leur jetait un cadavre, et ils se précipitaient dessus sans être embarrassés par la présence de nombreux témoins. Enfin, tout l'auditoire de Magendie en a vu dans ses expériences publiques, à peine posés sur la table, dépecer avidement sous

les yeux, et pour ainsi dire sous la main de cinquante personnes, les cadavres de Lapins et de Chiens qui venaient d'être tués, et s'attacher surtout de préférence à la cervelle, appétit que les Animaux les plus carnivores, les Chats, ne satisfont que solitairement. Au printemps, les vésicules séminales et les trois grandes prostates de ces Animaux sont gonflées pour ainsi dire de toute la substance dont leurs autres glandes et leur tissu graisseux s'est appauvri. C'est l'époque de l'amour; ils s'accouplent comme les autres Animaux. La femelle met bas à la fin du printemps de trois à sept petits qui naissent blancs, et sur la peau desquels ne paraît encore que la pointe des épines. Les piquans de cette espèce se groupent en quinconces dont les pointes convergent de manière à s'appuyer mutuellement comme des faisceaux de fusils. On a dit que le Hérisson allait à la provision des Pommes et des autres fruits mous qu'il rapportait chargés sur ses épines; il est même douteux qu'il en mange. Cette espèce, qui habite toute l'Europe, paraît avoir pour limite le Volga.

HÉRISSON A LONGUES OREILLES, *Erinaceus auritus*, Pallas, *Nov. Comment. Petrop.*, tab. 14, pl. 21, fig. 4, pl. 16; Mémoires de Sam. Gotlieb Gmelin. Cette espèce, toujours un peu plus petite que la précédente, s'en distingue extérieurement par la figure de ses piquans cannelés sur leur longueur, et dont le bord des cannelures est hérissé de tubercules. Suivant l'observation curieuse d'Audouin (Description des Mammifères d'Egypte), Elle diffère encore par la forme et la blancheur du pelage qui recouvre tout le dessous de son corps, par l'écartement des incisives plus petites en haut, plus larges en bas à proportion, par sa queue plus courte, par une verrue portant une longue soie à l'angle des lèvres, par ses yeux plus grands, et surtout par la grandeur de ses oreilles qui ont presque la moitié de la longueur de la tête; elles sont brunes au bord et blanches intérieurement où elles sont garnies de petits poils de cette couleur. Pallas a trouvé cette espèce très-nombreuse dans les steppes du Yaik; Eversman vient de la retrouver dans les steppes salées des bords de la mer d'Aral; Sam. Gotl. Gmelin l'avait le premier découverte dans les environs d'Astrakan : il s'était assuré aussi que le Hérisson d'Europe, encore connu dans le gouvernement de Voronerta, ne se retrouve plus vers l'est à partir de Zavizin et de Serepta; enfin, Geoffroy Saint-Hilaire l'a trouvé aussi en Egypte. L'espace en latitude qu'occupe cette espèce est donc bien plus large que l'intervalle occupé par l'autre, car elle est déjà nombreuse, dit Pallas, par le 52e degré de latitude. Pallas s'est assuré que, par les mœurs et le tempérament, ce Hérisson ressemble au nôtre : il l'a vu aussi s'engourdir, et alors la température descendait jusqu'à 145 degrés du thermomètre de Delisle par un froid de 125 degrés du même instrument. Rarement ont-ils 28 degrés en été, et leur température varie dans les mêmes rapports que l'atmosphère.

Outre les cadavres d'Animaux que mange ce Hérisson, il vit principalement d'Insectes du genre *Gryllus* et de Coléoptères : comme le Hérisson d'Europe, Pallas lui a vu manger de suite plus de cent Cantharides sans être incommodé, tandis que des Chiens, des Chats, mouraient après d'horribles douleurs pour en avoir mangé bien moins. A Astrakan, ils servent de Chats dans les maisons. En hiver, ils s'enfoncent dans un trou de quelques pouces de profondeur. Ceux d'Egypte s'engourdissent-ils? on l'ignore, malgré l'intérêt de la question si facile à résoudre : nous avons dit que leurs piquans n'étaient pas disposés en quinconces comme ceux du Hérisson d'Europe; ils sont donc moins bien armés; aussi les Faucons en détruisent-ils une grande quantité dans les environs de l'Oural et du Yaik.

(A. D..NS.)

Le nom de Hérisson, étendu à d'autres Mammifères, tels que le Tanrec, le Tandrac et même le Coendou, a encore été appliqué à divers Poissons dont le corps est hérissé de piquans, tels qu'un Diodon, un Tétrodon et une Baliste; à des Coquilles de divers genres, particulièrement à des *Murex*. Réaumur appelle Hérisson blanc la larve d'une Coccinelle qui se nourrit de Pucerons. Les Oursins sont vulgairement appelés Hérissons de mer. Paulet appelle Hérissons ou Barbes des Arbres l'*Hydnum erinaceum* des botanistes. (B.)

HÉRISSONNE. INS. Nom vulgaire de la chenille du *Bombyx Caja*. (B.)

HÉRITIÈRE. *Heritiera*. BOT. PHAN. Plusieurs genres très-différens ont été dédiés au botaniste l'Héritier. L'*Anthericum calyculatum*, L., a été nommé *Heritiera* par Schrank; mais ce genre avait déjà été indiqué sous les noms de *Narthecium* et de *Tofieldia*. Michaux et Persoon ont rapporté au *Dilatris* ou à l'*Argolasia*, l'*Heritiera* de Gmelin; et l'*Hellenia* de Willdenow avait aussi été primitivement désigné par Retz, sous la même dénomination. Enfin, dans l'*Hortus Kewensis*, Aiton a donné le nom d'*Heritiera* au *Balanopteris* de Gaertner, qui a reçu aussi plusieurs autres synonymes, tels que *Samandura* de Linné (*Flor. Zeyl.*, n. 433) et *Sutherlandia* de Gmelin. C'est pour ce dernier genre, placé dans la famille des Byttnériacées, que les botanistes modernes ont conservé le nom d'*Heritiera*; voici les caractères qui lui ont été assignés par De Candolle (*Prodr. Syst. Veget.* 1, p. 484): calice à cinq dents; fleurs mâles renfermant cinq à dix étamines, dont les filets sont réunis en un tube qui porte à son sommet des anthères sessiles; fleurs hermaphrodites, possédant dix anthères sessiles, deux entre chaque carpelle; carpelles au nombre de cinq, monostyles, contenant un petit nombre d'ovules, acquérant par la maturité une consistance drupacée coriace et une forme carenée avec une aile latérale, indéhiscens, monospermes par avortement; graine dépourvue d'albumen, dirigée en sens contraire de la suture du carpelle, et la plumule à deux lobes ayant un embryon très-épais, dont les cotyledons sont charnus, inégaux, et la radicule ovée et acuminée. Les Plantes de ce genre sont des Arbres indigènes des Philippines, des Moluques et des autres îles de l'archipel Indien. Leurs feuilles sont simples, alternes, entières et couvertes de petites écailles; leurs fleurs sont disposées en panicules. Aux deux espèces décrites par Gaertner sous le nom générique de *Balanopteris*, Willdenow en a ajouté une troisième sous le nom de *H. Fomes*, qui croît sur les rivages du royaume d'Ava, dans les Indes-Orientales.

L'HÉRITIÈRE DES RIVAGES, *Heritiera littoralis*, Ait., *Hort. Kew.*; *Balanopteris Tothila*, Gaertner (*de Fruct.*, 2, tab. 99), est un très-bel Arbre à feuillage toujours vert, dont les amandes sont comestibles selon Stadmann, quoique d'après Rhéede elles soient amères et astringentes. Ce dernier auteur l'a figuré (*Hort. Malab.* 6, tab. 21) sous le nom vulgaire de *Mollavi* qui lui a été conservé par Lamarck (Encycl. Méth.) (G..N.)

HÉRITINANDEL. REPT. OPH. La Vipère désignée sous ce nom à la côte de Malabar n'est pas déterminée; sa morsure passe pour extrêmement dangereuse; l'Antidesme Alexitère en est l'antidote. (B.)

* HERKEHAU. POIS. Dapper cite sous ce nom un Poisson africain dont la chair est des plus délicates, mais on ne peut en déterminer le genre. (B.)

HERLE. OIS. Par corruption de Harle. L'un des noms vulgaires de cet Oiseau dans certains cantons de la France. (B.)

* HERMANNELLA. BOT. PHAN. (De Candolle.) *V.* HERMANNIE.

HERMANNIE. *Hermannia*. BOT. PHAN. Genre de la famille des Buttnériacées, type de la tribu des Hermanniées, et de la Monadelphie Pentandrie, établi par Linné et ainsi caractérisé : calice presque nu, campanulé et à cinq divisions peu profondes; corolle composée de cinq pétales dont les onglets sont connivens à leur base, et roulés en tube sur leurs deux bords; cinq étamines, dont les filets, réunis seulement à la base en un anneau court et souvent ailés, portent des anthères sagittées et rapprochées; cinq styles paraissant n'en former qu'un, et surmontés de cinq stigmates; capsule à cinq valves septifères sur leur milieu, et à cinq loges polyspermes. Les Hermannies sont de petits Arbustes couverts de poils courts étoilés, à feuilles alternes simples, stipulées, et à fleurs axillaires terminales, le plus souvent de couleur jaune. Elles croissent toutes au cap de Bonne-Espérance. Le nombre des espèces décrites jusqu'à ce jour s'élève à quarante-deux. De Candolle (*Prodrom. Syst. Regn. Veg.* 1, p. 493) les a distribuées en deux sections :

§ I. Trionella. Calice (comme dans l'*Hibiscus Trionum*) renflé pendant et surtout après l'anthèse; filets des étamines très-dilatés. Cette section renferme quatorze espèces, parmi lesquelles on distingue les suivantes : l'*Hermannia althœifolia*, L. et Cavan. (Dissert. 6, tab. 179); *H. candicans*, Ait. (*Hort. Kew.*), et Jacq. (*Schœnbr.* tab. 117); *H. hyssopifolia*, L. et Cavan. (*loc. cit.*, tab. 181), et *H. triphylla*, Cavan. (*loc. cit.*, tab. 178). La Plante décrite sous ce nom par Linné est une espèce de *Connarus*.

§ II. Hermannella. Calice à peine ou point du tout renflé; filets des étamines non sensiblement dilatés. Vingt-huit espèces composent cette section; elles sont presque toutes cultivées dans les jardins d'Europe, et elles ont été très-bien décrites et figurées par les auteurs d'ouvrages sur les Plantes exotiques, tels que Aiton, Jacquin, Cavanilles, Schrader et Vendland, Link, Smith, etc. Nous citerons les espèces principales : *H. micans*, Schr. et Willd. (*Sert. Hanov.*, tab. 5); *H. multiflora* et *flammea*, Jacq. (*Hort. Schœnbr.*, tab. 128 et 129); *H. scabra*, Cavan. (Dissert. 6, tab. 182, fig. 2); *H. lavandulæfolia* et *denudata*, L., figurées par Cavanilles (*loc. cit.*, tab. 180 et 181).

Les Hermannies réussissent assez bien dans les jardins de botanique, où on les tient en serre tempérée pendant l'hiver. Ils exigent une terre franche mélangée de terre de bruyère. Les jeunes pieds sont couverts de fleurs plus nombreuses, plus grandes et plus élégantes que dans les vieux. On les multiplie par des marcottes et des boutures faites dans le cœur de l'été. Plus rarement, on les fait venir de graines que l'on sème au printemps, sur couche et sous châssis, dans un terreau léger, en ayant soin de ne les couvrir que très-légèrement. (G..N.)

HERMANNIÉES. *Hermannieæ*. BOT. PHAN. Dans son *Genera Plantarum*, le professeur Jussieu avait établi une première section de la famille des Tiliacées, qu'il a depuis érigée en famille distincte. Rob. Brown (*General Remarks*) constitua plus tard la famille des Buttnériacées, dans laquelle rentra la famille des Hermanniées, qui devint alors une tribu naturelle de celle-ci. Elle en forme la quatrième section établie par Kunth, sous le nom d'*Hermanniaceæ* (*Nov. Gen. et Spec. Plant. æquin.*, vol. 5, p. 312), et ainsi caractérisée : calice persistant, sans bractées; cinq pétales plus longs que le calice, équilatéraux, quelquefois adnés par leurs onglets au tube staminal; cinq étamines monadelphes, toutes fertiles, et opposées aux pétales, à anthères lancéolées sagittées, déhiscentes longitudinalement; ovaire quinquéloculaire, surmonté de cinq styles connivens ou soudés, et de stigmates simples ou en petites têtes; deux ou plusieurs ovules, fixés sur deux rangs à l'angle interne de chaque loge; capsule tantôt quinquéloculaire et quinquévalve loculicide, tantôt formée de cinq coques réduites quelquefois à une seule par avortement; chaque loge ou coque renfermant plusieurs graines réniformes munies d'un albumen charnu', d'un embryon recourbé dont les cotylédons sont foliacés, entiers et planes, et la radicule inférieure. Le genre *Waltheria* semble faire exception à ces caractères, en ce que l'organe femelle est simple dans toutes ses parties. Kunth, en effet, présente son ovaire comme uniloculaire, surmonté d'un style et d'un stigmate unique; mais De Candolle (*Prodrom. Syst. Veg.* 1, p. 492) considère l'ovaire du *Waltheria* comme le cinquième carpelle d'un fruit multiple, dont quatre parties avortent constamment. Les Hermanniées sont des Arbrisseaux ou des Herbes à feuilles alternes, simples, entières ou incisées, à stipules pétiolaires géminées. Leurs fleurs sont souvent disposées en ombelles et portées au nombre d'une à trois sur des pédoncules axillaires et opposés aux feuilles. Indépendamment des trois genres *Hermannia*, *Mahernia* et *Waltheria*, qui constituaient la première section des Tiliacées de Jussieu, ce célèbre botaniste avait encore indiqué comme devant faire partie de la nouvelle famille le *Melochia*, L., le *Riedlea*, Venten., l'*Hugonia* et le *Cheirostemon*. Ce dernier genre fait maintenant partie d'un autre groupe de la même famille, et l'*Hugonia* a même été transporté parmi les Chlénacées par De Candolle. Celui-ci a réuni au *Riedlea* le genre *Mougeotia* de Kunth, que cet auteur a indiqué comme un des genres de ses Hermanniacées. La tribu des Hermanniées est donc maintenant composée des genres suivans : *Hermannia*, L.; *Mahernia*, L.; *Waltheria*, L.; *Altheria*, Du Petit-Th.; *Melochia*, Kunth; *Riedlea*, Vent., ou *Mougeotia*, Kunth. (G..N.)

HERMAPHRODITE. *Hermaphroditus*. ZOOL. BOT. Ce mot, formé du grec, indique un être organisé quelconque, qui est, à ce qu'on suppose, muni des deux sexes à la fois. Dans les Animaux vertébrés, où la plupart des organes ont été portés, par la nature, à l'état le plus complet de développement, il n'existe point de véritables Hermaphrodites. Tout ce qu'on a dit des Hermaphrodites humains est controuvé ou rapporté d'après des observations mal faites sur quelques monstruosités individuelles. C'est ainsi que des femelles, dont le clitoris et les nymphes étaient d'une grandeur démesurée, ont été supposées dotées de verges et de testicules, et regardées comme appartenant aux deux sexes à la fois, ce qui est impossible. Mais il est des classes entières d'Animaux qui sont réellement munies d'organes mâles et femelles tout ensemble. Il en a été question à l'article ANDROGYNE. *V.* ce mot, que nous ne regardons pas comme synonyme.

En botanique, le mot Hermaphrodite s'emploie plus particulièrement pour désigner les Plantes dont les fleurs sont à la fois pourvues de pistils et d'étamines. Celles qui ne renferment qu'un des deux organes, sont dites UNISEXUELLES. *V.* FLEURS. (B.)

HERMAS. BOT. PHAN. Genre de la famille des Ombellifères, placé avec celles-ci dans la Pentandrie Digynie, L., quoique ce genre soit réellement polygame, et dont les caractères sont : fleurs en ombelles, formées chacune de plusieurs ombellules; l'ombelle terminale porte au centre de ses ombellules des fleurs hermaphrodites, mais les fleurs de la circonférence sont ou en partie dégénérées ou simplement mâles ainsi que les ombellules latérales; collerette universelle composée de neuf à douze folioles linéaires-lancéolées; collerettes partielles à une ou deux folioles extérieures; calice des fleurs hermaphrodites très-petit, à cinq dents; cinq pétales ovales-oblongs, entiers, planes et égaux; cinq étamines de la longueur des pétales; ovaire comprimé, plus grand que la corolle, chargé de deux styles plus longs que les pétales à stigmates obtus; fruit arrondi, un peu aplati, formé de deux akènes presqu'orbiculaires ou elliptiques, comprimés, bordés d'une petite aile membraneuse, et munis d'une strie élevée et longitudinale. Toutes les espèces de ce genre sont indigènes des montagnes qui avoisinent le cap de Bonne-Espérance, et ce sont à peu près les seules Ombellifères qui croissent dans le continent africain au sud de la ligne. Elles ont beaucoup de rapports avec les *Buplevrum*; aussi Sprengel, dans sa nouvelle classification des Ombellifères, a placé le genre parmi les Buplévrinées qui forment la troisième tribu. Leurs tiges frutescentes portent des feuilles simples, alternes et cotonneuses en dessous. On ne compte que cinq espèces de ce genre, savoir : 1° *Hermas gigantea*, L. fils, ou *Buplevrum giganteum*, Thunb., *Prodr.*; 2° *H. depauperata*, L., Mantiss., ou *H. villosa*, Thunb., *Flor. Cap.*, *perfoliata*, Burm. *Afr.*, t. 71, f. 2; 3° *H. ciliata*, L. fils, ou *Buplevrum ciliatum*, Thunb., *Prodr.*; 4° *H. capitata*, L. fils, *Buplevrum capitatum*, Thunb., *loc. cit.*; 5° et *H. quinquedentata*, L. fils, ou *Buplevrum quinquedentatum*, Thunb., *loc. cit.* L'espèce que Sprengel a décrite dans son Prodrome des Ombellifères, sous le nom d'*Hermas australis*, et qu'il avait reçue de Thunberg, a été reconnue pour une espèce nouvelle de *Panax*. (G..N.)

* HERMELLE. *Hermella*. ANNEL. Genre de l'ordre des Serpulées, famille des Amphitrites, fondé par Savigny (Syst. des Annelides, p. 69 et 81) qui lui donne pour caractères distinctifs : bouche inférieure; deux branchies complètement unies à la face inférieure du premier segment, et formées chacune par plusieurs rangs transverses de divisions sessiles et simples; premier segment pourvu de soies disposées par rangs concentriques, constituant une couronne operculaire. Ce genre a des rapports avec les Serpules, les Sabelles et les Amphictènes; mais il s'en distingue essentiellement par ses rames ventrales d'une seule sorte, portant toutes des soies à crochets, et par l'absence des tentacules. Les Hermelles ont le corps presque cylindrique, avec un léger renflement au milieu, aminci à son extrémité postérieure et composé de segmens peu nombreux. Le premier segment est apparent et très-grand, et dépasse antérieurement la bouche; il est tronqué obliquement d'avant en arrière pour recevoir la couronne operculaire, et fendu profondément par-dessous sur toute sa longueur pour fournir deux supports aux divisions branchiales; les derniers segmens sont allongés, membraneux, sans pieds, et composent une queue tubuleuse, grêle et cylindrique, repliée en dessous et terminée par un petit anus. — Les branchies au nombre de deux, situées sous le premier segment, occupent l'intervalle qui sépare sa couronne operculaire de ses deux cirres inférieurs, et consistent chacune en une touffe de filets sessiles, aplatis, sétacés et alignés fort régulièrement sur plusieurs rangs transverses. — Les pieds ou appendices du premier segment sont anomaux; ils constituent ensemble deux cirres inférieurs, portés par deux lobules situés sous la bouche, et deux triples rangs supérieurs arqués et contigus de soies plates qui composent une couronne elliptique destinée à servir d'opercule; les deux rangs extérieurs de cette couronne sont très-ouverts, à soies fortement dentées, inclinées en dessous; le rang intérieur est à soies entières, courbées en dedans; enfin le plus extérieur des trois rangs est mobile et entouré lui-même d'un cercle de denticules charnus. Les pieds du second segment et des suivans sont munis à leur base supérieure d'un cirre plat, allongé, acuminé, tourné en devant, et ces pieds sont de trois sortes : 1° les premiers pieds n'ont pas de soies visibles, et sont pourvus d'un petit cirre inférieur tourné en devant; 2° les seconds, troisièmes et quatrièmes pieds ont une rame ventrale munie d'un faisceau de soies subulées et une rame dorsale garnie de soies à palette lisse; 3° les cinquièmes pieds et tous les suivans, y compris la dernière paire, ont une rame ventrale munie d'un faisceau de soies subulées et une rame

dorsale garnie d'un rang de soies à crochets ; la paire des cinquièmes pieds est distinguée en outre par deux petits cirres inférieurs et connivens. Quant aux soies, celles dites subulées sont dirigées toutes en dedans ; celles des deuxièmes, troisièmes et quatrièmes pieds sont comprimées et lancéolées à leur pointe ; les autres sont simplement infléchies ; les soies à crochets sont excessivement minces et courtes, et découpées sous leur bout en trois à quatre dents. — La bouche est inférieure, située entre les supports des branches, munie d'une lèvre supérieure et de deux demi-lèvres inférieures, longitudinales, minces et saillantes ; il n'existe pas de tentacules. Les Hermelles sont des Annelides marines contenues dans un tube fixé, sablonneux, ouvert par un seul bout et réuni, avec d'autres tubes de même nature, en une masse alvéolaire. Savigny décrit seulement deux espèces.

L'HERMELLE ALVÉOLAIRE, *Hermella alveolata*, Sav., connu d'un grand nombre d'auteurs. C'est l'*Amphitrite alveolata* de Cuvier, et peut-être bien son *Amph. ostrearia* (Dict. des Sc. natur. et Règn. Anim.). Lamarck (Hist. des Anim. sans vert. T. v, p. 352) l'a décrite sous le nom de *Sabellaria alveolata*, et Réaumur l'a fait connaître, dans les Mémoires de l'Académie des Sciences (1711, pag. 165), sous le nom de Ver à tuyau. Linné l'a nommée *Tubipora arenosa* et *Sabella alveolata* (*Syst. Nat.*, édit. 10 et 12), et Ellis (Corall. p. 104, pl. 36) *Tubularia arenosa anglica.* Les individus que ce dernier auteur figure sont cependant plus petits, et paraissaient bien, d'après l'opinion de Savigny, constituer une espèce distincte. L'Hermelle alvéolaire se trouve sur les côtes de l'Océan et sur celles de la Méditerranée jusqu'en Syrie.

L'HERMELLE CHRYSOCÉPHALE, *H. chrysocephala*, Sav., ou la *Nereis chrysocephala* de Pallas (*Nov. Act. Petrop.* T. II, p. 235, tab. 3, fig. 20), et la *Terebella chrysocephala* de Linné. Elle se trouve dans la mer des Indes ; elle est très-remarquable par sa longueur (plus de quatre pouces) et se distingue encore de la précédente, suivant Savigny, par la forme de sa couronne dont le rang le plus intérieur est moins séparé à sa base du rang mitoyen, et par quelques autres différences assez légères. (AUD.)

HERMÈS. *Hermes.* MOLL. Un démembrement du genre Cône a reçu ce nom de Montfort qui à tort en avait fait un genre séparé. Toutes les espèces cylindracées y étaient comprises, et le Cône Crassatelle en était le type. Ce genre n'a point été admis. *V.* CÔNE. (D..H.)

HERMESIAS. BOT. PHAN. (Lœfling.) *V.* BROWNEA.

HERMESIE. *Hermesia.* BOT. PHAN. Le genre qui a été décrit et figuré sous ce nom dans les Plantes équinoxiales de Humboldt et Bonpland (tab. 46) ne nous paraît pas pouvoir être séparé de l'*Alchornea* de Swartz (*V.* ce mot), puisque la seule différence est qu'on observe dans son calice cinq au lieu de trois divisions, caractère de trop peu d'importance pour fonder un genre. L'*Hermesia castaneifolia*, qui croît sur le continent de l'Amérique méridionale, forme donc une seconde espèce d'*Alchornea* auquel on doit en joindre une troisième américaine, rapportée du Brésil. Nous ajouterons ici l'indication de deux autres espèces inédites, observées dans le Sénégal et la Guinée. (A. D. J.)

HERMÉTIE. *Hermetia.* INS. Genre de l'ordre des Diptères, famille des Notacanthes, établi par Latreille et adopté par Fabricius. Ses caractères essentiels sont : antennes toujours beaucoup plus longues que la tête, de trois articles distincts, dont le dernier, sans stylet ni soie, est divisé en huit anneaux et forme une massue comprimée. Ce genre, composé uniquement d'espèces exotiques, avoisine les Stratiomes et surtout le genre Xylophage de Megerle ; il s'en distingue essentiellement par la forme du dernier article et la division en un grand nombre d'anneaux. Ce petit genre a pour type :

L'HERMÉTIE TRANSPARENTE, *H. illucens*, Latr. Fabr., ou la Némaṭèle à anneau transparent de Degéer (Mém. sur les Ins. T. VI, p. 205, pl. 29, fig. 8), décrite par Linné sous le nom de *Musca illucens*; son corps est noir et luisant avec une légère teinte violette; il est couvert de quelques poils; le second anneau de l'abdomen est d'un jaune paille et tout-à-fait transparent en dessus. Cette portion jaune est divisée en deux taches par une ligne longitudinale noire et une ligne pareille de chaque côté. Les yeux sont d'un vert obscur avec des ondes transversales noires, et sur le devant de la tête il y a quelques taches blanches luisantes. Les cuisses sont noires, les jambes noires et jaunes, et les tarses entièrement d'un jaune clair; cette espèce est originaire de Surinam. Fabricius mentionne d'autres espèces peu connues et qui sont originaires de l'Amérique méridionale. (AUD.)

HERMI-JAUNE. OIS. Syn. vulgaire de Marouette. *V.* GALLINULE. (DR..Z.)

HERMINE. ZOOL. Ce nom d'un Mammifère du genre Marte a été étendu par les marchands de Coquilles à une espèce du genre Cône, le *Conus Capitanus*, L. (B.)

*HERMINÉE. INS. (Fourcroy.) Espèce de Phalène des environs de Paris. (B.)

HERMINIE. *Herminia*. INS. Genre de l'ordre des Lépidoptères, famille des Nocturnes, tribu des Noctuélites, établi par Latreille avec ces caractères : palpes supérieurs cachés, les inférieurs ordinairement grands, recourbés sur la tête et très-comprimés; antennes, du moins chez les mâles, souvent ciliées ou pectinées, et offrant, dans quelques-uns, un petit renflement qui imite un nœud. Plusieurs espèces d'Herminies avaient été rangées par Fabricius avec ses *Crambus*. Ses Hyblées sont pour Latreille de véritables Herminies. Ce genre se distingue des Phalènes, des Pyrales, des Noctuelles, etc. (*V.* ces mots), par des caractères tirés des palpes, des ailes, et des chenilles. Les ailes des Herminies forment, dans le repos, un triangle allongé, presque plane, ce qui donne à leur port beaucoup de ressemblance avec celui des Phalènes Pyrales de Linné qui correspondent à la tribu des Deltoïdes de Latreille. Leurs chenilles n'ont que quatorze pates, la première paire des membraneuses ventrales manquant. Latreille pense qu'elles vivent retirées dans des cornets de feuilles qu'elles ont roulées. A l'état d'Insectes parfaits, les Herminies sont des Papillons peu brillans, de couleur généralement grise, et ne variant que par leurs nuances et les taches ou bandes plus ou moins foncées qui les recouvrent. Plusieurs espèces sont remarquables par les touffes de poils dont leurs cuisses sont garnies intérieurement, et qu'elles peuvent replier ou développer à volonté; il est possible qu'elles aient une utilité dans l'acte de la génération, mais on n'a aucune observation qui le prouve. Ne serait-ce pas plutôt pour aider ces Insectes dans le vol? On trouve en Europe plusieurs espèces, mais on ne sait presque rien sur leurs mœurs quoiqu'elles aient toujours excité l'attention des naturalistes par la longueur de leurs palpes. Degéer les mentionne dans son premier volume, pl. 5, fig. 1, et Réaumur dans son septième Mémoire, pl. 18. L'espèce la plus commune est :

L'HERMINIE BARBUE, *Herm. barbalis*, *Phalæna barbalis*, L.; *Crambus barbatus*, Fabr., Clerck, *Icon.*, tab. 5, n. 3. Le mâle a les antennes pectinées, et les cuisses postérieures garnies intérieurement d'une touffe épaisse de poils. Ses ailes supérieures sont d'un cendré jaunâtre, avec trois lignes transverses, flexueuses et parallèles plus foncées. Elle se trouve dans les prés, et la chenille vit sur le Trèfle. On doit encore rapporter à ce genre les *Crambus ventilabris*, *rostratus*, *proboscidalis*, *ensatus*, et *Hy-*

blœa sagittata, Fabr. ; le *Crambus adspergillus*, Bosc, et la *Phalœna Orosia* de Crammer. (G.)

HERMINION. BOT. PHAN. (Ruellius.) Syn. d'Aloès. *V.* ce mot. (B.)

* HERMINIUM. BOT. PHAN. L'*Ophrys Monorchis*, L., est devenu le type d'un nouveau genre établi par R. Brown (*Hort. Kew.*, 2e édit. T. v, p. 191) et qui appartient à la famille des Orchidées et à la Gynandrie Monandrie, L. — Richard père (*de Orchid. europœis*, p. 27), en adoptant ce genre, l'a ainsi caractérisé : périanthe presque campanulé, dont les divisions intérieures sont plus longues et dissemblables ; le labelle trifide, hasté et muni seulement d'une bosse courte, remplace l'éperon qui existe dans plusieurs autres Orchidées ; ovaire recourbé au sommet ; gynostème raccourci, semblable à celui du genre Orchis ; loges de l'anthère non rétrécies, en forme de gaîne inférieurement ; rétinacles (glandes des masses polliniques) séparées, nues, grandes, coriaces en dessous et d'une forme de cuiller très-remarquable ; masses polliniques brièvement pédicellées, composées d'un petit nombre de particules presque cubiques. L'*Herminium Monorchis*, R. Br., *Ophrys Monorchis*, L., habite les forêts de Sapins des chaînes de montagnes de l'Europe. (G..N.)

HERMION. BOT. PHAN. (Gesner.) Vieux synonyme de Panicaut. (B.)

* HERMIONE. BOT. PHAN. Genre établi aux dépens du *Narcissus*, L., par Salisbury (*Transact. Hort. Societ.* T. I, p. 357) qui n'en a pas développé les caractères. Ceux-ci ont été tracés de la manière suivante par Haworth (*Narcissorum Revisio*, p. 137) : spathe multiflore, le plus souvent à trois fleurs ; segmens du périanthe étalés en étoile, quatre ou cinq fois plus longs que la couronne intérieure qui est petite et caliciforme ; tube du périanthe grêle, anguleux, cylindroïde, plus long que les segmens ; filets des étamines adnés au tube dans toute sa longueur, excepté au sommet où ils sont libres, d'une demi-ligne seulement ; trois d'entre eux sont plus longs que le tube, et les trois autres lui sont égaux ; anthères trigones, ovées et dressées ; style droit, renfermé dans le tube ; stigmate plus ou moins partagé en trois lobes arrondis. Ce genre ou plutôt cette simple section d'un genre qu'il nous semble peu convenable de hacher, ainsi que l'ont fait les auteurs anglais, comprend vingt-une espèces, nombre que nous croyons susceptible d'être de beaucoup diminué. Les principales sont : *Hermione Jonquilla*, Haw., ou *Narcissus Jonquilla*, L. ; *H. bifrons*, Haw., ou *Narcissus bifrons*, Gawler, *Bot. Mag.*, 1186 ; *Hermione floribunda*, Salisb., vulgairement nommé le grand Monarque par les jardiniers ; et *H. Tazetta*, Haw., ou *N. Tazetta*, L. *V.*, pour plus de détails sur ces espèces, le mot NARCISSE. (G..N.)

HERMITE. INS. Nom spécifique imposé à un Coléoptère du genre Trichie et à un Papillon. (AUD.)

HERMITES. CRUST. Syn. de Pagure. *V.* ce mot. (AUD.)

HERMODACTE OU HERMODATTE. *Hermodactylus*. BOT. PHAN. Les anciens botanistes, médecins et apothicaires, donnaient ce nom à des Plantes très-différentes. Mésué l'appliquait à l'*Erythronium dens Canis*, Tragus au *Cyclamen*, Ruellius au *Potentilla Anserina*, Sérapion à une espèce de Colchique, etc., etc. L'*Hermodactylus verus* de Mathiole, Daléchamp et C. Bauhin, est une espèce d'Iris remarquable surtout par ses racines tuberculeuses et fasciculées. Tournefort fit de cette Plante, sous le nom d'*Hermodactylus*, un genre distinct, mais qui n'a pas été conservé. C'est l'*Iris tuberosa* de Thunberg (Dissert., n° 43), figuré dans Morison (*Hist. Plant.*, 2, sect. 4, tab. 5, f. 1). Les Hermodattes sont des racines qui nous viennent du Levant. Elles ont une forme presque hémisphérique, en cœur aplati d'un côté, de la grosseur d'une châtaigne. La saveur âcre de ces racines s'évanouit par la dessiccation ainsi que par la torréfaction ; car, selon Prosper Alpin, les femmes égyptiennes les mangent comme des châtaignes après les avoir fait rôtir légèrement. Elles prétendent que l'usage de quinze à seize par jour leur fait acquérir de l'embonpoint et de la fraîcheur. Les anciens médecins prescrivaient la racine d'Hermodatte associée à des aromates comme un purgatif convenable dans la goutte et les douleurs des articulations. Comme ce médicament n'agit pas très-uniformément, et qu'on possède une foule d'autres purgatifs indigènes qui valent infiniment mieux, son emploi est aujourd'hui entièrement abandonné. Les Hermodattes ont donc disparu du commerce de la droguerie, et on ne les trouve que dans les vieux bocaux des pharmaciens qui semblent les conserver comme des monumens de la confiance empirique des médecins de l'ancien temps. (G..N.)

HERMUBOTANE. BOT. PHAN. C'est-à-dire Plante de Mercure. Ce nom désignait, chez les Grecs, la Potentille, et la Mercuriale selon d'autres. (B.)

* HERMUPOA. BOT. PHAN. Lœfling (*Itin.*, 307) a établi sous ce nom un genre que le professeur De Candolle (*Prodr. Syst. Veget.*, 1, p. 254) a rapporté avec doute à la famille des Capparidées, et qu'il a ainsi caractérisé : calice double, l'extérieur tubuleux, l'intérieur très-petit, à quatre sépales (nectaire?) ; quatre pétales linéaires; six étamines très-longues; baie oblongue, cylindracée. Lœfling a indiqué l'affinité de ce genre avec le *Breynia*. L'*Hermupoa Lœflingiana*, D. C., est une Plante à fleurs rouges qui croît dans l'Amérique équinoxiale.

Les anciens donnaient le nom d'*Hermupoa* à la Mercuriale. *V.* ce mot et HERMUBOTANE. (G..N.)

HERNANDIE. *Hernandia*. BOT. PHAN. Genre de la Monœcie Triandrie, placé par Jussieu et Lamarck à la suite de la famille des Laurinées, près du genre *Myristica*. R. Brown (*Prodrom.*, p. 399) ayant établi une nouvelle famille pour ce dernier genre, l'*Hernandia* devra en faire partie si toutefois ses affinités sont réelles. *V.* MYRISTICÉES. Voici les caractères que Jussieu lui a assignés : fleurs monoïques ; les mâles ont un calice (corolle selon Linné) cotonneux, à six divisions, dont trois alternes, intérieures et plus petites ; à la base de celles-ci, on observe six glandes brièvement stipitées autour de trois étamines dressées, à filets courts et réunis inférieurement. Les fleurs femelles ont un calice cotonneux, double, l'extérieur infère, court, urcéolé, presque entier ; l'intérieur (corolle selon Linné) supère, à huit divisions caduques, dont quatre alternes, situées extérieurement ; ovaire placé sous le calice intérieur et seulement entouré par l'extérieur ; style court, ceint à sa base de quatre glandes stipitées ; stigmate large, infundibuliforme ; fruit drupacé à huit côtes saillantes, contenant une noix globuleuse, monosperme, enveloppée par le calice extérieur persistant et considérablement accru après la floraison, comme dans le genre *Physalis* ; graine huileuse. Aucune espèce nouvelle n'a été ajoutée aux deux espèces décrites par Linné.

L'HERNANDIE SONORE, *Hernandia sonora*, L., est un Arbre élevé, à large cime, et remarquable par la forme de ses feuilles qui sont alternes, ovales, pointues au sommet, arrondies à la base, entières et portées sur des pétioles qui ne s'insèrent point sur leurs bords, mais sur la partie postérieure du limbe. Les fleurs sont disposées en panicules axillaires et terminales. Les calices, persistans et agrandis après la floraison, enveloppent de toutes parts le fruit comme dans une vessie coriace, lisse, jaunâtre et percée d'un petit trou au sommet. Lorsque l'air est agité, il pénètre par cette ouverture, et produit un sifflement singulier qui retentit au loin. C'est de-là que vient le nom spécifique de *sonora*, imposé par Linné. Cet Arbre croît particulièrement aux Antilles. Son fruit, qui possède une amande purgative et huileuse, est appelé Mirobolan, nom que portent aussi les fruits de plusieurs *Spondias*.

L'HERNANDIE OVIGÈRE, *Hernandia ovigera*, L., diffère principalement de la précédente espèce par ses feuilles plus allongées, moins larges et qui ne sont point ombiliquées. Elle croît dans les Indes-Orientales. Lamarck (Dict. Encycl.) a rapporté à cette espèce l'*Hernandia Guyanensis* d'Aublet qui croît à Cayenne. Selon ce dernier auteur, les Garipons se purgent en prenant des émulsions qu'ils font avec l'amande du fruit de cet Arbre. Lorsque son bois est sec, il prend feu aussi facilement que l'Amadou, et les Galibis l'emploient aux mêmes usages que nous donnons à cette substance. (G..N.)

HERNIAIRE. *Herniaria*. BOT. PHAN. Vulgairement Turquette et Herniole. Ce genre, de la famille des Paronychiées d'Aug. Saint-Hilaire et de la Pentandrie Digynie, L., offre les caractères suivans : périanthe unique, divisé profondément en quatre ou cinq découpures lancéolées, colorées intérieurement, quatre ou cinq squammules ou filamens nus, placés entre les divisions du périanthe et les étamines qui sont ordinairement au nombre de cinq (quelquefois moins selon De Candolle); deux styles et deux stigmates (trois styles courts selon Lamarck); capsule très-petite, mince, indéhiscente, enfermée dans le calice, et ne contenant qu'une seule graine luisante.

Les Herniaires sont des petites Herbes à tiges rameuses et couchées; à fleurs agglomérées, axillaires. On en a décrit une quinzaine d'espèces qui pour la plupart croissent dans l'Europe méridionale et dans le bassin de la Méditerranée. Une d'entre elles, que l'on trouve sur les côtes les plus chaudes de cette mer, a des tiges un peu ligneuses, dressées et dichotomes; c'est l'*Herniaria erecta*, Desf. (*Atlant.* 1, p. 214); *H. polygonoides*, Cavan. (*Icon.* 2, tab. 137); cette Plante a été transportée dans le genre *Paronychia* par Lamarck et De Candolle. On rencontre communément aux environs de Paris les *Herniaria glabra* et *H. hirsuta*, L. Ces deux espèces ont entre elles beaucoup d'analogie; cependant la villosité de la seconde, outre quelques autres caractères (très-légers il est vrai), la fait distinguer facilement de la première. L'HERNIAIRE GLABRE a des tiges grêles, très-rameuses, entièrement étalées sur la terre. Ses feuilles sont petites, ovales, oblongues, rétrécies à la base, d'abord opposées, puis alternes par la chute de celles qui se trouvaient près de chaque agglomération de fleurs. Aux articulations de la tige, se trouvent des stipules scarieuses, et fort petites. Les fleurs sont aussi très-peu apparentes, verdâtres et ramassées par petits pelotons axillaires. Les chemins sablonneux et les lieux incultes sont les stations que cette espèce préfère. On lui attribuait jadis des propriétés merveilleuses pour la guérison des hernies, soit qu'on l'administrât à l'intérieur, soit qu'on l'appliquât à l'extérieur sous forme de topique. Il nous semble inutile de faire voir combien de telles vertus sont imaginaires dans une Plante à peine pourvue d'un principe astringent. (G..N.)

HERNIOLE. BOT. PHAN. *V.* HERNIAIRE.

HERO. INS. Nom spécifique donné par Linné à une espèce de Papillon du genre Satyre, *Satyrus Hero*. Fabricius a désigné aussi sous ce nom une seconde espèce qui est le Satyre Iphis, *Papilio Iphis*, Hubn. (AUD.)

HERODIAS. OIS. Syn. de Héron cendré d'Amérique. *V.* HÉRON. (DR..Z.)

* HERODII. OIS. (Illiger.) *V.* HÉRODIONS.

HÉRODIONS. *Herodiones*. OIS. *Herodii* d'Illiger. Nom sous lequel Vieillot réunit dans une famille les genres Cigogne, Héron, Jabiru,

Courliri, Anastome et Ombrette. *V.* ces mots. (DR..Z.)

HERODIOS. OIS. Syn. de Héron. *V.* ce mot. (DR..Z.)

HÉRON. *Ardea.* OIS. Genre de la seconde division de l'ordre des Gralles. Caractères : bec plus long ou de la longueur de la tête, conique, comprimé, pointu; mandibules à bords tranchans, la supérieure droite ou très-légèrement courbée, faiblement couchée avec l'arête arrondie; narines placées de chaque côté du bec et presque à sa base, fendues longitudinalement dans une rainure et à demi-recouvertes par une membrane; un espace nu de chaque côté du bec, au milieu duquel sont les yeux; pieds longs et grêles; quatre doigts, trois en avant, dont l'externe réuni à l'intermédiaire par une petite membrane et l'interne libre; le pouce s'articulant sur la face intérieure du tarse et au niveau des autres; ongles longs, peu arqués, comprimés, acérés; celui du milieu dentelé intérieurement; première rémige presque aussi longue que les deuxième et troisième qui dépassent toutes les autres. Il est peu d'Oiseaux plus généralement répandus que les principales espèces qui composent le genre Héron; on les retrouve sur tous les points du globe où les navigateurs et les naturalistes ont pu les observer, soit dans leurs formes ou variations de plumage, soit dans tout ce qui a rapport à l'entretien de leur existence et à la propagation des espèces. Doués d'organes propres à traverser d'immenses étendues aériennes, d'une sobriété qui leur fait supporter de longues abstinences, paraissant de plus endurer, sans en souffrir, les alternatives des termes opposés de la température atmosphérique, il n'est pas étonnant que les Hérons passent facilement d'un climat à l'autre et parviennent même ainsi à faire le tour du monde. Leur vol est plus élevé que rapide; ils l'exécutent la tête renversée et appuyée sur le dos, les jambes étendues en arrière en forme de gouvernail, de manière que l'on n'aperçoit dans les airs qu'un corps presque sphérique, poussé en avant par deux sortes de rames dont l'envergure est assez considérable. Ces Oiseaux habitent constamment les lieux entrecoupés de rivières et de ruisseaux, les bords des lacs et des fleuves; ils y vivent solitaires, rarement par couples, et séjournent assez long-temps dans le même endroit. Leur caractère pourrait être cité comme modèle de patience, si l'on n'y reconnaissait cette impassibilité tout à la fois mélancolique et farouche qui est une nuance de la lâcheté. Le corps immobile et perpendiculaire sur des jambes roidies, le cou replié sur la poitrine, la tête enfoncée dans les épaules, ils attendent, pendant des heures entières et dans la même attitude, qu'il se présente à leurs yeux quelque proie sur laquelle ils puissent lancer avec rapidité leur bec long et pointu. Ils préfèrent assez généralement le Poisson; mais à défaut de cette nourriture, ils se contentent de Reptiles et même d'Annelides et de Mollusques qu'au moyen des ongles acérés dont leurs longs doigts sont armés, ils forcent à sortir de la vase. On les a vus, dans un besoin pressant, se jeter sur de petits Quadrupèdes, et se repaître de charognes fétides.

Il paraît, le fait du moins est constant pour plusieurs espèces, que les Hérons se recherchent et prennent la vie sociale dans le temps des amours; ils nichent en assez grand nombre et se rendent même, pendant l'incubation, des soins mutuels. Leurs nids, qu'ils placent ordinairement au sommet des Arbres les plus élevés du voisinage des eaux, quelquefois aussi dans les broussailles marécageuses, sont, suivant leur position, plus ou moins artistement construits, mais aucune espèce n'y apporte le soin que l'on remarque en général dans la nidification des Oiseaux sylvains; ces nids sont composés de bûchettes entrelacées, assujetties par des joncs et supportant un peu de mousse et de duvet. La ponte est de quatre à six œufs dont la couleur verte, bleue ou blanchâtre, varie d'éclat et de pureté, suivant les espèces. Les Hérons ne sont assujettis qu'à une seule mue. Les femelles ne diffèrent des mâles que par des nuances un peu moins vives dans les couleurs; et les huppes, lorsqu'elles en sont ornées, sont aussi un peu moins longues que celles des mâles.

Le genre Héron peut être partagé en deux sections : la première comprendra les Hérons proprement dits; la seconde, les Bihoreaux, les Butors, les Crabiers et les Blongios.

A. Bec beaucoup plus long que la tête, aussi large ou plus large que haut à sa base; mandibule supérieure à peu près droite; une grande portion de la jambe nue.

† HÉRONS proprement dits.

HÉRON AGAMI, *Ardea Agami*, L., Buff., pl. enl. 859. Parties supérieures d'un bleu cendré; tête et aigrette noires; occiput et dessus du cou bleuâtres; parties inférieures et devant du cou d'un brun roussâtre; bec noir; pieds jaunes; croupion garni de longues plumes bleues que l'on ne retrouve pas chez les femelles; celles-ci ont, en général, les couleurs plus ternes, le dessus du cou brun et l'abdomen tacheté de blanc. Taille, trente pouces. De l'Amérique méridionale.

HÉRON A AILES BLANCHES, *Ardea leucoptera*, Vieill. Parties supérieures rousses avec les ailes blanches; tête, cou et gorge d'un blanc roussâtre, tachetés longitudinalement de roux; parties inférieures blanches; deux longues plumes à l'occiput; bec brun en dessus, jaunâtre en dessous. Taille, quatorze pouces. De l'Océanique.

HÉRON AIGRETTE, *Ardea Egretta*, L.; Grande Aigrette, Buff., pl. enl. 925; *Ardea alba*, Gmel.; *Ardea candida*, Briss.; *Ardea egrettoides*, Gmel.; Héron blanc, Buff., pl. enl. 886. Tout le plumage d'un blanc pur; quelques plumes allongées sur la nuque; plumes du dos longues et à barbes effilées dans les mâles adultes; bec verdâtre, noir à la pointe; iris verdâtre; jambes longues et grêles, vertes ou d'un brun verdâtre; doigts très-longs; un grand espace nu au-dessus du genou. Taille, trois pieds quatre pouces. Les femelles et les jeunes n'ont ni huppe, ni plumes effilées sur le dos. Sur les deux continens.

HÉRON AIGRETTE ROUSSE, *Ardea rufescens*, L., Buff., pl. enl. 902. Plumage d'un gris noirâtre, à l'exception des grandes plumes effilées du dos, de la tête et du cou, qui sont rousses; bec jaunâtre, noir à la pointe; pieds verdâtres. Taille, trente pouces. De l'Amérique septentrionale.

HÉRON DE LA BAIE D'HUDSON, *Ardea Hudsonius*, Lath. *V.* GRAND HÉRON D'AMÉRIQUE, jeune.

HÉRON BLANC A CALOTTE NOIRE, *Ardea pileata*, Lath., Buff., pl. enl. 107. Plumage blanc, nuancé de jaunâtre; sommet de la tête noir, orné d'une huppe composée de quelques plumes blanches; bec et jambes d'un jaune verdâtre. Taille, vingt-quatre pouces. De l'Amérique méridionale.

HÉRON BLANC DE LA CAROLINE, *Ardea æquinoxialis*, Lath. *V.* HÉRON CRABIER A AIGRETTE DORÉE.

HÉRON BLANC HUPPÉ DE CAYENNE. *V.* HÉRON BLANC A CALOTTE NOIRE.

HÉRON BLANC DE LAIT, *Ardea galeata*, Lath. Tout le plumage blanc; bec jaune; pieds rouges; une huppe sur la nuque. Taille, trente pouces. Amérique méridionale. Espèce douteuse.

HÉRON BLANC DU MEXIQUE. *V.* HÉRON CRABIER A AIGRETTE DORÉE.

HÉRON BLANC ET ROUX, *Ardea bicolor*, Vieill. Plumage blanc, avec la tête, le cou, la gorge et les longues plumes de la poitrine d'un roux assez vif; bec blanchâtre; pieds rougeâtres. Taille, trente-huit pouces. De la Nouvelle-Hollande.

HÉRON BLANC A TÊTE ROUSSE, *Ardea ruficapilla*, Vieill. Plumage blanc; tête, extrémité des remiges et des rectrices d'un roux vif; bec et pieds jaunâtres. Taille, quatorze pouces. De la Nouvelle-Hollande.

HÉRON BLEU, *Ardea Soco*, Lath. La majeure partie du plumage d'un bleu cendré; nuque garnie d'une huppe; plumes du bas du cou effilées et blanches; côtés de la tête noirs; joues, gorge et cou d'un blanc pur; rémiges cendrées; bec jaunâtre; pieds plombés. Taille, trente-quatre pouces. Amérique méridionale.

HÉRON BLEU A GORGE BLANCHE, *Ardea albicollis*, Lacép. Plumage d'un bleu noirâtre; gorge blanche; bec et côtés nus de la tête bruns; pieds noirs. Taille, douze à quatorze pouces. Du Sénégal.

HÉRON BLEUATRE DE CAYENNE. *V.* HÉRON CRABIER BLEU A COU BRUN.

HÉRON BLEUATRE A VENTRE BLANC, *Ardea leucogaster*, Lath, Buff., pl. enl. 350. Parties supérieures ardoisées, les inférieures blanches; peau nue des joues jaune; bec brun; pieds jaunâtres. Taille, vingt à vingt-deux pouces. De Cayenne.

HÉRON DU BRÉSIL. *V.* HÉRON BUTOR JAUNE, jeune.

HÉRON BRUN. *V.* HÉRON AGAMI, femelle.

HÉRON BULLA-RA-GUNG, *Ardea pacifica*, Lath. Parties supérieures d'un bleu-ardoise foncé; tête et cou d'un blanc rougeâtre; de grandes taches noires sur le devant du cou; côtés de la poitrine et scapulaires d'un brun pourpré; tectrices alaires irisées de verdâtre; rémiges bordées de blanc; parties inférieures blanches, avec le bord des plumes cendré; bec noir en dessus, blanc en dessous; pieds noirs. Taille, trente-huit pouces. De la Nouvelle-Hollande.

HÉRON A CARONCULES. *V.* GRUE CARONCULÉE.

HÉRON CENDRÉ, *Ardea cinerea*, Lath.; *Ardea major*, Gmel.; *Ardea rhenana*, Sand., Buff., pl. enl. 755 et 787. Parties supérieures d'un bleu cendré; front, cou, milieu du ventre, bord des ailes et cuisses d'un blanc pur; occiput, côtés de la poitrine et flancs noirs; nuque ornée de longues plumes effilées noires; d'autres plumes longues, soyeuses et blanches au bas du cou; bec jaune; pieds bruns. Taille, trente-six à trente-huit pouces. Les jeunes n'ont point de huppes ni de plumes effilées au bas du cou; le front et la tête sont cendrés; la gorge blanche; le cou cendré, tacheté de brun; le dos et les ailes mêlés de brun; la poitrine tachetée longitudinalement; les pieds jaunâtres. De presque tous les points connus du globe.

HÉRON CENDRÉ D'AMÉRIQUE. *V.* HÉRON CRABIER D'AMÉRIQUE.

HÉRON CENDRÉ DU MEXIQUE, *Ardea Hohou*. Parties supérieures cendrées; front blanc et noir; sommet de la tête et huppe pourprés; parties inférieures d'un blanc cendré; bec noir; pieds bruns, variés de brun et de jaunâtre. Taille, vingt-six pouces. Espèce douteuse.

HÉRON CENDRÉ DE NEW-YORCK, *Ardea cana*, Lath. Parties supérieures d'un cendré foncé; les inférieures blanches ainsi que les joues et la gorge; point de huppe; bec noir; pieds jaunes. Taille, vingt-trois pouces. Espèce douteuse.

HÉRON COMMUN. *V.* HÉRON CENDRÉ.

HÉRON DE LA CÔTE DE COROMANDEL, *Ardea leucocephala*, Lath., Buff., pl. enl. 906. Parties supérieures d'un noir bleuâtre, irisé de violet; devant du cou, gorge et parties inférieures d'un blanc pur; bec noirâtre; pieds d'un brun rougeâtre. Taille, trente pouces. Cette espèce pourrait bien appartenir au genre Cigogne.

HÉRON A COU BRUN, *Ardea fuscicollis*, Vieill. Parties supérieures d'un bleu violet; tête d'un noir varié de bleu et de fauve; derrière du cou et croupion bruns; parties inférieures variées de taches longitudinales blanches, noires et rousses; abdomen blanc; bec noir en dessus, jaune en dessous; pieds d'un noir verdâtre. Taille, quatorze pouces. De l'Amérique méridionale.

HÉRON A COU COULEUR DE PLOMB, *Ardea cyanura*, Vieill. Parties supérieures d'un gris de plomb, avec de longues plumes sur la tête, l'occiput et le dessus du corps; gorge et devant du coù variés de blanc, de noirâtre et de roux; poitrine, partie postérieure du cou, côtés du corps et jambes d'un bleu cendré; rémiges et rectrices ardoisées. Taille, seize pouces. De l'Amérique méridionale.

HÉRON A COU JAUNE, *Ardea flavicollis*, Lath. Tout le plumage d'un brun noir; une huppe longue; côtés du cou jaunes, le devant brunâtre, avec chaque plume bordée de noir et de blanc; bec noirâtre. Taille, vingt-deux pouces. De l'Inde. Espèce douteuse.

HÉRON COULEUR DE ROUILLE, *Ardea rubiginosa*, Lath. Parties supérieures noirâtres, ainsi que le front; cou cendré avec quatre lignes longitudinales noires; une petite huppe sur la nuque; rectrices d'un bleu cendré; parties inférieures blanchâtres, rayées de noir; bec et pieds jaunes. Taille, vingt-huit pouces. Amérique septentrionale. Espèce douteuse.

HÉRON CRACRA, *Ardea Cracra*, Lath. Parties supérieures variées de cendré, de verdâtre, de brun et de jaune; tectrices alaires d'un brun-vert, bordées de jaunâtre; rémiges noires, lisérées de blanc; sommet de la tête d'un brun cendré; gorge et poitrine blanchâtres, tachetées de brun; bec brun; pieds jaunes. Taille, vingt-deux pouces. De l'Amérique méridionale. Espèce douteuse.

HÉRON CURAHI-REMIMBI. *V.* HÉRON FLUTE DU SOLEIL.

HÉRON DEMI-AIGRETTE. *V.* HÉRON BLEUATRE A VENTRE BLANC.

HÉRON ÉTOILÉ, *Ardea virescens*, Lath. Parties supérieures d'un brun foncé, avec les tectrices et les rémiges terminées par une petite tache blanche; rectrices d'un cendré bleuâtre; gorge, devant du cou et parties inférieures brunâtres; bec et pieds verdâtres. Taille, vingt pouces. De l'Amérique septentrionale.

HÉRON FLUTE DU SOLEIL, *Ardea sibilatrix*, Temm., Ois. color., pl. 271. Parties supérieures d'un gris bleuâtre; sommet de la tête d'un noir bleuâtre, avec l'extrémité des plumes de l'aigrette blanche; une grande tache rousse de chaque côté de la tête; cou d'un blanc jaunâtre avec le bas garni de plumes longues et décomposées; tectrices alaires rousses, striées de noir et de roussâtre; rémiges noires; rectrices et parties inférieures blanches; bec rouge, noir vers la pointe; pieds noirâtres. Taille, vingt-un à vingt-deux pouces. De l'Amérique méridionale.

HÉRON GAAA. *V.* HÉRON PLOMBÉ.

HÉRON GARZETTE, *Ardea Garzetta*, L.; *Ardea candidissima*, Gmel.; *Ardea nivea*, Gmel.; l'Aigrette, Buff.; la petite Aigrette, Cuv. Le plumage blanc; occiput orné de deux ou trois longues plumes effilées; des plumes longues et lustrées au bas du cou; sur le dos, trois rangées de longues plumes à tiges faibles, contournées et relevées à l'extrémité, à barbes rares, effilées et soyeuses; espace nu des joues verdâtre; bec noir; pieds verdâtres avec les doigts jaunes. Taille, vingt-deux à vingt-quatre pouces. Les jeunes sont d'un blanc moins pur; ils n'ont point de longues plumes; le bec, la peau nue et les pieds sont noirs. D'Europe, d'Asie et d'Afrique.

HÉRON GARZETTE BLANCHE, Buff. *V.* HÉRON GARZETTE, jeune.

HÉRON GRANDE AIGRETTE, Buff., pl. enl. 925. *V.* HÉRON AIGRETTE.

HÉRON (GRAND) D'AMÉRIQUE, *Ardea Herodius*, Lath. Parties supérieures brunes, variées de noir; tectrices alaires et rémiges noires; gorge et haut du cou roussâtres; parties inférieures rousses, striées de brun sur la poitrine et le bas du cou; plumes de la nuque assez longues et effilées; bec brun, jaunâtre sur les bords; pieds d'un brun verdâtre. Taille, quatre pieds huit pouces. Du Canada.

HÉRON (GRAND) BLANC, Buff., pl. enl. 886. *V.* HÉRON AIGRETTE, jeune ou en mue, dépouillé de ses longues plumes.

HÉRON GRIS, Brisson. *V.* HÉRON BIHOREAU, jeune.

HÉRON HOACTLI. *V.* HÉRON TOBACTLI.

HÉRON HOHOU. *V.* HÉRON CENDRÉ DU MEXIQUE.

HÉRON HUPPÉ (Brisson). *V.* HÉRON CENDRÉ.

HÉRON HUPPÉ DE MAHON. *V.* HÉRON CRABIER DE MAHON.

HÉRON HUPPÉ DU MEXIQUE. *V.* HÉRON TOBACTLI.

HÉRON HUPPÉ DE VIRGINIE. *V.* GRAND HÉRON D'AMÉRIQUE.

HÉRON DE L'ILE DE SAINTE-JEANNE, *Ardea Johannæ*, Lath. Parties supérieures grises; rémiges noires, de même que la huppe qui est assez courte; parties inférieures blanches; au bas du cou, des plumes et effilées blanches, tachetées de noir; bec jaunâtre; pieds bruns. Espèce douteuse.

HÉRON LAHAUSUNG, *Ardea indica*, Lath. Parties supérieures d'un brun foncé, tachetées de vert; tectrices alaires et rémiges externes blanches, ainsi que les parties inférieures; rémiges internes, front et gorge d'un beau vert; rectrices et bec noirs; pieds rougeâtres. Taille, trente-deux pouces. De l'Inde. Espèce douteuse.

HÉRON A MANTEAU BRUN. *V.* HÉRON CRABIER BLANC ET BRUN.

HÉRON MARBRÉ, *Ardea marmorata*, Vieill. Parties supérieures variées de roux et de brun; tectrices alaires et rémiges externes noires, piquetées et terminées de blanc; tête et derrière du cou rayés de roux et de noirâtre; parties inférieures blanches, rayées de noir; poitrine tachetée de roux; devant du cou varié de blanc, de roux et de noirâtre; bec noir, jaune en dessous; pieds verdâtres. Taille, trente-deux pouces. De l'Amérique méridionale.

HÉRON MATOOK, *Ardea Matook*, Vieill. Plumage d'un bleu verdâtre, pâle, avec la gorge blanche; bec et pieds jaunes. Taille, dix-huit à vingt pouces. De l'Australasie.

HÉRON DE LA MER CASPIENNE, *Ardea Caspica*, Gmel. *V.* HÉRON POURPRÉ, jeune.

HÉRON MONTAGNARD, *Ardea monticula*, Lapeyrouse. *V.* HÉRON POURPRÉ, jeune.

HÉRON NOIR, *Ardea atra*. Plumage noirâtre à reflets bleus; bec et pieds noirs. Taille, trente-six à trente-huit pouces. D'Europe. Espèce douteuse.

HÉRON NOIR DU BENGALE, *Ardea nigra*, Vieill. Parties supérieures d'un noir bleuâtre, irisé de verdâtre; sommet de la tête noir; gorge blanche avec des taches triangulaires rousses; une bande jaune de chaque côté du cou; poitrine noire, variée de blanc; parties inférieures d'un gris noirâtre; bec et pieds bruns. Taille, vingt-un pouces. La femelle a les couleurs moins vives et le noir remplacé par du gris-brun.

HÉRON NOIR D'ITALIE, Aldrovande. *V.* IBIS FALCINELLE.

HÉRON DE LA NOUVELLE-HOLLANDE, *Ardea Novæ-Hollandiæ*, Lath. Parties supérieures d'un cendré bleuâtre; rémiges et rectrices d'un bleu noirâtre; sommet de la tête noir, ainsi que la huppe qui en descend; front, joues, gorge et devant du cou blancs; longues plumes de la poitrine, du ventre et des cuisses nuancées de rougeâtre; bec noir; pieds d'un brun jaunâtre. Taille, vingt-six pouces.

HÉRON ONORÉ, *Ardea tigrina*, Lath. *V.* HÉRON ONORÉ RAYÉ, jeune.

HÉRON ONORÉ DES BOIS, *Ardea brasiliensis*, Lath. *V.* HÉRON JAUNE, jeune.

HÉRON ONORÉ RAYÉ, *Ardea lineata*, Lath., Buff., pl. enl. 860. Parties supérieures brunes, finement rayées de roux et de jaunâtre; sommet de la tête et derrière du cou roux, finement rayés de brun; devant du cou et parties inférieures blanchâtres, tachetés de brun; ailes et queue noires; bec et peau nue des côtés de la tête bleus; pieds jaunes. Taille, trente pouces. La femelle a le plumage brunâtre, tacheté de noir; le haut de la gorge et les parties inférieures jaunes, tachetées de brun-noir; la queue noire, rayée de blanc;

le sommet de la tête noir. De l'Amérique méridionale.

HÉRON PANACHÉ, *Ardea decora*; *Ardea nivea*, Lath.; *Ardea candidissima*, Wils.; Aigrette, Buff., pl. enl. 901. Tout le plumage d'un blanc éclatant; huppe épaisse, formée par des plumes longues, à tiges faibles et à barbes soyeuses et décomposées; une forte touffe de plumes semblables au bas du cou de même que sur le croupion; bec et pieds d'un brun cendré. Taille, vingt-un à vingt-deux pouces. De l'Amérique septentrionale.

HÉRON (PETIT). *V*. HÉRON BIHOREAU.

HÉRON (PETIT) A BEC EN CUILLER. *V*. SPATULE.

HÉRON (PETIT) A BEC NOIR, *Ardea equinoxialis*, Var., Lath. *V*. HÉRON GARZETTE, jeune.

HÉRON PETITE AIGRETTE, Cuv. *V*. HÉRON GARZETTE.

HÉRON PLOMBÉ, *Ardea cærulescens*, Vieill. Parties supérieures d'un gris bleuâtre; tectrices alaires blanchâtres; sommet de la tête d'un noir ardoisé; nuque blanche, garnie de plumes longues, étroites et décomposées; gorge et cou blancs, tachetés de bleuâtre; le bas du cou orné de longues plumes d'un bleu noirâtre; extrémité des rectrices noire; parties inférieures blanchâtres; bec jaune, rougeâtre à sa base; jambes d'un noir violet. Taille, quarante-cinq pouces. Amérique méridionale.

HÉRON POURPRÉ, *Ardea purpurata*, L.; *Ardea Botaurus*, Gmel.; *Botaurus major*, Briss., Buff., pl. enl. 788; *Ardea purpurata*, Gmel.; *Ardea variegata*, Scop.; *Ardea Caspica*, Gmel.; *Ardea monticola*, Lapeyr. Parties supérieures d'un cendré roussâtre, irisé en vert; sommet de la tête et occiput d'un noir irisé, garnis de longues plumes effilées; gorge blanche; côtés du cou roux, marqués de trois bandes longitudinales, étroites et noires; devant du cou varié de taches allongées, pourprées, rousses et noires, le bas orné de longues plumes d'un blanc pourpré; celles des scapulaires sont d'un roux pourpré, brillant; parties inférieures pourprées, avec les cuisses et l'abdomen d'un roux vif. Les jeunes n'ont ni huppe, ni longues plumes au bas du cou et aux scapulaires; ils ont le front noir, la nuque et les joues roussâtres, la gorge blanche, le devant du cou jaunâtre, tacheté de noir; les parties inférieures blanches et le reste du plumage d'un cendré obscur, frangé de roux. Taille, trente-deux à trente-quatre pouces. De tous les points connus du globe.

HÉRON POURPRÉ HUPPÉ, Buff. *V*. HÉRON POURPRÉ.

HÉRON POURPRÉ DU MEXIQUE. *V*. HÉRON CRABIER POURPRÉ.

HÉRON A QUEUE BLEUE. *V*. HÉRON A COU COULEUR DE PLOMB.

HÉRON RAYÉ, *Ardea virgata*, Lath. Parties supérieures d'un brun noirâtre; point de huppe; haut du cou roussâtre; gorge blanche; devant du cou et tectrices alaires variées de lignes noires et blanches ou jaunâtres. Taille, seize pouces. Amérique septentrionale. Espèce douteuse.

HÉRON RAYÉ DE LA GUIANE, *Ardea striata*, Lath. Parties supérieures grises, avec les ailes brunes, rayées de noir; sommet de la tête noir; devant du cou ferrugineux. Taille, trente-six pouces. Espèce douteuse.

HÉRON ROUGEATRE, *Ardea rubiginosa*, Lath. Parties supérieures brunes, tachetées de noir; nuque brune, avec quatre stries noires et une petite huppe rousse; front noirâtre; côtés du cou marqués d'une raie noire qui descend sur la poitrine; rémiges noires; rectrices cendrées; gorge blanche; parties inférieures blanchâtres, rayées de noir; bec et pieds jaunes. Taille, vingt-huit pouces. Amérique septentrionale.

HÉRON ROUGE ET NOIR, *Ardea erythromelas*, Vieill. Parties supérieures noires; côtés de la tête, dessus du cou et tectrices alaires rousses; parties inférieures blanches, rayées de noir; des stries rouges sur la poitrine. Taille, treize pouces. Amérique méridionale. Espèce douteuse.

Héron roux, *Ardea rufa*, Lath., Scop., Meyer. *V.* Héron pourpré.

Héron sacré, *Ardea sacra*, Lath. Parties supérieures blanchâtres, avec quelques raies obscures; rémiges terminées de noir; parties inférieures blanches; bec et pieds jaunes. Taille, vingt-six à vingt-huit pouces. Des îles des Amis où il est pour les insulaires un objet de superstition religieuse.

Héron Soco. *V.* Héron bleu.

Héron Soy-Ie, *Ardea sinensis*, Lath. Parties supérieures brunes, variées de brunâtre, les inférieures d'une teinte plus pâle; rémiges et rectrices noires; bec jaune; pieds verts. Taille, quatorze à seize pouces. Espèce douteuse.

Héron tigré. *V.* Héron Onoré rayé.

Héron Tobactli, *Ardea Hoactli*, Lath. Parties supérieures grises, variées de noir irisé; front noir, bordé de blanc; nuque noire, ornée d'une huppe en panache; parties inférieures blanches; bec noir, bordé de jaune; pieds jaunâtres. Taille, vingt-sept pouces. Du Mexique. Espèce douteuse.

Héron varié, *Ardea variegata*, Lath., Scop. *V.* Héron pourpré, jeune.

Héron varié du Paraguay, *Ardea variegata*, Vieill. Parties supérieures variées de blanc, de roux et de noir; côtés de la tête et du cou roussâtres; une bande longitudinale noire sur la nuque; devant du cou tacheté de blanc, de roux et de brun, ainsi que les parties inférieures, à l'exception de l'abdomen qui est blanc; bec orangé; pieds verdâtres. Taille, treize à quatorze pouces.

Héron violet, *Ardea leucocephala*, Lath. *V.* Héron de la côte de Coromandel.

Héron Zilatat, *Ardea æquinoxialis*, Var., Lath. *V.* Héron Crabier a aigrette dorée.

B. Bec aussi long ou guère plus long que la tête, plus haut que large, très-comprimé; mandibule supérieure légèrement courbée; une petite portion de la jambe nue.

†† Bihoreaux.

Héron-Bihoreau, *Ardea Nycticorax*, L., *Ardea maculata*, Gmel.; *Ardea gardeni*, Gmel.; Pouacre, Buff.; *Ardea badia*, Gmel.; *Ardea grisea*, Gmel., Buff., pl. enl. 758, 759 et 939. Parties supérieures cendrées; tête, occiput et scapulaires d'un noir irisé; aigrette composée de trois plumes blanches, longues et minces, presque cylindriques, s'emboîtant ordinairement l'une dans l'autre; front, gorge, devant du cou et parties inférieures d'un blanc pur; bec noir, jaunâtre à sa base; iris rouge; pieds verdâtres. Les jeunes, avant la première mue, n'ont point d'aigrette; ils ont les parties supérieures brunes, largement tachetées de jaunâtre; la tête, la nuque et les scapulaires d'un brun noirâtre, striées de roux; les parties inférieures variées de brun, de blanc et de cendré: à l'âge de deux ans, ils commencent à se débarrasser de la première robe; alors les taches se rétrécissent, les nuances se fondent et se rapprochent de celles de l'adulte. Taille, dix-huit pouces. Habite les latitudes tempérées des deux continens. — D'après la nombreuse synonymie que nous avons cru devoir rapporter immédiatement après le titre de cet article, on voit que le Bihoreau, par ses mues successives, a plus d'une fois mis les méthodistes en défaut; et réellement il y a des anomalies si grandes dans les robes des différens âges, qu'il faut avoir suivi l'Oiseau depuis sa naissance jusqu'à l'époque où il devient parfaitement adulte, pour ne pas s'y tromper. Ce bel Oiseau est rare partout; aussi attache-t-on un très-grand prix aux trois plumes qui composent son aigrette, et dont il se dépouille chaque année; ces plumes réunies en panache sur la tête d'une élégante, peuvent souvent ne point ajouter à ses charmes; elles lui assurent du moins une distinction sur une foule de rivales que la fortune n'a point assez favorisées de ses dons pour aspirer à une semblable parure. Les migrations du Bihoreau sont peu connues, cela tient sans doute à ce que, ne prenant son essor que la nuit, il a dû naturellement se soustraire aux poursuites des observateurs. Ces courses nocturnes, que décèle par intervalle une sorte de croassement lugubre, ont valu au Bihoreau le surnom de *Corbeau de nuit*, que lui ont donné nos bons villageois, qui ne voient en ornithologie que des Corbeaux, des Poules et des Pierrots.

HÉRON-BIHOREAU BRUN TACHETÉ, *Ardea maculata*, Gmel. *V.* BIHOREAU jeune de l'année.

HÉRON-BIHOREAU DE CAYENNE. *V.* HÉRON-BIHOREAU A SIX BRINS.

HÉRON-BIHOREAU D'ESCLAVONIE, *Ardea obscura*, Lath. Parties supérieures d'un brun marron irisé de vert, les inférieures d'une teinte plus vive; une seule plume sur la nuque; bec et pieds verdâtres. Taille, vingt-cinq à vingt-six pouces. Espèce douteuse.

HÉRON-BIHOREAU DE LA JAMAÏQUE. *V.* HÉRON-BIHOREAU A SIX BRINS, jeune.

HÉRON-BIHOREAU A MANTEAU NOIR. *V.* HÉRON-BIHOREAU.

HÉRON-BIHOREAU DE LA NOUVELLE-CALÉDONIE, *Ardea Caledonica*, Vieill.

HÉRON-BIHOREAU DE LA NOUVELLE-HOLLANDE, *Ardea Novæ-Hollandiæ*, Vieil.

HÉRON-BIHOREAU TAYAZU-GUIRA, *Ardea Tayazu-Guira*, Vieil.

Ces trois espèces ont de grands rapports entre elles, et n'offrent que peu de différences avec le Héron-Bihoreau dans ses divers états; elles pourraient bien n'en être que des variétés produites par les modifications du climat.

HÉRON BIHOREAU POUACRE. *V.* HÉRON-BIHOREAU, jeune.

HÉRON-BIHOREAU A SIX BRINS, *Ardea Cayanensis*, Lath.; *Ardea sexsetacea*, Vieill., Buff., pl. enl. 889. Parties supérieures d'un bleu ardoisé, striées de noir; tête noire, avec un trait blanc de chaque côté; une aigrette composée de plumes étroites étagées, variées de noir et de blanc; rémiges et rectrices noires; parties inférieures cendrées; bec noir; pieds verdâtres. Taille, vingt pouces. De l'Amérique méridionale.

††† BUTORS.

HÉRON-BUTOR, *Ardea stellaris*, L., Buff., pl. enl. 789. Parties supérieures d'un brun fauve parsemé de taches transversales et de traits noirâtres, les inférieures également tachetées, mais en nuances plus pâles; sommet de la tête noir; plumes des côtés et du bas du cou beaucoup plus longues que les autres; bec et pieds jaunâtres. Taille, trente pouces. Des deux continens. Il paraît que le nom de Butor, imposé à cet Oiseau, tire son origine des sons effrayans qu'au temps des amours, il fait entendre comme signal de rappel. Ces sons ou ces cris, plus intenses et plus perçans que la voix du Taureau, à laquelle on les a comparés, sont répétés par les échos à une distance que l'on estime de plus d'une demi-lieue. On prétend que pour les produire, le Butor est forcé de plonger le bec dans la vase; il serait aussi difficile de dire en quoi cette formalité peut être nécessaire, que d'affirmer jusqu'à quel point l'observation est fondée; car ces Oiseaux, les plus défians du Levant, ne se laissent jamais surprendre : constamment en sentinelle au milieu des roseaux, le moindre bruit pendant le jour les dérobe au même instant à tous les regards; et lorsqu'ils font entendre la voix, c'est aux extrémités du jour, quand il est impossible de les apercevoir. Un fait moins difficile à constater, c'est le courage extraordinaire qu'ils apportent dans la défense contre l'ennemi, quel qu'il soit, qui vient les attaquer; la pointe extrêmement acérée de leur bec les fait souvent sortir victorieux d'un combat en apparence fort inégal; elle leur suffit encore pour faire respecter une couvée pour laquelle ils témoignent beaucoup d'attachement, et la mettre à l'abri de la rapine.

HÉRON-BUTOR DE LA BAIE D'HUDSON, *Ardea stellaris*, Var., Lath.; *Ardea Mohoko*, Vieill. Parties supérieures d'un brun ferrugineux, rayées transversalement de noir; sommet de la tête noir; joues rougeâtres; dessus du cou brun, le devant blanchâtre, moucheté de brun rougeâtre et de noir; parties inférieures blanchâtres; des stries brunes et noires sur les cuisses; bec noir, jaune sur les côtés et en dessous; pieds jaunes. Taille, vingt-quatre pouces. De l'Amérique septentrionale.

HÉRON-BUTOR BRUN, Catesby. *V.* HÉRON ÉTOILÉ.

HÉRON-BUTOR BRUN RAYÉ, *Ardea Danubialis*, Lath. *V.* HÉRON BLONGIOS, jeune.

HÉRON-BUTOR (GRAND), *Ardea Botaurus*, Lath. *V.* HÉRON POURPRÉ.

HÉRON BUTOR HUPPÉ, Catesby. *V.* HÉRON-BIHOREAU A SIX BRINS.

HÉRON-BUTOR JAUNE, *Ardea flava*, Lath. Parties supérieures d'un brun jaunâtre; longues plumes de la tête et du cou d'un jaune pâle, ondé de noir; celles du bas du cou, de la poitrine et du ventre blanchâtres, ondées de brun et bordées de jaune; rémiges et rectrices variées de cendré et de noir, rayées de blanc; bec et pieds cendrés. Taille, trente-quatre pouces. Les jeunes ont les parties supérieures noirâtres, pointillées de jaune, le dessus du cou blanc, tacheté longitudinalement de brun et de noir; les tectrices alaires, les rémiges et les rectrices noirâtres. Du Brésil.

HÉRON-BUTOR MOHOKO. *V.* HÉRON-BUTOR DE LA BAIE D'HUDSON.

HÉRON-BUTOR (PETIT), *Ardea Marsigli*. *V.* HÉRON-CRABIER, jeune.

HÉRON-BUTOR (PETIT), Catesby. *V.* CRABIER VERT.

HÉRON-BUTOR (PETIT) DE CAYENNE, *Ardea undulata*, Lath., Buff., pl. enl. 763. *V.* PETIT CRABIER.

HÉRON-BUTOR (PETIT) D'EDWARDS. *V.* BLONGIOS.

HÉRON-BUTOR ROUILLÉ, *Ardea ferruginea*, Lath. Parties supérieures noires, avec les plumes bordées de roux; tectrices alaires variées de roux, de noir et de blanc; rémiges noires; croupion et parties inférieures variés de brun, de roux, de blanchâtre et de cendré; bec et pieds verdâtres. Taille, vingt pouces. Du nord de l'Asie. Espèce douteuse.

HÉRON-BUTOR ROUX, *Ardea Soloniensis*, Lath. *V.* HÉRON-BLONGIOS, jeune.

HÉRON-BUTOR SACRÉ. *V.* HÉRON SACRÉ.

HÉRON-BUTOR TACHETÉ. *V.* HÉRON-BIHOREAU, jeune.

HÉRON-BUTOR TACHETÉ D'AMÉRIQUE, Brisson. *V.* HÉRON ÉTOILÉ.

†††† CRABIERS.

HÉRON-CRABIER, *Ardea ralloides*, Scopoli; *Ardea comata*, Pall., Gmel., Lath.; *Ardea squaiotta*, Gmel., Buff.; *Ardea castanea*, Lath., Gmel.; *Ardea audax*, Lapeyrouse; *Ardea erythropus*, Gmel., Lath; *Ardea Marsigli*, Gmel., Lath.; *Ardea pumila*, Lath., Buff., pl. enl. 348. Parties supérieures d'un roux clair, avec des plumes longues et effilées, d'un roux brillant sur le dos; front et haut de la tête couverts de longues plumes jaunâtres, striées de noir; occiput garni d'une huppe composée de huit à dix plumes longues, étroites, blanches, lisérées de noir; gorge et parties inférieures d'un blanc pur; bec bleu, noir à la pointe; iris et pieds jaunes. Taille, seize à dix-huit pouces. Les jeunes n'ont point de longues plumes occipitales; la tête, le cou et les tectrices alaires sont d'un brun-roux, largement striés de brun; les scapulaires brunes; les rémiges blanches, cendrées extérieurement; le croupion et la gorge d'un blanc pur; le bec brun; les pieds d'un cendré verdâtre. Du midi et du levant de l'Europe.

HÉRON-CRABIER A AIGRETTE DORÉE, *Ardea russuta*, Temm. Parties supérieures roussâtres; les longues plumes effilées de la tête et du dos d'un roux doré; parties inférieures blanchâtres; bec et pieds bruns. Taille, dix-huit à vingt pouces. Les jeunes sont entièrement blancs et sans longues plumes ; ils ont une nuance de roussâtre sur le front ; le bec rouge avec la pointe brune ; les pieds d'un jaune verdâtre. De l'Amérique méridionale et probablement de l'Inde, car nous en avons reçu un individu qui portait tous les caractères ci-indiqués.

HÉRON-CRABIER D'AMÉRIQUE. *V.* HÉRON CRACRA.

HÉRON-CRABIER DE BAHAMA. *V.* HÉRON-BIHOREAU A SIX BRINS.

HÉRON-CRABIER BLANC A BEC ROUGE. *V.* HÉRON-CRABIER AIGRETTE DORÉE, jeune.

HÉRON-CRABIER BLANC ET BRUN, *Ardea malaccensis*, Lath., Buff., pl. enl. 911. Parties supérieures brunes avec les ailes, la queue et les parties inférieures blanches ; tête et cou striés de blanc et de brun sur un fond jaunâtre ; bec noir, jaune à la base et sur les côtés ; pieds jaunes. Taille, dix-neuf pouces. De l'Inde.

HÉRON-CRABIER BLANC DU MEXIQUE. *V.* HÉRON-CRABIER AIGRETTE DORÉE, jeune.

HÉRON-CRABIER BLANC HUPPÉ, *Ardea thula*, Lath. *V.* HÉRON AIGRETTE.

HÉRON-CRABIER BLEU, *Ardea cœrulea*, Lath. ; *Ardea cyanopus*, Lath. Tout le plumage d'un bleu ardoisé foncé, avec des reflets pourprés sur le cou ; plumes du dos, de la nuque et du cou fort longues, étroites et effilées ; bec blanc ; pieds verts. Taille, vingt pouces. La femelle n'a qu'une apparence de huppe ; le cou d'un pourpré terne, et le manteau blanc. Les jeunes sont d'un bleu cendré, avec les ailes et la queue variées de noir et de blanc ; les parties inférieures sont blanches ; le bec et les pieds bleus. Des deux Amériques et de l'Océanique.

HÉRON-CRABIER BLEU A COU BRUN, *Ardea cœrulescens*, Lath., Buff., pl. enl. 349. Plumage d'un bleu noirâtre, avec le cou brun ; nuque ornée de deux longues plumes qui descendent jusqu'au milieu du cou ; bec et pieds noirâtres. Taille, dix-huit à dix-neuf pouces. Les jeunes, avant leur première mue, sont entièrement blancs ; ils n'acquièrent que par partie leur plumage parfait. De l'Amérique méridionale.

HÉRON-CRABIER DU BRÉSIL. *V.* HÉRON CHALYBÉE.

HÉRON-CRABIER CAIOT, *Ardea squaiotta*, Lath. *V.* HÉRON-CRABIER.

HÉRON-CRABIER CANNELLE, *Ardea cinnamomea*, Lath. Parties supérieures d'un brun marron, les inférieures d'une teinte plus claire ; menton et abdomen blancs ; un hausse-col noirâtre et une tache blanche sur chaque côté de la gorge ; bec et pieds jaunes. Taille, seize à dix-huit pouces. Des Indes.

HÉRON-CRABIER DE CAYENNE. *V.* HÉRON-BUTOR JAUNE, jeune.

HÉRON-CRABIER CENDRÉ, *Ardea cyanopus*, Lath. *V.* HÉRON-CRABIER BLEU, jeune.

HÉRON-CRABIER CHALYBÉE, *Ardea cœrulea*, Var., Lath., Parties supérieures d'un bleu cendré irisé ; tectrices alaires variées de brun, de bleuâtre et de jaune ; rémiges et rectrices verdâtres ; une tache blanche à l'extrémité des premières ; parties inférieures blanches, variées de cendré et de jaunâtre ; bec brun, avec le dessous jaune ainsi que les pieds. Taille, seize pouces. Du Brésil.

HÉRON-CRABIER DU CHILI. *V.* HÉRON FLUTE DU SOLEIL.

HÉRON-CRABIER A COLLIER, *Ardea torquata*, Lath. Parties supérieures brunes, les inférieurss blanchâtres, lunulées de jaune ; huppe et poitrine noires. Espèce douteuse.

HÉRON-CRABIER DE COROMANDEL, *Ardea comata*, Var., Lath., Buff., pl. enl. 910. Parties supérieures roussâtres, les inférieures blanches ; tête et bas du cou d'un roux doré ; bec et pieds jaunes. Taille, vingt pouces.

HÉRON-CRABIER GENTIL, Ger. *V.* HÉRON-CRABIER.

HÉRON-CRABIER A GORGE BLANCHE, *Ardea jugularis*, Forst., Bosc. Tout le plumage noir, avec la gorge blanche ; bec et pieds bruns. Taille, seize à dix-huit pouces. De l'Amérique.

Héron-Crabier gris-de-fer, *Ardea violacea*, Lath. Paraît être la même chose que le Héron-Bihoreau à six brins, qui serait mieux placé peut-être parmi les Hérons-Crabiers.

Héron-Crabier Pygmée, *Ardea exilis*, Lath. Parties supérieures d'un roux marron ; côtés du cou d'un roux vif; devant du cou tacheté de blanc et de roux; le bas orné de longues plumes roussâtres; poitrine d'un brun noirâtre avec des taches lunulaires sur les côtés ; ventre blanc ; tectrices alaires brunes, rayées de noir ; rémiges et rectrices noires ; bec brun ; pieds verts. Taille, dix à onze pouces. De l'Amérique septentrionale.

Héron-Crabier gris a tête et queue vertes, *Ardea virescens*, Var., Lath. *V.* Héron-Crabier roux a tête et queue vertes.

Héron-Crabier Guacco. *V.* Héron-Blongios.

Héron-Crabier a huppe bleue, *Ardea cyanocephala*, Lath. Parties supérieures bleues ; ailes noires, bordées de bleu ; occiput garni d'une aigrette bleue; longues plumes du dos vertes : abdomen jaunâtre ; bec noir; pieds jaunes. Taille, seize à dix-huit pouces. Espèce douteuse.

Héron-Crabier a huppe rouge, *Ardea erythrocephala*, Lath. Plumage blanc, avec l'aigrette d'un beau rouge. Du Chili. Espèce douteuse.

Héron Crabier jaune. *V.* Héron-Blongios.

Héron-Crabier de la Louisiane. *V.* Héron-Crabier roux a tête et queue vertes.

Héron-Crabier de Mahon. *V.* Héron-Crabier.

Héron-Crabier de Malacca. *V.* Héron-Crabier blanc et brun.

Héron-Crabier marron, *Ardea erythropus*, Lath. *V.* Héron-Crabier, jeune.

Héron-Crabier marron, *Ardea castanea*, Gmel. *V.* Héron-Blongios.

Héron-Crabier noir, *Ardea Novæ-Guineæ*, Lath., Buff., pl. enl. 926. Plumage noir; bec brun ; lorum verdâtre ainsi que les pieds. Taille, dix pouces. De la Nouvelle-Guinée.

Héron-Crabier des Philippines; Héron-Crabier (petit), *Ardea Philippensis*, Lath. Parties supérieures d'un roux brun, rayées de roux vif ; tectrices alaires noirâtres, frangées d'un blanc roussâtre ; rémiges et rectrices noires; parties inférieures d'un gris rougeâtre ou roussâtre ; bec noir en dessus, jaunâtre en dessous; pieds bruns. Taille, dix pouces.

Héron-Crabier pourpré, *Ardea spadicea*, Lath. Parties supérieures d'un marron pourpré, les inférieures roussâtres ; sommet de la tête noir; rémiges d'un rouge-brun foncé. Taille, douze pouces. Du Mexique. Espèce douteuse.

Héron-Crabier rayé de la Guiane. *V.* Héron rayé.

Héron-Crabier rouillé. *V.* Héron-Butor rouillé.

Héron-Crabier roux, *Ardea badia*, Lath. *V.* Héron-Bihoreau, avant la deuxième mue.

Héron-Crabier roux, Brisson. *V.* Héron-Crabier, jeune.

Héron-Crabier roux a tête et queue vertes, *Ardea ludoviciana*, Lath., Buff., pl. enl. 909. Parties supérieures brunes ; sommet de la tête, partie des tectrices alaires et caudales, rectrices d'un vert sombre; longues plumes effilées du dos d'un brun pourpré ; rémiges noirâtres, terminées de blanc ; cou et abdomen roux ; bec brun ; pieds jaunes. De l'Amérique septentrionale.

Héron-Crabier tacheté de la Martinique. *V.* Héron-Crabier vert, femelle.

Héron-Crabier a tête bleue du Chili. *V.* Héron-Crabier a huppe bleue.

Héron-Crabier vert, *Ardea virescens*, Lath. Parties supérieures d'un noir varié de bleu ardoisé ; plumes de l'aigrette et du dos longues et effilées d'un vert doré, ainsi que les tectrices alaires qui sont en outre bordées de brun; cou ferrugineux ; menton et gorge blancs ; parties inférieures cendrées ; bec et pieds verdâtres. La femelle, Buff., pl. enl. 912, a les couleurs moins vives et les tectrices alaires tachetées de blanc, de roux et de noirâtre. Taille, dix-sept à dix-huit pouces. De l'Amérique septentrionale.

HÉRON-CRABIER VERT TACHETÉ. *V*. HÉRON-CRABIER VERT, femelle.

HÉRON-CRABIER ZIG-ZAG. *V*. HÉRON-BUTOR JAUNE, jeune.

††††† BLONGIOS.

HÉRON-BLONGIOS, *Ardea minuta*, Lin.; *Botaurus rufus*, Briss.; *Ardea Danubialis*, Gmel.; *Ardea Soloniensis*, Gmel., Buff., pl. enl. 323. Parties supérieures, sommet de la tête, occiput et rectrices noires, irisées de vert; parties inférieures, côtés de la tête, cou et tectrices alaires d'un jaune roussâtre; rémiges d'un cendré noirâtre; bec jaune avec la pointe brune; pieds verdâtres. Taille, treize pouces et demi. Les jeunes ont les parties supérieures d'un brun roux, tachetées longitudinalement de brun noirâtre; le sommet de la tête brun; les rémiges et les rectrices d'un brun foncé; le devant du cou blanchâtre, tacheté longitudinalement de brun; le bec brun; les pieds verts. D'Europe.

HÉRON-BLONGIOS DE LA MER CASPIENNE, *Ardea pumila*, Lath. *V*. HÉRON-CRABIER, jeune.

HÉRON-BLONGIOS NAIN, *Ardea pusilla*, Vieill. Parties supérieures, côtés de la tête, cou, haut du dos et côtés de la poitrine d'un jaune roux; sommet de la tête, scapulaires, épaules, petites tectrices alaires, rémiges et rectrices noirs; devant du cou et parties inférieures d'un blanc roussâtre. La femelle a les parties inférieures et la gorge tachetées de noir; bec brun; pieds jaunâtres. Taille, dix pouces. De la Nouvelle-Hollande.

HÉRON-BLONGIOS TACHETÉ DE LA NOUVELLE-GALLES DU SUD, *Ardea maculata*, Lath. Parties supérieures brunâtres, tachetées de noir et de blanc; rémiges ferrugineuses; parties inférieures blanchâtres; bec et pieds jaunâtres. Espèce douteuse.

HÉRON-BLONGIOS A TÊTE MARRON, *Ardea exilis*, Lath. *V*. HÉRON-CRABIER PYGMÉE. (DR..Z.)

HÉRON DE MER. POIS. Nom vulgaire du Chœtodon cornu et de l'Espadon. (B.)

HÉRONNEAU. OIS. Le jeune Héron. (DR..Z.)

HÉROS. INS. L'espèce européenne la plus grande et la plus généralement connue du genre Capricorne. *V*. ce mot. (B.)

* HERPACANTHA. BOT. PHAN. Syn. d'Acanthe. *V*. ce mot. (B.)

HERPESTES. MAM. Nom proposé par Illiger pour remplacer celui d'Ichneumon. *V*. ce mot et MANGOUSTE. (G.)

*HERPESTES. BOT. PHAN. (Kunth.) Pour *Herpestis*. *V*. HERPESTIDE. (G..N.)

HERPESTIDE. *Herpestis*. BOT. PHAN. Genre de la famille des Scrophularinées et de la Didynamie Angiospermie, L., établi par Gaertner, et adopté par Kunth sous le nom d'*Herpestes*, avec les caractères suivans : calice à cinq divisions profondes, dont les deux intérieures plus petites; corolle tubuleuse presque à deux lèvres; quatre étamines didynames, incluses, à anthères dont les lobes sont divariqués; stigmate échancré; capsule couverte par le calice persistant, biloculaire, à deux valves bifides, séparées par une cloison parallèle aux valves, qui devient libre, et à laquelle sont adnés des placentas qui portent des semences nombreuses. Ce genre a été formé aux dépens des *Gratiola* de Linné; il est voisin du *Lindernia* dans lequel Swartz a placé une de ses espèces; c'est le même que le *Monnieria*, Patr. Browne (*Hist. Jamaic.*, 269), adopté par Michaux et Persoon. Les Herpestides sont des Plantes herbacées, couchées ou rampantes, rarement dressées, à feuilles opposées. Leurs fleurs sont axillaires, solitaires, le plus souvent blanchâtres, quelquefois couleur de chair ou jaunâtre. Environ douze espèces ont été décrites par les auteurs. Elles croissent principalement dans l'Amérique septentrionale et méridionale; quelques-unes se trouvent en Afrique, à l'Ile-de-France et dans les Indes-Orientales. On doit regarder comme type du genre, l'*Herpestis Monnieria*, Kunth (*Nov. Gener. et Spec. Plant. æquinoct.* T. II, p. 366), ou le *Gratiola Monnieri*, L., *Monniera Brownei*, Persoon. Cette Plante croît dans les Antilles. C'est une herbe très-glabre, à tige rampante, à feuilles ovales-oblongues, obtuses, très-entières, presque charnues. Les fleurs, portées sur des pédoncules plus longs que les feuilles, sont accompagnées de deux bractées, et les découpures extérieures de leur calice sont oblongues, aiguës et très-entières. Parmi les six espèces nouvelles, décrites par Kunth (*loc. cit.*), et qui habitent la république de Colombie et le Pérou, il en est une (*H. Chamædryoides*) que Swartz (*Flor. Ind.-Occid.*, 2, p. 1058) a nommée *Lindernia dianthera*. Une autre (*H. Colubrina*), indigène du Pérou, est employée contre la morsure des Serpens venimeux par les habitans qui lui donnent le nom de *Yerba de Coulebra*. (G..N.)

HERPETICA. BOT. PHAN. Ce nom employé par Rumph, pour désigner le *Cassia alata*, a été appliqué, par Colladon, au troisième sous-genre qu'il a formé dans le genre Casse. *V.* ce mot. (B.)

* HERPETOLOGIE. ZOOL. *V.* ERPÉTOLOGIE.

HERPÉTOTHÈRES. OIS. Vieillot appelle ainsi le genre Macagua, pensant désigner par ce mot que les Oiseaux qui le composent sont *Reptilivores* ou chasseurs de Reptiles; il fallait dans ce cas écrire Erpétothères. *V.* MACAGUA. (B.)

* HERPETTE. *Herpes*. BOT. CRYPT. (*Lichens.*) Haller, dans son Énumération des Plantes de Suisse, réunit sous ce nom plusieurs Lichens à thalle adhérent, amorphe, telles que des Variolaires, des Verrucaires, etc. Ce genre tout-à-fait artificiel n'a pu être adopté. Willemet a donné le nom d'Herpette aux Lichens crustacés, réservant celui de Lichen aux espèces à expansions foliacées, dendroïdes ou filamenteuses; cette distinction nominale serait assez convenable, puisqu'elle consacrerait une section établie par la nature. (A. F.)

HERPETTES. BOT. CRYPT. Evidemment dérivé d'Herbettes, petites Herbes. Vieux nom donné aux Lichens dans quelques cantons de la France. *V.* HERPETTE. (B.)

* HERPOTRICHUM. BOT. CRYPT. (*Mucédinées.*) Ce genre, formé par Fries, et qui a pour type le *Conferva Pteridis* d'Agardh, est encore à peine connu, et ce n'est qu'avec doute qu'on peut le placer auprès des *Byssus*. Fries ne l'ayant décrit que très-brièvement dans ses *Novitiæ Floræ suecicæ*, il le caractérise ainsi : filamens simples, rampans, cloisonnés; articles pliés en zig-zag. On n'a pas reconnu de sporules dans ce genre; son mode de reproduction, et par conséquent ses caractères essentiels sont donc encore mal établis; la seule espèce rapportée à ce genre croît sur le bas des tiges du *Pteris aquilina*, dont elle couvre les racines d'un duvet roussâtre. (AD. B.)

* HERPYLLON. BOT. PHAN. (Dioscoride.) D'où *Serpillum*. Syn. de Serpolet. (B.)

HERPYXE. BOT. PHAN. Même chose qu'Elaphicon. *V.* ce mot. (B.)

HERRERA. BOT. PHAN. Adanson donnait ce nom au genre *Erithalis* de Linné. *V.* ce mot. (G..N.)

HERRERIE. *Herreria*. BOT. PHAN. Ruiz et Pavon, dans la Flore du Pérou et du Chili, ont établi sous ce nom un genre qui appartient à la famille des Asparaginées et à l'Hexandrie Monogynie, L. Voici ses caractères : périanthe à six divisions profondes; six étamines; un style surmonté d'un stigmate trigone; capsule triquètre, ailée, à trois loges et à trois valves qui portent les cloisons; graines nombreuses, ceintes d'un bord membraneux. L'HERRÉRIE

ÉTOILÉE, *Herreria stellata*, Ruiz et Pavon (*loc. cit.*, vol. III, p. 69, t. 303), avait été décrite et figurée autrefois par le Père Feuillée sous le nom de *Salsa foliis radiatis*, *floribus sub-luteis*. Cette Plante, qui a des tiges grimpantes, munies d'aiguillons, de feuilles verticillées, linéaires, ensiformes, et des fleurs jaunâtres, croît dans le Chili. Les habitans de ce pays font usage de ses racines longues et fibreuses comme les Européens emploient la Salsepareille; c'est-à-dire qu'elles passent pour sudorifiques et antisyphilitiques. (G..N.)

HERSE. *Tribulus*. BOT. PHAN. Genre de la famille des Zygophyllées de R. Brown et de la Décandrie Monogynie, L., établi par Tournefort et ainsi caractérisé : calice à cinq sépales caducs; corolle à cinq pétales étalés; dix étamines; stigmate sessile; cinq carpelles adnés à un axe central, triangulaires, indéhiscens, durs, se prolongeant extérieurement en pointes épineuses, ou ailées, partagées intérieurement et transversalement en plusieurs loges, rarement uniloculaires; graines solitaires dans chaque loge horizontale, dépourvues d'albumen et munies de cotylédons épais, d'après Gaertner (*de Fruct.* 1, tab. 69). Les Herses sont des Plantes herbacées dont les tiges sont étalées et couchées; les feuilles pinnées sans impaire, accompagnées de stipules membraneuses. Leurs fleurs, ordinairement d'une belle couleur jaune, sont solitaires sur des pédicelles axillaires. Le Prodrome du professeur De Candolle contient les descriptions de sept espèces indigènes des contrées chaudes de l'Europe, de l'Amérique et de l'Afrique.

La HERSE TERRESTRE, *Tribulus terrestris*, L., est la seule espèce européenne. Elle croît aussi en Barbarie, au Sénégal et à l'Ile-de-France. Sa racine grêle, fibreuse et annuelle, soutient une tige divisée dès sa base en rameaux nombreux, couchés sur la terre, garnis de feuilles à six paires de folioles presque égales, et de fleurs nombreuses, petites, jaunes, disposées sur des pédicelles plus courts que le pétiole; les carpelles n'ont que quatre pointes. On cultive dans les jardins de botanique une belle espèce qui a beaucoup de rapports avec la précédente, mais ses fleurs, grandes et analogues à celles des Cistes, la distinguent facilement. C'est le *Tribulus cistoides*, L. et Jacquin (*Hort. Schœnbrun.*, 1, p. 54, tab. 103). (G..N.)

HERSÉ. POIS. Et non *Herse*. Espèce du genre Mormyre. *V.* ce mot. (B.)

* HERSEUR. ARACHN. Espèce du genre Eriodon. *V.* ce mot. (B.)

* HERTELIA. BOT. PHAN. (Necker.) Syn. d'*Hernandia sonora*. *V.* HERNANDIE. (B.)

* HERTIA. BOT. PHAN. Necker (*Elem. Botan.* T. I, p. 8) a établi sous ce nom un genre aux dépens de l'*Othonna* de Linné, dont il diffère principalement par le réceptacle hérissé, l'aigrette presque plumeuse, et l'involucre à plusieurs divisions profondes. Ces caractères ne paraissent pas assez importans pour motiver la séparation du genre proposé par Necker. Du moins, telle est l'opinion de Cassini qui a donné une autre division des *Othonna*, en établissant le genre *Euryops* également constitué par Kunth sous le nom de *Werneria*. *V.* ces mots. (G..N.)

HESIODIA. BOT. PHAN. Le *Sideritis montana*, L., a été séparé, sous ce nom générique, par Mœnch qui lui a donné pour caractères : un calice velu intérieurement et à limbe divisé en deux lèvres dont la supérieure offre trois dents, et l'inférieure deux. Dans les *Sideritis* le calice est divisé en cinq parties égales. Ce genre n'a pas été admis, non plus que le *Burgsdorfia* du même auteur formé avec le *Sideritis romana*, L., et qui n'offre pas de caractères plus importans. (G..N.)

* HÉSIONE. *Hesione*. ANNEL. Genre de l'ordre des Néréidées, famil-

le des Néréides, section des Néréides Glycériennes, établi par Savigny (Syst. des Annelides, p. 12 et 39), et ayant suivant lui pour caractères distinctifs : trompe sans tentacules à son orifice; antennes égales; première, deuxième, troisième et quatrième paires de pieds converties en huit paires de cirres tentaculaires; tous les cirres très-longs, filiformes et rétractiles; point de branchies distinctes. Ce genre a beaucoup d'analogie avec ceux d'Aricie, de Glycère, d'Ophélie, de Myriane et de Phyllodoce; il leur ressemble par l'absence des mâchoires, par les antennes courtes, de deux articles, et par le défaut d'antenne impaire; mais il s'éloigne de chacun d'eux par les caractères tirés de la trompe, des antennes, des cirres et des branchies. Du reste le corps des Hésiones est plutôt oblong que linéaire, peu déprimé, à segmens peu nombreux; le premier des segmens apparens surpasse à peine en grandeur celui qui suit. Leurs pieds sont dissemblables; les premiers, seconds, troisièmes et quatrièmes, n'étant pas ambulatoires, sont privés de soies et convertis en huit paires de cirres tentaculaires très-rapprochées de chaque côté et attachées à un segment commun, formé par la réunion des quatre premiers segmens du corps; les pieds suivans, y compris la dernière paire, sont simplement ambulatoires. Les cirres tentaculaires, sortant chacun d'un article distinct, sont longs, filiformes, complétement rétractiles et inégaux; le cirre supérieur de chaque paire est un peu plus long que l'inférieur. Les pieds ambulatoires ont une seule rame pourvue d'un seul faisceau de soies et ordinairement d'un seul acicule, les soies cylindriques, munies, vers le bout, d'une petite lame cultriforme, articulée et mobile. Les cirres sont filiformes, facilement et complétement rétractiles, inégaux; les cirres supérieurs sont beaucoup plus longs que les inférieurs, et sortent d'un article distinct et cylindrique; ils diffèrent à peine des cirres tentaculaires. Les branchies ne sont point saillantes et paraissent nulles. La tête, divisée en deux lobes par un sillon longitudinal, est très-rétuse et complétement soudée au segment qui porte les cirres tentaculaires. Les yeux sont très-distincts et latéraux; il en existe deux antérieurs qui sont plus grands et deux postérieurs. Les antennes sont incomplètes, les mitoyennes excessivement petites, très-écartées, de deux articles, obtuses; l'impaire nulle; les extérieures semblables aux mitoyennes et rapprochées d'elles. La bouche se compose d'une trompe grosse, profonde, cylindrique ou conique, et de deux anneaux; le dernier est court, avec l'orifice circulaire, sans plis à l'intérieur, ni tentacules. Les mâchoires sont nulles. L'anatomie a fait voir que les Hésiones ont comme deux poches longues et transparentes attachées vers l'œsophage. Savigny ne décrit que deux espèces propres à ce genre; elles sont nouvelles.

L'Hésione éclatante, *H. splendida*, Sav. (Ouvrage d'Egypte, pl. 3, fig. 3). Cette espèce a été trouvée par Mathieu à l'Ile-de-France, et par Savigny sur les côtes de la mer Rouge; elle nage assez bien en s'aidant de ses longs cirres. Son corps est long de près de deux pouces, sensiblement rétréci dans sa moitié antérieure, et formé de dix-huit segmens apparens qui ont, à l'exception du premier, les côtés séparés de la partie dorsale, renflés, plissés et marqués d'un sillon profond sur l'alignement des pieds. Il existe dix-sept paires de pieds à rames, fixées à la partie antérieure des segmens; la dernière paire seule est notablement plus petite que les autres, et conserve toutefois de longs cirres; elle est portée par un segment rétréci dès son origine et comme arrondi avec l'anus un peu saillant en tube. Les soies sont fortes, roides, jaunâtres; leur petite lame terminale est plus allongée, plus obtuse, dans les individus de la mer Rouge. L'acicule est très-noir. Les cirres sont roussâtres, fort délicats; les inférieurs ne dépassent pas de moitié les gaînes, dont l'orifice n'offre aucune dent particulière. La couleur générale est gris de perle avec de très-beaux reflets; le ventre porte une bandelette plus éclatante, qui s'étend de la trompe à l'anus.

L'HÉSIONE AGRÉABLE, *H. festiva*, Sav. Cette espèce, propre aux côtes de la Méditerranée, a été découverte à Nice par Risso. Elle est très-semblable à la précédente, quoique moins grande. Le nombre des segmens et des pieds est égal; la trompe est conique plutôt que cylindrique; le corps a fort peu de reflets et les anneaux sont un peu allongés. Savigny dit n'avoir pas vu les cirres qui étaient tous retirés en dedans. Il existe un second acicule fort grêle; les soies sans lames mobiles lui ont paru tronquées accidentellement à la pointe.

(AUD.)

HESPÉRANTHE. *Hesperantha*. BOT. PHAN. Famille des Iridées et Triandrie Monogynie, L. Sous ce nom générique, Ker (*Annals of Botany*, 1, p. 224) a détaché du genre *Ixia* de Linné, un groupe qu'il a ainsi caractérisé: spathe bivalve; corolle tubuleuse, dont le limbe est à six divisions régulières; trois stigmates distincts jusqu'à l'entrée du tube; capsule oblongue trigone. Dans l'*Hortus Kewensis* (deuxième édition, vol. 1, p. 84) où ce genre est adopté, on lui a rapporté trois espèces, savoir: 1° *Hesperantha radiata*, Ker, ou *Ixia radiata*, Willd. et *Botanical Magaz.* 573; 2° *H. falcata*, ou *Ixia falcata*, Willd. et *Bot. Magaz.* 566; 3° *H. cinnamomea*, Ker, ou *Ixia cinnamomea*, Willd. Ces trois Plantes sont indigènes du cap de Bonne-Espérance, et on les cultive dans les jardins d'Europe. (G..N.)

HESPÉRIDÉES. *Hesperideæ*. BOT. PHAN. Cette famille de Dicotylédones hypogynes avait reçu primitivement le nom d'Aurantiacées, dérivé de celui d'*Aurantium* qui en est considéré comme le type. Les genres qui la constituent ont été particulièrement étudiés par Corréa de Serra (Ann. du Muséum, vol. 6, p. 376), et par Mirbel (Bull. Philom., 1813, p. 179). Adoptant les travaux de ces savans, De Candolle (*Prodrom. System. Veget.* 1, p. 535) a exposé ainsi les caractères de cette famille: calice urcéolé ou campanulé, court, marcescent et divisé en trois, quatre ou cinq dents; corolle composée de trois à cinq pétales larges à la base, tantôt libres, tantôt soudés entre eux, insérés à l'extérieur d'un disque hypogyne, ayant leurs bords légèrement imbriqués pendant l'estivation; étamines en nombre égal à celui des pétales, ou bien double et multiple de celui-ci, insérées sur le disque hypogyne; filets planes à la base, tantôt libres, tantôt réunis entre eux de différentes manières, polyadelphes ou monadelphes, toujours libres et subulés supérieurement; anthères terminales attachées par leur base et dressées; ovaire ové, multiloculaire, surmonté d'un style cylindrique et d'un stigmate un peu épais; fruit (Hespéridie, Desv.; *Aurantium*, De Cand.) composé: 1° d'une écorce (*indusium*) épaisse, glanduleuse, sans valves, indéhiscente, et qui doit vraisemblablement être regardée comme le prolongement du torus; 2° de plusieurs carpelles (rarement un seul par avortement) verticillés autour d'un axe idéal, tantôt contenant seulement des graines, tantôt remplis d'une chair ou d'une pulpe contenue dans des petits sacs nombreux et qui sont attachés aux parois du fruit; graines fixées à l'angle pariétal de chaque carpelle, nombreuses ou solitaires, dépourvues d'albumen, le plus souvent pendantes, quelquefois renfermant plusieurs embryons; spermoderme marqué d'un raphé et d'une chalaze très-visibles; embryon droit, à radicule supère regardant le hile, à cotylédons grands, épais, munis à leur base de deux oreillettes, et à plumule visible. Les Hespéridées sont des Arbres ou des Arbrisseaux, tous originaires de la

Chine et des Indes-Orientales. Les feuilles, les calices, les pétales, les filets des étamines, et surtout l'écorce des fruits sont munis de glandes vésiculaires pleines d'huile volatile. Les feuilles sont alternes, articulées sur la tige, difficilement caduques, tantôt composées, pinnées, à plusieurs paires, ou bien lomentacées, c'est-à-dire composées d'une foliole articulée à l'extrémité d'un pétiole dilaté, foliacé, tantôt simples peut-être à cause de l'avortement de la foliole terminale. Les épines axillaires ne se changent point en branches par la culture.

La famille des Hespéridées comprend les douze genres suivans : *Atalantia*, Correa; *Triphasia*, Lour.; *Limonia*, L.; *Cookia*, Sonnerat; *Murraya*, Kœnig; *Aglaia*, Lour.; *Bergera*, Kœnig; *Clausena*, Burm.; *Glycosmis*, Correa; *Feronia*, Corr.; *Ægle*, Corr.; et *Citrus*, L. *V.* ces mots. (G..N.)

HESPÉRIDES. *Hesperides.* INS. Tribu de l'ordre des Lépidoptères, famille des Diurnes, établie par Latreille et dont les caractères sont : jambes postérieures ayant deux paires d'ergots, l'un au bout et l'autre près du milieu; extrémité des antennes presque toujours très-crochue ou fort recourbée; ailes supérieures relevées, mais écartées; les inférieures souvent presque horizontales dans le repos; chenilles rases, sans épines; chrysalides sans éminences, renfermées dans une toile légère entre des feuilles. Cette tribu comprend les genres Uranie et Hespérie. *V.* ces mots. (G.)

HESPÉRIDIE. *Hesperidium.* BOT. PHAN. C'est selon Desvaux une espèce particulière de fruit, offrant les caractères suivans : il est charnu, ayant une enveloppe épaisse et rugueuse, divisé inférieurement en plusieurs loges par des cloisons celluloso-membraneuses, de manière qu'on peut le séparer facilement et sans déchirement en autant de pièces distinctes. L'Orange, le Limon et en général les fruits de toutes les Plantes de la famille des Hespéridées, en sont des exemples. (A.R.)

* HESPERIDIUM. BOT. PHAN. Nom donné par De Candolle (*Syst. Veget. nat.*, 2, p. 477) à la première section du genre *Hesperis. V.* JULIENNE. (G..N.)

*HESPERIDOPSIS. BOT. PHAN. Ce nom a été donné par De Candolle (*Syst. Regn. Veget.* T. II, pl. 484) à la septième section du genre *Sisymbrium*, que cet auteur (*Prodr. Syst.*, 1, p. 190) a depuis érigée en genre distinct sous le nom d'*Andreoskia. V.* ce mot au Supplément et SISYMBRE. (G..N.)

HESPÉRIE. *Hesperia.* INS. Genre de l'ordre des Lépidoptères, famille des Diurnes, tribu des Hespérides, établi par Fabricius qui comprenait sous ce nom les Papillons que Linné nomme Plébéiens Ruraux et Urbicoles. Dans son Système des Glossates, cet auteur forme neuf genres avec son genre Hespérie, dont l'un conserve le nom primitif. Les espèces urbicoles qui forment seules le genre Hespérie, tel qu'il est adopté par Latreille, forment pour Fabricius les genres Thymèle, Hélias et Pamphile, que Latreille n'adopte pas dans sa Méthode; quant aux Hespéries de la division des Ruraux, elles appartiennent à la tribu des Papillonides et aux genres Polyommate et Erycine. *V.* ces mots. Les caractères du genre Hespérie, tel qu'il a été restreint par Latreille (Encycl. Méthod., art. PAPILLON), sont : antennes terminées distinctement en bouton ou en massue; palpes inférieurs courts, larges et très-garnis d'épines. La massue des antennes sépare ce genre de celui des Uranies. Les Hespéries ont le corps généralement court et gros; la tête large et les antennes écartées à leur insertion; elles sont terminées brusquement en une massue plus ou moins ovale et oblongue, finissant en pointe; dans quelques espèces, elles sont arquées à leur extrémité; dans d'autres, elles sont subitement courbées et crochues. Leurs palpes extérieurs ou labiaux sont larges, de trois articles et fournis de baucoup d'écailles; leur dernier article est petit comparativement au second. Leurs ailes sont fortes; les inférieures sont toujours plissées au côté interne et souvent parallèles au plan de position dans le repos. Toutes leurs pates sont propres à la marche; leurs tarses sont terminés par deux crochets petits, simples et très-arqués, et leurs jambes postérieures sont armées de quatre ergots. Leurs chenilles sont presque nues, peu variées en couleurs, grêles aux deux extrémités ou du moins antérieurement; elles ressemblent à celles de divers Lépidoptères nocturnes. Leur tête est grosse, souvent marquée de deux taches imitant des yeux. Ces chenilles se nourrissent des feuilles de différens Végétaux; elles les roulent et les fixent avec de la soie et se métamorphosent dedans; la chrysalide est unie ou sans éminences angulaires, et son extrémité antérieure est plus ou moins avancée en une pointe simple. Si l'on s'en rapporte aux figures de Stoll, les chrysalides de quelques espèces de Surinam seraient fixées à la manière de celles des Papillonides hexapodes, c'est-à-dire par la queue et par un lien passant au-dessus du corps et lui formant une ceinture. — Ces Lépidoptères fréquentent généralement les bois et les lieux garnis de Graminées; quelques espèces se plaisent dans les lieux humides et aquatiques. Plusieurs sont propres à l'Europe et à la France, mais le plus grand nombre appartient à l'Amérique. Latreille (*loc. cit.*) décrit cent soixante-onze espèces de ce genre; il les classe dans un grand nombre de divisions qu'il serait trop long de rapporter ici. L'espèce la plus commune en France est :

L'Hespérie de la Mauve, *H. Malvæ*, Fabr.; le Papillon Grisette, Engram., Pap. d'Eur., pl. 46, f. 78, A, B, C; *Papilio Alceæ*, Esper, T. I, tab. 51, f. 3, var. Sa chenille vit sur différentes espèces de Mauves et sa chrysalide est renfermée dans une légère coque de soie. Le Point de Hongrie, le Pleinchant, l'Echiquier, le Miroir, le Sylvain ou Bande noire sont d'autres espèces européennes de ce genre. (G.)

HESPERIS. BOT. PHAN. *V.* JULIENNE.

HESPET. POIS. Pour Hepset. *V.* ce mot. (B.)

* HESPHORUS. MIN. Syn. de Chaux fluatée verte phosphorescente. (B.)

HETERANDRA. BOT. PHAN. (Beauvois.) *V.* HÉTÉRANTHÈRE.

HÉTÉRANTHÈRE. *Heteranthera.* BOT. PHAN. Ce genre de la famille des Pontédériées de Kunth, et de la Triandrie Monogynie, L., a été primitivement établi par Palisot-Beauvois (*Act. Soc. Amer.* 4, p. 73), sous le nom d'*Heterandra.* En l'adoptant, Ruiz et Pavon lui ont donné le nom d'*Heteranthera* admis généralement. Dans la Flore de l'Amérique du nord de Michaux, Richard père a fait connaître le même genre et l'a nommé *Leptanthus.* Ses caractères sont : périanthe corolloïde, dont le tube est très-long et le limbe à six divisions égales et étalées; trois étamines; un style et un stigmate simple; capsule triloculaire, polysperme. Les espèces de ce genre en petit nombre sont des Plantes aquatiques, indigènes de l'Amérique méridionale et septentrionale. Leurs feuilles sont engaînantes à leur base; leurs fleurs solitaires sortent de la gaîne des feuilles. L'*Heteranthera reniformis*, Ruiz et Pavon (*Flor. Peruv.* 1, p. 43, tab. 71) peut être considéré comme le type du genre. Kunth (*Genera Nov. et Spec. Plant. æquin.* 1, p. 265) lui assigne pour synonyme le *Leptanthus reniformis* de Michaux. Cette espèce a des feuilles orbiculées réniformes, et se fait surtout remarquer par une de ses étamines beaucoup plus longue que les autres, et en outre conformée en fer de flèche. C'est ce dernier caractère qui a valu au genre les noms d'*Heterandra* et *Heteranthera.* Le *Pontederia limosa* de Swartz (*Flor. Ind. occid.* 1, p. 611), qui n'a que trois étamines, a été rapporté à ce genre par Villdenow. Hooker (*Exotic Flora*, mars 1824, n. 94) pense que L'*Heteranthera graminea*, Vahl, *Leptanthus gramineus*, Michx., doit constituer un genre particulier, en raison de l'unilocularité de sa capsule, de son port remarquable qui ressemble à celui de certains Potamogetons, et de ses fleurs jaunes. Willdenow, qui n'avait aussi trouvé qu'une seule loge dans les fruits du *Leptanthus gramineus*, en avait déjà formé le genre *Schollera*. *V.* ce mot. (G..N.)

* HETERANTHUS. BOT. PHAN. (Bonpland, *in Herb. Juss.*) Syn. d'Homoïanthus. *V.* ce mot. (B.)

HÉTÉROBRANCHE. POIS. Ce genre, formé par Geoffroy Saint-Hilaire, n'a été adopté par Cuvier que comme un sous-genre de Silure. *V.* ce mot. (B.)

HÉTÉROBRANCHES. MOLL. (Blainville.) *V.* SYPHONOBRANCHES.

* HÉTÉROCARPE. BOT. PHAN. H. Cassini nomme ainsi la calathide d'une Synanthérée, qui offre des fruits dissemblables entre eux ou seulement par les aigrettes; telle est celle de l'*Heterospermum*, etc. (G..N.)

* HÉTÉROCARPELLE. *Heterocarpella*. BOT. CRYPT. (*Chaodinées.*) (*V.* Planches de ce Dictionnaire.) Second genre de la première section de notre famille des Chaodinées, déjà plus compliqué dans son organisation que le genre Chaos qui en est le type. Même disposition dans le mucus constitutif, mais les corpuscules qui le colorent y varient infiniment pour la forme et pour la disposition; dans une pareille étendue de mucus, ces corpuscules ne sont pas semblables. Chaque forme de corpuscule appartient-elle à une espèce différente, et une masse de mucus où l'on trouve de ces molécules organiques de figures diverses est-elle une seule espèce ou une réunion d'espèces distinctes? Dans l'impossibilité où nous sommes d'éclaircir ce doute, nous établirons provisoirement dans le genre Hétérocarpelle autant d'espèces que nous trouverons de formes; ainsi nous connaissons jusqu'à ce jour: 1° l'*Heterocarpella monadina*, consistant en globules simples, monadiformes, marqués au milieu d'un cercle concentrique, comme s'il existait, ainsi que dans les globules du sang, un globule intérieur; 2° l'*Heterocarpella geminata* consistant en globules semblables à ceux de l'espèce précédente, unis deux à deux et d'une forme ovoïde. Nous avons des raisons de croire que c'est à ce Végétal que Rafinesque imposa le nom d'Arthrodie. *V.* ce mot; 3° l'*Heterocarpella tetracarpa*, globules de six à vingt fois plus considérables que ceux des espèces précédentes, ovoïdes ou obronds, comme divisés en quatre quartiers par deux sections en diamètre, lesquels contiennent chacun un globule semblable à ceux qui se voient dans les espèces précédentes; 4° l'*Heterocarpella pulchra*, globules encore plus grands que dans la précédente, obronds, mais sinueux sur les côtés, divisés en deux dans le sens des sinuosités opposées; chaque sore contenant des corpuscules obronds, placés à côté les uns des autres, ayant leur axe disposé vers le centre du grand globule qui les renferme et qui est marqué d'un point transparent; 5° l'*Heterocarpella reniformis*, composée de deux à quatre et cinq corpuscules réniformes, allongés, disposés parallèlement en diminuant de taille et transversalement dans un globule ovale formé par une membrane parfaitement hyaline; 6° l'*Heterocarpella botrytis*, globules réunis en amas qui affectent une forme triangulaire, tronqués vers les sommets, et se disposant souvent base à base. Lyngbye a passablement saisi cette disposition dans la figure 2 qu'il donne de son *Echinella radiosa*, pl. 69, E. Nous avons, une fois entre autres, trouvé toutes ces espèces réunies dans des masses de mucus cependant peu colorées qui couvraient l'extrémité

des rameaux des *Conferva glomerata*, dans les suintemens de la fontaine dont on boit l'eau, au hameau de Chaufontaine renommé au pays de Liége pour ses thermes; mais ce cas est rare. Ce sont les numéros 1, 2 et 3 qui sont le plus ordinairement réunis et que Lyngbye a décrits sous le nom collectif d'*Echinella rupestris*, pl. 69, D, f. 2, 3 et 4. (B.)

HETÉROCARPIENS. BOT. PHAN. Desvaux a donné ce nom aux fruits provenus d'ovaires qui, se développant avec d'autres parties, n'ont pas été cachés par celles-ci, mais qui ont subi seulement quelques modifications dans leurs formes primitives. (G..N.)

HÉTÉROCÉOPIENS. BOT. PHAN. (Dictionnaire de Déterville.) Pour Hétérocarpiens. *V.* ce mot. (B.)

HÉTÉROCÈRE. *Heterocerus*. INS. Genre de l'ordre des Coléoptères, section des Pentamères, famille des Clavicornes, établi par Bosc (Act. de l'ancienne Soc. d'Hist. Nat. de Paris, T. I, pl. 1, fig. 5) et adopté par tous les entomologistes; ses caractères sont (Règn. Anim. T. III) : tarses courts, n'ayant que quatre articles distincts et se repliant sur les côtés extérieurs des jambes qui sont triangulaires, épineuses ou ciliées, surtout les deux premières, et propres à fouir. La tête des Hétérocères s'enfonce postérieurement jusqu'aux yeux, dans le corselet, se rétrécit et se prolonge un peu antérieurement, en manière de museau arrondi; le labre est extérieur, grand et presque circulaire; les mandibules sont fortes, cornées et bidentées à leur pointe; les mâchoires ont deux lobes; l'interne est pointu et en forme de dent, et le lobe terminal est plus grand et cilié; les palpes sont courts et filiformes; les maxillaires ont le dernier article un peu plus long que les précédens et presque ovoïde, les deux derniers articles des labiaux sont presque égaux et cylindracés; la languette s'élargit vers son bord supérieur qui est largement échancré; le menton est grand et offre aussi une grande échancrure qui le fait paraître comme fourchu; les antennes sont à peine plus longues que la tête; leurs sept derniers articles forment une massue dentée et arquée; le corselet est transversal, court et sans rebords; ses côtés sont arrondis. L'avant-sternum s'avance sur la bouche; le corps est ovale, aplati; les pieds sont courts et propres à fouir la terre avec les jambes antérieures plus larges et portant à leur côté extérieur une rangée d'épines parallèles; les tarses sont courts, ils se replient sur les jambes et ne paraissent composés que de quatre articles, le premier étant très-court et peu distinct; le dernier article est armé de deux ongles grêles et distincts.

Ces Insectes sont très-voisins des Dryops d'Olivier, ou des Parnes de Fabricius, mais ils s'en distinguent, ainsi que de tous les autres Clavicornes, par les tarses et par les antennes. Ils vivent dans le sable ou dans la terre humide, près des bords des eaux, et sortent de leur trou lorsqu'on les inquiète en marchant sur le sol; leur larve, que Miger a observée le premier, vit aussi dans les mêmes lieux. La seule espèce que l'on ait encore trouvée à Paris est :

L'HÉTÉROCÈRE BORDÉ, *Heter. marginatus*, Bosc (*loc. cit.*), Fabr., Latr., Illig., Panz., *Faun. Ins. Germ.*, fasc. 23, fig. 11, 12. Il est long d'une ligne; son corps est velu, obscur, avec les bords et quelques points des élytres d'un jaune ferrugineux. (G.)

* HÉTÉROCHROME. INT. Espèce du genre Cucullan. *V.* ce mot. (B.)

HÉTÉROCLITE. *Syrrhaptes*. OIS. *Heteroclitus*, Vieillot. Genre de l'ordre des Gallinacés. Caractères : bec court, grêle et conique; mandibule supérieure faiblement courbée, avec une rainure ou sillon parallèle à l'urètre; narines placées de chaque côté du bec et à sa base, recouvertes par les plumes du front; pieds emplumés jusqu'aux doigts; ceux-ci au nombre de trois, dirigés en avant et réunis jusqu'aux ongles; rectrices étagées, les deux intermédiaires filiformes et très-allongées; première rémige la plus longue et allongée ainsi que la seconde en forme de fils. La connaissance de ce genre qui ne se compose encore que d'une seule espèce, est due à Pallas; il a découvert l'Hétéroclite auquel on a donné pour nom spécifique celui de ce savant voyageur dont les travaux ont si puissamment concouru aux progrès des sciences, dans les plaines arides et desséchées de la Tartarie australe vers les bords du lac Baïkal. Cet Oiseau y est appelé Sadscha par les naturels; quoiqu'il n'y soit pas très-rare, il a été cependant très-peu observé; la raison en est facile à saisir : circonscrit dans une étendue assez médiocre d'un pays que rien ne porte à visiter et dont les habitans ignorans et barbares repoussent tout ce qui présente les formes de la civilisation, les Hétéroclites, aussi sauvages que les Tartares dont ils ont à redouter les flèches meurtrières, doivent naturellement se retirer dans les abris les plus solitaires et les plus inaccessibles, où ils se tiennent presque constamment cachés. C'est sans doute pourquoi Pallas, si bon observateur en toutes circonstances, n'est entré dans aucun détail relativement à l'histoire des Hétéroclites; la dépouille desséchée du seul exemplaire qu'il ait rapporté lui avait même été donnée par Rytschof. Delanoue, qui depuis Pallas a traversé les déserts qui bornent cet empire immense voisin de la Chine, a été plusieurs fois à même d'étudier les Hétéroclites; il les a observés dans leur marche lente et même pénible en apparence, puisqu'elle les oblige à de fréquentes alternatives de repos; dans leur vol rapide, bruyant, direct et élevé, mais peu soutenu; dans leur manière de chercher sur un sable mouvant leur nourriture qui consiste en petites graines amenées par les vents; enfin dans les soins de leur progéniture. Il a plusieurs fois surpris la femelle durant l'incubation, qui, malgré de vives inquiétudes, ne se décidait qu'à la dernière extrémité à quitter le nid où se trouvait l'espoir d'une nouvelle famille. Ce nid n'offrait pour tout duvet que quelques brins de Graminées, entourés de sable et qui contenaient quatre œufs d'un blanc roussâtre, tachetés de brun; il était placé au milieu de quelques pierres amassées sous un buisson.

HÉTÉROCLITE DE PALLAS, *Syrrhaptes Pallasii*, Temm., Ois. color., pl. 95; *Tetrao paradoxus*, Lath.; *Heteroclitus tartaricus*, Vieill. Parties supérieures d'un jaune cendré, avec les plumes bordées de noir à l'extrémité, ce qui dessine sur le dos un grand nombre de lunules et de taches noirâtres; sommet de la tête qui se trouve encadré par une ligne formée de lunules noirâtres; côtés du cou d'un jaune orangé, plus vif vers la gorge qui est de la même couleur; tectrices alaires intermédiaires terminées de rouge pourpré; rémiges noirâtres, bordées de jaunâtre, les deux extérieures entièrement noires et dépassant les autres en longueur; rectrices étagées, d'un cendré jaunâtre, terminées de blanc, les deux intermédiaires plus longues et noires dans la partie mince et allongée; ventre d'un cendré jaunâtre, bordé par une large bande noire; parties inférieures d'un blanc cendré; bec jaunâtre; ongles noirs. Taille, douze pouces. La femelle diffère peu du mâle; on la distingue néanmoins facilement par la privation de longues plumes aux ailes et à la queue. (DR..Z.)

HÉTÉROCOME. *Heterocoma*. BOT. PHAN. Genre de la famille des Synanthérées, et de la Syngénésie égale, L., établie par De Candolle (Ann. du Mus., vol. XVI, p. 190) et offrant pour principaux caractères : involucre presque cylindrique, formé de folioles disposées sur deux rangs, inégales, appliquées, lancéolées, linéaires et aiguës; réceptacle plane, garni de paillettes analogues aux folioles de l'involucre; calathide composée de fleurons égaux, nombreux, réguliers et hermaphrodites;

ovaires oblongs, glabres, marqués de côtes longitudinales, surmontés d'un bourrelet et d'une aigrette double; l'extérieure courte composée d'un seul rang de poils laminés, l'intérieure longue et composée de poils plumeux. Après avoir examiné, dans l'herbier de Desfontaines, un échantillon de la Plante sur laquelle ce genre a été fondé, H. Cassini a conclu qu'il appartient à la tribu des Vernoniées, et non point aux Cinarocéphales où l'a placé le professeur De Candolle. Celui-ci en a décrit deux espèces, savoir : *Heterocoma bifrons* et *H. albida*. La première est un sous-Arbrisseau du Chili, qui a sa tige ligneuse, ramifiée, laineuse et garnie de feuilles épaisses, pétiolées, ovales, entières et un peu obtuses au sommet. Les calathides des fleurs sont sessiles, petites, rassemblées dans les aisselles des feuilles supérieures, et entourées de bractées foliacées. Quant à l'*H. albida*, Cassini la considère comme une espèce douteuse, et qui, d'après la structure de son style, ne lui paraît pas congénère de l'autre espèce. (G..N.)

HÉTÉRODACTYLES. OIS. Blainville donne ce nom (Prodr. d'une nouv. distrib. systém.) à une famille d'Oiseaux grimpeurs, qui comprend ceux dont le doigt externe est versatile, comme les Coucous, Barbus, Anis, etc. (G.)

*HETERODENDRUM. BOT. PHAN. Genre de la Dodécandrie Monogynie, L., établi par Desfontaines (Mém. du Muséum d'Hist. nat., vol. 4, p. 8) qui l'avait rapporté aux Térébinthacées. Dans la révision de cette dernière famille (Ann. des Sciences nat., juillet 1824), Kunth en a exclu l'*Heterodendrum*, et il a indiqué avec doute sa place dans les Sapindacées. Ses caractères ont été ainsi exprimés : calice cupuliforme, presque entier ou légèrement denté, persistant; corolle nulle; rebord (disque) membraneux, entier, logé au fond de la fleur et ceignant l'ovaire contre lequel il n'est pas étroitement appliqué; six et douze étamines insérées entre le disque et l'ovaire, exsertes et presque égales; filets courts, libres et un peu épaissis à la base; anthères obovées, bifides, sagittées à la base et fixées par celle-ci, biloculaires, déhiscentes par une fente longitudinale et latérale; ovaire supère, sessile, tantôt obové, presque arrondi, à quatre loges, couronné par quatre stigmates sessiles papillaires et divergens, tantôt obové, comprimé, biloculaire, ombiliqué par un stigmate obtus et simple. L'ovule unique dans chaque loge varie selon que les ovaires sont quadriloculaires ou biloculaires; dans les premiers, il est presque arrondi, obové, dressé et placé sur un tubercule adhérent à l'axe; dans les autres, il est obové et fixé sur la base de l'ovaire. Le fruit n'a pas été observé.

L'*Heterodendrum oleæfolium*, Desf., *loc. cit.*, tab. 3, est la seule espèce du genre. C'est un Arbrisseau indigène de la Nouvelle-Hollande, rameux, revêtu d'une écorce grisâtre, garni de feuilles alternes brièvement pétiolées, glabres, coriaces, lancéolées, entières, glauques et persistantes. Les fleurs sont petites et disposées en grappes axillaires simples ou ramifiées. (G..N.)

HÉTÉRODERMES. REPT. OPH. Famille établie parmi les Serpens, dans la Zoologie analytique de Duméril, et dont le principal caractère consiste dans la diversité des écailles qui sont petites sur le dos, et en plaques ou en demi-plaques sous le corps et sous la queue. Duméril y range ses genres Crotale, Boa, Trigonocéphale, Vipère, Trimésure, Bongare, Aipysure, Disteyrie, Plature, Couleuvre, Erpéton et Erix. *V.* ces mots. (B.)

HÉTÉRODON. MAM. Pour Hétéroodon. *V.* ce mot. (B.)

HÉTÉRODON. REPT. OPH. Beauvois avait établi sous ce nom, pour une simple Couleuvre que caractérisent deux dents plus longues que les autres aux mâchoires supérieures, un genre qu'adopta avec doute Latreille dans le Buffon de Déterville. Il a disparu dans le tableau erpétologique inséré au tome sixième de cet ouvrage. Bosc a observé à la Caroline le Serpent qui servit de type au genre dont il s'agit. Daudin en a fait son *Coluber Heterodon*. Sa taille varie entre dix-huit pouces et trois pieds ; il est noirâtre en dessus et blanchâtre en dessous, avec la tête de forme triangulaire. (B.)

HÉTÉRODONTE. *Heterodontus.* POIS. (Blainville.) Syn. de Cestracion, sous-genre de Squale. *V.* ce mot. (B.)

* HÉTÉROGÉNÉES. BOT. CRYPT. (*Lichens.*) Acharius a réuni dans cet ordre, le cinquième de sa première classe, les Idiothalames, les Lichens dont l'apothécie est presque simple, composée d'un thalamium solitaire et munie d'un nucleum. Les genres *Graphis*, *Verrucaria* et *Endocarpon*, constituent cet ordre qui n'est point naturel. (A. F.)

* HÉTÉROGRAPHE. *Heterographa.* BOT. CRYPT. (*Lichens.*) Ce genre qui fait partie du groupe des Graphidées de notre méthode, établit le passage des Arthonies aux Opégraphes ; il a été créé par Chevallier qui publie en ce moment un très-bel ouvrage iconographique sur les Hypoxylons. Le nom de *Polymorphum*, donné par cet auteur, nous ayant paru inadmissible parce qu'il est adjectif, nous lui avons substitué celui par lequel il se trouve désigné dans ce Dictionnaire. L'Hétérographe est fondée sur deux Opégraphes, le *faginea* et le *quercina* des auteurs. Chevallier qui a très-bien étudié l'organisation de l'Hétérographe, regarde ce genre comme intermédiaire entre les Hystéries et les Opégraphes. Il se rapproche en effet des premiers par l'absence de toute croûte lichénoïde, et par sa manière de croître ; des seconds par son organisation, et diffère néanmoins des uns et des autres par son mode de développement, la forme de ses réceptacles, et les changemens qu'éprouvent ceux-ci. Ces Plantes croissent, ainsi que leur nom spécifique l'annonce, sur l'épiderme des écorces du Hêtre et du Chêne ; et l'on doit y faire rentrer comme variétés les *Opegrapha conglomerata* de Persoon, et *epiphega* d'Acharius. (A. F.)

HÉTÉROGYNES. *Heterogyna.* INS. Famille de l'ordre des Hyménoptères, section des Porte-Aiguillons, composée de deux ou trois sortes d'individus dont les plus communs, les neutres ou les femelles, n'ont point d'ailes, et rarement des yeux lisses, très-distincts. Tous ces Insectes ont la languette petite, arrondie et voûtée ou en cuiller ; leurs antennes sont coudées. Les uns vivent en sociétés qui se composent de trois sortes d'individus ; les mâles et les femelles sont ailés, et les neutres sont aptères ; ils forment le grand genre *Fourmi* de Linné dont Latreille a fait sa tribu des FORMICAIRES. *V.* ce mot. Les autres vivent solitairement. Chaque espèce n'est composée que de deux sortes d'individus ; les mâles sont ailés et les femelles aptères. Ils composent le grand genre *Mutille* de Linné ou la tribu des Mutillaires de Latreille. *V.* ce mot. (G.)

* HÉTÉROLÉPIDE. *Heterolepis.* BOT. PHAN. Genre de la famille des Synanthérées, Corymbifères de Jussieu, et de la Syngénésie superflue, L., établi primitivement sous le nom d'*Heteromorpha* par Cassini (Bullet. de la Société Philom., janvier 1817). Cet auteur ayant ensuite réfléchi qu'une telle dénomination pouvait être considérée comme un adjectif, a cru devoir lui substituer celle d'*Heterolepis.* Il lui a donné les caractères suivans : involucre composé de folioles disposées irrégulièrement sur deux ou trois rangs, inégales et dissemblables ; les extérieures lancéolées, les intérieures larges, ovales, obtuses, membraneuses, scarieuses et frangées ; réceptacle alvéolé ; calathide radiée, dont les fleurons du centre sont nombreux, réguliers, hermaphrodites, et ceux de la circonférence à deux languettes, femelles, mu-

nies cependant d'étamines avortées; akènes courts cylindracés, hérissés, à deux pointes, surmontés d'une aigrette composée de soies nombreuses, inégales, laminées et plumeuses sur toute leur surface. L'auteur de ce genre l'a placé dans la tribu des Arctotidées, dont il offre tous les caractères, et notamment celui tiré du style; il a, en outre, insisté sur les corolles biligulées de la circonférence qu'il ne faut pas confondre avec les corolles labiatiflores. Cette différence essentielle, jointe à l'organisation du style et aux corolles régulières du centre, ne permet pas de rapprocher l'*Heterolepis* de la tribu des Mutisiées.

L'*Heterolepis decipiens*, H. Cass., *Œdera aliena*, L., et non *Œdera alienata* de Thunberg, a été nommée *Arnica inuloides* par Vahl. Jacquin l'a figurée (*Hort. Schœnbrunn.* T. II, tab. 154). C'est un Arbuste du cap de Bonne-Espérance, dont la tige est branchue, couverte d'un coton blanc et entièrement garnie de feuilles éparses, étalées, un peu fermes, linéaires, aiguës, ayant la face supérieure verte et luisante, tandis que l'inférieure est tomenteuse et blanche. Les calathides larges et composées de fleurs jaunes sont solitaires à l'extrémité des branches. (G..N.)

HETEROLOMA. BOT. PHAN. Genre formé par Desvaux aux dépens de l'*Hedysarum*, L. *V.* SAINFOIN. (G..N.)

HÉTÉROMÈRES. *Heteromera.* INS. Section de l'ordre des Coléoptères, établie par Duméril, et comprenant tous ceux qui ont cinq articles aux quatre premiers tarses et un de moins aux derniers. Elle renferme quatre familles qui sont les Mélasomes, les Taxicornes, les Sténélytres et les Trachélides. *V.* ces mots. (G.)

HETEROMORPHA. BOT. PHAN. *V.* HÉTÉROLÈPE.

HÉTÉROMORPHES. *Heteromorpha.* ZOOL. Blainville propose sous ce nom l'établissement d'un sous-règne composé d'êtres qui ne paraissent point avoir de formes symétriques ou déterminées, tels que les Eponges, les Corallinées et les Infusoires. (B.)

HETEROMYS. MAM. Desmarest a proposé ce nom pour le Hamster anomal. (B.)

HETEROODON. MAM. Nom du sixième sous-genre établi par Blainville dans le genre Dauphin pour les espèces qui diffèrent entre elles par leurs dents qui, en général, sont peu nombreuses. La seule espèce authentique de ce sous-genre forme le type du genre *Hyperoodon* de Cuvier. *V.* DAUPHIN. (G.)

* HÉTÉROPÉTALE. BOT. PHAN. H. Cassini a donné ce nom à la calathide des Synanthérées, lorsqu'elle offre des corolles dissemblables. Un tel mot est évidemment inutile, puisqu'il en existe d'autres qui expriment aussi brièvement et aussi exactement la même chose. Ainsi les calathides couronnées, radiées, discoïdes, de l'*Aster*, de l'*Helianthus*, de l'*Artemisia*, du *Carpesium*, etc., sont des modifications d'une calathide Hétéropétale. (G..N.)

* HÉTÉROPHYLLE. BOT. PHAN. On donne ce nom à toute Plante qui offre des feuilles dissemblables, souvent réunies sur le même individu et sur la même branche. Une foule de Végétaux sont dans ce cas; ainsi les feuilles inférieures linéaires du *Protea sceptrum* sont brusquement remplacées à la partie supérieure par des feuilles larges et lancéolées; le Lilas de Perse peut offrir, dans les jardins, sur la même branche, des feuilles entières ou incisées de diverses manières; le *Lepidium perfoliatum* est muni inférieurement de feuilles découpées, et supérieurement de feuilles entières et amplexicaules, etc., etc. Plusieurs *Mimosa* de la Nouvelle-Hollande, quelques *Oxalis* de l'Amérique méridionale, rapportées par Auguste Saint-Hilaire, ne sont Hétérophylles que par la dégénérescence des pétioles communs en véritables feuilles, et par l'avortement le plus souvent complet de leurs fo-

lioles. Notre collaborateur Bory de Saint-Vincent a fait le premier la remarque que le nombre des Plantes Hétérophylles était plus considérable dans les îles volcaniques d'origine moderne que dans les parties primitives des continens. Il les regarde comme les essais d'une végétation moins ancienne. On peut voir dans son Voyage aux quatre îles d'Afrique et au mot CRÉATION, les conséquences qu'il a tirées de ce fait de géographie botanique. (G..N.)

HÉTÉROPODE. OIS. Nom sous lequel Gesner (Avi., p. 207) donne la figure d'un Oiseau qu'il n'a pas vu, et qu'il range, par conjecture, parmi les Aigles, et dont chaque pate était de couleur différente. Brisson le rapporte, mal à propos, au Vautour brun. Buffon, ne se fiant pas à la mauvaise figure de Gesner, est d'avis de rayer cet Aigle de la liste des Oiseaux. (B.)

HÉTÉROPODES. *Heteropoda*. ARACHN. Nom donné par Latreille à un genre d'Aranéides, composé des Araignées-Crabes dont les quatre dernières pates sont presque de la même grosseur que les autres, et dont les yeux forment deux lignes transverses presque parallèles. Ce genre forme (Règn. Anim. de Cuv. T. III) la première coupe du genre Thomise. *V.* ce mot. Blainville donne ce nom à une classe artificielle qui comprend les Branchiopodes et les Squillaires, dont le nombre des pieds varie. (B.)

HETEROPOGON. BOT. PHAN. Genre de la famille des Graminées, et de la Monœcie Triandrie, L., établi par Persoon (*Enchirid.*, 2ᵉ vol., p. 533) qui l'a ainsi caractérisé : épi simple, monoïque. Les fleurs mâles ont la lépicène à deux valves, la glume à deux valves mutiques dont l'intérieure est sétacée; paillette (nectaire, Persoon) bilobée, renflée. Les fleurs femelles ont la lépicène bivalve, la glume aussi à deux valves dont l'une est épaisse et munie d'une barbe très-longue et hérissée. Ce genre se compose de deux espèces; savoir : *Heteropogon glaber*, Pers., ou *Andropogon Allionii*, D. C., Flor. Fr., 3, p. 97; et *Heter. hirtus*, Pers., ou *Andropogon contortum*, L. (G..N.)

HÉTÉROPTÈRE. *Heteropterus*. INS. Nom proposé par Duméril (Zool. analyt.) pour les Papillons appelés Estropiés par Geoffroy, et comprenant la famille des Hespérides de Latreille. *V.* ce mot. (G.)

HÉTÉROPTÈRES. *Heteroptera*. INS. Section de l'ordre des Hyménoptères. *V.* ce mot. (G.)

* HETEROPTERIS. BOT. PHAN. Genre de la famille des Malpighiacées et de la Décandrie Trigynie, L., établi par Kunth (*Nov. Gener. et Spec. Plant. æquin.*, vol. V, p. 163) qui l'a ainsi caracérisé : calice hémisphérique, persistant, à cinq divisions profondes, le plus souvent portant deux glandes sur le dos; corolle à cinq pétales onguiculés, presque arrondis, réniformes; dix étamines hypogynes dont les filets sont adhérens à leur base; trois ovaires soudés, ne renfermant qu'un ovule pendant, surmontés de trois styles; trois samares dont une ou deux avortent souvent, fixées à un axe central, se prolongeant extérieurement en une aile longue, épaissie dans leur bord inférieur. Cette structure des appendices du fruit de l'*Heteropteris* est le caractère principal qui sépare ce genre du *Banisteria*, où les ailes des samares sont épaissies dans leur bord supérieur. Plusieurs espèces de *Banisteria*, décrites par les auteurs, doivent faire partie de ce nouveau genre. Kunth a indiqué les *Banisteria purpurea*, L. et Cavan; *Ban. brachiata*, L. et Lamk.; *Ban. chrysophylla*, Lamk. et Cavan.; *Ban. nitida*, Lamk. et Cavan.; et *Ban. cærulea*, Lamk. Outre ces Plantes déjà connues, Kunth en a décrit quatre espèces nouvelles sous les noms d'*Heteropteris argentea*, voisine de l'*H. nitida*, *H. cornifolia*, *H. floribunda*, très-rapprochée de l'*H. cærulea*, et *H. longifolia*. Celle-ci n'est placée qu'avec doute dans ce genre. En

adoptant l'*Heteropteris*, De Candolle (*Prodrom. Syst. Veget.* 1, p. 591) y a joint deux espèces nouvelles, savoir : *H. platyptera* qui pourrait bien être la même que l'*H. brachiata*, et *H. appendiculata*. Toutes les espèces que nous venons de mentionner croissent dans l'Amérique méridionale, le Mexique et les Antilles. Ce sont des Arbrisseaux ou des Arbustes grimpans, à feuilles opposées, à fleurs bleues, roses ou blanches, disposées en panicules, en grappes ou en ombelles axillaires, terminales et latérales; leurs pédicelles sont munis d'une ou de deux bractées. Une Plante de l'Afrique équinoxiale, mentionnée par R. Brown (*Botany of Congo*, p. 7), et qu'il a seulement indiquée comme constituant un genre distinct du *Banisteria*, a été placée provisoirement à la fin des *Heteropteris* par De Candolle (*loc. cit.*, p. 592). Cette Plante, *Heteropteris Smeathmanni*, dont les feuilles sont alternes, forme une section sous le nom d'*Anomalopteris*. (G..N.)

HÉTÉROSOMES. POIS. Duméril établit sous ce nom, dans sa Zoologie analytique, une famille répondant aux Pleuronectes de Linné, et qui comprend les genres Sole, Monochire, Turbot, Flétan, Plie et Achire. *V.* ces mots. (B.)

HÉTÉROSPERME. *Heterospermum*. BOT. PHAN. Genre de la famille des Synanthérées, Corymbifères de Jussieu, et de la Syngénésie superflue, L., établi par Cavanilles, et offrant pour principaux caractères : involucre double; l'intérieur composé de cinq folioles appliquées, ovales-oblongues et membraneuses, l'extérieur de trois à cinq bractées sur un seul rang, foliacées, linéaires, subulées; réceptacle plane, muni de paillettes semblables aux folioles de l'involucre; calathide radiée dont les fleurons du centre sont nombreux, réguliers, hermaphrodites, et ceux de la circonférence sur un seul rang, au nombre de trois à cinq, en languettes et femelles; akènes de diverses formes; les extérieurs oblongs, arrondis au sommet, comprimés, munis sur chaque côté d'une large bordure cartilagineuse, et privés d'aigrettes; les intermédiaires assez semblables aux extérieurs, mais pourvus d'une aigrette composée d'une ou de deux paillettes opposées, subulées et munies supérieurement de poils rebroussés; les intérieurs linéaires sans bordures latérales, prolongés supérieurement en un long col linéaire qui porte une aigrette semblable à celle des akènes intermédiaires. Ce genre a été placé dans la tribu des Hélianthées-Coréopsidées auprès du *Bidens*, par H. Cassini.

On cultive, dans les jardins de botanique, l'*Heterospermum pinnatum* de Cavanilles (*Icon.* 3, p. 34, tab. 267) : c'est une Plante indigène du Mexique, herbacée, à tige dressée, rameuse, garnie de feuilles connées, pinnatifides ou bipinnatifides dans leur partie supérieure. Les calathides sont composées de fleurs jaunes et solitaires au sommet des branches. Outre cette espèce, Kunth (*Nov. Gener. et Spec. Plant. æquin.*, vol. IV, p. 245 et 246, tab. 383 et 384) en a décrit et figuré deux autres qui croissent au Pérou, près de Truxillo et de Quito; il les a nommées *Heterospermum maritimum* et *Heter. diversifolium*. La première est indiquée avec doute comme synonyme de l'*Heter. ovatifolium*, Cavan. (*Demonstr. bot.*, p. 204). (G..N.)

HÉTÉROSTÈGE. *Heterostega*. BOT. PHAN. Pour Heterostheca. *V.* ce mot. (G..N.)

* HETEROSTEMON. BOT. PHAN. Genre de la famille des Légumineuses, établi par Desfontaines (Mém. du Muséum d'Hist. nat., deuxième année, p. 249) qui en a ainsi exposé les caractères : calice grêle, tubuleux, persistant, à quatre divisions lancéolées et concaves, accompagné d'un involucre ou calice extérieur à deux lobes; corolle composée de trois pétales insérés sur l'entrée du calice, très-grands, droits, rétrécis et on-

guiculés à leur base, élargis et obtus au sommet; huit étamines dont les filets sont soudés par la base, beaucoup plus longs que la corolle, inclinés, arqués et barbus; les trois inférieurs plus longs et à anthères oblongues; les cinq autres filets graduellement plus courts avec des anthères plus petites; ovaire arqué, pédicellé, surmonté d'un style courbé et plus long que les étamines; légume pédicellé, comprimé, terminé par une pointe très-aiguë et un peu recourbée. Ce genre qui n'a pas encore été décrit dans les ouvrages où les Plantes sont rangées d'après le système sexuel, devrait être placé dans la Monadelphie Octandrie, mais on préférera peut-être le rapporter à la Diadelphie comme on l'a fait pour tant d'autres genres de Légumineuses monadelphes, de peur de les écarter trop des genres de la même famille. Cependant sa place la plus convenable serait dans l'Octandrie auprès du *Tamarindus* dont il ne diffère que par son calice pourvu d'un involucre, ses étamines toutes fertiles, et ses légumes comprimés non pulpeux.

L'HÉTÉROSTEMON A FEUILLES DE MIMOSA, *Heterostemon mimosoides*, Desf., *loc. cit.*, tab. 12, est un Arbre indigène du Brésil, dont les branches sont pubescentes, alternes, garnies de feuilles alternes, ailées sans impaire, composées de folioles nombreuses, glabres, opposées, linéaires, obtuses et légèrement échancrées à leur sommet; leur pétiole est ailé entre les folioles, et il est accompagné à la base de deux stipules opposées subulées et caduques. Les fleurs sont disposées en corymbes axillaires à l'extrémité des branches. (G..N.)

HETEROSTHECA. BOT. PHAN. Sous ce nom, Desvaux a constitué, aux dépens des *Aristida* de Linné, un genre de la famille des Graminées, qui a été réuni par Palisot-Beauvois au *Dinœba*. *V.* ce mot. (G..N.)

*HÉTÉROTHÈQUE. *Heterotheca*. BOT. PHAN. Genre de la famille des Synanthérées, Corymbifères de Jussieu, et de la Syngénésie superflue, L., établi par H. Cassini (Bullet. de la Soc. Philom., septembre 1817) qui l'a placé dans la tribu des Astérées et l'a ainsi caractérisé : involucre composé de folioles imbriquées, appliquées, coriaces, ayant la partie supérieure en forme d'appendice, inappliquée, foliacée et aiguë; réceptacle nu, plane et alvéolé; calathide radiée, dont les fleurs du centre sont nombreuses, régulières et hermaphrodites, et celles de la circonférence femelles et en languettes très-longues; akènes du disque comprimés des deux côtés, hispides, munis au sommet d'un bourrelet et d'une double aigrette; l'extérieure courte, grisâtre, composée de paillettes irrégulières, inégales et membraneuses; l'intérieure longue, rougeâtre, composée de poils épais et plumeux; akènes de la circonférence triquètres, glabres, munis d'un petit bourrelet apicilaire et privés d'aigrette. L'*Heterotheca Lamarckii*, H. Cassini, *Inula axillaris*, Lamk. (Dict. Encycl.), est une Plante herbacée, dont la tige est dressée, rameuse, garnie de feuilles alternes, sessiles, ovales-oblongues, aiguës ou lancéolées, légèrement dentées, hérissées sur leurs deux faces de poils épars, courts et roides. Les fleurs sont jaunes, nombreuses et disposées, au sommet de la tige, en une panicule corymbiforme irrégulière. Cette Plante croît dans la Caroline. (G..N.)

* HETEROTRICHUM. BOT. PHAN. Ce genre nouveau de la famille des Synanthérées, et de la Syngénésie égale, L., a été constitué par Marschall-Bieberstein (*Flor. Taur.-Caucas.*, 3, suppl., p. 551) qui l'a ainsi caractérisé : involucre imbriqué non épineux; réceptacle couvert de paillettes soyeuses; aigrette double, l'intérieure longue, plumeuse; l'extérieure très-courte et composée de poils simples. Ce genre ne renferme qu'une seule espèce (*Heterotrichum salsum*), dont les feuilles sont charnues et glabres; les radicales lyrées-hastées, les caulinaires lancéolées. Ses

pétioles sont munis d'oreillettes décurrentes allongées et dentées. Elle croît dans les gazons humides, sur les bords de la rivière Térek et du Volga, où elle fleurit en juin. C'était la *Serratula salsa* de la *Flora Taurico-Caucasica*, 2 vol., n° 1641. Une variété de cette Plante a été décrite et figurée sous le nom de *Saussurea elongata*, par le professeur De Candolle, dans les Annales du Muséum, T. XVI, p. 201, tab. 10. Pallas l'a aussi mentionnée (*Itin.* 3, p. 281, 314, 607 et 635) en la nommant *Serratula salsa* et *S. salina*. (G..N.)

* HÉTÉROTYPE. MIN. (Haussmann.) Syn. d'Amphibole. *V.* ce mot. (B.)

HÉTÉROZOAIRES. ZOOL. (Blainville.) Syn. de Reptiles. *V.* ce mot. (B.)

HETICH. BOT. PHAN. On ne peut reconnaître de quelle Plante américaine ont voulu parler sous ce nom Daléchamp et Thèvet. Ces auteurs lui attribuent des racines tubéreuses et mangeables, d'un grand usage parmi les naturels. L'Hétich pourrait bien être le Liseron Patate. (B.)

HÊTRE. *Fagus*. BOT. PHAN. Ce genre de la Monœcie Polyandrie, L., avait été placé par Jussieu dans la famille des Amentacées. Richard père, ayant subdivisé cette famille en plusieurs ordres distincts, a placé le Hêtre parmi les Cupulifèrées. Les caractères de ce genre sont : fleurs mâles en chatons globuleux, chacune d'elles étant composée d'un involucre calicinal campanulé, à six divisions, contenant huit à douze étamines dont les filets sont plus longs que l'involucre; fleurs femelles réunies deux ensemble dans un involucre à quatre lobes et hérissé; chacune d'elles est constituée par un ovaire inférieur, couronné par les six petites dents du limbe calicinal et surmonté d'un style divisé en trois stigmates; le fruit composé de deux noix triangulaires, uniloculaires, renfermées dans un involucre épais, péricarpoïde, coriace, hérissé de pointes nombreuses et s'ouvrant en quatre valves. Tournefort avait, avec raison, distingué de ce genre le Châtaignier, qui néanmoins a été confondu avec le Hêtre par Linné et Jussieu. Mais celui-ci ayant proposé de rétablir la distinction admise par les botanistes antérieurs à Linné, cette manière de voir a prévalu chez tous les auteurs modernes. Les espèces de Hêtre, au nombre de quatre ou cinq, croissent dans les pays tempérés de l'Europe et de l'Amérique. Une d'entre elles constitue la presque totalité de certaines forêts en France, en Suisse et en Allemagne, et par conséquent mérite de fixer principalement notre attention.

Le HÊTRE DES FORÊTS, *Fagus sylvatica*, L., vulgairement appelé Fayard, Foyard, etc., est un Arbre dont la tige s'élève à plus de vingt mètres, se ramifie supérieurement et forme une cime touffue garnie de feuilles ovales, aiguës, un peu plissées, vertes et luisantes en dessus, pubescentes en dessous, portées sur un pétiole court et accompagnées à la base de deux petites stipules écailleuses caduques. Les fleurs mâles forment des chatons ovoïdes longuement pédonculés et pendans; elles sont placées au-dessous des fleurs femelles qui sont pédonculées et solitaires dans les aisselles supérieures des feuilles. Le Hêtre est un des plus beaux Arbres dont la nature s'est plue à orner nos paysages. Tous les poëtes de l'antiquité en parlent à chaque page de leurs idylles, bucoliques et géorgiques, et c'est toujours au pied d'un Hêtre (*sub tegmine fagi*) qu'ils ont placé les scènes pastorales de ces heureux temps où la classe des bergers se distinguait autant par la variété de ses connaissances que par les agrémens d'une conversation poétique. Le Hêtre se plaît particulièrement dans les terrains secs, pierreux, et sur le penchant des collines. Il se multiplie facilement par ses graines, et les jeunes plants peuvent, à la fin de la première année, être placés en pépinières ou en rigoles à environ trois décimètres de distance les uns des autres. Quand ils ont acquis à peu près deux mètres de hauteur, on doit les planter à demeure. De même que le Charme, cet Arbre est très-propre à former des palissades de verdure, par la facilité avec laquelle il supporte la taille, et il a sur celui-ci l'avantage de s'élever beaucoup plus haut. Les fermes et les vieux châteaux de l'ancienne Normandie sont entourés de Hêtres, et dans le ci-devant Limousin, ces Arbres, plantés en lignes et croissant à l'air libre, bordent les routes et s'élèvent très-haut en formant de superbes rideaux de verdure. La culture du HÊTRE POURPRE commence à se répandre par toute l'Europe. Les feuilles de cette variété sont d'un rouge clair dans la jeunesse, puis elles acquièrent une couleur lie de vin, qui se fonce de plus en plus. Cette couleur permanente contraste agréablement avec le vert diversement nuancé des autres Arbres, et sous ce rapport le Hêtre pourpre est cultivé principalement dans les jardins paysagers.

Parmi nos Arbres indigènes, le Hêtre est un de ceux dont les usages sont les plus variés. Son bois d'une texture serrée joint la solidité à la légèreté; aussi est-il fréquemment employé à la confection des instrumens et des meubles. En France, c'est le bois dont on se sert habituellement pour fabriquer l'économique et avantageuse chaussure des paysans, chaussure qui n'est pas un indice de leur condition misérable, comme certains publicistes étrangers l'ont avancé sans réflexion, mais qui est certainement mieux appropriée que les souliers à la nature fangeuse du sol de plusieurs départemens. La prévention que l'on avait contre le Hêtre considéré comme bois de charpente, a cessé depuis qu'on a trouvé le moyen de remédier aux inconvéniens qu'on lui reprochait, d'être sujet à se fendre et à être attaqué par les vers. Ce moyen consiste à le couper au commencement de l'été pendant qu'il est dans la végétation. On le laisse reposer pendant une année, et après l'avoir débité en solives et en planches, on lui fait subir une immersion de plusieurs mois dans l'eau. Ces opérations préliminaires étant achevées, le bois de Hêtre peut être soumis en toute sûreté aux usages les plus nombreux. Dans la construction des navires, les Anglais l'emploient très-utilement aujourd'hui pour les bordages et les ponts où un bois uni et droit est absolument nécessaire. Divisé en feuillets très-minces, les relieurs s'en servaient, au lieu de cartons, pour les couvertures de ces énormes in-folios dont la mode s'est évanouie avec celle des querelles de théologie, de médecine et de jurisprudence. Notre collaborateur Bory de Saint-Vincent a récemment vanté sa supériorité sur les autres bois, pour la planchette qui forme la principale pièce de la *Coquette*, appareil nouveau propre à dessécher les Plantes pour l'herbier (*V.* ce mot et les Annales des Sciences natur., T. IV, p. 504). Indépendamment de ces usages économiques, le Hêtre doit etre considéré comme un excellent combustible; il répand, en effet, une chaleur vive et fournit un charbon fort compacte. — Les fruits du Hêtre portent le nom de Faînes. Tous les Animaux frugivores en sont très-friands et on les donne aux Cochons ainsi qu'aux Oiseaux de basse-cour pour les engraisser. L'amande qu'ils contiennent, quoiqu'un peu astringente, a une saveur agréable, et l'on prétend que, par la torréfaction, elle développe un parfum qui approche de celui du Café. Cette amande est riche en huile fixe d'une excellente qualité. L'extraction s'en fait ordinairement en soumettant les faînes entières, dans des moulins particuliers, à l'action de forts pilons qui les réduisent en pâte. Celle-ci est enfermée dans des sacs d'une toile très-forte que l'on met sous la presse. Il en découle une huile chargée de matières grossières que l'on reçoit dans de grands vases où elle dépose ses impuretés, et il ne reste plus qu'à la soutirer à plusieurs reprises. Au lieu d'écraser les faînes entières avec leur écorce, il serait plus avantageux d'extraire préalablement celles-ci en les faisant passer entre les meules d'un moulin à blé convenablement écartées. Par ce moyen, on obtiendrait une quantité d'huile plus considérable et plus blanche, et les tourteaux pourraient servir avantageusement à la nourriture des bestiaux. Dans la méthode ordinaire, l'écorce retient beaucoup d'huile qu'on enlève, il est vrai, en ajoutant à la pâte une certaine quantité d'eau, mais il y en a toujours une partie d'absorbée et de perdue. Les tourteaux qui résultent de ce mode d'extraction ne sont bons qu'à brûler; ils donnent une flamme vive, sans odeur, et laissent un charbon qui se conserve très-long-temps.

Les autres espèces de Hêtre sont indigènes de l'Amérique du nord et de la Terre de Feu. Le *Fagus ferruginea*, Willd. et Michx., *Arb. Am.*, 2, p. 174, tab. 9, a beaucoup de rapports avec le Hêtre de nos forêts, mais ses feuilles sont bordées de dents très-saillantes. Son bois est employé aux Etats-Unis pour la charpente inférieure des navires. (G..N.)

*HETTINGERA. BOT. PHAN. Pour Hettlingeria. *V.* ce mot. (G..N.)

*HETTLINGERIA. BOT. PHAN. Et non *Hettingera*. Necker (*Elem. Bot.*, 803) a ainsi nommé un genre constitué avec le *Rhamnus iguaneus* de Linné, ou *Zizyphus iguaneus* de Lamarck. Il lui a donné pour synonyme le *Colletia* de Scopoli qui ne paraît pas être le même que le *Colletia* de Commerson et de Ventenat. *V.* ce mot. (G..N.)

HETTSONIA. BOT. PHAN. Dans l'article CYCLOPIE de ce Dictionnaire, ce mot est mal à propos employé pour celui d'*Ibettsonia* du *Botanical Magazin*. (B.)

HEUCH. POIS. Nom de pays du Hucho. *V.* ce mot. (B.)

HEUCHÈRE. *Heuchera*. BOT. PHAN. Genre de la famille des Saxifragées et de la Pentandrie Digynie, établi par Linné et ainsi caractérisé : calice campanulé, à cinq divisions peu profondes et obtuses ; corolle à cinq pétales lancéolés, un peu étroits, insérés sur le bord du calice entre ses divisions; cinq étamines dont les filets sont sétacés, plus longs que les pétales, et qui portent des anthères arrondies ; ovaire semi-infère, légèrement conique, bifide au sommet et surmonté de deux styles droits, de la longueur des étamines, et à stigmates obtus ; capsule ovale, pointue, terminée supérieurement par deux pointes ou cornes réfléchies et divisée en deux loges polyspermes. Toutes les espèces de ce genre sont confinées dans l'Amérique septentrionale ; cependant une d'entre elles (*Heuchera caulescens*) a été aussi trouvée dans le Kamtschatka par Pallas. Pursh (*Flor. Amer. sept.*, 1, p. 187) en a décrit cinq espèces qui, de même que les Saxifrages en Europe, se plaisent dans les localités montueuses de la Pensylvanie, de la Virginie et de la Caroline. L'espèce suivante est cultivée dans les jardins de botanique.

L'HEUCHÈRE D'AMÉRIQUE, *Heuchera americana*, L., *H. viscida*, Pursh, *H. Cortusa*, Michx., est une Plante qui, par son feuillage, offre quelques ressemblances avec la Cortuse de Mathiole et avec la Sanicle : aussi les anciens botanistes, tels que Hermann, Raï et Plukenet, qui se contentaient d'un rapport aussi éloigné, lui donnaient les noms de *Cortusa* et de *Sanicula*. Ses feuilles sont radicales, cordiformes, longuement pétiolées, légèrement incisées en six ou sept lobes obtus, mucronés, ciliés et un peu dentés; leur face supérieure est verdâtre et veinée, l'inférieure chargée de poils courts. Entre ces feuilles, naissent plusieurs tiges droites, grêles, nues, hautes de trois décimètres et plus, et terminées par des fleurs nombreuses, petites, d'un vert rougeâtre et disposées en grappes pyramidales. Elle est très-commune sur les rochers depuis la Nouvelle-Hollande jusqu'en Caroline. (G..N.)

* HEULANDITE. MIN. Variété de Stilbite laminaire, dont on a fait une espèce particulière, en la rapportant à un prisme droit obliquangle de 130° 30'. *V.* STILBITE. (G. DEL.)

* HEULC. BOT. PHAN. Suc résineux qui découle du *Pistacia Atlantica* de Desfontaines. *V.* PISTACHIER. (B.)

* HEURLIN OU HIRLIN. POIS. Variété de Perche, dont la chair est fort estimée, et qui se trouve dans le lac de Gérardmer, situé dans les Vosges. (B.)

HEVEA. BOT. PHAN. Aublet nommait ainsi l'Arbre de la Guiane qui produit la gomme élastique. Ce nom a dû être supprimé à cause de sa consonnance avec l'*Evea*, genre de Rubiacées, et on lui a substitué celui de *Siphonia*. *V.* ce mot. (A. D. J.)

HEVI OU HEVY. BOT. PHAN. Nom donné, à Otaïti, à ce qu'on appelle improprement Arbre de Cythère à l'Ile-de-France. *V.* SPONDIAS. (B.)

* HEXACIRCINE. POIS. Espèce de Silure du sous-genre Macroptéronote. *V.* SILURE. (B.)

* HEXADACTYLE. POIS. Lacépède donne ce nom à une espèce du genre Asprède. (B.)

HEXADICA. BOT. PHAN. Loureiro donne ce nom générique à un Arbre de la Cochinchine. Ses fleurs sont monoïques; les mâles ont un calice à cinq divisions profondes et ouvertes, cinq pétales, cinq étamines à filets courts, à anthères bilobées et dressées. Dans les femelles, le calice présente six divisions et persiste; six stigmates sessiles, concaves et connivens, couronnent l'ovaire qui devient une capsule globuleuse, s'ouvrant en six valves et partagée en autant de loges monospermes. Les feuilles sont alternes et très-entières; les fleurs disposées en fascicules presque terminaux, les mâles sur d'autres rameaux que les femelles. On présume, d'après ces caractères trop incomplètement observés par l'auteur, que ce genre se rapproche des Euphorbiacées où il peut prendre place non loin des *Phyllanthus*. (A. D. J.)

* HEXÁGLOTTIS. BOT. PHAN. (Ventenat.) Syn. de *Gladiolus*. *V.* GLAYEUL. (G..N.)

* HEXAGONIA. BOT. CRYPT. Syn. de *Favolus*. *V.* ce mot. (B.)

* HEXAGYNIE. *Hexagynia*. BOT. PHAN. Dans le système sexuel de Linné, c'est l'ordre qui renferme tous les Végétaux dont les fleurs hermaphrodites sont pourvues de six pistils ou de six styles distincts sur un même pistil. Cet ordre n'appartient qu'à un petit nombre de classes. *V.* SYSTÈME SEXUEL de Linné. (A. R.)

HEXANCHUS. POIS. (Rafinesque.) *V.* SQUALE.

HEXANDRIE. *Hexandria*. BOT. PHAN. Sixième classe du système sexuel de Linné, contenant tous les Végétaux dont les fleurs ont six étamines. Cette classe, assez nombreuse en genres et en espèces, puisqu'elle renferme presque toutes les Plantes qui appartiennent aux familles des Joncées, Liliacées, Asphodélées, Asparaginées, etc., est divisée en ordres qui sont : 1° Hexandrie *Monogynie*, exemple, le Lis, la Tulipe; 2° Hexandrie *Digynie*, le Riz; 3° Hexandrie *Trigynie*, le Colchique. (A. R.)

HEXANTHUS. BOT. PHAN. Ce genre, fondé par Loureiro (*Flor. Cochinch.*, éd. Willd., p. 242) a été réuni au *Litsea* par Jussieu dans le sixième volume des Annales du Muséum. L'*Hexanthus umbellatus*, Lour., est décrit par Persoon sous le nom de *Litsea Hexanthus*. C'est un Arbre des montagnes de la Cochinchine où l'on emploie son bois à la construction des édifices. *V.* LITSÉE. (G..N.)

HEXAPODES. *Hexapi*. INS. C'est-à-dire *à six pieds*. Seconde division formée par Scopoli (Ent. Carn., p. 166) dans le genre Papillon. Blainville étend cette désignation à toute la classe des Insectes. (B.)

HEXATHYRIDIE. *Hexathyridium.* INT. Genre établi par Treutler, pour deux productions trouvées dans l'Homme; cet auteur en a fait deux espèces, sous les noms de *Hex. pinguicola* et *venarum*; la première a été classée par Rudolphi parmi les Polystomes; cependant ayant eu l'occasion d'examiner, à Dresde, la collection de Treutler, l'Animal décrit sous le nom de *Hex. pinguicola*, ne lui parut qu'un corps noir, contracté, dur, sans aucune trace d'organisation; l'autre, l'*Hex. venarum*, ne paraît à Rudolphi qu'une Planaire et non un Entozoaire. (LAM..X.)

HEXECONTALITHOS. MIN. L'une des Pierres précieuses mentionnées par Pline, et que l'on ne saurait reconnaître sur le peu qu'en dit ce compilateur. (B.)

* **HEXENBESEN.** BOT. CRYPT. (Mougeot.) L'un des noms vulgaires, dans les Vosges, de l'*Œcidium Elatinum*, Moug., *Stirp.*, n. 285. (B.)

HEXÉTÈRE. *Hexeterus.* MOLL. Nous ne connaissons pas assez ce genre établi par Rafinesque, dans son Tableau de la nature, pour en indiquer les rapports. Blainville ne paraît pas le connaître davantage; on sait seulement que c'est un Animal mou, à tête distincte, à bouche inférieure, centrale, pourvue de six tentacules inégaux, dont les deux extérieurs sont rétractiles et les plus grands. La seule espèce de ce genre a été trouvée dans les mers de Sicile; elle se nomme Hexétère ponctuée, *Hexeterus punctatus.* (D..H.)

HEXODON. *Hexodon.* INS. Genre de l'ordre des Coléoptères, section des Pentamères, famille des Lamellicornes, tribu des Scarabéides, établi par Olivier, et ayant pour caractères essentiels : mâchoires fortement dentées, arquées à leur extrémité; bord extérieur du labre apparent; massue des antennes petite et ovale; corps presque circulaire; bord extérieur des élytres dilaté et accompagné d'un canal.

Les Hexodons se distinguent des Scarabées par des caractères tirés de la forme du corps, des mâchoires et du labre; les Rutèles s'en éloignent par la forme de leur corps, et surtout par l'absence de la dilatation du bord extérieur des élytres. Ces Insectes ont le corps convexe en dessus, plane en dessous, et presque rond; la tête, qui est presque carrée et plate, est reçue dans une échancrure antérieure du corselet et porte deux antennes composées de dix articles dont les trois derniers forment une petite massue ovale; les mandibules sont cornées; les mâchoires courtes, à trois dents échancrées à la pointe; le menton est fortement échancré; le corselet est court, fort large, rebordé sur les côtés, très-échancré en devant; l'écusson est très-court et large; les élytres sont à bords relevés; leur surface est inégale; leurs pieds sont grêles, avec les tarses allongés, menus et terminés par des crochets très-petits. Ils se nourrissent des feuilles des Arbres et des Arbrisseaux. Leur larve n'est pas connue. On ne connaît que deux espèces de ce genre; elles ont été rapportées de Madagascar par Commerson, et ont été décrites et figurées par Olivier (Coléopt. I, 7, 1). Nous citerons :

L'HEXODON RÉTICULÉ, *Hexodon reticulatum*, Oliv., Latr., Lamk., Fabr., qui est tout noir, avec les élytres cendrées, ayant des nervures réticulées, relevées et noirâtres; son abdomen est brun. (G.)

HEXORINA. BOT. PHAN. (Rafinesque.) Syn. de *Streptopus. V.* ce mot. (B.)

HEYMASSOLY. BOT. PHAN. Ce genre d'Aublet (*Plant. Guian.*) ne diffère, selon Jussieu, du *Ximenia* qu'en ce qu'il éprouve quelquefois le retranchement d'une quatrième partie de sa fructification. En conséquence, il doit lui être réuni. *V.* XIMÉNIE. (G..N.)

HEYNÉE. *Heynea.* BOT. PHAN. Genre de la famille des Méliacées et de la Décandrie Monogynie, L., établi par Roxburgh (*in Sims Botan. Magaz.*, tab. 1738), et ainsi caractérisé : calice à cinq dents; corolle à cinq pétales ; étamines dont les filets, au nombre de dix, sont soudés en un tube cylindrique qui porte au sommet les anthères; ovaire biloculaire, surmonté d'un seul style, renfermant dans chaque loge deux ovules fixés au centre; capsule bivalve, uniloculaire et monosperme par avortement ; graine arillée, non ailée, dépourvue d'albumen, ayant son embryon renversé et des cotylédons très-épais. L'*Heynea trijuga*, Roxb., est l'unique espèce du genre. C'est un grand et bel Arbre, indigène du Napaul, qui a le port d'un Noyer, et que l'on cultive dans le jardin botanique de Calcutta. Il a des feuilles imparipennées et composées de trois paires de folioles. Ses fleurs sont petites, blanches, disposées en panicules axillaires et longuement pédonculées. (G..N.)

HIALE. MOLL. Pour Hyale. *V.* ce mot. (B.)

HIANS. OIS. (Lacépède.) Syn. de Bec-Ouvert. *V.* CHOENORAMPHE. (DR..Z.)

HIATELLE. *Hiatella.* MOLL. Genre de la famile des Enfermées de Cuvier et de celle des Cardiacées de Lamarck, créé par Daudin pour de petites Coquilles bivalves qui paraissent assez embarrassantes à bien placer dans la série. Confondues par Linné avec les Solens et avec les Cardites par Bruguière, Bosc le premier les mentionna; Roissy, après lui, adopta le genre qui les renferme, et c'est ce que firent également Lamarck et Cuvier ; mais en admettant ce genre comme nécessaire, ces auteurs ont eu sur lui des opinions fort différentes : celle de Cuvier paraît pourtant prévaloir, car Férussac et Blainville l'ont entièrement adoptée; elle consiste à placer ce genre à côté des Solens. Cette opinion s'appuie sur deux choses principales : la première, le bâillement des valves, qui n'existe que rarement dans les genres de la famille des Cardiacées, que Lamarck a voulu mettre en rapport avec celui-ci, et la seconde serait prise de l'habitude qu'a l'Animal de ce genre, d'après Cuvier, de vivre enfoncé dans le sable; mais s'il est vrai, comme le dit Othon Fabricius, que ce Mollusque soit libre, on sera forcé de convenir alors que Bruguière et Lamarck eurent quelque raison de le mettre près des Cardites et des Cypricardes. Quoi qu'il en soit, voici les caractères que l'on peut donner à ce genre : coquille équivalve très-inéquilatérale, transverse, bâillante au bord inférieur; charnière ayant une petite dent sur la valve droite et deux dents obliques, un peu plus grandes sur la valve gauche; ligament extérieur. Les espèces de ce genre sont peu nombreuses ; les auteurs n'en citent que deux :

L'HIATELLE ARCTIQUE, *Hiatella arctica*, Lamk., Anim. sans vert. T. VI, 1re partie, p. 30; *Mya arctica*, L. et O. Fabr.; *Fauna Groenlandica*, p. 407; *Solen minutus*, Chemnitz, Conch. T. VI, fig. 51, 52; *Cardita arctica*, Bruguière, Encycl., n. 11, et pl. 234, fig. 4, a, b; Hiatelle à une fente, *Hiatella monoperta*, Daudin, Bosc, Conch. T. III, p. 120, pl. 21, fig. 1.

HIATELLE A DEUX FENTES, *Hiatella biapetta*, Daudin, Bosc, Conch. T. III, p. 120, pl. 21, fig. 2. (D..H.)

HIATICULA. OIS. (Linné.) Syn. de grand Pluvier à collier. *V.* ce mot. (DR..Z.)

HIATULE. *Hiatula.* POIS. Genre établi par Lacépède aux dépens des Labres et dont l'espèce appelée *Hiatula* par Linné serait le type. Ses caractères consistent dans l'absence de l'anale. Cuvier (Règn. Anim. T. II, p. 266 en note) paraît douter de l'existence de ce Poisson pêché dans les mers de Caroline et qui n'est guère connu que sur une note insuffisante de Garden. (B.)

HIBBERTIE. *Hibbertia.* BOT. PHAN. Genre de la famille des Dilléniacées et de la Polyandrie Trigynie,

L., établi par Andrews (*Reposit.*, tab. 126) et par Salisbury (*Parad. Lond.* n. 73), adopté par De Candolle (*Syst. Regn. Veget.* T. I, p. 425) qui l'a ainsi caractérisé : calice composé de cinq sépales persistans ; corolle de cinq pétales caducs ; étamines en nombre indéfini, libres, presqu'égales entre elles, pourvues d'anthères ovales ou oblongues terminales ; ovaires nombreux, le plus souvent deux à cinq surmontés de styles filiformes, divergens ou recourbés ; carpelles membraneux déhiscens, rarement polyspermes, le plus souvent à une ou deux graines sans arille. Les Hibberties, confondues autrefois avec les *Dillenia*, sont des sous-Arbrisseaux rameux, le plus souvent dressés, rarement couchés ou volubiles, à feuilles alternes, presque coriaces, entières ou dentées, avec de très-courts pétioles. Leurs fleurs sont jaunes, terminales, solitaires, presque sessiles ou pédonculées. Dix-neuf espèces ont été décrites par De Candolle (*loc. cit.*), la plupart d'après R. Brown qui les avait recueillies à la Nouvelle-Hollande dont elles sont toutes originaires ; quelques-unes ont été publiées par Ventenat et Labillardière, sous le nom générique de *Dillenia*. Parmi ces Plantes, nous citerons les deux suivantes :

L'HIBBERTIE A FEUILLES DE GROSEILLER, *Hibbertia grossulariæfolia*, Salisb., *loc. cit.*, t. 73. Cette Plante a des tiges couchées, des feuilles presqu'orbiculaires, crénées, dentées, et des fleurs jaunes pédonculées, solitaires et opposées aux feuilles. Elle a le port de certaines Potentilles à fleurs jaunes. Dans la planche où cette espèce est représentée, Salisbury a mis le nom de *Burtonia*. Il paraît que ce botaniste l'avait d'abord considéré comme le type d'un genre distinct ; mais dans une note explicative insérée à la suite des genres qu'il a établis parmi les Dilléniées, il l'a rapportée définitivement aux *Hibbertia*. De Candolle a constitué avec cette Plante la première section de ce dernier genre, caractérisée par ses dix à quinze ovaires glabres à la base et velus au sommet ; peut-être, a-t-il ajouté, doit-elle constituer un genre distinct, sous le nom de *Burtonia* employé en premier lieu par Salisbury.

L'HIBBERTIE VOLUBILE, *Hibbertia volubilis*, Andrews, *Reposit.*, tab. 126 ; *Dillenia volubilis*, Vent., Choix de Plantes, tab. 11, a des tiges volubiles de droite à gauche, qui se divisent en rameaux alternes également volubiles, des feuilles obovales lancéolées presqu'entières, mucronées, pubescentes en dessous, et des fleurs sessiles à cinq ou huit ovaires. Cette espèce peut être considérée comme le type de la seconde section de De Candolle, caractérisée par ses ovaires glabres et dont le nombre varie d'un à huit. Elle porte de très-grandes fleurs sessiles, terminales, solitaires, d'un beau jaune, aussi grandes que celles de certains Cistes, mais dont l'odeur d'excrémens est insupportable. Cette mauvaise qualité est sans doute la cause qui empêche de cultiver cette belle Plante ailleurs que dans les jardins de botanique. (G..N.)

* HIBERIS. BOT. PHAN. (Fusch.) Syn. de *Cardamine pratensis*. (B.)

* HIBERNAL, HIBERNALE. BOT. Cet adjectif s'emploie fréquemment pour désigner les Plantes qui fleurissent ou fructifient en hiver. Plusieurs Hellébores, le Galant de neige sont des fleurs Hibernales ; les Mousses sont aussi des Plantes Hibernales pour la plupart. La Cluzelle est, parmi les Chaodinées, une espèce absolument de cette sorte ; on ne la rencontre guère dans les eaux douces des lieux montagneux que durant les mois de janvier et de février. (B.)

HIBISCUS. BOT. PHAN. *V.* KETMIE.

HIBOLITHE. *Hibolithes*. MOLL. FOSS. Démembrement proposé dans le genre Bélemnite pour les espèces qui sont élargies et aplaties à la partie supérieure, qui ont la forme d'un fer de lance. Ce genre n'a point été adopté. *V*. BÉLEMNITE. (D..H.)

HIBOU. OIS. Espèce du genre Chouette. *V*. ce mot. (DR..Z.)

* HICKANELLE. REPT. SAUR. Lachesnaye-des-Bois mentionne sous ce nom un Lézard de Ceylan qu'il dit être venimeux et habiter sous le chaume des maisons. (B.)

* HICKERY OU HICKORIES. BOT. PHAN. Nom de pays du *Juglans alba*, L. *V*. NOYER. (B.)

HIDM. OIS. Syn. vulgaire en Arabie du Busard des marais. *V*. FAUCON. (DR..Z.)

HIÈBLE OU YÈBLE. *Ebulus*. BOT. PHAN. Espèce du genre Sureau. *V*. ce mot. (B.)

* HIELMO. BOT. PHAN. Nom de pays du *Decostea* de la Flore du Pérou. *V*. DÉCOSTÉE. (B.)

* HIÉRACES. OIS. Nom donné par Savigny à la seconde division qu'il a formée dans la famille des Accipitres et qui comprend les Eperviers et autres petites espèces. (B.)

HIERACIASTRUM. BOT. PHAN. Ce nom a été donné par Heister à un genre de Chicoracées anciennement établi par Vaillant sous le nom d'*Helminthotheca*, réuni par Linné aux *Picris*, puis rétabli par A.-L. Jussieu qui l'a nommé *Helminthia*. *V*. ce dernier mot. (G..N.)

HIERACIOIDES. BOT. PHAN. Linné trouvant cette dénomination défectueuse pour un genre autrefois établi par Vaillant aux dépens du grand genre *Hieracium* de Tournefort, lui substitua celle de *Crepis* qui a été adoptée. Nonobstant les préceptes de Linné, Mœnch se servit du nom d'*Hieracioides* pour un genre qu'il constitua avec les *Hieracium umbellatum* et *sabaudum*, L. *V*. EPERVIÈRE. (G..N.)

HIERACIUM. BOT. PHAN. *V*. EPERVIÈRE.

* HIERATIUS. BOT. PHAN. Vieux synonyme d'Estragon. (B.)

HIERAX. OIS. Nom sous lequel les Grecs désignaient les Eperviers. *V*. FAUCON. (DR..Z.)

HIERICONTIS. BOT. PHAN. Camerarius nomme ainsi l'*Anastatica hierochuntica*. *V*. ANASTATICA. (B.)

HIÉROBOTANE. BOT. PHAN. C'est-à-dire Herbe sacrée. On ne sait guère à quel Végétal les anciens donnaient ce nom ; les uns y ont vu le Vélar officinal, d'autres des Véroniques ; la plupart notre Verveine officinale. Pline dit qu'il n'y a point d'Herbe plus noble, et qu'elle sert pour nettoyer la table de Jupiter. De telles indications ne suffisent pas pour lever les doutes des botanistes. (B.)

HIEROCHLOA. BOT. PHAN. (Palisot-Beauvois.) Pour Hierochloe. *V*. ce mot. (G..N.)

HIEROCHLOE. BOT. PHAN. Genre de la famille des Graminées, établi par Gmelin (*Flor. Sibir*. T. I, p. 101), et offrant pour principaux caractères : lépicène à deux valves membraneuses, assez grandes, renfermant trois fleurettes ; les deux latérales mâles et à trois étamines, l'intermédiaire hermaphrodite, à deux étamines, et dont l'ovaire est surmonté de deux styles dressés, terminés par des stigmates en goupillon et divergens. Le genre *Disarrhenum* de Labillardière, ou *Toresia* de Ruiz et Pavon, possède à peu près les mêmes caractères. Aussi Rob. Brown. (*Prodr. Flor. Nov.-Holland.*, p. 208) a-t-il réuni le *Disarrhenum* à l'*Hierochloe*. *V*. DISARRHÈNE. Palisot-Beauvois a néanmoins continué à les distinguer ; mais si l'on en juge seulement par les caractères qu'il a donnés à l'un et à l'autre de ces genres, il n'est guère possible d'admettre cette distinction. Dans le genre *Hierochloe*, dont Palisot-Beauvois a changé inutilement la terminaison, cet auteur a fait entrer comme type l'*Holcus odoratus*, L., et l'*H. repens*, Persoon. Le genre *Savastena* de Schrank est identique avec celui dont nous parlons ici. (G..N.)

* HIEROCHONTIS. BOT. PHAN. Médikus (*in Uster. Ann.* 2, p. 40) avait formé sous ce nom un genre aux dépens de l'*Anastatica* de Linné. En établissant le même genre, R. Brown (*Hort. Kew.*, édition 2, vol. 4, p. 74) l'a nommé *Euclidium*, dénomination adoptée par De Candolle, parce que le mot *Hierochontis* fait trop allusion à la Rose de Jéricho (*Anastatica Hierochuntica*), qui est une Plante différente. C'était celle-ci qu'Adanson nommait *Hierocontis*, tandis qu'il désignait l'*Euclidium* sous le nom de *Soria*. *V*. EUCLIDIUM et ANASTATICA. (G..N.)

* HIEROCONTIS. BOT. PHAN. Adanson (Fam. des Plant., 2, p. 421) nommait ainsi le genre *Anastatica* de Linné, réformé par Gaertner et les auteurs modernes. Il ne faut pas confondre le mot *Hierocontis* avec celui d'*Hierochontis* employé par Médikus. *V*. ce dernier mot. (G..N.)

HIEROFALCO. OIS. (Cuvier, Règn. Anim. T. 1, pag. 312.) Syn. de Gerfault. *V*. FAUCON. (B.)

* HIÉROICHTHYS. POIS. Les anciens, qui avaient leur Hiérobotane ou Plante sacrée, avaient aussi leur Poisson sacré, qui précisément ne se trouve pas être un Poisson, mais un Mammifère, puisque l'Hiéroichthys était le Dauphin commun. (B.)

HIEROMYTRON. BOT. PHAN. Syn. ancien de Fragon. (B.)

* HIERRE. BOT. PHAN. L'un des vieux noms du Lierre. (B.)

HIGGINSIE. *Higginsia*. BOT. PHAN. C'est ainsi que Persoon (*Enchirid.*, 1, p. 133) a convenablement abrégé le nom d'*Ohigginsia* donné par Ruiz et Pavon (*Flor. Peruv.*, 1, p. 55) à un genre de la famille des Rubiacées et de la Tétrandrie Monogynie, L., qui offre les caractères suivans : calice à quatre dents; corolle infundibuliforme quadrilobée; étamines courtes, insérées sur la gorge; un seul stigmate saillant à deux lames; baie oblongue, presque tétragone, couronnée par le calice biloculaire et polysperme. Dans ce genre ont été réunies trois Plantes qui paraissent appartenir à trois genres distincts. Ainsi, selon Jussieu (Mém. du Mus. T. VI, ann. 1820), l'*Ohigginsia obovata* de Ruiz et Pavon (*Flor. Peruv.*, p. 56, t. 85), peut être considéré comme le type du genre. C'est un Arbuste dont les feuilles sont obovées, les fleurs nombreuses, disposées sur des pédoncules axillaires, en épis tournés du même côté, comme dans l'*Hamelia* et le *Malanea*. L'*Ohigginsia verticillata*, Ruiz et Pavon (*loc. cit.*, tab. 85, f. a) dont les pédoncules sont tri ou quadriflores paraît être congénère du *Nacibea*. Enfin l'on doit rapporter au *Sabicea*, l'*O. aggregata*, Ruiz et Pavon (*loc. cit.*, tab. 83, f. b), qui se distingue par ses fleurs verticillées et sa baie quadriloculaire. C'est sans doute de cette dernière espèce que Kunth (*Nov. Gener. et Spec. Plant. æquin.* T. III, p. 418) rapproche l'*Euosmia caripensis* de Humboldt et Bonpland (Plantes équinoxiales, 2, p. 165, t. 134). Toutes ces Plantes sont indigènes des forêts du Pérou. (G..N.)

* HIKKANELLE. REPT. OPH. Le Serpent représenté sous ce nom par Séba (T. II, pl. 75) et dont la figure se trouve reproduite dans l'Encyclopédie (pl. 61), pourrait appartenir au sous-genre Python. Il est cependant américain, si l'on en croit ce Séba qui a donné tant de fausses indications de patrie. Selon cet auteur, l'Hikkanelle détruit les Rats et fréquente les habitations de l'Homme qui n'a aucun intérêt à l'en éloigner. (B.)

HILARIA. BOT. PHAN. Genre de la famille des Graminées, dédié à Auguste Saint-Hilaire par Kunth (*Nov. Gener. et Spec.* T. I, p. 117) qui l'a ainsi caractérisé : fleurs en épis; épillets au nombre de trois renfermés dans un involucre, les latéraux à six fleurs mâles, l'intermédiaire uniflore et femelle. Les fleurs mâles ont deux glumes oblongues obtuses, carenées, mutiques, membraneuses et presqu'égales; point de paillettes; trois étamines à anthères linéaires. Les fleurs femelles ont deux glumes membraneuses, mutiques, inégales, l'inférieure ovée, linéaire, étroite et obtuse au sommet, la supérieure linéaire, aiguë; un ovaire ové, obtus, comprimé, surmonté de deux styles et de stigmates plumeux saillans; caryopse ovée, obtuse, comprimée, renfermée dans les glumes. L'involucre qui renferme les épillets, est monophylle, urcéolé, coriace, scabre, à six divisions profondes, membraneuses sur leurs bords et roulées en dedans, inégales; les deux antérieures plus petites, lancéolées, bidentées au sommet, et ayant une courte arête située entre chaque paire de dents; les deux postérieures qui regardent le rachis, oblongues, obtuses, munies d'une arête latéralement et un peu au-dessous de la base; les deux latérales oblongues, obtuses, mutiques, plus grandes que les autres. Ce genre, quoique réellement polygame, a été placé dans la Triandrie Digynie par les auteurs qui ont suivi le Système sexuel. Ses singuliers caractères l'éloignent de tous ceux connus, si ce n'est de l'*Anthephora* qui lui ressemble par la forme de l'involucre.

L'*Hilaria cenchroides*, Kunth (*loc. cit.*, tab. 37), est une Plante qui a le port de certains *Cenchrus*. Ses chaumes stolonifères, rampans, portent des épis terminaux solitaires, oblongs ou cylindriques. Elle croît sur le plateau du Mexique, entre Zelaya et Guanaxuato, dans des localités froides élevées de plus de dix-huit cents mètres. (G..N.)

HILE. *Hilus*. BOT. PHAN. Le point de la surface externe du tégument propre de la graine auquel aboutissent les vaisseaux nourriciers du placenta ou trophosperme porte en botanique les noms de Hile ou d'Ombilic externe. Lorsque la graine est détachée du péricarpe, le Hile se présente toujours sous l'aspect d'une cicatrice dont la figure et la grandeur varient beaucoup. Quelquefois c'est un point à peine perceptible; d'autres fois il est large et occupe une grande partie de la surface externe de l'épisperme, comme dans l'Hippocastane, le *Pavia*; dans quelques graines, il est linéaire et plus ou moins long. Le Hile indique toujours la base de la graine, et par conséquent il est de la plus haute importance d'étudier avec soin sa position. *V*. GRAINE. (A. R.)

HILLIE. *Hillia*. BOT. PHAN. Genre de la famille des Rubiacées et de l'Hexandrie Monogynie, L., établi par Jacquin et Linné, adopté par Jussieu et Swartz avec les caractères suivans: calice oblong, à deux ou quatre divisions courtes et dressées, enveloppé de bractées inégales et disposées par paires à angles droits; corolle tubuleuse très-longue, ayant la gorge un peu élargie, le limbe étalé, à six grandes divisions lancéolées; six anthères presque sessiles, non saillantes; stigmate bifide; capsule couronnée, oblongue, anguleuse, à deux valves et à deux loges renfermant plusieurs graines aigrettées, fixées à un réceptacle linéaire. Swartz (*Observ. et Flor. Ind.-Occid.*) a décrit deux espèces qui croissent sur les montagnes à la Martinique et à la Jamaïque. L'une d'elles (*Hillia longiflora*, Sw.), qui doit être regardée comme le type du genre, est un Arbrisseau que l'on avait cru parasite; mais cette observation ayant été controuvée, il devint convenable de changer le nom spécifique de *parasitica* imposé à cette Plante par Jacquin et Linné. L'*Hillia tetrandra*, Sw., est remarquable par le nombre quaternaire de toutes les parties de la fleur, et selon Jussieu, peut-être devra-t-on en constituer un genre particulier. Willdenow a réuni à l'*Hillia*, le *Fereira* de Vandelli (*Brasil.* 21, tab. 1), malgré son ovaire supère qui le rapproche davantage des Apocynées et du *Fagræa*. (G..N.)

HILOSPERMES. BOT. PHAN. La famille de Plantes nommée ainsi par Ventenat, en raison de la largeur de l'ombilic de leurs graines, est plus anciennement connue sous le nom de Sapotées. *V.* ce mot. (G..N.)

* HIMANTHALIA. BOT. CRYPT. (*Hydrophytes.*) Genre proposé par Lyngbye, dans son *Tentamen Hydrophytologiæ Danicæ*, pour le *Fucus loreus* de Linné. Roussel, dans sa Flore du Calvados, l'avait établi sous le nom de Funiculaire. Nous ne croyons pas devoir adopter la phrase de Lyngbye, quoique nous reconnaissions avec lui que le *Fucus loreus* doit faire un genre particulier que nous avons nommé depuis longtemps et d'après Stackhouse, Lorée. *V.* ce mot. (LAM..X.)

HIMANTIE. *Himantia.* BOT. CRYPT. (*Mucédinées.*) Persoon a séparé ce genre des Byssus, et y a réuni toutes les espèces dont les filamens sont rampans, adhérens au corps, sous-jacens, rameux, peu entrecroisés, se divisant en rayonnant, non cloisonnés, opaques, persistans, et sans sporules distinctes. Ce genre diffère par conséquent des Byssus, principalement par ses filamens peu entrecroisés, rayonnans et persistans, tandis que dans les vrais Byssus ou Hypha de Persoon, ces filamens sont très-fugaces et entrecroisés dans tous les sens.

L'espèce qui sert de type au genre *Himantia* est l'*H. candida*, si bien figurée dans Dillen, qui croît très-fréquemment sur les feuilles mortes et sur le bois pourri qu'elle couvre de filamens d'un blanc éclatant et soyeux, très-fins, divisés en sorte de houppes rayonnantes; on n'y a jamais découvert de sporules; cependant cette espèce ne paraîtrait pas être, comme plusieurs autres, un Champignon imparfait. En effet, plusieurs des Plantes placées dans ce genre ne sont peut-être que d'autres Champignons plus parfaits encore, incomplétement développés. Ainsi plusieurs Bolets, quelques Hydnes et un grand nombre de Téléphores commencent par se présenter sous une forme byssoïde analogue à celle des Himanties. (AD. B.)

HIMANTOPE. INF. *V.* KÉRONE.

HIMANTOPUS. OIS. (Brisson.) Syn. d'Echasse. *V.* ce mot. (DR..Z.)

* HIMATANTHUS. BOT. PHAN. Genre de la Pentandrie Monogynie, L., publié d'après les Manuscrits de Willdenow par Hoffmannseg (*in Rœm. et Schult. Syst. Veget.* T. V, n. 902) qui l'a ainsi caractérisé : calice persistant, à cinq divisions profondes, ovales, acuminées, deux étant de moitié plus petites; corolle infundibuliforme, dont le tube est plus long que le calice et un peu dilaté supérieurement; le limbe à cinq découpures oblongues; cinq étamines très-courtes, capillaires, insérées à la base du tube, à anthères linéaires dressées beaucoup plus courtes que le tube; ovaire turbiné, couronné par le calice, biloculaire, disperme, et surmonté par un style en massue et par un stigmate subulé; le fruit n'est pas connu. Ces caractères ne suffisent pas pour déterminer les affinités de ce genre, sur lesquelles son auteur ne s'est aucunement expliqué. L'ovaire infère et les feuilles entières feraient présumer qu'il se rapproche des Rubiacées, mais il faudrait encore d'autres notes plus importantes pour qu'on pût regarder ce rapprochement comme ayant quelque valeur. L'*Himatanthus rigida*, Hoffmanns., est un Arbre indigène du Para au Brésil, où les habitans le nomment *Sucuba.* Il a des feuilles elliptiques, lancéolées, pétiolées, très-entières, acuminées et glabres. Ses fleurs sont disposées en épis, sessiles, involucrées avant la floraison par une grande bractée caduque. (G..N.)

HINA. OIS. Espèce du genre Canard. *V.* ce mot. (B.)

* HINDANG. BOT. PHAN. L'Arbre des Philippines mentionné par Camelli sous ce nom, a son bois jaunâtre et répandant une faible mais agréable odeur de Santal citrin. On ne saurait le rapporter à aucun genre connu. (B.)

* HINEN-PAO. MAM. (Thévenot.) Grande espèce du genre Chat, ressemblant à la Panthère qui se trouve à la Chine et qui pourrait bien être le Guépard. *V.* CHAT. (B.)

HING OU HINGH. BOT. PHAN. L'*Assa fœtida* chez les Persans, qui font dans leurs ragoûts un usage considérable de cette substance dont l'odeur répugne si fort aux Européens. (B.)

*HINGSTHA. BOT. PHAN. Le genre nommé ainsi dans la Flore Indienne de Roxburgh, et qui appartient à la Polygamie séparée, L., est congénère du *Meyera* suivant R. Brown (*Observ. on the Compositæ*, p. 104). *V.* MEYÈRE. (G..N.)

HINGSTONIA. BOT. PHAN. Genre imparfaitemant établi par Rafinesque aux dépens du *Sigesbeckia*. *V.* ce mot. (B.)

* HINNITE. *Hinnites*. MOLL. FOSS. Defrance est le créateur de ce genre que l'on trouve pour la première fois dans le tome vingt-un du Dictionnaire des Sciences naturelles. Il l'a formé pour des Conchifères que l'on trouve dans le Plaisantin, à Saint-Paul-Trois-Châteaux, département de la Drôme, et à la Chevrolière, département du Finistère. Ces Coquilles peuvent très-bien servir de terme moyen ou de passage entre les Peignes et les Spondiles; adhérentes par leur valve inférieure, elles sont auriculées comme les Peignes et irrégulières comme les Spondiles; elles ont un très-petit talon et le ligament est placé dans une gouttière comme celui des Spondiles; mais cette gouttière est largement ouverte dans toute son étendue, mais elles n'ont point ces dents cardinales en crochets qui caractérisent les Spondiles. De cette comparaison des deux genres, il est évident que celui-ci avait besoin d'être créé, puisqu'il ne peut réellement faire partie ni de l'un ni de l'autre. Defrance n'a connu que des espèces fossiles qui puissent s'y rapporter; cependant le *Pecten irregularis* des auteurs aurait pu lui servir de type, car il en a tous les caractères; mais on trouve de plus dans les vieux individus le talon très-petit, il est vrai, qui se voit dans les Spondiles à un grand développement et que Defrance n'avait point observé; de plus, comme dans les Spondiles, il n'y a point d'ouverture sur les parties latérales, à l'origine des oreillettes, comme cela a lieu dans le plus grand nombre des Peignes. On peut donc maintenant énoncer les caractères génériques de la manière suivante : coquille bivalve, inéquivalve, parfaitement close, adhérente; crochets terminés par un petit talon : ligament placé dans une rainure profonde, largement découverte; point de dents cardinales. Nous n'avons point ajouté, comme Defrance, la position de l'impression du muscle, parce que cette position varie dans les Huîtres, quoique généralement elle soit placée à l'inverse de celle-ci, c'est-à-dire plutôt postérieurement qu'antérieurement, et nous n'avons point mentionné non plus le caractère des stries ou des lames concentriques sur une valve et rayonnantes sur l'autre, parce que ce caractère n'est qu'accidentel, comme cela se voit dans les Spondiles qui ne produisent ces lames que pour rendre plus solide leur adhésion aux corps environnans, en multipliant les points de contact. Defrance a fait connaître deux espèces fossiles; nous allons en ajouter deux vivantes que nous possédons :

HINNITE IRRÉGULIER, *Hinnites sinuosus*, Nob.; *Ostrea sinuosa*, L., Gmel., p. 3319, n. 16; Lister, Conchyl., tab. 172, fig. 9; Dacosta, Conchyl. Britann., tab. 10, fig. 3, b; Pennant, Zool. Britann. T. IV, tab. 61, fig. 65. Coquille suborbiculaire, pectiniforme, irrégulière, à valve inférieure, tantôt plate, tantôt profonde, adhérente par son milieu au moyen du développement considérable des écailles lamelleuses qui couvrent les stries longitudinales; valve supérieure ou gauche striée longitudinalement; stries profondes et serrées, chargées d'écailles; oreilles inégales, l'antérieure étant la plus longue. Cette coquille est colorée de taches irrégulières brun-rouge sur un fond blanchâtre; les crochets sont très-souvent colorés de rouge éclatant. Longueur, quarante millimètres; largeur, trente-cinq.

Hinnite de Defrance, *Hinnites Defrancii*, Nob., espèce plus petite que la précédente, linguiforme, étroite et peu épaisse; à oreilles plus inégales encore, la postérieure manquant presque entièrement; un peu bâillante antérieurement; sur un fond blanc, elle a des taches roses se réunissant vers le crochet qui est entièrement de cette couleur; les stries sont plus serrées que dans l'espèce précédente; elles sont lisses et sans écailles; la valve inférieure était adhérente à la manière de celle des Huîtres. Longueur, vingt-deux millimètres; largeur, douze.

Hinnite de Cortezy, *Hinnites Cortezyi*, Def., Dict. des Sc. natur. T. xxi, p. 169, n. 1. Grande espèce de plus de cinq pouces de longueur, dont la valve inférieure est chargée de stries lamelleuses concentriques, et la supérieure de côtes longitudinales, hérissées de pointes linguiformes. On la trouve dans les collines subappennines du Plaisantin.

Hinnite de Dubuisson, *Hinnites Dubuissoni*, Def. Coquille non moins grande que la précédente; elle est plus oblongue; la valve inférieure est aussi striée parallèlement aux bords et la valve supérieure dans un sens opposé; mais les stries de cette valve ne sont écailleuses que vers le bord inférieur. Cette espèce se trouve à Saint-Paul-Trois-Châteaux et à la Chevrolière. (D..H.)

* HINNULLARIA. ois. Syn. ancien de Pygargue. (DR..Z.)

HINNULUS et HINNUS. mam. Nom scientifique d'un petit Mulet né du Cheval et de l'Anesse. (B.)

* HINTCHY. bot. phan. Rochon donne ce nom comme désignant à Madagascar un *Hymenæa*. (B.)

* HIORTHIA. bot. phan. Necker (*Element. Botan.*, 1, p. 97) a établi sous ce nom un genre aux dépens de l'*Anacyclus* de Linné. L'*Anacyclus valentinus* serait peut-être, selon Jussieu, le type de ce genre. (G..N.)

* HIOUX. ois. (Salerne.) Syn. vulgaire de Buse. *V.* Faucon. (DR..Z.)

HIPÉCU. ois. Nom de pays du Pic noir huppé. *V.* Pic. (DR..Z.)

HIPNALE. rept. oph. *V.* Mangeur de Chiens à l'article Boa. (B.)

HIPOCISTE. bot. phan. Pour Hypociste. *V.* Cytinelle. (B.)

HIPPA. crust. Ce nom donné par Pline à une sorte d'Ecrevisse, est devenu le nom scientifique d'un genre de Crustacés. *V.* Hippe. (B.)

* HIPPALIME. *Hippalimus.* polyp. Genre de l'ordre des Actinaires, dans la division des Polypiers Sarcoïdes plus ou moins irritables et sans axe central; ayant pour caractère générique d'offrir un Polypier fossile, fongiforme, pédicellé, plane et sans pores inférieurement, couvert en dessus d'enfoncemens irréguliers, peu profonds, ainsi que de pores épais et peu distincts; oscule grand et profond au sommet du Polypier, sans pores dans son intérieur, pédicellé, cylindrique, gros et court. Telle est la description de l'Hippalime fongoïde, la seule espèce connue qui appartienne à ce genre; elle a environ sept centimètres de grandeur sur un décimètre de largeur, et se trouve dans le Calcaire bleu oolithique des falaises du Calvados. Il paraît très-rare. *V.* Lamx., Gen. Polyp., p. 77, tab. 79, fig. 1. L'Hippalime se rapproche beaucoup des Hallirhoés par l'oscule de sa partie supérieure et par le pédicelle qui supporte sa masse; mais il en diffère essentiellement par l'absence de pores sur la surface inférieure et sur le pédicelle, ainsi que par la forme qui indique que dans les Hippalimes la masse offre des mouvemens plus étendus, plus variés

que ceux des Alcyonées. Les pores présentent également quelques caractères qui portent à croire que ce ne sont point des cellules polypeuses comme ceux des Hallirhoés. Ce sont ces caractères qui nous ont engagé à faire un genre particulier de l'Hippalime fongoïde. (LAM..X.)

HIPPARCHIE. *Hipparchia*. INS. Genre de l'ordre des Lépidoptères, famille des Diurnes, établi par Fabricius dans son Système des Glossates, et que Latreille réunit à son genre SATYRE. *V.* ce mot. (G.)

HIPPARISON. BOT. PHAN. Syn. d'Hiérobotane. *V.* ce mot. (B.)

HIPPE. *Hippa*. CRUST. Genre de l'ordre des Décapodes, famille des Macroures anomaux, tribu des Hippides de Latreille (Familles naturelles du Règn. Anim., 1825, p. 275), établi par Fabricius, et adopté par tous les entomologistes. Les caractères de ce genre sont : pieds antérieurs terminés par un article ovale, comprimé, en forme de lame, et sans doigts ; antennes intermédiaires, divisées en deux filets, les latérales plus longues et contournées ; yeux écartés et portés sur un pédicule filiforme.

Ce genre, dans l'Entomologie Systématique de Fabricius, était composé de sept espèces ; plus tard (Suppl. Entom. Syst.) il en détacha quatre pour former le genre Albunée. *V.* ce mot. Une autre espèce a servi de type au genre Syméthis ; enfin, la dernière, qui est son Hippe adactyle, est restée dans ce genre. Cette espèce doit être réunie à son Hippe Emérite dont le nom spécifique appartient à Linné, et qui nous rappelle un genre de Gronovius correspondant aux Hippes de Fabricius. Ces Crustacés ont une carapace ovalaire, un peu bombée et tronquée aux deux extrémités, et non rebordée. Le troisième article de leurs pieds-mâchoires extérieurs est très-grand et recouvre la bouche ; leurs antennes intermédiaires sont divisées en deux filets avancés et un peu recourbés. Les latérales sont beaucoup plus longues, recourbées, plumeuses au côté extérieur, avec une grande écaille dentelée qui recouvre leur base. Leurs yeux sont portés sur un pédicule cylindrique, et situés entre les antennes. Leurs pieds antérieurs sont terminés par un article ovale, comprimé, en forme de lame, et sans doigt mobile ; ceux de la seconde, de la troisième et de la quatrième paire finissent par un article aplati, falciforme ou en croissant, et ceux de la cinquième paire sont très-menus, filiformes et repliés. L'abdomen des Hippes est comme échancré de chaque côté de sa base et terminé par un article triangulaire, long et étroit, sur chaque côté duquel existe, près de la base, une lame natatoire, petite, ciliée sur les bords, et coudée ou arquée.

On ne sait rien sur les habitudes de ces Crustacés ; l'espèce qui sert de type au genre et qui se trouve dans l'Océan qui baigne les côtes de l'Amérique méridionale, est :

L'HIPPE EMÉRITE, *Hippa Emerita*, Fabr. : *Hippa adactyla*, Fabr. ; *Cancer Emeritus*, L. ; Gronov. (Gazoph., tab. 17, fig. 8-9) ; Herbst (Canc., tab. 22, fig. 3). Dans les individus desséchés, le corps est jaunâtre, long d'environ deux pouces et demi ; la queue est étendue ; le test offre un grand nombre de rides très-fines et quatre lignes enfoncées et transverses, sinuées à sa partie antérieure ; les bords latéraux ont quelques petites dentelures ; l'antérieur est sinué avec trois saillies ou angles en manière de dents ; les pates et les bords de la queue sont garnis de poils. (G.)

* HIPPEASTRUM. BOT. PHAN. Genre de l'Hexandrie Monogynie, L., établi aux dépens des *Amaryllis*. Indépendamment des *Hippeastrum fulgidum* et *equestre* qui constituaient ce groupe, une autre espèce a été décrite dans le *Botanical Magazine*, n. 1475, sous le nom d'*Hippeastrum subbarbatum* ; mais elle se rapproche tellement des deux précédentes espèces qu'il serait permis de croire

qu'elle est une hybride de ces Plantes. (G..N.)

HIPPÉLAPHE. MAM. Deux espèces de Cerf portent ce nom tiré du grec et qui signifie proprement Cerf-Cheval : le *Cervus Hippelaphus* et le *C. Aristotelis*, Cuv. *V.* CERF. (B.)

HIPPIA. BOT. PHAN. *V.* HIPPIE. Divers botanistes donnaient ce nom à l'*Alsine media*. (B.)

HIPPICE. BOT. PHAN. La Plante mentionnée par Pline sous ce nom et qui, selon ce compilateur, avait la propriété d'étancher la soif des Chevaux, ne peut se reconnaître. (B.)

*HIPPIDES. *Hippides*. CRUST. Latreille (Fam. Natur. du Règn. Anim., vol. I, 1825, p. 275) a établi sous ce nom, dans la famille des Macroures Anomaux, une tribu à laquelle il donne pour caractères : les deux pieds antérieurs tantôt s'amincissant graduellement vers leur extrémité et finissant en pointe, tantôt se terminant par une main monodactyle ; les six suivans ayant, dans la plupart, le dernier article en forme de nageoire, et les deux derniers pieds très-grêles, courts et repliés ; le dernier segment abdominal est allongé ; le précédent porte de chaque côté un appendice foliacé. Le test est solide.

† Pieds antérieurs élargis et comprimés à leur extrémité, ou terminés par une main monodactyle dans les uns, et adactyle dans les autres.

Les genres Albunée, Hippe. *V.* ces mots.

†† Pieds antérieurs terminés en pointe.

Le genre Rémipède. *V.* ce mot. (G.)

HIPPIE. *Hippia*. BOT. PHAN. Genre de la famille des Synanthérées, Corymbifères de Jussieu et de la Syngénésie nécessaire, L., ainsi caractérisé : involucre hémisphérique, formé d'écailles irrégulièrement imbriquées et appliquées, les extérieures foliacées, ovales, lancéolées, les intérieures oblongues, élargies, colorées et denticulées au sommet ; réceptacle nu, petit et légèrement conique ; calathide subglobuleuse, discoïde, composée de fleurs centrales nombreuses, régulières et mâles, et de fleurs marginales femelles, sur deux rangs, ayant un tube très-élargi à la base, court, étroit et denté supérieurement ; ovaires de ces dernières fleurs, comprimés, dépourvus d'aigrettes, parsemés sur la face intérieure de poils papilliformes et de glandes, munis d'une large bordure membraneuse, charnue, contenue avec la base de la corolle, surmontés d'un style articulé ; ovaires des fleurs centrales avortés, petits et oblongs.

L'HIPPIE FRUTESCENTE, *Hippia frutescens*, L., est un joli Arbuste du cap de Bonne-Espérance, dont toutes les parties exhalent un odeur aromatique lorsqu'on les froisse ; la tige se divise en rameaux cylindriques et pubescens ; ses feuilles sont nombreuses, rapprochées, alternes, oblongues, profondément et régulièrement pinnatifides, et ses calathides composées de fleurs jaunes, sont petites et disposées en corymbes nus qui terminent les branches. On cultive cet Arbuste dans les jardins de botanique, où l'on a soin de le tenir dans l'orangerie pendant l'hiver.

Linné et Willdenow ont décrit d'autres espèces d'*Hippia*, sous les noms de *Hippia integrifolia*, *minuta* et *stolonifera* ; mais ces Plantes ne paraissent pas congénères de l'*Hippia frutescens*. Jussieu (Annales du Muséum) les fait entrer dans son genre *Gymnostyles*, lequel, selon Rob. Brown, est lui-même congénère du *Soliva* de Ruiz et Pavon. *V.* SOLIVA. (G..N.)

HIPPION. BOT. PHAN. Genre créé aux dépens du *Gentiana*, L., par F. W. Schmidt (*Archiv. fur die Botanik* de Rœmer, T. I, p. 9) qui l'a ainsi caractérisé : calice monophylle persistant ; corolle tubuleuse, plissée, ayant un limbe à cinq ou à quatre divisions ; anthères libres ; stigmates sessiles; capsule fusiforme atténuée supérieurement, uniloculaire et déhiscente par le sommet. Ce genre comprend la majeure partie des espèces de Gentianes, décrites dans les auteurs. Schmidt les a distribuées en cinq sections que l'on pourrait aussi bien ériger en genres, si l'on se permettait de morceler un groupe dont les espèces sont trop étroitement liées entre elles pour se prêter ainsi à nos idées systématiques de classification. L'Hippion de Schmidt, quoiqu'assez bien caractérisé, ne doit donc être considéré que comme une bonne coupe dans le genre *Gentiana*. Plusieurs espèces sont données comme nouvelles et sont figurées dans le travail de Schmidt; mais à la seule inspection des figures, il est facile de voir qu'elles ne peuvent être séparées de Plantes déjà connues. Ainsi les *Hippion æstivum* et *sexfidum* (tab. 4, f. 8 et 9) et *G. pusillum* (tab. 3, f. 7), ne sont que des variétés du *Gentiana verna*, L. On doit s'étonner que Schultes en ait fait une espèce sous le nom de *H. æstiva*. L'*Hippion longepedunculatum* (tab. 2, f. 5) n'est autre chose que le *Gentiana glacialis*. L'*Hippion obtusifolium* et l'*H. Gentianella* (tab. 2, f. 3, et tab. 3, f. 4) doivent être réunis au *G. amarella*, L. Enfin l'*Hippion axillare* (tab. 5, f. 13) nous paraît être la même Plante que le *Gentiana pratensis* de Frœlich. (G..N.)

* HIPPO. REPT. OPH. Le Serpent remarquable par l'élégante distribution de ses couleurs et figuré sous ce nom par Séba (T. II, tab. 56, n. 4) comme africain, n'est pas assez connu pour être rapporté à l'un des genres établis. (B.)

HIPPOBOSQUE. *Hippobosca*. INS. Genre de l'ordre des Diptères, famille des Pupipares, tribu des Coriaces, établi par Mouffet, et adopté par Linné et tous les entomologistes. Latreille (Règn. Anim. T. III) a conservé ce nom aux Insectes qui ont pour caractères essentiels : des ailes; une tête très-distincte, articulée avec l'extrémité antérieure du corselet; des yeux distincts, et des antennes en forme de tubercules, avec une soie sur le dos.

Les Hippobosques se distinguent du genre Ornithomye, *V*. ce mot, par les antennes qui sont en forme de lames velues et avancées; et des Mélophages, *V*. ce mot, par l'absence des ailes et par des yeux peu distincts. Ces deux genres vivent sur les Oiseaux et sur les Moutons, et l'Hippobosque vit toujours sur le Cheval. Le corps des Hippobosques est ovale, aplati, revêtu en grande partie d'un derme solide ou presque de la consistance du cuir; leur tête s'unit intimement au corselet: elle porte sur les côtés antérieurs deux antennes courtes, insérées très-près de la bouche, et logées, chacune, dans une petite cavité; elles ne sont presque susceptibles d'aucun mouvement propre; les yeux sont grands, ovales, peu proéminens, et occupent les côtés de la tête qui ne porte pas d'yeux lisses. Les organes de la manducation forment un bec avancé, formé de deux petites lames ou valvules coriaces, plates, en carré long, plus étroites, et arrondies au bout; elles partent d'une espèce de chaperon échancré à son bord antérieur, se divisent parallèlement l'une à l'autre, et forment, par leur rapprochement et leur inclinaison, un demi-tube qui recouvre le suçoir; ces deux lames représentent deux palpes. Le suçoir est formé d'une pièce filiforme ou soie longue, cylindrique, avancée, arquée, et naissant d'une sorte de bulbe de la cavité buccale; elle est simple en apparence, mais elle est composée de deux soies, l'une supérieure et l'autre inférieure; la première a un canal en dessous pour emboîter la seconde; une membrane ferme la partie de la tête située au-dessus du suçoir. Le corselet est grand, arrondi; il présente quelques lignes imprimées, et porte quatre stigmates très-distincts et latéraux. L'écusson est transversal, terminé par quelques petits poils roides; les ailes sont grandes, horizontales, et ont, près de la côte, de fortes nervures : l'autre portion n'en a que de très-faibles ; elles se croisent par leur bord interne ; on distingue deux balanciers et deux ailerons. L'abdomen offre un caractère particulier, c'est de n'être pas distinctement formé d'anneaux ; il forme une sorte de sac, et c'est la seule partie de cet Insecte qui soit, à l'exception de sa base supérieure, d'une consistance molle et membraneuse ; on voit, à l'extrémité de celui de la femelle, deux petites languettes placées l'une sur l'autre, et deux mamelons latéraux hérissés de poils ; l'anus se prolonge en forme de petit tuyau ; au-dessus de cet anus on observe, en pressant le ventre du mâle, un mamelon ayant, de chaque côté, une lame écailleuse, et sur le corps principal et intermédiaire, deux pointes ou dents, pareillement écailleuses, qui doivent servir à retenir la femelle pendant l'accouplement ; les pates sont fortes et assez courtes, les antérieures sont insérées très-près de la tête, et très-rapprochées à leur base, et les quatre autres sont écartées entre elles, et sont insérées sur les côtés de la poitrine ; les cuisses antérieures s'appliquent sur les côtés du corselet, dans des enfoncemens destinés à recevoir leur partie supérieure ; les jambes, qui sont cylindriques, sont terminées par des tarses courts, portant de petites épines en dessous, et dont le cinquième et dernier article est le plus grand ; sur une partie membraneuse qui le termine et dont le milieu est en pelote, sont implantés deux ongles robustes, fortement courbés en dessous, et terminés par une pointe très-aiguë ; leur base est peu saillante, et ils paraissent doubles au premier aspect.

L'histoire du genre Hippobosque vient d'être complétée tout récemment par Léon Dufour, qui a donné une anatomie détaillée de tous les organes digestifs, des organes générateurs, de la respiration, etc. Ce Mémoire, accompagné de très-belles figures, doit paraître dans les Annales des Sciences Naturelles.

On doit à Réaumur la plus grande partie de ce qu'on sait sur la génération des Hippobosques que cet illustre auteur a appelés *Mouches-Araignées*, et qu'on désigne en Normandie par le nom de *Mouches bretonnes*, et souvent ailleurs par celui de *Mouches d'Espagne*. La larve éclot et se nourrit dans le ventre de sa mère ; elle y reste jusqu'à l'époque de sa transformation en nymphe, et en sort alors sous la forme d'une coque longue, presque aussi grosse que le ventre de la mère ; cette coque est d'un blanc de lait ; à l'un de ses bouts est une grande plaque noire, luisante comme de l'ébène ; elle est de forme ronde, plate comme une lentille, échancrée au bout où se trouve la plaque, et forme, dans cette partie, comme deux cornes ou deux éminences arrondies. Quelque temps après sa sortie du ventre, elle devient entièrement noire ; la peau, qui est luisante, résiste à une forte pression des doigts ; elle est d'une épaisseur sensible, de consistance cartilagineuse et écailleuse, et difficile à couper, même avec de bons ciseaux. Le diamètre de la plus grande largeur de ces coques a plus d'une ligne et demie, et celui de leur plus grande épaisseur a une ligne un quart. Les dimensions du corps de la femelle qui a fait sa ponte ou qui n'est pas prête à la faire, égalent à peine celle d'une de ces coques, de sorte que la plupart des observateurs ont considéré comme un fait très-remarquable, leur grandeur, qui surpasse de beaucoup celle du ventre d'où elles sont sorties ; l'observation a démontré que le volume de ces coques n'est pas réellement plus considérable que la capacité du corps de la femelle, mais qu'aussitôt après la ponte, elles croissent si instantanément qu'on a cru qu'elles sortaient toutes faites. La dureté et la solidité de la peau de ces larves la rendent bien propre à garantir l'Animal qu'elle renferme, mais on pourrait croire que l'Insecte parfait ne pourra pas la percer quand il faudra qu'il en sorte. La nature a prévu cet inconvénient et lui a ménagé une porte qu'il n'a qu'à ouvrir quand il en est temps. Si l'on examine à la loupe une coque entière, on verra, à son gros bout, un faible trait qui montre l'endroit où se trouve une calotte que l'on peut parvenir aisément à faire sauter avec la pointe du canif; cette calotte étant pressée se divise en deux parties égales. La peau ou l'enveloppe dont nous venons de parler n'est nullement analogue à celle des œufs ordinaires, et la nature, en produisant les Hippobosques, semble s'écarter des voies qu'elle prend pour conduire les autres à leur perfection. Renfermé sous cette coque, ce Diptère subit toutes ses métamorphoses, et y prend sa croissance entière; aussi cette enveloppe n'est nullement analogue à celle des œufs ordinaires; elle a été la peau même de l'Insecte avant son changement en nymphe, et Réaumur s'en est assuré en ouvrant, avec un canif, un œuf que l'Insecte parfait venait de quitter; il a trouvé, dans son intérieur, la dépouille de la nymphe, comme cela arrive dans les coques de Mouches. On voit, d'après tous ces faits, que les œufs des Hippobosques éclosent dans le ventre de leur mère; les larves y restent, s'y nourrissent, et n'en sont expulsées qu'à l'époque où elles passent à l'état de nymphe. On ignore combien la femelle de l'Hippobosque produit d'œufs, le temps qui s'écoule entre l'accouplement et la ponte, et l'intervalle qui se passe entre la ponte de chaque œuf.

On trouve les Hippobosques, pendant l'été, sur les Chevaux, les Bœufs et les Chiens. C'est aux parties de ces Animaux les moins défendues par le poil, qu'ils s'attachent de préférence. D'après une expérience de Réaumur, l'Hippobosque aime autant le sang de l'Homme que celui des Animaux sur lesquels il se trouve ordinairement, et sa piqûre n'est pas plus sensible que celle d'une Puce.

La seule espèce de ce genre que nous connaissions, est:

L'HIPPOBOSQUE DES CHEVAUX, *H. equina*, L., Geoff., Fabr., Latr., Degéer, Mém. sur les Ins. T. VI, p. 275, pl. 16, fig. 1. Elle se trouve dans toute l'Europe. (G.)

HIPPOBUS OU HIPPOTAURUS. MAM. Syn. de Jumar. *V.* ce mot. (B.)

HIPPOCAMPE. *Hippocampus*. POIS. C'est-à-dire Cheval-Chenille, espèce du genre Syngnathe dont Rafinesque avait formé un genre qui n'a été adopté que comme sous-genre. *V.* SYNGNATHE. (B.)

*HIPPOCARCINUS. CRUST. Genre établi par Aldrovande, et correspondant à celui des Homoles de Latreille et Leach. *V.* ce mot. (G.)

HIPPOCASTANE. *Æsculus*. BOT. PHAN. Ce genre, auquel Tournefort et les anciens auteurs avaient imposé la dénomination scientifique d'*Hippocastanum*, est devenu le type de la nouvelle famille des Hippocastanées de De Candolle. Linné le plaça dans l'Heptandrie Monogynie et changea son nom en celui d'*Æsculus;* il y comprenait les espèces qui forment le genre *Pavia*, anciennement constitué par Boerhaave. Mais ce dernier genre a été de nouveau exclu de l'*Æsculus* par les auteurs modernes qui ont ainsi fixé les caractères génériques de celui-ci: calice campanulé, petit et à cinq dents; corolle composée de quatre à cinq pétales nuancés de couleurs variées, irrégulièrement étalés, à limbe arrondi, légèrement ondulé; sept à huit étamines dont les filets sont recourbés en dedans; capsule globuleuse, coriace, à trois valves, triloculaire, hérissée de pointes; graines ordinairement au nombre d'une à trois (par suite d'avortement), ressemblant beaucoup à celles du Châtaignier, glabres, luisantes, arrondies du côté extérieur, diversement anguleuses et aplaties dans les autres parties de leur surface, marquées à la base d'un hile qui a l'apparence d'une empreinte ou d'une large tache cendrée, quelquefois blanchâtre et à peu près circulaire. Si l'on suit avec attention le développement de ce fruit, on y voit un exemple incontestable de ces avortemens prédisposés dont le professeur De Candolle a expliqué si ingénieusement la possibilité dans sa Théorie élémentaire de la botanique, deuxième édition, p. 90. *V.* le mot AVORTEMENT de ce Dictionnaire (T. II, p. 106) où l'auteur a lui-même exposé les phénomènes qui s'observent sur les ovaires de l'Hippocastane.

Abstraction faite du *Pavia*, Linné ne décrivit qu'une seule espèce d'*Æsculus*, c'est-à-dire l'*Æ. Hippocastanum* dont nous allons parler bientôt. Trois autres espèces, indigènes de l'Amérique septentrionale, ont été publiées par Michaux et Willdenow, sous les noms d'*Æsculus glabra*, *Æ. Ohioensis* et *Æ. pallida*.

L'HIPPOCASTANE VULGAIRE, *Æsculus Hippocastanum*, communément nommé Marronnier d'Inde, est un grand Arbre dont le tronc droit se divise supérieurement en branches qui s'élèvent à plus de vingt mètres, et forment une tête large, touffue et pyramidale. Ses feuilles sont grandes, opposées, digitées, composées de cinq à sept folioles ovoïdes, oblongues, acuminées, irrégulièrement dentées en scie, et sessiles à l'extrémité d'un pétiole commun, assez long et cylindrique. Les fleurs sont blanches ou jaunâtres, panachées de rouge, très-nombreuses et disposées en grappes pyramidales. Ces fleurs ressortent avec éclat sur la verdure élégante du feuillage, et donnent à l'Arbre un aspect ravissant pendant leur épanouissement qui a lieu au mois de mai. L'Hippocastane est, dit-on, originaire de l'Inde boréale. C'est sans doute de-là que lui est venu son nom vulgaire de Marronnier d'Inde; mais comme le Nouveau-Monde a été abusivement nommé Indes-Occidentales, et que l'on confondait avec l'Arbre en question les nouvelles espèces de l'Amérique septentrionale, plusieurs auteurs ont pensé à tort qu'il n'avait pas une origine exclusivement asiatique. Ce n'est que vers le milieu du seizième siècle qu'on l'a introduit en Europe. Il avait d'abord gagné les parties septentrionales de l'Asie, puis on le transporta à Constantinople, à Vienne et enfin à Paris vers l'année 1615. Le premier individu fut planté dans le jardin de l'hôtel de Soubise, le second au Jardin du Roi, et le troisième au Luxembourg. Il s'est enfin tellement répandu et acclimaté dans nos climats du Nord, qu'il a pénétré jusqu'en Suède où il résiste maintenant à la rigueur des hivers, faculté qu'il doit à la nature de ses bourgeons. Ceux-ci, en effet, sont formés d'écailles nombreuses superposées, bourrées d'une laine épaisse et enduites d'un suc résineux qui abritent parfaitement les jeunes pousses dont le développement a lieu par l'action de la plus douce température. C'est en étudiant l'évolution des bourgeons de l'Hippocastane que Du Petit-Thouars (Essais sur la Végétation, p. 12) a établi sa théorie de l'accroissement en diamètre des Arbres dicotylédons, théorie dans laquelle il établit en principe que les fibres ligneuses ne sont autre chose que les racines des nouveaux bourgeons. Ce même savant a encore publié (*loc. cit.*, p. 175) un Mémoire très-intéressant sur la distribution des nervures dans les feuilles d'Hippocastane. L'auteur a considéré les fibres végétales comme autant d'individus formant des associations particulières pour constituer les feuilles, ou des associations générales, pour donner naissance à des bourgeons; c'est de leurs combinaisons variées et de leurs agrégations en faisceaux secondaires ou ternaires que proviennent les différences qui caractérisent les espèces, les genres et les classes. Du Petit-Thouars avait d'abord observé que sept faisceaux de fibres, se détachant de la nouvelle branche d'Hippocastane, traversaient l'écorce pour entrer dans le pétiole et que chacun de ces faisceaux formait une foliole. Mais il a remarqué depuis que le nombre sept des faisceaux ne se présentait pas dans le pétiole en quelque partie qu'on le coupât, qu'il était augmenté de manière à ne pas produire toujours un multiple de sept; enfin, que ce nombre s'élevait à vingt-quatre; on pouvait alors se demander comment ces vingt-quatre faisceaux partiels pouvaient se distribuer dans sept folioles. L'auteur a résolu cette question en suivant dans le pétiole les faisceaux primitifs qui se subdivisent irrégulièrement, se bifurquent ou se trifurquent à l'endroit où ils atteignent l'insertion de la feuille et constituent ainsi ses nervures principales. Dans le genre *Pavia*, si voisin de l'Hippocastane, les nervures des cinq folioles, sont également produites par sept faisceaux primitifs qui se divisent dans le pétiole, mais d'une manière un peu différente de celle des fibres d'Hippocastane. Nous conseillons de méditer le mémoire lui-même pour avoir des détails suffisans sur cette belle organisation.

Le Marronnier d'Inde est principalement cultivé dans les promenades publiques des grandes villes. Il n'exige presqu'aucuns soins; toutes les expositions et tous les terrains paraissent lui convenir, à l'exception de ceux qui sont trop secs et trop peu profonds. Mais il ne devient jamais plus beau que lorsqu'on le plante à l'écart, comme, par exemple, dans les vides d'un parc. Son rapide accroissement, la précocité de son feuillage, la beauté de sa tige, l'élégance de ses pyramides de fleurs, l'ombrage impénétrable qu'il procure, tant de qualités, en un mot, auraient dû préserver cet Arbre des caprices de la mode. Cependant il fut un temps où l'on s'en est ennuyé et où on lui faisait le reproche de salir les allées par la chute de ses fleurs et par celle de ses fruits. Mais on commence à revenir aujourd'hui d'une prévention si puérile, et on étend la propagation de l'Hippocastane en beaucoup de lieux qui naguère étaient uniquement plantés d'Ormes et de Tilleuls.—Quoiqu'on ait proposé beaucoup de moyens pour utiliser les diverses parties de cet Arbre, il ne paraît pas qu'on ait réussi à en tirer un parti très-avantageux. Le bois brûle mal, et sa texture, tendre, mollasse, filandreuse, ne permet de l'employer qu'à des usages grossiers; son écorce a été placée parmi les nombreux succédanés du quinquina, mais elle n'y occupe pas le premier rang. Enfin les fruits de l'Hippocastane ont beaucoup occupé les économistes qui voyaient avec une grande douleur que tant de matière reste inutile ou au moins sans applications immédiates. En Turquie, on mêle la farine de ses fruits avec du son ou de l'avoine, et on donne ce mélange aux Chevaux attaqués de colique et de toux; c'est, dit-on, de cet usage que sont dérivés les mots *Hippocastanum* et *Castanea equina* sous lesquels on a originairement désigné ces fruits. La substance amylacée dont ils sont composés est souillée par un principe gommo-résineux très-amer, et dont il est très-difficile de la débarrasser d'une manière peu coûteuse, malgré les nombreux procédés chimiques que l'on a proposés à cet égard. (G..N.)

* HIPPOCASTANÉES. *Hippocastaneæ*. BOT. PHAN. Famille de Plantes dicotylédones polypétales hypogynes, indiquée par De Candolle dans la deuxième édition de sa Théorie élémentaire, et que cet auteur a ainsi caractérisée dans son *Prodromus Syst. natur. Veget.*, vol. 1, p. 597: calice campanulé à cinq lobes; corolle à cinq ou à quatre pétales inégaux, hypogynes; sept ou huit étamines insérées sur un disque hypogyne, libres et inégales, à anthères incombantes; ovaire presqu'arrondi, trigone, surmonté d'un style filiforme conique et aigu; capsule triloculaire, et trivalve dans sa jeunesse, chaque loge renfermant deux ovules fixés aux cloisons qui sont portées sur le milieu des valves; capsule adulte, coriace, presque globuleuse,

à deux ou trois valves, à une, deux ou trois loges, et à une, deux ou trois graines, le nombre des parties étant ainsi diminué par suite d'avortement; graines semblables à des Châtaignes, grosses, presque globuleuses, enveloppées d'un tégument très-glabre, brillant et de couleur de rouille, marqué par un hile basilaire brun-cendré et très-large; elles sont dépourvues d'albumen; leur embryon est courbé, renversé, formé de cotylédons charnus très-épais, cachés sous la terre pendant la germination, d'une plumule très-grande, d'une radicule conique courbée dirigée vers le hile, mais, à cause des avortemens, dans une situation variable relativement au fruit. Cette famille renferme des Arbres ou des Arbrisseaux, à feuilles opposées composées de cinq à sept folioles palmées et penninerves. Leurs fleurs sont disposées en grappes terminales, et portées sur des pédicelles articulés. Le genre *Æsculus* de Linné compose seul cette famille; mais en établissant celle-ci, le professeur De Candolle a adopté le *Pavia* de Boerhaave, qui est un démembrement du premier genre. V. HIPPOCASTANE et PAVIA. (G..N.)

* HIPPOCENTAUREA. BOT. PHAN. Schultes (*Œsterr. Flor.*, 1, p. 589) avait constitué sous ce nom un genre avec le *Chironia uliginosa* de Waldstein et Kitaibel; mais cette Plante appartient au genre *Erythræa* de Richard qui a été généralement adopté. Il ne faut pas la confondre avec le *Chironia uliginosa* de La Peyrouse, dont Schultes a fait son *Erythræa elodes*. Ce nom spécifique résultait des ressemblances que la description offrait avec celle de l'*Hypericum elodes*, L.; mais l'éloignement de ces deux Plantes ne permettait pas de supposer une telle erreur. Cependant nous pouvons assurer, d'après une personne digne de foi, qui a vu la Plante dans l'herbier de La Peyrouse, que le *Chironia uliginosa* de ce botaniste et l'*Hypericum elodes* de Linné ne sont qu'une seule et unique espèce. (G..N.)

HIPPOCÉPHALOIDE. MOLL. FOSS. Ce nom a été appliqué à des Cardites. (F.)

* HIPPOCRATÉACÉES. *Hippocrateaceæ*. BOT. PHAN. Cette famille de Plantes dicotylédones polypétales hypogynes? a été constituée sous le nom d'Hippocraticées par Jussieu (Ann. du Muséum, T. VI, p. 486) qui l'a séparée des Acérinées avec lesquelles il l'avait précédemment confondue. Adoptée par Kunth (*Nov. Gener. et Spec. Plant. æquinoct.* T. V, p. 135) et par De Candolle (*Prodrom. Syst. veget.*, p. 567), elle présente les caractères suivans : calice à cinq sépales (rarement quatre ou six) très-petits, soudés jusque vers leur milieu et persistans; corolle à cinq pétales (rarement quatre ou six) égaux, hypogynes? imbriqués pendant l'estivation; trois étamines, rarement quatre ou cinq, ayant leurs filets libres seulement au sommet, et réunis par la base en un tube épais, urcéolé, simulant un disque hypogyne; anthères uniloculaires (selon Kunth), déhiscentes supérieurement et en travers, ou bien à deux et même à quatre loges; ovaire trigone, libre, enfoncé dans le tube, urcéolé, surmonté d'un style simple et d'un à trois stigmates; fruit composé tantôt de trois carpelles (samares), tantôt formant une baie uni ou triloculaire; graines au nombre de quatre dans chaque loge, fixées à l'axe, quelquefois réduites à moins par avortement, dressées, dépourvues d'albumen, munies d'un embryon droit à radicule inférieure, et à cotylédons planes, elliptiques, oblongs, presque charnus. Dans l'*Hippocratea ovata*, ainsi que dans le *Calypso* de Du Petit-Thouars, la substance de ces cotylédons et celle du spermoderme sont remplies de vaisseaux nombreux en forme de trachées. Les Plantes de cette famille sont des Arbrisseaux à tiges quelquefois grimpantes, le plus souvent glabres, garnies de feuilles opposées, simples, entières ou dentées, et presque coriaces. Leurs fleurs sont très-petites et disposées

en grappes ou en corymbes fasciculés et axillaires. Selon Jussieu, cette famille est voisine des Acérinées et des Malpighiacées. R. Brown lui trouve plus d'affinités avec les Célastrinées par les genres *Elæodendron* et *Ptelidium* dans lesquels l'albumen est à peine visible ou réduit à une membrane très-mince. De Candolle pense que les genres à fruits bacciformes ont besoin d'être mieux examinés. Cet auteur a ainsi composé les Hippocratéacées : 1° *Hippocratea*, L.; 2° *Anthodon*, Ruiz et Pav.; 3° *Raddisia*, Leand., *in Schult. Mantiss.*; 4° *Salacia*, L., qui comprend le *Tontelea* d'Aublet et le *Calypso* de Du Petit-Thouars; et 5° *Johnia*, Roxb. Sous le titre d'*Hippocrateaceæ spuriæ*, il a établi une section caractérisée par cinq étamines ou un plus grand nombre, et dans laquelle il a rangé le *Trigonia* d'Aublet et le *Lacepedea* de Kunth. *V.* tous ces mots. (G..N.)

HIPPOCRATÉE. *Hippocratea.* BOT. PHAN. Vulgairement Béjuque. Ce genre, de la Triandrie Monogynie, L., a donné son nom à la nouvelle famille des Hippocratéacées. *V.* ce mot. Plumier (*Gener.*, p. 8, *t.* 35) l'avait désigné autrefois sous le nom de *Coa.* Voici ses caractères principaux : calice à cinq lobes, persistant; corolle à cinq pétales, larges à la base, égaux, très-ouverts; trois étamines dont les anthères sont uniloculaires, déhiscentes par le sommet et transversalement : trois carpelles réduits quelquefois à un ou deux par avortement, samaroïdes, à deux valves très-comprimées et en carène; graines ailées d'un côté par un très-grand cordon ombilical. En donnant les caractères de ce genre, Kunth (*Nov. Gener. et Spec. Plant. æquin.* T. v, p. 56) admet l'existence d'un disque hypogyne, indépendant des étamines sur lequel ou entre lequel et le calice celles-ci sont insérées. D'après le même auteur, les filets des étamines sont libres à la base. Les Hippocratées sont des Arbres ou des Arbrisseaux grimpans, à feuilles opposées, entières, légèrement dentées en scie, accompagnées de deux stipules pétiolaires. Leurs fleurs, le plus souvent très-exiguës et verdâtres, sont portées sur des pédoncules axillaires ou terminaux, dichotomes, multiflores et munis de bractées. Vingt-trois espèces sont énumérées dans le *Prodromus* du professeur De Candolle. Elles habitent pour la plupart les contrées chaudes de l'Amérique et principalement celles de la Guiane, du Pérou et du Mexique. Quelques-unes, décrites par Roxburgh, croissent dans l'Inde ou dans son archipel. Enfin, Vahl et Afzelius en ont publié trois espèces de la côte occidentale d'Afrique. Quelques auteurs ont mal à propos réuni aux Hippocratées le genre *Anthodon* de Ruiz et Pavon. Comme ce genre n'a pas été traité en son lieu, il est convenable de le faire ici. Le calice est planiuscule, à cinq lobes arrondis, les deux extérieurs plus petits; les pétales, au nombre de cinq, sont oblongs, larges à la base et inéquilatéraux, dentés ou très-rarement entiers, épais, inégaux et étalés; les trois étamines sont insérées entre le disque et l'ovaire; elles ont des filets élargis inférieurement, et des anthères uniloculaires, déhiscentes par le sommet et transversalement; l'ovaire est trigone, triloculaire, renfermant dans chaque loge environ huit graines fixées sur trois rangs à un axe central; style très-court, couronné par un stigmate à trois lobes peu marqués : baie globuleuse à deux ou trois loges monospermes par avortement; graines ovées, enveloppées de mucilage. Ces caractères ont été observés sur la fleur par Kunth (*Nov. Gener.*, 5, p. 140) et sur le fruit par Martius (*in Schultes Mantiss.*, p. 253). Ils se confondraient, selon Kunth, avec ceux du *Tontelea* d'Aublet qu'il ne serait plus guère facile de pouvoir distinguer. Cependant celui-ci a été réuni au *Salacia* de Linné, genre encore fort obscur à la vérité. Aussi le professeur De Candolle qui a admis cette réunion, s'est-il demandé si l'*Anthodon* différait suffisamment du *Salacia*. Les Anthodons sont des Arbrisseaux volubiles, à feuilles opposées, entières, à fleurs offrant diverses inflorescences, en faisceaux, en panicules, en cimes, etc., axillaires, latérales ou terminales. Ruiz et Pavon n'avaient décrit et figuré que l'*Anthodon decussatum*, Plante des Andes du Pérou et des rives de l'Orénoque près d'Angostura. Elle a été de nouveau figurée par Kunth (*loc. cit.*, tab. 445). La terminaison du nom générique a été inutilement changée par Martius qui a proposé le mot d'*Anthodus*, et qui a décrit très-succinctement huit nouvelles espèces indigènes de l'empire brésilien, savoir : quatre des environs de Rio de Janeiro, et les quatre autres des forêts désertes dans les provinces de Bahia et de Goyazana. (G..N.)

* HIPPOCRATICÉES. BOT. PHAN. Pour Hippocratéacées. *V.* ce mot. (G..N.)

HIPPOCRÈNE. *Hippocrenes.* MOLL. C'est sous cette dénomination que Montfort proposa, dans sa Conchyliologie systématique, un démembrement de plusieurs espèces du genre Rostellaire, dont le *Rostellaria macroptera* devait servir de type; mais comme cette Coquille ne diffère des autres Rostellaires que par le développement énorme de son bord droit, développement qui est variable dans les espèces de ce genre, ce caractère est insuffisant pour qu'on puisse conserver le démembrement de Montfort. *V.* ROSTELLAIRE. (D..H.)

HIPPOCRÉPE. BOT. PHAN. Pour Hippocrépide. *V.* ce mot. (B.)

HIPPOCRÉPIDE. *Hippocrepis.* BOT. PHAN. Ce genre, de la famille des Légumineuses et de la Diadelphie Décandrie, L., était nommé *Ferrum equinum* par Tournefort, désignation qui, de même que celle d'*Hippocrepis*, rappelle la singulière forme de ses fruits. Il offre pour caractères principaux : calice à cinq dents inégales; corolle dont l'étendard est porté sur un onglet plus long que le calice; légume oblong, comprimé, membraneux, plus ou moins courbé, composé de plusieurs articles monospermes et découpés sur l'un des côtés en échancrures profondes et arrondies qui simulent un fer à cheval. Les espèces de ce genre, au nombre de quatre ou cinq, sont des Herbes à feuilles imparipinnées, munies de petites stipules, à fleurs jaunes et disposées en ombelles sur des pédoncules axillaires. Elles habitent les contrées méridionales de l'Europe, à l'exception de l'*Hippocrepis barbata* de Loureiro qui croît à la Cochinchine et qui, en raison de sa tige ligneuse, de ses fleurs pourpres et d'autres notes distinctives, n'est pas convenablement placé parmi les *Hippocrepis*. On rencontre communément dans les bois et les prairies de toute la France l'*Hippocrepis comosa*, L., dont les tiges sont diffuses, un peu couchées, les feuilles composées de six à sept paires de folioles légèrement échancrées, et les fleurs jaunes disposées en ombelles. Dans les *Hippocrepis unisiliquosa* et *multisiliquosa*, les légumes sont plus courbés que dans l'espèce précédente; ils sont même contournés en cercle complet dans l'*H. multisiliquosa*, et leur bord intérieur présente des échancrures très-resserrées à leur entrée, et qui s'élargissent ensuite en formant des ouvertures arrondies. Ces deux dernières espèces croissent dans les départemens méridionaux de la France. (G..N.)

* HIPPOGLOSSE. *Hippoglossus.* POIS. Ce mot, qui signifie proprement langue de Cheval, est devenu le nom scientifique d'une espèce du genre Pleuronecte. *V.* ce mot. (B.)

HIPPOGLOSSUM. BOT. PHAN. Ce nom, qui dans l'Ecluse désigne le *Globularia Alypum*, était appliqué par les anciens à l'espèce de *Ruscus* à laquelle l'ont conservé les botanistes. On croyait que des couronnes faites avec cette Plante guérissaient les maux de tête. (B.)

HIPPOGROSTIS. BOT. PHAN. Rumph figure sous ce nom une Graminée indienne dont on nourrit les Chevaux. (B.)

HIPPOLAIS. OIS. Nom scientifique de la Sylvie à poitrine jaune. *V.* SYLVIE. (DR..Z.)

HIPPOLAPATHUM. BOT. PHAN. Même chose qu'Hydrolapathum. *V.* ce mot. (G..N.)

HIPPOLYTE. *Hippolyte.* CRUST. Genre établi par Leach, et que Latreille a réuni au genre Alphée de Fabricius. *V.* ce mot. (G.)

HIPPOMANE. *Hippomanes.* BOT. PHAN. Ce nom scientifique imposé par Linné au Mancenillier (*V.* ce mot), était appliqué par les anciens à des Plantes vénéneuses et narcotiques. C. Bauhin a cru reconnaître dans l'Hippomane de Dioscoride la Solanée que Linné nomma depuis *Datura fastuosa.* Quoique ce mot emportât avec lui l'idée d'une Plante narcotique, Ruellius le donna cependant au Caprier qui n'a aucune mauvaise qualité. (G..N.)

HIPPOMANICA. BOT. PHAN. Molina (*Chil.*, édit. franç., p. 97 et 332) a donné la description d'une Plante indigène des vallées du Chili, et qu'il a nommée *Hippomanica insana*. C'est une Herbe dont les racines fibreuses, annuelles, émettent des tiges droites, quadrangulaires, rameuses, garnies de feuilles sessiles, opposées, lancéolées, entières et charnues. Les fleurs sont pédonculées, solitaires et terminales; elles ont un calice à cinq divisions obovales; une corolle d'un jaune rougeâtre, à cinq pétales ovales; dix étamines dont les filets sont subulés et les anthères oblongues; ovaire supère, oblong, surmonté d'un style filiforme et d'un stigmate obtus; capsule à quatre valves, à quatre loges renfermant plusieurs graines noires et réniformes. Cette Plante est nommée par les Habitans du Chili *Erba loca* (Herbe folle), à cause de ses mauvaises qualités. Les Chevaux qui en mangent par accident deviennent comme enragés et périraient infailliblement, si, par des courses forcées, on ne leur procurait des sueurs abondantes (G..N.)

HIPPOMANUCODIATA. OIS. Syn. d'Oiseau de Paradis. *V.* ce mot. (DR..Z.)

HIPPOMARATHRUM. BOT. PHAN. Genre de la famille des Ombellifères et de la Pentandrie Digynie, L., établi aux dépens du genre *Cachrys*, L., par Link (*Enumer. Hort. Berol.*, 1, p. 271), et adopté récemment par Koch (*in Act. Nov. Acad. Cæsar. Bonn.*, p 136) qui l'a ainsi caractérisé : calice dont le bord est à cinq dents; pétales presqu'arrondis, entiers, avec une large laciniure; crémocarpe (diakène, Rich.) renflé, ovale ou arrondi; chaque carpelle marqué de cinq côtes épaisses, granulées ou légèrement muriquées, égales; semence dure, libre, couverte de bandelettes nombreuses; les involucres varient; le carpophore est bipartite, et le péricarpe est épais et subéreux. Link a constitué ce genre sur le *Cachrys sicula*, L. Une seconde espèce lui a été ajoutée par Koch (*loc. cit.*) sous le nom d'*Hippomarathrum crispum*; c'était le *Cachrys crispa* de Sieber et de Schultes (*Syst. Veget.*, VI, p. 444). Ces deux Plantes sont indigènes des contrées orientales du bassin méditerranéen.

Le nom d'*Hippomarathrum* était appliqué par les anciens à plusieurs Ombellifères, telles que le Fenouil, le *Peucedanum Silaus*, les *Selinum Hippomarathrum* et *carvifolia*. Enfin C. Bauhin l'employait pour désigner le *Cachrys sicula*, type du genre décrit ci-dessus. (G..N.)

HIPPOMELIS ET HYPPOMELIDES. BOT. PHAN. Syn. de *Cratægus Torminalis*. *V.* ALISIER. (B.)

HIPPOMURATHRUM. BOT. PHAN. Pour Hippomarathrum. *V.* ce mot. (G..N.)

* HIPPOMYRMEX. INS. Ce nom désigne, dans Aristote, une très-

grande Fourmi que du temps de ce naturaliste on ne trouvait pas en Sicile. (B.)

* HIPPONICE. *Hipponix.* MOLL. Defrance avait observé depuis longtemps que certaines espèces fossiles de Cabochons étaient pourvues d'une base solide et fixée, d'un support semblable en quelque sorte à celui des Cranies. Cette considération l'a engagé à faire du sujet de ses observations un note particulière qu'il communiqua à l'Académnie et qui fut insérée dans le Journal de Physique, 1819. Defrance propose, sous le nom d'Hipponice, l'établissement d'un nouveau genre dans lequel il range tous les Cabochons connus qui sont pourvus de support. Lamarck n'a admis ce genre que comme une division secondaire dans les Cabochons; Blainville, au contraire, les maintient séparés, et, appuyé de la connaissance de l'Animal d'un Hipponice que Quoy et Gaimard ont rapporté de leur voyage autour du monde, il fait voir que ce genre sert de passage des Univalves aux Bivalves. Antérieurement à la publication de l'article MOLLUSQUE de Blainville, nous avions cherché dans notre ouvrage sur les Coquilles fossiles des environs de Paris, par de nouveaux faits et par des raisonnemens appuyés sur des analogies, à confirmer l'opinion de Lamarck. Nous faisions remarquer que plusieurs espèces d'Hipponices vivans, au lieu de se développer sur un support, s'incrustaient, pour ainsi dire, sur les corps où ils vivent, s'y enfonçaient et y laissaient cette impression en fer à cheval qui se remarque sur la surface supérieure des supports. Nous avons également fait observer que les espèces qui paraissent être plus libres et qui, à cet égard, à ce que l'on présume, ont une manière de vivre analogue à celle des Patelles, avaient pourtant un bord irrégulier, taillé évidemment pour s'adapter aux sinuosités des corps sur lesquels l'Animal a pu vivre, irrégularités qui se remarquent souvent à l'aide des stries d'accroissement, depuis le jeune âge jusqu'à l'instant de la mort, et qui tendent à prouver que ces Animaux ont vécu à la même place, comme le font ceux qui sont pourvus de supports. Si de ces observations il ne s'ensuivait pas nécessairement la réunion des deux genres, cela donnait au moins de fortes présomptions pour les considérer comme très-voisins, surtout avant la connaissance de l'Animal. Voici de quelle manière Blainville a caractérisé le genre qui nous occupe : Animal ovale ou suborbiculaire, conique ou déprimé; le pied fort mince, un peu épaissi vers ses bords qui s'amincissent et s'élargissent à la manière de ceux du manteau, auxquels ils ressemblent complétement; tête globuleuse, portée à l'extrémité d'une espèce de cou, de chaque côté duquel est un tentacule renflé à la base et terminé par une petite pointe conique; yeux sur les renflemens tentaculaires; bouche avec deux petits tentacules labiaux; anus au côté droit de la cavité cervicale; oviducte terminé dans un gros tubercule à la racine du tentacule droit; le muscle d'attache en fer à cheval, et aussi marqué en dessus qu'en dessous. Coquille conoïde ou déprimée, à sommet conique ou peu marqué; ouverture à bords irréguliers; une empreinte musculaire en fer à cheval à la coquille; une empreinte de même forme sur le corps qui lui sert de support, et quelquefois à la surface d'un support lamelleux, distinct du corps sur lequel il est fixé. On peut déjà citer plusieurs espèces vivantes appartenant à ce genre et un plus grand nombre d'espèces fossiles.

La *Patella mitrata* de Linné est une de celles que Defrance a observées en place.

L'HIPPONICE RADIÉ, *Hipponix radiata*, Quoy et Gaimard (Voy. de l'Uranie, atlas zool., pl. 59, fig. 1-5) en est une seconde espèce, à laquelle nous ajoutons parmi les espèces fossiles :

L'HIPPONICE CORNE D'ABONDANCE,

Hipponix cornu copiæ, Lamk., Ann. du Mus. T. I, p. 351, n. 5, et T. VI, pl. 43, fig. 4, a, b, c; *ibid.*, Nob., Descript. des Coq. foss. des environs de Paris, T. II, p. 23, n. 1, pl. 2, fig. 13, 14, 15, 16.

HIPPONICE DILATÉ, *Hipponix dilatata*, Lamk., Def., Mémoire, Journ. de Phys., 1819; Lamk., Ann. du Mus., *loc. cit.*, n. 4, T. VI, pl. 43, fig. 2, a, b, c, et fig. 3, a, b; Nob., *loc. cit.*, p. 24, n. 2, pl. 2, fig. 19, 20, 21.

HIPPONICE ÉLÉGANT, *Hipponix elegans*, Nob.; *Pileopsis elegans*, Nob., *loc. cit.*, p. 35, n. 4, pl. 3, fig. 16, 17, 18, 19.

HIPPONICE OPERCULAIRE, *Hipponix opercularis*, Nob.; *Pileopsis opercularis*, Nob., *loc. cit.*, p. 28, n. 9, pl. 3, fig. 8, 9, 10. Le *Pileopsis cornu copiæ* prend à Valogne un développement très-considérable, deux pouces et demi et plus de diamètre; et celui que nous avons nommé Hipponice operculaire est, de toutes les espèces, la plus singulière, puisque son support est destiné à contenir l'Animal dans sa cavité. (D..H.)

HIPPOPE. *Hippopus*. MOLL. Une Coquille que les anciens plaçaient parmi leurs Cames, et que Klein sépara avec les Tridacnes en genre particulier, sous le nom de *Chamætrachæa*, avait été confondue par Linné parmi les Cames. Il lui avait donné le nom de *Chama Hippopus*. Bruguière, à l'exemple de Klein, réunit, dans ses planches de l'Encyclopédie, les Hippopes aux Coquilles vulgairement nommées *Bénitiers*, et il en forma un seul genre qu'il nomma Tridacne. Depuis, Lamarck, tout en conservant le genre Tridacne, en sépara la Coquille qui nous occupe, qui devint le type du nouveau genre qu'il proposa sous le nom d'Hippope. Cuvier, dans son Tableau élémentaire d'Histoire Naturelle des Animaux, 1798, mentionne à peine les Tridacnes qu'il confond avec les Cames comme Linné l'avait fait; mais plus tard, l'illustre auteur du Règne Animal, non-seulement admit le genre Tridacne, mais encore le genre Hippope, dont il fit un sous-genre des Tridacnes. Blainville avait d'abord conservé le genre Hippope, comme on peut s'en assurer en consultant l'article du Dictionnaire des Sciences Naturelles, concernant ce genre. Ce savant ayant eu l'occasion de prouver qu'à l'état adulte les Tridacnes perdent l'ouverture lunulaire, du moins dans la Tridacne gigantesque, il en conclut l'analogie avec les Hippopes; cette analogie est bien évidente : aussi nous trouvons à l'article MOLLUSQUE du Dictionnaire des Sciences Naturelles, ces deux genres fondus en un seul, dans lequel les Hippopes forment une petite section à part.

Lamarck avait placé les Hippopes parmi les Conchifères Monomyaires; effectivement, une grande impression musculaire submédiane, et assez facile à observer, n'avait point laissé de doute. Cuvier, le premier qui ait donné quelques notices sur l'Animal des Tridacnes, n'a point mentionné deux muscles adducteurs; cependant Blainville, qui a vu aussi ces Animaux, affirme avoir vu un second muscle, mais très-petit, ce qui l'a porté à les ranger parmi les Dymiaires. Le trait caractéristique principal qui a déterminé Lamarck à la séparation des Hippopes, est le défaut de l'ouverture de la lunule qui se remarque à des degrés différens dans les Tridacnes; mais comme l'a dit Blainville, la Tridacne gigantesque, perdant cette ouverture par l'âge, il s'ensuit que ce caractère est de peu d'importance et insuffisant pour l'établissement d'un genre. Plus tard, lorsqu'on connaîtra l'Animal de l'Hippope, on pourra porter un jugement définitif qu'il est impossible de donner d'après la considération seule des Coquilles. Voici les caractères que Lamarck a assignés à ce genre : coquille équivalve, régulière, inéquilatérale, transverse; à lunule close; charnière à deux valves comprimées, inégales, antérieures et intrantes; ligament marginal, extérieur; une seule impression musculaire. On ne connaît encore qu'une seule espèce qui puisse se rapporter aux Hippopes. Elle a été figurée dans presque tous les auteurs. Lamarck l'a nommée :

HIPPOPE MACULÉE, *Hippopus maculatus*, Lamk., Anim. sans vert. T. VI, p. 108; *Chama Hippopus*, L., p. 3300; Encycl. Méth., pl. 236, fig. 2, *a*, *b*; Chemn., Conchyl. T. VII, tab. 58, fig. 498 et 499. Cette jolie Coquille, qui nous vient de la mer des Indes, est commune dans les collections; elle a l'aspect d'un Tridacne; elle s'en distingue facilement par la lunule close; elle est chargée de côtes rayonnantes assez larges, qui correspondent aux découpures du bord; ces côtes, dans les individus bien frais, présentent des aspérités ou des épines plus ou moins irrégulières qui se voient surtout dans le jeune âge; la lunule est très-grande, occupant tout le bord supérieur et antérieur, et séparée du reste de la surface extérieure par une carène dont les écailles sont régulières; toute la surface extérieure est tachetée de rose ou de rouge violacé sur un fond blanc. Les grands individus ont cinq pouces et plus de largeur. (D..H.)

HIPPOPHAE. BOT. PHAN. Genre de la famille des Elæagnées et de la Diœcie Pentandrie, L., offrant pour principaux caractères: fleurs dioïques; les mâles forment de petits chatons axillaires et composés d'un grand nombre de petites écailles imbriquées; calice membraneux, un peu renflé, comprimé, à deux lobes très-obtus; trois à quatre étamines sessiles et insérées au fond du calice; fleurs femelles solitaires, presque sessiles à l'aisselle des jeunes rameaux; calice ovoïde-oblong, légèrement comprimé, à deux lobes obtus, peu profonds, rapprochés; ovaire sessile, presque globuleux, surmonté d'un style court et d'un stigmate saillant, allongé en forme de languette; akènes obovoïdes, recouverts par le calice qui est devenu péricarpoïde, charnu et bacciforme; graine composée d'un albumen très-mince, d'un embryon très-grand dont les cotylédons sont ellipsoïdes, la radicule descendante et cylindrique. Ces caractères sont tirés de la Monographie des Elæagnées publiée par Ach. Richard (Mém. de la Soc. d'Hist. nat. de Paris, T. I, p. 388) où le genre Hippophae se trouve réduit à une seule espèce par l'adoption du *Shepherdia* de Nuttal constitué avec l'*Hippophae canadensis*. Ce dernier genre s'en distingue par la présence d'un disque glanduleux, par les quatre divisions de son périanthe et par ses huit étamines.

L'HIPPOPHAE ARGOUSIER, *Hippophae Rhamnoides*, L., est un Arbrisseau dont les branches sont divariquées, les ramuscules épineux, les feuilles alternes, lancéolées, aiguës, couvertes en dessous d'écailles argentées et un peu roussâtres. On le rencontre très-abondamment le long des torrens et des rivières qui descendent des hautes chaînes de montagnes, et principalement des Alpes d'Europe. Il croît aussi sur le rivage de la mer dans certaines dunes. Il est recouvert, sur la fin de l'été, de petites baies rouges dont le suc renferme beaucoup d'acide malique. (G..N.)

HIPPOPHAESTUM. BOT. PHAN. On ne sait si la Plante désignée sous ce nom par Dioscoride est la Chausse-trappe ou une Soude. (B.)

* HIPPOPHYON. BOT. PHAN. (Théophraste.) Syn. de Gaillet. *V.* ce mot. (B.)

HIPPOPOTAME. *Hippopotamus.* MAM. Genre de la seconde famille des Pachydermes (Cuvier, Règne Animal, T. I, p. 234), et que nous plaçons dans l'ordre des Ongulogrades, deuxième tribu que caractérisent trois sortes de dents. (*V.* notre Tableau des Mammifères dans la Physiologie de Magendie, T. Ier, 2e édit.). — Le contraste de ce nom, qui signifie Cheval de rivière, avec la physionomie de l'Animal, a entraîné dans une foule de contradictions la plupart des auteurs qui en parlèrent sans l'avoir vu, par la nécessité où ils se crurent de lui donner quelques traits qui rappelassent le Cheval. Ainsi Hérodote (Euterp.) lui donne une queue de Cheval; Aristote (*Hist. Anim.*, *lib.* 2, *cap.* 7), une crinière et la grandeur d'un Ane, avec le pied bisulque; Pline ajoute qu'il est couvert de poils comme le Veau marin. — Ce qu'il y a de plus plausible sur l'étymologie du nom de cet Animal, c'est, comme l'observe déjà Diodore de Sicile, qui, de tous les anciens, en a donné la meilleure description (*lib.* 1), qu'il lui sera venu de la ressemblance de sa voix avec le hennissement du Cheval. Et effectivement, un grand nombre de voyageurs, Merolla (Hist. Génér. des Voy. T. v), Schouten (Recueil de Voy. de la Compagn. des Ind. Holl. T. iv), et Adanson (Voy. au Séség.), s'accordent sur cette ressemblance de la voix de l'Hippopotame. Mais elle est si forte, dit Adanson, qu'on l'entend distinctement d'un bon quart de lieue. Prosper Alpin (*Ægip. Hist. Nat.*, *lib.* 4) dit aussi que telle est l'opinion populaire des gens du pays. Et l'on verra, dans un passage très-remarquable d'Abdallatif, que cette opinion était encore répandue en Égypte à une époque où cet Animal ne semble pas avoir été rare dans les rivières du Delta.

Il paraît que les Hippopotames ne furent jamais bien nombreux dans le cours inférieur du Nil, entre les cataractes et la mer. Voici ce qui porte à le croire : d'abord la rareté de cet Animal dans les hiéroglyphes de l'Egypte où il n'est pas sûr qu'il existe. Il n'y en a de figure authentique que celle copiée par Hamilton (*Ægyptiaca*, pl. 22, n. 6) dans les grottes de Beni-Hassan, et citée par Cuvier (Oss. Foss. T. 1, nouv. édit.). Sa rareté dans les jeux des Romains. Cuvier n'en cite qu'un seul sous l'édilité de Scaurus, d'après Diodore (*lib.* 8); un autre au triomphe d'Auguste sur Cléopâtre, d'après Dion Cassius (*lib.* 51); dans les jeux d'Antonin, avec des Tigres et des Crocodiles, d'après Jules Capitolin. Le plus grand nombre fut de cinq tués par Commode, dans une seule occasion, suivant Dion (*lib.* 72). Lampride en donne aussi à Héliogabale, et Jules Capitolin à Gordien III. Enfin, Calpurnius (*cap.* 7) en indiquerait aussi aux jeux de Carin. Or, Ammien Marcellin, historien si exact, dit que, sous l'empereur Julien, l'Hippopotame n'existait plus en Egypte; et Oppien, quelque temps auparavant, ne lui donne plus que l'Ethiopie pour patrie. Enfin, une dernière preuve de la rareté de l'Hippopotame en Egypte, au temps de la prospérité de ce pays sous les Ptolémées et les Romains, c'est qu'il n'est figuré que sur les médailles d'Adrien, qui remonta le Nil jusqu'au-delà des cataractes, sur la mosaïque de Palestrine où l'intention évidente est d'offrir un tableau de la nature vivante au-delà du tropique, et sur la plinthe de la statue du Nil : ouvrages qui paraissent avoir eu pour objet de consacrer le souvenir du voyage d'Adrien dans l'Egypte supérieure comme plusieurs autres monumens rappelaient aussi ses voyages dans tout l'empire, auxquels ce prince employa dix-sept années de son règne. Pas un seul, pour ainsi dire, des Animaux représentés sur la mosaïque de Palestrine n'est égyptien, sauf le Crocodile qui est encore plus répandu dans le Nil supérieur. L'Hippopotame y est parfaitement représenté, soit à terre, soit dans l'eau. Cette mosaïque exprime très-fidèlement surtout l'habitude qu'a l'Hippopotame, quand il est à la nage, de se laisser aller au courant, ne montrant que le haut de la tête où culminent ses oreilles, ses yeux et ses narines, pour pouvoir à la fois respirer, écouter et voir. Un fait très-curieux, c'est qu'à la fin du douzième siècle, époque où Abdallatif, médecin de Bagdad, parcourut toute l'Egypte sous les auspices de Bohadin, visir de Saladin (*V.* sa Relat. de l'Egypte, traduite par Sylvestre de Sacy, in-4°, 1810), les Hippopotames avaient reparu dans le Delta :

ce qui suppose que, dans les temps antérieurs, les révolutions, si fréquentes sous le gouvernement des émirs, et l'occupation du pays par les Arabes, avaient beaucoup dépeuplé les bords du Nil. Ce passage d'Abdallatif mérite d'être rapporté ici à cause de sa justesse et des informations, pour ainsi dire officielles, que l'auteur s'était procurées. « L'Hippopotame, dit-il, se trouve dans la partie la plus basse du fleuve près de Damiette. Très-gros, d'un aspect effrayant, d'une force surprenante, il poursuit les barques, les fait chavirer et dévore ce qu'il peut atteindre de l'équipage. Il ressemble plus au Buffle qu'au Cheval; sa voix rauque ressemble à celle du Cheval ou plutôt du Mulet; sa tête est très-grosse, sa bouche très-fendue; les dents très-aiguës; le poitrail large, le ventre proéminent, les jambes courtes. » Puis, parlant de deux individus qui avaient été transportés au Caire de la rivière de Damiette, où ils n'avaient pu être tués que par des noirs de Maris (Nubie), dans le pays desquels cet Animal est très-connu, il ajoute que leur peau était noire, sans poils, très-épaisse; que leur longueur du museau à la queue était de dix pas moyens; leur grosseur, trois fois celle du Buffle; leur cou et leur tête dans la même proportion qu'à cet Animal; que le devant de la bouche était garni en haut et en bas de six dents; que les extrêmes latérales avaient une forte demi-coudée de long et les mitoyennes tant soit peu moins; que les côtés des mâchoires offraient chacun une rangée de dix dents de la grosseur d'un œuf de Poule; que la queue, longue d'une demi-coudée, n'était que grosse comme le doigt au bout, et sans poils; que les jambes n'avaient pas plus d'une coudée un tiers; le pied, semblable à celui du Chameau, était divisé en quatre sabots; qu'enfin le corps était plus gros et plus long que celui de l'Eléphant.— Sauf le nombre de dents dont l'erreur s'explique à la mâchoire supérieure, surtout, par les doubles saillies que forment latéralement les deux paires de collines de chaque dent, et les deux paires de trèfles de la couronne aux trois dernières molaires; ce qui, dans le cas où l'usure n'est avancée qu'au degré que montre la figure 3 de la planche 2 de Cuvier (Oss. foss.), peut aisément en imposer. Voilà la description la plus exacte que l'on ait encore eue de l'Hippopotame. Enfin, Abdallatif ajoute que des chasseurs qui en ouvraient ordinairement avaient trouvé son organisation très-semblable à celle du Cochon et n'en différant que par les dimensions. Or, Daubenton qui a dessiné les viscères d'un fœtus, a trouvé que leur plus grande ressemblance était avec celle du Pécari; ressemblance qui, dans l'adulte, devient probablement plus grande encore avec le Cochon auquel l'ensemble de son ostéologie a les plus grands rapports, comme Cuvier l'a le premier observé.

Léon l'Africain, qui avait pourtant passé quatre années sur les bords du Niger, et qui avait aussi été en Égypte, n'en parle que très-vaguement sous les noms de Cheval et de Bœuf marins. Il dit avoir vu au Caire un individu de cette dernière espèce qui est grande comme un Veau de six mois. On le menait en laisse; il avait été pris près d'Asna (Esne), à quatre cents milles au sud du Caire. C'était évidemment un très-jeune Hippopotame. Il dit que ces deux Animaux habitent le Nil et le Niger. La femelle et le fœtus dont Prosper Alpin vit au Caire les peaux empaillées par ordre du pacha pour être envoyées au sultan, et dont il donne des figures à cinq doigts onguiculés, sous le nom de Chœropotame, qu'il prétend être l'Animal représenté sur la plinthe de la statue du Nil alors à Rome, parce que les dents n'y sortent pas, tandis que l'Hippopotame serait seulement l'Animal qu'il figure, planche 23, avec la gueule ouverte et montrant les dents qui sortiraient constamment de la bouche comme aux Sangliers, venaient aussi de la rivière de Damiette; et il loue Mathiole d'avoir, sur ce même motif que les dents ne s'y montrent pas, nié pour être de l'Hippopotame les figures de la plinthe de la statue du Nil. Pour corroborer cette idée que les dents de l'Hippopotame ne peuvent pas rester cachées sous les lèvres, il cite Pausanias qui, dans ses Arcadiques, rapporte que la figure d'une statue d'or de Cybèle à Proconnèse était faite de dents d'Hippopotame en place d'ivoire. Aussi, dit Alpin, les Arabes l'appellent-ils Eléphant de rivière. Cela n'empêche pas qu'il reconnaisse que son Chœropotame a, comme l'Hippopotame, la taille de l'Eléphant. Mais ce qui est plus bizarre, c'est que postérieurement aux éclaircissemens si concluans donnés par Buffon et Daubenton sur l'identité de l'Hippopotame avec les figures en question, Hermann (*Tabul. Affinit. Animal.*), cherchant à prouver, comme l'observe Cuvier avec beaucoup de justesse, que tous les Animaux tiennent les uns aux autres par une infinité de chaînons, se récrie sur l'exactitude avec laquelle Prosper Alpin a développé la différence du Chœropotame et de l'Hippopotame.

Vingt ans après le départ d'Egypte de Prosper Alpin, Zerenghi, chirurgien de Narni en Italie, rapporta deux peaux bourrées d'un mâle et d'une femelle qu'il avait fait tuer aussi dans la rivière près de Damiette. Buffon eut la sagacité de reconnaître l'exactitude de la description que donna Zerenghi de ces deux Animaux dans un abrégé de chirurgie imprimé par cet Italien à Naples, in-4°, 1603. Zerenghi rapporte qu'Aldrovande et Aquapendente furent les seuls qui reconnurent l'Hippopotame sur ces dépouilles, malgré sans doute l'opinion qui récusait pour des Hippopotames les Animaux de la plinthe de la statue du Nil. Aussi observe-t-il que l'Hippopotame n'a pas les dents saillantes hors de la gueule; que quand la bouche est fermée, elles sont toutes, malgré leur grandeur, cachées sous les lèvres; et que Belon s'est beaucoup trompé en lui donnant des dents de Cheval, ce qui ferait croire qu'il n'avait pas vu l'Animal, comme il le dit. Ensuite il donne des mesures très-exactes des dimensions et des proportions de toutes les parties du corps. Mais la figure annexée est assez mauvaise, n'ayant été faite que sur l'empaillé. Buffon a judicieusement critiqué l'inexactitude et même le défaut de bonne foi de Fabius Columna dans ce qu'il dit de l'Hippopotame; et il montre que c'est à Zerenghi que l'on doit des éloges sous ce rapport, et non à Columna qui n'est, sur cet article, ni original, ni exact, ni sincère. Enfin il faut noter que Zerenghi dit avoir trouvé quarante-quatre dents à ses Hippopotames. Buffon, dans le tome 3 de son Suppl., fixa ultérieurement à six molaires partout le nombre des dents de l'Hippopotame, contradictoirement à une observation de Klokner qui n'en trouva que cinq à chaque rangée dans un individu envoyé du Cap en Hollande, et où la dernière molaire n'était pas sortie. Klokner observe encore à cette occasion que les lèvres recouvrent tout-à-fait les canines et les incisives, et ce qu'il dit de la peau et des poils est d'une grande exactitude. Ainsi donc Buffon, dans les tomes 1, 2 et 3 du Supplément, avait parfaitement déterminé le genre de l'Hippopotame sans s'expliquer ni même paraître avoir de soupçon sur l'unité de l'espèce.

En 1821, Cuvier (Oss. Foss., 2e éd.) commence le chapitre des Hippopotames en disant : l'Hippopotame a été toujours et est encore jusqu'à un certain point celui de tous les grands Quadrupèdes dont on a le moins connu l'histoire et l'organisation. En effet, nous n'avons pas aujourd'hui sur les mœurs de cet Animal plus d'informations que n'en a rassemblé Buffon. Comme à son ordinaire, Cuvier décrit l'ostéologie de l'Hippopotame du Cap avec une précision indispensable à l'objet de ses recherches, qui est de déterminer l'identité ou la disparité des espèces vivantes avec les espèces fossiles. Après une revue des lieux d'où sont venus les Hippopotames dont on possède des peaux ou des squelettes, il observe qu'en Egypte il n'y a plus aujourd'hui de ces Animaux au-dessous des cataractes, et que ce n'est qu'en Abyssinie, dans les pays de l'Afrique, au sud de l'Atlas, et surtout au Sénégal et au Cap qu'on a pu en observer dans ces derniers temps; qu'au Sénégal ils doivent être plus rares qu'au Cap, vu l'inutilité, jusqu'à cette époque, des ordres du ministre de la marine pour en obtenir de cette contrée; qu'outre le Cap et le Sénégal, on sait par beaucoup de voyageurs qu'il y en a quantité en Guinée et au Congo; que Bruce assure qu'ils sont très-nombreux dans le Nil d'Abyssinie et le lac de Tzana; que Levaillant en a vu dans toute la Cafrerie; qu'ainsi l'Afrique méridionale en est peuplée presque partout. Et il se demande s'il n'y en a que dans cette partie du monde? Suivant l'ancienne opinion, il observe que Strabon (*lib.* 15), sur le témoignage de Néarque et d'Eratosthènes, nie déjà qu'il y en ait dans l'Indus, bien qu'Onesicrite l'eût affirmé; que Pausanias est d'accord avec les deux premiers; que cependant Philostrate et Nonnus pensent comme Onesicrite; que Buffon a récusé et l'opinion du père Michel Boym qui, dans sa *Flora Sinensis*, 1656, en place à la Chine, et le passage cité par Aldrovande (*de Quadrup. digit.*) de la Lettre d'Alexandre à Aristote, qui en attribue à l'Indus; que c'est sans autorité suffisante que Linné (éd. X à XII) en attribue aux fleuves de l'Asie; que cependant Marsden (Hist. de Sumatra, 3e édit.) affirme, d'après le rapport et des dessins de Whatfeldt, employé à surveiller la côte, que cet officier a rencontré l'Hippopotame vers l'embouchure d'une des rivières méridionales de l'île; qu'en outre la Société de Batavia (vol. 1, 1799) compte l'Hippopotame parmi les Animaux de Java, et lui donne le même nom malais de *Conda-Ayer* ou *Küda-Ayer*, qu'il porte aussi à Sumatra. Mais, se demande Cuvier, cet Hippopotame ressemble-t-il en tout à celui d'Afrique? ce qui serait peu d'accord avec ce qu'on sait de la répartition des grandes espèces. La suite de cet article va montrer combien est peu probable cette identité. Peut-être, continue Cuvier, cet Hippopotame est-il le même que le *Succotyro* de Java, que Niewhoff représente avec une queue touffue, des défenses sortant de dessous les yeux, et qu'il dit être de la taille d'un Bœuf et très-rare. La figure qu'il en donne, copiée par Schreber et par Shaw, est assez semblable à l'Hippopotame. Duvaucel et Diard, quoiqu'ils aient découvert dans la partie de Java et de Sumatra qu'ils ont parcourue une nouvelle espèce de Rhinocéros et un Tapir, n'ont pu trouver ni l'Hippopotame ni le Succotyro. Or, après avoir décrit le squelette de l'Hippopotame adulte apporté du Cap par Delalande, et confirmé par cette description toutes les déterminations qu'il avait auparavant déduites, de ce que l'on possédait de parties de squelette et surtout du squelette d'un fœtus qu'il avait fait préparer exprès, Cuvier commence la deuxième section de son chapitre en disant: « On ne connaît jusqu'à présent qu'une seule espèce vivante d'Hippopotame, ainsi que nous venons de le voir. » Or, par l'examen comparatif d'un squelette d'Hippopotame adulte du Sénégal, aussi bien préparé que celui du Cap, et arrivé deux ans après au Muséum, examen dont nous allons donner ici les résultats les plus saillans, nous venons de nous assurer que l'espèce du Sénégal n'est certainement pas la même que celle du Cap. En voici les caractères différentiels d'après une notice que nous avons communiquée à la Société Philomatique de Paris, le 27 mars 1825.

Dans l'Hippopotame du Cap, la crête sagittale est au moins le cinquième de la distance de la crête occipitale au bout des os du nez; elle n'en est tout au plus que le sixième sur l'espèce du Sénégal qui est cependant beaucoup plus grande. Les incisives latérales d'en bas sont bien plus arquées, et les incisives mitoyennes bien plus proclives dans l'Hippopotame du Cap que dans celui du Sénégal. Les canines ne s'usent pas non plus de la même manière dans les deux espèces, ce qui nécessite un mécanisme différent dans le jeu de la mâchoire, la figure de son articulation et la disposition de ses muscles. Dans l'Hippopotame du Sénégal la canine supérieure est usée sur la moitié de sa longueur, et use l'inférieure un peu plus bas que la demi-hauteur de celle-ci, de sorte que la pointe ou le tranchant de cette canine reste à un pouce de distance du bord de l'alvéole supérieur, tandis que dans celui du Cap cette pointe dépasse d'un pouce le bord supérieur de la tubérosité que forme cet alvéole à côté des narines. Aussi la canine inférieure est-elle à proportion un tiers plus longue dans l'espèce du Cap, où à cause de cela la canine supérieure, réciproquement plus courte, n'a le bord supérieur de son biseau usé qu'à deux lignes de l'alvéole, et le bord inférieur à deux pouces. On se fera une idée très-exacte de ces rapports par la fig. 1re, planche 2, T. 1, des Ossemens Fossiles de Cuvier où la tête de l'Hippopotame du Cap est parfaitement rendue. Et ce degré d'usure des canines de l'espèce du Cap ne dépend pas de l'âge, car l'individu est plus jeune que celui du Sénégal, comme le montre l'intégrité presque entière de sa dernière molaire très-usée au contraire dans celui du Sénégal. Le plan sur lequel s'usent les canines est donc beaucoup plus incliné dans l'Hippopotame du Sénégal que dans celui du Cap. La suture du jugal avec l'os zygomatique, rectiligne dans l'Hippopotame du Sénégal, se termine dans la cavité glénoïde à un demi-pouce au-dessus du bord inférieur de cette cavité, de sorte que le bout du jugal fait partie de l'articulation maxillaire dans la proportion de ce demi-pouce de hauteur, tandis que dans l'espèce du Cap la pointe du jugal, terminée en biseau, s'arrête à un pouce en avant du bord extérieur de la cavité glénoïde. L'échancrure de l'angle costal de l'omoplate, si prononcée dans l'*H. Capensis* (*V.* Cuvier, *loc. cit.*, pl. 1 et pl. 2, fig. 6), est à peine sensible dans l'*H. Senegalensis* dont la proportion de taille est pourtant au moins d'un neuvième plus forte. L'échancrure que l'on voit aussi sur le *Capensis* (fig. cit.) entre l'apophyse coracoïde et la cavité glénoïde n'existe pas dans le *Senegalensis*; la ligne âpre qui prolonge le bord externe de la poulie rotulienne du fémur, figure 10, est fortement échancrée sur le condyle externe dans le *Capensis*; cette échancrure manque dans le *Senegalensis* : enfin, le bord pubien du détroit supérieur du bassin, échancré au milieu par deux éminences iléo-pectinées si prononcées, comme le montre la fig. 14, pl. 2, de Cuvier, est droit dans le *Senegalensis* où il n'y a même pas de traces de ces éminences ni de la saillie de la symphyse pubienne qui divise l'échancrure. — Un autre ordre de différences purement mécaniques dans les rapports de la mâchoire inférieure avec le crâne explique la différence de l'usure des canines. L'on conçoit aisément que, sans changer la position ni la forme du point d'appui d'un levier, les effets de mouvement seront extrêmement variables, selon la longueur, la direction, la rectitude ou les courbures du bras de ce levier. Or, les deux Hippopotames vivans offrent de telles différences dans la position des points mobiles des muscles qui meuvent la mâchoire inférieure sur le crâne, qu'il n'est pas possible que les effets de mouvement, observables sur la tête osseuse, savoir l'usure des dents les plus saillantes, les canines et les incisives, se ressemblent dans les deux espèces.

Ainsi tout étant égal dans la longueur du crâne depuis l'occiput jusqu'au bout des naseaux, dans la largeur de l'occiput, dans la plus grande convexité des arcades zygomatiques, dans l'écartement des points les plus voisins et les plus distans des condyles maxillaires, le plan que représente chaque branche du maxillaire est d'au moins quinze degrés plus oblique en dehors dans le *Senegalensis* que dans le *Capensis*. Il en résulte que la grande fosse où s'insère le masséter présente des insertions plus nombreuses et plus rapprochées de la perpendiculaire aux fibres de ce muscle, et réciproquement que les fibres du temporal et du ptérigoïdien externe, insérées à la convexité de la face opposée, agissent, surtout les plus longues, par réflexion, ce qui augmente de beaucoup leur effet. Et comme le crochet qui termine en avant la fosse massétérine est d'un pouce plus long dans le *Senegalensis* que dans le *Capensis*, il en résulte une plus grande facilité de porter en avant la mâchoire, pour les fibres du masséter dirigées d'avant en arrière de l'arcade zygomatique sur le maxillaire. Cette différence dans l'usure des dents étant l'expression d'une modification considérable dans le mécanisme des muscles et dans la sculpture osseuse de la mâchoire inférieure, devient donc un excellent caractère spécifique auquel se rattachent d'autres différences également importantes dans la figure et la proportion des autres parties du squelette, différences pour lesquelles nous renvoyons à notre notice citée. — Toutes ces différences sont plus grandes que celles que nous allons indiquer d'après Cuvier entre l'Hippopotame fossile et celui du Cap. Il n'est cependant personne, ayant la moindre notion de la fixité des formes, et de la valeur des caractères que donnent ces formes dans l'anatomie comparée des os, qui puisse douter de la certitude de la séparation de l'Hippopotame fossile d'avec celui du Cap.

De peur d'excéder les limites d'un article de Dictionnaire, nous renvoyons à l'ouvrage de Cuvier pour la construction du squelette de l'Hippopotame. Nous ferons remarquer seulement : 1° que tout le chanfrein est en ligne droite depuis la crête occipitale jusqu'au bord antérieur des naseaux ; 2° que les voûtes orbitaires sont très-saillantes en deux sens, savoir : au-dessus de cette ligne droite, de manière que les yeux sont les points les plus culminans du front, et en dehors de la ligne moyenne, de manière que les axes des orbites font une croix avec cette ligne ; 3° que le museau presque cylindrique au devant des orbites s'élargit au cinquième antérieur de la tête presque subitement en quatre grosses boursouflures, deux mitoyennes pour contenir les alvéoles des incisives, deux latérales pour l'alvéole de la canine ; 4° que les fosses temporales sont si excavées, que le crâne, plus étroit encore que la partie moyenne de la face, n'a pas le tiers du diamètre compris entre les deux arcades zygomatiques, et que l'occiput, presque vertical et à crête saillante au-dessus du vertex, est élargi de chaque côté par la soudure du mastoïdien, d'où résulte une vaste surface d'implantation pour les muscles cervicaux, surface dont le plan vertical favorise encore l'application de la puissance musculaire. On trouvera dans le premier livre de notre Anatomie des Systèmes nerveux (1 vol. in-8°, 1825), les rapports de cet élargissement et de ces saillies de l'occiput, avec la quantité d'effort nécessaire au mouvement et à l'équilibre de la tête sur le cou, et de cette amplitude de la fosse temporale et conséquemment de la réduction du crâne avec l'énergie des mouvemens et avec la longueur de la mâchoire inférieure ; 5° qu'enfin, à cause de ce relèvement des orbites en dehors, et de la crête occipitale en arrière, le frontal est très-concave entre les deux orbites.

Une différence frappante existe pour la couleur de la peau entre les deux Hippopotames du Muséum d'Histoire Naturelle de Paris, tous deux venus du Cap. L'ancien, celui préparé en Hollande par Klockner, est d'un beau noir ; l'autre, apporté et préparé par Delalande, est d'une couleur tannée passant au roux. Malgré la grande différence de ces couleurs, il était plausible de les attribuer au mode de préparation. Mais notre savant et intrépide voyageur Cailliaud nous a assuré qu'il avait également observé entre les Hippopotames qu'il a vus, soit dans le Nil, soit dans le Bahr-el-Abiad ou fleuve Blanc, cette même différence de couleur. Il y a dans ce fleuve des Hippopotames d'un beau noir d'ardoise, les autres d'un roux tanné. Ces différences l'avaient porté à croire à l'existence de deux espèces. L'Hippopotame pris dans la rivière de Damiette, lors de son retour au Caire, était noir et de sexe mâle. Comme l'Hippopotame roux du Cap, tué par Delalande, est mâle, ces différences de couleur ne dépendent donc pas du sexe. Si ces couleurs sont des distinctions spécifiques, il y aurait donc deux espèces d'Hippopotame dans l'Afrique australe et deux dans le Nil. Zeringhi, dans sa Notice publiée par Buffon (tab. 13), dit que la couleur de son mâle et de sa femelle était obscure et noirâtre, et Aldrovande (*Quadr. digit.*, p. 182) dit, d'après Columna qui n'avait vu que les peaux salées, qu'elles étaient *pullo colore*. Il faudrait donc sans doute admettre au moins une variété dans l'espèce du Nil, soit que cette espèce dût être rapportée à l'une des deux autres ou qu'elle dût, comme cela nous semble vraisemblable, en constituer une troisième. Comme nous ne connaissons que le squelette de l'Hippopotame du Sénégal, que nous ne connaissons de l'Hippopotame du Nil que sa couleur bien déterminée par les nombreuses observations de Cailliaud qui, malgré tout son zèle, ne put parvenir à réunir aucune partie du squelette de celui qui fut tué durant son séjour au Caire, et dispersé et perdu par les Arabes, nous ne pouvons parler des formes et des proportions extérieures, que pour l'Hippopotame du Cap, dont la peau a été montée si soigneusement par l'infatigable Delalande.

1°. Hippopotame du Cap, *Hippopotamus Capensis*, N. Bulletin des Sc. de la Soc. Philomat., mars 1825.

Le peu qu'on sait sur les mœurs de cette espèce, la seule qui ait été observée, est dû au navigateur anglais Rogers (Dampierre, Voyage, T. III). Il en observa un grand nombre durant une relâche à la baie de Natal, sur la côte de la Cafrerie. L'Hippopotame, dit-il, est ordinairement gras et un fort bon manger. (Nous avons observé ailleurs que cette prédominance de la graisse, sous-cutanée principalement, est propre aux Mammifères aquatiques.) Il paît sur les bords des étangs et des rivières, dans les endroits humides et marécageux, et se jette à l'eau dès qu'on l'attaque. Lorsqu'il est dans l'eau, il plonge jusqu'au fond et y marche comme il le ferait sur un terrain sec, même avec plus de vitesse; il court presqu'aussi vite qu'un homme, mais, si on le poursuit, il se retourne pour se défendre. Il se nourrit de cannes à sucre, de joncs, de riz, de millet, et l'on conçoit qu'un aussi énorme animal en consomme d'immenses quantités et cause d'énormes dommages aux champs qui sont à sa portée. On dit aussi qu'il se nourrit de poissons; mais il est plus que douteux qu'il tue des Animaux ou des Hommes pour les manger, car le capitaine Covent, cité par Dampierre (T. III), et qui en avait observé un assez grand nombre à la côte de Loango, en vit un soulever avec son dos la chaloupe du vaisseau, la renverser avec six Hommes qui étaient dedans, et auxquels il ne fit aucun mal. Ce même voyageur ajoute, chose assez extraordinaire, qu'il y avait trois Hippopotames qui infestaient cette baie à chaque nouvelle lune. Kolbe dit aussi qu'il se retire également à la mer. Ces assertions sur l'habitation marine de l'Hippopotame auraient besoin d'être vérifiées. Il reste fort longtemps sous l'eau, et il ne reparaît souvent à la surface qu'à perte de vue de l'endroit où il a plongé; voilà ce que nous a dit Delalande. Le capitaine Covent assure en avoir vu rester une demi-heure sous l'eau. Quand il est en sécurité, il nage, la tête à fleur d'eau, n'élevant au-dessus de la surface que les narines, les yeux et les oreilles. Quand il dort, il ne tient également que ces sommités de la tête hors de l'eau. Cette espèce est devenue assez rare dans les rivières de la colonie du Cap, pour que la chasse en soit défendue sous peine d'une amende de mille rixdalers. Elle se tient en petites troupes de huit ou dix, mais il paraît qu'ils vivent accouplés. Il est assez singulier que presque chaque fois qu'on en a tué en Egypte, ils étaient deux ensemble, mâle et femelle. On a vu plus haut qu'il existe au Cap des Hippopotames de deux couleurs. Sur plus de quarante Hippopotames que Cailliaud a vus dans le Nil, il n'y en avait que deux roux. On a rencontré des Hippopotames à toutes les embouchures des fleuves de la côte de Mozambique.

2°. HIPPOPOTAME DU SÉNÉGAL, *Hippopotamus Senegalensis*, N., *ibid.* Comme on n'en connaît que le squelette, ses caractères résultent des différences ostéologiques que nous avons rapportées ci-dessus d'après notre notice insérée au bulletin de la Société Philomatique, mars 1825, et à laquelle nous renvoyons. Tout ce que nous pouvons ajouter sur cette espèce, c'est que ses canines sont constamment plus grosses que celles de l'Hippopotame du Cap. On savait depuis long-temps, par le voyageur Desmarchais, que c'est du cap Mesurado, près de Sierra-Leone, endroit de la Guinée où se rendent un grand nombre de caravannes de la Nigritie, que viennent les plus belles dents d'Hippopotame.

3°. GRAND HIPPOPOTAME FOSSILE, *Hippopotamus major*, Cuvier (Ossem. Fossiles, deuxième édition, T. I, p. 310). Les caractères distinctifs du grand Hippopotame fossile, dit l'illustre zoologiste, pag. 315, ne sont pas tout-à-fait aussi sensibles que ceux des Eléphans et des Rhinocéros du même temps, et tant que les morceaux que je possédais étaient en petit nombre, et que je n'ai pas eu de squelette complet de l'Hippopotame vivant à leur comparer, j'ai presque désespéré de pouvoir assigner à cette espèce des différences certaines. Mais aujourd'hui l'incertitude est entièrement dissipée, et la règle géologique trouve son application pour ce genre comme pour les autres. — La canine inférieure diffère de l'analogue de l'Hippopotame du Cap, en ce que son diamètre a un plus grand rapport avec sa longueur, et parce que sa courbure en spirale est beaucoup plus marquée; la tête vue en dessus a la crête occipitale plus étroite, les arcades zygomatiques écartées en arrière; la jonction de la pommette au museau s'y fait par une ligne oblique et non par une subite échancrure, d'où il résulte aussi que la partie rétrécie du museau est moins longue à proportion: l'occiput s'y relève plus vite, et par conséquent la chute de la crête sagittale entre les orbites y est plus rapide, et par conséquent la hauteur verticale de l'occiput plus grande. A la mâchoire inférieure, l'intervalle des deux branches est plus étroit, leur angle de réunion moins arrondi en avant. L'échancrure du crochet revient moins rapidement en avant, et le bord inférieur se relève aussi un peu moins en avant. — Une vertèbre cervicale fossile, approximativement la cinquième, avec un corps d'un quart plus large et plus haut, n'est pas plus longue, et sa partie annulaire est d'un tiers plus étroite, ses apophyzes articulaires et tranverses [illegible] à peu près les mêmes. Le co[illegible]it donc être à proportion plus [illegible]; mais les autres régions de son épine doivent avoir eu des proportions semblables. — A l'omoplate le tubercule coracoïde est plus mousse et plus recourbé en dedans; la poulie articulaire de l'humérus est plus étroite et plus grosse, et la crête en dessus du condyle externe y remonte plus et est plus saillante que dans le vivant. L'ensemble du cubitus et du radius soudés comme dans le *Capen-*

sis est beaucoup plus large à proportion. Dans celui-ci, la plus grande largeur des deux os vers le bas est contenue deux fois dans la longueur du radius, dans le fossile une fois et demie seulement. La limite des deux os est creusée d'une large concavité dont le fond est plein sauf le trou dans la partie supérieure, lequel est situé bien plus haut dans le fossile que dans le vivant.

Nous ne parlerons pas des différences de proportion entre les bassins, parce que ces différences pourraient dépendre de celle des sexes des individus comparés. Le fémur fossile diffère infiniment peu du vivant (*Capensis*), dit Cuvier. On voit dans notre Notice quelle est la disproportion et la différence de figure entre celui du *Capensis* et celui du *Senegalensis*. Le tibia fossile est plus gros à proportion de sa longueur, ce qui s'accorde avec les dimensions de l'avant-bras pour faire juger que le fossile avait les jambes plus courtes et plus grosses que celui du Cap. D'après la proportion des os qu'il a examinés, Cuvier assigne treize à quatorze pieds de long à l'Hippopotame fossile.

C'est en Italie, au val d'Arno en Toscane, que l'on a trouvé la plus grande quantité des restes de cette espèce. Ils y sont dans le val d'Arno supérieur presqu'aussi nombreux que ceux d'Eléphant, et plus que ceux de Rhinocéros. Du reste ils se trouvent ensemble et pêle-mêle dans les mêmes couches, et dans les collines sablonneuses qui forment les premiers échelons des montagnes. Voici les autres lieux où l'on en a encore trouvé des ossemens isolés, d'après Cuvier. Les environs de Montpellier, d'où provenaient les dents décrites par Ant. de Jussieu (Acad. des Sc. 1724); les environs de Paris et la plaine de Greuelle : le comté de Midlesex près de Brentford en Angleterre, dans le même dépôt où se trouvaient aussi des os d'Eléphant, de Rhinocéros et de Cerf; enfin la caverne de Kirkdale dans le Yorkshire.

4°. Petit Hippopotame fossile, *Hippopotamus minutus*, Cuvier (*loc. cit.*, p. 522 et suiv.). C'est d'un bloc d'origine inconnue, mais qu'on a su depuis provenir des environs de Dax et de Tartas, dans le département des Landes, et déposé depuis longtemps dans les magasins du Muséum, tout lardé de fragmens d'os et de dents, et assez semblable aux brêches osseuses de Gibraltar, de Cette et de Dalmatie, si ce n'est que la pâte, au lieu d'être calcaire et stalactique, était une sorte de Grès à base calcaire, que cette espèce a été extraite par Cuvier. Cuvier avait retrouvé en 1803 un bloc pareil dans le cabinet du sénateur Journu-Aubert à Bordeaux, et dont celui-ci fit ultérieurement présent au Muséum de Paris. Journu-Aubert ignorait aussi l'origine de son bloc qu'on a su depuis provenir du même canton que le précédent. Sur les molaires de cette espèce la détrition, au lieu d'être horizontale comme à celle des Hippopotames vivans, se faisait obliquement. Les collines ne sont usées que sur leur face antérieure, ce qui montre que celles de la dent opposée pénétraient, lors de la mastication, dans les intervalles de celle-ci. Et comme l'usure des faces antérieures des collines y trace des sillons, il est clair que si la détrition avait été horizontale elle eût produit des figures de trèfle. Le germe d'une deuxième molaire n'ayant point encore de racines, et dont les sommets sont entièrement intacts, montre comment les deux collines transversales sont chacune rendues fourchues à leur sommet par deux plans, faisant ensemble un angle d'environ soixante degrés. Cette dent est moitié plus petite que l'analogue du grand Hippopotame, ainsi que les deux suivantes usées obliquement comme nous avons dit. Les trois dernières molaires du Cochon sont saillantes et à peu près aussi grandes que celles-ci, mais les collines y sont accompagnées de tubercules accessoires, de manière que la dent paraît toute mamelonnée. Les trois molaires antérieures, de même forme que celles de l'Hippopotame, n'ont rien de commun avec celles du Cochon, qui sont tranchantes et comprimées. Les incisives et les canines du petit Hippopotame sont la miniature de celles du grand. Seulement les canines du petit, striées bien plus finement à proportion sur leur surface, ont de plus à leur face externe un canal large et très-peu profond, régnant sur toute leur longueur. Enfin un germe de molaire ayant deux collines, dont la seconde seulement est fourchue, par conséquent ayant trois pointes, diffère de l'analogue dans les Hippopotames vivans. — Tous les os du squelette, en vertu de cette corrélation qui unit les formes des dents à l'ensemble de l'organisation, n'offrent pas de moindres différences spécifiques; par exemple, le crochet de la mâchoire inférieure se portait plus en arrière, à proportion, que dans les Hippopotames vivans, et, au lieu de représenter environ un quart de cercle, devait former une sorte de lunule.

5°. MOYEN HIPPOPOTAME FOSSILE, *Hippopotamus medius*, Cuvier (*loc. cit.*, pag. 332). Cette espèce a été trouvée dans un Tuf calcaire, qui a toute l'apparence d'un produit d'eau douce, à Saint-Michel de Chaisme, département de Maine-et-Loire. Le morceau unique sur lequel Cuvier établit sa détermination est une portion fracturée du côté gauche de la mâchoire inférieure, contenant la dernière et la penultième molaires, les racines de l'antépénultième et quelques restes d'alvéole de la précédente. Voici la différence spécifique de ces dents: 1° elles manquent de collet autour de leur base; 3° les disques de leur couronne ne représentent pas des trèfles aussi distincts que ceux de l'Hippopotame; la dernière n'a pas un talon aussi longitudinal et aussi simple, mais seulement trois tubercules formant un talon transverse comme dans la pénultième; comme elles ne ressemblent pas plus aux dents du petit qu'à celles du grand Hippopotame, il n'est pas douteux qu'elles ne constituent une espèce particulière, et leurs rapports avec les Hippopotames sont assez grands pour faire rattacher leur espèce à ce genre. Une détermination plus certaine résulterait évidemment de la comparaison des canines, des incisives, et du crochet axillaire.

Enfin quelques dents indiquant une espèce voisine de l'Hippopotame et plus petite que le Cochon, ont été trouvées avec des dents de Crocodiles dans un banc calcaire, près de Blaye, département de la Charente. Ces dents représentées, pl. 7, fig. 12 à 17 (*loc. cit.*), offrent d'un côté un trèfle assez marqué bien qu'usé profondément, mais le côté opposé n'offre encore qu'un petit cercle; une 3e, fig. 18 à 20, usée encore davantage, présente deux figures à quatre lobes. Quoique leur forme ressemble beaucoup à celle de l'Hippopotame, néanmoins, vu qu'outre des dents de Crocodiles il s'est trouvé dans la même fouille des incisives tranchantes, qui, si elles venaient des mêmes mâchoires, en rapprocheraient beaucoup l'Animal de l'un des genres trouvés à Montmartre, Cuvier pense qu'il faut attendre d'autres os pour en porter un jugement définitif. (A. D..NS.)

HIPPORCHIS. BOT. PHAN. Ce nom a été donné par Du Petit-Thouars (Histoire des Orchidées des îles australes d'Afrique) à un genre qui correspond au *Satyrium* de Swartz ou *Diplectrum* de Persoon. *V.* ces mots. L'espèce sur laquelle ce genre est constitué, a été nommée *Amœnorchis* et *Diplectrum amœnum*, par Du Petit-Thouars qui l'a figurée avec quelques détails (*loc. cit.*, tab. 21). (G..N.)

* HIPPORYNCHOS. OIS. *V.* TOUCAN. (DR..Z.)

HIPPOSELINUM. BOT. PHAN. (Dioscoride.) Syn. de *Smyrnium Olusastrum*, L., selon les uns, et de *Ligusticum Levisticum* selon d'autres. (B.)

HIPPOSETA. BOT. CRYPT. C'est-à-dire *Soie de Cheval*. Syn. de Prêle. *V.* ce mot. (B.)

HIPPOTAURUS. MAM. *V.* HIPPOBUS.

* HIPPOTHOÉ. *Hippothoa.* POLYP Genre de l'ordre des Cellariées, dans la division des Polypiers flexibles et non entièrement pierreux, à Polypes situés dans des cellules non irritables. Ses caractères sont : Polypier encroûtant, capillacé, rameux; rameaux divergens, articulés; chaque articulation composée d'une seule cellule en forme de fuseau ou de navette; ouverture polypeuse ronde, très-petite, située sur la surface supérieure et près du sommet de la cellule. *V.* Lamx., Gen. Polyp., p. 82, tab. 80, fig. 15-16.

Une seule espèce compose ce joli genre que sa petitesse avait soustrait aux recherches des naturalistes. Il diffère de tous les genres connus par les nombreux caractères qu'il présente; mais il se rapproche des Lafœes par sa composition (une seule cellule à chaque article), et des Aétées par la situation de l'ouverture de la cellule. Sa manière de se ramifier est des plus singulières : c'est de la partie la plus large de la cellule que sortent deux cellules presque toujours opposées entre elles, et formant un angle presque droit avec la première; elles sont à peine visibles à l'œil nu quoiqu'elles aient la couleur et l'éclat de la Nacre de perle. L'Hippothoé divergente n'est pas rare sur les Hydrophytes de la Méditerranée, principalement sur le *Delesseria palmata.* (LAM..X.)

HIPPOTIS. BOT. PHAN. Genre de la famille des Rubiacées et de la Pentandrie Monogynie, L., établi par Ruiz et Pavon (*Flor. Peruv.*, 2, p. 55, tab. 201), et caractérisé ainsi : calice en forme de spathe, fendu au sommet d'un côté, et de l'autre se développant en oreillette; corolle infundibuliforme un peu plus longue que le calice, à cinq lobes presqu'égaux; cinq étamines insérées sur le milieu du tube, à anthères ovées, non saillantes; disque (nectaire, R. et Pav.) urcéolé, court, à cinq crénelures, placé sur l'ovaire; stigmate à deux lobes appliqués; baie ovée, couronnée par le calice à deux loges renfermant plusieurs graines très-petites. Jussieu, dans son Mémoire sur les Rubiacées (Mém. du Muséum, année 1820), a fait observer que l'organe décrit ici comme un nectaire devrait être plutôt considéré comme le limbe calicinal, et le calice spathiforme comme une bractée. C'est ce calice dont la forme imite l'oreille d'un Cheval qui a déterminé le nom générique. L'*Hippotis triflora*, R. et Pav., est un Arbrisseau indigène des grandes forêts du Pérou, velu sur toutes ses parties, dont les tiges sont rameuses, entourées à chaque articulation de poils rouges, et dont les feuilles sont ovales-oblongues, acuminées et accompagnées de stipules caduques. Les fleurs sont portées, au nombre de trois, sur des pédoncules axillaires et accompagnées de bractéoles. Un auteur a altéré le nom spécifique de cette Plante en la nommant *H. trifolia*. Cette erreur typographique pourrait donner lieu à quelque double emploi de la part des copistes. (G..N.)

* HIPPURE. POIS. Espèce du genre Coryphœne. *V.* ce mot. (B.)

*HIPPURINE. *Hippurina.* BOT. CRYPT. (*Hydrophytes.*) Genre de Plantes marines proposé par Stackhouse, dans la deuxième édition de sa Néréide Britannique pour le *Fucus aculeatus* de Linné, que nous avons placé dans notre genre Desmarestie. Agardh l'intercalle dans ses Sporochnes, et Lyngbye parmi ses Desmies : ainsi le genre Hippurine n'a été adopté par aucun naturaliste; peut-être à tort, car les caractères qui séparent les Hippurines des Desmarestics sont assez essentiels pour servir à constituer deux genres particuliers; et si nous ne l'avons pas encore fait, c'est pour éviter le reproche qu'adresse Linné aux botanistes qui multiplient les genres sans les étudier. *Hæresis indè summa botanices quæ genuit genera* *spuria*, *innumera*, *in summum damnum botanices*, L., *Philos. Bot.*, p. 120. (LAM .X.)

HIPPURIS. POIS. (Bontius.) *V.* KAPIRAT à l'article CLUPE. (B.)

HIPPURIS. POLYP. Espèce du genre Iside. *V.* ce mot. (B.)

HIPPURIS. BOT. PHAN. Ce genre, de la Monandrie Monogynie, L., était autrefois désigné par Vaillant sous le nom de *Limnopeuce*. Jussieu le plaça d'abord parmi les Nayades, famille supposée intermédiaire entre les Acotylédones et les Monocotylédones, et dont quelques genres ont été distribués dans les autres ordres naturels du règne végétal. L'*Hippuris* a été plus tard rapproché des Onagraires par Jussieu lui-même (Ann. du Muséum d'histoire naturelle, T. III, p. 323), qui, d'après les dessins fort exacts de Richard père, en a ainsi tracé les caractères : fleurs placées aux aisselles des feuilles, hermaphrodites ou femelles; calice adhérent à l'ovaire, formant au-dessus un petit rebord presque entier, à la face intérieure duquel est insérée une seule étamine; un style simple, papillaire, surmonte l'ovaire qui devient un fruit monosperme, couronné par le limbe persistant du calice; graine attachée au sommet de la loge, composée d'un embryon cylindrique, entouré non d'un périsperme mais d'une membrane un peu charnue; cet embryon a sa base divisée en deux et sa radicule dirigée supérieurement. Dans la description de cette graine, Gaertner (*de Fruct.*, 2, p. 24, t. 84) lui avait, au contraire, attribué un périsperme (albumen) charnu, la radicule dirigée inférieurement, et n'avait fait aucune mention de ses lobes ou cotylédons. Jussieu a de plus indiqué des rapports éloignés entre le genre *Hippuris* et les Elæagnées qu'il considérait comme ayant l'ovaire adhérent; mais cette famille qui a été en ces derniers temps l'objet d'une Monographie publiée par notre collaborateur Ach. Richard (Mém. de la Soc. d'Hist. nat. T. I, 2e partie, p. 375), ne renferme que des genres à ovaire libre, et dès-lors exclut le genre dont il est ici question.

L'HIPPURIS COMMUNE, *Hippuris vulgaris*, L., vulgairement Pesse, est une Plante que l'on trouve dans les fossés aquatiques et sur les bords des étangs. Elle a des tiges droites, simples, qui s'élèvent de deux à trois décimètres à la surface de l'eau; elles sont garnies de feuilles verticillées, linéaires et qui diminuent de longueur à mesure que les verticilles sont plus rapprochés du sommet de la tige; les fleurs sont très-petites, rougeâtres, axillaires et sessiles. Cette Plante change d'aspect d'après la quantité d'eau au-dessus de laquelle elle s'élève. Si elle est progressivement immergée, toutes ses feuilles deviennent plus longues et plus minces, et ses fleurs avortent; enfin elle a un port si différent qu'on la prendrait pour une espèce distincte. En cet état, c'est l'*Hippuris fluviatilis* des auteurs allemands.

Vahl (*Enum.*, 1, p. 13) a décrit une autre espèce sous le nom d'*Hippuris maritima*, qui croît près d'Abo en Finlande sur les bords de la mer. Cette Plante est figurée dans les *Observ. botan.* de Retz (Fasc 3, tab. 1) sous le nom d'*Hippuris lanceolata*. Elle est caractérisée par ses feuilles inférieures au nombre de quatre et les supérieures à cinq ou six dans chaque verticille. Wahlenberg (*Flora Suecica*, p. 2, Upsal, 1824) ne la regarde que comme une variété de la précédente espèce.

Nous n'avons pas adopté le nom français de Pesse qui a été donné au genre *Hippuris*, parce que ce dernier mot est beaucoup plus connu et que d'autres Plantes fort différentes ont été également nommées Pesses. Telles sont quelques espèces de Pins et de Sapins. (G..N.)

HIPPURITE. *Hippuris.* MOLL. FOSS. Les Hippurites que Picot de la Peyrouse découvrit dans les Pyrénées, sont des Coquilles d'une structure fort singulière, et qui présentent des caractères qui rendent leur place difficile à assigner dans les méthodes de classification. Comprises par Picot de la Peyrouse, dans son genre Orthocératite, elles en ont été retirées par Lamarck qui a proposé le genre qui nous occupe dans le Système des Animaux sans vertèbres. Il l'a conservé depuis en le laissant à la même place dans le Système ; ce genre a été adopté par le plus grand nombre des auteurs et mis à peu près dans les mêmes rapports que Lamarck, c'est-à-dire près des Bélemnites et des Orthocères dans les Multiloculaires sans spirale ; ce genre, quoique bon, pourrait appartenir à une classe bien différente de celle où on le met actuellement, et si l'opercule n'est point une dernière cloison, comme cela est peu probable, pourquoi ne serait-ce pas une Coquille bivalve? Et en effet il n'y a point de motifs bien raisonnables de les éloigner beaucoup des Sphérulites, par exemple, et des Radiolites. Sur quoi a-t-on basé l'éloignement de ces genres que la Peyrouse avait réunis par analogie? sur des cloisons intérieures dans l'un, non observées dans l'autre; et ces cloisons sur lesquelles on s'est appuyé sont-elles bien des loges analogues à celles des autres Polythalames? Elles n'en ont ni la structure ni la régularité; semblables à ces cloisons formées par certains Lithophages dans le fond de la cavité qu'ils occupent, à mesure qu'ils ont besoin de s'approcher de la surface du corps où ils sont enfermés, ou mieux encore, selon l'observation de Defrance, semblables aux cloisons qui se voient dans le talon de certaines Huîtres, ces concamérations qui en ont tous les caractères sont le résultat des accroissemens de l'Animal, et la nécessité où il se trouve d'augmenter d'un côté l'espace où il est compris, de laisser derrière lui l'espace qui lui est devenu inutile, et de trouver néanmoins dans la formation d'une nouvelle loge un point d'appui qui lui est nécessaire, explique parfaitement et par analogie la formation des cloisons irrégulières dans les Hippurites. Ce qui doit en outre détruire toute espèce de motif de rapprocher les Hippurites des Polythalames, sont les trois choses que nous allons examiner : 1° le syphon : on sait que dans les Polythalames, l'usage du syphon est comme dans le Nautile, par exemple, ou dans la Spirule, destiné au passage d'un cordon tendineux capable de donner un point d'attache solide à l'Animal, pour que cette attache remplisse entièrement le but que se propose la nature pour ces genres; il a fallu qu'elle se continuât dans un syphon non interrompu; c'est ainsi que nous l'observons dans tous les véritables Polythalames; ici, au contraire, il est cloisonné comme le reste de la partie postérieure de la coquille, ce qui fait voir jusqu'à l'évidence qu'il n'est pas destiné aux mêmes fonctions. Nous verrons bientôt qu'il est même impossible qu'il ait été formé pour les mêmes usages; d'ailleurs ce que l'on nomme syphon dans les Hippurites, en est-il véritablement un, lorsque nous le voyons affecté à un très-petit nombre d'espèces, les autres ne présentant qu'une gouttière latérale formée par deux arêtes convergentes de la base au sommet. 2°. L'opercule : des coquilles cloisonnées et en même temps fermées par un opercule mobile, par une valve fort analogue à celle des Sphérulites et des autres Rudistes, ont dû, nous l'avouons, embarrasser beaucoup ceux des naturalistes qui ont voulu les placer parmi les Cloisonnées. Pour se tirer d'affaire, il a fallu établir des hypothèses; c'est alors que lon a supposé que l'opercule, dont il est question, n'était autre chose qu'une dernière cloison extérieure, bombée, analogue à celle des Discorbes et d'autres Polythalames dont la dernière cloison est extérieure et bombée en dehors; mais il faut observer qu'ici il n'y a pas la moindre analogie entre ces cloisons et l'opercule des Hippurites · ici elle est fixe, là elle est mobile, et comme on sait que cette dernière cloison sert de point d'appui à l'Animal, elle ne peut lui être véritablement nécessaire que par sa fixité. Un autre motif qui détruit encore l'analogie, est celui-ci : dans les Polythalames, toutes les cloisons, depuis la première jusqu'à la dernière, sont semblables pour la forme, la convexité et les accidens ou caractères qui peuvent s'y rencontrer, dissemblables en cela seulement qu'elles sont de dimensions différentes, étant placées dans un espace conique; ici cette dernière cloison ou cet opercule est fort différent des autres cloisons, criblé de pores; il est tantôt concave, tantôt convexe selon les espèces, taillé en bizeau sur son bord pour s'adapter dans la coquille qu'il recouvre, et la clore aussi parfaitement qu'il est possible. Cet opercule peut donc être considéré comme une valve, puisqu'il en remplit les usages, et si l'on a placé les Radiolites dans les Bivalves, lorsque leur valve operculaire est si semblable à celle des Hippurites, pourquoi celles-ci ne viendraient-elles pas s'y ranger aussi. 3°. L'adhérence : les Hippurites comme les Radioles étant adhérentes par leurs parois ou par leur sommet, il s'ensuit évidemment qu'elles ne peuvent être considérées, comme les Bélemnites, comme étant des corps intérieurs solides de Céphalopodes; tout annonce dans leur forme, leur irrégularité, leur non symétrie, qu'elles ne peuvent appartenir à cette classe d'êtres si voisins des Vertébrés par leur organisation compliquée. Cette adhérence des Hippurites, constatée cependant dès le principe par les observations de Picot de la Peyrouse, détruit toutes les idées que l'on s'était faites de ces corps, idées qui ne sont dues qu'à la manière dont l'esprit le plus juste et le plus judicieux peut quelquefois se laisser entraîner par la considération exclusive d'un seul caractère, abstraction faite de tous les autres moyens d'induction.

Il suit de ces observations, du moins nous le croyons, que le genre Hippurite de Lamarck a été à tort placé par cet illustre zoologiste parmi les Polythalames; il doit, telle est notre opinion actuelle, se ranger dans les Rudistes à côté des Radiolites et des Sphérulites, et peut-être rentrer suivant l'opinion du premier observateur, Picot de la Peyrouse, dans ce premier genre; car d'après l'idée que nous nous sommes faite de ces deux genres, nous avons pensé que les Radiolites ne sont point cloisonnées parce qu'elles s'accroissent plus en longueur qu'en hauteur, ce qui est l'inverse dans les Hippurites, et il sera possible par la suite, en multipliant sur les lieux mêmes les observations, de trouver les mêmes espèces cloisonnées ou non, selon leur degré et leur mode de développement. Quoi qu'il en soit de cette opinion résultant de nos observations particulières et de l'embarras que nous avons éprouvé à placer convenablement ces corps, voici les caractères que Lamarck a assignés à ce genre : coquille cylindracée-conique, droite ou arquée, multiloculaire; à cloisons transverses et subrégulières; une gouttière intérieure, latérale, formée par deux arêtes longitudinales parallèles, obtuses et convergentes; la dernière loge fermée par un opercule. On ne connaît encore de Coquilles appartenant à ce genre, que des espèces qui sont à l'état de pétrification, et il est fort difficile par cela même de juger de leur organisation intérieure; le plus grand nombre de celles qui sont connues, viennent des Pyrénées, ont été découvertes par Picot de la Peyrouse, et décrites par lui dans sa Description de plusieurs nouvelles espèces d'Orthocératiles et d'Ostracites; quelques autres espèces sont d'Italie et de Saint-Paul-Trois-Châteaux.

HIPPURITE STRIÉE, *Hippurites striata*, Def., Dict. des Sc. nat. T. XXI, p. 96; *Orthoceratites*, Picot de la Peyrouse, Description de plusieurs nouvelles espèces, pl. 6, fig. 1, 2, 3.

HIPPURITE SILLONNÉE, *H. sulcata*, Def., *loc. cit.*; *Orthoceratites*, Picot de la Peyrouse, *loc. cit.*, pl. 5. (D..H.)

HIPPURITE. POLYP. Guettard et quelques oryctologistes ont employé le nom d'Hippurite pour désigner divers Polypiers fossiles. (B.)

HIPPURITE. *Hippurita*. BOT. FOSS. Le théologien naturaliste Scheuchzer appelait ainsi les empreintes végétales qu'on soupçonne être celles de Casuarine, et qu'il croyait venir d'une Prêle. (B.)

HIPPURUS. POIS. *V.* HIPPURE.

HIPREAU. BOT. PHAN. *V.* YPRÉAU.

HIPTAGE. *Hiptage*. BOT. PHAN. Ce genre, de la famille des Malpighiacées et de la Décandrie Monogynie, L., a été établi par Gaertner sur une Plante dont la synonymie est très-compliquée. En effet, Rhéede (*Hort. Malab.*, 6, tab. 59) l'a figurée sous le nom de *Sidapou*; c'est le *Calophyllum Akara* de Burmann (*Flor. Ind.*, 121). Lamarck, dans l'Encyclopédie méthodique, en fit une espèce de *Banisteria*, et, dans ses Illustrations, adopta le nom de *Molina* proposé par Cavanilles, mais qui n'a pas été adopté à cause de l'existence d'un autre genre *Molina* établi par Ruiz et Pavon. Enfin Schreber et Roxburgh ont nommé ce genre *Gærtnera*, quoiqu'il y eût déjà deux genres dédiés à l'illustre auteur de la Carpologie. Dans son *Prodromus Syst. Veg.* T. 1, p. 583, le professeur De Candolle a ainsi tracé les caractères du genre *Hiptage* : calice à cinq divisions profondes, muni de cinq glandes à sa base; cinq pétales frangés; dix étamines dont une plus longue que les autres; trois carpelles (ou deux seulement par suite d'avortement) à quatre ailes inégales. L'*Hiptage Madablota*, Gaertn. (*de Fruct.*, 2, p. 169, tab. 116), *Gærtnera racemosa*, Roxb. (*Coromand.*, 1, p. 19, tab. 18), est un Arbre de médiocre grandeur dont toutes les parties sont couvertes d'un léger duvet formé par des poils couchés et cendrés. Ses feuilles sont ovales, lancéolées, acuminées, et ses fleurs rougeâtres sont disposées en grappes au sommet des rameaux. Cet Arbre croît dans les Indes-Orientales, où Sonnerat dit que les habitans le nomment *Madablota* et le cultivent dans les jardins pour parer de ses fleurs leurs divinités. (G..N.)

* HIPTAGÉES. *Hiptageæ*. BOT. PHAN. De Candolle (*Prodr. Syst. Veget.*, 1, p. 583) a donné ce nom à la seconde tribu de la famille des Malpighiacées, tribu caractérisée par un style ou trois soudés en un seul, par les carpelles de son fruit secs, indéhiscens, monospermes, souvent développés de diverses manières en forme d'ailes, et par ses feuilles opposées ou verticillées. A cette tribu appartiennent les genres : *Hiptage*, Gaertn.; *Tristellateia*, Du Pet.-Th.; *Thryallis*, L.; *Aspicarpa*, Rich.; *Gaudichaudia*, Kunth; *Camarea*, Aug. St.-Hil. *V.* ces mots et le dernier au Supplément. (G..N.)

HIRARE. BOT. PHAN. Nom malégache donné par Flacourt, pour celui d'une Stramoine qui nous paraît être la même que l'espèce si commune en certaines parties de l'Europe. (B.)

HIRCOTRITICUM. BOT. PHAN. Syn. de *Polygonum Fagopyrum*. (B.)

HIRCULUS. BOT. PHAN. Ce nom paraît désigner, dans Pline, le *Valeriana Celtica*. L'Ecluse l'applique à un Saxifrage auquel Linné l'a conservé. (B.)

HIRCUS. MAM. Nom scientifique du mâle de la Chèvre commune. (B.)

HIRÉE. *Hiræa*. BOT. PHAN. Genre de la famille des Malpighiacées et de la Décandrie Trigynie, L., établi par Jacquin (*Plant. Amer.* 137), et réuni par Jussieu avec le *Triopteris* de Linné. Il en a été de nouveau distingué par Kunth (*Nov. Gen. et Spec. Plant. æquin.*, 5, p. 167) et par De Candolle (*Prodr. Syst. Veg.*, 1, p. 585), qui l'ont caractérisé de la manière suivante : calice hémisphérique, à cinq pétales glanduleux ou dépourvus de glandes; corolle à cinq pétales onguiculés et presqu'arrondis ; dix étamines, dont les filets subulés et alternativement plus longs sont soudés inférieurement ; ovaire triloculaire, renfermant un seul ovule suspendu dans chaque loge, surmonté de trois styles et de trois stigmates tronqués ; trois ou rarement deux samares fixées à un axe, munies d'une crête sur le dos, et ceintes d'une aile membraneuse, large et mince, échancrée souvent au sommet et à la base. Les Plantes de ce genre sont des Arbrisseaux grimpans et volubiles. Leurs feuilles sont opposées, très-entières, et leurs fleurs blanches, violacées ou jaunes, sont disposées en grappes paniculées et accompagnées de deux bractées.

Dix-neuf espèces sont décrites dans le *Prodromus* du professeur De Candolle. Elles y sont distribuées en deux groupes principaux. Le premier qui conserve le nom d'*Hiræa*, est caractérisé par ses calices dépourvus de glandes. Il renferme six espèces originaires des climats chauds de l'un et de l'autre hémisphère. On y distingue l'*Hiræa reclinata* décrite et figurée par Jacquin (*loc. cit.*, tab. 176, fig. 42), qui a pour patrie les environs de Carthagène en Amérique. Le fruit du *Flabellaria paniculata* de Cavanilles (Dissert. 9, p. 436. tab. 264) appartient à l'*Hiræa odorata*, Willd. Cette tribu contient en outre deux espèces de l'Inde, décrites par Roxburgh sous les noms d'*Hiræa nutans* et d'*Hiræa indica*.

La deuxième section a été considérée comme un genre distinct par Bertero, qui en a rapporté deux espèces de l'île Sainte-Marthe, et leur a donné les noms de *Mascagnia americana* et de *M. oblongifolia*. Cette section est caractérisée par ses calices glanduleux. Les cinq espèces nouvelles des environs de Cumana et des bords de l'Orénoque, publiées par Kunth (*loc. cit.*), appartiennent à cette section. Enfin les descriptions de six espèces du Mexique ont été ajoutées à la suite des *Mascagnia*, par De Candolle qui les a tracées d'après les figures inédites de la Flore du Mexique, dont une copie est en sa possession. (G..N.)

* HIRLIN. POIS. *V*. HEURLIN.

HIRMONEURE. *Hirmoneura*. INS. Genre de l'ordre des Diptères, famille des Tanystomes, tribu des Bombylières, établi par Meigen (Dipt. d'Eur. T. II, p. 132). Les Insectes de ce genre ont les antennes composées de trois articles égaux, presque globuleux avec un style terminant le dernier. Ils ont trois petits yeux lisses et leur bec est caché. La principale espèce est l'*Hirmoneura obscura*, Meigen (*loc. cit.*, tab. 16, fig. 7-11). (G.)

* HIRNELLIE. *Hirnellia*. BOT. PHAN. Genre de la famille des Synanthérées, et de la Syngénésie séparée, L., établi par Cassini (Bullet. de la Société Philom., avril 1820) qui l'a placé dans la tribu des Inulées Gnaphaliées, près des genres *Siloxerus* et *Gnephosis*, et l'a ainsi caractérisé : involucre cylindrique, formé d'environ huit folioles sur deux rangs, appliquées, surmontées d'un appendice étalé, scarieux et coloré, les extérieures coriaces, les intérieures membraneuses ; réceptacle nu et ponctiforme ; calathide oblongue, composée de deux fleurons égaux réguliers et hermaphrodites ; ovaires obovoïdes, très-lisses, surmontés d'une sorte d'aigrette caduque, en forme de coupe, scarieuse, blanche et légèrement crénelée sur ses bords. Les calathides en très-grand nombre forment, par leur réunion, des capitules subglobuleux, et entourés d'un involucre de bractées squamiformes. L'*Hirn. cotuloides*, H. Cass., est une Plante herbacée, à tiges courtes, grêles, rameuses, garnies de feuilles cotonneuses, sessiles et linéaires. Elle a été observée sur des échantillons secs qui se trouvaient mêlés avec ceux du *Gnephosis tenuissima*, Plante originaire du port Jackson. Cette circonstance donne lieu de croire qu'elle provient de la même localité. (G..N.)

HIRONDE. OIS. Vieux synonyme d'Hirondelle. *V*. ce mot. (B.)

HIRONDE. MOLL. Syn. d'Avicule. *V.* ce mot. (B.)

HIRONDELLE. *Hirundo.* OIS. Genre de l'ordre des Chélidons. Caractères : bec court, triangulaire, large à sa base, déprimé, fendu jusque près des yeux ; mandibule supérieure faiblement crochue vers la pointe ; narines placées près de la base du bec, oblongues, en partie recouvertes par une membrane et cachées par les plumes du front ; pieds courts ; quatre doigts grêles ; trois devant, l'externe uni à l'intermédiaire jusqu'à la première articulation, un derrière ; queue composée de douze rectrices ; ailes longues, la première rémige la plus longue.

Il est difficile de s'arrêter un instant devant l'immense tableau des phénomènes de la vie, sans y découvrir quelque fait nouveau susceptible d'exercer la sagacité de l'observateur curieux de pénétrer les causes de la création. Ici les accens mélodieux du Rossignol, qui contrastent d'une manière si frappante avec la voix rauque et effrayante du Butor, lui fournissent matière à de longues réflexions sur les effets si différens d'un organe dont le mécanisme paraît cependant être le même chez tous les Oiseaux. Là c'est la parure magnifique du Promerops, qui fait opposition avec la robe modeste de la Tourterelle ; plus loin, la taille gigantesque de l'Autruche lui permet à peine de croire à l'existence de l'Oiseau-Mouche ; enfin la stupide inertie du Manchot redouble son admiration à la vue des grâces que déploie, dans son vol inégal, l'agile et infatigable Hirondelle. Il semble réellement qu'elle ne puisse exister que dans les airs : aussi cette habitude particulière qui tient ces Oiseaux dans une agitation continuelle, en a-t-elle fait la tribu la plus amie des voyages, et la plus universellement répandue. Les Hirondelles passent, chaque année, des pays chauds aux climats tempérés, et s'avancent même jusqu'aux régions polaires, quand le soleil, après une longue absence, s'y remontre avec assez de force pour réchauffer ces terres disgraciées. Elles séjournent partout aussi long-temps qu'elles ne sont point contrariées par une température trop froide ou par le manque d'Insectes ; cependant on prétend qu'à ces deux causes vient aussi se réunir un besoin de revoir d'autres lieux, et l'on fonde cette opinion sur ce qu'à la Guiane, par exemple, où les variations de température ne sont guère sensibles, les Hirondelles effectuent également leurs migrations à des époques invariables, et sont même alors remplacées par d'autres espèces qui, plus tard, restituent la place aux premières. Dans les climats tempérés, le retour des Hirondelles présage ordinairement celui des beaux jours ; elles arrivent d'abord par troupes peu nombreuses, mais bientôt la masse dont elles étaient les devancières, se répand dans les villes, dans les campagnes ; chacune cherche et retrouve l'habitation qu'elle a quittée au départ.

C'est un fait bien étonnant que le souvenir gardé par ces Oiseaux, des lieux de leur naissance, et presque toujours dans le voisinage du nid qui les vit éclore, ils placent à leur tour celui qui doit recevoir le fruit de leurs amours ; chaque année le même berceau sert au couple fidèle, et si le temps ou une circonstance quelconque en avait causé la destruction, les deux époux s'occupent immédiatement à réédifier ce temple de l'hymen à l'endroit même où le précédent avait existé. On refuserait une croyance absolue à de semblables traits de mémoire s'ils n'étaient constatés par les preuves les plus authentiques.

Dès leur arrivée les Hirondelles se montrent au-dessus des eaux ; cette apparition subite a vraisemblablement donné lieu à l'opinion émise par les anciens, et qui trouve encore des partisans parmi les modernes, que ces Oiseaux passent l'hiver dans nos climats, mais engourdis au fond des marais ; pouvons-nous, dans l'état actuel des connaissances physiologiques, admettre la possibilité d'une aussi longue immersion? Cependant elle nous a été affirmée par un témoin oculaire, lequel faisant approfondir, dans les environs de Bruxelles, l'un des étangs qui servent de réservoir pour les eaux qu'une machine hydraulique verse dans la ville, vit amener avec la vase de cet étang des paquets de plumes qu'il prit d'abord pour des dépouilles pelotonnées de la canardière; mais bientôt s'apercevant que ces paquets, après un certain temps d'exposition au soleil, commençaient à remuer, il les examina de plus près, en détacha des Oiseaux d'une couleur brune cendrée, dont la forme ressemblait à celle des Hirondelles. Ces Oiseaux ne purent résister à la brusque impression de l'air, ils moururent au bout de quelques heures. Nous rapportons ce fait tel qu'il nous a été donné; en renvoyant aux écrits de G. de Montbéliard où tout ce qui peut y être analogue se trouve rapporté. Du reste pendant tout leur séjour dans nos climats, les Hirondelles continuent à fréquenter les rivières et les marais; elles se plaisent à voltiger à leur surface qu'elles effleurent d'un vol rapide en y plongeant même une partie des ailes ou du corps, comme pour les rafraîchir; là plus que partout ailleurs, elles trouvent abondamment réunis les petits Insectes ailés dont elles font leur nourriture et qu'elles chassent en volant; ces Insectes viennent s'engouffrer dans leur large bec qu'à dessein elles tiennent constamment ouvert. Elles n'ont point de chant bien caractérisé; leur voix se borne, dans quelques espèces, à des accens de plaisir et de gaîté, à certain gazouillement assez agréable, qu'elles répètent précipitamment et qui ressemble presque à un langage. Elles ont des mœurs douces : toutes possèdent par un instinct des plus aimables le charme touchant des affections sociales; elles se prêtent de mutuels secours dans les momens de danger, dans la construction des nids; elles ont pour leur jeune famille un attachement inexprimable et font preuve d'un courage bien au-dessus de leurs forces, lorsqu'il s'agit de la défendre : si quelque ravisseur fait mine de vouloir s'en emparer, le père et la mère, saisis d'une extrême fureur, se hérissent, tournoyent constamment autour de l'ennemi, en cherchant à l'intimider par des cris désespérés. Dans ces besoins pressans, toutes les Hirondelles qui se trouvent dans le voisinage viennent au secours de celles qui sont menacées, et il est bien rare qu'elles ne les sauvent.

Le nid de l'Hirondelle est une véritable bâtisse; il est construit avec un ciment formé de terre gachée par la matière glutineuse, sécrétée par le bec, et de débris de matières végétales ou animales; l'Oiseau, se servant du bec, comme d'une truelle, façonne très-artistement ce nid, en superposant les corniches de ciment et donnant à la construction la forme sphérique; il l'attache ordinairement aux encoignures des fenêtres, aux poutres des vestibules, des remises, des granges ou des écuries, quelquefois, et suivant les espèces, dans la partie interne la plus élevée des cheminées, dans les fentes des rochers ou dans des trous qu'elles se creusent en terre et sur les rives escarpées des ruisseaux ou des rivières; l'intérieur est tapissé et garni de duvet; l'ouverture très-peu spacieuse est ménagée dans la partie supérieure. La ponte consiste en quatre à six œufs blancs ou faiblement tachetés; l'incubation dure quatorze jours; pendant tout ce temps que la femelle passe avec une constance admirable, sur sa couvée, le mâle voltige sans cesse à l'entour du nid, apportant la plus grande partie de sa chasse à la couveuse; la nuit, tapi en sentinelle sur l'ouverture de ce même nid, il en rend la surprise tout-à-fait impossible. C'est principalement lorsque les petits sont en état d'essayer leurs ailes que redoublent les affections des parens; on les voit tournoyer d'un vol inquiet près de leurs nourrissons, cherchant, par exemple, à leur inspirer de la hardiesse; long-temps la crainte retient ceux-ci accrochés aux bords du nid, leurs faibles ailes se déployent avec effort, mais sans résultat; enfin le moins timide s'élance, les autres le suivent et toute la famille ne rentre dans le nid que pour y passer la nuit.

Quand l'équinoxe d'automne vient présager le terme d'une température douce et agréable, les Hirondelles se disposent à aller passer sur les rives du Sénégal un hiver équivalent à nos étés; elles se rassemblent d'abord plusieurs familles pour former un groupe; chaque groupe se rend ensuite sur les bords de la Méditerranée où une tour élevée forme un point de réunion générale; elles y demeurent ordinairement plusieurs jours dans l'attente d'un vent favorable; il arrive enfin, et à un signal que l'on présume être la naissance du jour, toute la troupe, prenant un essor élevé, traverse d'un vol rapide la vaste étendue de la mer. Il arrive souvent que, dans cette longue traversée, les Hirondelles, surprises par des vents contraires, éprouvent des fatigues étonnantes; la plupart d'entre elles alors sont englouties par les vagues, si un hasard salutaire ne leur fait rencontrer un vaisseau dont en un instant elles garnissent les mâts, les voiles et les cordages. Les espèces de ce genre, qui toutes paraissent avoir les mêmes mœurs, sont fort nombreuses.

Hirondelle ambrée, *Hirundo ambrosiaca*, Lath. Entièrement d'un gris-brun plus foncé sur la tête; pieds nus; queue fourchue. Taille, cinq pouces six lignes. Du Sénégal. Cette espèce exhale une forte odeur d'Ambre.

Hirondelle d'Antigue a gorge couleur de rouille, *Hirundo Panayana*, Lath. Parties supérieures d'un noir velouté, irisé de violet sur les ailes; rémiges et rectrices d'un noir mat; front et gorge d'un jaune ferrugineux; devant du cou, poitrine et ventre blancs; un collier noir, fort étroit; queue fourchue; bec et pieds noirs. Taillé, cinq pieds. Des Philippines.

Hirondelle bicolore, *Hirundo bicolor*, Vieill. Parties supérieures noires, irisées de bleu et de vert doré; les inférieures blanches; rémiges, rectrices et bec noirs; queue fourchue; pieds bruns. Taille, six pouces. De l'Amérique septentrionale.

Hirondelle bleue et blanche, *Hirundo cyanoleuca*, Vieill. Parties supérieures d'un bleu cendré, les inférieures blanches; un demi-collier brun sur le devant du cou; rémiges et rectrices brunes; tectrices caudales inférieures noires. Taille, cinq pouces. De l'Amérique méridionale.

Hirondelle bleue de la Louisiane, *Hirundo versicolor*, Vieill.; *Hirundo purpurea*, Lath.; *Hirundo subis*, L.; *Hirundo violacea*, L., Buff., pl. enl. 722. Tout le plumage noir irisé; rémiges, rectrices et bec d'un noir mat; queue fourchue. Taille, sept pouces. La femelle a la tête, le dos, le croupion, la gorge et le cou bruns, tachetés de gris avec quelques reflets sur la tête et les ailes; l'abdomen d'un blanc grisâtre.

Hirondelle bleue et rousse, *Hirundo cyanopyrra*, Vieill. Parties supérieures bleues, irisées de violet, avec la base des plumes d'un gris jaunâtre; front, joues, gorge et dessous du cou d'un roux vif; parties inférieures roussâtres; un demi-collier bleu; rectrices grises en dessous avec une bande blanche, arquée; queue très-fourchue. Taille, six pouces six lignes. De l'Amérique méridionale.

Hirondelle brune, *Hirundo fusca*, Vieill. Parties supérieures brunes, les inférieures blanches, à l'exception d'un demi-collier et des flancs qui sont bruns; une tache marbrée de bleu et de blanc au milieu de la poitrine; extrémité des tectrices alaires blanche; bec et pieds noirs. Taille, sept pouces. De l'Amérique méridionale.

Hirondelle brune et blanche a ceinture brune, *Hirundo torquata*,

Lath., Buff., pl. enl. 23. Parties supérieures brunes, les inférieures blanches, ainsi qu'un espace entre le bec et l'œil; une bande transversale brune sur la poitrine; queue carrée. Taille, six pouces. Du cap de Bonne-Espérance.

HIRONDELLE BRUNE DE LA NOUVELLE-HOLLANDE, *Hirundo pacifica*, Lath. Plumage d'un brun noirâtre, à l'exception de la gorge et du croupion qui sont d'un blanc bleuâtre; queue très-fourchue. Taille, quatre pouces sept lignes.

HIRONDELLE DU CAP, HIRONDELLE A CAPUCHON ROUX, *Hirundo Capensis*, Lath., Buff., pl. enl. 723, f. 2. Parties supérieures d'un noir irisé de bleu; sommet de la tête noir; parties inférieures d'un roux clair; pieds jaunâtres; queue fourchue. La femelle a le sommet de la tête et la nuque d'un roux foncé, mélangé de noir; les rémiges et rectrices frangées de roux; toutes les rectrices latérales marquées intérieurement d'une tache blanche; la gorge variée de blanchâtre et de brun, les parties inférieures jaunâtres, tachetées de noir. Taille, sept pouces.

HIRONDELLE DE CAYENNE, *Hirundo chalibea*, Lath., Buff., pl. enl. 545, fig. 2. Parties supérieures noires, irisées de violet; rémiges et rectrices bordées de noirâtre; parties inférieures roussâtres, nuancées de brun; bec et pieds bruns; queue fourchue. Taille, six pouces.

HIRONDELLE DE CAYENNE A BANDE BLANCHE SUR LE VENTRE, *Hirundo fasciata*, Lath. Tout le plumage noir, à l'exception d'une bande transversale sur le ventre et d'une tache sur les jambes blanches; bec et pieds noirs; queue fourchue. Taille, six pouces.

HIRONDELLE DE CHEMINÉE, *Hirundo rustica*, L., Buff., pl. enl. 543. Parties supérieures, côtés du cou et large bande sur la poitrine d'un noir irisé; front et gorge d'un brun marron; parties inférieures d'un blanc roussâtre; rectrices latérales très-longues, marquées ainsi que les autres, à l'exception des intermédiaires, d'une grande tache blanche sur les barbes internes. Taille, six pouces et demi. D'Europe. De toutes les espèces qui fréquentent nos régions tempérées, l'Hirondelle de cheminée est celle qui montre le plus d'empressement à s'y rendre, et il arrive souvent que, séduites par un retour prématuré des beaux jours, elles ont encore à endurer les tourmens de la famine et des froids violens qui en font périr un assez grand nombre. Son nom lui vient de l'habitude qu'elle a de construire son nid de préférence dans l'intérieur des cheminées; différant en cela de la plupart des autres espèces, elle en construit un nouveau chaque année: aussi s'en occupe-t-elle immédiatement après son arrivée. De toutes ses congénères c'est aussi celle qui fait entendre le chant le plus agréable; elle se plaît surtout à le répéter aux deux extrémités du jour, et ce chant est également exprimé par la femelle comme par le mâle.

HIRONDELLE A CROUPION BLANC DU PARAGUAY, *Hirundo leucorrhoa*, Vieill. Parties supérieures d'un bleu irisé; rémiges, tectrices et rectrices noires; parties inférieures et sourcils blancs. Taille, cinq pouces quatre lignes.

HIRONDELLE A CROUPION ROUX, *Hirundo americana*, Var., Lath.; *Hirundo pyrrhonota*, Vieill. Parties supérieures bleues avec le bord des plumes roussâtre; front d'un brun roussâtre; sommet de la tête et tache du devant du cou bleuâtres; côtés de la tête et gorge d'un roux vineux; occiput et tectrices alaires inférieures d'un brun clair, varié de roussâtre; croupion roux; tectrices caudales supérieures brunes, lisérées de blanchâtre; rémiges et rectrices d'un brun rougeâtre; poitrine et ventre blanchâtres; abdomen noir; queue fourchue. Taille, cinq pouces quatre lignes. De l'Amérique méridionale.

HIRONDELLE A CROUPION ROUX ET QUEUE CARRÉE, *Hirundo americana*, Lath. Parties supérieures d'un brun noirâtre et irisé; croupion roux avec le bord des plumes blanchâtre; parties inférieures d'un blanc sale; tectrices caudales inférieures roussâtres. Taille, six pouces. De l'Amérique méridionale.

HIRONDELLE DOMESTIQUE DU PARAGUAY, *Hirundo domestica*, Vieill. Parties supérieures d'un bleu noir, irisé; rémiges, tectrices et rectrices noires; joues d'un noir velouté; côtés de la tête noirâtres; gorge, devant du cou et flancs blanchâtres, variés de brun; poitrine et ventre blancs; bec noir; pieds d'un noir violet en devant, rougeâtres derrière; queue fourchue. Taille, sept pouces neuf lignes.

HIRONDELLE FARDÉE, *Hirundo fucata*, Temm., pl. color. 161, f. 1. Parties supérieures brunes, avec le bord des plumes brunâtre; sommet de la tête d'un roux pourpré; gorge et poitrine d'un roux orangé; parties inférieures blanches; queue médiocrement fourchue; bec et pieds noirs. Taille, quatre pouces. Du Brésil.

HIRONDELLE FAUVE, *Hirundo fulva*, Vieill. Parties supérieures noires, irisées de bleu; front et croupion rougeâtres; dessus du cou, rémiges et rectrices d'un brun foncé, avec le bord des plumes gris; poitrine brunâtre; flancs roux; milieu du ventre et tectrices caudales inférieures d'un blanc sale; bec et pieds noirs. Taille, cinq pouces. Des Antilles.

HIRONDELLE DE FENÊTRE, *Hirundo rustica*, L., Buff., pl. enl. 542, f. 2. Parties supérieures noires, irisées de violet; rémiges, rectrices et tectrices d'un noir mat; parties inférieures et croupion blancs; queue fourchue; bec noir; pieds emplumés. Taille, cinq pouces. D'Europe.

HIRONDELLE A FRONT ROUX D'AFRIQUE, *Hirundo rufifrons*, Vieill. Parties supérieures d'un noir irisé; un bandeau roux sur le front; parties inférieures blanches; bec et pieds noirs; queue fourchue. Taille, sept pouces.

HIRONDELLE A GORGE RAYÉE, *Hirundo nigricans*, Vieill. Parties supérieures d'un brun noirâtre; les inférieures blanchâtres, rayées de brun sur la gorge et le devant du cou; bec et pieds noirs; queue médiocrement fourchue. Taille, cinq pouces. De la Nouvelle-Hollande.

HIRONDELLE A GORGE ROUSSE, *Hirundo ruficollis*, Vieill. Parties supérieures d'un brun noirâtre; gorge rousse; devant du cou gris; poitrine et flancs d'un gris brun; milieu du ventre d'un blanc jaunâtre; bec et pieds noirs; queue carrée. Taille, cinq pouces. Du Brésil.

GRANDE HIRONDELLE BRUNE A VENTRE TACHETÉ, *Hirundo borbonica*, Lath. Parties supérieures d'un brun noirâtre, les inférieures grises, avec de longues taches brunes; queue carrée; bec et pieds noirs. Taille, sept pouces et demi. De l'Ile-de-France.

GRANDE HIRONDELLE A VENTRE ROUX DU SÉNÉGAL, *Hirundo Senegalensis*, Lath., Buff., pl. enl. 310. Parties supérieures d'un noir brillant, irisé; rémiges et rectrices d'un noir mat; croupion et tectrices caudales supérieures d'un roux assez vif; gorge roussâtre; parties inférieures rousses; bec et pieds noirs; queue très-fourchue. Taille, huit pouces six lignes.

HIRONDELLE GRISE DES ROCHERS, *Hirundo rupestris*, L. Parties supérieures d'un brun clair; rémiges brunes; rectrices, à l'exception des deux intermédiaires, marquées d'une grande tache blanche ovale à l'extrémité des barbes intenses; parties inférieures d'un blanc roussâtre; bec et pieds bruns; tarses garnis en dedans d'un duvet grisâtre. Taille, cinq pouces deux lignes. Les jeunes ont les plumes du manteau et des ailes bordées de roussâtre; la gorge blanchâtre, ponctuée de cendré; les parties inférieures d'un roux cendré. Des parties méridionales de l'Europe et du nord de l'Afrique; on la retrouve aussi dans l'Amérique méridionale.

HIRONDELLE A HAUSSE-COL, *Hirundo melanoleuca*, Prince Maxim., Temm., pl. color. 209, fig. 2. Parties supérieures, joues, large ceinturon couvrant la poitrine et tectrices caudales d'un noir brillant; rémiges et rectrices d'un noir mat; gorge et parties inférieures blanches; bec et pieds bruns; queue très-fourchue. Taille, cinq pouces. Du Brésil.

HIRONDELLE HUPPÉE, *Hir. cristata*, Vieill., Levaill., Ois. d'Afr., pl. 247, f. 1. Parties supérieures, gorge et cou d'un gris clair, argenté; rémiges et rectrices d'un gris cendré; sommet de la tête orné d'une huppe composée de cinq à six plumes étroites, redressées; parties inférieures d'un blanc grisâtre; bec et pieds d'un gris plombé; queue fourchue. Taille, cinq pouces. Du cap de Bonne-Espérance.

HIRONDELLE DES JARDINS, *Hirundo jugularis*, P. Maxim., Temm., pl. color. f. 2. Parties supérieures d'un brun fauve; rémiges et rectrices d'un brun noirâtre; première rémige ciliée et très-rude intérieurement dans toute sa longueur; gorge rousse; poitrine et flancs d'un fauve cendré; milieu de l'abdomen blanchâtre; bec et pieds noirâtres; queue médiocrement fourchue. Taille, quatre pouces six lignes. Brésil.

HIRONDELLE DE JAVA, *Hirundo Javanica*, Lath. Parties supérieures d'un noir bleuâtre, brillant; tectrices alaires, croupion, poitrine et abdomen d'un cendré clair; front, gorge et devant du cou d'un roux ferrugineux; rectrices, les deux intermédiaires exceptées, tachées de blanc vers l'extrémité; bec et pieds noirs; queue presque carrée. Taille, cinq pouces six lignes.

HIRONDELLE DE MARAIS, *Hirundo paludicola*, Vieill., Lev., Ois. d'Af., pl. 246, f. 2. Plumage d'un gris-brun cendré; rémiges et tectrices alaires bordées de roussâtre; bec et pieds bruns; queue médiocrement fourchue. Taille, cinq pouces. C'est peut-être la même espèce que l'Hirondelle de rivage.

HIRONDELLE NOIRE D'AFRIQUE, *Hirundo atra*, Vieill., Levaill., Ois. d'Afr., pl. 244, f. 1. Tout le plumage noir, à l'exception des côtés du croupion et des barbes internes des rémiges qui sont d'un blanc assez pur; bec et pieds noirs; queue fourchue. Taille, sept pouces et demi.

HIRONDELLE NOIRE ET BLANCHE A CEINTURE GRISE, *Hirundo peruviana*, Lath. Parties supérieures noires; tête, gorge, cou, tectrices alaires, ceinture au bas de la poitrine d'un cendré clair; rémiges et rectrices cendrées, frangées de jaunâtre; parties inférieures blanches; bec et pieds bruns; queue fourchue. Taille, sept pouces. Du Pérou.

HIRONDELLE NOIRE A CROUPION GRIS, *Hirundo francica*, Lath. Parties supérieures noirâtres, avec le croupion d'un gris cendré; parties inférieures blanchâtres; bec et pieds noirs; queue carrée. Taille, quatre pouces deux lignes. De l'Ile-de-France.

HIRONDELLE D'OTAÏTI, *Hirundo tahitica*, Lath. Parties supérieures d'un brun noir, irisé; rémiges et rectrices noires; gorge et haut de la poitrine d'un fauve pourpré; parties inférieures brunes; bec et pieds noirs; queue médiocrement fourchue. Taille, cinq pouces.

HIRONDELLE D'OUNALASKA, *Hirundo Aoonalaskensis*, Lath. Parties supérieures d'un noir mat, les inférieures ainsi que les côtés de la tête d'un cendré noirâtre; croupion blanchâtre; bec et pieds noirâtres; queue fourchue. Taille, quatre pouces six lignes. Des îles de l'Océan boréal.

PETITE HIRONDELLE BRUNE A VENTRE TACHETÉ, *Hirundo virescens*, Vieil., Buff., pl. enl. 544, f. 2 Parties supérieures d'un brun verdâtre; sommet de la tête, rémiges et rectrices d'un brun noirâtre; les trois dernières rémiges bordées de verdâtre et terminées de blanc; parties inférieures grises, striées de brun; bec et pieds noirs; queue carrée. Taille, quatre pouces et demi. De l'île Bourbon.

PETITE HIRONDELLE NOIRE, *Hirundo nigra*, Buff., pl. enl. 725, f. 1, Lath. Entièrement noire; ailes très-longues, dépassant de beaucoup la queue qui est fourchue. Taille, cinq pouces huit lignes. Des Antilles.

Petite Hirondelle noire a ventre cendré, *Hirundo cœrulea*, Lath. Parties supérieures d'un noir brillant; rémiges et rectrices d'un brun cendré, bordées de jaunâtre; parties inférieures cendrées; bec noir; yeux entourés d'une aréole brune; pieds noirs. Taille, cinq pouces. Du Pérou.

Hirondelle a plastron blanc, *Hirundo albicollis*, Vieill. Plumage noir, à l'exception d'un demi-collier et d'une espèce de plastron blancs en dessous du collier; queue carrée. Taille, huit pouces. Du Brésil.

Hirondelle de rivage, *Hirundo riparia*, L., Buff., pl. enl. 632, f. 2. Parties supérieures, joues et bande pectorale d'un brun cendré; rémiges et rectrices d'un brun noirâtre; gorge, devant du cou, ventre et tectrices caudales inférieures blanches; bec et pieds bruns; tarse garni de quelques petites plumes à l'articulation du pouce; queue fourchue. Taille, cinq pouces. Les jeunes ont la majeure partie des plumes bordées de roussâtre. Cette espèce et la suivante s'éloignent beaucoup de leurs congénères dans la plupart de leurs habitudes et surtout dans la construction de leurs nids; on n'y retrouve plus cette intelligence surprenante qui faisait de faibles Oiseaux des architectes expérimentés; ici ce sont des mineurs qui se creusent des galeries souterraines de plusieurs pieds de longueur et à l'extrémité desquelles ils déposent quelques brins de paille, un peu de duvet, sur lesquels la femelle, à l'abri de tous les regards, se livre aux douceurs de l'incubation. C'est aussi dans cette demeure ténébreuse qu'ils passent tous les instans qui ne sont point employés à la recherche de la nourriture; on prétendait même qu'ils y séjournaient pendant toute la froide saison, partie du temps engourdis, l'autre partie à l'affût des Insectes que le froid forçait à chercher un refuge dans ces abris obscurs. Nous avons bien des fois cherché à nous assurer du fait en culbutant, pendant l'hiver, nombre de ces trous creusés dans le sable ou l'argile, mais toujours nos recherches ont été infructueuses : constamment nous avons trouvé les loges désertes, sans autre indice d'habitation que le nid abandonné.

Hirondelle rousse, *Hirundo rufa*, Lath. Parties supérieures noires, irisées de bleu; rémiges et rectrices d'un noir mat, avec des taches blanches à l'extrémité de ces dernières; front brun; gorge et devant du cou roux; un demi-collier noir sur le haut de la poitrine; parties inférieures d'un blanc lavé de roux; bec et pieds noirs; queue fourchue. Taille, six pouces. La femelle a le front blanchâtre et le roux des parties inférieures moins pur. De l'Amérique septentrionale.

Hirondelle rousse et noiratre, *Hirundo rutila*, Vieill. Parties supérieures noirâtres; sommet de la tête brun, varié de grisâtre; front, joues, gorge, cou et haut de la poitrine d'un roux vif; bec et pieds noirs; queue carrée. Patrie inconnue.

Hirondelle Salangane, *Hirundo esculenta*, Lath. Parties supérieures d'un brun noirâtre; rémiges et rectrices noires; parties inférieures brunes; gorge blanchâtre; bec noir; pieds bruns; queue fourchue. Taille, trois pouces et demi. Cette espèce, commune dans les îles de la Sonde, est remarquable à cause de la construction de son nid, des matériaux qu'elle y emploie et de l'usage que l'on en fait; on ne saurait mieux comparer ce nid, pour la forme et l'épaisseur, qu'à l'une des valves de cette Coquille nommée par Linné *Mytilus Hirundo*, Aronde Oiseau (Lamk.) La Salangane le construit avec le mucilage qui constitue ou enveloppe le frai de Poisson; selon quelques voyageurs, ou plutôt d'après l'opinion commune, avec des Fucus du genre *Gelidium*; les couches de mucilage provenant de ces matières sont superposées, et il en résulte sur la surface du nid des rides concentriques, imbriquées, semblables à celles que l'on observe sur les coquilles d'Huîtres; ces nids sont très-adhérens au rocher, et l'on dirait, en les voyant, que ce sont autant de petits bénitiers. Ils sont demi-transparens, leur cassure est vitreuse comme celle de la colle forte; leur couleur est jaunâtre, leur consistance assez ferme et tenace; ils sont susceptibles de se ramollir par l'humidité, et de se dissoudre dans l'eau bouillante à la manière de la gélatine; aussi, les naturels les recherchent-ils pour en faire des potages dont l'usage n'est même réservé qu'aux plus riches, vu le haut prix que l'on y attache. On fait chaque année trois récoltes de ces nids, et l'on assure que leur construction coûte deux mois à chaque couple qui s'en occupe.

HIRONDELLE SATINÉE, *Hirundo minuta*, P. Max., Temm., Ois. color. pl. 209, f. 1. Parties supérieures, joues, côtés du cou et tectrices caudales inférieures d'un noir lustré, irisé en bleu; rémiges et rectrices noires; parties inférieures d'un blanc satiné; bec et pieds bruns; queue médiocrement fourchue. Taille, quatre pouces et demi. Brésil.

HIRONDELLE DE SIBÉRIE, *Hirundo daourica*, Lath. Parties supérieures d'un bleu cendré, irisé; sourcils et croupion d'un roux pourpré; parties inférieures blanchâtres, rayées de noir; rémiges noires; rectrices d'un noir luisant, les latérales très-longues, avec une grande tache blanche, oblongue au bord interne; bec et pieds noirs. Taille, sept pouces.

HIRONDELLE TAPÈRE, *Hirundo Tapera*, Lath. Parties supérieures brunes; rémiges et rectrices noirâtres; gorge, devant du cou et poitrine d'un gris cendré; parties postérieures blanches; bec noir; pieds bruns; queue fourchue. Taille, cinq pouces neuf lignes. Amérique méridionale.

HIRONDELLE TACHETÉE DE CAYENNE, *Hirundo leucoptera*, Var., L., Buff., pl. enl. 546, f. 1. Parties supérieures brunes, les inférieures blanches, parsemées de taches brunes, ovales; bec et pieds noirs; queue fourchue. Taille, quatre pouces et demi.

HIRONDELLE A TÊTE ROUGE, *Hirundo erythrocephala*, Lath. Parties supérieures noirâtres, avec le bord des plumes blanc; tête rouge, parties inférieures blanches; tectrices caudales inférieures brunâtres; bec et pieds bruns; queue médiocrement fourchue. Taille, trois pouces. De l'Inde.

HIRONDELLE A TÊTE ROUSSE, *Hirundo indica*, Lath. Parties supérieures brunes; sommet de la tête d'un roux brunâtre; tectrices alaires bordées de blanchâtre qui est la couleur des parties inférieures; bec et pieds bruns; queue fourchue. Taille, quatre pouces. De l'Inde.

HIRONDELLE VÉLOCIFÈRE, *Hirundo velox*, Vieill., Lev., Ois. d'Afr., pl. 24, f. 2. Parties supérieures d'un noir foncé, irisé, les inférieures, le bec et les pieds d'un noir pur; croupion blanc; queue fourchue. Taille, cinq pouces.

HIRONDELLE A VENTRE BLANC, *Hirundo albiventris*, Vieill., *Hirundo dominicensis*, Lath., pl. 28 à 29 des Ois. de l'Amérique septentrionale. Plumage d'un noir lustré, irisé en bleu, à l'exception de la poitrine et du ventre qui sont blancs; tectrices inférieures grises; bec noir; pieds bruns; queue fourchue. Taille, sept pouces. La femelle a le front, la gorge et les flancs roux.

HIRONDELLE A VENTRE BLANC DE CAYENNE, *Hirundo leucoptera*, Lath., Buff., pl. enl. 546, f. 2. Parties supérieures cendrées, irisées; croupion et parties inférieures d'un blanc brillant; bec et pieds noirs; queue fourchue. Taille, cinq pouces. Amérique méridionale.

HIRONDELLE A VENTRE JAUNATRE, *Hirundo flavigastra*, Vieill. Parties supérieures brunes; gorge roussâtre; parties inférieures d'un blanc jaunâtre; bec et pieds bruns; queue fourchue. Taille, cinq pouces. De l'Amérique méridionale. (DR..Z.)

HIRONDELLE. MOLL. Nom marchand devenu scientifique d'une espèce du genre Avicule. *V.* ce mot. (B.)

HIRONDELLE DE MER. OIS. *V.* STERNE.

HIRONDELLE DE MER. POIS. Les matelots donnent généralement ce nom à l'*Exocetus saliens* et à un Trigle. (B.)

HIRONDELLE DE TERNATE. OIS. Syn. vulgaire de l'Oiseau de Paradis. *V.* PARADIS. (DR..Z.)

HIRPICIUM. BOT. PHAN. Genre de la famille des Synanthérées, Corymbifères de Jussieu, et de la Syngénésie frustranée, L., établi par Cassini (Bullet. de la Soc. Philomat., février 1820) qui l'a ainsi caractérisé : involucre campanulé, formé d'écailles imbriquées, soudées par leur base, et libres dans leur partie supérieure qui est arquée en dehors, linéaire, coriace, spinescente et hérissée; réceptacle petit, conique, marqué de profonds alvéoles à cloisons membraneuses; calathide radiée, dont le centre est composé de fleurons nombreux réguliers, hermaphrodites, et la circonférence d'un seul rang de demi-fleurons stériles; ovaires hérissés de poils très-longs fourchus et fasciculés; aigrette cachée par les poils, formée d'écailles paléiformes laminées, lancéolées et scarieuses. Ce genre a été placé dans la tribu des Arctotidées-Gortériées, près des genres *Gorteria* et *Melanchrysum*; il diffère du premier par son aigrette, et du second par son involucre. Cassini a également indiqué ses affinités avec le *Berckheya*. L'*Hirpicium echinulatum*, H. Cassini, est une Plante à tige ligneuse et rameuse, à feuilles alternes souvent fasciculées, oblongues, lancéolées, tomenteuses en dessous, glabres et vertes en dessus, et à calathides solitaires jaunes dans leur disque, et orangées dans leurs rayons. Cette Plante, originaire du cap de Bonne-Espérance, est l'*Œdera alienata* de Thunberg (*Prodrom. Plant. Cap.*), qu'il ne faut pas confondre avec l'*Œdera aliena* de Jacquin, Linné fils et Willdenow, type du genre *Heterolepis*. *V.* ce mot. (G..N.)

HIRSCHFIELDIA. BOT. PHAN. Mœnch (*Method. Plant.*, 264) avait formé sous ce nom un genre aux dépens du *Sinapis* de Linné. De Candolle (*Syst. Veget. Nat.* T. II, p. 618) n'en a fait qu'une section de celui-ci, dans laquelle il a placé le *Sinapis incana*, L., ou *Hirschfieldia adpressa*, Mœnch, et le *Sinapis heterophylla*, Lagasca. *V.* SINAPIS. (G..N.)

HIRTEA. INS. (Fabricius.) Syn. de Bibion. *V.* ce mot. (B.)

HIRTELLE. *Hirtella*. BOT. PHAN. Genre de la nouvelle famille des Chrysobalanées de R. Brown, et de la Pentandrie Monogynie, établi par Linné, et dont les caractères ont été de nouveau examinés et rectifiés de la manière suivante par Kunth (*Nov. Gener. et Species Plant. æquinoct.* T. VI, p. 244) : calice persistant, à cinq divisions colorées, plus ou moins inégales et réfléchies, ayant un éperon adné au pédicelle; corolle à cinq pétales insérés sur le calice, sessiles et égaux; étamines au nombre de trois, cinq, sept, ou rarement vingt, unilatérales et insérées sur le calice; deux à cinq existant à l'état rudimentaire sur le côté de l'éperon; leurs filets sont libres, leurs anthères biloculaires s'ouvrent à l'intérieur par une fente longitudinale; ovaire supère, sessile, hérissé, uniloculaire, renfermant deux ovules fixés au fond de l'ovaire, collatéraux et dressés; style ayant son origine à la base de l'ovaire; baie sèche, obovée, anguleuse et monosperme. Le genre *Cosmibuena* de Ruiz et Pavon (*Prod. Flor. Peruv.* 10, tab. 2) est le même que l'*Hirtella* de Linné. Les Plantes de ce genre sont des Arbres ou des Arbrisseaux grimpans. Elles ont des feuilles alternes, entières, accompagnées de stipules pétiolaires et géminées. Leurs fleurs sont disposées en grappes terminales et axillaires, simples ou rameuses et soutenues par des bractées. On en connaît sept espèces indigènes des Antilles et de l'Amérique méridionale. L'*Hirtella americana* de Jacquin est devenu l'*H. paniculata*, de Lamarck qui a donné le nom spécifique de *racemosa* à l'*Hirtella americana* d'Aublet. Cette dernière Plante croît dans l'île de Cayenne, où les créoles la confondent, sous le nom de *Bois de Gaulette*, avec tous les Arbres dont les branches fendues servent à faire des claies ou des cloisons. L'*Hirtella polyandra*, une des deux espèces nouvelles publiées par Kunth, est représentée avec tous les détails de la fructification dans les *Nova Genera Plant. æquin.* T. VI, p. 246, tab. 565. (G..N.)

*HIRUDINARIA. BOT. PHAN. Syn. ancien de *Lysimachia nummularia*, L. (B.)

*HIRUDINÉES. *Hirudineæ*. ANNEL. Ordre quatrième de la classe des Annelides, établi par Savigny (Syst. des Annel., p. 6 et 105) qui lui assigne pour caractères distinctifs : point de soies pour la locomotion ; une cavité préhensile à chacune des extrémités ; des yeux. L'absence de soies locomotrices éloignerait suffisamment les Hirudinées des autres ordres d'Annelides, si elles ne s'en distinguaient encore par un grand nombre d'autres caractères qui n'ont point échappé à l'observation attentive de notre savant ami Savigny. Leur corps est composé d'un grand nombre d'anneaux très-serrés vers la partie antérieure et difficiles à compter. La ventouse orale ou antérieure (*capula*) est formée du premier segment et de quelques-uns des suivans séparés les uns des autres ou confondus en une seule pièce ; elle est plus ou moins profonde et le nombre des anneaux qui la constituent ne paraît s'augmenter qu'aux dépens de celui des anneaux du corps. La bouche placée au fond de cette sorte de godet est armée de parties qui font l'office de mâchoires, mais elle n'offre ni trompe musculeuse ni tentacules. La ventouse anale (*cotyla*) n'est, suivant le même auteur, qu'une expansion du dernier anneau du corps ; l'anus est ouvert non au milieu, mais en avant de cette même ventouse vers sa base supérieure. Les yeux sont tous placés sur la ventouse orale, ou bien ils sont dispersés sur cette ventouse et sur les segmens qui viennent après ; ce qui a lieu suivant que cette même ventouse est composée d'une seule pièce ou de plusieurs anneaux distincts. Ces organes ne font aucune saillie à l'extérieur. Quant aux orifices extérieurs de la génération, Savigny en parle en ces termes : « Je dois dire quelques mots des deux pores situés l'un derrière, l'autre sous la partie antérieure du corps. Ces pores servent à la génération. Ils ne sont jamais séparés que par un petit nombre d'anneaux ; mais leur position, relativement au nombre total des segmens, est assez variable, puisque le premier de ces orifices paraît s'ouvrir tantôt sous le dix-septième, tantôt sous le vingt-septième ou plus loin encore ; différence qui dépend évidemment en partie du nombre des segmens qui sont restés divisés entre eux ou qui se sont intimement unis pour former la ventouse orale, quand celle-ci est d'une seule pièce. » La locomotion s'opère, chez les Hirudinées, au moyen de la ventouse qui termine l'une et l'autre extrémité du corps et par les contractions vives et faciles de celui-ci. Cet ordre comprend une seule famille que Savigny désigne sous le nom de Sangsues, *Hirudines*, tandis que la plupart des naturalistes lui donnent celui d'Hirudinées. *V.* SANGSUE. (AUD.)

* HIRUDINELLA. INT. Garsin a donné ce nom au *Distoma clavatum* de Rudolphi. *V.* DISTOME. (LAM..X.)

HIRUDO. ANNEL. *V.* SANGSUE.

HIRUNDINARIA. BOT. PHAN. C'est-à-dire Herbe à l'Hirondelle. La Chélidoine a été le plus communément désignée sous ce nom, qui a aussi été appliqué à la Ficaire et à l'Asclépiade Dompte-venin. (B.)

HIRUNDO. OIS. *V.* HIRONDELLE.

HISINGÈRE. *Hisingera*. BOT. PHAN. Hellénius (*Act. Holm.* 1792,

p. 33, tab. 2) a établi sous ce nom un genre de la Diœcie Polyandrie, L., et rapporté par Adrien de Jussieu (*Dissert. de Euphorb.*, p. 34) à la famille des Euphorbiacées. Voici les caractères de ce genre très-imparfaitement connu : fleurs mâles ayant un périanthe unique à quatre folioles, et douze à vingt étamines; fleurs femelles pourvues d'un périanthe à six folioles et d'un ovaire à deux styles; baie didyme, à deux loges, chacune renfermant une seule graine. L'*Hisingera nitida* est un Arbrisseau des montagnes de Saint-Domingue et de la Jamaïque. Ses tiges sont rameuses, verruqueuses ou parsemées de points blanchâtres, garnies de feuilles alternes, oblongues, étroites à la base, un peu obtuses au sommet, luisantes, coriaces et dentées en scie. Les pédoncules sont agrégés et uniflores. (G..N.)

* HISINGERITE. MIN. (Berzélius.) Substance dont la classification est encore incertaine, et qui se présente en masses lamelleuses de couleur noire. Sa cassure est terreuse; sa dureté médiocre. Elle pèse spécifiquement 3,04. Elle est fusible au chalumeau, avec addition de Borax, en un verre vert jaunâtre. Elle est composée, d'après l'analyse de Hisinger, de Silice 27,50; Alumine 5,50; Protoxide de fer 47,80; Oxide de Manganèse 0,77; Eau 11,75. On la trouve disséminée au milieu de la Chaux carbonatée laminaire, dans la mine de Gillinge, paroisse de Svarta, en Sudermanie. (G. DEL.)

HISOPE. BOT. PHAN. Pour Hysope. *V.* ce mot. (B.)

* HISPANACH. BOT. PHAN. Suivant Daléchamp, ce nom désignerait l'Epinard chez les Arabes parce qu'ils l'auraient tiré de l'Espagne. Les Arabes n'appelaient point l'Espagne *Hispania*, et d'ailleurs, l'Épinard, qui ne croît pas naturellement dans la Péninsule, y fut évidemment apporté au temps de l'invasion des peuples du Nord. L'Epinard est originaire des régions de la mer Caspienne, et son nom, ainsi que *Spinachia* ou *Spinace* des Italiens, vient de ce que les graines de cette Plante sont comme épineuses. (B.)

HISPE. *Hispa.* INS. Genre de l'ordre des Coléoptères, section des Tétramères, famille des Cycliques, tribu des Cassidaires, établi par Linné qui forma ce genre avec le Criocère Châtaigne noire de Geoffroy et trois autres Insectes. Les trois premières espèces sont les seules qui lui appartiennent, et la dernière forme le genre Orthocère. (*V.* ce mot.) Fabricius a, comme à son ordinaire, réuni à ce genre des espèces très-disparates sous leurs rapports génériques. Olivier l'a épuré dans l'Encyclopédie Méthodique, et Fabricius, profitant de ses observations, a fait disparaître une partie de la confusion qui régnait dans son groupe des Hispes; il en a séparé, sous le nom générique d'Alurnes, des Insectes que Latreille y réunit (Règn. Anim. de Cuv.), et qu'il en a séparés aussi, dans ces derniers temps (Fam. nat. du Règn. Anim.), en adoptant le nom donné par Fabricius. Olivier avait nommé Alurnes des Insectes formant aujourd'hui le genre Sagre. Les caractères de ces deux genres sont : lobe extérieur et terminal des mâchoires plus étroit que l'interne, bi-articulé, ce qui l'a fait prendre pour un palpe; labre arrondi et échancré en devant; palpes très-courts, filiformes et presque de la même longueur; lèvre longitudinale, entière, légèrement bidentée à son extrémité; antennes insérées sur le front, à une distance notable de la bouche, très-rapprochées à leur base, courtes et filiformes ou cylindriques et avancées. Les Alurnes se distinguent des Hispes par leur menton qui est plus solide et leur languette un peu échancrée au bout. Leurs mandibules ont aussi une échancrure qui se termine par une dent très-forte en forme de crochet, tandis que celles des Hispes sont plus courtes et à peine rétrécies vers leur extrémité qui offre deux dents presque égales.

L'on ne peut tirer aucun caractère distinctif de la forme du corps des Alurnes et de l'absence des épines ; car plusieurs Hispes exotiques en manquent totalement aussi ; seulement les Alurnes n'en ont jamais et sont généralement d'assez gros Insectes, au lieu que les Hispes sont toujours de taille moyenne et même petite. Les Hispes et les Alurnes font le passage des Criocères aux Cassides et aux Imatidies; leur corps est oblong; leur tête, quoique verticale, n'est pas cachée par le corselet qui a la figure d'un carré rétréci en avant; la bouche n'est pas reçue dans un enfoncement de l'avant-sternum, comme dans les Cassides. Leurs pates sont assez fortes; dans quelques Hispes, les antérieures sont armées au côté interne d'un crochet recourbé en dedans. Les tarses ont le pénultième article divisé en deux lobes qui embrassent le dernier. Les Alurnes et la plus grande partie des Hispes sont propres aux contrées les plus méridionales de l'Amérique ; on ne trouve que deux espèces de ces derniers en France. Leurs métamorphoses n'ont pas encore été observées. Ils se nourrissent de différens Végétaux, sur lesquels on les trouve fixés et d'où ils se laissent tomber en contractant leurs pates dès qu'on veut les saisir. Notre ami Lefebvre de Cerisy, ingénieur distingué de la marine à Toulon, a observé que l'Hispe testacé qui est commun aux environs de cette ville sur le Ciste, ne se rencontrait en abondance que le soir au crépuscule; dans le jour, on n'en voit aucun sur ces Plantes. Il est probable qu'ils se tiennent cachés à terre ou contre leurs tiges.

La principale espèce du genre Alurne est : l'ALURNE BORDÉE, *Alurnus marginatus*, Latr., Fabr. ; *Hispa marginata*, Oliv., Latr. Elle a à peu près un pouce de long ; elle est jaunâtre en dessous, d'un noir bleuâtre en dessus, avec la tête, les côtés du corselet, le bord extérieur des élytres et leur suture rougeâtres. Quelques individus ont une ligne transverse de la même couleur au milieu des élytres. Elle se trouve au Brésil.

Les Hispes proprement dits pourraient se diviser en deux sections fondées sur l'absence ou la présence d'épines sur le corps ; dans la première, on placerait un grand nombre d'espèces exotiques qui ne sont point épineuses, et dans la seconde viendraient se ranger les espèces couvertes d'épines, comme l'Hispe noire, *Hispa atra*, L., Oliv., Col. T. v, n. 95, pl. 1, f. 9; la Châtaigne noire, Geoffr., Ins. de Paris. Cette espèce vit sur les Graminées aux environs de Paris et dans toute l'Europe. (G.)

HISPIDELLE. *Hispidella*. BOT. PHAN. Genre de la famille des Synanthérées et de la Syngénésie égale, L., établi primitivement par Lamarck (Encyclop. méthod.) sous la dénomination que nous adoptons avec la plupart des botanistes, et publié postérieurement par Lagasca et Persoon sous celle de *Soldevilla*. Ses caractères ont été ainsi tracés par Cassini : involucre formé d'écailles à peu près sur un seul rang, égales, appliquées, linéaires, lancéolées, soudées par leur base ; réceptacle alvéolé, à cloisons membraneuses qui se divisent en lanières frangées; calathide composée de demi-fleurons fendus, nombreux et hermaphrodites ; ovaires petits, oblongs, striés longitudinalement, dépourvus d'aigrettes; styles ayant deux stigmatophores excessivement courts. L'échantillon sur lequel ces caractères ont été étudiés, existait dans l'herbier de Jussieu sous le nom d'*Arctotis Hispidella;* mais Cassini s'est assuré qu'elle ne pouvait appartenir aux Corymbifères et qu'elle offrait la structure essentiellement caractéristique des Lactucées ou Chicoracées. Déjà Lamarck avait indiqué la ressemblance du port de son *Hispidella hispanica* avec l'*Hyoseris minima* et avec les *Seriola*. Cette Plante, dont Cassini a remplacé le nom spécifique par celui de *Barnadesii*, pour rappeler le nom de la personne qui l'a découverte, croît en Espagne dans les lieux sablonneux et arides des deux Castilles. Elle est petite, herbacée, annuelle et hérissée de poils sur toutes ses parties. Ses tiges sont garnies inférieurement de feuilles oblongues ou linéaires-lancéolées, très-entières, et portent seulement quelques bractées dans leur partie supérieure; leurs calathides sont jaunes, terminales et solitaires. Les poils dont elle est couverte sont de deux sortes : les uns, très-courts et étoilés, forment un duvet continu; les autres, au contraire, sont très-longs, criniformes et espacés. (G..N.)

* HISPIDULE. BOT. PHAN. Syn. de Gnaphale dioïque. (B.)

HISTER. INS. *V.* ESCARBOT.

*HISTERAPETRA OU HISTEROLITHOS. POLYP. Bertrand donne ces noms aux Polypiers du genre Cyclolites. *V.* ce mot. (LAM..X.)

HISTOIRE NATURELLE. Science dont l'objet est la connaissance des corps soit bruts, soit organisés, qui composent l'ensemble de notre globe. En lui consacrant ce Dictionnaire, nous n'aurons garde de disconvenir qu'il n'en est guère de plus féconde en grands résultats; mais vouloir que tout dans l'Univers, et les productions même de l'art soient de son ressort, parce que les arts ne peuvent rien produire qui ne provienne primordialement des corps naturels, nous paraît un étrange abus des mots et des choses. Nous consentirions volontiers à ce que « le grand tout fût englouti comme dans la nature seule, » selon l'expression de Virey (Diction. de Déterville, T. XIV, p. 542) : mais il n'est pas exact de dire, avec cet auteur, que l'Histoire Naturelle soit la science universelle et unique. Virey nous paraît avoir confondu la science dont il est ici question avec la physique générale, et pris la nature même pour son histoire. Si nous accordons « que *la Créature reine des créatures* (c'est-à-dire l'Homme), que la moisissure imperceptible et les colosses du règne végétal, que la Baleine et le Goujon, que l'atome de sable et le mont sourcilleux appartiennent à son domaine, » nous n'accordons pas absolument que « tout ce qui est sublime et *admirable*, ce que les cieux, les airs et la mer ont d'*inconcevable*, les globes *innombrables*, » etc., en soient aussi. Ces choses rentrent dans des sciences fort différentes. Les astronomes qui arrivent aux plus grands résultats qu'ait pu atteindre l'esprit humain, n'ont jamais prétendu que la connaissance des Mousses ou celle des Araignées, par exemple, fussent des dépendances de l'empire d'Uranie, par la raison que la terre étant une planète, tout ce qui appartient à son histoire rentre dans celle des planètes, et conséquemment dans celle des cieux. Le soleil, les comètes et les signes du zodiaque, en un mot « les astres qui roulent sur nos têtes » sont aussi étrangers à l'Histoire Naturelle, que l'Eléphant, la Musaraigne, un Moineau franc ou la Sardine le sont à l'astronomie. Il en est de même de la métaphysique, de la mécanique, de l'aérostatique, de l'hydrostatique et des mathématiques qui ne sont pas des branches de l'Histoire Naturelle, parce que certains Animaux grimpent, que les Oiseaux volent, et que les Poissons nagent. De pareilles logomachies sont indignes d'une science dont l'application doit se borner, pour les personnes qui ne s'en occupent point dans le but d'y trouver une inépuisable mine de vaines phrases, aux êtres réels et tels que la nature nous les présente, soit à la surface de la terre, soit dans son sein, soit dans les eaux, ou peuplant les airs. Chacun de ces êtres a ses caractères propres; il en a de communs avec le reste de la création; le naturaliste observant les affinités ou les différences qui résultent de ces caractères, en fait la base de systèmes propres à faciliter la connaissance de chaque objet ou de méthodes qu'il imagine se rapprocher le plus de la marche suivie par la nature dans la production successive des espèces dont se compose son vaste ensemble.

De temps immémorial, les Hommes remarquèrent autour d'eux trois grandes modifications de l'existence, qui, par leur aspect général, frappent d'abord les plus inattentifs : l'état brut ou inanimé, le végétant et le vivant. Soumis à l'assentiment commun, les naturalistes adoptèrent les divisions primaires qui résultaient de ces trois modifications, et le grand Linné lui-même n'en imagina pas d'autres; mais il soupçonnait la possibilité d'une quatrième coupe. « Les corps naturels, disait-il, sont tous ceux qui sortirent de la main du créateur pour composer notre terre; ils sont constitués en trois règnes aux limites desquels se confondent les Zoophytes. » Ces trois règnes sont :

Le MINÉRAL, formé par de simples agrégations qui ne vivent ni ne sentent.

Le VÉGÉTAL, composé de corps organisés vivans qui ne sentent pas.

L'ANIMAL, composé de corps organisés vivans et sentans.

Le règne minéral, ainsi caractérisé, est parfaitement tranché; essentiellement inerte, mais base de toute organisation, il consiste non-seulement dans la composition des terrains, des roches, des minéraux, des cristaux, des plus légères scories volcaniques, mais encore dans la substance même des êtres organisés. Ceux-ci ne semblent doués de la faculté nutritive et assimilatrice en vertu de laquelle ils croissent, se conservent et se perpétuent, que pour préparer durant leur vie des augmentations au règne minéral. Ainsi le fœtus de tout Animal que soutient une charpente osseuse, ou le Mollusque et le Conchifère naissant, n'offrant dans leur état rudimentaire aucune trace de phosphate calcaire, doivent, en se développant, préparer cependant une plus ou moins grande quantité de cette substance qu'à l'heure de leur mort les uns et les autres rendront au sol. Ainsi, parmi les Plantes, la Prêle avec ses aspérités rugueuses, le Bambou avec son Tabaxir, auront également préparé de la Silice. Tout Végétal, tout Animal devant laisser après lui et pour reliques de son existence une quantité quelconque de détritus appartenant au règne inorganique, peut donc être comparé à ces appareils que l'Homme, rival de la nature, imagina pour changer en apparence la substance des corps, et par le secours desquels il fait du verre avec des Métaux, des huiles essentielles avec des Plantes, du noir d'ivoire avec des os. Sous ce point de vue, le règne minéral cesse d'être du domaine de l'Histoire Naturelle qui, ne considérant que les attributs spécifiques, renvoie à la physique proprement dite et à la chimie ce qui concerne les lois de la composition et la connaissance de la substance des êtres. Nous remarquerons cependant qu'il est une série de corps naturels qui, tout inorganiques qu'ils sont, ne sauraient appartenir au règne minéral. C'est celle qui se compose des fluides impondérables, manifestés à nos sens seulement par quelques-unes des propriétés qu'il nous est donné de leur reconnaître. Ces corps, car tout éthérés qu'on les puisse concevoir, ils n'en sont pas moins des corps, se lient trop intimement aux objets dont s'occupe l'Histoire Naturelle pour en pouvoir être absolument rejetés, et nous avons cru devoir leur consacrer divers articles dans cet ouvrage. *V.* AIR, ATMOSPHÈRE, ELECTRICITÉ, FEU, GAZ, LUMIÈRE, etc.

Quoiqu'il y ait des Minéraux qui présentent des phénomènes qui semblent avoir une sorte d'analogie avec quelque végétation, aucune production du règne minéral ne peut être confondue avec les Plantes ou les Animaux par qui que ce soit; mais les Animaux et les Végétaux sont moins distincts. A la vue d'un Chameau et d'un Palmier, d'un Brochet et d'une Renoncule, d'un Papillon et d'une Graminée, d'un Limaçon et d'un Lichen, d'un Oiseau et d'un Champignon, tout le monde, sans doute, distinguera à l'instant l'Animal de la Plante, et le vulgaire ne concevra même pas qu'il soit possible qu'on manque de caractères absolus pour séparer la Plante de l'Animal; mais en descendant aux limites des deux règnes, on éprouvera bientôt de grandes difficultés pour établir la séparation. On y trouvera des Animaux végétans, se reproduisant par bouture, et ne jouissant pas de la faculté locomotive, faculté que néanmoins Linné donnait pour complément des caractères de son troisième règne. On y trouvera, d'un autre côté, des êtres qu'à leur forme, qu'à leur couleur, qu'à leur organisation intime il est impossible de distinguer des Végétaux, et qui pourtant se meuvent spontanément, déterminés par un instinct d'élection qu'il n'est pas permis de méconnaître; on y trouvera des Polypiers corticifères dont l'axe n'a rien qui puisse avoir eu vie; on y trouvera enfin de véritables pierres dont la contexture est comme celle de certaines cristallisations confuses, mais ouvrage inanimé d'êtres gélatineux, amorphes, évidemment vivans, et déjà bien élevés par diverses facultés au dessus du Végétal inanimé. Ce sont ces êtres ambigus dont Linné signalait l'importance sous le nom de Zoophytes, ainsi que nous l'avons déjà dit, et à l'existence desquels concouraient sur leurs limites, selon l'expression de ce législateur, les trois règnes de la nature. Cependant peut-on ranger parmi les Végétaux des créatures dont quelques parties au moins vivent dans le sens véritable du mot vivre? Peut-on faire des Animaux de créatures végétantes qui ne sauraient agir ni se déplacer? Ne devrait-on pas enfin reléguer parmi les pierres ces nombreuses tribus madréporiques où l'animalité, presque nulle, laisse à la partie brute le principal rôle dans une formation apathique? Tous ces êtres, qui sont à la fois des Animaux, des Plantes ou des Minéraux, et qui ne peuvent conséquemment rentrer d'une manière exclusive dans l'un des trois règnes adoptés jusqu'ici, ne doivent-ils pas former un règne nouveau dont plusieurs naturalistes ont déjà réclamé l'établissement, et que nous avons le premier proposé de fonder sous le nom de Psychodiaire.

Les PSYCHODIAIRES seront conséquemment les êtres ambigus végétans ou vivans alternativement, et privés, sinon pendant toute leur durée, du moins pendant leur existence agglomératrice et végétative, du mouvement locomotif, c'est-à-dire de celui au moyen duquel un véritable Animal jouit de la faculté de se transporter d'un lieu dans un autre, et de choisir le site de son habitation; faculté bien plus influente sur la nature des êtres qu'on ne l'a supposé jusqu'ici; car elle est le résultat des besoins, et elle nécessite un certain calcul de convenance auquel l'intelligence doit peut-être le premier de ses moyens de développement. Cette faculté locomotive, qui n'a pas besoin d'être portée au dernier degré de perfection pour déterminer de grandes modifications dans l'intellect, trace la limite la plus tranchée qu'on puisse établir entre la Plante et l'Animal. En vain voudrait-on considérer comme une sorte de locomotion, le déplacement des Orchidées par le moyen de leurs bulbes et la dissémination par dragcons ou par des racines traçantes; la Plante ne change véritablement pas de lieu, quel que soit son mode de croître, et ne saurait choisir, dans le sens qu'on attache à ce mot, la place où sa graine la doit reproduire. L'Animal choisit, au contraire, le berceau qui convient à sa progéniture, et cette progéniture développée choisit à son tour une patrie dont elle change, selon les états par où elle passe avant d'arriver à l'état définitif qui est propre à son espèce.

D'après ces considérations, on pourrait modifier les classifications primaires, appelées RÈGNES, comme on le voit dans le tableau annexé à cet article.

TABLEAU

D'UNE DISTRIBUTION DES CORPS NATURELS EN CINQ RÈGNES.

CORPS NATURELS,

NATURALIA.

Corpora cuncta Creatoris manu composita, Tellurem constituentia, Lin., *Syst. Nat.*

INORGANIQUES. *Éternels*, où chaque molécule représente un corps complet, et chez qui la forme, entièrement accessoire, ne saurait être qu'une agglomération inerte, soumise à des lois mécaniques d'où ne peut résulter rien qui ressemble à la vie et qui établisse un individu.

- RÈGNE ÉTHÉRÉ. — *Molécules* invisibles, quelques grossissemens qu'on emploie pour les découvrir, de formes inappréciables, pénétrantes, ne se manifestant à tel ou tel de nos sens que par certaines de leurs propriétés. (Les fluides impondérables, tels que la Lumière, le Feu, l'Electricité, peut-être le Fluide magnétique, etc.)
- MINÉRAL. — *Molécules* de formes déterminables ou du moins aisément perceptibles à la plupart de nos sens, soit qu'on les rencontre naturellement agglomérées en masses homogènes ou mélangées, soit qu'on les retrouve éparses ou déguisées dans le reste de la nature et servant de base aux corps organisés. (Les Sels, les Roches, les Substances minérales, etc.)

ORGANISÉS. *Périssables*, où toute base moléculaire obéissant à des lois d'assimilation dont le mouvement paraît être le premier principe, est asservie à des formes spécifiques de la complication desquelles résultent des individus jouissant proportionnellement de facultés végétatives et vitales.

- VÉGÉTANS . . . . VÉGÉTAL. — Où chaque *individu*, insensible, sans conscience de son être en aucun temps, entièrement privé de la faculté locomotive, meurt sur la place où il végéta. (Tout ce que les botanistes regardèrent comme des Plantes, moins quelques-unes de leurs Cryptogames.)
- VÉGÉTANS et VIVANS.
  - Successivement.. PSYCHODIAIRE. — Où chaque *individu* apathique se développe et croît à la manière des Minéraux et des Végétaux, jusqu'à l'instant où des propagules animés répandent l'espèce dans des sites d'élection. (Les Arthrodiées, les Spongiaires, la plupart des Polypiers.)
  - Simultanément.. ANIMAL. — Où chaque *individu* sensible, ayant la conscience de son être et doué de la faculté locomotive, choisit, pour y vivre, le site convenable à son espèce. (Les Rayonnés, les Vertébrés, les Mollusques, les Articulés.)

Ainsi restreinte dans ses véritables limites, l'Histoire Naturelle est encore une des plus vastes sciences dont le sage se puisse occuper. La variété des objets qui composent son domaine est infinie : il n'est pas besoin d'en peindre emphatiquement les beautés pour la rendre aimable ; et prétendre en prouver l'importance à qui ne la conçoit pas, n'est qu'une puérilité. Essayer surtout de le faire en arguant des causes finales, n'appartient plus au siècle de la raison. A quoi bon en effet s'évertuer « à démontrer que tous les êtres, même malfaisans, sont utiles dans la nature » ? et nouveau Micromégas, « aborder dans l'une de ces sphères magnifiques, de ces astres errans qui, de même que notre planète, roulent autour du brillant soleil, pour contempler les productions de la terre? » On est, ce nous semble, plus à portée de le faire sur la terre même, et « qu'on y soit enchanté d'examiner les fureurs des Lions et des Crocodiles, ... ou le Merle, Orphée des déserts, faisant retentir de ses regrets les échos des montagnes au lever de l'aurore. » De tels spectacles doivent se mieux saisir de près que d'un astre errant quelconque qu'on pourrait choisir dans l'espace pour y assister. Ce n'est point dans ce style que Buffon écrivit ses immortels traités. A la vérité, trop souvent entraîné par la fougue d'une brillante imagination, on vit ce grand homme dédaigner l'esprit de méthode sans lequel la science n'est plus qu'un chaos; mais combien de raison, de philosophie, de goût scintillent en général dans ses tableaux! quel coloris les anime! quelle pompe d'expressions convenables les relève! De vaines épithètes, péniblement échafaudées, des rapprochemens monstrueux n'y déshonorent jamais la marche d'un discours où le nombre et la période ne causent pas la moindre obscurité. Buffon ne prétend pas faire briller son sujet; il se contente de briller par son sujet même. Il voit, il saisit les traits de la nature dans leur noble simplicité, il en rend fidèlement la merveilleuse physionomie. Son génie, qu'inspire la majesté du spectacle, se manifeste par la sagesse et par la propriété des termes. Il faut méditer les préceptes que donne ce grand maître sur la manière dont l'Histoire Naturelle doit être écrite. Son discours à ce sujet (T. I de l'édition de Verdière) est l'un des plus beaux morceaux qu'ait enfanté le génie de notre langue, vivifié par la fécondité de la nature même. On ne saurait trop le relire et le méditer; on n'y trouvera point que cette science *est la source de la vie du genre humain sur la terre*, pour dire que si les corps naturels n'existaient point, le genre humain ne pourrait exister. Mais qui en doute? et sans appartenir au genre humain, quelle est la créature qui pourrait persévérer dans l'Univers si toutes les autres venaient à disparaître? L'Histoire Naturelle n'est d'ailleurs pas la nature, ce n'est que sa connaissance. Confondre ces deux choses serait confondre la cité des Césars avec les Annales de Tacite. Si la nature pourvoit à nos besoins, son histoire n'y a que des rapports indirects. On peut ne pas avoir la moindre notion en Histoire Naturelle et pourtant *appeler au secours de la boulangerie et de la pâtisserie les bienfaits des Végétaux* (Diction. de Déterville, T. XIV, p. 566), élever des Poules, faire du marroquin, atteler le Bœuf à la charrue, planter de la Livèche pour chasser les Serpens, supposé que cette Ombellifère ait une telle propriété, mettre en fuite des Grillons avec de la Carotte râpée, faire enfin mourir les Poux avec de la Staphysaigre, etc., etc. (*loc. cit.*, p. 570). Les Arabes ne sauraient être regardés comme des naturalistes, parce que dans leur désert ils dressent le Dromadaire. Avancer que « l'agriculture, base de toute civilisation, ne saurait se perpétuer sans l'Histoire Naturelle, en s'écriant : que deviendrions-nous sans le Cheval, le Bœuf, la Vache, la Brebis, la Chèvre et l'Ane qui sont de son domaine? » n'est-ce pas raisonner à la manière du maître de danse et du maître de musique de M. Jourdain? Le *cui bono* est la question de l'ignorance, quand elle n'est pas celle de la haute raison. Il faut laisser parler l'utilité des choses même, pour toute réponse; cependant, comme le grand Linné traita cet article dans un autre goût, à la vérité, que certains amateurs des causes finales l'ont fait de nos jours, nous croyons devoir en toucher à notre tour quelques mots.

L'utilité de l'Histoire Naturelle est dans l'appui que prête son étude à la sagesse humaine pour détruire les préjugés honteux qui l'obscurcirent trop long-temps, et dans la recherche des idées justes qui doivent nécessairement résulter de sa connaissance. L'erreur ne lui saurait résister : elle est la plus importante des sources de vérités. Son avancement a depuis vingt-cinq ans détruit peut-être plus d'absurdités que n'en avaient osé attaquer tous les philosophes ensemble : en persévérant, pour l'approfondir, dans les voies où les naturalistes dignes de ce nom dirigent maintenant leurs investigations, le dix-neuvième siècle ne sera pas révolu, que les sciences physiques auront fourni les véritables moyens de renverser en Europe les dernières barrières que la superstition prétend encore opposer au développement de notre raison. Un tel résultat sera la meilleure des réponses qu'on puisse faire à la question du *cui bono*. Nous doutons que des raisonnemens renouvelés de M. le prieur de l'abbé Pluche, dans son Spectacle de la Nature, en présentent d'aussi satisfaisans.

L'Histoire Naturelle n'est devenue réellement une science que fort récemment : on a cependant imaginé d'ajouter à son illustration, en la faisant remonter à la plus haute antiquité. Sans examiner si Adam en fut le premier nomenclateur, nous dirons qu'il ne nous paraît guère plus clair qu'Orphée, Linus ou le centaure Chiron, que Démocrite ou Épicure, qu'Héraclite, que Thalès, et que Platon ou autres sages de la Grèce aient été des naturalistes. Dans les temps reculés, Aristote seul mérita ce nom. Il embrassa l'ensemble des connaissances humaines, à la vérité moins étendues de son temps qu'elles ne le sont aujourd'hui, et l'étude de la nature fut pour lui une des branches importantes de ces connaissances. Les autres philosophes grecs ne s'occupèrent guère que de quelques points de la science; Dioscoride et Théophraste jetèrent seulement les fondemens de la botanique : on ne peut regarder comme des zoologistes Ælien ni Oppien, auteurs de simples traités de pêche ou de chasse, et quant à Salomon, qui connaissait toutes les Plantes, depuis l'Hysope jusqu'au Cèdre du Liban, on doit présumer qu'il n'eut pas beaucoup de disciples parmi ses Juifs, dont pas un, depuis le règne de ce prince, ne s'est occupé d'Histoire Naturelle, si ce n'est, de nos jours, l'ichthyologiste Bloch. Pline pourrait être considéré comme le second des naturalistes de l'antiquité; mais, bien inférieur à l'illustre Aristote, il n'observa point lui-même les choses dont il discourut; adoptant sans critique les contes populaires les plus absurdes, compilateur crédule, narrateur prolixe, déclamateur emphatique, ses écrits sont plutôt l'histoire des erreurs que l'état des connaissances physiques de son temps. En vain Buffon affectait un grand respect pour ce Bomare romain, et voulut consolider sa réputation faite durant les siècles d'ignorance; Pline n'en est pas plus estimé des naturalistes modernes justement révoltés par l'amas de préjugés sur lequel se fondaient ses doctrines.

Long-temps après Pline, on ne trouve guère que des médecins arabes qui, commentant les écrits de l'antiquité, effleurent plus ou moins l'Histoire Naturelle; mais bientôt l'Europe accorde une attention toute particulière à cette science; on l'étudie d'abord dans les vieux livres; on la médite ensuite dans la nature même : des observateurs s'élèvent de toutes parts, et lui découvrent de nouvelles beautés. Les fruits de leurs travaux sont recueillis et coordonnés dans plusieurs traités généraux ou particuliers. Linné apparaît, compare ce qui s'était fait, embrasse toute la création, en devine les lois, imagine pour en peindre les détails un langage nouveau; son *Systema naturæ* en présente l'ensemble, et, dans ce grand essai, tous les êtres connus, asservis à trois règnes, sont disposés méthodiquement, de façon à ce qu'on les y puisse aisément reconnaître.

Cependant la route philosophique ouverte par le législateur suédois, fut d'abord méconnue de ses propres admirateurs: plusieurs d'entre ceux-ci crurent que la nomenclature constituait la science, quand Linné n'en avait prétendu faire pour les savans de tous les pays qu'un simple, mais rigoureux moyen de s'entendre. Les disciples de l'école d'Upsal pensaient suivre les traces de leur maître immortel, en substituant à la concise clarté de sa manière l'obscure sécheresse de la leur; ils imaginaient avoir contribué à compléter le catalogue des productions de l'univers, quand ils n'avaient qu'indiqué dans une simple phrase générique ou spécifique, et d'après des caractères trop souvent arbitraires ou superficiellement établis, l'existence de quelque production naturelle jusqu'à eux inconnue. Ceux-là n'avaient pas mieux entendu les préceptes d'un grand homme, que les faiseurs de phrases vides n'ont compris la marche sublime de Buffon. Et ce Linné, qu'on accusait d'avoir métamorphosé en une science de mots stériles l'étude de la féconde nature, fut cependant celui qui le premier sentit l'importance des organes reproducteurs pour la classification des êtres, qui recommanda la recherche des affinités par lesquelles se lient les familles, soit des Plantes, soit des Animaux, qui proclama que la formation de ces familles était le but vers lequel on devait tendre, et duquel enfin les coupes génériques, établies sur des bases indestructibles, se reproduisent sans cesse dans les ouvrages même de ses plus ardens détracteurs, soit que dans la fièvre d'innovation qui agite ceux-ci, ils les élèvent à la dignité d'ordres et de classes, soit qu'ils les rabaissent au rang de sous-genres ou de simples sections.

Buffon qui, s'essayant d'abord à peindre la nature, était encore loin d'apprécier l'importance que présentent dans son immensité jusqu'aux moindres détails, et qui, dans la marche encore incertaine de son pompeux début, prit quelquefois pour étroites et mesquines des idées d'ailleurs fort raisonnables, se déclara de prime abord l'antagoniste de toute nomenclature systématique. Plus tard et lorsqu'il fut devenu aussi profond naturaliste qu'il était né grand écrivain, il n'en eût certainement foudroyé que l'abus. Condamné par l'éclat de ses premiers succès à s'égarer dans de fausses routes, Buffon devint à son tour, et certainement malgré lui, le chef d'une école où le verbiage ampoulé d'incapables imitateurs fut substitué à la sublime éloquence du modèle: école déplorable, où les disciples s'affranchissant du salutaire joug des lois de la raison, affectant le mépris pour toute idée régulière, négligeant l'observation, sacrifiant l'inaltérable vérité quand elle ne s'accommodait point à leurs fausses vues, cherchant des rapports dans des choses qui n'en sauraient avoir, et s'abandonnant à la déplorable faconde de leur imagination, crurent pouvoir écrire de ce qu'ils n'avaient pas étudié. L'aridité des nomenclateurs était cependant moins contraire aux progrès de la science que ne devait l'être l'enflure verbeuse de ceux qu'on pourrait appeler aussi des *Romantiques* en Histoire Naturelle. En effet le sec Hasselquist lui-même ajouta quelques découvertes à la masse des faits déjà connus; mais que purent enseigner les Etudes de Bernardin de Saint-Pierre, par exemple, sinon l'art de parer les plus niaises rêveries des atours de la raison, et de donner à des extravagances, par l'arrangement de mots bien assortis, cette tournure élégante qui séduit l'ignorant et entraîne malheureusement jusqu'à des esprits éclairés? Plus d'un lecteur trouvera cette sentence au moins sévère; mais les temps sont venus où l'on ne saurait tenir d'autre langage; et nous le devons avouer, quoiqu'en pût murmurer l'orgueil national trop souvent confondu avec le patriotisme, l'Histoire Naturelle fût demeurée déviée et stationnaire en France, si le génie linnéen n'y eût enfin pénétré par les efforts des Gouan, des Broussonnet, des Bosc et des Brongniart. C'est ce génie fécondé par son union aux grandes vues Buffoniennes et dont les inspirations purent, à l'aide des beautés d'un style convenable, intéresser jusqu'aux gens du monde, qui brilla bientôt dans les œuvres de Lacépède; qui, ayant dès long-temps inspiré Jussieu, produisit ce *Genera* dont les premiers écrivains de Rome, au temps de sa gloire, n'eussent pas désavoué l'élégante latinité; qui enfin, se manifestant au sage Haüy, fit surgir de la cristallographie une science toute nouvelle. Lamarck, celui de nos savans qu'on peut le plus justement comparer à Linné, parce qu'il se montra d'abord un profond botaniste, Lamarck débrouilla dès-lors la confusion des Invertébrés, comme pour nous apprendre que ces Animaux, long-temps dédaignés, occupent un rang très-important dans la nature, soit qu'on les regarde comme les productions rudimentaires par où sa puissance organisatrice s'essaye, soit que l'on recherche dans leurs débris des matériaux pour écrire l'histoire des révolutions de notre globe. Geoffroy de Saint-Hilaire, pénétrant dans l'organisation intime des vertèbres, nous vint à son tour révéler plusieurs des mystères de leur formation. Cuvier, enfin, évoquant du sein de la terre les races perdues qui en peuplèrent autrefois la surface, éclairant la géologie et la zoologie l'une par l'autre, rétablissant, pour ainsi dire, les chartes où furent déposés les titres chronologiques d'un monde primitif, disposant dans un ordre naturel toutes les créatures vivantes, assignant à chacune d'elles son véritable nom, Cuvier enfin, réunissant en lui et Linné et Buffon, devint le modèle à suivre dans la manière d'écrire l'Histoire Naturelle, sous le double rapport du style et de la méthode.

Un seul obstacle pourrait néanmoins aujourd'hui suspendre les progrès de la science que portèrent à un si haut degré de splendeur les illustres professeurs du Muséum de Paris. La confusion menace de s'y introduire depuis que l'auteur du moindre mémoire prétend établir sa terminologie et d'innombrables divisions, imaginées seulement pour trouver l'occasion d'accumuler des noms inusités, la plupart d'une prononciation presqu'impossible.

Buffon, dans ce discours sublime que nous avons cité plus haut, avait déjà signalé de tels abus. « Un inconvénient très-grand, disait-il, c'est de s'assujettir à des méthodes trop particulières, de vouloir juger de tout par une seule partie, de réduire la nature à de petits systèmes qui lui sont étrangers, et de ses ouvrages immenses en former arbitrairement autant d'assemblages détachés, enfin de rendre, en multipliant les noms et les représentations, la langue de la science plus difficile que la science même..... Actuellement la botanique elle-même est plus aisée à apprendre que la nomenclature qui n'en est cependant que la langue. » Qu'eût dit ce grand maître au siècle où nous vivons? Indépendamment d'un déluge de volumes dont très-peu contiennent quelques nouveautés, on y imprime annuellement dans le monde plus de cent journaux ou recueils scientifiques qui se composent de trois à quatre mille notices ou articles sur l'Histoire Naturelle; on peut calculer que l'un portant l'autre, dix noms nouveaux dont la moitié au moins sont de doubles ou de quadruples emplois, apparaissent dans chacun de ces écrits. En un siècle, conséquemment, quatre millions de termes dont la nécessité ne saurait être démontrée, seront entassés et rebuteront nécessairement les esprits justes. Veut-on nous réduire à faire des vœux pour qu'il s'élève un nouvel Omar? *V.* NOMENCLATURE et TERMINOLOGIE.

L'Histoire Naturelle est devenue si vaste qu'il est difficile aujourd'hui à un seul Homme de l'embrasser tout entière. On l'avait originairement divisée en trois parties qui correspondaient à la connaissance des trois règnes : la MINÉRALOGIE, la BOTANIQUE et la ZOOLOGIE; on a dû diviser encore ces trois divisions : ainsi la GÉOLOGIE et la CRISTALLOGRAPHIE ont été séparées de la première. Outre la PHYSIOLOGIE et l'ANATOMIE qui sont résultées des deux autres, la Zoologie se divise maintenant en presque autant de branches distinctes qu'elle contient de classes; ainsi la MAMMOLOGIE est la connaissance des Mammifères, l'ORNITHOLOGIE celle des Oiseaux, l'ERPÉTOLOGIE celle des Reptiles, l'ICHTHYOLOGIE celle des Poissons, la MALACOLOGIE, nom que nous eussions dû préférer dans ce Dictionnaire au mot CONCHYLIOLOGIE, celle des Mollusques, l'ENTOMOLOGIE celle des Insectes, etc. On peut en faire autant en botanique, où l'AGROSTOGRAPHIE est déjà la science des Graminées, la MYCOLOGIE celle des Champignons, et l'HYDROPHYTOLOGIE celle des Végétaux d'abord appelés Thalassiophytes par Lamouroux. *V.* tous ces mots. Il ne faudrait cependant pas abuser de l'établissement de telles sections et prétendre créer avec des noms nouveaux autant de sciences distinctes dans l'Histoire Naturelle qu'il y existe de rameaux; on doit surtout éviter d'y introduire de ces désignations hybrides, que condamnent les lois de la terminologie. Quant à la manière d'étudier l'Histoire Naturelle, *V.* MÉTHODE et SYSTÈME. (B.)

* HISTRICES ou HISTRIX. ÉCHIN. FOSS. Quelques Oursins fossiles à mamelons saillans entourés d'un anneau relevé, composé de très-petits mamelons, ont été ainsi nommés par Imperati. (LAM..X.)

HISTRION. OIS. Syn. de Canard à collier. *V.* CANARD. (DR..Z.)

* HISTRIONELLE. *Histrionella.* INF. Genre dont nous avons proposé l'établissement dans la famille des Cercariées, où il se distingue déjà par une certaine complication d'organes, puisqu'outre la queue qui termine le corps des Animaux qui le composent, on distingue déjà dans l'étendue de ce corps un globule translucide permanent, fort distinct de la molécule organique. Muller a même cru apercevoir des yeux rudimentaires dans l'une des espèces, mais ce savant naturaliste nous paraît s'être trompé. Les Histrionelles, du moins la plupart, ont absolument la forme des Cercaires proprement dites et des Zoospermes; mais outre que leur corps est plus allongé, cylindrique au lieu d'être globuleux ou comprimé, ce corps semble, sous le microscope, prendre des formes diverses, attendu qu'il est contractile. Nous en signalerons quatre espèces : 1° l'Histrionelle fourchue, *Histrionella fissa*, N. (*V.* pl. de ce Dict.), ovale-oblongue, atténuée postérieurement où elle se termine en queue sétiforme, par laquelle elle se fixe et se contracte à la manière de certaines Vorticellaires, avec lesquelles elle présenterait des rapports, si elle n'était dépourvue d'organes ciliaires; elle est fissée antérieurement où elle porte un globule tellement transparent, qu'on dirait un trou. Nous avons découvert cet Animal, parmi les Conferves, dans la vallée de Montmorency. Il nage souvent en décrivant un mouvement spiral par la longueur de son axe. 2°. Histrionelle Poupée, *Enchelis Pupula*, Mull., *Inf.*, tab. v, fig. 21-24, Encycl. Inf., pl. 2, f. 30; elle se trouve dans l'eau des fumiers aux premiers dégels; sa queue est obtuse et fort courte, et en avant quand elle nage avec un mouvement circulaire

sur l'axe de sa longueur. 3°. Histrionelle inquiète, *Cercaria inquieta*, Mull., *Inf.*, tab. 28, fig. 3-7; Encycl. Inf., pl. 8, f. 3-7. Se trouve dans l'eau de mer, assez rarement et toujours solitaire; sans cesse en mouvement, elle passe de la forme globuleuse à une forme allongée et amincie antérieurement sous l'œil de l'observateur avec une surprenante rapidité. Le globule transparent est situé à la partie postérieure vers l'insertion de la queue. 4°. Histrionelle annulicaude, *Histrionella annulicauda*, N.; *Cercaria Lemna*, Mull., tab. 18, fig. 8-12; Encycl. Inf., pl. 8, f. 8-12. Assez commune dans l'eau des marais, cette espèce qui ressemble à la précédente offre déjà une queue comme articulée, ou du moins comme formée d'anneaux quand elle la contracte; également polymorphe, le globule transparent y est situé beaucoup plus loin que la queue. Ces deux dernières espèces, si elles n'avaient pas de queue, seraient déjà des Planaires. Les Histrionelles sont les plus grandes des Cercariées, quoique toujours microscopiques. (B.)

* HITIQUE. BOT. PHAN. Le Végétal du Chili, que Feuillée dit porter ce nom, et qui croît parasite sur d'autres Arbres, ne nous paraît pas devoir être un Myrte, mais un Loranthe. (B.)

HITO. OIS. Syn. vulgaire, aux Indes, du Martin-Pêcheur Vintzi. *V.* MARTIN-PÊCHEUR. (DR..Z.)

HITT. OIS. Nom que les naturels du Sénégal donnent à l'Oie armée. *V.* CANARD. (DR..Z.)

HIVERNATION DES ANIMAUX. ZOOL. *V.* ANIMAUX HIBERNANS.

HIVOURAHE. BOT. PHAN. Thevet désigne sous ce nom un fruit américain, qui pourrait être indifféremment un Spondias ou un Plaqueminier. (B.)

HNUPLUNGUR. OIS. (Fabricius.) Syn. de Cormoran. *V.* ce mot. (DR..Z.)

* HOAMI. OIS. Espèce du genre Merle. *V.* ce mot. (DR..Z.)

* HOAREA. BOT. PHAN. Genre établi par Sweet (*Geran.*, n. 18 et 72) aux dépens des *Pelargonium*, et adopté comme section de cet immense groupe par De Candolle (*Prodrom. Syst. Veget.* 1, p. 649) qui l'a ainsi caractérisé : cinq pétales ou rarement deux à quatre, oblongs, linéaires, les deux supérieurs parallèles, longuement onguiculés et réfléchis; étamines formant un long tube de la longueur des pétales inférieurs, au nombre de cinq ou rarement de deux à quatre, anthérifères, les autres stériles, droits ou courbés au sommet, les trois inférieurs plus courts que les fertiles. Cette section renferme cinquante-une espèces qui sont des Plantes herbacées, acaules, à racines tubéreuses, et à feuilles radicales pétiolées. *V.* PELARGONIER. (G..N.)

HOAZIN. OIS. Espèce du genre Faisan. *V.* ce mot. (DR..Z.)

HOBEREAU. OIS. Espèce du genre Faucon. *V.* ce mot. (DR..Z.)

HOCCO. *Crax.* OIS. Genre de l'ordre des Gallinacés. Caractères : bec fort, de médiocre longueur, comprimé, plus haut que large à sa base; mandibule supérieure élevée, voûtée et courbée dès son origine qui est revêtue d'une membrane épaisse; narines placées de chaque côté de la base du bec et recouvertes en partie par la membrane; tête ornée d'une huppe formée de plumes redressées et contournées; tarse allongé, lisse ou dépourvu d'éperon; trois doigts en avant et réunis à leur base par une petite membrane; pouce long et portant à terre; ailes courtes et concaves, les quatre premières rémiges étalées, la sixième la plus longue; queue composée de douze larges rectrices. L'on n'a jusqu'ici rencontré de véritables Hoccos que dans une étendue assez peu considérable des régions équatoriales du Nouveau-Monde; ils y habitent à l'état sauvage, les sites les plus élevés des immenses forêts où l'Homme n'a encore pénétré que pour se dérober aux poursuites d'un maître impitoyable, ou pour se soustraire momentanément aux catastrophes sanglantes des discordes civiles. D'un naturel doux, paisible et confiant, ces Oiseaux ne paraissent appréhender la présence d'un ennemi que lorsqu'ils ont à souffrir d'une première attaque. Ils vivent en société, cheminent ordinairement par troupes nombreuses et cherchent ainsi les bourgeons, les baies, les fruits et les graines dont ils font leur nourriture. On assure qu'ils établissent leurs nids indifféremment soit sur le sol, soit dans les anfractures des rochers, soit enfin dans la bifurcation des plus grosses branches. Ce nid est composé de fortes bûchettes entrelacées et liées par des brins de Graminées qui maintiennent un tas de feuilles sèches sur lesquelles reposent deux, quatre ou six œufs, produit d'une ponte unique et annuelle. Les Hoccos subissent facilement le joug de la domesticité, et, d'après la loi commune à tous les Oiseaux, ce changement d'état, cette sorte de dégradation altère non-seulement leur moral, mais encore leur physique; ce ne sont plus ces mœurs fières et indépendantes; ce n'est plus cette taille svelte et dégagée : une insouciance complète sur les moyens d'existence, un embonpoint excessif fait distinguer le Hocco domestique de son analogue sauvage. Du reste sa domesticité est une excellente conquête pour l'économie ; elle a procuré un mets sain et savoureux qui figure avec honneur sur les tables. Il est à désirer que l'on puisse rendre facile dans les contrées tempérées de l'Europe l'acclimatation de ces Oiseaux. On a fait pour cela, dans nos basse-cours, différentes tentatives qui n'ont point été couronnées d'un succès semblable à ceux que l'on a successivement obtenus pour les Coqs, les Paons et les Dindons. L'impératrice Joséphine avait placé, dans une de ses propriétés, des Hoccos qui y figuraient tout à la fois comme objets de curiosité et comme matériaux d'expériences économiques. Quoique ces Oiseaux eussent déjà été élevés en domesticité dans les colonies, et qu'ils s'y fussent reproduits à la manière des autres Gallinacés, en multipliant leurs pontes, on ne réussit pas à obtenir les mêmes résultats en Europe. Les individus maigrissaient, leurs pontes devinrent rares et inféconds, une maladie particulière les attaqua, une sorte de gangrène sèche leur rongea les pieds, enfin ils périrent tous successivement. On ne s'en tiendra pas, il faut l'espérer, à ces premiers et infructueux essais ; on suivra l'exemple de ces curieux amateurs de la Hollande qui autrefois, et par une constance soutenue, sont arrivés à des résultats plus satisfaisans.

HOCCO A BARBILLONS, *Crax carunculata*, Temm. Tout le plumage noir à reflets verdâtres; mandibule supérieure fort élevée, garnie d'une membrane rouge qui s'étend de chaque côté sur la mandibule inférieure qu'elle dépasse un peu; abdomen brunâtre; bec et pieds noirâtres. Taille, trente-deux à trente-quatre pouces. Du Brésil.

HOCCO DU BRÉSIL. *V.* PAUXI MITU.

HOCCO BRUN DU MEXIQUE. *V.* FAISAN HOAZIN.

HOCCO COXOLITTI, *Crax rubra*, Temm. Parties supérieures et poitrine d'un roux tirant sur le rouge; front, côté de la tête et haut du cou blancs avec une tache circulaire noire à l'extrémité de chaque plume; huppe touffue composée de plumes blanches avec les deux extrémités noires; parties inférieures roussâtres; bec et pieds d'un cendré noirâtre. Taille, trente-deux à trente-trois pouces. Les jeunes ont les plumes de la huppe droites et non frisées, variées de roussâtre, de blanc et de noir; les côtés de la tête et le haut du cou noirs, variés de blanc; les parties supérieures largement rayées de blanc roussâtre et de noir; les rectrices bordées de blanc. Du Mexique.

HOCCO DE CURAÇAO ou CURASSOW. *V.* HOCCO TEUCHOLI.

Hocco DE LA GUIANE, Buffon. V. Hocco TEUCHOLI.

Hocco MITU. V. PAUXI MITU.

Hocco MITU PORANGA, *Crax alector*, L., Lath. Parties supérieures d'un noir irisé; huppe composée de plumes étroites, s'élargissant vers l'extrémité; aréole des yeux membraneuse, d'un jaune noirâtre; membrane du bec jaune; abdomen et tectrices caudales inférieures d'un blanc pur de même que l'extrémité des rectrices qui néanmoins sont assez souvent entièrement noires; bec et pieds noirâtres. Taille, trente à trente-deux pouces. Les jeunes sont moins grands de près d'un quart; ils ont les plumes de la huppe droites, rayées de noir et de blanc; les parties supérieures rayées de blanc roussâtre; la poitrine, le ventre et les cuisses d'un roux vif, traversé de bandes noires; les autres parties inférieures d'un roux clair; le bec blanchâtre; les pieds d'un roux cendré. De la Guiane.

Hocco PAUXI. V. PAUXI A PIERRE.

Hocco DU PÉROU, *Crax alector fœmina*, Lath., Buff., pl. enl. 123. Temminck pense que c'est un métis provenant de l'accouplement du Hocco Coxolitti et du Hocco Mitu Poranga.

Hocco TECNOCHOLLI ou TEUCHOLI, *Crax globicera*, L., Lath., Buff., pl. enl. 86. Tout le plumage noir irisé, à l'exception de l'abdomen, des tectrices caudales inférieures et de l'extrémité des rectrices qui sont d'un blanc pur; plumes de la huppe frisées et contournées; base de la mandibule supérieure garnie d'une excroissance arrondie qui précède la membrane jaune; aréole des yeux membraneuse; bec et pieds noirâtres. Taille, trente-six pouces. Les jeunes n'ont qu'une petite protubérance au lieu du tubercule arrondi de la base du bec; leur plumage est d'un noir mat avec quelques raies blanchâtres. De la Guiane. (DR..Z.)

HOCHE-QUEUE. *Motacilla*. OIS. Dénomination adoptée par plusieurs méthodistes pour un genre qui comprend nos Bergeronnettes. V. ce mot. On a aussi donné le nom de Hoche-Queue à une espèce du genre Merle. V. ce mot. (DR..Z.)

HOCHEUR. MAM. Espèce du genre Guenon. V. ce mot. (B.)

HOCHICAT. OIS. Espèce peu connue du genre Toucan. V. ce mot. (DR..Z.)

HOCITZANATL ou HOCIZANA. OIS. Espèce du genre Corbeau. V. ce mot. (DR..Z.)

HOCOS. OIS. Dénomination générale, au Paraguay, des Hérons. V. ce mot. (DR..Z.)

* HOEFFMAGELIA. BOT. PHAN. (Necker.) Syn. de *Trigonia* d'Aublet. V. ce mot. (B.)

* HOELI. POIS. Espèce de Scombre du sous-genre Caranx. (B.)

* HOELSELIA. BOT. PHAN. Necker (*Element. Botan.*, 1383) a donné ce nom au *Possira* d'Aublet, genre dont Schreber et Vahl ont aussi changé arbitrairement la dénomination en celle de *Rittera*. V. POSSIRA. (G..N.)

HOEMAGATE. REPT. OPH. Si ce nom n'est pas une corruption d'Hæmacate dans les Dictionnaires antérieurs, il s'applique à un Serpent de genre indéterminé qu'on trouve en Perse où il passe pour fort dangereux, et dont la couleur est rouge mêlée de vermeil. (B.)

* HOEMATOPOTE. *Hœmatopota*. INS. Genre de l'ordre des Diptères, famille des Tanystomes, tribu des Bombylières, établi par Meigen et adopté par Latreille (Consid. sur les Crust. et les Ins., p. 386) avec ces caractères : antennes notablement plus longues que la tête; le premier article un peu plus court seulement que le troisième, renflé, ovale-cylindrique; le second très-court, en coupe; le dernier en cône allongé, subulé. Ce savant l'a réuni (Règne Anim. de Cuv.) à son genre *Chrysops*. (V. ce mot.) La principale espèce de ce genre est : l'*Hœmatopota pluvialis*,

Meigen, Panz., *Faun. Ins. Germ.*, fasc. 13, tab. 23. (G.)

* HOEMATOPUS. OIS. *V.* HUITRIER.

HOFERIA. BOT. PHAN. Nom proposé par Scopoli pour désigner le Mokokf des Japonais, genre de Plantes que Thunberg a nommé *Cleyera*. *V.* ce mot où nous avons exposé ses caractères, sans indiquer exactement sa place dans l'ordre naturel. Nous croyons donc utile d'ajouter ici que le *Cleyera japonica* était devenu une espèce de *Ternstrœmia* d'après Thunberg lui-même (*Act. Soc. Linn.*, 2, p. 325), mais que depuis il a été conservé comme genre distinct par De Candolle (*Prodrom. Syst. Veget.*, 1, p. 524) et placé dans la tribu des Fréziérées, de la famille des Ternstrœmiacées. *V.* ce dernier mot. (G..N.)

HOFFMANNIE. *Hoffmannia.* BOT. PHAN. Genre de la famille des Rubiacées, et de la Tétrandrie Monogynie, L., établi par Swartz (*Flor. Ind.-Occid.*, 1, p. 242) sur une Plante de la Jamaïque, dont les organes fructificateurs présentent les caractères suivans : calice à quatre petites dents droites, aiguës, colorées ; corolle hypocratériforme, dont le tube est rougeâtre, très-court, le limbe grand, à quatre divisions profondes et lancéolées ; quatre anthères presque sessiles, droites, linéaires et saillantes ; style subulé de la longueur des étamines, terminé par un stigmate obtus un peu échancré ; capsule bacciforme, couronnée par le calice, tétragone, biloculaire et polysperme. L'*Hoffmannia pedunculata*, Swartz (*loc. cit.*), est une Plante herbacée, caulescente, ligneuse à la base ; ses feuilles sont pétiolées, ovales-acuminées, rétrécies à leur base, luisantes, hérissées en dessous. Ses fleurs sont nombreuses, portées sur des pédoncules axillaires. (G..N.)

* HOFFMANNIE. *Hoffmannia.* BOT. CRYPT. (*Lycopodiacées.*) Ce nom fut d'abord donné par Willdenow au genre publié par Swartz sous le nom de *Psilotum*; ce dernier a été généralement adopté. *V.* ce mot. (AD. B.)

HOFFMANSEGGIE. *Hoffmanseggia.* BOT. PHAN. Genre de la famille des Légumineuses et de la Décandrie Monogynie, L., établi par Cavanilles (*Icon. rar.*, 4, p. 63) qui l'a ainsi caractérisé : calice persistant, à cinq découpures ; corolle à cinq pétales étalés, onguiculés, glanduleux à la base, le supérieur plus large ; dix étamines libres ; un style surmonté d'un stigmate capité ; légume linéaire, comprimé, à deux valves, polysperme. Cavanilles a décrit deux espèces de ce genre, originaires de l'Amérique méridionale. L'*Hoffmanseggia falcata*, Cav., *loc. cit.*, tab. 392 ; *Larrea glabra*, Ortéga, est un petit Arbuste dont les tiges rameuses sont garnies de feuilles alternes bipinnées, munies de deux stipules à la base du pétiole commun. Les fleurs ont la corolle d'un jaune foncé, et sont disposées en grappe terminale. Cette Plante qui croît au Chili, est cultivée dans les jardins de botanique d'Europe, où on la multiplie de graines, en ayant soin de la tenir dans l'orangerie pendant l'hiver. (G..N.)

* HOGAUIT. MIN. Variété de Mésotype concrétionnée, ou de Natrolithe, trouvée à Hohentwiel, pays de Hogau. *V.* MÉSOTYPE. (G. DEL.)

* HOHENWARTHE. *Hohenwartha.* BOT. PHAN. Genre de la famille des Synanthérées, Cinarocéphales de Jussieu, et de la Syngénésie superflue, L., établi par L. De Vest (*Flora oder Botan. Zeitung*, n. 1, 1820) qui l'a ainsi caractérisé : involucre ovoïde, formé d'écailles imbriquées, grandes, épineuses ; les intérieures membraneuses, inermes ; réceptacle conique, hérissé de paillettes ; calathide dont les fleurs du centre sont nombreuses, régulières, hermaphrodites, et celles de la circonférence sur un seul rang privées de corolle et femelles ; ovaires des fleurs centrales tétragones, surmontés d'une aigrette de poils plumeux ; ovaires des fleurs

marginales dépourvus d'aigrette, couronnés seulement par quatre ou cinq tubercules, surmontés d'un style épais, roide, conique et arqué. L'*Hohenwartha gymnogyna*, Vest, est une Plante herbacée dont la tige, rameuse et sans épines, est garnie de feuilles semi-amplexicaules, sinuées, pinnatifides, épineuses, à sinus garnis de petites épines. Les fleurs sont d'un jaune pâle, et portées sur des pédoncules dilatés au sommet. Cette Plante a été trouvée sur les remparts de la ville de Trévise. Sa ressemblance avec les Chardons l'a fait placer avec doute dans la tribu des Carduinées par H. Cassini. Une description plus complète dissiperait l'incertitude de ce rapprochement. (G..N.)

HOHO. OIS. Espèce du genre Héorotaire. *V.* ce mot. (DR..Z.)

HOHOU. OIS. *V.* HÉRON.

HOIRIRI OU HOYRIRI. BOT. PHAN. Adanson appelle ainsi, d'après C. Bauhin, le genre *Bromelia* de Linné. *V.* BROMÉLIE. (G..N.)

HOITIER. BOT. PHAN. L'un des noms vulgaires du *Bombax pentandra*, particulièrement à l'Ile-de-France. *V.* FROMAGER. (B.)

HOITLALLOTL. OIS. Ce bel Oiseau mexicain, dont la taille est comparée, par Hernandez, à celle du Hocco, et la queue à celle du Paon, n'est pas connu; ne serait-il pas une variété du *Meleagris occellata*? *V.* DINDON. (B.)

HOITZIE. *Hoitzia*. BOT. PHAN. Genre de la famille des Polémoniacées et de la Pentandrie Monogynie, L., établi par Jussieu (*Genera Plant.*, p. 136) qui a exposé les caractères de ses fleurs, et adopté par Lamarck ainsi que par Cavanilles auquel on doit la description de son fruit. Voici ses caractères principaux : calice tubuleux à cinq divisions droites et aiguës, enveloppé de cinq ou six bractées oblongues, dentées en scie, conniventes, simulant un calice extérieur; corolle infundibuliforme, quatre ou cinq fois plus longue que le calice, un peu courbée, et dont le limbe est à cinq lobes presqu'égaux; filets des étamines égaux, insérés à la base du tube et saillantes hors de celui-ci; ovaire trigone, surmonté d'un style de la grandeur des étamines, et de trois stigmates; capsule et graines semblables à celles du genre *Cantua*. L'*Hoitzia* ne diffère essentiellement de celui-ci que par son calice extérieur ou ses bractées; aussi Willdenow les a-t-il réunis sous l'unique dénomination de *Cantua*. Jussieu (Ann. du Muséum, T. V, p. 259) pense que le genre *Lœselia* est le même que l'*Hoitzia*, s'il est vrai, comme le dit Gaertner, qu'il ait cinq étamines et un calice entouré d'écailles bractéiformes. Cavanilles (*Icon. rar.* 6, p. 44, tab. 565, 566 et 567) a décrit trois espèces d'*Hoitzia*, savoir : *H. coccinea*, *H. cœrulea* et *H. glandulosa*. Toutes les trois sont indigènes du Mexique, ce qui a fait substituer par Cavanilles, le nom spécifique de *coccinea* à celui de *Mexicana*, imposé par Lamarck à la seule espèce connue auparavant. Ces Plantes sont des sous-Arbrisseaux à feuilles presque sessiles, linéaires ou ovales-lancéolées, et à fleurs écarlates ou bleues. (G..N.)

* HOITZILOXITL. BOT. PHAN. (Hernandez.) Syn. de *Myroxylum perniferum* selon Linné fils. (B.)

* HOITZMAMAXALLI. BOT. PHAN. (Hernandez.) Nom de pays de l'*Acacia cornigera*. (B.)

HOITZTLACUATZIN. MAM. (Hernandez.) Syn. de Coendou. *V.* ce mot. (B.)

HOLACANTHE. *Holacanthus*. POIS. Genre formé par Lacépède (Pois. T. IV, p. 524) aux dépens des Chœtodons de Linné, et qui rentre conséquemment dans l'ordre des Acanthoptérygiens, famille des Squammipennes, de la Méthode de Cuvier. Ce savant n'a point adopté le genre Holacanthe non plus que celui de Pomacanthe formé par le même naturaliste. Il ne regarde même ni l'un ni l'autre comme des sous-genres, et les confond parmi les Chœtodons. S'il n'est pas prouvé que les Holacanthes et les Pomacanthes doivent être séparés, il paraît néanmoins nécessaire de les distinguer des Chœtodons déjà si nombreux. Nous avons donc cru devoir les traiter à part : les caractères imposés au genre qui va nous occuper, sont : dents petites, flexibles et mobiles; le corps et la queue très-comprimés, avec des écailles jusque sur les nageoires, particulièrement sur la dorsale; la hauteur du corps supérieure ou du moins égale à sa longueur; l'ouverture de la bouche petite; le museau plus ou moins avancé; une dentelure et un ou plusieurs longs piquans à chaque opercule. Les caractères imposés aux Pomacanthes sont absolument les mêmes, si ce n'est que Lacépède ne leur attribue qu'un ou plusieurs longs piquans sans dentelure aux opercules. L'absence d'une dentelure ne paraît pas être suffisante pour fournir un caractère de genre. Du reste, tous ces Poissons habitent les mêmes lieux que les Chœtodons avec lesquels ils ont encore de commun les mœurs, la singularité de leur physionomie, la variété et l'éclat des couleurs, enfin la délicatesse de la chair.

† Holacanthes proprement dits.

* Qui ont la nageoire de la queue fourchue ou échancrée en croissant.

Le Tricolor, *Chœtodon Tricolor*, Bloch, pl. 426, qui n'est pas l'Acarawna des Brésiliens puisque ce nom convient au *Chœtodon bicolor*, autre espèce d'Holacanthe. — Ses écailles sont dures, dentelées et bordées de rouge vif ainsi que les nageoires et les pièces de l'opercule. La couleur générale est dorée; la partie postérieure est d'un noir foncé, et non échancrée. Elle habite les mers chaudes de l'Amérique orientale. La figure qu'en donne Duhamel est imparfaite selon Lacépède. B. 6, P. 12, V. 1-5, C. 15.

L'Ataja, *Sciæna rubra*, Gmel., *Syst. Nat.* XIII, T. I, *pars* 3, p. 1301, que Lacépède n'inscrit qu'avec doute dans la section des espèces à queue échancrée, parce qu'il ne la mentionne que d'après Forskahl. Elle habite les rivages de l'Arabie. B. 8, D. 1-7, P. 19, V. 1-6, A. 14, C. 15.

Lacépède dédie à son collègue Lamarck une troisième espèce de cette section, dont la patrie n'est pas connue, et qui paraît être le *Quick-Street* de Renard, pl. 25, fig. 145.

** Qui ont la nageoire de la queue arrondie ou sans échancrure.

L'Anneau, *Holacanthus annularis*, Lacép.; *Chœtodon annularis*, L., Gmel., *loc. cit.*, p. 1262; Bloch, pl. 124, fig. 1. Cette espèce, qui se pêche dans la mer des Indes, et dont la chair est fort estimée, est d'une couleur brunâtre, avec six lignes longitudinales courbées, et d'une couleur brillante de bleu céleste; ses pectorales, ses thoraciques et sa caudale sont blanches; la dorsale est noire, et l'anale est en outre bordée d'un trait bleu. D. 14-41, P. 16, V. 1-16, A. 3-28, C. 16.

Le Cilier, Encycl. Pois., pl. 47, fig. 179; *Holacanthus ciliaris*, Lacép.; *Chœtodon ciliaris*, Gmel., *loc. cit.*, p. 1252; Bloch, pl. 214. — A chaque écaille couverte de stries longitudinales qui se terminent par des filamens semblables à des cils; la couleur générale est grise. B. 6, D. 13-39, P. 16-26, V. 1-6, A. 3-22, 3-26, C. 16-20.

Le Couronné, *Holacanthus coronatus*, Desm. (*V.* planches de ce Dictionnaire.) Des mers de Cuba. D'un beau brun, et pour les formes assez voisin du précédent; la dorsale et l'anale sont bordées d'un liséré pâle; l'insertion des pectorales, le bord des opercules, le tour de la bouche, et un anneau couronnant la tête, de la même couleur. B. 6, D. 14/20, P. 19, V. 1/6, A. 3/20, C. 18.

L'Empereur, *Holacanthus Imperator*, Lacép., T. IV, pl. 12, fig. 3; *Chœtodon Imperator*, Gmel., *loc. cit.*, p. 1255; Bloch, pl. 194; l'Empereur du Japon, Encycl. Pois., pl. 93, fig. 284. Cette dernière figure, copiée de Bloch, offre quelque différence avec celle qu'a fait graver, d'après un dessin de Commerson, le savant Lacépède. « La chair de ce Poisson, dit le continuateur de Buffon, est souvent beaucoup plus grasse que celle de nos Saumons; son goût est très-agréable; les habitans de plusieurs contrées des Indes-Orientales assurent même que sa saveur est préférable à celle de tous les Poissons que l'on trouve dans les mêmes eaux, et se vend d'autant plus cher qu'il est très-rare. Il est d'ailleurs remarquable par la vivacité de ses couleurs et la beauté de leur distribution. On croirait voir de beaux saphirs arrangés avec goût et brillant d'un doux éclat, sur des lames d'or très-polies; une teinte d'azur entoure chaque œil, borde chaque pièce des opercules, et colore le long piquant dont ils sont armés. » D. 14-34, P. 18, V. 1-6, A. 3-22, C. 16.

Le Duc, *Holacanthus Dux*, Lacép.; *Chœtodon Dux*, Gmel., *loc. cit.*, p. 1255; Bloch, pl. 195; la Bandoullère rayée, Encycl. Pois., pl. 92, fig. 382; Bloch, pl. 105, et dont, par double emploi, Lacépède a fait son Acanthopode Bodaert, aussi appelé Duchesse. Habite les mêmes mers que l'Empereur, et ne le lui cède ni pour l'éclat ni pour la distribution élégante des couleurs. D. 14-23, P. 16, V. 1-16, A. 7-21, C. 14.

L'Holacanthe bicolor, *Chœtodon bicolor*, Gmel., *loc. cit.*, p. 1258; Griselle, Bloch, pl. 206, fig. 1; la Veuve coquette, Encycl. Pois., pl. 97, fig. 397; l'Auraune ou Acarawna des Brésiliens. — Le Mulat, Lacép., *Chœtodon Mesoleuchos*, Gmel., *loc. cit.*, p. 1266; Bloch, pl. 216, fig. 2. — L'Aruset, Lacép., *Chœtodon maculosus*, Gmel., *loc. cit.*, p. 1267. — Le Géométrique, Lacép. T. IV, pl. 13, fig. 2; *Chœtodon Nicobarensis*, Schen., pl. 50. — Et l'Holacanthe jaune et noir, Lac. T. IV, pl. 13, fig. 1, sont les espèces d'Holacanthes bien connues. Les collections du Muséum en possèdent plusieurs autres qui ne sont pas encore décrites.

†† Pomacanthes. Leur nageoire dorsale et l'anale ordinairement très-prolongées, en forme de faux, dont les pointes, se rapprochant autour de la queue, donnent une tournure élégante à ces Poissons.

* Qui ont la caudale fourchue ou échancrée en croissant.

Le Grison, Encycl., pl. 43, fig. 166, Lacép., Pois. T. IV, p. 519; *Chœtodon canescens*, Gmel., *loc. cit.*, p. 1240. Cette espèce, originaire de l'Amérique méridionale, et dont la couleur a déterminé le nom, est remarquable par la longueur des deux premiers rayons de la dorsale qui sont prolongés en forme de faux, et par une double dentelure à la base des deux longs piquans de ses opercules. D. 2-46, P. 17, V. 1-6, A. 3-36, C. 16.

Le Sale, Lacép., *loc. cit.*, p. 519; *Chœtodon sordidus*, Gmel., *loc. cit.*, p. 1267. Cette espèce, qu'a fait connaître Forskahl, est des mers d'Arabie, où elle se plaît parmi les Coraux. Sa chair est exquise; une tache noire se voit au lobe supérieur de sa queue. B. 5, D. 13-28, P. 19, V. 1-6, A. 2-16, C. 14.

** Qui ont la caudale rectiligne ou arrondie, sans échancrure.

L'Arqué, Encycl. Pois., pl. 44, fig. 169; *Pomacanthus arcuatus*, Lac. T. IV, p. 521; *Chœtodon arcuatus*, Gmel., *loc. cit.*, p. 1243; Bloch, pl. 201, fig. 2; le Guaperva de Marcgraaff. Cette espèce est des mers du Brésil; sa couleur générale mêlée de brun, de noir et de doré, renvoie pour ainsi dire des reflets soyeux, et fait ressortir cinq bandes transversales blanches, de manière à faire paraître l'Animal comme revêtu de velours et orné de lames d'argent.

Le Doré, Lacép., Pois. T. IV, p. 520; la Dorade de Plumier, Encycl. Pois., pl. 92, fig. 381; *Chœtodon aureus*, Gmel., *loc. cit.*, p. 1254; Bloch, pl. 193, fig. 1. Ce Poisson est l'un des plus beaux qui existent; l'extrémité de ses longues nageoires resplendit d'un vert d'émeraude qui se fond par des teintes très-variées avec l'or dont brille le reste de sa surface. Il est des mers des Antilles. D. 12-24, P. 12, V. 6, A. 2-15, C. 15.

Le PARU, Marcgraaff, Gmel., *loc. cit.*, p. 1256; Bloch, pl. 197; la Bandouillère noire, Encycl. Pois., pl. 91, fig. 379. Cette espèce, l'une des plus grandes, puisqu'elle atteint jusqu'à seize pouces, a ses écailles noires, bordées d'un croissant d'or. Elle habite les mers de l'Amérique chaude où sa chair est fort estimée. D. 10, P. 14, V. 6, A. 5, C. 15.

L'ASFUR, Forskahl, Gmel., *loc. cit.*, p. 1267, et le JAUNATRE, dont on ne sait rien, sinon qu'il est des mers de la Jamaïque, et qu'il a six aiguillons à la nageoire du dos avec des bandes jaunes, sont les deux dernières espèces de Chœtodons que Lacépède rapporte à son genre Pomacanthe. (B.)

HOLACONITIS. BOT. PHAN. Pour Holoconitis. *V.* ce mot. (B.)

* HOLARGES. BOT. PHAN. Nom donné par De Candolle (*Syst. Veget. Natur.*, 2, p. 348) à la quatrième section du genre *Draba*. Elle est caractérisée par son style court, ses fleurs ordinairement blanches, très-rarement jaunes. Les huit espèces dont elle se compose croissent dans les contrées froides des deux hémisphères. *V.* DRAVE. (G..N.)

HOLARRHÈNE. *Holarrhena*. BOT. PHAN. Genre de la famille des Apocynées et de la Pentandrie Monogynie, L., établi par R. Brown (*Mem. Werner. Societ.* 1, p. 63) qui lui a donné pour caractères principaux: une corolle hypocratériforme; des étamines insérées au sommet du tube, à anthères très-grandes longitudinalement pollinifères; deux ovaires n'ayant qu'un seul style très-court et un stigmate cylindracé; follicules grêles. R. Brown a établi ce genre sur le *Carissa mitis* de Vahl (*Symbol.* 3, p. 44, tab. 59). C'est une Plante des Indes-Orientales, à rameaux cylindriques, comprimés près des feuilles, dépourvus d'épines, garnis de feuilles pétiolées, opposées, lancéolées, très-entières et sans stipules. Ses fleurs sont disposées en corymbes peu fournis au sommet des rameaux.

Le *Codaga-Pala* de Rhéede (*Hort. Malab.* 1, p. 85, tab. 47) a de grands rapports avec le genre *Holarrhena*. Les formes de son feuillage et de ses fleurs, comparées avec celles de l'espèce précédente, ne permettent presque pas de l'en séparer, et par conséquent de la regarder comme identique avec le *Nerium antidyssentericum*, L., ou *Wrightia antidyssenterica*, Br., dont elle s'éloigne surtout par l'absence d'une couronne staminale. (G..N.)

* HOLASTEUS OU HOLOSTEUS. POIS. Belon désigne sous ces noms un véritable Ostracion, mais dont l'espèce ne saurait être exactement déterminée. (B.)

* HOLBROD ET HOLBRUDER. OIS. Syn. vulgaires de Mouette rieuse. *V.* MAUVE. (DR..Z.)

HOLCUS. BOT. PHAN. *V.* HOUQUE.

HOLÈTRES. *Holetra*. ARACHN. Famille établie par Hermann fils, pour des Arachnides Trachéennes ayant pour caractères: huit pieds; tête, corselet et abdomen (très-grand) unis. Latreille (Règne Anim. T. III) a restreint cette famille et a conservé son nom à des Arachnides dont les caractères sont: tronc et abdomen réunis en une masse, sous un épiderme commun; le tronc tout au plus divisé en deux par un étranglement; abdomen présentant, seulement dans quelques espèces, des apparences d'anneaux formés par des plis de l'épiderme. L'extrémité antérieure de leur corps est souvent avancée en forme de museau ou de bec; la plupart ont huit pieds et les autres six. Cette famille était divisée en deux tribus que Latreille a converties en familles dans son dernier ouvrage (Fam. natur. du Règne Anim., p. 320).

Ce sont celles des PHALANGIENS et des ACARIDES, *V.* ces mots ; de sorte que la famille des Holètres n'existe plus. (G.)

* HOLIGARNA. BOT. PHAN. Genre établi par Roxburgh (*Plant. Coromand.*, 282) qui l'a placé dans la Pentandrie Digynie, L., et l'a ainsi caractérisé : fleurs mâles en panicules axillaires, nombreuses, ayant un calice à cinq dents ; une corolle à cinq pétales oblongs, velus ; cinq étamines dont les filets sont plus courts que la corolle et les anthères incombantes ; fleurs hermaphrodites en panicules, et ayant le calice et la corolle comme dans les mâles ; étamines plus petites que dans celles-ci et pourvues d'anthères qui semblent avortées ; noix adhérente au calice, ovée, un peu comprimée, de la grandeur d'une olive, jaune à sa maturité, uniloculaire et sans valves ; une seule graine conforme à la noix, munie d'un tégument membraneux, dépourvue d'albumen, ayant son embryon renversé, composé de cotylédons égaux, ovales, et la radicule correspondante au point d'attache de l'ovule dans l'ovaire. L'*Holigarna longifolia*, Roxb., *loc. cit.*, est un grand Arbre indigène des contrées montueuses de Chittagong, dans les Indes-Orientales, où il fleurit en janvier. Le docteur Buchanan trouva d'abord les fleurs mâles dans le pays de Chittagong ; quelques années ensuite, ayant rencontré les femelles ou hermaphrodites au Malabar, il laissa à cet Arbre le nom d'*Holigarna* qu'il porte dans le langage de Karnate. Il ajoutait que les habitans du Malabar en extrayaient, par incision, un suc âcre, résineux, dont ils se servaient comme d'un vernis, et qu'il devait être considéré comme la variété appelée *Bibo* ou *Tscejero* du *Cattu-Tsjeru* de Rhéede (*Hort. Malab.* 4, tab. 9). Mais Roxburgh fait observer que le Bibo est le *Semecarpus Anacardium* très-distinct du *Cattu-Tsjeru* qui se rapporte à l'*Holigarna*. (G..N.)

* HOLLEIK. REPT. OPH. Espèce de Vipère d'Arabie. (B.)

HOLLI. BOT. PHAN. Liqueur résineuse qui découle d'un Arbre indéterminé, et que les habitans du Mexique emploient dans la composition de leur Chocolat pour le rendre stomachique. (B.)

* HOLLI-RAY. BOT. PHAN. *V.* COLLI.

* HOLMITE. MIN. Variété de Chaux carbonatée ferrifère. *V.* CHAUX CARBONATÉE. (G. DEL.)

HOLMSKIOLDIE. *Holmskioldia.* BOT. PHAN. Genre de la famille des Verbénacées et de la Didynamie Angiospermie, L., établi par Retz (*Observat. botan.*, fasc. 6, p. 31) et ainsi caractérisé : calice campanulé très-grand, ouvert, entier, à cinq petites dents, imitant celui du *Molucella ;* corolle labiée, dont le tube, dilaté à la base, est arqué près du limbe ; la lèvre supérieure courte, à deux lobes arrondis, l'inférieure allongée et à trois lobes dont l'intermédiaire est échancré ; étamines didynames plus longues que la corolle, à filets comprimés, à anthères ovées portant sur le dos un appendice noir où s'insère le sommet du filet ; style plus long que les étamines, courbé au sommet et terminé par un stigmate aigu légèrement bifide ; capsule (non mûre) granuleuse à sa superficie et divisible en quatre carpelles. Ce genre a été nommé *Platunium* par Jussieu (Ann. du Muséum, T. VII, p. 65 et 76) qui, ayant bien remarqué ses rapports avec l'*Holmskioldia* de Retz, n'avait cependant pas cru devoir les réunir à cause du caractère erroné attribué par Retz au fruit de son genre. D'un autre côté Smith (*Exotic. Bot.*, p. 41, tab. 80) a décrit et figuré la même Plante sous le nouveau nom d'*Hastingia.*

L'*Holmskioldia sanguinea*, Retz, *Platunium rubrum*, Juss., *Hastingia coccinea*, Smith, est un bel Arbre qui croît sur les montagnes du nord du Bengale, où il fleurit en mars et porte graines en avril. Les habitans de ce pays lui donnent le nom de *Ghurhulpaharia*, dénomination sonore que Smith recommande à ceux qui préfèrent les termes vulgaires à la nomenclature scientifique de Linné. La tige de cet Arbre se divise en branches opposées, garnies de feuilles opposées, pétiolées, cordées, crénées, veinées et glabres. Les fleurs sont accompagnées de bractées arrondies; leur corolle et leur calice sont remarquables par une couleur écarlate très-vive. (G..N.)

HOLOBRANCHES. POIS. Ordre établi par Duméril dans sa Zoologie analytique, et dont les caractères consistent dans des branchies complètes; le plus nombreux de tous par ses espèces, il se divise en quatre sous-ordres : les Jugulaires, les Thoraciques, les Abdominaux et les Apodes. *V.* ces mots. (B.)

* HOLOCANTHE. POIS. (Lacépède.) Syn. de Guara. *V.* DIODON. (B.)

HOLOCENTRE. *Holocentrus*. POIS. Ce nom paraît avoir été employé premièrement par Gronou pour désigner un genre qu'Artedi et Linné ensuite confondirent avec les Sciènes et les Perches. Lacépède qui s'en servit de nouveau, caractérisa ainsi ses Holocentres : un ou plusieurs aiguillons et une dentelure aux opercules; un barbillon ou point de barbillon aux mâchoires, une seule dorsale; la nageoire de la queue fourchue en croissant ou arrondie et non échancrée. De tels caractères un peu vagues embrassaient plus de soixante espèces de la famille des Percoïdes, que Cuvier a cru devoir distinguer en des genres divers adoptés des ichthyologistes. Ce n'est donc plus le vaste genre Holocentre du continuateur de Buffon, qui doit nous occuper ici, mais celui que circonscrivit de la manière suivante le réformateur de la Zoologie dans son histoire du Règne Animal (T. II, p. 282). Ces Poissons, dit-il, sont au nombre des mieux armés; outre que leurs épines dorsales et anales sont très-fortes, et leurs écailles épaisses, dures et dentelées, ils ont une forte épine au bas de leur préopercule, et leur opercule en a une ou deux autres à son bord supérieur. Leur museau est court, peu extensible, et ils n'ont que de petites dents. La partie molle de la dorsale s'élève au-dessus de la partie épineuse. L'occiput est sans écailles, osseux et strié, le sous-orbitaire et les quatre pièces operculaires sont le plus souvent dentelés. On ne voit pas pourquoi Cuvier, en renfermant le genre qui nous occupe dans ses justes limites, en a changé le nom pour celui de SOLDADO, tiré de l'espagnol et qui signifie un soldat. Les espèces les plus remarquables de ce genre où brillent les plus magnifiques couleurs, sont :

Le SOGO, Lac. T. IV, p. 347; *Holocentrus Sogo*, Bloch, pl. 232. Nous avons vu, dit élégamment Lacépède, un grand nombre de Poissons briller de l'éclat de l'or, des diamans et des rubis; nous allons encore voir sur le Sogo les feux des rubis, des diamans et de l'or; mais quelles nouvelles dispositions de nuances animées ou radoucies! Le rouge le plus vif se fond dans le blanc pur du diamant en descendant de chaque côté de l'Animal, depuis le haut du dos jusqu'au-dessous du corps et de la queue et en se dégradant par une succession insensible de teintes amies et de reflets assortis. Au milieu de ce fond nuancé s'étendent, sur chaque face latérale du Poisson, six ou sept raies longitudinales et dorées; la couleur de l'or se mêle encore au rouge de la tête et des nageoires, particulièrement à celui qui colore la dorsale, l'anale et la caudale, et son œil très-saillant montre un iris argenté entouré d'un cercle d'or. Ce Poisson se trouve dans les mers des deux mondes, ce qui semble en contradiction avec le conseil que donne Lacépède d'en élever « dans ces lacs charmans qu'un art enchanteur contourne maintenant avec tant de goût au milieu d'une prairie émaillée, etc., etc... » B. 8, P. 17, C. 29.

Le DIADÈME, *Holocentrus Diadema*, Lac. T. IV, pl. 374, et t. 3, pl. 32, fig. 5. Six ou sept raies étroites et longitudinales parent chaque côté de ce Poisson. Les bandes noires et blanches qui décorent la partie antérieure de sa nagoire dorsale représentent le bandeau auquel les anciens donnaient le nom de Diadême, et les rayons aiguillonnés qui s'élèvent de cette même partie au-dessous de la membrane, rappellent les parures dont ce bandeau était quelquefois orné.

Le Labre anguleux de Lacépède, T. III, pl. 22, f. 1, est encore un véritable Holocentre, tandis que ses Holocentres Post, Schraister et Acerine, rentrent dans le genre qui porte ce dernier nom. Le reste des Holocentres de Lacépède est réparti entre les Diacopes, les Serrans, les Labres, les Perches, etc., où ils seront mentionnés encore que nous eussions renvoyé au mot HOLOCENTRE, en citant leur nom spécifique dans le cours de ce Dictionnaire. (B.)

*HOLOCHEILE. *Holocheilus*. BOT. PHAN. Genre de la famille des Synanthérées, Corymbifères de Jussieu, et de la Syngénésie égale, L., établi par H. Cassini (Bullet. de la Société Philom., mai 1818) qui l'a ainsi caractérisé : involucre composé d'écailles presque sur un seul rang à peu près égales, ovales-oblongues; réceptacle nu et un peu plane; calathide composée de fleurons hermaphrodites nombreux, dont les corolles ont deux lèvres, l'extérieure ovale tridentée au sommet, l'intérieure plus courte et plus étroite, ovale-lancéolée, indivise ou bidentée; article anthérifère des étamines épaissi; connectif court; appendices basilaires longs, subulés; appendice apiculaire long et linéaire; ovaires oblongs, cylindracés, surmontés d'une aigrette légèrement plumeuse. Cassini place ce genre dans sa tribu des Nassauviées, près du *Trixis* de Brown et de Lagasca, dont il ne diffère que par la lèvre inférieure de la corolle non divisée, et par la nudité du réceptacle. Il est aussi très-voisin des genres *Homoianthus* et *Clarionea*. L'*Holocheilus ochroleucus*, H. Cass., est une Plante herbacée dont les tiges, de trois décimètres environ, sont divisées au sommet en quelques rameaux qui portent des calathides d'un jaune pâle. Les feuilles de la tige sont alternes, demi-amplexicaules, et parsemées ainsi que la tige de poils roides et articulés; les feuilles radicales sont ovales, presque arrondies et largement crénelées. Cette Plante a été recueillie par Commerson près de Buenos-Ayres. (G..N.)

HOLOCHRYSIS ET HOLOCHRYSON. BOT. PHAN. Syn. de Joubarbe. (B.)

HOLOCONITIS. BOT. PHAN. (Hippocrate.) Et non Holaconitis. Syn. présumé de Souchet comestible. (B.)

* HOLOCYANÉOSE. POIS. Espèce du genre Scare. *V.* ce mot. (B.)

HOLOGYMNOSES. POIS. Lacépède a ainsi nommé des Girelles dont les écailles du corps plus petites que dans les autres espèces seraient cachées durant leur vie par l'épiderme; mais ces écailles qui ne paraissent point dans le dessin de Commerson qu'a fait graver l'éloquent ichthyologiste (T. III, pl. 1, f. 3) se voient fort bien dans le Poisson desséché. Les Labres Demi-disque du même auteur, pl. 6, fig. 2, Cercle, pl. 6, fig. 3, et Annulé, pl. 28, f. 3, en sont fort voisins. *V.* LABRE. (B.)

HOLOLÉPIDE. *Hololepis*. BOT. PHAN. Genre de la famille des Synanthérées, et de la Syngénésie égale, L., établi par De Candolle (Ann. du Muséum, vol. XVI, p. 189), et ainsi caractérisé : quatre bractées très-grandes, inégales, entourent immédiatement l'involucre des calathides, lequel est formé de folioles régulièrement imbriquées, appliquées, ovales-obtuses et coriaces; réceptacle large, plane, muni de fimbrilles éparses, élargies inférieurement et filiformes supérieurement; ovaires épais, courts, presque cylindriques, surmontés d'une aigrette de poils nombreux et légèrement plumeux. L'auteur de ce genre l'a placé dans l'ordre des Cinarocéphales de Jussieu, près du *Serratula* et de son genre *Heterocoma;* mais il a indiqué en même temps que ces genres, ainsi que le *Pacourina* d'Aublet, formant un groupe intermédiaire entre les Cinarocéphales et les Corymbifères. L'observation minutieuse des organes floraux a déterminé H. Cassini à ranger ces deux genres parmi les Vernoniées, auprès du *Centratherum*. L'*Hololepis pedunculata*, D. C., est une grande Plante originaire du Brésil. Sa tige rameuse porte des feuilles éparses, ovales-oblongues, aiguës, entières, blanchâtres en dessous. Chacune des calathides est solitaire au sommet des ramuscules axillaires. Les bractées qu'entourent l'involucre sont sessiles, ovales-aiguës, légèrement cordiformes et foliacées. (G..N.)

* HOLOLÉPIDOTE. POIS. Espèce du genre Cichle. *V.* ce mot. (B.)

HOLOLEPTE. *Hololepta*. INS. Genre de l'ordre des Coléoptères, section des Pentamères, famille des Clavicornes, tribu des Histéroïdes, établi par Paykull et adopté par Latreille (Familles naturelles du Règne Animal). Ses caractères sont : corps très-aplati, avec le menton profondément échancré ; le lobe extérieur des mâchoires et leurs palpes allongés, et les articles de ces palpes cylindriques; pré-sternum ne couvrant point la bouche. Les Hololeptes vivent sous les écorces des Arbres, où elles subissent toutes leurs métamorphoses; celles d'Europe sont en général de petite taille; il n'y a que dans les exotiques que l'on rencontre des individus assez grands. Leur corps est très-aplati; sa forme générale est en carré long; la tête est plus grande, proportions gardées, que celle des Histers; elle est placée dans un enfoncement du prothorax et le pré-sternum, qui dans les Histers la cache en partie en dessous et ne s'avance que très-peu. Les mandibules sont cornées, assez longues, arquées et sans dents, avec un sillon très-profond à la partie interne. Les mâchoires sont un peu plus courtes que les palpes maxillaires; elles sont coriaces, biarticulées; la base est épaisse, et elles sont ciliées intérieurement. Les palpes sont filiformes, à articles cylindriques; les maxillaires ont le second article plus long que les autres; les labiaux les ont presque égaux entre eux. La languette est membraneuse, fixée sur le milieu de la lèvre inférieure, et divisée en deux lanières divergentes, très-étroites, ciliées intérieurement, assez aiguës et aussi longues que les deux premiers articles des palpes labiaux. La lèvre inférieure est plus large que longue, cornée, très-échancrée au milieu, de manière à paraître formée de deux parties égales et presque pointues; le labre est beaucoup plus petit, convexe et très-peu échancré antérieurement. Les antennes sont composées de onze articles; le premier est un peu plus long que celui des Histers; il est aussi moins arqué. Les sept suivans sont très-courts, grenus, et les trois derniers forment une masse ovale ou presque ronde. Les yeux sont petits, placés sur les côtés de la tête, et le front est plane et très-peu ponctué. Le corselet est large; il est légèrement rebordé, dans quelques espèces, sans rebords dans d'autres, et il n'a point de stries ou sillons longitudinaux; l'écusson est très-petit, triangulaire. Les élytres sont encore plus courtes que chez les Histers, et très-peu striées; l'abdomen est beaucoup plus long et très-ponctué. Les pates sont courtes, plates, et plus dentées que celles des Histers. Ces Insectes sont généralement de couleur noire; leur larve ressemble entièrement à celle des Histers. L'espèce la plus commune en France est :

L'HOLOLEPTE DÉPRIMÉE, *H. depressa*, Payk., Monog. Hist., p. 103, pl. 8, f. 8; *Hister depressus*, Fabr.; Payk., *Faun. Suec.*, 1, 428., Schön.,

Oliv., Ent. 1, 8, p. 15, n° 17, t. 2, f. 9. Elle est longue d'une ligne, entièrement noire et très-luisante; le corselet est rebordé, légèrement ponctué sur les bords. Les élytres ont cinq stries longitudinales, qui diminuent de longueur et s'approchent de la suture. Cette espèce se trouve à Paris, en Suède et rarement dans l'Amérique du nord, sous des écorces d'Arbres. (G.)

HOLOSCHOENUS. BOT. PHAN. Espèce du genre Scirpe. *V.* ce mot. (B.)

HOLOSTÉE. *Holosteum.* BOT. PHAN. Genre de la famille des Caryophyllées et de la Triandrie Trigynie, L., établi par Linné et ainsi caractérisé : calice à cinq sépales; corolle à cinq pétales à deux ou à trois dents; étamines au nombre de cinq ou le plus souvent de trois ou quatre par suite d'avortement; trois styles; capsule uniloculaire déhiscente par le sommet en six dents; graines nombreuses dont l'embryon est replié dans l'intérieur de l'albumen. L'*Holosteum umbellatum*, L., *Alsine umbellata*, D. C., Flor. Fr., Plante qui croît au commencement du printemps dans les champs et sur les murs en Europe, doit être considéré comme le type de ce genre. Les quatre ou cinq autres espèces, décrites par Linné et les autres auteurs, et qui croissent dans l'Amérique méridionale et les Indes-Orientales, appartiennent probablement à un autre genre. Ainsi l'*Holosteum cordatum*, L., constitue avec d'autres Plantes de l'Amérique, le genre *Drymaria* de Willdenow et de Kunth. Il en est probablement de même de l'*H. diandrum* de Swartz et de l'*H. mucronatum*, Fl. Mex. inéd., décrits dans le *Prodromus* du professeur De Candolle. (G..N.)

HOLOSTEMMA. BOT. PHAN. Genre de la famille des Asclépiadées et de la Pentandrie Dygynie, L., établi par R. Brown (*Mem. Soc. Werner.* 1, p. 42) qui l'a ainsi caractérisé : corolle presqu'en roue, quinquéfide; couronne staminale insérée au sommet du tube; masses polliniques fixées par leur sommet qui est atténué; stigmate mutique; follicules renflés, lisses. L'auteur de ce genre n'a pas décrit l'unique espèce dont il se compose. Il a seulement averti que la description de l'*Ada-Kodien* de Rhéede (*Hort. Malab.* T. IX, p. 5, tab. 7) se rapportait exactement à la Plante qui lui a servi de type et qui existe dans l'herbier de Banks, mais que la figure de Rhéede offrait quelque différence dans les feuilles. Schultes (*Syst. Vegetab.* T. VI, p. 95) a en conséquence donné pour nom spécifique à l'*Holostemma*, le nom employé dans l'*Hortus Malabaricus.* Cette Plante croît aux Indes-Orientales. (G..N.)

* HOLOSTIUM. BOT. CRYPT. Tabernœmontanus et Lobel nomment ainsi l'*Asplenium septentrionale* dont Linné faisait un *Acrostichum.* (B.)

*HOLOTÉE. *Holotea.* BOT. CRYPT. (*Lichens.*) Sous-genre d'Opégraphes dans la Méthode d'Acharius; il répondait au genre *Opegrapha* de la Lichénographie universelle et du *Synopsis*, le genre *Graphis* n'étant pas alors adopté par cet auteur. (A. F.)

HOLOTHURIE. *Holothuria.* ÉCHIN. Les caractères de ce genre sont : corps libre, cylindrique, épais, mollasse, très-contractile, à peau coriace, le plus souvent papilleuse. La bouche est terminale, entourée de tentacules divisés latéralement, sobrameux ou pinnés, armés de cinq dents osseuses ou calcaires; anus situé à l'extrémité postérieure. Les Holothuries sont des Animaux dont la forme singulière a attiré dans tous les temps l'attention des naturalistes. Les anciens les connaissaient sous les noms de *Purgamenta maris*, de *Pudenda marina*, à cause d'une ressemblance grossière avec les organes de la génération de l'Homme. Linné en fit d'abord le genre *Priapus* qu'il nomma ensuite *Holothuria;* cette dénomination fut adoptée par Bruguière; l'un et l'autre classèrent les Holothuries parmi leurs Vers mollusques. Hill, Brown et Baster les réunirent aux

Actinies; il en fut de même de Gaertner et de Boadsch; ces deux derniers les nommèrent Hydres. Pallas, adoptant le genre des premiers, lui conserva le nom d'Actinies; mais il le divisa en deux sections : l'une composée des Actinies proprement dites, et l'autre des Holothuries; il paraît avoir été le premier à indiquer les rapports qui existent entre ces Animaux et les Oursins. Forskaël sépara les Holothuries en Fistulaires et en Priapes. Lamarck, adoptant l'opinion des naturalistes qui l'avaient précédé, fit une seule section des Actinies et des Holothuries sous le nom de Fistulides; c'est la troisième de ses Radiaires échinodermes. Il a divisé les Holothuries en quatre genres. Cuvier les met dans sa classe des Echinodermes, et place les genres de Lamarck, qu'il adopte, dans ses deux ordres des Echinodermes pédicellés et Echinodermes sans pieds. Blainville, dans le Dictionnaire des Sciences naturelles, a rétabli le genre Holothurie, tel que Gmelin l'a décrit dans le *Systema Naturæ* de Linné; mais il l'a divisé en cinq sections dont les caractères sont très-étendus, de sorte qu'il n'a adopté aucun des genres proposés par les naturalistes qui l'ont précédé. Les travaux des zoologues que nous venons de citer ont éclairci l'histoire des Holothuries, et loin de proposer de nouvelles idées, nous croyons devoir nous borner à adopter la classification de Cuvier avec les genres que Lamarck a établis dans ce groupe d'êtres si remarquables par leur forme et que plusieurs caractères semblent lier aux Mollusques et aux Vers. Les Holothuries ont un corps cylindrique, épais, mollasse, recouvert d'une peau dure, coriace, mobile, plus ou moins hérissée de tubercules ou papilles ainsi que de tubes; les uns et les autres rétractiles et servant à l'Animal d'organes d'absorption, d'attache et de mouvement. Le corps est ouvert aux deux bouts, dit Cuvier; à l'extrémité antérieure est la bouche, environnée de tentacules branchus très-compliqués, entièrement rétractiles; à l'extrémité opposée, s'ouvre un cloaque où aboutissent le rectum et l'organe de la respiration, en forme d'Arbre creux, très-ramifié, qui se remplit ou se vide d'eau au gré de l'Animal. La bouche n'a point de dents et n'est garnie que d'un cercle de pièces osseuses; des appendices en forme de poches y versent quelque salive. L'intestin est fort long, replié diversement et attaché aux côtés du corps par une sorte de mésentère; une sorte de circulation partielle a lieu dans un double système fort compliqué de vaisseaux, uniquement relatif au canal intestinal, et dans une partie des mailles duquel s'entrelace l'un des deux arbres respiratoires dont nous venons de parler. L'ovaire se compose d'une multitude de vaisseaux aveugles, en partie branchus, qui aboutissent tous à la bouche par un petit oviducte commun; ils prennent au temps de la gestation une extension prodigieuse, et se remplissent alors d'une matière rouge et grumelée que l'on regarde comme les œufs. Des cordons d'une extrême extensibilité, attachés près de l'anus et qui se développent en même temps, paraissent être les organes mâles; ces Animaux seraient donc hermaphrodites. Quand ils sont inquiétés, il leur arrive souvent de se contracter avec tant de force qu'ils déchirent et vomissent leurs intestins. A cette description faite par Cuvier, nous croyons devoir ajouter quelques autres détails. Les Holothuries se nourrissent d'Animaux de tous genres, quelquefois d'une grosseur considérable; elles paraissent douées d'une grande faculté digestive. Quoique dépourvues de nageoires, elles nagent avec assez de facilité, elles rampent, elles s'attachent aux rochers; elles s'enfoncent dans la vase, au moyen des ventouses, des papilles ou des tubes qui se trouvent sur certaines parties de leur corps suivant les espèces. Elles habitent toutes les mers; et si les espèces des régions froides et tempérées de l'Europe paraissent plus nombreuses que celles des autres pays, on doit peut-être l'attribuer aux difficultés que présente l'étude de ces Animaux, soit pour s'en procurer, soit pour les conserver. En effet, ils se tiennent en général à une grande profondeur; on ne les trouve presque jamais à moins de vingt à trente brasses d'eau; c'est à trois cents pieds qu'elles sont le plus communes, dans des fonds vaseux ou dans les anfractuosités des rochers, suivant les espèces. Ne seraient-ce pas les causes qui rendent si rares dans nos collections les Holothuries de l'hémisphère austral, de l'océan Magellanique, de la mer Atlantique, etc.? Les espèces sont très-peu nombreuses, quoiqu'on en trouve dans les mers les plus éloignées les unes des autres. Lamarck en a décrit dix espèces; ce sont : les Holothuries feuillée, Phantape, Pentacte, Barillet, Fuseau, inhérente, glutineuse, à bandes, écailleuse et Pinceau.

(LAM..X.)

* HOLZSTEIN. MIN. C'est-à-dire *Bois-Pierre*. On désigne ordinairement ainsi en Allemagne les bois convertis en Silice. (G.)

* HOMALINÉES. *Homalinæ*. BOT. PHAN. Sous ce nom, R. Brown (*Botany of Congo*, p. 19) a établi une nouvelle famille formée de genres rapportés d'abord aux Rosacées ou aux Rhamnées et dont la place n'était pas encore déterminée. Elle se distingue par les caractères suivans : périanthe dont les segmens sont disposés sur un double rang, ou un nombre égal de segmens sur le même rang; point de pétales; étamines définies et opposées aux segmens du périanthe intérieur; ovaire uniloculaire (en général adhérent avec le périanthe), ayant trois placentas pariétaux auxquels sont attachés un, deux ou même un nombre indéfini d'ovules; graines pourvues d'un albumen charnu dans lequel est renfermé l'embryon. L'auteur a fait observer que l'adhérence de l'ovaire avec le périanthe n'est qu'un caractère d'une importance secondaire, puisque cette adhérence existe à divers degrés dans tous les genres d'Homalinées. En effet, l'ovaire est supère dans un genre non publié et rapporté de Madagascar par Commerson. Ce genre, par ses affinités avec certains genres de la famille des Passiflorées et notamment avec le *Paropsia* de Du Petit-Thouars, fournit un rapprochement entre les Homalinées et cette famille. Dans les Homalinées, ainsi que dans les Passiflorées et les Cucurbitacées, le périanthe est de même nature, quoique ses segmens soient disposés sur deux rangs, et cette structure particulière a engagé R. Brown à les réunir en une classe formant le passage entre les Polypétales et les Apétales. D'autres considérations, tirées de la structure de leurs graines et de leur ovaire, fortifient le rapprochement proposé par le savant botaniste anglais.

La famille des Homalinées est composée des genres suivans : *Homalium*, L.; *Astranthus*, Lour., avec lequel le *Blackwellia* de Commerson sera peut-être réuni; *Napimoga*, Aublet, qui ne diffère probablement pas de l'*Homalium*; le *Nisa*, Du Petit-Thouars. *V.* tous ces mots. Outre ces genres, R. Brown a fait mention d'une Plante recueillie primitivement sur les bords de la Gambie par Mungo-Park, puis retrouvée dans le Congo par Chr. Smith, qui a beaucoup de rapports avec l'*Homalium*. Elle s'en distingue seulement par le plus grand nombre des glandes qui alternent avec les étamines dont les faisceaux sont par conséquent décomposés; l'étamine inférieure de chaque fascicule étant séparée des deux extérieures par une glande additionnelle. (G..N.)

HOMALIUM. BOT. PHAN. Genre de la Polyandrie Trigynie, L., établi par Jacquin, et formant le type de la famille des Homalinées de R. Brown. Il est ainsi caractérisé : calice turbiné à sept ou huit divisions lancéolées; corolle à sept ou huit pétales ovales, pointus, alternes avec les divisions calicinales et plus grands que celles-ci; six à sept glandes (nectaires, Jacq.) très-courtes, tronquées, planes, velues, alternes avec les pétales et situées à la base de l'ovaire; dix-huit à vingt-quatre étamines disposées par faisceaux de trois ou quatre dans les intervalles des glandes et à la base de chaque pétale; ovaire supérieur (selon Lamarck) conique et surmonté de trois styles courts; capsule ovale, ligneuse, uniloculaire et polysperme. En décrivant ce genre, Jussieu l'a considéré comme dépourvu de corolle; les pétales étaient, pour lui, des divisions alternes du limbe calicinal. Quoiqu'il l'ait placé près des Rosacées, il a néanmoins indiqué ses affinités avec les Rhamnées. Le genre *Racoubea* d'Aublet a été réuni par Jussieu, Lamarck et Swartz, à l'*Homalium* qui avait été nommé *Acoma* par Adanson. Persoon (*Enchirid.*, 2, p. 82) lui a encore ajouté le *Pineda incana* de la Flore du Pérou. Au moyen de ces additions, les espèces de ce genre sont maintenant portées à trois, savoir : 1° *Homalium racemosum*, Jacq. (*Amer.*, 170, tab. 183), qui croît dans les Antilles; 2° *H. Racoubea*, Swartz, ou *Racoubea guianensis*, Aubl., espèce des forêts de la Guiane; 3° et *H. Pineda*, Persoon, ou *Pineda incana*, Ruiz et Pavon, Arbrisseau indigène du Pérou. (G..N.)

HOMALLOPHYLLES. *Homallophyllæ.* BOT. CRYPT. Willdenow désignait sous ce nom la famille de Plantes nommée généralement Hépatiques. *V.* ce mot. (AD. B.)

HOMALOCENCHRUS. BOT. PHAN. (Haller.) Syn. de *Leersia*. *V.* ce mot. (G..N.)

* HOMANTHIS. BOT. PHAN. Genre de la famille des Synanthérées, et de la Syngénésie égale, L., établi par Kunth qui l'a ainsi caractérisé : involucre campanulé-hémisphérique, composé de plusieurs folioles lâchement imbriquées; réceptacle plane, presque nu; calathide formée de fleurons, tous hermaphrodites, bilabiés; anthères munies de deux soies; akènes obovés, oblongs, légèrement comprimés; aigrette poilue et sessile. Les trois espèces qui composent ce genre : *Homanthis pungens*, *H. multiflorus*, et *H. pinnatifidus*, Kunth, sont indigènes des hautes montagnes du Pérou. Ce sont des Herbes dressées, presque simples, à feuilles caulinaires, alternes, amplexicaules, dentées, épineuses ou pinnatifides. Leurs fleurs sont terminales, solitaires ou en corymbes, de couleur blanche ou bleue.

Ce genre a été confondu avec les *Chætanthera* par Humboldt et Bonpland, qui ont décrit et figuré les trois espèces ci-dessus mentionnées dans le second volume de leurs Plantes équinoxiales (p. 146, 168 et 170, tab. 127, 135 et 136). D'un autre côté, ce genre avait été regardé comme distinct antérieurement à l'ouvrage de Kunth, sous le nom d'*Homoianthus* par De Candolle (Ann. du Mus. T. XIX). Celui-ci avait en outre créé le genre *Isanthus* pour le *Chætanthera multiflora*. Kunth ayant réuni cette Plante aux deux autres *Chætanthera* de Bonpland, a en même temps réformé les caractères et changé le nom du genre établi par De Candolle, et l'a placé dans la section des Carduacées Onoséridées. Cassini s'est opposé à ce changement, en indiquant d'autres affinités pour le genre dont il s'agit. *V.* HOMOIANTHE. (G..N.)

HOMALOCÉRATITE. MOLL. FOSS. *V.* BACULITE.

* HOMALOPSIS. REPT. OPH. Kuhl, naturaliste hollandais, a proposé sous ce nom, qui signifie visage plat, l'établissement d'un genre nouveau dont le *Coluber horridus* serait le type. (B.)

HOMARD. CRUST. L'une des plus grandes espèces du genre Ecrévisse. *V.* ce mot. (B.)

*HOMARDIENS. *Astacini.* CRUST. Nom sous lequel Latreille désignait une famille de Crustacés Décapodes, dont les caractères sont : mains didactyles ; antennes terminées par deux filets. Cet illustre auteur a fait subir quelques changemens à cette division (Fam. natur. du Règne Anim.) et l'a convertie en une tribu sous le nom d'ASTACINES, *Astacinæ;* il la divise en deux sections ; dans la première se trouvent les genres qui ont les quatre pieds au plus didactyles ; le feuillet extérieur des appendices latéraux de la nageoire terminant l'abdomen sans suture transverse ; les six derniers pieds, et même dans plusieurs, les précédens garnis de cils natatoires ; doigt inférieur plus court que le pouce ou le doigt mobile ; test ordinairement peu crustacé ; premier article des antennes latérales peu ou point épineux.

Genres : THALASINE, GÉBIE, AXIE, CALLINASSE. *V.* ces mots.

Les genres de la seconde division ont les six pieds antérieurs didactyles ; le feuillet externe des appendices latéraux de la nageoire terminant l'abdomen divisé par une suture transverse.

Genres : NEPHROPS, HOMARD, ECREVISSE. *V.* ces mots. (G.)

HOMBAK. BOT. PHAN. Dans le manuscrit de Lippi sur les Plantes d'Égypte, ce nom a été donné à un Arbrisseau considéré comme congénère du *Sodada decidua* de Forskahl, quoique, selon Jussieu, il en diffère par le nombre de ses étamines. Adanson et quelques auteurs français ont conservé la dénomination imposée par Lippi. *V.* SODADA. (G..N.)

HOMME. *Homo.* MAM. Genre unique de cet ordre des Bimanes qu'établit Duméril (Zoolog. analyt., p. 16), qu'adopta Cuvier (Règn. Anim. T. I, p. 81), et auquel nous croyons qu'on doit adjoindre, pour le rendre complétement naturel, le genre Orang (*V.* T. II, p. 519 de ce Dictionnaire).

L'Homme est également placé en tête de la classe des Mammifères par Linné, dans l'ordre des *Primates* (*Syst. Nat.*, XIII, T. I, p. 21), que ce naturaliste avait originairement appelé Anthropomorphes (*V.* ce mot). Dans la manière sententieuse propre à ses lucides écrits, le législateur suédois, négligeant de caractériser le genre qui va nous occuper, n'employa, pour le singulariser, que cette phrase de Solon qui était gravée en lettres d'or sur le temple d'Ephèse, *Nosce te ipsum.* Mais plus d'un philosophe n'ayant pas compris le véritable sens de ces trois mots, et croyant faire preuve de sagesse en réclamant un rang de demi-dieux dans l'ensemble de la création, nous réparerons l'omission de Linné pour ceux qui pourraient tomber dans l'excès contraire, en considérant que de nuances en nuances on peut trouver une sorte de consanguinité entre l'Homme et les Chauve-Souris.

Ces Animaux, les Singes, les Orangs et les Hommes ont de commun la disposition des dents et la position pectorale des mamelles ; chez les mâles, la liberté totale du membre qui, caractérisant le sexe, demeure pendant quand il n'est point excité par des désirs amoureux, son prépuce n'étant pas attaché de manière à le retenir fixe contre le corps ; enfin chez les femelles, un flux menstruel communément appelé *règles* (1). De l'identité d'organisation dentaire proviennent, sinon les mêmes appétits absolument, du moins certaines analogies dans les organes digestifs ; de la ressemblance de l'appareil générateur et des fluxions périodiques suit un même mode d'accouplement, non subordonné à la saison du rut ; de la situation pareille des sources où les petits puisent leur nourriture résulte une même manière d'allaitement où l'embrassement de la progéniture doit ajouter à l'amour maternel. Ces derniers rapports surtout ont dû provoquer le penchant que montrent

(1) Lesson, à son retour d'une circumnavigation à laquelle les découvertes de ce naturaliste contribueront à donner la plus grande importance, a vérifié ce fait sur des Roussettes ; il était déjà vulgaire à Amboine, ainsi qu'aux Séchelles pour d'autres Cheiroptères.

les Anthropomorphes à vivre en famille, penchant qui chez l'Homme n'eût cependant pas suffi pour déterminer l'état social, si, comme nous le verrons par la suite, son dénuement même et la faculté qu'il a d'exprimer sa pensée par le langage articulé et l'écriture, n'eussent subséquemment déterminé cet état social auquel il dut être long-temps étranger.

En éliminant les Chauve-Souris de l'ordre où Linné les rapprocha de nous, en réduisant les Primates de ce grand naturaliste à nos pareils et à ses Singes, nous trouvons que les conformités se multiplient. Les intestins deviennent en tous points semblables; des fluxions menstruelles apparaissent encore plus régulièrement dans les femelles qui élèvent et transportent au besoin leurs petits de la même façon; les yeux dirigés en avant et d'accord donnent à la vision cette unité qui doit contribuer à la rectitude des idées; la fosse temporale est séparée de l'orbite par une cloison osseuse; des mains, attributs précieux du tact, déterminent pour une grande part la supériorité intellectuelle que semble commander d'ailleurs un cerveau profondément plissé, à trois lobes de chaque côté, et dont le postérieur recouvre le cervelet; le dernier de ces trois lobes n'existe pas dans les Chauve-Souris.

Ce rapprochement de notre espèce et du Singe irritait singulièrement Daubenton qui pensa foudroyer la sixième édition du *Systema Naturæ* par ces mots : « Je suis toujours surpris d'y trouver l'Homme immédiatement au-dessous de la dénomination générale de Quadrupèdes, qui fait le titre de la classe : l'étrange place pour l'Homme! quelle injuste distribution! quelle fausse méthode met l'Homme au rang des bêtes à quatre pieds! Voici le raisonnement sur lequel elle est fondée : l'Homme a du poil sur le corps et quatre pieds, la femme met au monde des enfans vivans et non pas des œufs, et porte du lait dans ses mamelles : donc l'Homme et la Femme sont des Animaux quadrupèdes : les Hommes et les Femmes ont quatre dents incisives à chaque mâchoire et les mamelles sur la poitrine : donc les Hommes doivent être mis dans le même ordre, c'est-à-dire au même rang avec les Singes et les Guenons, etc. »

Cependant Linné ne dit point que l'Homme et la Femme soient des bêtes à quatre pieds; il n'emploie le mot Quadrupède qu'accessoirement, et pour désigner les quatre membres de la plupart des Mammifères mis en opposition avec les nageoires des Cétacés, il ne place pas davantage la Guenon au même degré que la Femme; car le genre Homme occupe pour lui et comme par privilége le premier de tous les rangs; il y porte le nom de Sage. Et avec quelle éloquence, pour ainsi dire sacrée, Linné contemple au contraire Dieu tout-puissant dans sa créature de prédilection, tandis que l'impitoyable critique la dissèque pour en décrire sèchement les débris, de son temps conservés confusément avec ceux du Cheval, de l'Ane et du Bœuf au cabinet du Roi!

Cependant, si pour isoler l'Homme des Singes, ainsi que le réclame Daubenton en termes si durs, nous retranchons du genre *Simia* les espèces dont Linné formait sous le nom de *Simiæ veterum* sa première division, en y rapportant ce Troglodyte qu'il avait d'abord regardé comme un Homme; si nous repoussons dans un ordre des Quadrumanes ces espèces grimperesses qui souvent marchent à quatre pates, encore que la longueur de leurs membres postérieurs les dût porter à se tenir debout, et dont la colonne vertébrale se termine par une queue; en un mot, si nous ne considérons que le genre Orang des modernes, nous trouvons chez ces Orangs et chez l'Homme un squelette en tout pareil, avec un os hyoïde, des molaires en nombre égal qui n'ont que des tubercules mousses; une véritable face, une physionomie enfin où se peignent les moindres résultats de la pensée et l'effet des sensations; les femelles de l'un et de l'autre portent un seul ou deux petits durant sept à neuf mois; les ongles sont conformés de même manière, plats et arrondis; ils garnissent l'extrémité supérieure de doigts déliés, organes de comparaison par excellence; un véritable pied avec sa plante s'étendant jusqu'au talon. La disposition des cuisses attachées à un large bassin par les muscles puissans qui forment des fesses prononcées, la force de la jambe que grossit un mollet plus ou moins marqué, déterminent dans l'un et dans l'autre la rectitude du maintien, la position verticale du corps, en un mot cette démarche de Bipède où l'on vit un attribut divin. Ainsi l'Homme n'est pas le seul être qui marche debout et « qui portant vers le ciel la majesté de sa face auguste ne tienne à la terre que par les pieds. » Si Platon eût connu l'Orang, il l'eût donc aussi appelé une Plante céleste?

Si l'Orang n'a pas le pouce du pied identiquement pareil à celui de l'Homme, et si ce doigt est chez lui tant soit peu plus libre et opposable aux autres, c'est un avantage qu'il possède, et conséquemment ce n'est point une condition pour que l'Orang soit repoussé chez les Singes Quadrumanes; on n'y saurait tout au plus voir que l'un de ces nombreux passages par où la nature procède habituellement pour lier tous les êtres dans l'ensemble infini de ses harmonies; ce n'est qu'un simple caractère générique sans lequel non-seulement l'Orang serait du même ordre que l'Homme, mais rentrerait tout-à-fait dans le genre humain comme l'une de ses espèces.

L'Homme, considéré génériquement et sous le point de vue dans lequel nous devons nous borner à le faire connaître, a son pied élargi en avant, plat, portant sur une plante qui s'étend jusque sous un talon légèrement renflé. Les doigts de ce pied sont courts, avec le pouce plus gros et parallèle aux autres, conséquemment non opposable comme le pouce des mains. La jambe porte verticalement sur la partie postérieure de ce pied; elle y est articulée ainsi qu'à la cuisse, de manière à ne pas permettre que nous marchions autrement que debout. La seule inspection de son genou où se trouve la rotule, petit os qui semble n'avoir été formé que pour rendre impossible certain mouvement de flexion, prouve l'erreur où sont tombés ceux qui écrivirent que l'Homme dut originairement marcher à la manière des Quadrupèdes. On conçoit que dans leur inconséquence, ces écrivains qui nous ont tour à tour représenté le genre de Mammifères dont ils faisaient partie comme un miroir de l'Etre-Suprême, ou comme la plus misérable des bêtes, aient pu croire à des Hommes sauvages courant les forêts sur quatre pates; mais on voit avec une sorte de regret le judicieux Linné métamorphoser son *Homo Sapiens* en un *Homo ferus tetrapus*, et recueillir la nomenclature de quelques individus de l'espèce civilisée européenne, trouvés dans un état d'imbécillité résultant de l'abandon où les avaient laissés sans doute de pauvres parens (1).

---

(1) *Juvenis Lupinus hassiacus* trouvé, en 1544, parmi des Loups qui l'avaient élevé à leur façon, et dont il assurait que la société valait mieux que celle des Hommes quand on lui eut appris à parler à la cour d'un landgrave. — *Juvenis Bovinus bambergensis*, qui fut trouvé vers l'âge de douze ans parmi des Bœufs, et qui, se battant contre les plus grands Chiens, les mettait en fuite à coups de dent. Il grimpait avec une adresse merveilleuse sur les arbres, ce que les Bœufs ne lui avaient probablement pas enseigné — *Juvenis Ursinus lithuanus*, pris en 1661 parmi les Ours, qui lui avaient donné leur goût et leurs habitudes, et qui eût encore voulu retourner parmi eux lorsqu'il eut vécu quelque temps parmi les Hommes. — *Juvenis Ovinus hibernus*, découvert dans une solitude de l'Irlande parmi des troupeaux de Moutons, avec lesquels il avait appris à paître, à bêler et à se battre à coups de front, comme les Béliers, mais qui n'avaient pas adouci son caractère brutal et sauvage. — *Puella transisalana*, jeune fille sauvage en 1717. — *Pueri Pyrenaici* en 1719. — *Juvenis Hannoveranus* en

De tels sauvages Quadrupèdes n'existent pas ou n'ont été que des malheureux repoussés de la société dès leur enfance. Tout ce qu'on en raconte fait moins connaître l'Homme dans son état réputé de nature que le penchant qu'ont la plupart des Hommes civilisés à saisir les moindres occasions d'occuper d'eux les trompettes de la renommée. On représente ces prétendus enfans de la nature comme des brutaux, à peine doués d'instinct, privés de l'usage de la parole, ne poussant que des cris inarticulés, sans mémoire et ne pouvant jamais ou du moins qu'imparfaitement apprendre à parler. Leur découverte cause d'abord une grande rumeur dans les Gazettes, ils finissent par mourir ignorés dans quelque hôpital de fous. L'observation de ce genre d'infirmes ne peut jeter la moindre lumière sur l'état primitif de notre espèce ; ce n'est point d'après ces exceptions qu'il faut étudier l'Homme tel qu'il dut être aux premiers temps de son apparition sur la terre. Pour rechercher l'histoire de son enfance sociale, nous tenterons une autre voie.

« Quand l'Homme le voudrait, dit Cuvier, il ne pourrait marcher autrement qu'il ne marche ; son pied de derrière court et presque inflexible, et sa cuisse trop longue ramèneraient son genou contre terre ; ses épaules écartées et ses bras jetés trop loin de la ligne moyenne, soutiendraient mal le poids de son corps; le muscle grand dentelé qui, dans les Quadrupèdes, suspend le tronc entre les omoplates comme une sangle, est plus petit dans l'Homme que dans aucun d'entre eux ; la tête est plus pesante à cause de la grandeur du cerveau et de la petitesse des sinus ou cavités des os, et cependant les moyens de la soutenir sont plus faibles, car l'Homme n'a ni ligament cervical, ni disposition des vertèbres propre à les empêcher de se fléchir en avant; il pourrait donc tout au plus maintenir sa tête dans la ligne de l'épine, et alors ses yeux et sa bouche seraient dirigés contre terre; il ne verrait pas devant lui; la position de ces organes est au contraire parfaite, en supposant qu'il marche debout. — Les artères qui vont à son cerveau ne se subdivisant point comme dans beaucoup de Quadrupèdes, et le sang nécessaire pour un organe si volumineux s'y portant avec trop d'affluence, de fréquentes apoplexies seraient la suite de la position horizontale. L'Homme doit donc se soutenir sur ses pieds seulement. Il conserve la liberté entière de ses mains pour les arts, et ses organes des sens sont situés le plus favorablement pour l'observation. Ces mains, qui tirent déjà tant d'avantages de leur liberté, n'en ont pas moins dans leur structure. Leur pouce, plus long à proportion que dans les Singes, donne plus de facilité pour la préhension des petits objets ; tous les doigts, excepté l'annulaire, ont des mouvemens séparés, ce qui n'est pas dans les autres Animaux, pas même dans les Singes. Les ongles ne garnissant qu'un des côtés du bout du doigt, prêtent un appui au tact, sans rien ôter à sa délicatesse. Les bras qui portent ces mains ont une attache solide par leur large omoplate et leur forte clavicule, etc. »

1724. — *Puella Campanica* en 1731. — Jean de Liége, dont Boerhaave se plaisait à raconter l'histoire dans ses leçons publiques et dont l'odorat, qui était devenu aussi fin que celui du Chien, se perdit quand il eut adopté la vie sociale.

On pourrait grossir la liste des prétendus Hommes sauvages, de cet autre jeune homme encore pris parmi les Ours, toujours en Lithuanie, et vu à Varsovie en 1694 par le médecin anglais B. Connor. — De cette jeune fille qui, selon Sigaud de Lafond, fut, en 1767, découverte toujours parmi les Ours en Basse-Hongrie. — De mademoiselle Leblanc, qu'a fait connaître Racine fils dans les notes de son poëme de la Religion, laquelle demoiselle avait tué une autre jeune sauvage sa compagne, pour lui enlever un chapelet; attrapait les Lièvres à la course, prenait les Poissons à la nage, renversait six hommes à coups de poing, et ne voyait pas un enfant sans avoir envie de sucer son sang à la manière des Vampires. — Enfin de ce sauvage de l'Aveyron, véritable idiot, sale et dégoûtant, auquel, de nos jours, des gens que tourmente la manie d'écrire, voulurent donner de la célébrité pour s'en faire une.

Les mains, en effet, sont pour l'Homme des attributs d'autant plus précieux qu'il leur doit une grande partie de sa supériorité morale sur tous les autres Animaux; supériorité que nous sommes loin de contester et qu'il faudrait être aveuglé par des opinions étroites pour ne pas avouer avec un profond sentiment d'admiration, de respect et de reconnaissance, mais dont il n'est pas déraisonnable de rechercher les causes, parce qu'elles sont uniquement dans cette inépuisable nature à l'histoire de laquelle notre Dictionnaire est consacré.

Nous ne grossirons pas cet article de la description minutieuse des moindres parties externes d'un Animal dont chacun peut se faire une idée assez exacte en se regardant dans une glace, et en se comparant ensuite à ses semblables; mais nous toucherons quelques points de son organisation intérieure, en renvoyant préalablement aux mots ACCROISSEMENT, ALLAITEMENT, CÉRÉBRO-SPINAL, DENT, GÉNÉRATION, INTESTIN et SQUELETTE, pour de plus amples détails et pour éviter les répétitions.

L'Homme a trente-deux vertèbres, dont sept cervicales, douze dorsales, cinq lombaires, cinq sacrées et trois coccygiennes. De ses côtes sept paires s'unissent au sternum par des allonges cartilagineuses et se nomment vraies côtes; les cinq paires suivantes qui n'y tiennent pas aussi immédiatement et qui sont plus petites, sont nommées fausses côtes. Son crâne a huit os, savoir : un occipito-basilaire, deux temporaux, deux pariétaux, un frontal, un ethmoïdal et un sphénoïdal. Les os de sa face sont au nombre de quatorze : deux maxillaires, deux jugaux, dont chacun se joint au maxillaire du même côté par une espèce d'anse nommée arcade zygomatique, deux naseaux, deux palatins en arrière du palais, un vomer entre les narines, deux cornets du nez dans les narines, deux lacrymaux aux côtés internes des orbites et un seul os pour la mâchoire inférieure. Son omoplate a au bout de son épine ou arête saillante une tubérosité, dite acromion, à laquelle est attachée la clavicule, et au-dessus de son articulation, une pointe nommée bec coracoïde, pour l'attache de quelques muscles. Le radius tourne complétement sur le cubitus à cause de la manière dont il s'articule avec l'humérus. Le carpe a huit os, quatre par chaque rangée; le tarse en a sept; ceux du reste de la main et du pied se comptent aisément par le nombre des doigts. La position du cœur et la distribution des gros vaisseaux est encore relative à la situation verticale habituelle à l'Homme; car le cœur, qui dans les autres Mammifères repose sur le sternum, est obliquement posé chez lui sur le diaphragme qui sépare la cavité de la poitrine de la cavité abdominale; sa pointe répond à gauche, ce qui occasione une distribution de l'aorte différente de celle de la plupart des Quadrupèdes. L'estomac est simple, son canal intestinal de longueur médiocre, les gros intestins bien marqués, le cœcum court et gros, augmenté d'un appendice grêle, le foie divisé en deux lobes et un lobule, l'épiploon pendant au-devant des intestins jusque dans le bassin.

Aucun Animal n'approche de l'Homme pour le nombre des replis des hémisphères du cerveau, organe qu'il n'est cependant pas exact de croire proportionnellement plus considérable chez lui que chez tous les autres vertébrés, puisqu'il en est parmi ceux-ci, comme l'a démontré Desmoulins, où ces lobes sont réellement plus, ou au moins aussi considérables.

Les mâchoires sont garnies de trente-deux dents en tout, seize à chacune, savoir : quatre antérieures, mitoyennes, aplaties, tranchantes, verticales ou à peu près, et appelées incisives; deux autres épaissies en coins, amincies en pointe, dites canines; enfin dix molaires, cinq de chaque côté, dont les racines sont profondes, avec le corps presque cubique, et la couronne tuberculeuse.

La combinaison de ces dents et de l'appareil digestif, fait de l'Homme un être omnivore, c'est-à-dire qui peut se substanter par une nourriture indifféremment animale ou végétale : aussi vit-il partout où des Plantes et de la chair assurent sa subsistance; et nous remarquerons à ce sujet que c'est moins la différence des climats que l'impossibilité de trouver des approvisionnemens appropriés à leurs besoins qui détermine la circonscription des espèces dans certains cantons respectifs : l'Homme s'acclimate sur les rivages des mers glaciales où ne se trouvent guère de Plantes ou d'Animaux terrestres, mais où des Poissons et des Cétacés le peuvent alimenter; il vivrait dans les déserts où l'on ne trouve ni Poissons ni Plantes convenables à son estomac, parce qu'il pourrait encore s'y nourrir du lait et de la chair de ses troupeaux; il prospérerait même là où, la chair venant à manquer, ne mûriraient que des fruits et ne croîtraient que des Céréales ou des racines bulbeuses. C'est donc une grande erreur que d'établir comme règle générale l'appétit des Hommes pour les Plantes ou pour la chair, en raison de cette influence absolue si faussement attribuée au climat. Le climat n'y fait que peu de chose, c'est l'organisation qui commande toujours.

Un penchant à tracer trop légèrement des règles générales, a fait poser en principe « qu'on pouvait considérer l'Homme comme divisé en trois zônes pour la nourriture, l'Homme du Tropique étant frugivore; l'habitant des pôles carnivore, et les peuples intermédiaires, l'un et l'autre en diverses proportions, suivant le degré de chaleur et de froid, la durée des hivers et des étés. » Quels frugivores que ces Caraïbes, que ces Jagas, que ces Hommes de la mer du Sud, qui, sous l'équateur, mangent d'autres Hommes! Quels Carnivores que ces Groënlandais qui se nourrissent d'un pain fait de Lichen, avec de l'écorce de Bouleau, et qui boivent avec délices une huile rance!

Le sens du goût très-développé chez l'Homme, corroboré, pour ainsi dire, par celui de l'odorat qui se confond avec lui, la faculté de broyer et de mâcher les alimens, qui vient de la manière dont la mâchoire inférieure, mobile en tous sens, se trouve articulée, et qui facilite la perception des saveurs, sont pour lui les causes déterminantes de la gourmandise qu'il ne faut pas confondre avec la voracité, parce que la voracité n'est qu'un appétit véhément et non l'abus de quelque faculté : la gourmandise est un vice, la voracité le simple effet d'un besoin irrésistible. L'Homme, au reste, n'est pas le seul Animal chez lequel le plus grand développement de tel ou tel organe en provoque l'exercice désordonné. On a vu aux mots ÉRECTILE (TISSU) et CYNOCÉPHALES les causes de la lascivité de certains Singes. Notre espèce, en beaucoup de cas, partage les mêmes penchans effrénés : quant à l'amour, conséquence plus modérée des fonctions de ses organes reproducteurs, l'Homme en éprouve les douceurs sans qu'une saison de l'année, plutôt qu'une autre, le pousse vers l'acte de la copulation (*V.* RUT), et ce n'est point, à proprement parler, un trait de cynisme, mais l'expression assez exacte d'une vérité physique, que cette phrase de Beaumarchais : « Boire sans soif et faire l'amour en tout temps, c'est ce qui distingue l'Homme de la bête. » L'Homme boit en effet très-souvent sans nécessité, et seul, parmi les Animaux, il fait usage des liqueurs fermentées; elles sont l'un des nouveaux besoins qu'il contracte dès qu'il se ploie à l'état social. Sous tous les climats, il cherche quelque moyen de rendre stimulante sa boisson habituelle; là, c'est la baie du Genièvre ou les sommités des Pins et des Bouleaux dont il obtient une sorte de Bière que les Céréales et le Houblon lui rendent plus délectable ailleurs. Ici ces mêmes Céréales lui fournissent une liqueur alcoholique; autre part la Vigne lui prodigue un nectar plus doux, ou bien c'est le Riz et la Canne dont il extrait différentes eaux-de-vie; le lait même aigri et fermenté, l'Opium, ou toute autre substance, deviennent également, en certaines contrées, les matériaux de liqueurs violentes dont l'abus altère les facultés morales. Certains individus, parmi quelques espèces d'Animaux domestiques, semblent partager ce goût pour les liqueurs spiritueuses; mais chez eux, ce n'est guère qu'un effet de la dépravation produite dans les mœurs par la fréquentation de l'Homme.

Ne prétendant en aucune manière nous jeter dans des considérations d'une nature abstraite ou hypothétique, étrangères au domaine de l'histoire naturelle, nous n'examinerons pas « s'il a été réservé à l'Homme seul, entre tous les êtres, de pouvoir contempler son ame et de mesurer ses devoirs et ses droits sur le globe. » Assez d'auteurs ont discouru sur ce sujet qui touche à la théologie, et qu'il nous serait conséquemment téméraire d'aborder : mais comme il est indispensable de dire quelques mots sur le rôle que l'Homme est appelé à remplir dans l'ensemble de la création, nous emprunterons pour le faire le passage suivant, extrait du Dictionnaire de Déterville. « Si nous ne considérons, y est-il dit, que l'Homme purement corporel, si nous étudions sans préjugé sa conformation interne et ses formes extérieures, il ne nous paraîtra qu'un Animal peu favorisé au physique, en le comparant au reste des êtres. Il n'est pourvu d'aucune des armes défensives et offensives que la nature a distribuées à chacun des Animaux. Sa peau nue est exposée à l'ardeur brûlante du soleil, comme à la froidure rigoureuse des hivers, et à toute l'intempérie de l'atmosphère; tandis que la nature a protégé d'une écorce les Arbres eux-mêmes. La longue faiblesse de notre enfance, notre assujettissement à une foule de maladies dans tout le cours de la vie, l'insuffisance individuelle de l'Homme, l'intempérance de ses appétits et de ses passions, le trouble de sa raison et son ignorance originelle le rendent peut-être la plus misérable de toutes les créatures. Le sauvage traîne en languissant, sur la terre, une longue carrière de douleurs et de tristesse; rebut de la nature, il ne jouit d'aucun avantage sans l'acheter au prix de son repos, et demeure en proie à tous les hasards de la fortune. Quelle est sa force devant celle du Lion, et la rapidité de sa course, auprès de celle du Cheval? a-t-il le vol élevé de l'Oiseau, la nage du Poisson, l'odorat du Chien, l'œil perçant de l'Aigle et l'ouïe du Lièvre? s'énorgueillira-t-il de sa taille auprès de l'Eléphant, de sa dextérité devant le Singe, de sa légèreté près du Chevreuil? Chaque être a été doué de son instinct, et la nature a pourvu aux besoins de tous : elle a donné des serres crochues, un bec acéré et des ailes vigoureuses à l'Oiseau de proie : elle arma le Quadrupède de dents et de cornes menaçantes; elle protége la lente Tortue d'un épais bouclier, l'Homme seul ne sait rien, ne peut rien sans l'éducation; il lui faut enseigner à vivre, à parler, à bien penser; il lui faut mille labeurs et mille peines pour surmonter tous ses besoins; la nature ne nous instruisit qu'à souffrir la misère, et nos premières voix sont des pleurs. Le voilà gisant à terre, tout nu, pieds et poings liés, cet être superbe, né pour commander à tous les autres. Il gémit, on l'emmaillote, on l'enchaîne, on commence sa vie par des supplices, pour le seul crime d'être né. Les Animaux n'entrent point dans leur carrière sous de si cruels auspices; aucun d'eux n'a reçu une existence aussi fragile que l'Homme; aucun ne conserve un orgueil aussi démesuré dans l'abjection, aucun n'a la superstition, l'avarice, la folie, l'ambition et toutes les fureurs en partage. C'est par ces rigoureux sacrifices que nous avons acheté la raison et l'empire du monde, présens souvent funestes à notre bonheur et à notre repos; et l'on ne peut pas dire si la nature s'est montrée envers nous, ou plus généreuse mère par ses dons, ou marâtre plus inexorable par le prix qu'elle en exige.... Si l'Homme, ajoute l'auteur de ce passage, n'est qu'un instrument nécessaire dans le système de vie, tout ce qui existe n'est donc pas formé pour son bonheur...... et il serait également faux de prétendre que les sujets furent formés exprès pour le souverain, et que toute la nature ait été créée exclusivement pour l'Homme. La Mouche qui l'insulte, le Ver qui dévore ses entrailles, le vil Insecte dont il est la proie, sont-ils nés pour le servir? Les astres, les saisons, les vents obéissent-ils aux volontés de ce roi de la terre, aliment d'un frêle Vermisseau? Quelle démence de croire que tout est destiné à notre félicité, que c'est l'unique pensée de la nature! Les pestes, les famines, les maladies, les guerres, les passions des Hommes, leurs infortunes et leurs douleurs prouvent que nous ne sommes pas plus favorisés au physique que les autres êtres; que la nature s'est montrée équitable envers tous, que pour être élevés au premier rang, nous ne sommes pas à l'abri de ses lois; elle n'a fait aucune exception; elle n'a mis aucune distinction entre tous les individus; et les rois, les bergers naissent et meurent comme les Fleurs et les Animaux. L'Homme physique n'est donc pour elle qu'un peu de matière organisée, qu'elle change et transforme à son gré, qu'elle fait croître, engendrer et périr tour à tour. Ce n'est pas l'Homme qui règne sur la terre, ce sont les lois de la nature dont il n'est que l'interprète et le dépositaire; il tient d'elle seule l'empire de vie et de mort sur l'Animal et la Plante; mais il est soumis lui-même à ces lois terribles, irrévocables : il en est le premier esclave; et toute la puissance de la terre, toute la force du genre humain se tait en la présence du maître éternel des mondes. »

Nous cesserons de citer l'écrivain duquel nous avons saisi l'occasion de citer une bonne page, lorsqu'il ajoute « que par ses rapports aux créatures vivantes, l'Homme en doit être considéré comme le modérateur, comme un instrument d'équilibre et de nivellement dans l'ample sein de la nature où il est la chaîne de communication entre tout ce qui existe, et que c'est l'Homme, enfin, à qui seul appartient le droit de vaincre et de régner. » Daubenton n'était pas de cet avis, lorsque, s'élevant à l'éloquence dont il avait un si beau modèle sous les yeux, il dit : « Distinguez l'empire de Dieu du domaine de l'Homme : Dieu, créateur des êtres, est seul maître de la nature; l'Homme ne peut rien sur le produit de sa création; il ne peut rien sur les mouvemens des corps célestes, sur les révolutions de ce globe qu'il habite; il ne peut rien sur les Animaux, les Végétaux, les Minéraux en général; il ne peut rien sur les espèces, il ne peut que sur les individus, car les espèces et la matière en bloc appartiennent à la nature, ou plutôt la constituent; tout se passe, se suit, se succède, se renouvelle et se meut par une puissance irrésistible; l'Homme, entraîné lui-même par le torrent des temps, ne peut rien pour sa propre durée; lié par son corps à la matière, enveloppé dans le tourbillon des êtres, il est forcé de subir la loi commune, il obéit à la même puissance, et comme tout le reste, il naît, croît et périt... »

§ I. — *S'il existe une seule ou plusieurs espèces d'Hommes.*

Si l'Homme, par son organisation et dans ses fins, n'est qu'un être fragile, lié à la matière, enveloppé dans le tourbillon des êtres, pourquoi n'existerait-il pas chez lui diverses espèces, comme il en existe, par exemple, entre les Singes, les

Hyènes et les Serpens? Il en est en effet; et beaucoup de ces espèces nous paraissent plus tranchées que ne le sont la plupart de celles qu'adoptent ailleurs, sans hésiter, les naturalistes cités pour leur circonspection; cependant, comme jusqu'ici on n'aborda l'histoire de l'Homme qu'avec certaines précautions commandées par des considérations étrangères à la science dont on s'occupe ici, les auteurs les plus convaincus des vérités que nous essaierons de démontrer, ne convinrent jamais positivement qu'il existât des espèces, dans ce qu'on était convenu de regarder comme l'espèce par excellence sortie d'une source unique. La plupart crurent éluder la difficulté en se tenant à des races, ne se souvenant probablement point que le mot *race*, synonyme de *lignée*, s'emploie le plus habituellement en parlant des Animaux domestiques, particulièrement des Chiens où Buffon n'était pas plus tenté de voir des espèces distinctes que chez l'Homme.

C'est interpréter étrangement, selon nous, le texte d'un livre sur l'autorité duquel divers docteurs voient des parens dans tous les Hommes, que regarder le Papou, le Hottentot, l'Esquimaux, et les aïeux du saint roi David, par exemple, comme consanguins. Le premier livre des Juifs dit à la vérité : « Dieu *créa* l'Homme *et il* le *créa mâle et femelle*, ce qui paraît ne supposer qu'un premier couple si l'auteur sacré n'a pas entendu établir que le premier Homme fut un hermaphrodite; mais les Juifs et leur législateur, qui ne connurent d'abord d'autre espèce que la leur, et que des ordonnances célestes avaient expressément séparés de toutes les autres, eussent-ils, dans leur légitime orgueil, regardé les peuples rouges et noirs qui leur étaient en tout étrangers, comme des frères? Adam était le père de leur race seulement : ils n'auraient pas voulu des Chinois, des Nègres et des Botocudos pour cousins, s'ils en eussent jamais vu, eux qui regardaient déjà comme abominables ces Sichimites, ces Amalécites, ces Moabites et autres Cananéens, avec lesquels, malgré la ressemblance, ils ne voulaient nul contact, et qu'ils exterminaient au nom de Dieu? On voit d'ailleurs, dans leurs livres, quelle horreur on tenait à leur inspirer pour tout mélange avec l'étranger, et l'union de leur sang au sang des anges même fut l'abomination d'où provint le déluge : car il est dit que « les enfans des Dieux ayant eu commerce avec les filles des Hommes venus d'Adam, il en résulta des Géans dont l'insolence provoqua la colère du Créateur, lequel se repentit de nous avoir formés à son image. » Aussi noya-t-il, pour nos méchancetés, jusqu'aux pauvres Animaux qui rampaient sur la terre, et depuis lors il n'existe plus de véritables Géans, mais il y a toujours des Reptiles.

Les livres juifs n'entendent donc pas établir que leur premier Homme ait été le père du genre humain, mais seulement celui d'une espèce privilégiée. Ne s'occupant absolument que du peuple élu, ces livres sacrés semblent laisser à des historiens profanes, le soin de débrouiller le reste des généalogies humaines. Il ne peut conséquemment y avoir aucune impiété à reconnaître parmi nous plusieurs espèces, qui, chacune, auront eu leur Adam et leur berceau particulier. Ces espèces auront sous elles des races, et ces races des variétés.

Nous convenons qu'il serait consolant pour le philantrope, qu'on pût faire comprendre aux Hommes, quelle que fut leur espèce, qu'ils doivent s'aimer comme les membres d'une même famille, et ne pas s'égorger ou se vendre les uns les autres. Mais la vérité n'admet pas de telles considérations, et c'est une manière insuffisante de prouver l'évidence des choses mises en doute, que d'argumenter des consolations qu'on peut tirer de leur croyance. Quant à ceux de nos semblables qui tiennent à s'isoler dans la création, ils doivent d'autant plus adopter nos idées sur la diversité des espèces dans le genre humain, que la noblesse de leur lignée en semble devoir être nécessairement rehaussée ; ils pourront même, sans remords, autoriser la traite des nègres qui ne seront plus de si proches parens. Quant à nous, qui ne voudrions pas même qu'on maltraitât les derniers des Animaux, laissant respectueusement de côté les preuves bibliques qu'il nous serait facile d'accumuler en faveur de nos idées, c'est par les faits matériels seulement que nous essayerons de les établir.

De ce que le blanc et le nègre produisent ensemble des métis féconds, et que par diverses combinaisons on peut ramener à l'une des deux sources les descendans provenus de leur croisement, l'on a conclu qu'il y avait identité d'origine ! Cependant la faculté de produire des métis féconds n'est pas une preuve que le père et la mère soient identiques. L'Ægagre et la Brebis, le Loup et notre Chien, le Pinson et le Moineau qui sont d'espèces très-distinctes, donnent le jour, par leur réunion, à des êtres capables de se reproduire à jamais : mais du Cheval et de l'Ane, pourtant si ressemblans, ne résultent que des Mulets ordinairement inféconds. Tandis que, dans un même genre, on trouve fréquemment des espèces ressemblantes qui ne se fécondent pas l'une l'autre, ou dont l'union adultère ne donne que des produits stériles, on en trouve d'assez dissemblables dont les hybrides prospèrent, fructifient, et deviennent parfois des chefs de races toujours reproduites et qui au contraire finissent enfin par acquérir même la physionomie qui doit tôt ou tard leur donner droit à l'admission au rang des espèces.

Il faudrait, pour prouver que le blanc et le nègre tiennent leur différence de celle des climats sous lesquels ils vivent, que la lignée du nègre ou du blanc eût changé, sans croisement, du blanc au noir, ou du noir au blanc, après avoir été transportée du sud au nord ou du nord au sud ; la chose n'a jamais eu lieu, encore que des écrivains obstinés dans leurs étroites vues d'identité l'aient affirmé ; elle est même impossible. Ces écrivains, abusant de l'axiome que la couleur n'est pas un caractère spécifique, ont feint d'ignorer qu'il est cependant des cas où les couleurs, quand elles sont constantes, fournissent des caractères suffisans. On a particulièrement remarqué sur la côte d'Angole, ainsi qu'à Saint-Thomas, sous la ligne, au fond du golfe de Guinée, que les Portugais établis depuis environ trois siècles, sous l'influence d'un ciel de feu, ne sont guère devenus plus foncés qu'on ne l'est généralement dans la péninsule Ibérique, et qu'ils y sont demeurés des blancs, tant qu'ils ne se sont pas croisés. Sous ce brûlant équateur, qui traverse, dans l'ancien monde, la patrie des Éthiopiens et des Papous couleur d'ébène, on n'a pas trouvé de nègres en Amérique ; les naturels de cette autre terre semblent au contraire être d'autant plus blancs qu'ils se rapprochent davantage de la ligne équinoxiale ; et la preuve que la couleur noire n'est pas causée uniquement par l'ardeur des contrées intertropicales, c'est que les Lapons et les Groënlandais, nés sous un ciel glacial, ont la peau plus foncée que les Malais des parties les plus chaudes de l'Univers. Ceux qui, parmi ces Hyperboréens, s'élèvent le plus vers les pôles, y deviennent presque des nègres.

Ce n'est d'ailleurs point de la couleur seulement que les espèces d'Hommes empruntent leurs différences : elles se distinguent encore les unes des autres par leur structure et par plusieurs traits de leur organisation intime dont l'influence s'étend jusque sur les facultés intellectuelles, et conséquemment qui déterminent le degré de développement moral où chacune peut atteindre.

On a encore argué en faveur de l'identité du blanc et du nègre, de ce que les virus morbifiques et les maladies contagieuses se communiquent de l'un à l'autre. Nous n'entendons pas nier cette triste vérité trop démontrée par le funeste échange que firent de la variole et de la maladie syphilitique l'ancien et le nouveau monde ; mais n'est-il pas prouvé que le vice vénérien a été communiqué à des Chiens, et la petite vérole à des Singes, et que conséquemment le même virus peut agir dans certaines circonstances sur des espèces appartenant à des genres fort éloignés? Si on contestait ce fait, ne se verrait-on pas réduit à convenir, après la découverte de l'immortel Jenner, que l'Homme peut être confondu parmi les Bœufs, parce que les Vaches lui fournissent le vaccin? Les entomologistes n'ont-ils pas reconnu, d'ailleurs, que les Poux du nègre étaient d'une autre espèce que les Poux du blanc? et l'on sait que la plupart des Animaux à sang chaud nourrissent, selon leur espèce, des Arachnides de ce genre toujours différens. Enfin, a-t-on dit encore fort judicieusement : « Si les naturalistes voyaient deux Insectes ou deux Quadrupèdes aussi constamment différens par leurs formes extérieures et leur couleur permanente que le sont l'Homme blanc et le nègre, malgré les métis qui naîtraient de leur mélange, ils n'hésiteraient pas à en établir deux espèces distinctes. »

Abandonnons ces dénominations de blanc et de nègre, d'où vint peut-être la principale source d'erreur, et dont l'impropriété a été déjà signalée par Desmoulins dans ce Dictionnaire. *V.* DERME. Rejetons tous noms spécifiques empruntés des teintes, et qui ne sauraient être plus exacts que ceux qu'on emprunterait d'un *habitat* trop minutieusement circonscrit. En recherchant, en établissant quelles sont les véritables espèces dont se compose le genre dans lequel nous rentrons nous-mêmes, tâchons d'imposer à ces espèces les noms les plus propres à ne plus laisser d'équivoque.

Linné qui avant tout autre osa classer le genre *Homo* dans le Règne Animal, en lui assignant néanmoins, comme nous l'avons déjà vu, la première place, y admit d'abord deux espèces, l'*Homo Sapiens* et le *Troglodytes*; cette dernière n'était qu'un Orang. La première y étant demeurée seule, lorsqu'il eut perfectionné son *Systema Naturæ*, eut sous elle cinq variétés : α l'AMÉRICAINE brune, β l'EUROPÉENNE blanche, γ l'ASIATIQUE jaune, δ l'AFRICAINE noire, ε MONSTRUEUSE. Cette dernière se composait de toutes les défectuosités qui se rencontrent dans les quatre autres. Quel que soit notre respect pour les opinions de Linné, nous ne saurions adopter de telles divisions évidemment arbitraires. Les quatre parties du monde de la vieille géographie ne renferment assez exactement aucune espèce pour qu'on en puisse emprunter des noms valables; outre qu'il est de ces grandes régions que peuplent plusieurs espèces d'Hommes, tandis qu'il est de ces espèces entières qui semblent être étrangères aux quatre prétendues parties du monde.

Buffon qui, ne voulant pas que l'Homme fût un Animal, ne l'en décrivit pas moins dans son Histoire Naturelle des Animaux, n'y admit pas plus que Linné d'espèces distinctes; il n'y vit que des races et des variétés. Comparant, après d'immenses lectures, les notions que donnaient sur les divers peuples de la terre les voyageurs connus de son temps, il devina à travers l'amas d'erreurs qui devaient résulter de leurs rapports trop souvent contradictoires, l'existence et les caractères de plusieurs des espèces qu'on est aujourd'hui forcé d'avouer, avec les limites des contrées où ces espèces se sont propagées. Les voyageurs modernes fournissent des données plus exactes et propres à perfectionner l'immortel Essai de Buffon. Déjà notre grand écrivain avait indiqué, mais simplement comme race, l'espèce Hyperboréenne ou Lapone, distingué les Tartares des Chinois, signalé la séparation des Malais, l'unité des Ethiopiens, la différence de ceux-ci avec les Hottentots; mais il confondait tous les peuples occidentaux de l'ancien Continent, et ne réunissait que trop peu de lumières sur ceux du nouveau.

Duméril, dans sa Zoologie analytique, n'admettant que le genre Homme dans l'ordre des Bimanes, n'y reconnaît pas plus d'espèces que ne l'avaient fait ses devanciers; mais il y voit six races ou variétés principales : 1° la CAUCASIQUE, ou ARABE-EUROPÉENNE; 2° l'HYPERBORÉENNE; 3° la MONGOLE; 4° l'AMÉRICAINE; 5° la MALAIE; 6° l'ETHIOPIENNE. Il indique cependant cette dernière comme formant presqu'une espèce dans le genre.

Cuvier n'admet que des variétés, et il en distingue trois, la CAUCASIQUE ou blanche, la MONGOLIQUE ou jaune, l'ETHIOPIQUE ou nègre, en avouant qu'il ne sait à laquelle des trois rapporter les Malais, les Papous et les Américains.

Virey, à son tour, s'est occupé de l'Histoire de l'Homme dans le Dictionnaire de Déterville, où l'ordre alphabétique ne lui permettait point de l'isoler en dominateur, et de le placer en tête des cohortes de la Création. Se rapprochant conséquemment plus de la nature que ses prédécesseurs, cet auteur semble reconnaître deux espèces qu'il caractérise par la mesure de l'angle facial; il donne le tableau suivant des races et des familles qu'il y rattache.

	Espèce	Race	Familles
GENRE HUMAIN.	Ire ESPÈCE. Angle facial de 85 à 90 degrés.	1. RACE BLANCHE. . . .	Arabe-Indienne. Celtique, Caucasienne.
		2. RACE BASANÉE. . . .	Chinoise. Kalmouk-Mongole. Lapone Ostiaque.
		3. RACE CUIVREUSE. . .	Américaine ou Caraïbe.
	IIe ESPÈCE. Angle facial de 75 à 82 degrés.	4. RACE BRUNE FONCÉE.	Malaie ou Indienne.
		5. RACE NOIRE.	Cafres. Nègres.
		6. RACE NOIRATRE.. . .	Hottentots. Papous.

La division adoptée par Virey ne nous paraît nullement suffisante, elle n'est d'ailleurs fondée sur aucune considération nouvelle. Si l'auteur doit jamais réimprimer son article, nous l'engageons à en faire disparaître *le Grand-Mogol*, qu'il assure être de race blanche, mais qui n'existe pas, et à ne pas confondre les Papous avec les habitans de la Nouvelle-Calédonie.

Enfin notre collaborateur Desmoulins vient de publier tout récemment un tableau des différentes espèces du genre Homme, dont nous nous abstiendrons de faire l'éloge, parce qu'à très-peu de chose près, il est conforme aux idées émises par nous sur le même sujet depuis plus de vingt ans que nos voyages nous ont mis en position de comparer sur les lieux des Hommes d'espèces diverses. Desmoulins, s'affranchissant de tous les préjugés qui jusqu'ici avaient enchaîné les naturalistes, reconnaît sans difficulté jusqu'à onze espèces dans le genre humain. La plupart sont établies avec sagacité, d'après d'excellens caractères : il les nomme : 1° Celto-Scyth-Arabes ; 2° Mongoles ; 3° Ethiopiens ; 4° Euro-Africains ; 5° Austro-Africains ; 6° Malais ou Océaniques ; 7° Papous ; 8° Nègres-Océaniens ; 9° Australasiens ; 10° Colombiens ; 11° Américains.

Dès long-temps nous avions pressenti un plus grand nombre d'espèces dans le genre humain, et avec une nomenclature différente, nous les portions à quinze qui sont : 1° la Japétique, 2° l'Arabique, 3° l'Hindoue, 4° la Scythique, 5° la Sinique, 6° l'Hyperboréenne, 7° la Neptunienne, 8° l'Australasienne, 9° la Colombienne, 10° l'Américaine, 11° la Patagone, 12° l'Ethiopienne, 13° la Cafre, 14° la Mélanienne, 15° la Hottentote. Avant d'entrer dans l'examen de chacune de ces espèces, nous devons avouer que, pour les caractériser d'une manière irrévocable, beaucoup de documens anatomiques nous ont manqué. Nous avons dû nous arrêter trop souvent à de simples différences extérieures, lorsque nous sommes cependant convaincus qu'il est indispensable de descendre profondément dans l'organisation des êtres pour les distinguer positivement les uns des autres. En certains cas nous avons été réduits à chercher dans l'accumulation, plus que dans la valeur réelle des différences, les bases de notre travail. Mais une conviction instinctive nous dit que de futures observations en confirmeront néanmoins l'ordonnance. Durville et Lesson viennent déjà, par leur témoignage précieux, confirmer ce que nous avions dit presque conjecturalement de la seconde race de notre espèce Neptunienne. Ces zélés voyageurs ont l'un et l'autre, à l'exemple de Quoy et Gaimard, observé avec la plus scrupuleuse attention les Hommes des îles nombreuses où les conduisit récemment dans l'Océanique la corvette *La Coquille*. L'expédition du tour du monde qui a signalé l'apparition de Clermont-Tonnerre au ministère de la marine, devra sa véritable importance à ces deux savans que l'opinion publique et les louanges de la postérité récompenseront et dédommageront immanquablement de tant de fatigues et de dégoûts supportés dans le seul intérêt des sciences.

Nous avons cru devoir dédaigner, dans l'histoire esquissée de nos espèces d'Homme, ces rapports étrangers à l'Homme même et dont ceux qui en écrivirent nous paraissent s'être trop occupés. Les costumes, le tatouage, l'usage de se barioler de couleurs et de s'oindre le corps, de se remplir les cheveux d'ocre et de suif, de se taillader la peau même à la figure, de se passer des morceaux de Métal au dos, à travers le nez, les lèvres, les oreilles, ou de s'allonger celles-ci afin d'y porter un couteau, ne sauraient fournir de caractères au naturaliste, et prouvent tout au plus, dans le genre humain, quand ces choses ne sont pas l'effet de nécessités locales, un penchant commun à la coquetterie, que partagent aussi plusieurs Animaux.

§ II. *Espèces du genre Homme.*

† Léiotriques ; à cheveux unis.

* Propres à l'ancien Continent.

1. Espèce Japétique, *Homo Japeticus*. Ce n'est pas comme signifiant la lignée de Japhet, fils du patriarche Noé, que nous proposons le nom de Japétique pour cette première espèce du genre humain : c'est allusoirement à l'*audax Japeti genus* (Horac. *Od.*) que par un assentiment général la docte antiquité appliquait aux Hommes des régions occidentales de l'Ancien-Monde. Cette espèce, dont nous faisons partie, occupe un long espace qui s'étend du levant au couchant, depuis les rives occidentales et méridionales de la Caspienne jusqu'au cap Finistère, projeté dans l'Océan-Atlantique.

Sortie des chaînes montueuses qui se ramifient à peu près parallèlement au quarante-cinquième degré nord, quatre variétés principales s'y distinguent. La plus belle par les proportions de ses traits et de sa taille, la tête y équivaut environ au huitième de la hauteur totale. Chez elle l'angle facial est le plus approchant de quatre-vingt-dix degrés, quand il n'a pas exactement cette ouverture, quoique les sculpteurs de l'antiquité l'aient porté dans quelques-uns de leurs chefs-d'œuvre à beaucoup plus. Chez elle encore le vertex est arrondi, la face noblement ovale, le front ouvert, le nez droit ou à peu près; les pommettes sont mollement adoucies, les sourcils plus ou moins arqués, régnant sur de grands yeux dont les paupières minces et moyennement longues sont garnies de cils assez fournis, plus longs que dans la plupart des autres espèces, et tempérant la fierté du regard; la bouche est moyennement fendue; les lèvres dont la supérieure est un peu raccourcie et relevée vers un sillon perpendiculaire et mitoyen, sont agréablement colorées et jamais trop grosses; l'oreille est petite et appliquée; la barbe fournie même au menton; les cheveux lisses, généralement fins, même soyeux, et souvent bouclés, varient du noir et du châtain foncé au blond presque blanc; un incarnat plus ou moins vif relève la blancheur de la peau, qui sujette à changer subitement de couleur, selon les impressions morales, rougit ou pâlit, trahit les passions, mais s'altère et prend plus ou moins la teinte rembrunie de l'espèce suivante, selon l'influence du climat; ce hâle qui n'est qu'un accident peut quelquefois disparaître dans les individus qu'il a le plus altérés, lorsque ceux-ci, s'étiolant en quelque sorte, se dérobent à la trop grande ardeur du soleil qui les brûla. Partout l'espèce Japétique conserve ou recouvre sa blancheur primitive, quand elle demeure à l'ombre.

Une cuisse amincie vers le genou qui est petit, un mollet fortement prononcé, la démarche assurée, les mamelles arrondies en demi-globe chez la femme, et dont les mamelons rarement brunâtres et souvent roses, doivent répondre à la hauteur des aisselles, avec des poils passablement fournis au pubis, mais généralement un peu moins foncés que les cheveux, complètent les caractères physiques de l'espèce qui nous occupe. Les deux sexes y rougirent de bonne heure de leur nudité, et autant par un sentiment de pudeur que par nécessité, se couvrirent de vêtemens divers. Cette espèce est essentiellement monogame: la nubilité y apparaît de douze à seize ans, selon les lieux, chez les individus femelles qui de même cessent de produire de trente-cinq à quarante-cinq ans. La puberté pour les mâles se développe de quinze à dix-sept ans, et la capacité fécondante se prolonge chez eux jusqu'à soixante ans et plus, quand ils ne se sont pas énervés au temps de leur jeunesse.

Toutes les nations sorties de l'espèce Japétique eurent primitivement le polythéisme pour religion, avec des notions sur l'immortalité de l'ame, et se sont soumises aux diverses modifications du christianisme; elles sont même, à proprement parler, les seules sur le globe qui, divisées de sectes, en aient généralement adopté la croyance. L'espèce est néanmoins la plus apte à la vie sociale avec tout le perfectionnement dont cette manière d'exister semble être susceptible. Douée de l'esprit de calcul et de réflexion au plus haut degré, c'est chez elle que se sont élevés les plus grands génies dont le genre humain se puisse glorifier: animée de l'amour de la patrie, du goût des hautes sciences, du sentiment des beaux arts, industrieuse, courageuse, guerrière au besoin, il ne lui manquerait, pour arriver au dernier terme du bonheur où l'Homme puisse prétendre, que des institutions dignes d'elle, mais que trop d'intérêts puissans et de corruption dans les mœurs rendent presque impossibles à conquérir désormais. Partout sur l'ancien Continent son heureux naturel a succombé contre les efforts de la superstition invétérée et du despotisme; malgré le développement de sa raison, elle est incessamment dominée par l'influence des siècles de barbarie durant lesquels sa civilisation se composa ; servant elle-même d'instrument à ses oppresseurs :

« Des enfans de Japet toujours une moitié
» Fournira des armes à l'autre. »
(La Fontaine.)

En passant les mers, elle semble cependant s'affranchir jusqu'à un certain point des entraves qui l'accablèrent aux lieux de son berceau. C'est elle qui a fondé l'empire britannique et de glorieuses républiques dans le Nouveau-Monde.

A. *Gens togata.* Races où de tout temps on porta des vêtemens larges ; où les mœurs ont généralement subordonné les Femmes aux Hommes jusqu'à les rendre esclaves ; où la tête devient, par l'effet de l'âge, le plus souvent chauve par le front.

α. Race *Caucasique* (Occidentale). Les Femmes y sont remarquables par la fraîcheur et l'éclatante blancheur de leur teint ; leur peau est merveilleusement unie, leur bouche très-petite ; leurs sourcils sont si minces, qu'on dirait, au rapport de Struys, un filet de soie recourbé ; elles ont les cheveux ordinairement du plus beau noir, fins, luisans, et merveilleusement bouclés ; le nez presque droit ; la figure parfaitement ovale ; la gorge surtout admirable, et le port majestueux, mais bientôt altéré par l'excessif embonpoint auquel elles sont sujettes. Ce sont ces Mingréliennes, ces Circassiennes, ces Géorgiennes, en un mot, dont la beauté est si célèbre dans tout l'Orient, et qui ornent les harems des mahométans, depuis le centre de l'Asie, jusque dans le royaume de Maroc. Les Hommes n'y sont pas moins beaux : leur taille moyenne est de cinq pieds quatre pouces, leur tempérament sanguin et flegmatique. Peuplant de toute antiquité les chaînes du Caucase entre l'Euxin et la Caspienne, cette race se propagea le long des côtes en demi-arc que borde cette dernière mer vers le sud-ouest, et se retrouve encore dans quelques vallées des sources de l'Euphrate. C'est en s'alliant perpétuellement à son sang que les Turcs, les Persans et les Hindous du Cachemire sont devenus des races magnifiques d'espèces moins belles, car l'usage d'acheter un grand nombre d'esclaves attrayantes pour en faire des Femmes légitimes ou des concubines existant de tout temps chez les peuples qui ont depuis l'ère moderne adopté le mahométisme, le sang caucasique a pénétré jusqu'aux sources de l'Indus, et chez diverses hordes tartares de la Bucharie, où les Hommes s'étonnent eux-mêmes de ne plus être aussi hideux que leurs compatriotes.

Ceux de la race Caucasique ont naturellement de l'esprit, et seraient capables des sciences et des arts, mais leur mauvaise éducation les rend naturellement très-ignorans et très-vicieux. Dans nulle contrée au monde, le libertinage et l'ivrognerie ne sont portés à un si haut point qu'en Géorgie. Chardin ajoute que des gens d'église s'y enivrent habituellement, et qu'ils tiennent chez eux de fort belles esclaves pour leurs plaisirs. Le préfet des capucins disait à ce voyageur que selon le *Catholicos* (patriarche de la province) : « Celui qui ne s'enivre pas entièrement aux grandes fêtes, notamment à Pâques et Noël, ne saurait passer pour chrétien et doit être excommunié. » Quoi qu'il en soit, la race Caucasique est loin de s'être étendue, comme on le croit généralement, par les armes ; les monts qui la recèlent n'ont jamais émis de ces torrens de guerriers qui détruisirent ou fondèrent de grands empires ; si elle a modifié par de nombreuses alliances les peuples voisins, de tels triomphes ne furent pas ceux de la guerre, mais de l'amour ; elle dut sa principale renommée à d'antiques et respectables traditions. L'arche abordant sur l'Ararat désigne peut-être l'époque où quelque sauveur des débris d'une autre race submergée plus instruite vint tirer la race Caucasique de l'état sauvage. C'est probablement à elle que le reste des Hommes doit l'art de cultiver la vigne, ce que semble indiquer l'histoire de Noë qui aurait répandu cet art dans les plaines de la Mésopotamie.

β. Race *Pélage* (MÉRIDIONALE). Non moins que la précédente, remarquable par la beauté des individus dont elle se composait originairement : la tête du Jupiter olympien, l'Apollon du Belvédère, et la Vénus de Médicis, donnent une idée exacte des traits qui la devaient caractériser. Le teint cependant, quoique toujours blanc, y brille de moins d'incarnat, et des nuances légères le rembrunissent parfois : la taille moyenne y étant de cinq pieds trois pouces environ, la tête y paraît être encore plus petite par rapport au corps; elle est garnie de cheveux fins, bruns, châtains, rarement blonds, plus remarquables encore par leur extrême longueur qui va quelquefois jusqu'aux talons, que par leur excessive quantité; le pied est encore un peu plus grand et la jambe un peu moins fine du bas que ne le comportent les proportions qui font la beauté des Européens modernes. L'ovale de la figure est un peu plus allongé et aminci vers le bas que dans les Caucasiques; le nez est parfaitement droit, et dérivant du front sans qu'on y remarque la moindre dépression à la hauteur des yeux; ceux-ci se trouvent légèrement rapprochés et enfoncés sous l'arcade sourcilière, laquelle ne décrit point une courbe apparente, mais se couronne d'un sourcil transversalement droit et non arqué comme celui des Circassiennes; ces yeux sont les plus grands, et même tellement grands et gros que les poëtes les ont parfois comparés, chez leurs divinités fabuleuses, à ceux du Bœuf.

Beaucoup de femmes grecques et quelques dames romaines de nos jours conservent encore le genre de beauté antique que mille alliances de peuplades et croisemens partiels ont fait généralement disparaître de l'Archipel, de la Turquie d'Europe, de l'Italie et de la Sicile que peuplèrent primitivement les Pélages, dont le tempérament est toujours sanguin et bilieux. Aborigènes sans doute des Apennins et des monts de la Thrace, un peu différens dans ces deux sites, ils ne s'étendirent guère au-delà du Pô et du Danube, tant qu'ils ne furent pas devenus conquérans et citoyens de l'empire romain. Attachés à leur sol, abhorrant l'eau où ils croyaient que leur ame immortelle se noyait cependant avec le corps, les moindres expéditions maritimes leur semblaient d'immenses travaux. Les Argonautes, Hercule, Ulysse s'illustrèrent chez eux par des voyages qu'une petite-maîtresse anglaise regarderait aujourd'hui comme des promenades. Ayant, par reconnaissance, fait leurs dieux des Hommes qui les policèrent, leurs poëtes, qui chantèrent ces dieux héroïques, devinrent les premiers historiens, en perfectionnant le langage que fixa l'écriture apportée par les Phéniciens d'espèce Arabique; premier mélange utile à la civilisation pour la race Pélage, qui devint dès-lors la plus distinguée de toutes sous les rapports de l'intelligence.

A leurs langages riches, exacts, variés, sonores et qui fécondaient merveilleusement la pensée, les diverses variétés de la race Pélage durent bientôt la généralisation des idées philosophiques que leurs sages allaient d'abord puiser aux rives du Nil et même du Gange. On connaît assez l'histoire des républiques et des empires qu'ils fondèrent. Le seul Julien entrevit les causes de leur chute; mais il n'était plus temps d'y porter remède; au temps de ce sage empereur, les Pélages n'étaient plus des Grecs ou des Romains; le sang de toutes sortes de barbares et des Arabes juifs circulait pour plus de moitié dans leurs veines.

L'agriculture doit à cette race qui de tout temps s'est adonnée à ses pratiques l'introduction des Céréales évidemment perfectionnées en Sicile et transportées au loin par Triptolême (*V.* ÆGILOPE). Elle lui doit également la culture de l'Olivier dont le feuillage ornant les autels de Minerve, nous serait une preuve que c'est de l'Attique que vient l'usage de l'huile. C'est elle encore qui paraît avoir assoupli le naturel farouche du Taureau pour en faire le Bœuf, mais elle a reçu le Cheval et l'Ane du Scythe et de l'Arabe.

B. *Gens bracata*. Races dont certains vêtemens étroits sont aujourd'hui adoptés par toutes les variétés; où les mœurs ont subordonné souvent jusqu'à la faiblesse les Hommes aux Femmes, où la tête devient avec l'âge plus communément chauve par le vertex.

7. Race *Celtique* (OCCIDENTALE). Une taille un peu plus élevée que dans les deux races précédentes, et dont la moyenne est cinq pieds cinq pouces; des cheveux moins longs, mais considérablement fournis, châtains foncés ou bruns, assez fins et que chez nos ancêtres on laissait croître en véritable crinière: le front plus ou moins bombé sur les côtés, mais fuyant avec une certaine grâce vers les tempes; le nez non rectiligne, distingué du front par une dépression plus ou moins marquée entre les yeux, lesquels sont moins grands et moins gros que chez les Caucasiques et les Pélages, et généralement bruns ou gris; la barbe fournie, un peu rigide; la peau tant soit peu moins belle et souvent frappée d'une pâleur jaunâtre; la bouche moyenne; le tempérament bilieux et lymphatique; le corps et les membres bien proportionnés, robustes, plus velus que chez tous les autres Hommes sans exception, certaines Femmes y ayant même du poil jusqu'entre la gorge et l'ombilic; les mollets très-forts; le bas de la jambe fin; le pied proportionnellement petit; tels sont les caractères de cette race dont le berceau, séparé par les vallées du Rhône et du Rhin, des Pélages et des Germains, s'étendit en descendant par la Garonne, la Loire et la Seine, le long des rives occidentales de l'Europe; elle y devint probablement navigatrice, puisqu'elle pénétra dans les Iles-Britanniques vers le nord, dans l'Espagne qui probablement alors faisait partie de la terre africaine vers le sud, et peut-être même jusqu'en Amérique où elle aurait apporté l'usage des sacrifices humains et l'anthropophagie; car les Celtes furent anthropophages, et lorsqu'ils cessèrent de l'être, leurs druides, perpétuant la mémoire de leurs primitifs et horribles festins, immolèrent des Hommes sur les autels d'impitoyables dieux dont la soif de sang dura plus long-temps que celle de leurs adorateurs. Nos pères ont vu dans les bûchers de l'inquisition renaître cet atroce penchant.

Toutes les peuplades de la rive gauche du Rhin furent originairement celtiques, et loin qu'elles y soient venues par l'Orient, on vit au contraire ces peuplades gauloises déborder à diverses reprises vers l'Orient même. Les Pélages apprirent à les redouter, et Rome se souvint long-temps de Brennus, l'Attila de l'Occident. L'épée fut de tout temps leur arme accoutumée. Elles poussèrent jusque dans l'Asie-Mineure, où le nom de Galatie, imposé à une des provinces les plus reculées, perpétua long-temps le souvenir de l'une de leurs migrations; mais, comme par un reflux que nous avons vu se reproduire de nos jours, les hordes grossières que les Gaulois avaient vaincues et forcées dans leurs sauvages repaires, descendirent à leur tour sur les traces des conquérans, et le nombre triomphant du courage, les Gaulois furent accablés. Du flux et du reflux de tant de peuplades qui traînaient avec elles des prisonniers de tous sexes faits sur plusieurs races des diverses espèces du genre humain, dut résulter un mélange de sang qui, confondant de plus en plus en Europe les caractères de chacune des espèces mêlées, produisit ces variétés individuelles, dont se compose aujourd'hui la population occidentale où les traits des types, perpétués les uns à travers les autres, reparaissent çà et là sur nos visages, mais s'y fondent insensiblement.

C'est ainsi que, par la confusion des Germains poussés par les Scythes, des Scythes arrivant sur les pas des Germains, des Grecs quand ils transportèrent leur Phocide sur nos côtes méditerranéennes, des Pélages romains qui, sous le commandement de César, vengèrent le Capitole insulté au temps de Camille, des Arabes enfin qui ne mêlèrent pas leur sang au nôtre seulement sous le glaive de Charles-Martel; c'est ainsi que les Celtes et les Gaulois sont devenus les modernes Français dont les Francs du moyen âge n'ont pas été la souche, comme ceux qui se disent les descendans en droite ligne de cette sorte de barbares ont la prétention de le faire accroire. Leur vivacité, leur inconstance, l'impétuosité de leur courage sans persévérance, une vanité souvent puérile, une incroyable mobilité d'idées, et cette légèreté que leur reproche un peuple voisin, sont les traits qui restent aux Français du Celte primitif. Un penchant aux superstitions qui les entraîna trop souvent aux plus déplorables fureurs, un goût exquis et sûr en matière d'arts, la presque totalité d'un langage nouveau et de leur législation avec la gracieuse beauté de la plupart de leurs Femmes, leur viennent des Pélages de l'Italie et de Phocide. Cette raison qui, tempérant le tumulte de leur imagination, les rendit aptes aux sciences de calcul, en les préparant à la discipline, mais des institutions féodales, de fausses idées de point d'honneur, l'usage des duels et le penchant à l'intempérance, sont les choses qu'ils doivent aux races Germaines. Quelques nez aquilins, des teints basanés, de l'exaltation, les idées chevaleresques qu'ils rapportèrent des croisades, leur galanterie souvent excessive, surtout un certain laisser-aller vers la servilité décorée du nom de fidélité envers celui qui sait les réduire, en même temps que de jactantieuses prétentions à des airs d'indépendance sont leurs traits Arabiques, mais encore exagérés, comme le prouve l'espèce de frénésie avec laquelle on a vu naguère Paris applaudir à cette pensée aussi fausse par le fond que par la manière dont elle est exprimée :

L'air de la servitude *est mortel* aux Français.

Les Français vivent, et l'air de la servitude qui ne les tua en aucun temps leur paraît être, au contraire, un élément indispensable d'existence; il sera dans leur esprit de n'en pas convenir; mais le fait n'en demeurera pas moins une vérité matériellement démontrée depuis le ministère de Richelieu principalement.

Quant au génie poétique et philosophique qui brilla chez la race Celtique du plus vif éclat, les grands Hommes de l'antiquité le lui ont légué; on n'en trouve aucune trace chez elle avant l'époque où les écrits des Grecs et des Romains vinrent, dès le moyen âge et surtout au temps de la renaissance des letttres, favoriser les plus heureux penchans. De tant d'héritages est résulté comme une race nouvelle dont le caractère se forme de contrastes, les mœurs d'inconséquences, l'extérieur de traits variés qui ne présentent plus de physionomie propre; et l'on pourrait dire que les Celtes ont disparu du globe, si quelques Hyglandais des îles écossaises, les Gallois de l'Angleterre, les Bas-Bretons de l'extrême Armorique, les insulaires de Belle-Ile et les Basques des Pyrénées centrales n'en offraient quelques rejetons assez reconnaissables.

δ. Race *Germanique* (Boréale). La plus grande entre les races de l'espèce Japétique : la taille moyenne y est de cinq pieds six à sept pouces; c'est chez elle qu'on voit assez souvent des Hommes de deux mètres de hauteur. D'un tempérament flegmatique et lymphatique, mous dans leurs tissus, les Germains sont replets, et deviennent la plupart fort gros : encore qu'ils ne soient guère sanguins, ils ont souvent le teint animé, et le fond de ce teint est d'une blancheur éblouissante, quand il n'est pas blafard. Leur face est arrondie, leurs yeux sont communément bleus, leurs dents très-souvent mauvaises, leurs cheveux très-fins, presque plats ou par grosses mèches de longueur moyenne, blonds, dorés ou jaunes, et blanchissant fort tard. Bien proportionnés, brutalement braves, forts, taciturnes, supportant patiemment les plus grandes fatigues, la douleur même de mauvais traitemens, passionnés pour les liqueurs fermentées, on en fait d'assez bons soldats-machines avec un bâton et du rhum ou de l'eau-de-vie. Les Femmes, dont la taille est la plus élevée entre toutes les autres, y sont principalement remarquables par la fraîcheur de leur carnation, et l'ampleur des formes qui semblent être le modèle que s'était proposé uniquement le peintre Rubens, quand il représentait les Juives et les Romaines avec des traits flamands; la plupart répandent une odeur de viande fraîchement tuée; elles sont rarement nubiles avant seize et dix-sept ans, passent pour avoir certaines voies fort larges, accouchent conséquemment avec plus de facilité que le reste des Femmes de la race Celtique, et n'ont en général que peu de ce qui, chez ces dernières, ombrage abondamment la région du pubis.

Deux variétés principales se reconnaissent dans cette race.

1°. *Variété Teutone*, sortie des forêts d'Hercinie, des Alpes Tyroliennes, et des sources de la Sale, se compose des premiers et vrais Teutons, dont le langage dur et plus verbeux que riche, est devenu la racine de l'anglais, du hollandais, du danois et du suédois. Elle prit, après la chute de l'empire romain, le nom d'Allemande, parce que la contrée que nous nommons aujourd'hui Souabe, et qui paraît être son principal point de départ, se trouvant sur le passage de tant d'Hommes d'espèces, de races, de variétés diverses, qui, se pressant les uns les autres, accouraient à la curée de la cité des Césars qui devenait la capitale d'une nouvelle religion, fut appelée Allemanie, d'*alle* qui signifie tout, et de *mann*, Homme, comme pour indiquer que chaque peuple connu y avait laissé des traces de son passage.

En suivant le Danube qui prenait naissance dans leur pays, ils ne s'avancèrent guère vers l'Orient que jusqu'en Autriche, et ne passèrent pas les Alpes au midi; car alors on considérait dans l'établissement des dominations les barrières naturelles, et l'on n'ignorait pas que les Gaulois qui, franchissant les Alpes, peuplèrent le bassin du Pô, avaient bientôt perdu leur caractère propre, pour se convertir en Italiens. Mais ils s'élevèrent vers le Nord dédaigné du reste des Hommes, comme en se laissant aller à la pente des eaux; ils parvinrent sur les rives de la mer d'abord entre l'Elbe et le Rhin: ce sont eux qui, sous le nom de Cimbres, occupèrent la presqu'île du Jutland et les îles voisines nouvellement sorties des ondes; qui pénétrant jusqu'en Norwège et dans la Scandinavie, formant probablement alors une grande île, y devinrent des Goths. En cotoyant la Baltique jusqu'à l'embouchure du Niémen, et s'y établissant, ils furent la source des Borusses, pères de ces Prussiens qui se sont maintenant comme effacés dans un royaume de Prusse entièrement artificiel; appelés Saxons, Danois et Normands, ils ravagèrent les côtes celtiques, s'établirent à l'embouchure de la Seine, et passant à diverses reprises dans les îles Britanniques, y repoussèrent dans les angles occidentaux du pays les habitans primitifs; plus tard, sous la domination des Norwégiens, l'Irlande, vers le cercle polaire arctique, a été peuplée par la variété Teutone.

2°. *Variété Sclavone.* Cette seconde variété se compose d'Hommes venus probablement des monts Krapacs, d'où par les versans méridionaux ils peuplèrent la Hongrie, passèrent le Danube, et poussèrent jusqu'à l'Adriatique. Par le nord, et suivant le cours marécageux de la Vistule et du Niémen, ils devinrent de proche en proche Polonais, Lithuaniens, Courlaudais et Russiens. Descendant vers la mer Noire avec le Dniester, ils se mêlèrent à des bandes tartares arrivées des régions Scythiques, au point que s'étant identifiés avec elles, une sorte de race mixte en résulta : celle-ci usurpant le nom de Scythe, s'est illustrée dans l'Histoire par des incursions sur la Perse d'un côté, et sur l'empire romain de l'autre. Les Cosaques sont les descendans de ces hybrides.

La variété Sclavone, par l'ouest, pénétra encore jusque dans le bassin supérieur de l'Elbe où, sous le nom de Bohême, elle fonda comme un petit empire isolé qui subsiste encore au milieu de la variété Teutone. Les Bohêmes ou Bohémiens conservèrent long-temps le naturel vagabond de leurs pères : ce sont eux principalement qu'on vit, il y a quelques siècles encore, errer à la surface de l'Europe, en y commettant toute sorte de brigandages dont on conserve le souvenir jusque dans certaines campagnes des parties les plus occidentales de l'Europe.

Nous ne devons pas négliger de faire remarquer, au sujet de la race Germaine, que ce sont précisément les hordes qui en sortirent pour s'épancher du midi vers le septentrion, qui, nées sous les mêmes parallèles et souvent plus au sud que les Hommes de race Celtique, sont, depuis mille ans, appelées habituellement, par nos historiens, *les peuples du Nord*. De ce que les Teutons, les Sclavons et quelques Scythiques qui s'y étaient mêlés, réellement orientaux pour nos ancêtres, furent septentrionaux seulement pour l'Italie qu'ils venaient désoler, sont dérivés d'innombrables contresens en histoire ainsi qu'en géographie; contresens propagés par les plus célèbres écrivains modernes sur l'autorité de l'exagérateur Jornandès qui nomma *Officina gentium* une région médiocrement populeuse au temps où on suppose qu'elle le fut davantage, et dans laquelle les Hommes étaient, au contraire, venus du Midi. Un ouvrage intitulé la Scandinavie vengée, a fort bien réfuté les faussetés dont l'historien Goth fut la cause, et dont Montesquieu fut l'un des principaux propagateurs.

2. Espèce Arabique, *Homo Arabicus*. Le tempérament bilieux et sanguin domine dans cette espèce où les Hommes sont communément de la plus haute taille, tandis que les Femmes y sont, au contraire, les plus petites de toutes. Cette disproportion est un caractère aussi singulier que constant.

Les traits primitifs qu'on retrouve encore chez la plupart des Arabes actuels, consistent dans un visage ovale, mais fort allongé aux deux extrémités, de sorte que le menton y est assez pointu par en bas, tandis que le front très-vaste se prolonge vers un sommet considérablement élevé. Cette conformation particulière du haut de la tête rendrait raison, si l'on adoptait certaines idées du docteur Gall, de cette exaltation religieuse, de ce penchant au fanatisme qui semblent faire la base du caractère moral de l'espèce qui nous occupe. Ce front paraît d'autant plus grand chez les Arabes d'un âge mûr, que c'est par-là qu'ils deviennent assez promptement chauves, et jamais ou très-rarement, par l'endroit qu'en Europe on nomme vulgairement la tonsure. Le nez est prononcé, un peu mince, généralement pointu et aquilin; les os qui le soutiennent y causant toujours par le milieu de la longueur une bosse qui n'est pas sans agrément, et surtout sans noblesse. Les yeux presque toujours noirs ou d'un brun foncé sont grands, mais non gros, comme dans la race Pélage de l'espèce Japétique. Par leurs dimensions et à cause de leur expression de douceur, on les compare quelquefois poétiquement, chez les dames, à ceux des Gazelles. Les sourcils arqués sont assez épais; les lèvres sont minces et la bouche est agréable. La tête paraît sensiblement plus forte qu'elle ne l'est chez l'espèce précédente. Le corps et les membres sont bien proportionnés, généralement peu chargés d'embonpoint, et néanmoins dans les Femmes qui sont naturellement délicates et sveltes, quand de race pure le sang circassien ne s'est point mêlé au leur, les fesses et surtout la gorge ont une certaine tendance à devenir aussi considérables que chez les Germaines de la variété Teutonique; le contraste du volume de ces parties avec la finesse des autres se remarque encore fréquemment chez les Espagnoles, particulièrement dans les royaumes d'Andalousie et de Valence où les Arabes ont laissé tant de traces de leur séjour. Leurs cheveux noirs unis, ne bouclant que rarement et un peu gros, deviennent excessivement longs, quand ils ne sont pas coupés; les Femmes particulièrement les portent tressés en nattes qui descendent jusqu'aux chevilles. Ces Femmes sont nubiles de très-bonne heure; quelquefois dès l'âge de neuf ans, jamais plus tard que douze ou treize: aussi perdent-elles assez promptement la faculté d'engendrer, tandis que les Hommes la conservent jusque dans un âge avancé. De ce contraste naquit la polygamie, tellement répandue chez toutes les nations ou tribus Arabiques, qu'on la doit regarder plutôt comme une nécessité spécifique que comme un simple usage. Les Femmes, qui d'ailleurs accouchent avec facilité, sont sujettes à certaines défectuosités qui commandent une sorte de circoncision consistant dans la soustraction des nymphes. Cette opération n'a nul rapport avec celle qu'on fait subir, sans exception, à tous les mâles de l'espèce, comme pour les singulariser au milieu du genre humain : on a cherché la cause de cette pratique dans un motif de propreté; une telle explication ne saurait être admise : dans cette vue, les lotions d'eau ordonnées par les lois eussent été plus efficaces que l'application d'un instrument tranchant.

La coutume fondamentale de la circoncision vient de ces temps primitifs où les Arabes qui n'avaient jamais adoré qu'un seul Dieu, énorgueillis de la supériorité de leur dogme sublime, et craignant de se confondre avec les idolâtres auxquels leurs invasions ou leur négoce les mêlaient de tous côtés, imaginèrent d'adopter une marque indélébile qui les rendît en quelque sorte des Hommes à part, et ils appliquèrent cette marque à la partie même par où les Hommes se perpétuent. C'est à cette circonsision, adoptée par le mahométisme et transmise partout où nous voyons dominer cette forme de religion, que l'Arabe doit la conservation presque intacte de ses caractères spécifiques.

En étendant leur domination par des conquêtes; en pénétrant dans presque toutes les parties de l'Ancien-Monde, pour y trafiquer; en se faisant particulièrement marchands d'esclaves et mêlant, par le genre d'échange qui résulte d'un tel commerce, des Hommes qui ne s'étaient jamais connus, et qu'ils allaient chercher aux lieux les plus éloignés de la terre; en transportant, dès les temps reculés, des Ethiopiens chez les Caucasiques, chez les Scythes ou chez les Hindous, et des Hindous, des Scythes et des Caucasiques, chez les Ethiopiens; les Arabes, premiers courtiers de traite, qui réservaient parfois pour leur usage les plus belles de leurs captives, sont demeurés cependant jusqu'à ce jour ce qu'ils furent originairement. Leur type l'a emporté dans tous les accouplemens, et toute race à laquelle ils se sont unis, contrainte à la circoncision, a bientôt été comme empreinte du cachet qui les distinguait. Nulle mauvaise odeur ne leur est particulière; celle qu'on attribue aux Juifs originairement de cette espèce, tient ou à la malpropreté de ceux-ci, ou bien au préjugé qui fait qu'en tous lieux on les accable de mépris.

Dans l'espèce Arabique, la peau

est généralement douce, fine, unie et bazanée, souvent même très-foncée, mais jamais noire. Si les tribus les plus méridionales, ou errantes dans les déserts brûlans de l'Afrique, se rembrunissent par l'effet des ardeurs du soleil, celles qui habitent les lieux élevés et les fraîches vallées des montagnes, y deviennent au contraire presque blanches. Le hâle et l'étiolement produisent sur elles le même effet que sur tous les autres Hommes; de tels accidens altèrent leur teinte, mais ne la changent pas.

Les Arabes ont l'esprit ouvert, de l'aptitude aux sciences, de la finesse, des vertus hospitalières; mais ils sont essentiellement avares et cupides, même dans la vie pastorale; de-là ce penchant dominant pour un genre de brigandage où la duplicité et l'adresse concourent avec la violence, et qui leur est propre; ils sont scrupuleux observateurs de la parole donnée, tant qu'ils traitent entre eux, mais ils ne se croient guère obligés de garder leur promesse envers les étrangers. On dirait que cette foi punique d'une colonie Pélage qui vint au temps de Didon fonder une ville célèbre aux pieds de l'Atlas, était un tribut payé au sol africain. Leur antipathie pour tout ce qui n'est pas eux, est fondamentalement consacrée par la religion même; et soit qu'au temps des patriarches cette religion fût simple et dégagée de superstitions, soit que, depuis Mahomet, elle ait été altérée par des croyances ridicules, le principe que tous les Hommes incirconcis sont infidèles, et conséquemment abominables, semble être le plus profondément inculqué dans l'esprit de l'Arabe. Indépendant et vagabond, il se plie cependant à la servitude et devient facilement sédentaire sous un despotisme absolu où tout acte de tyrannie est réputé légitime. Entreprenant et courageux, le cimeterre fut de bonne heure son arme de prédilection; ses moindres actions sont empreintes d'orgueil, et cependant on le dirait sans cesse prêt à ramper devant sa maîtresse ou devant un maître. L'exaltation de ses idées se peint dans son langage emphatique rempli de poésie et d'images, mais trop empreint des mouvemens d'une imagination désordonnée. Tandis que le polythéisme prit naissance chez l'espèce Japétique, et s'y est en quelque sorte perpétué, en dépit du christianisme, dans le culte des saints d'invention humaine, la révélation ainsi que la croyance en un seul Dieu furent les dogmes primitifs de l'espèce Arabique. Sans détester les liqueurs fortes, les Hommes de cette espèce n'en ont jamais fait leurs délices; ils sont fort sobres sur ce point, et l'article du Coran, qui proscrit ces liqueurs, ne leur a point imposé une grande privation.

Deux races principales nous paraissent former l'espèce Arabique.

a Race *Atlantique* (Occidentale). Son nom, célèbre dès la plus haute antiquité, retentissait encore parmi les prêtres de Saïs, quand les philosophes grecs venaient étudier en Egypte les préceptes de la sagesse : il paraît que, vers l'origine de la civilisation pélagienne, la race atlantique, déjà instruite et civilisée, avait étendu ses conquêtes sur les rivages de la Méditerranée les plus éloignés des lieux qui la virent naître. Originaire des chaînes que l'on suppose aujourd'hui avoir été le véritable Atlas, elle se répandit, quand le détroit de Gades n'existait point encore, dans la péninsule Ibérique que nous avons ailleurs (Guide du Voyageur en Espagne, chap. I, § V, p. 226) démontré avoir été un prolongement de ces montagnes. Elle peupla aussi l'archipel des Canaries qui ne faisait peut-être alors qu'une seule île, lacérée depuis par de violentes commotions volcaniques.

Soit par l'effort des révolutions physiques qui brisèrent son berceau, soit par l'effet du temps destructeur des souvenirs, les grands monumens que les Atlantes durent construire ne sont pas arrivés jusqu'à nous, comme ceux de l'Egypte; mais les Guanches de Ténériffe qui furent leurs descendans conservèrent plusieurs de leurs usages; ces Guanches professaient un grand respect pour les restes des morts; ils en faisaient des momies dont on trouve encore aujourd'hui quelques grottes abondamment remplies. Ces vénérables débris font connaître que les Hommes des Canaries, qui n'étaient point Ethiopiens, et qui n'avaient pas le nez plat, comme on l'a avancé, offraient les caractères de l'espèce arabique; leur peau était olivâtre; on trouve cependant qu'ils devaient être un peu moins foncés en couleur que leurs frères des régions plus méridionales, et que parmi eux certains individus avaient les cheveux très-fins, tirant sur le chatain-clair et le blond.

Les pasteurs dont les diverses tribus errent dans les parties occidentales de l'Afrique au grand désert de Sahara le long de l'Océan, et du cap Blanc aux confins de l'empire de Maroc; ces antiques familles presque blanches qui mènent encore dans beaucoup de vallées des montagnes de la Barbarie la vie patriarchale; les habitans du Bélad-el-Dgérid; ces anciens Numides, aujourd'hui devenus les hordes qui promènent leurs troupeaux jusqu'aux confins de la Basse-Egypte dans le désert de Barca; en un mot, tous les Maures qui sont un peu moins grands et moins foncés que les autres Arabes, dont le nez est plus arrondi, et qui remplissent encore les Alpuxaras d'Espagne, représentent les débris de la race Atlantique, maintenant comme fondue par le mélange des Phéniciens, des Grecs, des Romains, des Vandales, des Goths, des Normands, des Arabes de la race suivante, et des Turcs mêmes dont le gouvernement les domine. Ce qui reste de Maures, Atlantes dégénérés, est pirate et trafiquant, quand la vie nomade de pasteur n'en confine pas les familles dans quelque solitude. Quoique le désert et la Méditerranée en tiennent le plus grand nombre comme emprisonné au pays des Dattes, où ce fruit et le laitage forment le fond de la nourriture des Maures, on en retrouve d'égarés par le commerce jusque dans les îles de l'Inde où probablement leurs ancêtres répandirent le Palmier précieux qui, des revers méridionaux de l'Atlas, se trouve maintenant transporté dans toutes les parties chaudes des deux continens.

β Race *Adamique* (Orientale). Notre opinion sur l'origine de cette race, et le nom sous lequel nous proposons de la désigner, paraîtront au premier coup-d'œil en contradiction avec toutes les idées admises, ce qui n'est pas une raison pour qu'on rejette l'un et l'autre sans examen. L'évidence est là, et comme le respect que réclament les religions qui, par mal-entendu, semblent nous enseigner autre chose que ce qui fut réellement, n'en saurait être ébranlé, quand il sera prouvé qu'au fond nos idées confirment les témoignages de la révélation même, force sera aux esprits prévenus de se ranger à notre avis. Nous n'entrerons, pour le moment, dans aucune discussion trop approfondie, le cadre de cet ouvrage n'en comportant pas; il suffira de rapporter simplement les faits d'où la vérité doit jaillir.

Le pays très-montueux, entrecoupé de plaines et de rochers majestueusement suspendus, où se voient encore d'impénétrables forêts, d'où naît celle des branches du Nil qu'on regarda si long-temps comme la véritable source de ce doyen des fleuves, qu'infestent des hordes de Gallas et de Sangalas, brigands d'espèce Ethiopique, mais où domine le peuple Abyssinien, est le point de départ de la race dont nous allons esquisser l'histoire. D'abondantes eaux y fertilisent un sol prodigue de verdure et de fruits, peuplé d'Animaux de tout genre, abondant en élémens de bonheur et de prospérités, mais que la barbarie opiniâtre et féroce de ses habitans condamne à l'abandon. Quand les Autochtones y furent devenus nombreux, et qu'encore trop incivilisés ils ne savaient pas se soustraire aux ravages causés, dans la saison des pluies, par de véritables déluges annuels, ils en descendirent le long des torrens et des rivières, et rendus dans les plaines du Sennaar, ils crurent y être échappés à quelque cataclysme universel. C'est là qu'ils s'exercèrent dans l'art de bâtir qui, se perfectionnant le premier chez eux, devait par la suite enfanter les temples de Thèbes et les pyramides de Gizeh. Une civilisation naissante ayant facilité leur multiplication, et le grand vallon devenu leur lieu d'asile ne suffisant plus pour en contenir les familles pressées, ils durent se disperser, non sans laisser quelques monumens d'un long séjour, et sans que déjà les diverses tribus dans lesquelles ils s'étaient répartis se fussent formé des dialectes.

Les uns, pasteurs, passant le Nil blanc, demeurèrent Africains, en se jetant vers l'ouest où leurs enfans, mêlés à des Ethiopiens, et maintenant de sang mêlé, se sont établis dans le Darfour, le Bournou, et le Soudan qui est le bassin du Niger. Les autres, marchands et voleurs, passant la mer Rouge au lieu où nous la voyons se rétrécir, vers le détroit de Babelmandel, se firent Asiatiques, et dans la partie arabe du continent dont ils ont pris le nom, ou bien auquel ils ont donné le leur, sans cesse errans, ils s'étendirent de déserts en déserts jusqu'aux rivages du golfe Persique, ainsi qu'aux bords de l'Euphrate, de l'Oronte et du Jourdain. Une troisième famille, adonnée à l'agriculture, s'attachant à la vallée du Nil, s'avançant à mesure que les alluvions de ce fleuve paternel envahissaient la Méditerranée, devinrent les Egyptiens si célèbres dès l'histoire primitive.

Les Hébreux, tribu Arabe des bords méridionaux de la mer Rouge, qui n'avait pas dépassé de si bonne heure les Cataractes, poussés par quelques-unes de ces famines dont leur terre aride devait souvent être affligée, pénétrèrent plus tard vers le Delta, où les attira sans doute un de leurs compatriotes qui, d'esclave, était devenu le puissant favori du Pharaon de l'époque. Mais ces Hébreux multipliés, ayant par leur avarice inspiré dans la suite de la haine aux anciens habitans du pays, furent persécutés : ils voulurent fuir et retourner dans leur patrie sous la conduite d'un chef devenu législateur; c'est vers le midi conséquemment qu'ils s'acheminèrent; mais obligés de se jeter sur la gauche pour éviter les poursuites du maître auquel ils voulaient échapper, leur guide fut obligé de traverser un bras de cette mer au sud de laquelle il aspirait et qu'il avait prétendu cotoyer; les fuyards se trouvèrent alors égarés dans un pays totalement inconnu : ils y errèrent long-temps, toujours dans l'espoir de remonter vers l'Abyssinie, où se voit encore un peuple d'Hébreux, provenu de ceux qui ne s'étaient point enfoncés en Egypte au temps de Jacob.

Si la horde qui prétendait regagner le point de son départ fût originairement sortie de la terre de Canaan, comme elle l'a prétendu depuis pour légitimer ses usurpations, elle n'eût pas dû errer quarante ans dans un coin de l'Arabie Pétrée pour y revenir. De Gessen aux lieux où l'on dit que reposait la cendre de Rachel, on n'a guère plus loin que de Bordeaux à Bayonne, et l'on ne met au plus que quatre jours, pour aller à l'aise et à pied, de l'une de ces villes à l'autre, à travers des Landes qui ressemblent assez à la solitude de l'Arabie. Le chef des Hébreux dépaysés mourut sans avoir renoncé à ses desseins, mais sans avoir pu les accomplir. Les chefs qui lui succédèrent, désespérant de gagner jamais une contrée dont personne ne savait plus la route, se firent leur terre Promise de la première terre habitable qui s'offrait à leur avidité. Ce fut la montueuse Palestine qu'ils s'approprièrent par une guerre d'extermination, et comme du lieu d'où ils seraient primitivement sortis. Ils y devinrent ces Juifs superstitieux et persécuteurs, maintenant persécutés à leur tour, réprouvés, étrangers partout, comme si, pour ceux dont le Dieu poursuit les crimes jusque dans les enfans, le sang des Cananéens criait encore vengeance.

Ces Juifs, ainsi que le reste de l'espèce Arabique, ont conservé, par la révélation, la croyance d'un Dieu éternel, unique, et n'ont jamais souffert que cette respectable unité fût altérée dans leurs livres sacrés par des superstitions fractionnaires venues de l'Inde. Dispersés sur la surface du monde, ils y sont demeurés, quant aux mœurs, ce qu'ils furent en Judée, lorsque leur ingratitude et leur absurde opiniâtreté contraignirent le plus doux des Hommes, le meilleur des empereurs à les effacer de la liste des nations; mais, de même que les autres Arabes, et en dépit de la sauvagerie de leurs préjugés, ils ont pris des femmes dans toutes les races; aussi, moins semblables à leurs pères par la physionomie, que le sont demeurés leurs frères de l'Afrique, un Juif allemand, par exemple, ne doit guère ressembler aujourd'hui à ce patriarche Abraham d'où la lignée d'Israël tire sa première illustration. Ce déplacement de la nation juive est ce qui jeta sur la géographie sacrée tant d'obscurité, quand on chercha le jardin d'Eden et le berceau d'Adam en Mésopotamie, avec une plaine de Sennaar de laquelle on n'y entendit jamais parler; transportant ainsi des noms de lieux d'Abyssinie aux sources de l'Euphrate et du Tigre, pour les appliquer à des choses avec lesquelles ils ne présentaient nul rapport, quand c'était vers les sources du Nil, sur l'identité duquel ne s'éleva jamais le moindre doute, qu'il fallait chercher le théâtre des choses si naturellement racontées dans la Genèse.

C'est à celle des races Arabiques dont il vient d'être question, que l'on doit la domesticité du Dromadaire et de l'Ane. Sur la rive orientale de la mer Rouge, et quand elle se fut étendue vers la Perse ainsi qu'aux revers orientaux et méridionaux du Liban, elle s'appropria le premier de ces Animaux devenu le compagnon de ses longs voyages, et qu'elle paraît n'avoir introduit qu'assez tard en Afrique. Le second, moins estimé de ses maîtres, est cependant compté au nombre de leurs richesses, et s'est répandu depuis l'Arabie, d'où il est originaire, jusque sur les côtes atlantiques et dans le fond de notre Europe. Mais partout le Cheval, né dans les steppes de la Scythie, et sans qu'on puisse reconnaître à quelle époque il en sortit pour la première fois, devint l'ami plutôt que l'esclave dégradé de l'Arabe; réservé pour la guerre, on ne dut cependant pas le monter d'abord. Nous ne voyons pas dans les sculptures ou dans les peintures conservées de l'antique Egypte, où sont représentés avec tant de fidélité les moindres détails de batailles avec tout ce qui peut servir à faire reconnaître les usages du temps, un seul cavalier, c'est-à-dire d'Homme à califourchon sur le Cheval; partout où cet Animal figure, c'est attelé à un char sur lequel se tient un guerrier debout, le javelot en main, assisté d'une sorte de cocher armé du fouet. Il faut que pendant bien des siècles, le Cheval n'ait pas été employé autrement. Partout où l'Adamique l'introduisit, l'usage des chars est introduit. Dans les plus anciens livres des Hébreux, s'il est parlé d'armées formidables, il n'y est d'abord nullement question de cavalerie, mais de chars armés de faux : Homère nous peint encore ses guerriers combattant sur des chars pareils, et tels que nous en voyons une si grande quantité dans l'immortel ouvrage de la Commission d'Egypte. Il est probable même que ce fut chez l'espèce Scythique que l'art de l'équitation prit naissance. Tandis que l'Égypte et les Pélages à qui ses usages se communiquaient attelaient des Chevaux, le Scythe en façonnait à l'éperon. Quelques hordes égarées de cette espèce Scythique pénétrant plus tard à Cheval dans le nord de la Grèce, vers les temps héroïques, y produisirent d'abord l'effroi que causèrent les cavaliers espagnols aux Mexicains lorsqu'ils les vinrent asservir, et de-là ces traditions où il est fait mention de Centaures attaquant les Lapithes épouvantés par la brusque apparition d'une nouvelle espèce de combattans.

La race Adamique a poussé des colonies dans l'est du continent Africain jusqu'au-delà de l'équateur : on la retrouve sur la côte de Zanguebar et dans le nord de Madagascar. Les îles Comores dans le détroit de Mosambique, et Socotora, ont été peuplées par elle; vers l'Orient, elle s'est d'abord arrêtée au golfe Persique; mais plus tard, la dispersion des tribus d'Israël en a rempli la Perse au point d'altérer la physionomie des premiers habitans de cette contrée, et des traces de familles adamiques se retrouvent jusqu'aux lieux les plus reculés de l'Inde et même de la Polynésie.

L'écriture originairement hiéroglyphique le long du Nil, devenue cursive en Phénicie, nous est encore venue de la race Adamique, dont plus tard nos pères adoptèrent jusqu'aux chiffres. Ils eussent sans doute adopté leur Coran, sans l'une des batailles de Poitiers.

Il ne faut pas, ainsi que le fait Buffon, confondre les Turcs de nos jours, dominateurs de Bysance, avec l'espèce dont nous venons de parler. Ces Turcs furent les plus laids de l'espèce Scythique; ce n'est que fort récemment que des croisemens continuels ont pu causer quelque ressemblance entre leur physionomie et celle des Arabes, et l'identité de religion a puissamment contribué à cette métamorphose que la conformité du costume semble compléter.

3. Espèce Hïndoue, *Homo Indicus*. Les Hommes qui composent celle-ci sont plus petits que ceux des deux espèces précédentes. Cinq pieds deux pouces ou un peu moins, paraissent être la mesure de leur taille moyenne. Ils ont dans les traits du visage plus de rapports avec les Japétiques qu'avec les Arabiques, et nous en avons vu, qu'à leur nuance près, on eût pu confondre avec des Européens; mais leur teint est d'un jaune foncé, tirant sur le bistre ou sur la couleur du bronze. Ils sont élégamment tournés, avec la jambe très-fine et le pied bien fait; on n'en voit guère devenir fort gros; cependant ils ne sont ni maigres ni décharnés; leur peau, assez fine, laisse, par des modifications subites de pâleur, deviner le trouble des passions. Elle ne répand aucune mauvaise odeur, surtout chez les Femmes dont la propreté est en général excessive. Celles-ci ont communément les épaules bien conformées, la gorge assez exactement hémisphérique, un peu basse, avec les mamelons noirs ou d'un brun foncé; le corps très-court en proportion des membres ordinairement allongés, non qu'ils soient grêles, ce qui est le contraire des Européennes; elles n'ont presque pas de poil au pubis, mais il y est ordinairement très-dur; elles accouchent avec une prodigieuse facilité, passent pour très-lascives, et font connaître leur penchant à la volupté par la variété de mouvemens et d'attitudes qu'elles savent prendre avec tant de souplesse dans ces danses qui les ont rendues des Bayadères célèbres; elles sont nubiles de si bonne heure, qu'on en voit devenir mères dès neuf et dix ans; mais leur fécondité est épuisée à trente. Chez les Hommes, la puberté est également précoce, et la faculté d'engendrer se perd promptement. On cite peu d'exemples de longévité parmi les véritables Hïndous qu'on a trop souvent confondus avec les hordes Scythiques fécondes en centenaires. Les tribus Arabiques et des familles Neptuniennes qui se sont répandues chez eux dès la plus haute antiquité, le long des rivages, ont souvent altéré leurs traits.

Chez les Hïndous, le nez est plus semblable à celui des variétés Celtiques, qu'à celui des individus de toute autre espèce; il est assez agréablement arrondi, sans être jamais épaté; les ailes n'en sont pas trop ouvertes; la bouche est moyenne et garnie de dents verticales ; les lèvres, loin d'être grosses, sont généralement colorées, très-minces, et la supérieure a surtout beaucoup de grâce ; le menton est rond, et presque toujours marqué d'une fossette; les yeux, dont l'expression est fort radoucie par de très-longs cils, couronnés de sourcils minces et arqués, sont généralement ronds, assez grands, toujours un peu humides, avec la cornée tirant sur le jaunâtre, et l'iris brun-foncé ou noir; les oreilles sont de moyenne grandeur et bien faites, quand on ne les déforme pas par le poids d'ornemens baroques ; la paume des mains est à peu près blanche, un peu ridée ; la base des ongles supporte en général une petite tache en croissant et plus foncée ; les cheveux sont longs, plats, toujours très-noirs et luisans, ordinairement assez fins ; la barbe est peu fournie, si ce n'est à la moustache.

Les Hïndous, chez lesquels se sont le mieux conservés les traits spécifiques, sont doux, bons, simples, dociles, industrieux, ni paresseux ni actifs, se contentant de peu, guère plus enclins que ceux de l'espèce Arabique à faire abus des liqueurs fermentées dont ils n'ignorent cependant pas l'usage, et que leur procure le Riz qui forme le fond de leur nourriture habituelle. Le Poivre et les Amomées paraissent des excitans nécessaires à leur estomac. Agriculteurs, naturellement sédentaires, n'émigrant jamais qu'ils n'y soient forcés, ils laissent faire le commerce maritime de leur riche contrée à d'autres Hommes, tels que les Européens, les Arabiques, les Malais, et même les Chinois. Soldats peu aguerris, ce n'est guère qu'une de leurs castes qui s'adonne à la guerre, et dans laquelle leurs dominateurs Britanniques recrutent ces troupes de Cypayes au moyen desquelles ils tiennent le reste asservi.

L'Hïndou seul réduisit l'Eléphant en domesticité, et le forma aux combats, car il paraît que ceux de ces Animaux dont les anciens renforçaient leurs corps de bataille étaient amenés de l'Indoustan et n'avaient pas été dressés en Afrique, où l'Arabe n'associa jamais l'Eléphant à sa gloire militaire.

Les sources de l'Indus ou Sind, et du Gange, le long de la haute chaîne de l'Hymalaya, sortent des lieux où fut le berceau des Hïndous, qui, descendus le long de leurs fleuves, peuplèrent de proche en proche toute la presqu'île occidentale de l'Inde, où l'on voit néanmoins diverses variétés d'Hommes assez remarquables, et qui proviennent du mélange de Maures et autres Arabes, de Tartares Scythes et de Malais. Ils pénétrèrent à Ceylan, dans les Lacdives et dans les Maldives où l'espèce Neptunienne les avait peut-être devancés. Ils descendirent aussi vers l'Occident en suivant l'Helmend, et le long des côtes jusqu'à l'extrémité du golfe Persique : car les habitans d'Olmus et des petites îles de cette mer intérieure sont encore évidemment des Hïndous; mais, du côté de l'Est, tout en pénétrant dans la Polynésie, jusqu'aux Moluques, et particulièrement à Timor, peut-être même sur quelques points de l'Océanique, ils paraissent n'avoir pas franchi les montagnes de Mogs qui séparent le Bengale du pays d'Aracan. Les Hïndous les plus méridionaux ne sont cependant pas toujours les plus rembrunis, et ceux de Guzarate, par exemple, beaucoup plus septentrionaux que les habitans du Carnate, ont la peau bien plus foncée. Les belles gravures anglaises où sont représentés la chute de Tipoosaïb et les malheurs de sa famille, avec le portrait du roi de Solor, gravé par Petit dans la Relation de Péron et Freycinet, donnent une idée fort exacte de la physionomie et des teintes de peau de l'espèce Hïndoue. Le Coton compose pour elle les tissus les plus en usage ; elle s'en drape largement sans que nul bouton ou agraffe en retienne aucune partie ; ce n'est qu'assez tard et par le mélange de tribus septentrionales, que les toisons du petit Thibet se sont introduites chez elle par les pays de Cachemire et de Caboul.

De toute antiquité, divisés en castes qui tiendraient à déshonneur de s'unir les unes aux autres, les Hïndous auraient, plus que nul autre peuple, dû conserver leurs traits primitifs; mais en dépit de l'autorité de leurs usages les plus sacrés, diverses invasions les contraignirent d'abandonner leurs filles aux conquérans. Des monumens considérables et d'autres preuves certaines ne permettent pas de douter que la civilisation indienne ne remonte au-delà de toutes nos chronologies. Stationnaire, mais moins que chez l'espèce Sinique, la fréquentation des Européens n'y put apporter aucun changement notable. Elle est au moins contemporaine de celle des bords du Nil; cependant, quoi qu'on en ait pu dire, elle en dut toujours beaucoup différer, ainsi que les principes religieux dont elle paraît être dérivée. En effet, les Hïndous n'ont jamais embaumé leurs morts, appelé le cadavre de leurs princes, après le trépas, au tribunal des sages, admis de révélation, non plus que le principe d'un Dieu véritablement unique, puisqu'ils faisaient le leur triple; delà, ce respect pour le nombre trois, qui, passé dans l'Occident, y subsiste toujours, et que les Pythagoriciens vinrent puiser chez les Brames avec la métempsycose, croyance qui n'est qu'une modification de ce principe de l'immortalité de l'ame, dont l'espèce Arabique n'admit le dogme que très-tard, ainsi qu'on l'a déjà vu. Chez les Hïndous seulement, on vit les veuves se brûler sur le tombeau de leurs époux.

4. Espèce Scythique, *Homo Scythicus*. Connue et confusément désignée sous le nom de Turcomans, de Kirguises, de Cosaques, de Tartares Kalmouks, Mongols et Mantchoux, l'espèce Scythique habite les Bucharies, la Songarie et la Daourie, sur toute la surface de cette vaste région Asiatique qui s'étend en longitude des rives orientales de la Caspienne jusqu'aux mers du Japon et d'Ochokts, et en latitude du quarantième au soixantième degré nord; espace immense, fort élevé au-dessus du niveau de l'Océan, où se ramifie l'énorme chaîne de l'Altaï, dont les parties méridionales sont des déserts salés, non moins arides que ceux de l'Afrique centrale et duquel les eaux fluviales s'écoulent vers des mers glacées à travers la Sibérie.

Les Scythes, moins petits que les Hyperboréens, ont aussi la couleur de leur peau beaucoup plus claire, et les dents, toujours verticales et écartées, un peu plus longues. Leur taille moyenne est de cinq pieds ou un peu plus; fortement olivâtres, ils ont le corps robuste et musclé, les cuisses grosses, les jambes courtes avec les genoux sensiblement tournés en dehors et les pieds en dedans. Les plus laids de tous les Hommes, ils ont le haut de la face extrêmement large et aplati, les yeux très-petits, enfoncés, et tellement éloignés l'un de l'autre qu'il y a souvent entre les deux plus que la largeur de la main; des paupières épaisses surchargent ces yeux brunâtres, de gros sourcils rudes les couvrent. Le nez est fort épaté, les trous des narines seulement le rendent sensible sur une face ridée même dans la jeunesse; les pommettes sont excessivement proéminentes; la mâchoire supérieure est rentrée; le menton, s'amincissant en pointe, termine la figure en avant par son allongement. Une barbe assez fournie, surtout à la moustache, brune ou tirant sur le roux; des cheveux plats, ni fins ni gros, généralement noirs ou de couleur foncée, complètent l'ensemble de physionomie le plus hideux qui se puisse concevoir. La puberté pour les Hommes et pour les Femmes, avec les autres phases de la vie, y sont à peu près les mêmes que chez les Européens.

Vagabonds, nomades, indomptables, chasseurs, pasteurs, jamais agriculteurs, peu attachés au sol, les Scythes émigrent volontiers par bandes innombrables, toutes les fois que l'appât du pillage leur est offert. Violens, propres aux fatigues de la guerre, méprisant le danger et la mort, obéissant aveuglément à des chefs despotes appelés Kans, ce sont eux qui de tout temps se répandirent comme un débordement de barbares indifféremment au nord, au sud, au couchant, sur toutes les nations paisibles. Sans religion qui leur soit propre, quand ils ne reconnaissent pas un chef spirituel nommé Lama, sans police, ils n'ont nulle part fondé d'empire qui se soit perpétué; aussi ont-ils embrassé la religion, et bientôt pris les mœurs de ceux qu'ils ont conquis. Dès l'antiquité la plus reculée, ils se rendirent redoutables non-seulement à leurs voisins, mais encore aux nations les plus éloignées de leurs repaires. Les annales de la Grèce, de l'Inde et de la Chine sont remplies des preuves de leurs brigandages. Depuis l'ère chrétienne, les noms de Gengis et de Tamerlan ont rendu leurs armes célèbres. Confondus, vers les froides régions du nord et de l'orient de l'Asie, avec l'espèce Hyperboréenne, ils s'y sont encore enlaidis avec elle, particulièrement au Kamschatka et dans l'île de Jézo qu'ils asservirent. Ils se sont faits Chinois en franchissant la grande muraille; leurs descendans occidentaux, adoptant plus tard le mahométisme, sont devenus les plus beaux des Hommes, en conservant néanmoins quelque chose de la teinte originelle de leur peau, lorsque, pénétrant jusqu'en Grèce, ils ont donné le nom de l'une de leurs hordes à la Turquie d'Europe et s'y sont alliés au sang des plus belles esclaves tirées de Circassie et de ces contrées jadis si justement célèbres au temps des Hélènes, des Aspasies et des Laïs. Franchissant l'Oural, le Volga et le Tanaïs, ils ont porté leurs mœurs vagabondes et leur figure repoussante jusqu'au Dniéper, mais n'y ont pas trouvé de Femmes circassiennes ou grecques pour effacer la difformité de leurs traits. Le Chameau, né comme eux entre l'Aral et le Baïkal, le Cheval, originaire des mêmes contrées, sont devenus les impétueux auxiliaires de leurs migrations déprédatrices ou les patiens compagnons de leurs lointains voyages. Ces Animaux leur ont fourni le lait dont ils se nourrissent et dont ils obtiennent une liqueur fermentée avec laquelle on les voit s'enivrer jusqu'à la fureur; ils leur fournissent en outre la chair qu'ils dévorent demi-crue et putréfiée, avec les tissus et les peaux dont ils font des tentes ou de bizarres vêtemens. Nous avons vu qu'ils durent être les premiers cavaliers. Nulle part ils n'ont bâti de villes; partout campés, ils vécurent et vivent sans fonder de propriétés territoriales qui les puissent amener au véritable état social. Moins malpropres cependant que les Hyperboréens, ils ne répandent pas cette odeur fétide qui fait de leurs voisins du Nord des objets si repoussans. On ne leur reprocha jamais l'anthropophagie; mais c'est d'eux que vint chez divers peuples du Nord l'usage d'enterrer, avec leurs chefs ou leurs guerriers célèbres, des armes, un Cheval de bataille et quelques esclaves.

5. Espèce Sinique, *Homo Sinicus*. Presque toujours, mais improprement confondue avec la précédente sous le nom de Mongole, qui réellement ne doit désigner qu'une race Scythique tartare, cette espèce se compose des peuples appelés Coréens, Japonais, Chinois, Tonkinois, Cochinchinois, Siamois, et des Hommes qui peuplent l'empire du Birman. Sortis, sous le trentième degré nord, des montagnes et des plateaux du Thibet, pour s'étendre du dixième au quarantième, séparés des nations Scythiques par les vastes déserts de Cobi ou de Shamo, ils descendirent vers les rivages de la mer en suivant le cours de six ou sept grands fleuves roulant vers l'est et le sud à travers de riches plaines. L'espace qu'ils occupent aujourd'hui en longitude n'est pas moins étendu et ne le cède point en surface à celui que dans l'ouest occupe l'espèce Japétique; mais il est

moins considérable que celui sur lequel se répandit l'espèce précédente et l'espèce Arabique.

Les Chinois, depuis plus long-temps célèbres que les autres nations thibétaines, peuvent être considérés comme le type de l'espèce Sinique; un peu plus grands que les Tartares Scythes, leur taille est celle des Hindous, c'est-à-dire de cinq pieds à cinq pieds quatre pouces; peu s'élèvent au-dessus de ces dimensions. Leurs membres sont bien proportionnés, encore que la tête soit grosse; le corps est peu chargé de graisse, mais l'embonpoint passe chez eux pour une beauté. Le visage est rond, et même élargi par le milieu, où les pommettes des joues sont saillantes; les yeux, dont les prunelles ordinairement brunes passent rarement au noir et jamais au bleu, sont petits, ouverts en amande, avec le coin incliné en bas, tandis que l'autre extrémité, très-relevée vers le haut des tempes, y est fortement empreinte de ces rides qu'on appelle vulgairement pate d'oie; ils sont très-peu fendus, et semblent ne faire que deux lignes obliques dans la figure; les paupières en sont généralement grosses et boursoufflées, presque dégarnies de cils; les sourcils, très-minces et fort noirs, sont aussi fort arqués; le nez, bien séparé du front par une dépression profonde, est rond, légèrement aplati, avec les ailes un peu ouvertes, et sans être trop gros, quoique des voyageurs l'aient pour la forme comparé à une nèfle; la bouche est grande, avec les dents verticales, et les lèvres un peu grosses, généralement d'un rouge livide. Le menton, qui est petit, est en général dégarni de barbe; les Thibétains n'en ont guère qu'à la moustache qui, naturellement soyeuse, peut devenir excessivement longue; rarement leurs Femmes en présentent-elles l'analogue ailleurs. Celles-ci, qui cependant sont vieilles d'assez bonne heure et dont la taille est plus dégagée que celle de leurs maris, sont prodigieusement fécondes, réglées à peu près comme dans la race Caucasique, et la fécondité suit la même marche pour les Hommes, aux exceptions près de précocité qu'y porte l'influence méridionale, laquelle paraît déterminer chez toutes les espèces de l'hemisphère boréal l'avancement de la puberté. L'oreille est grande et très-détachée, de sorte qu'on en distingue la presque totalité chez un Sinique en le regardant de face. Les cheveux sont lisses, plats et ne bouclant jamais, de moyenne longueur, gros et toujours noirs, disposés sur le front de façon à y former plus distinctement cinq pointes que dans toute autre espèce; comme ils sont peu fournis, les Chinois semblent avoir voulu déguiser cette sorte de pauvreté en se rasant la tête; ils ne laissent communément qu'une petite mèche de cheveux au vertex, lequel n'est ni trop proéminent ni trop aplati. Les porcelaines de la Chine et du Japon avec une infinité de peintures du pays donnent une idée exacte des caractères physiques de l'espèce dont il est question; ses propres peintres la représentent en général aussi blanche que la nôtre. Les Femmes, en effet, que leur éducation, leur vie sédentaire, et la conformation artificielle à laquelle on contraint leurs pieds, retiennent sous l'ombre du toit conjugal, ont souvent le teint comparable à celui des petites maîtresses européennes; mais alors il conserve toujours quelque chose qui rappelle l'idée du suif. En général, l'espèce Sinique a la peau huileuse, jaune et passant au brun, même foncé, sous le vingtième parallèle et au-dessous, où le mélange des Malais dans la presqu'île occidentale de l'Inde a porté quelques modifications dans la physionomie primitive. On remarque néanmoins que les Siniques les plus septentrionaux sont aussi les plus foncés en couleur.

C'est mal à propos qu'on a confondu cette espèce avec ses voisines, et qu'on a avancé que les Chinois provenaient du mélange des Tartares et des Malais; il suffit d'avoir vu un Homme de chacune de ces trois espèces pour reconnaître l'énormité d'une telle erreur. La conquête et la violence ont pu contraindre les Chinois à confondre leur sang avec celui des Scythes; mais ce mélange purement accidentel n'a guère influé sur l'espèce qu'au degré où le mélange des Germains, par exemple, influa sur la race Celtique de l'ouest de l'Europe. Du reste, ainsi que les Arabes juifs, avec lesquels leur caractère présente d'étranges rapports, la plupart des peuples d'origine Sinique, ont horreur des mésalliances et n'aiment pas les étrangers. Ce sont les Chinois qui, pour se préserver des agressions de ceux-ci, construisirent des travaux gigantesques, entre autres la grande muraille si célèbre, destinée à couvrir le nord de leur empire. Jamais pasteurs, rarement chasseurs, l'agriculture est leur occupation essentielle; ses pratiques sont en quelque sorte placées sous la sauvegarde des lois: des fêtes nationales leur sont consacrées, et l'Empereur de la Chine est le premier laboureur de ses vastes Etats. L'attachement pour le sol est extrême chez ces Hommes: les voyages même sont en exécration au plus grand nombre, et ceux qui, plus aventureux et sans domicile fixe, se hasardent à quitter leur pays pour affronter les mers voisines, ne le font guère qu'à l'insu du gouvernement qui ne permettrait pas, chez les Chinois particulièrement, qu'un individu sorti de l'empire y rentrât jamais.

Doux, civils, complimenteurs, rampans, brocanteurs, avides de gain, quoique sachant se contenter de peu, les Hommes de l'espèce Sinique sont essentiellement mangeurs de riz et se servent de petites broches d'ivoire ou de bambou, pour porter les alimens à la bouche. Ils sont aussi ichthyophages, non-seulement sur le bord de la mer, mais encore jusque vers les sources de leurs moindres rivières, où ils s'adonnent à la pêche avec autant d'activité que d'intelligence; ils y ont dressé des Oiseaux. La soie compose le fond de leurs larges vêtemens, et encore que le coton pût être aussi commun chez eux que chez les Hindous, c'est toujours aux produits de l'Insecte du Mûrier qu'ils donnent la préférence. On ne les voit jamais faire abus des liqueurs fortes. C'est du thé qu'ils obtiennent leur boisson favorite; ils aiment les parfums jusqu'à la fureur. Peu courageux, ils ont été de tout temps de fort mauvais soldats. Leurs armes étaient originairement l'arc, le bouclier et une sorte de casque. Ils y substituèrent, dit-on, des armes à feu avant que l'Europe connût la poudre à canon. Très-industrieux, habiles marchands, on ne saurait citer un art dans lequel ils ne se soient exercés, un genre de négoce qu'ils n'aient entrepris. Ils bâtissaient des palais et les embellissaient de jardins magnifiques; le papier, les tentures, la porcelaine et les cristaux, la boussole et l'imprimerie, la poudre même, les feux d'artifice, les jeux de la scène, des moyens commodes de transport pour les voyageurs, en un mot une multitude de choses desquelles dépendent les douceurs de la vie, leur étaient familières, que nos plus puissans monarques de l'Occident vivaient dans des masures crénelées dont les murs étaient à peine décorés d'une couche de blanc à la chaux, buvaient dans des tasses de mauvaise faïence, chevauchaient ou cheminaient en charrette à Bœufs, s'émerveillaient en voyant jouer des mystères, et ne se doutaient pas qu'il dût jamais exister de l'artillerie.

La civilisation sinique paraît remonter à la plus haute antiquité, ainsi que le langage monosyllabique, et conséquemment primitif des peuples de toute l'espèce; cette civilisation est essentiellement stationnaire, les moindres actions des individus y étant réglées par des ordonnances; mais la corruption y semble être inhérente: nulle part les Hommes ne montrent plus d'avarice et plus de lubricité; nulle part ils n'imaginèrent de moyens aussi variés, aussi extraordinaires pour s'exciter à des plaisirs qui deviennent coupables, quand ils sont le résultat d'une imagination déréglée, plutôt que celui de l'impulsion naturelle des sens. Les religions siniques cependant sont dégagées de toute superstition, et, subordonnées aux constitutions de l'Etat, elles ne dominent jamais le gouvernement. Le déisme pur en est la base sublime, mais il est faux que le dogme de l'immortalité de l'ame y ait jamais été admis; ce qui prouve sans réplique que le matérialisme et le déisme peuvent fort bien s'accorder, et que l'existence sociale d'un peuple ne saurait être compromise, parce qu'il ne croirait pas à la damnation éternelle.

** Communes à l'Ancien et au Nouveau-Monde.

6. Espèce Hyperboréenne, *Homo Hyperboreus*. Sous le nom de Lapons et de Samoïèdes, cette sixième espèce habite en Europe et en Asie, vers le cercle polaire arctique, la partie la plus septentrionale de la presqu'île Scandinave et de la Russie; se prolongeant parallèlement à la côte désolée de l'Ancien-Monde oriental, les Ostiaks, les Tonguses et les Jakoutes, tribus misérables des rives de la Léna, les Jukaghires, les Thoutchis, les Kouraiques, et quelques hordes de Kamtschadales en font probablement partie; ces dernières peuplades, après s'être mêlées à des hordes Scythiques, ayant pu traverser aisément le détroit de Behring et se rendre dans les îles Aleutiennes, se sont étendues dans cette petite partie de l'Amérique septentrionale, sur laquelle l'Empereur Russe prétend des droits, parce que son conseil la sait habitée par une espèce d'Hommes difformes dont la presque totalité dépend de ses volontés absolues dans l'Ancien-Monde. Sur ces rives malheureuses l'espèce Hyperboréenne produisit sans doute les Atzeques, et descendit jusque dans l'île de Noutka vers le cinquième degré nord. Ce parallèle est à peu près celui où elle parvient le plus méridionalement dans le Nouveau-Monde, puisque sur la rive opposée on retrouve à la même latitude les Hyperboréens vers la pointe nord de l'île de Terre-Neuve; ce sont eux encore qui, sous le nom d'Esquimaux, habitent les rivages de la terre de Labrador, à partir de la pointe orientale, au nord-est du Canada, et qu'on retrouve toujours sous le même cercle polaire au nord-ouest de la baie d'Hudson, fort avant et près de ce point de la mer Glaciale où pénétra Hearne chez les Indiens cuivrés. Ce sont eux enfin qui, ayant abandonné l'Islande à la race Germaine de l'espèce Japétique, se sont établis aux approches du quatre-vingtième degré, c'est-à-dire, sous le climat le plus dur et sur le sol le plus ingrat qu'il soit possible d'imaginer; lieux où nul Arbre ne saurait croître, où la verdure de quelques mousses et d'un petit nombre de Plantes rabougries, est la seule végétation qui rampe çà et là contre d'affreux rochers, quand la neige ne les protége pas contre la fureur des vents et des vagues dont ils sont sans cesse battus durant même la moins rigoureuse des saisons.

Les Hyperboréens sont de petite stature; quatre pieds et demi constituent pour eux la taille moyenne; un individu de cinq pieds y passerait pour un Homme fort grand; ils sont trapus, quoique maigres; leurs jambes sont courtes et assez droites, mais si grosses, particulièrement chez les Borandiens, qu'on les croirait enflées et malades; leur tête ronde est d'une dimension démesurée: leur visage, fort large et court, est plat surtout vers le front: leur nez est écrasé sans être d'une trop grande largeur; les pommettes sont fort élevées; les paupières retirées vers les tempes; l'iris est d'un jaune brun, et jamais bleu ou cendré: la bouche grande; les dents verticales y sont communément écartées; leurs cheveux plats sont noirs, naturellement gras et durs; la barbe est rare. Les Hommes ont la voix très-grêle, à peu près comme les Ethiopiens. Les Femmes sont hideuses, et c'est peut-être dans le dessein d'en améliorer la progéniture, que leurs maris les offrent à tous les étrangers que le hasard conduit dans leur triste séjour : elles sont comparativement plus musclées et à peu près de la taille des Hommes; leurs mamelles, molles et pendantes en forme de poire, dès les premiers temps de leur développement deviennent, comme chez les Ethiopiennes, si longues qu'elles peuvent être jetées par-dessus les épaules pour allaiter les enfans, ordinairement portés sur le dos; le bout du sein est grand, long, rugueux et noir comme du charbon. La nubilité vient tard, et certains voyageurs ont même affirmé que les Hyperboréennes n'étaient pas sujettes au flux menstruel, ce qui n'est pas croyable. Absolument glabres excepté sur la tête, elles accouchent avec une extrême facilité, ce qui tient à une telle dilatation de certaines voies, qu'on a cru qu'elles l'élargissaient artificiellement en y portant sans cesse enfoncée une énorme cheville en bois.

Tous les Hyperboréens, beaucoup plus basanés que les peuples du reste de l'Europe et de l'Asie centrale, sont d'autant plus noirs qu'ils s'élèvent davantage vers le nord et par le soixante-dixième degré. Il n'est pas rare d'en trouver qui, plus foncés en couleur que les Hottentots placés à l'extrémité opposée du vieux Continent, sont presque aussi noirs que les Ethiopiens de l'équateur.

Les Hyperboréens sont naturellement sédentaires et fort attachés au lieu de leur naissance loin duquel ils ne sauraient vivre : on en a vu périr d'ennui dans les pays tempérés où on les avait conduits dans la pensée de leur en faire apprécier les douceurs. Pacifiques au point d'être inhabiles à la guerre, c'est en vain que Gustave-Adolphe voulut former un régiment de Lapons; ce grand roi n'y put jamais réussir. L'arc et la flèche, l'arbalète et le javelot sont les armes qu'ils emploient bien plus dans leurs chasses que dans les combats. On n'a jamais ouï dire qu'ils aient disputé la possession du moindre coin de terre. Ils n'ont ni religion ni culte; quelques pratiques superstitieuses, sans rapports, et arbitrairement établies dans leurs diverses tribus, en tiennent lieu. Rarement malades, ils arrivent à la mort sans passer par l'état de décrépitude, et cependant dans un âge assez avancé. La cécité accompagne ordinairement leur courte vieillesse; ils se vêtissent de la tête aux pieds de fourrures. Selon les contrées qu'ils habitent, ils ont attaché le Chien à leur sort, soit en l'attelant à leurs traîneaux, soit en l'associant aux travaux de la pêche. Ils ont aussi asservi le Renne qui leur fournit son lait et sa chair; ils ne connaissent pas d'autres domestiques. Pasteurs de ces Rennes, ou pêcheurs, ils ont sur les bords de la mer Glaciale perfectionné les moyens de prendre les habitans de l'eau; ils ne manquent pas d'habileté dans l'art de vaincre jusqu'aux grands Cétacés. Ils préfèrent la graisse de ces Animaux à toute autre nourriture, se délectent aussi de l'huile qu'ils en expriment, et dont ils boivent la quantité que ne consume pas leur lampe durant les longues nuits de leurs affreux hivers. Outre la chair des Animaux qu'ils tuent à la chasse, celle de leurs Chiens qu'ils soumettent à la castration, et de leurs Rennes qu'ils préparent en la fumant, ils mangent beaucoup de Poissons et l'aiment mieux pourri ou desséché que frais. Ils fabriquent avec des arêtes torréfiées et broyées, des Lichens Cœnomyces ou Cétraires, l'écorce des jeunes Bouleaux et de Pins qu'ils réduisent en farine grossière, une sorte de pain dont aucun autre estomac que le leur ne saurait supporter le poids. Ils n'emploient guère le sel, si recherché des Européens et des Ethiopiens. Les liqueurs fortes et alcoholiques sont peu de leur goût, et quand ils se lassent de l'huile ou du lait, ils préfèrent à toute autre boisson l'eau dans laquelle on a fait infuser des baies de Genièvre : néanmoins quelques-uns d'entre eux font une sorte de bière enivrante avec un Champignon du genre Agaric. Ils ne bâtissent ni villes ni villages, et ne vivant pas, à proprement parler, en société, leurs rares bourgades se composent de quelques huttes à demi-souterraines, dans chacune desquelles vivent polygames, enfumés et confondus avec les Animaux apprivoisés, tous les membres d'une même famille, où l'on ne se doute même pas de la signification du mot pudeur.

L'espèce Hyperboréenne est, après la Hottentote, la plus sale de la terre; elle contracte par sa malpropreté une odeur insupportable.

7. ESPÈCE NEPTUNIENNE, *Homo Neptunianus*. Essentiellement riveraine, cette espèce ne peuple que des îles, ou, lorsqu'elle aborda sur quelque continent, elle n'en abandonna jamais les côtes, pour passer au-delà des monts qui s'y trouvaient parallèles. Aucune ne se dissémina davantage entre les deux Tropiques qu'elle dépassa sur très-peu de points. Nous la retrouverons de l'ouest à l'est depuis Madagascar, où elle habite les parties orientales, jusqu'au Nouveau-Monde dont elle peupla les bords occidentaux, depuis la Californie jusqu'au Chili. Nul doute que ces victimes du fanatisme espagnol, dont les Fernand Cortès et les Pizarres détruisirent la civilisation naissante, n'aient fait partie de cette espèce. A travers le mélange d'Atzèques, de race Hyperboréenne ou Scythique, qui envahirent antiquement le haut Mexique, d'Européens, d'Ethiopiens esclaves, transportés d'Afrique en Amérique par les nouveaux possesseurs du sol et des autres espèces ou races Américaines, on distingue dans le peu de naturels échappés au fer castillan, ainsi qu'aux bûchers de l'inquisition, les traits et la couleur des Hommes de la mer du Sud et de la Polynésie. On reconnaît en outre à travers les incertitudes qui résultent des observations incomplètes des voyageurs, que les Américains des côtes de l'Océan Pacifique étaient tout-à-fait différens du reste des Hommes de leur continent. Ils n'avaient jamais franchi les chaînes sourcilleuses qui, parallèlement et non loin de la mer, y descendent en arc immense du nord au sud : par suite de leur instinct maritime, s'il est permis d'employer cette expression, les revers orientaux des montagnes leur demeurèrent étrangers; pour s'y établir, ils eussent dû s'éloigner de leur véritable élément, et même après être devenus agriculteurs, ils demeuraient Neptuniens par le choix de leur séjour d'où la vue s'étendait encore sur les flots. Les nations du Iucatan de la terre de Honduras, c'est-à-dire du golfe du Mexique, appartenaient à l'espèce des Colombiens; aussi elles étaient toujours en désaccord avec le peuple que nos écrivains appelèrent plus particulièrement Mexicain, et l'usurpateur du trône de Montézume sut, en armant la république de Tlascala, profiter de la haine qui devait naturellement résulter chez des barbares de leur différence spécifique.

Ce qu'on sait des croyances, des usages et des lois des deux empires des Incas et du Mexique dont on a trop exagéré la puissance, est insuffisant pour qu'on puisse juger exactement à quelle hauteur de civilisation les Hommes s'y étaient élevés. Cette civilisation était évidemment moderne et transplantée; elle ne remontait pas à trois siècles. Son influence avait déjà néanmoins beaucoup adouci les mœurs d'Hommes qui durent être féroces, et même antrhopophages dans l'origine, ainsi que le sont encore la plupart des insulaires d'une partie de l'Océanique; car des sacrifices humains s'y pratiquaient comme chez nos aïeux.

L'histoire des Péruviens et des Mexicains a été écrite dans un siècle d'ignorance et de superstition, où de sanguinaires vainqueurs tenaient la plume. On a adopté sans examen et comme base de travaux modernes, les exagérations et les erreurs qu'ont amoncelées, par suite de leurs préjugés, de tels narrateurs. Nous n'oserions, sur de pareils matériaux, nous engager dans les recherches que nécessiterait l'établissement des caractères primitivement propres aux anciens Américains occidentaux du rivage ; nous devons nous borner à signaler ceux-ci comme une variété de Neptuniens, appartenant peut-être à la race Océanique. Par une fatalité particulière au sort de cette espèce, son histoire physique demeure obscure partout où elle s'établit. Répartie de temps immémorial dans des archipels éloignés les uns des autres, on ne peut jamais fixer l'époque où elle s'y put introduire. Nulle de ses races ne tint compte des événemens passés, pour en composer ses fastes : les traces de leurs migrations se sont effacées. Ni mythologie, ni souvenirs de temps héroïques, ni système commun de croyances religieuses, ni autres préjugés généraux, ne peuvent servir à la recherche de son origine. Isolée sur une multitude de points du globe qui n'ont que très-rarement des rapports entre eux, il s'est formé dans l'espèce Neptunienne des races ou des variétés fort tranchées, entre lesquelles existent à peine aujourd'hui des traits communs, et qui jusqu'ici imparfaitement décrites, ou simplement indiquées, doivent, avant qu'on se hasarde à les caractériser méthodiquement, être examinées soigneusement par quelques voyageurs comme Gaimard, Quoy, Durville et Lesson, en état de comprendre que la connaissance d'une espèce ou d'une race d'Hommes vaut bien celle d'une Méduse, d'un Kanguroo, ou d'un Métrosidéros.

Nous bornant donc à traiter des généralités qui concernent l'espèce dont il est question, nous rappellerons d'abord qu'elle est essentiellement aventurière, que, de tout temps, s'étant familiarisée avec les dangers de la mer, elle passa d'île en île, de cap en cap sur deux cent trente degrés d'étendue en longitude, sans avoir jamais pris possession, les armes à la main, d'un arpent de terre dans aucune contrée tant soit peu considérable, surtout lorsqu'elle était intérieure et montueuse. Ainsi les Hommes du centre ou de l'ouest de Madagascar, du milieu de Ceylan, de la péninsule de Malaca, de Java, de Sumatra, de Bornéo, des Célèbes, de Timor, des Philippines les plus considérables, et de Formose, n'appartiennent pas en général à l'espèce Neptunienne ; mais outre que cette espèce s'est établie sur les côtes de tous ces lieux, et même de la presqu'île occidentale de l'Inde, les insulaires des Lacdives et des Maldives, de l'archipel de Nicobar, des moindres rochers des mers de la Sonde, des archipels des Moluques, des Marianes, des Carolines, des Amis, de la Société, des Marquises, de Sandwich, et les habitans de la Nouvelle-Zélande en font partie presque sans exception. En vain l'on a prétendu n'y voir qu'une race bâtarde, provenue de Caucasiques et de Mongols ou d'Hïndous et de Siniques : quiconque aura vu un seul Malais de race pure repoussera cette idée. En attendant que l'espèce Neptunienne nous soit mieux connue, nous y admettons trois races.

α Race *Malaise* (ORIENTALE). Dans les Hommes de cette race que nous avons eu occasion d'examiner et de comparer à des Chinois et à des Hïndous, qui leur sont à la vérité le plus ressemblans, nous avons reconnu une taille avantageuse dont la moyenne était cinq pieds trois ou quatre pouces ; on dit que dans les îles Marianes ils sont encore plus grands et très-forts. Leur corps est assez bien pris, musclé, jamais chargé d'embonpoint ; les membres sont bien faits, quoiqu'un peu trop déliés ; le pied est petit, quoique presque jamais il n'ait été contenu dans une chaussure. Ce caractère nous a paru d'autant plus remarquable dans les Malais, que, tandis qu'il semblait se communiquer aux créoles européens des mêmes latitudes, qui marchent ordinairement les pieds nus, durant leur enfance, et souvent jusqu'au temps de la puberté, quelle que puisse être leur fortune, sans que les pieds cessent d'être petits et jolis, les Neptuniens Océaniques d'Otaïti, les Femmes particulièrement, ont ces parties grandes et plates. Leur peau est de couleur marron, ou plutôt de rhubarbe, tirant sur le rouge de brique, sur le jaunâtre, le brun, le cuivre de rosette, et même se rapprochant du blanc, du cendré et du noir, selon les mélanges de sang, ou le voisinage de la ligne et autres localités. A Timor où il en existe peut-être plusieurs races, il y en a de tous rouges, et d'autres fort bruns. A Ternate, ils sont plus foncés, tirant vers le bistre. Les plus beaux sont les habitans des îles Nicobar, quant aux formes et aux traits, mais ils sont presque des nègres par la teinte. Ceux de Macassar sont les plus laids, ayant les pommettes fort saillantes, le menton carré et un certain aspect de bête sauvage. Aux environs de Manille, et surtout à Formose, où les Femmes passent pour admirables, il en est de presque blancs. La contexture de la tête et la proportion de son volume, aux déformations près qu'y peuvent imprimer les usages de diverses peuplades, rappelle l'espèce Japétique plus qu'aucune autre; mais les yeux sont tant soit peu plus écartés et ouverts en long; la paupière supérieure qui n'est pas boursoufflée, paraissant toujours à demi fermée; les yeux sont un peu relevés vers les tempes, comme chez les Siniques. La prunelle y est essentiellement noire comme du jais, et la cornée tirant sur le jaunâtre; les pommettes sont un peu saillantes, mais pas toujours désagréablement. Le nez distingué du front par un enfoncement est fort peu différent du nôtre, et même communément aussi bien fait. La bouche moyenne est garnie de dents verticales, avec les lèvres à peu près pareilles à celles des Européens, ou un peu plus épaisses, et souvent très-vivement colorées. On doit observer que l'usage de mâcher du Bétel mêlé avec de l'Arec et de la Chaux, venu de cette race, et qu'ont adopté presque tous les peuples des parties chaudes de l'Asie, rend bientôt ces dents noires, mais n'altère pas les couleurs des gencives, de la langue ou du palais; aussi n'avons-nous pas été médiocrement surpris en découvrant que les Malais, leurs Femmes surtout, avaient ordinairement l'intérieur de la bouche d'un violet prononcé, ce que nous ne pouvons mieux comparer qu'à la couleur du palais et de la langue de la plupart des Chiens de la variété vulgairement appelés Carlins. Ce caractère singulier qui a pourtant échappé jusqu'ici aux observateurs, a été également reconnu par notre savant ami Freycinet, qui, après l'avoir constaté sur presque toutes les côtes où il aborda dans son dernier et mémorable voyage, ne l'a cependant pas toujours retrouvé aux Philippines, ce qui prouverait qu'il est des variétés Neptuniennes où il a disparu. Nous présumons cependant qu'il dut s'étendre jusqu'aux Mexicains et aux Péruviens de même origine, encore que personne ne s'en soit aperçu ou du moins ne l'ait rapporté; et nous fondons cette conjecture sur ce que plusieurs dames de Galice et Andalouses que nous avons eu occasion d'observer soigneusement, et qui, toutes blanches qu'elles pouvaient être, descendant d'employés du gouvernement dans l'Amérique Espagnole, provenaient d'alliances péruviennes et mexicaines connues, présentaient des traces sensibles de ce caractère. Leurs dents fort saines, leur haleine parfaitement pure, indiquaient assez que la couleur sensiblement noirâtre de leur langue et du palais ne venait d'aucun état maladif. Quelques Femmes de l'Ile-de-France, dont le teint était cependant d'une blancheur admirable, nous ont offert la même singularité; mais on croyait se souvenir dans le pays qu'il y avait eu quelque mélange de sang malais dans leurs familles de souche européenne.

Les peuples Neptuniens ont les cheveux lisses, unis, noirs et luisans. Quand ils ne les rasent pas autour de la tête, pour n'en laisser croître qu'une touffe au vertex, ces cheveux deviennent longs; on les relève alors sur le derrière en paquets souvent énormes, retenus par des nœuds, ou par des broches et des peignes à peu près comme on le pratique en Europe. La barbe est rigide et assez fournie dans quelques-uns : d'autres, les plus orientaux, semblent en manquer entièrement ; à ceux-là appartînt peut-être la variété américaine qu'on nous a représentée imberbe.

Chez tous les peuples de la race Malaise, les Femmes peuvent être réputées belles. Le grand nombre de celles que nous avons examinées et que l'âge n'avait pas flétries, avaient le sein agréablement hémisphérique, élevé, ferme, en un mot parfait en tout point, avec la peau merveilleusement unie, sans que nulle odeur désagréable s'en exhalât, pour peu qu'elles eussent soin de leur personne. Ces Femmes font un grand usage de l'eau; leur extrême propreté se fait remarquer en tous lieux. C'est à dater du temps où les Européens entrèrent en communication avec elles, après avoir doublé le cap de Bonne-Espérance, que nous vint dans la toilette du corps, et par nos colonies, cette recherche qu'ignoraient nos aïeux. Avant cette époque, et long-temps après même, tant les vieilles habitudes s'effacent difficilement, nos mères étaient à certains égards ce que la plupart de nos paysannes sont encore aujourd'hui ; elles ne supposaient pas qu'on pût se servir d'éponges autrement que pour laver les pieds des Chevaux, et des meubles, aujourd'hui indispensables chez une personne bien élevée, comme chez la plus vulgaire Asiatique, leur étaient entièrement inconnus. C'était le temps où Henri IV, modèle de galanterie, voulait que chaque chose eût son odeur particulière, et se plaignait, dans l'intimité, de ce que la reine employât des onguens balsamiques pour déguiser celle qui lui plaisait le plus.

Les Femmes Malaises, après s'être baignées, oignent leur corps et leurs cheveux de quelque huile parfumée qui en entretient la souplesse. Excessivement souples, lascives, et préférant les Européens aux Hommes de leur espèce, elles s'appliquent à prouver cette préférence par mille raffinemens lubriques qui ne sont guère connus que des Chinoises. La multiplicité, la rapidité de leurs mouvemens s'allient fort bien avec la mollesse de leurs allures nonchalantes. Nubiles de très-bonne heure, dès neuf à dix ans, on les dit moins fécondes que les autres Femmes. Leurs maris, indifféremment monogames et polygames, ne sont pas, à beaucoup près, aussi voluptueux qu'elles. Ils sont généralement féroces, vindicatifs, sans foi, inconstans, paresseux quand l'occasion de se livrer à quelque acte lucratif de brigandage ne s'offre point à leur active soif de larcin.

Les Malais ont un penchant irrésistible à s'enivrer avec des liqueurs spiritueuses qu'ils obtiennent de divers Végétaux, selon les climats. Dans les îles de la Sonde et dans l'Inde, ils y font entrer de l'opium. Devenant furieux, quand ils en ont pris avec excès, ils se jettent armés de leur kris ou poignard sur tous les êtres vivans : ce n'est qu'en les tuant à coups de fusil, dès qu'ils ont un peu trop bu, que les Européens, à Batavia particulièrement, se mettent à l'abri des accès de leur frénésie bachique. Pirates par nature, ils rendent la navigation des mers de l'Inde et de la Chine fort périlleuse : le Sagou est leur nourriture de prédilection, à laquelle se mêlent le Riz et le Poisson ; dans quelques îles où le Sagou n'est pas commun, ils lui ont substitué diverses racines ou le fruit de l'Arbre à Pain. L'usage des épiceries leur est dû ; il nous est venu primitivement par l'Inde ; plus tard ce sont ces épiceries qui nous appelèrent chez eux ; elles leur sont analogues au Poivre pour les Hindous, et au Piment pour les Ethiopiens. Ce sont aussi les Malais qui mâchent le plus de Bétel avec de la Chaux vive et du fruit d'Arequier. On attribue à cette coutume, qui leur fait bientôt perdre les dents, la couleur rouge de brique de leurs excrémens qui sont à peine fétides. Nulle part ils ne vont complétement nus; quelle que soit la pauvreté de la peuplade à laquelle ils appartiennent, ils emploient toujours quelque moyen pour cacher diverses parties de leur corps, non qu'ils aient des sentimens de pudeur bien distincts. Chez ceux dont la fréquentation des Européens n'a point altéré les usages primitifs, les vêtemens consistent, pour les Hommes, dans une pièce d'étoffe fixée autour des reins en manière de petits jupons ou de caleçons qui ne passent pas le genou, et pour les Femmes, en pagnes plus grandes, contournées, arrêtées sous la gorge par quelque nœud et descendant jusqu'aux chevilles. Le haut du corps demeure toujours nu, et le sein entièrement découvert, si ce n'est chez quelques habitans des villes et chez les gens de guerre qui portent sur l'épaule une pièce d'étoffe du pays ou de mousseline grossière en guise de manteau. Leurs armes sont une lance fort légère, garnie d'un long fer, ou d'une pointe en bois durci, le *kris*, et quelques sabres assez grossièrement faits et d'un usage peu commode. Ils n'ont ni prêtres ni culte commun, quand le mahométisme ne s'est pas introduit dans leur patrie; mais ils montrent du penchant pour cette croyance, et professent le respect pour les restes des morts. Les idées sublimement abstraites du christianisme n'ont pu faire le moindre progrès chez eux. Ayant déjà beaucoup de peine à concevoir un seul Dieu, il eussent moins encore pu comprendre le Dieu triple des Hïndous. Leur langue est la plus douce de la terre. Ils n'ont pas d'écriture qui leur soit propre. Le très-petit nombre d'entre eux, quand les pratiques du commerce les forcent d'y recourir dans les comptoirs européens où ils sont devenus sédentaires, emploie ordinairement les caractères inventés chez l'espèce Sinique.

Nulle part aujourd'hui on ne voit les Malais posséder le moindre empire sur la terre; ils se contentent de celui des mers indiennes équatoriales; ils ont au reste beaucoup perdu de leurs traits originaires et de leur caractère, dans les îles de la Sonde particulièrement, où depuis trois ou quatre siècles se confondent presque toutes les espèces du genre humain. A Java, aux Moluques, par exemple, des Chinois, des Hïndous, des Arabiques Maures et des Européens de toutes les nations qui transportèrent des Ethiopiens, ont dénaturé l'espèce. Ailleurs, particulièrement aux Célèbes, les Hommes hideux que nous nommerons Mélaniens, et les Australasiens difformes s'y sont aussi mêlés, tandis que de véritables Malais pénétraient dans notre Europe, sans qu'on puisse découvrir par quelle cause et en quel temps. Cette horde, accablée de mépris et connue en Espagne sous le nom de *Gitanos* et *Gitanas*, appartient évidemment à l'espèce Neptunienne; elle en conserve les traits et la teinte sans mélange : elle est peut-être demeurée plus pure dans la péninsule Ibérique, où l'isolent son abjection et les préjugés du pays, qu'en aucun autre endroit de l'univers. Elle s'y adonne aux mêmes pratiques que les Malais de l'Inde dont elle ne conserve cependant pas le moindre souvenir, et c'est à tort que certains écrivains qui ont parlé de l'Espagne sans la connaître suffisamment, y ont vu des Bohêmes ou des enfans de l'antique Egypte, avec lesquels la horde Gitane n'eut jamais le moindre rapport.

β Race *Océanique* (Occidentale). Celle-ci paraît s'être séparée de la précédente, si toutefois elle n'eut pas un berceau différent, avant la connaissance des métaux; la Nouvelle-Zélande où sont des monts fort élevés et qui dut saillir au-dessus des mers, quand la Nouvelle-Hollande était encore inondée, nous semblerait être le lieu dont elle sortit pour s'étendre vers le nord et dans tous les archipels de l'Océan Pacifique que n'occupent pas des Mélaniens, des Papous ou même des Siniques et des Hindous, qui ont aussi pénétré dans quelques parties de l'Océanique. Le méridien de la Nouvelle-Zélande, qui passe à peu près entre les îles Fidji et celles dont Tongatabou est la plus grande, formerait sa limite occidentale. Ainsi les îles Mulgrave, Sandwich, des Marquises, de la Société, des Amis et même l'île de Pâque seraient exclusivement peuplées par les mêmes Hommes dont les caractères physiques sont une plus haute stature que chez les autres Neptuniens, une peau plus jaunâtre et moins foncée en couleur; l'oreille naturellement petite; des cheveux toujours plats plus courts et plus fins, des pieds gros et des jambes fortes; tandis que les Malais ont, comme nous l'avons vu, ces parties élégamment proportionnées, et que les Mélaniens et Australasiens les ont au contraire trop grêles. Dans cette race, les Hommes sont mieux que les Femmes; les charmes de ces dernières furent néanmoins très-célébrés par les premiers marins qui, après des privations inséparables des longues navigations, abordèrent sur leurs îles, disposés à trouver tout beau; elles sont, au rapport de Durville et de Lesson, observateurs exacts, plutôt laides que jolies avec quelque chose de grossier dans les traits et de ce qu'on désigne vulgairement par le mot *hommasse*; mais à l'exception de leurs pieds plats et communs, les formes du reste de leur corps, des hanches et des épaules sont parfaites; la gorge surtout est exactement hémisphérique, bien placée et des plus fermes, ce qui établit un caractère qu'on retrouve rarement hors des races Caucasique, Pélagique, Adamique et de l'espèce Hindoue. Leur extrême propreté étonna Labillardière chez les demi-sauvages de l'île des Amis; ce savant voyageur fait un grand éloge des Femmes de Tongatabou.

A la Nouvelle-Zélande, les Hommes et les Femmes l'emportent encore sous le rapport des avantages physiques; mais tous sont demeurés anthropophages, et l'anthropophagie semble se confondre chez eux avec quelques traces de culte, puisque des sacrifices humains y sont pratiqués par des espèces de prêtres qui se réservent la cervelle des victimes, comme la part la plus digne d'être offerte à la Divinité. A défaut de chair humaine, ils mangent beaucoup d'une racine de Fougère peu nourrissante et qui passe pour être la cause du diamètre extraordinaire de leurs déjections toujours solides et quelquefois aussi grosses que le bas de la jambe, ce qui suppose une conformation particulière dans le sphincter qui leur donne passage. L'art de conserver les têtes des ennemis vaincus, aussi parfaitement que les antiques Egyptiens préparaient leurs momies; des ébauches d'imitations en dessins, de sculpture et d'hiéroglyphes, avec des traditions oralement conservées, semblent indiquer que ces barbares ont eu quelques communications avec d'autres espèces appartenant à l'Ancien-Monde à des époques très-reculées, et peut-être quand on pouvait aller par mer de leur pays jusque chez les Hindous et les Adamiques en naviguant par-dessus la Nouvelle-Hollande qui n'existait point encore, et dont tout indique l'apparition récente au-dessus des mers.

γ Race *Papoue* (INTERMÉDIAIRE). Nous considérons comme hybride et formée de l'alliance de l'espèce Neptunienne, et des Nègres de l'Océanique que nous appellerons Mélaniens, ces Papous qui habitent une presqu'île de la Nouvelle-Guinée, et quelques petites îles des environs, situées entre les îles occupées par les deux races précédentes, et les régions australasiennes. On les avait jusqu'ici confondus avec l'espèce noire de la mer du Sud. C'est à Quoy et à Gaimard, qui secondèrent si bien Freycinet dans sa glorieuse expédition, qu'on doit le redressement de cette erreur. Ces zélés naturalistes ont apporté beaucoup plus d'attention qu'on ne l'avait fait jusqu'ici à l'étude des races et des variétés humaines; ils n'ont pas entassé de vaines phrases sur leur compte, mais ils ont reconnu que les Papous, qui n'ont pas les traits et la chevelure des Malais, ne sont pas pour cela des Nègres, et qu'ils tiennent le milieu entre les deux, sous le rapport du caractère, de la physionomie et de la nature des cheveux, tandis que la forme du crâne se rapproche de celle qui paraît propre à l'espèce Neptunienne.

Les Papous ont en général une taille moyenne et passablement prise, encore qu'on en trouve beaucoup dont la complexion est faible, et les membres un peu grêles. Leur peau qui n'est pas noire est d'un brun foncé, comme mi-partie des teintes que présentent les espèces du croisement desquelles nous les faisons descendre; leurs cheveux également intermédiaires sont très-noirs, ni lisses ni crépus, mais laineux, assez fins, frisant beaucoup et naturellement, ce qui donne à la tête un volume énorme en apparence, surtout quand les Papous négligent de les relever et de les fixer en arrière. Ils ont peu de barbe, mais elle est fort noire à la moustache: la prunelle de leurs yeux est de la même couleur. Encore qu'ils aient le nez sensiblement épaté, les lèvres épaisses, les pommettes larges, leur physionomie n'est point désagréable, et leur rire n'est pas grossier. Gaimard et Quoy ajoutent à ces précieux détails des observations exactes et fort bien faites sur la conformation ostéologique de la tête: ces observations seront insérées dans la relation du beau voyage de Freycinet, où nous renverrons le lecteur. La plupart des Papous sont, avec l'espèce suivante, les plus réellement sauvages de tous les Hommes. On a même dit qu'ils connaissaient à peine l'usage du feu; mais Gaimard, Quoy et Lesson nient absolument ce fait. Ce dernier nous apprend que, haïs des autres Hommes, comme si le sort des métis était partout de se voir repousser des bras paternels, ils vivent dans une défiance mutuelle et permanente, et ne marchent qu'armés de leur arc avec deux ou trois gros carquois bien munis de flèches.

8. Espèce Australasienne, *Homo Australasicus*. Dans cette espèce récemment distinguée de la précédente, si l'on s'en rapporte aux dessins de Petit qui ont été gravés dans l'Atlas de la relation de l'expédition de Baudin par Péron et Freycinet, la boîte osseuse de la tête serait assez ronde, et point déprimée sur le vertex, mais les mâchoires très-prolongées antérieurement y réduiraient l'angle facial à soixante-quinze degrés au plus, et les dents y seraient sensiblement proclives à la supérieure surtout. Le front fuyant en arrière, les ailes du nez fort largement relevées, les lèvres, particulièrement celle du haut, hideusement épaissies et proéminentes, formant une sorte de museau, y donnent au visage la plus déplorable ressemblance avec celui des Mandrils; il n'y manque guère que ces rides latérales, et les couleurs vives dont la nature sembla se plaire à enlaidir encore les grands Singes; mais comme si l'Australasien eût envié ces bizarres attributs, il emprunte de l'art les teintes que la nature lui refusa. Il barbouille ses pommettes proéminentes, son front, la pointe de son nez légèrement aquilin et son menton carré avec une terre d'un rouge de sang.

Dans cette espèce, les yeux bruns et assez beaux paraissent bien plus grands que chez les Neptuniens ou les Siniques, et sans aucune expression de férocité prononcée. L'arcade sourcilière, fortement saillante, se couronne d'un poil épais: c'est par le milieu que la moustache est la plus fournie; les cheveux ne sont ni crépus ni même laineux; noirs et par flocons, ils semblent n'être jamais aussi longs que dans les autres espèces à cheveux lisses; soit qu'on les coupe, soit qu'on les laisse croître le plus possible, sans les attacher par derrière, ces cheveux imitent communément, dans un désordre qui n'est pas disgracieux, ce que l'on appelle, en style de mode, une coiffure à la Titus. La barbe semble être rare, particulièrement au menton, mais assez garnie en avant de l'oreille qui est de taille moyenne, plutôt grande que petite et assez bien conformée. La peau couleur de terre d'ombre, tirant au bistre, rappelle celle de certaines variétés de l'espèce Neptunienne; mais un caractère qui distingue l'Australasien de tout ce que nous plaçons dans cette première section Léiotrique du genre Homme, est cette disproportion qu'on retrouve seulement dans l'espèce Mélanienne, et qui existe entre les membres et le corps : dans les Australasiens le tronc est bien constitué et tel qu'il doit être chez des Hommes de forte taille et doués d'une certaine vigueur physique; mais des bras longs et grêles, des cuisses et des jambes fluettes et qui semblent à peine capables de les soutenir, trahissent une faiblesse que les expériences du dynamomètre ont démontrée. Chez les Femmes où les cuisses et les jambes sont également menues, le bassin n'est guère plus prononcé que dans les Hommes, et la gorge à peu près hémisphérique n'a pas dans la jeunesse cette conformation pyriforme qui devient si désagréable chez les individus femelles des espèces Ethiopienne et Hyperboréenne.

Les plus bruts des Hommes, les derniers sortis des mains de la nature, sans religion, sans lois, sans arts, vivant misérablement par couples, totalement étrangers à l'état social, les Australasiens n'ont pas la moindre idée de leur nudité; ne songeant point à cacher les organes qui les reproduisent, ce n'est que leurs épaules qu'ils couvrent par une sorte de manteau formé de la peau d'un Kanguroo, attaché négligemment sous le cou, et qui descend à peu près jusqu'aux jarrets. On nous les représente toujours avec un fragment d'étoffe autour de la tête. On ne leur connaît pas d'habitations, pas même de tentes. A peine, lorsqu'ils allument du feu pour faire cuire des coquillages, se forment-ils un abri du côté du vent avec quelques branchages grossièrement assemblés, et qui ne les sauraient garantir de la pluie à laquelle ils demeurent exposés avec une résignation stupide. Leur terre ne produisant aucun fruit mangeable, aucune racine nourricière, aucun Animal qu'on ait réduit en domesticité, les Mollusques et les Poissons d'une mer prodigue, avec la chair de quelques bêtes sauvages, alimentent leur vie déplorable. On les a soupçonnés d'anthropophagie, mais sans preuves suffisantes. L'arc, tout simple qu'il est, leur est inconnu; ils n'ont d'autres armes que de longues piques, si des perches à peine dressées, amincies aux deux bouts, et que ne garnissent pas même quelque épine d'Arbre, ou quelque arête, peuvent mériter ce nom. Ils emploient aussi des massues fort courtes, ou casse-tête, et de très-petits boucliers. Ils sont exclusivement propres à la Nouvelle-Hollande, plus convenablement appelée Australasie. On les a plus particulièrement observés à la Nouvelle-Galles. Il est probable qu'ils n'en fréquentent que les rivages, et qu'encore très-peu nombreux et modernes sur la terre, ils laissent l'intérieur de ce pays, le dernier sorti des eaux, à peu près désert. On ne sait rien sur la durée de leur vie; on a des raisons de supposer qu'elle est moins longue que celle des autres Hommes; les borgnes y sont très-fréquens.

*** Propres au Nouveau-Monde.

9. Espèce Colombique, *Homo Colombicus*. Christophe Colomb ayant découvert ou retrouvé ce Nouveau-Monde auquel l'ingratitude de l'Ancien voulut qu'un autre nom que le sien fût attaché, nous avons cru devoir rendre hommage à la mémoire de cet Homme extraordinaire, en appelant Colombique l'espèce avec laquelle il mit les Européens en communication. Nous eussions pu donner à ce nom une désinence plus douce,

mais nous avons voulu éviter la confusion qui en eût pu résulter, depuis qu'une république naissante, en s'appelant Colombie, a payé à l'un des plus grands génies qu'on puisse admirer le tribut de reconnaissance que lui avait refusé son ingrate patrie.

L'espèce Colombique, probablement sortie des racines des monts Aleghanys et des Apalaches, peupla, vers le nord, le vaste bassin du fleuve Saint-Laurent jusque par le quarante-cinquième degré ou un peu plus. Passant des Florides, et d'îles en îles, dans le midi, elle occupa les rives orientales des regions mexicaines, les Antilles et ce qu'on nomme la Terre-Ferme avec les Guianes, depuis le territoire de Cumana jusque sous la ligne, toujours parallèlement aux côtes d'où les repoussent de jour en jour les Européens. Les Canadiens, les nombreuses peuplades qui s'effacent peu à peu dans l'admirable état social de l'Amérique septentrionale, les naturels du Iucatan et de Honduras, les Caraïbes, les Galibis lui appartiennent.

On a beaucoup discuté pour savoir d'où et quand ces peuples avaient dû pénétrer dans les contrées où les Européens les trouvèrent, et ceux-là même qui voulurent reconnaître en eux des enfans d'Adam, les ont en grande partie exterminés. On ne peut comparer à la barbarie avec laquelle on a vu les Européens, pendant trois siècles, traiter ces prétendus frères, que la cruauté avec laquelle, pour remplacer leur race noyée dans son propre sang, ils ont transporté sur une terre veuve de ses aborigènes de malheureux Nègres arrachés à la leur. De telles horreurs révoltent les cœurs bien placés, et quand le naturaliste reconnaît par quels rapports physiques l'Homme se rapproche des Singes, le philosophe ne devrait-il pas rechercher à son tour par quels caractères tirés du moral, les Européens exterminateurs sont voisins à tant d'égards des Loups, des Hyènes et des Tigres?...

L'espèce Colombique, qu'on ne doit pas chercher dans ce mélange de Blancs et de Nègres de toutes les espèces qui se croisent sur le nouveau continent depuis sa découverte, s'est conservée assez intacte dans les solitudes où elle essaie de se mettre à l'abri de nos violences, et même, dit-on, sur quelques points des îles du Vent. Ce que nous en rapporte une multitude de voyageurs qui visitèrent anciennement, soit le Canada, soit le centre des Etats-Unis, soit toutes les îles qui forment un long enchaînement des Florides à la Trinité, soit enfin l'espace contenu entre l'Orénoque et le fleuve des Amazones, est absolument conforme, et convient en tout point aux Hommes qui peuplaient dès-lors une ligne sinueuse de douze cents lieues, à peu près, du nord au midi, sur une largeur si peu considérable, qu'excepté vers les lacs septentrionaux, elle ne fut que rarement d'une ou deux centaines de lieues. Ces Hommes de tempérament flegmatique et bilieux, sont grands, bien faits, agiles, plus forts que ne le sont ordinairement ce que l'on appelle des Sauvages, n'ayant pas les extrémités grêles comme ceux de l'Australasie. Leur tête est bien conformée; il en résulte une figure agréablement ovale, où le front est cependant singulièrement aplati; ce qui fit croire à de vieux auteurs, et que répètent par habitude les auteurs modernes, qu'on déformait cette partie dans le jeune âge au moyen de planchettes étroitement appliquées et fixées par des liens. Le nez est long, prononcé, fortement aquilin, « et si l'on en trouve de plats, dit le P. Dutertre, c'est qu'on les a également comprimés dès l'enfance. » La bouche est moyennement fendue, avec les dents verticales, et les lèvres semblables aux nôtres. L'œil est grand et brun; les cheveux sont noirs, plats, gros, durs, luisans, de moyenne longueur et dépassant peu les épaules vers lesquelles on ne les voit pas boucler. On dit qu'ils ne grisonnent jamais. Les Hommes sont presque glabres ou s'arrachent soigneusement le peu de poils qui croissent çà et là sur les parties où d'autres peuples en ont beaucoup. Ils répandent, quand ils sont échauffés et en sueur, une odeur que l'on prétend avoir quelque analogie avec celle du Chien. La couleur de leur peau est rougeâtre, tirant sur celle du cuivre de rosette. Chez les Femmes condamnées aux travaux les plus durs et, pour ainsi dire, réduites à la condition des bêtes domestiques, le sein, quoiqu'un peu bas, est assez bien conformé, tant qu'il n'a pas servi à l'allaitement; et la nubilité se développe de très-bonne heure, soit que ces Femmes appartiennent aux tribus septentrionales, soit qu'elles appartiennent à celles du voisinage de l'équateur. On cite dans cette espèce des exemples de longévité.

Ce sont les Canadiens, et les Caraïbes principalement, qui ont fourni aux philosophes du siècle dernier le texte de ces déclamations où la supériorité du sauvage sur l'Homme vivant en société policée était si pompeusement établie. Il ne faut pas croire un mot de ce qu'on a rapporté des beaux discours, de la sagesse et des traités solennels qu'étaient censés conclure entre eux, la pipe à la bouche, en échangeant le calumet de paix (1), de tels barbares, naturellement vagabondsc, hasseurs, grossiers, paresseux, querelleurs, anthropophages, mangeant non-seulement leurs ennemis vaincus, mais jusqu'à leur propre père, et repoussant avec une horreur, motivée peut-être par le mal qu'elle leur fit, la civilisation où l'on a tenté de les plier. Intempérans, altérés de liqueurs fortes qu'ils sont réduits à nous payer, n'ayant pas même l'industrie nécessaire pour s'en composer eux-mêmes, ils vivent sans religion, méprisant celle d'Europe par laquelle on espérait les adoucir et dont les mystères leur semblent être des absurdités. On sait aujourd'hui que ces livres pieux que dans un esprit de prosélytisme, louable sans doute, faisaient imprimer des sociétés bibliques pour être distribués et expliqués aux Sauvages par des missionnaires, on sait, disons-nous, que ces livres ne sont payés en peaux de Castors ou autres fourrures par les prétendus catéchumènes, que parce que ceux-ci en déchirent les titres ornés de lettres rouges, pour faire des cornes et autres ornemens à leurs bonnets. Les Colombiques croyaient cependant à de bons et à de mauvais génies, sans que les espèces de sorciers, qui s'emparent souvent de leur esprit au moyen de quelque jonglerie, aient imaginé de chercher dans leurs croyances grossières les élémens de cette autorité théocratique qui s'établit ordinairement la première chez les hommes, en jetant des racines que tous les efforts de la sagesse ne parviennent que très-difficilement à extirper plus tard.

On a vanté le courage de l'espèce qui nous occupe, parce que les prisonniers de guerre qu'on y dévore entonnent, dit-on, des chants de mort, pendant qu'on les fait rôtir, et presque sous la dent qui les déchire. Si le fait est vrai, ce dont il est permis de douter, il dénote une brutale insensibilité physique et non de l'héroïsme. Les Caraïbes et les Canadiens sont, à ce qu'on assure, fort attachés à leurs enfans, mais les Panthères le sont aussi à leurs petits, de même que la plupart des Hommes de l'espèce Japétique. Du reste, ils vont nus, avec un petit lambeau de quelque étoffe végétale ou de peau d'Animal fixé au bas du ventre et cordé autour des reins. Dans les régions même où l'hiver est le plus rigoureux, à peine songent-ils à se garantir de ses intempéries, en se couvrant de la

(1) Nous avons prouvé ailleurs (Encyclopédie moderne de Courtin, au mot BAMBOU) que ce nom de *calumet*, si souvent employé par les écrivains superficiels qui ne connaissent des sauvages que ce qu'en dit Raynal ou la détestable compilation des voyages par Laharpe, était totalement étranger au Nouveau-Monde, puisque calumet, employé pour désigner des tuyaux de pipe faits avec des rameaux de graminées ligneuses, vient évidemment du latin *calamus* ou *culmus*.

dépouille des bêtes dont ils font une grande destruction. Ils préfèrent, au risque de mourir de froid, livrer leurs pelleteries aux marchands européens pour de l'eau-de-vie que de s'en revêtir. Ce n'est pas chez eux qu'il faut chercher ces coiffures brillantes, ces tuniques et ces manteaux nuancés de plumages dont les peintres ignorans ont coutume d'affubler les Américains dans leurs tableaux infidèles. Les Neptuniens exotiques des bords de la mer du Sud employaient seuls, au Pérou ainsi qu'au Mexique, de tels ornemens. Les Colombiques ne connaissent d'autre moyen de s'embellir que de se barbouiller de Rocou et de se rendre ainsi encore plus rouges qu'ils ne le sont naturellement. L'arc et la flèche composent leurs moyens d'attaque et de défense. Divisés en hordes conduites par un chef et régies par de simples usages, ils n'ont établi nulle part de domination fixe, et la culture leur est non-seulement étrangère, mais encore odieuse. Sans imagination, sans énergie, ils ont été partout facilement trompés et dépossédés. Avant la fin de ce siècle, il n'en existera probablement plus que le souvenir : ils auront disparu de leur terre natale, comme les Guanches des Canaries, comme le Dronte de Mascareigne, comme les Loups de l'Angleterre.

On prétend que chez les Caraïbes, le langage des Femmes n'est pas tout-à-fait le même que celui des Hommes. Il serait important de constater ce fait.

On doit remarquer qu'il existe dans l'Amérique septentrionale, parmi les peuplades d'espèce Colombique, quelques autres peuplades appartenant à des espèces fort différentes, telle que l'Hyperboréenne, et peut-être même la Scythique ; mais elles s'y sont simplement égarées, et l'on ne saurait les regarder comme autochtones. Il en est de même de quelques tribus d'origine celtique qu'on prétend y avoir reconnues, et dont l'une même parlerait encore assez purement l'idiome du pays de Galles. C'est probablement par ces étrangers que s'introduisit chez les Colombiques l'usage d'enterrer les morts illustres avec leurs armes, en chantant des hymnes lugubres.

10. Espèce Américaine, *Homo Americanus*. S'il n'était pas juste que le nom d'Améric Vespuce, qui sur les traces de l'immortel Colomb explora plus tard le Nouveau-Monde, fût donné à l'hémisphère que ce navigateur n'avait réellement pas découvert, il l'est cependant que son nom demeure attaché à cette moitié méridionale du double continent qu'il reconnut le premier. A ce titre, nous restreindrons la désignation d'Américaine à l'espèce du genre Homme que nous supposons s'être répartie dans le cœur du pays et sur la plus grande étendue de ses côtes orientales. Elle y occuperait le bassin supérieur de l'Orénoque, la totalité de celui des Amazones, le Brésil, le Paraguay, et ces Araucanos des revers du Chili, si différens des Neptuniens du rivage auquel ils confinent, en dépendraient peut-être. L'ensemble des terrains élevés que doivent former ces monts d'où s'écoulent vers le nord la rivière de Para avec ses plus grands affluens, le fleuve des Amazones, et vers le sud, le Parana ou Rio de la Plata, monts qui semblent devoir se lier aux andes méridionales par ce qu'on nomme *Cruz de la Sierra*, présente sans doute le point de départ de l'espèce Américaine proprement dite, espèce la plus imparfaitement observée, dans laquelle on en reconnaîtra peut-être plusieurs autres, quand de nouveaux voyageurs apporteront à l'observation des Hommes de l'intérieur du Nouveau-Monde le soin qu'Auguste de Saint-Hilaire a mis à bien connaître ceux avec lesquels ses importantes excursions l'y mirent en rapport. Ceux-ci, selon ce que nous apprend notre savant confrère, ont quelque chose qui les rapproche intermédiairement des Siniques et des Hottentots, au point qu'un individu de cette espèce conduit en Europe par ses soins, croyant se reconnaître lui-même dans l'une des deux autres, salua du titre d'oncles des Chinois qu'il eut occasion

de voir dans un lieu de relâche; mais tandis que les Botocudos sont d'un brun clair et quelquefois blancs vers le tropique, et que les Guayaeas, presque sous la ligne, sont parfaitement blancs, les Charruas de Buenos-Ayres, qu'on nous dit identiques, sont presque noirs, et même sans nuance de rougeâtre, sous le quarantième degré sud. Les Omaguas, par le cinquième parallèle méridional, sont couleur de bistre; ils ont le front singulièrement difforme, avec le ventre gros, la barbe très-fournie et la poitrine velue; les Guaranis et les Coruados, au contraire, sont à peu près glabres, c'est-à-dire sans poils sur la poitrine ni au menton.

Dans l'espace contenu entre le grand fleuve des Amazones dont les Omaguas habitent les premiers affluens, les andes et l'Océan jusqu'en-delà du tropique, les Hommes ont, à peu d'exceptions près, la tête ronde, d'un volume disproportionné, enfoncée dans les épaules, lourde, aplatie sur le vertex, avec le front large, autant déprimé qu'il est possible; l'arcade sourcilière très-relevée en dehors; les pommettes fort saillantes; les yeux éteints et petits; le nez aplati avec l'aile ouverte; les lèvres grosses; la bouche grande avec les dents néanmoins verticales; la peau tannée plutôt que jaune et cuivrée, et les cheveux noirs, plats et semblables à du crin par leur consistance. Des mains et des pieds qui passeraient, dit-on, pour parfaits chez les Européens même, sont des compensations à la laideur de tous ces Américains. Ils passent pour être dépourvus d'intelligence, sans religion, même sans superstitions apparentes. La chasse suffit à leurs besoins restreints avec la culture de quelques racines nourricières. L'arc et la flèche sont leurs armes, de même que chez les Colombiques, pour lesquels leur antipathie est extrême aux points de contact des territoires respectifs. Le nom de *Chiquitos*, donné à certaines de leurs peuplades par les Espagnols, indique qu'il en est dont la taille est au-dessous de la médiocre. On ne saurait trop recommander aux naturalistes l'étude de ces Hommes si mal distingués, parmi lesquels on trouvera certainement à caractériser des variétés, des races, et peut-être des espèces fort tranchées.

11. Espèce Patagone, *Homo Patagonus*. Elle est la moins connue; mais son existence est certaine. Composée de très-peu d'individus, elle semble être nouvelle et reléguée au-dessous du quarantième degré sud, dans la pointe qui termine, sous un climat dejà froid, l'Amérique méridionale; et même n'en occupe-t-elle que la rive de l'est. Elle y erre sans civilisation, misérable et pacifique, encore que les proportions gigantesques qui caractérisent les individus dont elle se compose semblent devoir rendre ceux-ci guerriers et dominateurs; mais leurs forces physiques ne paraissent pas être en proportion de leur taille qui dépasse toujours cinq pieds six pouces et souvent six pieds de hauteur. Leur teint est basané; leurs cheveux, plats, bruns ou noirs, sont généralement fort longs. On n'a rien dit des traits de leur visage, mais on s'accorde à reconnaître que leur constitution ne présente aucune analogie avec celle des autres espèces d'Hommes du Nouveau-Monde. Il paraît qu'ils dressent de petits Chevaux, mais cet usage ne peut être chez eux que très-moderne. La plupart vivent de pêche.

†† Oulotriques; à cheveux crépus, vulgairement les Nègres. On n'en connaît pas de blanches.

Dans cette division, la couleur ne dépendra pas plus du climat que dans la précédente. Elle réside essentiellement dans le derme dont le docteur Chaussier a si bien fait connaître la structure; l'épiderme y est étranger; il ne remplit dans toutes les peaux, quelle que soit leur nuance, d'autre fonction que d'enveloppe pour mettre à l'abri d'un contact douloureux les extrémités nerveuses épanouies, et pour s'opposer à l'évaporation trop considérable des fluides animaux.

12. Espèce Ethiopienne, *Homo Æthiopicus*. Les traits de cette espèce sont tellement caractérisés, qu'un Ethiopien, eût-il le teint de la plus fraîche des Européennes, se reconnaîtrait encore au premier coup-d'œil. Indépendamment de la nature de ses cheveux laineux, de sa couleur noire, et du son de sa voix grêle, argentine, piaillarde, singulièrement accentuée, des distinctions anatomiques frappantes séparent totalement l'Ethiopien de tous les Hommes dont il vient d'être question. Ces distinctions organiques consistent, pour le squelette, dans la plus grande blancheur des os; dans la boîte de la tête qui, très-étroite en avant, aplatie sur le vertex, s'arrondit dans la région postérieure vers laquelle est reculé le trou occipital, et dont la capacité diffère d'un neuvième à peu près en moins que celle du crâne japétique; les sutures y sont en tout temps plus serrées; dans l'intermaxillaire et dans le menton inclinés l'un sur l'autre avec des incisives obliquement implantées; dans les os du nez considérablement aplatis; dans la largeur des os du bassin, surtout chez les Femmes, d'où provient la saillie souvent monstrueuse des hanches; dans la cambrure des reins; enfin dans la courbure sensible des cuisses et des jambes, conformation qui fait paraître toujours un peu arqués les Nègres les mieux faits.

Sœmmering a fait voir que le cerveau de l'Ethiopien était comparativement plus étroit que le nôtre, et que les nerfs à leur origine y étaient au contraire bien plus gros. On a remarqué en outre que, chez cette espèce, la face se développait d'autant plus en avant que son crâne se rapetissait. Son sang est évidemment plus foncé, ainsi que la couleur de ses muscles, de sa bile et généralement de toutes ses humeurs; sa sueur fétide est aussi plus ammoniacale et tache le linge. Les mamelles, très-basses chez les femelles, pendent dès la première nubilité en forme de poire avec un bout allongé, ce qui permet de donner à teter aux enfans par-dessus l'épaule. Elles ont aussi le vagin en tout temps large et proportionné au membre viril du mâle, souvent énorme, mais à peu près incapable d'une érection complète. La grande facilité avec laquelle conséquemment les négresses accouchent dès l'âge de onze à douze ans où elles sont définitivement réglées, dégénère en inconvénient, et nulles Femmes ne sont plus sujettes à l'avortement; elles le sont au point, que des voyageurs ont imaginé qu'elles le facilitaient pour ne pas altérer leur beauté par des accouchemens trop multipliés, et que d'avares colons les ont accusées de détruire par anticipation leur progéniture, afin de la soustraire à l'esclavage. Dans le fœtus, la tête n'est pas aussi grosse proportionnellement qu'elle l'est dans les autres espèces; aussi la fontanelle du nouveau-né est très-peu considérable et presque fermée dès la naissance, les os du crâne ne devant pas jouer les uns vers les autres, afin de faciliter la délivrance.

Les Ethiopiens sont en outre sujets à des maladies particulières qu'ils ne communiquent pas, dit-on, aux autres espèces: le pian est de ce nombre; on prétend que des nourrices qui en étaient affectées ne l'ont pas transmis à des nourrissons blancs. Chez eux, la petite vérole, fort dangereuse, se développe avant quatorze ans; on assure qu'après ce temps, ils en demeurent à l'abri. Eminemment nerveux, le tempérament dominant est cependant chez eux le flegmatique; le battement du pouls paraît y être plus accéléré que chez les Japétiques de la race Germaine surtout.

Dans la figure de l'Ethiopien, le front étroit fuit vers l'arrière et les tempes où les muscles crotaphites sont fort prononcés; cette partie se ride transversalement de bonne heure. Les cheveux ou plutôt la toison s'y implante en rond, sans former sensiblement les cinq pointes dont le front européen emprunte sa principale beauté; le sourcil, proéminent et légèrement frisé, couronne un gros œil arrondi, saillant, toujours humecté, dont la cornée tire sur le jaunâtre, et la prunelle, assez petite, sur le marron foncé, plus communément encore que sur le noir. Les cils sont très-courts, les pommettes saillantes, les oreilles moyennes, mais détachées de la tête, comme dans les Siniques et certains Singes. Le nez est gros et épaté; les lèvres, fort épaisses et brunâtres, forment ce que l'on appelle familièrement une moue. L'intérieur de la bouche est rouge, souvent très-vif; les dents, proclives au point de ne pas permettre la prononciation de la lettre R, sont extrêmement blanches et fortes; le menton, court et arrondi, fuit en arrière; peu de barbe distribuée par petits pinceaux crépus s'y voit çà et là; la moustache elle-même est médiocrement fournie.

L'alliance des races appelées communément blanches avec l'espèce dont il est question produit des métis féconds qui tiennent du père et de la mère, et qui sont nommés MULATRES. Un croisement suivi ramène à la couleur primitive les enfans provenus de tels métis, selon que ceux-ci s'allient aux espèces blanches ou à l'espèce noire. Mais deux Mulâtres du même degré procréent absolument leurs semblables, et l'on peut concevoir conséquemment la possibilité de variétés constantes de plus dans les genre humain, s'il arrivait quelques circonstances qui vinssent à isoler pour jamais des deux souches primitives quelques-uns de leurs hybrides.

Partout injustement réprouvés, les Mulâtres ne manquent cependant pas de cette beauté et de cette intelligence qui résultent en général du croisement des espèces ou des races. Les Nègres portent envie à la supériorité qu'ils prétendent s'arroger comme tenant des Blancs; ceux-ci qui ne trouvent pas qu'il soit criminel de les procréer, n'imaginent pas non plus qu'il soit atroce de les dégrader, et c'est un trait déshonorant de l'histoire des Hommes d'espèce Japétique, que des coutumes avouées autorisent l'inhumanité avec laquelle ils traitent les fruits de leurs amours avec l'espèce Ethiopienne. Dans toutes les colonies européennes, chez les Français surtout, les Mulâtres furent tyrannisés avec une cruauté ou du moins avec un mépris que rien ne saurait justifier, et capable de soulever d'indignation les ames les plus apathiques. On dirait que les Blancs ne donnent le jour à des enfans de couleur que pour se procurer le satanique plaisir de les rendre misérables. Ces pères dénaturés auraient horreur de les reconnaître pour leur progéniture; mais que, justement révoltés de la plus insultante des oppressions, ces enfans du malheur osent s'apercevoir qu'ils sont aussi des Hommes, et réclamer leurs droits naturels, ils deviennent des fils révoltés dignes des supplices réservés aux parricides; les verges déchirantes, les couperets, les roues, les potences et les bûchers punissent leur généreuse indignation; leurs pères blancs deviennent les bourreaux!!...

Soit par suite de leur conformation organique, soit parce que nulle base de civilisation convenable au degré de leurs facultés morales ne leur fût encore donnée, on ne saurait nier que les Ethiopiens paraissent, quand on les considère dans l'état d'abjection où nous les avons réduits, être fort inférieurs aux espèces Japétique, Arabique, Hindoue et Sinique, sous les rapports de l'intellect et de la sociabilité: en général paresseux, imprévoyans, ne tirant nulle expérience du passé, et comme sans mémoire, dédaignant, pour ainsi dire, de penser, ayant peu de besoins que la nature ne leur fournisse les moyens de satisfaire sans efforts, ils vivent ordinairement dans un état précaire qui n'est pas celui du sauvage, mais qui n'est pas non plus une civilisation. Sans croyance religieuse, ni culte, car le fétichisme n'est ni l'un ni l'autre, ils attribuent des propriétés surnaturelles aux choses qui les environnent, et jusqu'à des bêtes ou à des Plantes. Ceux-ci vénèrent un Serpent ou tout autre Animal, ceux-là un Baobab ou tout autre grand Arbre; les uns se taillent de petites figures en bois ou en pierre qu'ils invoquent, mais qu'ils insultent quand ces imitations ne comblent pas leurs souhaits; les autres enfin placent leur confiance dans les moindres ustensiles et les prennent pour intercesseurs près de quelque grigri ou esprit follet. Le système religieux de l'antique Egypte, tout Arabiques que furent les premiers habitans de cette contrée, pourrait bien avoir emprunté de ce fétichisme éthiopique ses dieux Crocodiles, Ibis, Chats, Mangoustes, Veaux et à tête de Chien. Quoi qu'il en soit, certains sorciers, qui cependant ne les ont pas encore réduits au joug de la théocratie, comme il arriva sur les bords du Nil, exercent néanmoins sur leur imagination un empire dont ils abusent souvent.

Les Ethiopiens sont, généralement, répartis en peuplades ou petites nations gouvernées despotiquement par des chefs ordinairement très-sanguinaires et presque toujours en guerre les uns avec les autres, dans le but de faire des prisonniers dont on trouve le placement chez les marchands européens de chair humaine. Ces peuplades, selon leur position géographique, vivent de pêche, s'adonnent au négoce, cultivent quelques menus grains ou mènent la vie de pasteurs. Il en est d'essentiellement errantes, qui parcourent les régions les plus brûlantes de l'Afrique; Bédouins couleur d'ébène de l'équateur, et, à ce qu'on assure, anthropophages au plus haut degré; ceux-ci, dit-on, se rendirent dès long-temps fort redoutables, des sources du Nil à celles du Zaïre, sous le nom de Galas et de Jagas. Polygames ou plutôt usant d'une ou de plusieurs Femmes, selon qu'ils en éprouvent le besoin, ils semblent, sur les côtes fréquentées par les Blancs, moins occupés de la jouissance qui résulte du commerce des sexes, que du dessein de se faire des objets de trafic de leurs propres enfans qu'ils vendent pour un peu d'eau de-vie, de poudre de chasse, de fer ou de verroterie. Vindicatifs, jactancieux, méprisant tout danger et prêts à braver les plus affreuses tortures dans leurs accès de fureur; de sang-froid, ils sont timides jusqu'à la faiblesse. Les sentimens de pudeur et d'humanité leur semblent être également étrangers; ils voient ou font couler le sang sans émotion, et livrent souvent à des tortures inouïes leurs ennemis vaincus, leur arrachant la mâchoire inférieure ou quelque membre, pour suspendre ces affreux débris en trophées à leurs tambours; ils vont nus, armés de sagaies ou piques garnies de fer. Ce n'est guère que réduits en esclavage dans les colonies européennes, qu'ils consentent à porter le langouti, petit sac ou lambeau de toile bleue fixé autour des reins avec quelque lien, et employé pour contenir ou cacher les parties caractéristiques du sexe. Ceux qui, ayant pu essayer de nos manières et des commodités de la vie sociale, se sont aperçus qu'elles étaient préférables à leurs privations, ont adopté les vêtemens et les étoffes des peuples européens avec lesquels le commerce les avait mis en rapport. Ils aiment la musique, mais une musique sauvage qu'ils font en chantant en partie et passablement d'accord, au son d'instrumens imparfaits, marquant exactement la mesure. Ils aiment aussi passionnément la danse par laquelle ils représentent, avec une révoltante naïveté, des scènes lubriques.

Les Ethiopiennes passent pour très-lascives, ou plutôt elles paraissent ignorer qu'on puisse repousser les sollicitations d'un Homme, surtout lorsqu'il est blanc; elles sont toujours prêtes à se donner, même sans que l'idée de le faire devant plusieurs témoins paraisse leur répugner beaucoup, à moins que la crainte ne les retienne. Cependant il est quelques nations nègres où une sorte d'état social ordonne la fidélité des Femmes envers les maris, et où l'on punit l'adultère, en enterrant tout vifs les deux coupables. Les Nègres passent pour ne pas vivre aussi longtemps que les autres Hommes, et pour être décrépits dès soixante ans où leurs cheveux blanchissent, même lorsqu'en liberté ils goûtent dans une patrie le genre de bonheur domestique dont il leur est donné de jouir.

C'est à tort qu'on a regardé comme appartenant à des espèces distinctes, des esclaves provenus de diverses peuplades éthiopiennes et transportés dans nos colonies. Parmi le grand nombre de ces malheureux que nous avons eu occasion d'y voir, parmi ceux mêmes que nous avouerons y avoir possédés, et dont nous essayâmes d'adoucir l'infortune, nous avons reconnu de tels rapports qu'il nous est impossible d'admettre entre eux même des distinctions de races. Il y existe nécessairement des variétés qui pourraient paraître dans certains cas, et au premier coup-d'œil, presque des espèces; mais nous doutons que, d'après un examen scrupuleux, on puisse même, de passages en passages, parvenir à fixer d'une manière satisfaisante les limites caractéristiques de ces variétés.

L'Afrique fut jusqu'ici la patrie exclusive de l'espèce Éthiopique. Elle y occupe une vaste étendue de côtes le long de l'Océan, où le golfe de Guinée forme un enfoncement considérable, depuis le fleuve du Sénégal, par le seizième ou dix-septième degré nord, jusque par la hauteur de l'île Sainte-Hélène, c'est-à-dire sous le quinzième ou seizième degré sud; on voit que sur ce rivage occidental, elle ne sort guère des tropiques. Elle paraît n'en pas sortir non plus sur la rive opposée, où les habitans de ce qu'on nomme Cafrerie propre, le long de la côte de Natal, appartiennent à une espèce d'Hommes très-différente. A l'ouest les Foules, déjà un peu croisés avec les Maures; puis les Iolofs, très-noirs, grands et forts; les Sousous de Sierra-Leone; les Mandings de la côte des Graines, qu'on dit être fort méchans; les Aschanties de la côte d'Or, belliqueux et réputés indomptables; les nègres de la côte d'Ardra et de Bénin, d'où l'on tire aujourd'hui le plus d'esclaves; les habitans de la côte de Gabon, qu'on redoute, et avec lesquels les Européens n'osent guère traiter; enfin les nations un peu moins incivilisées de Loango, du Congo, d'Angole et de Benguèle, familiarisées avec les Portugais depuis plusieurs siècles, sont, dans les deux Guinées, la boréale et la méridionale, les peuples éthiopiens les moins mal observés.

La géographie des parties intérieures de l'Afrique, depuis le huitième degré nord jusqu'au tropique du Capricorne, étant totalement inconnue, il est plus que douteux, comme on l'a imprimé, qu'une haute chaîne de montagnes courant parallèlement à l'océan Indien en sépare les peuples de ceux de l'autre rive. Nous avons même de fortes raisons de croire que nulles montagnes, mais bien plutôt quelques fleuves et quelques vastes lacs analogues au Niger et au Wangara, les mettent au contraire en rapport d'une mer à l'autre entre le Congo et Mosambique. Nous avons autrefois possédé à l'Ile-de-France un nègre emmené d'Angole, et qui, ayant fait ce trajet à pied, à la suite d'une sorte de caravane, avait été vendu à Sofala, ainsi que la chose arrive assez fréquemment, sur la côte orientale. Les peuples de cette côte sont tout aussi noirs que ceux de l'autre, et n'ont pas le front plus saillant ni le vertex moins comprimé. La plupart sentent mauvais, et semblent avoir la tête plus enfoncée dans les épaules. Loin d'être moins bruts, ils le sont au contraire davantage. Ce sont eux que, dans les colonies, sans distinction, et comme les plus grossiers, on appelle généralement Cafres, mais fort improprement, ainsi que nous le prouverons en parlant de notre treizième espèce du genre Homme.

Sur le canal de Mosambique, les Ethiopiens, distribués par peuplades moins bien connues que celles de l'Occident, habitent ce que nos cartes appellent l'empire du Monomotapa, et jusqu'à l'extrémité de la côte de Zanguebar, un peu au nord de la ligne : à partir de ce point, les rivages demeurent déserts, ou sont tombés au pouvoir de quelques tribus de l'espèce Arabique, et les Ethiopiens s'enfonçant dans l'intérieur se sont étendus jusque dans l'Abyssinie et dans la Nubie où leur mélange avec l'espèce indigène a produit des variétés encore peu connues, et qui passent pour être intraitables à force de barbarie. Du côté opposé et hors du continent, ils pénétrèrent aussi dans la grande île de Madagascar dont ils occupent le couchant. C'est de ce lieu que les îles de France, de Mascareigne, et même les établissemens du cap de Bonne-Espérance tirent le plus grand nombre des esclaves que consomment les colons.

De ce que les Ethiopiens n'appartiennent pas à la même espèce que ces Européens, par lesquels nous les voyons opprimés, et qui prétendent sur eux une si grande supériorité morale, il ne s'ensuit pas que la nature ait condamné nécessairement ces Hommes à l'état de bêtes de somme, comme incapables de civilisation. Si au lieu de leur porter des chaînes et des dogmes incompréhensibles, les premiers blancs qui entrèrent en rapport avec des Nègres, les eussent traités en frères et leur eussent parlé le langage de la simple raison ; si au lieu de corrompre leur ingénuité par l'introduction d'un trafic scandaleux, en contradiction avec les principes qu'on leur prêchait, on leur eût donné de bons exemples, il est probable qu'on eût pu les conduire assez promptement à l'état de civilisation qui leur doit être propre. Il n'est pas permis de douter que le commerce des Ethiopiens avec les Européens n'ait empêché chez les premiers la consolidation d'un état social naissant.

Avant que les Portugais eussent appris aux peuples commerçans à désoler les plages africaines, les guerres y devant être fort rares, nul intérêt ne pouvait porter leurs habitans à se procurer une marchandise vivante ; nous n'avons aucune preuve que les Nègres se mangeassent alors les uns les autres plus qu'ils ne se mangent aujourd'hui. Ils devaient au contraire vivre dans l'indolence, mais certainement moins à plaindre qu'ils ne le sont depuis qu'on imagina qu'avec l'autorisation du pape Léon X, on les pouvait, sans remords, arracher à leur terre natale, attacher à la glèbe étrangère, déchirer par l'écourge, et faire expirer à la peine, pour tirer de leur sueur du Sucre et du Café. Les bo rreaux qui prirent la plume pour justifier ces horribles pratiques, avancèrent que le noir était né stupide. Quelle preuve a-t-on jamais fourni à l'appui d'une telle assertion ? La stupidité et l'ignorance des infortunés que dévorent nos colonies? Mais quel être humain n'eût été abruti par la manière dont on y traite ces malheureux? Les nègres sont-ils donc les seuls que l'esclavage dégrade, et n'a-t-on pas vu des nations blanches courbées sous son joug honteux, tomber du faîte de la gloire au dernier degré de l'avilissement et de la corruption, en moins d'un dixième de siècle?

Ceux-là qui parmi l'espèce Japétique soutiendront avec le plus d'opiniâtreté que le genre humain sortit d'un même père, sont précisément ceux qui prétendent que la traite des nègres se doit exercer sous l'empire d'une croyance consolatrice où tous les Hommes sont considérés comme égaux devant la Divinité. Il n'est sorte d'argumens calomnieux qu'on n'ait employés pour faire adopter cette abomination, et d'injures qu'on n'ait prodiguées à quiconque l'attaqua. On a osé donner un sens dérisoire au nom de philantrope, et représenter le vertueux Las Casas comme le promoteur d'un genre de commerce dont s'indignait ce saint prélat. Un père de l'Eglise de notre âge, le vertueux évêque Grégoire, a vengé d'une si odieuse inculpation la mémoire sacrée de son vénérable modèle. Les écrivains les plus illustres ont en France fulminé contre les horreurs de la traite. En 1774 seulement, les quakers de Pensylvanie donnèrent l'exemple de son abolition, après l'avoir censurée en Angleterre dès 1727. Ce fut une grande victoire de la religion sur la cupidité humaine; mais elle ne fut pas due au catholicisme : les Anglais, également hérétiques, imitèrent seuls les quakers, et défendirent la traite sur les côtes d'Afrique, en oubliant cependant d'abolir la presse, genre de traite qui s'exerce sur les blancs même des rives de l'empire britannique. Les Anglais oublièrent aussi de rendre la liberté aux esclaves dont le commerce, déclaré illicite, avait rempli leurs colonies; et maintenant qu'ils viennent d'assimiler cet infâme trafic à la piraterie, il n'est pas certain, quoi qu'en puissent dire leurs journalistes, qu'ils rendent à leur patrie les infortunés qu'ils prennent à bord des pirates capturés. L'influence de l'Angletere, sous la forme d'une concession faite aux lumières du siècle, a fait aussi abolir la traite par les nouvelles lois françaises; mais comme le Portugal et l'Espagne continuent à l'exercer publiquement, des armateurs anglais et français se la permettent sans scrupule sous le pavillon de leurs alliés respectifs; on y prend seulement cette précaution de plus, que les négriers ont à bord comme des cercueils où sont enfermés les esclaves, à l'apparition d'une voile suspecte, et qu'on jette à la mer, si le danger d'une visite devient imminent!!!.... Et des orateurs, qui ne craignent pas à la tribune de déguiser ces atrocités, s'indigneraient que l'histoire, dans ses pages éternelles, les plaçât au-dessous de Carrier de Nantes, qui, du moins, n'a jamais désavoué ses noyades!

On doit signaler à la haine du genre humain, ainsi qu'aux malédictions des siècles, Alonzo Gonzalès, Portugais, qui le premier, en 1521 environ, régularisa les armemens appelés de traite. Le fort de la Mine, sur la côte d'Or, en Guinée, fut le point de l'Afrique où s'exerça d'abord ce brigandage inconnu de l'antiquité où cependant l'esclavage était un usage adopté, soit qu'on l'admît comme conséquence d'un droit de conquête, soit qu'il fût l'application de la condamnation légale à quelque délit. Les Espagnols avaient, dès 1508, transporté des Africains à Saint-Domingue. Ce furent donc les deux nations qui persévèrent encore avec le plus d'acharnement dans la traite, qui en ont donné l'exemple! leurs raisons sont : « Que les noirs n'étant pas chrétiens, ils ne peuvent prétendre à la liberté d'Hommes. » Le cardinal Ximénès, ministre de l'empereur Charles-Quint, Louis XIII, roi de France, imitèrent le Portugal, et conséquemment on vit le rebut des nations chrétiennes, sortant de vingt ports européens, sur des prisons flottantes, approvisionnées de chaînes, de verroteries, de petits coquillages et d'esprit-de-vin, accourir du cap Vert au cap Gardafui, sur les plages africaines, dans le but d'échanger leurs marchandises contre des Hommes, ou de voler violemment, et sans échange, les enfans des naturels. L'esprit de rapine et tous les vices s'introduisirent comme une contagion à l'arrivée de tels forbans dont les victimes, transportées d'abord dans les Antilles, puis en tout lieu où quelque Européen essayait de fertiliser un sol brûlant, ne tardèrent pas à s'élever annuellement à soixante mille. En 1768, la quantité en fut portée à cent et quelques milliers dont les Anglais achetèrent la moitié; en 1786, elle se soutenait au même taux. On peut évaluer à douze millions, au moins, le nombre des Africains transportés hors de leur pays depuis la fin du seizième siècle jusqu'à ce jour, sans que nulle part, ces infortunés accablés de travaux, et consumés par la fatigue, aient pu se perpétuer. Il a fallu que leurs possesseurs, en les usant, les remplaçassent sans cesse, comme dans les tueries des grandes villes on remplace le bétail que dépècent les bouchers pour la consommation journalière.

Les détails de la traite n'appartenant pas à l'histoire de l'humanité, nous aurons garde d'en attrister nos pages; mais que les oppresseurs se souviennent que la pesanteur du joug n'a point écrasé les Africains martyrisés dans Haïti; ils se sont redressés, ils se sont fait une patrie, ils y ont prouvé que pour être noirs ils n'en étaient pas moins des Hommes; ils ont vengé l'espèce Africaine de la réputation d'invalidité qu'on lui avait établie; ils ont, au tribunal de la raison, protesté contre cette prétention de supériorité qu'affectaient sur eux des maîtres qui ne les valaient pas, puisqu'ils étaient sans humanité. Nul doute que le cerveau de certains Ethiopiens, tout comparativement plus étroit qu'il puisse être, ne soit aussi capable de concevoir des idées justes, que celui d'un Autrichien, par exemple, le Béotien de l'Europe, et même que celui des quatre cinquièmes de nos compatriotes. Dans une seule Antille encore, on voit de ces Hommes, réputés inférieurs par l'intellect, donner plus de preuves de raison qu'il n'en existe dans toute la péninsule Ibérique et l'Italie ensemble. On en peut augurer que si les Africains, pervertis sur le sol natal par notre contact, y semblent devoir demeurer pour bien des siècles encore plongés dans la barbarie, il n'en sera point ainsi dans les îles lointaines où l'avarice européenne les crut exiler. Le sol de ces îles, arrosé des larmes de leurs déplorables pères, engraissé du sang expiatoire de leurs oppresseurs, est maintenant fécondé, et les premiers germes d'idées libérales qui s'y sont développés, ont produit, dès leur naissance, un genre de civilisation déjà supérieure à la civilisation de l'Europe caduque et corrompue.

Nous citerons, comme un exemple du degré d'instruction où peuvent parvenir les Ethiopiens, que l'Homme le plus spirituel et le plus savant de l'Ile-de-France, était, quand nous visitâmes cette colonie, non un blanc, mais le nègre Lillet Geoffroy, correspondant de l'ancienne Académie des Sciences, encore aujourd'hui notre confrère à l'Institut, habile mathématicien, et devenu, dès avant la révolution, par son talent et malgré sa couleur, capitaine du génie. Il est maintenant à Saint-Domingue plus d'un Lillet-Geoffroy dont la capacité et les hautes vues en politique ne sauraient être méconnues que par d'orgueilleuses incapacités européennes, et par des êtres remplis de préjugés qui se disent les enfans de prédilection de la Divinité.

13. Espèce Cafre, *Homo Cafer*. Ce nom de Cafre n'eût jamais dû être admis en histoire naturelle non plus qu'en géographie : il vient de l'arabe où il signifie proprement *infidèle*. Les Mahométans, en faisant des progrès au cœur de l'Afrique, y prétendirent originairement flétrir, par cette désignation, tout Homme noir qui refusait d'adopter la circoncision, et comme ils nous appellent Chiens. Maintenant, par un consentement presque unanime des voyageurs, ce nom de Cafre demeure restreint pour désigner une seconde espèce de Nègres de l'Afrique, qui occupe vers le sud, sous le tropique ou assez loin en dehors et dans l'ouest, un espace triangulaire dont la base serait vers le vingtième degré et le sommet, par le quarante-deuxième, l'extrémité antarctique de la côte de Natal. Les Nègres pour lesquels, malgré son impropriété, nous proposons de l'adopter, étaient fort imparfaitement connus et confondus tantôt avec l'espèce Ethiopienne, tantôt avec l'espèce Hottentote, avant les voyages de notre savant ami le professeur Lichteinstein, naturaliste prussien, en 1805, et de Burchel,

naturaliste anglais, de 1820 à 1822.

La Cafrerie peut avoir deux cent vingt-cinq lieues de l'est à l'ouest, sur trois cents au moins du nord au sud. Le bassin de la rivière Schtabi qui se jette dans la rivière d'Orange au pays des Hottentots, en doit faire partie : région à peine connue où le thermomètre ne descend guère qu'à huit degrés durant l'hiver et ne monte guère au-dessus de vingt-six pendant l'été.

Les Cafres, suivant Eyriès (Encyclopédie moderne de Courtin, T. v, p. 144), « diffèrent également des Nègres, des Hottentots et des Arabes avec lesquels ils confinent. Le crâne des Cafres présente, comme celui des Européens, une voûte élevée; leur nez, bien loin d'être déprimé, s'approche de la forme arquée; ils ont la lèvre épaisse du Nègre, et les pommettes saillantes du Hottentot; leur chevelure crépue est moins laineuse que celle du Nègre; leur barbe plus forte que celle du Hottentot. Ils sont, en général, grands et bien faits; la couleur de leur peau est d'un gris noirâtre qu'on pourrait comparer à celle du fer quand il vient d'être forgé; mais le Cafre ne se contente pas de sa couleur naturelle; il se peint le visage et tout le corps d'ocre rouge réduit en poudre et délayé dans l'eau. Quelquefois les Hommes, et plus souvent les Femmes, y ajoutent le suc de quelques Plantes odoriférantes. Les Femmes diffèrent beaucoup des Hommes par la taille; elles atteignent rarement à celle d'une Européenne bien faite; d'ailleurs elles sont aussi bien conformées que les Hommes. Tous les membres d'une jeune Cafre offrent ce contour arrondi et gracieux que nous admirons dans les antiques; leur physionomie annonce la douceur et la gaieté. Les habits des Cafres sont faits avec les peaux des Animaux qu'ils tuent à la chasse ou de ceux qu'ils élèvent. Ils ont pour ornement des anneaux d'ivoire ou de cuivre qu'ils portent au bras gauche et aux oreilles. Le bétail fait leur principale richesse; la culture des terres leur fournit une partie de leur subsistance; les Femmes sont chargées de ce travail. Chez les Coussas, à l'âge de douze ans, les enfans des deux sexes reçoivent une sorte d'éducation auprès du chef de la horde; on les partage en plusieurs bandes qui se relèvent à mesure que le service l'exige. Les garçons sont chargés de la garde des troupeaux, en même temps que les officiers du chef les exercent à lancer la javeline, à manier la massue et à courir. Les filles apprennent, sous les yeux des Femmes du chef, à faire des habits, à préparer des alimens, en un mot, à s'acquitter de la besogne du ménage et à soigner le jardin. De nombreux troupeaux de Vaches fournissent aux Cafres le laitage qui fait leur principale nourriture; ils le mangent toujours caillé, et le conservent dans des outres ou dans des paniers de jonc d'un travail admirable, où il ne tarde pas à s'aigrir. Ils font rôtir ou bouillir la viande : ils broient les grains de Millet et en humectent la farine avec du lait frais, ou bien font renfler les grains dans l'eau chaude, et s'en nourrissent sans y mêler aucun assaisonnement. Tous sont passionnés pour le tabac. Les Betjouanas mangent avec plaisir la chair des bêtes sauvages et des gros Oiseaux qu'ils tuent à la chasse. Les Coussas ont une horreur invincible pour la chair des Porcs, des Lièvres, des Oies, des Canards et des Poissons. Les Betjouanas partagent leur aversion pour ce dernier mets. Ils ignorent l'art que possèdent les Coussas d'extraire des grains fermentés une boisson enivrante; mais ils ont bu avec plaisir le vin et l'eau-de-vie que les Européens leur ont présentés. La boisson ordinaire de tous ces peuples est l'eau pure. Tous les Cafres sont très-actifs; ils ont un goût décidé pour les longues courses; ils poursuivent pendant plusieurs jours de suite les Eléphans auxquels ils font la chasse. Cependant ils ne mangent pas la chair de ces Animaux, et les dents sont la propriété du chef de la horde : ils entreprennent souvent des voyages uniquement pour voir leurs amis ou bien pour changer de place. Les Coussas ont un penchant décidé pour la vie pastorale et pour la tranquillité ; néanmoins ils ne balancent pas à prendre les armes pour défendre leur patrie ; ils ont même tenu tête à des troupes européennes. Un traité conclu avec le gouvernement du Cap leur assure la possession de leur pays borné par des limites convenues du côté de cette colonie. Les Cafres sont soumis à des chefs particuliers qui se font souvent la guerre ; ils observent des formes avant de s'attaquer. Ce n'est qu'aux Boshismens qu'ils font une guerre à outrance ; ils les traitent comme des bêtes féroces. Tous les voyageurs s'accordent à dire qu'avant d'être corrompus par leurs communications avec les Européens, qui les ont rendus querelleurs et cruels, les Cafres étaient un peuple hospitalier, bon et affable, qui accueillait amicalement les malheureux jetés par le naufrage sur les côtes de leur pays, et leur donnait des guides pour les conduire à plusieurs centaines de milles aux comptoirs des Blancs. Quelques naufragés n'ont pas éprouvé une réception aussi bienveillante ; cependant on a vu des exemples récens qui prouvent que l'humanité n'est pas bannie du cœur des Cafres qui habitent sur les bords de la mer. Dans leurs guerres avec les colons du Cap, guerres désastreuses causées par les instigations de quelques mauvais sujets, par l'arrogance des Blancs, par leur abus de la force, par leurs fraudes dans le trafic, les Coussas ont montré un ressentiment profond des injures qu'ils avaient reçues ; mais rien n'a été plus facile que de traiter avec eux, en invoquant leur équité naturelle. Le droit du plus fort ne règne pas chez eux ; il n'est permis à personne d'être son propre juge, excepté le cas où un Homme surprend sa Femme en adultère. »

« Beaucoup plus éloignés de l'état de nature que les Coussas, les Betjouanas connaissent l'art de la dissimulation, et savent ménager avec adresse leurs intérêts personnels. Lichteinstein observe que souvent l'expression de leurs yeux et le mouvement de leur bouche annoncent l'Homme dont la sensibilité est déjà active sans être encore raffinée. Avides d'instruction, ils accablent les étrangers de questions. La facilité de leur mémoire se manifeste par la promptitude avec laquelle ils retiennent les mots hollandais, et même des phrases entières qu'ils prononcent beaucoup mieux que les Hottentots dans la colonie du Cap. La langue des Cafres est sonore, riche en voyelles et en aspirations, bien accentuée et très-douce ; elle a moins fréquemment que celle des Hottentots et des Boshismens ces claquemens de la voix qui font paraître ces dernières si étranges ; on ne les a pas remarqués chez les Betjouanas. Ils croient à une intelligence suprême et indivisible ; ils ne l'adorent pas, ne la représentent point par des figures et ne la placent pas dans les corps célestes. Ils ont des devins qui, chez les Betjouanas, président à des sortes de cérémonies religieuses ; leur chef est le premier personnage après le roi. Ces cérémonies sont principalement la circoncision des enfans mâles, la consécration des bestiaux et la prédiction de l'avenir. Ils ne connaissent pas l'écriture ; leur arithmétique se borne à l'addition ; ils comptent sur leurs doigts, et manquent de signes pour les dixaines. »

La construction de leurs maisons et de leurs enclos les distingue avantageusement des autres peuples de l'Afrique méridionale. Ces maisons sont généralement circulaires ; la distribution en est bien entendue ; l'intérieur en est frais et aéré ; elles sont entourées d'un espace formé par une espèce de treillage, et ont devant leur entrée un portique. On a trouvé chez les Betjouanas des réunions de maisons formant des villes considérables. Litakou, capitale des Matjapins, renferme près de dix mille habitans. Campbell pense que la population de Macheou est de dix mille ames, et celle de Kourrochau, capitale des Maroutzès, de seize mille ames.

Les Maroutzès et les Makinis fournissent aux autres Betjouanas les couteaux, les aiguilles, les boucles d'oreille et les bracelets de fer et de cuivre que les voyageurs ont été si surpris de rencontrer chez ces peuples; conséquemment plus avancés vers la civilisation que les Ethiopiens, probablement parce que la traite ne fut point introduite chez eux, ces Cafres ont encore d'autres arts; ils savent faire d'assez bonne poterie, composent de la ficelle et diverses étoffes avec des fibres végétales tirées de diverses écorces, sculptent avec une certaine perfection différentes figures sur la poignée et la gaîne de leurs couteaux qu'ils portent au cou, sur le manche de leurs javelines, arme bien plus perfectionnée que la zagaye, ainsi que sur les ustensiles de bois dont se compose leur ménage; on dirait le degré de civilisation où étaient parvenus les anciens Etrusques. Ils aiment la musique comme les autres Africains: et ce sont eux, et non les Hottentots, qui se réunissent pour chanter en chœur en dansant au bruit des instrumens durant les nuits de pleine lune. Ils sont régulièrement polygames.

« Aussitôt, dit encore Eyriès, qu'un jeune Homme pense à s'établir, il emploie une partie de son bien à l'acquisition d'une Femme; elle lui coûte ordinairement une douzaine de Bœufs. La première occupation d'une nouvelle mariée est de bâtir une maison avec ses dépendances; elle doit abattre elle-même les bois qui entreront dans sa construction; quelquefois sa mère et ses sœurs l'aident dans ce travail. Quand le Betjouana voit son troupeau de bétail s'accroître, il pense à augmenter sa famille, en prenant une seconde Femme qui, de même que la première, est obligée de bâtir sa maison et d'y joindre une étable et un jardin. Ainsi le nombre des Femmes d'un Homme donne la mesure de sa richesse; les Femmes Betjouanas paraissent très-fécondes. »

C'est en vain qu'on a tenté d'introduire le christianisme chez cette espèce d'Hommes; les missionnaires les plus zélés ont dû renoncer à l'espoir de les convertir. Mais l'islamisme altéré paraît en avoir séduit plusieurs; du moins en voit-on qui sont circoncis.

Quelques familles Cafres ont pénétré jusqu'à Madagascar dont elles occupent une partie de l'extrémité méridionale. Ainsi quatre espèces du genre humain ont des représentans sur les quatre rivages de cette île oblongue : des Arabiques y peuplent les terres septentrionales, des Neptuniens les côtes de l'orient, des Ethiopiens celles de l'ouest, et des Cafres le midi. Nous avons eu occasion d'observer plusieurs de ces derniers : ils étaient d'une haute stature, robustes, admirablement proportionnés, ayant la poitrine large, l'air ouvert et délibéré; ils ne répandaient aucune mauvaise odeur : la peau fraîche de leurs Femmes surtout, lesquelles étaient de la plus grande beauté, comme Négresses, avait quelque chose d'agréable et de satiné au tact; le poil était disséminé sur certaine partie de leur corps en petits pinceaux fort courts, rares et excessivement appliqués contre la peau. On n'eût pas impunément tenté de réduire ces Cafres à l'esclavage; ils venaient vendre des Bœufs et du Riz de leur pays à l'Ile-de-France, où ils étaient accueillis avec plus d'égards que les autres Nègres.

14. ESPÈCE MÉLANIENNE, *Homo Melaninus*. Les Hommes de cette avant-dernière espèce pourraient au premier coup-d'œil être confondus avec les Ethiopiens; mais outre qu'ils semblent être par rapport à ceux-ci, d'après leur habitation maritime, ce qu'est l'espèce Neptunienne par rapport aux autres Hommes à cheveux lisses, leurs membres grêles, ainsi que dans les Australasiens, les en distinguent suffisamment. On dirait des

Africains par leur tête ou par leur tronc, et des Hommes de la Nouvelle-Galles par leurs extrémités. Comme les Malais, ils n'ont pénétré bien avant dans aucune terre. Il s'en trouvait, si l'on s'en rapporte aux traditions japonaises, jusque dans le sud de l'île de Niphon; mais il n'en existe plus par le trente-cinquième degré nord. On en rencontre aujourd'hui dans la terre de Diémen jusque par quarante-quatre degrés sud, où, vers le détroit d'Entre-Casteaux, Labillardière acquit des preuves de leur goût pour la chair humaine. Freycinet nous assure qu'on les retrouve dans la Terre-de-Feu, au midi de l'Amérique, par le cinquante-cinquième parallèle, c'est-à-dire sous un ciel très-froid, ce qui ajoute une nouvelle preuve à cette vérité déjà énoncée plus haut, que ce n'est pas exclusivement de l'ardeur des climats équatoriaux où l'on observe des races parfaitement blanches, que dépend chez les Hommes la couleur noire de la peau.

Les Mélaniens, comme s'ils s'étaient éparpillés de cap en cap, habitent encore quelques points de Formose, des Philippines, de la Cochinchine, de la presqu'île de Malaca, de Bornéo, des Célèbes, de Timor, des Moluques, la plus grande partie de la Nouvelle-Guinée, l'archipel du Saint-Esprit, la Nouvelle-Calédonie et les îles Fidji. Dans ces trois derniers archipels, dans celui de Fidji surtout, ils sont belliqueux et anthropophages au plus haut degré. Labillardière rapporte qu'à ce féroce appétit ils joignent l'habitude de manger en assez grande quantité d'une sorte de terre argileuse colorée en vert par le cuivre. On cite d'autres exemples de géophagie dans l'Amérique méridionale, mais les géophages de cette partie du monde ne mangent pas de Stéatite pure, et mêlent toujours un peu de graisse à l'Argile qu'ils avalent pour se lester l'estomac.

Hors des îles Fidji et de la Nouvelle-Calédonie, timides, stupides, fainéans, les Mélaniens vivent misérablement et se contentent de quelques racines ou de coquillages qui leur sont prodigués par la mer. Il en existait dans l'intérieur de Java; mais ils paraissent y avoir été dès longtemps détruits comme au Japon ou réduits en esclavage. Il n'est pas vrai qu'il y en ait jamais eu à Madagascar, comme on l'a avancé d'après quelque autorité suspecte.

On avait jusqu'ici entièrement confondu les Mélaniens avec les Papous que nous savons, d'après les excellentes observations de Quoy et de Gaimard, en être distincts. Ce sont ces deux observateurs qui, avec leur sagacité accoutumée, viennent de caractériser récemment d'une manière précise les Hommes dont il est ici question, et de compléter les idées que nous en donnaient les portraits tracés par Petit, et publiées sous les nos 4, 5, 6, 7 et 8 de l'atlas du voyage de Baudin, dont on doit la relation à Péron et Freycinet. Ces caractères consistent dans la couleur de la peau qui est plus noire encore que celle des Ethiopiens les plus foncés; dans leur tête ronde où le crâne est antérieurement et latéralement déprimé, sans que l'angle facial soit néanmoins aussi aigu que chez les autres Nègres; dans des cheveux laineux plus courts et plus pressés contre la tête que chez tous les autres Hommes, implantés en rond par le tour sans pointes prononcées en saillies, soit sur le front, soit vers les régions temporales; dans l'arcade sourcilière et les pommettes extrêmement proéminentes; dans l'œil plus petit que chez les Australasiens, fendu en longueur, avec l'iris verdâtre tirant sur le brun; dans un nez excessivement épaté et dont les ailes minces et déprimées de haut en bas sont excessivement ouvertes, répondant par l'étendue qui existe de l'extrémité de l'une à celle de l'autre à toute l'ouverture de la bouche qui est grande, non saillante en manière de museau, mais formée de lèvres épaissies en arc prononcé, et colorées d'incarnat assez vif au lieu d'être brunâtres. Ils ont le menton presque carré avec peu de barbe implantée principalement en dessous. Leurs cuisses et leurs jambes maigres, longues et disproportionnées au corps, les rapprochent des Australasiens à cheveux unis. Les femelles asservies, hideuses, sales, fétides, ont le sein bas, gros, mou et pourtant plus hémisphérique que pyriforme, encore qu'il devienne pendant de fort bonne heure.

La plupart des Mélaniens paraissent n'avoir pas même le développement d'intelligence nécessaire pour se construire des habitations; à peine abrités par des abat-vents, ils vivent en général exposés à toutes les intempéries des saisons; à la Nouvelle-Guinée, cependant, ils se font des huttes situées sur quelque lieu élevé d'où ils dominent les forêts; ces huttes sont encore exhaussées sur de forts piquets, et l'on ne peut y grimper qu'à l'aide d'une sorte d'échelle qui se lève aussitôt de crainte de surprise. On dirait le Mollusque se retirant dans son test et le fermant avec son opercule. Cette situation des huttes, à une certaine distance du sol et dans les grands bois, fit supposer que les Mélaniens perchaient dans la cime des Arbres. Habituellement nus, ce n'est que sur leurs épaules qu'ils portent quelquefois des lambeaux de la peau de différens Animaux pour tout vêtement; quelques-uns se taillent une sorte d'étui pour le membre viril; ils poussent la brutalité jusqu'à ne pas se cacher pour faire leurs ordures, et ne montrent point, dans leurs amours, ce sentiment de pudeur qui porte certains Animaux même à se mettre à l'écart durant l'acte de la propagation. On assure qu'ils ne se sont pas même fait un compagnon de chasse, du Chien qu'on trouve réduit à l'état de domesticité chez les autres espèces d'Hommes sans exception. Ils n'ont d'autres armes que de mauvaises zagayes; à la Nouvelle-Calédonie, ils y ont joint la fronde, et plusieurs ayant eu des communications avec l'espèce Neptunienne, en ont emprunté quelques arts grossiers. Sous le rapport des superstitions religieuses, ils n'en sont pas même encore au fétichisme.

15. ESPÈCE HOTTENTOTE, *Homo Hottentotus*. La plus différente de l'espèce Japétique par l'aspect et les caractères anatomiques, celle-ci fait le passage du genre Homme au genre Orang et aux Singes. Comme dans les Macaques, à ce que nous assura Lichteinstein, les os du nez y sont réunis en une seule lame écailleuse, aplatie et beaucoup plus large que dans toute autre tête d'Homme : la cavité olécranienne de l'humérus demeure aussi percée d'un trou; les os des mâchoires et les dents y sont presque tout-à-fait obliques. La couleur de la peau est lavée de bistre, et plus ou moins jaunâtre, mais jamais noire.

Quoique l'angle facial ait au plus 75° d'ouverture, et qu'il soit conséquemment plus aigu que chez ses congénères, le front du Hottentot ne laisse pas que d'être proéminent, surtout par en haut; mais le vertex est singulièrement aplati, et quelquefois même comme enfoncé : la ligne d'implantation des cheveux décrit une courbe dont aucun angle rentrant ou saillant n'altère la régularité. Ces cheveux noirs ou seulement brunâtres sont excessivement courts, laineux et par petits paquets assez semblables à ceux dont les fourrures appelées d'Astracan tirent leur singularité. Les sourcils très-marqués, quoique minces et non saillans, sont légèrement crépus; les yeux couverts et ne s'ouvrant qu'en longueur sont, ainsi que dans l'espèce Sinique, brunâtres et relevés vers les tempes. En face, la figure du Hottentot rappelle assez exactement celle de ces mêmes Siniques et des Botocudos Brasiliens; mais vue de profil, elle est bien différente et hideuse d'animalité; les lèvres, lividement colorées, s'y avancent en un véritable grouin contre lequel s'aplatissent, se confondent, pour ainsi dire, de vrais naseaux ou narines qui s'ouvrent presque longitudinalement et de la façon la plus étrange. Il n'existe que très-peu de barbe à la moustache ou dessous le menton, et jamais on n'en voit en avant des oreilles dont la conque est plutôt inclinée d'avant en arrière que d'arrière en avant. Le pied prend déjà une forme si différente de celle du nôtre, et de celui des Nègres, qu'on reconnaît au premier coup-d'œil la trace du Hottentot imprimée sur le sol.

Les Femmes, plus hideuses encore que leurs maris, sont aussi beaucoup plus petites, proportions gardées; elles ont leurs mamelles pendantes comme des besaces, et de même que les Hyperboréennes, avec lesquelles on leur reconnaît de grandes conformités, elles peuvent les jeter par-dessus l'épaule pour donner à teter aux petits; il s'en trouve dont la tête aplatie en dessus, en avant et par derrière, semble être presque carrée; à ces difformités beaucoup d'entre elles en joignent de plus étranges encore, et qui les rendent en quelque sorte l'horreur des étrangers qu'on voit bien rarement s'unir à elles. Ces difformités sont, chez les Boshismènes, le prolongement des nymphes qui, tombant souvent jusqu'à trois, cinq et six pouces au devant des parties génitales, ont donné lieu à la fable de ce tablier pudique des Hottentotes sur lequel on a tant discouru depuis Kolbe. Il fut de cè prétendu tablier comme des Zoospermes dont les uns ont nié l'existence, tandis que d'autres voulaient y voir les embryons vivans d'un être futur. Dans une sorte de monstruosité, des écrivains trouvèrent une perfection qui plaçait la pudeur dans la conformation même des demi-brutes de l'Afrique méridionale, tandis que certains observateurs soutenaient que sous tous les rapports les Hottentotes étaient faites comme nos Européennes : les uns et les autres se trompaient.

Jusqu'à la nubilité, les femelles de quelques races appartenant à l'espèce qui nous occupe ne diffèrent guère des autres Femmes par la conformation de leurs parties secrètes. Mais ensuite il arrive aux nymphes la même chose qu'aux seins où vient affluer une surabondance de graisse liquide contenue entre les lames du tissu cellulaire que cette graisse écarte. Vaillant, en considérant l'extrême longueur de ces parties difformes, a cru que les Hottentotes contribuaient à leur allongement en tirant continuellement avec les doigts les grandes lèvres, et Péron a fort longuement disserté à ce sujet sans résoudre un problème dont Cuvier a trouvé la solution en disséquant tout simplement cette Femme du Cap renommée par son affreuse laideur, et qu'on montra comme une curiosité aux Parisiens sous le nom de Vénus Hottentote. Il est résulté de l'examen qu'on a fait de cette hideuse créature, qu'il n'y a rien de plus extraordinaire dans les parties de la génération de ses pareilles que chez plusieurs Négresses, et même chez des Femmes d'espèce Arabique, où les nymphes ont aussi de la tendance à une prolongation excessive, et qu'on soumet à une sorte de circoncision, afin qu'elles ne deviennent pas désagréables à leurs maris. Les Barbares du Cap n'y regardant pas de si près, leurs femelles, sans craindre de leur paraître affreuses, laissent croître et se développer ces parties que les Egyptiens tiennent, avec juste raison, à voir restreintes dans les proportions convenables.

Cette Vénus Hottentote, outre les prolongemens qui ont servi de base à la fable du tablier, avait aussi un fessier qui fit l'admiration de la capitale. Il saillait à angle droit au bas des reins en croupe composée de deux loupes énormes. Par la dissection faite au Muséum, on a reconnu qu'au-dessus des muscles grands fessiers gissaient de gros paquets d'une graisse diffluente, ou tremblante comme une gelée animale, et qui s'étendant jusqu'autour des hanches en augmentait beaucoup l'ampleur. Il paraît que ce n'est qu'après le premier accouchement que de telles loupes graisseuses se développent chez des Boshismènes qui toutes, à la vérité, n'en ont pas de si volumineuses. Virey se propose (Dic. de Déterv. T. XIX, p. 82) de rechercher les causes de cette conformation singulière dont on s'était contenté avant lui de donner la description, et pense la trouver dans la chaleur qui n'y peut cependant rien, mais qui, selon lui, développe par un même mécanisme les callosités postérieures des Mandrils, la graisse des queues de Moutons, le croupion de quelques Oiseaux et les deux pétales supérieurs des *Pelargonium!*....

L'espèce Hottentote se partage, avec l'espèce Cafre, la pointe méridionale de l'Afrique, mais seulement en dehors du Tropique; elle en occupe la moitié occidentale où, sous le nom de Namaquois, de Koranas, de Boshismens, de Gonaquois et de Houzouanas, elle est répandue dans le bassin de la rivière d'Orange. Elle peuplait exclusivement les environs du cap de Bonne-Espérance et la côte sud, avant que les Européens qui s'y sont établis n'en eussent repoussé la plus grande partie dans l'intérieur des terres: mais on se trompe considérablement lorsqu'on avance que les Hottentots s'étendent tout autour de l'Afrique méridionale, depuis le cap Négro jusque sur la côte de Natal. Cette dernière côte est exclusivement occupée par l'espèce Cafre; les rivages qui se prolongent du cap Négro jusqu'à la rivière des Poissons, présentent une étendue totalement déserte de dix degrés à peu près en latitude. Il est encore absolument faux qu'on retrouve des Hottentots ou rien qui leur ressemble dans l'île de Madagascar.

De toutes les espèces humaines, la plus voisine du second genre de Bimanes par les formes, elle en est encore la plus rapprochée par l'infériorité de ses facultés intellectuelles, et les Hottentots sont, pour leur bonheur, tellement bruts, paresseux et stupides, qu'on a renoncé à les réduire en esclavage. A peine peuvent-ils former un raisonnement, et leur langage, aussi stérile que leurs idées, se réduit à une sorte de glossement qui n'a presque plus rien de semblable à notre voix. D'une malpropreté révoltante qui les rend infects, toujours frottés de suif, ou arrosés de leur propre urine, se faisant des ornemens de boyaux d'Animaux qu'ils laissent se dessécher en bracelets ou en bandelettes sur leur peau huileuse, se remplissant les cheveux de graisse et de terre, vêtus de peaux de bête sans préparation, se nourrissant de racines sauvages ou de panses d'Animaux et d'entrailles qu'ils ne lavent même pas, passant leur vie assoupis ou accroupis et fumant; par fois ils errent avec quelques troupeaux qui leur fournissent du lait. Isolés, taciturnes, fugitifs, se retirant dans les cavernes ou dans les bois, à peine font-ils usage du feu, si ce n'est pour allumer leur pipe qu'ils ne quittent point: le foyer domestique leur est à peu près inconnu, et ils ne bâtissent point de villages, ainsi que les Cafres leurs voisins qui, regardant ces misérables comme une sorte de gibier, leur donnent la chasse et exterminent tous ceux qu'ils rencontrent. On les a dit bons parce qu'ils étaient apathiques, tranquilles parce qu'ils sont paresseux, et doux parce qu'ils se montraient lâches en toute occasion. Quelques-uns n'ont pas fui à l'approche des Européens, et, vivant parmi eux, viennent dans les marchés du Cap porter diverses denrées; mais l'exemple des Hollandais qui les premiers fertilisèrent leur pays ne les a point déterminés à s'adonner à l'agriculture.

Les Hottentots n'ont ni lois ni religion; mais ils ont déjà des sorciers, sortes de prêtres qui les ont asservis à des pratiques ridicules, où des voyageurs superficiels ont cru reconnaître l'existence d'un culte. Il n'est pas de peuple au sujet duquel on ait rapporté plus de faussetés; depuis Kolbe jusqu'à Vaillant, on a dit et répété sur leur compte les histoires les plus singulières que Buffon sembla se complaire à recueillir ponctuellement. Au nombre des moins motivées, nous citerons cette suppression d'un testicule qu'on remplaçait par une boulette de graisse et de fines herbes, afin de mieux courir : absurdité qui de nos jours encore a été admise comme un fait authentique dans certains traités de géographie où l'on cite à l'appui, le retranchement d'un sein chez les fabuleuses Amazones, dans le but de tirer l'arc en perfection.

Dévorés de vermine, les Hottentots se plaisent, comme les Singes, à dévorer cette vermine à leur tour, et de même que les Mélaniens et que la plupart des Animaux, c'est sur place qu'ils vaquent aux besoins naturels, sans s'inquiéter qu'on les regarde ou non. Leur vie est plus courte que celle des autres Hommes ; ils sont vieux à quarante ans, et passent, dit-on, rarement la cinquantaine. On croit remarquer qu'ils ont, comme le reste des Africains, du penchant pour l'islamisme, parce que cette religion, assez habilement appropriée au climat des tropiques, permet la possession de plusieurs Femmes, et qu'elle n'offre point de ces mystères incompréhensibles pour tout autre qu'un subtil Européen.

En terminant par le Hottentot le tableau des espèces du genre humain, nous croyons devoir faire observer que si la supériorité intellectuelle de quelques Hommes favorisés sortis de l'espèce Japétique, paraît mériter à celle-ci le premier rang, les neuf dixièmes des individus qui la composent ne sont cependant pas beaucoup supérieurs aux Hottentots, quant au développement de la raison. Nous n'avons donc la prétention d'assigner aucune place définitive. Qui, d'ailleurs, oserait élever une espèce au-dessus des autres, ou déclarer l'une d'elles incapable de sortir de l'état de brute ? Ne voyons-nous pas d'orgueilleux Européens tomber de nos jours, par-delà les Pyrénées, au niveau des sauvages de la Nouvelle-Calédonie, tandis que les Ethiopiens d'Haïti s'élèvent au sublime niveau de l'Anglo-Amérique ?

††† Hommes Monstrueux.

Outre des espèces, des races, et des variétés naturellement et constamment reproduites à travers d'innombrables mélanges, le genre Homme renferme, comme tous les autres, des variétés accidentelles qui singularisent quelques individus, ou tout au plus certaines familles chez lesquelles des anomalies se perpétuent. Nous ne comprendrons pas au nombre de ces variétés tant de physionomies où, dans une espèce, on rencontre des traits d'une autre. Autant vaudrait, avec Tournefort, tenir compte des moindres nuances qui distinguent chaque Tulipe.

Les caractères que nous avons donnés comme spécifiques ne se retrouvent guère aujourd'hui complétement réunis dans un même individu. Les peuples sortis des diverses races se sont, depuis si long-temps, comme roulés les uns sur les autres, et confondus, que les limites caractéristiques ont en partie disparu ; il leur est arrivé ce qui eut lieu pour les diverses espèces d'Animaux domestiques que, des points de leur départ, les Hommes conduisirent les unes vers les autres, comme pour les soumettre aux causes de dégradation dont eux-mêmes étaient passibles. Le Dogue, le Lévrier, le Basset et l'Epagneul ne peuvent pas plus être le même Animal que le Lion, le Tigre, le Jaguar, l'Once ou le Lynx ; mais ayant plus de conformités dans leurs penchans, au lieu de s'entre-déchirer, comme l'eussent fait les espèces de Chats, ils se sont unis les uns aux autres, lorsque les Hommes qui les avaient modifiés séparément par la domesticité, leur en donnèrent l'exemple ; et de leurs accouplemens imitatifs résulta cette multiplicité de formes et de couleurs intermédiaires où le naturaliste ne s'arrête pas. Il en fut ainsi pour les espèces du genre Homme qui sous les rapports moraux ont plus de ressemblance avec les Chiens, qu'on ne consentirait à l'avouer.

On doit reléguer au nombre des êtres imaginaires ces Hommes à queue de vache que d'anciens voyageurs ont prétendu se trouver à Formose. Il en est de même de cette race de Malais chez laquelle, selon Struys, les Femmes avaient de la barbe comme leurs maris. On ne doit pas non plus, malgré l'autorité de Buffon qui penche pour les adopter, croire à de petits Africains, mangeurs de Sauterelles, mentionnés par Drake, et qui, vers l'âge de quarante ans, sont eux-mêmes mangés par une multitude d'Insectes ou Vermisseaux sortant de toutes les parties de leur corps où les engendre l'acrydiophagie. Les Pygmées et Troglodytes de l'antiquité, qui se battaient avec les Grues, n'y existent pas davantage. Un père de l'Eglise, qui assure avoir lié conversation avec un Centaure de très-bon sens, dans le même pays, y vit aussi des Hommes sans tête, lesquels avaient un gros œil au milieu de la poitrine. Raleigh aurait retrouvé à peu près le même genre de Cyclopes dans l'Amérique méridionale. On a aussi parlé de races qui n'avaient qu'une seule jambe et une seule cuisse terminant et soutenant le corps comme une colonne. On a enfin vu jusqu'à des Hommes marins ou Tritons, et des Sirènes ou femmes marines dont une, entre autres, ayant été prise dans une province de Hollande, y apprit à filer en perfection. On trouve dans plusieurs ouvrages, fort bons d'ailleurs, de telles histoires soigneusement recueillies; nous y renverrons le lecteur, s'il est curieux de s'en divertir, sans plus tenir compte des Hommes Porcs-Epics, de la race Hindoue à grosses jambes, dite de Saint-Thomas, dans l'île de Ceylan, des familles à six doigts aux mains et aux pieds, etc. « Ces variétés singulières de l'Homme, dit judicieusement Buffon dans l'Histoire de l'Ane, sont des défauts ou des excès accidentels qui, s'étant d'abord trouvés dans quelques individus, se sont propagés de race en race comme les autres vices héréditaires; mais ces différences, quoique constantes, ne doivent être regardées que comme des variétés individuelles qui ne séparent pas ces individus de leur espèce, puisque les races extraordinaires de ces Hommes à grosses jambes ou à six doigts, peuvent se mêler avec la race ordinaire, et produire des individus qui se reproduisent eux-mêmes. On doit dire la même chose de toutes les autres monstruosités ou difformités qui se communiquent des pères et mères aux enfans. » Il n'y a guère, dans les diverses espèces du genre humain, que deux variétés constantes, les Crétins et les Albinos, parce que les uns et les autres se montrent semblables partout.

α Les Crétins, dégénérés par appauvrissement, appartiennent d'ordinaire à l'espèce Japétique, et plus particulièrement aux races Celte et Germaine. Ils sont imbécilles; un goître défigure la partie antérieure de leur cou où les glandes sont essentiellement altérées; leur peau est jaunâtre; leur regard mourant; leur faiblesse extrême, et leur taille est constamment moindre que celle des autres Hommes. On les trouve dans les pays montagneux, tantôt naissant au hasard de parens bien constitués, d'autres fois, mais plus rarement, vivant en petites familles, et généralement relégués dans quelques vallons écartés. C'est dans les Pyrénées, en Suisse, en Styrie, et dans la chaîne des monts Krapacs qu'on en voit le plus; on les y méprise, et nul autre montagnard ne consentirait à contracter la moindre alliance avec eux, tandis que dans le Valais où il s'en trouve également beaucoup, on les regarde comme des êtres favorisés du ciel, parce qu'il est dit quelque part: « bien heureux les pauvres d'esprit. » On assure que les chaînes de l'Oural, du Thibet et même les Andes en produisirent. On prétend en avoir rencontré dans les hauteurs de Sumatra. V. Goitre.

β Les Albinos ont, comme il a été dit dans le premier volume de ce Dictionnaire, le caractère efféminé, la peau d'un blanc mat, les yeux faibles, avec la prunelle plus ou moins rouge, et les cheveux d'un jaune pâle, ou complétement cotonneux, soit pour la teinte, soit pour la consistance. Ils sont communs, ou du moins plus remarqués chez les espèces d'Hommes à derme foncé. On n'en cite point chez les Arabes; mais nous en avons vu parmi les Européens, notamment un à Varsovie; il était né d'un Polonais et d'une Allemande, et un autre dans un village de Suabe où l'on nous assura que sa mère et sa grand'mère étaient en tout semblables à lui.

Les Albinos observés à Java par des voyageurs, y forment, dit-on, quelques pauvres peuplades errantes dans les bois, et proscrites sous le nom de CHACRELAS. Labillardière cite une fille Albinos qui appartenait également à la race du Malais, et qu'il aperçut sur une des îles des Amis. Ceux de Ceylan, nommés BEDAS ou BEDOS, méprisés du reste des habitans, paraissent appartenir à l'espèce des Hindous. Il en existe parmi les Papous. On en a vu chez les Hyperboréens, mais ils y sont très-rares. Nous avons observé à Mascareigne une assez jolie esclave de seize ans, qu'on eût dit cependant en avoir trente, qui avait été achetée à Madagascar, et qui était Albinos de l'espèce Ethiopique. Elle avait eu deux enfans, l'un d'un blanc, et l'autre d'un nègre. Tous les deux étaient de véritables métis; ayant les traits de leur père, mais la couleur blafarde et la blancheur des cheveux de la mère; leurs yeux, faibles, n'étaient cependant pas rouges, mais châtains très-clairs. On trouve, dit-on, fréquemment des individus pareils dans les bois de la grande Ile où la seule colonie qui nous reste dans les mers de l'Inde s'alimente d'esclaves. Les habitans de l'Ile-de-France prétendent en avoir acheté quelquefois pour leur sauver la vie, les naturels les tuant comme des créatures abjectes, quand ils ne trouvent pas promptement à se défaire de ceux qu'ils prennent à la chasse : nous ne garantissons pas ce fait. On rencontre des Albinos chez la plupart des Ethiopiens du Continent. Enfin, les plus célèbres sont les DARIENS de l'Amérique, vivant dans l'isthme qui unit les deux parties du Nouveau-Monde. Ces Hommes, résultat d'un vice d'organisation transmis, semblent perdre les caractères de l'espèce dont ils sortirent, pour en prendre de propres à leur infirmité, et qui donnent à tous une physionomie commune d'une extrémité de la terre à l'autre.

§ III.—*Si chaque espèce du Genre humain eut son berceau particulier.*

Reconnaissant, ainsi qu'on vient de le voir, jusqu'à quinze espèces d'Hommes, avec la pensée qu'il doit en exister davantage, des individus de la Japétique, chez qui la civilisation développa un besoin de délation étranger aux autres bêtes, ne manqueront pas de nous accuser d'incrédulité. Ils vont, dans l'espoir de nuire, s'élever en disant : Fils ingrat, vous niez le couple primitif et sacré, formé par les mains de Dieu pour vous donner le jour, et source unique du genre humain !

Pour répondre d'avance à toute allégation envenimée, peu de mots suffiront. La révélation qui nous vient, ainsi qu'on l'a déjà rapporté (page 290), de l'espèce Arabique, et qu'adoptèrent les seuls chrétiens, à quelque espèce qu'ils appartinssent, n'ordonne nulle part de croire exclusivement à Adam et Eve. L'auteur inspiré, avons-nous dit plus haut, n'entendit évidemment s'occuper que des Hébreux, et parlant des autres espèces par économie, semble avoir voulu abandonner leur histoire au naturaliste. Plus tard, lorsque la Rédemption établit un nouveau pacte entre le ciel et la terre, Dieu confirma par un langage positif le témoignage tacite des plus anciennes traditions sacrées sur la diversité d'origine des Hommes, en appelant à lui LES GENTILS, c'est-à-dire LES AUTRES ESPÈCES dont il ne s'était pas plus occupé, durant quatre mille quatre ans, que du reste des Animaux.

Alors seulement ces Gentils ou espèces cadettes entrèrent dans l'héritage de bienfaits surnaturels qui, jusqu'à la naissance du Sauveur, avaient été réservés pour une race Arabique que son ingratitude incorrigible en rendait définitivement indigne. Et qu'on ne dise point qu'un tel système isolant les Hommes, et relâchant les liens de leur parenté, les doive porter à se plus haïr qu'ils ne le font déjà : il ne recule que d'un degré l'universel cousinage; car toutes les espèces possibles n'en sortirent pas moins du sein de la bienfaisante nature. Que, fécondée par le Créateur, cette Eve éternelle ait produit à la fois, ou l'une après l'autre, une première famille humaine ou quinze, les enfans qui perpétuent ces familles en seront-ils moins frères en Dieu?.... D'un pôle à l'autre les Hommes ne seront jamais que des rameaux d'un même tronc. « Ainsi c'est aux naturalistes qu'on devra les preuves physiques de cette vérité morale, que l'ignorance et la tyrannie ont si souvent méconnue, et que depuis si long-temps les Européens outragent lorsqu'ils achètent leurs frères pour les soumettre, sans relâche, à un travail sans salaire, pour les mêler à leurs troupeaux, et s'en former une propriété dans laquelle il n'y a de légitime que la haine vouée par les esclaves à leurs oppresseurs, et les imprécations adressées par ces malheureux, au Ciel, contre tant de barbarie et d'impunité. »(Vicd'Azyr, Éloge de Buffon, éd. de Verdière, T. 1, p. LXVII.)

Qu'on cesse donc de faire venir d'un point perdu de la Mésopotamie, et contre l'esprit de la révélation même, l'Américain, l'Hyperboréen, le Patagon, ou le Mélanien crépu de la terre de Van-Diémen ; encore une fois, reconnaissons en sûreté de conscience que chaque Adam dût avoir son berceau particulier, et recherchons quels purent être les divers points de départ des espèces dont se compose nécessairement le genre Homme.

Nous ne demanderons pas « pourquoi le grand Être n'aurait-il pu également créer des races autochtones au Nouveau-Monde comme dans l'Ancien ? » Nous avons déjà dit que nous n'avions pas la témérité de demander ainsi le pourquoi des choses ; nous ferions même au besoin amende honorable, pour avoir imprimé, comme l'auteur qui s'est permis cette interpellation, mais vers l'âge de vingt ans, « dès que l'Homme n'est qu'une créature comme les autres, pourquoi dans son genre n'existerait-il pas plusieurs espèces, comme il s'en trouve dans la plupart de ceux que nous offre le tableau de la nature ? » Nous nous bornons aujourd'hui à l'étude des faits qui répondent suffisamment à de telles questions.

Virey qui reconnaît deux espèces et six races dans le tableau que nous avons reproduit (pag. 280), leur reconnaît aussi des foyers primitifs, d'où ces races se seraient disséminées et répandues de proche en proche. Cet auteur ne croit donc pas plus que nous ni que Moïse à un seul Adam; mais il s'exprime plus clairement à cet égard que le législateur juif. « Ces foyers de propagation, dit-il, peuvent se reconnaître à la beauté et à la perfection corporelle de chaque famille qui les peuple : et comme le genre humain s'est dispersé par des colonies, il est naturel de croire qu'il a suivi d'abord les terres avant de s'exposer à un Océan inconnu et à l'inconstance des eaux. Ainsi les familles humaines paraissent avoir établi leurs foyers primitifs sur les élévations du globe, et de-là elles se sont écoulées, comme les fleuves, des montagnes jusqu'aux extrémités des terres et aux rivages des mers, etc. (Dict. de Déterv. T. XV, p. 175, Paris 1817.) »

Dès l'an XI de la république (1804), nous avions dit aussi (Essai sur les îles Fortunées, p. 165, etc.) : « Le genre duquel nous faisons partie doit venir de différentes racines confiées à différens climats ; ce n'est pas la température des lieux qu'ils habitent qui cause tant de variétés parmi les Hommes ; sous le même parallèle où se trouvent les noirs Iolofs, existent aussi des rouges, des olivâtres et même des blancs purs, qui de temps immémorial ont conservé leur teinte et leur physionomie qu'ils conserveront probablement toujours..... L'espèce dont nous faisons partie ne doit pas plus tirer son origine des mêmes lieux que les autres, que les Sapajous des Antilles ne doivent venir originairement de l'Afrique où il y a des Papions, et des parties de l'Inde dans lesquelles on rencontre des Orang-Outangs...... et comme il y a bien lieu de croire que toutes les espèces d'un même genre ne sont pas sorties d'un seul type propre à chacun, il ne serait pas plus fructueux de rechercher s'il fut un seul premier Homme et où fut sa demeure, que de s'enquérir d'où venaient, et de quelle espèce furent les premiers Charansons et les premiers Varecs, desquels sont sortis tous les Charansons des campagnes et tous les Varecs de la mer. »

Il existait encore ce rapport entre nos idées du jeune âge et celles de Virey dans l'âge mûr, que nous établissions le foyer de chaque espèce sur les plus grandes hauteurs du globe d'où nous les suivions, d'après Buffon, s'entourant d'Animaux esclaves et s'écoulant en colonies nombreuses, suivant les pentes du terrain avec les fleuves jusqu'aux extrémités de la terre et sur le rivage des mers.

Nous ne pensons plus aujourd'hui que les différentes espèces d'Hommes aient pu naître sur des sommets et des plateaux élevés dans la région des nuages, où nul être que des Bouquetins, des Chamois, quelques Végétaux appauvris et des Lichens crustacés, ne peut subsister. Sur les traces du savant Bailly, nous n'irons plus chercher leur source et l'origine de leur civilisation dans la haute et sauvage Tartarie, de tout temps et probablement à jamais inféconde et barbare ; mais nous reconnaîtrons que des montagnes ont été comme les charpentes de nos berceaux divers. En effet, c'est à leur pied que se formèrent et que s'agrandirent les premières îles qui durent apparaître, lorsque les eaux dont le globe était primitivement environné, furent assez abaissées pour que la végétation en vînt décorer la surface, et pût trouver l'appui convenable à ses racines.

Nous avons, en traitant de la Géographie considérée sous les rapports de l'histoire naturelle et dans l'article Création (*V.* ces mots), établi quelle dut être la filiation des êtres vivans en conséquence de leurs appétits. Nous y avons observé la végétation déterminant l'Herbivore, celui-ci le Carnivore; et l'Homme, qui se nourrit de Plantes et de chair, ne pouvant vivre avant que les Végétaux et les Animaux ne l'eussent précédé pour assurer sa subsistance. Nous avons vu, en parlant des Anthropolithes et des Fossiles (*V.* ces mots), qu'on n'avait nulle part trouvé la moindre trace authentique d'ossemens humains conservés dans les couches du globe, et nous disions à ce sujet, dès 1804, ce que nous avons cru devoir répéter en 1823 et que nous répéterons encore ici, parce que la vérité doit être souvent répétée pour qu'elle parvienne à prévaloir contre l'erreur :

« Les Animaux marins et les Poissons sont-ils les plus anciens habitans de l'univers? c'est ce que tout semble confirmer. Les traces des autres créatures sont moins fréquentes; on ne les retrouve que dans les régions découvertes plus récemment, selon toute apparence; et pour l'Homme, il est si moderne que, tandis que des feuilles et de frêles Insectes sont devenus des témoignages ineffaçables des existences de temps effacés, on ne saurait rencontrer nulle part les moindres indices de ses débris; on dirait que son orgueil, blessé de ne point retrouver dans les fastes du vieux monde des fragmens de ses premiers pères, a voulu triompher de l'oubli par les monumens de ses mains. Les pyramides sont peut-être l'ouvrage d'un peuple aussi avancé que nous dans les sciences naturelles, et qui étant humilié de ne voir dans aucun site calcaire des témoins qui pussent attester l'antiquité de son origine, voulut survivre par un souvenir monumental aux grandes révolutions physiques qui pouvaient subitement changer tout l'ordre des choses contemporain. » (*V.* Voyage en quatre îles des mers d'Afrique, T. 1, p. 210.)

On ne saurait conséquemment aujourd'hui douter que le genre humain ne soit moderne sur la terre en comparaison des autres créatures, encore que la plupart de ses espèces y soient très-anciennes; et nous disons la plupart, car il est probable que toutes ne datent pas de la même époque. Le degré de civilisation ou de barbarie de chacune d'elles peut fournir d'assez exactes données pour établir la proportion comparative des degrés d'antiquité.

Dans l'état de nature, singulièrement sauvages, sans arts, à peine familiarisés avec le feu, les Australasiens, habitans d'une terre neuve, et, selon toute apparence, récemment exondée, ne sauraient remonter aux temps où les Arabes et les premiers Scythes, par exemple, étaient circonscrits par un Océan bien plus vaste que l'Océan actuel, sur les plateaux de l'Abyssinie et de l'Asie centrale. C'est sous ce point de vue que la mesure des hauteurs du globe, jusqu'ici calculées dans leurs rapports avec les propriétés de l'atmosphère ou la géographie botanique, acquiert une nouvelle et plus grande importance. Elle servira à déterminer où furent les sources des diverses espèces d'Hommes, non que ces sources aient pu naître sur le comble aride ou glacé de ces hauteurs même, mais vers des rivages qui durent être ceux de nombreux archipels sous la forme desquels les montagnes se montrèrent d'abord. De-là ce respect religieux que les Hommes conservèrent si long-temps pour les monts dont les racines les avaient vus se développer, et qui, par leur élévation, durent plus d'une fois servir d'asile à nos aïeux contre des inondations désastreuses qui devaient être bien plus fréquentes quand la surface du globe se trouvait comme en litige entre l'aride et la mer balancée en liberté, sans que de vastes continens en restreignissent les ravages. Nous voyons les cérémonies primitives exercées sur les montagnes; on s'y rendait pour invoquer les Dieux, et toutes les superstitions continuèrent de s'y pratiquer quand les Hommes confondus oublièrent quelle était l'origine de leur respect universel pour les lieux hauts. On crut que ce respect venait de ce que les sommets étaient plus voisins de la Divinité, supposée habiter le ciel; peut-être avait-on un confus souvenir d'y avoir vu la foudre tomber pour la première fois et des volcans s'y faire jour. On indiquera bientôt quelle influence les volcans et la foudre exercèrent sur nos premiers âges.

Les Chinois ou Sines ont une grande vénération pour Chang-Pé-Chang, l'une des plus grandes élévations du Thibet. Au Japon, selon Thunberg, les temples et les tombeaux sont toujours construits sur les montagnes; et celle de Fusi, la plus considérable de l'empire, passe pour la résidence d'un dieu présidant aux tempêtes. Les Hindous ont un sommet sacré nommé pic Pir-Pangel. Les Grecs plaçaient la cour de leur Jupiter sur l'Olympe. Les Orientaux révérèrent le Carmel. Le voyageur Bruce retrouve dans les ruines de Thèbes la preuve du respect qu'eurent les premiers Egyptiens pour les hauteurs; les Ethiopiens de la Guinée ont leurs monts sacrés; ceux d'Ardra regardent même ces monts comme les principaux fétiches. Les Guanches des Canaries croyaient que Dieu, daignant descendre du ciel, s'abaissait de préférence sur des points élevés de leurs îles, et l'on montre à Fer deux pics contigus encore appelés *los Santillos de los antiguos*, au pied desquels on venait invoquer l'Eternel. Les Hébreux sacrifient sur les lieux élevés où Abraham lève par l'ordre de Dieu le couteau sur son fils Isaac; Moïse consulte le Très-Haut et le voit un instant face à face sur Sinaï; et Balaham, à la sollicitation du roi de Mohab, prophétise d'Israël sur la montagne de Phégor. La coutume d'adorer le Seigneur et de manger en sa présence sur les montagnes se perpétua longtemps chez les Juifs (1). On la retrouve dans l'Asie-Mineure vers le mont Ida. Enfin, ces pierres plantées sur toutes les cimes des îles et des côtes occidentales de l'Ecosse, de l'Angleterre ou de l'Armorique, retrouvées en quelques endroits à la base des Pyrénées, avec de vieilles tours d'origine inconnue, dont les crêtes de l'Irlande sont couronnées, indiquent que le respect des lieux hauts s'étendit d'une extrémité à l'autre de l'ancien continent; mais par une singularité digne de remarque, on ne le retrouve pas chez le Malais toujours riverain, non plus que chez les autres espèces Océaniques, soit la Mélanienne, soit l'Australasienne. On doit aussi noter qu'il paraît étranger aux peuples américains: et, malgré la hauteur des Andes qui semble prouver qu'une partie au moins du nouveau continent ne le cède point en antiquité au centre de l'Asie, de l'Europe ou de l'Afrique, les espèces indigènes du genre humain ont dû n'y paraître que tard. Quoi qu'il en soit, un coup-d'œil, jeté sur la magnifique mappe-monde publiée en 1820 par Brué, et dans laquelle cet habile géographe a figuré les chaînes alpines avec une singulière intelligence, peut, si l'on adopte nos quinze espèces d'hommes, aider à reconnaître où en furent les berceaux, mot qui, pour le genre de recherche que nous allons entreprendre, nous paraît préférable à celui de foyers, employé par Virey.

On voit sur la belle mappe-monde citée, qu'entre la Caspienne et la mer Noire, par les déserts où coule le Volga et par le pays des Cosaques du Don, le sol est fort bas. De la mer Noire à la Baltique, il n'est pas plus élevé; nous avons nous-même vérifié qu'il n'existe pas une colline à l'occident de ces vastes marais où se confondent presque les sources du Dniéper et du Bug, coulant vers deux bords opposés. Ainsi la Caspienne, la mer Noire et la Baltique communiquaient entre elles, et faisaient partie d'un grand Océan septentrional, que le Caucase s'élevait déjà fièrement au-dessus des vagues; ses ramifications, prolongées à travers l'Asie-Mineure, s'unissaient aux chaînes de la Thrace, car le Bosphore n'existait pas: on sait bien aujourd'hui que ce n'est qu'assez tard même que l'irruption de l'Euxin vers la Méditerranée le dut ouvrir (*V.* Tournefort, Voyage au Levant). Ces chaînes de la Thrace, liées à nos Alpes, formaient avec elles et leurs contreforts prolongés dans le sens des Krapacks, des Apennins, de nos Vosges et de nos Cévennes, un archipel immense sur les quatre versans généraux desquels s'étendirent les quatre races de l'espèce Japétique, n° 1.

La Scandinavie était alors une île moins considérable, et dont l'incorporation à la terre russe ne saurait être bien ancienne; car du golfe de Finlande à la mer Blanche, des lacs innombrables et souvent fort vastes indiquent encore la séparation primitive. L'espèce Hyperboréenne, n° 6, y vit le jour; faible et timide, elle y fut repoussée plus tard vers le cercle polaire par des peuplades de la race Germanique, et voyageant sur des glaçons comme les Ours blancs de leur climat polaire, ou sur des traîneaux, le long des côtes, quand leur patrie se rattacha au continent asiatique, elle s'étendit jusque dans l'autre hémisphère.

(1) Exod. Chap. IX, v. 3, v. 20; chap. XXIV, v. 9, v. 12; chap. XXII, v. 30; chap XXIV, v. 2, v. 3. — Deutér. Chap. X, v. 1; chap. XI, v. 29; chap. XXXIV, v. 1; — Rois. I, chap. IX, v. 12, v. 13; chap. X, v. 5; III, chap. III, v. 2, v. 4, etc., etc.

Une terre immense, l'Asie centrale, avait dû paraître dès avant le continent Japétique et l'île Hyperboréenne. De grands lacs intérieurs, dont quelques-uns très-diminués subsistent encore et dont les plus vastes sont représentés par des déserts salés inhabitables, y durent demeurer interceptés. L'enchaînement de ces lacs, ou plutôt de ces mers intérieures, y intercepta de même trois espèces d'Hommes aborigènes. Des racines de l'Altaï et du Bélour descendirent, vers le nord, avec la Léna, la Jenisei ou l'Obi, et vers l'ouest avec le Sarasus et le Gihon, les Hommes de l'espèce Scythique, n° 4. Du petit et du grand Thibet séparés de l'Altaï par la mer aujourd'hui devenue le Shamo, les Hindous, n° 3, et les Siniques, n° 5, s'étendirent sur les pentes méridionales de l'Asie naissante, où, sur les rivages accrus, ces espèces se trouvèrent en contact avec les Neptuniens Malais, n° 7 α, à mesure que, la diminution des mers incorporant au continent les îles dont ces derniers étaient les autochtones, la terre prenait la figure qu'elle présente de nos jours.

C'est encore un fait avéré et que nous pensons avoir démontré dans un livre sur l'Espagne, que le détroit de Gibraltar n'existait pas alors. La Méditerranée n'avait aucun rapport, pour la forme, à ce que nous la voyons aujourd'hui : sa communication avec l'Océan boréal, reproduite dans le canal de Languedoc, faisait de l'Ibérie une péninsule de cette Atlantide à laquelle des traditions respectables ont antiquement rattaché les îles Fortunées ou Hespérides. Les déserts de Sahara et de Lybie, surface arénacée, à peine élevés au-dessus du niveau des mers actuelles, étaient une mer de communication, et la grande île formée par les Canaries, la Barbarie et l'Espagne, vit naître cette race de l'espèce Arabique, n° 2 α, qui, sous le nom d'Atlante, fut probablement l'une des premières à se civiliser.

L'isthme de Suez, encore aujourd'hui presqu'à fleur d'eau, ne pouvait dans cet état de choses séparer deux océans. Le golfe Arabique et la Méditerranée, le golfe Persique même devaient communiquer par cet espace uni et pierreux que leur retraite a laissé inhabitable sous le nom d'Arabie Pétrée ; mais les montagnes de la Lune et de l'Abyssinie dominaient les flots africains, et sur les plateaux qui maintenant y demeurent à peu près abandonnés à l'espèce Ethiopique, la race Adamique, n° 2 β, sortait des mains du vrai Dieu, avec une prédominance qui devait, par une substitution mystérieuse dont les livres hébreux offrent plus d'un exemple, passer un jour à notre espèce (1).

On sait maintenant que les monts de Guinée ne communiquent pas avec ceux d'où le Nil descendit comme pour servir de guide à la race Adamique ; ils forment une masse particulière d'où peut-être est venue l'espèce Ethiopique, n° 12 ; mais nous avons des raisons puissantes de supposer que l'Afrique australe fut longtemps une terre à part, et les idées qu'avaient les anciens d'une partie du monde qu'ils connaissaient beaucoup mieux que nous confirment cette opinion. Les premières cartes géographiques nous représentent l'Ethiopie comme tronquée d'orient en occident, presque parallèlement à l'équateur depuis la côte d'Ajan jusqu'à

---

(1) La première substitution de ce genre est celle qui cause le premier crime, et qui dans le cœur de leur père, ainsi que dans les faveurs de Dieu, place le jeune Abel avant son aîné Caïn, et par suite établit, à la place de leur lignée, pour être celle de David, la descendance du puîné Seth. Par la seconde, la légitimité d'Isaac l'emporte sur l'aînesse d'Ismaël, souche des véritables Arabes. Dans la troisième, le cadet Jacob devient, au préjudice d'Esaü, l'un des aïeux de Marie, pour un plat de lentilles, et par une supercherie de sa mère. La quatrième transporte à la race de Juda les priviléges de Ruben, de Siméon et de Lévi, qui furent les trois premiers fils de Lia. La cinquième, enfin, plaça sur le trône d'Israël, Salomon, fils de l'adultère, pour devenir l'aïeul du Christ au préjudice des enfans qu'avait eus du premier lit le séducteur de Betsabée, qui fut aussi l'assassin d'Uri son époux.

celle de Calabar. L'espèce Ethiopique eût donc pu se reproduire vers le Congo, dont les sommets forment peut-être encore une grande île étendue du nord au sud, tandis que vers les hauteurs qui s'élèvent sous le tropique austral, apparaissaient les Cafres, nº 13, et ces Hottentots, nº 15, qui nous semblent devoir être avec les Australasiens, nº 8, et les Mélaniens, nº 14, les derniers venus ou les espèces cadettes du genre humain.

Nous n'avons pas sur l'Amérique et sur ses espèces d'Hommes indigènes des données suffisantes pour entreprendre d'y chercher dans quelles parties de son étendue durent être situés les berceaux analogues à ceux que nous venons de reconnaître sur l'ancien continent; et quant à l'espèce Neptunienne, nº 7, nous pensons qu'il serait prématuré de prononcer sur le lieu de son origine; elle dut être partout littorale. Ce n'est que sur sa race Océanique qu'on peut hasarder des conjectures probables. Nous avons cru apercevoir son point de départ dans la Nouvelle-Zélande. (P. 306.)

Ce n'est que, lorsqu'à l'exemple de Gaimard et de Quoy, de Durville et de Lesson, de nouveaux voyageurs auront soigneusement observé, comparé, décrit et figuré, tels qu'ils sont, des habitans de la Polynésie et de la mer du Sud appartenant à toutes les variétés, à toutes les races, à toutes les espèces qui s'y doivent trouver, qu'on pourra tenter cet important travail. L'histoire naturelle de l'Homme est encore dans l'enfance, particulièrement en tout ce qui concerne l'Océanique et le Nouveau-Monde. Il était reçu de tromper les Européens vers la fin du dix-huitième siècle, lorsqu'on découvrit tant d'archipels dont on nous représentait les habitans comme les meilleurs des humains, en leur prêtant les formes antiques de la Vénus de Médicis, d'Apollon et du dieu Mars. On ne doit s'en rapporter en rien, touchant leur physionomie et leur prétendue beauté, à ces jolies planches gravées dans les voyages de Cook, d'après des dessins évidemment faits à Londres ou à Paris par des peintres qui n'en avaient jamais vus. Nous pourrions citer d'autres relations modernes, précieuses sous tout autre rapport, mais où des Sauvages Mélaniens et Australasiens, à extrémités grêles, à menton presque imberbe, à figure hideuse, et les plus disgracieux de tous les Hommes, ont été représentés par des artistes parisiens, d'après des académies ou des bosses dont les divinités de la Grèce et les forts de nos halles avaient été les modèles; mais on mettait un nom propre plus ou moins baroque au bas de la planche, et le crédule lecteur s'extasiait sur la force et la beauté des prétendus Sauvages?.....

§ IV. *De l'importance des secours que l'histoire naturelle de l'Homme peut tirer des recherches philologiques et statistiques.*

On a pensé que l'étude approfondie et la comparaison minutieuse des langues fournissaient des moyens concluans pour reconnaître les espèces du genre humain chez les peuples qui, dans leur origine, appartinrent respectivement à ces espèces. Quelque dispersion et quelque mélange que les Hommes eussent subi, on essaya de les suivre à la trace en se servant, comme du fil d'Ariane, de mots ou de constructions de phrases qui seraient demeurés des choses communes chez toutes leurs ramifications. Nous ne prétendons point nier l'importance de pareilles recherches dont les résultats nous paraissent plus propres à jeter quelque jour sur l'histoire politique des nations que sur l'histoire naturelle des espèces, choses qu'il ne faut ni confondre, ni regarder comme identiques.

Les premiers idiomes durent, à la vérité, être légèrement dissemblables selon chaque espèce d'Homme. L'implantation verticale ou proclive des dents aux mâchoires, l'épaisseur de la langue, la grosseur des lèvres, la contexture plus ou moins élargie de la glotte, même la forme aplatie ou saillante du nez, devaient chez elle permettre ou proscrire la formation de différens sons. Les Ethiopiens, qui ont les incisives obliquement situées, ne parviennent jamais à prononcer la lettre R. Les Hottentots gloussent, et les Malais gazouillent plus qu'ils ne parlent; les Neptuniens de la mer du Sud, à Otaïti surtout, ne peuvent articuler que sept à huit de nos consonnes jointes à certaines voyelles qu'il nous serait presque impossible de répéter, et dénaturent les mots européens à mesure qu'ils leur sont importés; cependant les variations de contexture qui existent dans l'appareil vocal chez les espèces du genre humain ne sont pas suffisantes pour déterminer des combinaisons de langages empreintes de différences telles qu'on s'y doive capitalement arrêter, comme attributs caractéristiques de première valeur.

Nous verrons tout à l'heure que ce fut dans un second âge du genre humain où les diverses espèces n'avaient guère pu se confondre encore, que les idiomes durent commencer à se caractériser; quand ces idiomes se constituèrent définitivement, la civilisation était assez avancée; quand l'écriture les fixa, la civilisation était à peu près complète. Si, dans leurs émigrations ou par leurs conquêtes, des peuples, antérieurs à ceux dont le souvenir s'est conservé et qui parlaient déjà des langages étendus, laissèrent ou imposèrent à des vaincus d'espèce différente quelques-uns de leurs mots et leur syntaxe, ces reliques de grands événemens oubliés ont peu d'importance ici. Elles sont comme les médailles frustes des temps obscurs, par le secours desquelles le chronologiste parvient à rétablir quelques dates, mais qui ne sauraient apprendre au zoologiste à quelle espèce d'Homme durent appartenir ceux qui les frappèrent.

L'estimation du nombre des individus dans les diverses espèces du genre humain n'est pas, dans l'état actuel de nos connaissances, une chose plus décisive en histoire naturelle que celle de mots pareils ou de constructions analogues qu'on découvrirait dans leur langage, et l'arithmétique humaine est pour le moins aussi hypothétique et vaine que l'arithmétique introduite dans le règne végétal. Trop de données nous manquent pour en établir les élémens. Les auteurs qui emploient ainsi le calcul pour capter l'admiration des gens incapables d'en vérifier les sommes, savent bien dans le fond à quoi s'en tenir sur leur valeur. En effet, quel cas peut-on raisonnablement faire de ces dénombremens prétentieusement imprimés à Paris, de peuples qui ne sauraient se dénombrer eux-mêmes, et qui, tels que les Australasiens entre autres, ne comptent pas, selon l'illustre R. Brown, au-delà du nombre des doigts de la main?

Que dans un empire complétement policé, le gouvernement veuille savoir combien il peut lever de soldats et de contributions, les registres de chaque municipalité lui fournissent des moyens de répartition fondés sur la connaissance, encore approximative, du nombre d'Hommes qui dépendent de ses agens. Mais qui sait, qui pourrait deviner, à qui importe-t-il de connaître combien il y a, par exemple, d'Araucanos ou de Malais? On ignore le nombre de lieues carrées de surface qu'occupent les premiers dans l'Amérique méridionale, et le nombre des îles occupées par les seconds dans la Polynésie et la mer du Sud! On ne citerait pas trois États en Europe où la population soit exactement connue; nous avons ailleurs prouvé que le roi d'Espagne ne sait pas, à cinq ou six cent mille ames près, le nombre des habitans de ses provinces de Galice, d'Estramadure et de Valence, et l'on vient nous faire des romans numériques sur d'immenses régions aux trois quarts désertes et sauvages, où les Etats ne connaissent positivement pas leurs propres limites, et dont l'étendue en surface ne peut être évaluée que sur des cartes géographiques remplies de lacunes, quand elles ne le sont pas de détails à peu près imaginaires! Le président des Etats-Unis et celui de la Colombie ignorent combien leurs républiques naissantes contiennent précisément de citoyens, et l'on s'extasie dans l'ancien continent sur la précision d'une statistique du Nouveau-Monde, où non-seulement on nous indique ce qu'il il y existe d'indigènes ou d'étrangers, mais encore, à un Homme près, combien il s'en trouve qui parlent telle ou telle langue et qui professent telle ou telle religion! Les Hommes doués d'un esprit exact, sachant fort bien qu'on ne connaît même pas positivement le nombre des espèces d'Hommes que nourrit l'Amérique, ne peuvent croire qu'on soit en état d'en compter d'avance les individus. Ils n'admettent pas, pour fonder des théories, de gratuites assertions comme des vérités incontestables, quelle que puisse être la célébrité de ceux qui les prodiguent si légèrement en compromettant leur réputation; ils veulent surtout, avant de croire et d'admirer, qu'on leur soumette les données authentiquement déduites, d'après lesquelles on établit ainsi du positif. Pour nous, qui avons retenu du prudent Bacon que le doute est le chemin de la vérité, et qui ne croyons pas qu'on puisse évaluer, à quelques millions près, le nombre des humains qui vivent et gémissent aujourd'hui sur la terre, nous ne voyons aucune nécessité à spéculer sur ce qu'il ne nous est pas donné d'approfondir. Ici, le *cui bono* ne serait peut-être pas déplacé. *V.* HISTOIRE NATURELLE, p. 249 de notre Dictionnaire.

Mais si l'estimation numérique des individus dont se compose le genre humain ne peut être assise sur la moindre donnée raisonnable, et si la statistique n'en peut être même essayée, il n'est pas sans utilité de rechercher dans quelles proportions les Hommes se peuvent multiplier sur le globe, selon la nature des institutions qui les y régissent. Les conséquences de ce genre d'investigations prouvent les immenses avantages de l'état social, lequel, par l'étude des arts et des sciences, résultats de son perfectionnement, donne tant de moyens de conservation individuelle, qui tournent au profit de l'augmentation de l'espèce entière. On trouve des preuves de cette consolante vérité jusque dans la révolution française qui, consommant un si grand nombre d'Hommes, en laissa cependant entre le Rhin, les mers et les Pyrénées, plus qu'il n'en avait jamais existé auparavant.

Malgré l'autorité de Montesquieu qui, sur l'influence exagérée des climats, ainsi que touchant la proportion numérique des peuples dont il s'est occupé, tomba perpétuellement dans les plus graves erreurs, on peut établir qu'en Europe seulement, quelque aveugle et tyrannique que s'y soit montrée la puissance, malgré les pestes, les croisades, les bûchers du Saint-Office, les guerres de tout genre, les Saint-Barthélemis et les Dragonnades, le nombre des Hommes est au moins triplé depuis la chute de l'empire romain. L'ancienne capitale du grand empire ne contient plus, à la vérité, sous la domination de ses pontifes, comme sous les Césars, quatre cent soixante mille citoyens, ce qui supposait sept à huit millions d'habitans, y compris les esclaves; mais Londres, Paris, Berlin, Pétersbourg avec quelques autres villes qui n'existaient pas, en comptent plus que n'en renfermait l'Italie entière. Et quant à la ruine de l'Afrique, indépendamment de ce qu'elle serait largement compensée par la multiplication des Hommes sur mille autres points de l'univers, Buffon ne la veut pas même admettre; il dit judicieusement dans son histoire du Lion: « L'espèce humaine, au lieu d'avoir souffert une diminution considérable depuis le temps des Romains (comme bien des gens le prétendent), s'est au contraire augmentée, étendue et plus nombreusement répandue, même dans les contrées comme la Lybie où la puissance de l'Homme paraît avoir été plus grande dans ce temps, qui était à peu près le siècle de Carthage, qu'elle ne l'est dans le siècle présent de Tunis et d'Alger. » L'Amérique affranchie, sans avoir influé en moins sur la population de l'Europe, aux dépens de laquelle nous voyons la sienne se grossir de jour en jour, possède plus d'habitans depuis sa découverte, qu'elle ne nourrissait d'indigènes, et que n'en purent égorger ses barbares conquérans. Elle en possède certainement plus qu'il ne s'en trouvait dans notre Europe et dans l'Afrique romaine, à l'époque où l'auteur de l'Esprit des Lois suppose, par esprit de système, avoir existé la plus forte population de l'univers.

Buffon, que nous aimons tant à citer lorsqu'il demeure à sa propre hauteur, Buffon, dans ses tables de probabilité pour la durée de la vie humaine, fit à notre histoire physique la seule application des chiffres qui lui puisse convenir. Cet Homme, si grand quand il consentait à réfréner son génie, trouva encore dans d'utiles calculs des argumens contre les terreurs que nous inspire la triste prévision du trépas. « Tantôt, dit éloquemment Vicq-d'Azyr, s'adressant aux personnes les plus timides, il leur dit que le corps énervé ne peut éprouver de vives souffrances au moment de sa dissolution. Tantôt, voulant convaincre les lecteurs plus éclairés, il leur montre, dans le désordre apparent de la destruction, un des effets de la cause qui conserve et qui régénère; il leur fait remarquer que le sentiment de l'existence ne forme point en nous une trame continue, que ce fil se rompt chaque jour par le sommeil, et que ces lacunes, dont personne ne s'effraie, appartiennent toutes à la mort. Tantôt, parlant aux vieillards, il leur annonce que le plus âgé d'entre eux, s'il jouit d'une bonne santé, conserve l'espérance légitime de trois années de vie; que la mort se ralentit dans sa marche à mesure qu'elle s'avance, et que c'est encore une raison pour vivre que d'avoir long-temps vécu. Les calculs que M. de Buffon a publiés sur ce sujet important ne se bornent point à répandre des consolations; on en tire des conséquences utiles à l'administration des peuples. Ils prouvent que les grandes villes sont des abîmes où l'espèce humaine s'engloutit. On y voit que les années les moins fertiles en subsistance sont aussi les moins fécondes en Hommes. De nombreux résultats y montrent que le corps politique languit lorsqu'on l'opprime, qu'il se fatigue et s'épuise lorsqu'on l'irrite; qu'il dépérit faute de chaleur et d'aliment, et qu'il ne jouit de toutes ses forces qu'au sein de l'abondance et de la liberté. »

Nous voyons cette Amérique, jadis dépeuplée par la tyrannie, aujourd'hui si florissante sous l'influence de la liberté conquise, confirmer la vérité si noblement exprimée par le digne panégyriste de Buffon, et prouver qu'il n'est de prospérité réelle et d'espoir d'accroissement, que pour les nations où les droits imprescriptibles de l'Homme et du citoyen sont adoptés comme bases de l'ordre social.

§ V. *De l'Homme dans l'état de nature, et comment il en sortit pour s'élever à la civilisation.*

Après avoir établi les caractères physiques des espèces dont se compose le genre humain et recherché où fut le berceau de chacune, il devient nécessaire, pour compléter notre histoire, d'indiquer par quels degrés l'Homme parvint à mériter le premier rang, et à dominer le reste des créatures. Il ne fut pas moins méconnu sous ce point de vue moral que sous celui de sa distribution méthodique sur la terre, et le plus grand nombre des écrivains qui en traitèrent, ayant dédaigné l'observation, se sont égarés, en préférant à ce guide infaillible un vain esprit de système; ils semblent n'avoir eu d'autres prétentions que de substituer leurs fausses idées à celles de leurs devanciers, et de superficiels admirateurs les ont proclamés d'autant plus habiles que leurs théories, contraires à celles qui se fondent sur l'examen sévère des faits, étaient le fruit de plus grands efforts d'invention.

L'histoire de l'Homme, traitée par quiconque n'avait pas anatomiquement consulté le cadavre de ses pareils, ne pouvait être qu'un canevas à déclamations dont la conclusion, reproduite sous mille formes, était sans cesse : « S'il s'élève, je l'abaisse; s'il s'humilie, je le relève, afin de lui faire comprendre qu'il est un monstre inexplicable. » Et l'on se laissa séduire par de tels non-sens!

Il n'est donné à qui que ce soit d'élever ni d'abaisser l'Homme, dont toute l'autorité de Pascal lui-même ne saurait faire un monstre. Le vrai sage nous laisse où la nature nous daigna placer, et nous n'y sommes point inexplicables, lorsqu'on descend dans notre organisation intime, et comparativement avec celle des autres Animaux. Mais il ne faut pas procéder, dans une recherche de cette importance, avec des idées étroites ou arrêtées d'avance, et qui condamnent l'investigateur à rejeter des vérités évidentes, quand ces vérités ne se trouvent pas d'accord avec des préjugés admis, mais qui, en dépit du consentement universel et de la sanction des siècles, n'en sont pas moins fondés sur l'erreur. C'est dans un esprit baconien qu'il faut se livrer à l'étude de l'Homme intellectuel, lequel n'est qu'une conséquence nécessaire de l'Homme Mammifère.

Toute métaphysique dont l'anatomie et la physiologie ne sont pas les flambeaux, n'est pas digne du nom de science. Amas spécieux de vaines spéculations, la plupart des philosophes qui s'y adonnèrent ont pu éblouir des siècles d'ignorance et s'y constituer chefs d'écoles; mais la vérité n'admet pas d'écoles, et quelque brillantes qu'aient été les rêveries de ceux qui, sans se comprendre, se choisirent pour sujets de leurs romans métaphysiques, ces rêveries sont aujourd'hui tellement discréditées, que ce serait perdre un temps qu'on peut mieux employer que de les mentionner ici. L'Homme qui veut se connaître doit se chercher dans sa propre nature, pénétrer dans son organisation et dans celle des bêtes, en comparant les diverses modifications que l'âge et l'état de santé ou de maladie apportent en lui; il ne doit pas, surtout, consumer le peu de temps qui fut mis à sa disposition dans ce monde, à feuilleter d'innombrables volumes qu'il est convenu de regarder comme excellens, encore qu'on n'y pût citer une page sans faussetés. De tout ce qui fut publié sur l'Homme avant Cabanis et Bichat, on ne trouverait peut-être pas, si ce n'est dans Locke et dans Leibnitz, la valeur d'un moyen in-octavo qui méritât d'être conservé. *V.* INSTINCT, INTELLIGENCE, IRRITABILITÉ, MATIÈRE, ORGANISATION et SENSATION.

Nous n'anticiperons point sur ce qui doit être dit dans les articles où nous renvoyons; il nous suffira, pour le moment, de faire remarquer combien se trompèrent, ou voulurent nous tromper, ces philosophes du siècle dernier, qui nous peignirent la supériorité de ce qu'ils appelaient l'Homme dans l'état de nature, sur l'Homme civilisé. Cet état de nature, tel qu'ils se l'imaginaient, ne saurait exister; ils y voulaient l'espèce composée d'individus développés comme par enchantement, robustes, fortement constitués, aguerris contre l'intempérie des saisons, n'ayant de besoins que ceux qu'ils pouvaient aussitôt satisfaire, doués d'une intelligence et d'une rectitude de jugement que ne faussaient aucuns des préjugés qu'on suppose être inhérens à l'état social. Ils voyaient dans chaque sauvage autant d'Adams sortis parfaits des mains du Créateur. A la connaissance près du bien et du mal qui, pour son bonheur, ne lui avait pas été donnée, le sauvage des philosophes, appréciant par la supériorité de l'instinct la nature entière, était comme l'Homme du Béréshit, semblable aux dieux. Rien de mieux cadencé et de plus pompeusement sonore que le beau discours placé par Buffon dans la bouche de son premier mortel qui, en même temps, eût été le premier des orateurs; car, dans ce discours, l'Adam fictif, analysant avec autant de méthode que l'eût pu faire un disciple de Condillac, les sensations qu'il éprouva pendant les vingt-quatre premières heures de son existence, semble porter la parole devant l'Académie française en séance publique. N'a-t-on pas d'ailleurs osé imprimer naguère que « c'est parmi les sauvages ou les barbares qu'il nous faut aujourd'hui chercher la véritable éloquence et la haute poésie, qui ne se trouvent plus chez les peuples très-policés.» Celui qui écrivit ces étranges lignes ignore-t-il donc que les Etienne, les Arnault, les Delavigne, les Ancelot et les Daru n'ont point renoncé à composer des vers, qu'il n'est pas encore interdit aux Constant, aux Périer, aux Foy, aux Collard, aux Bertin-Devaux, de se faire entendre à la tribune, et que les Cuvier et les Fourier prononcent annuellement devant l'Institut des éloges funèbres, ou rendent compte de l'état des connaissances humaines?

« Dans les sciences de fait, dit judicieusement Voltaire qui sut, en se jouant, faire agir son Huron comme il convient au vrai Sauvage, rien n'est plus déplacé que de parler poétiquement, et de prodiguer les figures ou les ornemens, quand il ne faut que méthode et vérité; c'est le charlatanisme d'un Homme qui veut faire passer de faux systèmes à la faveur d'un vain bruit de paroles: les petits esprits se laissent tromper par cet appât que les bons esprits dédaignent. » Laissons conséquemment dans Milton, dans Gesner ou chez leurs froids imitateurs, le premier couple vivant discourir, aux premiers jours du monde, dans un goût qui n'est point celui que comporte l'austérité des sciences exactes, et convenons que l'état le plus triste et le plus à plaindre est celui des Sauvages, tels qu'ils sont réellement, c'est-à-dire que celui de l'Homme dans l'état de nature. Les voyageurs modernes, affranchis de préjugés, nous les montrent faibles de corps, exposés nus à l'inclémence des saisons, et manquant d'industrie pour s'y soustraire, lâches d'esprit, cruels sans nécessité, enclins à tous les vices, débordés, mangeurs d'Hommes, et cependant on ne peut leur imputer à crime les perpétuelles rapines où nous les voyons s'exercer, puisqu'à peine ils discernent quelques notions du tien et du mien.

L'Homme étant de toutes les créatures celle qui fut jetée sur la terre avec le plus de besoins et le moins de moyens d'y satisfaire, ne s'y fût pas long-temps conservé, si, dans sa faiblesse même, il n'eût trouvé des incitations puissantes pour sortir de sa condition animale: il n'était pas couvert d'une fourrure, il devait se chercher des vêtemens; il n'avait ni serres déchirantes, ni dents redoutables, ni piquans, ni écailles; il lui fallait trouver au moins des moyens de défense; ses pieds n'étaient protégés par aucun ongle dur; l'invention d'une chaussure lui devenait, tôt ou tard, indispensable pour entreprendre de longues migrations. Lorsqu'après bien des siècles de faiblesse et de nudité, il fût parvenu à se fabriquer des habits, des semelles et des armes, il n'eût encore été qu'au niveau, tout au plus, des Ours et des Solipèdes; mais excité par sa faiblesse et son dénument, l'Homme n'eût cependant pu satisfaire à ses moindres besoins, qu'il n'eût grandi sous la protection de celle qui le mit au jour, et qu'il n'en eût conséquemment reçu un genre d'éducation plus complet que celui que peuvent recevoir les petits du reste des Animaux; ceux-ci ne demeurant que peu de temps auprès de leur mère, s'en séparent avant que des liens de famille aient pu se resserrer. Mais il n'en est pas de même des enfans: avant l'âge de puberté les malheureux couraient risque de mourir de faim ou d'être dévorés par le moindre des Carnivores si leurs parens les abandonnaient, et pendant les années qui s'écoulent entre la naissance et la possibilité de l'émancipation, les membres de la famille ont le temps de s'attacher les uns aux autres.

Il ne serait cependant résulté de cette dépendance mutuelle et prolongée que des habitudes peu enracinées, ainsi qu'il arrive parmi les Campagnols, les Caribous, les Marsouins, et autres Mammifères, qu'on dit vivre dans une sorte d'état social, parce qu'ils se réunissent en troupes pour voyager. On eût vu les diverses espèces du genre humain former tout au plus des bandes errantes et peu nombreuses, où chaque individu, ne connaissant de lois que celle du plus fort, ayant une certaine propension à opprimer ses semblables, pouvait à chaque instant devenir la cause d'une dispersion sans retour.

Quelle que soit l'époque où les Hommes aient paru sur la terre, ils y furent portés par leurs grossiers besoins à s'y tout disputer, depuis leur proie jusqu'à la possession d'une femelle. Dans la perpétuité de leurs penchans amoureux qui ne sont pas restreints à l'influence de la saison du rut, existait néanmoins pour eux une nouvelle cause de sociabilité. Les individus des deux sexes, éprouvant des ardeurs chaque jour renaissantes, devaient trouver plus sûr de demeurer constamment unis dans un esprit de protection mutuelle, après s'être recherchés, que de recommencer chaque fois des poursuites qui pouvaient, comme il arrive chez les Aranéides, n'être pas sans péril, puisque l'appétit de la chair humaine n'étant pas alors le moins violent, le mâle et la femelle, après l'accouplement, eussent bien pu s'entre-dévorer. Cependant la permanence des amours, d'où résultait la monogamie, et la longue éducation des petits n'eussent encore placé le genre humain que dans la catégorie de ces bêtes féroces, dont l'amour et les soins dus aux petits adoucissent momentanément l'humeur, et tout au plus au rang de ces Aigles qui, fidèles dans leurs tendresses conjugales, et passionnés pour leur progéniture tant qu'elle réclame leurs soins, la chassent loin de l'aire natale, aussitôt qu'elle peut se suffire, et que ses besoins accrus donnent le moindre ombrage au père et à la mère qui se réservent l'empire du canton.

Le genre humain joignait encore à sa faiblesse instigatrice, à son penchant vers la fidélité d'où résulta le premier mariage, ainsi qu'à la nécessité d'une plus longue éducation, une disposition naturelle d'organes qui rendait ses espèces capables de comparer un plus grand nombre d'objets qu'il n'était donné à tous les autres Animaux de le faire; la forme de ses mains surtout, fut, comme nous l'avons vu plus haut, un puissant moyen de régularisation pour ses jugemens; mais ces mains, auxquelles Helvétius accordait trop d'importance, n'en faisaient guère qu'un genre entre les Singes et le mettaient simplement sur la ligne de l'Orang; ce fut le mécanisme de l'organe d'où proviennent ses facultés vocales, qui compléta l'Homme, et qui commanda son élévation dans la nature: seul dans le sein de cette mère féconde, il lui était donné d'articuler des mots, et dès que chaque couple ou chaque famille se fut fait un vocabulaire quelconque, le genre humain put aspirer à commander dans l'univers.

Cependant l'Homme et la Femme marchaient appariés, bientôt suivis d'enfans imitateurs armés pour la défense commune, ou pour attaquer les bêtes sauvages, vêtus des dépouilles sanglantes de celles-ci, et parlant une ébauche de langage, qu'ils n'étaient encore que des brutes farouches. Le genre humain se montrait, sur la face entière du globe, ce que nous le voyons maintenant encore sur les côtes de la Nouvelle-Hollande, ce que demeurent l'espèce Mélanienne et l'Australasienne, pas même à la hauteur du Hottentot; et tel fut cet état de nature tant vanté que, selon J.-J. Rousseau, la civilisation aurait perverti!

Les données manquent pour établir quelle put être la durée de temps pendant laquelle nos pères vaguèrent dans cette condition sauvage, où l'anthropophagie était un goût universel; c'est ce que les poëtes ont appelé L'AGE D'OR. L'Homme y fût, sans doute, éternellement demeuré, si quelque grand événement, indépendant de sa volonté bornée, n'eût déterminé le perfectionnement de son existence.

Ici commence L'AGE D'ARGENT, où le véritable état social va remplacer la simple association de famille, association qui n'était guère analogue qu'à celle de bandes, où, comme chez les Onagres et les Grues, le plus ancien ouvre la marche sans exercer d'autre influence sur ses pareils que celle d'un guide éclairé par une plus longue expérience des dangers ou des chemins de l'air. Des traditions mythologiques permettent déjà de reconnaître alors quelques linéamens d'histoire; cette seconde époque date de la découverte du feu, source féconde de vie, d'intelligence et de maux.

La foudre a frappé le plus grand Arbre des forêts primitives; un cratère a vomi des laves sur la végétation dont se paraient les flancs d'une montagne; la flamme dévorante jaillit et porte au loin le ravage. Troublé dans sa bauge nocturne, l'Homme fuit à la lueur d'un jour inconnu, et ce n'est qu'après bien des incendies qu'il ose de loin contempler la majesté du spectacle; mais enfin il distingue que de tels embrasemens ont leur terme, il en veut connaître les limites fumantes, et s'en approchant, il éprouve qu'une chaleur bienfaisante en émane; il approche encore et jouit; il approche davantage, il se brûle et recule plus que jamais épouvanté : de nouvelles expériences le familiarisent enfin avec l'élément inconnu qui, pour lui, produit à la fois des voluptés et des douleurs; il a déjà contemplé son Dieu dans le buisson ardent; mais le feu s'est éteint, et l'Homme le pleure; inquiet, agité, craignant de l'avoir à jamais perdu, car sa source est dans le ciel, ou sur des sommets inaccessibles, il n'ose espérer de l'en voir de nouveau descendre; il erre autour des cratères, le long des bois détruits dans l'espoir de recueillir quelque étincelle : il compare déjà la sensation qu'il éprouvait, en s'en approchant, à celle qu'il ressent; et quand les rayons d'un soleil vivifiant le réchauffent, il ne doute plus que cet astre et le feu ne soient le même être; le sabéisme ne tardera point à naître. Cependant l'éclair brille de nouveau et le tonnerre gronde, ses carreaux ont reproduit le feu dans le branchage, celui qui brille et disparaît, qui réchauffe mais qui brûle, Osiris, Adonis, en un mot la Divinité, quelque nom qu'on lui donne, est retrouvée, la tempête sera désormais sa voix redoutable, elle avertira l'Homme de sa venue, et les terreurs surnaturelles sont entrées dans le cœur de nos aïeux; le foyer domestique, autel révéré, s'élève au milieu d'eux, il y devient le centre de la famille qui ne s'en éloignera plus; on y conservera religieusement le feu d'origine céleste, et dont le culte, venu d'en haut, précède tous les autres cultes, ou plutôt en est la source; avec lui s'établit la société sur des fondemens indestructibles dont la propriété sera le plus essentiel. L'Homme d'abord n'avait été que le plus misérable des êtres, trouvant dans sa propre faiblesse les causes d'une industrie portée tout au plus à l'invention des moyens de défense ou d'attaque; mais seul il a osé se familiariser avec les clartés ardentes à l'aspect desquelles fuient encore tous les Animaux sauvages, et que les Animaux domestiques, qui ne s'en effraient plus, ne sauraient cependant entretenir; ses yeux sont dessillés, le souffle de vie est empreint sur sa face; de-là ces théogonies où nous voyons le genre humain représenté par une statue de boue, mais devenant semblable aux dieux, dès qu'un rayon de feu, conséquemment de la Divinité même, vient l'animer en tempérant ses misères.

Peut-être quelques Hommes plus hardis, et qui, avant les autres, avaient essayé d'allumer du feu, s'en étaient voulu réserver l'usage, et profitaient de la supériorité qu'ils en avaient obtenue, pour dominer le vulgaire d'alors. Pontifes jaloux de la Divinité qu'ils tenaient captive, ils s'établirent sur leurs grossiers contemporains les interprètes des volontés qu'ils lui prêtaient; aussi la théocratie fut-elle partout le premier mode de gouvernement. Cette théocratie primitive dura exclusivement jusqu'à la révolution dont l'histoire de Prométhée perpétue le souvenir. Si ce Prométhée n'est pas celui qui, parmi les Hommes, osa le premier s'approcher de l'incendie pour en dérober des braises, afin d'animer la statue de boue, il dut être quelqu'un des détenteurs du feu, qui eut l'imprudence ou la magnanimité d'en répandre la connaissance chez les familles qu'on prétendait tenir dans une obscurité physique et morale: ceux dont la possession d'un secret si important faisaient comme les confidens d'un Dieu redoutable, se vengèrent en enchaînant Prométhée sur ce Caucase où son indiscrétion devint l'aurore de la civilisation occidentale du triple continent.

Nous ne tenterons pas d'évaluer pendant combien de siècles les Hommes, rapprochés par l'usage et le culte du feu, vécurent dans l'enfance de l'état social, auquel manquait, pour se perfectionner, un élément non moins essentiel, la connaissance et l'emploi des métaux. Toujours réduits à se façonner des instrumens en bois ou en pierre, leur industrie ne pouvait se développer; il ne leur était pas encore possible d'élever des monumens capables de braver les siècles et de perpétuer leur souvenir. Les guerres n'étaient que des attaques tumultueuses de famille à famille, de tribu à tribu, insuffisantes pour influer sur le sort de l'espèce entière; la force individuelle seule assurait alors le succès du moment, sans établir le droit de conquête. Durant l'âge d'argent, le genre humain était donc ce que, vers la fin du siècle dernier, les navigateurs européens trouvèrent les Neptuniens des archipels de la mer du Sud, séparés du berceau de la race Malaise, avant que, par ses rapports avec les Hindous et les nations Siniques, cette race eût appris à dégrossir le cuivre et le fer. Mais le langage s'était déjà accru; il avait agrandi le cercle des idées, et les idiomes naquirent encore avec l'aurore de la civilisation, autour du foyer domestique.

Un troisième âge commence avec l'art d'extraire du sein de la terre des substances métalliques, et ce sont les plus faciles à travailler, qui, d'abord, sont substituées aux haches en pierre, aux javelots et massues de bois, aux flèches armées d'une arête de Poisson. Il est nommé L'AGE D'AIRAIN, parce que le cuivre est le premier métal mis en œuvre. En effet, dans les plus anciennes galeries de mines qui doivent remonter à cette époque, dans les premiers tombeaux, dans les ruines où l'on ne sait reconnaître la main d'aucun peuple dont le nom ait triomphé de l'oubli, ce sont des coupes, des lampes, des clous ou autres instrumens en cuivre, qui, seuls, ont échappé à la destruction. Durant cet âge d'airain, les tribus s'associent en corps de nation où des gouvernemens réguliers s'établissent; le fort avait trouvé de nouveaux moyens pour asservir le faible, car il possédait les matériaux dont on forge les chaînes; il prétend partager l'empire avec le sacerdoce, et diverses mythologies éternisent le souvenir de la première lutte qui résulta de cette prétention, par le combat des Géans et des Dieux. Cependant les Titans sont d'abord vaincus, mais les Dieux ou les enfans des Dieux choisissent des Femmes parmi les Filles des Hommes, et de ces mésalliances proviennent ces demi-Dieux, ces héros issus d'un sang révéré, ces bâtards immortels, en un mot, ces fondateurs de familles privilégiées, à qui leur origine adultère, mais sacrée, établit des titres de noblesse, dans le genre de ceux qu'on prodigue encore aujourd'hui aux illégitimes fruits du libertinage des rois; car rien n'est nouveau sous le soleil.

Cependant, pour les cérémonies qui tiennent à la religion, et dont la pratique est antérieure à l'introduction des métaux dans l'ordre social, on conserve par respect les couteaux de pierre, qui semblent inhérens à l'origine même du culte; et quand des peuples de race Adamique, par exemple, se singularisent par l'usage des embaumemens ou de la circoncision, on ouvre le flanc des morts, on coupe le prépuce des nouveaux-nés avec des couteaux de pierre.

Dès l'âge d'airain, les Hommes étaient donc parvenus au point où les aventuriers européens du quinzième siècle trouvèrent les peuples soumis à la domination de Montézume et des Incas, chez lesquels l'Or et l'Argent représentaient, dans l'usage habituel, les premiers Métaux des temps héroïques de l'Ancien-Monde, mais où l'on manquait du plus commun qui est en même temps le plus utile.

Enfin, L'AGE DE FER arrive et, contre l'opinion commune, il est le meilleur. Il emprunte son nom de la découverte qui le singularise; les arts y naissent en foule et viennent adoucir des mœurs grossières; partout l'anthropophagie disparaît où le Fer se montre; les villages se multiplient et deviennent des villes, en se couvrant de boulevards; les temples, les sépulcres, les édifices publics acquièrent une imposante solidité. Les besoins multipliés, avec de nouveaux moyens d'y satisfaire, contribuent bientôt à l'enrichissement des langues, qui dès-lors acquièrent leur génie respectif, et dont la diversité sur la terre autorise à penser qu'elles étaient dans l'imperfection, quand les races se séparèrent des souches spécifiques. Cette séparation eut probablement lieu vers l'époque où l'art de bâtir était déjà porté au plus haut point de perfection, ce que semblerait indiquer l'histoire de la confusion des langues placée au même temps que celle de la tour de Babel, première des grandes constructions dont il soit parlé, et que nous savons maintenant (*V.* p. 292) s'être élevée en Nubie, où se trouve la véritable plaine de Sennaar. L'art de peindre la parole est découvert bien plus tard, il commence par des caractères hiéroglyphiques imparfaits, mais qui dénotent l'antériorité de la peinture.

Il est probable que la mise en œuvre des Métaux, et notamment du Fer, avait contribué à l'établissement de puissans Etats où la civilisation était parvenue à un très-haut degré de développement, et où les sciences mêmes furent en honneur, qu'on n'écrivait point encore; les traditions étant alors orales et les générations ne se pouvant mettre en contact, à de grandes distances de temps, par des signes conservateurs du discours, l'histoire de ces empires et leurs corps de doctrines devinrent nécessairement mythologiques, quand la plus grande partie ne s'en perdit pas. Les Hommes purent donc se civiliser, quoique leur intelligence n'eût point encore trouvé ce grand élément de perfectibilité qui paraît être l'un de ses caractères distinctifs, et qui consiste à savoir figurer la parole. « Cette faculté de représenter des idées générales, dit Cuvier (Règn. Anim. T. 1, p. 51), par des signes, ou images particulières qu'on leur associe, aide à s'en rappeler une quantité immense, et fournit au raisonnement, ainsi qu'à l'imagination, d'innombrables matériaux, et aux individus, des moyens de communication qui font participer toute l'espèce à l'expérience de chacun d'eux, en sorte que leurs connaissances peuvent s'élever indéfiniment par la suite des siècles. »

L'écriture trouvée, la véritable histoire commence, le passé raconté à peuprès tel qu'il fut, est mis à profit et devient la leçon, trop souvent négligée, du présent et de l'avenir; l'étude des sciences fait naître la philosophie dont les erreurs même préparent le règne de la sagesse par l'exercice du raisonnement.

On pourrait ajouter un cinquième âge à ceux dont la mythologie nous vient de faire reconnaître les traces : l'imprimerie en détermina la tendance. Dès l'instant de son invention, de palpables erreurs admises comme d'éternelles vérités, parce que leurs racines se perdaient dans le berceau du genre humain, ont été irrésistiblement ébranlées en tous lieux où des caractères mobiles ont pu devenir les auxiliaires du bons sens. Cette sorte de fourbes qui, depuis le supplice de Prométhée, s'était constituée en possession d'abuser de la crédulité humaine, voudrait en vain prolonger, à l'aide de sophismes appuyés du fer des bourreaux, le règne des superstitions qui lui livraient les peuples ignorans comme pieds et poings liés; mais les temps s'accomplissent, et L'AGE DE RAISON qui s'apprête, replaçant les bases indestructibles de la morale dans la nature même dont cette morale unique ne saurait être qu'une conséquence, prépare aux générations futures des félicités supérieures à tout ce que nous pouvons entrevoir au milieu du crépuscule où nous vivons encore.

N'anticipons point sur l'avenir qui ne nous appartient pas. L'histoire naturelle de l'Homme doit cesser où la civilisation le saisit, pour l'élever intellectuellement, mais en lui laissant, quoiqu'il fasse, de sa condition animale, ses formes de *Primates* ou de *Bimanes*; salutaire avertissement pour qui le sait comprendre, donné par l'ÉTERNELLE SAGESSE à l'orgueil de la folle humanité, et bien fait pour confondre l'inconséquence de ces prétendus philosophes qui, dans leur impuissance, prétendraient doter leurs pareils en misères d'une portion d'intelligence indépendante usurpée sur la Divinité!.... Ainsi seraient d'audacieux vermisseaux qui, parce qu'ils se sentiraient réchauffés du soleil, et que leur frêle matière en réfléchirait un rayon égaré, s'imagineraient être aussi une importante émanation de l'ETRE SUPRÊME INCOMPRÉHENSIBLE!!! (B.)

HOMMED. BOT. PHAN. Nom de pays, chez les Arabes, de l'*Asclepias contorta* de Forskahl. Le *Rumex roseus* est appelé Hommeyd. (B.)

HOMO. MAM. *V.* HOMME.

HOMODERMES. REPT. OPH. Première famille établie par Duméril (Zool. An., p. 87) parmi les Ophidiens, dont les caractères généraux consistent dans l'homogénéité des tégumens, c'est-à-dire dont la peau est dépourvue d'écailles, ou recouverte d'écailles pareilles, ce qui est le contraire des Hétérodermes. *V.* ce mot. Les Serpens de cette famille n'ont jamais de crochets à venin, et se rangent dans les genres Cœcilie, Amphisbène, Acrochorde, Hydrophide, Orvet et Ophisaure. Ces deux derniers ont depuis été extraits d'entre les Homodermes pour être rapportés parmi les Sauriens Urobènes, et l'Acrochorde a été reconnu appartenir aux Hétérodermes. (B.)

* HOMOGÉNÉES. BOT. CRYPT. (*Lichens.*) Ordre premier de la première classe de la Méthode d'Achar, ou Idiothalamées. Il est ainsi caractérisé : apothécies simples, formées en entier d'une substance pulvérulente ou cartilagineuse, sous-similaire. Les genres *Spiloma*, *Arthonia*, *Solorina*, *Gyalecta*, *Lecidea*, *Calycium*, *Gyrophora*, *Opegrapha* appartiennent aux Idiothalames Homogénées qui renferment des genres à thalle crustacé, amorphe, et des Lichens foliacés, ce qui détruit l'ordre des affinités naturelles. (A. F.)

* HOMOGÉNÉOCARPES. BOT. CRYPT. Première tribu des Céramiaires. *V.* ce mot. (B.)

HOMOGYNE. BOT. PHAN. Genre de la famille des Synanthérées, Corymbifères de Jussieu, et de la Syngénésie superflue, L., établi par H. Cassini (Bullet. de la Soc. Philom., décembre 1816) qui l'a ainsi caractérisé : involucre cylindracé, composé de folioles sur un seul rang, à peu près égales, oblongues et aiguës; réceptacle nu et plane; calathide dont le disque est formé de fleurons nombreux, réguliers, hermaphrodites, et la circonférence d'un seul rang de fleurons femelles, pourvus d'une corolle tubuleuse dont le limbe est presque toujours complétement avorté; styles des fleurs de la circonférence absolument semblables à ceux des fleurs du disque; ovaires oblongs, cylindracés, cannelés, glabres, munis d'un bourrelet basilaire; aigrette composée de poils légèrement plumeux. H. Cassini a formé ce genre aux dépens du *Tussilago* de Linné, et l'a placé dans la tribu des Adénostylées où ce dernier genre n'entre pas. Les considérations fournies par la structure du style, très-différente dans l'une et l'autre, lui ont paru des motifs suffisans pour séparer ces genres que les botanistes avaient toujours regardés comme étroitement unis. Trois espèces constituent le genre *Homogyne*; ces Plantes portaient les noms de *Tussilago alpina*, L., *Tuss. discolor* et *Tuss. sylvestris*. La première est assez commune sur le Jura, les Cévennes, les Alpes et les Pyrénées. (G..N.)

* HOMOIANTHE. *Homoianthus*. BOT. PHAN. Sous ce nom, De Candolle (Ann. du Mus. T. XIX) a établi un genre de la famille des Synanthérées, qui a beaucoup d'affinités avec le *Chætanthera* de Ruiz et Pavon. Les Plantes dont il se compose ont même été rapportées à ce dernier genre par Humboldt et Bonpland (Plantes équinoxiales, T. II, p. 146 et 170), mais leur étude a fourni à Kunth (*Nov. Gener. et Spec. Plant. æquinoct.* T. IV, p. 14) l'occasion de rectifier les caractères génériques, et de changer le nom en celui d'*Homanthis*. Loin d'adopter cette rectification, H. Cassini a prétendu que l'*Homanthis*, tel qu'il est caractérisé par Kunth, ne différait point du *Perezia* ou *Clarionea* de Lagasca, et que le *Chætanthera multiflora*, Bonpl., une des trois espèces d'*Homanthis*, était bien certainement un *Perezia*. Au surplus, il a déclaré que l'*Homoianthus* ne se distinguait de celui-ci que par le faible caractère d'avoir les écailles extérieures de l'involucre bordées de dents spinescentes. S'il n'y avait que cette seule différence, nous pensons, avec la majeure partie des botanistes, qu'aucun genre ne serait moins solidement établi, car les folioles de l'involucre doivent être assimilées aux feuilles, et une légère différence dans leur forme ne pourrait être donnée comme un caractère essentiel. Cassini attachant une grande importance à la structure du style, dans les Synanthérées, a placé le genre *Homoianthus* dans la tribu des Nassauviées, tandis que le genre *Chætanthera* appartient aux Mutisiées. (G..N.)

HOMOLE. *Homola*. CRUST. Genre de l'ordre des Décapodes, famille des Brachyures, tribu des Notopodes, établi par Leach et adopté par Latreille (Fam. natur. du Règn. Anim.). Ses caractères sont : dernière paire de pates peu relevée, terminée par un crochet simple; test rectangulaire plus long que large, tronqué carrément et fort épineux en avant : antennes insérées sous les pédicules des yeux qui sont rapprochés à leur base et assez longs pour atteindre les angles du test. Ce genre a été établi presque en même temps par Rafinesque (Précis des Découv. Somiolog. et Bot.), qui l'a nommé *Thelxiope*, par Leach (Act. de la Soc. Linn., onzième vol.), sous le nom d'*Homole*, et par Latreille qui l'a nommé *Hippocarcin* dans un mémoire lu à l'Académie des Sciences en 1815. Ce célèbre naturaliste, qui avait formé ce genre à la même époque que les deux premiers, et qui aurait pu lui conserver le nom qu'il lui avait assigné, ne l'a pas fait, et a adopté la dénomination d'*Homole* que Leach lui a donnée dans les Actes de la Société Linéenne, publiés avant l'ouvrage de Rafinesque. Risso (Hist. Natur. des Crust. de Nice) a décrit une espèce de ce genre (*Homola spinifrons*) sous le nom de Dorippe : c'est cette espèce dont Rondelet (Hist. des Poiss., liv. 18, chap. 17) a parlé le premier, sous les noms de Crabe jaune ou ondé. Fabricius l'a décrite sous celui de *Cancer barbatus*, dans son Entomologie systématique, et elle est figurée grossièrement par Herbst. Il paraît qu'Aldrovande a connu une espèce d'Homole, celle qu'il nomme *Hippocarcinus hispidus*. Les Homoles, tels qu'ils sont adoptés par Latreille, diffèrent des Dromies Dorippes, et des Ranines par des caractères tirés de la forme du corps et des pates. Leur test est presque cubique, comme tronqué ou émoussé obliquement de chaque côté, à sa partie antérieure, avec le milieu du front avancé en pointe. A chaque côté de cette saillie, sont insérés les pédicules oculaires qui s'étendent latéralement en ligne droite, jusqu'un peu au-delà des côtés du test. Ils sont divisés en deux articles de même que ceux des yeux des autres Décapodes et des Stommopodes; mais le premier est plus long et plus grêle; il s'unit avec le suivant, presque en manière de gynglime; celui-ci est un peu plus gros, offre près de sa base une impression annulaire, et porte à son extrémité l'œil dont la cornée est hémisphérique. Ces pédicules sont attachés au test par un muscle assez fort et doivent exécuter divers mouvemens. Les quatre antennes sont insérées sur une ligne transverse, immédiatement au-dessous; elles sont portées, surtout les mitoyennes, sur un pédicule beaucoup plus long que celui des antennes des autres Brachiures. Les latérales, à partir de ce pédicule avec lequel elles font un angle, sont sétacées, très-menues, glabres et aussi longues que le corps; les intermédiaires, quoique repliées sur elles-mêmes et terminées par deux petites pièces coniques articulées et inégales comme à l'ordinaire, sont néanmoins saillantes, faute de cavité propre à les loger. La cavité buccale est presque carrée et l'Hypostome a aussi la même figure, mais s'étend davantage dans le sens de la largeur. Les pieds-mâchoires extérieurs sont semblables à de petits pieds ou à de grands palpes, écartés l'un de l'autre, très-velus, et vont en se rétrécissant, pour finir graduellement en pointe : ils se dirigent d'abord en avant et se courbent ensuite, à prendre de l'articulation du second article avec le troisième. Les quatre autres pieds-mâchoires, ainsi que ceux dont nous venons de parler, sont accompagnés d'un palpe en forme de fouet. Le bord supérieur et interne des mandibules est tranchant et anguleux; les serres sont longues surtout dans les mâles, mais d'épaisseur moyenne, presque cylindriques, avec les carpes et les pinces allongés. Les six pieds suivans sont fort longs, grêles, comprimés et terminés par un tarse armé en dessous d'une rangée de petites épines disposées parallèlement en manière de peigne; le crochet du bout de ces tarses est petit, mais très-aigu : les pieds de la troisième et quatrième paires sont plus longs que ceux de la seconde et presque égaux; mais la longueur des deux derniers excède à peine celle des deux précédens; ils naissent de l'extrémité postérieure du dos et se dirigent sur les côtés ainsi que les précédens. Le derme de l'Homole barbu qui a fourni ces observations à Latreille, est presque membraneux, un peu mou et garni çà et là de petites épines; la queue est ovale, recourbée et rétrécie à sa base, terminée en pointe et de sept tablettes dans les deux sexes. Celle du mâle est plus oblongue et son dernier segment se rétrécit brusquement à son extrémité. Les filets ovifères sont longs et velus comme ceux des femelles des Maïas. Les organes sexuels du mâle se présentent sous la forme de deux cornes assez longues, grêles, cylindriques, réunies à leur base en forme de fourche et tronquées obliquement à leur bout supérieur. Les Homoles habitent les régions coralligènes, à des profondeurs de deux ou trois cents mètres; on ne sait pas si ces Crustacés, qui, par la position de leurs dernières pates, ont quelque analogie avec les Dromies, participent aux mêmes habitudes et couvrent leur dos de débris d'Alcyons et d'autres corps marins. Tous les individus que Latreille a vus, n'avaient sur eux aucun corps étranger; et Risso, à en juger par son silence, ne leur en a pas trouvé non plus. Jusqu'ici on n'a trouvé ces Crustacés que dans la Méditerranée.

L'espèce qui a servi de type à ce genre est: l'Homole barbue, *H. barbata*, Latr., *H. spinifrons*, Leach; *Cancer barbatus* (Herbst, Crab., tab. 42, f. 3) le mâle; *Cancer Maja*, Roëm. *Gen. Ins.*, tab. 31, f. 4) la femelle; *Maja barbata*, Bosc, Latr.; *Dorippe spinosa*, Risso; Cancre jaune ou ondé, Rondelet (Hist. des Poiss., liv. 18, chap. 17, p. 405). On trouve cette espèce dans les grandes profondeurs de la Méditerranée; d'après Risso, ils se réunissent ordinairement sur de petits espaces graveleux où on les pêche en juin et juillet, en jetant des filets serrés pendant le calme de la mer. C'est à cette époque que la femelle pond ses œufs; ils sont d'un rouge laque. Latreille possède une autre espèce de ce genre que Risso a décrite sous le nom de Dorippe de Cuvier; c'est l'*Hippocarcinus hispidus* d'Aldrovande, qui mentionne dans le même article un autre Crustacé, qu'il dit être semblable au précédent quant à la partie supérieure, et qu'il a figuré vu en dessous sous le nom de *Cancer supinus Hippocarcino similis*. Celui-ci forme probablement une troisième espèce dont les pinces sont proportionnellement plus longues et dont la queue se termine par une pièce pentagone. Les individus décrits par Aldrovande étant des femelles, ces différences ne peuvent être sexuelles. Risso dit que cette espèce vit dans les plus grandes profondeurs de la mer. Elle est très-rare et a été envoyée à Latreille par Roux de Marseille. Le magnifique individu que ce savant a bien voulu nous permettre d'examiner, a plus de six pouces de long sur quatre à quatre et demi de large.

Guilding (*Trans. of Linn. Soc. of Lond.*, vol. 14, deuxième partie, p. 334) décrit une nouvelle espèce de ce genre: c'est l'*Homola spinipes;* elle a été trouvée une seule fois dans le gosier d'un grand Poisson pêché dans un endroit profond de la mer des Antilles. (G.)

HOMONIA. bot. phan. Syn. de *Papaver Argemone* chez les Grecs qui regardaient cette espèce de Pavot comme utile dans les maladies des yeux. (B.)

HOMONIANTHE. bot. phan. Pour Homoïanthe. *V.* ce mot. (G..N.)

HOMONOIA. bot. phan. Genre de la Diœcie Polyadelphie, L., établi par Loureiro (*Flor. Cochinch.*, 2, p. 782) qui l'a ainsi caractérisé: fleurs dioïques; les mâles ont un calice à trois folioles colorées, entouré de trois écailles; corolle nulle; environ deux cents étamines rassemblées en vingt faisceaux; les fleurs femelles n'ont point de calice ni de corolle; mais à la place de ces enveloppes florales, elles offrent une écaille à plusieurs découpures, un ovaire supérieur, surmonté de trois stigmates sessiles; une capsule à trois loges monospermes. L'*Homonoia riparia*, L., est un Arbrisseau qui croît sur le bord des rivières à la Cochinchine. Sa tige est droite, rameuse, garnie de feuilles alternes, linéaires-lancéolées et tomenteuses. Les fleurs sont petites et disposées en chatons linéaires presque terminaux. (G..N.)

* HOMOPÉTALE. bot. phan. H. Cassini donne ce nom à la calathide d'une Synanthérée, qui a toutes ses fleurs semblables entre elles par la forme de la corolle: telle est celle de toutes les Chicoracées, etc. (G..N.)

HOMOPTÈRES. *Homoptera.* INS. Seconde section de l'ordre des HÉMIPTÈRES. *V.* ce mot. (G.)

* HOMOS. BOT. PHAN. (Forskahl.) Syn. arabe de *Cicer Arietinum*, L. *V.* CHICHE. (B.)

* HOMOTHALAMES. BOT. CRYPT. (*Lichens.*) Sous ce nom, Acharius renferme dans la troisième classe de sa Méthode, les Lichens dont l'apothécie est formée en entier par la substance médullaire et corticale. Cette classe renferme les genres Alectorie, Ramaline, Collème, Corniculaire et Usnée. (A. F.)

HONCKENYA. BOT. PHAN. Genre de la famille des Tiliacées et de l'Octandrie Monogynie, L., établi par Willdenow (*in Uster. Delect. Op.*, 2, p. 201, tab. 4) qui l'a ainsi caractérisé : calice à cinq folioles coriaces, hérissées extérieurement, colorées intérieurement; corolle à cinq pétales oblongs; huit étamines à anthères oblongues et à filets capillaires; ovaire oblong, surmonté d'un seul style et d'un stigmate à six dents; capsule hérissée de pointes, à cinq loges et à cinq valves qui portent les cloisons sur leur milieu; graines nombreuses, munies d'une arille. Ce genre a des rapports, d'un côté, avec le *Sparmannia*, et, de l'autre, avec l'*Apeiba*. L'*Honckenya ficifolia*, Willd. (*loc. cit.*), est un Arbre indigène de la Guinée. Ses feuilles ont la face inférieure couverte d'un duvet fauve; les supérieures sont spathulées, oblongues et dentées; les inférieures sont à trois ou cinq lobes obtus. Les fleurs sont d'un bleu violet, ternées et terminales. (G..N.)

HONDBESSEN. BOT. PHAN. On ne devine pas la raison qui a pu déterminer Adanson à choisir ce mot hollandais pour désigner un genre que les botanistes appellent *Pœderia*. (B.)

HONGRE. MAM. Cheval que la castration a réduit à l'état d'infécondité. (B.)

HONKENIA. BOT. PHAN. Syn. d'*Arenaria peploides* dans Ehrhart. (B.)

* HOOKENIA. BOT. PHAN. (Steudel.) Pour Hookera. *V.* ce mot. (G..N.)

* HOOKERA. BOT. PHAN. Le genre *Brodiœa* de Smith (*Transact. of the Linn. Soc.*, vol. 10, p. 2) avait été antérieurement nommé *Hookera* par Salisbury (*Paradis. Londin.* 98). Cependant, contre les principes reçus en histoire naturelle, le nom de *Brodiœa* a été adopté, peut-être en raison de l'existence d'un genre Hookeria appartenant à la Cryptogamie. *V.* BRODIÉE. (G..N.)

HOOKERIE. *Hookeria.* BOT. CRYPT. (*Mousses.*) Ce genre, dédié à l'un des botanistes qui a fait faire le plus de progrès à l'étude des Mousses, a été établi par Smith dans les Transactions Linnéennes, IX, p. 272. Il est ainsi caractérisé : capsule latérale; péristome double, l'extérieur composé de seize dents entières; l'interne formé par une membrane divisée en seize dents entières; coiffe tronquée inférieurement. Ce genre diffère principalement des *Hypnum* et des *Leskea* par sa coiffe qui n'est pas fendue latéralement. Ce genre a été reproduit depuis par Bridel sous les noms de *Chætophora* et de *Pterigophyllum.* Les deux genres qu'il a institués sous ces noms diffèrent à peine, et le nom de *Hookeria* étant antérieur doit être conservé. L'Europe ne possède que deux espèces de ce genre. Le *Hookeria lucens* (*Hypnum lucens*, L.), l'une des Mousses les plus élégantes de notre pays, remarquable par ses feuilles larges, distiques, minces et réticulées. Son urne ovale et son opercule conique sont également couverts de stries en réseau; la coiffe est mince et réticulée. Le *Hookeria lœtevirens* offre, en plus petit, presque les mêmes caractères; mais les feuilles sont étalées, plus pointues et traversées par deux nervures. Ces deux Plantes sont assez rares. La première se trouve dans les pays montueux de toute l'Europe; la seconde n'a encore été observée qu'en Angleterre; ce genre est très-riche en espèces exotiques; l'Amérique équinoxiale, les Antilles, le Brésil, les parties élevées des Andes en nourrissent un grand nombre. Il se retrouve également dans l'hémisphère austral, à la Nouvelle-Hollande et à la Nouvelle-Zélande. Le port et les caractères de ce genre le rapprochent des *Hypnum* et surtout des *Leskea*. Sa tige est, en général, assez longue, rameuse, rampante; ses rameaux sont souvent pinnés; ses feuilles distiques comme dans beaucoup de *Leskea*; sa capsule est presque toujours inclinée, mais non pas repliée comme dans la plupart des *Hypnum*. (AD. B.)

* HOOKIA. BOT. PHAN. Necker (*Elem. Botan.*, p. 122) a formé, sous ce nom, un genre de la famille des Synanthérées, Cinarocéphales de Jussieu, aux dépens des *Cnicus* de Linné. Ce genre n'a pas été adopté, parce que ses caractères n'ont point été tracés avec assez d'exactitude. De Candolle a pensé que les espèces dont Necker l'a composé se rapportent au *Leuzea* et au *Serratula*. Cassini les a rapprochées de son genre *Alfredia* et du *Rhaponticum*. Enfin, selon Jussieu, la Plante qui a servi de type pour le genre *Hookia* est le *Cnicus centauroides*, L. (G..N.)

* HOOREBECKIE. *Hoorebeckia*. BOT. PHAN. Genre de la famille des Synanthérées et de la Syngénésie superflue, L., mentionné seulement dans l'*Hortus Gandavensis*, décrite, vers 1816, dans un journal scientifique publié à Gand, où Desmazières (Recueil des trav. de la Soc. de Lille, 1823, p. 254) en a puisé la connaissance. Voici les caractères principaux de ce nouveau genre : involucre ventru, composé d'un grand nombre d'écailles imbriquées, scarieuses sur leurs bords et terminées en pointes allongées et redressées; réceptacle nu et alvéolé; fleurons des rayons femelles, fertiles, disposés sur deux rangs, grands, ligulés et à deux ou trois dents; ceux du disque hermaphrodites, très-nombreux, tubuleux et terminés par cinq petites dents; anthères sans appendices basilaires; style terminé par deux stigmates rapprochés; akènes, dans les deux sortes de fleurons, surmontés d'une aigrette sessile et caduque, formée de poils simples et assez gros. Ce genre n'est composé que d'une seule espèce qui a fleuri pour la première fois dans le beau jardin de Gand, au mois d'août 1816. Elle venait de graines reçues de l'Amérique méridionale, et on lui a donné le nom de *Hoorebeckia chilensis*. (G..N.)

* HO-OUI. OIS. Espèce du genre Perdrix. *V.* ce mot. (DR..Z.)

HOPEA. BOT. PHAN. Trois genres appartenant à des familles très-éloignées ont reçu cette dénomination. Le premier se trouve décrit dans Linné (*Mantiss.*, 105), mais il a été réuni par L'Héritier (*Transact. of Linn. Societ.*, 1, p. 176) au *Symplocos*, et tous les botanistes ont confirmé cette réunion. Willdenow proposa le nom d'*Hopea* pour un autre genre déjà nommé *Micranthemum* par Michaux. Enfin Roxburgh (*Coromand.*, n. 210) a établi un genre *Hopea* qui nous paraît devoir conserver ce nom; en conséquence, nous renverrons aux mots SYMPLOCOS et MICRANTHÈME pour les genres établis par Linné et Willdenow, et nous décrirons succinctement ici la Plante de Roxburgh. L'*Hopea odorata* a un calice à cinq divisions dont deux oblongues, membraneuses, prenant beaucoup d'accroissement; sa corolle a le tube court, tordu, campanulé, et le limbe à cinq découpures obliques et linéaires; les filets des étamines, au nombre de dix, sont insérés sur le tube de la corolle, et alternativement plus larges et bifides : ils supportent quinze anthères; l'ovaire est surmonté d'un seul style et d'un seul stigmate; sa capsule est ovale, pointue, uniloculaire et monosperme. Cet Arbre est originaire de Chittagong, dans les Indes-Orientales. Il a un tronc droit, divisé en branches nombreuses, garnies de feuilles alternes, ovales-oblongues, entières et offrant une glande au point où s'entrecroisent les nervures principales. Il fleurit au mois de mars et parfume l'air à une distance considérable. Ce genre, qui appartient à la Décandrie Monogynie, L., est voisin du *Shorea* et du *Dipterocarpus*; il s'en rapproche surtout par la singulière forme de son calice; mais sa corolle monopétale et ses dix filets supportant quinze anthères l'en distinguent suffisamment. (G..N.)

HOPLIE. *Hoplia*. INS. Genre de l'ordre des Coléoptères, section des Pentamères, famille des Lamellicornes, tribu des Scarabéides, établi par Illiger et qui avait été confondu jusqu'alors avec les Hannetons. Latreille lui donne pour caractères (Cons. Génér. sur les Crust. et les Ins.): élytres sinuées au côté extérieur, près de la base; jambes n'ayant point d'ergots bien distincts à leur extrémité. Dans son dernier ouvrage (Fam. Nat. du Règn. Anim.), ce genre appartient à une division des Scarabéides qu'il désigne sous le nom de Phyllophages, *Phyllophagi*. Ces Insectes sont en général de petite taille, leurs antennes sont composées de neuf ou dix articles dont les trois derniers forment la masse; les mandibules sont peu saillantes, membraneuses au côté interne et terminées en une pointe simple ou entière; les mâchoires sont comprimées et ne présentent que de petites dentelures; les palpes maxillaires, qui sont une fois plus longs que les labiaux, se terminent par un article allongé, épais, ovoïde et pointu; le corps est déprimé, couvert ou parsemé de petites écailles brillantes, avec l'abdomen presque carré; les élytres sont unies, plus larges et dilatées à leur base extérieure. Les pates postérieures sont grandes; les quatre tarses antérieurs sont terminés par deux crochets, dont l'un petit et sans divisions, et l'autre grand et bifide; on n'en voit qu'un seul à l'extrémité des tarses postérieurs; il est fort et sans division à sa pointe. Les Hoplies vivent sur les feuilles de différens Végétaux qu'elles rongent; elles semblent préférer ceux qui croissent sur les bords des ruisseaux et dans des lieux humides. On les rencontre plus spécialement dans les parties chaudes ou tempérées de l'ancien Continent. Latreille a divisé ce genre en deux sections: dans la première il range les espèces dont les antennes ont dix articles. La principale espèce est: l'HOPLIE PHILANTHE, *H. philanthus*, Latr.; *Melolontha pulverulenta*, Fab.; Hanneton argenté, Oliv. Col. T. I, n° 5, pl. 3, f. 22. Elle est commune en France et à Paris. La seconde section comprend les espèces dont les antennes n'ont que neuf articles. L'espèce principale est l'HOPLIE BELLE, *H. formosa*, Illig., Latr.; *Melolontha farinosa*, Fabr.; Hanneton écailleux, Oliv., *loc. cit.*, pl. 2, fig. 14. Elle est très-commune dans le midi de la France, elle vit sur la Menthe sauvage, sur le Saule et d'autres Végétaux au bord des ruisseaux. Dejean (Catal. de Coléopt., p. 59) mentionne quatorze espèces de ce genre, toutes d'Europe et d'Afrique. (G.)

HOPLITE. *Hoplitus*. INS. Nom donné par Clairville à un genre de Coléoptères déjà connu sous celui d'Haliple. *V.* ce mot. (G.)

HOPLITE. MOLL. FOSS. Ce nom désigne, dans quelques auteurs anciens, selon Patrin, quelque Orthocéralithe ou Ammonite, trouvée aux environs d'Hildesem, et dont la couleur était celle de l'Acier poli. (B.)

HORAU. BOT. PHAN. Un Arbrisseau des rives du golfe Persique a été mentionné sous ce nom par Kœmpfer (*Amœnit. Exot.*, p. 257). La description très-détaillée qu'en a donnée ce voyageur avait porté Adanson à placer cette Plante près du Gui, dans la famille des Elæagnées qui ne ressemble point à celle des botanistes modernes. D'après l'opinion de Jussieu, l'*Horau* de Kœmpfer est identique avec le *Sceura* de Forskahl, qui lui-même se rapporte au genre *Avicennia*, L. *V.* ce mot. (G..N.)

* HORDÉACÉES. BOT. PHAN. *V.* GRAMINÉES.

* HORDÉINE. BOT. CHIM. Ce nom a été donné par Proust à un principe immédiat de l'Orge, qui se présente sous la forme d'une poussière jaunâtre, insipide et inodore, plus pesante que l'eau, insoluble dans ce liquide et dans l'Alcohol. Par l'Acide nitrique, l'Hordéine se change en Acides carbonique, acétique, oxalique, et en matière jaune amère. Thénard a indiqué les rapports de cette substance avec le ligneux qui donne les mêmes produits à la distillation. L'Hordéine existant en moindre quantité dans l'Orge germé que dans celui qui n'est pas germé, Proust a pensé que cette substance était convertie en amidon pendant la germination. (G..N.)

HORDEOLA. OIS. (Charleton.) Syn. vulgaire du Bruant fou. *V.* BRUANT. (DR..Z.)

HORDEUM. BOT. PHAN. *V.* ORGE.

HORG. BOT. PHAN. (Delile.) Syn. nubien de l'*Acacia nilotica*. (B.)

HORIALES. *Horiales*. INS. Tribu de l'ordre des Coléoptères, section des Hétéromères, famille des Trachelides, établie par Latreille et à laquelle il donne pour caractères (Fam. Nat. du Règne Anim.): tous les articles des tarses entiers, terminés par deux crochets dentelés et accompagnés chacun d'un appendice en forme de scie. Corps oblong; corselet carré, de la longueur de la base de l'abdomen; tête souvent très-forte, avec les mandibules saillantes et les palpes presque filiformes. Cette tribu comprend les genres HORIE et CISSITES. *V.* ces mots. (G.)

HORIE. *Horia*. INS. Genre de l'ordre des Coléoptères, section des Hétéromères, famille des Trachélides, tribu des Horiales, établi par Fabricius aux dépens de son genre Lymexylon et adopté par Latreille qui lui donne pour caractères : tous les crochets des tarses dentelés en dessous et accompagnés d'un appendice en forme de soie; corselet carré. Ces Insectes ont le corps épais, allongé, cylindrique, avec une tête grosse et inclinée; les yeux sont allongés; les mandibules sont fortes et les palpes filiformes; la mâchoire et la languette sont bifides; les antennes sont filiformes, guère plus longues que le corselet et simples; celui-ci est carré, légèrement rebordé; l'écusson est petit, triangulaire; les élytres sont coriaces et flexibles; elles couvrent deux ailes membraneuses, repliées; les pates sont de longueur moyenne avec les tarses filiformes; leur dernier article est terminé par quatre crochets égaux, dentelés en dessous, avec un appendice en forme de soie dans leur entre-deux; les pieds postérieurs sont plus grands dans les mâles. Les larves des Hories vivent en parasites dans les nids de certains Hyménoptères, comme le font celles de plusieurs autres genres de la même famille; Latreille l'avait pensé depuis longtemps, et cette idée qui lui avait été suggérée par l'analogie vient d'être confirmée récemment par un naturaliste anglais, Guilding, qui a publié (*Trans. of the Linn. Soc. of Lond.* T. XIV, 2e partie, p. 313 avec fig.) un Mémoire très-intéressant sur l'histoire naturelle du *Xylocopa teredo* et de l'*Horia maculata*. Il résulte de ses observations que cette Horie, dont il fait connaître une nouvelle variété d'un jaune plus pâle et dont les taches sont plus petites, pond un œuf dans chaque nid de Xylocope. Lorsque la larve est éclose, il paraît qu'elle mange la nourriture qui était préparée pour celle de l'Hyménoptère et la fait ainsi périr de faim. Elle est hexapode, nue, luisante, d'un jaune pâle, avec la bouche noirâtre; restée seule, et peut-être après s'être creusé une cellule particulière où elle se clôt, elle se change en une nymphe oblongue, jaunâtre, luisante, avec deux lignes dorsales, ochracées; les yeux, les mandibules et les membres sont d'un jaune plus obscur. Parvenu à son état parfait, l'Insecte débouche l'ouverture de la cellule et sort. Latreille a formé aux dépens des Hories un genre qu'il nomme Cissites, *Cissites* (*V.* ce mot), dans lequel il range comme type l'Horie testacée de Fabricius. L'espèce qui sert de type au genre Horie proprement dit est :

L'HORIE MACULÉE, *H. maculata*, Fabr., Latr., Oliv., Guild. Elle est d'un jaune fauve; ses élytres ont chacune sept taches noires. Elle se trouve au Brésil, à Saint-Domingue, et a été envoyée dernièrement de la colonie de Lamana à la Guiane. (G.)

* HORLOGE DE FLORE. BOT. Au mot ANTHÈSE, nous avons fait voir que les Végétaux diffèrent beaucoup entre eux, non-seulement sous le rapport de l'époque de l'année pendant laquelle ils épanouissent leurs fleurs, mais aussi suivant les heures de la journée où ce phénomène a lieu. Ainsi il y a des Plantes dont les fleurs s'épanouissent aux premiers rayons du soleil pour se fermer au bout d'un temps plus ou moins long; tels sont les Cistes, par exemple; d'autres ne s'ouvrent qu'aux approches de la nuit, comme plusieurs *Cestrum*, la Belle-de-nuit, etc. Il y a même certains Végétaux qui offrent à cet égard une si grande régularité, qu'on peut en quelque sorte, d'après eux, connaître l'heure de la journée. Les diverses espèces de Sida offrent surtout, en certaines contrées, entre les tropiques, une régularité étonnante dans l'épanouissement de leurs fleurs. Selon l'observation de Bory de Saint-Vincent, chacune s'ouvre à son tour depuis l'aurore jusqu'au crépuscule. Linné, dont le génie poétique a su saisir tous les points de vue sous lesquels on pouvait considérer les fleurs, s'est servi de ces époques bien constatées de l'épanouissement de certaines fleurs pour former un tableau auquel il a donné le nom d'Horloge de Flore. Voici ce tableau tel qu'il a été donné par l'immortel Suédois.

TABLEAU

De l'heure de l'épanouissement de certaines fleurs, à Upsal, par 60° de latitude boréale.

HEURES du lever, c'est-à-dire de l'épanouissement des fleurs.	NOMS des PLANTES OBSERVÉES.	HEURES du coucher, c'est-à-dire où se ferment ces mêmes fleurs.	
MATIN.		MATIN.	SOIR.
3 à 5	Tragopogon pratense...	9 à 10	
4 à 5	Leontodon tuberosum.		3
4 à 5	Picris hieracioides....		
4 à 5	Cichorium intybus....	10	
4 à 5	Crepis tectorum.....	10 à 12	
4 à 6	Picridium tingitanum..	10	
5	Sonchus oleraceus...	11 à 12	
5	Papaver nudicaule....		7
5	Hemerocallis fulva....		7 à 8
5 à 6	Leontodon taraxacum..	8 à 9	
5 à 6	Crepis alpina........	11	
5 à 6	Rhagadiolus edulis....	10	1
6	Hypochœris maculata..		4 à 5
6	Hieracium umbellatum.		5
6 à 7	Hieracium murorum..		2
6 à 7	Hieracium pilosella...		3 à 4
6 à 7	Crepis rubra........		1 à 2
6 à 7	Sonchus arvensis.....	10 à 12	
6 à 8	Alyssum utriculatum..		4
7	Leontodon hastile.....		3
7	Sonchus lapponicus...	12	
7	Lactuca sativa.......	10	
7	Calendula pluvialis..		3 à 4
7	Nymphæa alba.......		5
7	Anthericum ramosum..		3 à 4
7 à 8	Mesembryanthemum barbatum........		2
7 à 8	Mesembryanthemum linguiforme.......		3
8	Hieracium auricula...		2
8	Anagallis arvensis....		
8	Dianthus prolifer....		1
9	Hieracium chondrilloides............		1
9	Calendula arvensis....	12	3
9 à 10	Arenaria rubra......		2 à 3
9 à 10	Mesembryanthemum cristallinum.......		3 à 4
10 à 11	Mesembryanthemum nodiflorum		3
SOIR.			
5	Nyctago hortensis		
6	Geranium triste......		
9 à 10	Silene noctiflora.....		
9 à 10	Cactus grandiflorus...		12

(A. R.)

HORLOGE DE LA MORT. INS. Ce nom sinistre est donné, dans quelques campagnes, à la Vrillette, ainsi qu'à un Psoque, parce qu'en rongeant le bois des vieux meubles, les larves de ces petits Animaux font entendre un bruit à peu près semblable à celui que cause le balancier d'une pendule rustique. (B.)

HORMESION. MIN. La pierre désignée sous ce nom dans l'antiquité serait difficile à reconnaître; on lui attribuait des reflets couleur d'or et de feu, avec des lueurs blanches sur les bords. (B.)

HORMIN. *Horminum*. BOT. PHAN. Tournefort avait désigné sous ce nom un genre qui a été réuni au *Salvia* par Linné et par les auteurs modernes. De Candolle, dans la Flore Française, en a formé une section de ce genre, dont les espèces sont caractérisées par la lèvre supérieure de la corolle concave et en forme de cuiller. *V.* SAUGE. Linné a établi un autre genre *Horminum* qui a été adopté par Jacquin et Persoon avec les caractères suivans : calice bilabié, aristé, glabre à son entrée; corolle dont la lèvre supérieure est bilobée, l'inférieure trilobée, les lobes inégaux. Ce genre n'a pas été adopté par Willdenow qui, ainsi que De Candolle, a décrit l'*Horminum pyrenaicum*, Jacq. (*Hort. Vindob.*, 2, p. 86), sous le nom de *Melissa pyrenaica*. Les deux autres Plantes, rapportées à ce genre par Persoon, forment le genre *Lepechinia* de Willdenow. *V.* ce mot et MÉLISSE. (G..N.)

HORMINELLE. BOT. PHAN. Pour Hormin. *V.* ce mot. (B.)

HORMINODES. MIN. La pierre ainsi nommée par les anciens, qui présentait un cercle couleur d'or au centre duquel était une tache verte, fut une Agathe selon Buffon et un Jaspe selon Bruckmann. (B.)

HORMINUM. BOT. PHAN. *V.* HORMIN.

* HORMISCIUM. BOT. CRYPT. (*Mucédinées.*) Ce genre, fondé par Kunze dans ses cahiers d'observations mycologiques, ne nous paraît pas mériter d'être distingué des Monilies; comme dans ce genre, les filamens sont droits, simples, opaques, persistans; les derniers articles se séparent difficilement pour former les sporidies; la seule différence consiste en ce que, dans les Monilies, les articles sont ovales tandis qu'ils sont globuleux dans les *Hormiscium*; mais si on emploie de semblables caractères pour fonder des genres, on doit nécessairement former un genre de chaque espèce. Nous pensons donc que ce genre doit être réuni aux Monilies. *V.* ce mot. (AD. B.)

HORNBLENDE. MIN. *V.* AMPHIBOLE.

HORNEMANNIE. *Hornemannia*. BOT. PHAN. Genre de la famille des Scrophularinées et de la Didynamie Angiospermie, L., établi par Willdenow (*Enumer. Plant. Hort. Berol.*, 2, p. 654) qui lui a donné pour caractères essentiels : calice à cinq divisions; corolle personnée dont la lèvre supérieure est ovale, l'inférieure à trois lobes roulés; quatre étamines didynames; ovaire surmonté d'un seul style; capsule à deux loges polyspermes. Ce genre a des rapports avec le *Gratiola*, dont il diffère principalement par ses quatre étamines fertiles et par sa corolle personnée. Il renferme deux espèces indigènes des Indes-Orientales, savoir : l'*Hornemannia bicolor* ou *Gratiola goodenifolia*, Hornemann (*Catal. Hort. Hafn.*, p. 19); et l'*H. viscosa* ou *Gratiola viscosa*, Hornemann (*loc. cit.*). La première est cultivée au Jardin des Plantes de Paris. Ce sont des Herbes à feuilles simples et opposées, et à fleurs disposées en grappes. (G..N.)

* HORNERA. BOT. PHAN. Necker (*Element. Botan.*, n. 1360) a donné ce nom générique au *Dolichos urens*, L., qui diffère surtout des autres Dolics, par sa graine lenticulaire, dont le hile se prolonge en une ligne saillante, demi-circulaire, forme qui fait nommer vulgairement cette graine

OEil de Bourrique. Marcgraaff, Adanson et Scopoli avaient déjà établi avec cette Plante un genre particulier qu'ils nommaient *Mucuna*. D'un autre côté, P. Browne le désignait sous le nom de *Zoophtalmum*. *V*. MUCUNA et DOLIC. (G..N.)

* HORNÈRE. *Hornera* POLYP. Genre de l'ordre des Milléporées, dans la division des Polypiers entièrement pierreux et non flexibles; à cellules petites, perforées, presque tubuleuses, et non garnies de lames; ayant pour caractères génériques : un Polypier pierreux, dendroïde, fragile, comprimé et contourné irrégulièrement; la tige et les rameaux sont garnis de cellules seulement sur la face extérieure; les cellules sont petites, éloignées les unes des autres, situées presque en quinconce sur des lignes diagonales; la face opposée est légèrement sillonnée. Les Hornères forment un genre bien distinct parmi les Polypiers de l'ordre des Millépores. Linné, et d'après lui tous les naturalistes, les avaient confondues avec les Millépores. Lamarck les a classées parmi les Rétépores avec qui elles ont les plus grands rapports; mais elles en diffèrent par la position des cellules, ainsi que par les sillons qu'elles produisent sur la face interne du Polypier. Ces caractères, joints à ceux que présentent les cellules polypeuses dans leur forme, nous ont engagé à faire un genre particulier de ce Zoophyte. Nous l'avons dédié à Horner, astronome de l'expédition autour du monde, commandée par le capitaine Krusenstern, à la prière de son ami le docteur Tilesius qui nous avait envoyé ce Polypier, recueilli par lui sur les côtes du Kamtschatka. Les Hornères varient beaucoup dans leur forme quoiqu'elle soit toujours plus ou moins flabellée. Leur substance est très-fragile, poreuse et calcaire. Leur couleur dans l'état vivant est un bleu cendré ou rougeâtre; elle devient d'un blanc mat et laiteux par l'action de l'air et de la lumière.

Nous n'en connaissons encore qu'une seule espèce de vivante, l'*Hornera frondiculata*, N. Gen. Polyp., p. 41, tab. 74, fig. 7, 8, 9; elle est indiquée comme originaire de l'Océan austral par Linné, Ellis, etc.; de la Méditerranée par Marsigli, Pallas, Lamarck, etc.; de l'Islande et de la Norwège par Brunnich; enfin, du Kamtschatka par le docteur Tilesius. La même espèce peut-elle se trouver dans des localités si disparates? nous en doutons beaucoup et nous sommes portés à croire que l'on a confondu plusieurs Polypiers sous le même nom, mais les individus nous ont manqué pour les vérifier. Defrance, dans le Dictionnaire des Sciences Naturelles, a donné la description de plusieurs Fossiles qu'il regarde comme des Hornères, attendu, dit-il, qu'ils en réunissent en grande partie les caractères; ce sont : l'Hornère Hippolyte de Grignon et de Hauteville; l'Hornère crépue d'Orglandes; l'Hornère rayonnante de Laugnan près Bordeaux; l'Hornère élégante et Opontie des falunières de Hauteville. Nous n'avons vu aucun de ces Polypiers. (LAM..X.)

* HORNSCHUCHIA. BOT. PHAN. Genre nouveau, établi dans les Mémoires de la Société royale de botanique de Ratisbonne, v. 3, p. 159, et ainsi caractérisé par Nées d'Esenbeck et Martius (*Nov. Act. Bonn.* T. XII, p. 22): calice monophylle, infère, tronqué; corolle à six divisions placées sur deux rangs; six étamines dont les anthères sont linéaires et presque sessiles sur la base des divisions de la corolle; trois pistils dont les ovaires sont uniloculaires. Ce genre a été placé dans la famille des Sapindacées par les auteurs ci-dessus dénommés; mais la description extrêmement abrégée qu'ils en donnent, ne suffit pas pour admettre avec certitude ce rapprochement. Il renferme deux espèces : *Hornschuchia Bryotrophe*, et *H. Myrtillus* (*Regensb. Denkschr*, tab. 11 et 12) qui croissent près de San-Pedro d'Alcantara au Brésil. Ce sont des Plantes à feuilles

ovales-oblongues, veineuses, réticulées, et à fleurs pédonculées uniflores ou en grappes penchées. (G..N.)

HORNSTEDTIE. *Hornstedtia*. BOT. PHAN. Genre de la famille des Amomées et de la Monandrie Monogynie, L., établi par Retz (*Observat. Botan.*, fasc. 6, p. 18) qui lui a assigné les caractères suivans : calice bifide; corolle tubuleuse; le tube allongé, filiforme; le limbe double, l'extérieur à trois divisions; appendice tubuleux; capsule oblongue à trois loges. Les deux espèces de ce genre qui ne figure point dans le Mémoire sur les Amomées de Roscoë, avaient été décrites par Kœnig dans Retz (*loc. cit.*, fasc. 3, p. 68 et 69), sous le nom d'*Amomum Scyphipherum* et *A. Leonurus*. Elles sont indigènes des forêts de Malacca et de plusieurs autres contrées des Indes-Orientales (G..N.)

HORSFIELDIA. BOT. PHAN. Sous ce nom, Willdenow (*Spec. Plant.* T. IV, p. 872) a établi un genre de la Diœcie Monadelphie, L., et tellement rapproché des *Myristica*, que nous ne croyons pas devoir en reproduire ici les caractères. R. Brown (*Prodr. Flor. Nov.-Holland.*, p. 400) a fait observer que, d'après le caractère et la description, l'*Horsfieldia* diffère de ce genre uniquement par son stigmate obscur, lequel, ajoute-t-il, Willdenow aura vu sans doute d'une manière obscure (*obscurè visum*). (G..N.)

HORTENSIA. BOT. PHAN. La Plante d'ornement cultivée maintenant dans toute l'Europe sous ce nom, avait été regardée comme un genre distinct par Commerson et Lamarck. Elle a été réunie au genre *Hydrangea* par Smith (*Icon. Pict.*, 12). *V.* HYDRANGÉE. (G..N.)

* HORTIA. BOT. PHAN. Genre de la famille des Rutacées et de la Pentandrie Monogynie, L., établi par Velloso et Vandelli (*in Rœmer Script. Lusit.*, p. 188) et adopté par De Candolle (*Prodrom. Syst. Veget.* 1, p. 132) et par Auguste Saint-Hilaire (*Flor. Brasil. merid.*). Voici les caractères génériques que celui-ci a tracés sur la Plante vivante, et qui diffèrent entièrement de ceux donnés par les premiers auteurs : calice petit, à cinq dents, persistant; corolle à cinq pétales insérés sur le gynophore, alternes avec les dents du calice, linéaires, lancéolés, crochus au sommet, barbus à la base, réfléchis vers le milieu et caducs; cinq étamines alternes avec les pétales et ayant la même insertion; filets colorés planes; anthères fixées par le dos, bifides à la base, biloculaires, introrses, déhiscentes longitudinalement; gynophore très-déprimé, discoïde, pentagone, glanduleux; ovaire dont la base est enfoncée dans le gynophore, à cinq lobes et à cinq loges dispermes; ovules fixés à l'angle interne, l'un supérieur et ascendant, l'autre inférieur et suspendu; style épais, conique, terminé par un stigmate court, obtus et coloré; fruit simple, capsulaire (d'après Velloso), à cinq ou par avortement à deux ou quatre loges mono ou dispermes; graines munies d'un arille? pourvues d'un tégument crustacé, d'un ombilic linéaire, d'un albumen charnu, d'un embryon droit, parallèle à l'ombilic, dont la radicule est courte, supère, et les cotylédons grands, planes et très-obtus. L'*Hortia Brasiliana*, figuré par Aug. St.-Hil. (Plantes usuelles des Brasiliens, n. XVII), est une Plante à tige sous-frutescente, épaisse, très-glabre, garnie de feuilles éparses. Ses fleurs sont roses et disposées en cimes terminales. L'écorce de cette Plante est amère et fébrifuge. Elle est employée comme telle par les habitans de la province des Mines, qui l'appellent *Quina*, nom vulgaire de toutes les écorces amères. (G..N.)

HORTOLE. *Hortolus*. MOLL. Montfort, dans sa Conchyliologie systématique, a cru devoir séparer ce genre des Lituoles, parce que les tours de spire ne se touchent point comme dans la Spirule, tandis que dans les Lituoles ils sont adhérens les uns aux autres. Nous ne croyons pas que deux degrés si voisins dans une même organisation doivent être séparés en genres. *V.* LITUOLE. (D..H.)

* HOSANGIA. BOT. PHAN. (Necker.) Syn. de Mayeta d'Aublet. *V.* ce mot. (B.)

HOSLUNDIA. BOT. PHAN. Genre de la famille des Labiées et de la Didynamie Gymnospermie, L., établi par Vahl (*Enumer. Plant.*, 1, p. 12), et qui offre pour caractères principaux : un calice tubuleux, à cinq divisions; une corolle labiée presqu'en masque, la lèvre supérieure concave, l'inférieure renversée, à trois lobes, celui du milieu plus grand et échancré; quatre étamines didynames, dont deux plus courtes, stériles; ovaire quadripartite, surmonté d'un style et d'un stigmate bifide; quatre akènes renfermés dans le calice converti en baie de la grosseur d'une groseille, à dix angles, jaunâtre et pubescente. Ce genre renferme deux espèces indigènes des parties occidentales de l'Afrique, savoir : *Hoslundia oppositifolia*, Vahl et Palisot-Beauvois (Flore d'Oware, tab. 33), et *Hoslundia verticillata*, Vahl. La première est un Arbrisseau très-rameux, dont les branches sont garnies entre les feuilles d'une touffe de poils. Les feuilles sont opposées, pétiolées, ovales-oblongues, dentées en scie vers le sommet, entières à la base. Les fleurs sont blanches et disposées en une panicule rameuse et terminale. (G..N.)

* HOSNY. POIS. (Bonnaterre.) Syn. de *Sparus Mahsena*. *V.* SPARE. (B.)

* HOSSECOL. OIS. On donne ce nom à plusieurs Colibris. *V.* ce mot. (B.)

HOSTA. BOT. PHAN. Genre de la famille des Verbénacées, et de la Didynamie Angiospermie, L., établi par Jacquin (*Hort. Schœnbrunn.*, 1, p. 60, tab. 114), et adopté par Kunth (*Nov. Gener. et Spec. Plant. æquinoct.*, vol. II, p. 247) avec les caractères suivans : calice court à cinq dents; corolle dont le limbe est à cinq divisions inégales et étalées; quatre étamines didynames dont les deux plus courtes sont dépourvues d'anthères; stigmate bifide; drupe renfermant un seul osselet à quatre loges monospermes. L'espèce sur laquelle ce genre a été fondé était placée parmi les *Cornutia*. En adoptant le genre de Jacquin, Persoon a inutilement changé son nom en celui de *Hostana*. L'*Hosta cœrulea*, Jacq., *Cornutia punctata*, Willd., est un Arbrisseau de l'Amérique méridionale, dont les tiges sont rameuses, garnies de feuilles opposées, pétiolées, ovales-acuminées, rétrécies à la base et denticulées. Les fleurs, de couleur bleue, parsemées de points blancs, sont disposées en corymbes axillaires, trichotomes et plus courts que les feuilles. Kunth (*loc. cit.*) a fait connaître deux espèces nouvelles, indigènes du Mexique, et auxquelles il a donné les noms de *Hosta longifolia* et *H. latifolia*. (G..N.)

* HOSTANA. BOT. PHAN (Persoon.) Syn. d'*Hosta*. *V.* ce mot. (G..N.)

HOSTEA. BOT. PHAN. Nom substitué sans motifs plausibles par Willdenow à celui de *Matelea*, employé par Aublet et Lamarck. *V.* MATELÉE. (G..N.)

HOSTIA. BOT. PHAN. Le *Crepis fœtida*, L., a été distingué sous ce nom générique par Mœnch qui a également établi le genre *Barckhausia* aux dépens des *Crepis*. Cassini ayant soumis à un nouvel examen les caractères de l'*Hostia*, et les ayant comparés avec ceux du *Crepis*, en a conclu qu'ils devaient rester confondus en un seul. *V.* BARCKHAUSIE et CRÉPIDE. (G..N.)

* HOTA. BOT. PHAN. La Plante désignée sous ce nom par Flacourt paraît être une espèce de Trèfle. Elle est employée comme vulnéraire par les habitans de Madagascar. (B.)

* HOTAMBOEJA. REPT. OPH. Le genre du Serpent figuré sous ce nom par Séba, comme indigène de Ceylan et répandant une fort mauvaise odeur, ne peut être suffisamment déterminé, encore qu'on y voie une Couleuvre. *V.* ce mot. (B.)

* HOTTENTOT. MAM. Espèce du genre Homme. *V.* ce mot. (B.)

* HOTTENTOT. OIS. Espèce du genre Turnix. *V.* ce mot. (DR..Z.)

HOTTENTOT. INS. Nom donné par Geoffroy à l'*Ateuchus laticollis* de Fabricius et de tous les auteurs. Il est très-commun dans le midi de la France, et si rare à Paris que Geoffroy est encore le seul qui l'y ait rencontré. *V.* ATEUCHUS. (G.)

* HOTTO. OIS. Espèce du genre Héorotaire.. *V.* ce mot. (B.)

HOTTONIE. *Hottonia.* BOT. PHAN. Genre de la famille des Primulacées, et de la Pentandrie Monogynie, L., désigné par Vaillant sous le nom de *Stratiotes*, appliqué maintenant à une autre Plante, et ainsi caractérisé par Linné : calice à cinq divisions profondes : corolle hypocratériforme dont le tube est court et le limbe à cinq divisions planes ; cinq étamines non saillantes ; stigmate capité ; capsule globuleuse, acuminée, contenant un grand nombre de graines attachées à un placenta central. Ce genre ne renferme que deux espèces, dont une croît en Europe. L'*Hottonia indica*, L., forme le type du genre *Hydropityon* de Gaertner fils, et l'*Hottonia serrata*, Willd., est maintenant une espèce de *Serpicula*. *V.* HYDROPITYON et SERPICULE.

L'HOTTONIE AQUATIQUE, *Hottonia palustris*, L., croît dans les marais et les fossés aquatiques de l'Europe tempérée. Elle a des tiges garnies dans toute leur partie inférieure de feuilles nombreuses, ailées, à folioles linéaires, les supérieures rapprochées et presque verticillées. Dans la partie qui s'élève hors de l'eau, elle est fistuleuse, dépourvue de feuilles, et elle porte cinq à huit verticilles de fleurs roses ou blanches et pédonculées. Cette Plante, par le nombre et l'élégance de ses fleurs, fait un charmant effet sur le bord des marais. Sous ce rapport, elle serait très-propre à orner les pièces d'eau dans les jardins paysagers. Vahl (*Symbol.*, 2, p. 36) a décrit, sous le nom d'*Hottonia sessilifolia*, une autre espèce, originaire des Indes-Orientales, et qui se distingue par ses feuilles bipinnées, ses fleurs sessiles et disposées par verticilles de quatre, en épi terminal. (G..N.)

HOUBARA. OIS. Espèce du genre Outarde. *V.* ce mot. (DR..Z.)

HOUBLON. *Humulus.* BOT. PHAN. Genre de la famille des Urticées et de la Diœcie Pentandrie, L., établi par Tournefort sous le nom de *Lupulus*, et ainsi caractérisé : Plante dioïque ; fleurs mâles ayant un calice à cinq divisions ; cinq étamines dont les filets sont courts, et les anthères oblongues ; fleurs femelles, formant un capitule écailleux, réunies par paire dans un calice bractéiforme, à bords roulés en cornet ; chacune est composée d'un ovaire surmonté de deux styles et de deux stigmates filiformes ; fruit formé d'écailles minces et membraneuses entre chacune desquelles sont deux petits akènes. Les fleurs mâles sont disposées en panicules axillaires et terminales, tandis que les fleurs femelles sont sessiles, verticillées, formant des épis très-denses, courts, ovés, pédonculés et axillaires.

Le HOUBLON COMMUN, *Humulus Lupulus*, L., est la seule espèce du genre. Cette Plante est vivace ; elle a une tige herbacée, légèrement anguleuse et rude, volubile de gauche à droite autour des Arbres voisins, et pouvant s'élever ainsi de quatre à cinq mètres ; ses feuilles sont opposées, pétiolées, palmées à trois ou à cinq lobes dentés, d'une forme à peu près semblable à celle de la vigne, rudes au toucher ; elles sont accompagnées de larges stipules membraneuses, dressées, striées, quelquefois bifides au sommet. Le Houblon croît naturellement dans les haies et sur la lisière des bois de l'Europe septentrionale. On le cultive en grand dans les départemens du nord et de l'est de la France ; en Angleterre, en Allemagne, etc. Les fruits de Houblon par leur immense emploi dans la fabrication de la bière, forment maintenant une branche de commerce très-considérable, et sa culture a reçu les soins les plus importans chez plusieurs peuples du Nord. Il nous semble donc nécessaire d'entrer dans quelques détails sur cette culture. On distingue quatre variétés de Houblon, savoir : le Houblon sauvage, le Houblon rouge, le Houblon blanc et long, et le Houblon blanc et court. La seconde est celle qui réussit le mieux dans un terrain médiocre. Il convient de faire choix, autant que possible, d'une terre légère et en même temps assez substantielle, et d'une exposition humide et abritée des vents. Après avoir préparé le terrain par un labour profond fait à la charrue ou mieux encore à la bêche, on prend sur les plus vigoureuses souches d'une ancienne houblonnière les plus gros plants, et on les place dans des trous que l'on a disposés en quinconces à une distance de deux mètres environ; on les butte ensuite, selon les conseils de Bosc, qui blâme comme fort inutile le procédé des buttes faites préalablement à la plantation. Si le terrain est d'une qualité médiocre, et peu humide, l'automne est la saison la plus favorable à cause des pluies qui surviennent plus tard. Dans le cas contraire, il vaut mieux le faire au printemps et arroser immédiatement après. Pendant la première année, on donne ordinairement plusieurs binages, et au mois de mars de la seconde année on coupe les rejetons près du collet que l'on recouvre de terre bien meuble. On plante ensuite des perches ou échalas d'une longueur de six à huit mètres, auxquelles on attache les tiges du Houblon par des liens de jonc ou de paille lorsqu'ils ont atteint une certaine hauteur. Enfin on donne un labour à la terre, on butte de nouveau les pieds et on multiplie les arrosemens si la saison n'est pas pluvieuse. Deux mois après la floraison, le Houblon est en maturité; il faut saisir l'instant favorable pour en faire la récolte. C'est lorsque les écailles des fruits ont passé de la couleur verte à une nuance brune, qu'il convient de les cueillir. Les tiges doivent alors être coupées à environ un mètre du sol, et il faut recueillir les cônes du Houblon à mesure qu'on coupe les tiges. Le Houblon de bonne qualité se reconnaît à l'odeur forte qu'il exhale et surtout à son amertume. La dessiccation doit être faite le plus complétement et avec autant de promptitude que possible. Pour cela, on est dans l'usage, en Flandre, de l'étendre dans des fours de brique chauffés avec modération afin de ne pas altérer les fruits. On étend de nouveau ceux-ci dans une chambre sèche et aérée, pour qu'ils reprennent de l'élasticité et ne se réduisent pas en poudre quand on les entasse dans des sacs, opération qui termine la récolte. Les houblonnières durent ordinairement dix à douze ans; le terrain est ensuite très-propre à diverses cultures, telles que celles des Haricots et des Pommes de terre qui, par les sarclages qu'elles exigent, détruisent les jeunes pousses de Houblon restées enfouies dans la terre. Les Anglais ont, plus que les autres nations, perfectionné la culture du Houblon. Ils pratiquent surtout celle en palissade qui offre des résultats on ne peut pas plus favorables. Elle consiste à disposer sur une même ligne des perches de quatre mètres de hauteur, distantes entre elles de trois mètres, à les lier ensemble par trois rangs de perches horizontales, et à obtenir, par ce moyen, des palissades exposées au midi et contre lesquelles les rameaux du Houblon se déploient avec facilité, et présentent leurs fruits à l'influence directe des rayons solaires qui en augmentent beaucoup la qualité. La récolte des cônes du Houblon cultivé en palissade se fait au moyen d'une échelle double au fur et à mesure qu'ils mûrissent. Les houblonnières sont souvent attaquées d'une espèce d'Urédinée parasite, fléau contre lequel on n'a d'autre ressource que d'arracher les feuilles qui en sont atteintes.

L'odeur forte et l'amertume des cônes de Houblon paraissent dus, d'après les travaux récens de Planche, Payen et Chevalier, à la poussière granuleuse, jaune et résineuse qui environne les akènes. Ils la considèrent comme une substance immédiate des Végétaux à laquelle ils donnent le nom de *Lupuline*. C'est au Houblon que la bonne bière doit la légère amertume et l'odeur qui en font une liqueur très-agréable. Les cônes et les jeunes pousses de cette Plante, sont des amers employés en médecine, dans les affections scrophuleuses. Comme on leur suppose une propriété diaphorétique, ils sont également usités dans les maladies de la peau, sous forme d'infusion pour les cônes ou de décoction pour les turions ou jeunes pousses.

On ne sait trop pourquoi l'*Ornithogalum Pyrenaicum* a été quelquefois appelé Houblon de montagnes. (G..N.)

* HOUDE. MAM. Syn. de Musc dans les environs du lac Baïkal. *V*. CHEVROTAIN. (B.)

HOUETTE. BOT. PHAN. (Sonnerat.) Syn. de *Bombax Pentandra*. *V*. FROMAGER. (B.)

HOUHOU. OIS. Espèce du genre Coucal. *V*. ce mot. (B.)

HOUILLE. GÉOL. Depuis les terrains granitiques jusque dans les dépôts qui se forment encore actuellement, on rencontre en abondance des substances combustibles qui, par leur composition, par leur couleur noire, et leur opacité, se rapprochent plus ou moins du Charbon ordinaire; ces substances forment des couches entières d'une épaisseur variable et qui alternent plusieurs fois avec d'autres couches pierreuses; elles se voient également en amas allongés et en fragmens disséminés dans diverses formations. Les noms de Charbon minéral, de Charbon de terre, de Charbon de pierre, ceux d'Anthracite, de Houille, de Lignite, de Tourbe, qui ont été employés pour désigner ces substances, ont presque aussi souvent servi à confondre leurs variétés principales qu'à les désigner d'une manière précise, suivant que les auteurs ont considéré ces variétés sous le rapport purement minéralogique ou bien qu'ils ont attaché de l'importance à leur gisement, c'est-à-dire à la place qu'elles occupent dans la série des formations connues. Ici, comme dans toute classification, les limites tranchées sont difficiles à marquer, et les groupes dont les centres sont bien distincts s'enlacent les uns dans les autres aux points de leur contact. Si l'on veut seulement comparer ces centres les uns avec les autres, on verra qu'il existe réellement pour les substances que l'on y place un ensemble de caractères extérieurs qui s'accordent assez bien avec leur gisement particulier pour que les minéralogistes et les géologues soient aujourd'hui à peu près d'accord sur l'emploi qu'il faut faire des noms d'Anthracite, de Houille, de Lignite et de Tourbe.

L'Anthracite est d'un noir brillant métallique; sa texture feuilletée, compacte ou grenue, rappelle celle des différentes pierres; il brûle difficilement, sans flamme, sans odeur, et presque sans fumée. C'est cette substance charbonneuse que l'on a désignée sous le nom de Charbon de terre incombustible; son principe constituant essentiel est le Carbone qui se trouve seulement mêlé avec un peu de Silice, d'Alumine et de Fer, de manière qu'en brûlant il ne donne que de l'Acide carbonique. Il appartient presque exclusivement aux terrains dits de transition les plus anciens, dans lesquels il se rencontre en couches ou en filons au milieu de Mica-Schistes, de Gneiss, de Roches granitiformes et de Schistes-Phyllades que recouvrent des empreintes de Végétaux de la famille des Fougères. Pendant long-temps on a dit, il est vrai, que l'Anthracite se trouvait dans les terrains primitifs, mais il est probable, d'après les belles observations faites par Brochant dans la Tarentaise, que l'on appliquait alors cette dénomination à des roches et à des formations qu'il faut placer aujourd'hui dans les terrains de transition; il paraît presque certain maintenant qu'il n'y a pas d'Anthracite primitif. *V.* ANTHRACITE.

Le Lignite est aussi d'un noir quelquefois très-foncé, mais le plus souvent terne et passant au brun plus ou moins clair; on aperçoit presque toujours, au moins dans quelques parties des couches ou amas qu'il forme, une texture fibreuse semblable à celle du bois, et qui ne permet pas de douter que son origine ne soit végétale. Il brûle avec une flamme assez claire et longue, et sans beaucoup de fumée, mais en répandant une odeur désagréable, âcre et piquante. Il se rencontre généralement disséminé dans les derniers terrains secondaires, et en couches dans les plus nouveaux que l'on appelle aussi Terrains tertiaires, c'est-à-dire dans les terrains de sédimens moyens et supérieurs de Brongniart. Les Végétaux dont il provient ou qui l'accompagnent appartiennent principalement à la classe des Plantes dicotylédones que l'on ne trouve pour ainsi dire jamais avec les Anthracites et les Houilles. On trouve avec le Lignite des Coquilles d'eau douce et fluviatiles, et même des ossemens d'Animaux vertébrés et mammifères. *V.* LIGNITE.

La Tourbe d'un tissu spongieux léger, d'une couleur noire, terne, laisse apercevoir les restes des Végétaux aquatiques qui ont contribué par une accumulation successive dans le lieu où ils ont vécu, à former des assises puissantes, séparées quelquefois en bancs distincts par des dépôts terreux et limoneux. La Tourbe brûle facilement, mais presque sans flamme et sans incandescence apparente, en répandant une odeur désagréable; elle a rempli, à des époques plus ou moins éloignées, mais toutes fort récentes en comparaison du dépôt des autres substances charbonneuses, des dépressions qui existaient à la surface du sol, soit dans le fond des vallées, soit sur des plateaux élevés, soit même sur la pente des montagnes. *V.* TOURBE.

Enfin la Houille, à l'histoire de laquelle cet article doit être plus particulièrement consacré, tient le milieu par ses caractères extérieurs, par sa position géologique entre l'Anthracite et le Lignite dont il n'est pas toujours facile de la distinguer ainsi que nous l'avons déja annoncé.

La Houille est, de toutes les matières charbonneuses qui se trouvent dans le sein de la terre, celle dont l'usage est le plus répandu, et qui donne lieu aux exploitations les plus nombreuses et les plus importantes. C'est à elle que s'appliquent le plus ordinairement les noms de Charbon de terre, de Charbon de pierre, de Charbon minéral. Elle est d'un noir brillant qui présente souvent des reflets irisés; elle est parfaitement opaque, et sans se laisser rayer par l'ongle, elle est tendre et friable à moins qu'elle ne soit mélangée avec des matières étrangères, qui, alors, la font paraître dure; elle se divise en feuillets, en écailles ou en petits parallélipipèdes, et quelquefois aussi sa cassure est droite ou même conchoïde; elle brûle facilement, avec une flamme blanche ou bleuâtre, en répandant de la fumée et une odeur bitumineuse qui n'est ni âcre ni désagréable. Elle laisse après sa combustion un résidu terreux qui est toujours de trois pour cent au moins. Ses principes constituans essentiels sont le Carbone et le Bitume, et il paraît qu'elle contient aussi une certaine quantité d'Hydrogène que la chaleur fait dégager facilement à l'état de Gaz carboné; le soufre, le sulfure de Fer et des parties terreuses qui en altèrent la qualité pour les usages ordinaires s'y rencontrent fréquemment associés; les proportions diverses de toutes ces substances font varier les caractères et les propriétés de la Houille en la rappochant plus ou moins de l'Anthracite ou du Lignite. Elle peut même être confondue avec le Schiste bitumineux, qui alterne avec elle lorsque la quantité de Carbone diminue et que celle des terres augmente ; tandis qu'au contraire, lorsque la proportion de Bitume l'emporte sur les autres principes, elle peut passer au Bitume asphalte. Par la distillation, la Houille donne une huile empyreumatique, de l'Ammoniaque, et quelquefois aussi de l'Acide sulfureux sans Ammoniaque ; le résidu solide de cette distillation est un véritable Charbon qui brûle sans flamme et sans odeur et qui contient plus de quatre-vingt-seize parties sur cent de Carbone. C'est à ce Charbon que l'on donne particulièrement le nom de Coke ou Coak.

On distingue trois variétés principales de Houille : 1° la Houille compacte ; 2° la Houille grasse ; 3° la Houille maigre, qui diffèrent essentiellement entre elles par la manière dont elles se comportent au feu et par conséquent par les usages auxquels elles sont propres.

La HOUILLE COMPACTE est d'un noir un peu terne ; elle est en masses solides, non-fendillées, et qui présentent, lorsqu'on les brise, une cassure droite ou conchoïde et des surfaces ondulées ou planes ; elle est légère ; sa pesanteur étant de 1,23 au lieu de 1,30, qui est à peu près celle des autres variétés de Houille. Elle brûle facilement, avec une flamme blanche, brillante, sans répandre beaucoup de fumée, et en dégageant une odeur balsamique assez agréable, ce qui la distingue du Lignite Jayet auquel elle ressemble par la propriété qu'elle a de pouvoir être taillée, polie et travaillée au tour. La Houille compacte se trouve principalement en Angleterre et en Irlande, et, à ce qu'il paraît, associée à la variété suivante (Newcastle) ; elle y est connue sous le nom de *Cannel coal* ; les Allemands l'appellent *Kennelkohle*.

La HOUILLE GRASSE est plus pesante que la Houille compacte ; sa couleur noire est brillante ; elle est friable, et très-facilement combustible ; elle se boursoufle au feu ; ses parties s'agglutinent et forment, autour du foyer incandescent, une voûte ou croûte solide qui contribue à la rendre très-convenable pour le traitement du Fer ; aussi l'appelle-t-on le Charbon des maréchaux (*Smith-Coal*). Elle brûle avec une flamme blanche, en répandant beaucoup de chaleur, une fumée noire, épaisse, et une odeur bitumineuse ; elle donne par la distillation beaucoup de Bitume et d'Ammoniaque ; elle se trouve en couches très-puissantes, et quelquefois très-nombreuses, alternant avec des roches schisteuses et arénacées qui sont remplies de débris de Végétaux, et qui, avec elles, constituent les principaux terrains houilliers exploités en Angleterre, en Allemagne et en France.

La HOUILLE SÈCHE, plus lourde que les deux variétés précédentes, est aussi plus solide, et elle doit en partie cette propriété aux substances terreuses avec lesquelles elle est mélangée ; sa couleur est peu éclatante, et elle passe quelquefois au gris ; elle brûle moins facilement que la Houille compacte et que la Houille grasse ; la flamme qu'elle produit est généralement bleuâtre ; elle ne se gonfle ni ne s'agglutine, et elle repand une odeur sulfureuse qui tient à la grande quantité de Pyrites qu'elle renferme ordinairement. Celles-ci, par leur décomposition, donnent même lieu à son inflammation spontanée, lorsqu'elle est exposée à l'air et à l'humidité. La Houille sèche, que l'on appelle aussi Houille maigre (*Pechkohle*, *Glanzkohle*), ne donne presque pas de Bitume par la distillation, et point d'Ammoniaque ; elle est employée dans les usages domestiques, et à la cuisson des briques, de la Chaux, etc. ; mais elle ne peut servir aux forgerons. Elle se trouve, comme la Houille grasse, en couches ou amas, mais presque exclusivement dans les terrains calcaires. Celle qui est exploitée dans le midi de la France, auprès de Marseille, d'Aix, de Toulon, etc., paraît, par son gisement et les corps organisés qui l'accompagnent, devoir être considérée plutôt comme un Lignite que comme une véritable Houille; plusieurs autres variétés sont fondées sur des différences minéralogiques qui ne se rencontrent pas sur de grandes masses, et qui se trouvent avec les variétés principales dont nous avons tracé les caractères généraux. On a, comme nous l'avons précédemment fait observer, confondu des variétés de véritable Houille avec celles de l'Anthracite et du Lignite. Nous devons ajouter que cette confusion est moins l'effet d'une erreur, que l'expression de ce qui existe dans la nature, car depuis les Anthracites jusqu'aux Tourbes, on peut distribuer les matières charbonneuses en une série graduée sur laquelle on remarquera de distance en distance quelques points qui différeront entre eux en raison de leur éloignement, et, ce qui est très-important, en raison de l'âge respectif des dépôts formés.

La Houille est disposée en lits ou bancs continus qui alternent avec d'autres bancs de substances minérales dont la nature varie, mais qui, dans tous les points de la terre où l'on a observé des gîtes de Charbon de terre, offrent un ensemble de caractères généraux semblables. C'est à l'association constante de la Houille, avec des Grès mélangés ou *Psammites*, avec des Schistes argileux et avec certains Calcaires compactes coquilliers, que l'on a donné les noms de Formations houillières, de Terrains houilliers, de même que l'on a appelé Grès houilliers, les Roches arénacées qui accompagnent ce combustible et qui sont assez reconnaissables partout où on les rencontre pour qu'elles puissent fournir des indices précieux pour le mineur dans ses recherches. Les formations houillières commencent la série des terrains secondaires qu'elles lient aux terrains de transition. Les plus anciens dépôts, ceux qui donnent lieu aux exploitations les plus nombreuses et les plus importantes, et qui renferment essentiellement la variété de Houille grasse, se composent de couches alternatives de Grès micacés, de Mica-Schistes, de Schistes argileux dont les nombreux feuillets sont couverts d'empreintes de tiges et de feuilles de Végétaux de la famille des Fougères et de celle des Graminées. Ces dépôts n'occupent cependant pas toujours la même position relative dans les premiers terrains secondaires; car dans certaines localités, les couches de Charbon sont inférieures au Grès rouge (*Old red sandstone* des Anglais) ou dans ce Grès, tandis que dans un grand nombre de lieux elles sont supérieures à des assises puissantes de Roches calcaires dont la formation est postérieure au même Grès rouge. On a distingué plusieurs formations houillières; celles des Schistes et Grès, et celles des Calcaires, qui sont d'une origine plus récente, et qui ne renferment presque exclusivement que de la Houille maigre. On remarque que presque toutes les formations de Houille semblent remplir des cavités plus ou moins étendues de l'ancien sol, et cette disposition a fait désigner ordinairement la plupart des gisemens exploités sous les noms de Bassin houillier; les couches houillières sont rarement horizontales; elles se contournent et se courbent comme le fond de la cavité dans laquelle elles ont été déposées; quelquefois aussi elles ont éprouvé des dérangemens qui paraissent être l'effet d'un glissement d'une partie sur une autre, de sorte que lorsque les mineurs suivent une couche, ils rencontrent souvent une fente verticale au-delà de laquelle la continuation de la même couche se voit à quelques pieds plus haut ou plus bas; les deux parties qui ont glissé l'une sur l'autre sont fréquemment en contact immédiat, et la fente n'est qu'une fissure; d'autres fois cette fente est un véritable filon que remplissent des matières étrangères. C'est à cet accident commun dans les mines de Houille que l'on donne le nom de *Faille*. Avec les couches schisteuses on rencontre aussi des lits plus ou moins épais de Fer carbonaté, lithoïde ou terreux, dont l'extraction se fait concurremment avec celle de la Houille, principalement en Angleterre. Cette circonstance donne la plus grande importance aux exploitations qui produisent ainsi en même temps le minerai et le combustible pour le réduire et le forger sur place. Le nombre des couches que l'on voit dans une même exploitation est très-variable, ainsi que l'épaisseur de chacune; elles ont depuis cinq à six centimètres jusqu'à douze mètres et plus, et l'on en compte quelquefois soixante. L'épaisseur d'une couche est ce que les mineurs appellent sa *puissance*; le Charbon n'a pas les mêmes qualités dans tous les bancs; on a observé qu'il n'est presque jamais en contact immédiat avec les roches à grains grossiers; mais qu'il repose ordinairement sur des Schistes, et qu'il est recouvert par eux, bien que dans la série des dépôts successifs qui composent la formation houillière, il y ait des bancs de Grès et même de Poudding dans une même localité. On voit la répétition successive de plusieurs séries partielles qui se ressemblent par l'ordre dans lequel les lits de substances différentes alternent entre eux; quelquefois on trouve deux séries très-riches en Charbon de terre superposées l'une à l'autre, mais qui sont séparées par des dépôts très-puissans de Grès et de Schistes, au milieu desquels il ne se trouve que des fragmens de Charbon disséminés avec des empreintes de Végétaux, de sorte que tout annonce que la cause qui a produit les couches de Charbon de terre n'a pas agi précisément à la même époque dans les localités différentes, et que dans le même lieu elle a agi à plusieurs époques successives sous des circonstances analogues.

On trouve des couches de Houille à une très-grande hauteur au-dessus du niveau de la mer; celles de Santa-Fé, dans les Cordillières, sont à quatre mille quatre cents mètres; celles de Saint-Ours, près Barcelonette, sont à deux mille cent soixante mètres; celles d'Entrevernes, en Savoie, sont à mille mètres. D'autres couches, au contraire, sont exploitées à plusieurs centaines de mètres au-dessous du niveau de la mer. En général, les dépôts houilliers sont fréquens au pied des montagnes primitives, et ils sont placés entre ces montagnes qui n'en renferment pas et les pays de plaines dont le sol est formé par les derniers terrains secondaires et tertiaires dans lesquels on ne trouve plus que des Lignites. Les corps organisés dont on trouve les débris soit dans la Houille, soit plus fréquemment dans les bancs qui alternent avec elle, appartiennent principalement au règne végétal. Ce sont presque tous des empreintes de tiges ou de feuilles de Plantes monocotylédones analogues aux Lycopodes, aux Fougères, aux Marsiléacées, aux Equisétacées, et dont les espèces différentes par leur forme de celles qui composent aujourd'hui ces familles, l'étaient aussi par leur grande taille. Adolphe Brongniart, qui s'est particulièrement occupé de la détermination et de la classification des Végétaux fossiles, cite encore parmi ceux des terrains houilliers quelques espèces qui ont le faciès des Plantes monocotylédones phanérogames et un très-petit nombre qui ont pu être des Végétaux dicotylédons. Il résulterait des observations très curieuses de ce botaniste qu'à la grande époque de la formation des Houilles, la végétation était à la surface de la terre très-différente de celle que nous voyons aujourd'hui, puisque les Végétaux monocotylédons cryptogames seraient entrés pour les neuf dixièmes dans la totalité des Plantes existantes, tandis que maintenant ces Végétaux composent à peine la trentième partie du règne végétal; les Dicotylédones qui font aujourd'hui les trois quarts des Plantes connues auraient été, au contraire, tout au plus alors par rapport aux autres Plantes comme un à trente. Nous devons toutefois faire observer avec Ad. Brongniart que cet état de la végétation ancienne, dressé principalement sur l'examen des Fossiles des terrains houilliers, ne saurait être décisif, car il pourrait se faire que l'accumulation des mêmes Plantes dans tous les dépôts de même sorte tînt aux circonstances particulières qui ont présidé à leur formation, soit que par leur nature ou par le lieu de leur habitation ces Plantes ont plus contribué que les autres à former le Charbon de terre; soit aussi que, parmi un grand nombre de Végétaux différens et enfouis à la même époque, certains d'entre eux ont seuls assez résisté à la destruction pour que les empreintes et les vestiges qu'ils ont laissés les fassent reconnaître; quoi qu'il en soit, ce que l'on connaît de la forme des Plantes des terrains houilliers suffit pour faire voir qu'elles différaient autant des Plantes qui vivent actuellement sous la zône torride que de celles qui couvrent le sol sous lequel existent les dépôts de Charbon, et par conséquent rien ne porte à croire qu'elles ont été charriées par les eaux des contrées chaudes dans les climats tempérés avant leur enfouissement; bien au contraire, la parfaite conservation de tiges et de feuilles très-délicates et la présence de troncs d'Arbres debout et en place font croire que les Végétaux qui ont contribué à former les Houilles ne végétaient pas dans des lieux très-éloignés de ceux où on les rencontre enfouis aujourd'hui. Un fait très-remarquable encore et que nous avons annoncé au commencement de cet article, c'est que, dans des lieux très-distans les uns des autres, les Végétaux des houillières sont, à peu de chose près, les mêmes. Des échantillons rapportés de l'Amérique méridionale, des Indes-Orientales, du Port-Jackson, à la Nouvelle-Hollande, présentent les mêmes empreintes que ceux de l'Angleterre et du continent européen, et cette uniformité de végétation à la surface du globe ne se remarque plus (comme le fait observer le jeune botaniste qui a recueilli ces renseignemens pleins d'intérêt) que dans les familles dont l'organisation est la plus simple, telles que les Algues, les Champignons, les Lichens, les Mousses, etc.

On trouve en Angleterre, dans la Houille elle-même, dans les Schistes bitumineux et les bancs de Fer carbonaté qui alternent avec elle (à Dudley, par exemple), des vestiges de Coquilles bivalves que l'on regarde comme analogues aux Coquilles d'eau douce des fleuves et des étangs, et dans la même formation on ne cite aucun corps d'origine marine bien constatée; cependant les formations calcaires puissantes qui, dans le même pays et dans la Belgique, recouvrent dans quelques points des couches de Charbon de terre exploitables et qui sont recouvertes par elles dans un plus grand nombre de lieux, sont remplis de corps marins, tels que des Polypiers, des Entroques, des Térébratules, etc. On annonce également que dans le terrain houillier de la Scanie qui se compose de couches alternatives de Grès, d'Argile schisteuse, de Minerai de Fer carbonaté et de Charbon, on a trouvé au milieu des Schistes noirs, des Fucus, des dents de Squale, un fragment d'élytre d'Insecte aquatique et l'empreinte d'un Poisson que l'on a rapporté à la famille des Labres. Les Calcaires secondaires qui renferment les mines de Houille les plus modernes sont aussi remplis de Fossiles marins, mais ces Fossiles ne se voient pas dans le Charbon même. Les Pyrites (sulfure de Fer) se trouvent disséminées dans les terrains houilliers en quantité plus ou moins grande; elles altèrent la qualité de la Houille, qui, par cette raison, ne peut, dans certains cas, être employée au traitement du Fer. Ces Pyrites, par la propriété qu'elles ont de se décomposer, désagrègent la Houille et causent souvent son inflammation spontanée, soit dans les mines, soit dans les magasins dans lesquels on la conserve. Elles sont quelquefois aussi, par suite de leur décomposiiion, la source de produits très-importans, tels que le sulfate de Fer, l'Alun et le sulfate de Magnésie. Il se forme encore, par la même raison, du Gypse cristallisé ou sulfate de Chaux que l'on trouve associé, mais en petite quantité, aux terrains de Houille. Dans les mines de Litry près Bayeux, dans celles de la Dordogne, la Houille contient quelquefois entre ses feuillets du sulfure de Plomb laminaire, fait que l'on avait observé déjà en Angleterre. Le Mercure sulfuré, le Cuivre oxidé, l'Argent natif, l'Antimoine et le Zinc sulfuré sont des Métaux que l'on voit, quoique rarement, dans les terrains de Charbon de terre.

Quoiqu'il ait été émis des opinions très-différentes sur l'origine de la Houille et que quelques géologues aient même considéré ce combustible comme purement minéral, on pense assez généralement aujourd'hui qu'il est le produit de Végétaux enfouis, soit seuls, soit avec des substances animales; mais on n'est pas d'accord sur les circonstances qui ont précédé l'enfouissement ou qui l'ont suivi. Les dépôts de Charbon de terre sont-ils toujours les restes de Végétaux transportés par les fleuves de l'ancien monde réunis en immenses radeaux d'abord flottans, puis accumulés par les courans dans des cavités, des anses particulières où ils se sont décomposés peu à peu, après avoir été recouverts par des couches pierreuses, solides, qui ont empêché le dégagement des parties volatiles? Cette décomposition a-t-elle été facilitée et modifiée par une chaleur plus forte que celle que nous éprouvons aujourd'hui dans le sein de la terre? Est-elle due en partie aux matières animales qui étaient mêlées avec les Végétaux, comme la grande quantité de Bitume et l'Ammoniaque que donne la Houille grasse, par exemple, à la distillation, semble l'indiquer? Les Végétaux, au lieu d'avoir été transportés dans la mer par les fleuves, n'ont-ils pas été enfouis en place par suite de l'irruption de la mer dans des bassins ou sur des lieux précédemment découverts? Ces Végétaux ont-ils été accumulés, seulement brisés grossièrement ou bien après avoir été triturés et réduits en parties très-ténues? etc., etc. On peut, pour ainsi dire, répondre affirmativement ou négativement à toutes ces demandes et apporter des faits à l'appui ou en opposition; ce qui prouve que les circonstances qui ont présidé à la formation de la Houille, quoiqu'analogues entre elles pour la généralité, ont cependant varié suivant les lieux. Une observation particulière très-importante et qui a été bien constatée dans ces derniers temps par Brongniart père, c'est que l'on rencontre, dans beaucoup de mines de Houille exploitées, des troncs d'Arbres monocotylédons qui ont conservé une position verticale. Ce fait, observé en Angleterre, en Ecosse, en Saxe, dans le pays de Saarbruck, etc., se voit d'une manière remarquable dans la mine de Treuil, auprès de Saint-Etienne. Là, on voit, d'après le géologue que nous venons de citer, dans la coupe que présente le terrain houillier exploité à ciel ouvert et en allant de bas en haut : 1° un Phyllade ou Schiste carboné que recouvre un lit de Houille de quinze décimètres d'épaisseur; 2° un second banc de Phyllade et Schiste renfermant quatre lits de Minerai de Fer carbonaté, lithoïde ou compacte, en nodules aplatis, séparés les uns des autres; 3° quarante-six à cinquante centimètres de Charbon recouverts par des Schistes qui alternent avec d'autres petits lits de Charbon et de Fer carbonaté; les Schistes et le Minerai de Fer sont accompagnés de nombreuses empreintes végétales qui recouvrent leur surface et en suivent tous les contours; 4° enfin, un banc puissant de trois ou quatre mètres d'un Psammite micacé, ayant quelquefois la structure feuilletée en grand. Toutes les assises sont horizontales, et c'est dans la dernière que, sur une grande étendue, se montrent de nombreuses tiges placées verticalement et traversant les lignes de stratification; c'est, dit l'auteur auquel nous empruntons les renseignemens, une véritable forêt fossile de Végétaux monocotylédons d'apparence de Bambous ou de grands *Equisetum* comme pétrifiés en place; ces tiges sont de deux sortes; les unes sont cylindriques, articulées et striées parallèlement à leurs bords; elles ne présentent dans leur intérieur aucun tissu organique; cet intérieur est rempli par une matière semblable à celle des bancs qui les enveloppent. Les autres tiges, plus rares, sont cylindroïdes, creuses, et elles vont en se divisant et s'élargissant vers leur extrémité inférieure, de manière à indiquer une racine sans cependant présenter des ramifications.

De tout ce que nous avons dit précédemment, il résulte que les véritables *Houilles* sont d'une origine évidemment postérieure aux corps organisés, non-seulement Végétaux, mais aussi Animaux; qu'elles appartiennent à la grande époque où se fait le passage des dépôts, dont la stratification générale est plus ou moins inclinée, par rapport au sol actuel, aux dépôts qui recouvrent ceux-ci d'une manière souvent contrastante, qui remplissent les anfractuosités des bassins produits par leur dérangement, et dont la position est plus particulièrement horizontale; que dans certains cas la matière charbonneuse était réduite à une grande ténuité et homogénéité, puisqu'elle a formé des lits alternatifs, souvent très-minces, qu'elle a pénétré dans des fissures étroites, et qu'elle a même comme imbibé les substances pierreuses, au milieu desquelles elle se trouve; que les causes productrices se sont renouvelées plusieurs fois, et à de petits intervalles, dans le même lieu; qu'elles ont aussi été les mêmes pour un grand nombre de lieux différens et très-éloignés les uns des autres; que si les corps organisés que renferme la Houille, paraissent être presque tous terrestres ou d'eau douce, cependant les bancs calcaires qui semblent, dans certains cas, faire partie constituante essentielle de la formation, sont remplis de débris d'Animaux marins; enfin que si les Végétaux enfouis ont pu être réduits préliminairement, soit en poussière, soit en boue, par une agitation violente des eaux qui les transportaient, dans d'autres cas, des feuilles très-délicates ont conservé toutes leurs formes, et des tiges ont conservé leur position verticale, et semblent avoir été comme enterrées à peu de distance de la place où elles avaient végété.

Lorsque la connaissance du gîte ordinaire des couches de Houille, la présence des Schistes et des Grès à empreintes de Fougères, ont engagé à faire des recherches dans un pays, lorsqu'au moyen de la sonde on est parvenu à découvrir quelques couches de Charbons, à en connaître l'épaisseur, la direction et l'étendue, on perce, à différentes distances, des puits verticaux, qui viennent rencontrer la surface des mêmes couches en plusieurs points; on réunit les puits par des galeries ouvertes, souvent dans le combustible même, en ayant le soin, dans les exploitations bien dirigées, de commencer les travaux par les parties les plus basses, où l'on propose des moyens d'épuisement pour les eaux qui s'écouleront des parties supérieures; ces moyens sont : des pompes mises en mouvement par des cours d'eau, des Chevaux et la vapeur; lorsque le fond de la mine est plus bas que des vallées voisines, on ouvre vers les vallées des galeries d'écoulement; les puits verticaux servent non-seulement à pénétrer dans la mine, et à retirer le Charbon exploité, mais aussi à établir, par leur communication entre eux, une libre circulation de l'air extérieur qui pénètre ainsi dans les plus profondes galeries, et donne quelquefois lieu, lorsque le tirage est fort, à des courans que l'on est obligé de rompre de distance en distance par des portes battantes; cette disposition est doublement nécessaire, parce qu'elle renouvelle l'air vicié par la respiration des mineurs et les lumières, mais aussi parce qu'elle entraîne le gaz hydrogène qui, peu uni à la Houille, se dégage continuellement, et peut s'enflammer en donnant lieu à de fortes détonations lorsqu'il est mêlé avec une certaine quantité d'air ordinaire; malgré toutes les précautions d'*airage*, il arrive encore que le gaz hydrogène s'accumule dans des cavités abandonnées momentanément ou même se dégage subitement en grande abondance, lorsque dans les travaux on vient à percer une cavité naturelle ou faite anciennement. Ce gaz s'enflamme alors à l'approche des lumières et il est la cause d'accidens souvent funestes; c'est pour remédier, dans tous les cas, à ces accidens, que le célèbre chimiste anglais Davy a imaginé une lampe de mineur, dont la flamme enveloppée par un cylindre de toile métallique ne peut communiquer avec l'air inflammable au milieu duquel elle est portée (*V*. à l'article FLAMME, *lampe de sûreté*). L'exploitation des diverses couches de Houille varie selon leur épaisseur, leur direction et le plus ou moins de solidité des couches qui leur servent de toit; elle se fait par des ouvrages en *gradins* ou *échiquier*, par *tailles* ou *chambres*. *V*. à l'article MINES, la définition de ces termes. Les ouvriers se servent de pics, pour extraire le Charbon en fragmens plus ou moins gros; des enfans ou d'autres ouvriers transportent ces fragmens dans des chariots, jusqu'auprès du puits, par lequel on les enlève dans des tonnes ou caisses, au moyen de diverses machines, dont les plus simples sont des treuils à bras, et dont les plus puissantes, les plus ingénieuses et les plus économiques pour les grandes exploitations, sont des machines à vapeur.

L'Angleterre est le pays du monde qui renferme les plus grandes exploitations de Charbon de terre, et qui fait aussi la plus grande consommation de ce combustible; on évalue à 75 millions de quintaux métriques la quantité de Houille extraite annuellement dans les Iles-Britanniques. Celles des environs de Newcastle en produisent seules plus de 36 millions, et elles emploient, dit-on, plus de soixante mille individus; dans beaucoup de ces mines, on extrait en même temps le minerai de Fer, le Charbon qui sert à le fondre et à le forger; aussi les objets fabriqués avec ce métal peuvent-ils être livrés aux consommateurs à un très-bas prix. Nous ne nous arrêterons pas aux mines de Houilles, bien moins importantes que celles que nous venons de signaler, et qui se rencontrent en Allemagne, en Autriche, en Bohême, en Italie, en Espagne, en Portugal, etc. Nous rapporterons seulement qu'il paraît certain que la Chine et le Japon en renferment un assez grand nombre, à en juger par la grande consommation que l'on fait de Charbon de terre dans ces pays, pour les usages domestiques, et dans les manufactures; nous entrerons seulement encore dans quelques détails sur les exploitations de la France et des contrées limitrophes, qui font au moins partie de son enceinte naturelle et géologique, si des lignes de démarcation arbitraires les en ont séparées momentanément. Au nord, on compte dans la Belgique plus de deux cents mines qui emploient vingt mille ouvriers, et produisent par an 12 millions de quintaux métriques de Houille grasse; les principales sont situées dans les environs de Mons et de Liége. Les mines d'Anzin et Raisnes, près Valenciennes dans le département du Nord, donnent 3 millions de quintaux métriques, et elles emploient quatre mille cinq cents ouvriers; celles de Saarbruck, dans le département de la Moselle; celles d'Eschweiler, dans l'ancien département de la Roer, sont très-importantes: à l'ouest et au sud-ouest de Paris, on trouve dans le département du Calvados la mine de Litry qui occupe quatre cents ouvriers, et donne 200 mille quintaux métriques d'une Houille de médiocre qualité, mais qui est employée à la fabrication de la Chaux; celle de Montrelais, département de la Loire-Inférieure. En somme, dans quarante-deux départemens de la France actuelle, il existe plus de deux cent trente mines de Charbon de terre exploitées, qui occupent plus de dix mille ouvriers, et fournissent par an 9 à 10 millions de quintaux métriques de Houille, ayant pour les consommateurs une valeur de plus de 40 millions. Les environs de Saint-Etienne et de Rive-de-Gier, dans le département de la Loire, fournissent près du tiers de ce produit; les Charbons sont d'une bonne qualité; ceux de Saint-Etienne se répandent par la Loire et par le canal du Centre dans l'intérieur de la France et jusqu'à Paris; ceux de Rive-de-Gier parviennent, par le canal de Givors, le Rhône, la Méditerranée et le canal des deux mers, dans tout le midi de la France et jusqu'à Bordeaux. Toutes les mines dont nous venons de parler appartiennent à la plus ancienne formation, à celle des Psammites et des Schistes; on trouve aussi en France un assez grand nombre de gîtes de Houille plus récente, dans les terrains calcaires; elles sont presque toutes dans le Midi et près des grandes chaînes secondaires des Alpes; telles sont celles des départemens des hautes et basses Alpes, de Vaucluse, de l'Aveyron, de l'Aude, de l'Hérault et principalement celles des Bouches-du-Rhône, qui emploient deux cents ouvriers, et livrent environ 180 quintaux métriques de Charbon maigre à la consommation annuelle. Les usages de la Houille sont nombreux, et se multiplient chaque jour davantage, à mesure que la diminution des forêts fait élever le prix du bois; on peut l'employer dans tous les usages domestiques, soit telle qu'elle sort de la mine, soit après l'avoir carbonisée ou réduite en *coke* par une opération simple, qui consiste à la mettre en tas coniques, plus ou moins considérables, auxquels on met le feu; la combustion bien dirigée dure près de quatre jours, et le refroidissement se fait en quinze heures; par ce procédé on peut carboniser 50 à 60 quintaux avec un déchet de 40 pour cent environ. On peut réduire aussi le Charbon de terre en *coke*, en le faisant brûler dans des espèces de fours presque fermés, ou même dans des grands vaisseaux clos; dans ce dernier cas on recueille l'huile bitumineuse, l'eau acide et l'ammoniaque, qui se dégagent; c'est par ce moyen que l'on obtient aussi le gaz hydrogène, dont l'emploi pour l'éclairage des villes s'est beaucoup répandu depuis quelque temps. On est parvenu depuis peu à employer la Houille dans l'affinage du Fer; cette méthode introduite en France est de la plus grande importance, et ajoute beaucoup aux usages de la Houille, qui jusqu'à présent n'a pu encore servir à chauffer les fours à porcelaines. On fait cuire les briques, et on transforme la Pierre calcaire en Chaux avec de la Houille; on recueille aussi sa fumée dans des chambres voûtées, pour faire ce que l'on appelle du noir *de fumée*. (C. P.)

HOUILLITE. MIN. (Daubenton.) Syn. d'Anthracite. *V.* ce mot. (B.)

HOUISTRAC. OIS. Syn. vulgaire de Pâtre. *V.* TRAQUET. (DR..Z.)

HOULETTE. *Pedum.* CONCH. Genre proposé par Bruguière dans les planches de l'Encyclopédie, et établi d'une manière positive par Lamarck, dans le Système des Animaux sans vertèbres, 1801, et depuis adopté par presque tous les conchyliologues. Une Coquille fort singulière, placée par Linné dans son genre Huître, sert de type au genre qui a été placé dans les Ostracés par Cuvier, dans les Pectinides par Lamarck, et enfin dans les Subostracés par Blainville. On ne connaît point encore l'Animal de la Houlette; mais d'après la forme de la coquille et l'échancrure qui se voit à la valve inférieure, on pense qu'il devait être byssifère comme les Limes, les Avicules et les Pintadines; cette Coquille néanmoins se distingue éminemment de tous les genres environnans. On ne connaît pas encore de Houlette à l'état fossile ; cependant une Coquille que l'on trouve assez rarement à Grignon et que Lamarck a nommée Huître à crochet, semble s'en rapprocher singulièrement, elle pourrait même servir à l'établissement d'un nouveau genre; l'échancrure de la Houlette s'y trouve aux deux valves et dans une direction un peu différente. Voici les caractères que Lamarck donne au genre Houlette : coquille inéquivalve, un peu auriculée, bâillante par sa valve inférieure ; crochets inégaux, terminés en talons obliques, écartés ; charnière sans dent ; ligament en partie extérieur, inséré dans une fossette allongée et canaliforme, creusée dans la paroi interne des crochets ; valve inférieure échancrée près de sa base postérieure. D'après ces caractères, il est facile de voir qu'il ne doit pas exister d'hésitation pour placer convenablement les Houlettes : leurs rapports avec les Spondyles sont évidens par la forme des crochets, la position du ligament, mais fort différens par la valve inférieure qui n'est point adhérente ; elles ont également les plus grands rapports avec les Pintadines par l'échancrure de la valve inférieure destinée sans contredit au passage d'un Byssus. Enfin, leur analogie avec les Limes et par suite avec la plupart des Plagiostomes et des Peignes n'est pas moins certaine. — La seule espèce connue dans ce genre a été nommée par Lamarck :

HOULETTE SPONDYLOIDE, *Pedum spondyloideum; Ostrea spondyloidea*, L., n. 109; Favanne, Conchyl., tab. 80, fig. k; Chemnitz, Conchyl. T. VIII, tab. 72, fig. 669 et 670; Encycl. Méthod., pl. 178, fig. 1, 2, 3, 4. Coquille très-rare et très-recherchée, assez allongée, d'un rouge violâtre en dedans, blanc grisâtre sale en dessus; la valve inférieure plus teinte de rouge foncé et violâtre surtout vers le crochet ; le talon est petit, oblique, divisé obliquement par la rainure du ligament qui est plus enfoncé dans la valve inférieure que dans la supérieure. Quand la coquille est fraîche, la valve supérieure présente des côtes peu apparentes, chargées assez régulièrement de petites écailles. Ces coquilles ont jusqu'à soixante-dix ou soixante-quinze millimètres de longueur. Lamarck indique une variété plus petite, moins allongée, subquadrilatère, arrondie, à valve inférieure plus plate. Nous la possédons, et nous croyons que c'est une variété d'âge. (D..H.)

HOULQUE. BOT. PHAN. *V.* HOUQUE.

HOUMIMES OU HOUMINES. BOT. PHAN. Des racines tuberculeuses et d'un goût agréable de Châtaigne sont ainsi nommées à Madagascar ainsi qu'à Maurice et à Mascareigne ; ce sont celles du *Nepeta madagascariensis* de Lamarck. (B.)

HOUMIRI. *Houmiria*. BOT. PHAN. Ce genre, de la famille des Méliacées et de la Polyandrie Monogynie, L., a été établi par Aublet (Guian., 1, p. 564), et ainsi caractérisé par De Candolle (*Prodr. Syst. Veget.*, 1, p. 619) : calice à cinq dents obtuses ; cinq pétales oblongs, à estivation valvaire ; vingt étamines dont les filets monadelphes forment un tube denté au sommet, et portent des anthères dressées ; un seul style surmonté d'un stigmate capité à cinq rayons ; péricarpe à cinq loges monospermes (selon Aublet). Schreber et Willdenow ont arbitrairement substitué au nom d'*Houmiria* celui de *Myrodendron*, qui, d'après les lois de la phytographie, ne sera plus cité que comme synonyme.

L'HOUMIRI BAUMIER, *Houmiria balsamifera*, Aubl., est un Arbre des forêts de la Guiane qui s'élève à plus de vingt mètres. Sa cime se compose de plusieurs branches très-grosses et divergentes dont les divisions sont garnies de feuilles alternes, demi-amplexicaules, à nervure médiane décurrente, ovales-oblongues, aiguës, très-entières, ayant les bords roulés en dedans à leur naissance. L'écorce de cet Arbre est épaisse et rougeâtre ; elle laisse découler, par incision, une liqueur balsamique, rouge et d'une odeur comparable à celle du Styrax et du Baume du Pérou. En se desséchant, cette liqueur se convertit en une résine rouge, transparente et qui, lorsqu'on la brûle, exhale un parfum agréable. Le nom d'*Houmiri* est celui que les Garipons donnent à l'Arbre; les Créoles le nomment Bois rouge, et coupent en lanières son écorce dont ils font des flambeaux. (G..N.)

* HOUP. OIS. Syn. vulgaire de Huppe. *V.* ce mot. (DR..Z.)

HOUPEROU. POIS. (Thevet.) Probablement le Requin. (B.)

* HOUPPE. OIS. Espèce du genre Corbeau. *V.* ce mot et PIE HOUPETTE dans les planches de ce Dictionnaire. (B.)

HOUPPE DES ARBRES ET HOUPPE BLANCHE. BOT. CRYPT. Paulet donne ce nom à des Hydnes ou Clavaires de sa famille des Barbes. (B.)

HOUPPIFÈRE. OIS. Syn. de Coq ignicolor. *V.* COQ. (DR..Z.)

HOUQUE ET HOULQUE. *Holcus*. BOT. PHAN. Genre de la famille des Graminées et de la Polygamie Monœcie, L., établi par Linné et ainsi caractérisé : fleurs polygames; les hermaphrodites ont la lépicène uniflore, la glume à deux valves dont l'extérieure est souvent terminée par une barbe; trois étamines; un ovaire surmonté de deux styles et de stigmates plumeux; les fleurs mâles ont les valves de la glume aiguës et mutiques, renfermant trois étamines; les fleurs femelles sont munies d'un ovaire qui se convertit en une caryopse réniforme ou arrondie, assez grosse, ordinairement enveloppée par les valves de la glume. Ce genre formait, dans l'origine, deux sections : dans la seconde étaient placées plusieurs Graminées, qui ont été rapportées à d'autres genres; telles étaient les *Holcus lanatus*, L., et *H. mollis*, L., etc., plus convenablement placées parmi les *Avena*. Celles de la première section constituent donc à elles seules le genre *Holcus* que l'on a également désigné sous le nom de *Sorghum*. Ce sont de grandes Plantes originaires des Indes-Orientales, de l'Afrique et des autres contrées chaudes de l'ancien continent. Nous ne mentionnerons ici que les principales espèces.

La HOUQUE SORGHO, *Holcus Sorghum*, L. et Lamk. (*Illustr. Gen.*, tab. 838, f. 1), vulgairement Grand Millet d'Inde et Gros Millet. Elle a des tiges hautes de deux mètres et plus, articulées, munies de grandes feuilles semblables à celles du Maïs. Les fleurs forment une panicule terminale, un peu serrée, à ramifications verticillées; leurs caryopses sont arrondies, grosses, d'une couleur qui varie du blanc au jaune, et du brun au noir ou au pourpre très-foncé. Les *Holcus bicolor*, L., *H. cernuus*, Willd., ou *H. compactus*, Lamk., ne sont que des variétés de cette espèce.

La HOUQUE SACCHARINE, *Holcus saccharatus*, L. et Lamk. (*loc. cit.*, tab. 838, f. 3), vulgairement Millet de Cafrerie, est une espèce très-voisine de l'*Holcus Sorghum*; mais elle en diffère par sa panicule plus grande, plus lâche et un peu étalée. Ses caryopses sont jaunâtres ou couleur de rouille, renfermées dans les glumes persistantes. Le nom spécifique de cette Plante lui a été donné à cause de la saveur sucrée de ses tiges qui sont épaisses et simulent celles de la Canne à sucre. On prétend que cette espèce est originaire de la Cafrerie; et il y a lieu de croire que l'*Holcus Cafrorum*, Thunb., dont les Cafres font leur nourriture presqu'exclusive, est la même Plante ou une de ses variétés.

La HOUQUE EN ÉPI, *Holcus spicatus*, L. et Lamk. (*loc. cit.*, tab. 838, f. 4), vulgairement Millet à chandelles, a des feuilles amples, ondulées et souvent velues à leur gaîne; les fleurs sont disposées en épi terminal, dense, conique, d'un vert blanchâtre ou d'un violet bleuâtre. Les caryopses sont obovoïdes, obtuses et rétrécies vers leur base. Sous les fleurs, on observe un petit involucre composé de paillettes sétacées et plumeuses, et qui a fait distinguer cette Plante par Willdenow, comme constituant un genre particulier, sous le nom de *Penicillaria*. Dans les colonies d'Amérique, on donne à cette Plante le nom de *Couscou*, et en Egypte on l'appelle *Douranili*.

Nous citerons encore l'*Holcus alepensis*, L., qui habite non-seulement la Syrie et l'Afrique septentrionale, mais que l'on retrouve encore sur toutes les côtes de la Méditerranée, et particulièrement sur celles de France. Cette espèce se distingue facilement par sa tige de la grosseur d'une plume à écrire, par ses feuilles étroites, et par sa panicule pyramidale, très-lâche et d'un brun pourpre.

Les deux premières espèces ci-dessus décrites sont des Végétaux précieux en raison des usages alimentaires que des peuples entiers font de leurs caryopses. On les cultive dans tous les pays chauds et tempérés de l'ancien monde. En France, cette culture s'étend jusque dans l'ancienne Lorraine; elle suit à peu près celle du Maïs; mais elle semble beaucoup moins souffrir des rigueurs du climat. Dans les départemens de la Côte-d'Or, de Saône-et-Loire et de l'Ain, son produit est fort avantageux pour les cultivateurs, car il y a peu d'années et de terrains où elle ne réussisse très-bien. Le Sorgho préfère cependant une terre substantielle, mais très-meuble, et une bonne exposition à l'action de l'air et du soleil. On le plante dans le mois d'avril, lorsque les gelées ne sont plus à craindre, et on dispose les plants par séries régulières et beaucoup plus rapprochées que celles du Maïs. C'est principalement pour faire d'excellens balais avec ses panicules dépouillées des caryopses qu'on le cultive en France; car à l'égard de ses fruits, nous rendons grâces à la nature de nous avoir fait présent d'autres Céréales qui nous permettent de ne pas y avoir recours. Quoique riches en fécule amylacée, les graines de Sorgho contiennent un principe âpre et amer qui les rend peu comestibles; c'est pourquoi on ne les récolte en France que pour engraisser les volailles. La quantité de sucre que contiennent les tiges du Sorgho avant sa maturité est assez considérable pour que l'extraction de ce sucre ait été proposée comme avantageuse dans le cas où nous serions privés, par une guerre maritime, du sucre des colonies. Le professeur Arduino de Padoue a publié un Mémoire sur la culture de l'*Holcus saccharatus* et sur les procédés pour en extraire le sucre, *V*. Journal de Botanique, T. III, p. 193. (G..N.)

HOUR. BOT. PHAN. (Delile.) Syn. arabe de Peuplier blanc. (B.)

HOURITE. POIS. et MOLL. On ne sait trop quel Poisson est ainsi nommé sur les côtes d'Afrique, encore que Valmon de Bomare prétende que ce soit un Saumon. Nous croyons, nous, que l'Hourite de Madagascar est un Poulpe. (B.)

HOUSSON. BOT. PHAN. Syn. vulgaire de Fragon piquant. (B.)

HOUSTONIE. *Houstonia*. BOT. PHAN. Genre de la famille des Rubiacées, et de la Tétrandrie Monogynie, établi par Linné, et ainsi caractérisé: calice très-petit, à quatre dents; corolle infundibuliforme dont le tube est étroit et plus long que le calice, le limbe à quatre découpures étalées, ovales, un peu plus courtes que le tube; étamines insérées à l'entrée de la corolle, à filets très-courts, et à anthères dressées, oblongues; ovaire semi-infère, surmonté d'un style saillant et de deux stigmates en languettes; capsule entourée vers son milieu par les découpures calicinales, presque globuleuse, échancrée, à deux bosses, biloculaire, à deux valves qui portent les cloisons sur leur milieu; graines nombreuses, fixées à un placenta médian, presque arrondies et un peu scabres. Ces caractères ont été donnés par Richard père (*in Michx. Flor. Boreal. Amer.*, 1, p. 84); ils ne laissent aucun doute sur la place que l'*Houstonia* doit occuper dans la série des ordres naturels. Quoique Jussieu (*Gener. Plant.*) l'eût rapporté aux Rubiacées, il avait indiqué l'affinité de l'*Houstonia cœrulea* avec les Gentianées dans le cas où l'ovaire de celui-ci aurait été supère. Mais cette Plante n'ayant pas l'ovaire ainsi constitué, fait toujours partie du genre *Houstonia*. A l'exception de l'*Houstonia coccinea*, Andr. (*Reposit.*, tab. 106), dont Salisbury (*Paradis. Lond.*, 88) a fait son genre *Bouvardia* adopté par Kunth (*V.* ce mot), toutes les espèces du genre que nous examinons ici sont indigènes des Etats-Unis d'Amérique. Ce genre a été désigné par Gmelin (*Syst. Veget.* 1, p. 263) sous le nom de *Poiretia*. Nuttal (*Gener. of North Amer. Plants*, 1, p. 95) en a mentionné huit espèces qui sont des petites Plantes à tiges dichotomes, ordinairement quadrangulaires, et à fleurs terminales, rarement axillaires.

Plusieurs espèces d'*Houstonia* de Linné, de Willdenow et de Michaux ont été transportées par Kunth dans le genre Hédyotide. *V.* ce mot. (G..N.)

* HOUTING. POIS. *V.* HAUTIN.

HOUTTUYNIE. *Houttuynia*. BOT. PHAN. Ce genre, établi par Thunberg (*Flor. Japon.*, p. 234), a été placé dans la Monœcie Polyandrie, L., par Schreber, et dans la Polyandrie Polygamie par Persoon. En le rapportant à la famille des Aroïdées, Jussieu l'a ainsi caractérisé : spathe en cœur, semblable à la feuille, renfermant dans son pétiole engaînant un spadice pédonculé, oblong, entouré d'un involucre ou calice commun à quatre folioles, et couvert par les ovaires autour de chacun desquels se trouvent environ sept étamines; capsules trigones. L'*Houttuynia cordata*, Thunb. (*loc. cit.*, tab. 26), ressemble par son port à un *Pontederia* ou à un *Saururus*. Cette Plante a une tige simple, un peu géniculée, garnie de feuilles pétiolées, alternes, en forme de cœur, et accompagnées de deux stipules. Elle croît au Japon, dans les fossés qui bordent les chemins.

Le *Gladiolus roseus*, qui fait partie du genre *Tritonia*, a été décrit et figuré sous le nom d'*Houttuynia capensis* dans Houttuyn (*Nat. Hist.* 12, tab. 85, fig. 3). *V.* TRITONIE. (G..N.)

* HOUTTUYNIEN. POIS. Espèce du genre Coryphœne. *V.* ce mot. (B.)

HOUX. *Ilex*. BOT. PHAN. Genre de la Tétrandrie Tétragynie, L., placé dans les Célastrinées par De Candolle (*Prodrom. Syst. Veget.* T. II), et établi par Tournefort sous le nom d'*Aquifolium* que les anciens botanistes avaient donné à la principale espèce. Linné substitua à cette dénomination celle d'*Ilex* déjà employée par Lonicer et par C. Bauhin pour désigner le Houx commun et le Chêne vert qui présentent quelque ressemblance seulement dans leurs feuilles. L'*Ilex* de Virgile et des anciens était ce dernier Végétal. Voici les caractères du genre Houx : calice très-petit, à quatre divisions dressées; corolle à quatre pétales dont les onglets sont très-larges et réunis par leur base au moyen des filets staminaux; quatre étamines à filets alternes, et soudés par leur base avec les pétales; ovaire supère surmonté de quatre stigmates sessiles; baie petite, arrondie, contenant quatre noyaux monospermes. On trouve souvent, sur le même individu, des fleurs unisexuées et des fleurs hermaphrodites. Les Plantes de ce genre sont des Arbrisseaux à feuilles alternes, toujours verts et très-épineux dans quelques espèces. Leurs fleurs sont nombreuses et portées sur des pédoncules axillaires. Le *Macoucoua* d'Aublet (*Guian.*, tab. 34) qui ressemble à l'*Ilex* par sa fleur, mais dont le fruit est inconnu, en est peut-être congénère, selon Jussieu. Persoon et Kunth ont également réuni à ce genre le *Paltoria ovalis* de Ruiz et Pavon (*Flor. Peruv.*, 1, t. 84, f. 6). Plus de trente espèces de Houx ont été décrites par les auteurs, soit sous le nom d'*Ilex*, soit comme faisant partie du genre *Cassine*. Elles sont répandues sur presque toute la surface du globe. La plupart habitent les Canaries, l'Amérique septentrionale et méridionale, le Japon, le cap de Bonne-Espérance, etc. L'espèce suivante est la seule qui croisse en Europe.

Le Houx commun, *Ilex aquifolium*, L., est un petit Arbre dont le tronc est droit, divisé en rameaux nombreux, la plupart verticillés, souples, recouverts d'une écorce lisse, verte, et garnis de feuilles ovales, coriaces, luisantes, d'un beau vert, le plus souvent ondulées, dentées et épineuses. Les fleurs sont petites, nombreuses, blanches et disposées en bouquets axillaires. Il leur succède des baies globuleuses, d'un beau rouge vif, et dont la pulpe n'a pas une saveur agréable. La forme pyramidale du Houx commun, ses fruits, dont le rouge éclatant contraste avec la verdure foncée de son feuillage qui persiste pendant l'hiver, lui ont mérité une distinction parmi les autres Arbrisseaux indigènes. On le cultive dans les jardins paysagers pour en décorer les bosquets d'hiver, et on en fait des haies vives qui, indépendamment de leur charmant aspect, offrent l'avantage d'être impénétrables quand on a le soin de les tailler un peu basses et de les garnir dans le pied avec des Groseillers épineux. La culture du Houx a fait naître un grand nombre de variétés que l'on distingue par la couleur des fruits, par les feuilles plus ou moins longues, arrondies, épineuses ou non, vertes uniformément ou diversement panachées. Ces variétés ne peuvent se propager que par la greffe qui réussit beaucoup mieux lorsqu'on pratique celle-ci par approche et en écusson. Mais lorsqu'on veut multiplier le Houx sauvage, il est plus simple de semer ses graines à l'ombre, sur la fin de l'automne, que d'en transporter quelques jeunes plants des forêts; ceux-ci reprennent difficilement, à moins qu'on ait la précaution de les enlever avec la terre qui les entoure. Les *Ilex Balearica*, Desf., et *Ilex Maderiensis*, Lamk., ont de grands rapports avec le Houx commun et peuvent être greffés sur lui. On les cultive en Europe où ils demandent quelques soins. Le bois du Houx est très-dur; il a un grain tellement serré que sa densité est plus considérable que celle de l'eau. On en fait quelques ouvrages de tour et de marqueterie, mais comme l'Arbre n'acquiert jamais de grandes dimensions, on ne peut pas en tirer beaucoup d'utilité sous ce rapport. Il sert donc principalement à la confection des manches d'outils, de fouets, des bâtons et des baguettes de fusil. L'écorce intérieure du Houx sert à préparer la Glu (*V.* ce mot) que l'on emploie pour prendre les petits Oiseaux à la pipée, et dont on a recommandé l'application sur les tumeurs arthritiques. Quelques médecins ont également vanté l'efficacité de la décoction ou de l'extrait des feuilles de Houx, pris intérieurement, dans la goutte, le rhumatisme et les fièvres intermittentes; ils lui attribuaient la vertu d'augmenter la perspiration cutanée. Ce remède n'est plus en usage, non plus que les fruits du Houx qui, selon Dodœns, purgent, comme ceux du Nerprun, à la dose de dix à douze.

Le Houx Maté, *Ilex Mate*, Aug. Saint-Hilaire (Plantes Remarquables du Brésil; Introd., p. 41), que ce savant avait d'abord fait connaître sous le nom d'*Ilex Paraguariensis*, est un petit Arbre très-glabre; à feuilles ovées, cunéiformes ou lancéolées, oblongues, un peu obtuses, dont les bords sont munis de dents éloignées les unes des autres; à pédoncules axillaires et divisés en pédicelles nombreux. Le stigmate est quadrilobé, et les noyaux des fruits sont marqués de veines. Cette espèce fournit la fameuse Herbe ou Thé du Paraguay. Elle croît adondamment dans les bois voisins de Curitiba, au Brésil, et les habitans du pays la nomment *Arvore do Mate* ou *da Congonha*. Ce dernier nom est aussi appliqué à une Plante entièrement différente de celle-ci, et qui est devenue le type du genre *Luxemburgia* d'Aug. Saint-Hilaire.

V. ce mot. Feuillée (Hist. des Plantes Médicinales du Pérou et du Chili, p. 16 et tab. 10) a décrit et figuré très-imparfaitement, sous le même nom de *Congonha*, une Plante du Pérou, qui ne paraît être ni le *Luxemburgia* ni l'Herbe du Paraguay. Mais pour revenir à celle-ci, nous ajouterons qu'avant les renseignemens fournis par Aug. Saint-Hilaire, rien n'était moins déterminé que la patrie et l'histoire botanique de cette Plante. Les chefs de la république de Buenos-Ayres, ayant senti l'importance de la posséder sur leur territoire, envoyèrent, en 1823, le docteur Bonpland, au Paraguay, pour reconnaître cette espèce, et la planter sur les rives du rio de la Plata, près de son embouchure. On sait quelle fut l'issue de cette mission; Bonpland est resté prisonnier du gouverneur Francia, sans que ses nombreux et puissans amis soient parvenus à obtenir sa liberté. La grande consommation que les Espagnols et habitans de l'Amérique méridionale font du Thé du Paraguay, ne doit plus exiger de nouveaux sacrifices. Il ne s'agit maintenant que chercher les moyens de préparer les feuilles de l'*Ilex Mate* de Curitiba, avec tous les soins mis en usage par les habitans du Paraguay. Aug. Saint-Hilaire s'est convaincu, en voyant lui-même les quinconces d'Arbre de *Mate*, plantés par les Jésuites dans leurs anciennes missions, que la Plante de Curitiba était identique avec celle-ci. Il jugea nécessaire de signaler cette identité aux autorités brésiliennes, parce que les habitans de Buenos-Ayres et de Montévidéo, qui, par l'effet des circonstances politiques, avaient interrompu toute communication avec le Paraguay, étaient venus chercher le *Mate* à Parannagua, port voisin de Curitiba, et avaient prétendu trouver quelque différence entre l'Herbe préparée au Paraguay et celle du Brésil.

Nous mentionnerons enfin comme espèce remarquable :

Le HOUX APALACHINE, *Ilex vomitoria*, Ait. (*Hort. Kew.* 1, p. 70), Arbrisseau élégant, indigène de la Floride et de la Virginie, dont le nom spécifique est tiré de la propriété vomitive que possèdent ses feuilles lorsqu'on prend leur infusion à forte dose. Les Sauvages de l'Amérique septentrionale en font usage lorsqu'ils vont à la guerre; elle les excite et produit sur eux à peu près les mêmes effets que les liqueurs spiritueuses sur les soldats européens.

Dans quelques provinces de France on appelle aussi HOUX, PETIT HOUX et HOUX FRELON, le *Ruscus aculeatus*, L. *V.* FRAGON. (G..N.)

HOVÉE. *Hovea.* BOT. PHAN. Genre de la famille des Légumineuses et de la Diadelphie Décandrie, L., établi en premier lieu par Smith (*Transact. Linn.* T. IX, p. 304) sous le nom de *Poiretia* qui n'a pas été adopté à cause de l'existence d'un genre de ce dernier nom établi antérieurement par Ventenat. Poiret a compliqué inutilement cette synonymie en créant le mot *Phusicarpos*, afin de pouvoir décrire le genre dans le Dictionnaire Encyclopédique. En donnant à ce genre le nom d'*Hovea*, Rob. Brown (*Hort. Kew.*, 2e édit) l'a ainsi caractérisé : calice à deux lèvres, la supérieure bifide, obtuse; corolle papilionacée, à carène obtuse; étamines diadelphes; légume renflé, sphérique, uniloculaire et disperme. Ce genre est voisin du *Platylobium* dont il diffère essentiellement par son légume sessile et renflé. Il renferme cinq espèces; savoir : *Hovea lanceolata*, Bot. Mag.; *H. Celsi*, Bonpl.; *H. linearis*, Br., ou *Poiretia linearis*, Smith; *H. elliptica*, Br., ou *Poiretia elliptica*, Smith; et *H. longifolia*, Br. Elles sont toutes indigènes de la Nouvelle-Hollande et on les cultive en Europe dans quelques jardins botaniques. Ce sont des Arbrisseaux à feuilles simples et alternes, et à fleurs purpurines ou violettes. (G..N.)

HOVENIE. *Hovenia.* BOT. PHAN. Genre de la famille des Rhamnées, et de la Pentandrie Monogynie, L., établi par Thunberg (*Flor. Japon.*,

p. 101), et adopté par Jussieu qui l'a ainsi caractérisé d'après les descriptions de Thunberg et de Kœmpfer : calice à cinq découpures peu profondes; corolle à cinq pétales roulés en dedans; cinq étamines enveloppées par les pétales; un seul style surmonté de trois stigmates; capsule entourée par la base du calice persistant, globuleux, marquée de trois sillons triloculaires, à trois loges, dans chacune desquelles est une graine. L'*Hovenia dulcis*, Thunb., a été décrit et figuré par Kœmpfer (*Amœnit. Exot.*, tab. 809) sous les noms de *Sicku* et de *Ken Pokanas* qu'il porte vulgairement au Japon. C'est un petit Arbre à feuilles alternes, pétiolées, ovales-acuminées, dentées et glabres. Les fleurs sont nombreuses, caduques, portées sur des pédoncules axillaires et terminaux, et divariquées après la floraison. Ces pédoncules deviennent charnus et rougeâtres. Ils acquièrent une saveur douce et agréable qui les fait rechercher comme alimens par les habitans du pays. (G..N.)

HOYA. BOT. PHAN. Genre de la famille des Asclépiadées et de la Pentandrie Digynie, L., établi par R. Brown (*Transact. of Werner. Societ.*, 1, p. 26) qui l'a ainsi caractérisé : corolle rotacée, quinquéfide; couronne staminale à cinq folioles déprimées, charnues, dont l'angle intérieur se prolonge en une dent qui s'appuie sur l'anthère, laquelle est terminée par une membrane; masses polliniques fixées par la base, conniventes, comprimées; stigmate mutique; follicules lisses; graines aigrettées. Les Plantes de ce genre sont des sous-Arbrisseaux grimpans, à feuilles opposées, et à ombelles axillaires et multiflores. R. Brown ne rapporte à ce genre que deux espèces, savoir : 1° *Hoya carnosa*, Plante que Linné a fait connaître sous le nom d'*Asclepias carnosa*, et qui a encore pour synonyme le *Stapelia chinensis* de Loureiro; 2° *Hoya volubilis* ou *Asclepias volubilis*, L., Suppl., *Watta-Kaka-Codi* de Rhéede (*Hort. Malab.*, 9, p. 25, tab. 15). Ces deux Plantes croissent dans l'archipel des Indes et à la Nouvelle-Hollande. (G..N.)

* HOYRIRI. BOT. PHAN. Ce nom de pays, qui paraît, dans Thevet, avoir désigné un Ananas, a été adopté par Adanson pour le genre Bromélie. *V.* ce mot. (B.)

* HUA. OIS. Syn. vulgaire de Buse. *V.* FAUCON. (DR..Z.)

* HUACANCA. BOT. PHAN. Espèce péruvienne du genre Acacie, dont, selon Jussieu, Dombey faisait une Mimeuse dans son herbier. Elle n'a point encore été décrite ni figurée. (B.)

HUACO. BOT. PHAN. (Cavanilles.) L'un des noms de pays de l'Ayapana. *V.* ce mot. (B.)

HUAN OU HUAU. OIS. Syn. vulgaires du Milan. *V.* FAUCON. (DR..Z.)

HUANACA. BOT. PHAN. Et non *Huanacane*. Cavanilles (*Icon. rar.*, 6, p. 18, tab. 528) a établi sous ce nom un genre de la famille des Ombellifères et de la Pentandrie Digynie, L. Il lui a donné pour caractère essentiel : un calice persistant, à cinq petites dents; cinq pétales lancéolés, très-entiers; deux styles divergens, nuls dans les ombelles latérales; akènes ovales, aigus, à trois côtes; involucre général à deux folioles partagées chacune en trois découpures allongées; involucres partiels polyphylles. L'*Huanaca acaulis*, Cavan., unique espèce du genre, a été réuni au genre *Œnanthe* par Sprengel (*in Rœmer et Schultes Syst. Veget.*, 6, p. 428) sous le nom d'*Œ. Huanaca.* Elle a des tiges courtes, simples, roides et cylindriques; ses feuilles sont pétiolées, composées de cinq folioles sétacées qui sont chacune subdivisées en lanières très-étroites, les extérieures plus courtes. Les fleurs forment trois ombelles terminales; celle du centre composée de fleurs fertiles et plus courte; les deux latérales ordinairement formées de fleurs stériles ou seulement de fleurs mâles plus longuement pédonculées.

Cette Plante est indigène de l'Amérique méridionale. (G..N.)

HUANACANE. BOT. PHAN. Pour Huanaca. *V.* ce mot. (G..N.)

HUANACO ET HUANUCU. MAM. Même chose que Guanaque, espèce du genre Chameau qu'il ne faut pas confondre avec le Llama. (B.)

* HUANCARSACHA. BOT. PHAN. Nom de pays donné au *Cavanillesia* de la Flore du Pérou, qui est le genre Pourretia. *V.* ce mot. (B.)

HUARD ET HUART. OIS. Syn. vulgaires de Lumme. *V.* PLONGEON. (DR..Z.)

* HUAYACAN. BOT. PHAN. Nom de pays du *Porlieria* de la Flore du Pérou. (B.)

* HUBEN. OIS. Syn. vulgaire, dans le nord de la France, de Hulotte. *V.* CHOUETTE. (DR..Z.)

HUBERTIE. *Hubertia.* BOT. PHAN. Genre de la famille des Synanthérées, Corymbifères de Jussieu, et de la Syngénésie superflue, L., établi par Bory de Saint-Vincent (Voyage aux quatre îles des mers d'Afrique, T. I, p. 334) en l'honneur de Hubert, savant agronome de l'île Mascareigne, et adopté par Cassini qui en a vérifié les caractères et les a exposés de la manière suivante : involucre cylindrique, composé de folioles disposées sur un seul rang, égales, appliquées, oblongues-aiguës et à bords membraneux ; réceptacle petit, nu et plane ; calathide radiée, dont les fleurs centrales sont nombreuses, régulières et hermaphrodites, et celles de la circonférence sur un seul rang, en languettes et femelles ; ovaires cylindriques, striés, surmontés d'une aigrette plumeuse. Cassini a placé ce genre dans la tribu des Sénécionées auprès du *Jacobea.* Les trois espèces suivantes ont été décrites par Bory de Saint-Vincent.

L'HUBERTIE AMBAVILLE, *Hubertia Ambavilla*, Bory (*loc. cit.*, pl. 14), est un grand Arbuste, dont le tronc tortueux se divise en plusieurs rameaux garnis de feuilles oblongues, lancéolées, crénelées près du sommet et pourvues à leur base de deux à six pinnules. Les fleurs sont jaunes et forment de grands corymbes terminaux. Cette Plante croît à la plaine des Chicots, à une hauteur de mille à douze cents toises, dans l'île Mascareigne. Le nom d'Ambaville est pour les habitans de ce pays le nom collectif de Plantes très-différentes les unes des autres. *V.* AMBAVILLE.

L'HUBERTIE COTONNEUSE, *Hubertia tomentosa*, Bory (*loc. cit.*, p. 335, pl. 14 *bis*). Cet Arbuste est moins élevé que le précédent, auquel d'ailleurs il ressemble beaucoup ; ses branches sont cotonneuses à leur extrémité, et garnies de feuilles très-rapprochées, petites, lancéolées, aiguës, repliées sur les bords, vertes en dessous, cotonneuses et blanches sur leur partie supérieure. Cette espèce croît dans la même localité que la première.

L'HUBERTIE CONYZOIDE, *Hubertia conyzoides*, Bory (*loc. cit.* T. II, p. 383), est un Arbuste haut seulement de trois à quatre décimètres. Sa tige est droite, nue et simple dans sa partie inférieure, divisée supérieurement en plusieurs branches dressées, velues, blanchâtres, couvertes de feuilles sessiles, linéaires, aiguës, cotonneuses en dessous. Les fleurs sont plus grandes que celles des autres espèces ; elles ont une belle couleur jaune dorée, et elles forment d'élégans corymbes à l'extrémité des branches. Ce petit Arbuste a été recueilli par Bory de Saint-Vincent à la plaine des Cafres, dans l'île Mascareigne. Cette belle espèce n'ayant jamais été figurée, son auteur l'a fait graver pour paraître dans cet ouvrage. *V.* l'Atlas de ce Dictionnaire. (G..N.)

*HUBRIS. OIS. (Aldrovande.) Syn. ancien de Grand Duc. *V.* CHOUETTE-HIBOU. (DR..Z.)

* HUCHO. POIS. Espèce du genre Saumon. *V.* ce mot. (B.)

HUDSONIE. *Hudsonia.* BOT. PHAN. Genre établi par Linné et placé dans la Dodécandrie Monogynie par les auteurs qui ont suivi le système sexuel, quoiqu'il appartienne à la Polyandrie. De Candolle (*Prodr. Syst. Veget.*, 1, p. 284) l'a rapporté à la famille des Cistinées et en a ainsi exposé les caractères : corolle à cinq pétales?; quinze à trente étamines dont les filets sont filiformes, les anthères petites, déhiscentes longitudinalement; style droit, simple, de la longueur des étamines, surmonté d'un stigmate simple; capsule uniloculaire, à trois valves, oblongue ou obovée, coriace, lisse ou pubescente, contenant une à trois graines granulées, dont l'embryon est renfermé dans un albumen corné. Linné n'avait décrit que l'*Hudsonia ericoides* qui croît dans les forêts de Pins de la Virginie. Nuttal (*Genera of North Amer. Plant.* 2, p. 5) a fait connaître deux nouvelles espèces, savoir : *Hudsonia montana*, indigène des montagnes de la Caroline du nord, et *H. tomentosa*, qui habite les sables maritimes de la Nouvelle-Jersey, de Delaware, du Maryland, etc. Ce sont de petits Arbrisseaux à feuilles alternes, petites, subulées, imbriquées, dépourvues de stipules. Les fleurs sont presque sessiles ou portées sur des pédoncules uniflores et terminaux, ou enfin disposées en faisceaux situés latéralement. (G..N.)

HUEQUE. MAM. Espèce du genre Chameau. *V.* ce mot. (B.)

HUERNIA. BOT. PHAN. Genre de la famille des Asclépiadées et de la Pentandrie Digynie, L., constitué aux dépens des *Stapelia* par R. Brown (*Mem. of Werner. Societ.*, 1, p. 23) qui l'a ainsi caractérisé : corolle campanulée dont le limbe est à dix petits segmens, les découpures accessoires dentiformes; couronne staminale double, l'extérieure à cinq divisions courtes, bifides, l'intérieure à cinq folioles alternes avec les divisions de la couronne extérieure, bossues à la base et subulées; masses polliniques fixées par la base, ayant un des bords cartilagineux; stigmate mutique; follicules presque cylindriques, lisses; graines aigrettées. L'auteur de ce genre y fait entrer la troisième section des *Stapelia* de Willdenow (*Spec. Plant.*), section caractérisée par la corolle à dix dents. Ce genre comprend onze espèces par l'addition des *Huernia clavigera*, *tubata* et *crispa* d'Haworth (*Succul. Plant.*, p. 28, et Suppl., p. 10); elles sont originaires du cap de Bonne-Espérance, ainsi que toutes les Plantes qui faisaient partie du grand genre *Stapelia*. *V.* ce mot. (G..N.)

HUERON. OIS. L'un des synonymes vulgaires de Huppe. *V.* HUPPE. (DR..Z.)

HUERTÉE, *Huertea*. BOT. PHAN. Genre de la Pentandrie Monogynie, L., établi par Ruiz et Pavon (*Flor. Peruv. et Chil.* T. III, p. 5) qui lui ont donné pour caractère essentiel : un calice à cinq dents; une corolle à cinq pétales ovales, sans onglets; cinq étamines à anthères inclinées et cordiformes; un ovaire supérieur, surmonté d'un style et d'un stigmate bifide; drupe renfermant une noix à une seule loge? Cette structure du fruit étant incertaine, la place que ce genre occupe dans les familles naturelles ne peut être déterminée; on l'a pourtant rapproché des Térébinthacées. Il se compose d'une seule espèce, *Huertea glandulosa*, R. et Pav. (*loc. cit.*, tab. 227). C'est un grand Arbre dont la cime est ample, étalée et touffue. Ses branches sont cylindriques, garnies de feuilles éparses, très-longues, imparipennées; les folioles opposées, pédicellées, lancéolées, luisantes, à dentelures glanduleuses, et munies de deux glandes à la base de chacune d'elles. Il y a en outre deux glandes noires à la base de chaque feuille. Les fleurs forment des grappes jaunâtres, axillaires, terminales, grandes et rameuses. Cet Arbre croît dans les hautes forêts du Pérou. (G..N.)

HUET, HUETTE ET HUHU. OIS. Syn. vulgaires de Hulotte. *V.* CHOUETTE. (DR..Z.)

HUEXOLOTL. OIS. (Hernandez.) Syn. mexicain de Dindon. *V.* ce mot. On a aussi donné ce nom à l'Urubu. (DR..Z.)

* HUGHUÉE. *Hughuea.* ACAL. Genre de l'ordre des Acalèphes fixes, ayant pour caractères : le corps subpédicellé, simple, très-contractile, fixé par sa base; bouche centrale, garnie de quatre filamens mobiles, et entourée de quinze à vingt tentacules pétaloïdes de couleur jaune. Il est impossible de reconnaître avec exactitude à quelle classe, à quel ordre, à quel genre appartient l'Animal que Solander, dans Ellis, a décrit et figuré, d'après Hugues, sous le nom de *Actinia Calendula*. Comme il diffère du genre Actinie dans lequel Ellis l'a placé, ainsi que du genre Tubulaire avec lequel il lui trouve des rapports, et qu'aucun auteur n'en a fait mention depuis, nous avons cru pouvoir en faire un genre nouveau que nous avons consacré à celui qui le premier nous a révélé l'existence de ce singulier Zoophyte. Le naturaliste anglais nous dit que lorsqu'on trouble ces Animaux, ils se retirent dans le trou du rocher qu'ils habitent, tandis que les Actinies se bornent à s'envelopper dans leur manteau membraneux; mais beaucoup s'enfoncent et disparaissent dans la vase qui les recouvre, en attendant que le silence et le repos les engagent à s'allonger de nouveau et à étaler leurs brillans tentacules à la surface de cette vase; ainsi la différence entre ces Animaux n'est pas très-grande sous ce rapport. L'auteur ajoute qu'il a observé de plus quatre fils noirs assez longs, semblables à des pates d'Araignée, sortant du centre de ce qu'il appelle la fleur. Ayant des mouvemens très-vifs et s'élançant avec rapidité d'un côté à l'autre de la fleur, ce sont, ajoute-t-il, des espèces d'armes ou de tentacules qui servent à l'Animal à saisir sa proie, à l'envelopper et à l'entraîner vers la bouche; il replie en même temps ses pétales discoïdes pour l'empêcher de s'échapper. Cette description s'éloigne de celle des Polypes, des Tubulaires, encore plus que des Actinies : en outre, l'existence d'un tube dans la masse du rocher est plus que douteuse. La forme des tentacules du centre, les divisions pétaloïdes de la circonférence multiplient les différences; de sorte que nous ne doutons point que les Hughuées ne forment un genre bien distinct dont il est difficile de connaître les rapports naturels d'après la courte description et la figure copiée par Ellis dans l'Histoire de la Barbade de Hugues. En attendant que quelque voyageur naturaliste nous donne une description complète de cet Animal faite sur le vivant, nous croyons qu'on doit le placer à la suite des Actinies et avant les Zoanthes. On n'en connaît qu'une seule espèce, l'Hughuée souci. *V.* Hist. Polyp., p. 89, tab. 1, fig. 3. (LAM..X.)

HUGONIE. *Hugonia.* BOT. PHAN. Ce genre, de la Monadelphie Décandrie de Linné, établi par cet illustre naturaliste, avait été placé dans la famille des Malvacées. Kunth (*Dissert. Malv.*, p. 14) le rapporta avec doute aux Dombéyacées qu'il considérait comme une tribu de la famille des Buttnériacées. Enfin, De Candolle (*Prodrom. Syst. Veget.*, 1, p. 522) a proposé de le classer à la suite des Chlénacées, et il en a exposé les caractères de la manière suivante : calice nu extérieurement, à cinq divisions profondes, c'est-à-dire à cinq sépales réunis par la base, inégaux et imbriqués pendant leur estivation; corolle à cinq pétales alternes avec les sépales, onguiculés, à estivation tordue; dix étamines dont les filets forment par leur réunion à la base une urcéole, et sont libres supérieurement où ils portent des anthères ovées ou didymes; ovaire arrondi, surmonté de cinq styles distincts; drupe charnue renfermant plusieurs carpelles (cinq, selon Cavanilles; dix, suivant Gaertner) monospermes et adhérens entre eux; une seule graine pendante dans chaque loge, ayant l'embryon renversé dans l'axe d'un albumen charnu, la radicule supérieure courte, les cotylédons planes, foliacés. Ce genre a beaucoup d'affinité avec les Malvacées et les Buttnériacées, mais il s'en éloigne par son calice imbriqué. Si les anthères, que Linné a décrites comme didymes, n'étaient uniloculaires, on le rapporterait plutôt aux Bombacées de Kunth. Dans l'incertitude qui résulte de ces caractères contradictoires, De Candolle a préféré l'adjoindre aux Chlénacées, malgré la pluralité des styles et la nullité de l'involucre. On n'en connaît que trois espèces, savoir : *Hugonia Mystax*, L., qui croît à Ceylan et à la côte de Malabar; *Hugonia serrata*, Lamk., et *Hugonia tomentosa*, Cav., qui se trouvent à l'Ile-de-France. Ce sont des Arbrisseaux à feuilles alternes, ramassées et presque opposées près des fleurs, accompagnées de deux stipules subulées, et dont les fleurs sont solitaires sur des pédoncules qui avortent quelquefois et se changent en épines crochues. (G..N.)

HUHUL. OIS. Espèce du genre Chouette. *V.* ce mot. (DR..Z.)

HUILES. ZOOL. et BOT. C'est ainsi que l'on désigne les substances grasses caractérisées par une si grande fusibilité qu'elles demeurent liquides à une température inférieure à celle de dix à quinze degrés du thermomètre centigrade. Les Animaux et les Végétaux contiennent cette sorte de corps gras sur la nature chimique desquels nous ne reviendrons pas, en ayant déjà parlé à l'article GRAS (CORPS). *V.* ce mot. Il convient seulement ici de jeter un coup-d'œil sur les divers corps organisés qui renferment de l'Huile, et de signaler les modifications de cette substance. Les Cétacés, parmi les Animaux, sont ceux qui fournissent le plus de matière huileuse. On connaît celle-ci sous le nom d'Huile de Poisson, et on en fait une grande consommation dans les arts, surtout pour la préparation des cuirs. Chevreul, qui a examiné l'Huile du Dauphin, a ainsi déterminé sa composition chimique : 1° de l'Elaïne; 2° une Huile qui, en outre de l'Acide oléique, du principe doux et de l'Acide margarique, produit, par la saponification, un Acide volatil particulier auquel Chevreul donne le nom de delphinique; 3° un principe volatil, sensible seulement dans l'Huile fraîche, et qui a l'odeur du Poisson; 4° un autre principe volatil provenant de l'altération de l'Acide delphinique qui n'existe que dans les Huiles anciennes et qui donne aux cuirs une odeur particulière; 5° un principe coloré jaune sur la nature duquel Chevreul ne s'est pas prononcé; 6° enfin, une substance cristallisable, analogue à la Cétine. On rencontre aussi de l'Huile toute formée dans quelques organes ou produits des autres Animaux. Les jaunes d'œufs des Oiseaux, par exemple, en contiennent qu'il est facile d'extraire par la simple pression. Lorsqu'on soumet à la distillation les matières organiques azotées, telles que le sang, les os, les muscles, etc., on obtient une Huile brune, épaisse et d'une odeur extrêmement fétide. En cohobant cette Huile, c'est-à-dire en la distillant à plusieurs reprises et avec précaution, on obtient une Huile parfaitement incolore, connue sous le nom d'Huile animale de Dippel, du nom de l'ancien chimiste qui la fit le premier connaître. La distillation a-t-elle pour effet de séparer une matière fixe, abondante en charbon, ou de retenir dans la cornue une Huile volatile plus pesante que l'Huile de Dippel? C'est ce qu'il serait intéressant pour les chimistes de déterminer. Mais il importe aux naturalistes de savoir si l'Huile de Dippel est réellement un principe immédiat et non un produit nouveau qui se forme pendant la distillation. Tout en admettant la première de ces opinions, nous ferons observer en même temps que les principes fétides et colorans qui caractérisent les Huiles empyreumatiques sont des résultats de la décomposition des autres substances organiques, et de la réaction que l'Azote, le Cyanogène, le Carbone et l'Hydrogène exercent mutuellement les uns sur les autres. L'Huile animale de Dippel avait autrefois une grande célébrité dans le traitement des maladies du système nerveux. Aujourd'hui on ne fait plus usage de cet antispasmodique.

Dans les Végétaux, presque toutes les substances grasses sont huileuses. En effet, la cire des *Myrica*, du *Ceroxylon*, de l'Arbre de la Vache, les beurres de Palmier, de Cacao, etc., peuvent être considérés comme des cas exceptionnels, eu égard à la grande quantité de liquides gras que l'on obtient d'une foule de Végétaux. Parmi ces Huiles végétales, les unes sont fixes, c'est-à-dire inodores par elles-mêmes et ne se volatilisent pas au-dessous de deux cents à trois cents degrés, terme au-delà duquel elles se décomposent; les autres sont volatiles, et caractérisées par leur odeur plus ou moins forte, et leur volatilité, sans décomposition, à une température de cent cinquante à cent soixante degrés.

Les Huiles fixes, telles qu'on les extrait des organes des Végétaux où elles sont contenues, ne peuvent être considérées comme des substances immédiates simples. Leur couleur et leur odeur sont dues à des principes étrangers qu'ils tiennent en dissolution, et qu'il est facile de leur enlever; d'un autre côté, l'Huile proprement dite est composée de deux principes immédiats de fusibilité différente, savoir : la Stéarine et l'Elaïne. *V*. GRAS (CORPS). La quantité de ces deux principes varie dans les diverses sortes d'Huiles, de même que les propriétés et les qualités physiques de celles-ci. Ainsi, l'Huile d'olives contient assez de Stéarine pour que, lorsqu'elle est figée par le froid, celle-ci puisse être séparée de l'Elaïne, en absorbant celle-ci avec du papier Joseph.

On a partagé les Huiles fixes en grasses et en siccatives. Celles-ci se dessèchent rapidement à l'air, surtout si on les a fait bouillir avec de la litharge. Les Huiles grasses, au contraire, s'épaississent très-difficilement; elles se saponifient avec la plus grande facilité, et sont employées surtout pour des usages culinaires ou pour brûler. Les plus remarquables d'entre elles sont : l'Huile d'olives, que l'on extrait du péricarpe de la drupe de l'*Olea europea*; l'Huile d'amandes, qui s'obtient des graines de l'*Amygdalus communis*, L., et qui est toujours douce, soit qu'on la tire des amandes douces ou des amandes amères; celle qui résulte de celles-ci se distingue seulement par une odeur très-prononcée d'Acide hydrocyanique; l'Huile de Colza et de Navette, obtenue des graines de deux espèces de *Brassica* (*B. oleracea* et *B. Napus*), et employée principalemens pour l'éclairage; l'Huile de Faîne, provenant des semences du Hêtre (*Fagus sylvatica*); l'Huile de Ben, extraite des graines du *Moringa oleifera*, qui a la propriété de ne se rancir que très-difficilement et qui par cette raison est employée avec un grand avantage dans la parfumerie; l'Huile de Ricin, qui est obtenue des graines du *Ricinus communis*; elle a moins de fluidité que les autres Huiles, se dissout en toutes proportions dans l'Alcohol, et contient un principe qui la rend purgative à la dose de trois à six décagrammes. Nous n'étendrons pas plus loin la liste des Huiles grasses, non plus que l'examen comparatif de leurs propriétés. Leur nombre est très-considérable, car il existe une foule de graines dont les cotylédons contiennent des substances huileuses unies à un mucilage et à d'autres matériaux qui déterminent leur saveur, leur couleur et leur odeur particulières. Parmi les Huiles siccatives, nous ne citerons que les Huiles de Lin (*Linum usitatissimum*), de Noix (*Juglans regia*), de Chénevis ou de Chanvre (*Cannabis sativa*) et d'Œillet ou de Pavot (*Papaver somniferum*). Ces Huiles, outre la propriété qui les caractérise essentiellement, jouissent des mêmes qualités que les Huiles grasses et sont employées à des usages semblables. *V*., pour plus de détails, chacun des Végétaux qui les fournissent.

Les Huiles volatiles, nommées aussi Huiles essentielles, sont très-différentes, par leur nature chimique, des Huiles fixes. On ne peut en extraire les principes immédiats qui constituent les corps gras proprement dits. Plusieurs laissent déposer des cristaux qui ont beaucoup d'analogie avec le Camphre, et cette dernière substance, quoique concrète, est, chimiquement parlant, de la même catégorie que les Huiles volatiles. Leur composition est aussi fort hétérogène : il en est qui ne contiennent point d'Oxigène, telles sont les Huiles de Térébenthine et de Citron; d'autres, comme l'Huile concrète de Roses, ne sont point azotées. Indépendamment de ces diversités, les quantités de leurs principes élémentaires sont également très-variables. Les Huiles volatiles existent dans des réservoirs particuliers, connus sous les noms de glandes vésiculaires, et qui sont répandus dans les divers organes des Végétaux, principalement dans les écorces des fruits, les feuilles et les racines. Comme leur présence dans toutes les Plantes de certaines familles est assez constante, elle est regardée par les botanistes comme un caractère assez important. Ainsi les Labiées, les Hespéridées, les Térébinthacées, les Conifères, etc., renferment beaucoup d'Huile volatile contenue dans des petits utricules que l'on distingue avec facilité. Nous ne pourrions donc, sans prolixité, donner une liste des Plantes qui en fournissent des quantités notables, et nous ne devons parler ici que de leurs propriétés générales. Pendant longtemps, on a cru que les odeurs fortes ou les arômes qu'elles exhalent étaient des principes qu'ils tenaient en dissolution. Fourcroy a fait voir que cette opinion mise en avant par Boerhaave, ne pouvait se soutenir, et qu'il n'y avait point de raison pour admettre l'existence de corps qu'on ne pouvait isoler de ceux auxquels on prétendait qu'ils étaient unis. Cependant la grande analogie de composition élémentaire de certaines Huiles qui diffèrent d'ailleurs beaucoup entre elles par leurs odeurs, a paru suffisante à Théodore de Saussure et à d'autres chimistes pour admettre des principes aromatiques étrangers à la nature des Huiles volatiles. Mais cette objection ne nous semble pas bien fondée, car ne sait-on pas que d'autres substances dont la composition est presque identique, diffèrent absolument entre elles par leurs propriétés chimiques et physiques ? telles sont entre autres la gomme et le sucre. Les couleurs si variées que présentent les Huiles volatiles leur sont, au contraire, entièrement étrangères, car on peut les en dépouiller complétement lorsqu'on les distille avec des précautions convenables.

On a donné abusivement le nom d'Huiles à plusieurs substances et même à des matières minérales, des Acides, des sels, qui n'avaient d'autres rapports avec celles-ci que la consistance. Ainsi on a appelé :

Huiles d'Arsenic et d'Antimoine, les chlorures de ces Métaux.

Huile de Pétrole ou Huile de Pierre, les Bitumes Naphte et Pétrole. *V.* ces mots.

Huile de Tartre, le carbonate de Potasse déliquescent.

Huile de Vitriol, l'Acide sulfurique concentré. (G..N.)

HUILE DE COPAHU. BOT. PHAN. Même chose que Baume de Copahu. *V.* Copaïer. (B.)

HUILE D'AMBRE. BOT. PHAN. Même chose que Baume d'Ambre. *V.* Liquidambar. (B.)

* HUINCUS. BOT. PHAN. Même chose que *Chinchilculma* (B.)

HUIT. OIS. Syn. vulgaire de Pinson et de Pluvier doré en robe de noces. *V.* Gros-Bec et Pluvier. (DR..Z.)

HUITRE. *Ostrea.* MOLL. De tous les coquillages connus, il n'en est pas, peut-être, qui le soient plus anciennement que les Huîtres. Utiles comme nourriture, l'Homme a dû en faire le sujet de ses recherches. Les auteurs anciens nous rapportent que les Athéniens, à leur origine, se servaient d'écailles d'Huîtres pour donner leur suffrage ou pour porter des sentences, d'où le nom d'Ostracisme que l'on donnait à ces sortes de votes populaires. Quant aux auteurs anciens qui ont traité d'histoire naturelle, soit d'une manière indirecte, soit spécialement, il n'en est qu'un petit nombre qui n'aient point mentionné les Huîtres. Nous ne chercherons point ici à rapporter ce qu'ils en ont dit: qu'il nous suffise de savoir qu'ils les avaient observées, et que les Romains ont été les premiers à les faire venir à grands frais des divers endroits où elles abondent et où elles présentent des qualités préférables, et qui ont imaginé de les placer dans des lieux appropriés, à faire, en un mot, ce que nous nommons aujourd'hui *parquer des Huîtres*. Les premiers travaux qui ont été entrepris sur les Huîtres, sont ceux de Willis, dans son ouvrage intitulé: *De Animâ Brutorum*, *cap.* 3. Cet excellent observateur fit connaître alors les organes principaux de l'Huître; mais il restait beaucoup à ajouter à ses observations. Lister, dans son grand ouvrage (*Synopsis Conchyliorum*, etc.), consacra deux planches, 195 et 196, accompagnées d'explications, à l'anatomie de l'Huître, en grande partie, d'après Willis. Cet auteur prit les lobes du manteau pour des muscles, et commit encore d'autres erreurs. Plus tard, D'Argenville, Adanson, Baster, et surtout Poli, dans ses Testacés des Deux-Siciles, ont complété les connaissances sur les Huîtres, auxquelles Blainville a ajouté quelques nouvelles observations. C'est principalement à Poli que l'on doit la connaissance exacte et parfaite des systèmes artériel et veineux, qui n'avaient encore été avant lui qu'entrevus. Quant aux auteurs qui n'ont parlé que des Coquilles, pour les faire rentrer dans des systèmes de classification pour les Mollusques, nous voyons le genre Huître, établi depuis long-temps, rétréci ou étendu, plus ou moins bien circonscrit, selon les systèmes adoptés ou créés par les auteurs. Lister, que nous avons déjà cité, fit avec les Huîtres seules, telles que nous les considérons aujourd'hui, une section bien séparée de ses *Bivalvium imparibus testis*. Cette section, dans laquelle il n'y a pas une seule Coquille étrangère aux Huîtres, répond parfaitement au genre Huître de Lamarck et des auteurs modernes. On peut donc considérer Lister comme le créateur du genre, et il aurait été à désirer que les conchyliologues qui vinrent après lui le suivissent rigoureusement; c'est ce que Langius sentit très-bien, et en reportant les Huîtres à la fin des Bivalves, il les conserva comme Lister, sans mélanger d'autres Coquilles. Cependant Langius établit dans la section des Huîtres, quatre genres qui ne peuvent être considérés maintenant que comme des sous-divisions génériques, étant basés sur des caractères de formes extérieures. Nous ne nous arrêterons point au système de D'Argenville, ni à la manière dont il circonscrivit le genre Huître. Il y comprenait, comme dans toutes les autres divisions qu'il a établies, des Coquilles de genres fort différens, et qui avaient été bien séparées par ses devanciers. Klein tomba à peu près dans les mêmes erreurs que D'Argenville. Ainsi, nous voyons dans la classe des Huîtres de cet auteur, plusieurs genres qui sont faits, comme ceux de Langius, avec des caractères insuffisans, et d'autres qui n'ont, avec les premiers, que des rapports éloignés, et qui, de plus, sont des mélanges de Coquilles de genres différens.

Dans le Système Linnéen, le genre Huître, trop largement circonscrit, renfermait les élémens de plusieurs bons genres qui ont été successivement proposés et adoptés. C'est ainsi que Bruguière en extrait d'abord les genres Placune, Peigne, Perne, et plus tard les genres Avicule et Houlette, en laissant pressentir le genre Gryphée qui fut établi par Lamarck, en 1801, dans le Système des Animaux sans vertèbres. Antérieurement à Bruguière, Adanson, dans son excellent ouvrage des Coquillages du Sénégal, a ramené, d'après la connaissance de l'Animal, le genre Huître à ce qu'il doit être, et en cela il est tombé d'accord avec Lister. Outre le genre Gryphée, Lamarck a encore extrait des Huîtres de Linné, les genres Plicatule, Vulselle, Marteau et Lime. Plus tard, le même auteur en a encore créé deux autres : les Pintadines et les Podopsides. Ainsi, onze coupes génériques, toutes nécessaires, toutes admises par le plus grand nombre des auteurs, ont été établies aux dépens des Huîtres de Linné. Tel qu'il est aujourd'hui, ce genre, après tant de coupures, reste encore fort nombreux en espèces. Leur irrégularité, la facilité qu'elles ont de s'adapter pour ainsi dire aux accidens locaux, d'en recevoir, et sans doute d'en conserver une foule de modifications, forment une multitude de nuances entre lesquelles il est souvent difficile de se fixer, et d'où il est quelquefois impossible de sortir sans l'arbitraire que donne l'habitude et un coup-d'œil exercé.

Nous allons maintenant entrer dans quelques détails sur l'anatomie des Huîtres. Il sera suffisant, nous pensons, de tracer les faits les plus importans de leur organisation.

La forme de l'Huître est généralement ovale, quelquefois arrondie ou allongée suivant les espèces, assez régulière, mais non régulièrement symétrique; placée dans sa coquille, dont elle ne présente pas, à beaucoup près, les irrégularités, sa partie antérieure ou la tête correspond aux crochets et au ligament qui réunit les valves; sa partie postérieure élargie répond à leur bord libre. Comme tous les Acéphalés, les Huîtres sont pourvues d'un manteau fort ample, dont les deux lobes sont séparés dans presque toute la circonférence de l'Animal, excepté antérieurement ou au-dessus de la bouche où il forme une sorte de capuchon qui la recouvre; épaissi dans ses bords, le manteau est pourvu, dans cette partie, de deux rangs de cils ou de tentacules qui paraissent doués d'une grande sensibilité; ils sont rétractiles au moyen de petits muscles qui vont en rayonnant du muscle adducteur; de ces deux lignes tentaculaires, la première ou l'interne ne se compose que d'un seul rang de cils, la seconde ou l'externe a des tentacules moins grands qui forment une espèce de frange à deux ou trois rangs; il est formé de deux feuillets, puisque c'est dans leur intervalle que se dépose ou se sécrète la matière jaune, qui sont les œufs, d'après l'opinion la plus généralement reçue.

Les Huîtres vivant fixées aux corps sous-marins n'avaient aucun besoin d'organes locomoteurs : aussi ne leur trouve-t-on aucune trace du pied des autres Conchifères; ils n'ont au reste, comme un certain nombre d'entre eux, qu'un seul muscle adducteur, mais qui est très-puissant et divisé en deux parties auxquelles on lui a assigné, nous croyons à tort, des usages différens. Ce muscle est subcentral, et lie fortement l'Animal à sa coquille. Les organes de la nutrition se composent d'une bouche placée antérieurement dans la duplicature du manteau en dedans de l'espèce de capuchon qu'il forme dans l'endroit de la jonction de ses deux lobes; cette bouche est grande, simple, très-dilatable, garnie de deux paires de tentacules assez grands et lamelliformes; la paire supérieure représente ceux des Mollusques céphalés; les deux inférieurs ont une structure fort semblable à celle des branchies; cette bouche aboutit, sans aucun intermédiaire, à une poche ou estomac dont les parois sont très-minces, placée dans l'épaisseur du foie auquel elle adhère dans tout son pourtour, et présentant intérieurement des ouvertures en assez grand nombre et de grandeurs différentes, qui sont les orifices qui portent dans l'estomac le produit de la sécrétion biliaire; de la partie postérieure de cet organe, part un intestin grêle, qui, après plusieurs grandes circonvolutions dans le foie, se dirige vers le muscle adducteur, remonte ensuite vers le dos où il se termine dans sa partie moyenne par un orifice flottant, infundibuliforme; le foie est assez volumineux, brun, embrassant l'estomac et une partie de l'intestin; il verse directement le produit de la sécrétion dans l'estomac sans l'intermédiaire de vaisseaux biliaires, et par les grands pores que nous avons mentionnés précédemment. Les branchies ou organes de la respiration se composent de deux paires de feuillets inégaux en longueur, les externes étant les plus courts, et les internes les plus longs; les premiers prennent origine aux tentacules externes pour se continuer en entourant le corps jusque vers l'orifice de l'anus; l'autre paire de lames branchiales part des tentacules internes et aboutit à peu près au même point, en remontant un peu plus haut; ce point de réunion des feuillets branchiaux est aussi celui où le manteau vient prendre avec eux une adhérence intime; cette adhérence sépare en deux portions inégales la grande ouverture du manteau; l'une d'elles est dorsale, c'est la plus courte, et l'autre est ventrale; dans cette dernière, on ne voit aucune trace de l'ouverture qui s'y remarque dans les autres Conchifères, de manière que l'on peut dire que la masse viscérale est placée dans l'Huître en dessus et en avant. L'appareil de la circulation est fort étendu, surtout la partie qui a rapport à la respiration; il se compose d'un cœur avec son oreillette; il est placé dans son péricarde en avant du muscle adducteur, entre lui et la masse des viscères; ce qui le fait remarquer facilement est la couleur brune foncée de son oreillette; ce cœur est pyriforme; par la pointe il donne naissance à un gros tronc aortique qui se dirige en avant et se divise, presque à sa sortie, en trois branches principales; la première se dirige vers la bouche et ses tentacules, sur lesquels on voit ses sous-divisions; la seconde fournit au foie et aux organes digestifs; la troisième, enfin, devient postérieure pour se ramifier dans toute la partie postérieure du corps; de la base du cœur naissent deux gros troncs très-courts qui réunissent et font communiquer l'oreillette avec le cœur; celle-ci est d'un brun presque noir, quadrilatère, recevant dans son épaisseur un bon nombre de petits vaisseaux; de ces deux angles postérieurs naît de chaque côté un gros tronc qui se sous-divise presque immédiatement en trois branches; les deux branches externes se rapprochent pour s'anastomoser et produire un seul gros tronc. Ces cinq troncs principaux s'abouchent aux vaisseaux branchiaux qui, régulièrement disposés, sont formés de cinq branches principales, lesquelles, de leurs parties latérales, en fournissent un très-grand nombre qui s'anastomosent régulièrement. Nous ne voulons point entrer dans les détails de cet appareil de circulation, cela nous entraînerait à une description beaucoup trop longue et hors des bornes de cet ouvrage. Nous renvoyons au magnifique ouvrage de Poli auquel on doit une connaissance plus parfaite de cet appareil et les figures excellentes qui le représentent.

Les Huîtres, pour se reproduire, ne paraissent avoir qu'un seul sexe, le sexe femelle, comme d'ailleurs tous les Acéphalés. Au reste, dans les Animaux qui nous occupent, il ne paraît pas mieux connu que dans les autres; il en est de même du système nerveux à la connaissance duquel les auteurs modernes n'ont rien ajouté; mais on doit fortement présumer qu'il a beaucoup d'analogie avec celui des autres Mollusques bivalves.

Les Huîtres aiment à vivre sur les côtes, à peu de profondeur, et dans une mer sans courans et tranquille. Quand ces circonstances favorables se présentent sur une grande étendue, alors elles s'y accumulent et forment ce que l'on nomme un banc d'Huîtres. Il est de ces bancs qui ont plusieurs lieues d'étendue, qui sont inépuisables, et qui même ne semblent pas diminuer, quoiqu'ils fournissent à une consommation énorme. On en découvrit un, en 1819, dans l'une des îles de la Zélande, qui, pendant près d'un an, alimenta tous les Pays-Bas en si grande abondance, que le prix du cent était tombé à vingt sous; mais comme il était placé presqu'au niveau de la basse mer, l'hiver ayant été rigoureux, il fut entièrement détruit. A l'exemple des anciens, les modernes ont aussi établi des parcs à Huîtres où on les laisse grossir; elles y sont emmagasinées pour les besoins. Gaillon de Dieppe s'est fort occupé de la *viridité* qui se développe en elles et qu'on attribua long-temps à la décomposition des Ulves et autres Hydrophytes qui croissent dans les parcs. Il a prouvé que ces Plantes n'y faisaient rien; il a cru, dans un fort bon Mémoire lu à l'Académie des Sciences, que cette viridité venait d'une espèce de Navicule microscopique qui pénétrait dans la substance de l'Animal; mais Bory de Saint-Vincent a prouvé, par ses expériences sur la matière verte, que la Navicule éprouvait, comme l'Huître même, cette viridité, dont la source est dans la molécule même qui se développe dans toutes les eaux, par l'effet de la lumière. Il a coloré jusqu'à des Polypes. *V.* MATIÈRE VERTE.

Comme nous l'avons vu précédemment, le genre Huître de Linné a été successivement divisé en d'autres genres. De tous ceux-ci, le genre Gryphée est sans contredit celui qui présente le moins de bons caractères : aussi Cuvier (Règne Animal) n'a adopté ce genre de Lamarck que comme sous-genre des Huîtres, ce que nous croyons devoir admettre pour plusieurs raisons; car outre une structure analogue dans la formation du test, on remarque aussi un passage insensible entre ces deux genres, à tel point qu'on ne sait pas si quelques Coquilles ne doivent pas plutôt être placées dans l'une que dans l'autre. Pour décider la question, il faudrait modifier les caractères de l'un ou de l'autre genre pour les y faire rentrer, et il n'y a point de motifs raisonnables alors pour ne pas les y mettre toutes. Que l'on fasse entrer dans les Gryphées, par exemple, des Coquilles aplaties de haut en bas, adhérentes par leur valve inférieure, seulement sur cette faible considération d'un crochet latéral tourné un peu en spirale et engagé dans le bord : on sera forcé, par analogie et par la dégradation insensible de ce caractère, à y faire rentrer toutes les Huîtres. Il en sera de même si l'on veut faire entrer ces mêmes Coquilles dans le genre Huître; alors, nécessairement, toutes les Gryphées devront venir s'y ranger. Il suit de-là que, pour bien faire, il faudrait fondre les deux genres en un seul, et établir parmi ses nombreuses espèces des groupes assez bien circonscrits pour pouvoir les y rapporter sans difficulté. Quoiqu'on ait dit que les Gryphées étaient des Coquilles libres, on doit cependant noter qu'un assez grand nombre des espèces qu'on y rapporte sont constamment adhérentes à toutes les époques de leur vie, et que toutes ont adhéré dans le jeune âge. Cette observation doit encore plus les faire rapprocher des Huîtres qui, pour un certain nombre, sont dans le même cas. Le mode d'accroissement de certaines Gryphées a dû les forcer à se détacher assez promptement du corps où elles étaient adhérentes, puisque cette adhérence ne se fait le plus souvent que par le sommet du crochet. Un des derniers motifs qui doivent porter à confondre les deux genres, est l'observation de plusieurs individus de la Gryphée vivante. Cette Coquille très-rare, que nous avons fait représenter dans l'Atlas de ce Dictionnaire, d'après un très-bel individu de la collection de Duclos, adhère par une assez grande surface de la valve inférieure; mais ce qui est très-remarquable, c'est qu'elle prend ou ne prend point de crochet, suivant les circonstances de son habitat, et nous avons vu la même espèce de Coquille dont on aurait pu placer un individu dans les Gryphées, et un autre dans les Huîtres.

Les Gryphées comme les Huîtres se rencontrent à l'état de pétrification dans des terrains très-anciens. Ces Coquilles sont contemporaines dans le plus grand nombre des couches de la terre. Il est très-rare de trouver des Gryphées sans Huîtres ou des Huîtres sans Gryphées dans l'étendue d'une même couche. On a cru longtemps qu'elles étaient propres à certaines formations, qu'elles pouvaient servir à les reconnaître; mais nous ne savons s'il existe des données suffisantes pour décider cette question qui, au reste, a perdu une partie de l'intérêt qu'elle pouvait avoir par la découverte récente des Gryphées dans les couches les plus modernes de terrains tertiaires. Dans nos recherches à Valmondois, nous en trouvâmes d'abord une espèce bien distincte, et Bertrand Geslin, ensuite, en découvrit une autre espèce non moins bien caractérisée, dans les collines subappennines de l'Italie. Pour obtenir un résultat favorable de l'application des fossiles de ce genre à la géologie, il faudra d'abord supprimer le nom peu convenable de terrain à Gryphées, et ensuite indiquer les formations par telle ou telle espèce de Gryphée. Un travail conçu dans ce plan devra être très-utile et pourra donner des indications précieuses pour la géologie.

† Les HUÎTRES proprement dites.

Corps comprimé, plus ou moins orbiculaire; les bords du manteau épais, non adhérens et rétractiles, pourvus d'une double rangée de filamens tentaculaires, courts et nombreux; les deux paires d'appendices labiaux triangulaires et allongés; un muscle subcentral bipartite; coquille adhérente, inéquivalve, irrégulière, à crochets écartés, devenant très-inégaux avec l'âge, et à valve supérieure se déplaçant pendant la vie de l'Animal; charnière sans dents; ligament demi-intérieur, s'insérant dans une fossette cardinale des valves; la fossette de la valve inférieure croissant avec l'âge comme son crochet, et acquérant quelquefois une grande longueur.

Les Huîtres proprement dites peuvent être divisées en plusieurs sections de la manière suivante :

1°. Espèces ovales ou arrondies dont les bords des deux valves ne sont point plissés.

HUITRE COMESTIBLE, *Ostrea edulis*, L., p. 3334; List., Conch., tab. 193, fig. 30; Encycl., pl. 184, fig. 7, 8.

HUITRE PIED-DE-CHEVAL, *Ostrea hippopus*, Lamk., Anim. sans vert. T. VI, p. 203, n. 2. Coquille arrondie, ovale, très-grande, très-épaisse, à talon large et presque aussi long sur une valve que sur l'autre, présentant, celui de la valve inférieure deux bourrelets et une gouttière au milieu, et celui de la valve supérieure trois gouttières peu profondes; la valve supérieure est placée et chargée en dehors d'un grand nombre de lames peu saillantes. Cette grande espèce, qui se trouve en abondance sur nos côtes, et notamment à Boulogne-sur-Mer, n'a point encore été figurée.

HUITRE DE BEAUVAIS, *Ostrea bellovacina*, Lamk., *fossilis*; Lamk., Ann. du Mus. T. XIV, pl. 20, 1, a, b. Espèce presque analogue à l'Huître comestible; elle se trouve à Bracheux, près Beauvais, à Noailles et dans le Soissonnais.

2°. Espèces allongées, étroites, dont les bords ne sont point plissés.

HUITRE ÉTROITE, *Ostrea virginica*, Lamk.; *Ostrea virginiana*, Gmel., n. 113; List., Conchyl., pl. 201, fig. 35; Encycl., pl. 179, fig. 1 à 5; Petiv., Gazophil., tab. 105, fig. 3. Elle a son analogue fossile à Bordeaux.

HUITRE ÉPAISSE, *Ostrea crassissima*, Lamk., Anim. sans vert. T. VI, p. 217, n. 16; Chemnitz, Conchyl.

T. VIII, tab. 74, fig. 678. Espèce fossile très-remarquable par sa taille et par son épaisseur extraordinaire.

HUITRE A LONG BEC, *Ostrea longirostris*, Lamk., Ann. du Mus. T. VIII, p. 162, n. 9 ; *ibid.*, Anim. sans vert. T. VI, p. 217, n. 17. Coquille que l'on trouve fossile à Sceaux. Ce qui l'a fait particulièrement remarquer, c'est l'allongement considérable du crochet qui est plus long que le reste de la coquille.

3°. Espèces ovales, arrondies ou allongées, dont la valve inférieure seule est plissée.

HUITRE DISPARATE, *Ostrea dispar*, N.; Encycl., pl. 182, fig. 6, 7. Nous ne voyons cette figure citée par aucun des auteurs modernes : l'espèce était donc restée sans nom. En lui donnant celui d'*Ostrea dispar*, nous voulons indiquer son caractère principal qui est d'avoir sa valve inférieure profondément plissée et même régulièrement, tandis que la supérieure est lisse.

HUITRE FLABELLULE, *Ostrea flabellula*, Lamk., Ann. du Mus. T. XIV, pl. 20, fig. 3, a, b.; Sow., Min. Conch., pl. 253. Toutes les figures de cette planche représentent les nombreuses variétés de cette espèce.

4°. Espèces ovales, subtrigones ou arrondies dont les bords des deux valves sont plissés ou dentés.

HUITRE RATEAU, *Ostrea hyotis*, Lamk.; *Mytilus hyotis*, L., p. 3350; Chemnitz, Conch. T. VIII, t. 75, fig. 685; Encycl., pl. 186, fig. 1.

HUITRE IMBRIQUÉE, *Ostrea imbricata*, Lamk., Anim. sans vert. T. VI, p. 213, n. 46; Rumph, Mus., tab. 47, fig. c; D'Argenville, Conch., pl. 2, fig. c des Coquilles rares; Encycl., pl. 186, fig. 2.

HUITRE FLABELLOÏDE, *Ostrea flabelloides*, Lamk., Anim. sans vert. T. VI, p. 215, n. 4; Knorr, Pétrif., 4e part., 2, D. J. pl. 56, fig. 1, 2, 3; Encycl., pl. 185, fig. 6 à 11. Espèce pétrifiée qui se trouve particulièrement aux Vaches-Noires.

5°. Espèces étroites, allongées, plus ou moins courbées, finement et régulièrement plissées, à bords dentés.

HUITRE PECTINÉE, *Ostrea pectinata*, Lamk., Ann. du Mus. T. XIV, pl. 23, fig. 1, a, b.

HUITRE COULEUVRÉE, *Ostrea colubrina*, Lamk., Anim. sans vert. T. VI, p. 216, n. 10; Knorr, Pétrif., 4e part., 2 D. II, pl. 58, fig. 5, 6, 7.

†† Les HUITRES GRYPHOÏDES.

Coquille aplatie, subéquivalve, adhérente par la plus grande partie de la valve inférieure; crochet courbé horizontalement en spirale et engagé dans le bord; il n'est point saillant; ligament marginal allongé sur le bord.

HUITRE GRYPHOÏDE, *Ostrea Gryphoides*, N. *V.* planches de ce Dictionnaire. Cette espèce vient des environs du Mans. Nous ne savons si la *Gryphœa plicata*, Lamk., ne serait point la même espèce; la figure citée de Bourguet est trop mauvaise pour que nous ayons pu la reconnaître.

HUITRE A FINES STRIES, *Ostrea tenuistria*, N. *V.* planches de ce Dictionnaire. Elle se trouve aux Vaches-Noires. Elle est beaucoup plus petite que la précédente.

††† Les GRYPHÉES.

Coquille inéquivalve; la valve inférieure grande, concave, terminée par un crochet saillant, courbé en spirale involute; la valve supérieure petite, plane et operculaire. Charnière sans dents; une fossette cardinale, oblongue, arquée sous le crochet pour le ligament.

1°. Espèce dont le crochet est latéral.

GRYPHÉE ANGULEUSE, *Gryphœa angulata*, Lamk., Anim. sans vert. T. VI, p. 198, n. 1. Coquille vivante rarissime, que nous avons fait figurer dans l'atlas de ce Dictionnaire.

2°. Espèce dont le crochet est perpendiculaire ou subperpendiculaire.

GRYPHÉE ARQUÉE, *Gryphœa ar-*

ovata, Lamk., Bourguet, Traité des Pétrifications, pl. 15, n. 92 et 93; Knorr, Pétrif., 2 D. III, pl. 60, fig. 1, 2; *Gryphœa incurva*, Sow., Mineral. Conchyl., tab. 112, fig. 1. Coquille extrêmement commune dans les terrains anciens. (D..H.)

HUITRIER. *Hœmatopus*. OIS. Genre de l'ordre des Gralles. Caractères : bec assez robuste, droit, long, comprimé; mandibules égales, cunéiformes; narines oblongues, placées dans une rainure, de chaque côté du bec; pieds forts; tarses médiocrement élevés; trois doigts dirigés en avant; l'intermédiaire réuni jusqu'à la première articulation à l'externe par une membrane, et à l'interne par un simple rudiment, tous rebordés par un rudiment semblable; point de pouce; ailes médiocres; la première rémige la plus longue.

Ce genre, quoique très-borné dans le nombre de ses espèces, est néanmoins l'un des plus répandus. Il a été observé sur tous les points du globe visités par les navigateurs, et les différences légères que l'on a reconnues dans les trois Huîtriers qui constituent jusqu'à présent tout le genre, pourraient bien n'être que le résultat de simples modifications produites dans une seule et même espèce par de longues habitudes ou par d'autres causes analogues. L'Huîtrier est pourvu de tout l'appareil de vol convenable aux longs voyages; mais tout porte à croire qu'il n'en fait usage que pour quitter les côtes aux approches de l'hiver, et se retirer dans l'intérieur des contrées plus méridionales, vers les lacs et les marais. Du reste, ces voyages ne sont ni d'une grande étendue, ni d'une rigoureuse nécessité, car l'on voit des Huîtriers ne s'éloigner jamais des lieux où ils se sont établis; ils suivent les mouvemens des flots, soit à l'arrivée, soit à la retraite des marées; ils épluchent les coquillages laissés à découvert, et s'emparent des Mollusques dont ils se nourrissent exclusivement. C'est de cette nourriture, dont ils sont tellement avides, qu'ils vont la chercher jusque dans l'estomac des petits Poissons pris ou rejetés par les pêcheurs, que leur est venu le nom par lequel on les distingue méthodiquement : les habitans des côtes les connaissent plus particulièrement sous celui de *Pies-de-mer*, non-seulement à cause de la disposition des couleurs du plumage qui leur donne quelque ressemblance avec une espèce très-commune du genre Corbeau, mais encore pour le caquet ou les cris continuels qu'ils font entendre, surtout à l'approche de l'Homme. Ces cris aigus et précipités, devenant pour les autres Oiseaux le signal d'un danger éminent, ont souvent trompé l'attente du chasseur, qui, dans son ressentiment, abattait l'Oiseau indiscret qu'en tout autre moment sa chair fétide et rebutante eût fait dédaigner.

Les Huîtriers vivent isolés ou réunis par petites bandes que l'on peut soupçonner être l'assemblage de plusieurs générations; ils sont constamment occupés à fouiller dans le sable, autour des rochers battus par les vagues, pour y découvrir les Bivalves qu'ils ouvrent avec une adresse admirable, au moyen de leur bec auquel, à dessein sans doute, la nature a donné la forme d'un coin très-allongé. On les voit assez souvent s'abandonner aux vagues, et quoiqu'ils ne possèdent pas les organes propres à la natation, ils se soutiennent parfaitement, et pourraient, s'ils y étaient forcés, parcourir ainsi de longs trajets. Au temps des amours, les époux, prenant une robe un peu moins bigarrée, renoncent momentanément à la vie sociale, et se retirent dans quelque endroit isolé de la plage ou du roc; là, sans s'occuper aucunement des soins qui, chez tant d'autres Oiseaux, préludent à la ponte, la femelle dépose, sur le premier endroit qu'elle trouve convenable, deux ou trois œufs d'un vert olivâtre, abondamment tacheté de brun; elle les couve seulement pendant la nuit, se reposant sur la chaleur des rayons solaires pour les intervalles d'incubation; celle-ci dure, dit-on, vingt ou vingt-un jours. Au bout de ce temps, le petit Huîtrier, couvert d'un léger duvet grisâtre, sort pour toujours de sa demeure natale et se livre immédiatement à la course, exercice dans lequel, à l'exemple des parens, il doit devenir bientôt fort habile.

HUITRIER COMMUN, *Hæmatopus ostralegus*, L., Buff., pl. enlum. 929. Parties supérieures noires; base des rémiges et des rectrices, bandes transversales sur les ailes, croupion, hausse-col et parties inférieures d'un blanc pur; bec et aréole oculaire orangés; iris cramoisi; pieds rouges. Taille, quinze pouces et demi. En robe d'amour, il a tout le devant du cou d'un noir brillant. Les jeunes ont les parties noires nuancées de brun, et les blanches variées de cendré; le bec et l'aréole noirâtres; les pieds cendrés. Du nord des deux continens.

HUITRIER DE LA LOUISIANE. *V*. HUITRIER COMMUN.

HUITRIER A LONG BEC, *Hæmatopus longirostris*, Vieill. Paraît être une variété d'âge de l'espèce suivante.

HUITRIER A MANTEAU, *Hæmatopus palliatus*, Temm. Parties supérieures d'un brun cendré; tête, nuque et cou noirs; parties inférieures blanches; bec plus long et plus fort que chez l'Huîtrier commun, rouge ainsi que les pieds. De l'Amérique méridionale.

HUITRIER NOIR, *Hæmatopus niger*, Cuv. Plumage entièrement noir; bec, aréole oculaire et pieds d'un rouge vif. Taille, seize à dix-sept pouces. Les jeunes ont le plumage d'un brun noirâtre. De l'Australasie.

HUITRIER PIE. *V*. HUITRIER COMMUN.

HUITRIER DU SÉNÉGAL. *V*. HUITRIER COMMUN. (DR..Z.)

HUITRIER. MOLL. Ce nom, par lequel on a voulu désigner l'Animal qui habite les deux valves de l'Huître, c'est-à-dire l'Huître elle-même, est d'autant moins admissible, que le mot Huîtrier est consacré à un genre d'Oiseaux, et que celui d'Huître est également adopté dans la langue française. (B.)

* HULGUE. BOT. PHAN. (Feuillée.) Nom de pays du *Gratiola peruviana*. (B.)

HULIAS OU HUTLA. MAM. On trouve, dans le Dictionnaire de Déterville, que l'Agouti est quelquefois désigné sous ces deux noms. C'est évidemment une faute d'orthographe. Sonnini, qui a signé l'article, aura voulu dire *Hutia* ou *Uutia* qui n'est pas l'Agouti. *V*. CAPROMYS. (B.)

* HULLET. BOT. PHAN. *V*. CHULLOT.

HULOTTE. OIS. Espèce du genre Chouette. *V*. ce mot. (B.)

HUMAIN (GENRE). MAM. On désigne ainsi, dans le langage ordinaire, le genre de Mammifères scientifiquement désigné par celui d'*Homo*. *V*. HOMME. (B.)

HUMANTIN. POIS. Espèce de Squale, devenu type du sous-genre *Centrina*. *V*. SQUALE. (B.)

* HUMARIA. BOT. CRYPT. (*Champignons*.) Fries a donné ce nom à une section du genre Pezize qui fait partie de la tribu des *Aleuria*, c'est-à-dire des Pezizes charnues. Les espèces rangées dans cette section sont petites, légèrement charnues; le disque est recouvert par un tégument floconneux sur les bords. Elles croissent sur la terre. *V*. PEZIZE. (AD. B.)

HUMATA. BOT. CRYPT. (*Fougères*.) Cavanilles a nommé ainsi le genre de Fougères que Smith a décrit sous le nom de *Davallia*. *V*. ce mot. (AD. B.)

HUMATU. BOT. PHAN. Pour Hummatu. *V*. ce mot. (B.)

HUMBERTIA. BOT. PHAN. Dans ses manuscrits, Commerson, qui avait pour prénom Humbert, s'était dédié un genre sous le nom d'*Humbertia*, adopté par Lamarck. Jussieu lui a substitué celui d'*Endrachium* dérivé d'*Endrach*, sous lequel les habitans de Madagascar désignent la Plante. On s'est arrêté à cette dernière dénomination, avec d'autant plus de raison, qu'il existe déjà un genre dédié à Commerson, et qui appartient à la famille des Buttnériacées. *V*. ENDRACH et COMMERSONIE. (G..N.)

HUMBOLDTIE. *Humboldtia*. BOT. PHAN. Trois genres ont été dédiés au célèbre et savant voyageur Humboldt. Ce fut sans motifs plausibles que Necker (*Element. Botan.*, n° 630) substitua le nom de *Humboldtia* à celui de *Vohiria* déjà employé par Aublet. Ruiz et Pavon, dans la Flore du Pérou et du Chili, ont aussi formé un genre *Humboldtia* qui doit être réuni au *Stelis* de Swartz. Enfin, Vahl a changé le nom de *Batschia* qu'il avait d'abord donné au genre qui va nous occuper, en celui de *Humboldtia*, parce qu'il existait déjà un genre *Batschia* établi par Gmelin (*Syst. Nat.*), et que Thunberg a aussi appliqué cette dénomination à une Plante de l'Amérique, extrêmement voisine de l'*Abuta* d'Aublet. Le *Humboldtia* de Vahl appartient à la famille des Légumineuses et à la Pentandrie Monogynie, L.; il a des rapports, selon Jussieu, avec le *Moringa*, et il offre pour caractères principaux : un calice à quatre divisions oblongues, presque égales; une corolle à cinq pétales insérés à l'orifice du tube du calice, oblongs, cunéiformes, presque égaux, un peu onguiculés; cinq étamines libres, plus longues que le calice; légume allongé et comprimé. L'*Humboldtia laurifolia*, Vahl (*Symbol.*, 3, p. 106), unique espèce du genre, croît à Ceylan. Cette Plante a des tiges ligneuses, des rameaux flexueux et chargés de feuilles composées de quatre à cinq paires de folioles opposées, ovales, oblongues, glabres, entières, marquées de veines nombreuses, accompagnées de stipules linéaires, lancéolées. Les fleurs sont disposées en grappes axillaires, solitaires ou géminées; à la base de chaque pédicelle se trouve une bractée cunéiforme, et deux autres un peu plus éloignées de la fleur. (G..N.)

HUMEA. BOT. PHAN. Une Plante de la Nouvelle-Hollande a été publiée par Smith (*Exotic. Bot.*) sous le nom d'*Humea elegans*, à peu près à la même époque que le *Calomeria amaranthoides* de Ventenat qui lui est identique. Les caractères de ce genre n'ont pas été tracés à l'article CALOMERIA de ce Dictionnaire, et Cassini les a exposés de la manière suivante : involucre cylindracé, formé de folioles peu nombreuses, irrégulièrement imbriquées, appliquées, très-petites, munies d'une large bordure membraneuse, et d'un très-grand appendice arrondi et scarieux; réceptacle nu et très-petit; calathide sans rayons, composée de trois ou quatre fleurons égaux, réguliers et hermaphrodites; ovaires oblongs, parsemés de glandes papillaires, et dépourvus d'aigrettes. Cassini a placé ce genre dans la tribu des Anthémidées de la famille des Synanthérées, près de l'*Artemisia* dont il diffère par l'absence de fleurs marginales femelles, par le petit nombre de celles du centre, et par l'involucre membraneux et scarieux. L'*Humea elegans*, Smith, ou *Calomeria amaranthoides*, Vent., est connu dans quelques jardins d'Angleterre, sous le nom d'*Oxyphœria fœtida*. Delaunay a encore surchargé cette synonymie, en substituant au nom générique, imaginé par Ventenat, celui d'*Agathomeris*, espèce de charade grecque qui rappelle avec plus de précision le nom de Bonaparte, auquel Ventenat voulait faire allusion. (G..N.)

HUMECHLE ET KEMETRI. BOT. PHAN. Et non *Humechte*. (Daléchamp.) Même chose que Cirmètre et Kommitrih. *V*. ces mots. (B.)

* HUMIFUSES. BOT. PHAN. Se dit en botanique des Plantes ou des parties des Plantes, telles que les tiges, qui croissent couchées contre le sol,

sans néanmoins qu'on les puisse dire rampantes. (B.)

HUMITE. MIN. (De Bournon, Cat. de la Coll. min., p. 52.) Substance en petits cristaux d'un brun rougeâtre, transparente, ayant beaucoup d'éclat et ne rayant le Quartz qu'avec beaucoup de difficulté. Ses formes paraissent dériver d'un prisme rhomboïdal droit de soixante degrés et cent vingt degrés, modifié par de nombreuses facettes. On la trouve à la Somma, où elle a pour gangue une roche composée de Topaze granulaire d'un gris sale et de Mica d'un vert brunâtre. Cette substance n'a point encore été analysée: elle paraît avoir quelque analogie avec la Mélitite. De Bournon lui a donné le nom d'Humite en l'honneur de sir Abraham Hume, vice-président de la Société géologique de Londres. (G. DEL.)

HUMMATU. BOT. PHAN. (Rhéede, *Hort. Malab.* 2, tab. 28.) Syn. de *Datura Metel*, L. *V.* DATURA. (B.)

HUMULUS. BOT. PHAN. *V.* HOUBLON.

* HUNCHEM. POIS. L'un des noms vulgaires du Grondin sur quelques parties septentrionales des côtes de France. *V.* TRIGLE. (B.)

* HUNERU. OIS. Même chose que Faisan bâtard. *V.* ce mot. (B.)

HUON. OIS. Syn. vulgaire de Hulotte femelle ou Chat-Huant. *V.* CHOUETTE-HIBOU. (DR..Z.)

* HUPERZIA. BOT. CRYPT. (*Lycopodiacées.*) Bernhardi a donné ce nom à une des sections qu'il a établies dans le genre Lycopode, et qui correspond au genre *Plananthus* de Palisot de Beauvois. *V.* LYCOPODE. (AD. B.)

HUPPART. OIS. Deux espèces du genre Faucon portent ce nom. *V.* FAUCON. (B.)

HUPPE. *Upupa.* OIS. Genre de l'ordre des Anisodactyles. Caractères: bec très-long, grêle, triangulaire, comprimé, faiblement arqué; mandibule supérieure plus longue que l'inférieure; narines placées de chaque côté de la base du bec, ovalaires, ouvertes; quatre doigts, trois en avant, dont l'externe est uni à l'intermédiaire jusqu'à la première articulation, un en arrière, dont l'ongle est presque droit; ailes médiocres; la première rémige de moyenne longueur, les deuxième et troisième moins longues que les quatrième et cinquième qui dépassent toutes les autres; queue composée de dix rectrices égales.

Les Huppes sont encore des Oiseaux voyageurs qui émigrent pendant la froide saison, vers les contrées équatoriales que beaucoup de leurs analogues habitent sédentairement toute l'année; elles reviennent visiter les régions plus rapprochées des pôles quand elles n'ont plus à redouter et les frimats, et la disette qui, pour ces Oiseaux, en est la compagne inséparable; elles semblent préférer les plaines aux terrains boisés. C'est surtout dans les fonds humides et marécageux qu'elles se plaisent davantage; elles y sont toujours en mouvement, courent d'un endroit à un autre, plongeant leur long bec dans le sol vaseux pour en faire sortir les Vers, les Mollusques dont elles sont plus friandes encore que des Insectes; néanmoins elles poursuivent ceux-ci dans les buissons en voltigeant de branche en branche; se suspendant à l'extrémité de l'une d'elles pour découvrir le petit Charanson qui se serait dérobé à ses recherches en se tenant immobile sur la page inférieure des feuilles. Ces Oiseaux apportent peu de soins dans la construction de leurs nids qu'ils placent indifféremment dans un vieux tronc d'Arbre, dans une fissure de rocher ou sur un entablement abrité, dans quelque vieille masure. La femelle y pond quatre ou cinq œufs blanchâtres, tachetés de brun. Plus soigneuse quant à l'incubation que pour la préparation du nid qui ne consiste que dans quelques brins de Mousse ou de Chaume, entourant un petit tas de poussière ou de vermoulure, la femelle ne quitte ses œufs que lorsqu'ils sont éclos et que les petits peuvent se passer de la chaleur maternelle; pendant tout ce temps, le mâle s'éloigne peu du voisinage de la couveuse, et vient avec la plus grande complaisance lui apporter la nourriture et la désennuyer par des chants langoureux qui sont ses accens d'amour. La Huppe n'appréhende guère l'approche de l'Homme; elle se laisse même quelquefois saisir par lui, mais rarement elle n'a point à se repentir d'une confiance trop aveugle, car malgré le mauvais goût bien connu de sa chair et de sa graisse, on la tue, non pour la transformer en remède universel qu'autrefois la charlatanerie mystérieuse regardait comme efficace, mais pour la beauté de son aigrette dont néanmoins le luxe n'a tiré aucun parti. On la retient quelquefois en captivité dans les jardins qu'elle purge d'Insectes incommodes; elle s'y fait très-aisément, mais presque toujours elle succombe aux premiers froids. Les Huppes n'ont point les habitudes sociales de la plupart des Oiseaux émigrans, elles ne voyagent point en bandes, et malgré tout ce que l'antique crédulité raconte de la piété filiale des Huppes, qui a fourni nombre d'images symboliques, il est rare que l'on rencontre dans leurs voyages d'une partie du monde à l'autre, une famille réunie.

Ce genre, assez nombreux dans plusieurs méthodes, est aujourd'hui réduit à deux espèces : la Huppe d'Afrique que l'on a hésité, pendant quelque temps, à confondre avec celle d'Europe, en diffère peu dans le jeune âge, et presque point dans l'état adulte.

HUPPE COMMUNE, *Upupa Epops*, L.; *Upupa africana*, Buff., pl. enl. 52. Parties supérieures d'un roux vineux, avec une bande transversale noire; tectrices alaires noires, bordées et rayées de blanc jaunâtre, de manière à ce qu'il y paraisse cinq bandes, lorsque les ailes sont pliées; rémiges noires, avec une grande tache blanche vers les deux tiers; tête surmontée d'un double rang de longues plumes d'un roux orangé, terminées de noir que précède une tache blanchâtre; parties inférieures d'un cendré roussâtre, avec des lignes brunes sur les cuisses; abdomen et tectrices caudales inférieures blanchâtres; rectrices noires, traversées dans le milieu par une large bande blanche; bec et pieds rougeâtres, la pointe du premier noirâtre. Taille, dix à onze pouces. La femelle est moins grande; les nuances de couleurs sont moins bien tranchées. Les jeunes ont d'abord le bec presque droit, les plumes du sommet de la tête beaucoup moins longues et sans taches blanchâtres près de l'extrémité; les parties inférieures d'une teinte plus cendrée et un nombre plus considérable de taches brunes, longitudinales sur le ventre et les cuisses. D'Europe et d'Afrique.

HUPPE LARGUP, *Upupa Crocro*, Dum.; Levaill., Hist. du Prom., pl. 23. Parties supérieures d'un roux orangé; tête ornée d'une aigrette flabelliforme sur laquelle sont quatre bandes noires; tectrices alaires noires, bordées et variées de blanchâtre ainsi que de fauve; rémiges et rectrices noires, lisérées extérieurement de blanchâtre; les dernières un peu étagées; parties inférieures d'un roux orangé; abdomen grisâtre; bec noir, gris à sa base; pieds bruns. Taille, dix pouces. La femelle a l'aigrette plus courte, et les couleurs moins vives. D'Afrique.

HUPPE GRISE, *Corvus Eremita*. (Latham.) Espèce décrite par Gesner et que Vieillot croit devoir être placée parmi ses Coracias. Du reste, elle n'a jamais été observée depuis Gesner, et paraît être très-douteuse.

HUPPE DE MONTAGNE. Même chose que Huppe grise.

HUPPE NOIRE. *V.* BOUVREUIL HUPPÉ.

HUPPE-COL. Espèce d'Oiseau-Mouche. *V.* COLIBRI. (DR..Z.)

* HUPPÉ. OIS. On applique cet ad-

jectif à plusieurs espèces de genres différens. Ainsi on nomme :

HUPPÉ DU BRÉSIL, une espèce de Moucherolle. *V.* ce mot.

HUPPÉ-JAUNE (Azzara), le Bruant-Commandeur. *V.* BRUANT.

HUPPÉ-ROUGE, le Paroure huppé. *V.* GROS-BEC. (DR..Z.)

HURA. BOT. PHAN. *V.* SABLIER.

* HURCHELIN. OIS. (Gesner.) Syn. de petit Grèbe huppé. *V.* GRÈBE. (DR..Z.)

HURE. ZOOL. C'est proprement la tête du Sanglier, quand elle est détachée du corps. On dit aussi, par extension, Hure de Saumon et Hure de Brochet. (B.)

* HURECK. BOT. PHAN. Syn. de *Spondias amara* à Banda. (B.)

HURGILL. OIS. Syn. vulgaire de Cigogne Argala. *V.* CIGOGNE. (DR..Z.)

HURLEMENT. MAM. La voix du Loup. Le Chien, dans certaines circonstances, pousse aussi des Hurlemens. (B.)

HURLEUR. *Stentor.* MAM. (Geoffroy.) Syn. d'Alouatte. *V.* ce mot. (B.)

HURONG. BOT. PHAN. C'est à Amboine la même chose que Caria-Poeti. *V.* ce mot. (B.)

* HURONG-PAPUA. OIS. Syn. malais d'Oiseau de Paradis. *V.* PARADIS. (DR..Z.)

HURRIAH. REPT. OPH. Et non *Huriah.* Sous-genre de Couleuvre. *V.* ce mot. (B.)

* HUSANGIA. BOT. PHAN. Pour Hosangia. *V.* ce mot. (B.)

* HUSEN ET HUSO. POIS. *V.* ESTURGEON-ICHTHYOCOLE.

* HUTCHINSIE. *Hutchinsia.* BOT. PHAN. Genre de la famille des Crucifères, et de la Tétradynamie siliculeuse, L., établi par R. Brown (*Hort. Kew.*, édit. 1812, vol. IV, p. 82) et adopté par De Candolle (*Syst. Veget. Nat.*, 2, p. 384) avec les caractères suivans : calice dressé, à sépales égaux; pétales égaux entiers; étamines libres, dépourvues de dents; silicule oblongue ou elliptique, aiguë au sommet ou tronquée, déprimée, à valves carenées, sans appendices, à cloison membraneuse, oblongue, acuminée aux deux extrémités; loges renfermant ordinairement deux à quatre, rarement six à huit graines pendantes, et dont les cotylédons sont accombans. Ce genre avait été anciennement formé par Mœnch (*Supplem. Method.*, 89) sous le nom de *Noccæa;* mais comme il n'avait pas été adopté, ainsi que la plupart des innovations de cet auteur, le nom de *Noccæa* ou plutôt de *Nocca*, a été employé par Cavanilles et Willdenow pour désigner un autre genre. *V.* NOCCA. L'*Hutchinsia* a été placé par De Candolle dans la section des Thlaspidées ou Pleurorhizées Angustiseptées. Plusieurs de ces espèces avaient été réunies par Linné aux genres *Iberis* et *Lepidium.* Il se distingue du premier par ses pétales égaux, et du second par ses loges non monospermes. Il a aussi des rapports avec d'autres genres de Crucifères siliculeuses; mais ses étamines nues et libres le différencient suffisamment du *Teesdalia* et de l'*Œthionema;* ses silicules non bordées ni échancrées au sommet ne permettent pas de le confondre avec le *Thlaspi;* enfin, ses valves naviculaires et non planes concaves, le font distinguer du *Draba.*

Les Hutchinsies sont des Plantes herbacées, vivaces ou rarement annuelles; à tiges ramifiées et glabres; à fleurs pédicellées, sans bractées, et disposées en grappes terminales et dressées.

En décrivant les onze espèces dont se compose ce genre, De Candolle (*loc. cit.*) les a distribuées en deux sections. La première, sous le nom d'*Iberidella*, renferme sept espèces, dont les feuilles sont entières ou légèrement dentées, le style filiforme, et les fleurs rosées comme dans la plupart des *Iberis.* Le type de cette section est l'*Hutchinsia rotundifolia*, Br. et De Cand., *Iberis rotundifolia*,

L., espèce à tiges nombreuses, grêles, à feuilles ovales, et à fleurs d'un rose agréable. Elle est commune dans les Alpes où on la trouve dans les fentes des rochers brisés et parmi les pierres. Les autres Plantes de cette section croissent dans les pays montueux des contrées orientales de l'Europe, dans la chaîne du Caucase, et dans la Perse et la Syrie. La deuxième section (*Nasturtiolum*) est caractérisée par des feuilles pinnatilobées et des fleurs petites, blanches, qui donnent aux espèces le port de certains *Draba*. Les quatre espèces qu'elle renferme, habitent les Alpes ou les pays montueux de l'Europe. Nous mentionnerons seulement ici les *Hutchinsia alpina* et *Hutch. petrœa*, D. C., qui étaient des *Lepidium* pour Linné. La première, dont les fleurs sont blanches et très-nombreuses, croît abondamment au pied des rochers, sur les Hautes-Alpes, les Pyrénées et le Jura. La seconde est une très-petite espèce qui se trouve dans les basses montagnes de toute l'Europe, et même dans des localités chaudes et peu élevées, comme, par exemple, à Fontainebleau. (G..N.)

* HUTCHINSIE. *Hutchinsia*. BOT. CRYPT. (*Céramiaires*.) Genre formé par Agardh, adopté par Lyngbye, et dont les caractères consistent dans des filamens cylindriques, dont les articles sont marqués de plusieurs tubes ou séries de matière colorante, intérieure et produisant des capsules extérieures un peu acuminées, nues, adnées et s'ouvrant par leur extrémité supérieure par déchirement pour donner passage aux propagules obronds et très-distincts. En réduisant ce genre aux espèces qui présentent scrupuleusement les caractères que nous venons d'établir, il est un des plus naturels. Les espèces qui le composent sont en général des Plantes colorées et d'un port élégant, qui croissent dans la mer et qui adhèrent fortement au papier.

Les espèces les mieux caractérisées de ce genre sont les *Hutchinsia Brodiœi*, Lyngb., *Tent. Hyd. Dan.*, p. 109, pl. 33; *Conferva granulatum* de Ducluzeau. — *Hutchinsia urceolata*, Lyngb., *loc. cit.*, p. 110, t. 34. — *Hutchinsia strictoides*, Lyngb., *loc. cit.*, p. 114, t. 35. — *Hutchinsia stipitata*, N.; *Hutchinsia stricta*, Lyngb., pl. 36, seulement la figure 2-4. — L'*Hutchinsia nigrescens* du même auteur, p. 109, t. 33, pourrait bien être une Dicarpelle. *V.* ce mot. (B.)

* HUTIA. MAM. *V.* CAPROMYS.

HUTTUM. BOT. PHAN. Nom que porte à Amboine le *Butonica* de Rumph, et qu'Adanson avait adopté pour désigner ce genre. *V.* BUTONICA. (A. R.)

HYACINTHE. BOT. PHAN. Pour Jacinthe. *V.* ce mot. (G..N.)

HYACINTHE. MIN. Les anciens ont donné ce nom à une Pierre qui offrait une certaine ressemblance de couleur avec la fleur qui, au rapport de la fable, provenait de la métamorphose du jeune Hyacinthe, tué par Apollon. Elle était d'un violet assez agréable, et semblait, dit Pline, plus prompte à se flétrir que la fleur du même nom. Les modernes ont donné le nom d'Hyacinthe à des pierres d'un rouge orangé, mêlé souvent d'une teinte de brun. Werner a appliqué cette dénomination à la variété de Zircon dodécaèdre, qui présente cette couleur. Les pierres, qu'on désigne dans le commerce sous le même nom, appartiennent presque toutes au Grenat Essonite, qui a une teinte de cannelle d'un beau velouté. Celle-ci se distingue de l'Hyacinthe Zirconienne, en ce qu'elle offre la réfraction simple. Sa couleur, vue par réfraction, est le rouge ponceau, lorsque la pierre est éloignée de l'œil; et le jaune sans mélange sensible de rouge, lorsqu'elle est placée très-près de l'œil. Les Hyacinthes de l'Essonite sont d'un prix assez élevé, lorsqu'elles sont parfaites et sans gerçures dans l'intérieur. L'Hyacinthe du Zircon a aussi pour caractère distinctif une sorte d'éclat adamantin. *V.* ESSONITE et ZIRCON.

Hyacinthe brune des volcans. *V*. Idocrase.

Hyacinthe blanche de la Somma. *V*. Méionite.

Hyacinthe cruciforme. *V*. Harmotome.

Hyacinthe de Compostelle. *V*. Quartz-Hyalin hématoïde.

Hyacinthe de Disentis. Variété de Grenat orangé. *V*. Grenat.

Hyacinthe la belle. Variété de Grenat d'un rouge mêlé d'orangé.

Hyacinthe miellée. Variété de Topaze d'un jaune de miel.

Hyacinthe occidentale. Variété de Topaze d'un jaune de safran.

Hyacinthe orientale. Corindon d'une couleur orangée. (G. DEL.)

HYACINTHUS. bot. phan. *V*. Jacinthe.

HYADE. *Hyas*. crust. Genre de l'ordre des Décapodes, famille des Brachyures, tribu des Triangulaires (Latr., Fam. Natur. du Règn. Anim.), établi par Leach et adopté par Latreille. Ses caractères sont : antennes extérieures ayant leur premier article plus grand que le second, comprimé et dilaté extérieurement; troisième article des pieds-mâchoires extérieurs court, un peu dilaté en dehors, échancré à ses extrémités et du côté interne; pinces beaucoup plus grosses, mais plus courtes que les autres pates, dont la longueur n'a pas le double de celle du corps; toutes ces pates à articles presque cylindriques, inermes, et terminées par un ongle long, conique et arqué; carapace allongée, sub-triangulaire, arrondie postérieurement, tuberculeuse à sa surface, avec les côtés avancés en pointe derrière les yeux; front terminé par deux pointes déprimées et rapprochées l'une de l'autre; yeux portés sur des pédoncules courts, et n'étant pas d'un diamètre plus grand que ceux-ci; orbites ouverts un peu en avant, ayant une fissure à leur bord supérieur et postérieur.

Ce genre se distingue des genres *Parthenope*, *Eurynome*, *Maia*, etc., par des caractères tirés de la forme du corps et des parties de la bouche. Il s'éloigne des *Camposcies*, *Inachus*, etc., par la forme du troisième article des pieds-mâchoires, qui est carré dans ceux-ci et triangulaire dans les Hyades. Le genre *Lithode* en est séparé par la forme des pieds postérieurs qui sont impropres à la marche.

Les Hyades vivent dans les profondeurs de l'Océan; la principale espèce est :

L'Hyade Araignée, *Hyas Araneus*, Leach, Moll. Brit., tab. 21, A; *Cancer Araneus*, L.; *Cancer Bufo*, Bosc; *Maia Aranea*, Latr. La partie antérieure de sa carapace est avancée en pointe et terminée par deux épines qui convergent à leur extrémité; sa partie supérieure et postérieure est couverte de petits tubercules dont on retrouve quelques-uns sur les bras et sur le corps. Il se trouve dans l'Océan. (G.)

HYÆNANCHE. bot. phan. Genre de la famille des Euphorbiacées et de la Diœcie Polyandrie, L., établi par Lambert (*Dissert. de Cinchon*. 52, tab. 10) qui l'a ainsi caractérisé : fleurs dioïques; les mâles ont un calice composé de cinq à sept sépales, dix à trente étamines dont les filets sont courts, et les anthères oblongues-ovées. Le calice des fleurs femelles est formé de plusieurs sépales imbriqués et caducs; deux à quatre styles portant quatre stigmates réfléchis, glanduleux, frangés; fruit subéreux, marqué extérieurement de huit sillons, à quatre coques bivalves et dispermes. Le même genre a été constitué sous le nom de *Toxicodendron* par Thunberg (*Act. Holm*. 1796, p. 188) qui attribue au fruit trois coques. Il ne se compose que d'une seule espèce, *Hyænanche globosa*, Plante indigène du cap de Bonne-Espérance, et à laquelle Lambert et Vahl donnent pour synonyme le *Jatropha globosa* de Gaertner. Dans sa Dissertation sur les Euphorbiacées, notre collaborateur Adr. de Jussieu ne croit pas que ces deux Plantes soient identiques, car celle dont

Gaertner a donné l'analyse du fruit, était originaire de Curaçao. Le genre *Hyœnanche* est remarquable par la structure du calice et des fleurs femelles, ainsi que par ses coques dispermes.

Le nom d'*Hyœnanche* a été donné au genre dont il est question, parce que, selon Lambert, on se sert de son fruit réduit en poussière, et mélangé dans de la chair de Mouton, pour faire périr les Hyènes. (G..N.)

HYALE. *Hyalea.* MOLL. Le genre Hyale, que Forskahl a le premier fait connaître, malgré les renseignemens qu'il en a donnés, il est vrai fort obscurs, et souvent inintelligibles, a été confondu par Linné parmi les Térébratules, dans son genre *Anomia*. Lamarck, qui le premier a séparé en un genre distinct les Mollusques qui nous occupent, les a laissés, à l'exemple de Linné, parmi les Coquilles bivalves, ce dont il est facile de s'assurer, en consultant le Système des Animaux sans vertèbres, publié en 1801. Cuvier, dans la première édition du Règne Animal, avait eu la même opinion, quoique Forskahl ait dit que ce Mollusque, en considérant sa coquille, avait quelques rapports avec les Patelles. Il semble que Bruguière avait eu la même idée, car on ne trouve pas les Hyales figurées avec les Anomies dans les planches de l'Encyclopédie, et il n'en donne pas la description à l'article ANOMIE du même ouvrage. Il est impossible aussi qu'il les ait préférablement laissées avec les Térébratules. Quelque temps après les premiers travaux de Lamarck, Cuvier fit l'anatomie des Hyales; il les rapprocha alors des Clios et autres genres analogues; il en forma une classe particulière sous le nom de Ptéropodes; dès-lors, on ne dut plus avoir d'hésitation sur la place du genre; on n'en conserva que sur la manière dont on envisagerait la classe ou l'ordre nouveau. Roissy, dans le Buffon de Sonnini, a le premier adopté ce nouvel arrangement que tous les zoologistes modernes ont également suivi. *V.* PTÉROPODES. Lamarck a vu, dans ces Mollusques, un type d'organisation particulière qui lui fit l'envisager comme un terme moyen ou de transition entre les Mollusques Conchifères et les Mollusques proprement dits; cette idée, qu'il manifesta d'abord dans sa Philosophie zoologique, il la conserva dans tous ses autres ouvrages. Péron et Lesueur, auxquels on doit une Monographie de ce genre, publiée avec figures dans le tome XV des Annales du Muséum, ajoutèrent quelques faits nouveaux sur l'organisation des Hyales, mais ils en rapprochèrent à tort quelques genres qui sont étrangers à celui-ci. Cuvier (Règne Animal) divisa les Ptéropodes en deux sous-ordres : ceux qui ont la tête distincte, et ceux sans tête distincte. Le genre Hyale, à lui seul, forma cette seconde division. Les travaux de Blainville sur les Ptéropodes, et surtout son article HYALE, dans le Dictionnaire des Sciences Naturelles, sont venus infirmer, d'une manière fort puissante, les opinions reçues, jusqu'à ce jour, sur ces Mollusques. Blainville en donne la description la plus complète; il en fait connaître, avec détails, toutes les parties, et il a occasion de rectifier plusieurs faits mal vus par Péron et Lesueur, et par Cuvier lui-même. C'est ainsi qu'il fait voir qu'on avait étudié l'Animal renversé, c'est-à-dire que l'on avait pris la face dorsale pour la ventrale, et celle-ci pour la dorsale, ce qui rétablit dans l'ordre ordinaire pour tous les Mollusques en général la position de l'anus et des orifices de la génération. Blainville fait remarquer aussi que ce que l'on avait pris pour des branchies n'en est réellement pas, mais seulement le pied singulièrement disposé pour la natation; ce dernier fait reste d'autant plus incontestable, qu'un véritable peigne branchial se trouve sur le côté droit de l'Animal; il communique directement avec le fluide ambiant par une large fente du manteau; le cœur, qui est fort gros, est au côté gauche, en avant des branchies, comme dans tous les Mollusques; il est composé d'une oreillette et d'un ventricule; l'oreillette reçoit le sang des veines pulmonaires; le cœur donne origine par sa pointe à un gros tronc aortique qui se divise presque immédiatement en deux branches, l'une antérieure et l'autre postérieure. Une autre rectification que Blainville a faite, est relative aux organes de la génération; il paraîtrait que ce que Cuvier a pris pour le testicule ne serait autre chose qu'une portion de l'oviducte semblable à ce que l'on nomme la matrice dans les Hélices; il résulterait de ce fait, aussi bien que de l'existence du testicule à la base de l'organe excitateur mâle, que ces Animaux auraient un double accouplement, un accouplement réciproque comme celui des Hélices, et de beaucoup d'autres Mollusques céphalés, ce qui reporte ceux-ci beaucoup plus haut dans la série. Ce qui doit confirmer davantage cette opinion, c'est l'existence de véritables tentacules que Blainville croit même oculés, sans pourtant l'affirmer d'une manière positive. Ce qui a pu faire commettre plusieurs erreurs, relativement à ces Mollusques, c'est sans doute la forme singulière du pied et du manteau; il était naturel de penser que ces prolongemens, ces lanières charnues, flottant dans l'eau, pouvaient porter les organes de la respiration; cela semblait d'autant plus probable que la manière dont on avait considéré l'Animal, à l'inverse de sa véritable position, rendait plus difficile la recherche du véritable organe de la respiration. Le manteau, dans les Hyales, est assez grand et surtout fort dilatable et fort rétractile, étant pourvu de muscles puissans qui le font rentrer presque complétement dans la coquille; cette enveloppe est fort mince dans sa partie moyenne où elle est adhérente et plus épaisse dans les bords qui avoisinent l'ouverture de la coquille; en dessus, il se prolonge comme la lame supérieure, et en dessous comme la lame inférieure de la coquille; il est plus épais sur les parties latérales où il se partage en deux lèvres qui ne sont point fendues; c'est à l'extrémité postérieure de leur réunion qu'il existe, du moins dans quelques espèces, une lanière qui n'en est sans doute qu'un appendice. D'après ce que dit Forskahl de cette partie du manteau, il paraît qu'elle est susceptible, pendant la vie de l'Animal, d'une extension considérable, au point même de devenir translucide. Le manteau n'est ouvert qu'à la partie antérieure, surtout en dessus et de chaque côté; il n'existe aucune ouverture correspondante aux fentes latérales de la coquille.

Le pied est formé par deux ailes antérieures qui paraissent naître de la tête qui se trouve au fond de l'angle qu'elles présentent; ces ailes, épaisses à leur base, sont très-charnues; elles reçoivent plusieurs plans de fibres destinés à leur contraction. Blainville, comparant et rapprochant les Hyales des Bullées, a vu, dans cette forme singulière du pied, une simple modification qui ne pouvait détruire le rapprochement qu'il proposait; il est certain que ce seul motif serait insuffisant pour combattre l'opinion de ce savant zoologiste. La coquille mince, translucide et cornée de l'Hyale, est formée de deux parties que les anciens auteurs ont considérées comme des valves soudées; c'est sans doute pour cette raison qu'ils les ont placés parmi les Anomies ou les Térébratules; la partie supérieure est la plus plane; elle est marquée de trois côtes rayonnantes; elle se prolonge antérieurement en une lèvre courbée, tranchante, terminée par une ou plusieurs pointes; à la partie postérieure, elle se termine par une, deux ou trois pointes, selon les espèces; la pointe du milieu est celle qui reste constamment dans toutes; elle est creuse et percée à son extrémité; elle donne insertion au muscle principal de l'Animal, celui que Blainville nomme columellaire; dans les Mollusques, la partie inférieure est lisse, subhémisphérique; ces deux parties sont séparées par une grande ouverture antérieure, ainsi que par deux fentes latérales. Ce genre, qui n'a point encore été trouvé à l'état fossile, a été caractérisé de la manière suivante par Blainville : corps subglobuleux, formé de deux parties distinctes; la postérieure ou abdominale large, déprimée, bordée de chaque côté d'une double lèvre du manteau, quelquefois prolongée, contenue dans une coquille; l'antérieure, céphalothoracique, dilatée de chaque côté en aile ou nageoire arrondie; tête non distincte, pourvue de deux tentacules contenus dans une gaîne cylindrique; ouverture buccale avec deux appendices labiaux décurrens sous le pied; anus à la partie postérieure de la double lèvre du manteau au côté droit; branchie en forme de peigne du même côté; terminaison de l'oviducte à l'endroit de séparation des deux parties du corps; celle de l'organe mâle tout-à-fait antérieure, en dedans et en avant du tentacule droit. Coquille extérieure fort mince, transparente, symétrique, bombée en dessous, plane en dessus, fendue sur les côtés pour le passage des lobes du manteau, ouverte en fente en avant pour celui du céphalothorax et tronquée au sommet.

Blainville a fait dans le Journal de Physique, et a reproduit dans le Dictionnaire des Sciences Naturelles, la Monographie complète du genre Hyale; il comprend aujourd'hui treize espèces dont la plupart sont à peine connues dans nos collections. On y voit les suivantes :

Hyale tridentée, *Hyalea tridentata*, Lamk., Anim. sans vert. T. VI, p. 286, n. 1; *Anomia tridentata*, Forsk., *Faun. Arab.*, p. 124, *et Icones*, tab. 40, fig. B; *Anomia tridentata*, Gmel., n. 42, ou *Monoculus tileucus*, L.; *Hyalea Forskahlii*, Blainv., Dict. des Scienc. Natur.; Cuv., Ann. du Mus. T. IV, p. 224, pl. 59; Encyclop. Méthod, pl. 464, fig. 5, 6 et 7; Péron et Lesueur, Ann. du Mus. T. XV, pl. 3, fig. 13.

Hyale papilionacée, *Hyalea papilionacea*, Bory de St.-Vincent, Voyage aux quatre principales îles d'Afr. T. 1er, p. 131, pl. 5, fig. 1; Blainv., Dict. des Scienc. Natur. (D..H.)

* HYALINOPHYTON. BOT. CRYPT. Nom proposé par Leman pour remplacer celui de Dillwine donné à une Conferve par Grateloup. Il n'a pas encore été adopté. (B.)

HYALITHE. MIN. (Werner.) Quartz-Hyalin concrétionné, perlé, Haüy. Variété de Quartz résinite ou d'Opale, en stalactites ou mamelonnée, renfermant, d'après une analyse de Bucholz, quatre-vingt-douze parties de Silice et huit parties d'eau. Tantôt elle est limpide ou translucide et d'un blanc grisâtre; quelquefois elle est opaque et d'un blanc nacré. Cette dernière a été décrite par Santi sous le nom d'Amiatite, et par Thomson sous celui de Fiorite, parce qu'on l'a trouvée à Santa-Fiora, dans le mont Amiata en Toscane. L'Hyalithe ne se rencontre que dans les terrains d'origine volcanique : en Auvergne, dans les Laves rouges anciennes et les Domites; à Francfort-sur-le-Mein, dans les Mandelstein; au Mexique, en Géorgie et en Hongrie, dans les Porphyres qui servent de gangue à l'Opale. *V.* Quartz-Résinite. (G. DEL.)

* HYALOIDE. MIN. Valmon de Bomare donne ce nom à des cailloux roulés de la rivière des Amazones, qui ne sont que du Quartz transparent. (B.)

*HYALOMICTE. MIN. Nom donné par Brongniart au Greisen de Werner, Roche composée de grains de Quartz mélangés confusément avec des lames de Mica. Cette Roche, peu abondante dans la nature, se rencontre en amas subordonnés dans les terrains granitiques. Sa masse a beaucoup de ténacité. Le Mica surabonde dans certaines parties, où sont fréquemment disséminées différentes matières accidentelles, telles que l'Etain oxidé (à Zinuwald en Bohême), le Wolfram, la Topaze pyénite (à Altemberg en Saxe), le sulfure de Molybdène, etc. Quelquefois il est groupé pas masses connues sous le nom de Lépidolites. *V.* TERRAINS et ROCHES GRANITIQUES. (G.DEL.)

HYALOS. MIN. L'un des noms du Succin dans l'antiquité. (B.)

*HYALOSIDÉRITE. MIN. (Walchner, Journal des Sc. d'Edimbourg, n. 1, juillet 1824). Substance vitreuse, à cassure conchoïde, de couleur rouge ou brunâtre, translucide sur les bords, pesant spécifiquement 2,875. Elle se présente en cristaux prismatiques ou en grains, comme le Péridot avec lequel elle a beaucoup d'analogie. Elle contient sur cent parties : Silice, 31,634 ; Protoxide de Fer, 29,711 ; Magnésie, 32,403 ; Alumine, 2,211 ; Oxide de Manganèse, 0,480 ; Potasse, 2,744 ; Chrôme, une trace. Le docteur Walchner compare cette analyse avec celles de différentes Scories de forge, et trouve entre elles un rapport assez remarquable : elles se rapprochent en effet, si l'on admet que, dans la première, le Fer ait été remplacé en partie par de la Magnésie. C'est de cette analogie qu'il a dérivé le nom d'*Hyalosidérite*, donné à cette substance. Elle se trouve dans les cavités d'un Amygdaloïde basaltique, au Kaiserstuhl, près du village appelé Sasbach. Elle y est accompagnée de Pyroxène augite et de Carbonate de Magnésie. (G. DEL.)

HYBANTHE. *Hybanthus*. BOT. PHAN. Genre de la famille des Violacées et de la Pentandrie Digynie, L., établi par Jacquin (*Amer.*, 77, tab. 175) et adopté par Kunth (*Nov. Gener. Amer.* T. v, p 585) avec les caractères suivans : calice dont les sépales sont inégaux non appendiculés et décurrens par leur base sur le pédicelle ; pétales inégaux, l'inférieur plus long que les autres en forme de sac à la base, l'intermédiaire canaliculé, dilaté au sommet en un limbe bilobé, les autres plus courts et à trois nervures ; étamines réunies par la base, les deux inférieures ayant leurs anthères avortées et à leur base une grosse glande en forme de conque et placée dans la concavité du cinquième pétale ; capsule obovée renfermant un petit nombre de graines. Ce genre a été rejeté par Auguste Saint-Hilaire (Histoire des Plantes usuelles des Brasiliens, troisième livraison, p. 5), parce que ses caractères essentiels reposent uniquement sur l'avortement de deux étamines, la présence d'une glande et la forme concave du pétale inférieur se retrouvant dans les *Ionidium* de Ventenat. Cependant la Plante sur laquelle est formé le genre *Hybanthus* a un port particulier. C'est un Arbrisseau à tige droite, rameuse, couverte d'aiguillons, à feuilles oblongues, dentées en scie, et à fleurs blanchâtres, portées sur des pédoncules réunis en grappes. Cette Plante décrite et figurée par Kunth (*loc. cit.*, tab. 494) sous le nom d'*Hybanthus Havanensis*, croît dans les montagnes de l'île de Cuba, près de la Havane. Rœmer et Schultes, l'ayant réunie au genre *Ionidium*, l'ont nommée *I. Jacquinianum*. (G..N.)

HYBEMACE. BOT. PHAN. Pour Hybernacle, dans le Dictionnaire de Déterville. *V.* ce mot. (B.)

HYBERNACLE. *Hybernaculum*. BOT. C'est ainsi que Linné a désigné, en général, toutes les parties des Plantes qui enveloppent les jeunes pousses pour les mettre à l'abri de l'influence des agens extérieurs ; telles sont les écailles qui forment les bourgeons. (G..N.)

HYBLÉE. *Hyblæa*. INS. Genre de l'ordre des Lépidoptères, établi par Fabricius et que Latreille rapporte à celui des Herminies. *V.* ce mot. (G.)

HYBOS. *Hybos*. INS. Genre de l'ordre des Diptères, famille des Tanystomes, tribu des Hybostins, établi par Meigen et adopté par Fabricius et tous les entomologistes. Les caractères de ce genre sont : antennes insérées sur le devant de la tête, beaucoup plus courtes qu'elle, et composées de deux articles ovoïdes ou coniques, avec une soie longue à leur extrémité; palpes courbés au-dessus de la trompe qui est dirigée en avant; dernière paire de pates ayant la cuisse renflée. Ce genre est très-voisin de celui que Meigen appelle Tachydromie et que Latreille avait déjà établi sous le nom de Sique, *Sicus* (*V*. ce mot); mais il en diffère par des caractères tirés de la forme des palpes et par les pates dont deux paires ont les cuisses renflées dans les Siques. Ces Insectes sont propres à l'Europe; l'espèce que l'on trouve à Paris est :

L'HYBOS ASILIFORME, *H. asiliformis*, Latr.; *Acromyia asiliformis*, Bonelli; *Stomoxys asiliformis*, Fabr. Son corps est noirâtre, avec les ailes tachetées de cette couleur. Latreille l'a pris dans des prés humides aux environs de Montmorency. Meigen cite deux autres espèces de ce genre : ce sont les *Hybos funebris* et *flavipes*, que Fabricius a rapportés aussi au même genre. Quelques *Dioctria* de cet auteur appartiennent encore à ce genre. (G.)

* HYBOSORUS. INS. Genre de l'ordre des Coléoptères, section des Pentamères, famille des Lamellicornes, tribu des Scarabéides, division des Arénicoles, Latr. (Fam. Nat. du Règn. Anim.), établi par Mac-Leay fils et adopté par Latreille. Les caractères de ce genre nous sont inconnus. Dejean (Cat. des Col., p. 56) en mentionne une espèce, l'*Hybosorus arator*, qui se trouve en Espagne. (G.)

* HYBOTINS. *Hybotii*. INS. Tribu de l'ordre des Diptères, famille des Tanystomes, établie par Latreille (Fam. Nat. du Règn. Anim.) et ayant pour caractères : trompe avancée; épistome toujours imberbe; tête globuleuse, entièrement occupée par les yeux dans les mâles; dernier article des antennes lenticulaire avec une soie longue en forme de scie. Cette tribu comprend les genres Hybos, Ocydromye et Damalis? *V*. ces mots. (G.)

HYBOUCOUCHU. BOT. PHAN. Bosc rapporte que c'est un fruit d'Amérique dont on retire une huile qui sert de remède contre les Vers subcutanés, et qu'on ignore à quel genre appartient l'Arbre qui la porte. (B.)

HYBRIDELLE. *Hybridella*. BOT. PHAN. Genre de la famille des Synanthérées, Corymbifères de Jussieu, et de la Syngénésie superflue, L., établi par H. Cassini (Bullet. de la Sociét. Philom., janvier 1817) qui l'a ainsi caractérisé : involucre orbiculaire, composé de folioles sur deux rangs, égales, étalées, oblongues et aiguës; réceptacle globuleux, muni de paillettes linéaires et foliacées; calathide dont les fleurs centrales, nombreuses, régulières et hermaphrodites, forment un disque hémisphérique, et les fleurs de la circonférence, sur un seul rang, en languettes et femelles; ovaires des fleurs centrales, lisses, munis d'un bourrelet basilaire, continus par leur sommet avec la base de la corolle, qui est garnie d'une zône circulaire de soies courtes, grosses, aiguës et articulées. Cassini, en décrivant ce dernier organe, ne le regarde point comme une aigrette, car il dit que les ovaires en sont dépourvus. Ce genre a été fondé sur une Plante indigène du Mexique, et qui est cultivée dans les jardins de botanique. C'est l'*Anthemis globosa* d'Ortega que Cassini a nommée *Hybridella globosa*, et qu'il a placée dans la tribu des Hélianthées, quoiqu'elle ait beaucoup de rapports avec les Anthémidées. Le nom d'*Hybridella* exprime la nature ambiguë de cette Plante intermédiaire entre les deux sections que nous venons de citer. (G..N.)

HYBRIDES. ZOOL. Ce qui signifie proprement MÉTIS. On emploie quelquefois ce nom comme synonyme de MULET; il ne devrait cependant pas avoir la même signification; Mulet emportant l'idée de l'infécondité, et Hybride ne présentant pas nécessairement cette condition. Ce qu'on pourrait dire des Hybrides animaux se trouvera analogiquement établi dans l'article Hybridité. *V.* ce mot. (B.)

*HYBRIDITÉ. *Hybriditas.* BOT. On désigne sous ce nom, ainsi que sous celui de croisement, l'acte par lequel une espèce de Plante est fécondée par une autre, et qui pour résultat donne naissance à des individus intermédiaires. Ceux-ci sont appelés Mulets ou Hybrides végétaux. Avant que les phénomènes de la fécondation fussent, sinon bien dévoilés aux observateurs, du moins entrevus par eux, on nommait indistinctement Hybrides toutes les espèces qui se rapprochaient assez de Plantes déjà connues pour qu'il fût facile de les confondre avec elles, mais qui cependant offraient des différences remarquables dans quelques points de leur organisation. Le mot Hybride était donc synonyme pour les anciens de celui de bâtard (*spurius*), qu'ils appliquaient à des espèces aussi légitimes que toutes celles que leurs prédécesseurs avaient décrites. Cette confusion dans le sens attaché à une expression très-usitée se perpétua long-temps après que les circonstances de la fécondation eurent cessé d'être mystérieuses. Ainsi la Pélorie fut considérée par Linné comme le résultat de l'Hybridité. Plusieurs autres monstruosités, ou plusieurs de ces altérations dans les formes habituelles des organes qui sont en réalité les retours des Plantes irrégulières au type primitif, ont été attribuées au croisement d'espèces avec lesquelles elles présentaient de la ressemblance. Mais aujourd'hui la définition de l'Hybridité, que nous avons donnée en tête de cet article, est universellement admise, quoique l'existence des Hybrides soit encore révoquée en doute par quelques naturalistes dont l'incrédulité sur ce point n'a sa source que dans les théories qu'ils veulent substituer à celles de leurs devanciers. Un auteur qui nie la fécondation sexuelle se gardera bien, en effet, d'admettre l'Hybridité, et les individus qu'on lui présentera avec des formes parfaitement intermédiaires et dont on lui exposera toutes les circonstances qui ont déterminé leur naissance, ne seront pour lui que des anneaux de la grande chaîne qui lie ensemble à ses yeux tous les corps de la nature. Ne croyant point aux distinctions spécifiques, il regardera les Hybrides comme des êtres dignes d'être inscrits dans la classification au même rang que les espèces les plus constantes et les plus inaltérables. Si nous repoussons de pareilles idées, ce n'est aucunement par respect pour les anciennes opinions (respect fort ridicule dans les sciences), mais c'est parce que l'expérience et le raisonnement nous confirment d'une manière incontestable et les phénomènes naturels de la fécondation et la production accidentelle de l'Hybridité. Avant de faire connaître nos propres observations, nous ne devons pas négliger les recherches faites par les auteurs sur les Hybrides; mais comme toutes leurs observations ne méritent pas la même confiance, nous nous bornerons à citer celles qui nous semblent ne laisser aucun doute sur la fécondation adultérine entre deux espèces distinctes.

Nous laisserons donc de côté l'observation que Marchand inséra dans les Mémoires de l'Académie des Sciences pour 1715 et dans laquelle il faisait mention d'une Mercuriale à feuilles laciniées, dont, à la vérité, l'origine lui paraissait étrangère à la Mercuriale commune; mais la fécondité de cette Plante porte à croire qu'il aura pris une variété remarquable pour une espèce nouvelle provenue d'un croisement. C'est à Linné que l'on doit les premiers renseignemens positifs sur les Hybrides; il s'assura que dans certaines circonstances les Végétaux pouvaient se féconder les uns les autres de manière à produire de nouvelles races; mais, se livrant trop à son imagination, il alla jusqu'à penser que, dans l'origine, il pouvait n'avoir existé qu'une espèce de chaque famille naturelle, que ces espèces, en se croisant, avaient produit les genres, lesquels, par leurs fécondations réciproques, avaient donné naissance aux espèces et aux variétés. « Cette idée, selon le professeur De Candolle (Théor. élém. de la Botan., 2e édit., p. 199), est séduisante comme toutes celles qui tendent à ramener des faits nombreux et compliqués à une cause unique et facile à saisir, mais elle ne peut se soutenir, si l'on fait attention à la rareté des Hybrides dans l'état naturel des choses. » Dans sa dissertation sur la *Peloria* (*Amœn. Acad.*, vol. I, p. 71), Linné développa sa théorie sur les Hybrides; malheureusement les principaux exemples avancés par ce grand naturaliste étaient mal choisis, puisqu'il est reconnu aujourd'hui que la Pélorie est une simple variété de la Linaire, dont les parties de la fleur ont augmenté en nombre et ont pris une disposition symétrique. *V.* PÉLORIE. En 1751, une thèse fut soutenue sous la présidence de Linné où l'auteur J. Hartmann développa les idées de son illustre maître. Cette dissertation, intitulée : *Plantæ Hybridæ* (*Amœn. Acad.* T. III, éd. Amst., p. 28), contient les descriptions d'une foule de Plantes considérées comme Hybrides, et disposées en quatre sections, savoir : 1°. *Bigeneres*; individus nés de genres différens. 2°. *Congeneres*; provenus d'espèces différentes, mais appartenant au même genre. 3°. *Deformatæ*; Plantes qui ont acquis des formes et des qualités physiques, comme des feuilles crénées, de l'odeur, etc., que leurs parens ne possédaient pas. 4°. *Obscuræ*, *Suspectæ*; toutes les Plantes présumées Hybrides à cause de la ressemblance de chacune avec deux espèces connues. Cette dernière section est très-nombreuse, car l'auteur, abandonnant l'observation directe, n'a fait qu'indiquer vaguement aux naturalistes des recherches à exécuter, et dès-lors n'a pas été bien sobre d'exemples et de citations. On reconnaît aujourd'hui qu'il s'est également mépris sur l'origine de la plupart des Plantes placées dans les autres sections. Ainsi, presque toutes celles de la première, que l'on croyait issues de deux espèces appartenant à des genres distincts, sont de véritables espèces ou des variétés produites par le sol et le climat. On pourrait cependant en excepter celles qui sont censées provenir de deux genres très-rapprochés dans l'ordre naturel, comme le *Primula* et le *Cortusa*, le *Delphinium* et l'*Aconitum*, le *Brassica* et le *Sinapis*, etc. La section des *Congeneres* nous semble la seule où l'on devrait trouver de véritables Hybrides, mais aucun des exemples cités par l'auteur n'est exact. Ce sont des espèces aussi tranchées que celles qui leur ont été données pour parens, et qui n'ont avec celles-ci que les ressemblances généralement offertes par les Plantes congénères. D'après ce que nous venons d'exposer, on peut aisément se convaincre que de bonnes observations ont manqué à Linné. On ne trouvera donc pas étonnant qu'il ait outrepassé les bornes de la vérité dans ses aphorismes sur l'Hybridité, puisqu'ils n'avaient que des hypothèses pour fondement.

Les recherches de Linné et de ses disciples ne furent pourtant pas sans produire une heureuse influence; l'attention qu'elles attirèrent sur ce sujet intéressant en prépara d'autres qui, par leur exactitude et la persévérance admirable avec laquelle leur auteur les a poursuivies, ont jeté un grand jour sur la théorie des Hybrides. Kolhreuter n'attendit point que la nature lui offrît des exemples de croisemens; il la força, pour ainsi dire, à lui en donner selon sa volonté. A la vérité, il ne chercha point à faire naître de ces productions extraordinaires entre des Plantes sans affinités ni ressemblance quelconque; mais, au contraire, il obtint facilement des Hybrides entre des espèces congénères et bien distinctes. C'est sur les genres *Digitalis* et *Lobelia* qu'il porta principalement son attention. La culture facile des Digitales, leur stature élevée, le petit nombre et la grosseur des organes sexuels les rendaient très-propres à ce genre de recherches. Kohlreuter multiplia ses expériences en faisant remplir à chaque espèce les fonctions de mâle à l'égard d'une autre, et *vice versâ*. Il eut aussi l'attention de décrire avec des détails très-minutieux les produits de la fécondation et de comparer chaque organe avec celui correspondant du père et de la mère. En général, les Hybrides possédaient des caractères parfaitement intermédiaires; car si quelques-unes avaient une taille plus élevée, l'accroissement des organes de la végétation pouvait dépendre de la meilleure qualité du sol où l'auteur avait cultivé ses nouvelles Plantes. Plusieurs expériences ne réussirent point à Kohlreuter, et il exposa dans ses Mémoires ces résultats négatifs avec une franchise qui donne du poids au grand nombre d'expériences couronnées par le succès. Ce serait nous engager dans une carrière trop longue à parcourir que de citer toutes celles-ci; nous conseillerons en conséquence de recourir aux Mémoires de l'auteur insérés dans les Actes de l'Académie de Pétersbourg, pour 1775, et dans le Journal de Physique, T. XXI, p. 285, et T. XXIII, p. 100.

On lit dans le même recueil scientifique, T. XIV, p. 343, les expériences de M. S. Ch. E...., de la Société des Amis scrutateurs de la nature de Berlin, sur la fécondation du *Mirabilis longiflora* par le *M. Jalappa*, L. A travers les fautes de traduction de ce Mémoire, on voit que l'auteur a fécondé l'ovaire de la première espèce par les étamines de la seconde, et qu'il a obtenu des individus intermédiaires, mais dont il n'a pu avoir de graines. Le Pelletier Saint-Fargeau, qui ne paraît pas avoir eu connaissance de ce Mémoire, a publié dans le tome 8 des Annales du Muséum d'Histoire naturelle, la description d'une Hybride semblable à la précédente; mais il a ajouté que cette Plante s'était perpétuée par la graine. On trouve aussi dans le dernier volume des Annales générales des sciences physiques, rédigées par nos collaborateurs Bory de Saint-Vincent et Drapiez (T. VIII, p. 352, pl. 219), la description et la figure d'une Renoncule véritablement Hybride, des *Ranunculus gramineus* et *platinifolius*, qui se développa dans les plates-bandes du jardin de botanique de Bruxelles en 1820.

Depuis long-temps les jardiniers font de l'Hybridité une de leurs opérations pratiques, soit en plaçant un grand nombre de variétés ou d'espèces congénères dans un endroit très-resserré, et laissant la nature opérer des croisemens accidentels, soit en portant immédiatement le pollen sur le stigmate d'un autre. On se sert habituellement de ces moyens pour varier les couleurs des fleurs, et il n'y a pas de doute qu'ils n'aient eu aussi une grande part dans la formation des variétés de fruits et même des légumes. « On peut même affirmer, d'après De Candolle (*loc. cit.*, p. 200), que, relativement aux Végétaux cultivés, le croisement des races est la cause la plus fréquente des variétés qu'ils présentent; aussi les espèces solitaires dans leur genre offrent-elles rarement des variations par la culture; ainsi, par exemple, le Seigle et la Tubéreuse n'offrent que peu ou point de variétés et contrastent ainsi avec le grand nombre de celles que présentent certains genres analogues, tels que le Froment ou le Narcisse, genres qui sont composés de plusieurs espèces distinctes. »

Dans les Plantes sauvages, l'Hybridité doit être très-rare, parce que celles qui sont susceptibles de se croiser se trouvent ordinairement disséminées et ne peuvent aussi facilement influer l'une sur l'autre. Jusqu'à présent, on n'en a observé des exemples bien certains que sur des genres dont les espèces nombreuses vivent rapprochées, parce qu'elles ont besoin d'un terrain et d'un climat particuliers; par exemple, sur des Digitales, des Verbascum et des Gentianes. Ces Plantes envahissent souvent tout un espace de terrain, et sont dans la condition des espèces congénères cultivées dans un jardin. On conçoit alors que l'échange des pollens doit s'effectuer avec facilité, et qu'il peut en résulter des croisemens très-variés, surtout si les stigmates de quelques individus se trouvent dans un état de développement plus avancé que leurs propres organes mâles. Le phénomène de l'Hybridité, dans les Plantes sauvages, est donc purement accidentel et subordonné à un concours de circonstances assez rares. Il a été remarqué particulièrement dans si peu d'occasions, que nous croyons utile de les mentionner ici.

En 1785, Reynier a décrit et figuré (Journal de Physique et d'Histoire naturelle, T. XXVII, p. 581) une Pédiculaire trouvée aux environs d'Utrecht en Hollande parmi plusieurs individus de *Pedicularis sylvatica*. Cette Plante était pourvue de fleurs régularisées, qui avaient une grande analogie de formes avec celles des Primulacées ; aussi l'auteur l'a-t-il regardée comme une Hybride produite par le *Pedicularis sylvatica* et par une Primulacée, peut-être par l'*Hottonia palustris* fort commune dans les fossés des environs. Une telle opinion est invraisemblable, d'après ce que nous savons de l'impossibilité où sont les Plantes qui appartiennent à des familles distinctes de se croiser. Il est bien plus naturel de la considérer seulement comme une Pédiculaire régularisée à l'instar des Pélories. On doit regarder, au contraire, comme une véritable Hybride, la Plante trouvée en 1808, dans les environs de Combronde en Auvergne, par Dutour de Salvert et A. Saint-Hilaire. Admise d'abord comme une espèce distincte et publiée par Loiseleur Deslongchamps sous le nom de *Digitalis fucata*, Pers., elle a fait plus tard le sujet d'une note de Dutour de Salvert, insérée dans le Journal de Botanique, qui a parfaitement constaté qu'elle était une Hybride des *Digitalis purpurea* et *lutea*, lesquelles croissaient en abondance et mêlées indistinctement sur le terrain où la nouvelle Plante avait été rencontrée.

Dans une excursion botanique faite au mois d'août 1819, sur le sommet du Môle, montagne calcaire de la Savoie, nous avons, ainsi que notre collaborateur Dumas, rencontré plusieurs Hybrides des *Gentiana lutea* et *purpurea*. Cette dernière y formait un champ rougeâtre de plus d'une demi-lieue carrée ; çà et là s'élevaient quelques pieds de *G. lutea* autour et à une très-petite distance desquels se trouvaient les Hybrides. Elles ont été décrites avec détail dans un Mémoire spécial sur l'Hybridité des Gentianes alpines (Mém. de la Soc. d'Hist. nat. de Paris, T. I, p. 79) où nous avons en outre signalé la nature hybride de plusieurs autres espèces de Gentianes.

Comme la plupart des mulets animaux sont frappés de stérilité, l'analogie a porté à croire qu'il en était de même pour les Hybrides végétaux. Néanmoins cette question n'a pas été péremptoirement décidée, quoique plusieurs observations soient en faveur de l'affirmative. Dans les expériences de Kolhreuter, beaucoup d'Hybrides furent stériles, mais quelques-unes aussi se perpétuèrent par les graines. Le Pelletier Saint-Fargeau affirme aussi que son *Mirabilis Hybrida* était dans ce dernier cas, et nous verrons plus bas que Lindley a observé aussi une Hybride d'Amaryllis qui était fertile. Cependant Kolhreuter regardait la stérilité comme un caractère essentiel de l'Hybridité. Il assurait que lorsqu'une Plante provenue de la fécondation mutuelle de deux espèces était seulement pourvue de capsules très-développées avec des ovules avortés, c'était une sorte de pierre de touche pour s'assurer que ces Plantes formaient deux espèces distinctes. Ainsi les *Digitalis ambigua* et *lutea* n'ont donné que des graines stériles, tandis que d'autres Digitales, si voisines qu'on peut les considérer comme de simples variétés, ont produit des semences très-fécondes. Aug. Saint-Hilaire (Mém. de la Société d'Histoire naturelle, T. 1, p. 373) a ajouté aussi une observation importante qui dépose en faveur de la stérilité des Hybrides; c'est que pendant six années la *Digitalis hybrida*, Salv., a été retrouvée dans le même vallon et au milieu des espèces mères, que ses capsules étaient constamment ridées et ne contenaient aucune semence capable de fructifier, enfin que les ovaires étaient entièrement flasques et ressemblaient à une poussière fine et légère. Aux observations précédentes, nous ne devons pas omettre de joindre celles que Lindley a consignées à la suite d'une notice sur une variété d'*Amaryllis* (*Trans. of the Horticult. Soc. of London*, vol. v, p. 337). Ce savant botaniste pense que des Plantes fertiles peuvent résulter de la fécondation de deux espèces distinctes comme le prouve une Hybride issue de l'*Amaryllis Reginæ* et de l'*Am. vittata*, décrite par Gowen dans le quatrième volume des Transactions de la Société Horticulturale. Les Hybrides, selon Lindley, peuvent bien avoir des graines fertiles; mais il arrive qu'au bout de la troisième génération elles sont improductives. Le caractère de l'Hybridité ne réside donc pas dans la stérilité absolue des graines, mais dans l'impossibilité de se perpétuer indéfiniment par les graines.

Pour terminer cet article, nous ajouterons que de même qu'on ne rencontre point, dans les Animaux, de ces fécondations adultérines entre des espèces dont les rapports sont éloignés, de même on n'en observe point entre des Plantes très-éloignées dans l'ordre naturel. Il n'y a aucun fait qui constate cette Hybridité, et on doit supposer une toute autre origine aux Plantes nées, dit-on, de Végétaux si différens qu'on pourrait les nommer incompatibles, tels, par exemple, que le *Menyanthes trifoliata* et le *Nymphæa lutea*, qui, selon Hartmann (*Plantæ Hybrid.*), auraient produit le *Villarsia nymphoides*. Cependant rien ne s'oppose à ce que l'on admette la fécondation de deux espèces congénères et même de deux espèces de genres distincts, mais appartenant au même groupe naturel, surtout si elles ont entre elles des relations intimes de taille et de structure. C'est ce que démontre la fréquence des Hybrides dans les genres *Passiflora*, *Amaryllis*, *Pancratium*, *Pelargonium*, etc. (G..N.)

HYBRIZON. *Hybrizon*. INS. Genre de l'ordre des Hyménoptères, tribu des Ichneumonides, établi par Fallen avec ces caractères : antennes grêles; abdomen pétiolé; ailes supérieures à trois ou deux cellules costales; la cellule intermédiaire et la cellule spiculaire nulles. Ce genre, que Fallen dit être très-voisin de celui des Bracons, répond, d'après Latreille, à ses Alysies *V.* ce mot. (G.)

HYCH. BOT. PHAN. (Delile.) L'un des noms de pays du *Saccharum ægyptiacum*. (B.)

HYCLÉE. *Hycleus*. INS. Genre de l'ordre des Coléoptères, section des Hétéromères, tribu des Cantharidies, établi par Latreille et ayant pour caractères : antennes en massue ou grossissant vers leur extrémité, composées de neuf articles dont le dernier très-grand et en forme de bouton ovoïde. Latreille rapporte à ce genre le Mylabre argenté de Fabricius, et ceux qu'Olivier nomme Argus et imponctué dans l'Encyclopédie méthodique. Le Mylabre clavicorne d'Illiger, qui se trouve en Espagne, appartient aussi à ce genre. (G.)

* HYDATICA. BOT. PHAN. Necker (*Element. Botan.*, n. 1205) a rétabli sous ce nom le genre *Geum* de Tournefort formé de la section des Saxifrages dont l'ovaire est entièrement libre. *V.* SAXIFRAGE. (G..N.)

HYDATIDE. *Hydatis*. INT. Les auteurs anciens et plusieurs helminthologistes modernes ont désigné sous le nom d'Hydatides des Vers intestinaux vésiculaires, qu'ils réunissaient en un seul genre et que d'autres ont divisés en plusieurs qu'ils ont appelés Acéphalocyste, Cœnure, Cysticerque, Echinococque, Floriceps, etc. *V.* ces mots. De sorte que le genre Hydatide, considéré sous le rapport de l'histoire naturelle, n'existe plus et qu'on doit le conserver pour ces productions morbides, formées par un kiste sécréteur, contenant dans sa cavité une humeur limpide. Les Hydatides, comme les autres tumeurs enkistées, sont des productions organisées, accidentelles, soumises à la vie générale de l'Animal qui les renferme, et qui n'ont point l'individualité des Vers vésiculaires : ces derniers sont de véritables Animaux, doués d'une vie particulière, vivant dans l'intérieur d'autres Animaux; ce qui les distingue d'une manière très-marquée de tumeurs auxquelles on doit réserver le nom d'Hydatides. (LAM..X.)

*HYDATIGÈNE. INT. Bloch a réuni sous ce nom plusieurs Vers vésiculaires que Rudolphi a réunis aux Cysticerques. Le genre proposé par Bloch a été adopté par quelques naturalistes. Pallas a décrit un *Tœnia Hydatigena* dans son *Elenchus Zoophytorum*, p. 413. (LAM..X.)

HYDATIGÈRE. INT. Batsh a proposé sous ce nom une sous-division générique pour un petit nombre de Cysticerques que Rudolphi n'a point adoptés. Néanmoins Lamarck a cru devoir la conserver dans son Histoire des Animaux sans vertèbres. Nous croyons devoir suivre l'opinion de Rudolphi à cause des rapports qui lient les Hydatigères aux Cysticerques. *V.* ce mot. (LAM..X.)

* HYDATIS. INT. *V.* HYDATIDE.

* HYDATITES. POLYP. Nom donné par Bertrand à des Astraires fossiles. (LAM..X.)

*HYDATULE. Ce nom a été donné à des Vers intestinaux vésiculaires par quelques anciens helminthologistes. (LAM..X.)

HYDÈRE. *Hydera.* INS. Genre de l'ordre des Coléoptères, section des Pentamères, famille des Clavicornes, tribu des Macrodactyles, établi par Latreille (Fam. Nat. du Règn. Anim.) qui lui conserve le nom de Potamophile. *V.* ce mot. (G.)

HYDNE. *Hydnum.* BOT. CRYPT. (*Champignons.*) Ce genre est l'un des plus singuliers de la famille des Champignons, par les formes très-variées et souvent bizarres qu'il présente. Son caractère essentiel est de porter à sa surface inférieure une membrane fructifère, hérissée de pointes ou d'aiguillons plus ou moins longs, coniques ou comprimés. C'est vers l'extrémité de ces pointes que sont insérées, sur la membrane, les thèques ou capsules membraneuses et microscopiques qui renferment les sporules. Tantôt cette membrane et ces aiguillons sont à la surface inférieure d'un chapeau régulier, arrondi, ordinairement évasé et en forme d'entonnoir, supporté sur un pédicule central ou latéral, et alors ces Champignons ont beaucoup l'aspect des Polypores et des Bolets coriaces; ils croissent sur la terre. Tantôt le chapeau, déjà très-difforme, s'insère latéralement sur le tronc des Arbres. Dans plusieurs de ces espèces les aiguillons s'allongent, deviennent cylindriques, et ces Champignons, le plus souvent durs et coriaces, ont l'aspect d'une sorte de barbe implantée sur les troncs des Arbres. Quelquefois le chapeau disparaît presque complétement et adhère par toute sa surface au bois sur lequel il croît; ce n'est plus qu'une couche mince, adhérente sous les rameaux des Arbres morts et couverte par la membrane fructifère; enfin dans quelques cas ces Champignons prennent une forme tout-à-fait irrégulière, il n'y a plus de chapeau distinct; tantôt la tige se divise en rameaux irréguliers, presque comme dans les Clavaires, garnis inférieurement de pointes longues et cylindriques; tantôt la tige est simple et se termine par un bouquet d'aiguillons roides et allongés qui ont fait comparer ces Champignons à un Hérisson. Ces Champignons varient autant par leur texture que par leur forme; ils sont quelquefois durs et coriaces comme les Polypores qui fournissent l'amadou; d'autres fois ils sont charnus et tendres comme la plupart des Clavaires. Ces dernières espèces peuvent fournir un aliment sain et agréable; les espèces comestibles se divisent en deux groupes : les unes appartiennent à la section des Hydnes à chapeau porté sur un pédicule central. Tels sont les *Hydnum imbricatum*, *Hydnum repandum*, etc. Lorsqu'ils sont crûs, leur goût est âpre et acerbe, mais après avoir été cuits ils deviennent assez agréables; cependant leur consistance est toujours ferme et même un peu coriace. Les autres appartiennent à la dernière section; le plus estimé est l'Hydne rameux de Bulliard, *Hydnum coralloides*, Pers.; sa tige est très-rameuse, terminée par des faisceaux d'aiguillons cylindriques; il est blanc et sa chair est tendre et d'un goût très-agréable; elle fournit un aliment très-recherché dans les pays où cette Plante croît, mais elle est en général assez rare. On la trouve particulièrement dans les grandes forêts de l'est de la France et de l'Allemagne, sur les Hêtres et les Sapins. (AD. B.)

HYDNOCARPE. *Hydnocarpus*. BOT. PHAN. Genre de la Polygamie Diœcie, L., établi par Gaertner (*de Fruct.*, 1, p. 288, tab. 60), et ainsi caractérisé : fleurs polygames; les hermaphrodites ont un calice à cinq sépales, les deux extérieurs ovales; une corolle à cinq pétales velus sur leurs bords, et munis chacun d'une écaille placée à sa base intérieure; cinq étamines; ovaire couronné par un stigmate sessile; baie sphérique terminée par quatre tubercules réfléchis, et offrant quatre placentas polyspermes. Outre ces fleurs, on en trouve des femelles qui ne sont ainsi unisexuées que par l'avortement des étamines. Ce genre avait été rapporté aux Rhamnées, mais De Candolle (*Prodrom. Syst. Veget.* 1, p. 257) l'a placé dans la famille des Flacourtianées de Richard père, et dans la troisième tribu à laquelle il a donné le nom de Kiggellariées. *V.* ce mot. L'*Hydnocarpus inebrians*, Vahl, *Symbol.* 3, p. 100, *Hyd. venenata*, Gaertn., *loc. cit.*, est un Arbre dont les rameaux sont flexueux, les feuilles alternes, pétiolées, lancéolées, glabres, luisantes et légèrement dentées en scie. Les fleurs hermaphrodites et les fleurs femelles sont placées sur des pieds séparés; elles sont disposées presque en ombelles, et en grand nombre sur des pédoncules très-velus et axillaires. Cet Arbre est indigène de l'île de Ceylan, où, au rapport d'Hermann, les fruits sont recherchés avidement par certains Poissons, les enivrent, et leur communiquent des qualités vénéneuses. (G..N.)

HYDNOPHORE. *Hydnophora*. POLYP. Fischer, dans les Mémoires de la Société des naturalistes de Moscow, a réuni sous le nom d'Hydnophore un groupe de Polypiers madréporiques, la plupart fossiles, appartenant au genre Monticulaire de Lamarck, que nous avons adopté. Le nombre des espèces fossiles, dans ce genre, est maintenant plus considérable que celui des espèces vivantes. Peut-être qu'il offrira par la suite moins de différence, si, comme nous le soupçonnons, des moules ou des empreintes d'Astrées fossiles ont été prises pour des Monticulaires par des naturalistes qui n'ont pu observer que la superficie des masses et non leur intérieur. (LAM..X.)

HYDNORA. BOT. PHAN. (Thunberg.) *V.* APHYTEIA.

HYDNUM. BOT. CRYPT. *V.* HYDNE. Ce nom, venu du grec *Hydnon*, désignait, à ce qu'il paraît, la Truffe chez les anciens. (B.)

* HYDRA. POLYP. *V.* POLYPE.

* HYDRA. INT. Quelques naturalistes ont donné ce nom à des Vers intestinaux vésiculaires que l'on a re-

connu appartenir à d'autres genres d'Entozoaires. (LAM..X.)

HYDRACHNA. INS. Nom donné par Fabricius à un genre de Coléoptères de la tribu des Hydrocanthares, que Latreille désigne sous le nom d'Hygrobie. *V.* ce mot et HYDRACHNE. (G.)

HYDRACHNE. *Hydrachna*. ARACHN. Genre de l'ordre des Trachéennes, famille des Hydrachnelles (Latr., Fam. Nat. du Règn. Anim.), établi par Müller qui rangeait dans ce genre toutes les Acarides de Latreille qui ont huit pates ciliées propres à la natation. Ce genre, restreint par Latreille, a pour caractères essentiels : bouche composée de lames formant un suçoir avancé; palpes ayant un appendice mobile à leur extrémité.

Les Hydrachnes avaient été confondues jusqu'à Othon-Frédéric Müller avec les Mittes. Degéer en avait seulement fait une division particulière. Le premier de ces auteurs les en a séparées, et en a donné, en 1781, une Monographie enrichie d'excellentes figures. Fabricius les a réunies à ses Trombidions, mais il les a ensuite distinguées dans son Système des Antliates, et leur a donné le nom d'*Atax*, ayant déjà employé ailleurs la dénomination d'*Hydracha*. *V.* ce mot. Jean-Frédéric Hermann a fait, dans son Mémoire Aptérologique, un changement au nom de ce genre, qui convient bien mieux pour désigner ces Animaux, mais qui est beaucoup plus dur à l'oreille; il les a nommés *Hydrarachnes*. Il remarque que Müller a varié dans les caractères qu'il assigne à ce genre, et que ceux même qu'il donne en dernier lieu dans sa Monographie ne le circonscrivent pas d'une manière rigoureuse, et il en expose d'autres fondés sur les organes de la manducation de l'Hydrachne géographique.

D'après les observations de Latreille, les organes de la manducation des Hydrachnes de Müller offrent une assez grande diversité qui l'ont conduit à la formation de plusieurs genres aux dépens du premier. Ce sont les genres *Eylaïs* et *Lymnochares*. *V.* ces mots. Les Hydrachnes, telles qu'il les a adoptées, sont de petites Arachnides qui vivent uniquement dans les eaux tranquilles et stagnantes où elles sont très-communes au printemps. Elles courent avec célérité dans l'eau avec leurs huit pates qu'elles tiennent étendues et qu'elles meuvent continuellement. Leur natation, sous ce rapport, diffère beaucoup de celle de plusieurs Insectes aquatiques qui paraissent plus nager que marcher. Les Hydrachnes sont carnassières; elles se nourrissent, soit d'Animalcules peu visibles à l'œil, soit d'autres petits Insectes, de larves, de Typules, de Mouches, etc. Les plus grandes n'ont guère plus de deux lignes de long. Les Hydrachnes se rapprochent des Araignées par l'insertion des pates. Le nombre des yeux et les antennules les rapprochent des Tiques, mais l'insertion des pates et la tête moins marquée les en séparent. Ce qui leur est particulier, c'est que la tête et le corselet se confondent avec le ventre, et ne font qu'une seule pièce, de sorte que l'Insecte ne paraît être composé que du ventre et des pates. Leur corps est généralement ovale ou globuleux; celui de quelques mâles se rétrécit postérieurement d'une manière cylindrique, en forme de queue; leurs parties génitales sont placées à son extrémité; la femelle les a sous le ventre. Le nombre des yeux varie de deux à quatre : Müller en a même compté jusqu'à six, mais il est probable que cet observateur s'est trompé. C'est du moins l'opinion de Latreille.

Müller a vu souvent les Hydrachnes au moment de leurs amours : suivant lui, les mâles, ordinairement deux ou trois fois plus petits que les femelles, souvent même de couleurs différentes, ont une queue plus ou moins longue qui manque à l'autre sexe. Les organes sexuels sont placés au bout de cette queue, tandis que ceux de la femelle consistent en une papille placée sous le ventre; ils se font remarquer par une tache blanche au milieu de laquelle est un trou noirâtre. L'attitude qu'ont ces Insectes au moment de leur réunion est très-remarquable ; le mâle nage dans sa situation ordinaire ; la femelle s'approche derrière, s'élève obliquement, et fait en sorte que la fente de la tache blanche de son abdomen touche à l'ouverture d'un canal qui traverse la queue du mâle. On voit alors celui-ci entraînant la femelle, qui remue de temps en temps ses pates postérieures, et tient les antérieures droites et étendues. Lorsque le mâle s'arrête de fatigue, la femelle remue de côté et d'autre sa queue, et la course recommence. L'accouplement a lieu au mois d'août et dure quelques jours de suite. Müller a trouvé plusieurs mâles au mois de septembre, mais point de femelles ; il présume qu'elles se cachent dans le limon après la fécondation, et que c'est là qu'elles pondent leurs œufs. Il a vu des individus de ce sexe déposer leurs œufs sur les parois d'un vase de verre ; ces œufs étaient sphériques et rouges ; ils prirent, dans l'espace d'un mois, la forme d'un croissant, devinrent pâles, et il en sortit de petites Hydrachnes n'ayant que six pates et munies d'une trompe. Après plusieurs mues, ils parurent avec huit pates et semblables aux individus qui leur avaient donné le jour. Hermann a conservé quelques Hydrachnes près d'un an, dans un verre d'eau de lac, sans qu'elles aient pris d'accroissement sensible ; plusieurs ont pondu des masses d'œufs rouges qu'elles ont attachées aux parois du verre ; il a compté environ cent œufs très-rapprochés à chacune de ces masses. Il avait déjà observé une autre espèce où ces œufs étaient distans et renfermés chacun dans une cellule propre et jaunâtre.

Ce genre se compose d'une assez grande quantité d'espèces, dont beaucoup sont propres aux environs de Paris. La plus commune, et celle qui sert de type au genre, parce qu'elle a été le mieux observée, est :

L'HYDRACHNE GÉOGRAPHIQUE, *H. geographica*, Müller, p. 59, tab. 8, fig. 3, 4 et 5 ; Latr., Hist. Nat. des Crust. et des Ins. T. VIII, p. 33, pl. 67, fig. 2 et 3. Cette belle espèce, qui est la plus grande connue, a plus de trois lignes de long ; son corps est légèrement tomenteux. Elle a quatre taches et quatre points rouges situés sur le dos ; chaque point est marqué d'un petit point noir dans son centre ; les yeux sont rouges, très-petits ; les antennules sont composées de trois articles, et de la longueur des trois premières paires de pates ; celles-ci sont noires, plus courtes que le corps, velues et composées de six pièces. Dès qu'on touche cette espèce, elle feint d'être morte pendant quelques instans. (G.)

HYDRACHNELLES. *Hydrachnellæ*. ARACHN. Famille de l'ordre des Trachéennes, établie par Latreille, et comprenant les genres que cet illustre entomologiste a établis aux dépens du grand genre Hydrachne de Müller. Comme il renfermait des Animaux très-différens les uns des autres par l'organisation de la bouche, les uns ayant de véritables mandibules (*Eylaïs*), les autres n'ayant qu'un suçoir, Latreille a fait trois subdivisions dont il a formé la famille que nous traitons. Dans son dernier ouvrage (Familles Natur. du Règn. Anim.), il a retiré de cette famille le genre Eylaïs, et l'a placé dans la famille des Acarides ; ses Hydrachnelles, telles qu'il les adopte, ont pour caractères : bouche en forme de syphon ; chélicères, qui en font partie, inarticulées et converties en lames de suçoirs ; elles ne sont point terminées par un crochet ou doigt mobile. Cette famille comprend les genres Hydrachne et Lymnochare. *V.* ces mots. (G.)

HYDRÆNE. *Hydræna*. INS. Genre de l'ordre des Coléoptères, section des Pentamères, famille des Palpicornes, tribu des Hydrophiliens, établi par Kugelan et adopté par Latreille (Fam. Natur. du Règn. Anim.), avec ces caractères : mandibules sans dents à leur extrémité; palpes maxillaires fort longs, terminés par un article plus grêle, pointu; massue des antennes commençant au troisième article; corps oblong, déprimé en dessus; largeur du corselet ne surpassant pas de beaucoup sa longueur. Ce genre est très-voisin de celui des Elophores avec lesquels Fabricius avait rangé des espèces qui le composent, mais il en diffère par la forme du dernier article des palpes maxillaires qui dans ceux-ci est terminé par un article plus gros que le précédent. Il s'éloigne de celui des Sperchées par les mandibules qui sont bidentées à leur extrémité dans ce dernier genre. Le corps des Hydrænes est ovalaire, allongé, assez plane en dessus; le corselet est carré; l'écusson n'est point apparent, et les élytres sont coriaces, dures et de forme allongée dépassant l'abdomen. Les pates sont assez courtes et ne sont point ciliées et propres à nager. Ces Insectes, qui sont très-petits, se trouvent sur les bords des eaux : on les voit quelquefois marcher à leur surface. Leurs mœurs et leurs larves ne sont point encore connues, et on pense qu'ils se nourrissent des Végétaux aquatiques sur lesquels on les trouve. Dejean (Cat. des Col., p. 50) mentionne six espèces de ce genre toutes propres à l'Allemagne, l'Illyrie, la Suède et la France; la plus connue et celle qui sert de type au genre est :

L'HYDRÆNE DES RIVAGES, *H. riparia*, Sturm. Kugell.; *H. longipalpis*, Sch.; *Elephorus minimus*, Fabr. Il est très-petit, noir, avec deux points enfoncés sur le front; on le trouve aux environs de Paris. (G.)

* HYDRALGUES. BOT. CRYPT. (Roth.) *V.* HYDROPHYTES.

HYDRANGÉE OU HYDRANGELLE. *Hydrangea.* BOT. PHAN. Ce genre, de la famille des Saxifragées et de la Décandrie Digynie, L., offre les caractères suivans : calice à cinq dents, adhérent à l'ovaire; corolle à cinq pétales; dix étamines; ovaire surmonté de deux styles et de stigmates obtus; capsule couronnée par les dents du calice, à deux loges polyspermes, et à deux valves terminées par deux cornes percées au sommet. Cette capsule se divise en deux parties par le milieu, lorsqu'elle est séparée du calice. Smith (*Icon. Pict.* 1, p. et tab. 12) a réuni à ce genre l'*Hortensia*, qui, en effet, n'en semble pas distinct. Les autres espèces sont des Plantes de l'Amérique du Nord, à feuilles opposées et à fleurs en corymbes ou en panicules. Celles des bords sont ordinairement mâles par avortement des organes femelles, et leurs corolles prennent beaucoup de développement, ainsi que cela a lieu sur le *Viburnus Opulus*. Les *Hydrangea vulgaris*, *nivea* et *quercifolia* n'étant pas des Plantes fort remarquables, nous passons sous silence leur histoire pour nous arrêter à la description de l'espèce suivante.

L'HYDRANGÉE HORTENSIA, *Hydrangea hortensis*, Smith; *Hortensia opuloides*, Lamk., Encycl.; est un Arbuste glabre, haut d'environ six à huit décimètres, dont les tiges se divisent dès la base en branches cylindriques brunâtres, et qui, par leur divergence, donnent à la Plante l'aspect d'un buisson. Ces branches sont garnies, de distance en distance, de feuilles opposées, pétiolées, assez grandes, ovales, pointues, dentées, glabres sur les deux faces, d'un beau vert, et marquées de six à sept nervures principales. Les corymbes de fleurs naissent au sommet des tiges et des rameaux; ils sont souvent accompagnés de trois ou quatre autres qui naissent des aisselles des deux paires de feuilles supérieures. Chaque corymbe est composé de quatre, cinq ou six pédoncules communs qui partent presque tous du même point et qui se subdivisent en plusieurs pédicelles, les uns simplement bifurqués, les autres à trois ou quatre rayons qui soutiennent chacun une fleur. Il y a deux sortes de fleurs; la plupart sont stériles et formées presque en totalité par cinq à six folioles pétaliformes, persistantes, arrondies, veinées, et à l'intérieur desquelles on voit les rudimens des organes floraux. Cet assemblage de folioles que l'on a pris pour un calice, n'est, ainsi que le professeur De Candolle l'a indiqué (Théorie élémentaire de la Botanique, 2e édit., p. 102), que des bractées qui se sont ainsi développées, parce qu'elles se sont appropriées les sucs destinés à la fleur. On trouve quelques fleurs complètes dans les bifurcations des pédoncules et cachées par les fleurs stériles qui forment la surface du corymbe. Souvent, à l'extrémité de chaque rameau, il naît un corymbe de fleurs; la Plante est alors presque entièrement couverte de fleurs ordinairement d'un rose tendre, quelquefois bleuâtre, et cette floraison dure pendant deux ou trois mois. Si, d'un autre côté, on prend en considération la beauté du feuillage de l'Hortensia, on conviendra que cet élégant Arbuste méritait la faveur dont il a joui en Europe lors de son introduction, dont la date est assez récente, et celle dont les Chinois ainsi que les Japonais lui accordent toujours. Ses fleurs, en effet, sont presque toujours représentées sur les papiers et les peintures chinoises que l'on apporte en Europe.

L'Hortensia exige l'orangerie, une terre substantielle, et des arrosemens fréquens pendant tout le cours de sa végétation. Il faut, durant l'été, le placer à l'abri du vent et dans une situation à demi-ombragée. On le multiplie par marcottes faites avec les rameaux inférieurs que l'on doit ployer peu à peu à cause de leur roideur. La reproduction de cet Arbuste s'opère aussi par des boutures faites en pot sur couche, à l'instant où la Plante entre en pleine sève, c'est-à-dire vers le mois de février. Elles commencent à s'enraciner au bout de quinze jours, et elles fleurissent au mois d'août. On prétend qu'une terre où l'on fait entrer de l'Oxide de fer en quantité assez considérable fait naître sur l'Hortensia des fleurs d'un bleu-violet très-agréable. (G..N.)

* HYDRANTHEMA. BOT. CRYPT. Le genre auquel Link donne ce nom dans sa Classification des Algues paraît avoir été fait d'après l'inspection d'échantillons d'herbiers et de figures grossies, données par plusieurs algologues. S'il était dû aux observations propres d'un naturaliste aussi exercé que son auteur, il ne renfermerait pas des êtres aussi disparates que ceux qui s'y trouvent artificiellement réunis. Ce genre ne saurait être conservé. (B.)

HYDRAPOGON. BOT. PHAN. (Dioscoride.) L'un des synonymes de *Ruscus aculeatus*. *V*. FRAGON. (B.)

* HYDRARACHNE. INS. C'est-à-dire *Araignée d'eau*. (Hermann.) Syn. d'Hydrachne. *V*. ce mot. (G.)

HYDRARGILLITE. MIN. (Humph. Davy.) Syn. de Wavellite. *V*. ce mot. (G. DEL.)

HYDRARGIRE. *Hydrargira*. POIS. Le genre établi sous ce nom par Lacépède rentre parmi les Pœcilies. *V*. ce mot. (B.)

HYDRARGIRUM. MIN. *V*. MERCURE.

HYDRASTE OU HYDRASTIDE. *Hydrastis*. BOT. PHAN. Genre de la famille des Renonculacées, et de la Polyandrie Polygynie, établi par Linné et caractérisé ainsi : calice à trois sépales ovales; corolle nulle; étamines et ovaires en nombre indéterminé; fruits charnus, rouges, réunis en tête et imitant ceux des Framboisiers, composés de carpelles nombreux terminés par le style, uniloculaires, contenant une ou deux graines lisses et obovoïdes. Miller (Dict., n. 1, et Icon., 2, p. 190, tab. 185) a donné à ce genre le nom de *Warneria*.

L'*Hydrastis canadensis*, L., est une petite Plante dont les racines sont composées de tubercules charnus d'une amertume extrême intérieurement, d'une couleur jaune très-intense (d'où le nom de *Yellow-root* que lui donnent les Américains). Sa tige est herbacée, simple et uniflore; elle porte des feuilles profondément divisées en trois ou cinq lobes dentés et aigus; les inférieures sont pétiolées, la supérieure est, au contraire, sessile. La fleur est blanche ou légèrement purpurine, terminale et pédonculée. Cette Plante croît dans les lieux aquatiques du Canada, de la Pensylvanie, de la Virginie et de quelques autres Etats de l'Amérique septentrionale. (G..N.)

HYDRASTON ET HYDRASTINA. BOT. PHAN. Ce n'est point au Chanvre sauvage que Dioscoride donnait le nom d'*Hydraston*, d'où *Hydrastina* des Latins, mais au *Galeopsis Tetrahit*, qui n'a nul rapport avec le Chanvre, encore que Lobel l'ait nommé *Cannabis sylvestris*. *V*. GALÉOPE. (B.)

HYDRATES. MIN. CHIM. Proust a donné ce nom aux corps où l'eau entre en proportions déterminées et comme élément essentiel de leur composition. La plupart des Acides, des Oxides et des Sels peuvent former des Hydrates Berzelius a démontré que dans ces corps la quantité d'Oxigène de l'eau est toujours un multiple par un nombre simple de la quantité d'Oxigène contenu dans la base salifiable. L'eau adhère plus ou moins aux corps avec lesquels elle est en combinaison. Il y en a qui ne la laissent pas échapper, lors même qu'on les expose à une chaleur rouge; tels sont les Hydrates de Potasse et de Soude. D'autres, comme la plupart des Sels et des Oxides métalliques, l'abandonnent à une température assez basse. L'état d'Hydrate paraît nécessaire à l'existence de certains Acides; du moins on ne peut les obtenir privés d'eau, sans qu'ils soient combinés avec quelque base. C'est ainsi que l'Acide nitrique le plus concentré retient toujours une quantité d'eau, et qu'on ne peut lui enlever sans le décomposer en Acide nitreux et en Gaz oxigène. (G..N.)

HYDRE. *Hydrus*. REPT. OPH. L'antiquité donna ce nom à l'un des monstres dont l'allégorique Hercule délivra la Grèce; il signifie proprement Serpent d'eau, et Linné, le retirant de la classe des Amphibies, le transporta dans celle qu'il appelait des Vers, afin d'y désigner ces Polypes auxquels les découvertes de Trembley et de Roësel avaient donné tant de célébrité. Les erpétologistes modernes, s'en étant tenus à la signification primitive du mot Hydre, l'ont appliqué à un genre d'Ophidiens qui vit effectivement dans l'eau, et dont les plus belles espèces se plaisent dans les mers de la Nouvelle-Hollande et des contrées voisines. Pour éviter toute confusion en nomenclature, nous renverrons donc au mot POLYPE, et à cause de l'antériorité de désignation, l'histoire des Hydres de Linné, en nous occupant exclusivement ici des Hydres Serpens d'eau. Leurs caractères communs, bien observés depuis fort peu de temps, consistent dans leurs mâchoires organisées à peu près comme dans les Couleuvres et les Acrochordes, mais avec un moindre nombre de dents à la rangée extérieure, c'est-à-dire à l'os maxillaire, où la première de ces dents, plus grande que les autres, est percée d'un trou destiné à insinuer le venin qu'on dit être fort dangereux au fond des blessures faites par ces terribles armes. Ils ont en outre la partie postérieure du corps et la queue très-comprimée et conformée en rame, ce qui leur donne la faculté de nager au plus haut point de perfection : aussi se tiennent-ils perpétuellement dans les eaux; on ne les voit jamais au rivage comme notre Natrix, et Lesson, qui en a observé un très-grand nombre dans les parages de la Nouvelle-Zélande, en a même distingué qui ne pouvaient pas plonger et qui se tenaient sans cesse à la surface de la mer. Tous se nourrissent exclusivement de Poissons. La plupart réunissent à l'élégance des allures la plus brillante variété de couleurs; quelques-uns atteignent une assez grande taille. Cuvier les réunit en trois sous-genres dont les erpétologistes avaient fait des genres distincts, mais un peu légèrement.

† Hydrophyde, *Hydrophys*. Ce sous-genre, distrait d'abord par Daudin des Hydres de Schneider, a pour caractères dans cet auteur : la peau couverte d'écailles à peu près semblables, c'est-à-dire presque homoderme ; la queue comprimée, large, obtuse et servant de rame ; la tête petite, non-renflée, garnie de grandes plaques ; une rangée d'écailles sous le ventre un peu plus grandes que les écailles environnantes ; l'anus simple et sans ergots. Les Hydrophydes sont tous des Serpens indiens qui infestent les canaux et les mers du Bengale ; ils s'y tiennent enfoncés dans la vase durant le jour, mais ils viennent vers le soir attaquer les Animaux qui se baignent, ou les personnes qui lavent. Les anciens les ont connus et mentionnés d'une manière fort exacte. Roussel en a fait connaître plusieurs espèces parmi ses Serpens de Coromandel. Selon Cuvier, l'Ayspisure, le Leioselasme et le Disteyre, décrits par Lacépède dans les Annales du Muséum, appartiennent au sous-genre dont il est question. Le *Coluber Hydrus* de Pallas (*V*. Couleuvre) devrait peut-être se placer ici.

†† Pélamide, *Pelamis*. Ce sous-genre, qui était aussi un genre pour Daudin, est caractérisé par la tête qui a de grandes plaques comme dans les Hydrophydes, mais où l'occiput est renflé, à cause de la longueur des pédicules de la mâchoire inférieure qui est très-dilatable. Toutes les écailles du corps sont, sans exception, égales, petites et rangées comme des pavés. Ce sont ces Animaux qui sont si répandus dans la mer du Sud, où l'on est loin d'en avoir observé le grand nombre d'espèces. La plus remarquable, et qui, conséquemment, est la mieux connue, est l'*Anguis Platurus*, L., Gmel., *Syst. Nat.* XIII, p. 1122. L'*Hydrus bicolor* de Schneider, qui parvient à six ou huit pieds de long, s'élance avec une grande agilité pour mordre ; les habitans d'Otaïti particulièrement se montrent très-friands de sa chair.

††† Chersydre, *Chersydrus*. Ce sous-genre, dont Cuvier est le fondateur, a sa tête couverte de petites écailles comme le corps, et point de grandes plaques.

L'Oular-Limpé de Java, *Acrochordus fasciatus* de Schneider, qui est très-venimeux et qui habite le fond des rivières de certaines îles de la Sonde, est l'espèce de Chersydre la mieux connue. On en peut rapprocher l'*Hydrus granulatus* du même auteur. (B.)

* HYDRÈNE. ins. Pour Hydræne. *V*. ce mot. (B.)

HYDRERON. bot. phan. (Dioscoride.) Probablement le *Campanula Erinus*, L. (B.)

* HYDRILLE. *Hydrilla*. bot. phan. Genre de la famille naturelle des Hydrocharidées, établi par le professeur Richard dans son Mémoire sur cette famille, et qui a pour type le *Serpicula verticillata* de Linné fils. Ce genre peut être ainsi caractérisé : fleurs dioïques ; les fleurs mâles sont sessiles, renfermées dans une spathe uniflore, se rompant irrégulièrement ; le calice est réfléchi ; les trois divisions pétaloïdes sont oblongues, plus courtes que les extérieures ; les étamines au nombre de trois ; dans les fleurs femelles, l'ovaire est terminé en pointe à son sommet qui porte trois stigmates linéaires et indivis. Le fruit, pulpeux intérieurement et allongé, renferme un petit nombre de graines cylindriques-oblongues, éparses dans la pulpe.

L'*Hydrilla ovalifolia*, Rich., Mém. Inst., 1811, p. 76, t. 2, est une petite Plante originaire de l'Inde. Ses tiges sont grêles, rameuses ; ses feuilles ovales, aiguës, finement dentées, verticillées par quatre ou cinq ; ses fleurs mâles sont sessiles, renfermées dans une spathe globuleuse ; les spathes des fleurs femelles sont allongées. (A. R.)

* HYDRIODATES. min. Nom que portent les Sels résultant de la combinaison de l'Acide hydriodique avec différentes bases. (DR..Z.)

*HYDRIODIQUE. MIN. *V.* ACIDE.

* HYDRO-AÉRÉES. BOT. CRYPT. (*Hydrophytes.*) Roussel, dans sa Flore du Calvados, a donné ce nom à la deuxième classe de ses Cryptogames, qui renferme les Hydrophytes, où sont comprises les Charagnes, les Tremelles et les Nostocs. Cette désignation ne saurait être adoptée. (LAM..X.)

HYDROBATA. OIS. Syn. appliqué par Vieillot au genre qui comprend le Cincle plongeur. (DR..Z.)

* HYDROBIE. *Hydrobius.* INS. Genre établi par Leach aux dépens des Hydrophiles et renfermant une partie des espèces dont le milieu de la poitrine est sans carène. *V.* HYDROPHILE et HYDROPHILIENS. (G.)

*HYDROCALUMMA. BOT. CRYPT. Vieux synonyme de Nostoc commun. (B.)

HYDROCANTHARES. *Hydrocanthari.* INS. Tribu de l'ordre des Coléoptères, famille des Carnassiers, établie par Latreille et ayant pour caractères : antennes filiformes, terminées en massue dans quelques mâles, notablement plus longues que la tête, sans oreillettes à leur base; deux yeux; pieds antérieurs n'étant ni longs ni avancés en manière de bras; les quatre postérieurs n'étant point foliacés ou en nageoires. Les Insectes de cette tribu composent le genre *Dytiscus* de Geoffroy. Ils passent le premier et le dernier état de leur vie dans les eaux douces et tranquilles des lacs, des marais, des étangs, etc. Ils nagent très-bien et se rendent de temps en temps à la surface des eaux pour respirer. Ils y remontent aisément en tenant leurs pieds en repos et se laissant flotter. Leur corps étant renversé, ils élèvent un peu leur derrière hors de l'eau, soulèvent l'extrémité de leurs étuis ou inclinent le bout de leur abdomen, afin que l'air s'insinue dans les stigmates qu'ils recouvrent, et de-là dans les trachées. Ils sont très-voraces et se nourrissent des petits Animaux qui font comme eux leur séjour dans l'eau; ils ne s'en éloignent que pendant la nuit ou à son approche. La lueur les attire quelquefois dans l'intérieur des maisons. Leurs larves ont le corps long et étroit, composé de douze anneaux, dont le premier plus grand, avec la tête forte et offrant deux mandibules puissantes, courbées en arc, percées près de leur pointe; de petites antennes; des palpes, et de chaque côté six yeux lisses rapprochés. Elles ont six pieds assez longs, souvent frangés de poils et terminés par deux petits ongles. Elles sont agiles, carnassières, et respirent, soit par l'anus, soit par des espèces de nageoires imitant des branchies. Elles sortent de l'eau pour se métamorphoser en nymphes. Latreille (Fam. Natur. du Règn. Anim.) divise cette tribu ainsi qu'il suit :

† Base des deux pieds postérieurs nue, sans lame en forme de bouclier. Antennes de onze articles, insérées près du labre; palpes extérieurs point subulés.

1. Cinq articles distincts à tous les tarses.

A. Palpes extérieurs filiformes; tarses antérieurs ne se repliant point sous la jambe.

a. Palpes labiaux point fourchus. Milieu des antennes point renflé.

Les genres DYTIQUE, COLYMBÈTE.

b. Palpes labiaux fourchus. Antennes renflées ou plus épaisses à leur milieu (éperon des jambes antérieures du mâle en forme de lame, recouvrant le premier article du tarse).

Le genre NOTÈRE.

B. Palpes extérieurs plus gros à leur extrémité; tarses antérieurs se repliant sous la jambe (corps très-bombé).

Le genre HYGROBIE.

2. Les quatre tarses antérieurs n'offrant distinctement que quatre articles (le quatrième caché par le précédent; celui-ci et les deux premiers larges, garnis de brosses en dessus).

Les genres HYPHYDRE, HYDROPORE.

††. Une lame en forme de bouclier, à l'origine des pieds postérieurs. Antennes de dix articles, insérées entre les yeux et éloignées du labre. Palpes extérieurs subulés.

Le genre HALIPLE. *V.* ce mot et les précédens. (G.)

HYDROCANTHARIDES. *Hydrocanthari.* INS. Nom que quelques auteurs ont donné à plusieurs Insectes dont Linné a formé, depuis, son genre *Dytiscus*. *V.* DYTIQUE. (G.)

* HYDROCARBONATE DE CUIVRE. MIN. (Berzelius.) *V.* CUIVRE CARBONATÉ.

HYDROCERATOPHYLLUM. BOT. PHAN. (Vaillant.) Syn. de Cératophylle. *V.* ce mot. (B.)

* HYDROCHARE. *Hydrochara.* INS. Genre de l'ordre des Coléoptères, section des Pentamères, famille des Palpicornes, établi par Leach aux dépens du genre Hydrophile et comprenant tous ceux dont les deux sexes n'ont pas les tarses dilatés. *V.* HYDROPHILE et HYDROPHILIENS. (G.)

HYDROCHARIDE. *Hydrocharis.* BOT. PHAN. Genre de Plantes monocotylédones qui a servi de type et a donné son nom à la famille des Hydrocharidées, et que Linné avait placé dans la Diœcie Ennéandrie. Ses fleurs sont dioïques : les mâles, renfermées plusieurs ensemble dans une spathe pédonculée et diphylle, ont les trois divisions internes de leur calice très-grandes et pétaloïdes. Les étamines, au nombre de neuf, portées sur six filamens bifurqués, dont trois alternes, sont bianthérifères, tandis que les trois autres sont terminées par une seule anthère, ou pour mieux dire, il y a douze étamines, dont trois avortent constamment. Le centre de la fleur est occupé par un tubercule qui paraît être en quelque sorte le pistil avorté. Dans les fleurs femelles, la spathe est sessile et uniflore; on trouve six appendices filiformes réunis par paires et séparés par trois gros tubercules; ils représentent les vestiges des étamines. L'ovaire est surmonté de six stigmates cunéiformes et bifides. Le fruit est une péponide ovoïde-allongée, polysperme, offrant six fausses cloisons longitudinales; les graines sont recouvertes d'un tégument propre, épais, rugueux et comme formé par une multitude de petites vésicules très-rapprochées.

Ce genre se compose aujourd'hui d'une seule espèce, *Hydrocharis Morsus-Ranæ*, L., Rich., *loc. cit.* T. IX. Petite Plante vivace qui croît dans les mares et les ruisseaux de l'Europe, à la surface desquels elle étale élégamment ses feuilles réniformes, arrondies, entières. Ses fleurs sont dioïques et blanches. Bosc, Ann. Mus., 9, p. 396, t. 30, a décrit sous le nom d'*Hydrocharis spongia*, une autre espèce originaire de l'Amérique septentrionale et dont le profeseur Richard a fait son genre *Limnobium*. *V.* ce mot. (A. R.)

HYDROCHARIDÉES. *Hydrocharideæ.* BOT. PHAN. Famille naturelle de Plantes monocotylédones, à étamines épigynes, dont l'organisation est surtout bien connue depuis le beau travail du professeur L.-C. Richard sur cette famille (Mém. de l'Inst. Sc. phys., année 1811, p. 1 et suiv.). Aussi est-ce principalement de cette monographie que nous extrairons ce que nous dirons de cette famille dans cet article. Les Hydrocharidées sont des Herbes aquatiques dont les feuilles s'étalent ordinairement à la surface de l'eau, rarement elles s'élèvent au-dessus. Ces feuilles, sessiles ou pétiolées, sont entières ou marquées de dentelures d'une extrême finesse. Les fleurs, renfermées dans des spathes, sont, en général, dioïques, très-rarement hermaphrodites. Les fleurs mâles ont une spathe pédonculée ou quelquefois sessile, composée d'une ou de deux folioles. Ces fleurs, ordinairement réunies plusieurs ensemble, sont tantôt sessiles, tantôt pédicellées. Quant aux fleurs femelles et aux hermaphrodites, quand elles existent, elles sont toujours sessiles et renfermées dans une spathe uniflore. Quelle que soit la nature de ces fleurs, leur calice est toujours à six divisions, trois intérieures pétaloïdes, et trois extérieures calicinales, généralement un peu plus courtes. On trouve quelquefois en dedans du calice des appendices de forme variée qui manquent entièrement dans les genres munis de tiges, et qui environnent les organes sexuels ou sont placés quelquefois au centre de la fleur. Le nombre des étamines varie d'une à treize, qui sont plus courtes que le calice. Les anthères, continues avec leur filament, offrent deux loges s'ouvrant par un sillon longitudinal. L'ovaire est infère, quelquefois atténué à sa partie supérieure en un prolongement filiforme qui s'élève au-dessus de la spathe et qui tient lieu de style. Les stigmates, au nombre de trois à six, bifides ou bipartis, quelquefois indivis, sont glanduleux du côté interne. A cet ovaire succède un fruit ovoïde allongé, qui mûrit sous l'eau et qui est assez souvent couronné par les divisions calicinales. Le péricarpe est charnu et comme pulpeux à son intérieur, qui offre une cavité tantôt simple, tantôt partagée en autant de fausses cloisons qu'il y avait de lobes au stigmate; chaque graine est en quelque sorte renfermée dans une loge particulière avec la paroi interne de laquelle elle contracte une intime adhérence. Ces loges, et par conséquent les graines qu'elles renferment, sont éparses. Ces dernières sont dressées, ayant un tégument propre, membraneux, très-mince, recouvrant immédiatement l'embryon qui est droit, cylindracé, entièrement indivis à ses deux extrémités.

Tels sont les caractères du groupe de Végétaux qu'on nomme Hydrocharidées. Linné, dans ses Fragmens de familles naturelles, avait parfaitement senti l'affinité des genres *Hydrocharis*, *Stratiotes* et *Vallisneria* qu'il avait réunis en un seul groupe. Jussieu, dans son *Genera*, a placé dans cette famille, outre les trois genres mentionnés ci-dessus, les *Nymphæa*, *Nelumbium*, *Trapa*, *Proserpinaca* et *Pistia*. Mais de ces derniers genres dont deux sont dicotylédones, aucun n'appartient réellement à la famille des Hydrocharidées. Ce n'est que depuis le travail de Richard, comme nous l'avons dit en commençant cet article, que l'on a bien connu les caractères de cette famille et les genres qui doivent la composer. Ces genres peuvent être classés ainsi :

† Fruit à cavité simple.

* *Herbes munies d'une tige.*

Elodea, Rich., *loc. cit.*; *Anacharis*, id.; *Hydrilla*, id.

** *Herbes dépourvues de tige.*

Vallisneria, Micheli; *Blyxa*, Du Petit-Thouars.

†† Fruit à cavité composée.

* *Feuilles sessiles.*

Stratiotes, L.; *Enhalus*, Rich.

** *Feuilles pétiolées.*

Ottelia, Persoon; *Limnobium*, Rich.; *Hydrocharis*, L. (A. R.)

HYDROCHLOA. BOT. PHAN. Genre de la famille des Graminées et de la Monœcie Hexandrie, L., établi par Palisot-Beauvois (Agrostographie, p. 135) avec les caractères suivans : fleurs disposées sur un chaume rameux, en épis simples, dissemblables, les uns terminaux, à locustes uniflores et mâles, dépourvues de glume (lépicène) et ayant six étamines; les autres axillaires, à locustes uniflores femelles, sans glumes, munies de paillettes herbacées, d'un ovaire gibbeux, surmonté d'un style simple à la base et de stigmates très-longs et plumeux; caryopse réniforme et sillonnée, offrant une pointe qui est le vestige d'un style latéral. Ces caractères, comparés à ceux du *Zizania* donnés par Richard (*in Michx. Flor. Bor. Amer.* T. 1, p. 74), n'en diffèrent aucunement. *V.* ZIZA-

NIE. Palisot-Beauvois a indiqué comme type de son *Hydrochloa* le *Zizania natans* de Michaux, mais ce sera sans doute le *Z. fluitans* de cet auteur qu'il aura voulu désigner, car il n'existe point de *Zizania* avec le nom spécifique de *natans*. (G..N.)

* HYDROCHLORATES. Nom donné aux Sels produits par la combinaison de l'Acide hydrochlorique avec les bases. (DR..Z.)

* HYDROCHLORIQUE. *V.* ACIDE.

HYDROCHOERUS. MAM. C'est-à-dire Cochon d'eau. Le genre formé sous ce nom par Erxleben pour réunir le Tapir et le Cabiais ne pouvait être adopté, puisqu'il était composé d'un Rongeur et d'un Pachyderme. (B.)

* HYDROCHUS. *Hydrochus*. INS. Genre de l'ordre des Coléoptères, section des Pentamères, famille des Palpicornes, tribu des Hydrophiliens, établi par Leach et adopté par Germar, Latreille et tous les entomologistes. Ce genre se distingue de celui des Elophores avec lequel il avait été confondu jusqu'à présent par la forme du corps qui est cylindrique et plus allongé. Le corselet des Hydrochus est plus étroit que les élytres et la tête, tandis qu'il est de la même largeur que ces deux parties dans les Elophores.

Dejean (Cat. des Col., p. 50) mentionne quatre espèces de ce genre. La plus commune et qui se trouve à Paris, est l'*Hydrochus crenatus*, *Elophorus crenatus* de Fabricius; il est long d'à peu près une ligne et demie, brun, avec trois côtes élevées entre lesquelles il y a deux rangs de points enfoncés sur chaque élytre. Les pates sont d'un brun moins foncé et presque fauves. Il se trouve dans les mares aux environs de Paris. (G.)

* HYDROCLATHRE. *Hydroclathrus*. BOT. CRYPT. (*Hydrophytes*.) Nous proposons sous ce nom l'établissement d'un genre de Plantes marines qu'il est difficile de faire rentrer soit dans la famille des Fucacées, soit dans celle des Ulvacées, probablement voisin des Aspérocoques de Lamouroux; sa consistance épaisse, lubrique, et son faciès l'en éloignent. Ses caractères consisteront dans sa substance tenace, mais flasque, remplie de grains plus foncés, épars, serrés, ne saillant jamais à la surface des expansions, et formant des membranes qui, devenant cornées en se desséchant, sont percées d'une multitude de trous irréguliers qui leur donnent l'aspect d'un réseau plus ou moins lâche. Nous n'en connaissons qu'une espèce que nous découvrîmes en 1800 sur les rochers de Belle-Ile, dans les trous que la marée laisse remplis d'eau en descendant; elle y formait comme de petites boules d'un à trois pouces de diamètre, irrégulièrement ovoïdes et maillées, qu'on ne pourrait mieux comparer qu'à de jeunes Clathres, mais à divisions fort minces et de couleur brunâtre fauve. Ces petits Fongoïdes, s'étendant et se déformant à mesure qu'ils grandissaient, finissaient, après avoir passé par la figure d'une bourse plus ou moins irrégulière et à mailles lâches, par s'appliquer en membranes déchirées et de plus en plus largement réticulées contre les aspérités de la pierre. Leur consistance était épaisse, ferme et muqueuse; en se desséchant, elles devenaient assez dures, brunâtres et transparentes. Nous rapportâmes alors cette production singulière à l'*Ulva reticulata* de Forskahl. Nous avons depuis reconnu que tous les Végétaux n'étaient pas mentionnés dans la compilation de Gmelin qui nous servait alors de guide, et nous avons distingué notre Végétal sous le nom d'*Hydroclathrus cancellatus* (*V.* pl. de ce Dictionnaire). C'est sous ce nom que nous l'avions communiquée à Lamouroux qui avait adopté notre genre, ainsi qu'à Agardh. Ce dernier a, dans la seconde partie de son *Species* (en 1822, p. 412), regardé notre Plante, en parlant de l'*Ulva reticulata* de Forskahl, com-

me appartenant à son genre *Encœlium* établi dans la première partie de son même livre (en 1820, p. 144), et propose de l'y ajouter comme quatrième espèce; il dit l'avoir reçue non-seulement de nous, mais encore de la baie des Chiens-Marins, à la Nouvelle-Hollande, où l'a recueillie Gaudichaud. Il lui attribue des frondes divisées en lames linéaires, réticulées, ce qui prouve combien les descriptions de Plantes marines faites sur le sec, par qui ne les a jamais vues qu'en herbier, sont capables d'y induire en erreur ceux qui s'y rapportent. Quant au genre *Encœlium*, il a été justement négligé par Lamouroux dans le tome VI de notre Dictionnaire, parce qu'il n'est que l'Aspérocoque de ce savant, reproduit sous de faux caractères, et sans nécessité de changement de nom, puisque l'antériorité était constatée. (B.)

* HYDROCLEYS. *Hydrocleys.* BOT. PHAN. Genre établi par Richard (Mém. Mus. I, p. 368) pour une Plante aquatique observée par Commerson aux environs de Rio de Janeiro, et qui appartient à la nouvelle famille des Butomées. La seule espèce de ce genre est l'*Hydrocleys Commersoni*, Rich., *loc. cit.*, t. 18, Plante vivace, offrant des feuilles radicales pétiolées, dressées, ovales-arrondies, cordiformes, obtuses, entières; le pétiole est cylindrique et articulé. Les fleurs sont hermaphrodites, solitaires, grandes, portées sur un pédoncule cylindrique, semblable, mais un peu plus court que les pétioles. Le calice est à six divisions dont trois intérieures beaucoup plus larges, colorées et pétaloïdes. Les étamines, au nombre de vingt ou environ, sont plus courtes que les divisions extérieures du calice. Chaque fleur renferme huit pistils rapprochés, uniloculaires, polyspermes, terminés en pointe recourbée et stigmatifère à leur sommet. Les graines sont attachées aux parois du fruit à une sorte de réseau vasculaire. Ce genre a, comme il est facile de le voir, de grands rapports avec le *Butomus* dont il diffère surtout par le nombre de ses étamines. (A. R.)

* HYDROCOMBRETUM. BOT. CRYPT. Adanson donne ce nom comme celui qui fut anciennement appliqué à une Conferve. (B.)

HYDROCORAX. OIS. (Brisson.) Syn. de Calao. *V.* ce mot. Linné et Latham s'en sont servis comme nom spécifique pour désigner le Calao des Moluques. (DR..Z.)

HYDROCORÉES OU RÉMITARSES. INS. Nom donné par Duméril à la famille d'Insectes Hémiptères à laquelle Latreille avait donné le nom de Punaises d'eau. *V.* HYDROCORISES. (G.)

HYDROCORIDES. *Hydrocorides.* INS. Fallen a donné ce nom à une famille d'Hémiptères composée des Hydrocorises de Latreille qui n'ont point de nervures aux appendices membraneux de leurs élytres. Tels sont, suivant lui, les genres Nèpe et Ranâtre. (G.)

HYDROCORISES. *Hydrocorisœ.* INS. Vulg. Punaises d'eau. Famille de l'ordre des Hémiptères, section des Hétéroptères, établie par Latreille (Fam. Nat. du Règn. Anim.), et à laquelle il donne pour caractères: antennes insérées sous les yeux, cachées, de la longueur au plus de la tête; tarses n'ayant au plus que deux articles; yeux d'une grandeur remarquable. Les Hydrocorises sont aquatiques, carnassières, et saisissent leur proie qui consiste en d'autres Insectes, avec leurs pieds antérieurs qui se replient en forme de pinces sur eux-mêmes. Ils piquent fortement avec leur bec. Leurs antennes n'ont jamais au-delà de quatre articles. Leur tête s'enfonce jusque près des yeux dans le corselet, et paraît intimement unie avec lui. Leur bec est court et leurs élytres sont horizontales. Leurs métamorphoses ne diffèrent pas de celles des autres Hémiptères.

Latreille divise cette famille en deux tribus: ce sont les Népides et les Notonectides. (*V.* ces mots.) Ces tribus correspondent exactement à celles que ce grand naturaliste avait établies précédemment sous les noms de Ravisseurs et Platydactyles. *V.* ces mots. (G.)

HYDROCOTYLE. *Hydrocotyle.* BOT. PHAN. Genre de la famille des Ombellifères et de la Pentandrie Digynie, L., établi par Tournefort et adopté par tous les auteurs modernes. Il est ainsi caractérisé : calice adhérent à l'ovaire, à limbe entier et presque nul ; corolle composée de cinq pétales entiers, ovales, étalés ; cinq étamines attachées au pourtour d'un disque épigyne, jaune, partagé en deux lobes ; ovaire infère à deux loges monospermes opposées, surmonté de deux styles assez courts, divergens, terminés chacun par un stigmate fort petit, plus apparent sur la face interne des styles ; diakène comprimé, lenticulaire, composé de deux coques réunies du côté interne par une sorte de columelle, chacune d'elles uniloculaire, indéhiscente et renfermant une seule graine distincte du péricarpe.

Les fleurs de ce genre n'offrent pas cette disposition symétrique qui, au premier coup-d'œil, fait reconnaître les Plantes dont se compose la famille si éminemment naturelle des Ombellifères. Aussi tous les auteurs l'ont-ils placé à la fin de celle-ci, auprès des genres *Spananthe*, *Bowlesia*, *Fragosa*, *Bolax* et *Azorella*, qui, de même que l'*Hydrocotyle*, s'éloignent, par un port particulier, du type général de la famille. Les affinités de ces genres avec celui dont il est question dans cet article, ont même décidé quelques botanistes à les lui réunir ; c'est ainsi, par exemple, que le *Spananthe*, Jacq., et le *Bolax* de Commerson ont été, mais à tort, incorporés dans l'*Hydrocotyle*. Un caractère assez tranché sépare cependant de celui-ci tous les genres que nous venons de désigner ; il réside dans le limbe de leur calice à cinq dents plus ou moins saillantes, qui persistent et couronnent le fruit. D'un autre côté, les deux genres d'Ombellifères publiés en 1762 par Linné sous les noms de *Solandra* et de *Centella*, ont été fondus par Linné fils en 1781 parmi les Hydrocotyles. Nuttal (*Gener. of Plants North Amer.* 1, p. 176) a également formé deux genres (*Glyceria* et *Crantzia*) qui ne sont pas assez distincts du genre en question. Sprengel en avait extrait deux espèces (*H. triloba* et *H. tridentata*) pour les ranger dans le genre *Bolax*; mais ces Plantes ont été étudiées avec soin par Achille Richard et replacées parmi les Hydrocotyles, dans la Monographie de ce genre qu'il a publiée en 1820 (Ann. des Sciences physiques, T. IV, par Drapiez et Bory de Saint-Vincent). Cet ouvrage, où tout ce qui concerne le genre dont il s'agit, est traité avec soin, contient les descriptions de cinquante-huit espèces bien certaines avec les figures passablement lithographiées de la plupart d'entre elles. Elles sont disséminées sur toute la surface du globe. Deux seulement croissent en Europe; la majeure partie est indigène de l'Amérique méridionale, de l'Afrique australe et de la Nouvelle-Hollande. On les trouve le plus souvent dans les lieux aquatiques et sablonneux. Leurs fleurs offrent trop peu de variations pour les employer comme caractères de sections; mais les modifications que l'on observe dans les feuilles sont assez constantes pour qu'Ach. Richard ait pu établir, d'après elles, sept sections principales.

Dans la première, sont rangées dix-sept espèces à feuilles peltées, indivises ou lobées. On distingue parmi les espèces à feuilles peltées indivises l'*Hydrocotyle vulgaris*, L., qui croît dans les lieux bas et humides de l'Europe. Les quatre espèces à feuilles peltées et lobées sont originaires du Pérou et d'autres lieux de l'Amérique méridionale. Les espèces de la seconde section, au nombre de trente-deux, ont des feuilles réniformes. Elles habitent les contrées chaudes de l'Amérique, de l'Asie, de l'Afrique et de la Nouvelle-Hollande. La troisième section ne renferme que trois espèces dont l'une (*H. multifida*), indigène des Andes du Pérou, est remarquable par ses feuilles composées. Les deux autres (*H. muscosa* et *H. tripartita*) ont été trouvées dans la Nouvelle-Hollande par R. Brown. Les trois espèces qui composent la quatrième section ont des feuilles en cœur. Deux croissent au cap de Bonne-Espérance et l'autre au Pérou. L'*H. alata* forme à elle-seule la cinquième section. Cette Plante, de la Nouvelle-Hollande, a des feuilles hastées. Dans la sixième section se rangent cinq espèces dont les feuilles sont cunéiformes. Elles se trouvent au cap de Bonne-Espérance, excepté l'*H. lineata*, Michx., qui croît dans la Caroline. On remarque parmi elles les *H. tridentata* et *H. Solandra*, qui avaient été rapportés à d'autres genres par Sprengel et Linné. Enfin, la septième section se compose des *Hydrocotyle virgata*, *H. macrocarpa* et *H. linifolia*, remarquables par leurs feuilles linéaires. Ces espèces, dont le feuillage est si hétéroclite, habitent le cap de Bonne-Espérance.

(G..N.)

* HYDROCYANATES. Produits de la combinaison de l'Acide hydrocyanique avec les bases salifiables.

(DR..Z.)

* HYDROCYANIQUE. *V.* ACIDE.

HYDROCYN. *Hydrocynus* ou mieux *Hydrocyon*. POIS. Sous-genre de Saumon. *V.* ce mot. (B.)

HYDROCYNUS. POIS. Pour Hydrocyon. *V.* HYDROCYN. (B.)

HYDRODYCTIE. *Hydrodyction*. BOT. CRYPT. (*Ulvacées?*) Jusqu'à ce que la fructification des Plantes de ce genre soit connue, si elle existe, il nous est impossible d'assigner sa place soit parmi les Confervées, soit parmi les Céramiaires, et nous y croyons voir une véritable Ulvacée, du moins chacun des filamens constituans présente en petit un tube indépendant qui ne contient nulle matière colorante agglomérée en corps hyalins ou en propagules internes. Dès l'an V de la république, et bien jeune encore, nous avions indiqué la nécessité de le séparer du genre *Conferva* de Linné, où il était confondu. Roth et Vaucher le publièrent définitivement plus tard. Ce dernier en décrivit la structure avec son ordinaire sagacité; c'est lui qui découvrit le merveilleux mécanisme par lequel, en se dilatant, les mailles imperceptibles dont se forme la Plante, deviennent à leur tour chacune autant de Plantes indépendantes. Les caractères des Hydrodycties sont : filamens s'articulant, par leurs deux extrémités, les uns aux autres, de manière à former une lame réticulée à jour. Nous en connaissons deux espèces pour les avoir observées nous-même. Il en est une quatrième, *Hydrodyction umbilicatum*, Agardh, *Syst.*, p. 85, qui vient de la Nouvelle-Hollande, et que nous n'avons pas vue; on n'en sait absolument rien que ce qu'en apprend l'indication fort insuffisante de l'algologue de Lunden.

HYDRODYCTIE UTRICULÉE, *Hydrodyctium utriculatum*, Roth, *Flor. Germ.*, 3, p. 531; Lyngb., *Tent.*, p. 169, pl. 58; *Hydrodyction pentagonum*, Vauch., *Conf.*, p. 88, pl. 1, fig. 4 et pl. 9; *Conferva reticulata*, L. Il n'est pas clair que le *Conferva reticulata* de Dillen (*Musc.*, p. 20, tab. IV, fig. 14) convienne à cette Plante qui se trouve dans les fossés d'eau pure, à peine coulante, de toute la France et de l'Allemagne septentrionale, qui a été observée en Suède, et que nous avons rencontrée jusque dans l'Espagne méridionale. Elle y forme comme des bourses cylindriques, depuis un pouce à un pied de long et de trois lignes à un ou deux pouces de diamètre, d'un vert gai, flottantes et se déchirant en lames qui ressemblent à de petits filets de pêcheurs. Lorsqu'on l'exonde, sa consistance est un peu ferme, et l'eau s'y étend entre les mailles comme de petites feuilles de Talc; desséchée, elle adhère médiocrement au papier.

Delile nous a communiqué un échantillon qu'il a recueilli dans les environs de Montpellier, mêlé au *Lemna trisulca*, L., et qui convient parfaitement à la figure de Dillen; ses mailles trigones, pentagones et hexagones sont plus lâches, fort grandes, et les filamens, vus au microscope, présentent un tout autre aspect.

HYDRODYCTIE MARINE, *Hydrodyctium marinum*, N. (*V.* planches de ce Dictionnaire). Cette espèce fort rare a été draguée dans le canal de Bahama, où elle paraît s'appliquer en expansions membraneuses au fond de la mer, sur la vase ou sur les racines des Polypiers flexibles et des Hydrophytes. Elle nous a été communiquée par Lamouroux. Ses mailles, fort serrées, sont de petits carrés formés par des filamens plus gros, qui s'anastomosent, à angle droit, avec d'autres filamens du double plus petits; on dirait, pour la couleur et pour la consistance, les nervures de ces feuilles sèches qu'on rencontre quelquefois tombées dans les bois, quand les Insectes en ont, en automne, détruit le parenchyme. (B.)

* HYDROGALLINE. OIS. *V.* GALLINULE.

* HYDROGASTRE. *Hydrogastrum.* BOT. CRYPT. (*Ulvacées?*) Genre établi par Desvaux, et fort bien caractérisé par ce botaniste : globules creux en dedans, remplis d'une humeur aqueuse, se développant sur des filamens déliés confervoïdes. Nous en connaissons une seule espèce fort remarquable qu'on rencontre parfois sur la vase à demi-desséchée des petits fossés, ainsi qu'à la surface unie de l'argile humide de certains marais. Les petits corps, parfaitement ronds, de la grosseur d'un grain de cendrée ou d'un plomb de Lièvre, du vert le plus agréable, et épars çà et là, la rendent remarquable; ces globules tiennent à des filamens à peine visibles et rameux qui s'enfoncent dans le sol bourbeux; quand on les presse, ils éclatent et laissent échapper l'eau qui les distendait. On ne peut concevoir comment des algologues, tels qu'Agardh et Lyngbye, ont placé ce singulier Végétal parmi leurs Vauchéries, qui sont nos Ectospermes si bien caractérisés et si bien nommés par le savant Genevois. Au reste, nulle Cryptogame n'a été plus promenée de genre en genre; c'est l'*Ulva granulata* de Linné, fort bien figurée dans la Flore danoise (tab. 705) et dans Dillen (*Hist. Musc.*, tab. 10, fig 17), le *Tremella granulata* de Roth, d'Hudson et de l'*English Botany* (tab. 324), l'*Ulva radicata* de Retzius; d'autres en ont fait un *Linkia*, un *Botrydium argilaceum*, etc. Cette Algue disparaît presque en se desséchant; il n'en reste dans l'herbier qu'une petite cupule verdâtre et méconnaissable. (B.)

HYDROGÈNE. Ce corps, que l'on a regardé jusqu'à présent comme élémentaire, ne se rencontre jamais à l'état de pureté dans la nature. Mais il entre dans la composition d'un si grand nombre d'êtres naturels, que l'histoire de ses propriétés devient indispensable dans cet ouvrage. Lorsqu'on eut découvert que l'eau était un composé d'Oxigène et d'Hydrogène, on donna à celui-ci le nom d'Air ou de Gaz inflammable. En effet, il se présente sous la forme de fluide élastique invisible à l'œil, et il s'enflamme avec facilité par l'approche d'un corps en ignition. Sa densité est extrêmement faible; selon Berzelius et Dulong, elle n'est que de 0,0688, comparée à celle de l'air atmosphérique. Il est inodore et incolore à l'état de pureté; et sans être essentiellement délétère, il est pourtant impropre à la respiration des Animaux. Il jouit en outre de propriétés électro-positives par rapport à la plupart des corps simples. Dans les circonstances ordinaires, il ne s'unit pas à l'Oxigène, mais une élévation considérable de température, comme par exemple l'approche d'une substance incandescente, produit sur un mélange d'Oxigène et d'Hydrogène, dans les proportions d'une partie du premier sur deux du second, une forte détonation de laquelle résulte la formation de l'eau; et la chaleur dégagée pendant ce phénomène est plus grande que celle qui est produite par la combustion d'aucun autre corps susceptible de se brûler. Elle est telle que, selon Lavoisier, cinq cents grammes d'Hydrogène en dégagent, par leur combustion, une quantité suffisante pour fondre cent quarante-sept kilogrammes et sept cent quatre-vingt-dix grammes de glace à zéro. La combustion d'un mélange de gaz Hydrogène et de gaz Oxigène peut néanmoins s'opérer sans inflammation lorsqu'on le fait passer dans un tube de verre à une température supérieure à trois cent soixante degrés, mais pas assez pour que le verre devienne rouge dans l'obscurité. Elle s'opère encore lentement et sans explosion, lorsqu'on y plonge un fil de platine préalablement rougi et ramené à une température plus basse qui le fait cesser d'être lumineux.

Avec les autres corps simples, l'Hydrogène se comporte de diverses manières. Par sa combinaison avec le Chlore, le Cyanogène, l'Iode et le Soufre, il est le générateur d'Acides énergiques connus sous le nom générique d'Hydracides. *V.* le mot Acide pour l'histoire des Acides hydrochlorique, hydriodique, hydrocyanique et hydrosulfurique qui résultent de ces combinaisons. Il est aussi un des radicaux de l'Acide fluorique de Schécle, dont le nom a été changé par Ampère en celui d'Acide hydrophtorique. En s'unissant au Phosphore, à l'Arsenic, au Carbone, à l'Azote, au Potassium, au Sélénium et au Tellure, il donne naissance à des composés tantôt gazeux, tantôt liquides ou solides. Ces derniers ont reçu plus particulièrement le nom d'*Hydrures*. Le plus remarquable de ces corps est l'Hydrure d'Azote ou l'Ammoniaque. *V.* ce mot. Nous avons fait connaître, à l'article Gaz, les gaz Hydrogènes Carburé et Phosphoré qui sont très-répandus dans la nature. L'eau, ce produit de la combinaison de l'Hydrogène et de l'Oxigène, a été également examinée dans ses rapports avec l'Histoire Naturelle. Nous ne croyons donc pas nécessaire de parler encore, à propos d'Hydrogène, de cette substance qui joue un si grand rôle dans les corps organiques, soit qu'elle n'y subisse aucune décomposition, soit au contraire que ses élémens, en variant dans leurs proportions, produisent cette multitude de substances immédiates, telles que le Sucre, les Gommes, les Alcalis végétaux, l'Alcohol, l'Éther, etc., etc., qui cristallisent ou sont doués de propriétés analogues à celles des corps inorganiques. *V.* Eau.

L'Hydrogène pur se prépare par l'affusion de l'Acide sulfurique très-étendu, sur de la tournure de Fer ou de Zinc. On lave le Gaz produit dans une solution de Potasse caustique, et on le dessèche en le faisant passer sur du Chlorure de Calcium.

On se sert de l'Hydrogène pur, pour analyser, au moyen d'un instrument appelé Eudiomètre, les Gaz qui contiennent de l'Oxigène. Il n'est pas nécessaire qu'il soit très-pur, lorsqu'on le destine à gonfler les aérostats ou ballons de taffetas gommé qu'il emporte dans les airs en vertu de son extrême légèreté spécifique. Enfin, il développe une chaleur très-intense, quand, mélangé avec un demi-volume d'Oxigène, on le brûle dans le chalumeau de Newmann.

(G..N.)

HYDROGETON. *Hydrogeton.* bot. phan. Loureiro nommait ainsi une Plante originaire de la Cochinchine, très-voisine des *Potamogeton* dont elle ne diffère que par huit étamines, au lieu de quatre. Plus tard, Persoon (*Synops. Plant.*) a appliqué ce nom au genre décrit par Du Petit-Thouars sous celui d'*Ouvirandra*, nom qui doit être préféré à cause de son antériorité. *V.* Ouvirandra.

(A. R.)

HYDROGLOSSUM. bot. crypt. (*Fougères.*) Willdenow a donné ce nom au genre que Swartz, dans son *Synopsis Filicum*, avait désigné sous celui de *Lygodium*. Celui-ci, ayant l'antériorité, a été adopté par la plupart des botanistes, et dans l'article Fougères de ce Dictionnaire. *V.* Lygodium. (AD. B.)

* HYDROGORA. BOT. CRYPT. (*Champignons.*) Le genre ainsi nommé par Wiggers (*Prim. Fl. Hols.*), est le même que le *Pilobolus* de Tode établi auparavant. *V.* Pilobolus. (A. R.)

HYDRO-LAPATHUM. BOT. PHAN. Espèce du genre Rumex *V.* ce mot. (B.)

* HYDROLÉACÉES. *Hydroleaceæ*, BOT. PHAN. (Kunth.) Syn. d'Hydrolées. *V.* ce mot. (G..N.)

* HYDROLÉE. *Hydrolea.* BOT. PHAN. Genre de la Pentandrie Digynie, établi par Linné, placé par Jussieu dans la famille des Convolvulacées, et formant, selon R. Brown (*Botany of Congo*, p. 52), le type d'une nouvelle famille sous le nom d'Hydrolées. *V.* ce mot. Il est ainsi caractérisé : calice à cinq folioles subulées, dressées, velues, inégales et soudées inférieurement; corolle campanulacée très-ouverte dont le tube est plus court que le calice, le limbe grand, à cinq, six ou sept divisions ovales, incombantes; cinq ou six étamines dont les filets sont insérés sur la base du tube, à anthères sagittées; deux ou rarement trois styles écartés, presque courbés, surmontés d'autant de stigmates peltés; capsule entourée par le calice, ovée, à deux valves, à deux ou rarement à trois loges renfermant des graines petites et imbriquées sur un placenta double. On a réuni à ce genre les *Steris* et *Nama* de Linné, ainsi que l'*Hydrolia* de Du Petit-Thouars. *V.* ces mots. Ces deux derniers genres offrent néanmoins quelques différences dans leur organisation qui ne permettent pas d'adopter entièrement la réunion qui a été proposée, mais il faut convenir que quelques-unes de leurs espèces appartiennent au genre *Hydrolea*. Kunth (*Nov. Gener. et Spec. Plant. æquin.* T. III, p. 101) en a séparé une espèce décrite par Ruiz, Pavon et Willdenow, pour en former le genre *Wigandia* qu'il a augmenté de plusieurs espèces nouvelles. Les Hydrolées, au nombre de six espèces environ, sont des Plantes herbacées dont les feuilles sont quelquefois accompagnées d'épines axillaires. Elles croissent dans les diverses contrées chaudes de l'Afrique, de l'Asie et de l'Amérique. (G..N.)

* HYDROLÉES. *Hydroleæ*, BOT. PHAN. Dans son *Prodromus Floræ Nov.-Holland.*, p. 482, R. Brown avait indiqué la séparation de plusieurs genres placés auparavant dans la famille des Convolvulacées. Plus tard (*Botany of Congo*, p. 52) il a donné le nom d'*Hydroleæ* au groupe formé par ces genres et qui lui semble se rapprocher davantage des Polémoniacées que des Convolvulacées. Ces genres sont : *Hydrolea*, L.; *Nama*, L.; *Sagonea*, L.; et *Diapensia*, L.; qui n'ont pas les cotylédons chiffonnés et le nombre des étamines défini, comme dans les Convolvulacées. On doit leur joindre le *Retzia* qui a bien le nombre des étamines presque défini, mais dont l'embryon est droit, cylindrique et renfermé dans un albumen charnu.

Cette famille a été adoptée par Kunth (*Nov. Gener. et Spec.* 3, p. 125) qui y a ajouté un genre nouveau sous le nom de *Wigandia*. Mais, de même que R. Brown, il n'a pas donné les caractères de la famille dont il s'agit. (G..N.)

HYDROLIE. *Hydrolia*. BOT. PHAN. A. Du Petit-Thouars (*Genera Nov. Madagasc.*, p. 9) a établi sous ce nom un genre qu'il a placé dans la famille des Convolvulacées, et auquel il a donné les caractères suivans : calice monophylle, à cinq divisions peu profondes et élargies à la base; corolle monopétale, rotacée, dont le tube est court et ventru; cinq étamines insérées sur les divisions du limbe de la corolle, portées sur un filet court et à anthères sagittées; ovaire simple, surmonté de deux styles arqués; capsule à deux valves un peu rentrantes, quelquefois biloculaires lorsque celles-ci sont très-rapprochées; réceptacle charnu; graines petites, sillonnées. Ce genre est très-voisin de l'*Hydrolea*, de l'aveu de son auteur lui-même qui fait observer que la principale distinction consiste dans l'insertion des étamines sur les divisions du limbe de la corolle. Si ce genre subsiste, il sera nécessaire d'en changer la dénomination de peur qu'on ne le confonde avec l'*Hydrolea*. La Plante sur laquelle ce genre a été constitué n'a pas reçu de nom spécifique. C'est une herbe des marais, dont la tige est simple, cylindrique, nue à la base et munie de feuilles alternes. (G..N.)

* HYDROLINUM. BOT. CRYPT. Il est impossible d'adopter et presque de reconnaître le genre formé sous ce nom entre les Conferves, par Link. Il y réunit le *Conferva Hermanni*, qui est une Céramiaire, à l'*Ulva fœtida* qui est une Chaodinée. *V*. ces mots. (B.)

HYDROLITHE. MIN. (De Drée, Musée minér.) Substance tendre, d'un blanc rougeâtre ou d'un blanc mat, fusible au chalumeau, ayant un aspect analogue à celui de certaines variétés d'Analcime ou de Chabasie; elle se rencontre au milieu des roches amygdalaires de Montecchio-Maggiore, dans le Vincentin, et de Dumbarton en Ecosse. D'après l'analyse de Vauquelin, elle est composée de Silice 50, Alumine 20, Eau 21, Chaux 4,5, Soude 4,5. C'est la grande quantité d'eau qu'elle renferme qui lui a fait donner le nom d'Hydrolithe. Ce nom avait déjà été appliqué à ces globules de Calcédoine qui contiennent des gouttes d'eau. (G. DEL.)

HYDROMÈTRE. *Hydrometra*. INS. Genre de l'ordre des Hémiptères, section des Hétéroptères, famille des Géocorises, tribu des Rameurs, établi par Fabricius qui y rangeait plusieurs Insectes que Latreille en a distingués depuis et dont il a formé les genres *Gerris* et *Velia*. (*V*. ces mots.) Le genre Hydromètre, tel qu'il est adopté aujourd'hui, a pour caractères : antennes en forme de soie, ayant le troisième article beaucoup plus long que les autres; pates antérieures non ravisseuses; tête prolongée en un museau long, cylindrique, recevant la trompe dans une gouttière inférieure. Les Hydromètres se distinguent des genres Gerris et Velie, par les pates antérieures qui dans ceux-ci font l'office de pinces; leur corps est plus délié et plus mince. Ces Insectes ont le corps long, plus étroit en devant, et de-là le nom d'Aiguille que Geoffroy a donné à l'espèce de France. La tête est plus longue que le corselet et s'avance en forme de museau cylindrique, droit, portant, près de son milieu, les yeux que Linné et Fabricius ont pris pour des tubercules. Ce museau est épaissi au bout où sont insérées les antennes. Ces antennes sont sétacées, de quatre articles, dont le troisième beaucoup plus long que les autres; le bec se loge dans un canal inférieur du museau et ne paraît pas ou presque pas articulé; le corselet est cylindrique, l'écusson est très-petit, les pieds sont longs, filiformes, et leur longueur, à partir des premiers, diminue graduellement; ceux-ci ne sont point ravisseurs; les quatre tarses antérieurs n'ont que deux articles, les deux derniers semblent en avoir un de plus. Ces Insectes fréquentent les bords des eaux et courent avec vitesse sur leur surface sans nager et sans se servir de leurs pates pour ramer; l'espèce la plus connue est :

L'HYDROMÈTRE DES ÉTANGS, *H. stagnorum*, Latr.; *Cimex stagnorum*, Lin.; la *Punaise Aiguille*, Geoff.; *Aquarius paludum*, Schell., Cimic., T. IX, f. 2; *Emesa*, Fallen. Longue d'environ cinq lignes, noire ou brun-noirâtre, avec les bords de l'abdomen et les pieds d'un brun roussâtre; les élytres sont très-courtes avec deux nervures sur chacune. Kœnig a rapporté des Indes-Orientales une espèce de ce genre que Fabricius a nommée *Hydrometra fossarum*. Nous ne connaissons pas cette espèce. (G.)

* HYDROMICUS. BOT. CRYPT. Le genre établi par Rafinesque, sous ce nom, pour une Plante tremelloïde, qui croît sur les racines aux lieux humides et dans les ruisseaux de la Pensylvanie et du New-Jersey, mais sur lequel nous n'avons pas de données suffisantes, pourrait bien rentrer dans les Nostocs. (B.)

HYDROMYES OU BEC-MOUCHES. INS. Duméril désigne sous ce nom une famille de Diptères qui correspond à peu près à la tribu des Typulaires de Latreille. *V.* ce mot. (G.)

HYDROMYS. *Hydromys*. MAM. Genre de Rongeurs établi par Geoffroy Saint-Hilaire, et remarquable par ses pieds, tous pentadactyles, dont les antérieurs sont libres et les postérieurs palmés. Ceux-ci ont leurs cinq doigts terminés par de petits ongles pointus; les deux externes sont les plus courts; le pouce des pieds antérieurs est très-petit, et terminé par un petit ongle aplati. Il n'y a dans ce genre que douze dents, savoir : deux incisives et quatre molaires à chaque mâchoire. Les incisives supérieures sont unies et plates antérieurement, les inférieures arrondies en devant. La première molaire supérieure est beaucoup plus longue que la seconde; la première se compose de trois, et la seconde de deux parties irrégulières, creusées uniformément dans leur milieu. Deux semblables parties constituent aussi les inférieures, dont la première est double de la seconde. Ce système de dentition est remarquable par son extrême simplicité. Les oreilles sont petites et arrondies; la queue est ronde et couverte de poils courts. Il y a deux sortes de poils : les laineux fins et doux au toucher; les soyeux plus longs et plus roides.

Ce genre comprend deux espèces, qui toutes deux habitent l'Australasie, et dont les habitudes, encore inconnues, doivent avoir de nombreux rapports avec celles de nos Rats d'eau.

1. L'HYDROMYS A VENTRE BLANC, *Hydromys leucogaster*, Geoff. St.-Hil., Ann. du Mus., vol. VI. Habite l'île Maria. Il est brun en dessus et blanc en dessous; sa fourrure est très-fine et très douce au toucher; la queue a sa moitié terminale blanche; les pieds de derrière ne sont guère qu'à demi-palmés. La longueur du corps est d'un pied, celle de la queue de onze pouces.

2. L'HYDROMYS A VENTRE JAUNE, *Hydromys chrysogaster*, Geoff. St.-Hil. Cette espèce, dont on ne connaît qu'un individu, tué par un matelot dans une des îles du canal d'Entrecasteaux, au moment où il allait se cacher sous un tas de pierres, ressemble beaucoup à la précédente; elle ne se distingue guère que par son ventre, qui est d'une belle couleur orangée, et par sa queue blanche seulement à l'extrémité. Sa fourrure est encore plus fine et plus douce que celle de l'Hydromys à ventre blanc.

Ces espèces sont toutes deux à peu près de même taille. C'est par erreur qu'elles sont indiquées dans le Règne Animal, comme venant de la Guiane.

Geoffroy Saint-Hilaire avait d'abord réuni à ce genre une espèce américaine, dont on ne possédait alors que la pelleterie, et qu'il a nommée Hydromys Coypou. On s'est depuis procuré des individus de cette espèce en parfait état, et la tête osseuse, apportés en France par un navire venu de Buenos-Ayres. Geoffroy Saint-Hilaire lui-même le considère comme le type d'un nouveau genre auquel on a déjà donné les noms de *Myopotamus* et de *Potamys*. (IS. G. ST.-H.)

* HYDROMYSTRIE. *Hydromystria*. BOT. PHAN. Meyer, dans sa Flore d'Esséquebo (p. 152), a décrit sous ce nom un genre nouveau de l'Hexandrie Trigynie, qu'il dit être voisin du genre *Helonias* par son port et se rapprocher du genre *Hydrocleys* de

Richard par plusieurs points de son organisation. Voici les caractères qu'il lui assigne : les fleurs sont solitaires, portées sur des hampes grêles. De ces fleurs, les unes sont hermaphrodites, les autres sont unisexuées et femelles, mais portées sur d'autres pieds. Les premières ont un périanthe coloré, formé de six sépales, dont trois extérieurs, lancéolés, trois intérieurs plus étroits et plus minces ; six étamines à filamens très-courts, à anthères lancéolées, beaucoup plus longues que les filets ; l'ovaire est surmonté par trois styles de la longueur des étamines, réfléchis vers leur sommet, qui portent chacun un stigmate simple. Le fruit est une capsule ovoïde, uniloculaire. Les fleurs femelles qui se remarquent sur d'autres individus présentent des différences assez grandes. Ainsi leur calice est tubuleux, à trois divisions très-profondes, portant intérieurement trois écailles qui sont les rudimens des trois divisions intérieures. L'ovaire est surmonté de douze styles subulés et poilus, terminés par autant de stigmates simples et recourbés.

Ce genre, encore trop imparfaitement connu, et qu'il est difficile de rapporter à aucune famille, ne se compose que d'une seule espèce, *Hydromystria stolonifera*, Meyer (*loc. cit.*, p. 153). Elle croît dans les eaux stagnantes et dans les marais de la colonie d'Eséquebo. Sa racine est submergée, fasciculée et stolonifère. Ses feuilles sont pétiolées, charnues, ovales, arrondies, un peu aiguës, longues d'environ un pouce, larges de huit à neuf lignes, très-entières, planes, rétrécies insensiblement à leur base en un pétiole canaliculé, presque triangulaire, et long de deux à trois pouces. Les fleurs, extrêmement fugaces et d'une grande délicatesse, sont petites et blanches. (A. R.)

* HYDRONÉMATÉES. *Hydronemateæ*. BOT. CRYPT. Selon Carus, le docteur Wiegmann appelle ainsi un petit groupe de Végétaux cryptogames dans lequel entrent les genres suivans qu'il distribue en trois sections.

A. Trémelloïdes.

Nostoch, Lyngb. ; *Syncollesia*, Wiegm.

B. Oscillantes.

Bacillaria, Müller ; *Oscillatoria*, Vauch. ; *Diatoma*, Lyngb.

C. Confervoïdes.

Saprolegmia, Wiegm. ; *Achlya*, id. ; *Pythium*, id. *V.* CONFERVÉES, CHAODINÉES, ARTHRODIÉES et les différens noms de genres qui en dépendent. (A. R.)

* HYDRONÈME. *Hydronema*. BOT. CRYPT. Genre proposé par C.-G. Carus (*Nov. Acta Ac. Cæs. Leop. Carol. Nat. Curios.*, XI, p. 493) pour une petite Plante cryptogame intermédiaire entre les Algues et les Moisissures, et qu'il a observée sur des Salamandres mortes, restées dans l'eau. *V.* PUSILLINE. (A. R.)

* HYDRONEMIA. BOT. CRYPT. Rafinesque propose ce nom pour désigner une famille d'Algues aquatiques qu'il forme des Conferves articulées de Linné, c'est-à-dire d'êtres incohérens, puisque parmi les Conferves linnéennes il existait jusqu'à des Animaux. (B.)

HYDROPELTIDE. *Hydropeltis*. BOT. PHAN. Genre de Plantes monocotylédonées, établi par Richard dans la Flore Américaine de Michaux et qui avec le *Cabomba* d'Aublet constitue la nouvelle famille de Cabombées. Une seule espèce (*Hydropeltis purpurea*, Michaux, Fl. bor. Am. 1, p. 324, tab. 29) compose ce genre. C'est une Plante très-visqueuse vivant au milieu des eaux dans différentes parties de l'Amérique septentrionale. Ses feuilles alternes sont longuement pétiolées, peltées, ovales, très-entières et très-glabres. Les fleurs sont purpurines, assez grandes, portées sur des pédoncules axillaires solitaires et uniflores. Le calice est généralement composé de six et quelquefois de huit sépales disposés sur deux rangs et dont les intérieurs semblent imiter une corolle. Le nombre des étamines varie beaucoup ; on en compte depuis dix-huit jusqu'à quarante, insérées sur deux rangs tout-à-fait à la base du calice, dans son point de contact avec l'ovaire ; les filets sont allongés capillaires ; les anthères linéaires oblongues à deux loges. Chaque fleur contient de quinze à dix-huit pistils, dressés et rapprochés les uns contre les autres au centre de la fleur. Leur ovaire est très-allongé, linéaire, à une seule loge contenant deux ovules superposés et pendans d'une des sutures de sa cavité. Le style qui est peu distinct du sommet de l'ovaire est assez long et se termine par un stigmate simple et légèrement recourbé. A chaque pistil succède un fruit ovoïde terminé en pointe à son sommet, indéhiscent et un peu charnu, contenant tantôt une seule, tantôt deux graines superposées, ce qui modifie sa forme. Chaque graine est immédiatement recouverte par la substance interne du péricarpe ; son tégument propre est membraneux, marqué vers son sommet d'une aréole brunâtre. L'endosperme est de la grosseur et de la forme de la graine ; il est blanchâtre, farinacé, et présente à sa base un très-petit embryon extraire discoïde aplati, renfermé dans une dépression particulière de l'endosperme. Cet embryon est parfaitement homogène et sans aucune apparence de lobe ; il est donc bien certainement monocotylédon. *V.* CABOMBÉES.

Ce genre a porté différens noms ; ainsi Schreber qui s'est fait une sorte de mérite de changer tous les noms de genres imposés par les botanistes voyageurs, l'a nommé *Brasenia*, Solander *Ixodia*, Bosc *Rondachine*. Le nom d'Hydropeltis est le seul qui doit être conservé. (A. R.)

* HYDROPELTIDÉES. *Hydropeltideæ*. BOT. PHAN. De Candolle (*Syst. nat. Veg.* 2, p. 36) appelle ainsi la seconde tribu de sa famille des Podophyllées, qui correspond exactement au groupe désigné antérieurement sous le nom de *Cabombées* par le professeur Richard. *V.* CABOMBÉES. (A. R.)

HYDROPHACE. BOT. PHAN. (Buxbaum.) Syn. de Lenticule. *V.* ce mot. (B.)

HYDROPHANE. MIN. Variété d'Opale, blanche et quelquefois jaunâtre, légèrement translucide et happant fortement à la langue. Elle paraît être le résultat de la décomposition de l'Opale ordinaire, dans laquelle l'eau entre comme partie constituante. Lorsqu'on la plonge dans ce liquide, elle s'en imbibe, et reprend plus ou moins de transparence. C'est cette propriété remarquable que l'on a voulu exprimer par le nom d'*Hydrophane*. Aussitôt que la Pierre est mise dans l'eau, on voit qu'il s'en dégage beaucoup de bulles d'air, qui sont remplacées par la matière aqueuse, en sorte que l'Hydrophane acquiert de la transparence, par la substitution d'un liquide moins transparent que l'air à ce dernier fluide. Cette espèce de paradoxe disparaît dans l'explication que les physiciens ont donnée de ce phénomène, en montrant que l'opacité était due dans un cas à la différence considérable des densités de l'air et de la Pierre ; tandis que dans l'autre cas la transparence provenait de ce que les densités de la Pierre et de l'eau étaient incomparablement plus rapprochées l'une de l'autre. Les bonnes Hydrophanes sont assez rares, mais beaucoup moins qu'autrefois où l'on regardait cette Pierre comme une merveille : on lui donnait alors le nom d'*Oculus mundi*, OEil du monde. L'Opale Hydrophane se trouve disposée par veines, dans des roches qui ont l'aspect argileux, à Chatelaudren en France, à Hubertusbourg en Saxe, et dans les îles Féroë. (G. DEL.)

* HYDROPHILA. OIS. (Mœhring.) Syn. de Cincle. *V.* ce mot. (DR..Z.)

HYDROPHILACE. BOT. PHAN. Pour Hydrophylace. *V.* ce mot. (B.)

HYDROPHILE. *Hydrophilus.* INS. Genre de l'ordre des Coléoptères, section des Pentamères, famille des Palpicornes, tribu des Hydrophiliens, établi par Geoffroy, et adopté par tous les entomologistes avec ces caractères : neuf articles aux antennes; jambes terminées par deux fortes épines; chaperon entier; palpes filiformes; mandibules cornées, munies intérieurement d'une dent allongée bifide. Ces Insectes forment, dans la méthode de Linné, la première division de son genre *Dytiscus*, dont ils diffèrent par beaucoup de caractères. Ils s'éloignent des Elophores, des Hydrænes, des Sperchées et autres genres voisins par des caractères tirés des antennes, des pates, de la forme du corps, etc. Les Hydrophiles ont le corps tantôt hémisphérique, bombé en dessus et plat en dessous; tantôt oblong; il est défendu par un derme écailleux ou très-dur et généralement glabre. La tête est penchée, son extrémité est un peu avancée en manière de chaperon obtus, un peu saillant; les antennes sont insérées en avant des yeux et sous un rebord des côtés de la tête; leur longueur ne surpasse pas celle de cette partie; leur premier article est grand et courbé, le suivant un peu moins grand, les trois suivans très-courts et égalant à peine ensemble la longueur du second, et les quatre derniers formant, par leur réunion, une massue ovale, comprimée, un peu tronquée obliquement à son extrémité; le sixième est évasé en forme d'entonnoir et reçoit le suivant. Le labre est crustacé, transversal, arrondi antérieurement. Les mandibules sont cornées et ont deux dents à leur extrémité. Les mâchoires se terminent par deux divisions crustacées, conniventes, presque de la même longueur et velues à leur extrémité; elles portent chacune un palpe filiforme plus long que les antennes; le menton de la lèvre est grand, crustacé, presque carré et couronné par les deux divisions coriaces et velues de la languette. Le corselet est transversal, un peu plus large que la tête antérieurement et s'élargissant postérieurement; l'écusson est triangulaire. Les élytres sont convexes, sans rebord; elles recouvrent deux ailes membraneuses, repliées. Dans plusieurs grandes espèces l'arrière-sternum se prolonge en pointe aiguë; dans d'autres cette partie n'offre aucune saillie; parmi les premiers il y en a dont les mâles ont les tarses antérieurs dilatés, ce sont les vrais Hydrophiles que Leach a nommés *Hydrous.* D'autres ont les tarses antérieurs semblables dans les deux sexes, ce sont les Hydrochares de Latreille (Fam. Natur. du Règn. Anim.). Enfin dans ceux qui ont la poitrine sans carène et dont le sternum ne s'avance pas en pointe vers le ventre, se rangent les genres Globaire, Hydrobie (*Hydrobius* et *Berosus* de Leach) et Limnébie de Leach. Ce dernier genre comprend les Hydrophiles déprimés et dont les tarses postérieurs ne sont point propres à la natation. Le genre Globaire est formé sur une espèce de l'Amérique méridionale ayant la faculté de se mettre en boule. Les jambes des Hydrophiles sont armées de fortes épines et de dents très-fortes à leur extrémité; les tarses ont cinq articles, mais le premier est si court qu'au premier coup-d'œil, on croirait qu'ils n'en ont que quatre. Ces Insectes vivent dans les eaux douces, dans les rivières, les lacs, et surtout dans les marais et les étangs; ils nagent assez vite, mais avec moins de célérité que les Dytiques; c'est ordinairement aux approches de la nuit qu'ils sortent de l'eau pour voler et se transporter d'un marais ou d'un étang à un autre : aussi trouve-t-on ces Insectes, ainsi que les Dytiques, dans les moindres amas d'eau, même dans ceux que la pluie peut former dans les inégalités du terrain.

Miger, dans son Mémoire sur les métamorphoses des Hydrophiles (Mémoires du Muséum d'Histoire naturelle, T. XIV), a donné des détails fort curieux sur la manière de vivre de ces Insectes, et il a reconnu, ainsi que l'avait déjà fait Degéer, qu'ils se nourrissent d'autres Insectes aquatiques et terrestres qu'ils peuvent attraper. Mais il remarque aussi, d'après ses propres observations, qu'ils font leur principale nourriture des Plantes aquatiques. On a ouvert le canal intestinal de plusieurs Hydrophiles, et on l'a toujours trouvé rempli de débris de substances végétales. D'après Léon Dufour (Ann. des Sc. natur. T. III, p. 231), le tube digestif de l'Hydrophile brun a une longueur qui surpasse quatre ou cinq fois celle du corps, et qui a beaucoup d'analogie pour ce dernier trait, ainsi que pour sa forme et sa texture, avec celui des Lamellicornes. Quoiqu'il vive dans l'eau, ainsi que les Dytiques, il n'a pas comme ces derniers une vessie natatoire distincte. Les Hydrophiles peuvent vivre très-long-temps sous l'eau, mais ils ont besoin de respirer l'air de temps en temps, ce qu'ils font en se portant à la surface de l'eau : pour y parvenir, ils n'ont qu'à tenir leurs pates en repos et à se laisser flotter; comme ils sont plus légers que l'eau ils surnagent, leur derrière se trouve appliqué à la surface, et ils n'ont qu'à élever un peu leurs élytres ou à abaisser leur abdomen pour laisser pénétrer l'air et pour le faire communiquer aux stigmates placés sous les élytres le long des côtés de l'abdomen. Veut-il retourner au fond, il n'a qu'à rapprocher promptement l'abdomen des élytres, il bouche alors le vide qui se trouvait entre eux de sorte que l'eau ne peut y pénétrer.

Les femelles des Hydrophiles se font une espèce de nid ou de coque de soie dans lequel elles pondent leurs œufs; ce fait singulier qui a été reconnu par Lyonnet, est confirmé par les observations de Miger, et Degéer a trouvé de pareils nids flottant sur l'eau et remplis d'œufs d'où il a vu sortir de petites larves d'Hydrophiles. Ces femelles ont entre les deux espèces de lèvres cornées qui terminent le dernier anneau de l'abdomen, des filières composées de filets écailleux, coniques, longs de deux lignes, et composés de deux articles, dont le premier est d'un fauve clair, tacheté de brun, et le second de cette dernière couleur et beaucoup plus petit; il est terminé par un cil blanchâtre et transparent. Deux autres appendices coniques, mais charnus et inarticulés, sont placés près des précédens; la portion charnue du dernier anneau de l'abdomen, par la facilité de se contracter et de se dilater dont elle jouit et par les mouvemens continuels, en tous sens, que l'Insecte lui imprime, concourt principalement à l'exécution de son travail. Miger a vu une femelle occupée à faire une de ces coques : elle s'attacha à une feuille qui flottait sur l'eau, et à l'aide des filières dont nous venons de parler, elle fit une coque en déposant çà et là au-dessous de la feuille, autour de l'abdomen et sans le dépasser, des fils argentés qui finirent par former une petite poche, dans laquelle l'extrémité de l'abdomen se trouva comme engagée; quand cela fut fait l'Insecte, sans changer la position de son abdomen, se retourna brusquement et se plaça la tête en bas; il enduisit les parois et les bords antérieurs d'une liqueur gommeuse; cette coque devint bientôt si compacte qu'on ne pouvait plus rien voir à travers. Quand elle fut arrivée à ce point, l'Hydrophile pondit les œufs, ce que Miger reconnut aux bulles d'air qui sortirent de la coque et qui ne pouvaient être formées que par le déplacement qu'occasionaient les œufs que la femelle y pondait. La ponte fut finie en trois quarts d'heure, l'Insecte se retira peu à peu de dessous la feuille, ferma la coque assez imparfaitement et travailla à la finir et à former une pointe qui s'éleva au-dessus de la surface de l'eau. Miger pense, ainsi qu'on l'avait déjà soupçonné, qu'elle sert à l'introduction de l'air. Les Hydrophiles ont la faculté de tenir en réserve sous leurs élytres de l'air qu'on y voit souvent en forme de bulles ; il leur sert à respirer pendant qu'ils font leur coque et garantit leurs œufs de l'influence dangereuse de l'eau. L'on avait dit que ces coques flottaient isolément sur l'eau, et que la corne ou la pointe qui les termine, servait de mât à cette nacelle : cela n'arrive que lorsqu'elles sont vides ; car Miger a toujours éprouvé qu'une coque remplie d'œufs se renverse par son propre poids et que l'Insecte a toujours besoin d'un appui pour assurer les fondemens de son édifice et pour faire tenir la pointe de la coque hors de l'eau. Cette coque est ovoïde, blanchâtre, avec la pointe d'un brun foncé, et qui, plate d'abord sur un côté, s'arrondit en se séchant et devient tubulaire dans toute sa longueur. A sa base est l'ouverture préparée pour la sortie de la larve : elle est fermée par quelques fils, qui, au moyen de l'air renfermé dans la coque, empêchent l'eau de s'introduire. Les œufs, au nombre de quarante-cinq à cinquante, sont petits, cylindriques, légèrement renflés et courbés vers leur sommet, de la longueur de deux lignes ; ils subissent une sorte de développement, se gonflent, prennent une teinte brune et luisante, et l'on peut distinguer la forme de la larve, et particulièrement les yeux. Bientôt la larve sort en rompant la pellicule de l'œuf, elle est deux fois plus grosse que lui et s'agite en tous sens ; ces jeunes larves sortent et rentrent de leur coque et semblent se jouer autour jusqu'au temps où elles sont obligées de se séparer pour chercher leur nourriture ; les larves des Hydrophiles bruns sont hexapodes ; leur forme est celle d'un cône allongé, dont la partie allant en pointe forme une sorte de queue. Leur corps est composé de onze anneaux peu distincts ; la peau est épaisse, ridée, d'un noir de bistre avec des tubercules très-petits, charnus ; la tête est presque aussi longue que le premier anneau, ronde, d'un brun rougeâtre, lisse, plus convexe en dessous qu'en dessus et susceptible de se renverser en arrière : elle porte deux antennes courtes, coniques, légèrement ciliées, de trois articles, dont le premier est aussi long que les deux autres ensemble ; on voit, de chaque côté de la tête, quatre points noirs, oblongs, peu apparens, qui paraissent être les yeux lisses ; la bouche est composée de deux mandibules cornées, courtes, épaisses et arquées avec une dent au côté interne, de deux mâchoires longues presque cylindriques, très-peu ciliées, tronquées à leur extrémité qui porte un palpe de quatre articles dont le premier se dilate en manière de crochet au côté interne. La languette est formée de deux pièces figurées en cœur, dont la plus grande est inférieure et supporte l'autre qui est divisée en deux lobes échancrés, séparés par un petit tubercule globuleux et portant deux petits palpes de deux articles. Les pates sont jaunes, comprimées, ciliées et terminées par un fort crochet. Les intestins des larves sont si courts, qu'ils ne dépassent pas en longueur celle du corps entier. Ces larves changent plusieurs fois de peau dans l'eau ; de même que les Insectes parfaits, elles viennent souvent à la surface pour y respirer l'air ; elles vivent d'Insectes aquatiques, de *Bulimes* ou Limaçons d'eau, dont elles sont fort friandes ; elles les saisisseut, les posent sur leur dos et les écrasent en renversant leur tête et appuyant dessus. Miger a nourri, pendant quelques jours, de ces larves avec de petits morceaux de viande crue. Quand ces larves veulent se changer en nymphes, elles gagnent le rivage et se font, hors de l'eau, une cavité presque sphérique, qu'elles creusent à l'aide de leurs mandibules et de leurs pates : ce trou est très-lisse, d'environ dix-huit lignes de diamètre, et n'offre aucune issue ; leur corps y est posé sur le ventre et courbé en arc. Elles conservent encore leur forme pendant quinze jours ; leur peau se fend ensuite sur le dos et la nymphe se fraye un passage ; elle est longue de treize à quatorze lignes, blanchâtre, terminée par des appendices fourchus. Sa tête est inclinée sous le corselet, et son abdomen un peu courbé. L'état de nymphe dure à peu près trois semaines pendant lesquelles les parties cornées se colorent peu à peu, l'Insecte parvient à se débarrasser de son enveloppe en se renversant sur le dos et en faisant mouvoir les pates et les anneaux de son corps ; ce n'est qu'au bout de vingt-quatre heures qu'il a reçu la couleur brune, il reste encore douze jours dans la terre sans se mouvoir et n'en sort qu'au bout de ce temps. Miger a reconnu deux sortes de larves d'Hydrophiles ; les unes qu'il désigne sous le nom de *Nageuses*, ont, près de l'organe respirateur, des appendices courts et charnus qui servent à les soutenir à la surface de l'eau, la tête en bas. Les autres, qu'il appelle *Rampantes*, sont privées de ces appendices, ne nagent point et se tiennent constamment à fleur d'eau : elles ne se suspendent point comme les premières ; mais renversées sur le dos, elles parcourent la surface des eaux stagnantes en y marchant avec vitesse par des mouvemens vermiculaires horizontaux. Les unes et les autres subissent leurs métamorphoses dans la terre. Les Hydrophiles nageurs proviennent des larves placées dans ces deux divisions, mais les espèces qui nagent difficilement appartiennent généralement à la deuxième division. Dejean (Catal. des Col., p. 50) mentionne trente espèces d'Hydrophiles, dont le plus grand nombre est propre à l'Europe ; la plus grande et celle qui est la plus commune à Paris est :

L'HYDROPHILE BRUN, *H. piceus*, Fabr, Latr., Oliv. ; le grand Hydrophile, Geoff. ; Hydrophile à antennes rousses, Degéer ; *Dytiscus piceus*, Lin. Il est long de près d'un pouce et demi, d'un noir luisant en dessus et d'un brun obscur en dessous ; les élytres ont chacune trois stries peu marquées, formées de petits points enfoncés ; le mâle a le quatrième article des tarses dilaté. *V.* pour les autres espèces Fabricius, Latreille, Hist. natur. des Crust. et des Ins., et Olivier, Encyclopédie méthodique, T. VII, p. 123. (G.)

HYDROPHILIENS. *Hydrophilii*. INS. Tribu de l'ordre des Coléoptères, section des Pentamères, famille des Palpicornes, établie par Latreille et ayant pour caractères essentiels : des pieds natatoires ; premier article des tarses fort court et peu distinct ; mâchoires entièrement cornées. Latreille (Fam. Natur. du Règn. Anim.) a divisé ainsi cette tribu.

† Mandibules bidentées à leur extrémité ; corps hémisphérique ou ovoïde, convexe ; corselet toujours plus large que long.

1. Antennes de six articles. Genre : SPERCHÉE.

2. Antennes de neuf articles.

A. Milieu de la poitrine élevé en carène et prolongé postérieurement en manière de dard.

a. Tarses antérieurs dilatés dans les mâles.

Genre : HYDROPHILE (*Hydrous*, Leach).

b. Tarses antérieurs semblables dans les deux sexes.

Genre : HYDROCHARE (*Hydrophilus*, Leach).

B. Milieu de la poitrine sans carène.

Genres : GLOBAIRE, HYDROBIE (*Hydrobius* et *Berosus*, Leach), LIMNEBIE (*Limnebius*, Leach).

†† Mandibules sans dents à leur extrémité ; corps oblong, presque plane en dessus ou déprimé.

1. Palpes maxillaires terminés par un article plus gros.

Genre : ELOPHORE (*Hydrochus*, Leach).

2. Palpes maxillaires terminés par un article plus grêle, pointu.

a. Palpes maxillaires fort longs.

Genre : HYDRÆNE.

b. Palpes maxillaires point fort longs.

Genre : OCHTEBIE (*Hydrocus*, Latr.) *V*. tous ces mots.

Tous les Insectes de cette tribu vivent dans les eaux douces et stagnantes, et très-peu font exception à cette règle. Ces Coléoptères sont, en général, carnassiers. (G.)

HYDROPHIS. REPT. OPH. C'est-à-dire *Serpent d'eau*. Sous genre d'Hydre, *Hydrus*. *V*. ce mot. (B.)

HYDROPHORE. *Hydrophora*. BOT. CRYPT. (*Mucédinées*.) Le genre établi sous ce nom par Tode, a été réuni depuis par tous les autres botanistes aux vraies Moisissures qui forment le genre *Mucor*. *V*. MOISISSURE. (AD. B.)

HYDROPHORES. BOT. CRYPT Paulet a créé sous ce nom emprunté de Battara et du petit nombre de ceux qui, dans sa bizarre nomenclature, ne portent pas un véritable caratère de barbarie, une famille d'Agarics qu'il appelle aussi Eteignoirs d'eau. Il y a des Hydrophores gris de lin, à la Chicorée, aux trois couleurs, petits œufs, Champignons de Mithridate, etc. (B.)

HYDROPHYLACE. *Hydrophylax*. BOT. PHAN. Et non *Hydrophilace*. Genre de la famille des Rubiacées et de la Tétrandrie Monogynie, L., établi par Linné fils et ainsi caractérisé : calice quadrifide ; corolle infundibuliforme, dont l'entrée est velue ; le limbe à quatre lobes ; quatre étamines saillantes, attachées à l'entrée du tube ; ovaire inférieur, surmonté d'un style filiforme et d'un stigmate bifide ; baie sèche, indéhiscente, oblongue, couronnée par le calice, à quatre ou à deux angles, à deux loges, dont une avorte souvent, et renfermant des graines oblongues, convexes d'un côté et marquées de deux sillons de l'autre. Le *Sarissus* de Gaertner (*de Fruct*. 1, p. 118, tab. 25) est le même genre que l'*Hydrophylax*. Jussieu (Mém. du Muséum, vol. VI, année 1820) pense qu'il faut lui joindre aussi le *Scyphiphora* de Gaertner fils (*Carpol*., p. 92, tab. 195) dont le fruit est drupacé, à cinq sillons couronnés par le limbe entier du calice, et séparable en deux noix monospermes. L'*Hydrophylax maritima*, L. fils et Roxburgh (*Plant. Coromand*., tab. 233), est une Herbe à tiges très-longues, rampantes, articulées et pourvues de gaînes membraneuses dans chaque articulation. Ses feuilles sont petites, ovales, aiguës, et ses fleurs sont axillaires et solitaires. Cette Plante croît à Madagascar et sur les collines sablonneuses des côtes de Coromandel et du Malabar, où elle fleurit pendant presque toute l'année. (G..N.)

HYDROPHYLLE. *Hydrophyllum*. BOT. PHAN. Genre de la famille des Hydrophyllées de Brown, et de la Pentandrie Monogynie, établi par Linné, et ainsi caractérisé : calice à cinq divisions ; corolle campanulée, dont le limbe est divisé en cinq segmens munis intérieurement de cinq stries canaliculées contenant une liqueur miellée ; cinq étamines saillantes ; stigmate bifide ; capsule globuleuse, bivalve, uniloculaire et ne renfermant qu'une seule graine par avortement des trois autres. Ce genre diffère trop peu, selon Nuttal, du *Phacelia* de Jussieu pour admettre leur séparation. Il se compose de six espèces originaires de l'Amérique. Leurs feuilles sont palmées ou pinnatifides ; leurs fleurs disposées en corymbes pédonculés, terminaux ou opposés aux feuilles. C'est sur les *Hydrophyllum Virginicum* et *Canadense* que Linné l'a établi. Michaux (*Flor. Boreal.-Amer*. 1, p. 134) leur a ajouté l'*Hydrophyllum appendiculatum* ; Pursh, l'*H. lineare* que Nuttal croit ne pas appartenir à ce genre ; et Lamarck (Journ. d'Hist. nat., v. 1, p. 373) a fait connaître l'*H. Magellanicum*. On leur a encore réuni l'*Aldea circinnata* de Ruiz et Pavon. Les trois premières espèces croissent dans l'Amérique septentrionale, et l'*H. Magellanicum*, confondu avec les Héliotropes par Valh, a été récolté au détroit de Magellan par Commerson. Ce sont des Plantes que l'on pourrait cultiver très-facilement en

Europe; mais comme elles ne sont d'aucune utilité, on ne les trouve guère que dans les jardins de botanique. Leur aspect cependant est assez gracieux; placées sur le bord des eaux dans les jardins paysagers, elles produisent un assez bel effet, et elles ont l'avantage de fleurir une seconde fois en automne. Les feuilles de l'*Hydrophyllum Virginicum* ressemblent à celles de certaines espèces de *Dentaria*, ce qui leur a fait donner très-improprement ce nom par quelques auteurs. (G..N.)

HYDROPHYLLE. *Hydrophylla*. BOT. CRYPT. (*Hydrophytes*.) Genre proposé par Stackhouse, dans la seconde édition de sa Néréide Britannique, ayant pour caractères: une fronde foliacée, veinée, très-mince, à pétioles et rameaux cylindriques, avec une fructification tuberculeuse, située sur les rameaux, sur les nervures des feuilles, quelquefois sur leurs brods. — Ce genre ne renferme que les *Fucus sanguineus* et *sinuosus*, qui appartiennent à nos Delesseries. Outre qu'il ne pouvait être adopté, le nom que lui donnait son auteur n'était point admissible, puisqu'il était déjà consacré ailleurs. (LAM..X.)

* HYDROPHYLLÉES. *Hydrophylleæ*. BOT. PHAN. Dans son *Prodromus Floræ Nov.-Holl.*, p. 492, R. Brown avait indiqué l'existence d'une famille distincte des Borraginées, et composée des genres *Hydrophyllum*, *Phacelia* et *Ellisia*, dont les fruits sont capsulaires. Cette famille, à laquelle il a donné le nom d'Hydrophyllées, était caractérisée, en outre, par un albumen cartilagineux considérable, et par des feuilles composées ou profondément lobées. L'embryon est très-petit dans l'*Hydrophyllum*; il est presque de la longueur de l'albumen dans le *Phacelia*, auquel on doit rapporter le genre *Aldea* de la Flore du Pérou, et qui peut-être ne diffère pas, même spécifiquement, de l'*Hydrophyllum Magellanicum* de Lamarck; enfin on ne connaît pas bien sa structure dans l'*Ellisia*. La famille des Hydrophyllées a récemment été augmentée du nouveau genre *Eutoca*, établi par R. Brown (*Botanical Appendix* par J. Richardson, Londres 1824, p. 51), et dans lequel rentrent deux Plantes confondues par Pursh avec les *Hydrophyllum* et les *Phacelia*. *V.* EUTOCA au Supplément. Le genre *Nemophila* est aussi indiqué comme faisant partie des Hydrophyllées. (G..N.)

HYDROPHYLLUM. BOT. PHAN. *V.* HYDROPHYLLE.

* HYDROPHYLLITE. MIN. Nom donné à la Chaux muriatée du Gypse de Lunebourg. *V.* le Manuel de Minéralogie de Meinecke et Keferstein. (G. DEL.)

* HYDROPHYTES. BOT. CRYPT. Les Plantes purement aquatiques, confondues depuis Linné avec les Riccies, les Anthocères et les Lichens sous le nom d'Algues, ont été nommées Algues submergées par Correa de Serra, Hydralgues par Roth, Hydrocarées par Roussel, Fucées par Richard, et d'abord Thalassiophytes par Lamouroux dont nous déplorons la perte récente, et qui fut certainement notre premier algologue. Ce savant substitua depuis à ce nom de Thalassiophytes celui d'Hydrophytes, qui effectivement semble être plus exact, plus méthodique et qu'on a généralement adopté; mais, au lieu de considérer ces Plantes comme formant une simple famille, Lamouroux les regardait avec raison comme devant composer une grande division, un grand embranchement du règne végétal, et proposait le nom d'Aérophytes pour l'autre embranchement qui renferme toutes les Monocotylédonées et Polycotylédonées des botanistes.

Les Hydrophytes se distinguent des Plantes terrestres par leur organisation et leur reproduction. Leur habitation n'offre pas un caractère aussi tranché, surtout si l'on y réunit diverses Algues et Champignons byssoïdes des auteurs, Végétaux qui ont plus de rapport avec les Hydrophytes qu'avec les classes exondées dans lesquelles on a tenté de les comprendre ; mais ce rapport a besoin d'être démontré ; nous croyons devoir nous borner à signaler ce rapprochement.

Sans parler de Lamouroux, dont les travaux en hydrophytologie sont devenus classiques, un grand nombre de naturalistes se sont occupés des Hydrophytes proprement dites. Abstraction faite des auteurs antérieurs au dernier siècle, dans les ouvrages desquels on trouve peu de lumières, parmi ceux du dix-huitième, on doit remarquer Réaumur en 1711, Gmelin en 1768, Hudson en 1770, Ligthfoot en 1777, Roth de 1788 à 1806, Vellegen en 1795, Goodenough et Woodward. A la même époque que ces derniers à peu près, nous faisions, bien jeune encore, une étude particulière des Végétaux aquatiques à l'aide du microscope ; dès l'âge de dix-sept ans, nous publiâmes un Mémoire assez étendu sur cette matière alors neuve ; nos travaux se régularisèrent plus tard, et nous mîmes au jour plusieurs monographies de genres qui, sans exception, ont été adoptés. Depuis, Esper en 1800, Stackhouse en 1801 et 1816, Turner de 1802 à 1808, Girod Chantrans en 1802, Xavier de Wulfen en 1803, Vaucher en 1805, Bertoloni en 1806 et 1818, Dillwyn en 1809, Agardh en 1821, 1822 et 1824, Lyngbye en 1819, et Bonnemaison en 1823, ont utilement exploré la botanique des eaux ; enfin, dans ce Dictionnaire même, nous avons publié le précis d'un grand ouvrage que nous méditons, en indiquant nos nouvelles familles et de nouveaux genres.

A cette liste d'auteurs nous ajouterons encore Mertens à Brême, regardé avec raison comme un des hommes qui connaissent le mieux les Plantes marines ; et Draparnaud de Montpellier, enlevé par une mort prématurée quand il s'était associé aux travaux de notre jeunesse, pour publier avec nous, dès l'an v de la république, un ouvrage sur les Conferves. Le manuscrit de cet ouvrage est resté dans nos mains ; il atteste combien alors l'histoire des Hydrophytes était imparfaite, et à quel point en entrant dans la botanique, par la manière de Linné, et contenus par l'autorité de ce grand homme, nous avions de peine à enfreindre les limites des quatre genres qu'il forma dans ses Algues aquatiques. On doit encore à De Candolle, à qui nulle branche de la science n'est étrangère, de bonnes observations physiologiques sur les Hydrophytes. Les auteurs du *Flora Danica* nous ont fait aussi connaître un grand nombre d'espèces nouvelles généralement bien figurées, et Poiret a donné, dans l'Encyclopédie méthodique, un excellent article sur les Fucus et les Ulves de Linné. Les travaux de ces naturalistes nous mettent en état de présenter l'histoire des Hydrophytes d'une manière plus complète qu'on ne l'avait fait jusqu'à ce jour. C'est la réunion des faits nombreux qu'ont rapportés ces savans, avec la comparaison de leur distribution méthodique, qui nous serviront à rédiger un aperçu de la philosophie de Plantes qui jouent dans la nature un rôle beaucoup plus important qu'on ne l'avait jusqu'ici supposé.

L'organographie des Hydrophytes est encore peu connue ; beaucoup de botanistes réduisent leurs parties constitutives à un très-petit nombre et ne leur reconnaissent que des frondes et des sporules ; d'autres ayant mieux observé ont parlé de tiges, de feuilles et de fructifications assez compliquées ; quelques-uns, tel que Correa de Serra, ont été jusqu'à prétendre que les plus parfaites avaient des sexes, et que le développement des semences y était dû à une véritable fécondation ; tous ont refusé des racines aux Hydrophytes. Quant à nous, sur les traces de notre savant compatriote et ami Lamouroux, nous reconnaissons que ces Plantes possèdent des racines, des tiges, des feuilles et souvent des organes de la fructification ; nous ajouterons que ces parties sont plus ou moins distinctes suivant les classes et les ordres. Il est aujourd'hui démontré que les feuilles de plusieurs Hydrophytes sont analogues, mais non semblables à celles des autres Végétaux; que ces feuilles, suivant les familles, sont quelquefois pourvues de nervures simples ou rameuses, longitudinales ou transversales; que plusieurs, quoique sans nervures, n'en ont pas moins de véritables feuilles ou du moins des parties qui en remplissaient les fonctions. Lamouroux a également démontré que la fructification, quand elle est évidente, était composée d'un germe enfermé dans plusieurs tuniques, et que le nombre de ces enveloppes était subordonné à l'organisation; qu'ainsi il y avait au moins trois enveloppes dans les Hydrophytes les plus parfaites, et que les germes étaient nus et se développaient dans la substance même de la Plante dans les moins organisées. Il a été prouvé, en traitant des Fucacées et des Fucus (*V.* ces mots), que les vésicules n'étaient point des fructifications avortées ainsi que l'avaient avancé quelques naturalistes; mais que ces vésicules étaient des organes particuliers aux Plantes marines les plus parfaites, lesquels paraissaient destinés à la décomposition de l'air ou de l'eau. Nous allons établir de même, en traitant des tiges et des racines, que les Hydrophytes en possèdent comme les Plantes terrestres, et que c'est à tort qu'on leur en avait refusé.

Les auteurs qui se sont occupés jusqu'à ce jour de l'anatomie des Hydrophytes, se sont bornés à dire que ces Végétaux sont uniquement formés d'un tissu cellulaire diversement modifié; nous ne croyons pas devoir adopter cette opinion. Lamouroux pensait, au contraire, que chez eux il existe un grand nombre de genres dont l'organisation est cellulo-vasculaire comme celle de la plupart des Végétaux, et d'autres où elle est purement cellulaire; mais leurs vaisseaux diffèrent de ceux des Plantes exondées, et leur existence n'est encore prouvée que par la direction des fibres dont les tiges et les feuilles sont composées, que par la position des organes de la fructification, et que par le développement de nouvelles feuilles, développement qui a lieu à l'extrémité des nervures et non sur les membranes des vieilles. Déjà il a été dit que dans les tiges des Fucacées, il existait un épiderme, une écorce, un bois et une moelle; que cette contexture différait dans les feuilles et dans les racines. De telles variations ne s'observeraient point si ces Hydrophytes n'étaient absolument formées que de tissu cellulaire. Puisque leur organisation varie suivant les parties dont ils se composent, ces parties doivent avoir des fonctions qui leur sont propres; dès qu'ils sont des êtres organisés, l'air, l'eau, la lumière ou le calorique doivent exercer sur eux une action quelconque? L'air cependant n'y fait rien subir de ce qui s'observe dans les autres Plantes; et l'on a vu dans notre article sur la Géographie considérée sous les rapports de l'histoire naturelle, que le globe ayant dû être, d'abord, tout couvert d'eau, les Hydrophytes furent les premiers Végétaux qui se soient développés: aussi beaucoup de leurs genres habitent dans les plus grandes profondeurs de la mer, l'air n'étant guère nécessaire à leur existence.

La taxonomie botanique marine ou la théorie des méthodes employées pour classer les Hydrophytes et la connaissance de ces méthodes, commence à devenir difficile à cause des changemens que chaque auteur a cru devoir faire aux travaux de ses prédécesseurs, et souvent à ceux qu'il avait publiés lui-même. Nous croyons devoir donner un aperçu de cette partie de la science, afin de démontrer que toute méthode sera vacillante tant qu'on ne fera que des divisions arbitraires de genres, tant que l'on ne prendra pas pour base des caractères, ceux que présentent l'organisation intime et toutes les fois qu'il sera possible la fructification. L'une des deux conditions ne suffit même pas il faut le concours de l'une et de l'autre pour établir des groupes naturels, et lorsqu'on étudie d'après ces bases, l'on ne tarde pas à se convaincre de la vérité du principe qu'avança, il y a plus de vingt ans (en 1804 dans ses Dissertations), l'habile collaborateur que nous venons de perdre. « L'organisation est tellement subordonnée à la fructification, disait ce savant observateur, que par l'examen de la première on peut deviner les caractères généraux de l'autre, et réciproquement.» Les observations microscopiques que nous avons faites nous-même dans cet esprit ont pleinement confirmé l'assertion de Lamouroux.

Linné, comme on l'a vu, avait partagé les Plantes marines en trois genres, appelés *Fucus*, *Ulva* et *Conferva*. Donati augmenta, sans les citer, le nombre des genres de Linné, mais confondant partout les Polypiers avec les Plantes marines, ne donnant que des définitions très-incomplètes de genres confus, ne citant aucune espèce, son travail ne peut être de la moindre utilité. Adanson, dans ses familles des Plantes, a divisé les Hydrophytes en genres qui différaient de ceux de Linné; mais ces genres étaient si médiocrement formés et sous des noms souvent si bizarres, que l'on n'en saurait conserver la totalité; aussi nul naturaliste ne les adopta, peu même en firent mention, et les genres linnéens avaient comme possession d'Etat, lorsque Roth, dans ses *Catalecta Botanica*, publia les genres *Ceramium* d'Adanson, *Hydrodyction*, *Batrachospermum*, *Rivularia* et *Linckia*. L'*Hydrodyction*, le *Batrachospermum* et le genre Oscillatoire de Vaucher, avaient déjà été indiqués en 1796, par nous-même, dans un mémoire lu à la Société naissante d'Histoire naturelle de Bordeaux; nous publiâmes depuis les genres *Lemanea*, *Draparnaldia* et *Thorea*, dans les Annales du Muséum, où leur histoire est ornée de figures soignées. Plus tard enfin nous avons élevé plusieurs genres à la dignité des familles; on peut consulter dans ce Dictionnaire même, sur cette partie de nos travaux hydrophytologiques, les mots ARTHRODIÉES, CHAODINÉES, CONFERVÉES et CÉRAMIAIRES; des articles secondaires contiennent la citation des espèces types; des planches dessinées par nous-même compléteront la connaissance de nos genres, en attendant notre histoire des Psychodiées, qui doit paraître un jour chez Levrault. Vaucher de Genève, dans son ouvrage sur les Conferves d'eau douce, a proposé d'excellentes coupes génériques; la plupart ont été conservées, mais on a dû changer la dénomination de quelques-unes; nous en regardons plusieurs comme appartenant au règne animal. De Candolle les a adoptées en partie dans sa Flore Française; mais il a appelé Vauchéries les Ectospermes, Chantransies les Prolifères et les Polyspermes, Conferves les Conjuguées; il a conservé le genre Nostoch de l'auteur genevois, Rivulaire, Céramie, Batrachosperme et Hydrodyction de Roth; Fucus, Ulve et Conferve de Linné, et a ajouté le genre Diatoma qui appartient évidemment au règne psychodiaire. Roussel, dans sa Flore du Calvados, ouvrage qui mérite peu d'être cité, a divisé ses Hydralgues en plus de trente genres que l'on ne saurait guère adopter; l'on peut employer quelques-uns des noms de cet auteur, et c'est à quoi se borne le service qu'il a rendu à la partie de la Botanique qu'il cultiva; il n'en est pas de même de l'art de guérir, qui doit à ce savant des ouvrages du plus haut intérêt. Lyngbye, algologue du reste fort exact et bon observateur, a, dans son *Tentamen Hydrophytologiæ danicæ*, classé les Hydrophytes d'après une méthode tellement artificielle et systématique, qu'il y réunit les Fucus dans la même section que les Dictyotées et les Ulves, les Plocamies avec les Desmaresties, etc. Ce naturaliste divise les Plantes marines en six sections et quarante-neuf genres; il serait trop long de les mentionner dans cet article; il nous suffit de dire que, malgré les défauts de la méthode du savant danois, l'exactitude des figures et d'excellentes descriptions donnent un grand prix à ses travaux qui sont indispensables à quiconque s'occupe de la végétation des eaux. Agardh, savant suédois, l'Acharius de l'algologie, semble s'être plu à changer sa classification toutes les fois qu'il a publié un nouveau traité; d'abord en 1817, dans son *Synopsis Algarum Scandinaviæ*, il adopta trois des quatre principales séries de Lamouroux: les Fucacées, les Floridées, les Ulvoïdes; il y ajouta les Confervoïdes et les Tremellinées, et distribua les Dictyotées parmi ses Fucacées et ses Floridées. En 1820, le même auteur a publié son *Species Algarum*; les Hydrophytes n'y sont déjà plus classées tout-à-fait comme dans le *Synopsis*, mais les changemens ne sont pas encore très-considérables. Dans son *Systema Algarum*, qui vient de paraître (1824), Agardh a bouleversé sa propre classification; les Hydrophytes, auxquelles il conserve le nom d'Algues, y sont distribuées en six ordres, savoir: les Diatomées (*Diatomeæ*), les Nostochinées (*Nostochinæ*), les Confervoïdes (*Confervoideæ*), les Ulvacées (*Ulvaceæ*), les Floridées (*Florideæ*), les Fucoides (*Fucoideæ*). Ces ordres sont sous-divisés en cent et un genres, la plupart nouveaux ou du moins décorés de noms nouveaux; plusieurs méritent d'être conservés; d'autres nous semblent formés de rapprochemens extraordinaires et d'espèces qui n'appartiennent pas même à des familles voisines. On y voit jusqu'à des Animaux confondus avec des Plantes. On dirait que la plupart du temps, l'auteur réduit à ne travailler que sur des échantillons d'herbier, parfois incomplets, n'a pas observé les êtres vivans et n'a jugé de leur consistance dans l'élément qu'ils habitent, qu'en les mouillant imparfaitement. Quoi qu'il en soit, le *Systema Algarum* d'Agardh a ce mérite, qu'il est le premier catalogue à peu près complet des Hydrophytes dont on possède des figures ou des descriptions. Bonnemaison de Quimper a donné dans le Journal de Physique, en mars 1822, une classification de ce qu'il appelle Hydrophytes loculées ou Plantes marines articulées qui croissent en France; il les divise en cinq sections sous les noms de Gélatineuses, d'Epidermées, de Céramiées, et de Confervées continues, suivant que leur fronde est composée ou simple, à membrane doublée, ou à membrane unique, avec ou sans épiderme, articulée ou sans articulation. Il donne la description de vingt-huit genres, mais sans figures, sans citation d'espèces, de sorte que cet ouvrage qui suppose néanmoins de bonnes recherches, sera peu utile aux botanistes pour étudier des Plantes que l'on ne peut bien observer en général qu'avec le secours de la loupe ou du microscope. Il est fâcheux qu'Agardh et Bonnemaison aient constamment adopté comme caractères génériques essentiels, la couleur qui ne peut guère offrir que des caractères accessoires.

Lamouroux, qu'il faut distinguer toutes les fois qu'il est question d'hydrophytologie, et qu'on doit considérer, nous aimons à le répéter, comme le père de cette science, publia, en 1813, son excellent traité modestement intitulé: *Essai sur les genres de Thalassiophytes non articulées*. Ce beau travail fut inséré dans les Annales du Muséum d'Histoire Naturelle; l'auteur y propose de diviser les Hydrophytes en six ordres ou familles sous les noms de Fucacées, Floridées, Dictyotées, Ulvacées, Alcyonidiées et Spongodiées. Eclairés depuis par de nouvelles observations, il pensa que les Spongodiées appartenaient aux Ulvacées, que les Alcyonidiées rentraient en partie dans les Floridées, ainsi que dans les Polypiers sarcoïdes, et que l'on ne devait pas classer dans les quatre premières séries toutes les Hydrophytes que Linné aurait regardées comme des Conferves à cause de leurs articulations ou cloisons réelles ou apparentes.

C'est à ces bases posées par Lamouroux lui-même, qu'on doit maintenant s'arrêter. Elles pourront être modifiées, mais non jamais ébranlées de fond en comble. C'est à elles que nous sentons la nécessité de rattacher tous nos travaux, et c'est en nous y renfermant que nous proposerons l'établissement des familles définitives de l'hydrophytologie. L'accroissement de connaissances que nous devons aux richesses récemment rapportées par Durville et par Lesson, nous oblige à renvoyer au Supplément de ce Dictionnaire, le tableau que nous en voulons donner. En procédant pour les faire connaître du simple au composé, nous définirons les Hydrophytes : des Végétaux à fructification obscure, quand ils ne sont pas agames; à tissu cellulaire, duquel transsude une mucosité généralement abondante; vivant dans l'eau, ou du moins auxquels la plus grande humidité possible est indispensable pour végéter et reprenant en général une apparence de vie quand ils sont remouillés même après une longue dessiccation. Les familles dans lesquelles nous répartirons ces Plantes sont les CHAODINÉES, après lesquelles viennent les Alcyonidiées et les Spongodiées, si même celles-ci n'en font partie; les CONFERVÉES, les CÉRAMIAIRES, les DICTYOTÉES, les FLORIDÉES, les FUCACÉES, les ULVACÉES, enfin les CHARACÉES que nous n'hésitons plus à rapporter à la classe dont il vient d'être question. *V.* tous ces mots.

Quant à la distribution des Hydrophytes dans l'immensité des eaux, il en a été traité au mot GÉOGRAPHIE, T. VII, p. 245, et pour leur préparation quand on en veut orner les herbiers dans ce présent volume, p. 143. (B.)

HYDROPIPER. BOT. PHAN. C'est-à-dire *Poivre d'eau*. Espèce des genres Renouée et Elatine remarquables par leur saveur brûlante. (B.)

* HYDROPITE. MIN. (Germar, Journ. de Schweigger, T. XXVI, p. 115). Variété compacte de Silicate de Manganèse, trouvée à Schebenholz, près d'Elbingerode. *V.* MANGANÈSE SILICATÉ. (G. DEL.)

HYDROPITYON. BOT. PHAN. Ce genre, de la Décandrie Monogynie, L., a été établi par Gaertner fils (*Carpolog.*, p. 19, tab. 183), et ainsi caractérisé : calice à cinq sépales; cinq pétales ovales, arrondis; dix étamines dont les filets sont épais, velus, et les anthères cordées; ovaire oblong, surmonté d'un style et d'un stigmate orbiculé; capsule monosperme, simulant une graine nue. On a placé ce genre dans la famille des Caryophyllées, mais ce rapprochement demande un examen ultérieur. Gaertner fils a pris pour type de ce genre l'*Hottonia indica*, L., dont Robert Brown (*Prodr. Flor. Nov.-Holland.*, p. 442) a formé également son genre *Limnophila*. Dans le Prodrome du professeur De Candolle, Seringe a distingué deux espèces dans le genre *Hydropityon*; savoir : l'*H. zeylanicum*, Gaertner, et l'*H. pedunculatum*. C'est à celle-ci qu'il rapporte comme synonyme l'*Hottonia indica*, L. Ces Plantes sont aquatiques, indigènes des Indes-Orientales. Elles ont des feuilles verticillées, pectinées, et de petites fleurs axillaires. (G..N.)

HYDROPORE. *Hydroporus*. INS. Genre de l'ordre des Coléoptères, section des Pentamères, famille des Carnassiers, tribu des Hydrocanthares, établi par Clairville et adopté par Latreille avec ces caractères : les quatre tarses antérieurs, presque semblables et spongieux en dessous dans les deux sexes, n'ayant que quatre articles distincts, le quatrième étant nul ou très-petit et caché, ainsi qu'une partie du dernier, dans une fissure profonde du troisième; point d'écusson apparent; corps ovale et aplati. Les Hydropores se distinguent des Hyphidres, *V.* ce mot, par la forme du corps; ils s'éloignent des Colymbètes, Hygrobies et Notères par des caractères tirés des tarses et des antennes. Ce sont des Insectes de petite taille, qui vivent généralement dans les marais des pays froids et tempérés de l'Europe. Ils sont de forme ovale allongée; leur tête est un peu moins large que le corselet, elle porte deux yeux assez grands au devant desquels sont insérées les antennes qui sont un peu plus longues que la tête et le corselet pris ensemble; elles sont composées de onze articles dont le premier est le plus grand et les autres sont égaux entre eux; les palpes sont filiformes, terminés par un article ovoïde et finissant en pointe. Le corselet est plus large que la tête, transversal, arrondi sur les côtés. Les élytres sont de la largeur du corselet à leur base, elles s'élargissent un peu vers le milieu de leur longueur, et finissent presque en pointe. Les quatre pates antérieures sont assez courtes, leurs tarses sont composés de cinq articles dont les trois premiers sont assez grands, spongieux en dessous; le quatrième est très-petit et reçu dans une échancrure du troisième, et le cinquième est assez apparent et porte deux crochets recourbés; les pates postérieures sont plus longues, leurs tarses ont également cinq articles, mais ils sont tous bien distincts et vont en diminuant de grandeur depuis le premier jusqu'au cinquième. Dejean (Cat. des Col., p. 19) mentionne trente-cinq espèces de ce genre, toutes propres à l'Europe; l'une des plus communes à Paris est : l'HYDROPORE ERYTROCÉPHALE, *H. Erythrocephalus*, Fabr. Il a un peu plus d'une ligne de long; tout son corps est d'un brun foncé; sa tête est rouge brique ainsi que ses pates et les bords latéraux de ses élytres qui sont ponctuées et pubescentes. *V.* pour les autres espèces, Fabricius, Gylenhal, Olivier (Encycl. méth., art. DYTIQUE), Latr. (Hist. natur. des Crust. et des Ins.) et Schœnherr. (G.)

HYDROPTERIDES. BOT. CRYPT. Willdenow a désigné sous ce nom la famille des Marsiléacées de Brown, Rhizospermes de Roth ou Salviniées de Mirbel. *V.* MARSILÉACÉES. (AD. B.)

* HYDROPYXIS. BOT. PHAN. Sous ce nom, Rafinesque (*Flor. Ludov.*, p. 19) a établi un genre qui appartient a la Didynamie Angiospermie, L., et dont voici les caractères : calice persistant, accompagné de deux bractées, à cinq divisions profondes, dont les deux intérieures sont plus courtes; corolle hypocratériforme, ayant le limbe divisé en cinq lobes inégaux; quatre étamines didynames, à anthères hastées; ovaire supérieur surmonté d'un style simple et d'un stigmate en tête, à trois lobes; capsule uniloculaire, polysperme, trigone, s'ouvrant transversalement; graines attachées à un réceptacle libre et central. Ce genre, dont les caractères ne sont pas assez exacts pour mériter une entière confiance, a été rapporté avec doute aux Scrophularinées. Il ne contient qu'une seule espèce (*Hydropyxis palustris*), Plante herbacée qui croît dans les marais de la Louisiane. (G..N.)

HYDRORHIZA. BOT. PHAN. Commerson donnait ce nom, qui signifie Racine d'eau, à une espèce de Vaquois. (B.)

HYDROSACES. BOT. PHAN. (Mentzel) Syn. d'Androsace. *V.* ce mot. (B.)

* HYDROSANE. MIN. Nom d'une variété d'Opale blanche, que l'on trouve près d'Habersburg en Saxe. Elle est tendre, hydrophane, et donne, par la distillation, une eau empyreumatique, sur laquelle surnage une pellicule huileuse. (Journ. de phys., t. 46, p. 217.) (G. DEL.)

* HYDROSÉLÉNIATES. MIN. Sels provenant de la combinaison de l'Acide hydrosélénique avec les bases. Cet Acide, découvert par Berzelius, n'existe pas dans la nature; c'est un composé d'Hydrogène et de Sélénium. *V.* ce dernier mot. (G..N.)

HYDROSTACHYS. BOT. PHAN. Genre établi par Du Petit-Thouars (*Nov. Gener. Madagasc.*, n. 1) qui l'a rapporté à la famille des Nayades et à la Diœcie Monandrie, L.; il est ainsi caractérisé : fleurs dioïques; les mâles ont un calice formé par une seule écaille courbée à son sommet, renfermant une anthère sessile et à deux loges; les fleurs femelles ont l'ovaire caché sous l'écaille calicinale, surmonté de deux styles, et se changeant en une capsule ovale, comprimée d'un côté, à deux valves, à une loge qui contient plusieurs graines attachées aux parois des valves. Du Petit-Thouars n'a point mentionné les espèces qui composent ce genre. Ce sont des Herbes qui croissent dans le fond des eaux à Madagascar; leurs fleurs sont disposées en un chaton qui a la forme d'un épi, et elles sont portées sur une hampe qui s'élève d'entre les feuilles. (G..N.)

* HYDROSULFATES. Sels résultans de la combinaison de l'Acide hydrosulfurique avec les bases. (DR..Z.)

* HYDROSULFURIQUE. MIN. V. ACIDES.

HYDROSYTE. MIN. Géodes de Calcédoine qui contiennent de l'eau. V. ENHYDRE. (B.)

* HYDROUS. *Hydrous*. INS. Nom donné par Leach aux Insectes du genre Hydrophile. V. ce mot. (G.)

*HYDRURES. MIN. CHIM. Combinaisons de l'Hydrogène avec les corps considérés comme simples. V. HYDROGÈNE. (G..N.)

* HYDRURUS. BOT. CRYPT. (*Chaodinées.*) Dès 1823, dans le T. IV de ce Dictionnaire, nous avions établi et publié, sous le nom de Cluzelle, le genre auquel Agardh, dans son *Systema Algarum*, publié en 1824, a donné le nom d'*Hydrurus*. V. CHAODINÉES et CLUZELLE. (B.)

* HYDRUS. REPT. OPH. V. HYDRE.

HYÈNE. *Hyæna*. MAM. Genre de Carnassiers digitigrades, caractérisé par des pieds seulement tétradactyles, armés chacun de quatre ongles très forts, mais qui, n'étant ni tranchans ni acérés, ne sont pas des griffes propres à retenir ou à déchirer une proie, mais seulement des instrumens fouisseurs. Le pouce est représenté aux membres antérieurs par un seul petit os, sur le squelette, et à l'extérieur, par un petit tubercule calleux, sans ongle, correspondant à ce petit os. Il y a de chaque côté trois fausses molaires, une carnassière et une tuberculeuse à la mâchoire supérieure; trois fausses molaires et une carnassière sans tuberculeuse à l'inférieure; en tout, trente-quatre dents. A la mâchoire supérieure, la troisième incisive est longue et crochue; la première fausse molaire est une petite dent à une seule racine et à couronne formée d'une petite pointe mousse; les deux autres fausses molaires de cette mâchoire, ainsi que toutes celles de l'inférieure, sont extrêmement épaisses et peu tranchantes. La largeur de la tête terminée par un museau obtus, l'énorme développement de la crête sagittale et de l'épine occipitale, l'écartement considérable des arcades zygomatiques dénotent une grande puissance d'action dans les muscles du col et des mâchoires. On s'explique par-là les récits des voyageurs qui racontent avoir vu des Hyènes emporter dans leur gueule des proies énormes sans les laisser toucher le sol. Les oreilles de ces Animaux sont grandes et presque nues; leurs yeux grands; leur langue rude; leurs narines terminales et entourées d'un muffle. Les organes génitaux ressemblent à ceux du Chien, dont ils diffèrent cependant par l'absence de l'os pénial. Il paraît que le genre établi par nous sous le nom de Protèle, est le seul, parmi les Carnassiers, qui partage avec les Hyènes cette singularité organique. L'os pénial est, suivant l'opinion de Geoffroy Saint-Hilaire, représenté chez ces Animaux par un petit os qui est placé entre l'ischium, le pubis et l'ileum dans la cavité cotyloïde, et dont on doit la découverte au célèbre professeur Serres.

Une foule de fables ridicules ont été débitées au sujet des Hyènes; elles ont leur origine dans deux circonstances organiques, que le Protèle seul encore paraît partager avec les

Hyènes. Le membre postérieur vu sur un Animal vivant et comparé à l'antérieur, paraît d'une extrême brièveté, non pas qu'il le soit réellement, mais parce que l'Animal en tient toujours les diverses parties dans un tel état de flexion que l'axe de son corps est très-oblique sur le sol ; de-là résulte pour l'Animal une allure tout-à-fait bizarre, et qui a fait dire que l'Hyène boite, surtout quand elle commence à marcher. Il est encore à remarquer que le métacarpe, toujours plus court que le métatarse, chez les Carnassiers, ne lui cède chez l'Hyène (de même encore que chez le Protèle) en rien pour la longueur. L'autre fait, c'est l'existence d'une petite poche glanduleuse placée au-dessous de l'anus, et qui contient une humeur onctueuse, fétide. Cette poche, qui existe chez les mâles et chez les femelles également, a été prise pour la vulve, ce qui a fait regarder par les anciens l'Hyène comme hermaphrodite. L'histoire de l'Hyène n'était du reste pour eux qu'un tissu de fables. Le vulgaire pense, nous rapporte Pline, que les Hyènes sont hermaphrodites, qu'elles changent de sexe tous les ans, qu'elles ne peuvent tourner la tête sans tourner le corps, qu'elles savent imiter la voix humaine, même appeler les Hommes par leur nom, que les Chiens deviennent muets par le seul contact de leur ombre. Nous ne nous arrêterons pas davantage sur le reste des fables racontées par le compilateur romain, non plus que sur toutes celles encore plus singulières débitées par Elien, mais nous remarquerons qu'Aristote avait mieux connu l'Hyène ; il la décrit, donne des détails sur ses habitudes, et réfute même les fables déjà répandues de son temps : il explique très-bien ce qui a donné lieu à l'idée que l'Hyène réunit les deux sexes, et montre le peu de fondement de cette idée. Quoi qu'il en soit, ce n'est que très-tard que les modernes ont reconnu la véritable Hyène des anciens. Belon avait cru la retrouver dans la Civette, erreur qui s'explique parfaitement ; mais on a peine à concevoir qu'on ait pu la confondre, comme on l'a fait, avec le Mandrill.

Les Hyènes sont, en général, des Animaux nocturnes, comme la description de leurs organes des sens a déjà dû le faire pressentir. Elles préfèrent à tout la viande déjà ramollie par un commencement de putréfaction ; sans doute à cause de la forme de leurs dents assez épaisses et assez tranchantes pour leur permettre même de se nourrir aussi de substances végétales, telles que du pain ou des racines. Elles attaquent cependant quelquefois des Animaux, et l'Homme lui-même, mais seulement quand les charognes leur manquent. Ordinairement, pour satisfaire à leurs goûts immondes, elles pénètrent la nuit dans les cimetières, fouillent les tombeaux et déterrent les cadavres. Dans les contrées chaudes qu'elles habitent, et où la chaleur rend le travail si pénible, et les miasmes putrides si dangereux, l'Homme a su mettre à profit leur voracité, et se reposer sur elles de soins rebutans : les immondices, les charognes, sont laissées le soir dans les rues des villes ; les Hyènes pénètrent la nuit dans leur enceinte, et s'en repaissent avidement. Ces Animaux sont renommés pour leur férocité : cependant Pennant, Buffon, Cuvier, Barrow, rapportent des exemples de Hyènes apprivoisées.

On n'a distingué dans ce genre qu'un petit nombre d'espèces, qui toutes habitent les climats chauds de l'ancien continent. Linné avait réuni aux Chiens les espèces qu'il connaissait.

1°. L'Hyène rayée, *Hyæna vulgaris*, Geoff. St.-Hil. ; *Canis Hyæna*, L., est l'Hyène des Anciens ; celle au sujet de laquelle ont été débitées toutes les fables dont nous avons rapporté une partie. On l'a vue pour la première fois à Rome, sous l'empire de Gordien. Elle est d'un gris jaunâtre, rayé transversalement de noir ; les jambes ont de petites raies horizontales dont les supérieures se courbent et se continuent avec les grandes raies transversales du corps; la tête est couverte d'un poil très-court, grisâtre, mais varié irrégulièrement de noir; la gorge est d'un beau noir; le reste du dessous est jaunâtre. On remarque sur le dos une longue crinière noire; sur le cou et sur la queue, des poils un peu plus allongés et plus roides que ceux du corps continuent cette crinière; les pates, uniformément grisâtres, sont velues jusqu'au bout des doigts; les oreilles sont longues et coniques, presque nues, sans comprendre la queue qui est de moyenne longueur. L'Animal a trois pieds quatre pouces de long. Bruce a tué, dans l'Atbara, un individu beaucoup plus grand. Cette espèce et la suivante ont, à la dernière molaire d'en bas, un tubercule particulier placé en dedans qui ne se retrouve que chez elles. L'Hyène rayée habite la Perse, l'Égypte, la Barbarie et l'Abyssinie; elle est très-féroce et difficile à apprivoiser, quoiqu'on y ait quelquefois réussi. Celles de la ménagerie du Muséum ne se sont jamais adoucies. L'une d'elles, morte récemment, s'était rongé et entièrement détruit tous les doigts des membres postérieurs.

2°. L'Hyène brune, *Hyæna fusca*, Geoffr. St.-Hil., est une espèce que possède le Muséum, mais dont on ignore la patrie. Elle a le corps couvert en entier de très-longs poils bruns, qui pendent sur les côtés; la tête couverte de poils courts, bruns-grisâtres; les pates annelées de blanc et de brun; le dessous du corps d'un blanc sale. Les incisives supérieures sont contiguës, et la dernière molaire d'en bas a la même forme que chez l'Hyène rayée, mais le tubercule est moins saillant. Sa taille est à peu près celle des autres Hyènes. Cette espèce, distinguée par Geoffroy Saint-Hilaire, n'a été bien décrite depuis lui que par Cuvier (Ossemens Fossiles), et ne doit nullement être confondue avec l'Hyène rousse de ce célèbre professeur. L'Hyène brune a été, nous ne savons pourquoi, généralement omise dans les ouvrages de zoologie.

3°. L'Hyène tachetée, *Hyæna capensis*, Desm., *Canis Crocata*, L. Des taches nombreuses d'un brun foncé sur un fond gris jaunâtre en dessus; le dessous du corps et la face interne des membres fauve blanchâtre; le bas de la jambe d'une nuance plus foncée; un seul rang de taches voisines et en ligne sur le col; des oreilles presque nues, arrondies; la queue tachetée à son origine, noire dans le reste de son étendue, caractérisent cette espèce. Les poils du dos, un peu plus longs que ceux du reste du corps, forment une sorte de petite crinière. Une autre race, peut-être une autre espèce du Cap, diffère de celle-ci par des taches beaucoup moins nombreuses, par les jambes noires, le ventre noirâtre, le poil plus long et plus doux et par une couleur rousse plus foncée. C'est à cette Hyène que Cuvier, en parlant de souvenir, avait donné le nom d'Hyène rousse (Ossemens Fossiles, première édition). Mais cette Hyène est justement celle qui est si commune au Cap. Si de ces deux sortes d'Hyènes on veut faire deux espèces, c'est donc la première qui doit changer de nom. C'est sans doute ce motif qui a porté le célèbre professeur à la supprimer dans ses Ossemens Fossiles, deuxième édition. Delalande a rapporté du Cap le jeune âge de cette espèce : sa tête est fauve et son corps noirâtre, seulement avec quelques taches sur le dos et l'origine de la queue. Cette espèce, qui habite la partie méridionale de l'Afrique, paraît moins féroce que l'Hyène rayée. Barrow (Voy. au Cap) assure qu'il est des pays où l'on emploie cette Hyène pour la chasse, et qu'elle ne cède au Chien, ni pour l'intelligence, ni pour la fidélité. Celle qui a vécu à la Ménagerie du Muséum, s'échappa lors de son arrivée à Lorient, courut quelque temps dans les champs sans faire de mal à personne, et se laissa bientôt reprendre sans résistance. Elle a vécu seize ans à Paris, et a toujours été très-douce, excepté dans les dernières années de sa vie, où sans doute par l'effet des infirmités de la vieillesse, elle devint plus farouche.

Bruce a décrit comme une espèce nouvelle l'Hyène d'Abyssinie, sous le nom de *Canis Hyœnomelas*; mais on ne la considère généralement que comme une variété de l'Hyène rayée, dont elle ne diffère guère que par une taille un peu plus considérable. On a aussi rapporté aux Hyènes des Animaux de genres différens, comme le Loup rouge, nommé par quelques auteurs Hyène d'Amérique; et deux nouvelles espèces de Carnassiers de l'Afrique méridionale dont l'un, type du genre nouveau, a été nommé par nous Protèle Delalande, et sera décrit au mot PROTÈLE. Nous décrirons ici l'autre espèce, qui doit peut-être aussi former un genre nouveau.

4°. L'HYÈNE PEINTE, *Hyœna picta*, Tem.; *Hyœna venatica*, Burchell; Chien Hyénoïde, Cuv. Elle a été bien décrite et figurée pour la première fois par le savant ornithologiste hollandais, Temminck (Ann. génér. de Drapiez et Bory de Saint-Vincent), qui l'a d'abord rapportée au genre Hyène dont elle a en effet les doigts et les ongles : mais s'étant procuré depuis la tête osseuse, Temminck a reconnu lui-même que cet Animal s'éloignait des Hyènes à plusieurs égards. Ses mâchoires et ses dents sont exactement celles des Chiens qui ont seulement le petit lobe en avant des fausses molaires moins prononcé. Du reste la forme de sa tête le rapproche assez des Hyènes dont il a la taille : mais il est beaucoup plus haut sur jambes et plus élancé que celles-ci. Ses oreilles larges et arrondies sont velues. Quant à son pelage, il est varié et comme marbré de blanc, de noirâtre et de jaune. La couleur noirâtre s'étend principalement sur le milieu du crâne, la gorge et les deux tiers de la queue : le blanc domine sur les quatre extrémités et le reste de la queue. La femelle a le pelage plus abondant en fauve que le mâle.

Ces Animaux ont les habitudes des Chiens sauvages : ils vivent en troupes nombreuses, chassent en plein jour et avec une sorte d'ensemble et d'accord, s'approchant ainsi quelquefois jusqu'auprès des villes. Un voyageur très-digne de foi, qui a vu vivant un individu de cette espèce, nous a assuré qu'il tenait dans un état habituel de flexion, non pas seulement, comme les Hyènes, le membre postérieur, mais aussi, ce qu'on n'a encore observé chez aucun autre Animal, le membre antérieur.

Il n'existe point d'Hyènes au Nouveau-Monde; l'Animal auquel on a donné ce nom, le Loup rouge du Mexique, est une espèce du genre Chien.

5°. L'HYÈNE FOSSILE, Cuv., *Hyœna fossilis*, Desm. Des ossemens fossiles d'Hyène sont assez abondamment répandus soit dans les carrières où se trouvent en si grande abondance les ossemens d'Ours, soit aussi dans les terrains d'alluvion avec des ossemens d'Eléphant. Ces ossemens, découverts depuis long-temps, n'ont été reconnus que de nos jours par Cuvier pour appartenir à une Hyène. Une portion de ces débris a été trouvée en Allemagne et en France; mais le dépôt le plus abondant est la caverne de Kirkdale dans le comté d'Yorck. Leurs dimensions ont montré que l'antique Hyène était une espèce différente des espèces vivantes aujourd'hui. C'est de l'Hyène rayée qu'elle se rapproche davantage; mais elle en diffère par une crête sagittale plus distincte, plus élevée, plus comprimée, par sa mâchoire plus longue et surtout plus haute, et par une taille plus considérable. Les habitudes de cet antique habitant du monde ont dû ressembler à celles de nos Hyènes d'aujourd'hui. Les cavernes qui lui servirent de tombeau sont remplies d'ossemens, restes d'Animaux dévorés; mais ce qui est très-remarquable, c'est que parmi eux l'on ne trouve pas un seul ossement humain. Ce qui ajoute une preuve de plus à l'introduction moderne de l'Homme dans l'ensemble de la nature. *V.* CRÉATION. (IS. G. ST.-H.)

HYÈNE. MOLL. Une espèce du genre Cône porte ce nom. (B.)

*HYGROBATA. OIS. Nom donné par Illiger à une famille qui comprend les genres Avocette, Spatule et Phœnicoptère. (DR..Z.)

HYGROBIE. *Hygrobia.* INS. Genre de l'ordre des Coléoptères, section des Pentamères, famille des Carnassiers, tribu des Hydrocanthares, établi par Latreille qui y comprenait les Hyphydres d'Illiger; il les en a séparés depuis et assigne les caractères suivans au genre dont nous traitons : tarses à cinq articles distincts, et dont les quatre antérieurs dilatés presque également à leur base, dans les mâles, en une petite palette en carré long, et se repliant sous la jambe; antennes plus courtes que le corps et le corselet; palpes extérieurs plus gros à leur sommet; corps très-bombé et yeux saillans.

Les Hygrobies se distinguent des Hydropores et des Hyphydres par les tarses antérieurs qui n'ont que quatre articles distincts dans ceux-ci. Ils s'éloignent des Dytiques et des Colymbètes par leurs antennes plus courtes que le corselet et la tête, tandis qu'elles sont plus longues dans les deux genres que nous venons de citer. Les Hygrobies ont les mandibules saillantes au-delà du labre, fortement échancrées à leur sommet; leur tête est dégagée postérieurement et mobile; le bord antérieur du corselet est presque droit, presque parallèle au bord postérieur et guère plus étroit; ils ont un petit écusson.

La seule espèce de ce genre qui se trouve à Paris est :

L'HYGROBIE DE HERMANN, *Hygr. Hermanni*, *Hydrachna Hermanni*, Fabr., Clairv. (Entom. Helv. T. II, pl. 26, AA). Il a cinq lignes de long; ses antennes sont ferrugineuses ainsi que sa tête, avec une tache noire autour des yeux; son corselet est noir, avec une large bande transverse ferrugineuse; les élytres sont un peu raboteuses, noires, avec le bord extérieur et la base ferrugineuse; le dessous du corps est de cette couleur avec la poitrine et l'extrémité du ventre noires. Clairville rapporte au même genre le *Dytiscus uliginosus* de Fabricius, et le figure (*loc. cit.*, pl. BB). (G.)

HYGROBIÉES. *Hygrobiæ.* BOT. PHAN. Dans son Analyse du fruit, p. 34, le professeur Richard a proposé l'établissement de cette famille naturelle de Plantes pour un certain nombre de genres placés auparavant, pour la plupart, dans la première section des Onagraires. Cette famille est la même que celle à laquelle Jussieu a donné plus tard le nom de *Cercodiennes*, et Brown celui d'*Haloragées*. Voici les caractères qui la distinguent : les fleurs sont en général petites et axillaires, quelquefois unisexuées; le calice est monosépale, adhérent avec l'ovaire qui est infère, et se terminant supérieurement par un limbe à trois ou quatre divisions. La corolle, qui manque quelquefois, se compose de trois ou quatre pétales alternes avec les lobes du calice; les étamines, qui sont épigynes et insérées en dedans de la corolle, sont en nombre égal ou double des divisions calicinales, auxquelles elles sont opposées dans le premier cas. Coupé transversalement, l'ovaire présente autant de loges qu'il y a de divisions au calice; chacune d'elles contient un seul ovule renversé; cet ovaire est surmonté d'autant de stigmates filiformes, glanduleux ou velus, qu'il a de loges. Le fruit est une baie ou une capsule couronnée par les lobes du calice, à plusieurs loges monospermes. Chaque graine, qui est renversée, offre un tégument propre, membraneux, un endosperme charnu dans la partie centrale duquel est un embryon cylindrique dont la radicule tournée vers le hile est obtuse.

Cette petite famille se compose des genres *Vahlia* de Thunberg, *Cerco-*

dea de Solander ou *Haloragis* de Forster; *Goniocarpus* de Thunberg, ou *Myriophyllum*, L.; *Proserpinaca*, L., ou *Trixis* de Gaertner.

Le professeur Richard (*loc. cit.*) place également dans cette famille le genre *Hippuris*, qui a son ovaire à une seule loge contenant un seul ovule renversé. Mais ce genre est bien certainement dépourvu d'endosperme. Néanmoins il nous paraît évident qu'il ne peut en être éloigné.

(A. R.)

* HYGROCROCIS. BOT. CRYPT. (*Céramiaires?*) Genre établi par Agardh (*Syst. Alg.*, p. 45), dont les caractères consistent en des filamens translucides, arachnoïdes, d'une extrême finesse, obscurément articulés, flottant en une membrane gélatineuse, souvent fort dense à la surface des infusions et de diverses liqueurs, même de celles qui contiennent des substances métalliques corrosives. A ce genre, qui nous paraît devoir être adopté, doit appartenir une petite Conferve pâle que notre collègue Dutrochet nous a communiquée, et que ce botaniste trouva dans de l'eau de Goulard; le *Conferva infusionum* de De Candolle, s'il n'est pas un Oscillaire imparfaitement observé, y peut aussi rentrer. Agardh mentionne les espèces trouvées dans une macération de Baryte, de Sauge et de Gomme arabique, d'Ocre, de Roses, de Groseilles; et le *Conferva atramenti*, Lyngb., *Tent.*, pl. 67, que nous avons souvent observé dans l'encre commune. Ce sont des Plantes à peine organisées, dont une, *Hygrocrocis vini*, a été découverte dans le vin de Madère. Or, ces Plantes sont postérieures à l'époque où l'on fit du vin et de l'encre, et sont encore de ces êtres modernes, eu égard au reste de la création, ainsi qu'il a été dit au mot Géographie de ce Dictionnaire.

Nous pensons qu'on peut compléter les caractères de ce genre, depuis une observation que nous avons faite plusieurs fois sur des infusions de truffes dans l'eau douce. Il s'y est formé en peu de jours une membrane gélatineuse et pâle qui bientôt, s'épaississant en masses filamenteuses, nous a présenté le plus grand rapport avec les espèces citées par Agardh, et qui nous sont presque toutes connues. Mais, ce que l'algologue suédois n'a point vu, ce sont des fructifications arrondies, terminales, solitaires, un peu plus foncées que le reste de la Plante, sessiles et articulées sur l'extrémité de chaque rameau. La figure du *Vaucheria clavata* de Lyngbye, pl. 21, et celle du *Conferva ferruginea*, pl. 55, du même auteur, donnent une idée de cette disposition; pour mieux l'indiquer, nous figurons, dans les planches de ce Dictionnaire, notre *Hygrocrocis tuberis*, qui se dessèche fort bien dans l'herbier, ou préparé sur le papier blanc; il présente une membrane jaunâtre.

(B.)

*HYGROMANES. MOLL. Petit groupe proposé par Férussac dans son sous-genre Hélicelle. *V.* HÉLICE.

(D..H.)

* HYGROMITRA. BOT. CRYPT. (*Champignons.*) Le *Tremella stipitata* de Bosc a servi de type à un sous-genre auquel Nées d'Esenbeck a donné le nom d'*Hygromitra*, et qu'il a placé parmi les Tremelles. Fries, en lui conservant ce nom, y a joint l'*Helvella gelatinosa* de Bulliard et quelques autres espèces, et en a fait un sous-genre des *Leotia*. Cette opinion nous paraît plus juste, car ces Plantes ont un chapeau très-distinct qu'on ne trouve pas dans les Tremelles. *V.* LEOTIA. (AD. B.)

HYGROPHILE. *Hygrophila*. BOT. PHAN. Robert Brown (*Prodr. Flor. Nov.-Holl.*, 1, p. 479) a établi sous ce nom un genre nouveau dans la famille des Acanthacées et dont le *Ruellia ringens*, L., est le type. Il le caractérise ainsi: calice tubuleux, à cinq divisions égales; corolle en gueule; quatre étamines fertiles dont les loges sont parallèles et dépourvues d'appendices; loges de l'ovaire polyspermes; graines soutenues par un funicule.

Ce genre se compose, outre l'espèce de *Ruellia* qui en est le type, d'une seconde espèce que R. Brown nomme *Hygrophila angustifolia*, à cause de ses feuilles linéaires, lancéolées, réunies par paires rapprochées. Elle est originaire de la Nouvelle-Hollande. L'*Hygrophila* se distingue suffisamment du genre *Ruellia* par la forme de sa corolle, son calice tubuleux, qui se rompt en cinq pièces par suite du développement de la capsule. (A. R.)

HYLA. REPT. BATR. *V*. RAINETTES.

* HYLACIUM. BOT. PHAN. Genre de la Pentandrie Monogynie, L., établi par Palisot-Beauvois (Flore d'Oware et de Benin, T. II, p. 84) qui l'a placé dans la famille des Rubiacées, et l'a ainsi caractérisé : calice à cinq dents ; corolle infundibuliforme, à cinq divisions renversées ; cinq étamines à l'ouverture du tube de la corolle ; un pistil sillonné à sa base ; stigmate cylindrique, tronqué aux deux extrémités et sillonné dans sa longueur ; drupe sec, couronné et renfermant un noyau comprimé, ridé, biloculaire ; loges monospermes par suite de l'avortement d'une des deux graines. L'auteur de ce genre lui a trouvé des rapports avec les *Pavetta*, *Chiococca* et *Psychotria* ; il s'en distingue surtout par son pistil et son stigmate sillonnés, ainsi que par son noyau ligneux, ridé et comprimé. L'inspection de la figure donnée par Palisot-Beauvois, et celle des échantillons de son herbier nous portent à croire que le rapprochement qu'il a présenté n'a aucune valeur. L'ovaire de l'*Hylacium* nous a paru supère, et ses feuilles dépourvues de stipules interpétiolaires. La Plante offre en outre un port analogue à celui de certaines Apocynées. L'*Hylacium Owariense*, Palisot-Beauv. (*loc. cit.*, tab. 113), est un Arbrisseau qui croît dans les déserts du royaume d'Oware. Ses feuilles sont opposées, portées sur un court pétiole, ovales-oblongues, amincies aux deux extrémités, entières et glabres. Les fleurs sont blanches, en corymbe terminal, portées sur des pédoncules trichotomes. (G..N.)

HYLEBATES. OIS. Nom donné par Vieillot à une famille d'Echassiers qui ne comprend que le genre Agami, lequel n'est encore composé que d'une seule espèce. (DR..Z.)

HYLECOETE. *Hylecœtus*. INS. Genre de l'ordre des Coléoptères, section des Pentamères, famille des Serricornes, tribu des Lime-Bois, établi par Latreille, et ayant pour caractères : palpes maxillaires beaucoup plus grands que les labiaux, pendans, très-divisés, et comme en peigne ou en forme de houppe dans les mâles ; étuis recouvrant en grande partie le dessus de l'abdomen ; antennes en scie, uniformes. Ces Insectes s'éloignent des Cupès par les palpes qui sont égaux dans ces derniers, et par les antennes. Ils diffèrent des Lymexylons parce que ceux-ci ont des antennes simples. Les larves des Hylecœtes sont à peu près les mêmes que celles des Lymexylons ; elles causent de grands dommages au bois de Chêne. L'espèce qui sert de type à ce genre, est :

L'HYLECOETE DERMESTOIDES, *H. Dermestoides* ; *Meloe Marci*, L., le mâle ; *Cantharis Dermestoides*, Oliv. (Col. II, 25 ; I, 12). Femelle longue de six lignes, d'un fauve pâle, avec les yeux et la poitrine noirs. Mâle noir ; étui tantôt noirâtre, tantôt roussâtre, avec l'extrémité noire. On trouve cette espèce en Allemagne, en Angleterre et au nord de l'Europe. (G.)

HYLÉE. *Hylæus*. INS. Genre de l'ordre des Hyménoptères, section des Porte-Aiguillons, famille des Mellifères, tribu des Andrénètes, établi par Fabricius qui associait aux espèces de ce genre des Insectes avec lesquels il a formé depuis le genre Prosope, adopté par Jurine sous la même dénomination. Latreille a conservé le nom d'Hylée, et a distingué quelques-unes des Prosopes et des Hylées de Fabricius, sous le nom de

Collète. *V*. ce mot. Les caractères du genre Hylée, tel qu'il est adopté par ce savant (Fam. Nat. du Règn. Anim.), sont : division intermédiaire de la languette presque en forme de cœur, et doublée dans le repos ; second et troisième articles des antennes presque également longs ; point de pates pollinigères ; deux cellules sous-marginales.

Les Hylées se distinguent des Collètes par leurs antennes, par les pates et par des caractères tirés des cellules des ailes. Ces Insectes sont généralement petits, glabres, noirs, tachetés de jaune et de blanc ; leurs antennes sont assez grosses, mais courtes, ne dépassant guère la naissance des ailes dans les deux sexes, insérées vers le milieu du front, de douze ou treize articles suivant les sexes, dont le premier, assez long, presque cylindrique ou cylindro-conique, un peu plus renflé dans les mâles ; les autres presque égaux, courts, assez distincts ; à partir du second, chaque antenne fait un coude et prend une figure arquée. La tête des Hylées est presque triangulaire, comprimée, verticale, appliquée contre le corselet, dont le diamètre transversal est à peu près le même ; la face est plane et présente immédiatement au-dessus de la bouche deux lignes imprimées, réunies transversalement par une troisième, au-dessus de l'insertion des antennes. L'espace circonscrit par ces lignes forme une espèce de triangle, tronqué ou en trapèze, et paraît remplacer le chaperon ; cette face est toujours colorée de blanc ou de jaunâtre dans les mâles, tandis que celle des femelles n'a au plus que deux taches ou deux lignes colorées de même ; une de chaque côté, près du bord interne des yeux. Ceux-ci sont oblongs, entiers, et occupent les côtés de la tête ; les trois yeux lisses sont situés sur le vertex et forment un triangle ; le corselet est cylindrique ; l'abdomen est ové, conique. Dans les femelles, il renferme un aiguillon assez long, accompagné de deux petites pièces comprimées, linéaires, appelées styles : les pates sont courtes, assez fortes. Comme les Hylées n'ont pas de brosses aux pates pour recueillir le pollen des fleurs, il est probable qu'ils pondent leurs œufs dans les nids de quelques autres Insectes. On ne connaît pas leurs mœurs ; tout ce qu'on sait sur leur manière de vivre, c'est qu'ils fréquentent les fleurs du Réséda et de l'Oignon de préférence à toute autre. La principale espèce de ce genre est :

L'HYLÉE ANNELÉ, *Hyl. annulatus*, *Prosopis annulata*, Fabr., Illig. ; *Mellita annulata*, Kirby ; *Prosopis bifasciatus*, Jurine (Hym., pl. 11, genr. 30) ; *Apis annulata*, L. Il est long d'environ trois lignes, très-noir ; le premier article des antennes est très-peu dilaté ; l'abdomen est uniformément noir ; les jambes postérieures annelées de blanchâtre, et le devant de la tête tacheté de cette même couleur. Cette espèce se trouve en France ; elle répand une légère odeur de musc. (G.)

HYLÉSINE. *Hylesinus*. INS. Genre de l'ordre des Coléoptères, section des Tétramères, famille des Xylophages, tribu des Scolitaires, établi par Fabricius qui les réunissait, dans ses ouvrages antérieurs, aux Bostriches, genre déjà institué par Degéer sous le nom d'Ips, et qu'il ne faut pas confondre avec les Bostriches (*à pates*, Fabr.) du naturaliste français. Par un autre renversement, il transmettait la dénomination de *Scolyte* aux *Omophrons* de Latreille. *V*. ce mot. Le genre Hylésine qu'Olivier réunissait au genre Scolyte de Geoffroy, quil avait rétabli, a pour caractères suivant Latreille : palpes très-petits, coniques ; antennes en massue solide ; massue commençant au neuvième article, peu ou point comprimée, ovoïde, pointue au bout.

Ces Insectes ressemblent beaucoup aux Scolytes proprement dits, mais ils en diffèrent par la massue des antennes ; ils s'éloignent des Phloiotribes de Latreille par des caractères de la même valeur : ce sont de petits Insectes qui vivent dans le bois, et dont nous ne connaissons pas encore les mœurs et les métamorphoses. L'espèce qui sert de type à ce genre est :

L'HYLÉSINE CRÉNELÉ, *Hyl. crenatus*, Fabr.; Scolyte crénélé, Oliv. (T. II, n. 78, pl. 2, fig. 18). Il est noir, luisant, avec les antennes et les pates fauves, et les élytres d'un brun marron; le corselet a des points épars, mais confluens et qui le font paraître un peu chagriné; les élytres offrent, outre ce caractère, des points disposés en séries longitudinales. Il est rare aux environs de Paris. Dejean (Catal. des Coléopt., p. 100) mentionne six autres espèces de ce genre. (G.)

HYLOBATES. MAM. Illiger forme sous ce nom, parmi les grands Singes, aux dépens du genre Orang, et pour le Gibbon, un genre qu'il caractérise par l'angle facial de 60 degrés seulement; les pieds de devant touchant presqu'à terre, et les fesses légèrement calleuses. Ce genre ne saurait être adopté. (B.)

* HYLOBIUS. INS. Genre de l'ordre des Coléoptères, section des Tétramères, famille des Rhyncophores, tribu des Charansonites, établi par Germar et adopté par Latreille (Fam. Nat. du Règn. Anim.) qui ne donne pas ses caractères. Dejean (Catal. des Coléopt., p. 88) en mentionne sept espèces dont une partie est propre à l'Europe et l'autre à l'Amérique. L'espèce qui sert de type au genre est le *Curculio abietis* de Fabricius. (G.)

HYLOGINE. BOT. PHAN. (Knight et Salisbury.) Syn. de *Telopea*. *V*. ce mot. (G..N.)

HYLOTOME. *Hylotoma*. INS. Genre de l'ordre des Hyménoptères, section des Térébrans, famille des Porte-Scies, tribu des Tenthrédines, établi par Latreille, et auquel Jurine a donné le nom de Crypte. Les caractères de ce genre sont ; antennes n'ayant que trois articles distincts, dont le dernier est en massue allongée dans les mâles. Ces Insectes se distinguent des Cimbex et des Tenthrèdes, parce que ceux-ci ont les antennes composées d'un plus grand nombre d'articles. Fabricius a rapporté à ce genre plusieurs espèces dont les antennes ont une composition et une forme très-différentes; telles sont, par exemple, celles des Lophyres; mais il y a fait trois divisions, dont la seconde comprend les Hylotomes de Latreille.

Les Hylotomes ont les mandibules échancrées; leurs ailes supérieures ont une cellule radiale très-grande, appendiculée, et quatre cellules récurrentes, dont la quatrième atteint le bout de l'aile; elles ressemblent entièrement pour la forme du corps aux Tenthrèdes, *V*. ce mot; seulement, elles paraissent être plus ramassées. Les larves des Hylotomes ont de dix-huit à vingt pates, dont les six premières seules sont terminées par un crochet conique et écailleux; les autres sont membraneuses. Ces larves vivent le plus souvent en familles et elles font le plus grand tort aux Arbres; chacune de ces sociétés étant attachée à peu près à un genre ou à une espèce de Végétal. Réaumur et Degéer ont suivi les métamorphoses de plusieurs espèces d'Hylotomes; la fausse chenille, pour passer à l'état de nymphe, se fixe aux branches mêmes des Arbres sur lesquels elle se nourrissait; d'autres entrent en terre et y construisent une double coque dans laquelle elles se renferment; l'enveloppe extérieure est un réseau à grandes mailles, mais solide et capable de résister à la pression; ses fils, vus à la loupe, semblent être de petites cordes à boyaux ayant des inégalités. Ils ont une espèce d'élasticité qui leur fait reprendre leur première position dès qu'on cesse de les presser. L'enveloppe intérieure est d'un tissu très-serré, mais sans ressort, mou et flexible. Cette coque intérieure n'est point adhérente à l'autre, comme on peut s'en convaincre en coupant de petites portions d'un des bouts de celle-ci afin de lui faire un passage. Ces fausses chenilles n'ont qu'une certaine provision de matière à soie, et elles l'emploient économiquement; aussi l'enveloppe extérieure n'offre-t-elle qu'un réseau très-clair dont la surface est grossière, mais qui est capable de résistance.

Nous n'entrerons point ici dans de plus grands détails sur les métamorphoses et sur les instrumens dont se servent les Hylotomes pour creuser dans les Arbres les trous où elles déposent leurs œufs, et nous renvoyons à l'article TENTHRÉDINES où nous donnerons des détails généraux sur l'organisation de ces Insectes. L'espèce la plus commune de ce genre, et celle sur les mœurs de laquelle on a fait le plus d'observations, est :

L'HYLOTOME DU ROSIER, *H. Rosæ*, Fabr., Latr., Lepel. de Saint-Fargeau, Jurine, Réaum., Degéer, Panzer (*Faun. Ins. Germ.*, p. 49, tab. 15). Il est d'un jaune un peu roussâtre, avec les antennes, la tête, le dessus du corselet, la poitrine et le bord extérieur des ailes supérieures noirs; les tarses sont annelés de noir. Sa larve est remarquable par l'attitude bizarre qu'elle prend. Elle tient souvent l'extrémité postérieure de son corps élevée, et souvent repliée en S; quelquefois elle la contourne en bas. Elle a dix-huit jambes, dont les deux postérieures se meuvent rarement; le quatrième anneau, le dixième et le onzième en sont dépourvus. Ses jambes écailleuses sont terminées par deux crochets, ce qui est particulier aux larves des Tenthrédines. Son corps est, en dessus, d'un jaune tirant sur la feuille morte, tout couvert de petits tubercules noirs, de la plupart desquels part un poil. Les côtés et le dessous du ventre sont d'un vert pâle. Celui-ci laisse apercevoir un vaisseau longitudinal ayant un mouvement comme le vaisseau dorsal, quoique plus lent et plus faible. Cet Insecte est très-commun à Paris. *V.* pour les autres espèces, la belle Monographie des Tenthrédines de Lepelletier de Saint-Fargeau. (G.)

HYLURGE. *Hylurgus*. INS. Genre de l'ordre des Coléoptères, section des Tétramères, famille des Rhynchophores, tribu des Charansonites, établi par Latreille qui le plaçait au commencement de sa famille des Xylophages, et qui l'en a retiré dans ces derniers temps pour le mettre à la fin des Rhynchophores auxquels il appartient réellement par le prolongement de la tête et des parties de la bouche. Les caractères de ce genre sont : pénultième article des tarses bifide; massue des antennes commençant au huitième, peu ou point comprimée. La partie antérieure de la tête forme un museau très-court. Leur corps est linéaire et cylindrique. Ces Insectes forment le passage des Cossons aux Hylésines, et c'est dans ces derniers que Fabricius a placé l'espèce qui sert de type à ce genre.

Dejean (Cat. des Col., p. 100) mentionne sept espèces de ce genre, toutes propres à l'Europe; il ne possède pas l'espèce qui a servi à Latreille pour fonder ce genre, qui est l'HYLURGE LIGNIPERDE, *H. ligniperda*, Latr.; *Scolytus ligniperda*, Oliv., Entom., T. IV, n° 78, pl. 1, fig. a. b; *Hylesinus ligniperda*, Fab.; *Bostrichus ligniperda*, Payk. Cette espèce est d'un brun foncé, quelquefois il est châtain; on la trouve, en France, sous l'écorce des Pins. (G.)

HYMENACHNE. BOT. PHAN. Genre de la famille des Graminées et de la Triandrie Digynie, établi par Palisot-Beauvois (Agrostographie, p. 48, tab. 10, f. 8), et ainsi caractérisé : valves de la lépicène inégales, herbacées, aiguës, l'inférieure beaucoup plus courte; fleurette inférieure neutre, ayant la glume inférieure aiguë, la supérieure très-courte, membraneuse, hyaline; fleurette supérieure hermaphrodite, ayant les valves de la glume herbacées, membraneuses et aiguës; écailles ovales-obtuses; ovaire simple, surmonté d'un style bipartite, et de stigmates en goupillon; caryopse nue, non sillonnée. Les fleurs forment une panicule simple, très-serrée. L'auteur de ce genre y rapporte les *Agrostis myuros*, Lamk., et *Agrostis monostachya* de Poiret. (G..N.)

*HYMÉNANTHÈRE. *Hymenanthera*. BOT. PHAN. R. Brown (*Bot. of Congo*, p. 23) nomme ainsi un genre qui se rapproche de l'*Alsodeia* de Du Petit-Thouars par son calice, par l'insertion, l'expansion et l'estivation obliquement imbriquée de ses pétales, et surtout par la structure de ses anthères. Il en diffère cependant en ce qu'il possède cinq écailles alternes avec les pétales, et un fruit bacciforme biloculaire, ayant dans chaque cellule une seule graine pendante. L'organisation de ce genre est, selon R. Brown, moyenne entre les Violacées et les Polygalées. Il renferme deux espèces frutescentes, rameuses, à fleurs petites, axillaires, mentionnées par De Gingins (*in D. C. Prodrom. Regn. Veget.* T. I, p. 315) sous les noms d'*Hymenanthera angustifolia* et *H. dentata*. La première possède des feuilles linéaires, très-entières, et est indigène du port Dalrymple dans l'île de Van-Diémen. La seconde a des feuilles oblongues, dentelées, et se trouve près du port Jackson dans la Nouvelle-Hollande. (G..N.)

HYMÉNATHÈRE. *Hymenatherum*. BOT. PHAN. Genre de la famille des Synanthérées, Corymbifères de Jussieu et de la Syngénésie superflue, L., établi par H. Cassini (Bulletin de la Société Philomat., janvier 1817 et décembre 1818) qui l'a ainsi caractérisé : involucre turbiné, formé de dix à douze folioles sur un seul rang, soudées entre elles et munies de grosses glandes; réceptacle nu et plane; calathide dont les fleurs centrales sont nombreuses, presque régulières et hermaphrodites, celles de la circonférence sur un seul rang en languettes et femelles; akènes longs, grêles, surmontés d'une aigrette composée d'une dixaine de paillettes dont la partie inférieure est simple, large et membraneuse, et la supérieure divisée en deux ou trois filets inégaux et plumeux. Ce genre a été placé par son auteur dans la tribu des Tagétinées près du genre *Clomenocoma* dont il diffère surtout par son involucre et par son réceptacle nu. La structure de son aigrette ne permet pas de le confondre avec le *Tagetes* auquel d'ailleurs il ressemble beaucoup. L'*Hymenatherum tenuifolium*, H. Cass., est une petite Plante annuelle à tiges anguleuses, à feuilles opposées et pinnées, et à calathides solitaires et terminales. L'auteur l'a décrite d'après un échantillon qu'il présume avoir été recueilli au Chili. (G..N.)

HYMÉNÉE. *Hymenæa*. BOT. PHAN. Ce genre, de la famille des Légumineuses et de la Décandrie Monogynie, L., a été établi par Plumier (*Plant. Amer. Gener.*, p. 49) sous le nom de *Courbaril* que les indigènes de l'Amérique donnent à la principale espèce. En changeant sa dénomination générique, Linné et tous les auteurs modernes lui ont assigné les caractères suivans : calice turbiné à quatre ou cinq divisions profondes et un peu concaves; cinq pétales ovales-oblongs, concaves et presque égaux; dix étamines dont les filets sont distincts, légèrement courbés vers le milieu, et les anthères grandes et incombantes; ovaire aplati, surmonté d'un style tortillé et d'un stigmate simple; légume très-grand, ayant quelquefois quinze centimètres de longueur sur cinq à six de largeur, ovale-oblong, comprimé, obtus, d'un brun roussâtre, rempli intérieurement d'une pulpe farineuse et contenant dans une seule loge quatre ou cinq graines ovoïdes, environnées de pulpe et de fibres.

L'HYMÉNÉE COURBARIL, *Hymenæa Courbaril*, L., est un Arbre très-élevé, dont les branches sont nombreuses, étalées et garnies de feuilles alternes, pétiolées, composées chacune de deux folioles ovales-lancéolées, pointues, coriaces, luisantes, à côtés inégaux, et parsemées de points transparens. Les fleurs sont légèrement purpurines et disposées en grappe pyramidale au sommet des rameaux. Cet Arbre croît dans les Antilles, à la Guiane et dans l'Amérique méridionale. Il en découle un suc résineux qui se concrète et se vend dans le commerce de la droguerie sous le nom de *Résine animée*. Celle-ci est ordinairement en larmes ou en morceaux irréguliers, jaunâtres, recouverts d'une poussière grise, à cassure brillante, et répandant une odeur aromatique. Très-usitée autrefois en médecine, son usage est aujourd'hui tombé en désuétude. La dureté du bois de Courbaril le rend propre à la confection des ouvrages de charpente qui demandent beaucoup de solidité; aussi l'emploie-t-on, dans les Antilles, à la construction des moulins à sucre et à celle des roulettes d'une seule pièce pour les charriots et les affûts de canon. L'Arbre nommé *Tanroujou* par les habitans de Madagascar avait été indiqué comme une espèce d'*Hymenæa* par Jussieu (*Genera Plant.*, p. 351). Gaertner l'a placé en effet dans ce genre, en le nommant *H. verrucosa*. Son fruit est remarquable par les verrues ou tubercules de sa superficie. Vahl (*Eclog.* 2, p. 31) a aussi décrit une espèce nouvelle, sous le nom d'*Hymenæa venosa*. Elle est très-voisine du Courbaril, mais elle s'en distingue surtout par ses feuilles dont les nervures sont très-saillantes, et par ses fleurs sessiles, tandis qu'elles sont pédicellées dans l'autre espèce. (G..N.)

* HYMÉNELLE. *Hymenella*. BOT. PHAN. Genre de la famille des Caryophyllées et de la Tétrandrie Trigynie, L., établi par Seringe (*in De Candolle Prodrom. Regn. Veget.*, 1, 389) qui l'a ainsi caractérisé : calice à quatre divisions profondes et étalées; quatre pétales oblongs, entiers, de la longueur du calice; quatre étamines alternes avec les pétales, joints à la base par une sorte de petite couronne pétaloïde et à huit dents; ovaire ové surmonté de trois styles; capsule triloculaire. Ce genre est placé dans la tribu des Alsinées, près du *Buffonia* dans lequel la Plante qui forme le type du genre avait été placée par Mocino et Sessé (*Flor. Mexic. Icon. ined.*). L'*Hymenella Mœhringioides*, Sering. et D. C., a des tiges débiles, des feuilles linéaires, aiguës, glabres, et des fleurs petites, blanches, solitaires au sommet de pédicelles axillaires. Elle est cultivée dans le jardin des Carmélites de Mexico. (G..N.)

* HYMÉNELLE. *Hymenella*. BOT. CRYPT. (*Champignons.*) Ce genre, fondé par Fries, renferme les *Tremella linearis* et *elliptica* de Persoon, dont l'organisation est cependant encore assez imparfaitement connue. Elles se distinguent des autres genres de la section des Tremellinées, par les caractères suivans : champignon sessile, adhérent, comprimé, lisse, très-mince, mou, gélatineux lorsqu'il est humide, coriace pendant la sécheresse; sporules éparses sans membrane qui les recouvre. Les deux Plantes que nous avons citées et qui seules composent ce genre, croissent sur les Herbes mortes. (AD. B.)

HYMÉNÉLYTRES. *Hymenelytra*. INS. Famille de l'ordre des Hémiptères, section des Homoptères, établie par Latreille (Nouv. Dict. d'Hist. nat., 1817) et conservée par lui (Fam. Nat. du Règn. Anim.). Plusieurs, du moins dans les femelles, sont aptères, et quelquefois leurs élytres et leurs ailes sont couchées horizontalement sur le corps; quelques-uns encore subissent des métamorphoses complètes; les tarses ont deux articles dont le dernier, soit ordinaire et terminé par deux crochets, soit vésiculeux ou sans crochets. Les antennes sont toujours plus longues que la tête, de six à onze articles et dont le dernier, lorsque leur nombre n'est que de six, est semblable aux autres et non filiforme. Le corps est toujours très-mou. Les femelles sont toujours actives et ne prennent jamais la forme d'une galle à l'époque de leur ponte. Latreille divise cette famille en trois tribus qui étaient pour lui autant de familles dans ses ouvrages antérieurs : ce sont les Psyllides, Thrypsides et Aphidiens. *V.* ces mots. (G.)

* HYMENOCALLIS. BOT. PHAN. Salisbury (*Transact. of the horticult. Societ.*, I, p. 338) a formé sous ce nom un genre qui a pour type le *Pancratium littorale* de Jacquin. *V.* PANCRACE. (G..N.)

HYMENOCARPUS. BOT. PHAN. Willdenow et Savi ont constitué sous ce nom un genre sur le *Medicago circinnata*, L. *V.* LUZERNE. (G..N.)

* HYMÉNOCÈRE. *Hymenocera.* CRUST. Genre de l'ordre des Décapodes, famille des Macroures, tribu des Salicoques, établi par Latreille, et ayant pour caractères : antennes mitoyennes ou supérieures bifides, ayant leur division supérieure foliacée; pieds-mâchoires extérieurs foliacés, couvrant la bouche; les quatre pates antérieures terminées par une main didactyle foliacée; carpe ou pince qui précède la main dans ces quatre pates, non divisée en petites articulations; pieds des trois dernières paires terminés par des articles simples, ceux de la troisième étant plus petits que ceux des deux qui précèdent.

L'espèce qui sert de type à ce genre nous est inconnue; elle vient des Indes-Orientales, et Desmarest pense qu'elle a quelques rapports avec le genre Atye, à cause de la forme de ses deux premières paires de pieds plus courtes que les deux autres, didactyles et foliacées; ce qui l'en distingue éminemment, est le filet supérieur des antennes intermédiaires et les pieds-mâchoires extérieurs. (G.)

* HYMÉNOCHÆTA. BOT. PHAN. Genre proposé par Palisot de Beauvois et adopté par Lestiboudois dans son travail sur les Cypéracées, p. 43, et qu'il caractérise ainsi : écailles inférieures des épillets vides; ovaire entouré de soies hypogynes membraneuses, de la longueur du pistil; deux étamines; akène nu. Ce genre, dit Lestiboudois, diffère des *Eriophorum* par son corymbe très-serré, ses écailles non-transparentes, ses soies un peu membraneuses et courtes. Mais cet auteur n'indique pas quelles sont les espèces qui font partie de ce nouveau groupe qui probablement devrait être réuni à l'*Eriophorum*. (A. R.)

HYMÉNODES. BOT. CRYPT. (*Mousses.*) Palisot de Beauvois, dans son Prodrome de l'Ethéogamie, a donné ce nom à une section caractérisée par la présence d'une membrane qui, naissant de la columelle, s'étend horizontalement sur l'orifice de l'urne et qui est posée sur les dents du péristome. Cette section fort naturelle comprend les genres *Polytrichum*, *Atrichium* et *Pogonatum* de Beauvois, qui ne sont que des démembremens du genre Polytric de Linné, démembremens qui n'ont pas été adoptés par la plupart des botanistes. Le *Dawsonia* de R. Brown, qui a tout-à-fait le port des Polytrics, pourrait être placé dans cette section; mais au lieu d'une membrane horizontale, c'est une touffe de cils membraneux, très-longs, qui naît du sommet de la columelle. *V.* MOUSSES, POLYTRIC et DAWSONIE. (AD. B.)

HYMÉNOLÈPE. *Hymenolepis.* BOT. PHAN. Genre de la famille des Synanthérées, Corymbifères de Jussieu, et de la Syngénésie égale, L., établi par H. Cassini (Bull. de la Soc. Philomat., septembre 1817) qui l'a ainsi caractérisé : involucre cylindracé formé de folioles imbriquées, appliquées, coriaces, arrondies et concaves; réceptacle petit, tantôt nu, tantôt recouvert de paillettes courtes, larges, irrégulières et membraneuses; calathide sans rayons, composée d'un petit nombre de fleurons égaux, réguliers et hermaphrodites; ovaires cylindracés, à cinq côtes, surmontés d'une aigrette courte, formée de paillettes membraneuses, inégales, irrégulières, larges, oblongues et laciniées sur les bords. L'auteur a considéré ce genre comme intermédiaire entre les genres *Athanasia* et *Lonas*, et l'a placé dans la tribu des Anthémidées. L'*Athanasia parviflora*, L. (*Mantiss.*), lui a servi de type sous le nom d'*Hymenolepis leptocephala*. C'est un Arbuste indigène du cap de Bonne-Espérance, ayant une tige ligneuse, ramifiée et garnie de feuilles alternes, divisées en lanières linéaires, bifurquées; les calathides sont disposées en corymbes rameux et terminaux. On cultive cet Arbuste au Jardin des Plantes à Paris. (G..N.)

HYMÉNONÈME. *Hymenonema*. BOT. PHAN. Genre de la famille des Synanthérées, Chicoracées de Jussieu, et de la Syngénésie égale, L., établi par H. Cassini (Bulletin de la Société Philomatique, février 1817) qui l'a ainsi caractérisé : involucre cylindracé, composé de folioles imbriquées, appliquées, ovales-aiguës, coriaces et membraneuses sur les bords; réceptacle nu; calathide composée de fleurons nombreux, en languettes et hermaphrodites; ovaires cylindracés, velus, surmontés d'une aigrette très-longue, formée d'une dixaine de paillettes égales, membraneuses et plumeuses supérieurement. Les Plantes qui composent ce genre étaient placées, par divers auteurs, parmi les *Scorzonera* et les *Catananche*. Cassini lui trouve plus de rapports avec ce dernier genre qu'avec l'autre; mais il pense que les différences que présentent l'involucre, le réceptacle et l'aigrette, sont suffisantes pour établir leur séparation. L'*Hymenonema Tournefortii*, H. Cass., ou *Catananche græca*, L., *Scorzonera elongata*, Willd., et l'*Hymenonema Fontanesii*, Cass., ou *Scorzonera aspera*, Desf., Ann. du Mus. T. I, p. 133, sont des Plantes herbacées qui croissent dans la Grèce et le Levant. Leurs feuilles sont dentées ou lyrées, pinnatifides, et les calathides sont jaunes, très-larges et solitaires au sommet des tiges et des rameaux. (G..N.)

HYMÉNOPAPPE. *Hymenopappus*. BOT. PHAN. Genre de la famille des Synanthérées, Corymbifères de Jussieu et de la Syngénésie égale, L., établi par l'Héritier, et adopté par Jussieu, Kunth et Cassini. Ce dernier botaniste en a ainsi exposé les caractères : involucre formé de folioles sur plusieurs rangs, inégales et ovales; réceptacle nu, convexe; calathide sans rayons composée de plusieurs fleurons réguliers et hermaphrodites; ovaires hérissés de poils; aigrette simple, formée de paillettes membraneuses. Une espèce de ce genre ayant été examinée par le professeur de Jussieu (Annales du Muséum d'Hist. Nat. T. II, p. 425), ce célèbre botaniste lui avait attribué une aigrette double, l'intérieure formée de quatre ou cinq écailles rapprochées en godet, et l'extérieure composée de poils courts. Mais, selon Cassini, l'aigrette est simple dans cette Plante, et ce sont les poils de l'ovaire qui ont été pris pour une seconde aigrette. D'autres caractères néanmoins pourraient être employés pour distinguer génériquement l'*Hymenopappus anthemoides*, ainsi que Jussieu l'a proposé. Le *Stevia pedata* de Cavanilles, type du genre *Florestina* de Cassini, a été réuni à l'*Hymenopappus* par Lagasca et Kunth; cependant l'auteur du nouveau genre n'a pas encore consenti à cette réunion. *V.* FLORESTINE. L'Héritier a fondé le genre dont il est ici question sur une Plante de la Caroline qu'il a nommée *Hymenopappus scabiosæus*, et que Lamarck (Journ. d'Hist. Nat. T. I, p. 16) a décrite sous le nom de *Rothia Carolinensis*; mais cette dénomination générique, n'ayant pas l'antériorité, ne doit pas être admise. Cette espèce est herbacée, annuelle, ayant une tige dressée, un peu rameuse, anguleuse, à feuilles alternes, les supérieures bipinnatifides; les calathides sont blanches et disposées en panicule terminale. (G..N.)

* HYMÉNOPHALLE. *Hymenophallus*. BOT. CRYPT. (*Champignons*.) Ce genre, de la tribu des Clathracées, a été désigné d'abord par Desvaux sous le nom de *Dictyophora*, nom qui ne s'appliquait qu'à la première des espèces de ce genre : aussi le nom d'*Hymenophallus* donné depuis par Nées d'Esenbeck a prévalu. Les Hyménophalles ont les plus grands rapports avec les vrais Phallus, tellement même que Fries ne les regarde que comme une section de ce genre ; ils en diffèrent cependant par la présence d'une membrane entière ou percée de trous réguliers qui naît du haut du pédicelle au-dessous du chapeau, et forme une collerette rabattue autour de ce pédicule ; du reste ces Plantes offrent comme les vrais Phallus une volva arrondie, gélatineuse intérieurement, un pédicule renflé, fistuleux, percé au sommet et donnant insertion à sa partie supérieure à un chapeau libre, campanulé et creusé d'alvéoles. Trois espèces se rangent dans le genre Hyménophalle.

1°. L'*Hymenophallus indusiatus* (*Phallus indusiatus* de Ventenat) dont la collerette est très-grande et en forme de réseau, à mailles pentagones ou hexagones très-régulières. Elle croît dans la Guiane, aux Antilles et dans les provinces du sud des Etats-Unis.

2°. L'*Hymenophallus Dœmonum* (*Phallus Dœmonum* de Rumphius), espèce qui n'est connue que d'après la figure de Rumphius, et qui paraît avoir beaucoup d'analogie avec la précédente par la collerette réticulée à maille seulement plus petite.

3°. L'*Hymenophallus duplicatus* (*Phallus duplicatus* de Bosc) dont la collerette est entière et simplement plissée. Elle croît dans la Caroline du sud.

Tous ces Champignons ont un développement très-rapide et répandent, comme les Phallus, une odeur fétide lors de la maturation de leurs séminules. (AD. B.)

HYMÉNOPHYLLE. *Hymenophyllum*. BOT. CRYPT. (*Fougères*.) L'un des plus élégans genres de l'élégante classe des Fougères, formé par Smith aux dépens des Trichomanes de Linné, adopté par tous les botanistes, et type de la famille dont nous proposerons l'établissement sous le nom d'Hyménophyllées. *V.* ce mot et FOUGÈRES. Ses caractères, parfaitement tracés par R. Brown, consistent dans des sores marginales, où les capsules sont sessiles sur un réceptacle commun, cylindrique (columelle), inséré dans un involucre bivalve, de la texture des frondes, à valves extérieurement libres. Ce genre diffère des Trichomanes, en ce que ceux-ci ont l'involucre absolument urcéolé et non bivalve ; des Féeas, où cet involucre n'est pas de la substance de la fronde, mais dur et de la nature du stipe ou de la nervure qui les supporte ; des Hyménostachydes, où la fructification, formant des épis distiques, n'est pas constituée par des urcéoles véritables, mais par une simple duplicature de la fronde ; enfin, des Dydymoglosses de Desvaux, où l'urcéole est située non aux extrémités des nervures de la fronde, mais sur l'une des pages même de celle-ci. Willdenow a décrit ou mentionné trente-six espèces de ce genre, dont plusieurs ont été découvertes par nous ; Brown, Gaudichaud et Durville en ont découvert depuis plusieurs autres, de sorte que le genre se monte présentement à cinquante espèces à peu près. Deux seulement se trouvent en Europe, où elles ont l'air comme dépaysées, leur aspect étant totalement celui des Hyménophyllées de la Torride. Le plus grand nombre de ces Fougères habite entre les Tropiques et jusque dans les parties les plus chaudes de la Zône tempérée, et particulièrement l'hémisphère sud, où la principale espèce européenne se retrouve vers le midi de la Nouvelle-Hollande. Ce sont de petites Fougères qui se plaisent dans les bois, sur les vieux troncs, parmi les mousses et les rochers ombragés des lieux frais et montagneux. Plusieurs sont identiques aux mêmes latitudes, et nous en avons des espèces communes au Brésil, aux îles de Mascareigne, de France, de la Sonde, ainsi qu'au port Jakson. Parmi les plus élégantes, nous citerons l'*Hymenophyllum Boryanum*, Willd., *Sp.* IX, p. 518, dont la tige, traçante sur les vieux Arbres abattus des forêts de Mascareigne, produit de jolies frondes de deux pouces et demi de haut, transparentes, ayant leur marge garnie de poils en étoiles qui ajoutent à leur gracieuse mollesse. L'*Hymenophyllum elasticum*, N. (*in Willd. Sp.* IX, p. 520), qui croît aux mêmes lieux que la précédente, atteint jusqu'à un pied de long et conserve, après vingt ans de dessiccation dans l'herbier, une élasticité telle qu'on la voit se redresser dès qu'on ouvre la feuille de papier qui la tient enserrée. L'*Hymenophyllum Tunbridgense*, Willd., *loc. cit.*, p. 520, *Trichomanes Tunbridgense*, L., haute de quinze lignes à deux pouces, d'un vert foncé, à pinnules dentées par les bords, et formant des touffes serrées dans quelques bois de nos climats, où elle n'est jamais fort commune. On la trouve en Ecosse ou en Angleterre; Delise et Lenormand l'ont découverte en Normandie, Du Petit-Thouars dans le Maine, Grateloup à Cambo, au pied des Pyrénées; on prétend qu'elle existe encore en Norwège et en Italie; nulle part elle ne paraît s'éloigner beaucoup de la mer. On regarde comme une espèce distincte l'*Hymenophyllum alatum* de l'*English Botany*, tab. 1417, qui est plus petite et qui n'a encore été observée qu'en Irlande. Brown regarde comme la même que ces Plantes l'*Hymenophyllum cupressiforme* de Labillardière, T. II, tab. 250, fig. 2, du cap de Diémen. Nous avons trouvé sur les plus hautes sommités des Salazes, au-dessus de mille et douze cents toises à Mascareigne, une autre espèce, *Hymenophyllum unilaterale*, Willd., *loc. cit.*, p. 521, qui en est aussi très-voisine, mais qui est bien plus longue et remarquable par sa couleur de feuille morte. (B.)

HYMÉNOPHYLLE. *Hymenophylla.* BOT. CRYPT. (*Hydrophytes.*) Genre proposé par Stackhouse, dans la seconde édition de sa Néréide Britannique. Il a pour caractères : une fronde très-mince, sans nervure, diversement divisée, avec une fructification tuberculeuse ou éparse comme de petites taches séminifères. Ce groupe renferme la seconde division de nos Delesseries qui doit former un genre distinct pour lequel nous proposons d'adopter le nom d'Halyménie. Celle-ci renfermera les Hyménophylles et une partie des Sarcophylles de Stackhouse. Le nom d'Hyménophylle, étant antérieurement consacré parmi les Fougères, ne pouvait d'ailleurs être admis parmi les Floridées. (LAM..X.)

* HYMÉNOPHYLLÉES. BOT. CRYPT. (*Fougères.*) Nous avons proposé l'établissement de cette famille, très-naturelle et très-tranchée dans la vaste classe des Fougères, pour celles où la fronde est composée d'un réseau qui présente la disposition de celui des Hépatiques et des Mousses. A ne considérer que certaines de leurs parties, on dirait des Jungermannes; la fructification qui termine nécessairement ces nervures se compose d'urcéoles particulières dont les bords prolongés paraissent quelquefois bivalves, et au centre desquels s'implante une columelle ou réceptacle cylindrique, prolongement de la nervure, souvent très-considérable, et où sont groupées les capsules qui sont sessiles, munies d'anneaux élastiques et se rompant transversalement. Les Hyménophyllées sont toutes fort élégantes, d'une consistance particulière, un peu sèche, élastique, gazée; leur vert est foncé ou tirant sur la couleur de la feuille morte; leur taille est en général peu considérable; c'est parmi elles qu'on trouve les plus petites Fougères. Quand elles ne sont pas entières, les pinnules y sont ordinairement décurrentes, et le stipe plus ou moins distinctement ailé. Nous avons trouvé que la plu-

part sont d'une amertume très-prononcée, même après plusieurs années de dessiccation : aussi nul Insecte ne les attaque ; elles habitent presque toutes dans les pays chauds, dans les îles surtout ; il semble que peu d'éloignement des rivages leur soit nécessaire. Les rochers humides et ombragés, les lieux frais des grands bois, l'écorce des vieux Arbres sont leur habitation ordinaire; leur racine est en général rampante, filiforme et point écailleuse. Les Davallies forment, dans notre famille des Aspidiacées, le passage qui s'y lie de plus près. Les genres que nous y comprenons sont : *Hymenophyllum*, Smith ; *Hymenostachys*, N. ; *Feea*, N.; *Trichomanes*, L.; *Dydymoglossum*, Desv. (B.)

HYMÉNOPODES. OIS. Dans son système de classification des Oiseaux, Mœrhing appelle ainsi la première famille, renfermant ceux qui ont les doigts à moitié réunis par une membrane. (A. R.)

HYMÉNOPOGON. BOT. CRYPT. (*Mousses.*) Palisot de Beauvois, dans son Prodrome de l'Ethéogamie (1808), a séparé sous ce nom générique le *Buxbaumia foliosa* qui forme le type du genre *Diphyscium* établi quelques années avant par Mohr, dans ses Observat. Botaniques (Kiel, 1803). V. DIPHYSCIUM. (AD. B.)

HYMÉNOPTÈRES. *Hymenoptera*. INS. C'est le huitième ordre de la classe des Insectes dans la Méthode de Latreille (Fam. Natur. du Règn. Anim.). Les premiers naturalistes ont développé, dans leurs ouvrages, l'idée fondamentale qui a conduit à la formation de cette coupe ; on voit qu'ils avaient remarqué que, parmi les Insectes à ailes découvertes (les Anélytres) et dans lesquels ces organes sont au nombre de quatre, plusieurs, tels que les Abeilles, les Guêpes, etc., avaient l'abdomen armé d'un aiguillon. Linné, dans la première édition de son *Systema Naturæ*, avait établi cet ordre et lui avait donné pour caractères : quatre ailes membraneuses. Cette manière de le caractériser ne distinguait pas suffisamment cet ordre de celui des Névroptères dont les caractères étaient : quatre ailes à réseau formé par des veines ; et c'est peut-être ce qui a engagé Geoffroy à réunir ces deux ordres en un seul sous le nom de *Tétraptères*. Dans les ouvrages postérieurs de Linné, la présence de l'aiguillon fait partie du caractère essentiel des Hyménoptères. Fabricius, dans les premières éditions de son système d'Entomologie, composa, avec tous les Insectes à quatre ailes nues, ainsi qu'avec les Crustacés Branchiopodes et Isopodes et les Insectes Thysanoures, l'ordre des *Synistates*. Ce n'est qu'en 1793 qu'il en détacha les Hyménoptères ; et en forma son ordre des *Piézates*. Degéer, qui a perfectionné la Méthode de Linné, a donné à cet ordre des caractères très-positifs. Latreille en a ajouté un qui n'avait pas été remarqué, et qui peut suffire dans un système fondé uniquement sur les organes de la manducation. C'est le caractère propre à tous les Insectes de cet ordre, d'avoir une langue ou lèvre inférieure renfermée à sa base dans une gaîne coriace qui s'emboîte sur les côtés dans les mâchoires. Cet ordre, tel qu'il est adopté par Latreille et par tous les entomologistes, est ainsi caractérisé : quatre ailes nues ; des mandibules propres ; mâchoires en forme de valves ; lèvre tubulaire à sa base, terminée par une languette, soit en double, soit repliée ; ces parties se rapprochant pour former une trompe propre à conduire des substances liquides ou peu concrètes ; ailes veinées, de grandeurs inégales, les inférieures toujours plus petites sous toutes leurs dimensions ; une tarière ou aiguillon dans les femelles.

L'ordre des Hyménoptères est très-naturel, et tous les entomologistes l'ont adopté tel que Linné l'avait circonscrit. Cependant tous ne se sont pas accordés sur la place qu'il devait occuper dans la série des Insectes ; ainsi Lamarck, mettant en première ligne les caractères tirés des parties de la bouche, considérées sous le rapport général de leurs formes et de leur action, et ne prenant les ailes que comme caractère secondaire, place ces Insectes à la suite des Lépidoptères. Duméril, prenant pour base la présence ou l'absence des ailes, leur nombre et leur consistance, fait succéder les Hyménoptères aux Hémiptères. Clairville, qui termine par ces derniers sa division des Insectes ailés avec un suçoir, nous conduit des Hyménoptères qu'il nomme Phléboptères, aux Insectes à deux ailes; mais, comme le dit Latreille, toutes ces distributions ont le défaut de réunir des Insectes très-disparates, quant à la nature des organes du vol. C'est ainsi que les Hémiptères, si voisins à cet égard des Coléoptères et des Orthoptères, se trouvent placés au milieu d'Insectes à ailes membraneuses. L'inconvénient disparaîtrait si on les considérait comme une branche latérale.

Jurine a trouvé, dans la réticulation des ailes des Hyménoptères (Nouv. Méth. de classer les Hymén. et les Dipt.) de bons caractères auxiliaires pour la distribution des genres; beaucoup de ceux qu'il a formés avec ces caractères correspondent exactement avec ceux de Latreille, et cette concordance démontre encore combien les genres que ce grand entomologiste a formés sont naturels et bien faits. Jurine fait principalement usage de l'absence ou de la présence, du nombre, de la forme et de la connexion, de deux sortes de cellules situées près du bord externe des ailes supérieures et qu'il nomme *radiales* et *cubitales*. (*V.* AILES). Le milieu de ce bord offre le plus souvent une petite callosité désignée sous le nom de *poignet* ou de *carpe*. Il en sort une nervure qui, se dirigeant vers le bout de l'aile, forme, avec ce bord, la cellule radiale; cette cellule est quelquefois divisée en deux. Près de ce point naît encore une seconde nervure qui va aussi vers le bord postérieur, et qui, laissant entre elle et la précédente un espace, forme les cellules cubitales dont le nombre varie d'un à quatre.

Les Hyménoptères se distinguent des Névroptères, par les ailes qui sont finement réticulées et divisées en un très-grand nombre d'aréoles presque toujours égales dans ces derniers; les ailes inférieures sont ordinairement de la grandeur des supérieures ou plus étendues dans un de leurs diamètres, tandis que les Hyménoptères les ont toujours plus petites. Les femelles des Orthoptères n'ont jamais d'aiguillon ni de tarière composée. Les Hyménoptères s'éloignent encore des Lépidoptères par des caractères bien tranchés tirés des ailes et des parties de la bouche.

Les Hyménoptères ont tous des yeux composés, souvent plus grands dans les mâles, et trois petits yeux lisses, rassemblés ordinairement en triangle sur le vertex. Leurs antennes varient suivant les genres et les sexes; elles sont ordinairement filiformes ou sétacées et composées d'un nombre très-varié d'articles. Les Hyménoptères à tarières les ont de trois à onze articles, et ceux qui sont armés d'un aiguillon en ont treize ou quatorze suivant qu'ils sont mâles ou femelles. Tous ont deux mandibules cornées qui varient selon les sexes. Leurs mâchoires et leurs lèvres, généralement étroites et cornées, sont attachées dans une cavité profonde au-dessous de la tête; elles forment un demi-tube à leur partie inférieure, sont souvent repliées à leur extrémité et plus propres à conduire les sucs nutritifs qu'à broyer; elles sont en forme de trompe dans plusieurs. Leur languette est membraneuse, ordinairement trifide, quelquefois évasée à son extrémité, d'autres fois filiforme; le pharynx, situé à la face supérieure des muscles de la lèvre, forme une ouverture qui est fermée à volonté par une petite lame triangulaire nommée *épipharynx* ou *épiglosse*, et qui est cachée par la lèvre. Outre cette pièce il en existe quelquefois une autre plus inférieure, que Savigny nomme *langue* ou *hypopharynx*, et qui sert aussi à fermer le pharynx. Ces Insectes ont quatre palpes; les maxillaires sont composés ordinairement de six articles, et les labiaux n'en offrent que quatre. Leur tronc, que l'on nomme communément corselet (*thorax*), est formé de trois segmens réunis en une masse tantôt cylindrique ou ovoïde, tronquée aux deux bouts, tantôt presque globuleuse; le premier, que Kirby nomme *collier*, est très-court, transversal; le second, que ce naturaliste nomme *thorax*, est ordinairement plus étendu, intimement uni avec le troisième qu'il appelle *métathorax*, et se confondant avec lui. Les ailes des Hyménoptères sont transparentes ou hyalines, membraneuses et croisées horizontalement sur le corps; les supérieures, plus grandes, ont à leur origine une petite écaille arrondie, convexe, n'offrant au plus que trois à quatre nervures principales et longitudinales, réunies dans le sens de la largeur par de petites nervures ou des veines. L'abdomen est formé de segmens dont le nombre varie de cinq à neuf; ce nombre est souvent de six dans les femelles et de sept dans les mâles. Il est ordinairement rétréci à sa base en manière de filet ou pédicule qui le suspend à l'extrémité postérieure du corselet; il porte à son extrémité, dans les femelles, une tarière qui leur sert à creuser la cavité où elles doivent déposer leurs œufs, ou un aiguillon extrêmement aigu, percé d'un canal qui donne passage à une liqueur âcre, sécrétée par des organes particuliers et que l'Insecte lance dans la plaie qu'il fait avec cette arme. Ces deux organes sont composés, dans la plupart, de trois pièces écailleuses. Les Hyménoptères à tarière ou oviducte les ont ordinairement saillans, en manière de queue; l'une des trois pièces, ou la tarière proprement dite, est pointue, dentelée en scie au bout, et placée entre les deux autres qui lui forment une gaîne; ces pièces sont plus courtes, aciculaires et cachées; dans ceux qui ont un aiguillon, la supérieure a une coulisse en dessous qui emboîte les deux autres ou l'aiguillon proprement dit, dont l'extrémité offre aussi souvent des dentelures; à la base sont deux petites lames cylindriques ou coniques, en forme de styles. La tarière, quelquefois formée par les derniers anneaux, est tantôt écailleuse, saillante en manière de queue pointue ou d'aiguillon, et tantôt membraneuse, cachée, et consistant en une suite de petits tuyaux susceptibles de s'allonger ou de rentrer les uns dans les autres; le dernier de ces tuyaux porte un petit aiguillon à son extrémité. Les organes sexuels du mâle sont composés de plusieurs pièces dont la plupart, en forme de crochets ou de pinces, entourent le pénis. Les diverses pièces qui composent ces organes ont été étudiées spécialement par notre savant ami Audouin qui leur a imposé des noms en rapport avec leurs fonctions dans l'acte de l'accouplement. (Cet intéressant travail ne tardera pas à être publié.) Les pates sont contiguës ou très-rapprochées à leur base, terminées par un tarse allongé, filiforme, de cinq articles entiers. Entre les deux derniers, se trouve souvent une pelote. Les pates antérieures sont insérées près du cou, elles portent, au côté interne de leur jambe, une épine que Kirby nomme *voile*, et une échancrure au côté interne de leurs tarses : ces pates varient selon les sexes.

Les organes de la digestion des Hyménoptères sont, en général, composés de deux estomacs dont le second est allongé; et d'un intestin court, terminé par un cloaque élargi; de nombreux vaisseaux biliaires s'insèrent près du pylore.

Les Hyménoptères subissent une métamorphose complète; la plupart de leurs larves ressemblent à un Ver et sont dépourvues de pates. Telles sont celles de la seconde famille et des suivantes. Celles de la première en ont six à crochets, et souvent, en outre, douze à seize autres simplement membraneuses. Ces sortes de larves ont été nommées fausses Chenilles. Les unes et les autres ont la tête écailleuse, avec des mandibules, des mâchoires et une lèvre à l'extrémité de laquelle est une filière pour le passage de la matière soyeuse qui doit être employée pour la construction de la coque et de la nymphe. Les unes vivent de substances végétales; les autres, toujours sans pates, se nourrissent de cadavres d'Insectes, de leurs larves, de leurs nymphes et de leurs œufs. Pour suppléer à l'impuissance où elles sont d'agir, la mère les approvisionne, en leur portant des alimens dans les nids qu'elle leur a préparés, et que quelques espèces construisent avec un art admirable, ou bien elle dépose ses œufs dans le corps des larves et des nymphes d'Insectes dont ses petits doivent se nourrir. D'autres larves d'Hyménoptères, également sans pates, ont besoin de matières alimentaires, tant végétales qu'animales, plus élaborées et souvent renouvelées. Dans leur état parfait, presque tous les Hyménoptères vivent sur les fleurs et sont en général plus abondans dans les contrées méridionales. La durée de leur vie, depuis leur naissance jusqu'à leur dernière métamorphose, est bornée au cercle d'une année.

Les Insectes qui composent l'ordre des Hyménoptères méritent autant notre attention et notre intérêt que les Animaux les plus élevés. C'est parmi eux que nous trouvons l'Abeille qui nous fournit un miel si délicieux et la cire que nous employons à tant d'usages. En considérant les Hyménoptères sous le point de vue de leurs mœurs et de leurs habitudes, combien de sujets d'admiration et d'étonnement ne nous donnent-ils pas! Ceux de la section des Térébrans (*V.* ce mot) déposent leurs œufs dans différentes parties des Végétaux où la larve se nourrit, subit ses métamorphoses et éclot dans la même année; d'autres fois ces larves vivent en parasites dans l'intérieur de celles de plusieurs autres Insectes et surtout des Lépidoptères où la mère a déposé ses œufs. Tels sont ceux qui ont reçu le nom d'*Ichneumons* qui rappelle ce que le Quadrupède de ce nom était censé faire à l'égard du Crocodile en cassant ses œufs et en s'introduisant même dans son corps pour dévorer ses entrailles. Les Hyménoptères de la section des Porte-Aiguillons (*V.* ce mot) sont encore plus remarquables; ce sont eux qui présentent les particularités les plus variées dans leurs manières de vivre. C'est parmi eux que se trouve la famille des Hétérogynes qui se compose de trois sortes d'individus vivant quelquefois en sociétés fort nombreuses; les uns sont mâles, les autres femelles, et le plus grand nombre n'ayant point de sexe, est destiné à servir les premiers, à soigner leur postérité et à construire des habitations admirables par la distribution des logemens, la grandeur et la perfection des ouvrages : c'est à cette famille qu'appartient la Fourmi qui désole nos campagnes. Le Chlorion comprimé, qui est rangé dans la famille des Fouisseurs, fait la guerre aux Kakerlacs dont il approvisionne ses petits; aussi est-ce un Insecte fort utile à l'Ile-de-France; on le laisse vivre et faire son nid dans les maisons, et l'on est bien payé de l'hospitalité qu'on lui donne par la destruction des Insectes incommodes dont il nourrit ses petits. Dans la famille des Diploptères, nous voyons les Guêpes vivre en républiques composées de trois sortes d'individus; elles pillent les vergers et causent quelquefois de grands dommages au cultivateur. C'est une espèce de Guêpe du Brésil qui fait ce miel si dangereux et qui a failli empoisonner l'intrépide voyageur Auguste Saint-Hilaire. Enfin, dans la dernière famille, celle des *Mellifères*, nous remarquons des Insectes qui ne se nourrissent que du miel des fleurs et parmi lesquels figure principalement l'Abeille.

Malgré les nombreuses et belles observations des Réaumur, des Degéer, de Huber, des Latreille, des Walkenaer, etc., l'ordre des Hyménoptères présente encore aux amis de la science un vaste champ de découvertes. Christ a réuni dans un ouvrage spécial, tout ce qu'on avait écrit jusqu'à lui sur ces Insectes; mais ce livre est, aujourd'hui, très-imparfait. Fabricius n'a fait, dans son système des Piézates, qu'un catalogue spécifique rédigé sans notions sur les différences sexuelles, souvent inexact dans l'exposition des caractères des genres, et très-incomplet quant aux espèces d'Europe. Jurine, dans son excellent ouvrage intitulé Nouvelle Méthode de classer les Hyménoptères, a soigneusement distingué les sexes; ses coupes sont nettes et sans mélange d'espèces disparates. Enfin, Lepelletier de Saint-Fargeau, Kirby et Klug ont été utiles à cette partie de la science par les belles monographies qu'ils ont publiées de plusieurs genres et familles de cet ordre.

Latreille divise cet ordre en deux sections : les Térébrans et les Porte-Aiguillons. *V.* ces mots. (G.)

* HYMÉNOSCYPHES. *Hymenoscyphæ*. BOT. CRYPT. (*Champignons.*) Fries a donné ce nom à une section des Pezizes qui appartient à la série des *Phialea*, c'est-à-dire des Pezizes dont la cupule est membraneuse ou d'une consistance cireuse et glabre extérieurement. Les Hyménoscyphes ont en outre la cupule mince membraneuse stipitée et la membrane fructifère épaisse; elles se subdivisent elles-mêmes en plusieurs sections, suivant la forme de cette cupule. Nous citerons pour exemple de cette tribu, les *Peziza fructigena*, Bull., t. 500, fig. 1.—*P. echinophila*, Bull., t. 500, fig. 1.—*P. coronata*, Bull., t. 416, fig. 4. Toutes croissent sur les bois morts et surtout sur les petites branches et sur les Herbes sèches. (AD. B.)

* HYMÉNOSOME. *Hymenosoma*. CRUST. Genre de l'ordre des Décapodes, famille des Brachiures, tribu des Triangulaires, établi par Leach et renfermant plusieurs espèces de Maïas de Latreille. Ce genre se distingue de celui des Maïas par l'aplatissement singulier et l'amincissement de la partie supérieure du test, et par sa terminaison en un rostre très-court et entier. Leach a fondé ce genre sur plusieurs espèces trouvées à la Nouvelle-Hollande. Le Muséum en possède deux espèces dont l'une est du cap de Bonne-Espérance, et l'autre de l'Ile-de-France. (G.)

* HYMÉNOSTACHYDE. *Hymenostachys*. BOT. CRYPT. (*Fougères.*) Genre dont nous proposons, avec une sorte de doute, l'établissement aux dépens des Trichomanes de Linné et des auteurs. Ses caractères sont ceux de ce genre même, à l'involucre près, qui, de la même substance que les frondes, est fixé aux bords de celles qui sont fertiles, sur la continuation de la nervure dont la columelle est comme une prolongation, et qui se bifurquant concourt à former une urcéole dont une valve se trouve plane. Nous signalerons comme type de ce genre, l'espèce que nous appelons diversifronde, *Hymenostachys diversifrons* (*V.* planches de ce Dictionnaire); Plante fort élégante et dont nous devons la connaissance à l'infatigable Poiteau qui l'a rapportée de la Guiane. Elle y croît sur l'humus des vieux Arbres dans les forêts. Ses frondes stériles sont pinnatifides; les fructifères, très-étroites, linéaires et plus longues, portent leurs urcéoles marginalement et pressées les unes contre les autres, de manière à former comme un épi comprimé en lame d'un aspect singulier, beaucoup plus longuement stipité que les stériles qui le sont très-courtement. Rudge avait connu l'épi dont il est question; il le trouva dans un herbier fait à la Guiane par un Français et enlevé par un corsaire britannique qui le lui vendit. Le botaniste anglais ne se fit pas le moindre scrupule de publier les Plantes nouvelles qu'il y trouva, et qui cependant ne devenaient pas

sa propriété, car il n'en est pas des objets scientifiques comme des objets de commerce. Aussi la plupart de ses descriptions sont-elles fort incomplètes, parce que Rudge a manqué d'une foule d'indications indispensables que le voyageur dépouillé pouvait seul posséder. Des frondes fertiles de Féea polypodine se trouvant mêlées entre celles de l'Hyménostachyde volée par le corsaire, Rudge n'y vit qu'un seul Végétal, les rattacha avec du fil en un beau faisceau, et les fit graver comme une seule Plante sous le nom de *Trichomanes elegans*. Willdenow a grossi son catalogue de Fougères de ce Végétal composé. (B.)

* HYMENOTHECIUM. BOT. PHAN. Lagasca (*Gener. et Spec. Nov. Diagn.*, p. 4) a constitué sous ce nom un genre de la famille des Graminées auquel il a imposé les caractères suivans : épi dont les fleurs sont disposées par trois et d'un seul côté; l'intermédiaire hermaphrodite et les latérales mâles ou neutres; glume à deux valves membraneuses, plus petites que le calice, le plus souvent munies d'une seule barbe; deux paillettes barbues; trois étamines; deux styles surmontés de stigmates pubescens. Ce genre a été réuni à l'*Ægopogon* de Willdenow par Rœmer et Schultes (*Syst. Veget.* T. II, p. 805). Lagasca le composait de deux espèces de *Cynosurus* de Cavanilles et de deux espèces nouvelles, savoir : *Hymenothecium tenellum*, Lag.; *Cynosurus tenellus*, Cav., ou *Lamarckia tenella*, D. C.; *C. gracilis*, Cav., ou *Hymenothecium trisetum*, Lag.; *H. quinquesetum*, Lag., et *H. unisetum*. Ces trois dernières espèces sont originaires du Mexique. (G..N.)

HYMÉNOTHÈQUES. BOT. CRYPT. Nom donné par Persoon à une section des Champignons qui correspond à la famille des Champignons proprement dits, telle que nous l'avons décrite, à l'exception des Clathracées qui forment un ordre à part sous le nom de Lytothèques. *V.* CHAMPIGNONS. (AD. B.)

HYOBANCHE. *Hyobanche*. BOT. PHAN. Genre de Plantes dicotylédones monopétales de la famille des Orobanches et de la Didynamie Angiospermie. La seule espèce qui le compose, *Hyobanche purpurea*, L., est une Plante parasite qui croît, au cap de Bonne-Espérance, sur la racine d'autres Végétaux. Sa tige est cylindrique, pubescente, couverte d'écailles imbriquées, simple. Ses fleurs sont rougeâtres et forment un épi terminal; leur calice est à sept divisions linéaires; leur corolle tubuleuse, en forme de masque, ayant la lèvre inférieure très-courte, la supérieure émarginée; les étamines, au nombre de quatre, sont didynames; la capsule est à deux loges polyspermes. (A. R.)

HYOPHORBE. BOT. PHAN. Genre de la famille des Palmiers, établi par Gaertner (*de Fruct.*, II, p. 186, tab. 120, f. 2) qui n'en a connu que le fruit et l'a ainsi décrit : baie ovée, atténuée inférieurement, charnue, fibreuse, uniloculaire; péricarpe recouvert d'une pellicule membraneuse et noirâtre, contenant des fibres qui s'unissent par de nombreuses anastomoses; graine unique, elliptique, globuleuse, glabre, brune, légèrement pointue à sa base et marquée au sommet par une éminence sous laquelle l'embryon est logé; albumen blanc, cartilagineux, coriace, cédant un peu à la pression des doigts; embryon monocotylédon, presque pyramidal et jaunâtre. Gaertner a donné le nom d'*Hyophorbe indica* à l'espèce qui fournit le fruit que nous venons de décrire. Elle est originaire de l'île Mascareigne. (G..N.)

HYOPHTHALMON. BOT. PHAN. Syn. d'*Aster Amellus*, L. (B.)

HYOSCYAMUS. BOT. PHAN. *V.* JUSQUIAME.

HYOSERIDE. *Hyoseris*. BOT. PHAN. Genre de la famille des Synanthérées, Chicoracées de Jussieu, et de la Syngénésie égale de Linné, établi par ce dernier naturaliste et ainsi caractérisé : involucre cylindrique, formé d'écailles disposées sur un seul rang, égales et appliquées, accompagné à la base de quelques écailles surnuméraires; réceptacle nu et plane; calathide composée de fleurons nombreux, en languettes, et hermaphrodites; akènes allongés et de formes dissemblables, selon Cassini; ceux du centre cylindriques, lisses, surmontés d'une aigrette dont les poils extérieurs sont plumeux, et les intérieurs, au nombre de cinq, sont longs, paléiformes et laminés; les fruits intermédiaires, hérissés et munis de deux larges ailes latérales et surmontés d'une aigrette semblable à celle des akènes du centre; les fruits marginaux pourvus d'aigrettes à moitié avortées. Les espèces avec lesquelles Linné a constitué ce genre, ne sont pas toutes réellement congénères. L'*Hyoseris fœtida* a été réuni par la plupart des auteurs au *Lampsana*, dont en effet il offre tous les caractères. Le genre *Krigia* a été créé par Willdenow avec l'*Hyoseris virginica*, L., et Gaertner a constitué avec l'*Hyoseris minima*, L., son genre *Arnoseris* qui se distingue par une aigrette coroniforme. Enfin, l'*Hedypnois* de Tournefort que Linné avait confondu parmi les *Hyoseris*, a été rétabli par Jussieu, Lamarck et De Candolle. Ainsi réformé, le genre dont il est ici question a pour types les *H. radiata*, *scabra*, *lucida* de Linné. Ce sont des Plantes herbacées, dont les feuilles sont radicales et pinnatifides; chaque hampe supporte une calathide composée de fleurs jaunes. Elles sont indigènes des contrées qui forment le bassin de la Méditerranée. (G..N.)

* HYOSPATHE. BOT. PHAN. Genre de la famille des Palmiers et de la Monœcie Hexandrie, L., établi par Martius (*Gener. et Spec. Palm. Bras.*, p. 1, t. 1 et 2) qui l'a ainsi caractérisé : fleurs sessiles, sans bractées, entourées par une spathe double, monoïques sur le même régime; les mâles ont un calice monophylle, trifide, une corolle à trois pétales, six étamines et un rudiment de pistil; les femelles ont un calice à trois folioles, une corolle à trois pétales, l'ovaire triloculaire, surmonté de stigmates sessiles et excentriques. Le fruit est une baie monosperme, pourvue d'albumen et d'un embryon basilaire. Ce genre renferme de petits Palmiers du Brésil, à tige arundinacée et à frondes irrégulièrement pinnées. Leurs spadices qui portent des fleurs pâles auxquelles succèdent des fruits en forme d'olive, naissent ordinairement au-dessus des frondes sur des rameaux étalés à angles droits. (G..N.)

HYPACANTHE. *Hypacanthus*. POIS. Le genre formé par Rafinesque (*Ict. Sicil.*, p. 19), qu'il caractérise par un corps comprimé, une dorsale opposée à l'anale, avec deux rayons épineux situés au-devant, et dans lequel il place le *Scomber aculeatus*, L., paraît conséquemment devoir être confondu avec les Liches, sous-genre de Gastérostée. *V.* ce mot. (B.)

HYPÉCOON. *Hypecoum*. BOT. PHAN. Ce genre singulier, qui établit en quelque sorte le passage entre les Papavéracées, les Fumariacées et les Crucifères, mais qui appartient certainement à la première de ces trois familles, offre les caractères suivans : son calice est à quatre sépales caduques; sa corolle se compose de quatre pétales onguiculés, irréguliers, réunis deux à deux et soudés par leur côté interne. Chaque pétale se compose de deux parties, l'une dressée et cochléariforme, l'autre plane et étalée. Les étamines, au nombre de quatre, sont dressées contre le pistil et opposées aux quatre sépales; leurs filamens sont planes et les anthères allongées, à deux loges. L'ovaire est allongé, fusiforme, presque cylindrique, à une seule loge contenant un assez grand nombre d'ovules insérés longitudinalement aux deux sutures de l'ovaire. Le sommet de l'ovaire se termine par deux stigmates sessiles, allongés, planes, recourbés en dehors et glanduleux sur leur face externe. Le fruit est une sorte de silique allongée, cylindrique, se partageant transversalement en autant d'articulations qu'il y a de graines. Celles-ci sont presque réniformes et contiennent un très-petit embryon cylindrique placé transversalement au sommet d'un gros endosperme charnu.

Le caractère que nous venons de tracer de ce genre diffère un peu de celui qui en a été donné par le plus grand nombre des botanistes. Nous considérons comme appartenant au calice ce que les auteurs décrivent généralement comme formant deux pétales extérieurs. En effet ces deux pièces sont situées absolument sur le même plan que celles qu'on considère comme formant seules le calice; et les deux pétales intérieurs des autres botanistes sont évidemment quatre pétales réunis et soudés deux à deux par leur côté interne. On connaît environ six espèces de ce genre qui appartiennent toutes aux lieux sablonneux du bassin méditerranéen. Ce sont toutes des Plantes annuelles, assez petites, remplies d'un suc jaunâtre comme la plupart des autres Papavéracées. Leurs feuilles sont glabres, très-souvent glauques, pinnatifides; leurs fleurs sont jaunes. Deux espèces croissent en France, *H. procumbens* et *H. pendulum*. On ne les cultive pas dans les jardins. (A. R.)

* HYPÉHEXAPES. ARACHN. (Brisson.) *V.* CRUSTACÉS et ARACHNIDES.

HYPÉLATE. BOT. PHAN. Genre de la famille des Sapindacées et de l'Octandrie Monogynie, L., établi par P. Browne (*Jamaïc.*, 208) et adopté par Swartz (*Flor. Ind.-Occid.* T. II, p. 653, tab. 14) avec les caractères suivans: calice à cinq folioles; cinq pétales planes, glabres intérieurement; huit étamines libres; un style court, indivis, surmonté d'un stigmate trigone; drupe uniloculaire, monosperme. Les fleurs sont polygames par avortement. L'*Hypelate trifoliata*, Swartz, *loc. cit.*, est un Arbrisseau qui croît sur les collines crétacées de la Jamaïque. Ses feuilles obovales, coriaces, ressemblent à celles du *Toddalia*, mais elles ne sont point parsemées de points; leurs pétioles sont bordés d'une membrane. Les fleurs sont petites, blanchâtres et disposées en panicules.

Le nom d'Hypélate est emprunté de Pline où il désignait le Laurier alexandrin. *V.* FRAGON. (G..N.)

HYPÉRANTHÈRE. *Hyperanthera.* BOT. PHAN. Genre de la famille des Légumineuses et de la Décandrie Monogynie, L., établi par Forskahl (*Flora Ægypt. Arab.*, p. 67) et adopté par Wahl (*Symbol.*, I, p. 30) qui y a fait entrer la Plante de laquelle on retire l'huile de Ben, c'est-à-dire le *Guilandina Moringa*, L., ou *Moringa oleifera*, Lamk., ainsi que le *Gymnocladus Canadensis* de ce dernier auteur. Les caractères génériques seront exposés à l'article MORINGA, vu l'antériorité de ce mot. (G..N.)

* HYPÈRE. *Hypera.* INS. L'un des genres nombreux établis dans la grande famille des Charansonites. Il est dû à Germar, et a été adopté par Dejean (Catal. des Coléopt., p. 88) qui en a mentionné près de quarante espèces. Il n'est pas très-éloigné des Lipares d'Olivier. Nous ignorons ses caractères. On doit mettre la plus grande réserve dans l'admission de toutes ces coupes génériques, jusqu'à ce qu'un esprit judicieux ait fait sur cette famille un travail plus soigné que les essais qui nous sont connus. (AUD.)

* HYPÈRES. INS. Aristote désignait sous ce nom les Lépidoptères nocturnes qui proviennent des Chenilles arpenteuses. (B.)

HYPÉRICINÉES OU HYPÉRICÉES. *Hypericineæ.* BOT. PHAN. Cette famille, qui porte aussi le nom de MILLEPERTUIS et sur laquelle le professeur Choisy de Genève a publié récemment un bon travail, appartient à la classe des Végétaux dicotylédonés, à étamines hypogynes. Les Plantes qui composent cette famille sont herbacées, des Arbustes ou même des Arbres qui pour la plupart sont résineux et parsemés de glandes. Leurs feuilles sont opposées, entières, très-rarement alternes et crénelées; dans un grand nombre, ces feuilles offrent une multitude de petits points translucides qui ne sont autre chose que de petites glandes et qu'on regardait autrefois comme de petits trous; de-là l'origine du nom de Millepertuis donné au genre *Hypericum* et par suite à toute la famille dont ce genre est le type. Les fleurs offrent différens modes d'inflorescence; elles sont tantôt sessiles, tantôt pédonculées, axillaires ou terminales. Leur calice est à quatre ou cinq divisions très-profondes ou quelquefois distinctes, inégales, deux des sépales étant extérieurs et plus petits. La corolle se compose de quatre à cinq pétales hypogynes, alternes avec les lobes du calice, roulés en spirale avant leur évolution, très-souvent jaunes avec de petits points noirs. Les étamines sont très-nombreuses, tantôt réunies en plusieurs faisceaux par la base de leurs filets, plus rarement libres ou même monadelphes; les filets sont capillaires, portant des anthères vacillantes, à deux loges, s'ouvrant par un sillon longitudinal. L'ovaire est libre, globuleux, surmonté par plusieurs styles, quelquefois réunis en un seul par la base. Coupé transversalement, cet ovaire présente plusieurs loges (en même nombre que les styles) contenant chacun plusieurs ovules attachés à l'angle interne de la loge. A cet ovaire succède un fruit capsulaire ou charnu, à plusieurs loges, s'ouvrant en autant de valves dans le premier cas, qui sont continues par leurs bords avec les cloisons. Les graines sont très-nombreuses, le plus souvent cylindriques, très-rarement planes. L'embryon est dépourvu d'endosperme; sa radicule est inférieure. Cette famille a de grands rapports avec les Aurantiacées par les glandes dont les Végétaux qui la composent sont munis, par leurs étamines polyadelphes, leur embryon sans endosperme. D'une autre part, elle se rapproche beaucoup des Guttifères.

Choisy, dans son travail précédemment cité, divise ainsi cette famille :

§ I. Hypéricinées vraies.

Semences cylindriques; styles au nombre de trois à cinq.

1re tribu. *Vismiées.*

Haronga, Du Petit-Thouars; *Vismia*, Vandelli.

2e tribu. *Hypéricées.*

Androsæmum, Allioni; *Hypericum*, L.; *Lancretia*, Delile, Eg.; *Ascyrum*, L.

§ II. Hypéricinées anomales.

Graines planes et ailées; plus de cinq styles. Tige en Arbre.

Carpodontos, Labill.; *Eucryphia*, Cavan. (A. R.)

HYPÉRICOIDES. BOT. PHAN. Pour Hypéricinées. *V.* ce mot. (B.)

HYPERICUM. BOT. PHAN. *V.* Millepertuis.

* HYPÉRIE. *Hyperia.* CRUST. Genre nouveau de l'ordre des Amphipodes, établi par Latreille et placé (Fam. Natur. du Règn. Anim., p. 289) dans sa famille des Uroptères conjointement avec le petit genre Phrosine de Risso. Ces Crustacés se rapprochent des *Cymothoa.* Les appendices latéraux de l'extrémité postérieure de leur corps sont en forme de feuillets et servent à la natation. Le genre Hypérie a pour caractères propres : d'avoir quatre antennes sétacées; la tête assez petite, arrondie, aplatie sur le devant et non prolongée antérieurement sous forme de bec; le corps est conique, muni de dix pates peu allongées, et pourvu d'un article terminal, simple et pointu; les feuillets, qui sont situés postérieurement, sont triangulaires, allongés et horizontaux. On ne connaît encore qu'une espèce.

L'Hypérie de Lesueur, *H. Lesuerii*, Latr., Desmarest (Dict. des Sc. Nat., T. xxviii, p. 348) y rapporte avec doute un *Phronima?* de cet auteur (Encyclop. Méthod. Crust., tab. 328, fig. 17 et 18). (AUD.)

* HYPÉROGÉNÉES. *Hyperogenei.* BOT. CRYPT. (*Lichens.*) C'est un sous-ordre des Lichens idiothalames d'Achar, établi pour les Lichens dont les apothécies sont composées et renfermant une verrue formée d'une substance propre. Les Hypérogénées correspondent à notre groupe des Trypétheliacées. *V*. ce mot et VERRUCARIÉES. (A. F.)

HYPÉROODON. *Hyperoodon.* MAM. Lacépède a donné ce nom à un genre de Cétacés caractérisé par une nageoire dorsale; une sorte de bec comme chez les Dauphins; le palais hérissé de petits tubercules que l'on a considérés comme des dents, mais qui, selon Cuvier, ne peuvent guère être, d'après l'analogie, que des proéminences cornées de la membrane du palais. Ce genre, encore peu connu, ne renferme qu'une espèce nommée par Lacépède Hypéroodon Butskopf. Cette espèce a été décrite plusieurs fois sous des noms différens, et placée tantôt parmi les Baleines, tantôt, et avec plus de raison, parmi les Dauphins; d'où il est résulté une grande confusion dans la Synonymie. *V*. Cuvier (Oss. Foss. T. v). Nous ne citerons ici qu'un seul de ces synonymes : le nom de *Balæna rostrata*, qui est celui d'une véritable Baleine, a été donné aussi à l'Hypéroodon : Chemnitz et Pennant sont les auteurs de cette nouvelle confusion, contre laquelle il est important de se prémunir. La tête de l'Hypéroodon diffère beaucoup des têtes des Dauphins; elle est surtout remarquable par la forme des maxillaires, sur les bords latéraux desquels s'élève de chaque côté une grande crête verticale formant une sorte de mur; car les deux crêtes ne se réunissent pas comme dans le Dauphin du Gange, pour former une voûte. Au reste, ces variations singulières de forme n'empêchent pas les connexions d'avoir lieu, comme chez les Dauphins. Le palais est un peu en carène, ce qui offre un rapport avec les Baleines. Il y a sept vertèbres cervicales soudées toutes ensemble, et trente-huit autres vertèbres dont neuf portent des côtes. On n'a trouvé que deux dents à la mâchoire inférieure ; il paraît même qu'elles ne sont pas toujours visibles à l'extérieur; nous avons déjà dit que son palais était hérissé de tubercules qui ressemblent assez à des dents. L'orifice commun des deux évens a la forme d'un croissant dont les pointes, au lieu d'être tournées vers le museau, le sont vers la queue. Néanmoins l'appareil est disposé intérieurement de manière à ce que les jets d'eau faits par cette ouverture se dirigent en avant. Les nageoires sont disposées ainsi qu'il suit : les pectorales sont placées très-bas, et leur longueur est douze fois moindre que celle de l'Animal entier. La dorsale est d'un tiers moins longue que celles-ci; elle n'est pas très-distante de la caudale : cette dernière égale en largeur le quart de la longueur totale; ses deux lobes sont échancrés. L'Hypéroodon est brunâtre, avec quelques teintes blanchâtres sur le ventre. L'adulte a de vingt à vingt-huit pieds de longueur. Deux individus de cette espèce vue en divers points de l'océan Atlantique septentrional et de l'océan Glacial arctique, ont été pris en 1788 près d'Honfleur. L'espèce est rare : aussi ses mœurs ne sont-elles pas connues. *V*. CÉTACÉS. (IS. G. ST.-H.)

HYPERSTHÈNE. MIN. Paulite et Hornblende du Labrador, W. Substance noire, fusible, souvent d'un éclat métalloïde bronzé; pesant spécifiquement 3,38; rayant le verre; étincelant par le choc du briquet; acquérant par le frottement l'électricité résineuse. Sa composition chimique est encore mal connue. Klaproth en a retiré par l'analyse : Silice, 54,25; Magnésie, 14; Alumine, 2,25; Chaux, 1,5; oxide de Fer, 24,5; Eau, 1,0; perte, 2,5. L'Hypersthène se divise en prisme droit rhomboïdal d'environ 82 degrés et 98 degrés. On le trouve cristallisé en prismes octogones à sommets dièdres, ou en masses laminaires engagées dans du Feldspath. On l'a découvert pour la première fois dans l'Amérique septentrionale (île de Saint-Paul, côte du Labrador) où ce Minéral a pour gangue une Siénite à Feldspath opalin. Depuis, on l'a retrouvé dans d'autres pays, toujours dans des roches du sol primordial, telles que les Siénites et les Euphotides, au Groenland, au cap Lézard, en Cornouailles, etc. (G. DEL.)

* HYPHA. BOT. CRYPT. (*Mucédinées.*) Nom donné par Persoon aux Plantes auxquelles Link a conservé le nom de Byssus. *V.* ce mot. (AD. B.)

HYPHÆNE. BOT. PHAN. Gaertner (*de Fruct.* T. I, p. 28, et T. II, p. 13, tab. 82) a établi sous ce nom un genre de la famille des Palmiers, qui est le même que le *Cucifera* de Delile déjà décrit dans ce Dictionnaire. *V.* CUCIFÈRE. En outre de l'*Hyphœne crinita* ou du *Cucifera thebaica*, l'auteur du genre Hyphæne a établi une seconde espèce sous le nom d'*H. coriacea* qui est indigène de Melinde et probablement de Madagascar. Dans la notice sur les Plantes du Congo, p. 37, R. Brown mentionne un Palmier trouvé en abondance à l'embouchure du fleuve par le professeur Smith, et rapporté par ce dernier au genre *Hyphœne*, mais qui serait plutôt une espèce de *Corypha*, d'après les caractères que présentent sa hauteur moyenne, ses frondes et sa tige indivise. Le Palmier Doum de la Haute-Egypte est, au contraire, remarquable par sa tige divisée et dichotome. (G..N.)

*HYPHASMA. BOT. CRYPT. (*Mucédinées.*) Ce nom donné par Rebentisch, ainsi que celui d'*Hypha* adopté par Persoon, correspondent exactement au genre auquel Link a conservé le nom de *Byssus*. *V.* ce mot. (AD. B.)

* HYPHOMYCETES. BOT. CRYPT. Ce nom a été donné par quelques botanistes à une division des Champignons qui correspond à la famille des Mucédinées. *V.* ce mot. (AD. B.)

HYPHIDRA. BOT. PHAN. Schreber, Willdenow et Gaertner ont substitué, sans motifs plausibles, ce nom à celui de *Tonina* employé par Aublet. *V.* ce mot. (G..N.)

HYPHYDRE. *Hyphydrus.* INS. Genre de l'ordre des Coléoptères, section des Pentamères, famille des Carnassiers, tribu des Hydrocanthares, établi par Illiger (*Magaz. Insect.*, 1804, p. 8) aux dépens du genre Dytique de Linné, et se distinguant des Hydropores (*V.* ce mot) avec lesquels ils ont la plus grande affinité, par la forme globuleuse et raccourcie de leur corps. Fabricius avait formé avec le *Dytiscus Hermanni* et plusieurs autres espèces un genre propre sous la dénomination d'*Hydrachna* employée déjà par Müller pour désigner un genre d'Arachnides aquatiques. Latreille a laissé aux Arachnides de Müller le nom qu'il leur avait imposé avant que Fabricius eût fait son genre *Hydrachna*, et a donné à ces derniers le nom d'Hygrobies (*V.* ce mot). En même temps Illiger donnait le nom d'Hyphydre à plusieurs espèces d'Hygrobies qui s'en éloignaient par des caractères essentiels. De Clairville, qui a bien éclairci la tribu des Hydrocanthares en y formant de nouvelles coupes fondées sur de bons caractères, n'a pas rejeté la vicieuse application du mot d'Hydrachne; il a même contribué à épaissir ces ténèbres en désignant sous le nom d'Hydropores les Hyphydres. Schœnnher (*Synon. Ins.*, 2, p. 27, 28) supprime la dénomination d'Hydrachne; les mêmes Insectes que le naturaliste précédent désigne ainsi deviennent des Pælobies (*Pælobius*), et la coupe des Hyphydres est conservée.

Les Hyphydres sont, en général, de petite taille; leur corps est ovale, court, globuleux, bombé et très-convexe. La principale espèce et celle qui sert de type au genre est:

L'HYPHYDRE OVÉ, *H. ovatus*, *Hydrachna ovalis*, Fabr., le mâle; *H.*

gibba ejusd., la femelle, Panz., *Faun. Ins. Germ.*, fasc. 91, tab. 5. Il est long d'environ deux lignes, d'un brun fauve avec le dessous d'un jaune foncé. Il est commun à Paris dans les eaux stagnantes. (G.)

HYPNE. *Hypnum.* BOT. CRYPT. (*Mousses.*) Ce genre, le plus nombreux de la famille des Mousses, comprenait, lorsque Linné l'établit, plus du tiers de cette famille; depuis, on en a séparé plusieurs genres qui diffèrent essentiellement entre eux par la structure de leurs organes de fructification; cependant le genre de Linné était assez naturel pour que la plupart de ces genres restassent réunis dans la tribu des Hypnoïdées; quelques espèces seulement se rangent parmi les Dicranoïdées. Les genres formés aux dépens de l'ancien genre *Hypnum*, sont: *Pterogonium*, *Neckera*, *Daltonia*, *Hookeria*, *Hypnum*, et en outre le genre *Leskea* qui n'a pas été adopté par tous les auteurs et qui nous paraît devoir rester uni au genre qui nous occupe. Outre ces genres, la tribu des Hypnoïdées contient encore plusieurs genres fondés sur des espèces nouvelles inconnues à Linné, mais qu'il aurait probablement placées dans le genre Hypne. *V.* HYPNOÏDÉES. Les caractères distinctifs du genre *Hypnum* sont d'avoir l'urne portée sur un pédicelle latéral, le péristome double, l'extérieur de seize dents et l'intérieur formé par une membrane divisée en seize segmens égaux entre lesquels sont souvent placés des sortes de cils membraneux; enfin la coiffe est toujours fendue latéralement. Le genre *Leskea* d'Hedwig et de plusieurs autres muscologues diffère des Hypnes par l'absence de ces filamens membraneux qui sont interposés entre les dents du péristome dans les Hypnes des mêmes auteurs; mais ce caractère est si fugace et souvent si peu constant, qu'il nous paraît préférable de laisser ces deux genres réunis. Les Hypnes varient beaucoup par leur port qui est, en général, analogue à celui de toutes les autres Plantes de cette tribu; leur tige est rameuse, et les rameaux sont le plus souvent régulièrement pinnés et distiques. Les feuilles, extrêmement variables quant à leur forme, sont tantôt disposées sur deux rangs et étendues dans le même plan, ce qui rappelle l'aspect des Jungermannes; tantôt elles sont insérées tout autour de la tige, plus ou moins étalées et assez souvent recourbées à leur extrémité. Les capsules naissent d'un petit bourgeon axillaire dont les feuilles forment le perichœtium; leur pédicelle est par conséquent latéral, presque toujours long et grêle; la capsule est le plus souvent recourbée et son orifice est incliné latéralement; cette capsule est toujours lisse et dépourvue d'apophyse; l'opercule est fort souvent terminé par une pointe assez longue; le péristome externe est formé de dents fortes, bien distinctes, libres, d'abord recourbées vers le centre de la capsule, ensuite déjetées en dehors et douées de mouvemens hygrométriques très-marqués. On connaît maintenant plus de deux cents espèces de ce genre qui ont été découvertes dans presque tous les points du globe; près de cent ont été observées en Europe. L'Amérique équinoxiale, l'Amérique septentrionale et particulièrement la côte occidentale, les terres Magellaniques, la Nouvelle-Zélande et la Nouvelle-Hollande produisent un grand nambre d'espèces différentes de celles d'Europe; ces dernières, au contraire, se retrouvent presque toutes dans les États occidentaux de l'Amérique septentrionale d'un côté, et jusqu'au Kamtschatka de l'autre. (AD. B.)

HYPNÉE. *Hypnea.* BOT. CRYPT. (*Hydrophytes.*) Genre de la famille des Floridées auquel nous donnons pour caractère: une fronde filiforme, rameuse, cylindrique, couverte de petits filamens sétacés, épars, se changeant quelquefois en tubercules fusiformes ou subulés, presque opaques. Les Hydrophytes dont ce genre est composé se distinguent facilement de toutes les autres Plantes marines par un aspect qui leur est particulier; elles ressemblent aux Mousses que Linné avait réunies dans son genre *Hypnum*. Ce faciès, qui ne s'observe point dans les autres groupes des Floridées, aide beaucoup à la détermination des Hypnées dont la fructification n'est bien visible qu'à la loupe. Cependant il est indispensable de l'étudier pour classer les espèces, si l'on veut éviter les erreurs des auteurs modernes qui, s'en rapportant à cet aspect hypnoïde, ont réuni sous une même dénomination des espèces très-différentes les unes des autres. L'organisation ressemble beaucoup à celle des Laurenties; mais elle est plus ferme, plus vitreuse. Le tissu a plus de transparence et moins de flexibilité. Les tubercules en forme de fuseau ou d'alène sont remplis de capsules séminifères dans toute la partie renflée. Leur surface est unie; l'extrémité, souvent recourbée, paraît dépourvue de capsules. Les tubercules sont un peu gigartins et à demi-transparens. Dès que les capsules commencent à se former, ils deviennent opaques, et le sont entièrement à l'époque de la maturité des semences; quelquefois ils sont courts, ramassés et comme épineux; en général, ils sont simples et allongés. On n'a pas encore observé de double fructification sur les Hypnées. La couleur varie autant que celle des Laurenties; elle prend quelquefois une nuance de vert d'herbe ou de vert purpurin très-vive. Toutes les Hypnées sont annuelles. Elles se trouvent dans les zônes tempérées des deux hémisphères, principalement du vingtième au quarante-cinquième degré de latitude; elles sont rares au-delà. Nous n'en connaissons point de la côte occidentale de l'Amérique.

Parmi les principales espèces de ce genre peu nombreux, nous remarquerons l'*Hypnea musciformis* des Indes-Orientales, bien différent de l'*Hypnea spinulosa* des mers d'Europe; l'*Hypnea Wighii* des côtes de France et d'Angleterre: c'est une des plus élégantes par sa forme et par sa couleur; l'*Hypnea hamulosa* des Indes-Orientales; l'*Hypnea charoides* de l'Australasie: elle a le port d'une Charagne. Nous en possédons plusieurs espèces inédites. Agardh distribuant nos Hypnées dans ses *Chondria* et ses *Sphærococcus*, a rompu les rapports les plus naturels et vicié par cela même des genres qu'il avait établis, en y comprenant des Plantes qui n'en présentent point les caractères. (LAM..X.)

* HYPNOIDÉES. *Hypnoideæ*. BOT. CRYPT. (*Mousses*.) Greville et Arnott, dans leur excellent travail sur la classification des Mousses (*Trans. Wernerian*. T. V, et Mém. Soc. Hist. nat. T. II), ont divisé cette famille en plusieurs tribus naturelles que nous ferons connaître à l'article MOUSSES. Celle des Hypnoïdées renferme, d'après ces auteurs, les genres *Fabronia*, Raddi; *Pterogonium*, Schwæg.; *Sclerodontium*, Schwæg.; *Leucodon*, Schwæg.; *Macrodon*, Schwæg.; *Dicnemum*, Schwæg.; *Astrodontium*, Schwæg.; *Neckera*, Hook.; *Anomodon*, Hook.; *Anacamptodon*, Brid.; *Daltonia*, Hook.; *Spiridens*, Nées; *Hookeria*, Smith; *Fontinalis*, Hedw. *V*. ces mots et MOUSSES. (AD. B.)

* HYPNON. BOT. CRYPT. La Plante à laquelle les anciens donnaient ce nom, racine de celui d'un genre nombreux de Mousses, paraît devoir être un Lichen du genre Usnée. *V*. ce mot. (B.)

*HYPNUM. BOT. CRYPT. *V*. HYPNE.

HYPOCALYPTUS. BOT. PHAN. Sous ce nom, Thunberg a établi un genre qui a pour type le *Crotalaria cordifolia*, L. De Candolle (*Prodr.*, *Regn. Veget*. T. II) l'a ainsi caractérisé: calice à cinq lobes courts; étamines monadelphes; légume comprimé, lancéolé. L'*Hypocalyptus obcordatus*, unique espèce, est un Arbrisseau du cap de Bonne-Espérance, très-glabre, à feuilles trifoliées et à fleurs pourpres. La plupart des autres espèces, publiées par Thunberg, sont réparties, par De Candolle, dans le genre *Podalyria* de Lamarck. *V.* CROTALAIRE et PODALYRIE. (G..N.)

HYPOCHÉRIDE. *Hypochœris.* BOT. PHAN. Vulgairement Porcellie. Genre de la famille des Synanthérées, Chicoracées de Jussieu, et de la Syngénésie égale, L., établi par Vaillant, et adopté par Linné, avec les caractères suivans : involucre composé de folioles imbriquées, appliquées, oblongues, obtuses, un peu membraneuses sur les bords; réceptacle plane, garni de paillettes très-longues, demi-embrassantes, linéaires, subulées; calathide composée d'un grand nombre de fleurons en languettes et hermaphrodites; ovaires surmontés d'une aigrette plumeuse, tantôt stipitée, tantôt sessile. Cette différence dans la structure de l'aigrette a fait partager en deux genres, par Gaertner, l'*Hypochœris* de Vaillant et de Linné. Il a nommé *Achyrophorus* les espèces à fruits dont l'aigrette est stipitée, et il a réservé le nom d'*Hypochœris* à celles qui offrent une aigrette sessile. Cassini a admis cette distinction, quoique, dans le caractère générique de l'*Hypochœris*, il ait décrit les ovaires du centre comme pourvus d'un col très-manifeste, c'est-à-dire ayant des aigrettes stipitées, tandis que les ovaires marginaux seulement sont surmontés d'aigrettes sessiles.

On ne connaît qu'un petit nombre d'espèces d'Hypochérides. Celles que l'on rencontre fréquemment dans les bois, les prés et les champs, aux environs de Paris et dans toute l'Europe, sont : l'*Hypochœris glabra* et l'*H. radicata*, L. La première est une Plante annuelle, à feuilles radicales, sinuées, dentées, glabres, luisantes, et dont la tige est d'abord très-simple, presque nue, puis accompagnée d'autres tiges dressées et rameuses. Les calathides sont petites, solitaires au sommet des tiges et des rameaux, et composées de fleurs jaunes. L'*Hypochœris radicata* a une tige rameuse, nue, presque lisse, à feuilles roncinées, obtuses, scabres, et à pédoncules écailleux. Les autres Hypochérides sont des espèces qui croissent dans les contrées montueuses de l'Europe méridionale. (G..N.)

* HYPOCHNUS. BOT. CRYPT. (*Mucédinées?*) Fries a établi ce genre, et l'a placé auprès des Théléphores dont il a l'aspect général; mais sa structure byssoïde est évidente, et on n'a jamais pu y voir de vraies thèques; il est très-voisin des Athélies de Persoon dont il ne diffère que par une soudure plus intime des filamens et par l'aspect membraneux et lisse de sa surface. Les Hypochnus croissent sur le bois mort qu'ils couvrent d'une sorte de membrane de couleur variable, dont les bords sont frangés et se divisent en filamens byssoïdes, tandis que le centre est uniforme, lisse et presque charnu. Ces Plantes font le passage des Mucédinées aux Champignons proprement dits, comme les Isaries, Tuberculaires, Atractiums font le passage des Mucédinées aux Lycoperdacées. L'une des espèces les plus communes de ce genre, et l'une des plus remarquables, est l'*Hypochnus cœruleus* ou *Thelephora cœrulea* de De Candolle, qui forme des plaques d'un beau bleu, étendues sur les bois morts; son centre est d'un bleu foncé, lisse, et d'un aspect charnu; les bords sont d'un bleu pâle et filamenteux.

Les *Thelephora ferruginea* et *serea* de Persoon appartiennent à ce genre, ainsi que plusieurs espèces décrites par Fries et par Ehrenberg. (AD. B.)

HYPOCISTE. *Hypocistis.* BOT. PHAN. *V.* CYTINELLE.

* HYPOCONDRES. ZOOL. *V.* ABDOMEN.

* HYPOCRATÉRIFORME. *Hypocrateriformis.* BOT. PHAN. Une corolle monopétale régulière, dont le tube allongé est surmonté d'un limbe plane et étalé, est dite en botanique corolle Hypocratériforme. Le Li-

las, le Jasmin, etc., en offrent des exemples. *V.* COROLLE. (A. R.)

* HYPODERMA. MOLL. Dénomination sous laquelle Poli, dans son Système de nomenclature, indique le genre de Coquille dont il a nommé les Animaux *Hypogea*. *V.* HYPOGÉE. (D..H.)

* HYPODERME. *Hypoderma*. INS. Genre de l'ordre des Diptères, famille des Athéricères, fondé par Latreille (Nouv. Dict. d'Hist. Nat. T. XXIII, p. 272) aux dépens du genre Taon, et ayant, suivant lui, pour caractère essentiel : soie des antennes simple; point de trompe ni de palpes apparens; une fente très-petite en forme d'*Y grec* représentant la cavité buccale; espace compris entre elle et les fossettes des antennes, uni, sans sillons; dernier article des antennes très-court, transversal, à peine saillant au-delà du précédent. Ce genre diffère essentiellement des Cutérèbes et des Céphénémyies par l'absence d'une trompe; il partage ce caractère avec le genre OEdémagène dont il se distingue toutefois par l'absence des palpes. Il s'éloigne davantage des Céphalémyies et des OEstres proprement dits, parce que l'Insecte parfait a les ailes toujours écartées et que la larve n'a point de crochets écailleux à sa bouche. Latreille ne décrit qu'une seule espèce.

L'HYPODERME DU BOEUF, *H. Bovis* ou l'*Œstrus Bovis* de Fabricius, Olivier, etc. Elle a été représentée par Clark (*Trans. of the Linn. Soc.* T. III, et nouv. édit. *The Bots of Horses*, tab. 2, fig. 8, 9). Cette espèce pond un grand nombre d'œufs, et chacun d'eux dans autant d'ouvertures qu'elle pratique à la peau des Bœufs; elle choisit de préférence les jeunes individus et s'attache aux Vaches qui vivent dans les bois; celles qui paissent dans les prairies en sont exemptes. On rencontre, près de la région du dos, dans le voisinage des cuisses et des épaules, un plus ou moins grand nombre de tumeurs (de trois à quarante) qui s'élèvent quelquefois à un pouce au-dessus de la peau et dont le diamètre est de quinze à seize lignes; ce sont autant de nids ou de foyers purulens dans lesquels vit une larve d'Hypoderme; ces larves, dont le corps est aplati, sont privées de pates, mais elles ont sur chaque anneau des épines triangulaires dirigées en avant et en arrière, et elles s'en servent très-certainement pour changer de place, surtout lorsqu'à une certaine époque elles abandonnent l'Animal aux dépens duquel elles ont vécu, et vont chercher, dans le gazon ou sous les pierres, une retraite, pour se métamorphoser en nymphe; alors leur peau devenant très-dure et fort épaisse, leur fournit un solide abri. L'Insecte parfait ne tarde pas à éclore; il est noir et offre des poils d'un jaune assez pâle sur la tête, le thorax et la base du ventre; le thorax lui-même offre une bande noire transversale et quelques soies enfoncées; les ailes sont un peu obscures vers leur bord intérieur; les pates ont une couleur noire avec les tarses d'un blanc sale; l'abdomen est noir sur son milieu, et des poils fauves ombragent son extrémité anale. (AUD.)

HYPODERME. *Hypoderma*. BOT. CRYPT. (*Hypoxylées*.) De Candolle avait donné ce nom à un genre très-voisin des *Hysterium* et qui a été réuni à ce genre par tous les auteurs qui se sont occupés depuis de ces petits Végétaux. *V.* HYSTERIUM. (AD. B.)

HYPODERMIUM. BOT. CRYPT. (*Urédinées*.) Link a donné ce nom au genre qu'il avait d'abord désigné sous celui de *Cæoma*, et qui comprend les genres *Œcidium* et *Uredo* des auteurs. *V.* ces mots. (AD. B.)

HYPODRYS. BOT. CRYPT. Et non Hypodris. Syn. de Fistuline. *V.* ce mot. (B.)

* HYPOELYPTUM. BOT. PHAN. Ce nom a été donné par Vahl (*Enumer. Plant.*, 2, p. 283) probablement par corruption de celui d'*Hypœlythrum*, sous lequel Richard père (*in Persoon Synop. Plant.* 1, p. 70) avait établi

antérieurement un genre de la famille des Cypéracées. Rob. Brown (*Prodr. Nov.-Holland.* 1, p. 219) a employé la dénomination proposée par Vahl ; mais ayant été informé dans la suite (*Botany of Congo*) de l'antériorité du genre formé par Richard, et d'un autre côté s'étant assuré que l'*Hypœlyptum argenteum*, Vahl, ainsi qu'une autre Plante de la Nouvelle-Hollande, constituait un genre distinct de l'*Hypelytrum*, a proposé, pour éviter toute confusion, de le nommer *Lipocarpha*. *V*. ce mot. (G..N.)

HYPOELYTRE. *Hypœlythrum* ou *Hypolythrum*. BOT. PHAN. Genre de la famille des Cypéracées, et de la Triandrie monogynie, L., établi par Richard (*in Persoon Enchirid.* 1, p. 70) qui l'a ainsi caractérisé : fleurs disposées en épis, composées d'écailles imbriquées ; akènes entourés par un involucre qui simule une sorte de glume à trois ou quatre valves ; deux à trois étamines ; un à deux stigmates. Vahl (*Enum.* 2, p. 283) a donné d'autres caractères au genre *Hypœlyptum*, formé sur l'*Hyp. Senegalense* ou *Argenteum*, une des Plantes décrites par Richard ; mais R. Brown, qui dans le *Prodromus Flor. Nov.-Holl.*, p. 219, avait adopté le nom imposé par Vahl, l'a changé depuis en celui de *Lipocarpha*, réservant le nom d'*Hypœlythrum* au genre constitué par les espèces de l'Inde, décrites dans Persoon. Ces Plantes sont des Herbes très-grandes, à feuilles trinerviées et à fleurs disposées en corymbes. (G..N.)

HYPOESTES. BOT. PHAN. Genre de la famille des Acanthacées, et de la Diandrie Monogynie, L., établi d'après les Manuscrits de Solander, par R. Brown (*Prodrom. Flor. Nov.-Holland.*, p. 474) qui l'a ainsi caractérisé : involucre quadrifide, triflore ou uniflore par avortement; calice quinquéfide, égal; corolle bilabiée; deux étamines à anthères uniloculaires; loges de l'ovaire dispermes; cloison adnée; graines retenues par des crochets. Ce genre a été constitué par Solander sur quelques espèces de *Justicia* publiées par les auteurs, et particulièrement par Vahl dans ses *Enumerationes Plantarum*. Solander avait admis un calice double, considérant sans doute l'involucre comme en faisant partie, et le calice intérieur comme un calice accessoire. C'est du moins ce que fait conjecturer l'étymologie du nom générique. R. Brown a composé l'*Hypoestes* des espèces suivantes : *Justicia fastuosa*, *Forskahlei*, *purpurea*, *aristata*, *verticillaris* et *Serpens* de Vahl. Il leur adjoint l'*Hypoestes floribunda*, Plante de la Nouvelle-Hollande qui offre des rapports avec l'*H. purpurea*. Ce sont des Plantes herbacées ou sous-frutescentes, indigènes des contrées chaudes de l'ancien hémisphère. Elles ont des fleurs involucrées, blanches ou purpurines, disposées en épis ou en grappes axillaires ou terminales, et garnies à la base de bractées foliacées. (G..N.)

* HYPOGÉ. *Hypogeus*, *Subterraneus*. BOT. PHAN. Cette épithète s'applique, 1° aux Plantes dont les fruits mûrissent sous la terre, telle est par exemple l'Arachide; 2° aux cotylédons de l'embryon, quand, à l'époque de la germination, ils restent dans la terre et ne sont pas soulevés par l'élongation de la tigelle. Cette expression s'emploie alors par opposition à celle de cotylédons épigés. *V*. EMBRYON. (A. R.)

HYPOGÉE. *Hypogea*. MOLL. Dans son magnifique ouvrage des Testacés des Deux-Siciles, Poli donne ce nom à un genre nombreux en espèces, formé de plusieurs des genres de Linné et de Lamarck sur les caractères trop étendus des Animaux. C'est ainsi que l'on y trouve des Pholades, une Pandore et une Donace. Nous renvoyons à ces différens genres. (D..H.)

* HYPOGÉON. *Hypogæon*. ANNEL. Genre de l'ordre des Lombricines, famille des Lombrics, fondé par Savigny (Syst. des Annelides, p. 100 et 104) qui lui donne pour caractères distinctifs : bouche à deux lèvres ré-

tractiles; la lèvre supérieure avancée; soies non rétractiles, disposées sur neuf rangs, le rang intermédiaire supérieur, les huit autres disposés de chaque côté par paire. Ce genre est voisin des Enterions ou Lombrics terrestres. Il s'en rapproche par la disposition de la bouche, mais il s'en éloigne par celle des soies. Il offre aussi quelque ressemblance avec les Thalassèmes dont il diffère toutefois par des soies non rétractiles.

Les Hypogéons ont le corps cylindrique, obtus à son bout postérieur, allongé et composé de segmens courts et nombreux, moins serrés et plus saillans vers la bouche que vers l'anus. Dix des segmens compris entre le vingt-sixième et le trente-neuvième sont renflés et s'unissent pour former à la partie antérieure du corps, une ceinture. Le dernier segment est pourvu d'un anus longitudinal. La bouche est petite, munie de deux lèvres, la supérieure avançant en trompe un peu lancéolée, fendue en dessous, et l'inférieure étant très-courte. Le corps est garni de soies longues, épineuses, très-aiguës, au nombre de neuf; à tous les segmens il en existe une impaire et quatre de chaque côté réunies par paires, formant toutes ensemble, par leur distribution sur le corps, neuf rangs longitudinaux, savoir : un supérieur ou dorsal, quatre exactement latéraux, et quatre inférieurs. Savigny décrit une seule espèce.

L'HYPOGÉON HÉRISSÉ, *Hyp. hirtum*. Son corps est composé de cent six segmens, conformé exactement comme dans le Lombric terrestre et de la même couleur. Les quatorze pores sont très-visibles. Toutes les soies sont brunes, fragiles et caduques. La ceinture est souvent encadrée de brun en dessus, et elle paraît entièrement recouverte de soies inégales, disposées confusément, mais semblables d'ailleurs aux autres et de même hérissées de petites épines. Cette espèce, communiquée à l'auteur par Cuvier, est originaire des environs de Philadelphie. (AUD.)

* HYPOGEUM. BOT. CRYPT. (*Lycoperdacées.*) Persoon avait séparé sous ce nom des Lycoperdons le *Lycoperdon cervinum*; il l'a ensuite réuni au genre *Scleroderma*, et Nées d'Esenbeck l'a placé parmi les Truffes. (AD. B.)

HYPOGLOSSE. *Hypoglossum*. BOT. PHAN. Espèce du genre Fragon. *V.* ce mot. (B.)

HYPOGYNE. *Hypogynus*. BOT. PHAN. Ce nom adjectif, composé de deux mots grecs qui signifient sous l'organe femelle, s'emploie en botanique pour exprimer la position relative des diverses parties de la fleur, quand elles sont placées sous l'ovaire. C'est dans ce sens que l'on dit étamines, disque, corolle, etc., Hypogynes, c'est-à-dire dont le point d'origine part du même lieu que le pistil ou sous le pistil. *V.* INSERTION. (A. R.)

HYPOLÆNA. BOT. PHAN. Genre de la famille des Restiacées et de la Diœcie Triandrie, L., établi par R. Brown (*Prodr. Flor. Nov.-Holl.*, p. 251) qui lui a imposé les caractères suivans : fleurs dioïques ayant toutes un périanthe à six divisions glumacées; les mâles sont disposées en chatons et contiennent chacune trois étamines dont les anthères sont simples et peltées; les femelles ont un style caduc à deux ou trois branches. Le fruit est une noix osseuse, nue, monosperme, ceinte à la base par le périanthe court et terminant un épi formé d'écailles imbriquées, mais qui ne renferme qu'une seule fleur. Dans ce genre, les fleurs mâles sont absolument semblables à celles du *Restio* dont la Plante offre le port; l'absence d'un corpuscule lobé garnissant le périanthe à l'extérieur le distingue du *Willdenowia*, lequel est semblable par le fruit, mais qui s'en éloigne par l'inflorescence de ses fleurs mâles et par son port. R. Brown n'a décrit que deux espèces d'*Hypolæna*, savoir : *H. fastigiata* et *H. exsulca*. Ces Plantes croissent au Port Jackson dans la Nouvelle-Hollande et dans l'île de Diémen. (G..N.)

HYPOLÉON. *Hypoleon*. INS. Genre de l'ordre des Diptères, famille des Notacanthes, tribu des Stratiomydes, établi par Duméril (Zool. Analyt.), et correspondant aux *Oxycères* et aux *Ephippium* de Latreille, ou aux *Critellaria* de Meigen. *V*. ces mots. (G.)

*HYPOLEPIA. BOT. CRYPT. (*Mucédinées.*) Genre indiqué plutôt que décrit par Rafinesque et qui paraît le même que le Xylostroma de Tode. *V*. ce mot. (AD. B.)

HYPOLEPIS. BOT. PHAN. Persoon (*Enchirid.* 2, p. 598) a substitué ce nom à celui de *Phelipœa* employé par Thunberg pour désigner un genre établi sur une Plante du cap de Bonne-Espérance, et que Jussieu (Annales du Muséum, vol. 12, p. 439) a rapportée au *Cytinus*. En effet le nom de *Phelipœa* ne pouvait être adopté puisqu'il existait, sous cette dénomination, un autre genre créé par Tournefort et rétabli par Desfontaines. L'*Hypolepis sanguinea*, Persoon; *Phelipœa sanguinea*, Thunb., *Nov. Plant. Gener.* 5, p. 91; *Cytinus dioicus*, Juss., est une Plante parasite sur les racines des Arbrisseaux, qui a des tiges droites, simples, très-glabres, garnies d'écailles sessiles, imbriquées, obtuses et concaves. Les fleurs, d'un rouge de sang, sont placées sous les écailles et dioïques. Les mâles ont un périanthe (calice, Juss.) à six divisions; plusieurs étamines à filets monadelphes et à anthères réunies. Les femelles ont un ovaire infère, une capsule à sept valves et à sept loges polyspermes. (G..N.)

HYPOLEUCOS. OIS. (Linné.) *V*. CHEVALIER.

HYPOLYTRUM. BOT. PHAN. (Persoon.) Pour *Hypœlythrum*. *V*. HYPOELYTRE. (G..N.)

* HYPOMELIDES. BOT. PHAN. *V*. HIPPOMELIS.

HYPONERVIS. BOT. PHAN. Paulet proposait ce nom pour le genre Mérule qui se trouvait fait et nommé long-temps avant que cet auteur eût écrit sur les Champignons. (B.)

* HYPOPELTIDE. *Hypopeltis*. BOT. CRYPT. (*Fougères.*) Dans la Flore de l'Amérique septentrionale de Michaux, rédigée par le professeur Richard, ce savant botaniste a proposé de faire un genre particulier, sous le nom d'*Hypopeltis*, de toutes les espèces du genre Polypode de Linné, qui ont les fructifications sous la forme de points arrondis, composés de sporanges disposées autour d'un axe et fixées à une membrane peltée. Or, ce genre est le même que De Candolle a publié plus tard sous le nom de *Polystichum*. La Flore de Michaux a paru en 1803, la Flore Française en 1805; le nom proposé par Richard ayant l'antériorité doit être préféré. Ce même genre a été désigné par R. Brown par le nom d'Aspidium. *V*. ce mot. (B.)

* HYPOPHACE. BOT. CRYPT. (*Champignons.*) Plante qui croît sur la racine du *Vicia Aphaca* et qui est figurée table VI du *Pugillus Plantarum rariorum* de Mentzel qui le premier l'a fait connaître. Elle est voisine des *Sclerotium*. (A. F.)

* HYPOPHÆSTON. BOT. PHAN. Ce nom, qui a été appliqué au *Rhamnus oleoides* et au *Salsola Tragus* par certains auteurs, était, dans Dioscoride, celui de la Chaussetrape. *V*. ce mot. (B.)

HYPOPHLÉE. *Hypophlœus*. INS. Genre de l'ordre des Coléoptères, section des Hétéromères, famille des Taxicornes, tribu des Diapériales, établi par Fabricius qui l'a retiré de son genre Ips. Ses caractères sont: antennes grossissant insensiblement depuis le troisième article, perfoliées en grande partie; mâchoires inermes; corselet beaucoup plus long que large; corps parfaitement linéaire.

Les Hypophlées ne diffèrent au premier aperçu, des Diapères et des Phaléries, que par la forme de leur corps; leurs antennes sont courtes, à articles presque lenticulaires, un peu en scie latéralement, et formant, réunis, une tige perfoliée, terminée par un article ovoïde et court; le labre est saillant et entier; les mandibules sont bifides ou bidentées à leur pointe : les mâchoires ont deux lobes, dont l'intérieur très-petit; leurs palpes maxillaires plus grands que les labiaux, sont terminés par un article plus grand et ovoïde, et le corselet est en carré long et bordé; les élytres sont étroites, et les jambes vont en s'élargissant de la base à l'extrémité. Ces Insectes vivent sous les écorces des Arbres; leurs larves, qui ne sont point connues, doivent faire aussi leur habitation dans les vieux troncs cariés.

Toutes les espèces de ce genre habitent l'Europe. Dejean (Catal. des Coléopt.) en mentionne sept; la principale et celle qui sert de type au genre, est :

L'HYPOPHLÉE MARRON, *Hyp. castaneus*, Fabr., Oliv. Il a près de trois lignes de long. Tout son corps est d'un brun ferrugineux sans taches. Cette espèce se trouve aux environs de Paris. (G.)

HYPOPHYLLE. *Hypophylla*. BOT. CRYPT. (*Hydrophytes.*) Genre de la famille des Floridées, proposé par Stackhouse dans la seconde édition de sa Néréide Britannique et auquel il donne pour caractères : une fronde membraneuse, rameuse et plane, parcourue par une nervure longitudinale, médiane, souvent prolifère; fructification variable. Il compose ce genre de nos Delesseries de la première section; il n'a pas été adopté. (LAM..X.)

HYPOPHYLLOCARPODENDRON. BOT. PHAN. L'un de ces noms excessifs que Linné proscrivit si sagement dans sa Philosophie Botanique, et par lequel Boërhaave désignait la section des *Protea* qui correspond au *Mimetes* de Brown. (B.)

* HYPOPHYLLUM. BOT. CRYPT. Nom que Paulet propose de donner aux Champignons qui sont feuilletés en dessous du chapeau; mais les botanistes ayant depuis Linné adopté, en général, celui d'Agaric, la malheureuse innovation de Paulet ne saurait être admise. (B.)

* HYPOPITYS. BOT. PHAN. Dillen avait employé ce mot comme nom générique d'une Plante que Linné nomma depuis *Monotropa*. Adanson, Scopoli et d'autres auteurs ont adopté la dénomination proposée par Dillen. Nuttal (*Gener. of North Amer. Plants*, I, p. 270), réservant le nom de *Monotropa* à plusieurs espèces exotiques, a rétabli le genre *Hypopitys* de Dillen, et l'a ainsi caractérisé : calice à trois ou quatre divisions; corolle pseudo-polypétale, persistante, à quatre ou cinq segmens, chacun offrant à la base un nectaire en capuchon; anthères petites, horizontales, uniloculaires; stigmate orbiculaire, avec un rebord barbu; capsule à cinq loges et à cinq valves; graines très-nombreuses, petites et subulées. Ce genre se compose de deux espèces dont l'une, *Hypopitys Europæa*, Nutt., *Monotropa Hypopitys*, L., est parasite sur les racines des Arbres et principalement des Sapins. Cette Plante, qui a de l'analogie par son port avec les Orobanches, croît en Europe et dans l'Amérique septentrionale. L'autre espèce a été décrite par Nuttal (*loc. cit.*) sous le nom d'*Hypopitys lanuginosa*. (G..N.)

HYPOPTÈRE. INS. Terme d'anatomie changé en celui de Paraptère. *V.* ce mot. (AUD.)

HYPORINCHOS. OIS. (Jonston.) *V.* TOUCAN.

* HYPOSPHÉNAL. ZOOL. *V.* CRANE et SQUELETTE.

HYPOSPARTIUM. BOT. PHAN. L'un des anciens noms de l'Orobanche. *V.* ce mot. (B.)

* HYPOSTATES. BOT. PHAN. Du Trochet (Mém. du Mus. T. VIII, p. 244) appelle ainsi les corps parenchymateux et souvent transparens qui sont placés au-dessous de l'embryon au moment où ce corps commence à se développer dans l'ovule, après la fécondation. Tantôt les Hypostates, dont le nombre est, en général, de

deux ou trois, disparaissent entièrement par suite de l'accroissement de l'embryon; tantôt ils persistent en partie pour former l'endosperme. *V.* GRAINE. (A.R.)

HYPOSTOME. *Hypostomus.* POIS. Sous-genre de Loricaire. *V.* ce mot. (B.)

* HYPO-SULFUREUX. MIN. *V.* ACIDE.

HYPOTHÈLE. BOT. CRYPT. Paulet propose ce nom pour un genre qui depuis long-temps portait celui d'Hydne. *V.* ce mot. (B.)

* HYPOTHRONIA. BOT. PHAN. Genre de la famille des Labiées et de la Didynamie Gymnospermie, L., nouvellement constitué par Schrank (*Sylloge Plant. Soc. Reg. Ratisb.*, p. 85) qui l'a ainsi caractérisé: calice à cinq dents subulées: corolle bilabiée; la lèvre supérieure à trois lobes dont les latéraux sont aigus, l'intermédiaire en forme de casque; la lèvre inférieure à deux divisions profondes. Les caractères de ce genre sont trop abrégés pour que nous puissions en donner une connaissance suffisante. Son auteur dit qu'il est voisin de l'*Hyptis*, mais que cependant il est manifestement distinct. Il lui a donné le nom d'*Hypothronia* à cause de ses étamines qui reposent comme sous le dais d'un trône. Il ne se compose que d'une seule espèce, *Hypothronia undata*, recueillie au Brésil par Martius. (G..N.)

HYPOXIDE. *Hypoxis.* BOT. PHAN. Genre type de la petite famille des Hypoxidées de Kunth et R. Brown, et qu'on reconnaît facilement à son calice adhérent à six divisions profondes et égales, persistantes, à ses six étamines dressées. Son ovaire qui est infère offre trois loges polyspermes. Le style est triangulaire, couronné par trois stigmates, attachés aux angles supérieurs du style. Le fruit est une capsule à trois loges polyspermes, indéhiscentes; les graines sont presque globuleuses, offrant un ombilic latéral en forme de bec.

Les espèces de ce genre, originaires du cap de Bonne-Espérance, de l'Amérique et de la Nouvelle-Hollande, ont une racine tubéreuse, charnue ou quelquefois fibreuse. Leurs feuilles, qui dans un grand nombre d'espèces sont semblables à celles des Graminées, sont toutes radicales; les hampes sont terminées par des fleurs assez grandes, solitaires ou diversement groupées. Quelques-unes de ces espèces sont cultivées dans les jardins d'agrément. Elles exigent généralement la serre chaude. Telles sont l'HYPOXIDE VELUE, *Hypoxis villosa*, L., Jacq., *Ic. rar.*, t. 370, qui est originaire du cap de Bonne-Espérance. Sa racine est bulbeuse, ses feuilles linéaires, étroites, velues; ses fleurs petites, d'un jaune verdâtre.

L'HYPOXIDE ÉTOILÉE, *Hypoxis stellata*, Willd., dont les feuilles sont ensiformes, étroites, aiguës, striées, environnant une hampe grêle qui porte une seule fleur à six divisions étalées en forme d'étoile.

L'HYPOXIDE BLANCHE, *Hypoxis alba.* Elle a le port de la précédente: mais sa fleur est beaucoup plus petite et d'un blanc de lait avec des lignes brunes et jaunes. (A.R.)

* HYPOXIDÉES. *Hypoxideæ.* BOT. PHAN. Ce nom a été donné par Kunth (*Nov. Gener. et Spec. Plant. æquin.* T. I, p. 286) à un groupe de Plantes constitué par R. Brown (*Prodr. Flor. Nov.-Holl.* 1, p. 289) qui l'a regardé comme intermédiaire entre les Asphodélées et les Amaryllidées. Les genres que ce dernier auteur a indiqués comme faisant partie de cette petite famille sont: *Hypoxis*, L.; *Curculigo*, Gaertner; et *Campynema*, Labill. Une grande affinité unit les deux premiers genres. Les graines sont munies d'un ombilic latéral en forme de petit bec, d'un embryon axile, d'un albumen mou, et sont recouvertes d'un test noir et crustacé. Ces caractères rapprochent davantage les Hypoxidées des Asphodélées que des Amaryllidées. Le genre *Campynema* n'est placé qu'a-

vec doute dans cette petite famille. (G..N.)

* HYPOXYLÉES. BOT. CRYPT. Les Plantes qui composent cette famille ont été long-temps confondues dans le vaste groupe de Champignons. De Candolle sentit le premier la nécessité de diviser une famille aussi polymorphe et il en sépara les Hypoxylons; mais il réunit dans cette famille deux tribus essentiellement distinctes; l'une, sous le nom d'Hypoxylons faux Champignons, forme la base de la famille des Hypoxylées; l'autre, qu'il nomme Hypoxylons faux-Lichens, nous paraît devoir faire partie de la famille des Lichens (*V.* ce mot) à l'exception du genre Hysterium qui rentre dans les vraies Hypoxylées. Le caractère essentiel qui distingue les Hypoxylées des Lichens, est l'absence de toute espèce de fronde ou d'expansion crustacée et la présence dans la plupart des genres de thèques renfermant les sporules, caractère qui les rapproche des vrais Champignons. Toutes les Hypoxylées sont essentiellement composées d'un peridium de forme variable, dur, compacte, formé d'un tissu cellulaire très-dense, et non de filamens entrecroisés comme celui des Lycoperdacées; ce peridium s'ouvre de diverses manières; il renferme, non pas des sporules libres et éparses, comme on le voit dans les Lycoperdacées, mais des thèques, sortes de petits sacs membraneux, cylindriques, fixés par une de leurs extrémités aux parois internes de ce peridium et renfermant plusieurs sporules. On voit que, par cette structure, ces Végétaux se rapprochent plus des vrais Champignons et surtout de certaines Pezizes, que des Lycoperdacées, auprès desquelles Persoon les avait cependant rangés dans son ordre artificiel des Champignons Angiocarpes. En effet, il est certaines Pezizes, surtout parmi les petites espèces qui croissent sur les bois morts, dont la cupule est complétement fermée dans les premiers temps de leur développement, et qui à cet état ressemblent tellement à quelques Plantes de la famille des Hypoxylées que, sans le mode de déhiscence qu'on observe plus tard, on ne pourrait s'empêcher de les placer dans cette famille : tels sont particulièrement plusieurs espèces du genre *Cœnangium*, genre très-voisin des Pezizes, qui avaient été rangées par un grand nombre de botanistes parmi les Sphæries. On voit, par cette comparaison, que la famille des Hypoxylées se rapproche plus de celle des Champignons et particulièrement de la tribu des Pezizées que de celle des Lycoperdacées ou de celle des Lichens, dans laquelle les sporules ne sont jamais contenues dans des thèques régulières et renfermées dans un peridium clos.

Outre les genres dont nous venons d'indiquer les caractères de structure les plus importans, on a placé à la suite de cette famille un groupe de genres anomaux qui ne se rapportent pas exactement à cette famille, mais qui ont pourtant plusieurs de ses caractères et qui lui ressemblent surtout par leur aspect extérieur. Dans les Plantes de cette tribu, à laquelle on a donné le nom de Cytisporées, on observe un peridium dur et compacte, analogue à celui des vraies Hypoxylées, mais ordinairement plus mince, s'ouvrant par un orifice arrondi à la manière de celui des Hypoxylées et sortant comme celles-ci de dessous l'écorce des Arbres ou perçant l'épiderme des feuilles; mais ces peridiums ne renferment pas de thèque, on n'y trouve que des sporules nues ou des sporidies irrégulières; ces caractères devraient peut-être faire placer ces genres à la suite des Urédinées, dont ils se rapprochent par leur petitesse et par leur mode de développement, surtout si l'on regardait le peridium comme produit par un changement dans le tissu du Végétal qui les supporte; mais jusqu'à ce que cette structure ait été mieux étudiée, il est préférable de laisser ces genres à la suite des Hypoxylées dont ils ont tout-à-fait le port. Les peridiums, qui constituent essentiellement les Hypoxylées, sont tantôt isolés, tantôt ils sont rapprochés ou soudés plusieurs entre eux; tantôt enfin ils sont portés sur une base commune, de forme très-variable, mais qui ne prend un grand développement que dans le genre Sphærie.

A l'exception de quelques Sphæries qui croissent sur la terre ou peut-être plutôt sur des racines mortes, tous les Végétaux de cette famille se développent sur d'autres Plantes mortes ou vivantes, mais plus souvent sur l'écorce ou sur le bois mort que sur les parties herbacées et vivantes, encore c'est presque toujours vers la fin de l'été, à l'époque où les Végétaux commencent à devenir languissans que ces parasites naissent sur les feuilles de quelques Plantes vivantes et particulièrement sur les feuilles des Arbres; caractère qui les distingue des Urédinées qui se développent plus souvent sur les feuilles des Végétaux herbacés et lors de leur premier développement. Cette différence, jointe à plusieurs autres faits, semble annoncer que dans les Hypoxylées les séminules sont introduites dans les Végétaux sur lesquels ils croissent par les pores absorbans des parties mêmes qui deviennent le siége de ces parasites, tandis que dans les Urédinées, ces séminules sont introduites par les vaisseaux absorbans des racines et peuvent exister dans le tissu d'un organe, d'une feuille par exemple, avant même qu'elle soit épanouie, et par conséquent s'y développer dès les premiers momens de l'épanouissement de ces organes.

Les Hypoxylées sont toutes dures et ligneuses; la plupart sont noires, quelques-unes seulement sont rougeâtres ou jaunâtres; le caractère le plus variable dans cette famille est le mode de déhiscence; il a donné lieu à la division des vraies Hypoxylées en deux sections : les Sphæriacées dont le peridium s'ouvre par un orifice arrondi, et les Phacidiacées, dans lesquelles le peridium s'ouvre en plusieurs valves ou fentes. Les genres renfermés dans cette famille sont les suivans :

† Hypoxylées vraies. Peridium contenant des thèques libres ou fixées.

α. Phacidiacées. Peridium s'ouvrant par plusieurs fentes ou valves; thèques fixées, persistantes.

Phacidium, Fries; *Actidium*, Fries; *Glonium*, Muhl. (*Solenarium*, Spreng.); *Rhitisma*, Fries (*Placuntium*, Ehr.); *Hysterium*, Tode (*Hysterium* et *Hypoderma*, D. C.).

β. Sphæriacées. Peridium s'ouvrant par un pore ou une fente; thèques s'échappant par l'orifice.

Lophium, Fries; *Sphæria*, Haller; *Depazea*, Fries (*Phyllosticta*, Pers.); *Dothidea*, Fries; *Erysiphe*, De Cand. (*Erysibe*, Ehr.; *Alphitomorpha*, Wahl; *Podosphæra*, Kunze); *Corynella*, Ach., Fries; *Eustegia*, Fries.

†† Hypoxylées fausses ou Cytisporées.

Sphæronema, Fries; *Cytispora*, Fries, Ehr. (*Bostrychia*, Fries, *in Act. Holm.*); *Pilidium*, Kunze; *Leptostroma*, Fries (*Sacidium?* Nées; *Schizoderma*, Ehrenb.); *Leptothyrium*, Kunze; *Actinothyrum*, Kunze; *Phoma*, Fries. (AD. B.)

HYPOXYLON. bot. crypt. (*Hypoxylées.*) Plusieurs auteurs ont successivement adopté ce nom comme nom générique, mais aucun de ces genres mal circonscrits n'a pu être adopté. Adanson a caractérisé son genre Hypoxylon ainsi qu'il suit : tige élevée, simple ou ramifiée, à branches cylindriques, plates ou en massue, piquée de trous vers son sommet; cavités sphériques, ouvertes à la surface de la Plante, contenant un placenta gélatineux, poussière au sommet des tiges ou des branches. Ainsi défini, ce genre est le *Xylaria* de Schrank, conservé comme sous-genre du *Sphæria* par les auteurs modernes; il renferme les espèces à base allongée, charnue ou tubéreuse; elles faisaient partie des *Clavaria* de Linné. Le genre Hypoxylon de Bulliard est beaucoup moins naturel que celui d'Adanson, il renferme plusieurs espèces de Plantes cryptogames de la famille des Hypoxylées qui vivent sur le bois ou sur les Arbres, et notamment des *Sphœria*. On y trouve aussi placé le *Rhizomorpha setiformis*, variété β d'Achar, sous le nom d'*Hypoxylum loculiferum*, plusieurs *Nœmaspora* et même un *Hysterium*, l'*H. ostraceum*. Jussieu et Paulet ont adopté le genre Hypoxylon d'Adanson; leur exemple n'a été suivi par aucun des botanistes contemporains. Mentzel est le premier auteur qui se soit servi du mot Hypoxylon. (A. F.)

HYPOXYLONS. BOT. CRYPT. Pour Hypoxylées. *V.* ce mot. (AD. B.)

* HYPPARION. OIS. (Aldrovande.) Syn. de *Mergus impennis*, L. (DR..Z.)

HYPPOLYTE. CRUST. (Leach.) *V.* ALPHÉE.

HYPSIPRYMNUS. MAM. Nom donné par Illiger au Potoroo. *V.* ce mot. (IS. G. S.-H.)

HYPTÈRE. MOLL. Un genre très-voisin des Firoles par l'organisation et les formes extérieures, a été établi sous ce nom par Rafinesque. Tous les caractères qu'il en donne rentrent entièrement dans ceux des Firoles, à l'exception de la position des branchies qui sont sous la queue, d'après l'auteur. Blainville pense qu'il y a erreur; qu'elles sont sur la queue. Il attribue cette erreur à une faute typographique; alors, s'il en est ainsi, il n'y aurait aucune raison d'admettre ce genre. Il est nécessaire cependant, avant de l'admettre ou de le rejeter, de vérifier de nouveau le fait; ce qui sera facile, puisque les Animaux signalés par Rafinesque vivent dans les mers de Sicile. (D..H.)

HYPTIDE. *Hyptis*. BOT. PHAN. Genre de la famille des Labiées, et de la Didynamie Gymnospermie, L., établi par Jacquin (*Collectan. Botan.* 1, p. 102), et ainsi caractérisé par Poiteau qui a donné une bonne Monographie de ce genre, publiée dans les Annales du Muséum d'Hist. Natur. T. VII, p. 459 : calice à cinq dents égales; corolle tubuleuse, bilabiée; lèvre supérieure bifide; lèvre inférieure trifide; divisions latérales semblables aux divisions supérieures; division intermédiaire, en capuchon, enveloppant d'abord les organes sexuels, se rejetant ensuite en arrière; quatre étamines, dont deux plus courtes, insérées au bas de la lèvre inférieure de la corolle; ovaire à quatre lobes, surmonté d'un style simple, abaissé sur la lèvre inférieure, un peu plus long que les étamines, et d'un stigmate bifide, aigu; quatre akènes ovales, arrondis ou comprimés, marqués à la base d'un hile allongé et d'un micropyle placé au côté intérieur du hile où aboutit la radicule de l'embryon dénué de périsperme. Dans ce genre, ainsi que dans l'*Ocymum* et le *Plectranthus*, la corolle avait été considérée par les botanistes comme renversée. Jacquin avait même tiré le nom d'*Hyptis* de cette disposition de la corolle. Cependant Poiteau a observé que dans les trois genres que nous venons de citer, il n'y avait point de renversement réel dans la corolle; mais que les étamines offraient une insertion diamétralement opposée à ce qu'elle est ordinairement dans les Labiées. Malgré cette nouvelle considération, l'idée de renversement renfermée dans le mot *Hyptis* n'en est pas moins bonne, puisqu'elle peut s'appliquer aussi bien à l'insertion des étamines qu'au prétendu renversement de la corolle. Le genre Hyptide a été enrichi de quelques espèces placées par les auteurs et par l'Héritier lui-même dans son genre *Bystropogon*, qui a pour type le *Mentha canariensis*, L. En effet, ces espèces n'ont de commun avec les *Bystropogon* que le calice cilié à son orifice, caractères qui se rencontrent dans tous les Thyms, l'Origan, le Clinopode et une foule d'autres Labiées. Le *Brotera persica* de Sprengel (*Transact. of Societ. Linn. of London*, T. VI, p. 151, tab. 12) rentre encore dans le genre *Hyptis*.

Aux dix-huit espèces décrites dans la Monographie de Poiteau, Kunth

(*Nov. Gener. et Spec. Plant. æquin.* T. II, p. 218) a ajouté sept espèces nouvelles de l'Amérique méridionale, et il a donné la figure de l'*H. hirsuta*. Elles sont pour la plupart indigènes des vastes régions de cette partie du monde, du Mexique et des Antilles. L'*Hyptis persica* (*Brotera*, Spreng.) est la seule espèce de l'ancien continent. Toutes ces espèces sont des Plantes vivaces ou des Arbrisseaux à tiges carrées, à feuilles simples, ponctuées, et ayant au lieu de stipules une couronne de poils à chaque nœud. Les fleurs naissent en têtes ou en épis, groupées ou solitaires dans les aisselles des feuilles. (G..N.)

HYPTIE. *Hyptia.* INS. Genre de l'ordre des Hyménoptères, établi par Illiger qui y place un Insecte de l'Amérique méridionale, l'Evanie pétiolée de Fabricius. Ce genre n'a pas été généralement adopté. (G.)

HYPUDOEUS. MAM. Sous ce nom, Illiger réunit en un petit genre le Rat-d'Eau, le Campagnol et le Lemming. *V.* CAMPAGNOL. (IS. G. ST.-H.)

HYRACLEIA. BOT. PHAN. (Mentzel.) Syn. de Pariétaire. *V.* ce mot. (B.)

HYRAX. MAM. *V.* DAMAN.

* HYRIE. *Hyria.* MOLL. Ce genre a été nouvellement établi par Lamarck (Anim. sans vert. T. VI). Il réunit plusieurs Coquilles qui ont beaucoup de rapport avec les Mulettes et les Anodontes entre lesquels il sert de terme moyen avec le genre *Dypsas* de Leach. Férussac, dans ses Tableaux systématiques, l'a adopté comme genre; il l'a laissé dans la famille des Nayades dans les mêmes rapports avec les genres voisins. Les Animaux des Hyries ne sont point connus, mais d'après l'analogie qui existe entre les coquilles, on peut avoir quelque raison de penser qu'ils doivent différer fort peu de ceux des Mulettes ou des Anodontes. Voici les caractères que Lamarck a assignés au genre en question : coquille équivalve, obliquement trigone, auriculée, à base tronquée et droite; charnière à deux dents rampantes, l'une postérieure ou cardinale divisée en parties nombreuses et divergentes, les intérieures étant les plus petites; l'autre antérieure ou latérale, étant fort longue, lamellaire; ligament extérieur linéaire. Les coquilles de ce genre sont nacrées à l'intérieur et couvertes d'un épiderme brun à l'extérieur, comme cela a lieu dans celles des autres genres de la même famille. Elles vivent dans les fleuves ou les lacs des parties les plus chaudes. Elles ne présentent de différences que dans la forme qui est aviculoïde, et dans la disposition de la dent postérieure qui est divisée en lames divergentes, ce qui ne se rencontre pas dans les Mulettes; du reste les impressions musculaires, la forme du ligament et sa position sont absolument semblables à ce que l'on observe dans les Mulettes ou les Anodontes. On ne connaît encore qu'un fort petit nombre d'espèces : deux d'entre elles ont été confondues par Gmelin avec les Myes; une d'elles a été, à ce que l'on peut croire, figurée depuis long-temps dans le *Synopsis Conchyliorum* de Lister.

HYRIE AVICULAIRE, *Hyria avicularis*, Lamk., *an Mya Syrmatophora*, L., Gmel., p. 3225, n. 18? Lister, Conchyl., tab. 160, fig. 16? Il n'existe encore aucune bonne figure de ce genre, ce qui nous a décidé à faire dessiner cette espèce dans l'Atlas de ce Dictionnaire.

HYRIE RIDÉE, *Hyria corrugata*, Lamk., Anim. sans vert. T. VI, p. 82, n. 2; Encyclop., pl. 247, fig. 2, a, b. (D..H.)

HYSOPE. *Hyssopus.* BOT. PHAN. Famille des Labiées, Didynamie Gymnospermie, L. Ce genre peut être caractérisé de la manière suivante : calice tubuleux, cylindrique, strié, à cinq dents; corolle bilabiée; tube évasé, à peine de la longueur du calice; lèvre supérieure courte et émarginée ; lèvre inférieure à trois lobes, les deux latéraux plus petits, celui du milieu plus grand et cordiforme ; étamines écartées et saillantes. L'espèce la plus intéressante de ce genre est :

L'HYSOPE OFFICINAL, *Hyssopus officinalis*, L., Bull., tab. 520 ; Rich., Bot. Méd. 1, p. 253. C'est un petit Arbuste rameux, ayant les divisions de sa tige dressées et pulvérulentes, ses feuilles opposées, sessiles, lancéolées, étroites, aiguës, entières, un peu pulvérulentes et garnies de petites glandes, surtout à leur face inférieure ; les fleurs sont bleues, roses ou blanches, réunies plusieurs ensemble à l'aisselle des feuilles supérieures, et toutes tournées d'un même côté. L'Hysope croît naturellement sur les collines sèches et jusque dans les vieux murs des provinces méridionales de la France : on en forme souvent des bordures dans les jardins d'agrément. Aucun renseignement n'a pu encore nous faire connaître bien positivement si la Plante que nous désignons aujourd'hui sous le nom d'Hysope est la même que l'*Hyssopus* de Dioscoride ou l'*Ezob* de l'Écriture Sainte. Quelques auteurs pensent que la Plante de Dioscoride serait plutôt une espèce de *Thymbra*. Mais il est fort difficile, et même presque impossible d'avoir rien de bien positif à cet égard. En effet, les Plantes mentionnées dans les ouvrages des anciens n'ayant pas été décrites, on ne peut rien établir de positif sur ces Végétaux. Les sommités fleuries de l'Hysope ont une odeur aromatique, une saveur un peu âcre et amère. L'infusion et le sirop d'Hysope sont très-fréquemment employés pour faciliter l'expectoration.

On cultive quelquefois dans les jardins une autre espèce, l'*Hyssopus lophanthus*, L., qui est originaire de la Tartarie et de la Chine, et qui est remarquable surtout par ses fleurs dont la corolle est renversée.

Willdenow a retiré de ce genre, pour en former un genre particulier, avec le nom d'*Elsholtzia*, l'*Hyssopus ocymifolius*, et *Hyss. cristatus* de Lamarck. V. ELSHOLTZIA. (A. R.)

* HYSTÉRANDRIE. *Hysterandria*. BOT. PHAN. Dans les modifications qu'il a faites au Système sexuel de Linné, le professeur Richard a établi sous ce nom une classe dans laquelle il rangeait tous les Végétaux qui, ayant plus de vingt étamines, ont l'ovaire infère ; tels sont : le Grenadier, le Séringa, les Cactes, etc. V. SYSTÈME SEXUEL. (A. R.)

HYSTÉRIE. BOT. CRYPT. V. HYSTÉRINE.

HYSTÉRINE. *Hysterina*. BOT. CRYPT. (*Lichens*.) Sous-genre établi dans le genre *Opegrapha*. Il renferme les espèces dont le disque est très-étroit, en forme de ride ou de strie, à marges conniventes, renflées. Ces Opégraphes ont du rapport avec les *Hysterium* ; elles en diffèrent pourtant par la présence d'un thallus et par leur organisation intérieure qui est similaire. (A. F.)

* HYSTERIONICA. BOT. PHAN. Willdenow a décrit dans les Mémoires de la Société des Curieux de la Nature de Berlin, pour 1807, sous le nom d'*Hysterionica jasionoides*, une Plante constituant un nouveau genre qu'il a placé, dans la Sygénésie Polygamie nécessaire, auprès du *Psiadia*. Ce genre est ainsi caractérisé : calice à peu près égal ; corolle tubuleuse ; style des fleurs femelles deux fois plus long que la corolle ; stigmate simple ; aigrette double, l'intérieure paléacée, l'extérieure soyeuse hispide. De tels caractères sont tellement vagues, selon Cassini, qu'il n'est pas même possible de déterminer positivement à quel ordre naturel le genre en question se rapporte. Il y a presqu'autant de raison d'en faire une Lobéliacée ou une Calycérée, que de la placer parmi les Synanthérées. L'*Hysterionica jasionoides* est une Plante herbacée qui a le port du *Jasione montana*, et qui a été trouvée dans la république de Buenos-Ayres. (G..N.)

HYSTERIUM. BOT. CRYPT. (*Hypoxylées.*) Ce genre appartient à la tribu des Phacidiacées, et se rapproche même particulièrement du genre *Phacidium*; il a été établi par Tode et adopté depuis par tous les botanistes; il se présente sous la forme de tubercules ovales et plus ou moins allongés, quelquefois confluens et paraissant alors rameux; le peridium, qui est noir et dur, s'ouvre par une fente longitudinale; dans son intérieur sont fixées des thèques ou capsules membraneuses allongées qui ne se détachent pas, mais laissent échapper par leur sommet les sporules qu'elles renferment. Cette organisation est, comme on voit, parfaitement celle des vraies Hypoxylées, et diffère beaucoup de celle des Lichens, parmi lesquels cependant plusieurs espèces d'*Hysterium* avaient d'abord été placées; elle éloigne ce genre des Opégraphes auprès desquelles on avait souvent placé les *Hysterium*, à cause de l'analogie des formes extérieures; mais, dans les Opégraphes qui sont de vrais Lichens, non-seulement il y a une expansion crustacée bien distincte, commune à plusieurs lirelles, et qui ne se trouve jamais dans les *Hysterium*; mais on n'observe ni la déhiscence régulière, ni les thèques, caractères essentiels des Hypoxylées. Quant au genre *Hypoderma*, que De Candolle en avait séparé, il ne nous paraît pas possible de le distinguer des *Hysterium*; les uns et les autres naissent de dessous l'épiderme; seulement les *Hysterium* le rompent plus tôt, forment une plus grande saillie et ont le peridium en général plus épais. Dans les *Hypoderma*, le peridium est plus mince et reste en partie recouvert par l'épiderme des Végétaux sur lesquels ils croissent; ces différences paraîtraient dépendre, en partie du moins, de ce que les premiers naissent sur les parties dures et ligneuses des Végétaux, tandis que les autres se développent sur les parties vertes et herbacées. Ces deux genres nous paraissent donc devoir être réunis.

Les espèces de ce genre sont assez nombreuses; on en connaît maintenant environ cinquante. La plupart croissent sur les jeunes branches ou sur l'écorce des Arbres; d'autres, en plus petit nombre, sur les feuilles, presque toujours lorsque ces organes sont morts, ou déjà à la fin de leur vie, caractère qui distingue facilement ces parasites des Urédinées qui se développent presque toujours sur les Végétaux dès le commencement de leur végétation. (AD. B.)

* HYSTÉROCARPE. *Hysterocarpus.* BOT. CRYPT. (*Fougères.*) Le genre ainsi nommé par Martius est le même que le *Didymochlœna*. *V.* ce mot. (A. R.)

HYSTÉROLITHE. *Hysterolites.* MOLL. FOSS. Les anciens oryctographes donnèrent ce nom à des Moules ou à des corps pétrifiés qui ont, dans leur forme, des rapports éloignés avec les parties externes de la génération de la Femme. Les uns, nommés aussi Cunolites, sont des Polypiers (*V.* CYCLOLITES); les autres sont évidemment des noyaux ou des Moules de Coquilles bivalves dont le test a disparu. La forme de ces Coquilles les fait placer dans le genre Térébratule, où nous les mentionnerons plus particulièrement. *V.* TÉRÉBRATULE. (D..H.)

* HYSTÉROPE. *Histeropus.* REPT. SAUR. Genre de la famille des Scincoïdiens, et qui, avec les Chirotes, forme le passage des Sauriens aux Ophidiens par les Orvets. Le corps des Animaux qu'ils contiennent est, comme celui des Seps, très-allongé et serpentiforme. Il diffère du genre Chirote en ce que ce dernier, où l'on ne voit que deux membres, les présente dans la partie antérieure, tandis qu'ils sont postérieurs chez les Hystéropes; aussi a-t on appelé les uns Bimanes et ceux-ci Bipèdes. Nous avons, au mot CHIROTE, exposé les raisons qui nous faisaient rejeter de pareilles dénominations. Les petites pates de tels Animaux, courtes, dénaturées, incomplètes, qui ne sauraient servir soit à pren-

dre, soit à marcher, ne peuvent être considérées ni comme des mains, ni comme des pieds, mais on n'en doit pas moins remarquer la manière fondue qu'emploie la nature dans les nuances du vaste tableau de ses richesses en considérant les Hystéropes et les Chirotes, pour s'élever du Serpent au Lézard, c'est-à-dire de l'Apode au Quadrupède. Ce n'était pas assez qu'elle procédât par un être à deux pieds; comme s'il fût entré dans la marche de ses opérations expérimentales de tenter tous les genres de formes, elle essaya séparément des membres antérieurs et des membres postérieurs avant de les réunir sur un seul individu. Quand elle les joignit ensuite sur les Seps, ils y étaient encore ébauchés; ils se prononcèrent dans le Sinque plus développés, mais encore peu coureurs; ils sont devenus les principaux moteurs de l'agilité des Lézards. Mais si les bras et les mains sont refusés aux Hystéropes, les attaches internes de ces parties furent projetées, car on y voit des omoplates et des clavicules cachées sous la peau; la force organisatrice s'est arrêtée là. Ce sont, du reste, des Animaux fort innocens, rampans, insectivores, dont on n'a jusqu'ici observé aucune espèce au Nouveau-Monde, malgré l'assertion de Séba qui en fait venir le Bipède proprement dit. Il n'en existe qu'en Europe ou en Afrique. Celles qu'on connaît suffisamment sont :

Le SHELTOPUSIK, Encycl. Rept., pl. 12, fig. 7; *Hypteropus Pallasii*, Duméril; *Lacerta Apus*, Gmel.; *Syst. Nat.* 13, T. 1er, *pars* 3, p. 1079; *Chœmesaura Apus* de Schneider. C'est à Pallas qui l'a trouvé sur les bords du Volga et le long des fleuves dans le désert de Naryn, qu'on doit la connaissance de cet Animal. Il rampe dans l'herbe épaisse et touffue, et acquiert jusqu'à trois pieds de longueur. Ses écailles sont à moitié imbriquées et à moitié verticillées, et elles sont légèrement carenées sur la queue; un sillon longitudinal règne sur les flancs. Ses pieds, fort courts, sont situés près de l'anus et ne présentent que deux doigts. La queue est fort longue, et tout le corps est de couleur pâle.

Le BIPÈDE, *Hysteropus Gronovii*, Dumér.; *Anguis bipes*, L.; *Lacerta bipes*, Gmel., *loc. cit.*, p. 1679; Bipède monodactyle de Daudin, figuré par Séba, tab. 1, pl. 86, fig. 3. On ignore la patrie de cette espèce qui n'a qu'un seul doigt, et dont chaque écaille est marquée d'un point noirâtre.

L'Hystérope de Lampian, confondu avec l'espèce précédente, sous le nom de *Chœmesaura bipes*, par Schneider, et dont les pates, en avant de l'anus, sont supportées par une sorte de pédicule commun, avec le Lépidopode de Lacépède (Ann. du Mus. T. IV, pl. 55), sont les autres espèces de ce genre. La dernière a été rapportée de la Nouvelle-Hollande. Sa queue est quatre fois plus longue que le corps, et ses pieds ne présentent, au lieu de doigts, que deux plaques écailleuses; ses yeux sont grands et son tympan est très-visible. Il vit dans la vase. (B.)

HYSTÉROPHORE. *Hysterophorus*. BOT. PHAN. Espèce du genre Parthenie. *V*. ce mot. (B.)

HYSTRICIENS. MAM. *V*. ACULEATA d'Illiger. Desmarest, dans son Tableau méthodique des Mammifères, inséré dans le vingt-quatrième volume de la première édition de Déterville, forma sous ce nom une tribu de Rongeurs caractérisée par les piquans dont la peau est revêtue, par le manque de clavicules et par la couronne plate des molaires. Elle renfermait les genres Porc-Epic et Coendou. *V*. ces mots. (B.)

HYSTRICITE. MAM. Le Bézoard qu'on dit se trouver dans le Porc-Epic. (B.)

HYSTRIX. MAM. *V*. PORC-EPIC.

I.

IACHUS. MAM. *V.* OUISTITI.

* IAGAGUE. POIS. (Bonnaterre.) Syn. de Moucharra, espèce du genre Glyphisodon. *V.* ce mot. (B.)

* IANTHA. BOT. PHAN. Le genre décrit sous ce nom par Hooker (*Exot. Fl.*, t. 113) et qui appartient à la famille des Orchidées, est le même que l'*Ionopsis* de Kunth publié antérieurement. *V.* IONOPSIS. (A. R.)

IARON. BOT. PHAN. (Dioscoride.) Syn. d'*Arum Dracunculus*, L. *V.* GOUET. (B.)

IARUMA. BOT. PHAN. (Oviédo.) Syn. de *Cecropia peltata*. (B.)

IASSE. *Iassus*. INS. Genre de l'ordre des Hémiptères, section des Homoptères, famille des Cicadaires, tribu des Cicadelles, établi par Fabricius aux dépens de ses Cigales (*Cicada*), et auquel cet auteur donne pour caractères : bec ou rostre à peine plus long que la tête, de deux articles, dont le premier très-court et recouvert, à sa base, par le chaperon qui est arrondi et coriace; labre presque nul; antennes ayant la forme d'une soie très-menue, avec le premier article à peine plus épais que les autres.

Fallen, dans sa Distribution méthodique des Hémiptères, a conservé ce genre, et a changé son nom en celui de Iasse. Il le caractérise ainsi : vertex linéaire, court, de la largeur du corselet; jambes très-garnies de petites épines. Latreille a réuni les Iasses à son genre Telligone, et il en a fait (*Gen. Crust. et Ins.* T. III, p. 161) une division. Ces Insectes se tiennent ordinairement dans les jardins potagers; ils sont très-agiles et exécutent des sauts à la manière des autres Cicadelles. Leur corps est oblong, avec la tête grande, transverse, arrondie en devant, saillante; les yeux grands, oblongs, un peu proéminens et latéraux; le corselet petit, transversal, un peu relevé sur les bords; l'écusson grand, triangulaire, pointu; l'abdomen comprimé; les élytres inclinées et à peine plus longues que lui; les pieds courts, propres à la course, avec les jambes allongées et dentées en scie, et les tarses à trois articles. Leurs larves se distinguent, de même que l'Insecte parfait, par la forme de leur tête.

L'espèce qui sert de type à ce genre est :

L'IASSE BOUCHER, *Iassus Lanio*, Fabr., Panz. (*Faun. Ins. Germ.*, fasc. 6, fig. 23, et fasc. 32, tab. 10). Fabricius rapporte encore à ce genre la Cigale des Charmilles de Geoffroy, ou la Cigale du Rosier de Linné. Ces deux espèces sont communes aux environs de Paris. (G.)

IATI. BOT. PHAN. Nom de pays du Teck, *Tectona grandis*, L. *V.* ce mot. (B.)

IBACUS. CRUST. Genre établi par Leach et réuni par Latreille au genre Scyllare. *V.* ce mot. (G.)

IBALIE. *Ibalia*. INS. Genre de l'ordre des Hyménoptères, section des Térébrans, famille des Pupivores, tribu des Gallicoles, établi par Latreille aux dépens du genre Banchus de Fabricius, et auquel il donne pour caractères : antennes filiformes, de treize articles dans les femelles; labre corné, petit, transverse, arqué antérieurement et échancré au milieu; mandibules épaisses, l'une d'elles ayant quatre dentelures au côté interne, et l'autre n'en offrant que deux; palpes maxillaires courts, de cinq articles terminés par un article plus gros; abdomen très-comprimé dans toute sa hauteur et ayant la forme d'un couteau; ailes supérieures présentant, comme celles des

Cynips, une cellule radiale et trois cellules cubitales, dont la seconde est très-petite, en forme de point, et la troisième grande, triangulaire et allongée.

Ce genre, auquel Panzer a donné le nom de Sagaris, se rapproche beaucoup de celui des Cynips de Linné ou des Diptères de Geoffroy. Fabricius avait d'abord placé l'espèce qui sert de type à ce genre avec ses Ophions : il l'a ensuite transportée dans son genre Banchus. Jurine la place dans les Cynips dont elle diffère, ainsi que des Figites, par des caractères tirés de la forme de l'abdomen et des antennes. Les mœurs des Ibalies nous sont inconnues. Il est probable qu'elles ne diffèrent pas de celles des Cynips, et que leurs larves se développent dans le tissu des Plantes vivantes. L'espèce qui a servi de type à Latreille est :

L'IBALIE COUTELIER, *Ibalia Cutellator*, Latr.; *Banchus Cutellator*, Panz. (*Faun. Ins. Germ.*, fasc. 72, tab. 6); *Ichneumon leucospoides* (*Act. Berol.* 6, 345, tab. 8, fig. 5 et 6). Long de sept ou huit lignes; noir; corselet chagriné; écusson proéminulé et échancré; ailes obscures; abdomen d'un brun ferrugineux, avec ses tranches aiguës; tarière saillante, s'étendant le long de la carène inférieure de l'abdomen; pates noires.

Latreille a trouvé cette espèce dans le midi de la France, voltigeant autour des Arbres. (G.)

IBDARE. POIS. Pour Idbare. *V.* ce mot. (B.)

IBÈRE. *Iberus*. MOLL. Ce genre, que Montfort a proposé pour une section des Hélices dont l'*Helix Gualteriana* sert de type, n'a point été admis; il rentre dans les Carocolles de Lamarck, qui elles-mêmes ne sont qu'une division artificielle des Hélices. *V.* CAROCOLLE et HÉLICE. (D., H.)

IBÉRIDE. *Iberis*. BOT. PHAN. Ce genre, de la famille des Crucifères et de la Tétradynamie siliculeuse, L., était confondu avec le *Thlaspi* par les botanistes antérieurs à Linné. Ce grand naturaliste l'en sépara, et y réunit des Plantes dont on a formé plus tard quelques genres distincts. Ainsi, l'*Hutchinsia* de R. Brown a eu pour type l'*Iberis rotundifolia*, L., que plusieurs auteurs avaient déjà classé parmi les *Lepidium*. Le *Teesdalia* de Brown ou *Guepinia* de Bastard a été établi sur l'*Iberis nudicaulis*. C'est donc le genre *Iberis*, tel qu'il a été limité par R. Brown (*Hort. Kew.*, éd. 2, v. 4, p. 83) et par De Candolle (*Syst. Regn. Veget.* T. II, p. 393), que nous considérerons ici. Voici ses caractères : calice dont les sépales sont égaux à la base; quatre pétales inégaux, les deux extérieurs plus grands; étamines libres, à filets sans dents; silicule à valves carenées, très-déprimée, ovée à la base, échancrée au sommet par le prolongement des valves, et apiculée par le style persistant et filiforme, partagée par une cloison très-étroite et bipartible en deux loges adnées à l'axe par leur côté interne et chacune renfermant une graine ovée pendante. La radicule de celle-ci est située au côté externe de l'embryon; ses cotylédons sont accombans. Dans la classification des Crucifères par De Candolle, ce genre très-naturel fait partie des Thlaspidées ou Pleurorhizées Angustiseptées. Il a beaucoup d'affinités avec les genres qui ont été constitués à ses dépens, car il ne diffère des *Teesdalia* que par ses étamines non appendiculées à la base, de l'*Hutchinsia* par ses pétales inégaux, et de l'un et de l'autre par ses loges monospermes, tandis qu'elles sont dispermes ou polyspermes dans les deux genres que nous venons de citer. *V.* HUTCHINSIE et TEESDALIE.

Les Ibérides sont des Plantes herbacées ou sous-frutescentes. Leurs tiges cylindriques, le plus souvent glabres, quelquefois charnues, portent des feuilles alternes, linéaires ou cunéiformes, entières, dentées ou pinnatifides, quelquefois très-épaisses. Les fleurs, blanches ou légèrement pourprées, sont disposées en corymbes ou fausses ombelles qui s'allongent souvent après l'anthèse. Les fleurs extérieures des corymbes sont très-irrégulières; elles se régularisent d'autant plus qu'elles occupent davantage le centre du corymbe.

Environ vingt-quatre espèces d'Ibérides ont été décrites par les auteurs. A l'exception d'une seule de la Nouvelle-Hollande, qui est rapportée avec doute au genre en question, elles croissent toutes en Europe et en Asie, principalement dans le bassin oriental de la Méditerranée. Quelques-unes sont cultivées pour l'ornement des parterres. Telles sont les *Iberis semperflorens*, *umbellata* et *amara*. La première est un Arbuste à feuilles spatulées, oblongues, très-entières, et dont les fleurs blanches et odorantes sont épanouies pendant presque toute l'année dans son lieu natal, c'est-à-dire sur les rochers de la Sicile. Les deux autres espèces sont remarquables par l'amplitude de leurs corymbes composés de fleurs inodores et d'un blanc lacté ou d'un violet diversement nuancé. Elles sont annuelles et se cultivent avec la plus grande facilité. L'*Iberis amara* est l'espèce la plus commune dans les champs cultivés de toute l'Europe, depuis le Portugal jusqu'en Allemagne et depuis l'Italie jusqu'en Angleterre. Parmi les autres espèces, nous citerons comme une des plus élégantes l'*Iberis pinnata* qui se trouve dans les départemens méridionaux et qui remonte jusqu'aux environs de Genève.

Le *Lepia linifolia* de Desvaux, Plante de la rivière des Cygnes à la Nouvelle-Hollande, a été placé parmi les *Iberis* par De Candolle (*loc. cit.*, p. 405) qui l'a nommé *I. linearifolia*. (G..N.)

* IBERIDELLA. BOT. PHAN. Nom donné par De Candolle (*Syst. Regn. Veget. nat.* T. II, p. 385) à la première section qu'il a établie dans le genre Hutchinsie. *V.* ce mot. (G..N.)

* IBÉRITE. MIN. (Schlegelmilch.) Syn. de Zéolithe. (B.)

IBETTSONIE. *Ibettsonia*. BOT. PHAN. Mal à propos écrit *Hettsonia* dans ce Dictionnaire à l'article CYCLOPIA. *V.* ce mot. (B.)

IBEX. MAM. *V.* BOUQUETIN et CHÈVRE.

IBIARA, IBIARE ET IBIARAM. REPT. OPH. Espèce du genre Cœcilie. *V.* ce mot. (B.)

IBIARIBA. BOT. PHAN. (Marcgraaff.) Syn. d'Andira. *V.* ANGELIN. (B.)

IBIBE. REPT. OPH. Espèce du genre Couleuvre. (B.)

IBIBOBOCA. REPT. OPH. Espèce du genre Couleuvre. *V.* ce mot. (B.)

* IBIBOCA. REPT. OPH. Espèce du genre Couleuvre. *V.* ce mot. (B.)

IBIJAU. OIS. Espèce du genre Engoulevent. Vieillot en a fait le type d'un genre particulier dans lequel on ne compte encore qu'une seule espèce. *V.* ENGOULEVENT. (DR..Z.)

* IBIRABA. BOT. PHAN. (Marcgraaff.) Syn. de *Lecythis*. *V.* ce mot. (B.)

* IBIRACEN. BOT. PHAN. L'Arbre brésilien, encore inconnu des botanistes, désigné sous ce nom par Pison, est employé aux mêmes usages que la Réglisse selon cet auteur. (B.)

* IBIRACOA. REPT. OPH. On ne sait quels sont les trois Serpens venimeux du Brésil désignés sous ce nom dans Ruysch et dans Séba. (B.)

IBIRAP-ITANGA. BOT. PHAN. (Marcgraaff.) Syn. de *Cæsalpinia echinata*, Lamk. (B.)

IBIS. *Ibis*. OIS. Genre de l'ordre des Gralles. Caractères : bec allongé, grêle, arqué, élargi à sa base, déprimé à la pointe qui est arrondie et obtuse; mandibule supérieure profondément sillonnée dans toute sa longueur; narines placées à la naissance de la partie supérieure du bec, oblongues, étroites, entourées par une membrane qui recouvre le sillon; face et souvent une portion de la tête et du cou nues; pieds assez grêles, denudés au-dessus du genou; quatre doigts; trois en avant réunis jusqu'à la première articulation, un en arrière, long et posant à terre; ailes médiocres; la première rémige plus courte (quelquefois de beaucoup) que les deuxième et troisième qui sont les plus longues.

Long-temps le genre Ibis a présenté beaucoup de confusion; cela tenait à ce qu'on a voulu expliquer par des services rendus, le respect religieux que portaient à quelques espèces de ce genre les peuples de l'antique Egypte; on a prétendu, partant de ce raisonnement, que l'objet de la vénération des Egyptiens devait être l'Oiseau qui, par une énorme consommation de Reptiles et de Serpens venimeux, en purgeait le pays et devenait pour les habitans un auxiliaire naturel et précieux contre les atteintes mortelles d'un ennemi d'autant plus dangereux qu'il avait plus de facilité pour échapper aux recherches ou aux poursuites de l'Homme. On a donc qualifié du nom révéré d'Ibis de très-grands Bipèdes Ophiophages que l'on trouve répandus sur presque tous les points marécageux du globe. Malgré les descriptions exactes que nous ont laissées de l'Ibis Hérodote, Elien, Plutarque, Horapollon et d'autres écrivains de l'antiquité, l'erreur s'est propagée et a été partagée par Perrault, Brisson, Linné, Buffon, Blumembach. Cependant Bruce avait donné sur le véritable Ibis des notions très-justes; mais comme plusieurs fois les naturalistes avaient eu des motifs suffisans pour suspecter la justesse des descriptions de ce voyageur plus célèbre, comme on l'a fort bien dit, par son courage que par ses connaissances en histoire naturelle, ils n'avaient point tenu compte de l'opinion de Bruce, laquelle n'eût probablement jamais prévalu si Grobert, à son retour d'Egypte, rapportant des momies d'Ibis dont il fit hommage à Fourcroy, n'eût mis ce dernier et particulièrement Cuvier, à même de fixer toutes les incertitudes par la comparaison qu'ils ont pu faire des dépouilles anatomiques, parfaitement conservées, de l'Ibis des Egyptiens avec celles de son analogue vivant. Le célèbre auteur de l'Anatomie comparée a prouvé que l'on s'était trompé en donnant le nom d'Ibis aux grands Ophiophages, que ceux-ci ne pouvaient pas même être considérés comme des Ibis, et que des caractères bien tranchés les en détachaient (*V.* le genre Tantale); que les véritables Ibis, quoique l'on eût trouvé dans une de leurs momies des débris non encore digérés de peaux et d'écailles de Serpens, ne faisaient point leur nourriture habituelle de ces Reptiles, mais bien de petits Poissons, de Mollusques, de Vers, d'Insectes et même d'Herbes tendres; qu'en cela ils se rapprochent beaucoup plus des Courlis que de tout autre groupe de Gralles.

Les Ibis vivent en société; mais dès qu'ils sont appariés, les couples restent unis jusqu'à ce qu'une circonstance fâcheuse vienne enlever l'un des époux. Ils travaillent ensemble à la construction du nid que la plupart des espèces placent sur des Arbres élevés, et rarement au milieu des broussailles. La ponte consiste en deux ou trois œufs blanchâtres; les jeunes réclament long-temps encore après qu'ils sont éclos les soins des parens, et ne quittent le nid que fort tard; ils sont sujets à des mutations de plumage jusqu'après leur troisième année. La mue périodique est simple. Les Ibis ont des émigrations fort étendues; ils parcourent toutes les parties chaudes des deux continens.

IBIS ACALAT, *Tantalus Mexicanus*, Lath. Parties supérieures vertes; tête et cou variés de vert, de brun, de jaunâtre et de blanc; rémiges et rectrices d'un vert éclatant, irisé; parties inférieures brunes, variées de rouge; bec bleuâtre; membrane des joues rougeâtre; pieds noirs. Taille, dix-huit pouces. Du Mexique. Espèce douteuse.

Ibis a ailes cuivrées, *Ibis chalcoptera*, Vieill. Parties supérieures d'un gris bronzé; tête, cou, poitrine et abdomen d'un gris brunâtre; une ligne blanche de chaque côté du cou; grandes tectrices alaires d'un gris foncé et bronzé, les petites d'un vert irisé; croupion et tectrices caudales supérieures d'un gris irisé; rémiges et rectrices d'un bleu changeant en violet; bec long et brun; yeux entourés d'une peau nue et rouge; pieds assez courts, rouges, ainsi que les doigts. Taille, vingt-huit pouces. D'Afrique.

Ibis blanc, Buff. *V.* Tantale Ibis.

Ibis blanc d'Amérique, *Tantalus albus*, Lath., Buff., pl. enl. 915. Tout le plumage blanc à l'exception de l'extrémité des quatre premières rémiges qui est d'un vert obscur, du devant de la tête et de l'aréole des yeux qui sont rougeâtres; bec et pieds rouges. Taille, vingt-six pouces.

Ibis des bois, *Tantalus Cayanensis*, Lath., Buff., pl. enl. 820; *Ibis sylvatica*, Vieill. Parties supérieures brunes avec des reflets bleuâtres ou verdâtres; cou et tectrices alaires d'un bleu d'acier poli; parties inférieures brunes avec des reflets pourprés sur le bas du cou et sur l'abdomen; bec verdâtre avec la base rouge, de même que l'aréole des yeux; pieds d'un brun jaunâtre. Taille, vingt-deux pouces. De l'Amérique méridionale.

Ibis brun, *Tantalus Manillensis*, Lath.; *Ibis fuscata*, Vieill. Plumage d'un brun roux un peu plus clair aux parties inférieures; bec et aréole des yeux verdâtres; iris et pieds rouges. Taille, vingt-quatre pouces. Des Philippines.

Ibis brun a front rouge, *Tantalus fuscus*, Lath.; *Ibis fusca*, Vieill. Parties supérieures brunes; devant de la tête et cou d'un gris brun; rémiges et rectrices noirâtres; parties inférieures blanchâtres; bec et pieds d'un brun rougeâtre. Taille, vingt-quatre pouces. Temminck considère cet Ibis comme une variété d'âge de l'Ibis rouge; suivant Vieillot, ce serait l'Ibis blanc jeune. De l'Amérique, où il est vulgairement connu sous le nom de Flammant gris et sous celui de Courlis espagnol.

Ibis Cangui, *Ibis Cangui*, Vieill. Plumage blanc avec les rémiges et les rectrices noires; tête et partie du cou dénuées de plumes; bec fort, varié de noirâtre et d'olivâtre, noir à sa base; pieds et jambes noires avec la membrane jaunâtre. Taille, trente-trois pouces. De l'Amérique méridionale.

Ibis de Ceylan. *V.* Tantale Jaunghill.

Ibis a cou blanc, *Tantalus albicollis*, Lath., Buff., pl. enl. 976. Parties supérieures variées de brun, de gris et de verdâtre, avec les grandes tectrices alaires blanches; tête rousse; devant du cou d'un roux blanchâtre, le reste blanc; parties inférieures variées de brun, de roussâtre et de gris; bec noir; pieds rouges. Taille, vingt-quatre pouces. De l'Amérique méridionale.

Ibis couleur de plomb, *Ibis cærulescens*, Vieill.; *Ibis plumbeus*, Temm., Ois. color., pl. 235. Parties supérieures d'un cendré verdâtre; front blanc; tête, cou et parties inférieures d'un gris plombé; nuque couverte de plumes longues et effilées, susceptibles de se hérisser lorsque l'Oiseau est agité; rémiges, tectrices extérieures et rectrices noirâtres; tectrices intermédiaires d'un gris verdâtre; tectrices caudales inférieures d'un brun bleuâtre; bec noir, verdâtre à sa base; iris et pieds d'un rouge orangé vif. Taille, vingt-sept pouces, avec un volume semblable à celui du Dindon. De l'Amérique méridionale.

Ibis Falcinelle, *Tantalus Falcinellus*, Lath.; *Tantalus igneus*, Gmel.; Courlis vert, Courlis d'Italie, Buff., pl. enl. 819; Courlis marron, Briss.; Ibis noir, Savigny; Courlis brillant, Sonnini. Parties supérieures d'un vert noirâtre à reflets bronzés et pourprés; tête d'un marron noirâtre; cou, manteau, poitrine et parties inférieures d'un brun marron; bec d'un noir verdâtre avec l'extrémité brune; aréole des yeux verte, entourée de gris; pieds d'un brun verdâtre. Taille, vingt-deux à vingt-trois pouces. La femelle est un peu plus petite. Les jeunes ont le dos et le manteau d'un brun cendré; peu de reflets sur les ailes; les plumes de la tête, de la gorge et du cou brunes, rayées de noirâtre et bordées de blanchâtre; la partie inférieure du cou, la poitrine, le ventre et les cuisses d'un cendré noirâtre. En Europe, en Asie et quelquefois dans le nord de l'Afrique; assez fréquemment en Egypte.

Ibis Hagedash, *Tantalus Hagedash*, Lath. Parties supérieures d'un brun noirâtre; cou cendré, nuancé de vert jaunâtre en dessus; tectrices alaires violettes; parties inférieures brunes; rectrices cunéiformes noirâtres; bec rouge avec la mandibule inférieure noire; pieds noirâtres. Taille, vingt-quatre pouces. Du cap de Bonne-Espérance. Cette espèce mérite d'être de nouveau examinée.

Ibis Hasselquist. Variété de la Garzette blanche. *V.* Héron.

Ibis huppé, *Tantalus cristatus*, Lath., Buff., pl. enl. 841. Parties supérieures d'un roux marron; front vert; cou marron; nuque garnie d'une aigrette de longues plumes vertes et blanches; devant de la tête et partie antérieure du cou d'un vert noirâtre; tectrices alaires et rémiges blanches; parties inférieures d'un brun marron; rectrices d'un noir verdâtre; bec et pieds jaunâtres; aréole des yeux rouge. Taille, vingt pouces. De Madagascar.

Ibis Koko, *Tantalus Coco*, Lath. Plumage blanc avec l'extrémité des rémiges noirâtre; tête d'un blanc jaunâtre; bec et pieds d'un jaune cendré; iris verdâtre. Taille, vingt-cinq pouces. De l'Amérique méridionale. Il n'est probablement qu'une variété de l'Ibis blanc d'Amérique.

Ibis mamelonné, *Ibis mamillatus*, Temm., pl. color. 304. Parties supérieures d'un cendré verdâtre; face et joues couvertes d'une membrane mamelonnée ou tuberculée bleue; nuque garnie de plumes soyeuses d'un rouge écarlate vif; haut du cou bleu, de même que les rémiges et les grandes tectrices alaires; petites tectrices alaires les plus rapprochées du corps blanches; rectrices bordées extérieurement d'un bleu foncé, très-brillant; devant du cou et parties inférieures d'un brun cendré; bec bleuâtre; pieds d'un rouge orangé. Taille, vingt-six pouces.

Ibis Mandurria, *Tantalus Mandurria*, Lath. Parties supérieures d'un gris plombé avec les plumes lisérées de blanchâtre; face et joues membraneuses noires; tête et cou blancs avec une tache rousse à la base du dernier; dos, rémiges, une partie des tectrices alaires, rectrices et parties inférieures d'un noir assez pur; poitrine d'un gris bleuâtre; bec verdâtre, noir à sa base; iris et pieds rouges. Taille, vingt-six pouces. De l'Amérique méridionale. Il est à présumer que cette espèce est une variété d'âge de l'Ibis à cou blanc.

Ibis a masque noir, *Ibis melanopis*, Vieill.; *Tantalus melanopis*, Lath. Parties supérieures cendrées; parties nues de la tête et du cou noires; sommet de la tête et partie emplumée du cou fauves; rémiges, rectrices et parties inférieures d'un noir verdâtre; une zône cendrée sur la poitrine; bec et ongles noirâtres; pieds rouges. Taille, vingt-sept pouces. De l'Océanique.

Ibis Matuiti, *Tantalus griseus*, Lath. Parties supérieures d'un cendré clair; membranes nues de la tête noires; le reste gris de même que le cou; rémiges et rectrices d'un noir verdâtre; tectrices alaires et caudales supérieures noirâtres; parties inférieures blanchâtres; bec d'un brun rougeâtre; iris roussâtre; pieds rouges. Taille, vingt-quatre pouces. De l'Amérique méridionale. Espèce douteuse.

Ibis Nandopoa, *Mycteria Americana*, Var., Lath. Parties supérieures blanches; un bourrelet osseux d'un blanc grisâtre sur le sommet de la tête, le reste blanc ainsi que le cou dont les plumes du bas sont longues et pendantes; rémiges et rectrices noires à reflets pourpres; bec cendré; pieds noirâtres. Taille, quarante pouces. De l'Amérique méridionale. Cette espèce, de même que l'Ibis Cangui, pourrait bien ne point appartenir au genre Ibis.

IBIS ROUGE, *Tantalus ruber*, Lath., Buff., pl. enl. 80 et 81. Tout le plumage, à l'exception de l'extrémité des rémiges qui est noire, d'un beau rouge de vermillon; bec, pieds et membrane des joues d'un rouge pâle. Taille, vingt-quatre pouces. La femelle a le plumage nuancé de gris, l'extrémité des deux premières rémiges d'un bleu foncé et la tige des rectrices blanche; le bec est d'un gris jaunâtre. Avant qu'ils ne soient parvenus à l'âge de trois ans, les jeunes sont d'un gris cendré tirant plus ou moins sur le noir, selon qu'ils sont plus éloignés de l'état adulte; ce n'est qu'insensiblement et en commençant par le dos qu'ils acquièrent leur belle couleur. De l'Amérique méridionale.

IBIS SACRÉ, *Tantalus Æthiopicus*, Lath., *Ibis religiosa*, Cuvier. Tout le plumage blanc, à l'exception de l'extrémité des grandes rémiges qui est d'un noir cendré sur lequel le blanc forme des échancrures obliques, et de celle des rémiges moyennes qui est noire, irisée de vert et de violet; les barbes de ces extrémités deviennent avec l'âge tellement longues et effilées, qu'elles couvrent la queue entièrement; tête et cou noirs, dénués de plumes; bec noir; pieds d'un brun plombé. Taille, vingt-deux à vingt-trois pouces. Dans sa jeunesse, cet Ibis a le cou plus ou moins garni de petites plumes; elles sont plus longues vers la nuque où elles forment même une sorte d'aigrette pendante. Il paraît, d'après le sentiment des savans qui joignent l'amour des sciences archéologiques au goût et à l'étude de l'histoire naturelle, que cette espèce d'Ibis partageait avec l'Ibis Falcinelle l'honneur du culte égyptien; du moins l'ouverture et l'inspection des momies trouvées dans les puits aux Oiseaux les ont fait reconnaître toutes deux comme objets des soins particuliers qu'on assure avoir été accordés par les prêtres aux symboles vivans de la divinité; seulement l'Ibis sacré s'est retrouvé plus souvent que l'autre dans les fouilles faites à diverses époques aux puits de Succara, sépulture réservée aux Oiseaux sacrés, où leurs dépouilles embaumées étaient déposées avec la plus grande pompe. Nous nous dispenserons de rapporter ici les conjectures historiques auxquelles ont donné lieu des coutumes religieuses extrêmement bizarres, et qui le paraîtraient encore plus, si de nos jours on ne voyait des peuples jouissant d'un certain degré de civilisation se livrer encore à toutes les extravagances de la superstition, à la seule invocation d'images qui représentent des objets bien moins utiles que ne l'étaient ou ne devaient le devenir les Animaux dont les prêtres égyptiens sentaient le besoin de conserver les races en les faisant respecter; nous nous dispenserons d'entrer dans aucun de ces détails que l'on relit toujours avec fruit dans la belle Notice qui suit immédiatement le Discours préliminaire de la seconde édition des Ossemens Fossiles de Cuvier. (DR..Z.)

IBITIN. REPT. OPH. Grand Serpent des Philippines qui a les mœurs des Boas, mais qui est indéterminé. (B.)

IBIXUMA. BOT. PHAN. Syn. présumé de Savonnier au Brésil. D'autres y voient le Guazuma. (B.)

* IBUTTA. BOT. PHAN. Le Troëne au Japon selon Thunberg. (B.)

* ICACINE. *Icacina*. BOT. PHAN. Genre nouveau établi par Adrien Jussieu (Mém. de la Soc. d'Hist. nat., 1, p. 174) et qui, selon De Candolle, doit être placé dans la famille des Olacinées. Ce genre offre les caractères suivans : fleurs en panicules terminales; calice, court, monosépale, persistant; corolle formée de cinq pétales alternes avec les divi-

sions du calice, trois fois plus longs qu'elles; cinq étamines insérées à un disque hypogyne, ayant les filets dressés, les anthères cordiformes, introrses, à deux loges s'ouvrant par un sillon longitudinal; ovaire simple, libre, assis sur un disque hypogyne annulaire; coupé transversalement, il offre une seule loge contenant deux ovules renversés; style simple, recourbé, terminé par un stigmate tronqué; fruit capsulaire, s'ouvrant par sa partie supérieure et contenant en général une seule graine par avortement.

Ce genre ne se compose que d'une seule espèce, *Icacina Senegalensis*, Juss., *loc. cit.*, tab. 9. C'est un Arbre originaire du Sénégal, portant des feuilles simples, alternes, dépourvues de stipules, courtement pétiolées, ovales, entières. Par son port, il ressemble absolument au *Chrysobalanus Icaco*; mais il s'en éloigne de beaucoup par son organisation. (A. R.)

ICACO. BOT. PHAN. Espèce du genre Chrysobalane. *V*. ce mot. (B.)

ICACOREA. BOT. PHAN. (Aublet.) *V*. ARDISIE.

* ICAN-CACATOEA-IJA. POIS. Nom de pays du Cynodon, espèce javanaise et japonaise du genre Denté. *V*. ce mot. Le mot ICAN entre dans la composition du nom de plusieurs autres Poissons des mêmes climats, qu'on trouve dans Ruysch et dans Renard. (B.)

ICAQUIER. BOT. PHAN. *V*. CHRYSOBALANE.

ICARANDA. BOT. PHAN. (Persoon.) *V*. JACARANDA.

ICARE. INS. Espèce de Lépidoptère du genre Erycine. *V*. ce mot. (G.)

ICHNANTHE. *Ichnanthus*. BOT. PHAN. Genre de la famille des Graminées, établi par Palisot de Beauvois (Agrost., p. 56, tab. 12, fig. 1) pour une Plante de l'Amérique méridionale, qu'il nomme *Ichnanthus panicoides*. Ses fleurs forment des panicules composées; la lépicène est à trois fleurs et à deux valves inégales; l'inférieure, plus large et bifide à son sommet, porte une petite pointe entre les deux dents. La fleurette la plus inférieure est neutre et composée d'une seule paillette mutique; la fleurette moyenne est incomplète et avortée, à deux paillettes cartilagineuses, opposées et disposées en sens inverse de celles des deux autres fleurs. La fleur supérieure est hermaphrodite. Ses paillettes sont dures, cartilagineuses, entières et mutiques. Le style, biparti, se termine par deux stigmates poilus et glanduleux. (A. R.)

ICHNEUMON. MAM. Espèce du genre Mangouste. *V*. ce mot. (B.)

ICHNEUMON. *Ichneumon*. INS. Genre de l'ordre des Hyménoptères, section des Térébrans, famille des Pupivores, tribu des Ichneumonides, établi par Linné et restreint par Latreille avec ces caractères : palpes maxillaires de cinq articles; bouche non avancée en manière de bec; articles des palpes maxillaires inégaux; antennes filiformes ou sétacées; mandibules bidentées à leur extrémité; tarière cachée ou peu saillante; abdomen composé au moins de cinq anneaux apparens, déprimés, soit cylindriques, soit ovales.

Ce genre se distingue des Métopie, Bassus, Alomye, Trogus, Joppa, Banchus, etc., par des caractères tirés de la forme du corps et des cellules des ailes supérieures. Ils déposent leurs œufs dans l'intérieur du corps des Chenilles et d'autres Insectes. *V*. pour plus de détails le mot ICHNEUMONIDES. Ce genre se compose d'un grand nombre d'espèces; la principale est :

ICHNEUMON SUGILLATEUR, *Ich. sugillatorius*, Fabr., Schœff., *Icon. Insect.*, tab. 84, fig. 9. Il est noir, avec une bande aux antennes et l'écusson blancs; l'abdomen a quatre points jaunâtres; les pieds sont fauves. De France et d'Allemagne. Plusieurs espèces de ce genre sont figurées par Panzer. *V.* aussi Olivier (Encyclop. Méthod.) et la Monographie de Gravenhorst et de Nées d'Esenbeck. Latreille (*Gener. Crust. et Ins.*) décrit plusieurs espèces de ce genre. (G.)

ICHNEUMONIDES. *Ichneumonides.* INS. Tribu de l'ordre des Hyménoptères, section des Térébrans, famille des Pupivores, établie par Latreille, et composée en majeure partie du genre Ichneumon de Linné. Les caractères de cette tribu sont: antennes sétacées ou filiformes, vibratiles, très-rarement en massue, et composées d'un grand nombre d'articles (seize au moins); palpes maxillaires au moins, toujours très-apparens ou saillans; ailes supérieures ayant toujours des cellules discoïdales complètes ou fermées; abdomen prenant naissance entre les deux pieds postérieurs, muni, dans les femelles, d'une tarière de trois filets.

Le caractère que Linné assignait à son genre Ichneumon, dont une grande partie entre dans la tribu dont nous nous occupons, était: un aiguillon saillant et triple. Ce caractère est si général et convient à un si grand nombre d'espèces, que, si on l'eût conservé, le nombre des Ichneumons, qui dans la douzième édition du *Systema Naturæ* s'élevait à soixante-dix-sept, aurait augmenté par la quantité des espèces, et serait aujourd'hui plus que décuple. Il était donc nécessaire de distribuer ces Hyménoptères dans plusieurs coupes génériques afin d'en faciliter l'étude. C'est ce qui a été fait, et nous allons passer en revue les principaux auteurs qui, depuis Linné, ont traité de ces Insectes.

Linné, en établissant son genre Ichneumon, avec les caractères dont nous avons parlé plus haut, l'a partagé en six sections basées sur la couleur de l'écusson et des antennes; ces divisions sont très-artificielles, et la différence des sexes anéantit souvent leurs caractères. Geoffroy confondit avec les Ichneumons, les Sphex de Linné, mais il en sépara tous ceux que celui-ci appelle petits (*Ichneumones minuti*) sous le nom de Cynips. Degéer, à l'exemple de Linné, a fait des divisions dans le genre Ichneumon, mais il ne les a pas basées, comme l'avait fait celui-ci, sur la couleur des antennes et de l'écusson; il s'est servi de caractères tirés de la forme et de la composition des antennes, de l'abdomen, et de l'absence ou de la présence des ailes. A l'aide de ces caractères, il a partagé le genre Ichneumon en neuf familles. Fabricius s'est servi de ces caractères pour établir ses genres *Ophion*, *Banchus*, *Pimpla*, *Criptus*, *Bassus*, *Joppa* et *Bracon*, et les recherches de Latreille sur ces Insectes (Nouveau Dictionnaire d'Hist. Natur. T. XXIV) lui ont été d'un grand secours pour son travail. Panzer et Illiger ont encore cherché à éclaircir l'histoire des Ichneumons, mais ils ont employé plutôt des variétés de formes qu'un examen sévère des organes de la manducation, pour établir les coupes qu'ils ont faites dans ce genre. Olivier, dans l'Encyclopédie méthodique, partage les Ichneumons, comme l'a fait Linné, en six divisions basées sur la couleur des antennes, de l'écusson, et sur la forme du corps. Jurine, très-circonscrit dans sa Méthode, n'a pu séparer des Ichneumons que les Stéphanes, les Bracons, les Chélones et les Anomalons; encore ce dernier genre est-il absolument artificiel, car il n'est fondé que sur l'absence de la seconde cellule radiale; or, cette cellule étant fort petite dans les Ichneumons, avorte souvent. Latreille a observé que parmi des espèces extrêmement voisines, les unes en sont privées, et les autres la présentent; la nature attache si peu d'importance à ce caractère, que ce savant a vu des individus Ichneumons par une de leurs ailes, et Anomalons par l'autre. Ce célèbre entomologiste a fait subir à cette famille des changemens qui y ont jeté un grand jour. Il avait composé (Hist. génér. des Crust. et des Insect. T. III), avec le genre Ichneumon tel qu'Olivier l'a présenté (Encyclopédie Méthodique), sa famille des Ichneumonides qu'il partageait en deux, les Ichneumonides proprement dits et les Ichneumonides sphégiens. Le genre Ichneumon formait la première coupe, et le genre Sigalphe la seconde. Le premier était divisé en huit petites sections fondées sur des caractères tirés des parties de la bouche et de la forme du corps. Il perfectionna ce travail dans les tables du dernier volume de la première édition du Nouveau Dictionnaire d'Histoire Naturelle, et il établit quatre nouveaux genres: Agathis, Vipion, Alysie et Microgastre. Les trois premiers embrassent celui que Fabricius et Jurine ont nommé depuis Bracon; les Ichneumons proprement dits furent distribués dans un grand nombre de coupes, dont la première a servi de base à l'établissement du genre Stéphane. Dans son *Genera Crustaceorum et Insectorum*, il ajouta aux genres qu'il avait établis, les Xoride, Acœnite et Stéphane, et il supprima la dénomination de Vipion pour adopter celle de Bracon, généralement reçue. Dans le Règne Animal, il a partagé cette famille ou le grand genre Ichneumon de Linné, en cinq genres qui sont : Pélicine, Evanie, Fœne, Aulaque et Ichneumon; ce dernier est subdivisé en plusieurs coupes correspondant pour la plupart aux genres qu'il avait établis dans ses ouvrages antérieurs. Enfin, dans son dernier ouvrage (Familles Natur. du Règne Animal), il a partagé le genre Ichneumon de Linné en deux tribus; la première est celle des Evaniales, et la seconde celle des Ichneumonides; nous verrons plus bas comment il distribue les genres de cette tribu.

Klüg, Gravenhorst et Nées d'Esenbeck ont commencé une Monographie de cette famille; le second en a même publié les prémices.

Les Ichneumonides, que quelques auteurs ont nommés Mouches tripiles, à cause des trois soies de leur tarière, et Mouches vibrantes, parce qu'ils agitent sans cesse leurs antennes qui sont souvent contournées, avec une tache blanche ou jaunâtre en forme d'anneau vers leur milieu, ont les palpes maxillaires allongés, presque sétacés, de cinq à six articles; les labiaux sont plus courts, filiformes et de trois ou quatre articulations; la languette est ordinairement entière ou simplement échancrée; leur corps a, le plus souvent, une forme étroite et allongée ou linéaire, avec la tarière tantôt extérieure, en manière de queue, tantôt fort courte et cachée dans l'intérieur de l'abdomen qui se termine alors en pointe, tandis qu'il est plus épais et comme en massue tronquée obliquement dans ceux où la tarière est saillante. Des trois pièces qui la composent, celle du milieu est la seule qui pénètre dans le corps où ils déposent leurs œufs; son extrémité est aplatie et taillée quelquefois en bec de plume.

Les Ichneumons, dont nous allons faire connaître les mœurs, sont encore plus formidables pour les Insectes, que le Quadrupède décrit sous ce nom par les anciens. Si celui-ci, d'après leurs récits fabuleux, s'introduisait dans la gueule du Crocodile pour pénétrer dans son corps et ronger ses entrailles, il dépendait du Crocodile de s'en préserver en tenant sa gueule fermée pendant son sommeil. Mais nos malheureux Insectes n'ont pas cet avantage; il semble que tous ceux qui subissent des métamorphoses doivent être le partage des Ichneumons pour servir de pâture à leur postérité, et quelques précautions que prenne la mère pour que ses œufs ou les larves qui en naîtront soient à l'abri des attaques de tous ses autres ennemis, il est impossible à ces larves de ne pas remplir leur triste destinée, si une mère Ichneumon, souvent très-petite, trouve son corps convenable à la nourriture de sa postérité. Les femelles des Ichneumonides, pressées de pondre, cherchent, avec un instinct qui leur dévoile les retraites les plus cachées, la malheureuse chenille dans le corps de laquelle elles veulent déposer leurs œufs ; aussitôt qu'elle est trouvée, elles se posent dessus et introduisent sous leur peau un ou plusieurs œufs. C'est sous les écorces des Arbres, dans leurs fentes ou dans leurs crevasses, que les femelles d'Ichneumons, pourvues d'une longue tarière, vont chercher les œufs, les larves ou les nymphes d'Insectes dans lesquels elles doivent déposer leurs œufs; elles y introduisent leur oviducte ou la tarière propre dans une direction presque perpendiculaire; il est entièrement dégagé des demi-fourreaux qui sont parallèles entre eux et soutenus en l'air dans la ligne du corps. Les femelles, dont la tarière est très-courte, peu ou point apparente, placent leurs œufs sous ou sur la peau des Insectes qui sont à découvert ou très-accessibles; en général, chaque espèce d'Ichneumonide dépose ses œufs sur une espèce d'Insecte qui semble destinée à servir toujours de pâture à ses petits; ainsi nous voyons tel Sphynx qui nourrit toujours le même Ichneumon. Quelquefois plusieurs espèces d'Ichneumons vivent aux dépens du même Insecte, mais ce cas est le plus rare.

Les larves des Ichneumonides n'ont point de pates; en général elles vivent, à la manière des Vers intestinaux, dans le corps des larves ou des chenilles; elles y sont quelquefois en sociétés fort nombreuses et ne rongent que leur corps graisseux, ou les parties intérieures qui ne sont point rigoureusement nécessaires à leur conservation : sur le point de se changer en nymphes, ces larves sortent du corps de la chenille, tantôt de la chrysalide, selon que la chenille était plus ou moins avancée en âge lorsqu'elle a reçu dans son sein les œufs de l'Ichneumon; les larves d'Ichneumons qui vivent dans l'intérieur des chenilles des Choux sont dans ce cas : elles sont rares et sans pates. A peine sont-elles sorties de son corps dont les flancs sont percés, qu'elles commencent à faire leur petite coque ; toutes celles qui sortent d'un des côtés de la chenille, descendent du même côté, sans s'éloigner les unes des autres, ni du corps de la chenille. Par le moyen de leur filière située à leur lèvre inférieure de même que celles des chenilles, elles jettent quelques fils en différens sens, et bientôt il en résulte une petite masse cotonneuse sur laquelle chaque larve établira sa coque. Le tissu de ces coques est d'une belle soie qui diffère peu de celle du Ver à soie. Cette soie est d'un beau jaune, ou très-blanche suivant les espèces. On trouve des coques d'Ichneumons qui sont de deux couleurs disposées par bandes : les unes sont brunes, avec une bande blanche ou jaune au milieu ; les autres ont plusieurs bandes de ces couleurs. Cette variété ne dépend pas entièrement de la cause qui influe sur les différences de couleurs des coques de chenilles, car, si cela était, des portions de la matière à soie seraient, les unes blanches ou jaunes, les autres alternativement brunes, et ces changemens se répéteraient bien plus que dans les coques d'Ichneumons. Tout paraît ici se réduire à deux causes : 1° la première soie filée par la larve, celle qui forme l'enveloppe extérieure, est blanche, et la seconde, ou celle des couches intérieures, est brune; 2° la coque est davantage fortifiée, et par espaces circulaires ou en cerceaux, au milieu et près des deux bouts, que partout ailleurs. Cela posé, il est clair que la couleur brune des couches intérieures dominera dans les endroits où la couche extérieure de la soie blanche sera faible, tandis qu'au contraire toutes les parties de la surface extérieure qui auront été renforcées avec la soie de cette dernière couleur, l'emporteront sur le brun ; de-là les bandes brunes et blanches.

On rencontre sur le Chêne une coque d'Ichneumon singulière sous plusieurs rapports. Elle est suspendue à une feuille ou à une petite branche, par un fil de soie qui part d'une des extrémités de la coque. Sa forme est presque la même que celle des autres, mais moins allongée; elle a dans son milieu une bande de couleur blanchâtre. Cette coque est remarquable par la manière dont elle exécute des sauts de sept à huit lignes et quelquefois de plusieurs pouces de hauteur : Réaumur explique le fait, en supposant que la larve renfermée dans la coque agit comme un ressort qui se débande. Latreille a trouvé au bois de Boulogne une petite coque suspendue également à une feuille de Chêne par le moyen d'un fil; il en est sorti une espèce d'Ichneumon qu'il a décrit (Bull. de la Soc. Philomat.). Müller et Degéer ont trouvé des coques semblables d'où sont nés aussi des Ichneumons.

Quelques Ichneumonides vont déposer leurs œufs dans les galles produites par des Tenthrèdes; ils viennent à bout de percer les parois de ces galles avec leur tarière. Degéer a trouvé une Araignée qui portait sur son corps quelque chose de blanc; ayant observé cette Araignée avec attention, il a trouvé que cette partie blanche était une petite larve occupée à la sucer; elle était fixement attachée au ventre de l'Araignée, près du corselet, et quelque temps après elle produisit un Ichneumon. Les Pucerons, qui ont tant d'ennemis dans les larves de Coccinelles, d'Hémérobes, etc., en ont un non moins redoutable dans plusieurs espèces de petits Ichneumons qui déposent leurs œufs dans leur corps; de ces œufs naissent des larves qui dévorent l'intérieur de leurs hôtes, et qui finissent par les faire périr : nous avons eu occasion d'observer aussi ce fait sur un Puceron qui vit sur le Peuplier; tous les malheureux Pucerons avaient été piqués par un petit Ichneumon, mais cela ne les empêchait pas de vivre. Ce n'était qu'à l'époque où la larve avait mangé presque tout l'intérieur et où elle était sur le point de se changer en nymphe, que le Puceron périssait; alors il se boursouflait, se fixait définitivement à la branche sur laquelle il était posé et devenait d'une couleur plus foncée. Quelques jours après il sortit de ces corps de Pucerons ainsi gonflés, un petit Ichneumon qui s'était fait une ouverture parfaitement ronde à la partie postérieure du dos du Puceron.

Il existe plusieurs espèces d'Ichneumons qui sont aptères, et que Linné a cru devoir placer parmi les Mutilles. Degéer fait mention d'un de ces Ichneumons sans ailes qui était sorti d'une galle ligneuse des tiges d'une espèce de Potentille; il attira d'abord les regards de cet observateur par l'existence de deux parties bien singulières : ce sont deux pièces renflées, coniques et très-pointues au bout, attachées au derrière du corselet en dessus, ou à l'endroit de sa jonction au ventre; elles sont dirigées en arrière. Ce qu'elles ont de plus particulier, c'est d'être mobiles à leur base; l'Ichneumon les remue sans cesse en tous sens lorsqu'il marche. Cet Insecte a été pourvu par la nature d'une propriété qui peut remplacer la privation des ailes; c'est le don de sauter fort loin. Cet Insecte étant très-petit, Degéer n'a pu voir par quel mécanisme il parvient à sauter. Comme ses cuisses postérieures ne sont pas plus grosses que les autres, cet auteur pense que c'est en courbant son ventre et en le poussant fortement contre le plan de position que l'Insecte exécute ses sauts.

Les endroits les plus favorables à la multiplication des Insectes le sont aussi à celle des Ichneumonides, puisque ces derniers élèvent leurs petits aux dépens des autres. Aussi voit-on les murs où un grand nombre de Guêpes et d'Abeilles solitaires font leurs nids, fréquentés par beaucoup d'espèces d'Ichneumons; les lieux où il y a beaucoup de chenilles, les bois où vivent d'autres Insectes sont visités par ces terribles ennemis. Quoique le sort de tous ces Insectes destinés à devenir la proie des larves d'Ichneumons soit digne de pitié, nous devons admirer et remercier la nature qui, à côté d'un être nuisible, en crée toujours un autre destiné à empêcher sa trop grande multiplication : les Ichneumonides rendent surtout de très-grands services à l'agriculture en faisant périr un grand nombre de Chenilles qui dévoreraient les Arbres et les Plantes nécessaires à nos besoins.

Latreille, comme nous l'avons dit plus haut, a partagé la tribu des Ichneumonides en plusieurs genres ; nous allons exposer ici sa classification.

I. Palpes maxillaires de cinq articles.

1. Palpes labiaux de quatre articles.

A. Bouche point avancée en manière de bec.

a. Articles des palpes maxillaires très-inégaux.

* Antennes filiformes ou sétacées.

† Mandibules entières ou faiblement bidentées à leur extrémité.

Genres : Stéphane, Xoride.

Ici vient probablement le genre *Cœlina* de Nées d'Esenbeck.

†† Extrémité des mandibules très-distinctement bidentée.

— Tarière saillante.

Genres : Pimple, Crypte, Ophion.

Fallen forme avec quelques espèces de cette division le genre *Porizon*; celui qu'il nomme *Tryphon*, comprend probablement les Xorides et quelques espèces des genres suivans.

— — Tarière cachée ou peu saillante.

Genres : Métopie, Bassus, Alomye, Ichneumon, Trogus, Joppa, Banchus.

** Antennes terminées en massue.

Genre : Hellwigie.

b. Articles des palpes maxillaires de formes peu différentes ou changeant graduellement.

Genre : Acænite.

B. Bouche avancée en manière de bec.

Genre : Agathis.

2. Palpes labiaux de trois articles.

Genres : Vipion, Bracon, Microgasthe.

A cette subdivision appartiennent les genres *Spathius*, *Aphidius*, *Peritilus*, *Leiophron*, *Microdus*, *Hormius* et *Blacus* de Nées d'Esenbeck; le genre *Hibrizon* de Fallen rentre probablement dans quelques-uns des précédens.

II. Palpes maxillaires de six articles; les labiaux de quatre.

Genres : Sigalhe, Chélone, Alysie. (Mandibules tridentées ainsi que dans les Gallicoles.)

Ici se placent les genres *Rogas*, *Cardiochille*, *Helcon*, *Eubazus* du même.

Latreille n'a pas adopté le genre Anomalon de Jurine par les raisons que nous avons exposées au commencement de cet article. (G.)

ICHNOCARPE. *Ichnocarpus*. BOT. PHAN. Genre de la famille des Apocynées et de la Pentandrie Digynie, L., établi par R. Brown (*Hort. Kew.*, 2e édit., vol. II, p. 69) qui l'a ainsi caractérisé : corolle hypocratériforme dont la gorge est nue; cinq étamines; anthères écartées du stigmate; fruit composé de deux follicules très-distans entre eux; graines aigrettées supérieurement. L'auteur de ce genre lui a donné pour type une Plante des Indes-Orientales, nommée par Linné *Apocynum frutescens*. D'un autre côté, Lamarck avait constitué un genre *Quirivelia*, auquel il rapportait également comme synonyme l'*Apocynum frutescens*. Mais la structure du fruit, dans la Plante de Lamarck, l'éloigne des Apocynées, et conséquemment il y a erreur dans la citation du synonyme de son *Quirivelia*. *V.* ce mot. (G..N.)

ICHTHYOCOLLE. *Ichthyocolla*. ZOOL. CHIM. Substance sèche, coriacee, blanche ou légèrement jaunâtre, demi-transparente et composée de gélatine presqu'à l'état de pureté. Formée de membranes repliées sur elle-même et contournées en manière de lyre, elle est connue dans le commerce sous le nom de Colle de Poisson. Quoique par sa nature chimique l'Ichthyocolle soit considérée comme identique avec la Gélatine pure, elle n'est point cassante comme les autres colles, et elle doit cette propriété à son tissu fibreux et élastique. On préfère pour l'usage celle dont le tissu est blanc et très-fin. La majeure partie de cette substance est importée de diverses provinces de l'empire Russe où on la prépare avec la vessie aérienne des Esturgeons et surtout de celui qui a été nommé, par une sorte de métonymie, Ichthyocolle. *V.* ESTURGEON. C'est principalement sur les bords des fleuves qui se jettent dans la mer Caspienne qu'on se livre à cette fabrication; elle est, pour la Russie, une source d'immenses richesses, car, selon Pallas, les Anglais, eux seuls, importent annuellement de la Russie jusqu'à six mille huit cent cinquante *puds* ou près de trois mille quintaux de cette substance. La préparation de l'Ichthyocolle consiste à la laver et à séparer dans l'eau le sang et les parties extérieures qui la salissent, à la couper en long, à la ramollir entre les mains et à en former de petits cylindres tortillés que l'on fait sécher à une chaleur modérée et que l'on blanchit par l'action du Gaz acide sulfureux. Pallas nous apprend que l'Ichthyocolle, à laquelle nos droguistes donnent le nom de Colle en table et de Colle de Morue, est le produit de la préparation de la vessie natatoire de l'Esturgeon chez les Ostiaques. Ces peuples commencent par enlever la graisse qui l'entoure et lui font éprouver un commencement de dessiccation; ils la font ensuite bouillir dans de l'eau, et lui donnent la forme d'un gâteau. Le commerce de la droguerie fournit encore aux arts plusieurs qualités inférieures de Colle de Poisson qui, non-seulement, proviennent des vessies natatoires des Esturgeons et d'autres Poissons, mais s'obtiennent encore en coupant par petits morceaux la peau, l'estomac et les intestins de ces Animaux. Ces variétés d'Ichthyocolle sont aplaties en tables minces, et sont fabriquées surtout près de la mer Baltique.

Les usages de l'Ichthyocolle sont très-multipliés. Matière alimentaire, elle forme la base des gelées que préparent les pharmaciens, les confiseurs et les cuisiniers. Souvent une gelée végétale, telle que celle de Lichen, serait sans consistance et ne semblerait pas avoir été préparée avec soin; l'addition d'une petite quantité d'Ichthyocolle suffit pour lui donner cet aspect tremblottant qui doit être sa qualité essentielle. On s'en sert pour clarifier les vins et les autres liqueurs fermentées. Précipitée par l'action des principes que contiennent ces liquides, elle y forme un réseau qui enveloppe les impuretés et les entraîne avec elle. L'Ichthyocolle, en se séchant, a l'avantage de rester transparente; aussi est-elle employée pour coller les fragmens de verre et de porcelaine cassée. Ce raccommodage est aussi solide que peu visible. Enfin cette substance est consommée dans une foule d'arts où il est nécessaire de donner un lustre aux étoffes, aux rubans et aux gazes; sous ce rapport, elle offre plus d'avantage que la gomme Adragante. C'est une solution d'Ichthyocolle, aromatisée par le Baume du Pérou, qu'on étend sur du taffetas, pour former le sparadrap adhésif, connu sous le nom de Taffetas d'Angleterre. La colle à bouche, avec laquelle les dessinateurs fixent leurs papiers, est une préparation d'Ichthyocolle sucrée, aromatisée et rapprochée en consistance de pâte que l'on dessèche pour en former des tablettes. (G..N.)

* ICHTHYODON. REPT. OPH. Klein donne ce nom à l'un de ses genres de Serpens. *V.* ERPÉTOLOGIE. (B.)

ICHTHYODONTES ET ICHTYOGLOSSES. POIS. On a donné ces noms qui signifient Dents et Langues de Poissons, à des Glossopètres. *V.* ce mot. (B.)

ICHTHYOIDES. ZOOL. Sous-classe de la Méthode de Blainville, où ce savant naturaliste réunit aux Batraciens, les Protées, les Sirènes et les Cœcilies. *V.* ces mots. (B.)

ICHTHYOLITES OU ICHTHYOLITHES. POIS. On a désigné par ces mots les Poissons fossiles. (B.)

ICHTHYOLOGIE. ZOOL. Cuvier, réformateur de cette belle partie de l'histoire naturelle, dans son Règne Animal, perfectionne en cet instant la Méthode si naturelle qu'il y introduisit. Aidé du jeune et savant Valenciennes, il prépare une histoire générale des Poissons, fruit de recherches immenses, de comparaisons nombreuses, d'études profondes, et qui, dit-on, ne tardera point à paraître. On attend avec la plus vive impatience ce grand Traité où seront redressées une multitude d'erreurs, décrites de nombreuses espèces nouvelles, et qui paraît ne devoir rien laisser à désirer; nous renverrons conséquemment l'article ICHTHYOLOGIE au Supplément de cet ouvrage, afin d'y profiter des lumières de Cuvier et de son digne disciple, préférant différer que de publier un article imparfait de plus sur cette branche de la science. (B.)

* ICHTHYOMETHYA. BOT. PHAN. P. Browne nommait ainsi un Arbrisseau de la Jamaïque, parce que ses feuilles avaient la propriété d'enivrer les Poissons. Lœfling, par la même raison, a nommé ce genre *Piscipula*. Enfin, Linné le fit connaître sous le nom de *Piscidia* qui a été adopté. On a réuni à ce genre le *Botor* d'Adanson et de Du Petit-Thouars, qui néanmoins paraît en être distinct. *V.* PISCIDIE et BOTOR. (G..N.)

* ICHTHYOMORPHES. FOSS. Ce mot, employé par les oryctographes, désigne plutôt des Pierres qui ont la forme de Poissons, que de véritables Poissons fossiles. (B.)

* ICHTHYOPHAGES. ZOOL. On a donné ce nom aux Animaux ou à des peuplades riveraines des diverses espèces du genre humain qui vivent de Poissons. (B.)

* ICHTHYOPHTHALMITE. MIN. (Dandrada.) Syn. d'Apophyllite. *V.* ce mot. (G. DEL.)

ICHTHYOPTÈRES. FOSS. Syn. d'Ichthyolithes. *V.* ce mot. (B.)

ICHTHYOSARCOLITE. *Ichthyosarcolites.* MOLL. Genre de Multiloculaires établi par Desmarest dans le Journal de Physique (juillet 1817), pour un corps dont on ne connaissait alors que des tronçons de moule intérieur: leur forme et le peu de courbure que l'on avait remarqué à ces morceaux incomplets, avait fait penser que ce genre, dont les loges sont d'ailleurs espacées, dans quelques individus, d'une manière peu égale, quoiqu'elles soient symétriques et régulières dans le reste de leurs parties, pouvait se placer à côté des Hippurites et des Orthocératites, et servir de terme moyen entre ces deux genres. Férussac, qui le premier a rapporté ce genre dans une classification générale, l'a placé dans la famille des Orthocères avec les Raphanistres, les Orthocères et les Nodosaires. Il est évident que Férussac comme Desmarest n'avaient connu que des fragmens incomplets et insuffisans. Plusieurs morceaux que nous avons eu occasion de nous procurer nous ont donné des idées plus précises et plus exactes sur ces corps dont nous connaissons deux espèces. Voici de quelle manière nous pensons pouvoir caractériser ce genre: coquille multiloculaire, largement enroulée, à tours séparés, le dernier présentant un arc de cercle très-grand; loges simples non articulées, sinueuses, sans syphon; test épais, formé d'un grand nombre de tubes subcapillaires séparés les uns des autres : l'un d'eux, dorsal, beaucoup plus gros, semble remplacer le syphon; un faisceau d'autres, également un peu plus grands, forme, sur la partie concave, une dépression, le dos de la coquille se trouvant, dans la plupart, muni d'une crête formée de plusieurs rangs de tubulures semblables à celles du test. Comparables, en quelque sorte, à d'énormes Spirules, les Ichthyosarcolites ne doivent pas rester dans la famille des Orthocères, d'autant plus que les Hippurites, avec lesquelles on a cru leur trouver de la ressemblance, ne peuvent avoir, comme nous l'avons démontré (*V.* HIPPURITE), de rapports ni avec l'un ni avec l'autre des genres de cette famille, mais doivent être reportées parmi les Bivalves. La coquille des Ichthyosarcolites se trouve composée d'un grand nombre de petits tubes réguliers qui ne paraissent point cloisonnés, mais qui sont distinctement séparés les uns des autres par des parois qui devaient être très-minces. Ces tubes sont particulièrement rassemblés vers le dos de la coquille, et leur masse s'y prolonge en une sorte de crête dont on ne peut juger de la forme et du contour que par l'empreinte qu'elle laisse sur la pierre; elle a, dans quelques morceaux, jusqu'à trois pouces de largeur, et elle paraît constante dans les deux espèces que nous connaissons. Les cloisons ne sont point percées par un syphon; elles sont bien régulièrement espacées dans quelques individus, et dans d'autres il y en a qui laissent entre elles des espaces plus ou moins grands, quelquefois d'un pouce et demi et d'autres fois de deux ou trois lignes. Les loges paraissent être d'autant moins uniformes, sous le rapport de la longueur, qu'on les examine plus près de la dernière. Celle-ci est fort grande; nous en possédons un fragment qui a six pouces de longueur, et qui devait être beaucoup plus long lorsqu'il était entier.

Les Ichthyosarcolites ne se trouvent que pétrifiées dans une couche assez ancienne de calcaire blanc, qui probablement dépend de la grande formation de l'Oolite, ou peut-être des parties inférieures de la Craie. C'est principalement aux environs de La Rochelle que se rencontrent ces corps, et la dureté de la Pierre qui les renferme ne permet pas de les extraire dans leur entier. Il résulte de ce que nous venons de faire observer sur les Ichthyosarcolites, que ces corps ne peuvent convenablement se placer ni dans les Orthocères, ni dans les Nautilacées, ni dans les Ammonées, ni dans les Lituolées. Nous avons vu précédemment pourquoi ils ne peuvent se placer dans les Orthocères; il nous reste à examiner ce qui les éloigne des autres Polythalames connues, et entre autres des Nautilacées et des Ammonées. Ayant des cloisons simples et sinueuses, mais non découpées comme les Nautiles, les Spirules, etc., s'enroulant à peu près de la même manière que les Lituoles et les Spirules, ce serait entre ces deux genres que devrait être marquée la place de celui qui nous occupe, si l'on ne faisait attention que, dans ces genres, l'existence d'un véritable syphon qui perce les cloisons est le caractère essentiel qui les réunit en famille, en y joignant les autres caractères tirés de la forme des cloisons : ainsi les Ichthyosarcolites, malgré les rapports qu'elles paraissent avoir avec les genres de la famille des Nautilacées, s'en distinguent facilement, puisque les cloisons n'ont pas la même régularité, qu'elles ne sont pas percées par un syphon, et que la partie que nous pensons pouvoir le remplacer, se trouvant dans l'épaisseur du test, ne peut être rapportée à cette partie des Polythalames que par une analogie qui pourra être détruite par la connaissance plus parfaite des corps qui nous occupent. Si nous les comparons avec les Ammonées, nous leur trouverons également des rapports avec plusieurs des genres de cette famille, et spécialement avec les Hamites; mais, outre les différences que nous avons fait observer pour les Nautilacées, et qui subsistent pour celle-ci, il y a de plus le caractère des Ammonées qui manque entièrement, c'est-à-dire que les cloisons ne sont point profondément découpées et engrenées, puisque, par l'examen comparatif des caractères essentiels de ces deux groupes, près desquels les Ichthyosarcolites doivent naturellement se placer, il est impossible de les y faire rentrer; cela indique que ce genre pourra, par la suite, former à lui seul une nouvelle famille que l'on pourra, dans les méthodes de classification, mettre avant les Nautiles, ou entre ceux-ci et les Lituoles. Voici les deux espèces que nous connaissons :

Ichthyosarcolite triangulaire, *Ichthyosarcolites triangularis*, Desmarest, Journal de Physiq., juillet 1817; Def., Diction. des Scienc. Nat. T. xxii, p. 549. Coquille fort grande, tournée en spirale sur un plan horizontal, composée d'un nombre de tours que l'on n'a pu encore déterminer; cloisons obliques, sinueuses, en coins subtrigones dans la coupe transversale; test épais, formé par un grand nombre de tubes accolés les uns aux autres, destinés probablement, comme dans la Seiche, à rendre la coquille moins pesante; ouverture inconnue.

Ichthyosarcolite oblique, *Ichthyosarcolites obliqua*, N. Espèce bien distincte par la forme des cloisons qui sont très-obliques, semblables à une pile de cornets que l'on aurait coupée en deux dans sa longueur; elle est bien plus aplatie transversalement, ovale dans sa coupe transversale, à cloisons nombreuses; test composé de tubes qui sont plus petits que dans l'espèce précédente. Quoique nous ne possédions qu'un seul tronçon de cette espèce, la forme de ses cloisons la distingue éminemment, et nous n'avons pas hésité de la séparer de la précédente. (D..H.)

* ICHTHYOSAURE. *Ichthyosaurus*. rept. saur. Cuvier, qui le premier en France appela l'attention des savans sur ce singulier genre, et qui l'année dernière présenta l'empreinte de l'une de ses espèces à l'Institut, dit dans le tome cinquième de ses Recherches sur les Ossemens fossiles (part. 2, chap. v, p. 445), en traitant de ce Fossile et du Plésiosaure : « Nous voici arrivés à ceux de tous les Reptiles, et peut-être de tous les Animaux perdus, qui ressemblent le moins à ce que l'on connaît, et qui sont les plus faits pour surprendre les naturalistes par des combinaisons de structure qui, sans aucun doute, paraîtraient incroyables à quiconque ne serait pas à portée de l'observer par lui-même, ou à qui il pourrait rester la moindre suspicion sur leur authenticité. Dans le premier genre (Ichthyosaure), un museau de Dauphin, des dents de Crocodile, une tête et un sternum de Lézard, des pates de Cétacé, mais au nombre de quatre, enfin des vertèbres de Poisson. Dans le second (Plésiosaure), avec ces mêmes pates de Cétacé, une tête de Lézard et un long cou semblable au corps d'un Serpent. Voilà ce que l'Ichthyosaure et le Plésiosaure sont venus nous offrir, après avoir été ensevelis, pendant tant de milliers d'années, sous d'énormes amas de pierres et de marbres; car c'est aux anciennes couches secondaires qu'ils appartiennent; on n'en trouve que dans ces bancs de pierre marneuse ou de marbre grisâtre remplis de Pyrites et d'Ammonites, ou dans les Oolites, tous terrains du même ordre que notre chaîne du Jura; c'est en Angleterre surtout que leurs débris paraissent être abondans. » En effet, on en trouve d'innombrables débris dans les comtés de Dorset, de Sommerset, de Glocester et de Leicester; dans les falaises entre Lymes et Charmouth particulièrement; on les retrouve aussi communément que les

restes de Palœotherium dans nos plâtrières de Montmartre. On en rencontre également dans le Northumberland. Ils sont plus rares sur le continent, où cependant on en reconnaît parmi les restes des Crocodiles de Honfleur. Lamouroux en découvrit sur les côtes du Calvados, dans les carrières d'un Marbre analogue au Lias des Anglais, qui, selon l'expression de Cuvier, semble dans la Grande-Bretagne avoir été le tombeau du genre qui nous occupe. En Allemagne on en a également découvert, et notamment à Boll dans le Wurtemberg. Toute récente qu'est la connaissance des Ichthyosaures, Scheuchzer en avait cependant possédé, décrit et figuré des vertèbres, mais ce naturaliste théologien, qui voyait des Anthropolites dans des Batraciens d'Eningen, voulait aussi que des vertèbres de Reptiles fussent des monumens de la race humaine, maudite et noyée lors du déluge. Il était alors d'obligation pour les oryctographes d'indiquer des Hommes fossiles. On a voulu tout récemment rappeler ce pieux usage en présentant à la crédulité parisienne un bloc informe de Grès comme un *Homo diluvii testis et theoskopos*; mais Huot a le premier désabusé le public et fait justice du charlatanisme avec lequel on avait annoncé la prétendue merveille. « J'aurais presque honte, dit judicieusement Cuvier à ce sujet, de perdre des paroles à établir qu'une configuration accidentelle de Grès, où l'on croyait voir, non pas des os, mais une espèce de ressemblance avec le corps d'un Homme et la tête d'un Cheval en chair et en peau, et si grossière qu'il n'y a ni les proportions requises, ni aucun détail de formes, qu'un tel jeu de la nature, dis-je, n'est pas un Fossile. »

Malgré les anomalies de structure qui caractérisent l'Ichthyosaure, c'est des Lézards qu'il se rapproche le plus, ou du moins des Crocodiliens; aussi dans notre Tableau d'erpétologie (T. VI de ce Dictionnaire, p. 26) l'avons-nous placé entre ces Animaux et les Tortues à nageoires. Nous eussions seulement dû, dans la division qu'il occupe, placer ainsi qu'il suit le genre également perdu qu'en rapproche Cuvier :

Des nageoires. { Le cou fort long...... *Plesiosaurus*. / Le cou fort court..... *Ichthyosaurus*. }

Les membres de ces Animaux étant, comme les pates des Cétacés, métamorphosés en nageoires, ils étaient évidemment marins, et ils vécurent à cette époque où, peu de rivages existant encore, l'Océan couvrait presque tout l'univers, en préparant dans son sein, pendant sa diminution graduelle, des classes nouvelles qu'il pût abandonner à la terre quand celle-ci deviendrait habitable. Les Baleines et les Phoques étaient des essais de Mammifères, les Ichthyosaures et les Plésiosaures des passages aux Reptiles et aux Serpens. Les caractères du genre qui nous occupe sont : des dents coniques ayant leur couronne écaillée et striée longitudinalement; la racine plus grosse et non émaillée est striée également. Ces dents restent long-temps creusées intérieurement, et sont rangées simplement dans un sillon profond de la maxillaire dont le fond seul est creusé de fosses répondant à chaque dent. La manière de se remplacer était assez analogue à celle des Crocodiles, avec cette différence que dans le Crocodile dont les dents sont toujours creuses, la nouvelle dent pénètre dans l'intérieur de l'ancienne, tandis qu'ici la racine étant ossifiée, la dent nouvelle ne pénètre que dans la cavité que la carie a formée, cavité qui augmente à mesure que la dent nouvelle grossit, et qui venant enfin à faire disparaître la racine, détermine la chute de la couronne de la dent ancienne. Le nombre de ces dents est considérable; on n'en compte pas moins de trente de chaque côté dans chaque mâchoire; on en a trouvé même jusqu'à quarante-cinq. Le museau est allongé et pointu, n'ayant point les narines à l'extrémité, mais l'ouverture de celle-ci s'observe dans le haut des intermaxillaires. L'orbite est énorme. L'os hyoïde a été parfaitement reconnu, et comme rien n'y annonçait l'existence d'arcs branchiaux, on en a conclu que l'Animal respirait l'air élastique, et n'avait conséquemment besoin d'aucun appareil de Poisson, de jeune Triton, de Sirène ou d'Axolotl. Le nombre des vertèbres est assez grand, on l'estime à quatre-vingt-quinze; un beau squelette que possède Everard Home en présente soixante-quinze au moins. Autant l'Ichthyosaure se rapproche des Sauriens par la tête, autant il se rapproche des Poissons et des Cétacés par les formes de la colonne dorsale. Il n'y a ni atlas, ni axes de forme particulière, tout s'y ressemble; le corps de chaque vertèbre ressemble à une dame à jouer, c'est-à-dire que le diamètre y est plus grand que l'axe et même de deux à trois fois, et leurs deux faces sont concaves; la partie annulaire s'y attache de part et d'autre par une face un peu âpre qui prend toute la longueur de chaque côté du canal médullaire; l'adhérence devait en être faible, car cette partie médullaire est presque toujours perdue. La figure que nous donnons d'un squelette rétabli d'Ichthyosaure donnera une idée exacte des formes du reste de la partie osseuse. Dans les individus entiers, on a pu s'assurer que la queue est plus courte que le tronc d'environ un quart de la longueur de celui-ci, et que sa tête fait à peu près le quart de la longueur totale. Les côtes sont grêles pour un si grand Animal, non comprimées, mais plutôt légèrement triangulaires; presque toutes sont bifurquées dans le haut et s'attachent à leur vertèbre par une tête et une tubérosité qui est plutôt un second pédicule qu'une seconde tête. Il paraît qu'elles étaient circulaires et se réunissaient à la manière de celles des Caméléons et des Anolis. L'épaule et le sternum étaient disposés pour l'essentiel comme dans les Lézards, l'omoplate est un peu dilatée en éventail vers l'endroit où elle se réunissait au coracoïde. Les mains et les pieds aplatis en nageoires ou rames ovales-aiguës; les os de l'avant-bras et de la jambe y sont d'abord confondus, mais fort reconnaissables, aplatis, larges et réunis de manière à rentrer intimement dans la composition de parties auxquelles ils sont ordinairement étrangers. Le carpe, le métacarpe, le tarse, le métatarse et les phalanges sont représentés absolument comme dans les Dauphins, par des osselets carrés et disposés en une sorte de pavé, mais bien plus nombreux. Quand ces parties sont complètes, on y compte six ou sept de ces séries d'osselets phalangeaires, dont plusieurs ont jusqu'à vingt osselets distincts. Le bassin est de toutes les parties solides de l'Animal, celle qui a été le moins bien observée et dont on recommande la recherche aux naturalistes. Ainsi nous possédons la charpente d'un Animal qui, précédant l'Homme sur la terre, ne fut reconnu dans la croûte de celle-ci que lorsque Cuvier porta le flambeau d'une philosophique investigation dans les parties de la science les plus négligées en même temps que les plus essentielles, et ce savant nous dit : « Si l'on excepte la forme de ses écailles et les nuances de ses couleurs, rien ne nous empêche de représenter complétement l'Ichthyosaure. C'était un Reptile à queue médiocre, et à long museau pointu, armé de dents aiguës; deux yeux d'une grosseur énorme devaient donner à sa tête un aspect tout-à-fait extraordinaire et lui faciliter la vision pendant la nuit; il n'avait probablement aucune oreille externe, et la peau passait sur le tympanique, comme dans le Caméléon, la Salamandre et le Pipa, sans même s'y amincir. Il respirait l'air en nature et non pas l'eau comme les Poissons; ainsi il devait revenir souvent à la surface de l'eau. Néanmoins ses membres courts, plats, non divisés, ne lui permettaient que de nager, et il y a grande apparence qu'il ne pouvait pas même ramper sur le rivage autant que les Phoques; mais que s'il avait le malheur d'y échouer, il demeurait immobile comme les Baleines et les Dauphins. Il vivait dans une mer où habitaient avec lui les Mollusques qui nous ont laissé les Cornes d'Ammon, et qui, selon toutes les apparences, étaient des espèces de Seiches ou de Poulpes qui portaient dans leur intérieur, comme aujourd'hui le *Nautilus spirula*, des coquilles spirales et si singulièrement chambrées; des Térébratules, diverses espèces d'Huîtres abondaient aussi dans cette mer, et plusieurs sortes de Crocodiles en fréquentaient les rivages, si même ils ne l'habitaient conjointement avec les Ichthyosaures. » On reconnaît quatre espèces dans ce genre.

L'Ichthyosaure commun, *Ichthyosaurus communis*, Cuv. La couronne de ses dents coniques, médiocrement aiguës, légèrement arquées et profondément striées. Cette espèce fut la plus grande; les individus qu'on en a retrouvés durent avoir de dix à trente pieds. C'est celle dont nous reproduisons le squelette dans notre atlas.

Les autres Ichthyosaures, plus petits, furent le *Platyodon*, où la couronne de la dent comprimée offre de chaque côté une arête tranchante, et dont la taille variait d'un à trois mètres; le *tenuirostris*, où les dents sont grêles et dans lequel le museau était fort mince; enfin l'*intermedius*, qui eut les dents plus aiguës et moins profondément striées que le *communis* et moins grêles que ne les avait le précédent. (B.)

ICHTHYOSPONDYLES. POIS. On a donné ce nom à des vertèbres fossiles de Poissons. (B.)

ICHTHYOTHERA. BOT. PHAN. Syn. de Cyclame d'Europe. (B.)

ICHTHYOTYPOLITHES. POIS. FOSS. Syn. d'Ichthyomorphes. *V.* ce mot. (B.)

ICHTHYPERIES. POIS. FOSS. Syn. de Bufonites. *V.* ce mot. (B.)

* ICHTHYQUE. POIS. Dans la fureur d'inventer des noms, qui depuis quelques années s'introduit en histoire naturelle, on finit par inventer des êtres afin de leur appliquer ces noms, car l'inépuisable nature n'y pourra bientôt plus suffire. Sur des traditions dont l'origine remonte aux temps d'ignorance où fut découvert le Nouveau-Monde, on a imaginé le Poisson Ichthyque, qui certainement n'exista jamais, et l'on voit des compilateurs qui, pour avoir été aux Antilles, semblent vouloir se réserver la propriété de tout ce qu'on en a pu dire, ramasser dans les ouvrages surannés des missionnaires ou dans les moindres gazettes, tous les contes ou nouvelles qui peuvent leur fournir les matériaux de quelque vain mémoire qu'on annonce ensuite avec emphase dans les journaux scientifiques ou dans quelque compte rendu du progrès des sciences durant l'année où furent mises au jour ces inutilités, ces véritables rabachages, qu'on nous passe ce terme. L'histoire du Poisson Ichthyque est une véritable dérision; elle n'est fondée que sur un préjugé dont la source se trouve malheureusement dans la scélératesse humaine. Qu'on lise les voyageurs sans critique, crédules collecteurs des contes que leur firent les plus ignorans des nègres et des créoles, le père Dutertre ou le père Labat, par exemple; on verra dans l'un que la Bécune et l'Orphie sont des poisons; dans l'autre, que c'est la Vieille ou le Tassart. Selon Barrère, ce sera la Lune; selon Sloane, un Diodon; en un mot, il n'est pas de naturaliste qui, d'après de pareilles autorités, n'ait indiqué un ou plusieurs Poissons vénéneux, et c'est toujours dans les Antilles que les Poissons empoisonnent; le reste du globe est exempt de cette calamité. Aucun peuple ichthyophage n'en éprouve les conséquences, et les colons français mangent indifféremment de tous ces Animaux signalés comme dangereux; persuadés cependant qu'il est des Poissons qui font mourir, ces

colons ne manquaient pas de dire, lorsqu'ils avaient quelque indigestion d'Orphie ou de Mole, que le *Poisson avait mangé sur un fond cuivré*, comme s'il existait des régions de cuivre au fond de la mer; comme si, en existât-il, les Plantes qui pourraient y croître seraient vénéneuses, et ne causant pas la mort du Poisson, pourraient rendre sa chair malfaisante? Il est de ces erreurs populaires qu'on est d'autant plus étonné de voir prendre possession d'état dans la science, que l'énoncé seul en prouve l'absurdité. Et n'est-ce pas une véritable pitié que de voir reproduire des mémoires sur les Poissons Toxicophores, mot dont le moindre esprit de critique prouve le vice? Remarquons d'abord que le Poisson Ichthyque n'est pas le même pour tous les auteurs; remarquons ensuite qu'il n'est plus question de ces êtres marins empoisonneurs à Saint-Domingue, depuis que l'esclavage y est aboli; c'est un fait positif dont nous nous sommes assurés, parce qu'il est d'une grande importance pour établir dans le grand ouvrage sur l'Homme, que nous préparons, combien les crimes diminuent chez nos pareils à mesure que la liberté s'y établit. Ce n'est plus guère qu'à la Martinique, où Moreau de Jonnès a vu, de nos jours, vingt personnes empoisonnées par une Carangue!..... Ce qu'il y a de plus singulier, c'est que la qualité malfaisante qui, chez ces Poissons, donne la mort, se développe, dit-on, tout-à-coup. Sur deux individus de même espèce, l'un procure un bon repas, l'autre conduit au cimetière; et, au dire des gens qui croient à tout cela; l'*Esox Belone*, qui empoisonne aussi parfois, n'a les arêtes vertes que parce qu'elle se nourrit de cuivre!.... Nous avons mangé des Esoces, des Carangues et des Bécunes qui ne nous ont point fait de mal; il est vrai que ce n'était pas dans les Antilles, mais dans des contrées où nul infortuné n'était réduit, par l'excès des mauvais traitemens et les insupportables injustices de maîtres impitoyables, à tirer traîtreusement vengeance de quelque mutilation ou de la perte d'une épouse et d'un enfant vendus pour être séparés à jamais d'un mari ou d'un père au désespoir. On a proposé des antidotes contre les terribles effets des Poissons Ichthyques ou des Toxicophores de Moreau de Jonnès; nous ne doutons pas qu'ils ne soient très-efficaces, mais le plus sûr de tous les remèdes, serait d'abolir l'esclavage, ou du moins de ne point bâtonner, rouer de coups, excéder de peines et de douleur des malheureux réduits à chercher dans le suc du Mancenillier l'assaisonnement du Poisson Ichthyque, sauf à mettre le résultat de l'indigestion mortelle sur le compte des fonds cuivrés. *V.* POISSONS. (B.)

* ICHTHYTES. POIS. Même chose qu'Ichthyolites. *V.* ce mot. (B.)

ICICA. BOT. PHAN. *V.* ICIQUIER.

ICICARIBA. BOT. PHAN. (Marcgraaff.) Syn. au Brésil de l'*Amyris elemifera*, L. *V.* AMYRIS au Supplément. (G..N.)

* ICIME. POIS. Espèce du genre Saumon. *V.* ce mot. (B.)

* ICIPO. BOT. PHAN. L'Arbrisseau brésilien, imparfaitement figuré sous ce nom par Marcgraaff, paraît appartenir au genre Tétracère. *V.* ce mot. (B.)

ICIQUIER. *Icica*. BOT. PHAN. Genre établi par Aublet, faisant partie de la famille des Térébinthacées, et que Kunth, dans le travail général qu'il a publié sur cette famille, place dans sa tribu des Burséracées. Les Iciquiers sont des Arbres résineux originaires de l'Amérique équinoxiale. Leurs feuilles alternes et imparipinnées, très-rarement composées de trois folioles seulement, ont leurs folioles opposées et sont dépourvues de stipules. Les fleurs sont blanches; disposées en grappes axillaires rarement terminales. Leur calice est petit, persistant, à quatre ou cinq dents; la corolle se compose de quatre à cinq pétales sessiles égaux, insérés entre un disque charnu et le calice. Le nombre des étamines varie de huit à dix; elles sont plus courtes que la corolle et attachées au disque. Leurs anthères sont biloculaires; l'ovaire est libre, sessile, à quatre ou cinq loges, contenant chacune deux ovules insérées à l'angle rentrant. Le style est court, surmonté de deux, quatre à cinq stigmates capitulés. Le fruit est à peine charnu, devenant coriace par la dessiccation, s'ouvrant en deux à cinq valves et renfermant d'un à cinq nucules monospermes.

Ce genre avait été réuni à l'*Amyris* par plusieurs auteurs; mais, néanmoins, il en diffère suffisamment pour devoir en rester distinct. (A. R.)

ICMANE. BOT. PHAN. (Dioscoride.) Syn. de Laurier-Rose ou Nérion. *V.* ce mot. (B.)

ICOSANDRIE. *Isocandria.* BOT. PHAN. Douzième classe du Système sexuel de Linné, comprenant toutes les Plantes à fleurs hermaphrodites qui ont plus de vingt étamines insérées sur le calice et non au réceptacle. Cette classe, à laquelle appartiennent les Rosacées, les Myrtées, etc., se divise en cinq ordres, savoir: 1° Icosandrie *Monogynie;* exemple: le Prunier, l'Amandier; 2° Icosandrie *Digynie;* ex.: l'Alisier; 3° Icosandrie *Trigynie*, ex.: le Sorbier; 4° Icosandrie *Pentagynie;* ex.: le Néflier, le Poirier; 5° Icosandrie *Polygynie;* ex.: le Fraisier, le Framboisier, etc. *V.* SYSTÈME SEXUEL. (A. R.)

* ICTAR. POIS. (Athénée.) Syn. d'Athérine. *V.* ce mot. (B.)

ICTÉRIE. *Icteria.* OIS. Syn. présumé de la Sylvie à poitrine jaune. *V.* SYLVIE. Vieillot en a fait un genre. (DR..Z.)

ICTÉROCÉPHALE. OIS. Espèce du genre Guêpier. (B.)

ICTERUS. OIS. *V.* TROUPIALE.

* ICTIDE. *Ictides.* MAM. Valenciennes (Ann. des Sc. nat. T. IV) a établi sous ce nom un genre de Carnassiers plantigrades dont les caractères sont: six incisives, deux canines, dix mâchelières; en tout, dix-huit dents à chaque mâchoire. A la mâchoire supérieure, il y a quatre fausses molaires et six vraies, tandis qu'il y a six fausses molaires et quatre vraies à l'inférieure. Les canines sont longues, comprimées, tranchantes. Il y a à la mâchoire supérieure deux tuberculeuses, une seule à l'inférieure; elles sont remarquables à cause de la grosseur de leur talon, plus court, plus arrondi et encore plus fort que chez les Paradoxures. En général, les Ictides se rapprochent beaucoup, par la forme de leurs dents, encore plus épaisses et plus tuberculeuses que chez ceux-ci, des Ratons auxquels ils ressemblent aussi par leur marche plantigrade. Ils lient ainsi ce genre aux Civettes et surtout aux Paradoxures, dont ils sont extrêmement voisins par l'ensemble de leur organisation. Le corps est trapu, la tête grosse, les yeux petits, les oreilles petites, arrondies et velues; les pieds tous pentadactyles et armés d'ongles crochus, comprimés et assez forts, mais non rétractiles; la queue est prenante, mais entièrement velue.

1°. Le BENTOURONG, *Ictides albifrons*, Val.; *Paradoxurus albifrons*, Fr. Cuv., a deux pieds environ depuis le bout du museau jusqu'à l'origine de la queue qui a deux pieds six pouces. Il est couvert de poils durs, longs et épais, chaque poil étant blanc-grisâtre ou roussâtre à la pointe, noir dans le reste de son étendue, en sorte que l'Animal paraît gris-noirâtre. Le ventre est un peu plus foncé que le dos. Les lèvres sont noires et garnies de longues moustaches; le nez, le front et le tour des yeux sont grisâtres. Les oreilles sont garnies à leur face interne de poils courts et blanchâtres; à leur face externe, elles sont couvertes de longs poils, de même nature que ceux du corps, et qui forment, par leur réunion, un long et gros pinceau de poils. La queue, très-grosse à sa base, est noire à son extrémité. Cette espèce varie un peu de couleur, suivant les individus, les mâles étant plus noirs, les femelles et les jeunes tirant davantage au contraire sur le gris-roux. Cette espèce a été trouvée à Sumatra, à Malaca, et, plus rarement, à Java. Quoique connue depuis peu de temps, il en a déjà été publié plusieurs bonnes figures : nous citerons particulièrement celle qui vient de paraître dans les Annales des Sciences naturelles, et dont on est redevable au talent distingué de notre collaborateur Guérin.

2°. Le BENTOURONG NOIR, *Ictides ater*, Fr. Cuvier, est tout noir et un peu plus grand; il ressemble, du reste, à l'espèce précédente dont il pourrait bien n'être qu'une variété : sa patrie est la même. Ses mœurs, de même que celles de l'espèce précédente, ne sont pas connues.

Le célèbre voyageur Duvaucel, auquel nous devons la connaissance des deux Ictides ci-dessus décrits, et qu'une mort prématurée vient d'enlever aux sciences au moment où il se préparait à revenir goûter dans sa patrie un repos si bien mérité, a envoyé de Sumatra, quelque temps avant sa mort, un nouveau Carnassier très-remarquable par la disposition de ses couleurs, et par ses caractères zoologiques qui le rapprochent beaucoup des Ictides, dont il s'écarte cependant assez pour devoir former un genre nouveau. Fr. Cuvier vient de le publier sous le nom de Panda. *V.* ce mot. (IS. G. ST.-H.)

* ICTINE. *Ictinus*. BOT. PHAN. Genre de la famille des Synanthérées, Corymbifères de Jussieu, et de la Syngénésie frustranée, L., établi par H. Cassini (Bullet. de la Société Philom., sept. 1818) qui l'a ainsi caractérisé : involucre formé d'écailles disposées sur plusieurs rangs, irrégulièrement imbriquées, foliacées, subulées, hérissées de longues soies denticulées; réceptacle probablement alvéolé; calathide radiée, dont le disque est composé de fleurs nombreuses, régulières, hermaphrodites, et la circonférence de fleurs en languettes quadrilobées et stériles; ovaires hérissés de très-longs poils; aigrette coroniforme, denticulée au sommet; chaque dent prolongée en un long poil. Ce genre a été placé, par son auteur, dans la tribu des Arctotidées-Gortériées. Quoique la Plante qui le constitue ait l'apparence extérieure de l'*Hispidelia*, on ne peut rapprocher ces deux Plantes, puisque celle-ci est une Lactucée. *V.* HISPIDELLE. L'*Ictinus piloselloides*, Cass., *loc. cit.*, est une Plante du cap de Bonne-Espérance, à tige herbacée, rameuse, striée et hérissée. Ses feuilles sont alternes, sessiles, spatulées et tomenteuses en dessous. Ses calathides sont jaunes et solitaires au sommet de la tige et des branches. (G..N.)

ICTINIE. *Ictinia*. OIS. Genre établi par Vieillot pour y placer le Milan-Cresserelle. *V.* FAUCON. (DR..Z.)

ICTIS. MAM. Les Grecs donnaient ce nom à un Quadrupède qui paraît devoir appartenir au genre des Martes, mais qu'on n'a pu reconnaître. (IS. G. ST.-H.)

* ICTODES. BOT. PHAN. Nouveau nom de genre proposé par Bigelow (*Americ. Medical Botany*) pour une Aroïdée très-remarquable qu'on a placée tour à tour dans les genres *Arum*, *Dracontium* et *Pothos*. Elle n'appartient précisément à aucun d'eux, mais elle se rapproche du *Pothos* par la fleur, tandis qu'elle a le fruit de l'*Orontium*. Nuttall lui avait donné le nom de *Symplocarpus*, qui a semblé à Bigelow inadmissible, à cause de sa ressemblance avec celui de *Symplocos*, employé pour désigner un autre genre de Plantes. Nous ne pensons pas que l'innovation de Bigelow puisse être reçue, car l'impropriété qu'il signale dans le nom donné par Nuttall, n'est pas tellement grave qu'on doive le supprimer. *V.* SYMPLOCARPE. (G..N.)

* IDADLAN. BOT. PHAN. (Bur-

man.) Graminée de Ceylan, que Jussieu regarde comme le *Cynosurus indicus* de Linné, encore que celui-ci rapportât ce synonyme à une Plante paniculée. (B.)

IDATIMON. BOT. PHAN. Nom de pays devenu scientifique pour désigner une espèce de *Lecythis* de la Guiane. (B.)

* IDBARE. *Idbarus.* POIS. Espèce du genre Able. *V.* ce mot. (B.)

* IDDA. BOT. PHAN. (Burman.) Syn. de *Nyctanthes Sambac* à Ceylan. (B.)

IDE. POIS. Espèce du genre Able. *V.* ce mot. (B.)

IDÉE. ZOOL. Phénomène organique, résultat des perceptions et de la mémoire, et dont l'humanité dispose à sa volonté durant l'état de veille et de santé, concurremment avec le jugement, l'une des bases de l'intelligence. *V.* ce mot. (B.)

IDESIA. BOT. PHAN. (Scopoli.) Syn. de *Rapourea*. *V.* ce mot. (B.)

IDICIUM. BOT. PHAN. Le genre *Perdicium* de Linné a été partagé en deux par Necker (*Elem. Bot.*, n° 51) qui a donné à l'un d'eux le nom d'*Idicium*. D'un autre côté, Lagasca, qui a opéré la même distinction, a conservé le nom de *Perdicium* au genre *Idicium* de Necker. *V.* PERDICIUM. (G..N.)

IDIE. *Idia.* POLYP. Genre de l'ordre des Sertulariées, dans la division des Polypiers flexibles ou non entièrement pierreux, à polypes contenus dans des cellules non irritables. Ses caractères sont : Polypier phytoïde, pinné, à rameaux alternes comprimés, garnis de cellules alternes, distantes, saillantes, à sommet aigu et recourbé. Le genre Idie est composé d'une seule espèce, une des plus singulières de l'ordre des Sertulariées, et que Lesueur a rapportée de son voyage aux terres australes. Ce genre diffère de tous les autres par la forme et les situations des cellules qui rendent ses rameaux parfaitement semblables à la mâchoire supérieure du Squale Scie (*Squalus Pristis*, L.), armée de ses dents. Sa couleur est un fauve jaunâtre assez vif; sa hauteur ne dépasse point un décimètre; sa base est fibreuse et semble, par sa nature, devoir adhérer à des corps durs plutôt qu'à des Plantes marines. Nous avons donné le nom d'Idie Scie, *Idia Pristis*, à la seule espèce de ce genre; elle est figurée dans notre Histoire des Polypiers, pl. 5, fig. 5, à B, C, D, E; et, dans notre *Genera Polypariorum*, tab. 66, fig. 10, 11, 12, 13 et 14.

Freminville avait établi sous ce même nom un genre de Radiaires qui paraît devoir rentrer parmi les Béroés. (LAM..X.)

* IDIOGYNE. *Idiogynus.* BOT. PHAN. Ce nom adjectif s'emploie tantôt pour exprimer une fleur ou un Végétal qui n'est pourvu que du seul organe sexuel femelle, tantôt pour des étamines qui sont réunies dans la même enveloppe florale que le pistil. (A.R.)

IDIOMORPHES. FOSS. *V.* PIERRES IDIOMORPHES.

IDIOPHITON. BOT. PHAN. Syn. de *Filago Leontopodium*, L. (B.)

* IDIOTHALAMES. *Idiothalami.* BOT. CRYPT. (*Lichens.*) Classe première des Lichens dans la méthode d'Achar; elle renferme les Lichenées dont les apothécies sont entièrement formées d'une substance propre, différente par la couleur et l'organisation de celle dont le thalle est composé : elle renferme deux ordres, les Homogénées et les Hétérogénées. *V.* ces mots. (A.F.)

* IDMONÉE. *Idmonea.* POLYP. Genre de l'ordre des Milléporées, dans la division des Polypiers pierreux et non flexibles, à petites cellules perforées ou presque tubuleuses et non garnies de lames. Ses caractères sont : Polypier fossile, rameux; rameaux très-divergens, contournés et courbés, à trois côtés ou triquètres; deux côtés sont couverts de cellules

saillantes, coniques ou évasées à leur base et tronquées au sommet, distinctes ou séparées les unes des autres et situées en lignes transversales, parallèles entre elles. Le troisième côté est légèrement canaliculé, à surface très-unie, presque luisante et sans aucune apparence de pores. Ce genre n'est encore composé que d'une seule espèce, dont la grandeur est inconnue. Les rameaux ont environ deux millimètres de largeur. Les cellules ont au plus un demi-millimètre de saillie. Ce Polypier doit être très-rare; nous n'en avons encore trouvé que deux ou trois fragmens dans un banc très-dur du Calcaire à Polypier des environs de Caen. L'Idmonée triquètre, figurée et décrite dans notre *Genera*, p. 80, tab. 79, fig. 13, 14, 15, a les plus grands rapports avec les Spiropores, principalement avec le *Spiropore tetragona;* mais la forme des cellules et leur absence sur un des trois côtés sont des caractères trop essentiels pour ne pas constituer un genre particulier. (LAM..X.)

IDOCRASE. MIN. Substance minérale, à cassure vitreuse, fusible au chalumeau en verre jaunâtre, assez dure pour rayer le Feldspath, et dont la composition chimique paraît analogue à celle des Grenats. Ce sont des Silicates doubles à bases isomorphes, qui fréquemment se mélangent entre eux dans le même individu. Les Cristaux de ce Minéral dérivent d'un prisme droit, symétrique, dans lequel le rapport du côté de la base à la hauteur est à peu près celui de 13 à 14 (Haüy). Ils jouissent de la réfraction double à un degré assez sensible. Leur pesanteur spécifique est d'environ 3.

Relativement aux différences que présentent les variétés de ce Minéral dans leur composition chimique, on distingue : 1° l'IDOCRASE DE SIBÉRIE (Wilouïte), à laquelle on peut rapporter celle de Bohême, nommée Egeran par Werner. Elle paraît formée de deux atomes de silicate d'Alumine, combinés avec un atome de silicate de Chaux. Analysée par Klaproth, elle a donné sur 100 parties : Silice 42; Alumine 16, 25; Chaux 34; Oxide de Fer et perte 7, 75.

2°. L'IDOCRASE DU VÉSUVE, la Vésuvienne de Werner. Celle ci renferme un excès d'Alumine; elle est formée, d'après Klaproth, de : Silice 35, 50; Alumine 33; Chaux 22, 25; Oxide de Fer 7, 50; Oxide de Manganèse et perte 1, 75.

3°. L'IDOCRASE MAGNÉSIENNE, nommée Frugardite et Loboïte, de Frugard et de Gokum en Finlande. Nordenskiold, qui l'a analysée, a trouvé le résultat suivant : Silice 38, 53; Alumine 17, 50; Chaux 27, 70; Magnésie 10, 60; Oxidule de Fer 3, 90; Oxide de Manganèse 0, 33; total, 98, 46.

4°. L'IDOCRASE CUIVREUSE, ou la Cyprine de Tellemarken en Norwège. L'Oxide de Cuivre paraît y remplacer une des bases avec lesquelles il est isomorphe. Les formes cristallines qu'affecte le plus ordinairement l'Idocrase, sont des prismes à 4, 8, 12 et 16 faces, surmontés de pyramides tronquées. Les modifications simples remplacent fréquemment les arêtes longitudinales de la forme primitive, et ses angles solides. Les autres variétés, dépendantes de la texture, sont la cylindroïde et la bacillaire, qui appartiennent à l'Egeran; la granulaire et la compacte à texture vitreuse ou lithoïde. Les couleurs sont : le brun pour l'Idocrase du Vésuve, le vert obscur pour celle de Sibérie, le vert jaunâtre pour les Idocrases du Bannat et du Piémont, le bleu pour la Cyprine, etc.

L'Idocrase se trouve dans les terrains primordiaux, où elle affecte deux manières d'être différentes. Tantôt elle forme des couches granuleuses ou des veines au milieu des Micaschistes, comme dans la vallée d'Ala en Piémont; tantôt elle est disséminée dans ces roches ou dans celles des terrains calcaires et serpentineux, comme au Bannat et en Sibérie. Enfin, on la rencontre abondamment dans les déblais de la Somma, avec le Grenat, le Mica, la Néphéline, etc. L'Idocrase de Sibérie a été trouvée sur les bords du fleuve Wiloui, près du lac Achtaragda; celle de Bohême à Hasslau, dans le pays d'Eger.

Les Idocrases, quand elles sont transparentes, peuvent être taillées et montées en bague. Les artistes napolitains leur donnent le nom de *Gemmes* du Vésuve, et les mettent au rang des pierres précieuses.

(G. DEL.)

IDOLE. MOLL. L'un des noms vulgaires et marchands de l'*Ampullaria rugosa*. *V*. AMPULLAIRE. (B.)

* IDOMÉNÉE. INS. Papillon américain de la division des Chevaliers grecs de Linné. (B.)

IDOTÉE. *Idotea*. CRUST. Genre de l'ordre des Isopodes, section des Aquatiques, famille des Idotéides, ayant pour caractères : quatre antennes sur une ligne transversale; les latérales sétacées, composées d'un grand nombre d'articles; les intermédiaires plus courtes, filiformes et de quatre articles; quatorze pates à crochets; post-abdomen ou queue de trois segmens dont le dernier très-grand, sans aucune sorte d'appendice à son extrémité; feuillets branchiaux, longitudinaux, parallèles, fixés aux bords latéraux, s'ouvrant au côté intérieur comme deux battans de porte et recouvrant les branchies qui sont membraneuses, en forme de sac ou de vessie et se remplissant d'air; un appendice styliforme ou linéaire et interne aux feuillets du second rang dans les mâles.

Ces Crustacés avaient été placés par Linné et Pallas dans le grand genre Cloporte (*Oniscus*). Degéer les rangeait avec les Squilles, et Olivier avec les Aselles. Fabricius, qui les avait d'abord placés avec les Cymothées, les en a séparés et en a formé le genre qui est généralement adopté aujourd'hui, à quelques modifications près que Leach et Latreille y ont apportées.

Le corps des Idotées est demi-crustacé et quelquefois assez mou, d'une forme allongée, convexe et arrondi le long du milieu du dos. La tête est de la longueur du corps, un peu plus étroite et presque carrée; elle supporte supérieurement quatre antennes et deux yeux ronds, peu saillans; la bouche est petite, formée d'un labre, de deux mandibules, de deux paires de mâchoires et de deux pieds-mâchoires foliacés de cinq articles qui remplacent par leur base la lèvre inférieure; les sept anneaux du corps sont transversaux, presque égaux et unis; ordinairement ils sont marqués d'une impression longitudinale de chaque côté qui divise le corps en trois parties comme dans le genre fossile des Trilobites; leur queue est très-grande, triarticulée, sans appendices terminaux recouvrant les branchies et les lames qui protégent celles-ci; pieds moyens, à peu près égaux entre eux, dirigés, les premiers en avant et les derniers en arrière. Les Idotées se distinguent des genres Arcture et Sténosome de la même famille par des caractères tirés des antennes et de la forme du corps.

Degéer, qui a donné une description très-détaillée de l'Idotée Entomon, a vu sous sa queue, et dans un système d'organes assez compliqué, deux filets dont il ne connaît pas les fonctions. Latreille a reconnu que ce sont des appendices des organes générateurs mâles. Degéer a vu aussi sous le premier anneau de la queue d'un individu du même sexe, deux pièces ovales, membraneuses, manquant dans les femelles, et d'où il a vu sortir, après la mort de l'Animal, une matière blanche, entortillée comme du fil et qu'il soupçonne être la liqueur séminale. Les Idotées se trouvent en abondance dans la mer où elles nagent très-bien à l'aide de leurs pates et de leurs branchies, qui sont mobiles d'avant en arrière lorsque les lames qui les recouvrent sont écartées. Elles se nourrissent de corps morts, et on assure qu'elles rongent et détruisent à la longue les filets des pêcheurs.

On peut diviser ce genre en deux sections comme il suit :

I. Antennes intermédiaires presque aussi longues que les latérales; tronc en ovale tronqué; fausses articulations latérales des segmens très-saillantes, triangulaires; tête incisée sur les côtés.

Idotée Entomon, *Idotea Entomon*, Fabr., Latr. (*Oniscus Entomon*, L.), Pall.; *Entomon pyramidale*, Klein; *Squilla Entomon*, Degéer, Ins. T. VII, pl. 32, f. 1 et 2. Cette espèce atteint quelquefois un pouce et neuf lignes de long. Elle habite la mer Baltique. Son corps est d'un brun grisâtre.

II. Antennes intermédiaires guère plus longues que les deux premiers articles des latérales ou que la moitié environ de leur pédoncule; tronc allongé relativement à sa largeur, en carré long ou elliptique, et tronqué aux deux bouts; fausses articulations de ses segmens peu saillantes, en carré long ou linéaire.

a. Longueur des antennes latérales ne surpassant guère celle de la tête et des deux premiers segmens.

Idotée Œstre, *Idotea Œstrum*, Leach, Penn. (*Brit. Zool.* T. IV, tab. 18, f. 6; *Idotea emarginata*, Fabr.; *Idotea excisa*, Bosc. On peut ranger dans cette division les *Idotea pelagica*, Leach, *acuminata*, Fabr., *tricuspidata*, Leach, l'*Oniscus ungulatus*, Pallas.

b. Longueur des antennes surpassant celle de la tête et des deux premiers segmens du corps.

Idotée dorsale, *I. dorsalis*, Latr. On peut y ajouter la Squille marine de Degéer et l'*Idotea metallica* de Bosc. (G.)

* IDOTÉIDES. *Idoteides*. CRUST. C'est le nom que Latreille donne (Fam. Natur. du Règn. Anim.) à sa cinquième famille de l'ordre des Isopodes; elle correspond à une partie des Ptérygibranches du Règne Animal et est ainsi caractérisée : les quatre antennes sur une ligne transversale, les latérales terminées par une tige sétacée, pluriarticulée; les internes courtes, filiformes ou un peu plus grosses au bout, de quatre articles; post-abdomen de trois segmens distincts; feuillets branchiaux longitudinaux; un appendice styliforme ou linéaire et interne à ceux du second rang, dans les mâles.

Cette famille comprend les genres Idotée, Arcture et Sténosome. *V.* ces mots. (G.)

* IDYE. *Idya*. ACAL. Genre proposé par Freminville et adopté par Ocken, dans son Système de Zoologie, pour un groupe de Méduses dont il forme une famille particulière avec les Stéphanomies et les Pyrosomes. Il donne aux Idyes le caractère suivant : corps cylindrique, lisse, en forme de sac allongé, sans aucun tentacule à la bouche; parois composées de longs tubes garnis de cloisons transverses. Ocken compose ce genre de trois espèces, savoir : l'*Idya infundibulum*, l'*Idya macrostoma* et l'*Idya islandica*, observées et décrites par l'auteur du genre. (LAM..X.)

* IDYIA. *Idyia*. CRUST. Genre de l'ordre des Isopodes établi par Rafinesque et dont nous ne connaissons pas les caractères. (G.)

* IÉNAC. MOLL. (Adanson.) *V.* Crépidule de Gorée. (B.)

IÉNITE. MIN. *V.* Fer calcaréo-siliceux.

* IÉRÉE. *Ierea*. POLYP. Genre de l'ordre des Actinaires, dans la division des Polypiers sarcoïdes, plus ou moins irritables et sans axe central. Ses caractères sont : Polypier fossile, simple, pyriforme, pédicellé. Le pédicule, très-gros, cylindrique, s'évase en une masse arrondie à surface lisse. Un peu au-dessus commencent des corps de la grosseur d'une plume de moineau, longs, cylindriques, flexueux, solides, plus nombreux et

plus prononcés à mesure que l'on s'éloigne de la base, et formant la masse de le partie supérieure du Polypier; le sommet semble tronqué transversalement et présente la coupe horizontale des corps cylindriques observés à la circonférence. Tels sont les caractères du seul individu que nous connaissions de cette singulière production du monde antique que possède le cabinet de la ville de Caen. Il est d'autant plus difficile de déterminer la classe à laquelle elle appartient, qu'il n'existe plus de surface; elle a été usée par le frottement, l'objet ayant été roulé par les eaux comme un galet. Les corps cylindriques qui semblent former la partie supérieure de ce Polypier peuvent être considérés comme des tentacules ou comme des tubes polypeux; dans le premier cas, ces tentacules étant différens de ceux des Actinies, éloignent de ce genre le Polypier qui nous occupe; dans le second cas, la forme et la position des tubes le distinguent des Alcyonées et des Polyclinées : nous avons donc cru devoir en faire un genre particulier que nous avons placé provisoirement parmi les Polypiers actinaires; et quoique l'Iérée pyriforme ait perdu la majeure partie de ses caractères, elle en présente encore assez pour fixer l'attention des naturalistes. Nous l'avons figurée, dans notre *Genera Polypariorum*, tab. 78, fig. 3. Elle a été trouvée dans les Vaches-Noires; et comme elle est siliceuse, elle doit appartenir aux terrains de Craie ou supérieurs à la Craie. Le Polypier figuré par Defrance, sous le nom d'Iérée pyriforme, a beaucoup plus de rapport avec l'*Alcyonium mutabile* qu'avec notre Zoophyte. Ce sont deux espèces bien distinctes de deux genres peut-être différens, que Defrance a confondues ensemble. (LAM..X.)

IERVA-MORA. BOT. PHAN. Espèce du genre Bosée. *V.* ce mot. (B.)

IF. MOLL. Nom vulgaire et marchand du *Cerithium aculeatum*, espèce du genre Cérithe. (B.)

IF. *Taxus*. BOT. PHAN. Genre de Plantes de la famille des Conifères et de la Diœcie Syngénésie, L., que l'on peut caractériser de la manière suivante : ses fleurs sont dioïques; les mâles forment de petits chatons globuleux, placés à l'aisselle des feuilles, portés sur un pédoncule court, chargé d'écailles lâches, imbriquées, qui recouvrent la partie inférieure du chaton, et le cachaient entièrement avant son entier développement. Chaque chaton se compose de six à quatorze écailles discoïdes, jaunâtres, lobées dans leur contour, peltées à leur face inférieure, et constituant chacune une fleur mâle. A la face inférieure de ces écailles on trouve de trois à huit anthères attachées par leur sommet, uniloculaires, s'ouvrant par un sillon longitudinal, et adhérentes au pivot de l'écaille par leur côté interne. Les fleurs femelles sont solitaires, placées à l'aisselle des feuilles, environnées et en grande partie enveloppées par un involucre composé d'écailles imbriquées et semblable à celui qui revêt les chatons mâles. Cette fleur est appliquée sur un petit disque orbiculaire, peu saillant, mais qui, plus tard, doit s'accroître pour former l'enveloppe charnue du fruit. Le calice ou périanthe est ovoïde, rétréci au sommet en un petit col très-court, tronqué et percé d'une ouverture circulaire dont le bord est lisse. La cavité du calice renferme un pistil de même forme que lui et qui est adhérent par son quart inférieur seulement. Il arrive quelquefois que deux involucres se soudent en un seul qui est alors biflore.

Le fruit se présente sous la forme d'une baie ouverte dans sa partie supérieure; mais cette partie charnue n'appartient pas au péricarpe; c'est le petit disque circulaire sur lequel la fleur était appliquée, qui, ainsi que nous l'avons dit précédemment, s'accroît au point de recouvrir en totalité le véritable fruit qui est renfermé dans son intérieur. Celui-ci est sec, ovoïde. Son péricarpe, formé par le calice, est dur et coriace, recouvert d'une partie légèrement charnue. Ce péricarpe, qui est un peu ombiliqué à son sommet, reste indéhiscent. La graine, dégagée du péricarpe, avec lequel elle est adhérente, se compose d'un endosperme charnu ou légèrement farinacé, très-blanc, dans la partie supérieure et centrale duquel est un embryon cylindrique ou fusiforme, renversé, ayant la radicule adhérente, avec ledit endosperme et ses deux cotylédons très-courts et appliqués l'un contre l'autre.

Ce genre se compose de plusieurs espèces originaires de la Chine et du Japon. L'une d'elles est très-commune en Europe, et c'est la seule dont nous nous occuperons dans cet article.

L'IF COMMUN, *Taxus baccata*, L., Rich., Conif., tab. 2. Arbre de moyenne grandeur, très-rameux; écorce brune, s'enlevant facilement par plaques; bois rougeâtre. Les feuilles sont éparses, très-courtement pétiolées, linéaires, aiguës, coriaces, persistantes, planes ou un peu convexes, d'un vert foncé et sombre. Elles sont dirigées des deux côtés des rameaux et tendent à s'étaler dans le même sens. Les fleurs sont dioïques. Aux fleurs femelles succèdent des fruits du volume d'une Merise, dont la partie charnue, ouverte circulairement à son sommet, est d'un beau rouge écarlate, d'une saveur douce et agréable, extrêmement visqueuse, tandis que le véritable fruit renfermé dans cette cupule charnue est d'une saveur amère et térébinthacée. Cet Arbre croît dans les montagnes de la France, principalement dans les lieux froids et exposés au nord.

L'If a été connu par les anciens qui le considéraient comme un Arbre extrêmement vénéneux. S'il faut en croire Strabon, les premiers habitans de la Gaule se servaient du suc de l'If pour empoisonner leurs flèches. D'autres ont dit que ses émanations étaient fort dangereuses et qu'elles pouvaient occasioner des accidens très-graves. Ainsi Rai rapporte que les jardiniers occupés à tondre un If très-grand et très-touffu, qui existait de son temps dans le jardin de Pise en Toscane, étaient forcés d'interrompre à chaque instant leur travail à cause des violentes douleurs de tête qu'ils éprouvaient. On a également prétendu que les fruits de l'If, malgré leur saveur douce et sucrée, étaient fort vénéneux. Mais toutes ces assertions sont exagérées. L'If, de même que tous les autres Arbres de la famille des Conifères, contient un suc résineux peu abondant. Il est vrai qu'outre cette substance térébinthacée, il contient encore une matière amère et légèrement narcotique, mais qui néanmoins est fort loin de jouir des propriétés puissamment délétères qu'on lui a attribuées, quoiqu'à une forte dose elle puisse donner lieu à des accidens. Quant à ses fruits, nous pouvons assurer, d'après notre propre expérience, qu'ils ne possèdent aucune qualité vénéneuse. Nous en avons mangé fréquemment une très-grande quantité, sans en éprouver le moindre accident.

L'If est très-fréquemment cultivé dans les jardins; mais il l'était beaucoup plus autrefois que de nos jours. En effet, c'est un des Arbres qui se prêtent le plus à recevoir par le moyen de la taille toutes les formes imaginables. On peut voir, dans le magnifique parc de Versailles, des Ifs auxquels on a donné toutes les formes possibles. On le place aussi en palissade pour cacher les murs. Cet Arbre était regardé par les anciens comme l'emblème de l'immortalité, à cause de son feuillage toujours vert. On le plantait ordinairement auprès des tombeaux et dans les lieux consacrés à la sépulture des Hommes. Cet usage était surtout répandu chez les peuples du Nord. On trouve encore des Ifs d'une antiquité très-reculée et d'une grosseur extraordinaire dans quelques cimetières de la Normandie. Mais le plus gros que l'on connaisse est celui du cimetière de Fortingal en Ecosse. On prétend qu'il a cinquante-trois pieds anglais de circonférence.

Le bois de l'If est rougeâtre, très-dur, serré, parce que l'Arbre croît lentement. Il est estimé pour les ouvrages de tour et de charronnage. (A. R.)

* IFLOGA. BOT. PHAN. Genre de la famille des Synanthérées, Corymbifères de Jussieu, et de la Syngénésie superflue, L., établi par H. Cassini (Bulletin de la Société Philom., sept. 1819) qui l'a ainsi caractérisé : involucre formé d'écailles presque sur un seul rang, à peu près égales, appliquées, scarieuses et acuminées; réceptacle cylindrique court, garni d'écailles imbriquées et semblables à celles de l'involucre; calathide dont le disque est composé de plusieurs fleurs régulières, hermaphrodites, et la couronne de fleurs femelles tubuleuses et disposées sur plusieurs rangs; ovaires oblongs glabres, ceux du centre surmontés d'aigrettes plumeuses, les extérieurs nus. Ce genre ne paraît pas avoir une grande valeur; il a été constitué, ainsi que plusieurs autres, aux dépens du *Gnaphalium* ou du *Filago*, L., dont le mot IFLOGA est l'anagramme. L'espèce que Cassini lui a donnée pour type est le *Gnaphalium cauliflorum*, Desfont., *Flor. Atl.* T. II, p. 267, et qu'il a nommée *Ifloga Fontanesii*. C'est une Plante herbacée, annuelle, cotonneuse, à tiges rameuses et à fleurs éparses sur la tige, sessiles, axillaires et terminales. Elle a été trouvée dans les sables des déserts de l'Afrique septentrionale. (G..N.)

IFVETEAU. BOT. PHAN. Vieux nom du jeune If, qui est encore employé dans quelques parties de la France. (B.)

* IGCIEGA. BOT. PHAN. Ce nom indique dans quelques anciens voyages un Arbre qui paraît être la même chose qu'Icicariba. *V.* ce mot. (B.)

IGLITE ou IGLOITE. MIN. Noms donnés aux variétés d'Arragonite, venant d'Eglo en Hongrie, et cristallisées en pyramides allongées en forme d'aiguilles. *V.* ARRAGONITE. (A. R.)

IGNAME. *Dioscorea*. BOT. PHAN. Ce genre, d'abord placé dans la famille des Asparaginées, est devenu avec le Rajania qui ne peut en être éloigné, le type d'une famille nouvelle établie par Robert Brown (*Prodr. Nov.-Holl.* I, p. 294), et à laquelle il a donné le nom de Dioscorées (*V.* ce mot). Quant au genre Igname, voici quels sont ses caractères : fleurs dioïques; calice campanulé, à six divisions égales et un peu étalées; six étamines insérées à la base des divisions calicinales; ovaire libre triangulaire et à trois loges, surmonté de trois styles et de trois stigmates; capsule à trois angles très-saillans, à trois loges, s'ouvrant par chacun des angles saillans et contenant des graines entourées d'une aile membraneuse. Les Ignames sont des Plantes à racine tubéreuse et charnue, ayant une tige volubile de gauche à droite, des feuilles alternes ou quelquefois opposées; des fleurs disposées en épis ou en grappes axillaires.

On connaît un très-grand nombre d'espèces de ce genre, dont plusieurs sont cultivées avec soin parce que leur racine charnue sert d'aliment dans plusieurs contrées du globe. Nous ne mentionnerons ici que la suivante.

IGNAME AILÉE, *Dioscorea alata*, L. Cette espèce, qui est primitivement originaire de l'Inde, mais que la culture a en quelque sorte naturalisée en Amérique, en Afrique et jusque dans les archipels de la mer du Sud, est une des plus intéressantes de tout le genre. Sa racine dont la forme varie beaucoup pèse quelquefois de trente à quarante livres. Elle est ou simple et diversement contournée, ou divisée en lobes irréguliers et comme digités. Sa couleur est noirâtre à l'extérieur, blanche intérieurement. De cette racine qui est vivace partent plusieurs tiges grêles sarmenteuses, volubiles, carrées et membraneuses sur leurs angles, s'élevant à une hauteur variable et portant des feuilles opposées, pétiolées, cordiformes, acuminées, entières, glabres et lisses, offrant sept nervures longitudinales. Les fleurs qui sont petites et de couleur jaune forment des grappes axillaires, qui naissent vers les extrémités des rameaux. A ces fleurs succèdent des capsules à trois ailes contenant des graines membraneuses. Cette espèce, de même que plusieurs autres du même genre, présente quelquefois vers sa partie supérieure des tubercules ou bulbilles charnus, au moyen desquels on peut la multiplier.

La racine d'Igname, quand elle est fraîche, a une saveur un peu âcre et assez désagréable; mais lorsqu'elle est cuite, elle devient douce et fort nourrissante. On l'apprête de diverses manières; tantôt on la fait bouillir dans l'eau, tantôt on la fait cuire sous les cendres chaudes. En général on la mange pour remplacer le pain. Rien de plus simple que sa culture qui est absolument la même que celle de la Pomme de terre. On place de distance en distance, dans un champ profondément labouré, des fragmens de cette racine, en ayant soin que chacun soit pourvu d'un œil ou bourgeon. Cette opération doit se faire avant la saison des pluies. Quelques mois après, les racines d'Igname sont parvenues à leur maturité.

On cultive encore plusieurs autres espèces, telles que l'Igname du Japon, *Dioscorea Japonica*, Thunberg; l'Igname éburnée de la Cochinchine, *Dioscorea eburnea*, Loureiro, etc.

Le nom d'Igname a aussi été étendu quelquefois à d'autres Plantes n'appartenant pas au genre *Dioscorea*, mais pourvues de racines tubéreuses charnues et alimentaires. C'est ainsi qu'en Egypte on appelle vulgairement Igname l'*Arum Colocasia*. (A. R.)

IGNATIA. BOT. PHAN. Le genre décrit sous ce nom par Linné fils, et que Loureiro appelait *Ignatiana*, a été réuni par Jussieu et tous les auteurs modernes au Strychnos dont il ne diffère que par la forme de ses graines. C'est cet Arbre qui fournit les fèves de Saint-Ignace. *V.* VOMIQUIER. (A. R.)

IGNATIANA. BOT. PHAN. *V.* IGNATIA.

* IGNAVUS. MAM. Syn. ancien de Bradype. *V.* ce mot. (B.)

* IGNEOULITI. BOT. PHAN. (Surian.) Syn. caraïbe de *Rhexia inconstans*, Vahl. (B.)

* IGNIARIA. BOT. CRYPT. Genre formé par Adanson pour les Champignons subéreux, tels que le *Boletus igniarius*. Cœsalpin avait déjà proposé ce même nom. (B.)

* IGNICOLOR. OIS. Espèce des genres Coq et Gros-Bec. *V.* ces mots. (B.)

* IGNITE. OIS. Espèce du genre Coracine. *V.* ce mot. (B.)

IGUANE. *Iguana*. REPT. SAUR. Genre qui sert de type à la famille de Sauriens qui en emprunta le nom, établi aux dépens du *Lacerta* de Linné par Laurenti qui le plaçait dans ses *Gradentia*, adopté par tous les erpétologistes, et caractérisé ainsi par Cuvier (Règn. Anim. T. II, p. 39): le corps et la queue couverts de petites écailles imbriquées; tout le long du dos, une rangée d'épines ou plutôt d'écailles redressées, comprimées et pointues, avec un fanon sous la gorge comprimé et pendant, dont le bord est soutenu par une production cartilagineuse de l'os hyoïde; les cuisses portent une rangée de tubercules poreux pareils à ceux des Lézards proprement dits; la tête couverte de plaques. Chaque mâchoire entourée d'une rangée de dents comprimées, triangulaires, à tranchans dentelés; deux petites rangées au bord postérieur du palais. Comme les Caméléons et les Anolis, ces Animaux ont la faculté de changer de couleur lorsqu'on les irrite, et selon l'état de l'atmosphère. Ils renflent aussi leur goître, dressent leurs crêtes, s'agitent avec grâce et sont des plus agiles. Tous sont propres aux contrées chaudes des tropiques, et vivent d'Insectes, de larves, ou même de petits Oiseaux qu'ils poursuivent et saisissent fort adroitement dans les branchages sur lesquels ils habitent le plus communément. Pressés par le besoin, ils descendent cependant à terre pour y manger quelques racines. Leur langue est charnue, fourchée au sommet, et ils la tirent et l'agitent à la manière des Lézards. La plupart acquièrent une assez grande taille, et leur chair, qui passe pour fort délicate, est très-recherchée sur les bonnes tables de l'Amérique intertropicale. Les espèces de ce genre sont imparfaitement connues, et il paraît qu'on en confond plusieurs. Celles qu'on a parfaitement constatées sont :

L'Iguane ordinaire, *Iguana tuberculata*, Laurenti; *Lacerta Iguana*, L.; l'Iguane, Lac., Quadr. Ov. T. 1, pl. 18; Encycl. Rept., pl. 3, f. 4; vulgairement Léguan, Sénembi, Bœwa, etc., trois fois au moins figurée par Séba, T. 1, pl. 95, fig. 1, pl. 97, fig. 3, et pl. 98, fig. 1. On la trouve en grande quantité à la Guiane et jusque dans les principales Antilles où la délicatesse de sa chair la fait tellement rechercher des chasseurs, que l'espèce en paraît diminuer sensiblement. Elle est fort difficile à tuer, ayant la vie fort dure; le plomb même du fusil glisse souvent sur sa peau flexible, dure et couverte d'écailles serrées; c'est au lacet qu'on l'attrape : on lui attache alors la gueule et les pates pour qu'elle ne puisse ni mordre ni égratigner, et ainsi captive on la porte au marché. Il faut, pour la faire mourir, lui enfoncer une épine ou quelque instrument piquant dans les narines. On a attribué à l'usage du mets qu'on en obtient l'origine des maladies vénériennes au Nouveau-Monde; il faut renvoyer un tel conte avec celui des Poissons Ichthyque et Toxicophore. Les couleurs de cet Animal varient du gris au bleu, mais la plupart des individus sont brillamment diaprés de vert, de bleu, de jaune et de brun. Leur taille ordinaire est de trois pieds; on en trouve de cinq; la queue entre pour moitié au moins dans la longueur. Ils agitent souvent leur langue avec vivacité en tous sens, quoiqu'elle ne soit pas extensible, surtout lorsqu'étant en colère, ils gonflent leur gorge, dressent les écailles de leur longue crête et font briller leurs yeux comme des charbons ardens. Ils font alors entendre un sifflement sourd tout particulier. Peu défians, courageux même, ces Animaux attendent souvent l'Homme et se défendent; ils s'apprivoisent. On prétend que des colons en nourrissent dans leurs jardins, où on les prend au besoin pour la consommation de la table. Il est probable que les Iguanes, Léguans, Guans et autres grands Lézards qu'on a cités sous divers autres noms en Guinée ou dans les Indes, comme appartenant à l'espèce qui nous occupe, en doivent être différens. La médecine employait autrefois une sorte de bézoard ou calcul qui se trouve dans la tête de l'Iguane ordinaire selon les uns, et dans l'estomac selon d'autres. On a justement renoncé à de tels remèdes. La femelle pond un grand nombre d'œufs de la grosseur de ceux du Pigeon; elle les dépose sur le sable où l'Homme, qui en est très-friand, les lui enlève. Ces œufs ne durcissent jamais complétement par la cuisson, et n'ont presque pas de blanc.

L'Ardoisée, *Iguana cœrulea* de Daudin, figurée par Séba, T. 1, pl. 25, fig. 2, et 95, fig. 4, vient des mêmes contrées que la précédente. Sa taille est un peu plus petite; sa chair est aussi bonne, et sa couleur d'un beau bleu violet uniforme.

L'Iguane a cou nu, *Iguana delicatissima*, qu'il ne faut pas confondre, comme l'a fait Gmelin, avec l'Iguane ordinaire, parce qu'elle n'a point d'écaille ou grande plaque à l'angle de la mâchoire, ni de tubercules épars sur les côtés du cou. Laurenti, qui a fait connaître cette espèce d'après un individu conservé dans une collection, dit qu'elle habite les Indes, mais il ne rapporte point par quelle raison il lui donne un nom qui la fait supposer encore meilleure à manger que toutes ses congénères.

La CORNUE, *Iguana cornuta*, Lac., Encycl. Rept., pl. 4, fig. 4. Cette espèce, qui paraît être plus particulière à Saint-Domingue qu'à toute autre contrée du Nouveau-Monde, passe pour se nourrir de fruits et de petits Oiseaux. Pendant le jour, elle poursuit sa proie avec une incroyable ardeur; la nuit elle se retire dans les trous des rochers, où durant la mauvaise saison elle s'engourdit. Sa longueur est de quatre pieds. Les nègres lui font une chasse active. On prétend que sa chair a la saveur du Chevreuil. Les Chiens marrons, c'est-à-dire retournés à l'état sauvage, en détruisent beaucoup. On ne sait quelles sont ses véritables couleurs, les erpétologistes n'ayant eu occasion d'en voir que des peaux bourrées. Elle porte entre les yeux une sorte de pointe conique et osseuse d'où elle emprunte son nom.

L'IGUANE A BANDES, *Iguana fasciata*, Brongn., Mém., pl. 1, fig. 5. Cette espèce est originaire de Java et probablement des autres îles de la Sonde. C'est elle que Bontius appelait Caméléon, parce qu'elle change de couleurs avec la plus grande facilité. C'est encore elle dont Banks tua un individu gros comme la cuisse et de cinq pieds de long. Sa chair se mange de même qu'aux Antilles, et elle ressemble beaucoup à celle des espèces américaines. Ainsi, lorsque les vrais Caméléons sont exclusivement propres à l'ancien monde et les Anolis au nouveau, les Iguanes sont communes à tous les deux.

Le nom d'Iguane a été donné à plusieurs Lézards qui n'appartiennent pas au genre duquel nous venons de nous occuper. Gmelin y confondait les Anolis. L'Iguane porte-massue de Latreille n'est qu'un individu monstrueux du genre Agame, ainsi que l'Iguane criard qui est la Tête-Fourchue. (B.)

IGUANIENS. REPT. SAUR. Famille établie par Cuvier (Règn. Anim. T. II, p. 29) et qui, d'après ce savant, est, dans notre Tableau erpétologique (T. VI, p. 282), la troisième de l'ordre des Sauriens. Ses caractères consistent dans la longueur de la queue qui est considérable; dans leurs doigts libres et inégaux; ces Sauriens ayant l'œil, l'oreille, la verge et l'anus pareils à ces parties dans les Lézards proprement dits, ont leur langue bien plus épaisse, charnue, peu extensible, mais cependant toujours fissée au bout. Cette famille renferme les genres suivans : Stellion, Agame, Basilic, Dragon, Iguane et Anolis. Nous avons hasardé d'y introduire le Ptérodactyle, Animal perdu, qui paraît avoir présenté des rapports d'organisation avec les Dragons et les Basilics. *V.* tous ces mots. (B.)

* IGUANODON. REPT. FOSS. Le nouveau genre de Sauriens auquel ce nom vient d'être imposé par Gédéon Mantel, n'existe plus entre les Animaux vivans; il a été reconnu d'après des dents fossiles trouvées dans le Grès d'une forêt du comté de Sussex en Angleterre, bien célèbre par les singuliers débris d'espèces antédiluviennes qui s'y trouvent accumulés. Ces restes de l'Iguanodon y étaient confondus avec ceux de Crocodiles gigantesques, de Mégalosaures, de Plésiosaures, de Tortues, d'Oiseaux et de Végétaux. C'est à Cuvier qu'il était réservé d'y reconnaître un Reptile herbivore et d'eau douce. Sa taille prodigieuse ne devait pas être de moins de soixante pieds anglais. (B.)

IGUANOIDES. REPT. OPH. (Blainville.) Syn. d'Iguaniens. *V.* ce mot. (B.)

IKAN. POIS. Ce mot paraît, dans la langue malaise, synonyme de Poisson; de-là, dans les ichthyologistes, tant de noms d'espèces d'Amboine qui commencent par Ikan, tels par exemple que :

IKAN-AUWAWA, qui est le *Balistes Kleinii.*

IKAN-BANDA, l'Aptéronote à cinq taches.

IKAN-DOERIAU, le *Diodon Hystrix.*

IKAN-KADAWARA, le *Balistes ringens.*

IKAN-PENGAY, le Notoptère.

IKAN-SIAM, le Mouchara.

IKAN-TACI, le Chœtodon Argus, etc., etc. (B.)

* IKIRIOU. REPT. OPH. L'énorme Serpent désigné sous ce nom de pays à Cayenne paraît être le même que le Boiguacu, sorte de Boa. (B.)

* ILEVERT. BOT. PHAN. Variété de Prunier dont le fruit est très-allongé et verdâtre. (B.)

ILEX. BOT. PHAN. *V.* HOUX et CHÊNE.

* ILIA. *Ilia.* CRUST. Genre de l'ordre des Décapodes, famille des Brachiures, tribu des Triangulaires (Latr., Fam. Nat. du Règn. Anim.), établi par Leach aux dépens du genre Leucosie de Latreille. Ce genre n'a pas été adopté, et la seule espèce sur laquelle Leach l'a formé est la Leucosie Noyau (*L. Nucleus*) de Fabricius et Latreille. *V.* LEUCOSIE. (G.)

ILIODÉES. BOT. CRYPT. (*Chaodinées.*) Palisot de Beauvois avait, comme pour prendre possession des Algues, introduit chez elles un grand nombre de noms qui prouvent combien ce botaniste avait légèrement examiné la matière. De ce nombre était celui d'Iliodées qu'il appliquait à une première section contenant des Plantes formées d'un mucus où étaient renfermés des globules épars ou des filamens articulés, c'est-à-dire nos Tremellaires. (B.)

ILLA. BOT. PHAN. (Adanson.) *V.* CALLICARPA.

* ILLANKEN. POIS. *V.* SAUMON.

ILLÉCÈBRE. *Illecebrum.* BOT. PHAN. Le genre *Illecebrum* de Linné a été divisé en deux genres distincts par Jussieu, savoir : *Illecebrum* proprement dit et *Paronychia* de Tournefort. Le premier, c'est-à-dire celui qui doit retenir le nom d'*Illecebrum*, offre les caractères suivans : son calice est à cinq divisions très-profondes, accompagné extérieurement de trois petites écailles. Les cinq étamines sont réunies par la base de leurs filets en un tube urcéolé. L'ovaire est surmonté d'un style très-court que termine un stigmate obtus. Le fruit est une capsule uniloculaire, monosperme, à cinq valves.

Les espèces de ce genre sont de petites Plantes herbacées, étalées, rameuses, à feuilles opposées, sans stipules, portant de très-petites fleurs réunies à l'aisselle des feuilles.

Le genre *Paronychia* en diffère par ses feuilles munies de stipules souvent scarieuses et argentées, par ses étamines entre chacune desquelles on trouve une petite écaille. *V.* PARONYCHIE.

L'*Illecebrum densum*, Willd., est devenu le type du genre *Guilleminea* de Kunth. *V.* ce mot. (A.R.)

* ILLEU. BOT. PHAN. Selon Jussieu, les trois Plantes désignées au Pérou sous ce nom appartiennent aux genres *Sisyrinchium* et *Conanthera.* (B.)

* ILLIACANTHE. POLYP. La production marine mentionnée par Donati, dans son Histoire de la mer Adriatique (p. 23), ne nous est pas connue; il la regarde comme une Plante à capsules emboîtées dans des calices, avec un seul rang de capsules en forme de cloche et à bord dentelé. Cette description se rapporte tellement aux Aglaophémies (*V.* ce mot), qu'il est difficile de ne pas regarder les Illiacanthes de Donati comme des Polypiers de l'ordre des Sertulariées et non comme des Végétaux. (LAM..X.)

ILLICIUM. BOT. PHAN. *V.* BADIAN ou BADIANE.

ILLIPÉ. BOT. PHAN. *V.* BASSIA.

* ILLOSPORIE. *Illosporium.* BOT.

CRYPT. (*Urédinées.*) Ce genre, encore imparfaitement connu, a été établi par Martius (*Flor. Crypt. Erlang.*, p. 325). Il croît sur le thallus de diverses espèces de Lichens, tels que les *Peltidea*, les *Cenomyce*, etc. Les sporidies sont globuleuses, colorées, éparses à la surface d'une membrane vésiculeuse qui leur sert de base. On ne connaît qu'une seule espèce de ce genre; Martius l'a nommée *Illosporium roseum*. Les sporules sont d'un rouge vif; la membrane qui les supporte est rose, vésiculeuse, et paraît vide ou renfermer également quelques sporules adhérentes à la paroi interne. (AD. B.)

ILOTE. *Ilotes.* MOLL. Genre proposé par Montfort pour un petit corps multiloculaire, que Lamarck a placé, avec raison, dans son genre Orbiculine, sous le nom d'Orbiculine numismale. *V.* ORBICULINE. (D..H.)

* ILVAITE. MIN. *V.* FER CALCARÉO-SILICEUX.

* ILYN. MIN. Nom donné par Nose à une Roche composée, ayant beaucoup de rapports avec le Trachyte. Elle paraît avoir subi l'action du feu; sa couleur est d'un gris cendré ou brunâtre; elle est compacte, à cassure matte et inégale, assez dure, ayant l'odeur de l'Argile. Elle forme la masse principale de plusieurs montagnes des deux côtés du Rhin. (A. R.)

* IMANTOPODES. OIS. Nom donné à tous les Oiseaux dont le corps est porté sur des tarses fort élevés. (DR..Z.)

IMATIDIE. *Imatidium.* INS. Genre de l'ordre des Coléoptères, section des Tétramères, famille des Cycliques, tribu des Cassidaires, ayant pour caractères : corps presque orbiculaire, clypéiforme; corselet recevant la tête dans une échancrure antérieure; antennes cylindriques. Ce genre a été formé par Fabricius, et Latreille l'a adopté (Fam. Natur. du Règ. Anim.); il semble faire le passage des Hispes aux Cassides, et ne diffère de ces dernières que par sa tête qui est reçue dans l'échancrure du corselet et découverte, tandis qu'elle est cachée et que le corselet n'a que très-peu ou point d'échancrure dans les Cassides. Ces Insectes sont propres aux pays chauds de l'Amérique méridionale; ils sont en général ornés de très-belles couleurs, et portent quelquefois, sur le corselet et les élytres, des appendices qui leur donnent des formes très-bizarres. Leurs mœurs ne sont point connues, mais il est probable qu'elles ne diffèrent pas beaucoup de celles des Cassides. L'espèce qui sert de type à ce genre est :

L'IMATIDIE DE LEAY, *Imatidium Leayanum*, Latr., *Gen. Crust. et Ins.* T. III, p. 50, tab. 11, f. 7. On peut rapporter à ce genre les Cassides Bicorne, Taureau et Bident d'Olivier. (G.)

IMBERBE. POIS. Espèce du genre Ophidie. *V.* ce mot. (B.)

IMBERBES. OIS. Nom donné par Vieillot à une famille de l'ordre des Anysodactyles qui, dans la méthode de cet auteur, comprend les genres Tucco, Scytrops, Vouroudriou, Couroucou, Coucou, Indicateur, Toulou et Ani. *V.* tous ces mots. (DR..Z.)

IMBRICAIRE. *Imbricaria.* BOT. PHAN. Genre de la famille des Sapotacées et de l'Octandrie Monogynie, L., établi par Jussieu (*Gen. Plant.*, 152) d'après les manuscrits de Commerson, et que l'on peut caractériser de la manière suivante : calice à huit divisions très-profondes, lancéolées, coriaces, dont quatre intérieures un peu plus petites et plus minces, et quatre extérieures; corolle monopétale rotacée, à lanières étroites et très-profondes disposées sur trois rangées, composées chacune de huit divisions; les lanières des deux divisions externes sont profondément trifides, celles de l'intérieur sont entières et recourbées vers le centre de la fleur. Les huit étamines sont insérées à la base de la corolle. Le fruit est charnu, globuleux, à huit loges et à huit graines dont quelques-unes avortent presque constamment. Les graines ont leurs bords, surtout vers l'ombilic, relevés d'une petite crête irrégulière. Ce genre se compose de deux ou trois espèces dont l'une qui a servi de type pour l'établissement de ce genre est originaire de l'île de Bourbon, où elle est connue sous les noms de *Bardottier natte* ou *Bois de natte*. Lamarck l'a décrit et figuré sous le nom d'*Imbricaria maxima*, *Ill. Gen.*, t. 300. C'est un Arbre assez élevé, dont le bois est employé pour faire de petites planchettes avec lesquelles on recouvre les toits des maisons. Ses feuilles sont éparses, très-rapprochées les unes des autres vers le sommet des rameaux qui sont assez gros; elles sont pétiolées, elliptiques, entières, presqu'obtuses, coriaces, très-glabres, luisantes et marquées de nervures transversales partant de la côte moyenne. Les fleurs sont irrégulièrement réunies vers la sommité des rameaux, très-serrées les unes près des autres, portées sur des pédoncules assez longs et pendans. Les fruits sont globuleux, de la grosseur d'une pomme, ombiliqués vers le sommet par le style.

Ce genre avait été réuni par quelques auteurs avec le Mimusops; et en effet ces deux genres ont entre eux une très-grande affinité par les caractères extérieurs et intérieurs; mais il en diffère par sa corolle à trois rangs, qui n'est qu'à deux dans le Mimusops, et par ses graines relevées d'une crête irrégulière. Du reste ces deux genres, et presque tous ceux qui forment la famille des Sapotilliers, ont besoin d'être de nouveau étudiés avec soin pour en fixer positivement les limites. (A. R.)

IMBRICAIRE. *Imbricaria*. BOT. CRYPT. (*Lichens*.) Ce genre a été fondé par Achar, dans le Prodrome de la Lichenographie suédoise où il le définit ainsi: Lichen à folioles membraneuses (rarement sous-crustacées), aplaties, imbriquées, centrifuges, disposées en rosettes, laciniées, incisées et pinnées, lobées, fibrilleuses vers leur partie inférieure, à scutelles d'abord urcéolées, concaves, ensuite planiuscules, sous-membraneuses, fixées par leur centre aux folioles, libres vers leur circonférence, élevées et marginées, à glomérules éparses, centrales, pulvérulentes et posées vers les marges. Trente-sept espèces constituaient ce genre que plusieurs auteurs s'empressèrent d'adopter, mais qui bientôt, suivant la fâcheuse méthode adoptée par Achar, fut renfermé comme sous-genre sous le nom de *Circinnaria* dans le genre *Parmelia* de sa Méthode Lichenographique, genre monstrueux qui fut modifié plus tard par celui qui l'avait formé d'abord.

Le nom d'*Imbricaria* avait été donné par Achar à ces Lichens, à cause de la disposition imbriquée de leurs folioles. Ventenat avait adopté ce genre sous le nom de Gessoïdées qui donne en grec une signification pareille à celle d'*Imbricaria*.

Plusieurs auteurs ont regardé comme *Lobaria* ce qu'Achar regardait comme Imbricaire et *vice versâ*; il en est résulté de la confusion dans la synonymie; nous chercherons à la débrouiller en parlant des Lobaires et Parmélies qui, réunis dans la Lichenographie et dans le *Synopsis Lichenum*, ont définitivement constitué, sauf de légères modifications le genre *Parmelia*, le seul adopté aujourd'hui. *V.* PARMÉLIACÉES et LOBAIRE. (A. F.)

IMBRIM. OIS. Espèce du genre Plongeon. *V.* ce mot. (DR..Z.)

* IMBRIQUÉ. *Imbricatus*. ZOOL. BOT. Ce nom adjectif s'emploie très-souvent en botanique pour désigner les organes planes, qui se recouvrent mutuellement les uns les autres, à la manière des tuiles d'un toit. Ainsi les feuilles de Thuya sont Imbriquées, etc. Le même mot s'emploie aussi en zoologie et avec la même signification; ainsi les écailles des Poissons, celles du Pangolin et de beaucoup d'autres Animaux sont Imbriquées. (A. R.)

*IMBUTINI. BOT. CRYPT. (*Champignons.*) Micheli appelle ainsi une espèce de Pezize, voisine de la *Peziza acetabuliformis* de Dillen. *V.* PEZIZE. (A. R.)

* IMITATEUR. OIS. Espèce du genre Traquet. *V.* ce mot. (DR..Z.)

* IMMER. OIS. (Gmelin.) Syn. de l'Imbrim jaune. *V.* PLONGEON. (DR..Z.)

IMMORTELLE. BOT. PHAN. On désigne vulgairement sous ce nom les diverses espèces de *Xeranthemum* et d'*Elychrysum*, parce que les écailles de leurs fleurs sont naturellement sèches, colorées, et se conservent pendant un grand nombre d'années sans perdre leur couleur.

Adanson a donné le nom d'*Immortelles* à la quatrième section de sa famille des Synanthérées. *V.* ce mot. (A. R.)

*IMMUSSULUS. OIS. C'est d'après Savigny l'Aigle commun. *V.* FAUCON. (DR..Z.)

* IMO. BOT. PHAN. (Thunberg.) Nom que portent au Japon l'*Arum esculentum* et le *Convolvulus edulis*. *V.* GOUET et LISERON. (A. R.)

*IMPARIPENNÉE (FEUILLE). BOT. PHAN. On dit d'une feuille qu'elle est Imparipennée ou Pennée avec impaire, quand elle se compose d'un nombre plus ou moins considérable de paires de folioles et qu'elle se termine à son sommet par une seule foliole impaire; telles sont celles de l'Acacia, du Frêne, etc. *V.* FEUILLE. (A. R.)

IMPATIENS. BOT. PHAN. Le genre nommé ainsi par Linné est le même que le *Balsamina* de Tournefort, de Jussieu et de Gaertner. Mais plus récemment De Candolle a proposé de diviser le genre de Linné en deux, les *Balsamines* ayant pour type la Balsamine des jardins, et les *Impatiens* qui ont à leur tête la *Balsamina Impatiens*, ou *Impatiens noli-me-tangere* de Linné; ce dernier genre nous paraît ne devoir former qu'une simple section parmi les Balsamines. *V.* ce mot. (A. R.)

IMPENNES. OIS. Famille formée par Illiger, que caractérise la brièveté des ailes recouvertes de petites écailles au lieu de plumes; elle renferme le seul genre Manchot. *V.* ce mot. (B.)

IMPÉRATA. *Imperata.* BOT. PHAN. Genre de la famille des Graminées, et de la Triandrie Digynie de Linné, proposé par Cyrillo pour le *Saccharum cylindricum* de Lamarck et adopté par R. Brown, Palisot de Beauvois et Trinius. On peut ainsi caractériser ce genre : toutes ses fleurs sont hermaphrodites géminées, l'une d'elles est pédicellée, l'autre sessile. La lépicène est bivalve et à deux fleurs; les valves sont égales entre elles, mutiques, environnées de poils. La glume est mutique, plus transparente, plus courte que la lépicène, l'externe est unipaléacée et neutre; l'interne hermaphrodite à deux paillettes, dont l'extérieure est plus large; les étamines au nombre de deux; les stigmates plumeux. Ce genre manque de glumelle, caractère qui le distingue des *Saccharum*. Il en diffère encore par la valve intérieure de sa fleur hermaphrodite qui est plus large, et par ses étamines au nombre de deux seulement. (A. R.)

IMPÉRATOIRE. *Imperatoria.* BOT. PHAN. Genre de la famille des Ombellifères, et de la Pentandrie Digynie, L., qui peut être caractérisé de la manière suivante : ses ombelles sont dépourvues d'involucre; ses fruits sont comprimés, planes, membraneux et en forme d'ailes sur leurs côtés : chacune de leurs moitiés est marquée de trois côtes obtuses, séparées par des sillons profonds. Ce genre est extrêmement voisin des Angéliques, qui n'en diffèrent guère que par leurs côtes aiguës et en forme de lames. Aussi plusieurs espèces d'Angéliques ont-elles été rangées parmi les Impératoires.

Sprengel dans son travail sur les Ombellifères, inséré dans le cinquième volume du *Systema* de Rœmer et Schultes, décrit six espèces de ce genre, savoir : 1° *Imperatoria Ostruthium*, L., Lamk., Ill., t. 199, f. 1, qui croît dans les lieux boisés, et qui se rapproche singulièrement de l'Angélique par son port, mais qui en diffère par ses feuilles plus larges et ses fleurs blanches ; 2° *Imperatoria verticillaris*, rangée par Linné au nombre des Angéliques ; 3° *Imp. angustifolia* de Bellardi, qui croît en Italie ; 4° *Imp. caucasica*, Sprengel, ou *Selinum caucasicum* de Marschal, originaire du Caucase ; 5° *Imp. Chabræi*, Sprengel. C'est le *Selinum Chabræi* de Linné ; 6° enfin *Imp. Seguierii*, Sprengel, ou *Selinum Seguierii* de Linné, qui croît au mont Baldo et dans les Alpes calcaires de la Carniole. (A. R.)

IMPERATOR. ZOOL. *V.* EMPEREUR.

IMPÉRATRICES. BOT. PHAN. Variétés fort estimées de Prunes ; il y a les blanches et les violettes. (B.)

IMPÉRIALE. BOT. PHAN. Espèce du genre Fritillaire. *V.* ce mot. (B.)

IMPIE OU HERBE IMPIE. *Impia*. BOT. PHAN. Les anciens donnèrent ce nom à la Plante appelée *Filago Germanica* par les botanistes modernes, parce que les fleurs portées en tête, par des rameaux latéraux sortis de l'extrémité de la tige, et autour d'une plus grosse tête de fleurs centrales, s'élèvent plus haut ; ce qui faisait dire que les fils surpassaient le père. (B.)

IMPORTUN. OIS. Espèce du genre Merle. *V.* ce mot. (B.)

IMPOSTEUR. POIS. Syn. de Filou. *V.* ce mot. (B.)

IMPRÉGNATION. ZOOL. BOT. *V.* GÉNÉRATION.

* IMPRESSIONS MUSCULAIRES. MOLL. Les Impressions Musculaires, dans les Conchifères, se remarquent dans l'intérieur des valves, soit au centre ou presque au centre, lorsqu'un muscle unique est au centre de l'Animal, soit sur les parties latérales lorsque l'Animal est pourvu de deux muscles ; on donne aussi le nom d'Attache Musculaire aux Impressions, mais ce mot s'applique surtout à l'Impression Musculaire qui se voit sur la columelle des coquilles des Mollusques (*V.* ATTACHE). Lamarck a employé l'Impression Musculaire pour établir ses corps de premier ordre ; parmi les Conchifères, les uns sont nommés Dimyaires ou à deux muscles, les autres Monomyaires ou à un seul muscle. On trouve cependant dans certains genres trois Impressions Musculaires, comme dans la plupart des espèces de Mulettes et d'Anodontes ; mais si l'on étudie avec soin cette espèce d'anomalie, on reconnaît facilement qu'elle est due à un faisceau charnu qui fait partie de la moelle musculaire antérieure ou postérieure de l'Animal. On peut dire que dans tous les Mollusques et les Conchifères, sans exception, les muscles changent de place par l'accroissement de l'Animal et de la coquille ; s'il en était autrement les muscles deviendraient inutiles ; il suffit pour s'en assurer de suivre l'Impression Musculaire dans une Huître calcinée ; on la verra se prolonger jusque dans le crochet des valves, où on la retrouve lorsque l'Huître a pris naissance ; il en est absolument de même pour les Conchifères Dimyaires, et cela n'est pas moins évident pour les Mollusques. *V.* ce mot. (D..H.)

INACHUS. *Inachus*. CRUST. Genre de l'ordre des Décapodes, famille des Brachyures, tribu des Triangulaires, établi par Fabricius, et dont Leach (Trans. de la Soc. Linn. T. XI) a séparé, d'après la considération de toutes les parties, ses genres : *Lambrus*, *Eurynome*, *Maja*, *Pisa*, *Hyas*, *Pactolus*, *Blastia*, *Lissa*, *Libinia*, *Doclea*, *Egeria*, *Megalopa*, *Macropodia* et *Lyctopodia*. (*V.* ces mots.) Fabricius divise ses Inachus en deux sections, d'après les différences de longueurs relatives des pieds. Quelques-uns de ceux qui les ont très-longs et filiformes, et dont le test est très-pointu en avant, formaient le genre Macropode de Latreille, que Leach a divisé en deux genres, sous les noms de *Macropodia* et *Leptopodia*. Les Inachus, tels qu'ils sont adoptés par Latreille, ont pour caractères essentiels : test triangulaire, pointu en avant; queue de six tablettes dans les deux sexes; second article des pieds-mâchoires extérieurs aussi long que large, tronqué obliquement vers son extrémité supérieure et interne : l'article suivant inséré près de son sommet; surbouche, ou espace compris entre la cavité buccale et les antennes intermédiaires, transversal; yeux latéraux, saillans, portés sur un pédicule rétréci dans son milieu, courbe et se logeant en arrière, dans une fossette; antennes sétacées, insérées de chaque côté du museau et avancées; serres didactyles, fortes, surtout dans les mâles, et courbées; corps allongé; les autres pieds très-longs, filiformes, simples; ceux de la seconde paire sensiblement plus épais et plus longs. Ce genre, d'abord très-nombreux en espèces, a été subdivisé en plusieurs autres dont nous avons indiqué les noms plus haut; il semble faire le passage des Doclées et des Egéries de Leach aux Macropodies; ces Crustacés diffèrent particulièrement des derniers avec lesquels Risso les confond, en ce qu'ils ont des fossettes pour recevoir les yeux, et par les proportions de l'intervalle du corps compris entre la cavité buccale et les antennes intermédiaires; il est court et transversal, tandis qu'il se rétrécit aux dépens de la longueur dans les Macropodies; ceux-ci ont, d'ailleurs, le bec et les pieds-mâchoires extérieurs proportionnellement plus longs. L'espèce qui sert de type à ce genre est :

L'Inachus Scorpion, *Inachus Scorpio*, Fab.; *Inachus Dorsaltensis*, Leach (*Mal. Brit.*, tab. 22, fig. 1, 6); *Maja Scorpio*, Bosc. Test long d'environ dix lignes sur onze à douze de large; rostre assez court, échancré; chaperon muni d'une épine en dessous; quatre petits tubercules égaux, rangés en travers sur la région stomacale; trois épines placées plus loin, dont la dorsale est la plus grande; trois autres épines plus fortes encore, aiguës, disposées, une sur chaque région branchiale et la troisième sur la région cordiale. Cette espèce se trouve dans l'Océan et dans la Méditerranée. Le Cancre à courts bras de Rondelet (Hist. des Poissons, liv. 18, chap. 20), ou le Maïa petit bec de Risso, est une espèce de ce genre; Aldrovande (*de Crust.*, *lib.* 2, p. 205) reproduit la figure de Rondelet; mais il en donne une autre, *Cancro brachichelo congener*, p. 204, dans laquelle, malgré l'exagération de quelques caractères, on pourrait reconnaître l'*Inachus Scorpio* que nous avons cité plus haut. (G.)

* INALBUMINÉ (Embryon). bot. phan. Embryon sans albumen ou endosperme. *V.* Embryon. (A. R.)

* INANTHÉRÉE (Étamine). bot. phan. Étamine stérile dépourvue d'anthère et consistant seulement en un filet. *V.* Etamine. (A. R.)

INAS. ois. (Rondelet.) Syn. de Ganga, et préférable selon l'étymologie à *Anas*. (DR..Z.)

INCARVILLÉE. *Incarvillœa*. bot. phan. Genre de la famille des Bignoniacées et de la Didynamie Angiospermie, L., établi par Jussieu (*Genera Plantar.*, p. 138) qui lui a donné pour caractère essentiel : calice quinquéfide, muni de trois bractées; corolle infundibuliforme, à cinq lobes inégaux; quatre étamines didynames, dont les deux inférieures ont leurs anthères à deux dents sétacées; capsule en forme de silique et biloculaire. Ce genre ne se compose que d'une seule espèce découverte aux environs de Pékin par le père d'Incarville, et à laquelle Lamarck (Dictionn. Encycloped.) a donné le nom d'*Incarvillœa sinensis*. Cette Plante a une tige herbacée, haute à peu près de trois décimètres, striée, anguleuse, glabre et garnie de quelques rameaux. Ses feuilles sont alternes, glabres, pétiolées, presque bipinnées, à folioles étroites, pointues et confluentes. Les fleurs sont disposées en grappes droites, lâches et terminales. Elles sont très-grandes et presque sessiles sur un pédoncule commun. Les bractées qui accompagnent le calice sont légèrement pubescentes. La corolle ressemble à celles des Bignones. Cette Plante est figurée dans Lamarck, *Illustr. Gener.*, tab. 527. (G..N.)

INCENSARIA. BOT. PHAN. (Cœsalpin.) Syn. d'*Inula odora*. (Camerarius.) Syn. d'*Artemisia Abrotanum*. (B.)

* INCISÉ. *Fissus*. BOT. Ce terme s'emploie par opposition à celui d'*entier*, pour exprimer les organes qui offrent des incisions plus ou moins profondes. (A. R.)

* INCLUSES (ÉTAMINES). BOT. PHAN. On dit des étamines qu'elles sont Incluses lorsqu'elles sont plus courtes que la corolle et qu'elles sont renfermées dans sa cavité. Ainsi les étamines de la Consoude, de la Pervenche, etc., sont Incluses. Ce terme s'emploie également pour le pistil. (A. R.)

* INCOMBANTE. *Incumbens*. BOT. PHAN. On dit des divisions calicinales ou des pétales qu'ils sont Incombans, lorsqu'ils se recouvrent latéralement en partie. Une anthère est Incombante, lorsqu'attachée au filet par le milieu du dos ou par un point plus élevé, elle est dressée de manière que sa partie inférieure est rapprochée du filet. (A. R.)

INCRUSTATIONS. GÉOL. Les eaux de certaines sources sont tellement chargées de sels calcaires, que les corps que l'on y plonge et qu'on y laisse séjourner pendant quelque temps ne tardent pas à se couvrir d'une croûte blanchâtre qui leur donne l'apparence de corps fossiles. Mais il est très-facile de reconnaître leur origine. (A. R.)

INCUBATION. OIS. *V.* ŒUF.

INDÉHISCENT. BOT. PHAN. Tout fruit qui ne s'ouvre pas naturellement à l'époque de sa maturité est Indéhiscent. Ce caractère appartient à tous les fruits charnus. (A. R.)

INDEL. BOT. PHAN. Lamarck a substitué ce nom emprunté de la langue du Malabar à Elate. *V.* ce mot. (B.)

INDIANITE. MIN. Le Minéral qui sert ordinairement de gangue au Corindon adamantin, est celui auquel Bournon a donné le nom d'Indianite. On ne le connaît pas encore à l'état cristallisé, mais sous celui de masses à gros grains, généralement très-adhérens, formés de petites lamelles qui, selon Bournon, semblent annoncer un rhomboïde. Ces grains bien purs sont incolores, ou légèrement grisâtres, translucides, quelquefois colorés en vert ou en rougeâtre par l'Epidote ou le Grenat. Sa pesanteur spécifique est de 2,742. L'Indianite raye le verre, mais il est rayé par le Feldspath. Il ne fait pas effervescence avec l'Acide nitrique, et l'on n'a pu y développer d'électricité par le frottement. Voici son analyse d'après Chenevix : Silice 42,5 ; Albumine 37,5 ; Chaux 15 ; Fer 3 ; Manganèse, traces. (A. R.)

INDICATEUR. *Indicator*. OIS. (Levaillant.) Genre de la première famille de l'ordre des Zygodactyles. Caractères : bec court, déprimé, presque droit, faiblement arqué et échancré vers la pointe, dilaté sur les côtés; arête distincte; fosse nasale grande ; narines placées près de la base et à la surface du bec, un peu tubulaires, ouvertes près de l'arête, bordées par une membrane; pieds courts; quatre doigts : trois antérieurs, réunis jusqu'à la première articulation; l'externe plus long que le tarse ; ailes médiocres ; première et deuxième rémiges les plus longues ; douze rectrices.

Levaillant dont la carrière fut entièrement consacrée à l'étude et aux progrès des sciences naturelles; Levaillant qui s'est acquis tant de droits aux souvenirs reconnaissans des ornithologistes, a donné le premier des détails exacts sur les habitudes des Indicateurs. C'est lui qui les raya du genre Coucou, auquel ils ne pouvaient appartenir pas plus qu'un Pic, un Barbu, un Perroquet, ou un Toucan, auquel ils ne pouvaient au plus tenir que par la conformation des pieds, conformation qu'ils avaient commune avec tous les Zygodactyles. L'Indicateur, loin de s'effaroucher à la vue de l'Homme, s'en approche au contraire; devant lui, l'accompagne en voltigeant d'Arbre en Arbre et répétant des cris d'autant plus expressifs que l'Homme porte moins d'attention à certain Arbre creux vers lequel l'Oiseau semble l'attirer. En effet le tronc de cet Arbre est une ruche remplie d'un miel délicieux dont l'Homme, profitant comme aliment, laisse toujours quelque part à l'Oiseau; aussi paraît-il s'être établi une sorte de communication entre les deux Bipèdes si différens de conformation et d'intelligence, car les sauvages Africains respectent comme des divinités ces Oiseaux qui leur indiquent, par un instinct tout particulier, les magasins où ils trouvent abondamment du miel et de la cire, trésors précieux pour ces peuples errans forcés, à tout moment, d'exposer leur vie pour obtenir la nourriture qui doit la leur conserver. Les naturalistes ont, par erreur, placé cet Oiseau parmi les Coucous, et cependant il en diffère autant par ses caractères physiques que par ses mœurs, et s'il devait être rangé dans un genre déjà établi, il était plutôt réclamé par celui des Barbus avec lesquels il présente plus d'analogie. N'ayant trouvé dans l'estomac des individus qu'il a dépouillés de leur peau, que de la cire et du miel, sans aucune trace d'autre espèce d'alimens, Levaillant en a déduit qu'ils ne font usage que des premiers. Il a trouvé leur peau si épaisse qu'il n'a pu s'empêcher de reconnaître en cela encore un acte de prévoyance de la nature qui, ayant destiné ces Oiseaux à disputer la subsistance au plus ingénieux des Insectes, a voulu en même temps les garantir de son aiguillon redoutable. L'Indicateur fait son nid dans des creux d'Arbres; il y grimpe à la manière des Pics, et couve lui-même les quatre ou cinq œufs blanchâtres qu'il y a déposés: habitude qui tend à l'éloigner encore des Coucous. Levaillant a cru distinguer trois espèces d'Indicateurs, mais revenant de cette opinion hasardée qu'il se proposait de vérifier dans un troisième voyage, il a reconnu qu'il se pouvait que la prétendue troisième espèce ne fût qu'une différence d'âge ou de sexe du petit Indicateur.

GRAND INDICATEUR, *Indicator major*, Vieill.; *Cuculus Indicator*, Lath., Levaill., Ois. d'Afrique, pl. 241. Parties supérieures d'un gris roussâtre; tectrices alaires brunâtres, les plus voisines du corps marquées d'une tache jaune; rémiges brunes; sommet de la tête gris; gorge et poitrine blanchâtres avec une teinte verdâtre qui s'affaiblit insensiblement et n'est plus apparente sur la poitrine; abdomen blanc; cuisses marquées d'une tache oblongue noire; rémiges intermédiaires plus étroites que les latérales, d'un brun ferrugineux; les deux suivantes noirâtres, avec le côté interne blanchâtre; les autres blanches marquées de noir à leur base; une espèce de collier noir; bec jaune, brun à son origine; iris jaunâtre: paupières noires; pieds noirs. Taille, six pouces. La femelle est plus petite: elle a la majeure partie du plumage olive foncé nuancé de jaunâtre sur le dos; le front piqueté de blanchâtre, la gorge, le devant du cou, la poitrine et les flancs variés de blanc jaunâtre et de brun. Il paraît que l'individu décrit par Levaillant serait une variété plus adulte qui aurait les parties supérieures d'un vert olive rembruni avec le croupion blanchâtre, les rémiges d'un brun olivâtre, lisérées de vert, les rectrices intermédiaires brunes et blanches en dehors, les trois latérales blanches, terminées de brun, la gorge, le devant du cou et la poitrine jaunâtres avec quelques taches obscures.

Petit Indicateur, *Indicator minor*, Vieill., Levaill., Ois. d'Afrique, pl. 242. Parties supérieures d'un gris olivâtre, tirant au jaune vers le croupion; rémiges d'un brun noir, lisérées de vert jaunâtre; rectrices latérales blanches avec une tache brune à l'extrémité; les autres d'un brun olivâtre à l'intérieur et en partie blanches en dehors; sommet de la tête d'un gris verdâtre; moustache noire; parties inférieures olivâtres; abdomen blanchâtre; bec et pieds d'un brun pâle. Taille, cinq pouces. (DR.. Z.)

INDICOLITHE ou INDIGOLITHE. MIN. Le Minéral décrit sous ce nom par Dandrada, et ainsi nommé à cause de sa belle couleur bleue, ne paraît être, selon la plupart des minéralogistes, qu'une variété de Tourmaline. *V.* ce mot. (A. R.)

INDICUM. BOT. PHAN. (Rumph.) Syn. d'*Indigofera tinctoria*. *V.* Indigotier. (B.)

INDIGÈNE. ZOOL. BOT. Qui est naturel au sol; se dit par opposition à exotique. *V.* ce mot. (B.)

INDIGO. BOT. CHIM. Substance colorante contenue dans certains Végétaux, caractérisée par sa couleur d'un violet pourpré, lorsqu'elle est sous forme pulvérulente, sa propriété de se volatiliser et de produire une vapeur analogue à celle de l'Iode, son insolubilité dans l'eau et l'Alcohol froids, sa solubilité dans l'Acide sulfurique concentré, son insipidité et sa qualité inodore. L'Indigo pur se prépare par le moyen de la sublimation; il se présente alors sous forme de cristaux en aiguilles pourpres, avec des reflets dorés; et d'après les recherches de Walther Crum (*Ann. of Philos.* n° 26, février 1823, p. 81), il se compose de 73,22 ou 16 atomes de Carbone, 11,26 ou un atome d'Azote, 12,60 ou deux atomes d'Oxigène, et 2,92 ou quatre atomes d'Hydrogène. Dœbereiner pense que le Carbone y est à l'Azote dans le rapport des élémens du Charbon animal. Ce chimiste, Van-Mons et Brugnatelli attribuent à l'Indigo sublimé la propriété de former un amalgame avec le Mercure; mais d'autres savans, après plusieurs tentatives, n'ont pu réussir à altérer par l'Indigo la fluidité du Mercure.

On croyait autrefois que l'Indigo était une matière produite par une sorte de fermentation des Plantes dont on l'extrait. Chevreul a démontré par plusieurs expériences faites en 1807 et en 1811 qu'il existait tout formé dans ces Végétaux, mais seulement qu'il n'y était point coloré. La couleur bleue qu'il acquiert par la macération est due à l'action de l'Oxigène de l'air atmosphérique qui le rend insoluble et le précipite. Plusieurs Plantes de familles diverses contiennent de l'Indigo. C'est surtout des Indigotiers (*Indigofera*) que l'on extrait la presque totalité de celui qui est livré dans le commerce. Dans l'Inde, on le retire aussi en quantité assez considérable du *Nerium tinctorium*, et lorsque la guerre maritime privait l'Europe des substances coloniales, le Pastel (*Isatis tinctoria*, L.) semblait devoir en fournir assez pour que les peuples du continent aient espéré de s'affranchir du tribut payé aux Anglais qui en faisaient alors le monopole. On trouvera au mot Indigotier les détails de l'extraction de cette substance, et nous ne traiterons ici que de la composition de l'Indigo de commerce, de la manière dont il se comporte avec les Acides et les Alcalis, ainsi que de l'emploi qu'on en fait dans les arts.

La solution d'Indigo dans l'Acide sulfurique porte les noms de Bleu de Saxe et de Bleu en liqueur. Bergmann prescrivait pour sa préparation, une partie d'Indigo du commerce réduit en poudre et sept ou huit parties d'Acide sulfurique concentré. On laissait digérer le mélange pendant vingt-quatre heures à une température de vingt à quarante degrés, et on étendait la liqueur de quatre-vingt-onze parties d'eau. Dans quelques ateliers, on emploie une moins forte proportion d'Acide. Deux substances colorantes sont contenues dans la solution acide d'Indigo. L'une d'elles, nommée *Cérulin* par W. Crum (*loc. cit.*), est bleue et s'unit en proportions déterminées aux sels neutres qui la précipitent de la dissolution. Sa composition ne diffère de celle de l'Indigo pur que par une qualité quadruple des élémens de l'eau. L'autre substance découverte par W. Crum, est d'une belle couleur pourpre, et il l'a nommée *Phénicin*. Il l'a obtenue également en précipitant par un sel neutre la solution acide d'Indigo étendue d'eau distillée. Sa constitution chimique est analogue à celle du Cérulin, puisqu'elle contient les principes de l'Indigo, plus une quantité double des élémens de l'eau.

L'Acide nitrique concentré exerce une action tellement forte sur l'Indigo qu'il peut y avoir inflammation. Etendu d'eau, il le change, selon Chevreul, en quatre substances concrètes, savoir : 1° en matière résinoïde; 2° en amer au minimum d'Acide nitrique; 3° en amer au maximum d'Acide nitrique, connu aussi sous le nom d'Amer de Welther; 4° en Acide oxalique.

Lorsque l'Indigo est mis en contact avec une substance combustible, de l'eau et un Alcali énergique tel que la Potasse ou la Soude, le corps combustible s'oxigène, l'Indigo forme avec l'Alcali un composé soluble, et il perd sa couleur bleue. En neutralisant l'Alcali par un Acide, on précipite l'Indigo en blanc jaunâtre qui, par son contact avec l'Oxigène de l'atmosphère, repasse instantanément au bleu. Pour l'explication de ces phénomènes, on admettait autrefois que l'Indigo décoloré était de l'Indigo privé d'une partie de son Oxigène par le corps combustible. Selon la théorie actuelle, l'Indigo décoloré est de l'Indigo bleu uni à une certaine proportion d'Hydrogène. Ainsi l'Indigo, à cet état, est un Hydracide susceptible d'entrer en combinaison avec les bases, et pour lequel Dœbereiner a proposé le nom d'Acide isatinique. Chevreul l'a obtenu, le premier, du Pastel en petits cristaux grenus et blancs, qui, exposés à l'air, ont acquis le pourpre métallique de l'Indigo sublimé.

Ayant traité plusieurs Indigos du commerce successivement par l'Eau, l'Alcohol et l'Acide hydrochlorique, Chevreul en a retiré plusieurs principes colorans, résinoïdes, une matière animale, de l'Acide acétique et divers sels, tels que du sulfate de Potasse, des phosphates de Magnésie et de Chaux, du chlorure de Potassium, des acétates de Potasse, d'Ammoniaque, de Chaux et de Magnésie, des carbonates de ces deux dernières bases, et de l'oxide de Fer. Ces principes et ces sels étrangers à l'Indigo y sont dans une proportion telle que les Indigos du commerce perdent par la purification de cinquante-cinq à soixante-cinq pour cent.

De toutes les matières colorantes, l'Indigo est celle qui, fixée sur les étoffes, a le plus de solidité. Aussi offre-t-elle des avantages extrêmement précieux pour la teinture. Les procédés au moyen desquels on teint les étoffes de laine, de soie, de coton et de lin, reposent sur la propriété que nous avons exposée plus haut, et qui consiste dans la sur-hydrogénation de l'Indigo. Ces procédés sont connus, dans l'art de la teinture, sous les noms de Cuve de Pastel, Cuve d'Inde et Cuve d'Urine. C'est toujours en employant, conjointement avec l'Indigo, une substance végétale combustible et un Alcali, qu'on prépare ces cuves qui diffèrent entre elles par la nature et les proportions de ces substances végétales. Dans la Cuve à Pastel, on met ordinairement une décoction de Gaude, de Garance et de son, puis on ajoute l'Indigo moulu avec de la Chaux vive. La Cuve d'Inde se prépare en faisant bouillir du son et de la Garance avec une lessive de sous-carbonate de Potasse et de l'Indigo broyé à l'eau. Enfin, on forme la Cuve à l'Urine en employant de l'urine, de l'Indigo, de la Garance et une substance acide telle que du Vinaigre ou un mélange de tartrate acide de Potasse et de sulfate acide de Potasse et d'Alumine. Les étoffes de soie exigent une proportion d'Indigo plus forte que les étoffes de laine. Celles de coton et de lin se teignent dans les cuves au Pastel avec une addition de protoxide de Fer qui s'empare de l'Oxigène de l'Eau dont l'Hydrogène forme un composé soluble avec l'Indigo et l'Alcali libre. Les teintures au bleu de Saxe sont moins solides que celles à l'Indigo oxigéné; ce procédé ne peut être employé pour le coton, mais on le met en usage pour la soie et pour la laine. Dans ce cas, cependant, la couleur bleue est susceptible d'être enlevée par la lessive et même par l'eau de savon. (G..N.)

On a donné le nom d'Indigo à diverses Plantes; ainsi on a appelé :

INDIGO BATARD, l'*Amorpha fruticosa* et le *Cassia occidentalis*.

INDIGO DE LA GUADELOUPE, le *Crotalaria incana*.

INDIGO SAUVAGE, selon les colonies, divers Indigotiers qu'on ne cultive pas. *V.* INDIGOTIER. (B.)

INDIGOFERA. BOT. PHAN. *V.* INDIGOTIER.

INDIGOTIER. *Indigofera*. BOT. PHAN. Genre de la famille des Légumineuses et de la Diadelphie Décandrie, L., composé d'au moins quatre-vingts espèces répandues dans toutes les parties chaudes du globe. Ce sont des Plantes herbacées, annuelles ou vivaces, ou de petits Arbustes. Leurs feuilles alternes sont pinnées avec ou sans foliole terminale. Le nombre de ces folioles est très-variable, non-seulement dans les diverses espèces, mais encore dans les differens individus de la même espèce; quelquefois ces feuilles paraissent simples, par suite de l'avortement du plus grand nombre des folioles. Les fleurs sont généralement petites et forment des épis ou grappes axillaires. Chaque fleur se compose d'un calice persistant à cinq divisions linéaires et profondes. La corolle est papilionacée; l'étendard est relevé, obtus et entier; les deux pétales qui forment la carène sont onguiculés à leur base. L'ovaire est allongé, comprimé; le style grêle, redressé à angle droit; le stigmate capité et glabre. La gousse est allongée, étroite, terminée en pointe, droite ou recourbée en faulx, contenant un nombre variable de graines brunâtres. Ces gousses sont ordinairement pendantes, tandis que les fleurs auxquelles elles succèdent sont dressées.

Nous ne décrirons dans cet article qu'un très-petit nombre d'espèces, en nous attachant surtout à celles que l'on cultive en grand pour en retirer la fécule bleue connue sous le nom d'Indigo, et qui est un des principes colorans les plus beaux et les plus précieux.

INDIGOTIER FRANC, *Indigofera Anil*, L., *Sp.*; Lamk., Ill., t. 626, f. 2. Arbuste de deux à trois pieds d'élévation, originaire des Indes-Orientales, mais naturalisé aujourd'hui dans le nouveau continent et les Antilles, où il est l'objet d'une culture soignée. Sa tige est sous-ligneuse, divisée en rameaux dressés et effilés, blanchâtres et comme pulvérulens. Les feuilles sont alternes et imparipinnées, pétiolées, composées de neuf à onze folioles pétiolulées, elliptiques, allongées, obtuses, souvent mucronées, entières, couvertes à leur face inférieure de poils courts et blancs. A la base de chaque feuille sont deux stipules subulées. Les fleurs, d'un rouge mêlé de vert, forment à l'aisselle des feuilles supérieures des épis ou grappes simples, beaucoup plus courtes que ces feuilles et dont les fleurs sont pédicellées et dressées. Les gousses qui succèdent à ces fleurs sont à peu près cylindriques, recourbées en faucille, longues d'environ six à huit lignes, terminées par une petite pointe mucronée; elles sont légèrement pubescentes et marquées d'une bande longitudinale un peu saillante sur chacune de leurs deux sutures ; elles renferment ordinairement cinq à six graines anguleuses et brunâtres.

Indigotier des teinturiers, *Indigofera tinctoria*, L. ; *Ind. indica*, Lamk. Cette espèce ressemble beaucoup à la précédente pour le port. C'est comme elle un Arbuste de deux à trois pieds de hauteur, dont la tige cylindrique est presque glabre. Ses feuilles alternes et imparipinnées sont composées de neuf à treize folioles pétiolulées, obovales, très-obtuses et presque cunéiformes, glabres supérieurement et offrant à leur face inférieure quelques poils courts et ras. La foliole terminale est généralement la plus grande. Les deux stipules sont subulées et caduques. Les fleurs sont un peu plus grandes que dans l'espèce précédente ; leurs grappes sont dressées et axillaires. Les gousses sont grêles, droites, terminées par une pointe recourbée, cylindriques, presque glabres et longues de douze à quinze lignes ; elles renferment de dix à quinze graines brunâtres. De même que la précédente, cette espèce est originaire de l'Inde, où il paraît qu'elle est spécialement cultivée. On l'a également introduite à l'Ile-de-France, à Madagascar et dans les Antilles ; mais on lui préfère généralement la précédente.

Indigotier a feuilles argentées, *Indigofera argentea*, L., Delile, Egypt. ; *Ind. tinctoria*, Forsk., non celui de Linné. Petit Arbuste d'un à deux pieds d'élévation, dont la tige et les rameaux sont dressés, blancs et pulvérulens. Les feuilles sont alternes, composées de trois à cinq folioles obovales, arrondies, très-obtuses, plus larges et plus fermes que celles des deux espèces précédentes, couvertes sur leurs deux faces de poils blancs, soyeux et couchés, plus longs et plus abondans sur les jeunes feuilles. Les fleurs sont très-petites et forment des grappes axillaires beaucoup plus courtes que les feuilles à l'aisselle desquelles elles sont placées. Les gousses sont courtes, toruleuses, terminées par une petite pointe recourbée, cotonneuses, contenant d'une à trois graines plus grosses que dans les deux espèces précédentes. Cette espèce croît en Egypte où on la cultive en grand pour en retirer l'Indigo. Delile, dans sa Flore d'Egypte, a décrit et figuré une espèce nouvelle également originaire d'Egypte, et qu'il nomme *Indigofera paucifolia*, *loc. cit.*, t. 37.

Indigotier de la Caroline, *Indigofera caroliniana*, Walter. Cette espèce a sa tige herbacée, haute d'un pied et demi à deux pieds. Ses feuilles sont alternes, imparipinnées, composées de neuf à treize folioles obovales ou subcunéiformes, très-obtuses, entières, mucronées, glauques, présentant quelques poils très-courts et couchés sur leurs deux faces. Les fleurs forment des grappes axillaires simples, filiformes, pédonculées, plus longues que les feuilles, et dont les fleurs sont écartées les unes des autres. Les fruits qui succèdent à ces fleurs sont courts, globuleux, pointus à leurs deux extrémités, ne renfermant en général qu'une seule graine. Cette espèce croît naturellement en Caroline, où on la cultive en abondance pour l'extraction de son principe colorant.

Les quatre espèces que nous venons de décrire précédemment sont, en général, celles que l'on cultive le plus souvent dans les diverses contrées où l'on s'occupe de l'extraction et de la préparation de l'Indigo. Néanmoins il existe encore plusieurs espèces ou variétés qui sont l'objet des soins du cultivateur. Nous allons indiquer ici rapidement le mode général de culture que demande l'Indigotier, et les préparations que l'on fait subir à son herbe pour en retirer la fécule colorante.

Culture de l'Indigotier. — Nous nous occuperons spécialement ici du mode de culture généralement suivi dans nos colonies américaines et plus particulièrement à Saint-Domingue. Cette culture offre de grands avantages au colon, surtout à celui qui est peu fortuné, en ce qu'elle n'exige que de faibles avances, et qu'il faut peu de temps pour réaliser les bénéfices. En général on choisit pour la culture de l'Indigotier les terres vierges qui proviennent du défrichement des bois. Néanmoins on doit, autant que les circonstances locales le permettent, choisir de préférence les terrains voisins des ruisseaux, soit pour y établir l'indigoterie, soit pour y construire la petite usine nécessaire pour la préparation de la fécule colorante. En effet, l'Indigotier exige de fréquens arrosemens pour que ses feuilles, qui sont la partie principale, acquièrent tout leur développement; la sécheresse trop long-temps prolongée leur étant extrêmement nuisible. Il faut une très-grande quantité d'eau pour extraire l'Indigo; le voisinage d'un filet d'eau courante que l'on peut utiliser à faire mouvoir les machines propres à la préparation de cette matière, offre donc de très-grands avantages et une économie réelle. Lorsque le terrain a été bien purgé de toutes les herbes dont il était recouvert, on le laboure profondément avant de semer les graines d'Indigotier. Voici le procédé que l'on emploie le plus communément. Plusieurs ouvriers font avec une houe et en marchant à reculons, des trous de trois à quatre pouces de profondeur et à environ un pied de distance les uns des autres. D'autres ouvriers, et l'on choisit en général pour cette dernière occupation les femmes, les enfans ou les vieillards, suivent les premiers en portant un vase fait avec une callebasse rempli de graines et placent dix à douze de ces graines dans chaque trou. On les recouvre ensuite de terre avec un rateau de bois ou des balais faits exprès. Il faut avoir soin de choisir le moment opportun pour ensemencer l'Indigotier. C'est généralement depuis le mois de novembre jusqu'en mai que cette opération peut se pratiquer. Le moment le plus favorable est celui où la terre est bien humectée par les pluies fines que l'on désigne dans quelques parties de Saint-Domingue sous le nom de *nords*, parce qu'en effet ces pluies sont amenées par le vent du nord. Lorsque l'on tarde jusqu'à la saison des grandes pluies, le colon voit quelquefois ses semences pourrir dans la terre à cause de sa trop grande humidité. La sécheresse trop prolongée n'est pas moins funeste, et assez souvent le planteur est forcé d'ensemencer deux ou trois fois le même terrain. Lorsque le moment a été bien favorable, les graines d'Indigotier germent au bout de deux ou trois jours, et bientôt on voit leurs jeunes plants recouvrir la surface de la terre d'une agréable verdure. Il faut dès-lors commencer à sarcler avec soin le terrain et à enlever les mauvaises herbes qui pullulent si rapidement et avec tant d'abondance dans un terrain nouvellement défriché, et sous un ciel où la végétation a tant de force. Cette opération doit être renouvelée très-fréquemment juqu'à l'époque où l'Indigotier a lui-même pris assez de développement pour ne plus craindre qu'il puisse souffrir des mauvaises herbes. Lorsque les pluies naturelles ne viennent pas seconder les efforts et les vœux du colon, il faut avoir recours à de fréquens arrosages, et surtout par le moyen des irrigations si cela est possible. Mais il faut avoir soin de disposer le terrain de manière à ce que l'eau ne séjourne pas trop long-temps au pied de la Plante, sans quoi les feuilles inférieures se pourriraient et occasioneraient une grande perte dans les résultats. Lorsque la Plante a acquis tout son développement, c'est alors le temps de la couper. Le moment à préférer est celui où les fleurs commencent à se montrer, parce qu'alors les feuilles ont atteint toute la maturité nécessaire. Quand la saison a été bien favorable, comme l'Indigotier Anil est vivace, on fait quelquefois une seconde coupe deux mois après la première. Aussitôt que l'herbe est coupée, on doit l'enlever de terre et la transporter à l'usine pour y subir les préparations nécessaires à l'extraction de l'Indigo.

Extraction et préparation de l'Indigo. Cette branche d'industrie coloniale n'exige qu'une très-petite usine pour son exploitation. Il suffit de deux hangards, l'un destiné à la fabrication, et l'autre au dessèchement de l'Indigo. Sous le premier doivent se trouver trois cuves placées à la suite et tout près l'une de l'autre. Elles sont disposées de manière que l'eau renfermée dans la première peut, au moyen de robinets, s'écouler dans la seconde et de celle-ci dans la dernière. La première porte le nom de *trempoir* ou de *pourriture*, parce qu'on y dépose l'herbe de l'Indigotier, pour y subir le degré nécessaire de fermentation. On appelle la seconde la *batterie*, parce que l'eau, chargée des molécules colorantes enlevées par la fermentation, y est fortement battue. Enfin la troisième est le *reposoir*. Au pied du mur qui sépare le reposoir de la batterie, à l'endroit où est établie la communication entre ces deux cuves, est un petit bassin creusé dans le plan du reposoir au-dessus du niveau du fond de la batterie et destiné à recevoir la fécule qui en sort. C'est le *bassinet* ou *diablotin*, auquel on donne en général une forme arrondie ou ovale, qui se termine par un fond plus rétréci. Généralement le trempoir a une forme carrée, une largeur de neuf à dix pieds sur environ trois pieds de profondeur. Le sol des diverses cuves doit être incliné, de manière que l'écoulement des eaux soit facile et prompt, quand les issues sont ouvertes. La batterie doit toujours être plus longue que large, et son fond placé à environ trois pieds au-dessous de celui de la première cuve, et environ six pouces au-dessus de celui du reposoir.

A mesure que l'on coupe l'herbe à Indigo, on l'apporte et on la jette dans le trempoir. Quand celui-ci est bien rempli on y verse de l'eau, de manière à ce qu'il y en ait environ trois pouces pardessus l'herbe; on élève autour des parois de la cuve, au moyen de pieux et de planches jointes, de nouvelles parois destinées à retenir la Plante, quand, par suite de la fermentation, toute la masse se soulève, se gonfle et surpasserait les bords du trempoir sans l'ajoutage de planches dont on l'a surmonté. La fermentation est prompte et tumultueuse. On voit d'abord de grosses bulles d'air qui s'élèvent du fond de la cuve et viennent crever à sa surface. L'eau ne tarde pas à se teindre en une belle couleur verte, qui acquiert de plus en plus d'intensité. Au moment où la fermentation est à son plus haut point, la surface du liquide présente un reflet cuivré très-brillant qui bientôt est remplacé par une couche de matière épaisse et violette, mêlée d'écume.

On juge que la fermentation est complète et qu'il faut passer au second temps de l'opération, c'est-à-dire au battage, en sondant la cuve, c'est-à-dire en y puisant en différens endroits, avec une tasse d'argent bien lisse et bien claire, une certaine quantité du liquide contenu dans le trempoir. Quand par l'agitation de ce liquide dans la tasse, ce qui représente en quelque sorte le battage, la fécule se dépose au fond de la tasse en formant des grains bien liés, c'est alors le moment de couler le trempoir et de remplir la batterie. L'eau de fermentation doit alors offrir une couleur dorée, analogue à celle de l'eau-de-vie de Cognac. Cet instant est le plus important de la fabrication de l'Indigo. C'est lui qui décide du succès de l'opération. Si, en effet, la fermentation n'est pas entièrement achevée, ou si elle s'est prolongée trop long-temps, on n'obtient qu'un produit également défectueux. Il y a des nègres indigotiers, qui ont acquis assez d'habitude, par une longue pratique, pour juger parfaitement de l'état de la cuve, en en goûtant la liqueur.

Quand on a bien reconnu que la fermentation a suffisamment détaché de la Plante les grains de fécule colorante, il faut alors saisir ce moment pour faire écouler toute l'eau du trempoir dans la batterie. Il est fort difficile d'assigner précisément le temps nécessaire pour la fermentation. Sa durée dépend du degré plus ou moins avancé de la maturité des Indigotiers, et surtout de l'état de l'atmosphère. Quand le temps est chaud et pluvieux, dix ou douze heures de fermentation sont en général suffisantes. Il en faudra davantage si le temps est très-sec et surtout s'il est froid; mais, nous le répétons, il est impossible de fixer exactement l'espace de temps nécessaire pour ce premier temps de l'opération.

Quand l'eau du trempoir est réunie dans la batterie, on doit sur-le-champ procéder au battage. Il se fait au moyen de machines ou d'instrumens en forme de petites caisses carrées sans fond et sans couvercle, et qu'on nomme *busquets*. Ces busquets munis d'un manche en bois, sont mus chacun par un nègre ou ouvrier, qui l'élève et l'abaisse alternativement pour frapper le liquide. Ce moyen est le plus imparfait et le plus dispendieux, car il faut au moins trois busquets et par conséquent trois hommes pour chaque cuve. On a inventé différens moyens plus simples. Ainsi quelquefois on adapte à chaque batterie quatre busquets disposés en croix qui se meuvent par le moyen d'une bascule, qu'un seul homme met en mouvement. Mais le moyen le plus économique est celui d'un axe placé au-dessus de chaque cuve, armé de palettes en bois, disposées circulairement, et qu'on met en mouvement par le moyen d'un filet d'eau ou par une manivelle adaptée à l'une des extrémités.

L'opération du battage a pour objet de réunir en grains la matière colorante, que la fermentation a détachée du tissu végétal. Elle doit être faite d'une manière très-uniforme et continuée jusqu'à ce que le liquide laisse déposer le grain bien formé dans la tasse d'épreuve. Prolongé trop long-temps, le battage redissoudrait le grain qu'il aurait d'abord séparé.

Quand le battage est achevé, on laisse reposer la cuve pendant trois ou quatre heures au moins, afin que tout le grain, suspendu dans le liquide, ait le temps de se déposer au fond. La batterie est munie de trois robinets superposés et dont l'inférieur est placé au fond même de la cuve. On ouvre d'abord le robinet supérieur afin de n'occasioner aucune agitation au fond de la liqueur, puis le second robinet. Cette eau tombe dans le diablotin qu'elle remplit, puis se perd au dehors par l'ouverture du reposoir. Quand on a évacué toute l'eau de la batterie, il reste à son fond une pâte liquide d'un bleu noirâtre, que l'on prive autant que possible de son eau surabondante, en entr'ouvrant avec précaution le robinet inférieur. Quand la pâte est bien égouttée, on enlève l'eau qui s'est amassée dans le diablotin, on ouvre alors le robinet inférieur, afin que la fécule tombe dans ce récipient. On la prend alors avec des moitiés de calebasse, et on la place dans des sacs de toile pas trop serrée, que l'on suspend en l'air afin de faciliter l'égouttement. Celui-ci achevé, on verse la pâte qui est encore molle, dans des caisses plates, d'environ trois pieds de longueur, sur moitié de largeur, et deux pouces seulement de profondeur. Ces caisses sont ensuite portées sous le hangard nommé la sécherie. Là cette pâte se sèche et se fend en plusieurs morceaux, par le retrait que lui fait subir la dessiccation. Avant que la pâte ne soit entièrement sèche, on unit sa surface avec une sorte de truelle et on la divise par petits carreaux, que l'on laisse exposés au soleil, jusqu'à ce qu'ils se détachent d'eux-mêmes des caisses.

Lorsque l'Indigo est ainsi bien sec, sa préparation est achevée; mais néanmoins il n'est pas encore marchand; il faut avant le faire ressuyer. Pour cela on l'entasse dans de grandes barriques, et on l'y laisse pendant quinze jours ou trois semaines. Pendant ce temps il s'échauffe, subit une sorte de fermentation intestine, et se couvre d'une efflorescence blanchâtre. On le sèche de nouveau et il a alors acquis toutes les qualités nécessaires pour être livré au commerce.

Dans le commerce on distingue plusieurs sortes d'Indigo. Le plus estimé est celui qu'on appelle Indigo *Guatimala*, ou Indigo *Flor*. Il vient du Pérou. C'est lui qui donne la teinte la plus pure. L'Indigo de Saint-Domingue se distingue en deux variétés principales, le *bleu* et le *cuivré*. Ce dernier, lorsqu'on le frotte légèrement avec l'ongle, prend un aspect luisant et métallique. Enfin on tire aussi des Grandes-Indes, de la Caroline, et même d'Afrique, diverses sortes d'Indigo, que l'on distingue communément par le nom du pays d'où on les apporte; tels sont l'Indigo du Bengale, de Java, l'Indigo de Sarquesse, etc.

On a cherché à cultiver l'Indigotier en France. Des essais assez multipliés ont été faits il y a un certain nombre d'années aux environs de Perpignan et de Toulon. Mais quoique la Plante ait assez bien réussi, on a néanmoins été forcé de renoncer à sa culture, parce que les résultats et les produits ne compensaient pas les dépenses qu'exigeait ce nouveau genre de culture. Il en a été de même en Toscane. On a donc abandonné l'Indigotier, pour s'occuper exclusivement de perfectionner la culture du Pastel, qui fournit une matière colorante qui approche beaucoup de celle de l'Indigo. *V.* PASTEL. (A. R.)

INDIVIA OU ENDIVIA. BOT. PHAN. *V.* ENDIVE.

* INDOU. MAM. Pour Hindou. *V.* HOMME.

INDRI. *Indris.* MAM. Genre de Quadrumanes Lémuriens, voisin de celui des Makis, mais s'en distinguant très-bien par l'existence de quatre incisives seulement à chaque mâchoire; celles de la mâchoire supérieure sont séparées par paires: les deux intermédiaires ont le bord concave, les deux latérales convexe. Les incisives inférieures sont contiguës entre elles et remarquables surtout en ce qu'elles sont dirigées presque tout-à-fait horizontalement; les latérales sont arrondies à leur côté externe, et plus larges que les intermédiaires. Les canines, séparées par un petit intervalle des incisives, se distinguent peu des molaires, qui sont, suivant Illiger et Blainville, au nombre de cinq de chaque côté et à chaque mâchoire. Ce fait n'a pu être vérifié au Muséum, les mâchoires qu'on y conserve étant fort incomplètes. Les Indris ont la tête conique et allongée, le museau assez pointu, les narines terminales et sinueuses, les oreilles petites, les mamelles pectorales et au nombre de deux, et les membres postérieurs aussi longs que le corps; les ongles sont tous plats, à l'exception de celui du second doigt, qui est plus long et subulé.

Ce genre est formé de deux espèces, toutes deux découvertes à Madagascar par le voyageur Sonnerat, et réunies d'abord aux Makis: c'est Geoffroy Saint-Hilaire qui a fait voir le premier que cette réunion n'était pas fondée (*V.* Mag. Encycl., 1796), et qui a établi le nouveau genre Indri. Illiger a depuis (dans son *Prodr. Syst. Mamm. et Avium*) donné le même genre sous le nom de *Lichanotus*; mais le premier nom, celui d'Indri, a généralement prévalu.

L'INDRI A COURTE QUEUE, *Indris brevicaudatus*, Geoff. St.-H.; *Lemur Indris*, Gm., est l'espèce la plus connue. Son nom lui a été donné à cause de la brièveté de sa queue qui est à peine longue de deux pouces, quoique l'Animal, placé dans sa situation verticale, ait plus de trois pieds de hauteur. Dans cette espèce, la face et les flancs sont d'un blanc grisâtre; la partie interne des membres supérieurs est d'un blanc sale; la queue et une grande tache placée à son origine, sont aussi de cette couleur, enfin la région externe des membres, soit supérieurs, soit inférieurs, est d'un gris brunâtre assez foncé; le reste du pelage est généralement noirâtre, d'où le nom d'*Indris ater*, que Lacépède a donné aussi à cette même espèce. Le cri de l'Indri, suivant Sonnerat, ressemble à la voix d'un enfant qui pleure. Ses habitudes sont peu connues : on sait seulement qu'il est naturellement très-doux et intelligent; lorsqu'on le prend jeune, il est susceptible d'éducation, et même au point que les habitans de Madagascar viennent à bout de le dresser pour la chasse, suivant les relations de Sonnerat. Si ce fait est bien constaté, il en est peu qui montrent aussi bien quelle est la puissance de l'Homme pour modifier le naturel des êtres que son intelligence lui soumet. Quoi de plus remarquable en effet que de voir un Animal frugivore, un Quadrumane, qui, naturel et paisible habitant de la cime des arbres, paraissait comme affranchi de la domination humaine, être contraint cependant à poursuivre, au profit d'un maître, une proie vivante, à prendre, par l'éducation, des habitudes que la nature semblait avoir départies aux seuls Carnassiers, et à changer de mœurs, de même que s'il avait changé d'organisation! Le mot Indri, employé maintenant comme nom du genre, était d'abord propre à cette espèce : c'est en effet sous ce nom que Sonnerat l'a d'abord publiée, et c'est encore ainsi qu'on l'appelle à Madagascar. Les Madécasses lui ont sans doute donné ce nom à cause de son intelligence et des services qu'il leur rend. En effet, le mot Indri signifie, dans leur langue, Homme des Bois. Il faut remarquer, au reste, qu'il est peu de grands Quadrumanes qui ne soient connus sous un semblable nom, parmi les peuples des contrées qu'ils habitent.

L'Indri a longue queue, *Indris longicaudatus*, Geoff. St.-H., *Lemur laniger*, Gm., est la seconde espèce du genre : c'est le Maki fauve de Buffon et le Maki à bourre de Sonnerat. Ces noms lui viennent de la nature de son poil doux et laineux, et généralement d'une couleur fauve assez intense à la partie supérieure du corps, mais très-pâle en dessous. On remarque une tache blanche à la base de la queue, et une autre de couleur noire sur le front et sur le museau. L'Indri à longue queue a un pied de hauteur environ, et sa queue est aussi à peu près de cette longueur. Ses pieds de derrière ont le pouce réuni aux autres doigts par une petite membrane noire, et sa tête est un peu plus courte que celle de l'autre espèce. Ces détails, qu'on doit aussi à Sonnerat, forment à peu près tout ce qu'on sait de cet Animal, qu'on sera peut-être obligé de séparer de l'Indri à courte queue, quand on le connaîtra d'une manière moins incomplète. (IS. G. ST.-H.)

INDUSE ou INDUSIE. *Indusium.* BOT. CRYPT. (*Fougères.*) On appelle ainsi la portion d'épiderme ou membrane qui, dans la classe des Fougères, recouvre les groupes de sporules. Leur forme et leur mode d'insertion sont fort variables et servent principalement à caractériser les genres. C'est cette même partie que Necker appelle *Membranula* et Guettard *Glandes écailleuses*. En français on a quelquefois employé le mot de Tégument. *V.* FOUGÈRES. (A. R.)

INDUSIE. FOSS. C'est sous ce nom que l'on connaît certaines concrétions calcaires que l'on trouve auprès de Clermont en Auvergne, au sommet du puits de Jussac. Elles sont formées par des amas de petits tubes dans l'épaisseur desquels on trouve des grains de sable, ou de petites Paludines et jamais de corps marins, le tout réuni par une infiltration solide de Calcaire stalactiforme. Ces tubes, réunis quelquefois en assez grandes masses, sont le plus souvent parallèles les uns aux autres; d'autres fois entremêlés irrégulièrement, ils sont ouverts par une de leurs extrémités et fermés par l'autre; toutes ces circonstances jointes à leur longueur qui est d'environ un pouce, et leur diamètre qui est de quatre à cinq lignes, font penser que ces tuyaux ont été primitivement formés par des larves d'Insectes aquatiques, tels que les Friganes, et ensuite solidifiés et conservés par l'infiltration du carbonate calcaire; plusieurs personnes avaient pensé que ces tubes s'étaient formés sur des tiges de Plantes qui, détruites, auraient laissé leurs empreintes; mais la manière constante dont ces tubes sont fermés par l'une des extrémités empêche d'admettre cette opinion et rend la première bien plus probable. (D..H.)

INDUVIES. *Induviæ*. BOT. PHAN. Quelques auteurs ont donné ce nom aux parties de la fleur qui persistent et accompagnent le fruit à l'époque de sa maturité; tels sont le calice, des spathes, des involucres, etc. C'est dans ce sens que l'on trouve quelquefois les mots *Fructus induviatus*. (A. R.)

* INEMBRYONÉS (VÉGÉTAUX.) BOT. CRYPT. Le professeur Richard divisait l'ensemble des Végétaux en deux grands groupes, savoir : 1° ceux qui se reproduisent au moyen de graines et qui, par conséquent, sont pourvus d'un embryon; il les nommait *Embryonés*; 2° ceux qui se reproduisent par le moyen de corpuscules particuliers analogues aux gemmes ou bulbilles, qu'on nomme *Sporules*, qui sont par conséquent dépourvus d'embryon, et auxquels il donnait le nom d'*Inembryonés*. Ce nom nous paraît préférable à celui d'Acotylédones, parce qu'il exprime mieux la privation totale d'embryon, qui forme le caractère essentiel de ce groupe de Végétaux. Les Inembryonés correspondent exactement aux Cryptogames de Linné. (A. R.)

INEPTES. *Inepti*. OIS. Illiger nomme ainsi la famille dans laquelle il ne comprend que le Dronte. *V.* ce mot. (B.)

INÉQUITÈLES OU FILANDIÈRES. *Inequitelæ*. ARACHN. Tribu de l'ordre des Pulmonaires, famille des Aranéides, section des Dipneumones, ayant pour caractères : filières extérieures coniques, convergentes, disposées en rosette. Pieds très-grêles; les deux premiers, et ensuite les deux derniers ordinairement les plus longs. Mâchoires inclinées sur la langue, rétrécies ou du moins point élargies vers leur extrémité. Cette tribu comprend les genres Théridion, Scythode, Episine et Pholcus. *V.* ces mots. (G.)

* INERMES. ZOOL. BOT. Se dit par opposition d'armés ou d'épineux, des Animaux ou des Végétaux qui sont dépourvus de piquans. (B.)

* INERTES. *Inertes*. OIS. Seizième ordre de la méthode ornithologique de Temminck qui répond à peu près aux Ineptes d'Illiger. Caractères : bec de formes différentes; corps probablement trapu, couvert de duvet et de plumes, à barbes distantes; pieds retirés dans l'abdomen; tarse court; trois doigts dirigés en avant, entièrement divisés jusqu'à la base; doigt postérieur court, articulé intérieurement; ongles gros et acérés; ailes impropres au vol. Cet ordre ne comprend que deux genres : 1° le genre Apterix, 2° le genre Dronte; et encore n'y a-t-il jamais eu qu'une seule espèce connue de l'un de ces genres. (DR..Z.)

* INFALA. BOT. PHAN. (Burmann.) Syn. de *Nepeta Madagascariensis*, Lamk. (B.)

* INFANFARO. POIS. *V.* NAUCRATÈS.

* INFÈRE (OVAIRE.) BOT. PHAN. On appelle ovaire Infère celui qui, soudé par tous les points de sa périphérie avec le tube du calice, n'en est distinct que par son sommet qui est la seule partie visible au fond de la fleur. On a des exemples d'ovaire Infère dans les familles des Ombellifères, Rubiacées, Caprifoliacées, Orchidées, etc. L'ovaire peut présenter différens degrés d'adhérence avec le calice; ainsi il peut être seulement semi-infère ou même soudé par son

quart inférieur. Les genres Saxifrage et Mélastome présentent dans leurs nombreuses espèces ces différentes nuances. Il ne faut pas confondre avec l'ovaire Infère, les *ovaires pariétaux*. L'Inférité de l'ovaire nécessite toujours son unité. Mais quand on trouve plusieurs ovaires attachés à la paroi interne d'un tube calicinal, resserré à son ouverture, ces ovaires ne sont pas réellement Infères; ils sont pariétaux, comme, par exemple, dans le Rosier. *V*. OVAIRE. (A. R.)

INFÉROBRANCHES. MOLL. Nom proposé par Cuvier, pour une classe de Mollusques gastéropodes, qui comprend les genre Phyllidie et Diphyllide. *V*. ces mots et MOLLUSQUES. (D..H.)

INFLORESCENCE. *Inflorescentia*. BOT. PHAN. On entend, par le mot Inflorescence, la disposition générale ou arrangement que les fleurs affectent sur la tige ou les autres parties qui les supportent. Ainsi, quelquefois les fleurs naissent seule à seule, en différens points de la tige; on dit alors qu'elles sont *solitaires*, comme dans la Rose à cent feuilles, le Pavot des jardins, etc. Lorsqu'au contraire deux fleurs naissent d'un même point, elles sont *géminées*, comme dans le Camecerisier, la Violette biflore, etc. Elles sont *ternées* quand elles naissent au nombre de trois d'un même point, comme dans le *Teucrium flavum* par exemple. Enfin, si un grand nombre de fleurs naissent d'une des parties de la tige, en formant une sorte de bouquet ou de faisceau, on dit qu'elles sont *fasciculées;* si ce faisceau de fleurs naît du sommet même de la tige ou de la hampe, il reçoit le nom particulier de *sertule* ou ombelle simple, comme dans les Primevères, les Aulx, etc. Les fleurs considérées généralement peuvent être terminales ou latérales; *terminales*, quand elles occupent le sommet de la tige; *latérales*, lorsqu'elles naissent sur ses côtés. Afin d'abréger les descriptions, plusieurs modes d'Inflorescence ont reçu des noms particuliers qui évitent l'emploi de longues périphrases. Nous renvoyons, pour ces modes d'Inflorescence, aux mots : Epi, Grappe, Thyrse, Panicule, Corymbe, Cyme, Ombelle, Sertule, Verticille, Spadice, Chaton, Capitule. *V*. ces mots. (A. R.)

* INFUNDIBULIFORME (COROLLE.) BOT. PHAN. On appelle ainsi une corolle monopétale régulière, ayant un tube élargi vers sa partie supérieure, de manière à avoir quelque ressemblance de forme avec un entonnoir, par exemple celle du Tabac ordinaire. *V*. COROLLE. (A. R.)

INFUNDIBULUM. MOLL. (Denis de Montfort.) *V*. ENTONNOIR.

INFUSOIRES. *Infusoria*. ZOOL. On désigna, sous ce nom impropre, adopté dans les dernières éditions de Linné, un ordre de sa classe des Vers, dont Müller fut le vrai créateur, et qu'aujourd'hui nous élevons au rang des classes. Beaucoup de ces Animaux ne vivent pas même dans les infusions, mais tous sont invisibles à l'œil nu : aussi, pour les désigner, adopterons-nous désormais le nom de MICROSCOPIQUES. *V*. ce mot. (B.)

INGA. BOT. PHAN. Ce genre de la famille des Légumineuses et de la Polygamie Monœcie, L., avait été établi par Marcgraaff; Plumier l'adopta, mais Linné et Jussieu le réunirent au *Mimosa*. Willdenow l'a rétabli comme genre distinct, et, dans ces derniers temps, notre collaborateur Kunth l'a caractérisé d'une manière parfaite dans son magnifique ouvrage intitulé : Mimeuses et autres Légumineuses du Nouveau Continent, p. 35. Voici quels sont les caractères de ce genre : ses fleurs sont polygames, disposées en têtes ou en épis ovoïdes, solitaires ou réunis. Le calice est tubuleux, évasé, persistant, ordinairement à cinq, plus rarement à deux, trois ou quatre divisions. La corolle est monopétale, hypogyne, tubuleuse ou subinfundibuliforme, ayant son limbe partagé en quatre ou cinq lobes lancéolés aigus, égaux entre eux; ces lobes sont rapprochés latéralement en forme de valves avant l'épanouissement de la fleur. Les étamines sont généralement très-nombreuses, saillantes au-dessus de la corolle et formant de belles houppes blanches ou rouges. Les filets sont très-grêles, réunis ensemble par leur base et formant un tube. Les anthères sont très-petites, globuleuses, didymes, à deux loges s'ouvrant par un sillon longitudinal. L'ovaire est libre, linéaire, allongé, souvent stipité à sa base, se continuant à son sommet avec un style filiforme, de la même longueur que les étamines, qui se termine par un petit stigmate déprimé. Le fruit est une gousse très-allongée, étroite, comprimée, uniloculaire, bivalve, contenant plusieurs graines lenticulaires, environnées d'une pulpe abondante, comme dans un grand nombre de Casses.

Ce genre se compose d'un assez grand nombre d'espèces, dont les onze douzièmes à peu près sont originaires du continent et des îles de l'Amérique méridionale. Ce sont des Arbres ou de simples Arbrisseaux, quelquefois armés d'épines; leurs feuilles sont alternes, toujours paripinnées, tantôt simplement pinnées ou décomposées. Toutes les espèces de ce genre sont remarquables par la beauté de leur feuillage et de leurs fleurs. Dans l'ouvrage que nous avons cité précédemment, le professeur Kunth en a décrit et figuré douze espèces. Nous ne mentionnerons ici que les suivantes.

Inga vrai, *Inga vera*, Willd., Sp. 4, p. 1010; *Mimosa Inga*, L. C'est un grand et bel Arbre dépourvu d'épines, originaire de l'Amérique méridionale. Ses feuilles sont paripinnées, composées ordinairement de cinq paires de folioles ovales oblongues, acuminées et glabres, placées sur un pétiole plane, membraneux, aliforme, articulé et rétréci à chaque articulation. Les fleurs sont blanches disposées en épis; leur corolle est velue. La gousse est allongée, falciforme, pubescente et sillonnée.

Inga éclatant, *I. fulgens*, Kunth, *loc. cit.*, T. II. Belle espèce trouvée par Humboldt et Bonpland, auprès de la ville de Honda, dans le royaume de la Nouvelle-Grenade. Elle est également dépourvue d'épines. Ses feuilles se composent de deux ou trois paires de folioles obovales allongées, arrondies aux deux extrémités, coriaces, glabres, luisantes, sinueuses sur leur bord, portées sur un pétiole dilaté et membraneux. Les fleurs, d'un rouge éclatant, forment des épis allongés, disposés en panicule. Les corolles sont velues.

Inga orné, *Inga ornata*, Kunth, *loc. cit.* (*V.* planches de ce Dictionnaire). Cette magnifique espèce se distingue de la précédente par ses feuilles composées de cinq paires de folioles elliptiques allongées, aiguës, sinueuses sur les bords, et par ses fleurs dont les étamines, d'un beau rouge, forment des houppes d'environ deux pouces de hauteur. Elle a été recueillie par Humboldt et Bonpland, dans la vallée du fleuve Cauca, dans le district de Popayan. (A. R.)

* INGAMBE. ois. Espèce du genre Perroquet, section des Perruches. *V.* Perroquet. (DR..Z.)

* INGENHOUSIE. *Ingenhousia.* bot. phan. Genre de la famille des Malvacées, établi par Mocino et Sessé dans le manuscrit de leur Flore du Mexique, et publié par De Candolle (*Prodr. Syst.* 1, p. 474) qui le caractérise ainsi : calice nu à trois divisions profondes, ovales, lancéolées, acuminées; corolle formée de cinq pétales; urcéole staminal ou androphore campanulé; style simple. Ce genre, encore fort imparfaitement connu, se compose d'une seule espèce, *Ingenhousia triloba*, D. C., *loc. cit.* C'est une Plante originaire du Mexique, ayant le port d'un Cotonnier, des feuilles pétiolées à trois lobes ovales, lancéolés, aigus, entiers; des fleurs purpurines mêlées de jaune, portées sur des pédoncules opposés aux feuilles. (A. R.)

INGRAIN. BOT. PHAN. L'un des noms vulgaires de l'Epautre. *V.* FROMENT. (B.)

INGUINALIS. BOT. PHAN. Syn. ancien du *Buphthalmum spinosum*, de l'*Aster atticus* et de l'*Aster Inula*. (B.)

INGUINARIA. BOT. PHAN. (Pline.) Syn. de *Valantia cruciata*. (B.)

INHAME. BOT. PHAN. Syn. d'Igname. *V.* ce mot et DIOSCORÉE. (B.)

INHAZARAS. MAM. L'Animal désigné sous ce nom dans Purchas paraît être un Fourmilier de la côte de Zanguebar. (B.)

* INNINGA. BOT. PHAN. Syn. de Bananier en Ethiopie. (B.)

* INNIL. BOT. PHAN. (Feuillée.) Nom de pays, au Pérou, de l'*Œnothera prostrata*. (B.)

INOCARPE. *Inocarpus*. BOT. PHAN. Genre établi par Forster, et que Jussieu a placé à la suite des Sapotées. Voici les caractères qu'on lui assigne généralement : son calice est monophylle, à deux lobes; sa corolle monopétale, tubuleuse; son tube est de la hauteur du calice; son limbe est à cinq ou six divisions linéaires et ondulées. Les étamines, en nombre double des lobes de la corolle, ont leurs filets très-courts, disposés sur deux rangs superposés, et leurs anthères dressées et didymes. L'ovaire est libre et velu, terminé par un stigmate concave et sessile; il devient une grande drupe comprimée, terminée par une pointe recourbée et un peu latérale, fibreuse, à une seule loge contenant une seule graine. Celle-ci, dénuée d'endosperme, est très-comprimée, un peu cordiforme, formée par un embryon renversé.

Ce genre se compose d'une seule espèce, *Inocarpus edulis*; Forst., Gen., p. 66; Gaertner fils, p. 115, 199 et 200. C'est un Arbre élevé dont le tronc acquiert la grosseur du corps. Ses feuilles sont alternes, distiques, pétiolées, ovales-oblongues, un peu échancrées en cœur à leur base, quelquefois aussi à leur sommet; elles sont très-entières, veinées, au moins de la longueur de la main. Les fleurs sont pédonculées, axillaires et solitaires, d'un blanc sale. Cet Arbre croît aux îles de l'océan Austral, où les habitans des îles des Amis, de la Société, de la Nouvelle-Guinée, des Nouvelles-Hébrides et des Moluques, mangent son amande qui a à peu près le même goût que la Châtaigne. (A. R.)

*INOCÉRAME. *Inoceramus*. MOLL. Ce genre établi par Sowerby dans son *Mineral Conchology*, renferme des Coquilles fort curieuses par leur structure. Semblables par la contexture fibreuse aux Pinnigènes de Saussure, elles en diffèrent essentiellement par la charnière qui les place près des Pernes et des Crénatules. Brongniart a proposé dans ce genre deux coupes, dont une seule a été adoptée : ce sont les genres *Catillus* et *Mytiloides*; c'est ce dernier que l'on a reconnu depuis pour être un *Catillus* (*V.* CATILLUS au Suppl.). Ce qui différencie principalement ces deux genres, c'est la contexture du test, car pour la charnière elle offre peu de différence. Ceux des Inocérames de Sowerby qui sont fibreux constituent le genre *Catillus*; ceux au contraire qui sont formés de lames, comme les Huîtres, restent dans le genre Inocérame; alors ce nom ne reçoit plus son application puisqu'il signifie coquille fibreuse. C'est avec les Pernes que les Inocérames ont le plus de rapport; leur charnière crénelée, quoique plus oblique et plus étroite, devait porter un ligament divisé, mais ce qui les en sépare, c'est l'inégalité considérable des valves, la proéminence des crochets et leur obliquité. Férussac en adoptant ce genre dans ses Tableaux systématiques, l'a placé dans la famille des Malléacées, avec les Marteaux, les Vulselles et les Pernes, comme Sowerby lui-même l'avait dit. De Blainville a eu la même opinion, comme on peut le voir dans son article *Mollusque* du Dictionnaire des

Sciences Naturelles; mais cet auteur a admis le genre *Catillus* de Brongniart, ce que n'avait pas fait Férussac. Latreille n'a mentionné ni l'un ni l'autre de ces genres dans son dernier ouvrage (Familles Naturelles du Règne Animal). Sowerby caractérise ainsi son genre Inocérame : coquille bivalve, libre, plus ou moins inéquilatérale, irrégulière, inéquivalve; charnière marginale, subcylindrique, munie d'un bourrelet sillonné transversalement et portant un ligament multiple; crochets saillans recourbés vers la charnière. Deux espèces peuvent se rapporter avec certitude aux *Inoceramus* : ce sont les suivantes.

INOCÉRAME CONCENTRIQUE, *Inoceramus concentricus*, Sow., *Mineral Conchol.*, pl. 305, fig. 1 à 6; Parkinson, Trans. de la Société Géol. de Londres, T. V, pag. 68, et tab. 1, fig. 4. Coquille fort mince, lamelleuse, offrant des ondulations concentriques, ayant une valve beaucoup plus grande que l'autre, et présentant dans certaines localités des vestiges de son test nacré; elle se trouve en Angleterre, dans les Argiles bleues de Folkstone, et en Russie auprès de Moscou, dans un terrain salifère.

INOCÉRAME SILLONNÉ, *Inoceramus sulcatus*, Sow, *Mineral Conch.*, tab. 306, fig. 1 à 7; Parkinson, *loc. cit.*, tab. 1, fig. 5. Essentiellement différent du précédent par sept à huit grosses côtes divergentes du sommet à la base. (D..H.)

* INODERMA. BOT. CRYPT. (*Lichens.*) Sous-genre des Verrucaires d'Achar; quatre espèces reléguées vers la fin du genre le constituent: ce sont les *Verrucaria spongiosa*, *epigea*, *velutina* et *byssacea* qui sont et ont été décrites par Persoon, Bernhardi et Weigel comme étant des *Sphæria*. Le caractère de ce sous-genre est d'avoir un thallus mollasse, sous-spongieux ou formé par un même byssoïde. Mieux connu, le sous-genre *Inoderma* pourra peut-être constituer un genre. (A. F.)

INOLITHE. MIN. Selon Ferber, les minéralogistes d'Italie appellent ainsi le Gypse strié, tandis que Gallitzin donne le même nom à une variété de Chaux carbonatée, concrétionnée et fibreuse. *V.* CHAUX CARBONATÉE. (A. R.)

INOPHYLLE. *Inophyllum.* BOT. PHAN. Syn de Tacamahaka, espèce du genre Calophylle. *V.* ce mot. (B.)

* INOPSIS. BOT. PHAN. Pour *Ionopsis*. *V.* IONOPSIDE. (A. R.)

INORGANIQUES (CORPS.) *V.* notre Tableau des cinq règnes au mot HISTOIRE NATURELLE. (B.)

* INQUIETTE. INF. Espèce du genre Histrionelle. *V.* ce mot. (B.)

INSECTES. *Insecta.* Ce nom, appliqué (Règn. Anim. de Cuv.) à la troisième classe des Animaux articulés, embrassait autrefois un bien plus grand nombre d'êtres; on le donnait indistinctement à tous les Animaux privés d'un squelette intérieur et offrant un corps divisé en un plus ou moins grand nombre d'incisions ou d'articulations. Aristote et Pline lui accordaient ce sens, à quelques restrictions près, car ils distinguaient les Crustacés des Insectes. Swammerdam et Ray adoptèrent la définition des deux auteurs anciens; mais ils réunirent aux Insectes le nombreux embranchement des Vers, ce qu'il n'est pas certain qu'ait fait Aristote. Linné en sépara positivement ces derniers; mais il associa les Crustacés aux Insectes en les plaçant dans l'ordre des Aptères avec les Araignées et les Scolopendres. Depuis Linné on a beaucoup restreint les limites de la classe des Insectes. Brisson, Cuvier, Lamarck, Latreille, Savigny, Duméril, Blainville ont présenté successivement diverses méthodes qui ont apporté dans la science d'importans changemens. (*V.* ENTOMOLOGIE.) En général, on comprend aujourd'hui sous le nom d'Insectes tous les Articulés (*V.* ce mot), ayant pour caractères distinctifs, principalement à l'état parfait : tête distincte, munie d'une paire d'antennes; yeux composés, toujours immobiles, et quelquefois en même temps des yeux simples ou stemmates; une bouche pourvue ordinairement de trois pièces paires opposées; un canal intestinal auquel on distingue plusieurs parties ayant des fonctions propres, et des organes accessoires, tels que les vaisseaux biliaires faisant fonction de foie, et quelquefois des vaisseaux salivaires; des trachées répandues dans tout le corps, aboutissant à des ouvertures extérieures nommées stigmates, lesquels sont situés de chaque côté du corps et dans toute sa longueur; point de cœur, mais simplement un vaisseau dorsal sans division à ses extrémités; un système nerveux ganglionnaire, situé sur la ligne moyenne et inférieure du corps; corps divisé en un assez grand nombre de segmens ou anneaux flexibles, élastiques, d'une consistance ordinairement assez solide; plusieurs de ces anneaux munis de pates, en général au nombre de six, et alors des ailes; quelquefois vingt-quatre pieds et au-delà (*Myriapodes*); des métamorphoses ou changemens de peau; les sexes séparés; la génération, en général, ovipare.

On a beaucoup écrit à une certaine époque pour faire apprécier l'utilité de la science des Insectes et pour la défendre du dédain qu'on affectait pour son étude. Aujourd'hui que toutes les branches de l'histoire naturelle sont cultivées avec un égal succès et que leur liaison intime est démontrée nécessaire, il est à peu près inutile d'accumuler des preuves qui chaque jour deviennent plus nombreuses pour fixer son degré d'importance. Nommer le Ver à soie, la Cochenille, la Cantharide, l'Abeille, c'est dire que l'agriculture, l'industrie et le premier des arts, la médecine, trouvent dans les Insectes de grandes richesses et de précieux secours. Citer ensuite les Charansons, les Sauterelles, les Termès, les Teignes, un grand nombre de larves et d'espèces qui détruisent à leur profit ce que nous avons produit à grands frais, qui se nourrissent de nos fruits les plus savoureux, des Végétaux les plus nécessaires à notre existence, qui attaquent les richesses contenues dans nos greniers et changent en des tas de poussière des monceaux de grains, c'est faire sentir la nécessité de suivre le mode de reproduction et les ruses de ces ennemis redoutables pour arriver à quelque moyen de s'en préserver ou de les détruire. Ajouter enfin que la structure de ces petits êtres est tellement singulière, leurs fonctions si variées et leurs mœurs si curieuses, que les connaissances générales d'anatomie seraient incomplètes et les idées physiologiques très-inexactes si on ignorait cette organisation; c'est avouer que la connaissance des Insectes est intimement liée avec les sciences les plus élevées.

Nous avons exposé ailleurs (article ENTOMOLOGIE) les changemens successifs qu'a subis la science quant à la classification ou la distribution méthodique des divers êtres qui en sont l'objet; nous nous attacherons à réunir ici quelques données générales sur l'organisation des Insectes, et nous partagerons cette étude en autant de divisions qu'il y a de systèmes d'organes. Ainsi nous passerons en revue l'*enveloppe extérieure* ou le *système solide*, le *système nerveux*, les *organes des sens*, le *système respiratoire*, le *système circulatoire* ou le *vaisseau dorsal* qui le représente, le *tissu adipeux* à l'occasion duquel nous parlerons de la *nutrition*, le *système digestif* et ses dépendances, le *système des sécrétions* et le *système générateur* auquel nous rattacherons l'*accouplement* et la *fécondation*. L'anatomie des Insectes ne se compose encore que de quelques faits particuliers, et les espèces qui restent à étudier sont des milliers de fois plus nombreuses que celles observées jusqu'à ce jour. De plus les recherches qu'on a tentées ont offert tant et de si curieuses différences, qu'en calculant ce qui reste à faire, on est arrêté dans le projet qu'on pourrait avoir de les réunir dès à présent dans un corps de doctrine et de les grouper pour en déduire des règles et des principes généraux. Ce n'est pas non plus ce que nous avons la prétention de faire, surtout dans un article abrégé. Nous nous bornerons donc à des aperçus qui seront vrais pour un plus ou moins grand nombre d'Insectes et non pour tous. Ces données, nous les avons puisées dans les ouvrages de Malpighi, de Swammerdam, de Réaumur, de Degéer, de Cuvier, de Latreille, de Savigny, de Blainville, de Duméril, de Marcel de Serres, de Tréviranus et de Léon Dufour. Nous avons employé aussi quelques-uns des matériaux que nous ne cessons d'amasser nous-mêmes depuis plusieurs années pour arriver un jour à offrir un grand ensemble sur l'anatomie des Animaux articulés.

De l'enveloppe extérieure ou du système solide.

Sous un certain rapport, les parties dures sont aux Insectes ce que le squelette est aux Animaux vertébrés; elles soutiennent leur corps, elles en sont la charpente. L'anatomie transcendante pourrait, il est vrai, envisager le squelette sous un tout autre point de vue et déterminer à quelle partie des Animaux plus élevés il correspond. Geoffroy Saint-Hilaire et Blainville ont abordé cette question; le premier en comparant d'une manière directe le système corné des Insectes au système osseux des Animaux vertébrés, et le second en établissant une comparaison également directe entre ce système corné et la peau. L'opinion de Blainville est l'opinion avouée de la plupart des anatomistes tant anciens que modernes: celle de Geoffroy, au contraire, offre les caractères de la nouveauté, et elle en subira probablement toutes les conséquences, c'est-à-dire que, sans nier l'exactitude de son observation, on attendra, pour adopter sa théorie, que les faits nombreux qu'elle embrasse aient éprouvé successivement un sévère examen. Quoi qu'il en soit de ce retard, il n'en est pas moins vrai que la confirmation de cette importante découverte profitera à la science et que la gloire en reviendra tout entière à son auteur. Nous avons exposé ailleurs (article Crustacés) les données qui servent de base à cette nouvelle théorie.

Le squelette des Insectes peut être étudié sous plusieurs rapports. Sa composition chimique a été déterminée par Auguste Odier (Mém. de la Soc. d'Histoire Natur. T. 1, p. 29). Les chimistes avaient analysé avec beaucoup de soin les parties solides ou les os des Animaux vertébrés. Ils s'étaient attachés à reconnaître la nature de leurs poils et de divers autres organes désignés sous les noms de corne, d'ongle, de sabot; mais aucun n'avait porté ses recherches sur l'enveloppe extérieure des Insectes, qu'on avait cependant comparée, à cause de son aspect, au système corné des Animaux supérieurs. Nulle autre preuve que cette ressemblance ne venait à l'appui de ce rapprochement, bien qu'un travail très-spécial, celui de Robiquet, eût jeté quelque jour sur certains produits de l'enveloppe des Cantharides. Odier a d'abord pris pour objet de ses recherches les élytres du Hanneton, et il a choisi de préférence ces parties, parce qu'elles sont dégagées de matières étrangères, telles que les poils et les muscles. Le résultat de son analyse a été de lui trouver une composition assez compliquée. Il a constaté la présence: 1° de l'Albumine; 2° d'une matière extractive soluble dans l'eau; 3° d'une substance animale brune soluble dans la Potasse et insoluble dans l'Alcohol; 4° d'une huile colorée soluble dans l'Alcohol; 5° de trois sels qui sont le sous-carbonate de Potasse, le phosphate de Chaux et le phosphate de Fer; 6° enfin d'une nature particulière formant le quart en poids de l'élytre. L'albumine qu'il a d'abord trouvée se rencontre dans un si grand nombre d'organes, qu'il est naturel de ne pas la voir manquer ici. Elle n'a pas fixé particulièrement l'attention de l'auteur, non plus que la matière extractive soluble dans l'eau, et la substance animale brune soluble dans la Potasse et insoluble dans l'Alcohol; ces substances se trouvaient d'ailleurs en fort petite quantité. L'huile méritait d'être examinée avec soin; Robiquet l'avait vue de couleur verte dans la Cantharide; Odier l'a trouvée brune dans le Hanneton, rouge dans les Criocères, et comme chacun de ces Insectes est exactement de la même teinte que cette huile, il est naturel de conclure que c'est elle qui donne la couleur à l'Animal. Quant aux nuances variées et brillantes des ailes des Papillons, il serait possible de leur assigner une autre cause en supposant une décomposition des rayons lumineux opérée par les nombreux tranchans et les aspérités qu'un très-fort microscope permet de distinguer sur chaque petite écaille; mais il se pourrait aussi que ces dernières eussent en outre une couleur propre. Quoi qu'il en soit, l'huile diversement colorée est située à la surface extérieure de l'élytre, et il est très-aisé de l'enlever en grattant celle-ci très-légèrement; on voit alors au-dessous une teinte plus ou moins brune. Parmi les trois sels, il paraîtrait que le phosphate de Fer se rencontre plus spécialement dans les poils et qu'il les colore. La matière la plus importante et la plus curieuse est sans contredit celle qui forme le quart en poids de l'élytre. Odier lui donne le nom de CHITINE. *V.* ce mot. Elle diffère essentiellement des poils des ongles et des cheveux, et c'est elle qui forme réellement la charpente des Insectes. Si l'on plonge un Insecte, par exemple le Scarabé nasicorne, dans une dissolution de Potasse, et qu'on l'entretienne à un certain degré de chaleur, on voit que le squelette de l'Insecte ne se dissout pas et ne change pas de forme; seulement après l'opération il est décoloré, tous les viscères et les muscles de l'intérieur ont disparu, et ce qui reste de l'Animal est de la Chitine. Cette substance existe donc dans toute l'enveloppe de l'Insecte; la partie membraneuse des ailes l'offre dans toute sa pureté, on la retrouve encore dans la carapace des Crustacés.

Envisagée sous le rapport de la forme, du développement général, de la figure, du nombre et de l'accroissement des pièces qui entrent dans la composition, l'enveloppe extérieure donne lieu à d'importantes considérations. L'Insecte, suivant qu'il est larve, nymphe ou à l'état parfait, nous offre des différences notables dans son enveloppe extérieure; et il est bien digne de remarque, que ces nombreuses différences d'un même individu à ses trois états, ne résultent en dernière analyse que du plus ou moins grand développement des anneaux qui le composent. C'est un fait démontré, pour d'autres organes, par les travaux de Swammerdam et de quelques modernes sur l'anatomie des Chenilles, ainsi que par les belles recherches de Savigny (Mémoire sur les Animaux sans vertèbres), sur la bouche des Lépidoptères comparée à celle de la Chenille. Dans la larve, en effet, chaque segment est resté dans un développement à peu près uniforme, tandis que chez l'Insecte parfait plusieurs ont pris un accroissement prodigieux. Telle est la cause du peu de similitude qu'on observe entre leur enveloppe extérieure à chacun de leurs âges.

La nymphe ou chrysalide est intermédiaire aux deux périodes; elle en est la transition, et présente, comme la larve, des anneaux simples qui cependant n'ont plus entre eux la même uniformité. Cette uniformité est d'autant moins grande, que l'Animal est plus rapproché de l'époque de sa dernière transformation.

L'Insecte parfait est le terme de ces changemens; il en est le but. Considéré d'une manière générale, son squelette ne diffère de celui de la larve, que parce que les trois segmens qui suivent la tête ont acquis plus de volume, afin de supporter des appendices qui dans le premier âge étaient rudimentaires et cachés quelquefois à l'intérieur. De cet accroissement, résultent les différences notables qu'il y a entre le thorax et l'abdomen, différences qui disparaissent à mesure qu'on examine l'Animal à une époque plus rapprochée du moment de sa naissance; de telle sorte que les Insectes à métamorphose quelconque, se ressemblent d'autant moins qu'ils sont plus voisins de leur état parfait; c'est alors seulement qu'on observe des modifications classiques, génériques et spécifiques, bien tranchées; à l'état de larve, ces caractères ne pouvaient être que très-difficilement saisis. Dans l'Insecte parfait, les proportions relatives de certains segmens sont disproportionnées au point qu'on ne reconnaît plus de premier, de second, de troisième anneau, etc.; mais qu'on distingue une tête, un tronc et un abdomen qui ont chacun des caractères propres.

A travers les apparences si diverses que présente alors le système extérieur des Insectes, nous sommes arrivés, par une étude approfondie, à déterminer: 1° que ce squelette est formé d'un *nombre déterminé de pièces* distinctes ou soudées intimement entre elles; 2° que dans plusieurs cas, les unes diminuent ou disparaissent réellement, tandis que les autres prennent un développement excessif; 3° enfin que les différences qu'on remarque entre les espèces de chaque ordre, de chaque famille et de chaque genre, peuvent toutes s'expliquer par l'accroissement ou l'état rudimentaire qu'affectent simultanément telles ou telles pièces. Cette conséquence générale qui résulte d'observations nombreuses, comprend la série incohérente des anomalies qui ne sont réputées telles que parce que jusqu'à présent on n'a pas embrassé, dans les travaux anatomiques, la totalité des Animaux articulés, et qu'on s'est fort peu occupé d'analyser comparativement les parties qui entrent dans la composition de leur squelette; en effet, tous ces prétendus écarts de la nature ne sont que des accroissemens variés et insolites de pièces qu'on retrouve ailleurs avec un volume, une forme et des usages fort différens.

Le système solide est formé par la réunion de plusieurs parties; elles n'ont pas reçu de nom général, et tandis qu'on dit dans les Animaux vertébrés qu'il est formé d'*os*, on est obligé de dire, dans les Insectes, qu'il est composé de *pièces*. De plus, chaque os dans les Animaux vertébrés a reçu un nom spécial, tandis que dans les Insectes la plupart des pièces sont restées jusque dans ces derniers temps ignorées ou incomplétement connues. La connaissance de ce système solide des Insectes, est donc bien moins parfaite que celle du squelette des Animaux vertébrés, et cependant son étude est indispensable et de la plus haute importance, puisqu'étant tout-à-fait extérieur il constitue à lui seul le *facies* des individus. Toutefois on lui a distingué dans l'Insecte parfait trois parties: la *tête*, le *tronc* et l'*abdomen*.

La tête, quelquefois confondue avec le corps dans la larve, est toujours distincte à l'état parfait; on remarque alors qu'elle constitue une masse en général arrondie plus ou moins développée tantôt transversalement, tantôt dans le sens de la longueur. Elle est formée par des parois assez solides n'offrant le plus souvent aucune trace de soudure, de sorte qu'au premier aspect on la croirait très-simple; mais un œil exercé ne tarde pas à découvrir qu'elle résulte de l'assemblage de plusieurs segmens dont nous ne saurions encore déterminer le nombre. Si on poursuit l'examen comparatif, on ne peut méconnaître que les antennes, les mandibules, les mâchoires et les lèvres ne soient les appendices des anneaux dont elle se compose, et l'analogie de ces appendices avec ceux que supporte le thorax n'est pas douteuse. Les yeux eux-mêmes pourraient bien être regardés comme des appendices, ils en ont du moins l'apparence dans une classe voisine, les Crustacés, où ils sont quelquefois longuement pédiculés, et certains Insectes Diptères, les Diopsis, en ont d'assez semblables. Quoi qu'il en soit, ces diverses parties de la tête varient singulièrement. Les antennes, connues de tout le monde, sont les plus distinctes; elles consistent en des filets articulés, quelquefois très-longs, d'autres fois fort grêles, étendus ou excessivement réduits. Nous avons eu occasion d'en parler ailleurs. (*V.* ANTENNES.) Elles sont situées dans le voisinage des yeux, organes importans et curieux sur lesquels nous entrerons plus loin dans quelques détails. La tête supporte la bouche que nous examinerons en traitant de la digestion. On distingue aussi à la tête un front qui en est la partie la plus élevée, une face qui se continue avec ce dernier, des joues qui s'observent sur les côtés et dont l'existence ainsi que les limites ne sont pas très-bien déterminées. Il n'en est pas de même du chaperon ou épistome, qui est une pièce bien distincte, s'articulant d'une part avec le front ou la face, et de l'autre avec la lèvre supérieure qu'il recouvre et remplace plus d'une fois. En arrière la tête est jointe, soit par un prolongement ou col, soit à l'aide d'une cavité arrondie, profonde et creusée en entonnoir, soit enfin au moyen d'une simple membrane, avec ce premier anneau du thorax, connu sous le nom de corselet. La tête, dans la position naturelle, est verticale, comme dans les Sauterelles, les Libellules, etc.; ou bien elle est plus ou moins oblique et presque horizontale, comme dans certains Coléoptères, les Carabiques, les Cétoines, plusieurs Charansons. La tête termine le corps de l'Animal en avant. L'abdomen (*V.* ce mot et SQUELETTE) finit le corps en arrière; il s'articule de diverses manières avec le tronc ou thorax. Son organisation est fort peu compliquée : il est composé d'anneaux simples, c'est-à-dire sans aucune division bien apparente de pièces constituantes; ces anneaux vont en décroissant et le dernier embrasse l'anus et les ouvertures extérieures des organes de la génération auxquelles il s'associe fort souvent. Au reste il n'offre jamais de pates locomotrices, mais constamment des ouvertures respiratoires latérales, nommées stigmates. La connaissance de cette partie est assez facile à saisir; il n'en est pas de même du tronc; celui-ci est la partie principale de l'être, celle qui constitue véritablement l'Insecte parfait. Il contient les organes actifs du mouvement et supporte les organes passifs; il est surtout remarquable par le grand nombre de pièces qui concourent à sa formation et dont on n'a qu'une idée très-inexacte. Nous allons entrer à son égard dans quelques détails.

On a nommé tronc la partie du corps qui se trouve entre la tête et l'abdomen; on a distingué ensuite dans le tronc le corselet, la poitrine, le sternum, l'écusson, etc.

Mais la division la plus naturelle est celle en trois segmens. En effet, le tronc des Insectes, quelque forme qu'il affecte, est toujours divisible en trois anneaux, bien que ceux-ci soient distincts ou confondus, libres ou soudés entre eux. Olivier appelle corselet (thorax) le premier segment; mais dans l'application zoologique qu'il en fait, il donne ce nom à la partie supérieure de la poitrine. Remarquons, au reste, que peu d'auteurs sont d'accord sur l'acception que l'on doit donner au mot corselet. Les uns ont considéré comme tel le premier segment du tronc dans les Coléoptères, les Orthoptères, plusieurs Hémiptères; les autres ont entendu par-là toute la partie supérieure contenue entre la tête et l'abdomen, tandis qu'inférieurement ils ne l'appliquaient plus qu'à la partie placée entre la tête et la poitrine, placée entre la tête et la poitrine; plusieurs enfin ont nommé Corselet le Dos de la poitrine, c'est-à-dire l'espace compris entre le premier segment du tronc et l'abdomen. C'est ici le lieu, nous pensons, de faire connaître une nomenclature basée sur quelques principes solides, et d'adopter des noms admissibles dorénavant dans l'étude de l'anatomie et de la classification.

Latreille substitue le mot Thorax qu'on ne traduit pas en français, à la dénomination impropre de Tronc; il le divise en trois segmens qui doivent prendre chacun un nom particulier. On nomme *Prothorax* le premier segment, et si on voulait le traduire, on pourrait conserver en français les expressions de Corselet et de Collier dont Latreille s'est toujours servi pour le désigner. Le deuxième segment porte le nom de *Mésothorax*. Enfin le troisième segment s'appelle *Métathorax*, mot employé à peu près dans le même sens par Kirby et Latreille. Le Prothorax, le Mésothorax et le Métathorax réunis constituent le *Thorax;* la connaissance de ce dernier ne sera donc complète que lorsque nous aurons étudié séparément les parties de son ensemble. Il est toujours formé, dans la série des Insectes hexapodes, de ces trois segmens, bien que ceux-ci aient des proportions relatives ordinairement opposées. Ici, c'est le Mésothorax qui est le plus accru; là, c'est le Métathorax; ailleurs, c'est le Prothorax. Chacun d'eux cependant est composé des mêmes élémens de parties, et en connaître un, c'est connaître les deux autres; aussi pouvons-nous énumérer tous ces élémens et indiquer leurs connexions, sans crainte de rencontrer des cas particuliers qui détruiraient ce que nous allons poser en principe général. En nous énonçant de cette manière, nous ne voulons pas dire que les mêmes pièces se retrouvent toutes dans chaque segment; car, dans ceux qui sont rudimentaires, plusieurs d'entre elles ont une existence douteuse ou même ont disparu entièrement; dans d'autres cas, elles sont intimement soudées, et ne constituent, en apparence, qu'une seule pièce; mais nous prétendons qu'abstraction faite des modifications qu'entraîne l'état rudimentaire ou de soudure intime, l'anneau thoracique est composé des mêmes parties, c'est-à-dire que s'il était plus développé et les pièces visibles, celles-ci seraient, quel que soit leur nombre, dans les rapports qu'on leur observe lorsqu'elles se rencontrent toutes.

On distingue dans chaque segment une partie *inférieure*, deux parties *latérales* et une partie *supérieure*.

§ I. Une pièce unique constitue la partie inférieure; c'est le *Sternum*. Il n'est pas une simple éminence accidentelle, ne se rencontrant que dans quelques espèces; il se retrouve dans tous les Insectes, et forme une pièce à part, plus ou moins développée, souvent distincte, souvent aussi intimement soudée aux pièces voisines avec lesquelles il se confond. Cette pièce sternale comprend donc le sternum de tous les auteurs, à cette différence près que ses limites sont connues et son existence démontrée dans toutes les espèces et dans chaque segment.

§ II. Les deux parties ordinairement latérales, sont formées chacune par deux pièces principales: l'une, antérieure, appuie sur le sternum, et va gagner la partie supérieure; nous la nommons *Episternum*. La deuxième, appelée *Epimère*, se soude avec la précédente et lui est postérieure; elle adhère aussi à la partie supérieure et repose dans certains cas sur le sternum; mais elle a en outre des rapports constans avec les hanches du segment auquel elle appartient, concourt quelquefois à former la circonférence de leur trou, et s'articule avec elles au moyen d'une petite pièce que nous croyons également inconnue, et sur laquelle nous reviendrons tout à l'heure.

Enfin, il existe sur ces mêmes parties latérales une troisième pièce en général très-peu développé et qu'on n'aperçoit pas toujours; elle a des rapports avec l'aile et avec l'épisternum; toujours elle s'appuie sur celui-ci, se prolonge quelquefois inférieurement le long de son bord antérieur, ou bien, devenant libre, passe au-devant de l'aile, et se place même accidentellement au-dessus. Nous l'avions d'abord désignée sous le nom d'Hypoptère; mais son changement de position relativement à l'aile nous a fait préférer celui de *Paraptère*. La réunion de l'Episternum, du Paraptère et de l'Epimère constitue les Flancs (*Pleuræ*). L'ensemble de la partie *Inférieure* et des parties *Latérales*, c'est-à-dire la jonction du sternum et des flancs constitue la Poitrine (*Pectus*). A celle-ci peuvent se rattacher trois autres pièces assez importantes :

1°. Au-dessus du sternum et à sa face interne, c'est-à-dire au-dedans du corps de l'Insecte, existe une pièce remarquable par l'importance de ses usages, et quelquefois par son volume. Elle est située sur la ligne médiane, et naît ordinairement de l'extrémité postérieure du sternum; elle affecte des formes secondaires assez variées et paraît généralement divisée en deux branches. Cuvier l'appelle la pièce en forme d'Y, parce qu'il l'a observée dans un cas où elle figurait cette lettre. Elle portera le nom d'*Entothorax*, parce qu'elle est toujours située au-dedans du thorax. L'entothorax se rencontre constamment à chacun des segmens du thorax, et semble être, en quelque sorte, une dépendance du sternum. Si c'était ici le lieu de parler de ses usages, nous ferions connaître comment il se comporte pour protéger le système nerveux, et pour l'isoler dans plusieurs cas de l'appareil digestif et du vaisseau dorsal; mais nous réservons pour un autre travail ce sujet important, qui sera traité d'ailleurs incessamment sous un point de vue très-élevé par un anatomiste distingué, Serres, médecin de l'hospice de la Pitié.

L'Entothorax n'existe pas seulement dans le thorax : on le retrouve dans la tête, et il devient un moyen assez certain pour démontrer que celle-ci est composée de plusieurs segmens, comme on l'établira ailleurs. Il porte dans ce cas le nom d'*Entocéphale*; on l'observe enfin dans le premier anneau de l'abdomen (segment médiaire, Latr.) de la Cigale, et la pièce nommée par Réaumur Triangle écailleux, est sans aucun doute son analogue. On l'appelle alors *Entogastre*.

2°. Le long du bord antérieur de l'épisternum, quelquefois du sternum, et même à la partie supérieure du corps, on remarque une ouverture stigmatique, entourée d'une petite pièce souvent cornée; on a nommé cette pièce enveloppante *Péritrème*. On ne rencontre pas toujours ce péritrème, par ce que l'ouverture stigmatique est elle-même oblitérée ou bien parce qu'il est soudé intimement aux pièces voisines; mais lorsqu'il est visible, il est bien nécessaire de le distinguer. Sa position est importante et devient un guide assez sûr dans la comparaison des pièces et dans la recherche des analogues.

3°. Enfin nous avons dit en faisant connaître l'épimère, qu'il s'articulait avec la rotule, au moyen d'une petite pièce inconnue jusqu'ici; cette pièce qui n'est pas une partie essentielle du thorax, mérite cependant qu'on lui applique un nom, parce qu'elle accompagne l'épimère, et parce qu'elle se trouve associée aux parties de la pate, qui toutes ont reçu des dénominations; nous l'appellerons *Trochantin*, par opposition avec Trochanter, qui désigne une petite pièce jointe à la rotule d'une part, et à la cuisse de l'autre. Le trochantin est tantôt caché à l'intérieur du thorax; tantôt il se montre à l'extérieur, suivant que la rotule est ou n'est point prolongée à la partie interne; dans certains cas, il peut devenir immobile et se souder avec elle. La découverte de cette nouvelle pièce permet de comparer directement les pates des Insectes à celles des Crustacés; en effet on rencontre aux pates de ces derniers six articles, et dans les Insectes on n'en comptait jusqu'à présent que cinq, en considérant le tarse comme une seule pièce. Le trochantin vient compléter le nombre six pour les pates des Insectes.

Ici se termine l'énumération des pièces qui concourent à former la poitrine de chaque segment : on a pu remarquer que jusqu'ici elles n'avaient été ainsi mentionnées par aucun entomologiste.

Si donc on veut étudier anatomiquement un Insecte, on doit, après avoir divisé son Thorax en trois segmens, rechercher à la partie inférieure et moyenne de chacun d'eux un Sternum, et de chaque côté les Flancs composés d'un Episternum, d'un Paraptère et d'un Epimère. On recherchera aussi un Entothorax, un Péritrème, un Trochantin. Nous disons qu'on aura à rechercher, et non pas qu'on devra trouver toutes ces pièces dans chaque Insecte. Très-souvent, en effet, leur réunion est si intime, qu'on ne peut démontrer leur existence en isolant chacune d'elles; mais quand on a vu ailleurs la poitrine formée par un certain nombre d'élémens, il est plus rationnel de croire que dans tous les cas, les mêmes matériaux sont employés à sa formation, que de supposer sans cesse des créations nouvelles. On ne saurait nier, d'ailleurs, que pour l'étude il devient indispensable de grouper ainsi les phénomènes, à moins de faire consister la science dans l'accumulation de faits épars, n'ayant entre eux aucune liaison.

§ III. La partie supérieure est aussi peu connue que l'inférieure et que les deux parties latérales. La seule pièce qu'on lui ait distinguée c'est l'écusson; il est très-développé dans le mésothorax des Scutellères; rudimentaire dans celui de la plupart des Hyménoptères, des Diptères, des Lépidoptères, etc., etc. Sa position entre les deux ailes l'a fait regarder trop exclusivement comme un point d'appui dans le vol. On a retrouvé l'écusson dans plusieurs Coléoptères et dans quelques autres Insectes, mais on l'a méconnu ailleurs, ou bien on a indiqué comme tel des parties bien différentes; de plus, on a cru cet écusson propre à un seul segment du tronc, le mésothorax, tandis qu'on le rencontre quelquefois plus développé dans le métathorax et qu'on le retrouve jusqu'à un certain point dans le prothorax.

Des recherches nombreuses nous ont fait voir que l'écusson ne forme pas à lui seul la partie supérieure, mais que celle-ci est composée de quatre pièces principales, souvent isolées, d'autres fois intimement soudées, ordinairement distinctes. On leur a donné des noms de rapports, c'est-à-dire basés sur leur position respective qui ne saurait changer.

On a conservé le nom de *Scutellum*, (Ecusson), à la pièce qui l'a déjà reçu dans les Hémiptères, et on a rappelé l'idée d'écusson dans les nouvelles dénominations. Ainsi, on nomme *Præscutum* (Ecu antérieur), la pièce la plus antérieure; elle est quelquefois très-grande et cachée ordinairement en tout ou en partie dans l'intérieur du thorax.

La seconde pièce est le *Scutum*, (Ecu); elle est fort importante, souvent très-développée, et s'articule toujours avec les ailes, lorsque celles-ci existent.

La pièce qui suit porte le nom de *Scutellum* (Ecusson), elle comprend la saillie accidentelle nommée Ecusson par les entomologistes.

La quatrième pièce est appelée *Postscutellum* (Ecusson postérieur), elle est presque toujours cachée entièrement dans l'intérieur du thorax; tantôt elle se soude à la face interne du Scutellum et se confond avec lui, tantôt elle est libre et n'adhère aux autres pièces que par ses extrémités latérales.

Telles sont les parties que nous avons pu distinguer supérieurement.

Ayant reconnu qu'il était nécessaire d'embrasser par un seul nom des pièces dont les rapports intimes de développement semblent constituer par leur réunion un même système, et se grouper pour des fonctions communes, on a nommé *Tergum*, dans chaque segment, la partie supérieure, c'est-à-dire la réunion des pièces qui la composent, et l'on dira le Tergum du prothorax, le Tergum du mésothorax, le Tergum du métathorax, lorsqu'on voudra parler isolément de chacun d'eux; mais toutes les fois que l'on emploiera seul le nom de Tergum, on prétendra désigner tous les tergums réunis, c'est-à-dire l'espace compris entre la tête et le premier anneau de l'abdomen.

On sait que le nom de thorax a été appliqué à l'ensemble des trois anneaux qui suivent la tête; mais les deux derniers, c'est-à-dire le mésothorax et le métathorax paraissent plus dépendans l'un de l'autre, et tandis que le prothorax, comme on l'observe dans les Coléoptères, est très-souvent libre, il n'en est pas de même du segment moyen et du segment postérieur, qui sont toujours joints d'une manière plus ou moins intime. Cette association constante a fait donner, comme nous l'avons dit, le nom de Poitrine à leur partie inférieure. On a nommé arrière-tergum, leur partie supérieure, c'est-à-dire le tergum du mésothorax et celui du métathorax réunis.

C'est une chose si importante, et en même temps si difficile de s'entendre sur de semblables matières, et on s'est occupé si peu, jusqu'à présent, d'une nomenclature anatomique, qu'il était nécessaire d'insister sur tous ces points.

Pour compléter ce qui a été dit sur les divisions générales du thorax, ajoutons quelques autres dénominations nouvelles. Indépendamment de l'entothorax, il existe dans l'intérieur du thorax, d'autres parties qui lui ressemblent à certains égards, mais qui en diffèrent parce qu'elles sont accidentelles; ce sont des prolongemens lamellaires, des espèces d'apophyses, ou des petites pièces toujours cornées, dont quelques-unes se remarquent aussi à l'extérieur du thorax; elles sont de deux sortes, et portent les noms d'*Apodèmes* et d'*Epidèmes.*

Les Apodèmes résultent toujours de la soudure de deux pièces entre elles, ou des deux portions paires de la même pièce réunies sur la ligne moyenne; leur présence n'est pas constante, mais lorsqu'ils existent, ils deviennent un moyen excellent pour distinguer la limite de certaines parties qui, à l'extérieur, n'offrent plus aucune trace de soudure. On appelle *Apodèmes d'insertion* celles qui donnent ordinairement attache à des muscles. D'autres Apodèmes qui partent aussi de la soudure de deux ou plusieurs pièces, mais qui s'observent à leur sommet, ne servent plus à l'insertion des muscles, mais ordinairement à l'articulation des petites pièces des ailes; on les nomme *Apodèmes articulaires* ou d'*articulation.* Observons que les apodèmes d'insertion se retrouvent dans les mêmes circonstances chez les Crustacés, et qu'ils constituent les lames saillantes, sortes de cloisons que l'on remarque à l'intérieur de leur thorax et qui naissent toutes des lignes de soudure des différentes pièces qui le composent. Le caractère important de tout apodème, est de naître de quelques pièces cornées et de leur adhérer si intimement, qu'elles ne jouissent d'aucune mobilité propre, et ne peuvent pas en être séparées.

Les Epidèmes ont quelqu'analogie avec les apodèmes d'insertion, mais ils en diffèrent parce qu'ils ne naissent pas du point de réunion de deux pièces, qu'ils sont d'ailleurs plus ou moins mobiles, et constituent autant de petites parties distinctes et indépendantes. Tantôt ils sont évasés à une de leurs extrémités, pédiculées à l'autre, et ressemblent assez bien au chapeau de certains Champignons; de cette nature, par exemple, sont les deux pièces que Réaumur a reconnues dans le premier segment de l'abdomen de la Cigale, et qu'il nomme ou plutôt qu'il définit, plaques cartilagineuses; plusieurs autres observateurs les ont signalées à l'intérieur du thorax. Tantôt les épidèmes ont la forme de petites lamelles donnant attache à des muscles et jouissant d'une très-grande mobilité : plusieurs auteurs en ont également fait mention. Ces pièces sont aux muscles des Insectes ce que les tendons sont aux muscles des Animaux vertébrés; dans les Crustacés, elles sont ordinairement calcaires et ont un volume considérable dans les pates antérieures des Homards et de plusieurs Crabes. Quelque forme qu'elles affectent, on leur applique alors le nom d'*Epidèmes d'insertion.*

On nomme, au contraire, *Epidèmes d'articulation*, toutes ces petites pièces mobiles, sorte d'osselets articulaires que l'on rencontre à la base des ailes; chacune d'elles pourrait ensuite porter un nom particulier; elles ne servent plus à l'attache des muscles, mais à celle des appendices supérieurs, et le nom d'épidèmes peut leur convenir encore à quelques égards.

Lorsqu'on a séparé le thorax de la tête et de l'abdomen, et divisé le premier en trois segmens, il en résulte des trous limités par la circonférence de chaque anneau. L'observation a démontré que ces trous ou cavités résultent constamment de la réunion de plusieurs parties; que toute pièce située sur la ligne moyenne du corps est divisée en deux portions égales; qu'il n'existe aucune pièce impaire; en un mot, que la loi de symétrie, de conjugaison, celle relative aux cavités dont la découverte est due à notre ami Serres se retrouvent tout aussi constamment dans les Animaux articulés que dans les Vertébrés; tant il est vrai que dans des circonstances que l'on considère généralement comme très-éloignées (le squelette des Vertébrés et l'enveloppe extérieure des Articulés), la nature, pour arriver à un but analogue, sait employer les mêmes moyens.

Ce qui a été dit jusqu'ici a dû être saisi facilement, et on a pu prendre une idée très-satisfaisante de la composition du système solide des Insectes et de leur thorax en particulier. Quiconque ne s'en tient qu'aux résultats principaux d'un travail, et se contente de notions générales, peut se borner à l'énoncé qui vient d'être présenté : il lui suffit de se rappeler que dans tous les Insectes, le Thorax est divisé en trois segmens; que chacun d'eux est composé inférieurement d'un *sternum* et d'un *entothorax*, latéralement d'un *péritrème*, d'un *paraptère*, d'un *épisternum* et d'un *épimère*; supérieurement d'un *Præscutum*, d'un *Scutum*, d'un *Scutellum* et d'un *Postscutellum*; il lui suffit de se rappeler toutes ces choses, pour se figurer exactement le coffre pectoral; mais quiconque désire connaître plus à fond le plan de l'organisation ne peut s'en tenir à des notions de ce genre; il doit approfondir le sujet, et en suivre tous les détails (*V.* Annales des Sc. Natur. T. 1 et suivans); il acquerra alors des idées positives; l'habitude de voir lui donnera ce tact qui fait saisir et résoudre le point de la difficulté, et cette conviction dans la détermination des analogues, qu'on ne saurait inculquer à celui qui n'apercevra que quelques points d'un tableau très-compliqué, qui, pour être suffisamment connu, réclame un examen attentif et profond.

L'étude des trois parties qu'on a distinguées dans l'enveloppe externe de tout Insecte parfait, la Tête, l'Abdomen et le Thorax, pourrait donner lieu à d'autres considérations qui trouveront leur place au mot SQUELETTE; on verra toutes les modifications qu'il éprouve dans la série des Animaux articulés et on saisira mieux ses caractères dans les deux premiers états de l'Insecte, c'est-à-dire celui de larve et de nymphe. Quant à la comparaison de cette enveloppe extérieure avec le squelette des Animaux vertébrés, nous en avons traité fort au long à l'article CRUSTACÉS. (*V.* ce mot.)

L'Insecte est doué de mouvemens quelquefois très-vifs, d'autres fois fort lents; des muscles nombreux plus ou moins forts et fixés souvent à des lamelles ou des appendices cornés, mobiles ou fixes (les apodèmes et les épidèmes), en sont les puissans agens; c'est surtout dans le thorax qu'ils sont le plus visibles. Si l'Insecte marche plus qu'il ne vole, sa Poitrine ayant plus d'étendue est pourvue de muscles plus puissans que le tergum; l'inverse a lieu dans les espèces qui volent beaucoup et qui marchent peu, le Tergum et les muscles qu'il contient ont alors un plus grand développement. Dans tous les cas, les organes de la locomotion terrestre ou aérienne sont principalement les pates et les ailes. De ces deux ordres d'appendices, les premiers appartiennent à l'arceau inférieur, les seconds à l'arceau supérieur. Les pates sont toujours au nombre de trois paires, à l'exception des Insectes myriapodes qui en offrent une longue série. Latreille fait de cet ordre une classe à part (*V.* son nouvel ouvrage : Fam. Nat. du Règn. Anim.). On leur distingue une hanche composée de trois articles et non pas deux, comme on l'avait généralement cru (c'est le trochantin, la rotule et le trochanter), une cuisse, une jambe et un tarse. En général, elles servent à la marche ou à la natation; mais quelquefois l'Animal ne s'en sert que pour soutenir son corps, ainsi qu'on le voit dans plusieurs Diptères; alors elles sont excessivement longues et très-grêles. La paire de pates antérieures est convertie, dans certains cas, en un organe de préhension; elle présente, dans plusieurs Insectes, une sorte de dilatation au tarse qui est propre au sexe mâle. Dans d'autres espèces, ce sont les pates postérieures qui diffèrent essentiellement de toutes les autres, et dont la forme est adaptée à certaines fonctions très-curieuses. Plusieurs Orthoptères et Coléoptères les ont renflées, alors elles exécutent le saut. Dans quelques Hyménoptères, les Abeilles, par exemple, elles sont organisées de manière à se charger d'une précieuse récolte qu'elles apportent à la ruche (*V.* PATES). La forme des ailes ne varie pas moins que celle des pates. Jamais on n'en compte plus de quatre; quelquefois il n'en existe qu'une paire et dans certains cas elles manquent complétement; souvent les deux premières sont d'une consistance cornée et les deux autres membraneuses, ou bien elles sont toutes quatre membraneuses, et alors elles paraissent diaphanes ou sont recouvertes d'une sorte de poussière écailleuse; dans tous les cas, elles sont formées de deux membranes qui contiennent dans leur intérieur des tubes plus ou moins cornés, lesquels renferment des canaux aériens autrement dits trachées. (*V.* AILES.)

DU SYSTÈME NERVEUX.

Le système nerveux, considéré dans tous les Animaux articulés, ne subit pas des modifications tellement tranchées qu'il ne soit reconnaissable qu'à un petit nombre de caractères. Celui des Insectes ne diffère donc pas essentiellement de celui des Annelides, des Crustacés et des Arachnides. Il consiste en deux cordons nerveux interrompus par des ganglions et toujours situés sur la ligne moyenne et inférieure du corps. On voit d'abord une sorte de cerveau ordinairement bilobé, situé dans la tête et environné des muscles puissans qui en meuvent les diverses pièces. Il en part antérieurement des nerfs qui se distribuent aux yeux, aux antennes, à la bouche; postérieurement on aperçoit, avec quelque difficulté, deux filets nerveux récurrens, qui paraissent être destinés au vaisseau dorsal; inférieurement le cerveau fournit deux gros nerfs qui, après avoir formé par leur écartement une sorte d'anneau pour embrasser l'œsophage, se réunissent en un ganglion situé au-dessous de lui. De la partie postérieure de ce ganglion s'échappent deux autres nerfs qui aboutissent à un second ganglion inférieur; celui-ci envoie aussi postérieurement deux cordons nerveux qui se réunissent à un troisième ganglion, et les choses se continuent ainsi jusqu'à la partie postérieure du corps. Le nombre des ganglions varie; quelquefois on en compte autant qu'il y a d'anneaux au corps; et ailleurs ils sont en nombre beaucoup moindre. Si l'on examine ensuite chacun des renflemens ganglionnaires, on voit qu'indépendamment du double cordon longitudinal qui les réunit entre eux, ils fournissent de chaque côté de petits troncs nerveux qui se subdivisent en branches, puis en ramuscules, et vont se répandre dans les muscles, sur le canal intestinal, sur les trachées, etc. Les ganglions eux-mêmes sont plus ou moins bilobés, et semblent résulter de l'accollement de deux petites masses originairement distinctes. L'anatomie comparée tend à confirmer cette supposition. Serres ayant établi (Annales des Sciences naturelles, T. III, p. 377) que dans les Insectes et dans tous les Animaux invertébrés, le système nerveux correspondait à la partie excentrique du système nerveux des Animaux vertébrés, c'est-à-dire aux ganglions intervertébraux et à leurs radiations, a cru voir que, dans l'état primitif des larves, le système nerveux était composé de deux portions bien distinctes, l'une située à droite et l'autre à gauche, ou, en d'autres termes, qu'il se développait de la circonférence au centre, et que par cela même les deux parties dont il se compose étaient d'abord disjointes et écartées. Ce ne serait, suivant cet habile anatomiste, que par les progrès successifs des développemens que ces deux parties marcheraient à la rencontre l'une de l'autre, qu'elles se joindraient d'abord autour de l'œsophage, puis ensuite à l'extrémité opposée vers les ganglions inférieurs, et en dernier lieu enfin sur le milieu de la larve. Serres admet donc trois époques embryonnaires distinctes dans la formation de la larve. La première de toutes est celle où les deux parties du système nerveux sont tout-à-fait isolées; la seconde correspond au moment où les ganglions œsophagiens sont les seuls qui soient encore réunis; la troisième, plus avancée, est celle où le système nerveux s'est rejoint à ces deux extrémités opposées. A l'aide de ces distinctions, Serres arrive à lier le système nerveux des Insectes à celui des Mollusques, qui seraient des embryons plus ou moins avancés des larves des Insectes, c'est-à-dire qu'ils auraient en permanence ce que ceux-ci n'offrent qu'instantanément. Quoi qu'il en soit, le système nerveux diffère souvent beaucoup dans une même espèce entre la larve et l'Insecte parfait. Les ganglions de ces derniers sont, en général, moins nombreux, et le plus postérieur paraît être la réunion de plusieurs de ceux de la larve. Toutes ces modifications appartiennent aux genres, aux familles et aux classes; comme il ne serait pas possible de parler ici de ces nombreux détails, il nous suffira d'observer que le système nerveux a des rapports constans avec l'enveloppe extérieure, et que celle-ci le protège d'autant plus efficacement qu'elle est plus solide. C'est ainsi que dans l'intérieur du corps des Insectes parfaits on retrouve une pièce très-curieuse ayant quelquefois la forme d'un Y, constituant ailleurs un véritable anneau corné et affectant mille autres formes; elle est destinée principalement à isoler le système nerveux des autres parties, par exemple de l'action violente que les muscles auraient pu exercer sur lui. Nous avons déjà fait connaître ces pièces sous les noms d'Entocéphale pour la tête, d'Entothorax pour le thorax, d'Entogastre pour l'abdomen.

DES ORGANES DES SENS.

On a coutume de réunir sous ce titre les fonctions du toucher, du goût, de l'odorat, de l'ouie et de la vue. Ce n'est pas le lieu de rappeler ce qui caractérise les sens en général. Nous devons nous restreindre ici dans ce qui est exclusivement propre à chacun d'eux, et nous borner à les passer rapidement en revue.

Le *toucher*. L'enveloppe extérieure, qui est l'organe essentiel de cette fonction, varie singulièrement dans la série des Insectes, et dans la même espèce aux diverses périodes de sa vie, tantôt elle est molle, alors elle paraît être le siége d'une sensation assez délicate qui se trouve quelquefois augmentée par des poils épars à sa surface et dont le contact avec les corps étrangers semble transmettre à l'Animal une vive impression; tantôt elle est plus ou moins solide et offre quelquefois une telle consistance qu'elle devient un organe protecteur très-efficace. Dans ce cas, le toucher doit être fort obscur et il ne paraît qu'imparfaitement remplacé par certains appendices du corps; par exemple les antennes que l'Insecte peut diriger quelquefois en avant et avec lesquelles il touche alternativement les corps qui se présentent et le sol qu'il parcourt.

Le *goût* existe manifestement chez les Insectes. On voit plusieurs d'entre eux, par exemple les Mouches, les Papillons, plusieurs Hyménoptères, goûter les liquides, s'en nourrir ou les abandonner selon qu'ils les jugent bons ou mauvais. Suivant quelques auteurs, les palpes seraient l'organe de ce sens; d'autres le placent à l'origine du pharynx. On conçoit la difficulté de se prononcer sur une semblable question.

L'*odorat* est un sens fort exquis chez la plupart des Insectes. A peine des matières animales ont-elles été déposées dans un lieu, qu'on voit aussitôt se diriger vers ce point une infinité de Boucliers, de Nécrophores, d'Escarbots, de Bousiers, de Staphylins, etc., etc. La vue les guide si peu dans cette circonstance qu'ils s'obstinent à trouver sur des fleurs à odeur fétide et cadavéreuse une nourriture convenable, et que trompés par ce sens qu'aucun autre ne sait rectifier, ils déposent des œufs dans leur intérieur. C'est aussi le sens de l'odorat qui souvent avertit mutuellement les sexes de leur présence. Huber a tenté sur les Abeilles diverses expériences qui démontrent combien il est développé chez elles : du miel caché dans une boîte percée seulement de quelques trous pour laisser sortir les émanations a été découvert à l'instant même. Si la fonction de l'odorat est démontrée, son siége est encore très-incertain; il existe à cet égard deux opinions très-différentes entre lesquelles l'expérience n'a pas encore prononcé. Les uns pensent, et Duméril a soutenu avec talent cette thèse, que dans les Insectes la sensation de l'odorat s'effectue comme dans les Animaux plus élevés, c'est-à-dire sur le trajet de l'organe de la respiration. Il suppose que les molécules odorantes ont besoin, pour être perçues par nos organes, d'être dissoutes préliminairement dans l'air : « Transmises nécessairement par l'air qui est leur seul véhicule, les odeurs, dit-il, tendent à pénétrer avec lui dans le corps de l'Animal; arrêtées sur leur passage, dans une sorte de bureau de douane où elles doivent être promptement visitées et analysées, elles sont mises là en contact avec une surface humide, avec laquelle elles ont quelque affinité; elles s'y combinent aussitôt, mais en même temps elles touchent et avertissent de leur présence des nerfs distribués sur ces mêmes parties qui reportent au cerveau dont ils sont le prolongement, l'action chimique ou physique; en un mot la sorte de sensation qu'ils dénotent ou que peut-être ils ont éprouvée. » Or, comme les Insectes respirent par des stigmates, que ces stigmates aboutissent à des trachées, lesquelles se répandent dans toutes les parties du corps, on doit admettre dans cette hypothèse que l'Animal n'a pas de siége propre pour la fonction de l'odorat, et comme Duméril ne décide pas si la sensation est produite à l'entrée même des stigmates ou dans le lacis des vaisseaux aériens, on pourrait dire à la rigueur et en s'appuyant des raisonnemens de l'auteur, que l'Insecte perçoit les odeurs par tout l'intérieur de son corps. Cette théorie trouverait d'ailleurs une application difficile dans plusieurs Crustacés dont l'odorat est très-développé et qui respirent par des branchies extérieures. Oserait-on soutenir que celles-ci font alors l'office de membrane olfactive? D'autres physiologistes bien éloignés de cette manière de voir, pensent, au contraire, pouvoir établir *à priori* que pour un organe de l'importance de celui de l'odorat le système nerveux doit être circonscrit dans un lieu spécial, et basant leur analogie sur un rapport de position, ils placent le siége de l'olfaction dans les antennes qui, étant la première paire d'appendices de l'Animal, et recevant la première paire de nerfs, correspondraient aux soutiens de la membrane olfactive dans les Animaux vertébrés, laquelle reçoit également la première paire de nerfs du cerveau. Ce qui nous paraîtrait fort embarrassant, ce serait de vouloir, dans l'état actuel des choses, adopter une opinion et la défendre comme une vérité incontestable; il nous semble qu'aux yeux de tout esprit rigoureux, la question ne saurait paraître décidément résolue, surtout depuis les expériences curieuses d'Huber qui tendraient à prouver que, dans les Abeilles, le sens de l'odorat est situé dans la cavité buccale.

L'*ouie* est un sens très-développé chez certains Insectes et assez obscur chez d'autres; on ne saurait, dans un grand nombre d'espèces, contester son existence. Personne n'ignore que plusieurs de ces Animaux font entendre un bruit qui n'est pas une voix proprement dite, mais qui est produit soit par le passage subit de l'air qui en s'échappant fait vibrer des organes plus ou moins membraneux, soit par le frottement de certaines parties dures et cornées sur d'autres parties également cornées ou légèrement coriaces. L'une ou l'autre origine du son se remarquent dans les Cigales, dans les Sauterelles, dans les Grillons, dans les Sphynx, dans les Mouches, dans plusieurs Coléoptères qui produisent une sorte de chant, de bourdonnement, de cri plaintif, de stridulation, de tintement dont la cause est, en général, facile à découvrir. Quelques Insectes, les Vrillettes entre autres, frappent avec leur tête le bois dans lequel elles vivent, et elles produisent un tac-tac qui se distingue très-facilement. Quand on examine l'intention de ces divers bruits, on ne tarde pas à remarquer qu'ils paraissent avoir pour but de servir aux deux sexes à s'avertir mutuellement de leur présence. Souvent c'est le mâle seul qui en est pourvu; c'est ce qu'on voit manifestement dans toutes les espèces de Cigales. Non-seulement les Insectes s'entendent entre eux, mais ils paraissent quelquefois sensibles au bruit que l'on produit autour d'eux; ils cherchent à l'éviter et fuient lorsqu'ils en sont effrayés. Quant à l'organe qui perçoit la sensation, il n'est pas encore exactement déterminé, on trouve son siége à la base des grandes antennes de plusieurs Crustacés, et Latreille l'a reconnu vers le même lieu dans un Insecte de l'ordre des Orthoptères (*Gryllus lineola*, Fabr.).

La *vue* est de tous les sens le mieux constaté. La plupart des Insectes ont des yeux bien distincts, toujours supportés par la tête et il est prouvé qu'ils voient parfaitement; ces organes ont une composition assez différente de celle que l'on a reconnue depuis long-temps dans les Animaux vertébrés; on en compte de deux sortes; les uns sont désignés sous le nom d'*Yeux composés* ou *chagrinés*, et les autres sous celui d'*Yeux simples* ou *lisses*, ou encore *Stemmates*; ces derniers manquent très-souvent.

Les Yeux composés sont placés, en général, sur les parties latérales de la tête; ils sont entiers, échancrés ou même complétement divisés par une petite tige cornée, de manière à figurer, de chaque côté, deux yeux parfaitement distincts, ainsi qu'on le remarque dans les Gyrins; leur forme est, du reste, très-variable; leur surface extérieure est plus ou moins convexe. Leeuwenhoek, Swammerdam, Cuvier et surtout Marcel de Serres, ont étudié avec soin leur composition. Il résulte d'observations assez positives qu'on remarque dans l'œil d'un Insecte: 1° une cornée d'autant plus convexe que l'Animal est plus carnassier, transparente, dure, épaisse, ordinairement enchâssée dans une sorte de rainure des parties de la tête, et offrant plusieurs milliers de facettes hexagonales, disposées régulièrement; chaque facette peut être étudiée isolément, c'est-à-dire que chacune d'elles constitue un œil distinct pourvu de toutes ses parties; 2° un enduit opaque peu liquide, très-adhérent à la face interne de la cornée, diversement coloré, le plus souvent d'un violet sombre ou noir, mais quelquefois aussi de couleur verte ou rouge, ce qui rend l'enduit très-distinct d'une sorte de vernis très-noir propre à la choroïde. Il n'est pas rare de voir plusieurs couleurs réunies sur un seul œil; celui-ci paraît alors bariolé de brun et de vert, de vert et de rouge; plusieurs Orthoptères, Névroptères et Diptères, offrent cette disposition curieuse. Dans tous les cas c'est à l'enduit de la cornée qu'est due la couleur, souvent très-vive et brillante, des yeux des Insectes; malheureusement il s'altère promptement, ce qui fait que les yeux des Insectes morts perdent bientôt tout leur éclat. Cet enduit est traversé par des nerfs ainsi que nous le verrons plus loin; 3° une véritable choroïde ou membrane celluleuse, quelquefois striée, qui existe assez constamment et qui est recouverte d'un vernis noir, sorte de *pigmentum nigrum* qu'elle sécrète peut-être. Swammerdam ne paraît pas avoir distingué cet enduit de celui de la cornée; mais suivant l'opinion de Marcel de Serres, il est fort différent. La choroïde et son vernis n'existent pas toujours, ils manquent dans les Blattes; toutes les espèces qui fuient la lumière, tels que les Ténébrions, les Blaps, les Pédines, etc., semblent également en être privées; alors l'enduit de la cornée est beaucoup plus foncé que de coutume. La membrane choroïdienne est fixée par sa circonférence à tout le bord de la cornée, elle en suit les contours, et a des rapports intimes avec les trachées qui y sont très-abondantes; 4° des vaisseaux aériens qui jouent un rôle fort important. Ils naissent d'assez gros troncs situés dans la tête, et forment autour de l'œil une trachée circulaire qui envoie une infinité de rameaux, lesquels, en se bifurquant, donnent lieu à de nombreux triangles isoscèles. Ces triangles, dont la base regarde en dehors et qui sont placés au pourtour du cône optique, reçoivent, dans chaque intervalle angulaire qui sépare leur sommet, un filet nerveux qui traverse la choroïde et va gagner la surface externe de l'enduit de la cornée. L'assemblage des trachées et des filets nerveux forme à la circonférence de l'œil une sorte de réseau dont l'aspect est très-gracieux. Les trachées sont tellement abondantes sur la choroïde que cette membrane paraît en être formée, et que, dans tous les cas, il est certain que les genres qui manquent de choroïde sont également privés de trachée circulaire; 5° des nerfs qui naissent d'un gros tronc, lequel, après être parti immédiatement du cerveau, est entouré quelquefois par une petite trachée circulaire, ou bien traverse les fibres du muscle adducteur de la mandibule. Ce gros tronc augmente bientôt de volume; il s'épanouit et forme une sorte de cône plus ou moins élargi, dont la base regarde la cornée transparente. De nombreux nerfs partent de cette base, ils s'engagent entre les trachées de la choroïde, traversent cette membrane et son vernis, pénètrent dans l'enduit de la cornée, et chacun d'eux aboutit enfin à une des facettes de la cornée transparente; de sorte que les filets nerveux sont ainsi immédiatement en contact avec le fluide lumineux qui leur arrive après avoir traversé seulement la cornée transparente. Cette disposition des filets nerveux qui constituent ainsi autant de petites rétines qu'il y a de facettes à la cornée de l'œil, est assez facile à voir dans les Libellules, les Truxales et les Criquets; mais il faut avoir la précaution, ainsi que l'indique Marcel de Serres, d'ouvrir la cornée de dehors en dedans, et de l'enlever seule et sans l'enduit qui la tapisse; alors on aperçoit une infinité de petits points blancs qui ne sont autre chose que les extrémités de chaque filet nerveux, ce dont on peut encore se convaincre en les suivant à travers l'enduit de la cornée, et à travers la choroïde jusqu'au tronc commun. Swammerdam avait désigné ces petites rétines sous le nom de fibres pyramidales. L'œil de l'Insecte ne renferme donc aucune humeur proprement dite, il n'y a ni cristallin, ni humeur vitrée, et la vision est chez eux bien plus simple que dans les Animaux vertébrés, dont les nerfs situés au fond de l'œil ne reçoivent la lumière qu'après qu'elle a traversé divers milieux de densités différentes. Les yeux composés des Insectes, tels que nous venons de les décrire, différeraient encore de ceux des Crustacés, auxquels Blainville a reconnu, derrière la cornée transparente, une choroïde percée d'une infinité de trous, puis un véritable cristallin qui appuie sur un ganglion nerveux, divisé en une multitude de petites facettes. Les yeux composés offrent souvent, quant à leurs dimensions, des différences notables dans les deux sexes; par exemple plusieurs mâles de Diptères se reconnaissent à ce seul caractère, que leurs yeux occupent toute la tête, tandis que dans la femelle ils ont un bien moindre volume.

Les Yeux lisses sont ordinairement au nombre de trois; ils sont situés sur le sommet de la tête entre les yeux composés; ils ont une organisation assez différente de celle des autres yeux. Marcel de Serres a pu, malgré leur petitesse, y distinguer diverses parties; il a vu: 1° une cornée transparente formée par une membrane externe, dure, convexe en dehors, concave en dedans, lisse, c'est-à-dire ne présentant aucune apparence de facette; 2° un enduit de couleur variée tapissant la face interne de la cornée, mais qui n'est peut-être pas distinct du vernis de la choroïde; 3° une sorte de choroïde assez épaisse, plus étendue en surface que la cornée elle-même, colorée en noir dans quelques cas seulement, assez souvent rouge ou bien d'un blanc mat tout particulier; 4° des trachées qui ne naissent pas d'un vaisseau aérien circulaire et ne constituent pas la choroïde, mais semblent se distribuer à sa surface; 5° des nerfs partant directement du cerveau ou d'un nerf plus considérable qui y prend son origine, suivant que les yeux lisses sont écartés les uns des autres, comme cela a lieu dans tous les Insectes parfaits, ou qu'ils sont très-rapprochés comme on le voit dans les Chenilles. Les filets nerveux, après avoir traversé la choroïde et l'enduit de la cornée, vont se terminer immédiatement au-dessous de celle-ci, de sorte que le mécanisme de la vision est analogue à celui des yeux lisses, à cette seule exception près, que chaque œil lisse est un seul organe, tandis que l'œil composé est formé par la réunion d'un grand nombre d'yeux. Les yeux lisses sont propres à certaines larves. Dans les Insectes parfaits ils sont toujours associés aux yeux composés; c'est ce qu'on remarque dans les Hémiptères, les Orthoptères, les Hyménoptères, les Lépidoptères, les Névroptères et les Diptères; leur nombre est, en général, de trois, et ils sont disposés en triangle. Quelques espèces, propres à ces divers ordres, sont privées d'yeux lisses, et cette exception devient une règle générale pour les Coléoptères, à l'état parfait.

Du système respiratoire.

Le but de la respiration étant d'apporter une modification dans les divers organes du corps en faisant servir à leur nutrition l'un des élémens de l'air, l'Oxygène, on conçoit qu'il peut arriver, dans la série des Animaux, des circonstances favorables où le fluide aérien se rend directement aux organes pour agir immédiatement sur eux, c'est le cas des Insectes; tandis qu'ailleurs un liquide particulier, le sang, recevra l'action de l'air, dans un lieu spécial, et ainsi vivifié, ira bientôt aux diverses parties du corps pour opérer leur nutrition, c'est ce qui existe dans tous les Animaux vertébrés, dans les Mollusques, dans les Annelides, dans les Crustacés et dans beaucoup d'Arachnides. Déjà on peut conclure que ceux-ci devront avoir une circulation proprement dite pour que le sang soit mis en contact avec l'air, mais que chez les Insectes, elle deviendra inutile puisque l'air pénètre les organes de toutes parts; on peut donc dire en terme général que la respiration est toujours d'autant plus développée que la circulation est moins étendue.

L'appareil respiratoire des Insectes consiste en deux organes essentiels, les *Stigmates* et les *Trachées*.

On donne le nom de Stigmates à des ouvertures en forme de boutonnière diversement modifiée et entourées d'un anneau corné, lequel est enchâssé dans une pièce (le péritrème) qui est quelquefois distincte. On voit les stigmates sur le thorax et principalement à l'abdomen. Marcel de Serres en a reconnu de deux sortes: les *Stigmates simples* et les *Stigmates composés* ou *Trémaères* (c'est-à-dire ouvertures pour l'air).—Les Stigmates simples sont plus spécialement répandus sur les parties latérales de l'abdomen; il en existe deux pour chaque anneau, l'un placé à droite et l'autre à gauche, et ils occupent l'intervalle qui existe entre l'arceau supérieur et l'arceau inférieur de l'abdomen. Leur place est d'ailleurs déterminée par les circonstances de la vie de l'Animal; ainsi ils occupent la partie postérieure du corps dans les larves de Diptères, dont le corps, enveloppé de toute part par le milieu qu'elles habitent, ne pouvait recevoir l'air que par ce seul point. Dans les larves de Libellules, le stigmate est converti en une valvule tricuspide située près de l'anus, et qui reçoit seule tout le liquide qui doit servir à leur respiration. On voit souvent que l'ouverture béante des stigmates est garnie de soies ou de cils qui s'entre-croisent et qui ont pour but d'empêcher l'introduction de corps étrangers dans leur cavité; c'est une sorte de tamis ou de treillage assez serré qui ne laisse passer que l'air. Le nombre des stigmates simples varie beaucoup dans différentes espèces, et il n'est pas constant dans le même individu à l'état de larve et d'Insecte parfait. On a remarqué depuis long-temps que le second et le troisième anneaux des chenilles sont dépourvus de stigmates et par suite de trachées propres. Blainville a cru voir dans cette absence la preuve que les ailes n'étaient autre chose que des trachées renversées. Celles-ci, rudimentaires dans le corps de la larve, ne se développeraient, suivant lui, que successivement et avec toutes les autres parties qui constituent l'Insecte parfait. Si les quatre ailes du thorax représentent les quatre stigmates et par suite les quatre trachées, il nous semble en résulter que ces parties doivent s'exclure mutuellement, et que le thorax d'un Insecte parfait ne devra jamais offrir à la fois des ailes et des stigmates. Or, l'observation prouve qu'indépendamment des ailes, on trouve des stigmates thoraciques. — Les Stigmates composés ou Trémaères sont propres au thorax. Marcel de Serres n'en a jamais trouvé que deux; on les voit distinctement dans les Sauterelles et dans les Mantes. Ils sont composés de deux pièces cornées qui, pour chaque inspiration, s'ouvrent en dehors comme les battans d'une porte. Deux muscles opèrent ce mouvement et une grosse trachée naît de chaque trémaère.

Les Trachées sont des canaux ordinairement élastiques qui partent des ouvertures stigmatiques, et constituent dans l'intérieur du corps des troncs et des branches qui figurent des espèces d'arbrisseaux dont les ramuscules tapissent toutes les membranes, pénètrent les muscles et se répandent jusque dans les ailes et dans les pates. Ce sont les organes essentiels de la respiration. Cuvier a distingué deux sortes de trachées fort différentes par leur composition : les *Trachées tubulaires* et les *Trachées vésiculaires*. — Les trachées tubulaires offrent dans leur structure trois membranes distinctes : une externe, une moyenne et une interne. L'externe et l'interne sont de nature celluleuse, assez épaisses et extensibles; la membrane moyenne est formée par un filet cartilagineux, roulé en spirale, et offre sous ce rapport une disposition très-analogue à celle des trachées des Plantes. Ces filets spiroïdes sont très-élastiques, et il en résulte l'avantage précieux que les vaisseaux restent ouverts, et que si les muscles exercent sur eux quelque compression, les parois ne tardent pas à revenir sur elles-mêmes. On voit un mécanisme analogue dans les voies aériennes des Animaux supérieurs. Les Trachées tubulaires peuvent être distinguées elles-mêmes en Trachées artérielles et en Trachées pulmonaires. Leur composition est exactement la même, et les caractères qu'on leur assigne sont au fond peu importans. On donne le nom de Trachées artérielles à celles qui naissent immédiatement des stigmates, qui reçoivent directement l'air et qui le transmettent de suite dans toutes les parties du corps. Elles existent seules dans les chenilles et dans les Insectes parfaits; ce sont elles qui se distribuent principalement aux ailes. Les Trachées pulmonaires font suite aux trachées artérielles. Il n'est guère possible de préciser leur origine, mais on les reconnaît à un plus gros diamètre, et parce qu'étant moins divisées, elles semblent servir de réservoir à l'air. Il n'est pas rare de ne rencontrer aucune trace de trachées pulmonaires, tandis qu'on trouve toujours les trachées artérielles. — Les Trachées vésiculaires ont une toute autre structure que les trachées tubulaires; deux membranes cellulaires, l'externe et l'interne, entrent seules dans leur composition ; la membrane élastique manque complétement. On voit de suite ce qui doit en résulter; ces trachées, toutes les fois qu'elles ne seront pas remplies d'air, seront affaissées sur elles-mêmes. Elles ne forment plus de conduits tubuleux, mais elles ont l'aspect de poches communiquant entre elles par des canaux simples et très-courts; elles ne reçoivent jamais l'air du dehors que par l'intermédiaire des trachées artérielles. Ce sont des espèces de réservoirs aériens propres à certains Insectes et dont le nombre ainsi que les dimensions varient dans les différens ordres. Chez plusieurs Coléoptères, les Cétoines par exemple, ces vésicules sont en grande quantité et fort petites; elles sont très-développées dans plusieurs Orthoptères, tels que les Grillons, les Truxales et les Criquets. Dans ce cas, on peut facilement les compter et l'on remarque dans l'intérieur de l'abdomen un appareil singulier dont l'usage est facile à concevoir. Les vésicules ont un tel volume que le gonflement par l'air en serait très-difficile, si la nature n'avait employé, pour les soulever lors de l'inspiration, des espèces de côtes qui ont un point d'attache à leurs parois. Marcel de Serres a fixé le premier l'attention sur ces pièces qu'un examen comparatif nous a démontré n'être autre chose que des petites apophyses du bord de chaque anneau du ventre; ces côtes ne sont donc pas des appendices distincts et articulés, ne pouvant trouver leur analogue ailleurs, mais simplement un prolongement insolite du bord antérieur des segmens abdominaux.

Les Insectes vivent généralement dans l'air, et la manière dont ils le respirent est facile à concevoir ; l'Animal inspire et expire perpétuellement. Mais certaines espèces, les Dytiques, les Hydrophiles, les Notonectes, etc., ont leur habitation dans l'eau, et le phénomène de leur respiration pourrait bien être modifié par le milieu dans lequel ils vivent. On pouvait supposer à leur égard, ou bien qu'ils décomposaient l'eau pour s'emparer de son Oxigène, ou bien qu'ils respiraient l'air que l'eau tient en dissolution, ou bien encore qu'ils sortaient de l'eau pour venir respirer l'air en nature. L'observation a prouvé que ce dernier mode de respiration était le seul qui leur fût propre. Quoique habitans de l'eau, ils viennent sans cesse à sa surface, et introduisent, par des procédés qui varient suivant les espèces, une certaine quantité d'air dans leurs stigmates. Cependant un Insecte très-commun, la larve des Libellules, présente un mode de respiration fort différent et qui se trouve lié à une organisation particulière. Réaumur et après lui Cuvier ont fait connaître dans cette larve une valvule tricuspide qui aboutit à une vaste ouverture dans laquelle on distingue un organe particulier, garni de fines trachées rangées sur dix rangs et pourvu en outre de corps vésiculaires qui aboutissent à des vaisseaux aériens, situés plus profondément et qu'on reconnaît être des trachées. Il est démontré que cette larve ne vient pas respirer l'air en nature à la surface du liquide. Il faut donc qu'elle extraie celui contenu dans l'eau ou qu'elle décompose celle-ci. L'observation n'a pas encore répondu d'une manière bien satisfaisante à l'une ou l'autre de ces deux questions ; mais le petit nombre d'expériences qui ont été tentées par Marcel de Serres tendraient à faire pencher pour la dernière opinion, si la singularité de ce mode de respiration, si différent de ce qu'on remarque dans tous les Animaux aquatiques, ne commandait à cet égard la plus grande réserve. Quoi qu'il en soit, nous renvoyons, pour faire saisir d'un seul coup-d'œil ce qui vient d'être dit sur la respiration, au tableau qui a été dressé par Marcel de Serres dans ses Observations sur les usages du vaisseau dorsal (Mém. du Mus. d'Hist. Nat. T. IV).

Du vaisseau dorsal.

Si on ouvre avec les précautions convenables un Insecte par sa partie inférieure, et si on enlève successivement le système nerveux qui se présente d'abord, puis les intestins et les autres viscères, on ne tarde pas à apercevoir le long du dos et appliqué exactement contre lui un vaisseau qui se dilate et se contracte alternativement. Sa forme est cylindrique ; il est rétréci à ses deux extrémités, et il s'étend de la tête à l'anus. Si on l'étudie avec plus de soin, on ne tarde pas à s'apercevoir qu'il est maintenu par de nombreuses trachées et qu'il est principalement fixé contre la paroi interne des anneaux par des bandelettes triangulaires d'autant plus larges qu'on les examine plus postérieurement. Ces faisceaux, qui existent de chaque côté et dont la base adhère au vaisseau et le sommet aux segmens correspondans, ne paraissent être autre chose que des muscles qui, par leur disposition, figurent des espèces d'ailes. Le vaisseau lui-même a reçu le nom de *vaisseau dorsal*. De toutes les parties du corps de l'Insecte, il est la seule que l'on puisse assimiler à un cœur ou à un vaisseau sanguin. Un examen attentif fait voir qu'il est formé de deux membranes, l'une interne ou musculaire, l'autre externe, comme cellulaire et parsemée par un entrelacement inextricable de trachées. Si on l'ouvre, on rencontre dans son intérieur une liqueur transparente, coagulable, se desséchant facilement et ayant alors l'aspect de la gomme, d'une couleur tantôt peu prononcée, d'autres fois verdâtre, d'un jaune orangé ou d'un brun sombre; des masses graisseuses, quelquefois assez abondantes, entourent ce vaisseau et semblent participer à la teinte du liquide qu'il contient. Si le vaisseau dorsal est un cœur ou s'il est un organe quelconque de circulation, il doit nécessairement être ouvert à l'une ou à l'autre de ses extrémités, et présenter là ou dans quelque point de son étendue des ramifications vasculaires ou des ouvertures. Au premier abord, il paraît même singulier de mettre la chose en question, tant il semble naturel d'admettre *à priori* que le vaisseau dorsal contenant un liquide lui prête un écoulement; d'ailleurs les dilatations et les contractions alternatives qu'il éprouve ne semblent-elles pas indiquer suffisamment qu'il se passe là quelque chose d'analogue à la circulation? Plusieurs auteurs ont adopté cette opinion, tandis que d'autres ont prétendu que le vaisseau dorsal était un tube sans aucune ouverture et qu'il ne méritait pas le nom de cœur, qu'il en était tout au plus un vestige. Et d'abord Malpighi n'a pas vu de divisions au vaisseau dorsal du Ver à soie; mais à cause de ses battemens successifs, il l'a considéré comme une série de petits cœurs placés bout à bout. Swammerdam le désigne encore ainsi, mais il paraît bien certain qu'il ne lui a vu aucune ramification. Lyonnet, malgré l'exactitude minutieuse qu'il a apportée dans toutes les parties de son anatomie de la chenille du Saule, et quoiqu'il ait fait plusieurs injections, ne lui a pas reconnu d'ouverture, et se fondant sur cette absence, il lui conserve à regret le nom de cœur. Cependant un habile anatomiste, Comparetti, n'hésite pas à regarder le vaisseau dorsal comme un organe de circulation; il décrit dans plusieurs espèces un système vasculaire bien complet, s'étendant dans toutes les membranes, sur tous les viscères et jusque dans les muscles. Toutes ses descriptions sont présentées avec une telle assurance et il montre si peu de doutes sur les organes qu'il nomme des vaisseaux sanguins, qu'on reconnaît bientôt qu'il s'en est laissé imposer en prenant pour tels des vaisseaux biliaires. C'est d'ailleurs ce qui a été parfaitement établi par Marcel de Serres qui, sentant l'importance d'une telle assertion, s'est attaché à la réfuter en prenant pour sujet de ses recherches les mêmes espèces dans lesquelles Comparetti prétendait avoir rencontré un système circulatoire fort étendu. Déjà Cuvier avait établi que le vaisseau dorsal des Insectes n'était pas un véritable cœur, qu'il en était tout au plus un vestige. Cette opinion était basée sur un grand nombre de faits et sur d'excellentes raisons. Marcel de Serres est venu l'étayer de nouvelles preuves; le vaisseau dorsal a été disséqué et injecté par lui dans un grand nombre d'Insectes, tels que les larves de Géotrupe et leur Insecte parfait, les Cétoines, les Capricornes, les Sauterelles, les Blattes, les Mantes, les Papillons et les Mouches; nulle part il n'a aperçu de divisions, et lorsqu'il a enlevé complétement le vaisseau, il n'a vu sortir aucune gouttelette de la liqueur qu'il contient dans son intérieur; ce qui prouve encore qu'il n'y avait aucune ramification, car, dans ce cas, elles auraient été nécessairement rompues. Toutefois les battemens que le vaisseau dorsal éprouve ne semblaient explicables que par la contraction de son tissu ou par le propre mouvement du liquide contenu dans son intérieur, et ce mouvement ne se concevait guère que dans le cas d'une circulation que la non division du canal dorsal ne permettait plus de supposer. Marcel de Serres a d'abord constaté que ces contractions étaient irrégulières et presque jamais isochrones, c'est-à-dire que le même nombre n'avait pas lieu dans un temps égal. Elles varient aussi suivant les espèces. On en compte par minute trente-six dans la chenille du grand Paon, quatre-vingt-deux au moins dans les Sauterelles et cent quarante dans le Bourdon terrestre; dans ce cas, elles sont tellement rapprochées qu'il est difficile de les distinguer. Cherchant à découvrir la cause de ces contractions, Marcel de Serres a cru pouvoir établir qu'elles étaient en rapport direct, 1° avec la quantité du tissu adipeux qui l'entoure, 2° avec l'énergie des fibres musculaires qui s'y insèrent et le fixent aux anneaux de l'abdomen, 3° avec le nombre des trachées ou de l'air qui y affluent. Il n'a pas trouvé que les nerfs eussent un grand effet sur les contractions, et cependant on sait que le vaisseau dorsal en reçoit spécialement plusieurs. Ce qui paraît le mieux prouvé, c'est l'influence que les muscles exercent; vient-on à en ôter quelques-uns? les battemens deviennent moins fréquens; ils diminuent davantage si on en enlève un plus grand nombre, et ils finissent par être nuls si la soustraction est complète. Ne doit-on pas en conclure qu'ils sont les principaux agens du mouvement, et que le prétendu cœur des Insectes ne se contracte ni par lui-même ni par le liquide emprisonné dans ses parois?

Tel est le résumé succinct des recherches les plus positives tentées, à diverses époques, par les observateurs habiles, pour déterminer la structure et les fonctions du vaisseau dorsal des Insectes. En admettant l'exactitude des faits sur lesquels nous avons insisté, on pourrait dès à présent se faire une idée juste de la composition de ce singulier organe; si des travaux récens et que l'on doit à des anatomistes exercés et dignes de foi, ne semblaient infirmer plusieurs des observations qui précèdent. Meckel et Hérold considèrent le vaisseau dorsal comme un cœur, et ils pensent que les mouvemens de dilatation et de contraction qu'on remarque dans toute sa longueur ont pour usage d'agiter le liquide contenu dans la cavité du corps de l'Insecte; mais ils n'admettent aucune ouverture postérieure ou antérieure qui permettrait au fluide d'arriver au cœur ou d'en sortir. Ce dernier observateur pense que les muscles triangulaires du cœur ne servent qu'à la dilatation du vaisseau dorsal, tandis que les mouvemens de systole sont opérés par les fibres musculaires qui forment une tunique propre. C'est à l'occasion du travail d'Hérold (*Physiol. untersuchun. über das Bucheng. der Insecten*) que Straus fait connaître, par anticipation, des recherches qui se trouveront consignées dans son anatomie complète du Hanneton. Ces observations nous ont paru si importantes et l'extrait en est si concis que nous n'avons pas craint de le reproduire. « Le vaisseau dorsal, dit-il, est le véritable cœur des Insectes, étant comme chez les Animaux supérieurs l'organe moteur du sang qui, au lieu d'être contenu dans des vaisseaux, est répandu dans la cavité générale du corps. Ce cœur occupe toute la longueur du dos de l'abdomen et se termine antérieurement par une artère unique non ramifiée qui transporte le sang dans la tête où elle l'épanche, et d'où il revient dans l'abdomen, par l'effet même de son accumulation dans la tête, pour rentrer de nouveau dans le cœur; et c'est à quoi se réduit toute la circulation sanguine chez les Insectes, qui n'ont ainsi qu'*une seule artère sans branches et point de veines*. Les ailes du cœur ne sont pas musculeuses comme le prétend Hérold; ce sont de simples ligamens fibreux qui maintiennent le vaisseau dorsal en place. Le cœur, c'est-à-dire la partie abdominale du vaisseau, est divisé intérieurement en huit chambres successives (*Melolontha vulgaris*), séparées les unes des autres par deux valvules convergentes, qui permettent au sang de se porter d'arrière en avant d'une chambre dans l'autre, jusque dans l'artère qui le conduit dans la tête, mais qui s'opposent à son mouvement rétrograde. Chaque chambre porte latéralement à sa partie antérieure deux ouvertures en forme de fentes transversales, qui communiquent avec la cavité abdominale, et par lesquelles le sang contenu dans cette dernière peut entrer dans le cœur. Chacune de ces ouvertures est munie intérieurement d'une petite valvule en forme de demi-cercle, qui s'applique sur elle lors du mouvement de systole. D'après cette courte description, on conçoit que lorsque la chambre postérieure vient à se dilater, le sang contenu dans la cavité abdominale y pénètre par les deux ouvertures dont nous venons de parler et que nous nommons *auriculo-ventriculaires*. Quand la chambre se contracte, le sang qu'elle contient ne pouvant pas retourner dans la cavité abdominale, pousse la valvule interventriculaire et passe dans la seconde chambre qui se dilate pour le recevoir et qui reçoit en même temps une certaine quantité de sang par les propres ouvertures auriculo-ventriculaires. Lors du mouvement de systole de cette seconde chambre, le sang passe de même dans la troisième qui en reçoit également par les ouvertures latérales, et c'est ainsi que le sang est poussé d'une chambre dans l'autre, jusque dans l'artère. Ce sont ces contractions successives des chambres du cœur qu'on aperçoit au travers de la peau des Chenilles. » On conçoit quelle difficulté l'auteur a dû éprouver par la petitesse et la ténuité de l'organe qui a fait l'objet de recherches aussi délicates; la manière dont il expose le résultat de ses observations en donne une idée assez nette, mais qui demande à être complétée et encore éclaircie par les dessins admirables qui accompagnent son travail.

Selon Meckel, Hérold et Straus, le vaisseau dorsal des Insectes, occupant la même place que le système circulatoire dans les autres Animaux articulés, serait un véritable cœur ou l'organe moteur du sang; d'autres observateurs lui refusent cet usage. Cuvier suppose qu'il pourrait bien être un organe de sécrétion; Marcel de Serres voit exactement de même, mais il n'hésite pas à déterminer la nature de cette sécrétion; suivant lui, il produirait immédiatement la graisse qui, dans son système, aurait besoin d'être élaborée de nouveau dans le tissu adipeux qui l'enveloppe. Hérold croit bien que le cœur sert aussi à la formation de la graisse; mais il pense que la chose a lieu d'une manière moins immédiate. Il reste donc encore quelques divergences dans les opinions à l'égard des fonctions du vaisseau dorsal.

Du tissu adipeux et de la nutrition.

La graisse est très-abondante dans un grand nombre d'Insectes, et d'autant plus qu'ils mènent une vie plus tranquille. Léon Dufour a le premier fixé les idées des anatomistes sur les masses graisseuses; il les envisage comme un système organique particulier qui est surtout abondant autour des viscères et dans les cavités splanchniques. Quoique son aspect varie, il paraît consister essentiellement en des espèces de trames membraneuses, quelquefois déchiquetées en lambeaux, d'autres fois étendues sur les viscères ou contre les parois de l'abdomen, contenant des poches ou sachets remplis d'une matière homogène, pulpeuse, ou bien tout-à-fait huileuse, qui offre tous les caractères de la graisse. La larve en est plus pourvue que l'Insecte parfait qui quelquefois, et dans certaines circonstances, en offre à peine des traces légères. Cette observation paraît mettre sur la voie des usages de ce tissu. Quand on voit que la graisse est surtout abondante au moment où l'Insecte va subir sa métamorphose, et qu'après cette époque il en est très-peu ou point fourni, on en conclut naturellement qu'elle a servi au développement des nouveaux organes, et cette conclusion est d'autant plus probable que pendant tout cet espace il n'a pris aucun aliment. La masse graisseuse servirait donc essentiellement à la nutrition lorsque le canal intestinal a cessé ses fonctions. Dans l'Insecte parfait lui-même, la graisse, lorsqu'elle existe, semble avoir un usage analogue. Si on examine certaines femelles avant que les œufs aient pris leur développement, on remarquera qu'elles sont pourvues d'un tissu adipeux très-abondant; mais si on les dissèque après la copulation et à une époque voisine de la ponte, on sera surpris de ne plus voir aucune trace de graisse. On ne peut, ce nous semble, trouver une explication satisfaisante de ce phénomène qu'en admettant que la masse graisseuse a fourni, dans ce cas, à la nutrition des organes générateurs, c'est-à-dire au développement successif des œufs, et ces faits se lient admirablement bien avec ce que nous présentent les Animaux hibernans. Aux approches de la saison froide, ils sont pourvus d'une très-grande quantité de graisse, bientôt ils s'engourdissent. Que se passe-t-il alors? leur température est abaissée, leur respiration et leur circulation sont plus lentes, ils ont perdu l'action des sens, leurs mouvemens ont cessé; mais ils vivent, et les organes de la génération acquièrent pendant ce temps un volume considérable sans qu'aucun aliment ait fourni à cette nutrition; si on observe, dès ce moment, les changemens survenus dans leur organisation, on voit que la graisse, si abondante avant l'hibernation, a disparu. N'existe-t-il pas, nous le répétons, une parfaite analogie entre ces phénomènes et ceux que nous avons reconnus dans l'Insecte avant et après l'état de chrysalide, avant et après la ponte?

C'est le cas, après avoir parlé du système graisseux comme organe nutritif, de faire connaître ce qu'on entend par *Nutrition* dans les Insectes. Dans tous les Animaux supérieurs et dans beaucoup d'Animaux invertébrés, la nutrition est opérée par le sang qui, circulant dans tout le corps, arrive à tous les organes après s'être mis en contact avec l'air. Si ce fluide existait dans les Insectes, il serait contenu dans le vaisseau dorsal, qui, n'ayant point de ramifications, ne pourrait le transmettre directement à aucune partie. Il semblait donc nécessaire de trouver une autre explication. On admet généralement avec Cuvier que la nutrition se fait, dans les Insectes, par imbibition. Le canal intestinal élabore un fluide qui transsude à travers ses parois, et se répand dans la cavité du corps où il reste stationnaire; là plongent les divers organes, tels que les muscles, les nerfs, plusieurs vaisseaux sécréteurs, et chacun d'eux puise dans ce fluide nutritif les molécules qu'il doit s'approprier; peut-être ces molécules ont-elles déjà subi l'action de l'air qui afflue de tous côtés par les ramifications trachéennes; peut-être aussi cette action n'a-t-elle lieu que dans chaque organe. Quoi qu'il en soit, les organes sécréteurs ont une structure parfaitement appropriée aux fonctions qu'on leur assigne; c'est-à-dire que la surface de plusieurs d'entre eux est manifestement garnie de pores nombreux qui paraissent être autant de bouches absorbantes.

Du système digestif.

La digestion considérée dans la nombreuse série des Animaux est une des fonctions les plus constantes; tous les organes ont disparu, que le canal intestinal persiste encore. Dans les Insectes, l'appareil digestif est en général très-compliqué. Plusieurs parties fort différentes concourent à le former, et elles peuvent être classées sous les titre d'*Appareil buccal*, de *Canal intestinal*, de *Vaisseaux biliaires* et de *Vaisseaux salivaires*. Les variétés des formes, le développement, les proportions de chacun de ces organes sont multipliés à l'infini. Nous les passerons rapidement en revue sans avoir la prétention de présenter des généralités que l'état de la science ne permet pas encore d'établir.

a *Appareil buccal*.

Les diverses pièces de cet appareil constituent la Bouche; elle termine la tête en avant et se trouve plus ou moins éloignée de son sommet. Dans les Charausons, elle en est très-distante, tandis que dans les Libellules, etc., elle s'en trouve fort rapprochée; cela dépend du plus ou moins d'étendue que prennent certaines pièces de la tête; d'autres fois ce sont les mâchoires ou les lèvres qui se trouvent portées en avant; mais alors la bouche ne participe pas à ce mouvement, elle reste en place, ce qu'indique l'insertion des mâchoires et celle des mandibules. En ne considérant la bouche que dans les Insectes proprement dits, on peut la caractériser par le nombre des élémens qui la composent. Ils sont essentiellement au nombre de six : la Lèvre supérieure ou Labre, les deux Mandibules, les deux Mâchoires et la Lèvre inférieure. Ils subissent de grandes modifications dans leurs formes, et constituent des organes de mastication ou des appareils de succion qui portent les noms de Trompe, de Bec et de Suçoir. Les changemens qu'ils subissent ont été exposés à l'article BOUCHE. *V.* ce mot.

ß Canal intestinal.

Les plus grandes variétés existent dans la forme, le développement et le nombre des organes dont l'ensemble constitue le canal intestinal. Toujours c'est un tube ouvert aux deux bouts dont l'extrémité antérieure aboutit à la bouche, et l'extrémité postérieure à l'anus. Ici il est droit et de la longueur du corps; là il est flexueux, et déjà plus long que lui; ailleurs il est enroulé sur lui-même, forme de nombreuses circonvolutions, et son étendue est considérable. En général, sa longueur est en rapport avec la nature de l'aliment; les Insectes qui se nourrissent de matières végétales ont le canal intestinal fort long; ceux qui vivent de matières animales l'ont en général très-court; toutefois cette règle rencontre plus d'une exception. Dans certains cas, il est d'un diamètre égal sur tous ses points; dans d'autres circonstances, ce diamètre varie, et l'on distingue plusieurs dilatations et rétrécissemens qui ont reçu des noms différens. Le nombre de ces parties et leurs formes ne sont pas tellement constans qu'on les retrouve avec des caractères analogues dans tous les Insectes d'un même ordre. Ils varient suivant les familles, suivant les genres, quelquefois suivant les espèces, et on peut dire qu'ils changent constamment dans le même individu aux deux grandes périodes de sa vie, c'est-à-dire à l'état de larve et à celui d'Insecte parfait. Il serait donc très-difficile de se faire une idée nette du canal intestinal si on ne ralliait pas les faits et leurs nombreuses exceptions, dans une sorte de cadre incomplet sans doute, mais qui du moins les présente avec quelques liaisons.

La texture du canal intestinal n'est pas la même dans les divers points de son étendue où on l'examine; mais en dernière analyse, on trouve partout trois tuniques plus ou moins distinctes : l'une externe a l'aspect membraneux, l'autre moyenne est musculeuse, et ses fibres ont toutes sortes de directions; la troisième ou l'interne est muqueuse.

Cette composition du tube digestif étant connue, il serait facile de le décrire en peu de mots s'il était simple dans toute sa longueur; au lieu de cela, il offre, ainsi qu'il vient d'être dit, plusieurs renflemens et rétrécissemens que nous allons d'abord énumérer, afin qu'on puisse ensuite se figurer un canal intestinal plus simple, en faisant la soustraction de tel ou tel organe. Le canal intestinal le plus compliqué d'un Insecte offre : 1° un *pharynx*; 2° un *œsophage*; 3° un *jabot*; 4° un *gésier*; 5° un *ventricule chylifique*; 6° des *intestins*, qui peuvent être subdivisés en *intestins grêles*, en *gros intestin* ou *cœcum* et en *rectum*. Pour fixer de suite les idées sur l'importance de ces divers organes, nous dirons que la bouche, ayant broyé ou sucé la matière alimentaire, la transmet au pharynx dans lequel s'ouvrent quelquefois des vaisseaux salivaires. Elle passe ensuite dans l'œsophage dont la nature musculeuse produit quelquefois sur elle une première action; celui-ci la transmet au jabot qui la change en une pulpe homogène, laquelle est introduite dans le gésier dont les parois armées de dents la triturent complétement. Cette espèce de pâte, arrivée dans le ventricule chylifique, y subit l'action de la bile, se change en chyle, et fournit le fluide nutritif, qui, après avoir traversé ses parois, se répand dans la cavité splanchnique où baignent tous les organes. Le résidu est reçu dans l'intestin grêle, puis dans le gros intestin où il séjourne quelque temps, et enfin dans le rectum qui l'expulse au dehors. L'étude succincte de chacune de ces parties complétera cet aperçu général.

Le *pharynx* est assez difficile à distinguer des autres organes; il est situé au fond de la bouche, et s'ouvre au-dessus de la lèvre inférieure. On peut le considérer comme une dilatation antérieure ou un évasement de l'œsophage. Deux pièces très-visibles dans certains Hyménoptères, l'*épipharynx* et l'*hypopharynx*, paraissent en rétrécir et en protéger l'entrée.

L'*œsophage* est un conduit plus ou moins long qui traverse le prothorax et se prolonge même quelquefois au-delà; dans d'autres cas, il est tellement court qu'il ne déborde pas la tête; sa texture est musculo-membraneuse; il aboutit au jabot ou bien au gésier si le jabot manque, et même au ventricule chylifique lorsqu'il n'existe ni jabot ni gésier. C'est à l'origine de l'œsophage que le système nerveux constitue un anneau en envoyant deux branches qui se réunissent à la partie inférieure du corps.

Le *jabot*, qu'on désigne aussi sous le nom d'Estomac, n'est réellement qu'une dilatation de l'œsophage; souvent il est difficile de l'en distinguer, il peut manquer, et quelquefois on le voit paraître et disparaître dans deux individus d'une même espèce; extérieurement, il paraît peu différent du gésier, mais si on l'examine à l'intérieur, on ne lui trouve jamais, comme dans celui-ci, des pièces cornées pouvant servir à la trituration. Sa position a quelque analogie avec celle du jabot des Oiseaux, et cette circonstance lui a valu son nom; sa texture est simplement membraneuse ou bien un peu musculaire lorsque son développement est plus considérable, et il n'est pas rare alors de lui distinguer des plissures ou alternativement des colonnes charnues et des lignes enfoncées qui lui donnent l'aspect d'un fruit à côtes; les plissures prolongées à l'intérieur constituent souvent une valvule. C'est dans le jabot qu'est contenu chez les Abeilles le miel qu'elles dégorgent, et dans un grand nombre d'Insectes, les divers liquides, souvent noirs et fétides, qu'ils laissent échapper de leur bouche lorsqu'on les saisit. La forme du jabot diffère suivant les espèces; et aussi, suivant son degré de plénitude ou son état de vacuité, il est pyriforme, ovoïde, arrondi, etc. Dans certains ordres d'Insectes, il paraît très-développé, fort musculeux; quelquefois, au lieu d'être dans la direction du canal intestinal, il forme avec lui un angle plus ou moins aigu et constitue une poche latérale plus ou moins vaste et très-variable dans ses formes.

Le *gésier*, qui vient après le jabot, et dont l'existence n'est pas très-générale et très-constante, offre pour caractère essentiel, d'être pourvu dans son intérieur de pièces mobiles, cornées, munies d'arêtes ou de soies dirigées en toutes sortes de sens et figurant des brosses ou des peignes; les pièces principales sont plus ou moins nombreuses, et forment par leur réunion une sorte de valvule à l'ouverture du ventricule chylifique, en n'y laissant passer que des parties extrêmement ténues. Cet appareil très-curieux de trituration existe indistinctement dans les Insectes carnassiers et herbivores. Il rappelle l'estomac des Crustacés et des Ecrevisses; du reste, le gésier a extérieurement beaucoup de rapports avec le jabot, et son organisation intérieure permet seule de l'en distinguer.

Le *ventricule chylifique*, désigné sous le nom de Duodénum par Marcel de Serres et quelques autres, et sous celui d'Estomac par Ramdohr, est un organe très-constant chez les Insectes, mais qui se présente avec des caractères variés. C'est dans son intérieur que la pâte chymeuse, mêlée avec des liqueurs spéciales et convenablement élaborée, se convertit en chyle. Toujours il reçoit sur un bourrelet circulaire plus ou moins prononcé l'insertion des vaisseaux biliaires (l'un des deux bouts au moins), et c'est peut-être là son caractère le plus constant. Sa texture est déliée et molle; il peut varier de capacité, c'est-à-dire qu'il est extensible. Sa forme est généralement cylindrique; il subit quelquefois des dilatations et des rétrécissemens ou des boursouflemens dans son trajet. Dans quelques cas assez rares et que Dufour a signalés le premier, il est bifurqué ou bilobé à son origine, et l'œsophage ou le jabot s'insère dans l'angle de la fourche; il offre plusieurs autres dispositions accidentelles très-curieuses; mais, en général, il est droit et n'offre que rarement des circonvolutions toujours peu nombreuses. On ne voit dans son intérieur aucune apparence d'organes triturans, soit musculeux, soit cornés; mais il existe au point de communication avec l'intestin une valvule. Un des traits les plus curieux du ventricule, c'est d'être quelquefois villeux à l'extérieur, c'est-à-dire couvert par une quantité de petits tubes que Cuvier nomme Villosités et Dufour Papilles. Les papilles sont des espèces de tubes ou de bourses conoïdes assez semblables à des doigts de gants et débouchant dans le ventricule chylifique. Cuvier leur assigne pour usage d'aspirer dans la cavité abdominale un fluide gastrique qu'elles versent dans le ventricule pour aider la digestion. Marcel de Serres semble partager cette opinion; et il regarde les papilles comme des vaisseaux hépatiques supérieurs. Dufour ne considère point les papilles comme des tubes analogues aux vaisseaux biliaires; il pense qu'elles sont autant de petits culs-de-sac recevant le fluide alimentaire qui y séjourne plus ou moins de temps pour s'élaborer, puis se convertir en chyle et s'exhaler immédiatement dans la cavité abdominale. Cet habile anatomiste dit avoir reconnu dans ces valvules bursiformes une matière brunâtre, parfaitement analogue à celle contenue dans le ventricule. Les papilles diffèrent peu quant à leurs formes; mais on observe les plus grandes variétés dans leur nombre et dans leur disposition. Tantôt elles existent en grande quantité sur toute l'étendue du ventricule et sont assez longues ou bien excessivement courtes; tantôt elles sont en moindre nombre et ne recouvrent qu'une partie du ventricule, l'autre moitié étant parfaitement lisse dans quelques cas; ainsi que l'a remarqué Dufour, le ventricule est lisse en avant, également lisse en arrière et papillaire au milieu. Les Insectes de l'ordre des Orthoptères n'ont qu'un très-petit nombre de papilles fort développées et insérées à la partie antérieure du ventricule. Marcel de Serres, qui les a décrites dans plusieurs espèces, les a considérées comme des vaisseaux biliaires supérieurs. Ailleurs, les papilles ont complétement disparu, et, dans ce cas, le ventricule est lisse, ou bien il offre des lignes enfoncées qui le divisent transversalement en autant de petites bandelettes. La présence des papilles ne peut être considérée comme un caractère constant pour certains groupes; elles existent ou elles manquent dans les Insectes d'un même ordre et d'une même famille, sans qu'on puisse en assigner la cause. Elles se retrouvent dans les espèces d'un même genre; encore les exceptions sont-elles fréquentes. On ne saurait dire non plus qu'elles se rencontrent plutôt dans les

Insectes carnassiers que dans les Insectes herbivores. Elles se voient dans les uns comme dans les autres; mais c'est dans l'ordre des Coléoptères qu'elles se montrent le plus souvent et avec leurs principaux caractères.

Les *intestins* forment une partie assez étendue du canal intestinal; ils reçoivent les matières alimentaires après qu'elles ont été digérées dans le ventricule chylifique, et s'ils agissent encore sur elles pour en extraire quelques molécules nutritives, cette action est bornée à leur partie antérieure. Les intestins se composent d'un *intestin grêle*, d'un *gros intestin* et d'un *rectum*. L'intestin grêle naît ordinairement d'une manière assez brusque du ventricule chylifique. En général, il paraît étroit et d'un diamètre égal dans toute son étendue; mais quelquefois il est renflé sur son trajet; généralement aussi il est lisse. Il est plus ou moins long et fait de nombreuses circonvolutions dans l'intérieur du ventre, après quoi il aboutit au gros intestin. Celui-ci, désigné sous le nom de *cœcum*, consiste en un renflement ordinairement ovoïde, souvent lisse, et souvent aussi couvert de plissures et de bandelettes musculaires qui simulent des côtes plus ou moins saillantes. Il est dilatable, et, dans certains cas, il se gonfle outre mesure; cette particularité est propre à quelques Insectes aquatiques, et, parmi ceux-ci, les Dytiques offrent une organisation très-curieuse qui n'a pas échappé à l'œil exercé de Léon Dufour. Leur cœcum n'est plus situé dans la direction du canal intestinal; il est déjeté sur le côté et se trouve muni d'un appendice vermiculaire, contourné en spirale; il se gonfle d'air à la volonté de l'Insecte qui s'en sert, comme d'une vessie natatoire, pour s'élever du fond de l'eau à sa surface. Le cœcum subit ailleurs d'autres modifications curieuses dans le détail desquels nous ne saurions entrer. Dans tout état de choses, il aboutit au rectum qui est un tube fort musculeux, en général peu allongé, se terminant à l'orifice anal.

γ *Vaisseaux biliaires.*

Un fluide particulier, la bile, paraît aussi nécessaire à la digestion des Insectes qu'à celle des Animaux plus élevés; mais l'organe qui la sécrète est très-différent. Il n'a plus ici l'apparence d'une glande, et consiste en des vaisseaux plus ou moins nombreux, d'une longueur variable, fixés par une seule extrémité ou bien par leurs deux bouts au canal intestinal, flottans dans la cavité abdominale, enroulés quelquefois sur eux-mêmes, et enlacés d'une manière presqu'inextricable par de nombreuses trachées et des filets nerveux très-ténus. Les vaisseaux biliaires qui ne manquent jamais et qu'on retrouve dans la larve comme dans l'Insecte parfait, consistent en des tubes déliés qui paraissent composés d'une membrane pellucide et ténue, offrant des plissures transversales, ce qui leur donne une apparence variqueuse. Ils renferment un liquide particulier, quelquefois limpide, incolore ou blanc, mais dont la couleur, ordinairement assez prononcée, varie du jaune au brun; il est amer et offre tous les caractères de la bile. Il est probable, quoi qu'en ait dit Gaëde, que les vaisseaux biliaires sont de véritables organes de sécrétion. Leur nombre varie; on en compte deux, quatre, six, etc.; quelquefois ils sont en quantité innombrable. Leur insertion offre des différences notables qu'il serait impossible d'énumérer toutes, mais dont nous croyons pouvoir, dès à présent, tracer l'esquisse. On voit d'abord qu'il est possible d'établir deux grandes divisions: 1° ou bien l'insertion a lieu seulement au ventricule, 2° ou bien elle a lieu en même temps au ventricule et au cœcum. La première de ces divisions nous offre deux sections: tantôt les vaisseaux sont insérés seulement par un bout et l'autre extrémité est libre (leur nombre varie, et, dans certains Insectes, les Orthoptères, ils sont en très-grand nombre, fort déliés, à insertion distincte, ou bien ils s'ouvrent dans un conduit commun); tantôt ils sont fixés par leurs deux bouts et figurent autant d'arcs. Dans ce cas, ils semblent être toujours très-peu nombreux et on peut considérer chacun des arcs comme un vaisseau singulièrement recourbé vers les deux extrémités au point d'être contigus à l'endroit de l'insertion, ou bien il est possible de les regarder comme deux vaisseaux distincts qui se seraient exactement anastomosés par leurs deux bouts. Une espèce de Coléoptère (*Donacia*), observée par Dufour, a le ventricule pourvu en même temps de vaisseaux à double insertion ou en arc et de vaisseaux libres par une de leurs extrémités. Elle établit le passage entre les deux sections que nous avons reconnues dans cette division. La seconde grande division ne présente jamais de vaisseaux libres; l'arc qu'ils forment et qui s'étend du ventricule au cœcum est toujours complet; il n'existe plus de différence que dans le nombre des vaisseaux qui est toujours très-réduit: tantôt il y a deux insertions à l'un et l'autre organe; tantôt il en existe trois, d'autres fois quatre. Ces différences pourraient être groupées dans autant de sections. Dans tous les cas, les insertions au ventricule chylifique sont beaucoup plus distinctes que celles du cœcum. Celles-ci ont rarement lieu isolément, on voit les vaisseaux se réunir en branches qui aboutissent souvent à un moindre nombre de troncs communs et quelquefois à un seul. L'aspect des vaisseaux biliaires vers ce point donne à penser que l'insertion au cœcum doit plutôt être considérée comme la terminaison des tubes biliaires partis des ventricules chylifiques, que comme l'origine d'autant de tubes qui, ayant rencontré les premiers dans leur trajet, auraient contracté avec eux une soudure intime. Au reste, c'est une question qui, sans être oiseuse, ne mérite pas qu'on s'attache trop à la résoudre. Les vaisseaux biliaires de l'une ou de l'autre de ces divisions présentent des particularités nombreuses, dans leur mode d'insertion, dans leur longueur et dans leur diamètre. Tout cela varie suivant les ordres, les familles, les genres et les espèces; il existe même des différences individuelles; ce n'est pas le cas d'entrer dans tous ces détails.

δ Vaisseaux salivaires.

L'appareil salivaire peut être regardé comme une dépendance du canal intestinal, parce que, dans un grand nombre de circonstances, il fournit un liquide qui facilite la déglutition et opère sans doute un commencement de digestion. Cet appareil consiste en des organes de sécrétion formés par de simples tubes flottans qui aboutissent quelquefois à des espèces d'utricules; ces vaisseaux peuvent manquer, et on ne distingue souvent que des loges accolées l'une à l'autre. Dans tous les cas, on aperçoit des canaux déférens, que le liquide sécrété parcourt pour arriver au pharynx. L'appareil salivaire est propre à un grand nombre d'Insectes, et il est, en général, plus répandu et plus développé dans les Insectes suceurs que dans les Insectes broyeurs. Léon Dufour l'a cependant fait connaître dans plusieurs Insectes coléoptères, tels que les Asides, les Blaps, les Diapères, les Œdemères, les Lixus, une espèce de Coccinelle, etc. Il l'a décrit aussi dans la Cigale, dans la Nèpe, dans la Ranâtre et dans le Notonecte. On le retrouve dans les Diptères à l'état parfait et à celui de larve, et on doit regarder comme tels les vaisseaux soyeux des chenilles et l'appareil venimeux qui débouche dans les mandibules des Scolopendres, etc. Ces organes affectent des formes très-variées dans la série des Insectes, mais ils offrent partout les caractères des organes de sécrétion.

Des sécrétions excrémentitielles.

Depuis long-temps on avait remarqué que plusieurs Insectes, lorsqu'on les inquiétait, faisaient sortir par toutes les articulations de leur corps.

et par l'extrémité de l'abdomen une humeur particulière d'une odeur plus ou moins pénétrante et fétide; on savait aussi de temps immémorial que les Bourdons et plusieurs Hyménoptères étaient pourvus d'une liqueur particulière qu'ils introduisaient dans la plaie que leur aiguillon avait ouverte et qui y produisait une vive inflammation. D'habiles anatomistes avaient décrit l'appareil du venin des Abeilles, mais les observations n'avaient guère été plus loin, et il restait à faire connaître les organes qui, chez plusieurs Insectes, sécrètent d'autres liqueurs. C'est à Léon Dufour que l'on doit la connaissance d'un grand nombre d'appareils de sécrétions excrémentitielles de la région anale. Ces appareils, situés dans l'abdomen et près de l'anus, existent de chaque côté du canal intestinal; ils se composent d'un organe préparateur, d'un réservoir ou vessie et d'un conduit excréteur. L'organe préparateur est quelquefois assez simple, mais d'autres fois il est compliqué, et alors on lui distingue des utricules sécrétoires pédicellés, ayant des formes variées, fort-élégantes et figurant quelquefois des fruits en grappes, et des canaux déférens qui d'abord très-ramifiés se réunissent en un canal commun qui se rend au réservoir. La vessie ou le réservoir est ordinairement ovoïde et plus ou moins vaste. Le conduit excréteur est une sorte de col ou de prolongement du réservoir; il s'engage au-dessous du rectum et s'ouvre de chaque côté de l'anus sur la membrane où celui-ci aboutit. Cet appareil de sécrétion est très-commun dans plusieurs Coléoptères; on le retrouve dans les Dytiques. Mais il est principalement développé dans les Carabiques, et entre autres dans le Brachine pétard et dans l'Aptine tirailleur. Ces deux espèces lancent avec explosion une fumée blanche, odorante, et fournissent successivement plusieurs décharges. L'appareil des sécrétions est approprié à cet effet; le conduit excréteur renflé en une capsule sphérique, situé sous le dernier anneau dorsal de l'abdomen, se termine tout près de l'anus par une valvule formée de quatre pièces conniventes. De plus amples détails se trouvent consignés dans le travail de l'auteur (*V.* Annales des Sc. nat.). Il reste encore à faire connaître les organes sécréteurs qui fournissent ces liquides diversement colorés qu'on voit sortir des articulations de plusieurs Insectes, et que plusieurs recherches, qui ont besoin d'être répétées, nous ont montré être très-simples. Les vaisseaux soyeux des chenilles avaient été considérés comme des organes de sécrétions excrémentitielles; mais on ne peut guère se refuser à les associer aux glandes salivaires.

La cire est le produit d'une sécrétion particulière qui a lieu entre les anneaux inférieurs de l'abdomen. *V.* Abeille et Cire.

De la génération.

La nature n'organise plus aujourd'hui un être comme elle a dû créer le premier; elle confie à chaque individu le pouvoir d'engendrer sous certaines conditions et le charge ainsi de perpétuer sa race à travers l'immensité des siècles. A cet effet, elle a placé en lui un appareil spécial pour cette grande fonction. Tous les Insectes sont mâles ou femelles et jamais les deux sexes ne sont réunis naturellement sur un même être. A la vérité, il existe des neutres; mais l'observation a démontré qu'ils n'étaient autre chose que des femelles dont les organes générateurs se sont arrêtés à un certain degré de développement. L'individu mâle et l'individu femelle ne diffèrent pas tellement entre eux qu'on ne puisse, comme dans les autres classes, leur reconnaître des caractères communs dans des parties vraiment essentielles, mais ils offrent d'assez grandes différences dans le volume général et dans la forme de certains appendices. Les mâles sont ordinairement plus petits que les femelles, et la proportion est quelquefois bien singulière et tout-à-fait bizarre. Ces dernières sont dans plus d'un cas privées d'ailes ou n'en offrent que des rudimens. Leurs couleurs paraissent aussi moins vives que celles des mâles qui ont souvent des yeux plus gros, des antennes plus longues, mieux développées, les tarses des pates antérieures fort développés; les mandibules très-proéminentes, comme dans les Lucanes, et la tête ou bien le corselet garni de saillies. Plusieurs femelles sont pourvues d'un aiguillon qui manque dans les mâles où il semble remplacé par des pièces cornées servant à la copulation. Mais ce qui caractérise surtout les sexes, ce sont les organes générateurs proprement dits; ils constituent deux ordres d'appareils très-différens, puisque les uns ont pour but de produire un liquide fécondateur, et les autres plusieurs germes susceptibles d'être vivifiés. Le premier de ces appareils appartient au mâle, et le second est propre à la femelle. L'époque de la turgescence ou du plus grand développement de l'un et de l'autre de ces appareils se correspond de telle sorte, que la femelle contient des œufs susceptibles d'être fécondés, lorsque le mâle est apte à la copulation; le rapprochement des sexes a lieu alors sous l'influence d'un désir et d'une volonté commune. La larve et la nymphe ne s'accouplent jamais, parce que leurs organes générateurs n'ont pas atteint tout leur accroissement. On en trouve tout au plus des rudimens dans l'intérieur de leurs corps.

a Organes générateurs mâles.

Les organes génitaux du mâle ne consistent réellement qu'en un appareil de sécrétion dont l'organe principal est le testicule auquel viennent s'adjoindre des canaux plus ou moins longs, plus ou moins flexueux, plus ou moins consistans, plus ou moins épais, qui sécrètent et charient divers liquides, principalement celui formé par le testicule, et constituent un ensemble sous le titre d'*appareil préparateur de la semence*. Les autres parties sont accessoires et se composent de pièces ordinairement cornées qui ont pour but de retenir la femelle pendant l'accouplement, d'entr'ouvrir son vagin, d'y pénétrer plus ou moins profondément et de faciliter en un mot l'intromission du canal éjaculateur dans les organes de l'autre sexe; c'est l'*appareil copulateur*. Nous allons présenter quelques généralités sur chacune de ces divisions.

* *De l'appareil préparateur de la semence.*

Quand on étudie les organes de la génération dans un grand nombre d'Animaux de différentes classes, on est frappé d'admiration en voyant d'une part la diversité de leur aspect, et de l'autre l'analogie qui existe dans les parties essentielles de l'appareil. Les Animaux les plus élevés de l'échelle sont pourvus d'un Testicule, d'un Canal déférent, de Vésicules séminales. L'Insecte le plus petit, celui que l'œil n'aperçoit qu'au microscope, présente un Testicule, un Canal déférent, des Vésicules séminales. Cette analogie est d'autant plus curieuse que les autres systèmes organiques offrent des différences notables. Ainsi le canal digestif des Insectes s'éloigne, sous plusieurs rapports, de celui des Animaux vertébrés; le système nerveux appliqué contre les parois inférieures du ventre et composé de ganglions réunis entre eux par une double paire de cordons, n'admet plus une comparaison bien directe; il n'existe pas à l'intérieur un véritable squelette pour le protéger. Enfin, le système sanguin ne consiste plus qu'en un vaisseau simple placé sur la longueur du dos. Les organes préparateurs du sperme conservent seuls, au milieu de ces divers changemens, une ressemblance, nous dirions presque un air de famille qui, dans quelque Animal qu'on les étudie, est toujours le même. Les *Testicules*, les *Canaux déférens* et les *Vésicules séminales* des

Insectes sont placés dans l'abdomen au-dessous et sur les côtés du canal intestinal; ils occupent quelquefois une grande partie de cette cavité, et ils paraissent développés très-différemment suivant le temps où on les examine. L'époque de leur turgescence correspond à celle de l'accouplement. Avant ce terme, ils sont en général fort peu apparens, et c'est toujours sur l'Insecte à l'état parfait qu'il faut les chercher. Les *testicules* sont les organes essentiels de l'appareil générateur; ils existent constamment et sont presque toujours au nombre de deux; leur aspect varie à l'infini dans les différens genres, et leur structure présente aussi des modifications essentielles à connaître. Tantôt ils sont formés par de longs vaisseaux spermatiques mille fois repliés sur eux-mêmes de manière à figurer une pelote que l'on déroule avec peine; tantôt ils consistent en deux masses ovales, arrondies ou de toute autre forme, composées par l'assemblage d'un plus ou moins grand nombre de petites bourses ou capsules spermatiques ordinairement distinctes les unes des autres et groupées à la circonférence d'une cavité commune dans laquelle chacune d'elles se décharge. Les capsules présentent en outre quelques particularités : ou bien elles sont libres et pédicellées, c'est-à-dire supportées individuellement sur un long vaisseau qui s'ouvre dans le canal déférent et communique quelquefois avec la capsule voisine; ou bien elles sont adhérentes entre elles et généralement courtes; dans l'un et l'autre cas, une membrane muqueuse, sorte de tunique vaginale plus ou moins épaisse, recouvre cet agglomérat de vésicules de manière à en voiler plus ou moins la structure; quelquefois même cette tunique, singulièrement épaissie, constitue une véritable bourse ou sachet dont l'organisation extérieure est fort simple, mais qui, étant ouvert, présente dans son intérieur des vaisseaux déliés, repliés sur eux-mêmes, ou bien des capsules spermatiques supportées par une tige commune, ovale, et figurant ordinairement divers fruits en grappes. La tunique enveloppante ne s'étend pas seulement sur l'un et l'autre testicule; elle embrasse et réunit quelquefois les deux en un seul; mais l'anatomie d'une part, et de l'autre l'existence de deux conduits déférens dévoilent bientôt la trompeuse apparence des choses. Les *vaisseaux* ou *canaux déférens* prennent naissance aux testicules et aboutissent aux vésicules séminales en s'ouvrant le plus souvent à leur base et à l'origine du conduit spermatique commun. Ces vaisseaux sont plus ou moins déliés et plus ou moins longs; ils offrent souvent, dans leur trajet, des bosselures, des renflemens et des rétrécissemens irréguliers et alternatifs; d'autres fois ils se replient d'une manière inextricable sur eux-mêmes et constituent une pelote, sorte d'épididyme dont le volume égale, dans certains cas, celui des testicules. Le canal déférent et les testicules sont remplis d'un liquide assez épais dans lequel nous avons presque constamment trouvé des Animalcules spermatiques. Ces Animalcules offrent les caractères essentiels observés dans ceux des Animaux vertébrés; ils ont une sorte de tête bien distincte et une queue plus ou moins longue et déliée. Bory de Saint-Vincent a eu occasion de les voir dans quelques espèces. Les *vésicules séminales* sont des organes d'un tout autre ordre que les testicules, elles sécrètent un liquide blanc, laiteux, assez épais, qui, examiné au microscope, nous a paru composé d'une multitude de globules arrondis et très-gros, mais dans lequel nous n'avons pu reconnaître d'Animalcules spermatiques. Les vésicules séminales manquent rarement; elles consistent en des vaisseaux quelquefois très-longs et quelquefois aussi excessivement courts, toujours fermés à un de leurs bouts; on les voit s'ouvrir dans le canal spermatique commun, auquel elles semblent donner naissance par leur réunion. Les vésicules varient en nombre; lorsqu'elles existent, on n'en compte jamais moins d'une paire; quelquefois il y en a deux, trois, et plus encore. Quand elles sont multiples, on remarque souvent entre elles des différences pour la forme et le développement; les unes sont très-étendues, allongées et repliées sur elles-mêmes; les autres sont courtes et présentent simplement un coude à leur extrémité, ou bien elles sont enroulées vers ce point comme une crosse. Le conduit spermatique commun fait suite aux vésicules séminales qui en fixent l'origine; il est quelquefois gros et long, presque toujours droit et tout au plus flexueux dans son trajet. Il aboutit à l'appareil copulateur et se continue avec le pénis.

** *De l'appareil copulateur.*

Lorsque l'on comprime d'avant en arrière l'abdomen d'un Insecte mâle, on fait ordinairement sortir de l'ouverture anale plusieurs pièces cornées dont l'ensemble porte le nom d'appareil copulateur. Ces pièces varient beaucoup dans leurs formes et n'offrent d'abord entre les espèces éloignées, et entre certains ordres, aucune ressemblance. Ce qui frappe davantage, c'est la diversité de leur aspect : aussi voyons-nous qu'à une époque peu éloignée où l'anatomie n'était pas encore comparative, les observateurs les plus habiles, et nous citons en première ligne Malpighi, Swammerdam, Réaumur et Degéer, ont complétement négligé de découvrir quelque analogie entre ces parties, et n'ont été d'accord ni entre eux ni avec eux-mêmes sur le nom qu'il fallait assigner à chacune d'elles. Ici ils admettent une *pièce*, une *pince*, des *branches*, des *pointes écailleuses*; là, une *tige rétractile*, des *pièces velues*, des *crochets*; ailleurs, des *cuillerons*, des *monticules charnus*, des *étuis en fourreaux*, des *aiguillons écailleux*; tantôt ce sont des *baguettes*, des *languettes écailleuses*, un *manche*, une *cuiller*, des *fourches barbues*; d'autres fois ils emploient les noms de *pénis*, de *cornes*, d'*arc*, de *masque*, de *palette*, de *lentille*, de *plaque cartilagineuse*, etc. Si pour une soixantaine d'espèces que l'on a étudiées avec quelque soin il a fallu créer un aussi grand nombre de termes différens, que sera-ce, à moins qu'on n'y remédie, lorsqu'on aura passé en revue la plupart des espèces? Il ne suffit donc pas aujourd'hui de faire des observations exactes, il faut les coordonner, lier tous les faits entre eux, en un mot faire de la science un corps homogène, qui, malgré les domaines étendus qu'elle s'approprie chaque jour, la rende dans tous les temps abordable. Il serait donc à désirer que toutes les pièces de l'appareil copulateur aient été reconnues et qu'elles eussent reçu un nom fondé sur les rapports de position, ou tout-à-fait insignifiant, c'est-à-dire qui ne fût basé ni sur la figure ni sur les usages, de manière à le conserver dans toutes les circonstances, quelles que soient les formes et les fonctions qu'elles auraient ailleurs. Un tel travail repose essentiellement sur des faits; plus ils sont nombreux, plus la base en est solide et les résultats certains. Aussi ce que nous allons dire des pièces copulatrices ne doit-il être regardé que comme une introduction à des recherches plus étendues. Nous croyons pouvoir annoncer qu'il entre dans la composition des organes générateurs des Insectes un nombre déterminé de pièces, que parmi elles il y en a plusieurs d'essentielles qui se modifient à l'infini, mais disparaissent très-rarement; qu'il en est un certain nombre au contraire dont l'apparition est très-variable, et que les unes et les autres sont quelquefois altérées de telle sorte dans leurs formes et dans leurs usages, que les rapports qu'elles conservent entre elles peuvent seuls les faire reconnaître. Nous pouvons dire aussi avec certitude qu'en considérant l'appareil générateur dans la série des Insectes, on découvre certains types ou plans secondaires qui se maintiennent chez toutes les espèces d'un même genre, d'une même famille et d'un même ordre, lorsque ces différentes coupes sont bien naturelles, et que ces ressemblances sont d'autant plus sensibles que les groupes ont plus d'analogie entre eux. Ainsi les organes copulateurs mâles sont plus semblables entre un Diptère, un Hyménoptère et un Papillon, qu'entre un de ces Insectes et un Coléoptère. Ne pouvant entrer ici dans des détails circonstanciés, et ne voulant pas non plus embrasser des généralités trop étendues, qui nous jetteraient dans des rapports d'autant plus difficiles à saisir que les organes dont il s'agit n'ont reçu de dénomination pour aucune de leurs parties, nous choisirons pour exemple les Hyménoptères. Ils sont, sous le rapport des organes générateurs, très-bien partagés; un grand nombre de pièces concourent à la formation de leur appareil copulateur; c'est un ensemble curieux, la plupart du temps étendu dans ses ressorts, harmonieux dans ses parties, et, sans aucun doute, une des machines les plus intéressantes de l'économie animale. L'air y est transporté par une foule de canaux; des nerfs s'y distribuent en grande quantité; des muscles nombreux s'insèrent à chaque pièce et mettent en jeu toutes celles susceptibles de se mouvoir. La première de ces pièces, celle qui sert de fondement ou de base à toutes les autres, ressemble assez bien, dans les Bourdons que nous étudions principalement ici, à une demi-coupe, et peut être comparée à une sorte de diadême qui, fixé à l'abdomen par d'assez fortes membranes, surmonterait les diverses parties de l'appareil et donnerait intérieurement attache aux muscles puissans qui les meuvent. Immédiatement au-dessous de cette sorte de cupule, et sur la ligne moyenne, on remarque une foliole membraneuse, coriace ou cornée, qui représente plus ou moins exactement, suivant les espèces, une sorte de losange. L'angle supérieur en est tronqué et se trouve en rapport avec la cupule; l'angle inférieur est libre, allongé; les angles latéraux sont à peine marqués. La face postérieure est lisse, divisée le plus souvent en deux portions égales par une crête longitudinale; l'antérieure est concave dans le même sens et loge le conduit spermatique commun. Cette pièce cornée, située au centre de l'appareil copulateur, en est l'organe principal. C'est elle que Degéer nommait la *partie caractéristique du mâle*, et que Swammerdam appelait *pénis*. Dans l'acte de la copulation, on voit sortir de son sommet un petit tube membraneux qui est la continuation du conduit spermatique commun et qui s'introduit profondément dans le vagin de la femelle. C'est le pénis proprement dit qui toujours est membraneux. On voit ensuite, plus en dehors, deux tiges grêles, ordinairement consistantes et presque toujours flexueuses, placées l'une à droite et l'autre à gauche de la foliole protectrice du pénis. Leur ensemble figure quelquefois une lyre d'Apollon renversée dont les branches, plus ou moins rapprochées par leur extrémité libre, se termineraient en pointe de faux ou en tubercule; souvent ces deux tiges sont droites. L'organe copulateur n'est pas borné à ces pièces; de chaque côté, et plus extérieurement encore, on remarque deux parties très-développées; ce sont des auxiliaires puissans employés dans la copulation, non pour opérer immédiatement l'acte de la fécondation, mais pour le faciliter. Le nom de crochet ou de pince qui leur a été donné par quelques auteurs leur conviendrait à bien des égards si leur figure et leurs usages étaient partout ailleurs ce qu'ils sont ici; mais il n'existe dans un grand nombre d'Insectes aucune similitude sous ce double rapport. Ces parties n'ont pas la simplicité de celles qui viennent d'être décrites. Trois pièces, que nous allons successivement faire connaître, entrent dans leur composition. La première, toujours assez développée dans les Bourdons, paraît rudimentaire chez plusieurs autres Hyménoptères ; son extrémité supérieure, plus large que l'inférieure, est articulée avec la cupule et cachée par sa base au-dessous d'elle; vers ce point, elle reçoit des muscles très-puissans, et c'est là aussi le centre de tous ses mouvemens. Son extrémité inférieure est tronquée et articulée avec une petite pièce que nous décrirons à l'instant comme étant la troisième, tandis que son bord interne se trouve uni, au moyen d'une membrane articulaire plus ou moins lâche, avec la seconde pièce. Celle-ci est la plupart du temps triangulaire et très-comprimée de dedans en dehors chez les Bourdons ; sa base, prolongée en haut, se colle avec la première pièce ; son sommet s'allonge plus ou moins, se dirige en dedans, reste simple, se bifurque, se tronque ou se termine en une pointe ombragée de poils roux et roulés ; il est tantôt recouvert en entier, tantôt en partie, et d'autres fois en rapport seulement avec la petite pièce qui vient d'être mentionnée. Cette troisième et dernière pièce consiste, chez les Bourdons, en un appendice ordinairement solide, quelquefois membraneux et presque toujours triangulaire. Nous avons dit qu'elle avait des rapports intimes avec les deux pièces précédentes, et surtout avec la première à laquelle elle est articulée ou soudée ; quelques autres parties s'ajoutent encore à l'organe copulateur, mais elles sont accessoires. — En récapitulant ce que nous avons dit de ce curieux ensemble de parties, on voit que la demi-cupule sert à tout le reste de dôme protecteur qui met à l'abri le canal déférent commun et le pénis; en même temps qu'elle donne des points d'insertion à la plupart des muscles de l'appareil, elle fixe à leur place respective les pinces qui sont tout-à-fait extérieures, et comme celles-ci se trouvent appuyer sur des pièces ordinairement en forme de lyre, et ces dernières sur la foliole cornée, il s'ensuit que la demi-cupule est, si nous pouvons nous exprimer ainsi, la clef de tout l'édifice. Le jeu des pièces essentielles est très-remarquable pendant l'acte de la copulation. Les appendices extérieurs, que nous avons désignés provisoirement sous le nom de pinces, saisissent fortement, à l'aide de leurs différentes parties, la base de l'aiguillon qui, dans les femelles, n'est pas seulement un instrument d'attaque ou de défense, mais encore un organe d'une très-grande importance dans l'accouplement; échappé du lieu qui le reçoit dans le repos, il se relève et se renverse sur le dos de la femelle de manière à laisser voir la partie inférieure de sa base. Les organes du mâle, sortis de son abdomen, se mettent alors en fonction, les pinces serrent avec force les côtés de l'ouverture vulvaire, et les appendices lyriformes s'étant introduits par des fentes vont s'accrocher sur deux tiges de l'aiguillon, et opèrent sans doute, par leur mouvement de dedans en dehors, l'écartement des bords du vagin ou bien fournissent un point d'appui; dès-lors la foliole protectrice, devenue libre de tout autre soin, se redresse sur elle-même, pénètre sans obstacle dans la vulve, laisse sortir le tuyau fécondateur ou le pénis charnu, et la grande opération de la nature se fait en un temps plus ou moins long.

β Organes générateurs femelles.

Plusieurs parties très-remarquables constituent l'appareil générateur de la femelle; mais il en est une vraiment essentielle, c'est l'*ovaire*. Toutes les autres lui sont accessoires et consistent : 1° en *réceptacles* ou *calices* formés par la base des ovaires, et desquels partent des conduits courts et déliés; 2° en un *oviducte* qui est un canal commun résultant de l'abouchement des deux petits conduits des calices; il reçoit dans son trajet plusieurs appendices qui ont la forme de vaisseaux, de sacs ou de poches, et auxquels on applique indistinctement le nom de *glande sébacée*; 3° enfin en un *vagin* accompagné *de pièces cornées* accessoires.

** Des ovaires.*

Ces organes qui existent dans tous les Insectes femelles, sont plus ou moins développés suivant qu'on les examine à un terme voisin ou éloigné du moment de l'accouplement. A cette époque, et sans que la femelle ait eu, le plus souvent, l'approche du mâle, ils ont un volume remarquable et occupent la plus grande partie de la cavité abdominale; ils deviennent encore plus turgescens après la copulation, jusqu'au moment de la ponte; enfin celle-ci s'opère et ils ne tardent pas à diminuer à mesure que les œufs sont émis au-dehors. Les ovaires sont doubles, symétriques, placés au-dessous et sur les côtés du canal intestinal, enveloppés quelquefois par une sorte de membrane commune, très-distincte, et munis de graisse. Cette membrane est souvent presqu'imperceptible, et dans d'autres cas une traine plus ou moins lâche de trachées semble la remplacer et en même temps fixer toutes ces parties. Les ovaires représentent ordinairement deux faisceaux de forme pyramidale; ils sont composés de tubes ou gaînes qui contiennent les œufs en série, qui les sécrètent peut-être et qui sont plus ou moins larges, plus ou moins nombreux suivant qu'on les examine dans tel ou tel ordre, dans telle ou telle famille, dans tel ou tel genre, dans telle ou telle espèce; jamais on n'en voit moins de deux pour chaque ovaire, et on peut en compter trois, quatre, cinq, six, sept, huit, dix, vingt, jusqu'à quarante, cinquante, cent et bien audelà; il arrive un point où ces tubes sont si nombreux qu'il serait fort difficile de les compter. Léon Dufour a observé que, dans certaines circonstances, ils constituent deux faisceaux distincts de manière à figurer deux ovaires de chaque côté du corps. Quoi qu'il en soit, on peut dire, en thèse générale, que la quantité des tubes ovigères est en raison inverse de leur longueur; ainsi plus ils sont courts plus ils sont nombreux, de sorte que la somme totale peut dans quelques cas être regardée comme la même. Ils contiennent un ou plusieurs œufs bien distincts, placés bout à bout dans plusieurs petites loges circonscrites par autant d'étranglemens successifs. Les uns sont uniloculaires, les autres paraissent biloculaires, triloculaires, quadriloculaires, etc. La forme et le développement de ces loges ne laissent pas que de varier dans les différens Insectes et dans le même organe; que l'on prenne, par exemple, un tube ovigère quadriloculaire, ou à quatre divisions, et l'on verra que la loge la plus inférieure, celle qui avoisine davantage l'oviducte, est plus développée que les trois autres; que celle qui vient après l'est un peu moins; que la suivante est encore plus réduite; enfin que la quatrième ou dernière est la plus étroite de toutes. Si on incise le tuyau, on remarque que cette apparence est due essentiellement aux œufs, c'est-à-dire que le premier ou celui qui était prêt à sortir est le plus gros, et qu'ils diminuent sensiblement au point que la dernière division du tube n'offre aucune apparence de germe dans sa cavité. Ce dernier article varie beaucoup; il est charnu, étroit, allongé, souvent plus que le tube tout entier; sa forme est conique, conico-cylindrique, oblongue, globuleuse, pointue ou bien renflée en une sorte de massue. Souvent il se termine par un filet, et dans certaines espèces dont les ovaires constituent des masses ovales et sont formés par de longues gaînes, tous ces filets s'accolent entre eux et constituent un cordon commun, sorte de ligament suspenseur qui va se fixer dans le corselet et dont le diamètre est quelquefois d'une extrême ténuité. Observons encore, comme fait constant que nous aurons soin de rappeler à la fin de cet article, que les œufs sont exactement enveloppés par les parois de chaque gaîne ovigère, de sorte qu'on n'en trouve jamais deux ou plusieurs sur une même ligne dans un tube, mais qu'ils y sont toujours placés à la suite les uns des autres ainsi que nous l'avons déjà remarqué. La manière dont les tuyaux des ovaires se terminent inférieurement est assez curieuse. Lorsqu'ils sont peu nombreux et allongés, ils constituent une masse plus ou moins pyriforme et dont la base peu étendue est reçue par le calice; lorsqu'au contraire ils sont très-nombreux, ils s'insèrent à la circonférence de ce même calice, et celui-ci est alors tout-à-fait intérieur et devient une sorte de cavité commune ou d'axe central autour duquel aboutit chaque tube. On voit cela dans plusieurs Insectes, et entre autres dans la femelle du Drile, qui offre ensuite d'une manière distincte un fait très-général, c'est que les gaînes vers l'endroit de leur insertion sont brusquement rétrécies et tellement étroites qu'on ne conçoit pas comment l'œuf peut franchir cette sorte de col étranglé, d'autant plus que le trou par lequel chaque tube ovigère débouche dans le calice, est lui-même excessivement petit.

** *Des calices.*

On a déjà pu comprendre ce qu'était le calice de chaque ovaire, mais pour s'en faire une idée juste et bien nette, il faut se figurer un sac membraneux ovoïde, sur le sommet ou au pourtour duquel viendraient aboutir les tubes ovigères, et qui s'ouvrirait postérieurement par un canal creux, lequel se réunirait bientôt à un conduit semblable du côté opposé. En effet, à bien considérer le calice, il n'est qu'une cavité plus ou moins vaste dont les parois musculo-membraneuses reçoivent l'insertion des gaînes qui s'y implantent isolément. Le calice est souvent très-développé et paraît plus visible que l'ovaire; souvent au contraire il est petit et quelquefois tellement rétréci qu'il ne se distingue pas du conduit qui en part; sa forme est sujette à varier; il est ovoïde, arrondi, oblong, campanulé, plus ou moins allongé; ces formes sont naturellement en rapport avec les formes, l'étendue et le développement dans tel ou tel sens de l'ovaire; s'il arrive que celui-ci soit divisé en deux masses, comme l'a observé Dufour, le calice est lui-même bilobé. Dans tous les cas, l'organe dont il s'agit offre l'une ou l'autre de ces deux conditions; ou bien il embrasse sur un seul point la base des tubes, et alors il ressemble assez bien à une coupe ou godet dont l'ouverture serait exactement bouchée par l'arrivée de tous les tubes, c'est le cas le plus ordinaire; ou bien il reçoit ces tubes sur toute l'étendue de ses parois, et alors on peut dire, ainsi que nous l'avons déjà énoncé, qu'il est embrassé par les gaînes ovigères qui le cachent complètement et en font un organe intérieur. Toutes les modifications qu'il subit, et elles sont nombreuses, peuvent être ramenées en dernière analyse à ces deux conditions; l'idée que l'on peut s'en faire devient alors très-simple, et c'est ici un de ces cas nombreux où l'anatomie minutieuse et variée des Insectes ne saurait être comprise qu'en jetant sur les objets un coup-d'œil général afin de rallier les différences sous un certain nombre de principes. Si on incise le calice avant la ponte, lorsque les œufs sont encore contenus dans les ovaires, ce qui a ordinairement lieu dans une femelle vierge, on n'aperçoit souvent sur les parois internes aucune apparence d'ouverture qui correspondrait aux points où aboutissent les tubes des ovaires; on voit tout au plus de légères cicatricules qui indiquent le point que doit traverser l'œuf; mais si on examine ensuite ces mêmes parois sur une femelle qui a pondu ses œufs, on voit qu'au centre de chaque tube ovigère existe un véritable trou, et l'intérieur du calice ressemble alors à un tamis. La Cantharide est l'Insecte où cette disposition nous a paru la plus sensible. C'est par-là que débute la ponte. Les œufs remplissent quelquefois le calice et ils y séjournent; mais cette cavité ne saurait être comparée à une matrice dans l'acception qu'on accorde à ce mot.

L'un et l'autre calice se termine par deux conduits qui se réunissent bientôt entre eux pour former le canal commun ou l'oviducte; cette réunion a lieu ordinairement à angle droit et sur la ligne moyenne, et sans que ces canaux éprouvent de renflement bien sensible dans leur court trajet. Cependant Léon Dufour a observé deux circonstances où les canaux de chaque calice venaient déboucher dans une poche située sur la ligne moyenne, et dont partait ensuite l'oviducte.

*** *De l'oviducte.*

L'oviducte est un canal à texture musculo-membraneuse qui prend son origine à la jonction des conduits propres à chaque calice; il est plus ou moins long, un peu flexueux, cylindroïde, et se continue avec le vagin, qui n'est, à proprement parler, qu'une portion de lui-même, s'engageant avec le canal intestinal dans le dernier anneau de l'abdomen. Si l'oviducte se bornait à ce simple conduit tubuleux, il serait facile de s'en faire une idée juste, et sa description paraîtrait fort simple; mais ce canal reçoit dans son trajet des organes quelquefois assez nombreux qui, bien qu'accessoires, sont très-importans à connaître. Ces organes affectent des formes si variées et diffèrent tellement par leur insertion et une foule d'autres circonstances, que la première difficulté qui se présente est de se faire comprendre et de s'exprimer de manière à ce qu'on reconnaisse, sans la moindre hésitation, l'organe qu'on prétend désigner. Cette difficulté est d'autant plus sensible dans cette circonstance, qu'il faut détruire des opinions reçues et que ces opinions elles-mêmes se trouvent basées sur des parties qui n'offrent rien de fixe dans leur existence et qui, n'ayant d'ailleurs jamais subi l'épreuve d'un examen comparatif, sont mal définies et confondues avec d'autres organes très-différens. Tous les anatomistes qui ont disséqué des Insectes femelles ont trouvé sur le trajet de l'oviducte certains organes de diverses formes et en nombre variable. Tantôt on voit de simples tubes ou des vaisseaux flottans qui aboutissent directement à l'oviducte; tantôt on aperçoit, indépendamment des vaisseaux, une vésicule qui s'ouvre directement dans l'oviducte; quelquefois la vésicule debouche au-dessous des vaisseaux, mais fort souvent ceux-ci viennent s'insérer sur son col, ou sur toute autre partie de ses parois. Indépendamment de ces parties, on trouve, dans certains cas, une sorte de sac musculo-membraneux, qui s'ouvre encore à l'oviducte. Il peut donc exister simultanément un vaisseau délié, simple ou ramifié, une première vésicule, puis une seconde formant autant de systèmes isolés. Chacun d'eux est alors très-distinct, et c'est de ce point qu'il faut nécessairement partir. Le Hanneton en offre un exemple : le premier vaisseau paraît être un *vaisseau sécréteur;* la première vésicule, qui est ici très-petite, en est le *réservoir*, et la vésicule plus considérable placée au-dessous est la *poche copulatrice*, c'est-à-dire qu'elle a pour fonction de recevoir l'organe du mâle pendant la copulation. Si les choses étaient aussi visibles et aussi simples qu'elles le sont dans cette espèce, il ne se présenterait aucune difficulté pour reconnaître les appareils; mais il s'en faut qu il en soit ainsi. Chacune de ces parties éprouve de nombreuses modifications dont les plus importantes ne consistent pas dans leurs formes variées, mais dans leur réunion entre elles et dans les substitutions de leurs fonctions. C'est ainsi qu'il n'existe souvent qu'une seule vésicule, laquelle remplit la double fonction de conserver le fluide sécrété par le vaisseau et de recevoir l'organe du mâle; c'est ainsi qu'on ne distingue plus ailleurs aucune poche et qu'on voit un canal en général un peu renflé dans lequel aboutit le vaisseau sécréteur et qui, en même temps qu'il livre passage aux œufs, reçoit le pénis charnu du mâle. Il serait quelquefois difficile de décider s'il est l'oviducte ou plutôt une des vésicules singulièrement développées. C'est encore ainsi que la vésicule inférieure arrivant, dans certains cas, sur le trajet de l'oviducte, s'interpose entre lui et l'ouverture extérieure, et devient une sorte de vagin qui reçoit directement l'organe du mâle. Il faut avoir fait de l'anatomie des Insectes une étude spéciale pour saisir ces divers changemens, et il serait nécessaire de les présenter dans tous leurs détails, pour qu'on pût en apprécier l'importance; mais la nature de cet article nous oblige de nous restreindre à cet aperçu général : on trouvera ailleurs (*V*. Ann. des Sc. Natur.) des faits nombreux qui mettront hors de doute cette grande vérité que toute femelle d'Insecte est pourvue d'un réservoir destiné à recevoir la liqueur du mâle, afin de féconder les œufs à leur sortie des ovaires. Nous étions arrivé depuis quatre années à cette conclusion générale, la seule à laquelle nous osons attacher quelque importance (*V*. GÉNÉRATION), lorsqu'une observation spéciale et très-facile à vérifier est venue s'ajouter aux preuves nombreuses que nous possédions déjà; nous crûmes alors devoir publier isolément cette observation en lui rattachant l'énoncé de notre manière de voir. (*V*. Ann. des Sc. Nat. T. II, p. 281.)

**** *Du vagin et des pièces cornées qui en dépendent.*

Le vagin fait suite à l'oviducte et peut en être considéré comme l'orifice ou l'entrée; il est en général peu étendu, musculeux, et entouré de pièces extérieures plus ou moins solides qui constituent quelquefois des espèces de valves ou des petits appendices en forme de tubercules. Souvent ces pièces sont prolongées outre mesure et deviennent des instrumens qui ont pour usage de perforer, de scier ou d'entamer d'une manière quelconque différens corps pour introduire ensuite dans leur intérieur les œufs, à mesure qu'ils sont pondus; tels sont les Tarières chez certains Insectes; ces organes qui représentent assez bien les organes copulateurs des mâles, sont convertis ailleurs en instrumens d'attaque ou de défense comme on le voit dans les Abeilles, les Guêpes et les Bourdons. *V*. les mots AIGUILLON et TARIÈRE.

DE L'ACCOUPLEMENT ET DE LA FÉCONDATION.

L'époque de la copulation, considérée d'une manière générale, varie beaucoup, puisqu'on voit des Insectes différens dans tous les temps de l'année, et que certains d'entre eux se montrent à l'état parfait lorsque d'autres ne sont encore qu'à celui d'œuf ou à celui de larve; mais pour chaque espèce le terme de l'accouplement est singulièrement influencé par le plus ou moins grand avancement de la saison. En général, c'est le mâle qui recherche la femelle, et souvent son ardeur est extrême; les préludes de l'accouplement offrent les plus grandes différences; le mâle caresse d'abord la femelle pour l'engager à se prêter à ses désirs; il la saisit ensuite, et affecte alors de bien singulières postures; enfin l'accouplement a lieu, c'est-à-dire que le mâle parvient, après plus ou moins de tentatives et de fatigues, à introduire son pénis dans la vulve de la femelle, et à l'enfoncer assez avant pour qu'il puisse émettre la liqueur prolifique dans le lieu qui doit la tenir en réserve. Si ce pénis rencontre un passage étroit, et s'il s'y introduit profondément, il est possible qu'il ne puisse plus s'en dégager; la femelle qui, lorsque l'acte est achevé, cherche à se débarrasser du mâle, le pousse avec ses pates, et ses efforts ne tardent pas à rompre son pénis : c'est ce qu'on voit dans le Hanneton, dans l'Abeille, etc. (*V.* Ann. des Sc. Natur. T. II, p. 281). Quoi qu'il en soit de ce phénomène accidentel, la fécondation est le résultat de cet acte, et la condition essentielle pour qu'elle ait lieu, c'est que le fluide prolifique arrive aux œufs. On avait cru qu'au moment de l'accouplement ceux-ci étaient tous fécondés en même temps par la liqueur du mâle; mais il nous paraît facile de détruire cette opinion, et nous croyons pouvoir établir au contraire que la fécondation n'a jamais lieu dans l'ovaire, mais que les œufs sont vivifiés hors des tubes ovigères; peut-être immédiatement après leur sortie, lorsqu'ils sont reçus par les calices dans lesquels la liqueur remonterait, ou ce qui est plus probable et certain dans quelques cas, devant le col de la vésicule et pendant qu'ils parcourent l'oviducte. Les principaux faits qui attaquent l'opinion reçue et qui sont autant de preuves pour notre manière de voir, peuvent être réduits à six : 1° les œufs occupent dans l'ovaire, des tubes plus ou moins longs, dans lesquels ils sont placés en série, chacun d'eux étant appliqué exactement contre leur paroi interne; la liqueur du mâle, si elle fécondait les œufs dans l'ovaire même, devrait donc se frayer une route entre les œufs et les parois pour arriver à chaque loge et atteindre enfin la dernière; 2° ces œufs contenus dans les tubes ne sont pas tous également développés, les uns sont très-gros, ce sont les plus inférieurs; les autres sont très-petits, ils sont situés au sommet; il faudrait admettre qu'ils peuvent être fécondés à des degrés différens d'accroissement, et lorsqu'ils sont encore à peine visibles: ce qui est en opposition avec les faits connus; 3° il s'en faut de beaucoup qu'un Insecte, au moment de l'accouplement qui serait aussi celui de la fécondation, ait dans ses ovaires le nombre d'œufs, quelquefois innombrable, qu'il doit pondre (suivant l'observation de Leeuwenhoeck, une seule Mouche a pondu en trois mois 746,496 œufs). Ces œufs se développent successivement surtout si la ponte est de quelque durée; on devrait donc supposer, pour admettre la fécondation instantanée dans l'ovaire, que des germes non existans, du moins pour l'œil armé d'un microscope, peuvent être vivifiés avant d'être visibles; 4° Huber a observé que l'Abeille qui pond une si grande quantité d'œufs (plus de 12,000 en deux mois), était fécondée non-seulement pour toute cette ponte qui s'effectue à certains intervalles, mais encore pour la ponte au moins aussi nombreuse qu'elle fera l'année suivante. Or comment admettre dans ce cas la fécondation instantanée? Dira-t-on que les œufs de la seconde année existaient en germes imperceptibles, et que malgré leur état rudimentaire ils ont pu être fécondés? Mais en admettant cela, il restera à expliquer comment étant fécondés dès le premier accouplement ils restent dans un état d'inertie et ne se développent qu'une année après, tandis que d'autres germes, les derniers de la première ponte qui n'étaient pas plus développés lors de la copulation, ont acquis successivement et en deux mois tout leur volume. Il est sans doute bien plus rationnel de supposer que la poche de l'organe femelle décrite par Swammerdam comme un organe sécrétant un fluide visqueux, n'est autre chose que le réservoir de la semence; cette supposition est un fait démontré ailleurs; 6° enfin Malpighi qui ne pouvait méconnaître la poche copulatrice dans le Papillon du Ver à soie, puisqu'elle a une disposition telle que le pénis y arrive par une voie directe, a très-bien observé que les œufs n'étaient fécondés qu'après avoir dépassé cette poche. Spallanzani a depuis confirmé cette observation par des expériences directes.

Ces idées générales, dont on ne sera pas tenté sans doute de nous contester la priorité, se trouveront développées dans le Prodrome du grand travail dont nous nous occupons depuis plusieurs années. (*V.* An. des Sc. Nat.) Nous y établirons entre autres faits curieux que l'influence du mâle est nulle pour la production de tel ou tel sexe, et qu'on peut à volonté faire pondre à certaines mères des œufs de mâles ou des œufs de femelles, et c'est encore de faits bien constatés et qu'on avait négligés sous ce rapport, que nous tirerons cette conséquence importante.

La ponte s'effectue plus ou moins de temps après l'accouplement. Les œufs sont de formes variables, en général arrondis et recouverts d'une sorte de coque plus ou moins solide et diversement coloriée. La femelle les dépose toujours dans un lieu propre au développement de la larve, de telle sorte qu'à l'instant de sa naissance elle puisse trouver, non loin d'elle ou même à ses côtés, une nourriture convenable. Nous ne pouvons entrer à cet égard dans aucuns détails; ils sont tellement nombreux que nous sommes contraints de renvoyer leur étude à chaque genre d'Insecte. Nous donnerons cependant au mot MÉTAMORPHOSES quelques observations pour fixer les idées sur ces curieux phénomènes, et il nous suffira de rappeler ici qu'en général tout Insecte se présente sous quatre états bien différens : celui d'œuf, celui de larve, celui de nymphe et celui d'Insecte parfait, et que c'est alors seulement qu'il s'accouple et engendre son semblable. Les mœurs des Insectes mériteraient aussi de trouver place dans cet article, si les faits que nous aurions à présenter n'étaient pas en si grand nombre et si curieux que leur développement et leur choix sortiraient des limites fixées pour un livre classique. On pourra d'ailleurs recourir aux divisions secondaires. Il suffit de se rappeler en thèse générale que les mœurs et toute espèce de ruse peuvent être rapportées d'une part au besoin que l'Animal a de veiller à sa propre conservation et de satisfaire le désir si pressant de la reproduction, et de l'autre à l'instinct qui le porte à prendre soin de sa progéniture et à exposer sa vie pour assurer l'existence de celle-ci. Sous ce rapport, l'histoire des Insectes est riche d'observations curieuses qui intéressent vivement et qui laissent encore à l'esprit un vaste champ de recherches, en même temps qu'elles lui offrent un sujet inépuisable de méditation. Cet article abrégé demande donc à être complété, et il sera facile de le faire en consultant les noms de chaque genre et les mots AILES, ABDOMEN, ANTENNES, BOUCHE, ENTOMOLOGIE, GÉOGRAPHIE, MÉTAMORPHOSES, PATES, SQUELETTE. (AUD.)

INSECTES FOSSILES.

Les Insectes proprement dits que l'on trouve à l'état fossile sont, jusqu'à présent, en très-petit nombre, et peu d'observateurs s'en sont occupés. Linné (*Regnum Lapideum*) avait appelé *Entomolithes*, les pétrifications qui présentent des débris ou des vestiges d'Insectes; mais il comprenait les Crustacés sous ce nom. Son *Entomolithus Cancri* renferme les Crustacés fossiles (*V.* ce mot) qu'il a divisés en deux sections, les Brachyures et les Macroures. Son *Entomolithus Monoculi* est le Limule des Schistes calcaires de Solnhofen, figuré par Knorr (Monum. des catastrophes, etc. T. I, pl. 14, fig. 2), et que Desmarest (Hist. Nat. des Crust. foss., etc., par Al. Brongniart et A.-G. Desmarest) nomme *Limulus Walchii*. Enfin sous le nom d'*Entomolithus paradoxus* se trouvent les Trilobites. (*V.* ce mot.)

Les couches de la terre dans lesquelles on a trouvé, à notre connaissance, des débris d'Insectes proprement dits à l'état fossile, ne sont pas très-anciennes, et l'on peut donner comme règle générale, dans l'état actuel de la science, que les Insectes sont des êtres dont l'apparition est assez récente sur notre globe. Le terrain le plus ancien dans lequel on a observé des Insectes fossiles, est le terrain de sédiment inférieur. On a trouvé dans l'Oolithe de Stonesfield en Angleterre, l'élytre d'un Insecte de l'ordre des Coléoptères, que nous avons eu occasion de voir et de figurer pour un Mémoire de C. Prévost (Ann. des Sc. Nat. T. IV, p. 417, pl. 17, fig. 26). Cet élytre nous a paru appartenir à un Bupreste analogue pour la forme et la taille au *Buprestis variabilis* de Schœnherr, qui se trouve à la Nouvelle-Hollande. Ce qui pourrait indiquer qu'à l'époque de la formation du terrain oolitique il existait déjà des Insectes et même en assez grand nombre, c'est l'existence de Mammifères insectivores dont C. Prévost a observé des restes fossiles dans le même terrain à Stonesfield (*loc. cit.*, p. 398).

Le Grès vert et la Craie, qui appartiennent encore au terrain de sédiment inférieur, n'ont présenté jusqu'à présent aucuns vestiges d'Insectes fossiles ; ce n'est que dans l'Argile plastique qui forme la première couche du terrain supérieur, que l'on a trouvé le plus d'Insectes ; presque tous ceux-ci appartiennent à des genres encore existans, et ils ont été trouvés dans l'Ambre jaune ou Succin. Nathaël Sandelius a publié à Leipsick, en 1747, une *Historia Succinorum* in-folio, accompagnée d'un grand nombre de planches représentant les objets qu'il a rencontrés dans cette substance ; mais on ne saurait trop compter sur l'exactitude des descriptions et des figures qui ont été faites de ces objets, et il est fort difficile de dire à quelle espèce et même à quel genre appartiennent des Insectes qui ne sont qu'imparfaitement dessinés, dont on ne voit que l'ensemble et dont les caractères qui servent maintenant à la classification sont entièrement négligés par l'auteur, ce qui rend entièrement inutiles pour nous les travaux des auteurs anciens. D'ailleurs, dit Desmarest, n'ont-ils pas pu se méprendre sur la nature des substances qu'ils examinaient? Quels moyens avaient-ils de distinguer sûrement le Succin de la Copale qui nous est apportée journellement de Ceylan où elle découle de l'*Elæocarpus serratus*, L., en englobant une infinité d'Insectes qui viennent se déposer à sa surface lorsqu'elle est encore molle? On doit seulement, depuis quelques années, à Haüy la connaissance de moyens certains pour ne pas se méprendre sur la nature de ces deux substances, ce qui est bien important pour les conclusions qu'on peut tirer du rapprochement des Insectes trouvés dans le Succin avec ceux qui habitent maintenant telle ou telle contrée et qui sont soumis à l'influence de tel ou tel climat.

On ne peut donner que les noms des principaux genres dont on rencontre des espèces dans les Succins trouvés pour la plupart dans des terrains d'alluvion qui bordent la mer Baltique. Dans l'ouvrage de Sandelius on peut reconnaître les genres : Ephémère (tab. 1, fig. 33) ; — Perle (tab. 1, fig. 5 a et 5, 6) ; — Tipule (tab. 1, fig. 8, - tab. 2, fig. 1, 2, 3, 5, 6, 7, 11, 12, 14, 16, - tab. 6, fig. 34, - tab. 7, fig. 2, 3) ; — Frigane (tab. 2, fig. 21 et 23) ; — Bibion (tab. 1, fig. 18) ; — Empis (tab. 1, fig. 19) ; — Fourmi (tab. 4, fig. 18, 19, 20, 21) ; — Arachnides (dont les genres sont indéterminables, tab. 5, fig. 3, 4, 9, 11, 15 a, 22 b, 23, 24, - tab. 7, fig. 27) ; — Scolopendre (tab. 6, fig. 6 a et 6 b) ; — Chenilles (tab. 3, fig. 26, 27, 27 b, 28 a, 28 b, etc.) ; — Criquet (tab. 3, fig. 16 b) ; — et quatre Coléoptères indéterminables.

Desmarest possède quelques fragmens de véritable Succin qui proviennent bien certainement de la Prusse et qui renferment des Insectes des genres Frigane et Bibion. Plusieurs échantillons de Succin contiennent des Insectes qui se rapportent à des genres dont quelques espèces habitent les contrées les plus chaudes de la terre. Ainsi, l'on a rencontré dans quelques échantillons des Platypes, des Taupins, des Ips? des Termes, une Mante et un Insecte coléoptère qui appartient sans aucun doute au genre Atractocère formé par Palisot-Beauvois sur une espèce du royaume d'Ovare en Afrique.

Le Succin enveloppe de toutes parts les Insectes qu'il renferme ; mais cette substance ne paraît pas avoir pénétré dans leur intérieur. La position de ces Insectes est constamment irrégulière et analogue à celle des Mouches qui tombent dans une matière liquide épaisse (*V.* SUCCIN).

Les terrains qui se trouvent entre l'Argile plastique et la seconde formation d'eau douce, ne renferment point de débris d'Insectes, ou du moins on n'en a pas encore observé jusqu'à présent ; ce n'est que dans le terrain d'eau douce de seconde formation, que l'on rencontre des corps qui ont l'apparence de larves aquatiques semblables à celles des Friganes : ce sont les Indusies, *Indusia tubulosa*, décrites par Bosc (Journal des Mines, t. 17, n° 101, pag. 397). Ces corps ont la forme de tuyaux cylindriques composés par la réunion d'une grande quantité de matières étrangères, et particulièrement de petites Coquilles d'eau douce.

On a trouvé encore d'autres Insectes dans différens dépôts dont la position géologique n'est pas encore bien déterminée ; ainsi la pierre calcaire fissile d'Œningen en Franconie contient des empreintes et des enveloppes extérieures de larves de Libellules et quelquefois de nymphes, parfaitement caractérisées. Knorr (*loc. cit.* T. 1, pag. 151, pl. 33, fig. 2, 3 et 4) les a figurées. Les Ardoises de Glaris en Suisse ont été étudiées par Bertrand (Dict. Oryctologique universel, T. 1, pag. 259). Il y a vu des Insectes semblables au Hanneton.

Faujas Saint-Fond (Mém. du Muséum, douzième cahier, pl. 15, fig. 4) représente une espèce de Poliste d'une division dont les espèces sont toutes propres aux deux Indes : elle était renfermée dans un Schiste marneux des environs de Chaumerée et de Roche-Sauve, département de l'Ardèche.

De la Fulglaye (Journal des Mines, t. 30, p. 387) a trouvé dans un gissement de bois enfouis qu'il a découvert sur la côte de la Manche près de Morlaix, des débris d'Insectes très-bien conservés et une chrysalide ; ces débris, qui appartenaient pour la plupart aux genres Carabe et Nécrobie, avaient encore leurs couleurs. On ne doit pas considérer ces débris comme de véritables fossiles, mais on peut croire qu'ils appartiennent à une couche qui se forme maintenant et qui a quelque analogie, quant à sa position géologique, avec les bassins houillers.

Il existe encore plusieurs auteurs qui ont parlé d'Insectes fossiles, mais les bornes de cet ouvrage ne permettent pas de nous arrêter à en faire l'énumération. (G.)

* INSECTIRODES. INS. *V.* ENTOMOTILLES.

* INSECTIVORES. MAM. C'est-à-dire qui vivent d'Insectes. Seconde famille de l'ordre des Carnassiers, dans la Méthode de Cuvier, qui comprend les genres Hérisson, Musaraigne, Desman, Scalope, Chrysochlore, Tenrec et Taupe. *V.* ces mots. Blainville, en reconnaissant aussi des Insectivores, les circonscrit différemment. (B.)

* INSECTIVORES. *Insectivori.* OIS. Troisième ordre de la Méthode de Temminck. Caractères : bec médiocre ou court, droit, arrondi, faiblement tranchant ou en alène ; mandibule supérieure courbée et échancrée vers la pointe, le plus souvent garnie à sa base de quelques poils rudes dirigés en avant. Quatre doigts aux pieds : trois devant, dont l'extérieur uni à l'intermédiaire jusqu'à la première articulation.

Les dénominations appliquées aux grandes divisions ne doivent jamais être prises dans un sens rigoureusement littéral ; elles ne sont adoptées que pour soulager la mémoire qui se refuse souvent aux désignations purement numériques : conséquemment on n'admettra pas, comme un fait exclusif, que les Oiseaux compris dans cet ordre ne se nourrissent que d'Insectes ; ils font également usage de baies, de graines et d'autres matières végétales que même bien des espèces semblent préférer aux Insectes; du reste, on peut considérer ceux-ci comme nourriture première de tous, puisque tous les donnent à leurs petits. Les Insectivores, non moins répandus que les Granivores dans les climats tempérés, en font le plus bel ornement par leurs chants mélodieux et cadencés; mais, ne trouvant pendant la saison rigoureuse plus de quoi pourvoir à leur subsistance, ils les quittent et n'y reparaissent qu'avec les beaux jours. Ils habitent les bois, les bosquets, les buissons, les roseaux, où ils nichent solitairement; ils réitèrent plusieurs fois leur ponte chaque année.

Cet ordre comprend les genres Merle, Cincle, Lyre, Brève, Fourmilier, Batara, Vanga, Biourde, Pie-Grièche, Bec-de-Fer, Langrayen, Crinon, Drongo, Echenilleur, Coracine, Cotinga, Avérano, Procné, Rupicole, Tanmanak, Manakin, Pardalote, Rollier, Platyrrhinque, Moucherolle, Gobe-Mouche, Mérion, Sylvie, Traquet, Accenteur, Bergeronnette et Pipit. (DR..Z.)

* INSECTOLOGIE. ZOOL. *V.* ENTOMOLOGIE.

INSERTION. BOT. PHAN. Ce mot, pris dans son acception la plus étendue, signifie la manière dont les différens organes des Végétaux sont attachés les uns sur les autres. C'est ainsi qu'on dit que les feuilles sont insérées aux branches, les branches à la tige, etc. Cette manière d'envisager les parties constituantes des Végétaux, quant à leur disposition relative, doit être étudiée en parlant de chacun d'eux en particulier. Mais le mot Insertion a été plus spécialement et presque exclusivement appliqué, dans ces derniers temps, à la position qu'affectent dans la fleur les étamines ou organes sexuels mâles. L'Insertion d'une étamine s'entend du lieu où cette étamine commence à se distinguer et à se séparer de l'organe sur lequel elle prend naissance, et non pas constamment à son point réel d'origine. Si l'étamine naît brusquement, le point d'Insertion est le même que celui d'origine; mais, si la partie inférieure du filet adhère à la paroi interne du calice ou de la corolle, le point d'Insertion est celui où l'étamine commence à se dégager ou à se distinguer de l'organe auquel elle adhère. Ces remarques préliminaires sont fort importantes pour les personnes qui n'ont pas encore une grande habitude de la botanique, parce qu'il est très-facile de confondre le point d'origine et le point d'Insertion des étamines, qui sont souvent deux choses fort différentes, ainsi que nous l'avons démontré.

On distingue l'Insertion des étamines en *absolue* ou *propre* et en *relative*. L'Insertion absolue ou propre indique la position particulière des étamines ou de la corolle monopétale staminifère, abstraction faite du pistil. C'est dans ce sens qu'on dit : étamines insérées au bas, au milieu, etc., du calice ou de la corolle. Dans les fleurs unisexuées mâles, l'Insertion est nécessairement absolue. Néanmoins nous verrons, dans le cours de cet article, que l'on peut établir quelques règles sur l'Insertion relative dans les fleurs unisexuées, malgré l'absence d'un des sexes. On entend, par Insertion *relative*, la position des étamines ou de la corolle monopétale staminifère, relativement à l'ovaire. Il en existe trois variétés principales, savoir : l'Insertion *hypogynique*, où les étamines sont attachées sous l'ovaire : l'Insertion *périgynique*, dans laquelle elles sont attachées autour de l'ovaire; et enfin l'Insertion *épigynique*, ou celle dans laquelle les étamines sont insérées sur l'ovaire. Etudions chacune de ces trois Insertions relatives.

1°. *Insertion hypogynique*. Ce premier mode peut avoir lieu avec ou sans disque, et il exige constamment un ovaire libre. Quelquefois la base des filets, ou de la corolle monopétale staminifère, est en contact avec la base même de l'ovaire, comme dans les

Cistes, les Tiliacées, les Jasminées; d'autres fois les étamines sont insérées à un axe ou à une protubérance remarquable, dont la partie supérieure devient le réceptacle commun de plusieurs pistils, comme par exemple dans les Renonculacées, les Magnoliacées, etc. Enfin l'Insertion hypogynique a lieu toutes les fois que l'ovaire est accompagné d'un disque hypogyne.

2°. *Insertion périgynique*. Elle a lieu, ainsi que nous l'avons dit, toutes les fois que les étamines ou la corolle monopétale staminifère sont insérées au calice et non au réceptacle. Elle suppose toujours un ovaire libre, ou simplement pariétal. Tantôt ces étamines sont fixées presque à la base du calice, tantôt vers le milieu ou au sommet de son tube. Les familles des Rosacées et des Rhamnées sont des exemples de l'Insertion périgynique.

3°. *Insertion épigynique*. Toutes les fois que l'ovaire est infère, c'est-à-dire quand il fait corps par tous les points de sa surface externe avec le tube du calice, les étamines sont nécessairement épigynes. Néanmoins Jussieu et un grand nombre d'autres botanistes admettent qu'avec un ovaire infère, l'Insertion peut être périgynique toutes les fois que le tube du calice se prolonge au-dessus du sommet de l'ovaire, et que c'est à ce prolongement que sont insérées les étamines. Mais ce principe nous paraît jeter beaucoup de confusion dans la distinction de ces deux espèces d'Insertion, et le professeur Richard, dans son article INSERTION (Nouv. Elém. de Botan., par Ach. Richard, 2e éd., p. 290), combat cette opinion et s'efforce de prouver combien elle est peu fondée. La famille des Musacées, dit-il, est une de celles où l'Insertion épigynique a été le plus généralement reconnue. En effet, leurs étamines sont immédiatement fixées sur le sommet de l'ovaire, dont la substance paraît comme continue avec celle des filets. Cependant, dans le genre *Heliconia* qui en fait partie, ces mêmes organes sont insérés au tube du calice, notablement au-dessus du lieu que nous venons d'indiquer. Mais, dans tous les genres de cette famille, l'ovaire est complétement infère, et par-là on a le véritable caractère de l'épigynie. Parmi les Dicotylédones apétales dites périgyniques, on trouve les Thésiacées ou Santalacées, qui sont pourvues d'un disque épigyne, le plus souvent sinueux et lobé à son contour. La substance de ce disque, en s'étendant loin du point d'origine du style, repousse l'Insertion des étamines sur le calice et la fait ainsi ressembler à la périgynique. Mais tous les genres de cette famille ayant l'ovaire infère, leur Insertion doit être regardée comme épigynique. Les Onagrées, mises au rang des Polypétales périgyniques, récusent encore plus cette coordination. Le *Jussiæa* et l'*Œnothera* ont une telle ressemblance, même par leur port, que le premier ne diffère essentiellement du second qu'en ce que celui-ci a le tube du calice singulièrement prolongé au-dessus de l'ovaire, tandis que dans l'autre ce prolongement n'existe pas. L'Insertion des étamines et des pétales se fait, dans le premier, sur le contour du sommet de l'ovaire; et, dans le second, beaucoup au-dessus de celui-ci et à l'orifice du tube prolongé. Le *Circæa*, autre genre de la même famille, a le tube du calice brusquement rétréci au-dessus de l'ovaire, et formant un prolongement analogue à celui de l'*Œnothera*. Mais ce prolongement, au lieu d'être fistuleux pour le libre passage du style, est entièrement solide; il porte sur son sommet un disque épigyne cylindrique, sur lequel le style est implanté, et qui a les étamines et les pétales insérées immédiatement au pourtour de sa base. Le *Circæa* est donc intermédiaire entre le *Jussiæa* et l'*Œnothera*, et il démontre que l'Insertion au haut du tube de ce dernier n'est qu'une modification de l'épigyne. Tous les genres de cette famille ont aussi un ovaire complétement infère.

Il résulte des observations qui précèdent : 1° que le point d'attache des étamines au calice ne suffit pas pour établir leur périgynie ; 2° que l'infériorité de l'ovaire est le signe le plus clair, le plus sûr et même le seul pour caractériser l'Insertion épigynique.

Disons maintenant quelques mots sur l'Insertion absolue, observée dans les Plantes à sexes diclines, et des moyens de la rapporter aux espèces d'Insertion relative. Jusqu'à présent, dit le professeur Richard (*loc. cit.*), ces Plantes ont paru se soustraire à la loi des Insertions relatives, et si la plupart d'entre elles ont été néanmoins classées, sans la heurter, ce fut moins l'Insertion que d'autres considérations qui guidèrent les classificateurs. Comme elles ont servi de prétexte pour nier l'universalité de cette loi, et que beaucoup de genres ne lui sont pas encore soumis, il est extrêmement utile de chercher, dans les fleurs unisexuées, les signes propres à rattacher chaque Insertion absolue à son analogue parmi les relatives. Ainsi, chaque étamine des Aroïdées est une fleur mâle, et chaque pistil une fleur femelle : comme l'une et l'autre sont fixées immédiatement au même support, et que dans plusieurs genres elles ne sont circonscrites par aucun calice propre, l'Insertion ne peut se rapporter qu'à l'hypogynique. La fleur mâle de la Mercuriale privée de disque a les étamines fixées au centre du fond du calice, de sorte que si l'on y plaçait un pistil, même fort étroit, il presserait la base des filets. Leur Insertion répond donc à l'hypogynique. Plusieurs genres d'Euphorbiacées ont des étamines monadelphes, dont l'androphore occupe le centre même du calice. Dès-lors, qu'il y ait disque ou non, leur Insertion est toujours censée hypogynique. Les véritables espèces de *Rhamnus* son dioïques : les étamines et les pétales, attachés au haut du tube du calice, pourraient fournir une indication suffisante de l'Insertion périgynique ; mais elle est prouvée dans les fleurs mâles par un rudiment de pistil au fond du calice, et dans les femelles par l'existence d'étamines imparfaites. Les étamines des fleurs mâles du Chanvre, du Houblon, etc., sont insérées à une certaine distance du fond du calice, qui est dénué de disque et de rudiment de pistil ; dès que l'Insertion se fait près des incisions du calice manifestement monosépale, elle se rapporte à la périgynie.

Dans les exemples cités précédemment, l'ovaire est libre ; et, pour bien apprécier l'Insertion, il est nécessaire de connaître et les fleurs mâles et les fleurs femelles ; mais, quand l'ovaire est adhérent, la fleur femelle suffit seule pour faire reconnaître l'Insertion épigynique. Ajoutons à cela l'importance de l'étude du disque pour la détermination de l'Insertion dans les fleurs unisexuées. En effet, il existe constamment une relation parfaite entre la position du disque et celle des étamines ; il suffira donc, dans les fleurs pourvues d'un disque, d'en déterminer la position relativement au pistil, pour avoir l'Insertion des étamines.

Telles sont les trois variétés de l'Insertion relative. Nous avons cru devoir nous y arrêter quelque temps, parce qu'elles servent de caractères fondamentaux dans la classification des familles naturelles de Jussieu. (*V.* le mot MÉTHODE.)

On a encore distingué l'Insertion en *médiate* et en *immédiate*. La première a lieu toutes les fois que les étamines sont attachées à la corolle ; la seconde, quand elles sont sans adhérence avec cet organe. Toutes les fois que les étamines sont insérées à la corolle, ce qui a lieu quand celle-ci est monopétale, ce n'est plus l'Insertion des étamines qu'il faut prendre en considération, puisqu'elle est invariable, mais bien celle de la corolle relativement au pistil ; car alors cette dernière peut présenter, comme les étamines, les trois modes d'Insertion hypogynique, périgynique et épigynique. (A. R.)

* INSIDIATEUR. POIS. Espèce de

Cotte du sous-genre Platycéphale. *V.* COTTE. (B.)

INSIRE. MAM. On regarde comme devant appartenir au genre Marte, un petit Carnassier ainsi nommé par les naturels du Congo. (B.)

INSTINCT. ZOOL. et BOT. Cet article est d'une haute importance en Histoire Naturelle : car il touche aux limites de la morale et la lui rattache. Dans l'Instinct consiste la première conséquence vitale de l'organisation et, pour ainsi dire, l'essence de l'individualité.

Dès que l'organisation commence, l'Instinct en résulte nécessairement et proportionnellement, en raison de la complication organique. Ce n'est pas, à proprement parler, une faculté, mais un effet indispensable d'où provient toute stimulation intérieure : il est d'ailleurs comme la conséquence de cette forme essentielle qui constitue l'être, et détermine celui-ci vers les fins qui lui sont convenables; forme qu'Aristote appelait ENTÉLÉCHIE, sur laquelle l'aveugle métaphysique a tant discouru, mais que, Cuvier, parce qu'il est naturaliste, a si bien caractérisée en disant : « La forme du corps vivant lui est plus essentielle que la matière ; » en effet, cette forme ou Entéléchie détermine premièrement les phénomènes instinctifs et par suite les phénomènes intellectuels.

On a beaucoup raisonné, ou plutôt déraisonné sur l'Instinct que l'Académie française définit ainsi : « *sentiment*, mouvement indépendant de la réflexion, et que la nature a donné *aux Animaux*, pour leur faire connaître ou chercher ce qui leur est bon, et éviter ce qui leur est nuisible. » En comprenant l'Homme au nombre des Animaux, en n'attribuant pas l'Instinct exclusivement à ceux-ci, cette définition est assez exacte; au mot *sentiment* près, elle est préférable à tout ce qu'en imagina Condillac, entre autres, quand celui-ci prétendit n'y voir qu'un *commencement de connaissance*, ou simplement l'*habitude privée de réflexion*. Des métaphysiciens, méconnaissant cet effet de leur propre nature, n'ont pas voulu l'admettre comme un mobile de leurs actions; Buffon, entre autres, y vit l'attribut de l'animalité; il nous réservait exclusivement l'intelligence; mais l'intelligence elle-même n'est qu'un développement de l'Instinct, quand, par le résultat du mécanisme des sens, les corps extérieurs viennent à agir sur les organes dont la stimulation intérieure est un premier effet machinal où n'entre encore aucun élément de calcul. Descartes fut encore plus loin : il voulait bien avoir une ame, encore qu'on l'ait soupçonné de matérialisme, mais il voulait que les Animaux fussent de simples machines, non seulement dépourvues d'Instinct, mais encore de sensibilité!... Il eût volontiers soutenu que les Chiens qu'on dissèque vivans pour savoir, par exemple, le rôle que joue l'estomac dans le vomissement, ou telle partie de l'encéphale dans le raisonnement, ne le sentissent pas et poussassent des gémissemens comme une serinette chante.

Ce sont de telles absurdités que certains écrivains, sur l'autorité du maître, et suivant l'école à laquelle ils appartiennent, admirent comme de sublimes découvertes, ou qu'ils appellent les rêves encore sublimes du génie, quand la déraison en étant trop évidente, il faut employer des précautions oratoires pour avouer l'erreur.

L'Instinct est aux êtres organisés, comme le son ou la pesanteur est aux corps bruts. En effet, il ne peut se faire que tel ou tel arrangement de molécules métalliques, par exemple, ne produise tel ou tel bruit par la percussion, ou ne fasse pencher le bassin d'une balance, lorsqu'il s'y trouve en opposition avec un corps plus léger; de même, il ne se peut faire qu'un être organisé n'appète aux choses d'où sa conservation dépend, et n'évite, autant qu'il lui est possible, ce qui lui pourrait nuire. C'est à chercher, ainsi qu'à saisir cette distinction que l'Instinct doit déterminer, parce qu'il est, en quelque sorte, l'ame organique ou la première action dont l'organisation même est le moteur. Bien éloigné de l'opinion de Descartes, non-seulement nous reconnaissons l'Instinct dans les Animaux, mais nous le retrouvons jusque dans les Plantes : c'est par lui que la racine du Végétal perce un mur pour aller pomper dans l'humus le plus convenable à son développement l'humidité qui lui est nécessaire; que les deux sexes se rapprochent dans la Vallisnérie, ainsi que deux filamens dans les Salmacis; que les rameaux se redressent dans la position verticale, quand l'Arbre est abattu; que la Plante rampante cherche et choisit son support; que dans les serres toute les branches, ainsi que les Oscillaires des marais, se dirigent vers la lumière; et, selon un plus grand développement d'organisation, c'est toujours par lui que le Polype végétant et sans yeux saisit la proie qu'il se doit assimiler, en se contractant quand le moindre danger le menace; qu'une larve d'Insecte, à laquelle les auteurs de ses jours ne furent jamais connus, obéit aux mêmes habitudes spécifiques qu'eux, après avoir comme deviné ces habitudes; que l'Oiseau fait entendre le cri ou le chant propre à son espèce; enfin que le petit du Mammifère saisit de ses lèvres inexpérimentées le mamelon qui le doit nourrir, sans que le mécanisme de la succion ait pu lui être révélé par une autre impulsion que celle de l'Instinct. Ce vrai sens commun organique et primitif, détermine, porte, pousse, vers l'objet nécessaire, la créature qu'avertit un besoin quelconque; il avertit aussi du danger; l'effroi conservateur, et les appétits stimulans du courage, sont entièrement de son domaine.

L'Instinct est si bien un effet indispensable de l'organisation, qu'il peut se manifester avant qu'aucun raisonnement ait pu avoir lieu dans les êtres où l'état parfait doit déterminer une certaine élévation d'intelligence. Ainsi le Poulet sait à propos briser la coque de l'œuf qui le tenait emprisonné, et choisir le grain le plus convenable à son estomac : ainsi la progéniture de la Tortue marine, abandonnée dans le sable du rivage où le flot n'atteint jamais, choisit l'élément qui lui doit convenir, dès que les rayons du soleil l'ont fait éclore, et loin de s'égarer sur la terre se précipite dans les flots; ainsi le fœtus de l'Homme s'agite dans l'utérus pour y prendre la situation où ses membres encore flexibles se sentent plus à l'aise. Ce sont de tels actes purement instinctifs qui avaient suggéré à des philosophes de l'antiquité le système des idées innées, système que les modernes ne manquèrent pas de renouveler; et l'on doit remarquer à ce sujet qu'il est peu d'observations justes dans le fond où l'esprit humain, faussé par les contradictions qui l'assiègent, n'ait trouvé quelque source d'erreurs.

Ce sont les Animaux communément regardés comme les moins parfaits, qui nous offrent l'apparence des effets les plus extraordinaires de l'Instinct, non que cet Instinct soit chez eux absolument le seul mobile de pratiques singulières; car, étant toujours en raison de la complication des organes, il ne peut être que borné, mais parce que ses bornes même limitant l'exercice de l'Instinct à des actes que nulle cause d'aberration ne saurait troubler, ces actes paraissent toujours identiques et inaltérables. En considérant, par exemple, la nombreuse classe des Insectes, où chaque nouveau-né n'ayant reçu d'enseignement que des incitations résultant de la contexture qui lui est propre, pratique exactement l'industrie de ses devanciers avec lesquels il ne fut jamais en rapport, on dirait de petites machines montées à telle ou telle fin déterminée, comme une montre qui, n'étant composée que pour marquer les heures, ne pourrait indiquer les minutes, les secondes, les jours de la semaine et les phases de la lune, les rouages nécessaires pour de tels résultats ne lui ayant pas été donnés.

A mesure que l'être organisé s'élève en complication, et que des sens se viennent cumuler chez lui, ces effets constans et saillans qui résultent de la combinaisson de peu d'organes vitaux se fondent, pour ainsi dire, dans de nouvelles facultés où le nombre apporte des modifications non moins admirables par leurs effets; facultés à l'aide desquelles l'Instinct, comme fécondé par la perception d'un plus grand nombre d'objets extérieurs, devient de plus en plus attentif à ces objets, et susceptibles alors, par la combinaison des incitations intérieures ou instinctives et des idées, venues du dehors, de comparaison, de jugement et de combinaison, s'élève insensiblement par la mémoire, pour devenir l'intelligence, laquelle n'est pas l'attribut de l'Homme seul, puisqu'il est des Hommes à qui la nature la refusa, et qu'on la voit se développer dans toutes les créatures, en proportion des sens dont celles-ci furent dotées et de l'exercice qu'elles en peuvent faire

L'Instinct doit varier selon les changemens qui surviennent dans l'état physique de chaque être; ainsi celui de la Chenille ne saurait être celui du Papillon, ni l'Instinct du Têtard celui de la Grenouille; mais ces créatures, où se développent des organes différens, n'acquérant pas cependant de sens nouveaux par leurs métamorphoses, pourraient avoir, selon leurs divers états, une seule intelligence au moyen de laquelle, comme le Tirésias de la Mythologie qui fut alternativement homme et femme, le Papillon se rappellerait, en voltigeant, qu'il rampa, et le Batracien quadrupède qu'il fut Poisson. De-là ces modifications de l'intelligence par l'Instinct, selon les soustractions ou les additions qu'on peut supposer introduites dans l'économie organique; et l'Instinct, cause déterminante interne de l'intelligence, est si bien la première source de celle-ci, qu'on l'anéantit en modifiant à volonté l'Instinct. Magendie et Flourens, par de belles expériences physiologiques, sont parvenus à soulever une partie du voile qui, pour leurs devanciers étrangers à l'anatomie vivante, cachait le mécanisme des facultés intellectuelles. Ces savans nous ont montré tel effet produit par tel organe, agissant hors d'équilibre ou s'exerçant seul d'une façon excessive, après l'ablation de l'organe qui devrait agir en contrepoids, et la vie diminuant ou changeant de mode, sous leur scalpel investigateur; tous deux nous en ont plus appris sur l'intellect que tout ce qu'on en écrivit jamais. Quoiqu'il en soit, et sans nous engager dans l'examen des vérités qu'il faudra bien, tôt ou tard, déduire de leurs découvertes, il paraît que, de la combinaison des facultés instinctives et des perceptions qui viennent des sens (combinaison qu'opère l'introduction d'un système nerveux dans l'organisation, selon la perfection de l'appareil cérébro-spinal, centre de tout système nerveux), les facultés intellectuelles se développent nécessairement; et dès qu'un certain équilibre vient à s'établir entre l'intellect et l'Instinct, chez la créature convenablement organisée brille la raison; cette raison, terreur des fourbes, parce qu'elle examine et pèse tout, force des sages, régulatrice irrésistible qui ne saurait tromper, le plus éminent mais le plus rare des attributs de l'animalité, admirable résultat de la généralisation des idées dans une machine où les moindres parties doivent être en harmonie pour la produire, trop peu consultée, et contre laquelle s'élèvent avec une fureur aussi vaine que déplorable des insensés qui, d'une part, proclament cette raison une émanation divine, et, de l'autre, en proscrivent l'usage, comme d'une source pernicieuse, précisément lorsque, s'exerçant dans sa force et dans sa liberté, elle se montre sublime. (B.)

INTELLIGENCE. ZOOL. Faculté qui résulte de l'effet des perceptions sur l'instinct (*V.* ce mot). L'instinct peut exister sans l'Intelligence; celle-ci ne peut se développer sans l'instinct. Les sens en sont les instigateurs, au moyen des sensations qu'ils transmettent du dehors au dedans, tandis que l'effet de l'organisation sur elle est du dedans au dehors. Toutes les facultés morales en dérivent; les idées en sont le premier résultat, la volonté en dicte l'expression; elle est la conséquence nécessaire d'une organisation compliquée par l'introduction d'un système nerveux. Dans cette organisation, elle est perturbée ou s'anéantit à mesure que la créature dans laquelle elle s'est développée change de mode d'existence ou se détériore, de même qu'une machine cesse de produire les effets pour lesquels les parties en furent combinées, quand un rouage quelconque ou tel autre moteur vient à s'y déranger ou bien à se rompre. L'habitude en est une sorte de mixte; celle-ci résulte de quelque stimulation instinctive combinée avec les premiers effets de l'Intelligence, de façon à ce que, identifiées les unes avec les autres, ces stimulations finissent par déterminer une action qui peut s'exercer indépendamment de l'instinct ou de l'Intelligence, sans que la moindre volonté bien déterminée la commande : de-là cet adage qui exprime une profonde vérité : « l'habitude est une seconde nature. » En effet, qu'est la nature, sinon une sorte d'habitude organisatrice hors de laquelle on ne doit chercher aucune des causes de tout ce que nous voyons ou sentons, et conséquemment aucun effet?

On a beaucoup gaspillé d'Intelligence, qu'on nous passe cette locution, pour lui trouver un siége particulier; il est probable à la vérité que cette haute faculté se rapporte à quelque centre commun où aboutissent, afin qu'ils y puissent être comparés et jugés, les résultats des perceptions. Mais ce centre est-il un *sensorium*? On le cherche dans l'Encéphale, où, selon que les plissemens des lobes cérébraux sont plus considérables ou plus nombreux, on trouve l'indice d'un plus grand développement de facultés intellectuelles. Il peut y être, mais il sera difficile, même par des opérations bien faites sur les êtres vivans, de le prouver définitivement, et c'est judicieusement que Cuvier a dit : « Les machines qui sont l'objet de nos recherches ne peuvent être démontées sans être détruites. » Le doute est donc encore ici, comme en presque toutes choses, le parti du sage. Cependant si l'Intelligence, comme il n'est guère possible d'en douter, tient au système cérébro-spinal, répandue pour ainsi dire dans un labyrinthe de ramifications nerveuses où elle agit de dehors en dedans et de dedans en dehors par des routes distinctes que découvre Magendie, elle peut n'en avoir pas moins un siége particulier, tandis que l'instinct n'en a pas qui lui soit propre, car l'instinct est différent selon chaque partie de l'être. Dans le Végétal, par exemple, où nous avons reconnu des facultés instinctives, celles de la racine qui cherche l'obscure humidité, ne sont pas celles de la fleur élancée dans les airs, y attendant de la hauteur du soleil brillant sur l'horizon le signal de son épanouissement; dans l'Homme, que nous prendrons pour terme de comparaison, parce qu'il est à l'autre extrémité de la chaîne organisée, l'instinct des pieds, par exemple, ne saurait être celui des lèvres; faits pour soutenir la machine, les pieds cherchent involontairement à bien s'établir dans la ligne d'aplomb, et dans quelque circonstance qu'on puisse imaginer, ils demeureraient étrangers à ces instigations caressantes dont un autre instinct place son principal siége autour de la bouche sur les lèvres. Mais l'Intelligence est une, et ne se modifie tout au plus qu'en raison de la manière plus ou moins déterminante dont les sens introducteurs agissent sur la totalité des facultés instinctives. Elle est là comme l'ensemble des sons que rend un piano sous la main exercée qui en frappe les touches; celles-ci représentent les organes de perception, et les parties vibrantes sont les facultés instinctives. Brûlez les touches, fondez le laiton qu'elles faisaient résonner, et figurez-vous, si vous le pouvez, que les brillans accords que vous entendiez sortir de la machine ne sont pas évanouis à jamais et qu'il en survit quoique ce soit? Quiconque arriverait à un tel résultat par conviction serait parvenu au plus haut point de folie ou de sagesse humaine. Nous n'entreprendrons pas d'éclaircir ce qui en peut être; il nous suffit, pour compléter cet article, sous les rapports de l'histoire naturelle positive, de faire observer que l'instinct, dénué des organes qui peuvent y développer l'Intelligence, n'entraîne pas la conscience du soi, mais que cette conscience plus ou moins développée résulte nécessairement de la complication de l'instinct par l'addition des sens. Tous les êtres organisés, ou du moins leurs parties constitutives, ont leur instinct propre et conservateur; les Animaux parmi ces êtres ont de plus une Intelligence relative qui peut s'élever jusqu'au génie dans l'espèce la plus compliquée, quand des préjugés n'ont point étouffé la raison chez les individus de cette espèce. *V.* HOMME. (B.)

INTESTINAUX. ZOOL. Aussi nommés Vers des intestins, Helminthes et Entozoaires. On désigne par ces mots plus ou moins synonymes un groupe d'Animaux invertébrés, dépourvus de membres, d'organes de circulation et de respiration, dont les seuls caractères communs sont de naître, vivre, engendrer et mourir dans le corps d'autres Animaux vivans. Pendant fort long-temps on n'a guère connu que les plus communes des espèces qui vivent dans l'Homme et dans les bêtes domestiques. On n'avait sur leur compte que des données extrêmement vagues; on ne les considérait que sous le rapport des maladies qu'ils occasionent ou qu'on les supposait occasioner. Ce n'est guère que vers la fin du siècle dernier que l'on s'est occupé d'une manière spéciale de l'étude et de la recherche des Vers intestinaux. Un grand nombre d'ouvrages publiés dans diverses parties de l'Europe et surtout en Allemagne ont successivement fait connaître une multitude d'Entozoaires et avancé beaucoup leur histoire naturelle. Mais ce qu'il y a encore à découvrir est immense; il reste à examiner dans ce but une foule d'Animaux exotiques; et quoique les indigènes, plus à notre portée, aient été, pour la plupart, soumis fréquemment aux recherches helminthologiques, on y découvre encore chaque jour de nouvelles espèces. Le nombre des espèces de Vers intestinaux connus est à peu près de douze cents; il est supposable que ce nombre pourra être décuplé par la suite. Ainsi ces êtres, déjà si remarquables par leurs formes, leur organisation et le lieu qu'ils habitent, jouent encore dans la nature un rôle fort important. Ce n'est guère que dans les Animaux vertébrés que l'on a trouvé des Entozoaires, mais il est plus que probable que les Animaux invertébrés ne sont point exempts de ces parasites, puisque l'on en a déjà découvert quelques-uns par hasard et presque sans les chercher, dans plusieurs Insectes et Mollusques. Si l'on excepte les os, les cartilages, les ligamens et autres tissus organiques d'une contexture dense et serrée, les Entozoaires peuvent habiter dans toutes les parties des Animaux. Néanmoins les organes creux et surtout les voies digestives sont les lieux où on les rencontre le plus souvent et où se trouve le plus grand nombre de genres et d'espèces.

Chaque espèce d'Animal nourrit un certain nombre de Vers appartenant à divers ordres et genres; les

Animaux soumis le plus fréquemment aux recherches helminthologiques sont ceux où l'on en a trouvé davantage. Ainsi il y en a seize espèces dans l'Homme, huit dans le Chien, neuf dans le Putois, treize dans le Hérisson, onze dans la Souris, six dans le Lapin, neuf dans le Cochon, douze dans le Mouton, onze dans le Bœuf, autant dans le Cheval, neuf dans la Corneille, six dans le Coq, huit dans le Héron commun, neuf dans le petit Plongeon, quatorze dans l'Oie, onze dans le Canard domestique, huit dans le Crapaud commun, douze dans la Grenouille commune, huit dans l'Anguille, sept dans le Turbot, dix dans la Perche, six dans la Truite, etc., etc.

Un assez grand nombre de Vers intestinaux sont particuliers à quelques espèces d'Animaux, ou plus exactement sans doute, n'ont point encore été trouvés dans d'autres. Un nombre bien plus considérable est commun à plusieurs Animaux d'espèces ou de genres voisins et même d'organisation assez différente : ainsi le Strongle géant se trouve dans les reins de l'Homme, du Chien, du Loup, du Renard, de la Marte, du Cheval, du Taureau; dans l'épiploon du Glouton, dans les intestins de la Loutre et les poumons du Veau marin; l'Ascaride lombricoïde, dans les intestins de l'Homme, du Cochon, du Bœuf, du Cheval et de l'Ane; l'Echinorhynque globuleux, dans les intestins de l'Anguille, du Boulereau noir, du Denté vulgaire, du Pleuronecte Microchire, du Corbeau de mer, du Brochet de mer; l'Echinorhynque à col cylindrique, dans les intestins de l'Esturgeon ordinaire, du grand Esturgeon, de l'Anguille commune, de la Lotte commune, de la Blennie vivipare, du Scorpion de mer, du Chabot commun, de la petite Perche, de la Perche commune, du Silure commun, du Picaud et du Merlan; le Distome hépatique, dans la vésicule biliaire de l'Homme, du Kanguroo géant, du Lièvre, du Lapin, de l'Ecureuil commun, du Chameau, du Cerf, du Chevreuil, du Daim, du Kevel, de la Corinne, du Bœuf, de la Chèvre, du Mouton, du Cheval, de l'Ane et du Cochon; le Distome appendiculé, dans l'estomac de la Torpille, de l'Esturgeon ordinaire, de la Donzelle, de la Dorée de Saint-Pierre, du Turbot, de la Barbue, du Pleuronecte Microchire, de l'Epinoche, du Rouget, du Perlon, du Saumon, de l'Alose, du Moineau de mer et de la Sole; le Scolex polymorphe, dans les intestins et parfois dans l'abdomen de la Torpille, du Miraillet, de la Pastenage commune, du Squale nez, de la Raie pêcheresse, de la Trompette de mer, du Lièvre de mer, de la Donzelle, de la Fiatole, du Rapeçon, du Merlan, de la Blennie ocellée, du Ruban rougeâtre, du Boulereau blanc, du Boulereau bleu, du Boulereau noir, du Porte-Ecuelle, du Chabot commun, de la Rascasse, de la Dorée de Saint-Pierre, du Pleuronecte Microchire, du Turbot, de la Plie, de la Sole, de la Barbue, du Bogue ordinaire, du Roi des Rougets, du Poulpe commun; le Cysticerque à col étroit, sous le péritoine et la plèvre du Mouton, du Bœuf, de la Chèvre, du Cochon, du Sanglier, du Mouflon, du Cerf, du Petit-Gris, de l'Ecureuil commun, de la Gazelle, du Saïga, du Chamois, du Kevel, de l'Axis, du Callitriche; le Cysticerque ladrique, dans le cerveau, le cœur et les muscles de l'Homme, du Pithèque, du Patas, du Moustac et du Cochon.

L'organisation des Entozoaires, assez complexe dans les plus parfaits, devient d'une exrême simplicité dans les derniers êtres de ce groupe, et ces divers degrés de complication dans la structure nécessitent de les partager en plusieurs divisions plus ou moins naturelles et qui n'ont souvent entre elles que fort peu d'analogie. Il est assez facile de reconnaître que les Vers intestinaux appartiennent aux dernières séries du règne animal; mais où peut être leur place naturelle dans un cadre zoologique? Là, gît la difficulté. Les modifications organiques nécessitées par leur singulière habitation établissent des différences essentielles entre eux et les Animaux qui paraissent leur ressembler le plus; l'analogie se réduit aux formes extérieures seulement et n'a pas plus de valeur que celle qui existe entre un Serpent et une Anguille, une Hydre (*Hydra*) et une Seiche. Soit qu'on rapproche isolément chaque coupe d'Entozoaires des Animaux avec lesquels ils semblent avoir de l'affinité, soit qu'on en fasse une classe distincte, ils formeront toujours un groupe latéral et hors de rang.

Linné, qui n'a connu qu'un très-petit nombre d'Intestinaux, et les auteurs qui ont suivi sa méthode, les ont placés en tête de la classe des Vers. Cuvier en forme la seconde classe des Zoophytes; il y réunit les Lernies et les Planaires. Lamarck en fait les deux premiers ordres de sa classe cinquième; il y joint les Planaires et les Dragoneaux. Rudolphi pense qu'une partie des Entozoaires, les Nématoides, pourrait être rapprochée des Annelides, et le reste rejeté *in chaoticum regnum Zoophytorum*, sans leur assigner de place particulière. Enfin Blainville forme plusieurs classes des Vers intestinaux et les rattache à différens types de la série animale. La première, celle des Entomozoaires apodes, est réunie au type troisième du premier sous-règne; la deuxième, celle des Subannelidaires ou Gastrorhyzaires, au deuxième sous-règne; la troisième, des Monadaires, est placée dans le troisième sous-règne.

Les auteurs de classifications générales des Animaux et ceux de traités particuliers sur l'helminthologie ont divisé les Entozoaires en différens ordres et genres, et se sont efforcés avec plus ou moins de succès à rendre ces divisions et subdivisions naturelles et faciles pour l'étude. Les bornes de cet article s'opposant à ce que nous puissions les présenter toutes avec des détails suffisans pour mettre à portée de les apprécier, nous nous bornerons à mentionner celle qu'a suivie Rudolphi dans son *Synopsis*; elle nous semble la plus simple, la plus commode, la meilleure enfin pour l'étude. Dans cette division empruntée à Zeder, les Entozoaires sont répartis en cinq ordres.

I. Les Nématoides. — Vers à corps allongé, cylindrique, élastique, ayant un canal intestinal avec deux orifices : un antérieur ou bouche, un postérieur ou anus; les organes sexuels mâle et femelle sur des individus différens. Cet ordre renferme les genres : Filaire, Trichosome, Trichocéphale, Oxyure, Cucullan, Spiroptère, Physaloptère, Strongle, Ascaride, Ophiostome et Horhynque.

II. Les Acantocéphales. Vers à corps cylindroïde, utriculaire, élastique, ayant à leur extrémité antérieure une trompe rétractile, garnie de crochets cornés; les organes sexuels mâle et femelle sur des individus différens. Cet ordre ne renferme que le seul genre Echinorhynque.

III. Les Trématodes. Vers dont le corps est mou, aplati ou cylindroïde; ils ont des suçoirs en forme de cupule dont le nombre et la position varient suivant les genres; les organes sexuels mâle et femelle sont distincts, mais réunis sur le même individu. Cet ordre renferme les genres : Monostome, Amphistome, Distome, Tristome, Pentastome et Polystome.

IV. Les Cestoïdes. Vers dont le corps est allongé, aplati, mou, articulé ou non articulé; quelques-uns ont la tête ornée de franges ou lèvres; dans la plupart elle est munie de suçoirs en forme de fossette ou de cupule dont le nombre est de deux ou de quatre; les organes génitaux sont réunis sur le même individu. Cet ordre renferme les genres : Giroflé, Scolex, Gymnorhynque, Tétrarhynque, Sigule, Triænophore, Botriocéphale et Tœnia.

V. Les Cysticerques. Vers dont

le corps aplati ou cylindroïque est muni en avant de fossettes, de cupules ou de quatre trompes garnies de crochets, et se termine en arrière par une vésicule remplie d'un liquide incolore et transparent. Point d'organes sexuels distincts. Cet ordre renferme les genres : Floriceps, Cysticerque, Cœnure et Echinocoque.

Nous renvoyons la description détaillée des ordres, et surtout des genres, aux mots respectifs qui les expriment; on pourra y prendre une idée exacte de la structure des Animaux qu'ils réunissent, de leurs formes, de leurs fonctions et du degré d'analogie qui peut exister entre les êtres de ce groupe.

Un des points les plus obscurs dans l'histoire des Vers intestinaux, c'est de savoir comment ils parviennent dans le corps d'un Animal, s'ils viennent du dehors ou s'ils se forment dans les Animaux, et, dans ce cas, s'ils peuvent se communiquer d'un Animal à un autre. Ces questions, difficiles à résoudre, sont traitées avec soin et détails dans l'ouvrage de Rudolphi, intitulé : *Entozoorum Historia Naturalis*, et dans le Traité des Vers intestinaux de l'Homme, par Bremser (traduction française). Quiconque voudra approfondir la matière, doit nécessairement consulter ces deux excellens ouvrages. On se contentera de rapporter sommairement ici les principaux argumens qui peuvent servir à baser une opinion à cet égard. Les Entozoaires sont-ils des Animaux extérieurs? On a prétendu que les mêmes Vers qui vivent dans les Animaux se trouvent également sur la terre ou dans l'eau. Un examen superficiel a pu seul conserver cette méprise, à l'égard de quelques Nématoïdes qui présentent l'apparence de certaines Annelides, et pour quelques Distomes que l'on aura confondus avec des Planaires; mais la plupart des Entozoaires ont des formes, et tous une structure intérieure, particulières, qui ne permettent pas de les confondre avec les Vers externes. On les trouverait en abondance sur la terre ou dans l'eau, puisqu'ils ne seraient qu'accidentellement dans les Animaux; et cela n'est pas. Tous les Vers extérieurs introduits dans les voies digestives meurent promptement et sont constamment digérés.

On a supposé encore que les Vers extérieurs, introduits dans le corps des Animaux, soit développés, soit à l'état de germe, y subissaient des transformations et prenaient l'aspect et l'organisation que l'on reconnaît aux Vers intestinaux. Cette hypothèse, qui pourrait s'étayer sur ce qui arrive à la plupart des Insectes et à quelques Reptiles, n'est prouvée, pour les Entozoaires, par aucune observation directe. Il est de fait que tous les Animaux de la classe des Vers externes ne subissent point de transformations dans le cours de leur existence. Les helminthologistes de Vienne, qui ont disséqué plus de cinquante mille Animaux dans le but de découvrir les Entozoaires, Rudolphi, beaucoup d'autres helminthologistes, nous-même, qui avons fait également, dans ce but, un grand nombre de dissections, n'avons jamais rencontré, dans les Animaux, de Vers vivans qui n'eussent tous les caractères des vrais Entozoaires; jamais nous n'en avons rencontré un seul pendant l'œuvre d'une transformation quelconque. Comment des Vers venus du dehors pourraient-ils s'introduire au milieu d'organes qui n'ont aucune communication avec l'extérieur?.... Certains genres et espèces d'Entozoaires ne se trouvent jamais que dans les mêmes organes. Les Vers intestinaux se conservent et engendrent au milieu des organes où ils sont placés; ils meurent presqu'aussitôt qu'ils en sont sortis, etc., etc.

Les œufs d'Entozoaires, sortis du corps des Animaux, soit après la destruction de ceux-ci, soit par leurs déjections, peuvent-ils se communiquer à d'autres par la voie des alimens, des boissons ou de la respiration? Cette hypothèse ne peut être soutenue, si l'on veut tenir compte des observations suivantes. D'abord il est des Vers intestinaux qui n'ont point d'œufs ni de moyens de reproduction connus. Les Animaux carnassiers ne sont pas plus exposés aux Vers que ceux qui se nourrissent de Plantes et qui broient avec soin leur nourriture. Comment les œufs des Entozoaires, si délicats et qui se pourrissent si promptement par l'humidité, pourraient-ils se conserver dans les eaux qui servent de boisson aux Hommes et aux Animaux? Comment pourraient-ils, étant desséchés par l'air, être encore susceptibles d'éclore? Comment pourraient-ils rester suspendus dans l'atmosphère, eux qui sont spécifiquement plus pesans que l'eau? Comment pourraient se transmettre les espèces d'Entozoaires vivipares? Par quelle voie enfin pourraient s'introduire ceux qui ne doivent se développer que dans les organes sans communication avec l'extérieur? De tous les Hommes, ceux qui étudient et dissèquent les Vers intestinaux devraient, sans contredit, être les plus exposés à en être affectés. Nous ne pensons pas qu'aucun helminthologiste s'en soit plaint, et nous pouvons affirmer que, pour notre compte, quoique nous ayons manié et disséqué depuis six ans un grand nombre de Vers intestinaux, nous n'en avons ressenti aucune atteinte. On a nourri pendant quelque temps des Animaux avec des Entozoaires seulement; on les a tués, ils se sont trouvés exempts de Vers, etc., etc.

Les Animaux reçoivent-ils de leurs parens, soit par l'acte de la génération, soit par la nutrition dans le sein de leur mère ou par l'allaitement, les germes des Vers qu'ils pourront offrir par la suite? Pour soutenir cette hypothèse, il faut d'abord admettre que les premiers Animaux créés renfermaient en eux toutes les espèces de Vers particuliers à leur race, et si l'on considère combien d'espèces on rencontre chez quelques Animaux, les parens primitifs de ceux-ci auraient été de véritables magasins d'Entozoaires. Comme il est d'observation que l'on ne rencontre certains Vers que bien rarement, il faudrait admettre que leurs germes eussent pu passer, sans se développer, dans le corps de plusieurs individus, pendant plusieurs générations successives. Pour qu'ils pussent être transmis par l'acte de la génération, il faudrait qu'ils existassent dans le sperme du mâle. Et comment pourraient-ils s'introduire au travers des membranes de l'œuf fécondé? Comment y parviendraient les espèces d'Entozoaires vivipares et celles qui n'ont point de germes. Pour supposer que les Vers proviennent de la mère et sont portés à son embryon ou dans ses ovaires, il faudrait admettre que les œufs des Vers qui peuvent séjourner dans les différens organes de la mère, seraient d'abord absorbés par ses vaisseaux lymphatiques, portés ensuite dans le torrent de la circulation, puis exhalés à la surface du placenta, absorbés ensuite par les vaisseaux de cet organe, portés dans le système circulatoire du fœtus, et après tout ce tortueux circuit, arriver enfin dans les organes où ils devront se développer plus tôt ou plus tard. Cette théorie spécieuse jusqu'à un certain point, en l'appliquant aux Animaux qui font leurs petits tout formés, devient bien plus improbable pour les Animaux ovipares. Mais la plupart des Entozoaires ont des œufs d'un volume assez considérable pour être aperçus facilement à la vue simple. Comment pourraient-ils traverser les vaisseaux exhalans, dont le diamètre est infiniment plus petit que celui de ces œufs. Les Entozoaires vivipares présentent dans cette théorie une difficulté insurmontable. Enfin on ne pourrait s'empêcher d'admettre qu'il n'y aurait que le plus petit nombre d'œufs absorbés qui parviendraient à leur destination; il devrait y en avoir beaucoup dans les fluides circulatoires; ils sont assez volumineux pour qu'on puisse les y apercevoir. Jamais on n'en a vu dans le sang ou dans la lymphe; les mêmes difficultés se présentent dans toute leur force pour la communication par l'allaitement, encore ce mode de communication ne pourrait-il avoir lieu que chez les Mammifères, etc., etc.

Aucune de ces hypothèses ne peut donc rendre raison de l'origine et de la communication des Vers intestinaux : il en est une dernière admise presque généralement en Allemagne, ardemment soutenue par notre confrère Bory de Saint-Vincent et par quelques savans des autres régions de l'Europe; nous voulons parler de la génération spontanée ou primitive, à laquelle on est pour ainsi dire amené par l'exclusion nécessaire des autres. Cette question, l'une des plus hautes et des plus ardues de la physiologie transcendante, ne se rapporte pas seulement aux Entozoaires, mais à plusieurs autres groupes des derniers êtres organisés. Il est à peu près impossible d'isoler la part qui peut se rapporter aux Vers intestinaux, et il deviendrait nécessaire. d'entrer dans des développemens que les bornes d'un article de Dictionnaire nous interdisent. Nous renvoyons aux auteurs originaux, tels que la Biologie de Tréviranus, la Dissertation de Brown sur l'origine des Vers intestinaux, l'Histoire des Entozoaires de Rudolphi, le Traité des Vers intestinaux de l'Homme par Bremser, ainsi qu'à plusieurs articles généraux, insérés dans ce Dictionnaire par Bory de Saint-Vincent, notamment Création et Germe.

On a beaucoup exagéré les maladies occasionées par la présence des Vers intestinaux. Tous les jours on découvre en ouvrant des Animaux des quantités énormes de Vers qui ne paraissent les incommoder en aucune façon. Cependant ils occasionent souvent chez l'Homme des accidens assez graves, qui réclament toute l'attention des médecins. Dans tous les cas, leurs efforts doivent tendre à chasser et à prévenir la multiplication de ces hôtes incommodes et quelquefois dangereux. Chaque espèce de Vers nécessite presque toujours un traitement prophylactique et curatif particulier; une infinité de moyens ont été proposés pour parvenir à ce double but. Nous sommes encore obligé de renvoyer sur ce point aux ouvrages des médecins, et spécialement aux excellens Traités déjà cités de Rudolphi et Bremser. Ce sont les sources où l'on pourra puiser des connaissances solides basées sur les faits les mieux observés et sur une pratique exempte d'esprit de système et d'exagération.

(E. D..L.)

INTESTINS. zool. Ce nom désigne communément cette portion du tube digestif contenue dans l'abdomen. Peut-être vaudrait-il mieux étendre son acception à l'ensemble du canal alimentaire, organe caractéristique de la presque totalité des Animaux, et pourtant si diversement configuré chez les différentes tribus qui en sont munies. Nous ne traiterons donc pas uniquement ici du canal intestinal, mais nous donnerons en même temps ce qui concerne l'estomac et l'œsophage, dont l'histoire a été renvoyée à cet article; en d'autres termes, nous ferons connaître tout le canal alimentaire, à l'exception seulement de ses deux premières parties, la bouche et le pharynx traités ailleurs. Nous ne dirons non plus que quelques mots sur sa terminaison, ou l'anus. *V.* ce mot.

Laissant de côté ces êtres équivoques, où nos sens, aidés même d'instrumens grossissans, n'ont pu découvrir de traces d'Intestins, nous disons que le principal caractère de tout Animal compliqué est d'avoir une cavité digérante, où des substances venues du dehors, soumises à l'action de la vie, finissent par fournir des principes qui entretiennent ou excitent celle-ci. Tout être vivant, en effet, s'accroît, s'use et se répare; tout être vivant reçoit en lui de nouvelles molécules et rejette hors de lui d'autres molécules, détachées, on ne sait comment, pour le mouvement de la vie : voilà ce qu'on appelle la *nutrition*, laquelle n'est qu'un continuel rajeunissement des organes, dès que ceux-ci ont cessé de s'accroître.

Les Végétaux puisent dans le sol qu'ils pénètrent, les sucs qui les abreuvent, dans l'atmosphère, les fluides qui les excitent et les nourrissent; leurs racines et leur écorce font en eux l'office d'Intestins. Ils n'ont pas plus besoin de mouvement pour atteindre leur nourriture, qu'ils n'ont besoin d'une cavité intérieure pour la préparer. Mais la chose est bien différente pour les Animaux: isolés à la fois du sol qui les supporte et des corps dont ils doivent se nourrir, c'est dans leur intérieur même qu'ils ont un réceptacle pour leurs alimens, possédant en outre la faculté de les discerner avec des organes propres à se les approprier. Ils sentent, ils se meuvent, ils digèrent; ils ont conséquemment des Intestins. Nous avons dit que l'Intestin varie jusqu'à l'infini dans les diverses classes d'Animaux: effectivement, s'il est l'organe essentiel et à peu près unique du Ver et du Polype, dont le but aussi presque exclusif est de vivre en se nourrissant, cet Intestin ne semble plus qu'un corps accessoire dans une organisation compliquée comme celle des Oiseaux et des Quadrupèdes. Encore bien que toutes les fonctions ne fassent que dériver de la digestion, la digestion ici ne semble plus qu'un moyen d'une vie plus ample et plus parfaite. Mais alors le but est évidemment pris pour le moyen. Nous savons bien qu'on est tenté de penser que l'estomac est fait pour des sens si parfaits, pour des mouvemens si savamment coordonnés. Nous savons encore qu'il serait peut-être consolant d'oublier que les nerfs et les muscles, quelque admirables qu'en soient l'accord et le concours, ne sont que les serviles instrumens d'un estomac dont ils aident à satisfaire les appétits.

Là où l'Intestin est à lui seul presque tout l'Animal, il est aussi à peu près le même dans toute son étendue: il travaille, il digère pour lui seul le plus simplement et avec le moins de frais et de temps possible; mais l'organe devient plus diversifié, plus compliqué, et ses fonctions moins uniformes, à mesure qu'on s'élève dans l'échelle animale. Le tube digestif semble se compliquer à proportion de l'organisation tout entière dont il est la base. Des organes variés et nombreux demandent des sucs mieux élaborés. De-là, dans les Animaux déjà élevés dans l'échelle, cette division du canal alimentaire en *Estomac* qui altère les alimens; en *Pharynx*, *Bouche*, *Œsophage*, qui les reçoivent, les divisent, les humectent de sucs et les conduisent à l'estomac; en *Intestins* qui les élaborent, les analysent partiellement, les absorbent, et finalement en rejettent les débris; de-là aussi les différens noms donnés aux différentes portions de l'Intestin, d'après sa forme, sa position, sa texture et ses fonctions.

On pourrait faire l'histoire de l'organisation tout entière à propos des seuls Intestins. Tout, en effet, semble en dernier résultat, se rapporter à eux dans le corps d'un Animal compliqué: tous les organes qu'on pourrait nombrer semblent n'être que des vassaux de l'estomac; depuis les glandes salivaires, qui donnent un fluide auxiliaire à la digestion, jusqu'au foie dont la bile la parachève; depuis les membres qui saisissent les alimens, jusqu'aux vaisseaux lactés qui traînent loin de l'estomac le chyle qu'il a formé; depuis les sens qui découvrent les alimens, enfin depuis le cerveau qui les veut, les désire et les choisit, jusqu'aux Intestins qui rejettent machinalement leurs débris, jusqu'aux poumons, jusqu'aux branchies ou trachées qui purifient le chyle en le mêlant à l'air, jusqu'au cœur, même, qui le répand sans profusion et le distribue sans partialité à toutes les parties du corps. En un mot, point d'organe dont l'estomac ne soit tributaire, comme aussi nul organe dont l'action n'aboutisse à l'estomac ou n'en dérive; point de fonction dont la digestion ne soit finalement ou le but exprès ou le moyen nécessaire.

Tout est si bien enchaîné dans les corps vivans, si grande est l'influence des Intestins sur le reste des organes, qu'on peut juger des autres parties et préconcevoir les autres fonctions d'après une connaissance bien acquise du tube digestif et de la digestion. Réciproquement, de l'étude approfondie des autres organes, pourrait se déduire, jusqu'à certain point, la constitution du tube intestinal, comme aussi les mœurs et les besoins, les penchans et les passions, le caractère et le degré d'énergie de l'Animal qu'on aurait intérêt de connaître. Il suffit, par exemple, de savoir qu'un Animal a des formes grêles, que son Intestin est court, son estomac peu charnu, pour prédire qu'il est carnassier, qu'il est vigoureusement armé, qu'il est vif dans ses mouvemens et terrible en ses entreprises, qu'il est plein de passions et de vices, fertile en ruses pour éluder le combat, ou doué d'une puissance qui l'y fait souvent trouver la victoire.

On sait que les Animaux herbivores ont généralement l'estomac et les Intestins plus amples, des formes plus massives, des mouvemens plus lents, et une vie moins active. Nous disons généralement, car cette règle subit des exceptions, non-seulement parmi les autres Animaux, mais aussi parmi les Hommes. Ainsi nous voyons un peuple voisin de nous, dans le régime duquel nous savons que les substances animales dominent, avoir toutes les formes, toutes les habitudes, toute l'assommante lourdeur, et jusqu'à cette lente et patiente sagesse des êtres adonnés à un régime ou végétal ou mixte. (ISID. B.)

Divisions du canal alimentaire.

Quand l'appareil digestif ne consiste pas, comme chez les derniers ou les plus simples des Animaux, dans un sac percé d'une seule ouverture qui fait à la fois l'office et de bouche et d'anus, il a assez ordinairement la forme d'un canal musculo-membraneux, à peu près cylindrique, présentant, en un point de son étendue, un renflement : c'est par exemple ce qui s'observe chez l'Homme. De cette disposition résulte la division du canal alimentaire en trois portions, savoir : le segment qui précède le renflement, ou celui par lequel les alimens y pénètrent; ce renflement lui-même, et enfin le segment qui le suit, ou par lequel les alimens en sortent : ces trois parties sont : l'*Œsophage*, l'*Estomac* et l'*Intestin*.

Rien de plus facile que de retrouver cette division, établie d'abord par l'anatomie humaine, chez beaucoup d'Animaux, chez les plus voisins de l'Homme par exemple; mais il n'en est pas de même chez beaucoup d'autres. Tantôt en effet le renflement disparaît : c'est le cas d'une partie des Animaux invertébrés. Tantôt, au contraire, au renflement stomacal s'ajoutent d'autres renflemens, en sorte qu'il devient difficile de le reconnaître. Ces renflemens accessoires sont connus sous divers noms que nous indiquerons plus bas, et se rencontrent dans plusieurs classes très-différentes.

Des trois segmens du canal alimentaire, le plus considérable par son étendue est l'Intestin proprement dit, nommé aussi *Canal intestinal*, parce qu'on l'a considéré comme un canal particulier, ayant lui-même ses subdivisions. D'après des considérations purement spécifiques et particulières à l'Homme et à quelques Animaux très-voisins, puisqu'elles ne portent que sur des différences dans les dimensions ou la disposition de quelque partie, on l'a subdivisé en six segmens nommés *Duodenum*, *Jejunum*, *Ileon*, *Cœcum*, *Colon*, *Rectum*. Nous n'insisterons pas sur ces distinctions, que les anthropotomistes eux-mêmes conviennent être tout-à-fait arbitraires, et nous dirons seulement que les trois premières de ces six portions forment ce qu'on a nommé l'*Intestin grêle*, et les trois dernières, le *gros Intestin*. Cette autre division, établie aussi par l'anatomie humaine, ne l'est pas arbitrairement comme la première. On voit, par les noms mêmes donnés aux deux segmens de l'Intestin, qu'ils se distinguent par une différence de volume. Très-bonne sans doute pour l'anatomie de l'Homme, elle peut cependant difficilement, et il en est de même de toute division fondée sur des différences de forme ou de dimensions, être adoptée par l'anatomie comparée. C'est ce qu'indique particulièrement la nouvelle Théorie de Geoffroy Saint-Hilaire, suivant laquelle, lorsqu'il s'agit de rapports généraux et philosophiques, il faut s'attacher aux connexions, et négliger les considérations de forme et de volume, qui *spécifiquement* sont au contraire de toute importance. C'est d'après ces vues que ce professeur a divisé l'Intestin en deux portions, l'une qui s'étend de l'estomac au cœcum; c'est l'Intestin antérieur ou *anticœcal*, et celle qui s'étend de ce même cœcum à l'anus, c'est l'Intestin postérieur ou *Post-cœcal* (Phil. anat. T. II, p. 270). Cette nouvelle division, en même temps qu'elle est fondée sur le principe des connexions, l'est aussi sur le mode de développement de l'Intestin.

Structure du canal alimentaire.

Les parois du canal alimentaire sont formées de plusieurs tuniques qui sont, en comptant de l'intérieur à l'extérieur, la *muqueuse*, la *nerveuse* ou *celluleuse*, la *musculeuse* et la *séreuse* ou *péritonéale*. Mais celle-ci n'existe pas, comme les trois premières, dans toute son étendue: c'est une simple expansion du péritoine qui recouvre seulement presque toute la portion contenue dans la cavité de l'abdomen. La tunique nerveuse, rejetée par plusieurs anatomistes, est un tissu lamineux assez dense, qui unit la muqueuse et la musculeuse, et qui contribue pour beaucoup à déterminer la forme du canal. La musculeuse est généralement composée de deux couches plus ou moins minces de fibres musculaires, l'une longitudinale, l'autre circulaire. Mais, dans certaines portions du canal, comme dans le gésier ou l'estomac des Oiseaux, elle est remplacée par des muscles considérables, ou plutôt ces muscles, ordinairement membraniformes et minces, sont alors portés à leur maximum de développement. La membrane muqueuse est nommée aussi *villeuse* : elle présente à sa surface de nombreuses papilles, de petites glandes et des orifices de vaisseaux exhalans et de vaisseaux absorbans, siéges d'une perspiration et d'une absorption considérables.

Chez les Animaux inférieurs, l'organe digestif ne consiste que dans une simple duplicature de la peau; et s'il n'en est pas tout-à-fait et identiquement de même chez les Animaux supérieurs, on peut voir, par ce que nous venons de dire, qu'il y a du moins la plus grande analogie entre ces deux membranes.

On remarque, dans certaines parties de la surface interne du canal, divers replis qui prennent, selon leur importance et leur structure, tantôt les noms de valvules, tantôt ceux de replis et de rides. Les valvules sont des replis des trois membranes internes. On en trouve généralement une (*valvule pylorique*) au *Pylore*, c'est-à-dire à l'ouverture de l'estomac dans l'Intestin, et une autre (*valvule de Bauhin*) à l'embouchure de l'Intestin grêle ou anti-cœcal dans le gros Intestin ou Intestin post-cœcal. Les replis et les rides ne contiennent plus, dans leur épaisseur, la membrane musculeuse: ils diffèrent en ce que les replis sont constans, et que les rides n'existent que momentanément. Telles sont les rides de l'estomac et de l'œsophage, qui disparaissent dès qu'ils sont distendus par les alimens. De nombreux replis existent dans l'Intestin grêle: on les nomme improprement *valvules conniventes*.

Telle est la structure générale du canal alimentaire; mais cette structure varie suivant les régions, et, dans les mêmes régions, suivant les classes où on l'observe. Nous avons déjà eu l'occasion d'indiquer les variations de la membrane musculeuse, tantôt d'une extrême ténuité ; et tantôt si épaisse, qu'on ne peut véritablement plus lui donner ce nom. Nous ajouterons quelques autres détails. L'aspect de la membrane muqueuse, à sa face interne, varie beaucoup : elle est tantôt lisse et comme veloutée, tantôt hérissée de papilles, quelquefois extrêmement considérables, comme chez le Rhinocéros ; tantôt creusée au contraire, ou d'une infinité de fossettes, comme chez certaines Tortues et chez l'Esturgeon, ou de petits sillons, comme chez le Crocodile et la Grenouille. Mais elle présente surtout des modifications extrêmement remarquables dans l'estomac des Ruminans, modifications dont il sera traité en détail dans un autre article. *V.* RUMINANS.

Nous devons dire ici quelques mots des annexes du canal alimentaire. Le principal est le *Foie*, énorme glande qui sécrète la bile et la verse dans le duodénum. Le foie est un des viscères qui se retrouvent le plus constamment dans la série du règne animal : seulement dans beaucoup d'espèces il n'a plus, comme dans les Animaux supérieurs, une poche qui serve de réservoir pour la bile ; poche qu'on a nommée *vésicule biliaire* ou *vésicule du fiel*. Le *Pancréas* est une autre glande d'un volume moins considérable, et qui sécrète une liqueur particulière connue sous le nom de *suc pancréatique*, versée aussi dans le duodénum, et tout près de l'orifice des vaisseaux biliaires, par un ou par plusieurs conduits. Quelquefois le conduit pancréatique et le conduit biliaire se réunissent pour former un seul canal. Le pancréas existe moins constamment que le foie, et sa structure varie beaucoup.

Disposition du canal alimentaire.

Chez l'Homme et les Mammifères, la cavité du corps est divisée en deux grandes cavités nommées *Pectorale* et *Abdominale*, par le *Diaphragme*, muscle considérable tendu horizontalement au-dessous du cœur et des poumons. L'œsophage est placé dans la première de ces cavités, et tout le reste du canal alimentaire, avec ses annexes, est situé dans la cavité abdominale, qu'il remplit presqu'entièrement. C'est sur cette seconde portion qu'on observe la tunique péritonéale qui existe à peu près sur tous les points.

Mais il n'en est plus ainsi, ni dans les classes inférieures, ni chez les embryons même des Mammifères, où le diaphragme, au lieu de ces petits trous qui, chez l'Homme par exemple, donnent passage aux vaisseaux et à l'œsophage, présente au centre une énorme ouverture. Seulement cette ouverture, qui diminue rapidement chez l'embryon du Mammifère, à mesure qu'il se développe, conserve d'une manière permanente, chez les Ovipares, un diamètre presque égal à celui du corps lui-même ; et tellement qu'on a dit tous ces Animaux privés de diaphragme, au lieu de dire, comme on le devait, qu'ils ont un diaphragme rudimentaire, et existant seulement vers la circonférence. De cette disposition, qu'explique parfaitement la belle et si féconde loi du développement excentrique des organes, découverte par Serres, résultent la non-distinction des cavités pectorale et abdominale, et, par suite, plusieurs effets. Ainsi, une grande portion des viscères abdominaux, chez beaucoup d'Ovipares, et même le foie, chez les embryons de Mammifères, remontent vers la cavité pectorale. C'est aussi par un effet de cet état rudimentaire du diaphragme, que le péritoine, chez les Oiseaux, tapisse la dernière portion de l'œsophage, et qu'enfin, dans cette même classe et dans d'autres, il se confond avec la plèvre. Au reste, ce diamètre considérable de l'ouverture du diaphragme, comme aussi presque tous les caractères des classes inférieures, ne s'observe pas seulement chez les embryons, dans la classe des Mammifères, mais aussi chez des monstres. Ainsi, nous avons vu un monstre humain, chez lequel le diaphragme était ouvert dans une grande étendue, ce qui avait permis à une portion du foie et des Intestins de passer dans la poitrine : cet enfant avait vécu quinze jours. Il s'est présenté tout récemment encore (Journ. des Scienc. Médic., août 1825) un cas semblable où l'estomac était passé dans la poitrine. Enfin, plusieurs fois même, on a vu le diaphragme manquer entièrement.

Quoi qu'il en en soit, l'Intestin diffère du reste du canal alimentaire en ce qu'il forme, du moins dans la plupart des Animaux supérieurs, de nombreux replis ou enroulemens sur lui-même, et c'est ce qu'on a nommé *circonvolutions*. Cette disposition permet au canal alimentaire d'acquérir des dimensions considérables : il a, par exemple, chez certains Herbivores, plus de trente fois la longueur du corps.

Pour bien concevoir ce qu'est le cœcum, on peut le considérer comme un Intestin à part, sur lequel viennent s'enter l'Intestin anti-cœcal et l'Intestin post-cœcal, et qui leur sert ainsi de point de réunion. L'Intestin post-cœcal se continue avec lui; aussi le cœcum est-il souvent considéré comme un simple segment de celui-ci; tandis que l'Intestin anti-cœcal s'insère à quelque distance de son autre extrémité, en sorte qu'il reste, entre cette insertion et l'extrémité du cœcum, un espace particulier, sorte de cul-de-sac, de cavité aveugle, d'où le nom de cœcum. Tous les anatomistes ont attaché à ce cœcum une grande importance, les uns, comme nous l'avons vu, sous le rapport de ses connexions, d'autres à cause des fonctions qu'ils lui attribuaient, d'autres enfin à cause de vues particulières sur la formation de l'Intestin. Nous ne ferons aucune remarque sur cette dernière opinion, ce qui nous mènerait à la question aussi difficile qu'importante, de la formation de l'Intestin, pour laquelle nous renvoyons aux ouvrages d'Oken et de Meckel. Mais, quant à la question de l'importance physiologique du cœcum, nous remarquerons que plusieurs familles très-naturelles renferment à la fois des genres pourvus de cœcum, et d'autres qui en sont privés.

Variations générales du canal alimentaire dans le Règne Animal.

Le canal alimentaire offre de grands rapports chez tous les Animaux qui ont le même genre de nourriture, quelle que soit la classe à laquelle ils appartiennent : faisant donc abstraction de cette considération, nous les diviserons simplement en *Carnivores*, *Herbivores* et *Omnivores*; et même, quant à ces derniers, parmi lesquels l'Homme se trouve compris, nous nous bornerons à remarquer qu'ils sont généralement intermédiaires entre les deux autres classes.

La principale différence est celle d'une ampleur, et surtout d'une longueur beaucoup plus considérable dans les Intestins, chez les Herbivores. Nous avons dit que chez quelques-uns de ceux-ci, le canal alimentaire est trente fois aussi long que le corps; chez certains Carnivores il n'est que trois fois aussi long, ou, en d'autres termes, il est dix fois moindre proportionnellement. Cette variation de longueur, suivant le genre de nourriture, est si vraie, et si généralement vraie, que chez certains Insectes, dont les larves sont très-frugivores, et qui ne le sont plus à l'état d'Insecte parfait, les Intestins diminuent sensiblement dans la métamorphose. Une autre observation fort curieuse et fort peu remarquée, c'est que le Chat sauvage a l'Intestin presque de moitié plus court que le Chat domestique, rendu par la domesticité plus omnivore. En même temps que les Intestins s'allongent, l'estomac prend une structure beaucoup plus compliquée, et un volume beaucoup plus considérable, comme cela a lieu principalement chez les Ruminans. Cette observation est aussi très-ancienne. Mais Cuvier paraît être le premier qui ait remarqué que, chez quelques Herbivores où la longueur des Intestins est moins considérable que chez d'autres, ce défaut de longueur est suppléé par une plus grande largeur, et par la présence de valvules et d'étranglemens plus nombreux. Réciproquement, le contraire a lieu chez les Carnivores, et surtout chez ceux dont l'Intestin a une longueur proportionnelle un peu plus considérable : c'est ainsi que même le cœcum et la distinction en gros Intestin et en Intestin grêle viennent à disparaître. Tous ces faits montrent qu'il est faux qu'on puisse dire d'une manière absolue, que l'appétit carnassier d'un Animal est en raison inverse de la longueur de son canal intestinal : on voit que d'autres considérations modifient ce rapport.

L'Intestin des Carnivores et celui des Herbivores ne diffèrent pas seulement par leurs dimensions; ils diffèrent aussi par leur structure. Chez les premiers la membrane péritonéale est très-épaisse, et la muqueuse très-mince; tandis que chez les Herbivores, celle-ci a une épaisseur considérable, la péritonéale étant au contraire d'une extrême ténuité. On doit la connaissance de ce fait intéressant, et encore peu connu, à Labarraque, l'auteur de la belle et utile découverte des moyens de désinfection par le chlorure de soude. (*V*. Art du Boyaudier, 1822, ouvrage qui renferme en outre un grand nombre d'autres observations curieuses sur la structure des Intestins.) Le célèbre Béclard paraît aussi avoir découvert le même fait qu'il mentionne dans son Anatomie générale, 1823.

Le canal alimentaire varie beaucoup aussi suivant les âges, et nous rapporterons ici quelques observations à ce sujet. L'estomac de l'Homme est, comme on sait, un estomac simple : mais il n'en est pas de même chez son embryon. Chez celui-ci, on observe, vers le milieu de l'estomac, un étranglement qui le partage en deux poches très-distinctes, et même il n'est pas très-rare d'observer encore chez les adultes quelques vestiges de cette division. Alors aussi, le duodénum, qui n'est point encore fixé, et qui ne présente pas trois courbures, comme dans l'adulte, est, de même que l'estomac, divisé en deux cavités par un collet formé à l'insertion des vaisseaux biliaires. Ainsi il existe à cette époque, à l'entrée du canal intestinal, quatre poches bien distinctes. Un autre fait très-remarquable, c'est qu'à la même époque le grand cul-de-sac de l'estomac est de beaucoup surpassé en étendue par le petit cul-de-sac, qui mériterait alors véritablement le nom contraire. Le grand cul-de-sac n'acquiert ses dimensions normales que lorsque le lobe gauche du foie perd, par la série des développemens, le volume considérable qu'il avait d'abord. Toutes ces observations, d'un grand intérêt tant pour l'anatomie humaine que pour l'anatomie comparée, nous ont été communiquées par le célèbre anatomiste Serres. Elles sont encore inédites et connues seulement depuis quelques années par les cours de ce savant professeur (1816 et suiv.) : il en est de même des suivantes.

L'Intestin post-cœcal, nommé ordinairement gros Intestin, ne mérite nullement cette dernière qualification pendant les deux premiers tiers de la gestation ; car il n'a alors qu'un volume fort inférieur à celui de l'Intestin anti-cœcal : c'est alors véritablement l'Intestin grêle qui est le gros Intestin : nouvelle confirmation de ce qui a été dit sur le peu de constance des formes et des dimensions. D'autres observations fort curieuses du même anatomiste, sont celles qui concernent les rapports du cœcum avec le testicule droit. On sait que pendant la première période de la gestation, les parois de l'abdomen n'étant pas encore formées, les Intestins flottent extérieurement, l'embryon réalisant alors les conditions des monstruosités nommées *éventrations* : quand les tégumens viennent à se former, le cœcum se place vers l'ombilic; plus tard il se porte peu à peu à droite et va se placer au-dessus du testicule de ce côté ; puis à mesure que le testicule descend, il descend également, le suivant toujours ; et il ne se fixe dans la fosse iliaque, à la place qu'il doit conserver, que lorsque le testicule est arrivé dans les bourses. Ces rapports sont si constans, que le célèbre anatomiste, ayant eu occasion de disséquer plusieurs sujets chez lesquels le testicule n'était pas tout-à-fait descendu dans les bourses, a reconnu que le cœcum s'était aussi arrêté dans sa progression, et n'avait pas la position qu'il offre dans l'état normal. Enfin, Serres a observé des rapports analogues chez la Femme entre le cœcum et l'ovaire.

On a remarqué fort anciennement que l'Intestin était beaucoup plus long chez le Têtard que chez le Batracien qui doit en provenir. Meckel a reconnu que les embryons ont aussi des Intestins proportionnellement très-longs ; et Serres, en vérifiant ces observations, a reconnu que cela était vrai, même des embryons de Ruminans : nouvelle preuve sans réplique qu'il n'est pas exact de dire que plus un Animal est herbivore, plus ses Intestins ont de longueur.

De l'état rudimentaire du gros Intestin chez les Oiseaux.

Les Mammifères ont généralement un cœcum, et les Oiseaux en ont deux. Geoffroy Saint-Hilaire vient d'arriver, à l'égard du second cœcum, à une conclusion très-remarquable, et qui mérite qu'il en soit parlé avec quelque développement.

On sait que le canal intestinal est nourri par deux grosses artères, naissant de l'aorte abdominale, et nommées *mésentérique supérieure* et *inférieure*. L'inférieure nourrit seulement la dernière portion de l'Intestin post-cœcal ; la supérieure nourrissant son autre partie en même temps que l'Intestin anti-cœcal. Tous les anatomistes sont bien d'accord sur l'analogue de celle-ci chez les Oiseaux ; mais le célèbre Tiedemann avait considéré comme représentant l'inférieure, une artère considérable comme elle par son calibre, et se portant, comme elle aussi, sur la terminaison de l'Intestin, mais naissant, non plus au-dessus, mais au-dessous des iliaques. Geoffroy Saint-Hilaire, d'après ses principes de détermination (*V.* l'article ANALOGUE), a pensé que cette artère ne représentait qu'un de ces petits rameaux, si faibles et si ténus chez l'Homme, qui se portent de l'artère sacrée moyenne, à la terminaison du rectum, la mésentérique inférieure s'étant au contraire atrophiée. L'effet naturel de cette atrophie était la non-existence de la portion inférieure de l'Intestin post-cœcal. Aussi Geoffroy a-t-il conclu de ces faits que le second cœcum des Oiseaux représente la portion de l'Intestin post-cœcal qui est nourrie par la mésentérique supérieure. La portion de l'Intestin placée après l'insertion du cœcum, et qui est nourrie par la prétendue artère mésentérique inférieure, représente seulement l'anus des Mammifères et ses annexes, élevés ainsi à un grand développement, à cause du grand développement de l'artère nutricière. C'est ainsi que Geoffroy Saint-Hilaire, guidé par ses deux principes des Connexions et du Balancement des organes, est arrivé à découvrir les véritables rapports des diverses parties de l'Intestin des Oiseaux, et à ramener à l'Unité de composition un fait important. L'étude d'une nouvelle monstruosité à double cœcum, qu'il a nommée *Aspalasome* (*V.* Ann. des Sc. Nat. T. v), réalisant complétement, quant à son Intestin, les conditions ornithologiques, garantit la certitude de ces déductions : car l'Aspalasome, semblable aux Oiseaux par son Intestin, leur était semblable aussi par l'atrophie de l'artère mésentérique inférieure.

La seconde portion de l'Intestin post-cœcal ne se formant pas chez les Oiseaux, il en résulte beaucoup plus de brièveté pour la terminaison du canal intestinal qui, par suite, n'a plus assez de longueur pour aller s'ouvrir extérieurement et en arrière, comme chez les Mammifères. Le bassin formant d'ailleurs une muraille osseuse d'une grande étendue, l'Intestin ne peut plus que descendre en devant, et déboucher dans l'emplacement le plus voisin et le plus accessible : c'est ainsi qu'il débouche dans la Vessie urinaire chez l'Autruche et dans la Bourse génito-urinaire chez les autres Oiseaux.

Des divers segmens du Canal alimentaire dans le Règne Animal. De l'Œsophage.

Après avoir indiqué ces grandes variations dans le canal alimentaire, il nous resterait à descendre à l'histoire des différences plus ou moins importantes que présente chaque classe : c'est ce qu'il est impossible de faire dans un article tel que celui-ci : nous ne pourrions d'ailleurs que répéter ce qui a été dit ou ce qui le sera à l'histoire des classes, des ordres et des genres. Aussi ne nous proposons-nous ici que de montrer par quelques exemples pris dans les diverses classes, entre quelles limites s'étendent les variations.

On conçoit qu'il doit y avoir, et il y a en effet un rapport constant entre la longueur de l'œsophage, et celle du col : nous n'insisterons pas sur ce point. Ce canal présente des modifications très-remarquables chez les Oiseaux, classe dans laquelle il diffère beaucoup de celui de l'Homme et des Mammifères par la présence de deux renflemens, dont le premier situé vers la région inférieure du col, est nommé *jabot*, et le second, nommé *ventricule succenturié*, est situé près de l'estomac proprement dit ou *gésier*. Le jabot n'est qu'une simple dilatation de l'œsophage, auquel il ressemble en effet par sa structure. Il a beaucoup de capacité chez les Granivores, comme on peut s'en convaincre en examinant un Pigeon qui vient de prendre sa nourriture : le jabot est alors distendu, et fait saillie à l'extérieur. Cette dilatation manque chez une grande partie des Echassiers et chez quelques autres Oiseaux : parmi eux, nous ne citerons que l'Autruche, parce qu'elle est granivore. Quand le jabot vient à manquer, il est suppléé par une capacité plus grande dans le ventricule succenturié, comme cela se voit chez l'Autruche par exemple. Cette seconde dilatation a aussi reçu le nom de *jabot glanduleux*, parce qu'on remarque dans l'épaisseur de ses parois un grand nombre de petites glandes dont les orifices s'ouvrent dans sa cavité. Dans l'Autruche, le ventricule est divisé par une échancrure, peu profonde à la vérité, en deux poches dont la seconde est très-peu glanduleuse.

On ne trouve pas de semblables renflemens chez les autres Vertébrés; mais chez la plupart des Ophidiens et chez beaucoup de Poissons, l'œsophage tout entier se renfle au point d'acquérir alors un volume égal à celui de l'estomac; de sorte qu'il n'est souvent pas possible de déterminer sa limite. Chez les Tortues de mer sa surface interne est hérissée de longues et fortes papilles qui se dirigent en arrière.

L'œsophage, si prodigieusement dilaté dans les plus inférieurs des Vertébrés, nous conduit naturellement à l'œsophage encore plus dilaté de certains Invertébrés, des Crustacés décapodes, par exemple. Chez eux, l'estomac est beaucoup plus petit que l'œsophage : ce qui a fait regarder ce qu'on peut nommer le jabot des Crustacés comme leur estomac. Geoffroy Saint-Hilaire rejette au contraire cette dernière analogie, et ne voit dans ce prétendu estomac qu'un simple œsophage, qu'un simple jabot. Et en effet, ce n'est pas la digestion qui s'opère dans cette cavité, mais seulement une sorte de mastication préparatoire, faite au moyen de cinq dents dures et mobiles, portées par plusieurs pièces osseuses qui rendent cet organe véritablement très-remarquable.

De l'Estomac.

Il présente chez les Mammifères de nombreuses et importantes modifications : nous indiquerons les principales. Chez les Chauve-Souris frugivores, l'œsophage s'ouvre dans une petite poche globuleuse, séparée par un étranglement des deux culs-de-sac; le gauche, de forme allongée, offre des fibres musculaires très-prononcées; le droit, deux fois plus long, forme un long boyau à parois minces avec plusieurs légers étranglemens. L'estomac des Phoques et des Morses n'a qu'un seul cul-de-sac. Chez le Didelphe Manicou, les deux orifices sont très-voisins; le grand cul-de-sac est énorme. Cette disposition est un peu différente chez d'autres Didelphes. Le Potoroo présente un estomac très-remarquable : il est formé de deux poches communiquant par une ouverture assez large. L'œsophage s'ouvre précisément à la réunion de ces deux poches, mais en communiquant plus particulièrement avec la première. La seconde est un long cul-de-sac présentant un grand nombre d'étranglemens. La membrane muqueuse offre un aspect très-différent dans l'une et dans l'autre de ces poches. L'estomac des Kanguroos ne présente, au contraire, qu'une seule poche. Chez les Rongeurs et chez les Edentés, l'estomac est tantôt simple et tantôt multiple; mais la complication devient très-grande chez les Pachydermes et les Ruminans. (*V.* ces mots.) Les Dauphins ont quatre estomacs placés en série : il est important de remarquer cette disposition. Parmi les Monotrêmes, l'estomac de l'Echidné est très-ample, tandis que celui de l'Ornithorhynque est très-petit et n'a qu'un seul cul-de-sac. Les modifications sont, dans cette classe, très-nombreuses, comme on le voit; mais toujours l'estomac reste membraneux. Chez les Oiseaux, au contraire, il devient tout-à-fait musculeux : on y trouve deux muscles d'une épaisseur souvent très-considérable, et dont les fibres charnues s'insèrent autour de deux tendons placés latéralement. Du reste, le Gésier (car c'est le nom qu'on lui a donné dans cette classe) varie peu pour sa forme. Il n'a point de valvule pylorique. Il a son maximum de développement chez les Granivores, qui même ont généralement le soin d'aider encore à son action en avalant de petites pierres : il a une épaisseur beaucoup moins considérable chez les Oiseaux dont la nourriture est la plus différente, chez les Oiseaux de proie. Dans beaucoup de Reptiles et de Poissons, l'estomac ne se distingue pas de l'œsophage; chez plusieurs Poissons même, il ne se distingue pas non plus de l'Intestin; il est généralement membraneux dans ces deux classes.

Chez les Insectes (*V.* ce mot) l'estomac varie beaucoup : il est tantôt simple, tantôt multiple, tantôt membraneux, tantôt musculeux : les Orthoptères sont ceux où il présente la plus grande complication. De semblables variations s'observent chez les Mollusques où il est souvent un véritable gésier. Dans la plupart des Animaux plus inférieurs il n'y a plus d'estomac distinct, et cependant chez quelques-uns on en trouve un extrêmement dilaté, comme chez certains Vers.

De l'Intestin.

Le volume de l'Intestin est souvent à peu près le même dans toute son étendue, en sorte qu'il n'est pas possible de le diviser en Intestin grêle et en gros Intestin, et même quelquefois la dernière partie de l'Intestin est, quant à son diamètre, moins considérable que la première. Ces variations se voient même dans la classe des Mammifères, chez beaucoup de Carnassiers sans cœcum, et chez plusieurs Marsupiaux où cet appendice se retrouve : la même chose a lieu aussi, et beaucoup plus généralement, dans les autres classes.

Le cœcum varie beaucoup chez les Mammifères : les Orangs et le Phaséolome ont, comme l'Homme, un cœcum et un appendice vermiforme; mais le plus généralement, le cœcum existe seul. L'appendice existe au contraire quelquefois seul, comme chez l'Echidné : enfin on ne trouve ni cœcum, ni appendice chez les Edentés (à l'exception des Fourmiliers qui ont deux très-petits cœcums), les Chauve-Souris, la plupart des Carnassiers Plantigrades, les Cétacés, et les Loirs parmi les Rongeurs, quoique cet ordre ait généralement le cœcum très-développé. Nous avons déjà parlé des deux cœcums des Oiseaux : ces cœcums, souvent très-considérables, comme chez les Granivores, les Oiseaux de proie nocturnes, etc., sont souvent aussi très-rudimentaires, ou même manquent entièrement, comme chez les Diurnes et chez les Alouettes, les Cormorans, et dans quelques autres genres. Il n'y a parmi les Reptiles de véritable cœcum que chez l'Iguane. Le cœcum n'existe pas non plus chez les Poissons, ou du moins il est chez eux très-rudimentaire. Au contraire il y a fréquemment dans cette classe, vers l'origine de l'Intestin, plusieurs appendices aveugles qu'on a nommés aussi Cœcums, quoiqu'ils ne présentent aucun rapport avec le véritable cœcum. Ces appendices varient beaucoup pour le nombre et la forme : ainsi ils sont tantôt courts et gros, tantôt longs et grêles; tantôt simples, tantôt ramifiés. On n'en trouve point chez les Chondroptérygiens, les Apodes, et chez beaucoup d'autres. Quand ils existent, leur nombre varie beaucoup: certaines espèces n'en ont qu'un, d'autres en ont jusqu'à soixante-dix; au reste leur nombre est très-variable dans un même genre, qui même contient souvent à la fois des espèces qui en sont privées et d'autres qui ne le sont pas. Enfin, chez les Insectes on trouve souvent encore d'autres sortes de cœcums. Chez les larves de Hannetons, par exemple, et il en est de même des genres voisins, l'estomac, de forme cylindrique, est entouré d'une triple couronne de petits appendices aveugles ou cœcums.

La longueur du canal intestinal est généralement plus considérable chez les Mammifères que dans les autres classes : elle diminue ensuite encore davantage des Oiseaux aux Reptiles et aux Poissons. Mais cette diminution n'est ni aussi générale, ni aussi considérable qu'on le dit communément : ainsi, le canal alimentaire, suivant les observations des savans voyageurs Quoy et Gaimard, est quinze fois plus long que le corps chez le Manchot; fait d'autant plus remarquable qu'il s'agit ici d'un Oiseau piscivore. Nous avons nous-même fait de semblables observations à l'égard de certaines Tortues. Chez une grande partie des Invertébrés, et même dans quelques espèces de ces dernières classes de Vertébrés, le canal alimentaire finit par n'être plus qu'un canal droit qui s'étend de la bouche à l'anus.

Ce dernier orifice très-diversement placé chez les Animaux inférieurs, où on le voit quelquefois situé très-près de la bouche, occupe constamment chez les supérieurs la partie postérieure du corps. Mais du reste, quant à sa terminaison, le canal intestinal présente chez ceux-ci de grandes variations, que l'on fera connaître dans l'histoire de chaque classe. Ainsi l'anus qui s'ouvre à l'extérieur, comme on le sait, chez les Mammifères, s'ouvre intérieurement chez les Oiseaux, dans une poche particulière, nommée CLOAQUE (*V.* ce mot), où se font aussi les excrétions urinaires et génitales. Une disposition analogue a lieu également chez quelques Reptiles et chez les Monotrêmes (*V.* ces mots), comme l'indique le nom même de ces derniers.

Telles sont les principales modifications que nous présente le canal alimentaire, qui finit par être réduit à un simple canal, sans aucune dilatation, et dont les deux orifices sont placés immédiatement l'un à côté de l'autre. De cette disposition, on passe, mais en franchissant une énorme distance, à une autre fort remarquable, je veux dire à celle où l'appareil digestif n'est plus qu'un sac, qui d'ailleurs n'est pas toujours également simple. Ainsi, chez les Astéries, ce sac a dix appendices extrêmement subdivisés, et dont deux sont contenus dans chaque branche du corps. Mais chez les Polypes, ces restes de complication disparaissent encore. La cavité de l'Animal ne renferme plus que l'Intestin; il n'y a plus de prolongemens vasculaires dans les diverses parties du corps : la nutrition ne s'opère plus que par imbibition. Enfin les Microscopiques les plus inférieurs, ceux que Bory de Saint-Vincent appelle Gymnodes et Trichodes, ne présenteraient absolument aucune trace d'Intestin, ni d'orifice quelconque, qui puisse être comparé à une bouche. Ce n'est conséquemment, selon notre collaborateur, que par l'absorption cutanée que de tels Animaux se peuvent alimenter. (IS. G. ST.-H.)

* INTOUM. BOT. PHAN. (Jacquin.) Nom de pays d'un prétendu *Bellis* qui est l'*Eclypta punctata*, L. (B.)

INTRANSMUTABLES. INS. Nom donné par Ray, d'après Wilughby, aux Insectes qui ne subissent aucune transformation; ceux qui passent par différens états sont nommés, par lui, Insectes Transmutables. (G.)

* INTRICAIRE. *Intricaria*. POLYP. Genre de l'ordre des Milléporées, dans la division des Polypiers entièrement pierreux et non flexibles, à cellules petites, perforées, presque tubuleuses, non garnies de lames. Ses caractères sont : Polypier pierreux, solide intérieurement, à expansions composées de rameaux cylindriques anastomosés en filets; cellules des Polypes hexagones, allongées, à bords relevés et couvrant toute la surface des rameaux. Ce genre a été établi par Defrance, pour une seule espèce de Polypier à laquelle il donne le nom d'*Intricaria Bajocensis*, à cause de sa localité. Elle lui a été envoyée par Gerville, naturaliste de Valognes, qui l'a trouvée à Saint-Floxel près de Bayeux. Ce Polypier était déposé dans une Ochre ferrugineuse contenue dans une cavité de Calcaire oolithique. Le fragment envoyé à Defrance avait un pouce de longueur sur neuf lignes de diamètre; il était composé de rameaux anastomosés en différens sens et formant un réseau à mailles d'une à cinq lignes d'ouverture. Ces rameaux, d'une demi-ligne de diamètre, étaient couverts de cellules la moitié plus longues que larges, à bords relevés et formant une sorte d'écorce raboteuse. La forme du Polypier, celle des cellules et leur position les rapprochent beaucoup des Eschares, mais la consistance solide de la masse du Polypier ne permet pas de les séparer des Milléporées, principalement du genre Millépore dont il ne diffère que par la forme hexagonale des cellules. Ce Polypier paraît très-rare, nous ne le connaissons que par la figure et la description qu'en a donnée Defrance. (LAM..X.)

* INTRORSES. *Introrsa*. BOT. PHAN. Cette expression s'emploie pour désigner les étamines dont la face est tournée vers le centre de la fleur. On s'en sert par opposition à celle d'*Extrorses*. *V*. ETAMINES. (A. R.)

INTSIA. BOT. PHAN. Du Petit-Thouars (*Gener. Nov. Madagasc.*, p. 22) a indiqué sous ce nom vulgaire à Madagascar, un genre de la famille des Légumineuses et de l'Ennéandrie Monogynie, L. La Plante qui le constitue est un grand Arbre à feuilles ailées et composées de cinq folioles. Les fleurs, disposées en corymbes, se composent d'un calice campanulé à sa base, et dont le limbe est partagé en quatre lobes; d'une corolle formée d'un seul pétale onguiculé; de neuf étamines à filets inégaux, trois seulement étant fertiles; légume oblong, comprimé, renfermant trois ou quatre graines allongées et séparées par une sorte de moelle. L'auteur a rapproché de cette Plante le *Caju Bessi* de Rumph (*Herb. Amb.* 5, p. 21, tab. 10).

Le nom d'*Intsia* est cité par Rhéede comme désignant au Malabar une espèce du genre Acacie. (G..N.)

INTURIS. BOT. PHAN. (Gaza.) Syn. de Caprier. (B.)

* INTYBELLIE. *Intybellia*. BOT. PHAN. Genre de la famille des Synanthérées, Chicoracées de Jussieu, et de la Syngénésie égale, L., établi par H. Cassini (Bullet. de la Société Philomat., 1821, p. 124) qui l'a ainsi caractérisé : involucre presque campanulé, formé d'écailles égales, sur un seul rang, appliquées, oblongues, membraneuses sur les bords, et accompagnées à leur base de petites écailles surnuméraires, inégales et irrégulièrement imbriquées ; réceptacle plane, garni de paillettes très-longues ; calathide sans rayons, composée de plusieurs fleurs en languettes et hermaphrodites ; akènes oblongs, striés, glabres, surmontés d'une aigrette blanche, légèrement plumeuse ; les corolles sont pourvues de poils longs, fins et flexueux. Ce genre a des affinités avec le *Pterotheca*, établi par Cassini sur le *Crepis Nemausensis*. L'auteur l'a décrit d'après des individus cultivés au Jardin des Plantes de Paris, sans indication d'origine. L'espèce, type de ce nouveau genre, a été nommée *Intybellia rosea*.

Selon l'auteur, cette Plante a la tige du *Leontodon autumnale*, les feuilles de l'*Hyoseris radiata*, l'involucre, le fruit et l'aigrette des *Andryala*, et la corolle du *Barckhausia rubra*. (G..N.)

INTYBUM ET INTYBUS. BOT. PHAN. *V.* CHICORÉE. (B.)

INULE. *Inula*. BOT. PHAN. Genre de la famille des Synanthérées, Corymbifères de Jussieu, et de la Syngénésie superflue, L. Tournefort le confondait avec les Asters, et cette erreur a été reproduite par Haller, Allioni et Mœnch. En le distinguant des Asters, Vaillant lui donna des caractères imparfaits, et le nomma *Helenium*. Le nom d'*Inula* fut substitué à celui-ci par Linné, qui saisit bien la note essentielle du genre, c'est-à-dire celle de ses anthères pourvues d'appendices basilaires. Les caractères génériques ont été, au langage près, exprimés par Cassini de la manière suivante : involucre composé d'écailles imbriquées, appliquées, les extérieures larges, coriaces, surmontées d'un appendice étalé et foliacé ; les intérieures étroites, inappendiculées et presque membraneuses ; réceptacle nu, plane ou convexe ; calathide radiée, dont les fleurs centrales sont nombreuses, régulières, hermaphrodites, et celles de la circonférence sur un seul rang, en languettes, longues, tridentées au sommet et femelles ; anthères munies de longs appendices basilaires plumeux ; ovaires cylindracés, surmontés d'une aigrette simple, légèrement plumeuse. Ces caractères excluent plusieurs espèces placées par Linné dans le genre *Inula*. Ainsi, l'*Inula crithmoides*, dont les folioles de l'involucre sont dépourvues d'appendices, forme le genre *Limbarda* d'Adanson, adopté par Cassini. Ce dernier auteur a également admis le *Pulicaria* de Gaertner, remarquable par son aigrette double, et qui a été établi sur l'*Inula Pulicaria*, L. Il a en outre constitué plusieurs genres aux dépens des *Inula* : tels sont les *Diplopappus*, *Myriadenus*, *Heterotheca*, *Duchesnia* et *Aurelia*. *V.* ces mots. Dans la première édition de la Flore parisienne, p. 328, le docteur Mérat a érigé l'*Inula Helenium*, L., en un genre distinct qu'il a nommé *Corvisartia*, et qu'il a caractérisé par les folioles extérieures de son involucre, larges, ovales, trapézoïdes ; les intérieures linéaires et colorées ; par le stigmate entier des fleurs femelles de la couronne, et par les anthères dépourvues d'appendices basilaires. H. Cassini affirme que ces deux derniers caractères n'existent point ; et quant aux folioles de l'involucre, elles sont absolument conformées de même dans plusieurs espèces laissées parmi les véritables *Inula*. En conséquence, le genre *Corvisartia* ne semble pas à H. Cassini devoir être adopté. Nous pourrions en dire autant des genres *Limbarda* et *Pulicaria*, fondés sur des caractères d'une bien faible importance. L'*Inula* de Linné n'est donc pas susceptible d'être subdivisé en autant de groupes qu'on l'a proposé, ou bien si on regarde la moindre différence d'organisation, comme un signe distinctif, on sera peut-être obligé de morceler ce genre beaucoup plus encore que ne l'ont fait Adanson, Necker, Gaertner, Cassini et Mérat. Si l'on retranche du genre *Inula*, L., les espèces de l'Amérique et du cap de Bonne-Espérance, qui constituent des genres particuliers ou qui rentrent dans quelques autres précédemment établis, on trouve qu'il est composé d'une trentaine d'espèces indigènes du bassin de la méditerranée et des contrées d'Asie contiguës à la mer Noire et à la mer Rouge. Parmi celles qui croissent en France, on distingue la suivante :

L'Inule Hélénion, *Inula Helenium*, L., vulgairement nommée Aunée ou *Enula campana*. Les tiges de cette Plante sont hautes de plus d'un mètre, dressées, rameuses et pubescentes. Les feuilles radicales ont d'énormes dimensions; elles sont lancéolées et longuement pédonculées. Les feuilles caulinaires diminuent de grandeur en se rapprochant du sommet de la tige. Les calathides, composées de fleurs jaunes, sont très-larges et solitaires au sommet des tiges et des rameaux. On trouve cette Plante dans les bois montueux de l'Europe, et particulièrement à Montmorency, aux environs de Paris. Sa racine, amère et aromatique, jouit de propriétés toniques très-prononcées ; on en fait un grand usage dans la médecine vétérinaire. (G..N.)

INULÉES. *Inuleæ*. BOT. PHAN. Nom de la douzième tribu établie par H. Cassini dans la famille des Synanthérées. Ce botaniste en a publié les caractères et les divisions dans une série de mémoires qui ont paru de 1812 à 1819, soit dans le Bulletin de la Société Philomatique, soit dans le Dictionnaire des Sciences Naturelles. La tribu des Inulées comprend un si grand nombre de genres, qu'il a été nécessaire de la partager en trois sections principales, et de subdiviser celles-ci d'après la considération de quelques caractères en général d'une assez faible importance. En donnant la liste suivante des genres qui composent les Inulées, nous croyons utile d'exposer les caractères de ces sections et ceux de leurs subdivisions, d'après H. Cassini.

Tribu des Inulées.

§ I. Inulées-Gnaphaliées (*Inuleæ Gnaphalieæ*) : involucre scarieux; stigmatophores tronqués au sommet; tube anthérifère long; chaque anthère surmontée d'un appendice obtus et munie à sa base d'un long appendice sans pollen.

† Aigrette coroniforme, paléacée ou mixte. Genres : *Relhania*, Pers.; *Rosenia*, Thunb.; *Lapeyrousia*, Thunb.; *Leysera*, Neck.; *Leptophytus*, Cass.; *Longchampia*, Willd.

†† Corolles très-grêles. Genres : *Chevreulia*, Cass.; *Lucilia*, Cass.; *Facelis*, Cass.; et *Podotheca*, Cass., ou *Podosperma*, Labill.

††† Involucre à peine scarieux. Genres : *Syncarpha*, De Cand.; *Faustula*, Cass.

†††† Involucre peu coloré. Genres : *Phagnalon*, Cass.; *Gnaphalium*, R. Brown.; *Lasiopogon*, Cass.

††††† Réceptacle muni de paillettes. Genres : *Ifloga*, Cass.; *Piptocarpha*, R. Brown; *Cassinia*, R. Br.; *Ixodia*, R. Br.

†††††† Involucre pétaloïde. Genres : *Lepiscline*, Cass.; *Anaxeton*, Gaertn.; *Edmondia*, Cass.; *Argyrocome*, Gaertn.; *Helichrysum*, Cass.; *Podolepis*, Labill.; *Antennaria*, R.

Br.; *Ozothamnus*, Cass.; *Petalolepis*, Cass.; *Metalasia*, R. Br.

†††††† Calathides rassemblées en capitules.

A. Tige ligneuse. Genres : *Endoleuca*, Cass.; *Shawia*, Forst.; *Perotriche*, Cass.; *Seriphium*, L.; *Elytropappus*, Cass.

B. Tige herbacée. Genres : *Siloxerus*, Labill.; *Hirnellia*, Cass.; *Gnephosis*, Cass.; *Angianthus*, Wendl.; *Calocephalus*, R. Br.; *Leucophyta*, R. Br.; *Richea*, Labill., ou *Craspedia*, Forsk. et R. Br.; •*Leontonyx*, Cass.; *Leontopodium*, Pers.

§ II. Inulées prototypes (*Inuleæ archetypæ*). Involucre non scarieux; stigmatophores arrondis au sommet; tube anthérifère long, chaque anthère surmontée d'un appendice obtus et munie à la base d'un long appendice non pollinifère.

† Réceptacle couvert de paillettes sur une partie seulement. Genres : *Filago*, Willd.; *Gifola*, Cass.; *Logfia*, Cass.; *Micropus*, L.; *Oglifa*, Cass.

†† Réceptacle entièrement nu. Genres : *Conyza*, Cass.; *Inula*, Gaertn.; *Limbarda*, Adans.; *Duchesnia*, Cass.; *Pulicaria*, Gaertn.; *Tubilium*, Cass.; *Jasonia*, Cass.; *Myriadenus*, Cass.; *Carpesium*, L.; *Denekia*, Thunb.; *Columella*, Jacq.; *Pentanema*, Cass.; *Iphiona*, Cass.

††† Réceptacle pourvu de paillettes. Genres : *Rhanterium*, Desf.; *Cylindrocline*, Cass.; *Molpadia*, Cass.; *Neurolæna*, R. Br.

§ III. Inulées buphtalmées (*Inuleæ buphtalmeæ*). Involucre non scarieux; stigmatophores arrondis au sommet; tube anthérifère court, chaque anthère munie au sommet d'un appendice aigu, et à la base d'un appendice court et pollinifère.

† Réceptacle pourvu de paillettes. Genres : *Buphtalmum*, L.; *Pallenis*, Cass.; *Nauplius*, Cass.; *Ceruana*, Forsk.

†† Réceptacle dépourvu de paillettes. Genres : *Egletes*, Cass.; *Grangea*, Adans.; *Centipeda*, Lour.

††† Calathides rassemblées en capitules. Genres : *Sphæranthus*, Scop.; *Gymnarrhena*, Desf.

Sur les soixante-quatorze genres énumérés dans la précédente liste, H. Cassini en a fabriqué (pour nous servir de sa propre expression) près de la moitié. Plusieurs personnes ne partageront pas sans doute les opinions de ce savant sur les grands avantages qui résultent de la multiplicité des genres; peut-être aussi ne seront-elles pas du même avis quant à la classification de ces genres, et ne trouveront-elles pas aussi naturelles qu'elles semblent à l'auteur les subdivisions qu'il a formées et qu'il a caractérisées d'après la considération d'un seul organe, mais qui n'est pas le même pour toutes ces subdivisions. Cependant, comme les travaux de Cassini sont les seuls qui aient embrassé d'une manière générale la famille des Synanthérées, il nous a paru fort utile de présenter la disposition de tous les genres qui forment une tribu considérable, en renvoyant à chacun d'eux pour apprécier son importance. (G..N.)

INULINE. bot. chim. Substance immédiate des Végétaux, découverte par Rose de Berlin, dans la racine d'*Inula Helenium*, L. Elle se rapproche beaucoup de l'Amidon, dont elle diffère surtout en ce qu'au lieu de faire colle avec l'eau bouillante, elle se précipite sous forme d'une poudre grise. Thénard l'a placée au rang des principes immédiats douteux. Elle existe probablement dans la plupart des racines tubéreuses de la famille des Synanthérées corymbifères. La Dahline trouvée par Payen et Chevalier dans les racines de Dahlia (*Georgina*) et de Topinambour (*Helianthus tuberosus*), est, selon Braconnot, d'une nature identique à celle de l'Inuline. (G..N.)

INVERTÉBRÉS. zool. Lamarck divise les Animaux en deux grandes coupes, les VERTÉBRÉS et les INVERTÉBRÉS : plusieurs naturalistes et Cuvier en particulier n'ont pas adopté cette distinction. Ce dernier (Règn. Anim.) partage les Animaux en VERTÉBRÉS, MOLLUSQUES, ARTICULÉS et RAYONNÉS; cette méthode étant suivie dans notre ouvrage, nous renvoyons à chacun de ces mots et en particulier à l'article ANIMAL où on trouvera développés les motifs de l'un et l'autre de ces changemens. (G.)

INVOLUCELLE. *Involucellum.* BOT. PHAN. Nom donné à l'assemblage de petites folioles que l'on remarque à la base des ombellules ou ombelles partielles dans un grand nombre de genres de la famille des Ombellifères. *V.* INVOLUCRE et OMBELLIFÈRES. (A. R.)

INVOLUCRE. *Involucrum.* BOT. PHAN. On appelle ainsi un assemblage de plusieurs folioles ou bractées disposées régulièrement autour d'une ou de plusieurs fleurs. Ainsi, dans la vaste famille des Synanthérées, cet assemblage d'écailles, que les anciens désignaient sous le nom de calice commun, est un véritable Involucre. Cassini lui donne le nom de Péricline. Il en est de même des folioles qui existent à la base du capitule des Dipsacées, à la base des ombelles de la Carotte, de l'Ammi, de l'Astrantie et d'une foule d'autres Ombellifères. Dans ces dernières, le nom de collerette a été donné quelquefois à l'Involucre. Certains Involucres ont reçu des noms particuliers : c'est ainsi qu'on nomme *Cupule* celui du Chêne, du Châtaignier, du Noisetier, en un mot des genres qui forment la famille des Cupulifères; *Spathe,* celui d'un grand nombre de Plantes monocotylédonées : la lépicène et la glume des Graminées sont également de véritables Involucres et non des enveloppes analogues au calice et à la corolle.

Dans les Plantes acotylédones, plusieurs parties ont également reçu le nom d'*Involucre.* Dans la famille des Marsiléacées, on appelle ainsi l'enveloppe générale et indéhiscente qui recouvre les graines. Il en est de même dans la famille des Hépatiques; on a nommé *Involucre* l'organe qui renferme leurs séminules. *V.* HÉPATIQUES et MARSILÉACÉES. (A. R.)

FIN DU TOME HUITIÈME.

ERRATA.

Page 281, colonne 2, ligne 18, au lieu de Métal au dos, *lisez :* de métal ou d'os.

Page 287, colonne 1, ligne 13, mettre une virgule entre les mots *douleur* et *même*.

Même page, colonne 2, ligne 46, au lieu d'Irlande, *lisez :* Islande.

Page 296, colonne 1, lignes 25 et 26, au lieu de leurs enfans mêlés à des Éthiopiens, *lisez :* leurs enfans épousant des Éthiopiennes.

www.ingramcontent.com/pod-product-compliance
Lightning Source LLC
Chambersburg PA
CBHW060842220326
41599CB00017B/2367

* 9 7 8 2 0 1 2 5 3 9 2 3 5 *